"十二五"普通高等教育本科国家级规划教材

全国优秀教材
二等奖

分析化学

（第6版）下册

武汉大学
厦门大学
中山大学　编
南开大学
浙江大学

武汉大学　主编

高等教育出版社·北京

内容提要

本书是“十二五”普通高等教育本科国家级规划教材。全书共23章，包括光谱分析、电化学分析、色谱法与毛细管电泳法、质谱法、核磁共振波谱法、表面分析、热分析、流动注射分析及微流控分析等内容。每章末附有思考、练习题和参考资料。

本书可作为高等理工院校和师范院校化学、应用化学等专业的仪器分析课程教材，也可供其他相关专业师生、分析测试工作者和自学者参考。

图书在版编目(CIP)数据

分析化学. 下册/武汉大学主编. --6版. --北京：高等教育出版社，2018.9（2023.12重印）
ISBN 978-7-04-050074-5

Ⅰ.①分… Ⅱ.①武… Ⅲ.①分析化学-高等学校-教材 Ⅳ.①O65

中国版本图书馆CIP数据核字（2018）第149397号

Fenxi Huaxue

策划编辑 李 颖　　责任编辑 李 颖　　封面设计 张申申　　版式设计 于 婕
插图绘制 于 博　　责任校对 胡美萍　　责任印制 刘思涵

出版发行 高等教育出版社
社　　址 北京市西城区德外大街4号
邮政编码 100120
印　　刷 高教社（天津）印务有限公司
开　　本 787mm×960mm 1/16
印　　张 40.5
字　　数 760千字
购书热线 010－58581118
咨询电话 400－810－0598
网　　址 http://www.hep.edu.cn
　　　　 http://www.hep.com.cn
网上订购 http://www.hepmall.com.cn
　　　　 http://www.hepmall.com
　　　　 http://www.hepmall.cn
版　　次 1978年8月第1版
　　　　 2018年9月第6版
印　　次 2023年12月第7次印刷
定　　价 81.00元

物 料 号 50074－00

第六版(下册)前言

本书在2007年编写第五版时，考虑到化学分析与仪器分析在教学内容和安排上的相互联系，将化学分析和仪器分析的内容统一整合为《分析化学》(第五版)，其中化学分析内容为上册，仪器分析内容为下册。根据10多年来读者对第五版(下册)的反馈意见，此次编写第六版(下册)从加强基础理论出发，落脚于本科生仪器分析基础课程，教材内容难度较第五版(下册)略有降低，篇幅更为精简。

本书编写参考了国内外近些年出版的仪器分析教材。在编写过程中，重点阐述各种仪器分析方法的基本原理、仪器结构、实验方法和技术、实际应用及适用范围，注意归纳和比较，抽取共性，突出内在联系，以助于学生理解和掌握各种仪器分析方法的基础理论知识。同时，注意拓宽知识面，反映学科发展与交叉渗透的新成果。作为仪器分析基础课程教材，本书内容以光谱分析、电化学分析、色谱法与毛细管电泳法、质谱法、核磁共振波谱法为主；同时介绍其他仪器分析方法，包括表面分析、热分析、流动注射分析及微流控分析等；应用较少的仪器方法不再涉及。全书共23章，保留了第五版的顺序，先原子光谱，后分子光谱；先色谱，后分子质谱。在突出基本理论知识介绍的宗旨下，编者对各章节内容进行了优化，删减了拓展太远的内容。根据教学实际情况，删除了第五版(下册)中“其他分离分析方法”和“分析仪器测量电路、信号处理及计算机应用基础”两章，将“电分析化学新方法”中的内容合并到其他章节相关内容中。每章末附有思考、练习题和参考资料，部分练习题附参考答案。

本书由武汉大学主编，多所高校合作编写。参加编写工作的有：武汉大学达世禄(第1、17、19章)，胡斌(第3、5、6章)，何治柯(第7章)，王红(第10、11章)，胡胜水(第13章)，王长发(第14、15章)，胡胜水、胡成国(第16章)，曾昭睿(第18章)，冯钰锜、施治国、达世禄(第21章)；厦门大学赵一兵(第2、8章)，林竹光(第4章)，陈忠(第12章)，董炎明(第22章)；南开大学李文友(第9章)；中山大学胡玉玲(第20章)；浙江大学陈恒武(第23章)。在本书的编写过程中，胡斌教授、刘志洪教授做了各种组织工作。全书由胡斌教授负责总体结构安排、整理定稿。

限于编者的水平和经验，教材编写中可能存在某些缺点、不足，乃至错误，望读者批评指正。

编　者

2017年10月

于武汉大学

第五版(下册)前言

1990年高等教育出版社曾出版武汉大学化学系编写的《仪器分析》,当时国内主要是综合大学、理工院校化学类专业开设仪器分析课程。近20年来,仪器分析发展极其迅速,已成为高等院校化学、生命科学及其相关应用专业的重要基础课程。本教材根据教育部高等学校化学与化工学科教学指导委员会制定的关于化学、应用化学、材料化学及医药学、环境科学等专业化学教学基本内容和仪器分析教学基本要求编写,是高等教育出版社百门精品课程教材之一。考虑到化学分析与仪器分析在教学内容和安排上的相互联系,我们此次统一组织分析化学教材编写,化学分析为上册,仪器分析为下册。

本书参考了国内外近些年出版的仪器分析教材以及从互联网上搜索到的仪器分析教学大纲、教学内容、电子教案。作为仪器分析基础课教材,本书以光谱分析、电化学分析、色谱法与毛细管电泳法及质谱、核磁共振波谱法为主;其他仪器分析方法,包括表面分析、热分析、各种联用技术、流动注射分析及微流控技术、分析仪器电子线路、分析信号处理和计算机应用作适当介绍等;限于篇幅,应用较少的仪器方法没有涉及。重点放在仪器分析方法、技术的基本原理及应用,包括分析仪器设计、结构的基本物理原理。全书共26章,各章顺序安排依次按谱学、电化学分析、分离分析方法;谱学方法依据主要研究对象,顺序安排为先原子、后分子;从实际应用、发展趋势及方法之间密切关联考虑,将分子质谱安排在色谱等分离分析方法之后。每章附有思考、练习题和参考资料,部分练习题附参考答案。

本教材由多所高校合作编写,武汉大学主编,参编学校有厦门大学、中山大学、南开大学、浙江大学。参编教师均具有丰富的仪器分析教学实践经验和科学研究成果、大多具有指导博士研究生资历。仪器分析内容涉及学科较多,知识面较广,编写中力求精选基本教学内容,理论联系实际,强化仪器分析在化学教学中的基础作用;注意拓宽知识范畴,充分反映学科发展与交叉渗透的新成果,对学生今后适应工作需要和各领域仪器分析工作者具有一定的参考价值。文字上力求深入浅出、通俗易懂,可读性好、便于自学,避免内容上过深、过细和求全。

参加本教材编写的有武汉大学达世禄(第1、18、20、22章),厦门大学赵一兵(第2章),武汉大学胡斌(第3、5、6章),厦门大学林竹光(第4章),武汉大学何治柯(第7章),厦门大学许金钩(第8章),南开大学李文友(第9章),武汉大学王红(第10、11章),厦门大学陈忠(第12章),武汉大学胡胜水(第13、15、17

章),王长发(第14、16章),曾昭睿(第19章),中山大学胡玉玲(第21章),武汉大学冯钰锜、施治国、达世禄(第23章),厦门大学董炎明(第24章),中山大学邹世春(第25章第1、2节),浙江大学陈恒武(第25章第3节),中山大学甘峰(第26章)。

本书编写过程中,胡胜水教授、何治柯教授做了各种组织工作。北京大学叶宪曾教授对本书进行了审阅,给予积极评价,提出许多宝贵的意见和修改建议。全书由达世禄教授负责总体结构安排、初稿校核、最后整理、修改定稿。

限于编者的水平,教材编写中可能存在某些缺点、不足,乃至错误,请读者批评指正。

编　者

2007年4月

于武汉大学

目　录

第1章　绪　　论

1.1　分析化学发展和仪器分析的地位

分析化学不断发展导致其学科内涵和定义的发展与变化。长期以来，分析化学涉及物质化学组成的测定方法，提供被测物质，即试样的元素或化合物组成，包括试样成分分离、鉴定和测定相对含量。通过测量与待测组分有关的某种化学和物理性质获得物质定性和定量结果。定性分析方法获得试样中原子、分子或功能基的有关信息。而定量分析方法获得试样中一种或多种成分的相对含量。组分分离通常是定性和定量分析的必需步骤。一般可把分析化学方法分为两大类，即经典分析方法和仪器分析方法。经典分析方法也称为湿化学方法或化学分析方法，已有长久历史；仪器分析方法则是随着较大型仪器出现而发展起来的方法。从化学分析到仪器分析是一个逐步发展、演变的过程，两者之间不存在清晰界线，化学分析需要使用简单仪器，仪器分析中亦包含某些化学分析技术。

1.1.1　经典分析化学

分析化学是最早发展起来的化学分支学科。化学分析是指利用化学反应和它的计量关系来确定被测物质组成和含量的一类分析方法。早期化学发展前沿是发现、鉴定和研究新元素；发现天然和合成新的化合物、鉴定和研究新化合物。自然界存在近 90 种元素的发现主要是基于各种化学反应的分离、鉴定工作。化学工作者研制了许多精巧的分析仪器，如天平、玻璃容量仪器、显微镜、分光仪等；采用沉淀、萃取或蒸馏分离出待测物后，进行测定。就定性分析而言，将分离后的组分用试剂处理，然后通过颜色、沸点、熔点，以及一系列溶剂中的溶解度、气味、光学活性或折射率等来鉴别它们。重量法是测定被分析物的质量或由被分析物通过化学反应测定某种组分的质量。在滴定操作中，测定与被分析物完成化学反应所需标准试剂的体积或质量。19 世纪末、20 世纪初物理化学的发展，特别是溶液中四大平衡（沉淀－溶解平衡、酸－碱平衡、氧化－还原平衡、配位平衡）理论的建立，为基于溶液化学反应的经典分析化学奠定了理论基础，化学分析法得到空前繁荣和发展，使分析化学从一门技术发展成一门科学，确立了作为化学一个分支学科的地位。这是分析化学发展史上第一次变革，其显著特点是分析化学与物理化学结合。

1.1.2 仪器分析的产生

仪器分析是指通过测量物质某些物理或物理化学性质、参数及其变化来确定物质的组成、成分含量及化学结构的分析方法。仪器分析的产生与生产实践、科学技术发展的迫切需要、方法核心原理发现及相关技术产生等密切相关。仪器分析法所基于的很多现象在一个世纪前或更早已为人知。然而,由于缺乏可靠和简单的仪器,它们的应用被大多数化学家延迟。20 世纪早期,化学工作者开始探索使用经典方法以外的其他现象以解决分析问题,即分析物质的物理性质,如电导、电位、光吸收或发射、质荷比和荧光等,用于各类无机、有机、生物化学分析物的定量分析,开始出现较大型的分析仪器及仪器分析方法。例如,1919 年 Aston F W(阿斯顿)设计制造第一台质谱仪并用于测定同位素是早期仪器分析的典型代表。

第二次世界大战前后至 20 世纪 60 年代,物理学、电子学、半导体及原子能工业发展促进了分析化学中物理方法和仪器分析方法的大发展,因为化学方法在很多方面已不能解决科学技术发展所面临的许多新问题,如半导体超纯材料分析,石油化工、环境科学、生物医药学复杂混合物分析等。科学发展史也证明,仪器是现代科学发展的基础。分析化学的许多分支学科都是从某种重要仪器装置研制成功而建立和发展起来。例如,光谱仪的发明产生了光谱学;极谱仪的发明产生了极谱学;色谱仪的发明产生了色谱学;质谱仪的发明产生了质谱学等。近代分子反应动力学重大进展亦得益于李远哲等发明了可转动、高灵敏度、适用于分子束散射测定的质谱检测器。以化学计量学(chemometrics)为基础的过程分析化学(process analytical chemistry)的发展,研究和开发各种在线分析仪器及分析方法使之成为自动化生产过程的组成部分,提供了过程质量控制新的技术手段。2002 年,诺贝尔化学奖授予在生物大分子分析领域做出重大贡献的三位科学家,表明质谱、核磁共振波谱等现代分析仪器在研究生物大分子结构领域产生了重大突破。

仪器分析的产生和发展是分析化学第二次变革,是分析化学与物理学、电子学结合的时代,从以溶液化学分析为主的经典分析化学发展到以仪器分析为主的现代分析化学新阶段,分析仪器及仪器分析技术已成为分析化学的重要研究内容。经典分析化学主要研究的是物质化学组成。随着仪器分析发展,分析化学逐步成为研究物质化学组成、状态和结构的科学。仪器分析方法不仅用于分析目的,而且广泛地应用于研究和解决各种化学理论和实际问题。因此,亦可将它们称为化学中的仪器方法和技术。

仪器分析已成为当代分析化学的主流。表 1-1 给出不同年代各种分析方法所占的比例，可以看出仪器分析发展及各种方法在分析化学中的地位。

表 1-1 不同年代各种分析方法所占的比例 单位：%

	年份	1946	1955	1965	1975	1985	1995
仪器分析法	光谱法	14.3	26.3	28.7	29.7	30.0	30.0
	色谱分析法	1.4	2.3	12.0	26.7	35.0	36.0
	电化学法	4.4	6.2	10.2	13.5	15.0	16.0
	放射分析法	1.0	2.0	6.5	13.8	17.0	18.0
化学分析法	比色法	23.0	20.0	15.2	9.2	2.0	—
	滴定法	25.6	22.0	12.6	5.1	1.0	—
	重量法	8.5	6.5	3.6	2.0	—	—

1.1.3 仪器分析的特点

仪器分析推动分析化学迅速发展，与化学分析比较，仪器分析具有一系列特点，主要有

（1）试样用量少，适用于微量、半微量乃至超微量分析。由化学分析的 mL，mg 级降到 μL，μg 级，甚至更低的 ng 级。

（2）检测灵敏度高，最低检出量和检出浓度大大降低。由化学分析的 10^{-6} g 级降至 10^{-12} g 级，最低已达 10^{-18} g 级，适用于痕量、超痕量成分测定。

（3）重现性好，分析速度快，操作简便，易于实现自动化、信息化和在线检测。

（4）化学分析在溶液中进行，试样需要溶解或分解；仪器分析可在物质原始状态下分析，可实现试样非破坏性分析及表面、微区、形态等分析。

（5）可实现复杂混合物成分分离、鉴定或结构测定；一般化学分析方法难以实现。

（6）化学分析一般相对误差小于 0.3%，适用于常量和高含量成分分析。仪器分析一般相对误差较高，为 3%～5%，较不适宜常量和高含量成分分析。

（7）需要结构较复杂的昂贵仪器设备，分析成本一般比化学分析高。

1.1.4 分析化学向分析科学发展

仪器分析方法学上广泛采用各种化学及物理、生物等非化学的方法原理、技术，新型仪器装置及分析技术不断涌现，对分析化学发展和学科内涵带来革命性变化。20 世纪 70 年代以来，以计算机应用为主要标志的信息时代来临，给分析

化学带来新的大发展机遇。分析化学正处在第三次大变革时期，主要反映在两个方面。

其一是分析化学作为信息学科的新发展。分析化学通过化学、物理测量取得物质化学成分和结构信息，研究获取这些信息的最佳方法和策略，从本质上它一直是一门信息科学。随着分析仪器研究、制造和发展大大提高了分析化学获取信息的能力，扩大获取信息的范围。其研究内容除物质的元素或化合物成分、结构信息外，在很大程度上还应包括价态、形态、状态、空间结构，乃至能态分析、测定；研究试样成分的平均组成外，还涉及成分的时空分布：包括静态、动态、瞬时分析；小至几纳米空间、单个细胞，大至生物圈、宇宙空间物质成分分布，此外还包括表面分析、微区分析等；除实验室取样分析外，还发展到现场实时分析，过程在线(on-line)、线内(in-line)、活体内(in-vivo)原位分析等；常量、微量分析外，还要求痕量分析，甚至单原子、分子检测。运用数据处理、信息科学理论，分析化学已由单纯的数据提供者，上升到从分析数据获取有用信息和知识，成为生产和科研实际问题解决者。例如，20 世纪末实施的人类基因组计划，DNA 测序仪器技术不断推陈出新，从凝胶板电泳到凝胶毛细管电泳、线性高分子溶液毛细管电泳、阵列毛细管电泳，直至全基因组发射枪测序(whole genome shotgun sequencing)技术，在提前完成人类基因组计划中起到关键性作用。

其二，随着仪器分析发展，分析化学的定义、基础、原理、方法、技术、研究对象、应用等均发生根本变化。与经典分析化学密切相关的范畴是定性、定量分析、重量法、容量法、溶液反应、四大平衡、化学热力学、动力学等；而与现代分析化学相关的范畴是化学计量学、传感器和过程控制、专家系统、生物技术和生命科学、微电子学、集微光学和微工程学等。分析化学已超越化学领域，与物理学、数学、统计学、电子、计算机、信息、机械、资源、材料、生物医学、药学、农学、环境科学、天文学、宇宙科学等学科交叉、渗透，发展成以多学科为基础的综合性分析科学。

分析化学发展历程和三次大变革说明，仪器分析起到承前启后作用，是现代分析化学应用最广泛的方法、技术，也是当今分析化学研究的前沿。美国《分析化学》杂志编者指出：分析化学是一门仪器装置(instrumentation)和测量的科学，明确地把仪器装置作为分析化学的主要研究内容。为此，欧洲化学协会联合会(Federation of European Chemical Societies)的分析化学小组(Division of Analytical Chemistry)给出的分析化学定义为：分析化学是发展和应用各种方法、仪器和策略以获得有关物质在空间和时间方面组成和性质信息的一门科学(Analytical Chemistry is a scientific discipline that develops and applies methods, instruments and strategies to obtain informations on the composition and nature of matter in space and time)。

1.1.5 仪器分析的发展趋势

纵观仪器分析的历史和现状，可以预计，它今后发展会更迅速，应用更广泛，并将深刻改变分析化学和整个化学学科的面貌，在化学及相邻学科前沿的任何重大科学发现和突破，都不可能离开仪器分析的不断创新。仪器分析发展趋势大致有下列几方面：

（1）分析仪器和仪器分析技术将进一步向微型化、自动化、智能化、网络化发展。微型化、自动化的仪器分析方法将逐渐成为常规分析的重要手段；以生物芯片为代表的芯片实验室将进一步发展；并强化软件功能，创建虚拟仪器和虚拟实验室。

（2）各种新材料、新技术，例如，仿生材料、特殊物理结构和功能材料；激光、纳米、生物、微制造技术等，将在分析仪器中得到更多应用，导致仪器分析灵敏度、选择性和分析速度进一步提高。遥测、遥感、远程在线分析、控制仪器及在资源、环境、国防等方面应用亦将进入仪器分析领域。能瞬时反映生产过程、生态和生物动态过程的高灵敏度、高选择性的新型动态分析检测和无损伤探测技术将有新的发展。

（3）仪器分析联用技术，特别是色谱分离与质谱、光谱检测联用及与计算机、信息理论结合，将大大提高仪器分析获取并快速、高效处理化学、生物、环境等复杂混合体系物质组成、结构、状态信息的能力，成为解决复杂体系分析、分子群相互作用、推动组合化学、基因组学、蛋白质组学、代谢组学等新兴学科发展的重要技术手段。

（4）仪器分析研究对象重点将在生命科学或生物医药学，在细胞和分子水平上研究生命过程、生理、病理变化和药物代谢、基因寻找和改造。仪器分析将成为生物大分子多维结构和功能研究、疾病诊断技术的有力工具。

1.1.6 分析化学发展中的创新成就

分析化学伴随着科学发现和技术创新同步发展，作为体现创新、求实、献身等最高意义科学精神和最高科学成就的诺贝尔奖亦反映了近 100 年来分析化学，主要是仪器分析发展中里程碑式科学发明和技术进步。仪器分析发展是多学科相互渗透、交叉发展的结果，这些成就分布在物理学、化学等各个领域。下面列出了与建立现代仪器分析方法有关的某些获得诺贝尔奖的科学家及其贡献，从他们在不同时期的发现也可以看出分析仪器及仪器分析技术的大致发展进程。

1901 年 Röntgen W C(德国)发现 X 射线。(物理学奖)

1907 年 Michelson A A(美国)制造光学精密仪器及对天体所做的光谱研究。(物理学奖)

1915 年 Bragg W H(英国)及 Bragg W L(英国)采用 X 射线技术对晶体结构的分析。(物理学奖)

1922 年 Aston F W(英国)发明质谱技术并用来测定同位素。(化学奖)

1923 年 Pregl F(奥地利)发明有机物质微量分析法。(化学奖)

1924 年 Siegbahn M(瑞典)在 X 射线仪器方面的发现及研究。(物理学奖)

1930 年 Raman C V(印度)发现 Raman(拉曼)效应。(物理学奖)

1944 年 Rabi I I(美国)用共振方法记录了原子核的共振。(物理学奖)

1948 年 Tiselius A W K(瑞典)采用电泳及吸附分离人血清中蛋白质组分。(化学奖)

1952 年 Bloch F(美国)及 Purcell E M(美国)发展核磁共振的精细测量方法。(物理学奖)

1952 年 Martin A J P(英国)及 Synge R L M(英国)发明分配色谱法。(化学奖)

1959 年 Heyrovsky J(捷克)首先发展极谱分析仪及其分析方法。(化学奖)

1977 年 Yalow R(美国)开创放射免疫分析法。(生理医学奖)

1981 年 Siegbahn K M 发展高分辨电子能谱学、仪器并用于化学分析。(物理学奖)

1986 年 Binnig G(德国)及 Rohrer H(瑞士)发明隧道扫描显微镜。(物理学奖)

1991 年 Ernst R R(瑞士)对高分辨核磁共振分析的发展。(化学奖)

2002 年 Wüthrich K(瑞士)、Fenn J B(美国)及 Tanaka K(日本)在核磁共振、质谱生物大分子分析研究领域的重大突破。(化学奖)

1.2 仪器分析方法的类型

仪器分析方法很多,其方法原理、仪器结构、操作技术、适用范围等差别很大,多数形成相对较为独立的分支学科,但它们都是分析化学的测量和表征方法。表 1-2 列出了仪器分析方法中使用的物理、化学特征性质。基于这些物理、化学特征性质形成的仪器分析方法一般包括以下几类。

1.2.1 光学分析法

光学分析法或光分析法是基于分析物和电磁辐射相互作用产生辐射信号变化，包括表 1-2 中的前六项。光学分析法可分为光谱法和非光谱法，前者测量信号是物质内部能级跃迁所产生的发射、吸收和散射的光谱波长和强度；后者不涉及能级跃迁，不以波长为特征信号，通常测量电磁辐射某些基本性质（反射、折射、干涉和偏振等）变化。

电子能谱是以光电子辐射为基础的方法，从广义辐射概念考虑也可将其归属光学分析法。

1.2.2 电分析化学法

电分析化学或电化学分析法是根据物质在溶液中的电化学性质及其变化规律进行分析的方法，测量电位、电荷、电流和电阻等电信号，如表 1-2 中的四个电性质。

1.2.3 分离分析法

分离分析法，这里是指分离与测定一体化的仪器分离分析法或分离分析仪器方法，主要是以气相色谱、高效液相色谱、毛细管电泳等为代表的分离分析方法及其与上述仪器联用的分离分析技术。色谱分析包括分离和检测两部分。色谱分离基于物质在吸附剂、分离介质或分离材料上的吸附、吸着、蒸气压、溶解度、疏水性、离子交换、分子体积等多种物理化学性质差异，未包含在表 1-2 特征性质中。色谱分离各组分，其检测可基于物质的物理化学性质，包括表 1-2 某些特征性质。尽管色谱检测器与一般分析仪器原理相似，但设计、结构相差很大。分离分析法用于混合物，特别是各种复杂混合物的分离测定。

1.2.4 其他仪器分析方法

其他仪器分析方法主要基于表 1-2 中的最后四个特征性质。包括质谱法，即物质在离子源中被电离形成带电荷离子，在质量分析器中按离子质荷比（m/z）进行测定；热分析法，基于物质的质量、体积、热导或反应热等与温度之间关系的测定方法；根据反应速率进行分析的动力学方法；利用放射性同位素进行分析的放射化学分析法等。

表 1-2 仪器分析方法中使用的物理、化学特征性质

特征性质	仪器分析方法
辐射的发射	发射光谱(X射线、紫外、可见、电子能谱、Auger电子能谱);荧光;磷光和化学发光(X射线、紫外、可见)
辐射的吸收	分光光度法和光度法(X射线、紫外、可见、红外);光声光谱;核磁共振;电子自旋共振谱
辐射的散射	比浊法;浊度测定法;Raman光谱
辐射的折射	折射法;干涉衍射法
辐射的衍射	X射线;电子衍射法
辐射的旋转	偏振测定法;旋光散射法;圆二色谱
电位	电位法;计时电位分析法
电荷量	库仑法
电流	安培法;极谱法
电阻	电导法
质量	重量法(石英晶体微天平)
质荷比	质谱法
反应速率	动力学方法
热性质	热重量和热滴定法;差示扫描量热法;差热分析法;热导法
放射性	放射化学分析法

1.3 分析仪器

分析仪器涉及仪器物理原理、研发、设计、制造和装配等。仪器分析工作者应掌握分析仪器的物理、化学原理、机械结构、电子线路、计算机控制和数据处理等,这些是仪器保养、正常运行并处于最佳工作状态、充分发挥仪器功能的重要条件。但目前分析化学教学在这方面比较薄弱,难以适应社会需要,是教学改革需要解决的问题。当然实际工作锻炼、自学能力和经验积累是弥补这方面缺陷的途径。化学家常根据研究工作需要,实验室条件,利用各种元器件和商品仪器组件、配件,设计、组装各种性能、用途的分析仪器。自组装仪器一般不仅具有机动、灵活、实用、成本低等特点,也是发展新型分析仪器的重要途径。国内分析仪器研究、发展水平较低,多数现代分析仪器目前仍主要靠进口,相应地教育发展、改革对改变这种状况有积极意义。

1.3.1 分析仪器的类型

分析仪器是仪器分析方法的技术设备,包括通用分析仪器和专用分析、测量

仪器两大类。通用分析仪器根据仪器设计的物理或物理化学基础，可进一步分为光谱仪、电化学分析仪、色谱仪、质谱仪、核磁共振波谱仪、热分析仪等；而根据分析对象亦可分为分子分析仪器、原子分析仪器、分离分析仪器、联用分析仪器、试样预处理仪器和数据处理仪器等。专用性分析仪器主要是指不同应用学科领域测定某些特定对象或项目的分析仪器，如环境分析仪器中的大气监测仪、水质分析仪、噪声与振动测量仪等；生物医学分析仪器中的动态心电图仪、超声诊断仪、血气分析仪、人体磁共振成像仪、酶联免疫分析仪等；工业生产流程自动控制的过程分析仪器等。通用分析仪器是专用分析仪器产生的基础，大多数专用分析仪器具有通用分析仪器的共同物理、生物、化学原理和理论基础，但根据应用对象不同，其结构、技术设计、制造工艺更为复杂，涉及应用学科大量技术难题，每种专用仪器都有多种专著论述。本书主要讨论各种商品化通用分析仪器，这是分析仪器最核心的组成部分。

1.3.2 分析仪器的基本结构单元

分析仪器基于分析物质或体系的物理或化学性质、结构在外场作用下产生可收集、处理、显示并能为人们解释的信号或信息。物质的某些性质或内在结构并非人们能直接观察到，因此，分析仪器可看成被研究体系与研究者之间的通讯器件。现代分析仪器品种繁多、型号多变、结构各异、计算机应用和智能化程度等差别很大，但一般都包括如图 1-1 所示的四个基本结构单元或系统，且每个单元都或多或少与计算机控制有关。需要指出的是，由于分析仪器结构的多样性，功能组合不同，信息发生器和信息处理单元之间有些功能互相交叠。因而，各种仪器分析教材或文献对分析仪器基本结构单元划分不完全相同。

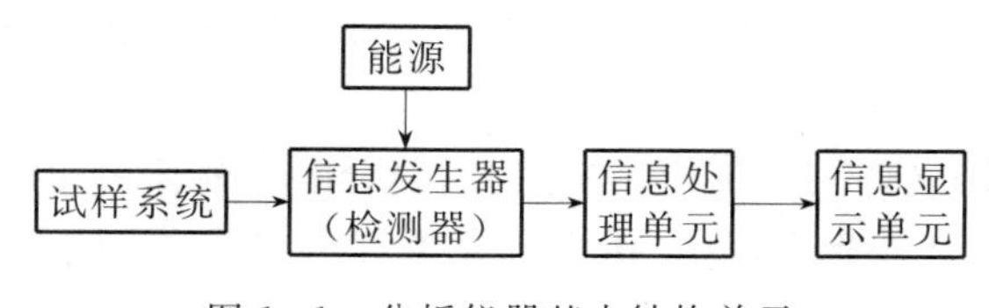

图 1-1 分析仪器基本结构单元

1. 试样系统

试样系统功能是分析试样的引进或放置，亦可能包括物理或化学状态改变、成分分离等，以适应检测要求，但试样性质不得改变。不同仪器类型的试样系统差别很大，有些与检测处在同一位置；有些没有试样系统，如在线分析仪器。

2. 能源

能源提供与分析物或系统发生作用的探测能源，通常为电磁辐射或场、电能、机械能或核能等。如光分析仪器的光源、X射线衍射仪的X射线管等。

3. 信息发生器

信息发生器包括检测器(detector)、转换器(transducer)或传感器(sensor),这三者常作为同义术语,但事实上它们含义有一定区别。最普遍的检测器是一个机械、电或化学装置,外能作用下,基于检测物质的物理、化学性质产生检测信息或信号,如电信号(电压、电流)、发射电磁波、电磁辐射的衰减、核辐射、电子流、离子流、热能、压力、粒子或分子等。检测器或检测系统成为整个仪器的接收装置,指示或记录物理量或化学量,分析物或系统环境中存在某个变量或它的变化。例如,UV检测器指示或记录色谱淋洗液中存在UV吸收的组分及浓度变化。

转换器是一个将非电信号转换成电信号或相反的特殊装置。一般电信号可直接被处理单元接收,非电信号需通过转换器装置转变成电信号,如光电倍增管、光电二极管、光电池或其他光电检测器等,产生电流或电压正比于落在其表面的电磁辐射强度。其他例子有热敏电阻、热电堆、应变仪、Hall效应磁场强度变换器等。

传感器指一类能连续、可逆地监测特殊化学成分的分析装置或器件,能将某些化学成分感应转变成电信号,已成为广泛使用的术语。本书中有许多传感器的例子,包括玻璃电极、Clark氧电极、光纤传感器。基于压电特性的石英晶体微天平(QCM)具有特殊价值。这种传感器可检测各种气相成分,包括甲醛、氯化氢、硫化氢、苯及化学毒气(如芥子气和光气)等。

分析仪器产生和变换信息或信号方式多种多样,下面以光分析仪器为例说明检测方式的多样性。

(1) 复合探测光单一化后作用于试样,用单一检测器检测响应信号。例如,紫外-可见吸收光谱仪中,将经过光栅或棱镜分光的紫外或可见光作用于试样,用单一转换器检测信号。

(2) 复合探测光作用于试样,将得到的复合响应光信号单一化后,用转换器依次检测。例如,红外光谱仪中,用不分光的红外光束作用于试样,得到的复合响应光信号分光,用单一检测器进行检测。

(3) 将得到的复合应答信号单一化后,用多检测器检测。例如,光电直读发射光谱仪,复合光响应光信号经光栅分光后,分别由不同的检测器检测不同元素的特征线。

(4) 将得到的复合响应光信号一次全部进入单一检测器,然后通过计算机用一些数学方法处理,得到有用的信息。例如,傅里叶变换红外光谱。

4. 信息处理单元

信息处理单元功能是信号或信息接收、放大、衰减、相加、差减、积分、微分、数字化、变换、存储等。信号处理涉及模量信号和数字信号两种类型，计算机在分析仪器中广泛应用，模量信号均需通过模/数变换转变成数字信号，以适应程序控制、自动化、信息化仪器分析需要。

5. 信息显示单元

信息显示单元亦称为读出装置，将电信号或信息转变成人们能直接观察和理解的信息，主要包括表头、记录仪、示波器、显示器、打印机等。通常，这种信号转换采用阴极射线管阿拉伯数字或图形输出，在有些情况下，可直接给出分析物组分和相对浓度等。

分析仪器研发与电子学、化学计量学、计算机的发展密切相关，因为信号的发生、转换、放大和显示都可用电子元件、线路快速而方便地完成；计算机的引入可提高仪器性能、测定的重现性，亦可简化操作或实现分析自动化。

1.3.3 分析仪器的性能指标

为了评价分析仪器的性能，需要一定的性能参数与指标。根据这些参数可对同一类型的不同型号仪器进行比较，作为购置仪器、考察仪器工作状况的依据；亦可对不同类型仪器进行比较，预测其用途。一般来说，分析仪器具有以下一些常用性能参数与指标。

1. 精密度(precision)

分析数据的精密度指同一分析仪器的同一方法多次测定所得到数据间的一致程度，是表征随机误差大小的指标，亦称为重复测定结果随测定平均值的分散度，即重现性。按国际纯粹与应用化学联合会(IUPAC)规定，用相对标准偏差 s_r 表示精密度(也记为 RSD)：

$$s_r=\frac{s}{\overline{x}} \tag{1-1}$$

式中 s 为标准偏差；$\overline{x}$ 为 n 次测定平均值，即

$$\overline{x}=\frac{1}{n}\sum_{i=1}^{n}x_i \tag{1-2}$$

$$s=\sqrt{\frac{\sum_{i=1}^{n}(x_i-\overline{x})^2}{n-1}} \tag{1-3}$$

2. 灵敏度(sensitivity)

仪器或分析方法灵敏度是指区别具有微小浓度差异分析物能力的度量。灵敏度取决于两个因素：即校准曲线的斜率和仪器设备的重现性或精密度。在相同精密度的两个方法中，校准曲线斜率越大，方法越灵敏。同样，在校准曲线斜

率相等的两种方法中，精密度好的有较高灵敏度。根据 IUPAC 规定，灵敏度用校准灵敏度(calibration sensitivity)表示，即测定浓度范围内校准曲线斜率(S)。一般通过一系列不同浓度标准溶液来测定校准曲线。

$$R = Sc + S_{bl} \tag{1-4}$$

式中 R 是测定响应信号，S 为校准曲线斜率(校准灵敏度)，c 是分析物浓度，S_{bl} 为仪器的本底空白信号，是校准曲线在纵坐标上的截距。用这种校准曲线，校准灵敏度不随浓度改变。在考虑各次测定精密度时，校准灵敏度作为性能指标可能显示其不足。

需要说明的是，仪器校准灵敏度随选用的标准物和测定条件不同，测定的灵敏度不一致。仪器制造商或使用者给出灵敏度数据，一般应提供测定条件和试样。例如，色谱仪器灵敏度常选用苯、联苯或萘为试样，并说明分离和检测器工作条件。此外，各种仪器方法通常有自己习惯使用的灵敏度概念，如原子吸收光谱中，常用“特征浓度”，即所谓 1%净吸收灵敏度表示。

人们认为，灵敏度在具有重要价值的数学处理中，需要包括精密度。因而提出分析灵敏度 S_a(analytical sensitivity)的定义：

$$S_a = \frac{S}{s_s} \tag{1-5}$$

式中 S 仍为校准曲线斜率；s_s 为测定标准偏差。分析灵敏度具有的优点是对仪器放大系数相对不敏感。例如，用放大系数为 5 提高仪器增益，可产生 5 倍的 S 增加。然而，通常这种增加会伴随 s_s 增加，从而保持分析灵敏度相对恒定。分析灵敏度的第二个优点是与测定 S 的单位无关。分析灵敏度的缺点是与浓度的相关性，因 s_s 可能随浓度变化。

3. 检出限(detection limit)

检出限又称检测下限或最低检出量等，定义为一定置信水平下检出分析物或组分的最小量或最低浓度。它取决于分析物产生信号与本底空白信号波动或噪声统计平均值之比。当分析物信号大于空白信号随机变化值一定倍数 k 时，分析物才可能被检出。因此，检出限的分析信号 S_m 和它的标准偏差接近空白信号 S_{bl} 及它的标准偏差 s_{bl}。最小可鉴别的分析信号 S_m 至少应等于空白信号平均值 S_{bla} 加 k 倍空白信号标准偏差之和：

$$S_m = S_{bla} + ks_{bl} \tag{1-6}$$

测定 S_m 的实验方法是通过一定时间内 20～30 次空白测定，统计处理得到 S_{bla} 和 s_{bl}，然后，按检出限定义可得最低检测浓度 c_m 或最低检测量 q_m：

$$c_m = \frac{S_m - S_{bla}}{S} = \frac{ks_{bl}}{S} = \frac{3s_{bl}}{S} \tag{1-7}$$

或
$$q_m=\frac{3s_{bl}}{S} \tag{1-8}$$

式中 S 表示被测组分的质量或浓度改变一个单位时分析信号变化量，即灵敏度。研究表明，式(1-7)、式(1-8)中，k 合理值为 $k=3$，此时大多数情况下检测置信水平为 95%，k 值进一步增加，难以获得更高检测置信水平。因此，最低检测浓度或检测量表示能得到相当于三倍空白信号波动标准偏差或噪声信号的最低物质浓度或最小物质质量。

式(1-7)、式(1-8)表明，检出限和灵敏度是密切相关的两个指标，灵敏度越高，检出限越低。但两者含义不同，灵敏度指分析信号随组分含量变化的大小，与仪器信号放大倍数有关；而检出限与空白信号波动或仪器噪声有关，具有明确统计含义。提高精密度，降低噪声，可以降低检出限。

4. 动态范围(dynamic range)

图 1-2 描述动态线性响应范围或线性范围定义，即定量测定最低浓度(LOQ)扩展到校准曲线偏离线性响应限(LOL)的浓度范围。定量测定下限一般取等于 10 倍空白重复测定标准偏差，或 $10s_{bl}$。这点相对标准差约 30%，随浓度增加而迅速降低。检测上限，相对标准偏差是 100%。

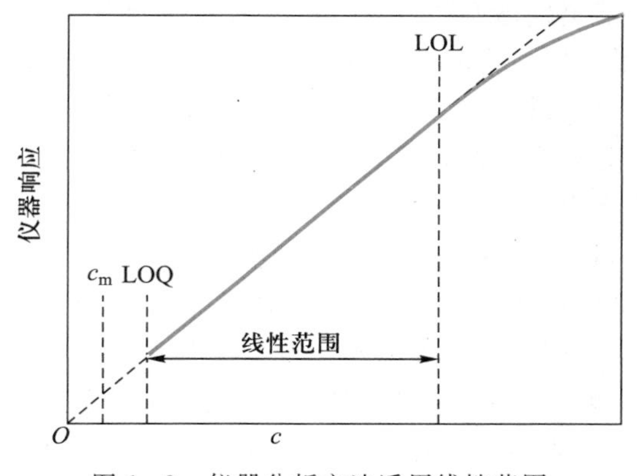

图 1-2　仪器分析方法适用线性范围

各种仪器线性范围相差很大，实用分析方法动态范围至少两个数量级。有些方法适用浓度范围 5～6 个数量级。

5. 选择性(selectivity)

一种仪器方法的选择性是指避免试样中含有其他组分干扰组分测定的程度。没有一个分析方法能完全避免其他组分干扰，因而降低干扰是分析测试中常需要的步骤。

例如，一个试样含有分析物 A 及潜在干扰物 B 和 C。如果 c_A，c_B 和 c_C 是三

个组分浓度，S_A，S_B 和 S_C 是它们的校正灵敏度，则仪器总的检测信号为

$$S=S_Ac_A+S_Bc_B+S_Cc_C+S_{bl} \tag{1-10}$$

A 对 B，C 的选择性系数 k_{BA}，k_{CA} 分别定义为

$$k_{BA}=\frac{S_B}{S_A} \tag{1-11}$$

$$k_{CA}=\frac{S_C}{S_A} \tag{1-12}$$

将式(1-11)、式(1-12)代入式(1-10)得

$$S=S_A(c_A+k_{BA}c_B+k_{CA}c_C)+S_{bl} \tag{1-13}$$

选择性系数从 0(无干扰)到大于 1。注意，当干扰引起信号强度下降时，选择性系数可为负值。

6. 响应速度

响应速度是指仪器对检测信号的反应速度，定义为仪器达到信号总变化量一定百分数所需的时间。

7. 分辨率(resolution)

分辨率是指仪器鉴别由两相近组分产生信号的能力。不同类型仪器分辨率指标各不相同，光谱仪器指将波长相近两谱线(或谱峰)分开的能力；质谱仪器指分辨两相邻质量组分质谱峰的分辨能力；色谱指相邻两色谱峰的分离度；核磁共振波谱有它独特的分辨率指标，以邻二氯甲苯中特定峰，在最大峰的半宽度(以 Hz 为单位)为分辨率大小。

需要指出的是，目前国内外关于各种分析仪器性能及指标尚无统一认识和标准，有些性能含义仍存在一定争议，不同类型仪器、不同厂家生产的同一类型仪器，乃至同一厂家生产的同一类型不同型号仪器常提供不同性能指标或参数。例如，红外光谱仪一般给出波长范围、波长精度、波长分辨率、信噪比等；质谱仪一般给出质量范围、分辨率、扫描速率、灵敏度等；而高效液相色谱仪分别提供高压输液泵的流速范围和流速精度及检测器(如紫外-可见光检测器)的噪声、稳定性(漂移)、波长范围、测量范围等。

1.3.4 分析仪器和方法校正

仪器分析中将分析仪器产生的各种响应信号值转变成被测物质的质量或浓度的过程称为校正，一般包括分析仪器的特征性能指标和定量分析方法校正。

各种分析仪器的性能指标在出厂前和实验室安装过程中都需调试和检测，使仪器性能处于最佳状态，一般不要轻易调整。但提供试样定性、结构特征的重要或特征性能及灵敏度、检出限等指标，在仪器运行过程中，根据需要经常或定

期校正、检测，以监测仪器正常运行、保证分析结果的可靠性。例如，红外光谱仪的波长或波数的准确度和分辨率是否下降，通常使用已知吸收谱带的聚苯乙烯薄膜校正波数或波长准确度和分辨率，在各波数区的波数误差必须达到要求值，并能分辨出相邻的几个特征吸收峰。这两个指标与红外光谱仪其他性能密切相关，较全面反映整机工作状态。又如，有机质谱仪在分析试样过程中需经常用全氟煤油(perfluorokerosene，PFK)进行质量校正。不同类分析仪器的校正技术和使用的标准试样差别较大。

各类仪器分析定量方法校正，即建立仪器输出测定信号与被分析物质浓度或质量的关系。最普通的方法是用一组待测组分含量不同的标准试样或基准物质配成浓度不同溶液作出校准曲线。用最小二乘法可得出分析信号与待测物浓度或量之间的函数关系，称为校准函数，$y=f(\tau)$。在定量分析中需要由试样经分析仪器测定信号求出待测物质浓度 c，因此用校准函数的反函数更为方便。$c=f(y)$，称为分析计算函数，或简称分析函数。实验测得的仪器响应与浓度关系并不都有用，只有在动态范围内才适用于定量校正。

在仪器分析中希望校准函数是线性，因为使用方便，如吸收光谱、极谱都如此，此时函数可表示为

$$y=b_0+b_1c \tag{1-14}$$

用最小二乘法可由实验值(y_i,c_i)求出此方程两个参数：

$$b_0=\frac{(\sum c_i^2)(\sum y_i)-(\sum c_i)(\sum c_iy_i)}{n(\sum c_i^2)-(\sum c_i)^2} \tag{1-15}$$

$$b_1=\frac{n(\sum c_iy_i)-(\sum c_i)(\sum y_i)}{n(\sum c_i^2)-(\sum c_i)^2} \tag{1-16}$$

式中 n 为用作校正数据对的数目。一般用最小二乘法求回归时，基本假设是：(1) c 比 y 要准确，将 c_i 作为准确数字；(2) y_i 只包含测量误差。测量误差服从正态分布，且每次测量误差是独立的。由于用 n 个点建立一条校准曲线不可能每个点都落在曲线上，即校准点有一定波动，故校准函数应写作 $y=b_0+b_1c+\Delta y$，式中 Δy 代表测量值的波动，其大小可用方差 σ_y^2 表示。

如果校准函数不是线性的，则可通过变量变换为线性。例如，离子选择性电极的信号 E 与 c 成对数关系，属于特例。普遍的简化方法是假设在一个小浓度范围内是线性的，如发射光谱、X 射线荧光光谱等。这类仪器方法校准准确度取决于试样浓度范围、响应曲线的曲率大小。可采用多项式校准函数，在函数中引入二次项得 $y=b_0+b_1c+b_2c+\Delta y$。用最小二乘法由实验数据求得三个参数 b_0,b_1,b_2，从而得到校准函数。同样可求出数据点波动方差。如果由二次多项

式模型算出的方差$(\sigma_y^2)_2$较之用线性模型校正的σ_y^2显著得小，则说明应用二次模型校正。反之，若二者差异不大，则表示可用线性校正。

各类仪器定量方法校正，根据标准物不同，一般分为外标法和内标法两大类。外标法的共同点是所使用的标准物与被测定物是同一物质；内标法的标准物与被测定物不是同一物质。根据仪器类型、操作条件、试样组成、分析要求等不同，操作技术大同小异，可形成多种名称定量校正方法，除校准曲线法、外标法、内标法名称外，还有标准加入法、单点校正法等。需要指出，在多组分同时定量测定中，可结合采用外标法和内标法。个别仪器定量方法校正可能需采用非仪器方法，如化学定量分析校正。

由于不同类型分析仪器和方法校准存在较大差别，在各章讨论中将做具体或深入介绍。

思考、练习题

1-1 试说明分析化学定义或学科内涵随学科发展的变化。

1-2 化学分析与仪器分析的主要区别是什么？从分析化学整体来看，它们有哪些共同点？

1-3 试说明仪器分析在当代分析化学中的作用和地位。

1-4 本书中列出了与建立现代仪器分析方法有关的某些获得诺贝尔奖的科学家及其贡献，你是否读到过并能提供、说明个别你感兴趣科学家的生平、研究经历的资料和启迪？

1-5 试说明分析仪器与仪器分析的区别与联系。分析仪器涉及化学以外的哪些主要学科？

1-6 分析仪器一般包括哪些基本组成部分？通用性分析仪器和专用性分析仪器有何异同之处？

1-7 采用仪器分析进行定量分析为什么要进行校正？

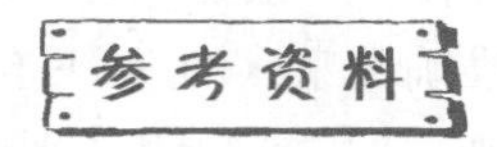

参考资料

扫一扫查看

第2章　光谱分析法导论

光谱分析法或光谱分析是仪器分析中一类重要的光分析法。光分析法的基础包括两个方面，其一为能量作用于待测物质后产生光辐射，该能量形式可以是光辐射和其他辐射能量形式，也可以是声、电、磁或热等能量形式；其二为光辐射作用于待测物质后发生某种变化，这种变化可以是待测物质物理化学特性的改变，也可以是光辐射光学特性的改变。基于此，可以建立一系列的分析方法，这些分析方法均可称为光分析法。随着学科的发展，除光辐射外，基于检测 γ 射线、X 射线及微波和射频辐射等作用于待测物质而建立起来的分析方法，也归类于光分析法。任何光分析法均包含有三个主要过程：(1) 能源提供能量；(2) 能量与被测物质相互作用；(3) 产生被检测的信号。

光分析法分为光谱分析法和非光谱分析法。光谱分析法和非光谱分析法的区别在于，光谱分析法中能量作用于待测物质后产生光辐射，以及光辐射作用于待测物质后发生的某种变化与待测物质的物理化学性质有关，并且为波长或波数的函数，如光的吸收及光的发射，这些均涉及物质内部能级跃迁；非光谱分析法表现为光辐射作用于待测物质后，发生散射、折射、反射、干涉、衍射、偏振等现象，而这些现象的发生只是与待测物质的物理性质有关，不涉及能级跃迁。因此，光谱分析法不仅可以提供物质的量的信息，还可以提供物质的结构信息，并广泛地应用于化学、物理、环境、生物和材料等领域，特别是在物质组成研究、结构分析、生物大分子几何构型的确定、表面分析等方面，发挥着重要作用。目前，光谱分析法已成为仪器分析方法中的重要组成部分。

2.1　电磁辐射的性质

电磁辐射的波动性和粒子性称为电磁辐射的二象性，两者相互补充。事实上已发现电子流和其他基本粒子流也具有波粒二象性。

2.1.1　电磁辐射的波动性

电磁辐射具有波动性，如光的折射、衍射、偏振和干涉等，其许多性质可以用经典的正弦波加以描述，因而通常用周期(T)、波长(λ)、频率(ν)和波数(σ)等进行表征。电磁波按所处波长或频率的不同区域，分为无线电波、微波、红外线、可见光、紫外线、X 射线等。电磁辐射可以在空间进行传播，不同波长和频率的电磁辐射在真空中的传播速率都等于光速 c($c=2.998\times10^{8}\,\text{m}\cdot\text{s}^{-1}$),即

$$\lambda\nu=c \tag{2-1}$$

在光谱分析中,波长的单位常用纳米(nm)或微米(μm)表示;频率常用单位赫[兹](Hz,s^{-1})表示;波长的倒数 σ 称为波数,常用单位 cm^{-1},它表示在真空中单位长度内所具有的波的数目,即 $\sigma=1/\lambda$。当波长的单位用微米时,波长与波数的关系式为

$$\sigma\lambda=10^{4} \tag{2-2}$$

表2-1中列出了电磁波谱的主要参数。表中的紫外光区分为远紫外光区和近紫外光区,通常由于空气中的气体成分吸收远紫外光,因此远紫外光区也称为真空紫外光区;红外光区分为近红外光区、中红外光区和远红外光区,实际波谱区通常是合成光学光谱区,常用波数表示“波长”范围;1 m(米)$=10^{6}$ μm(微米)$=10^{9}$ nm(纳米)$=10^{10}$ Å(埃)$=10^{12}$ pm(皮米);1 eV$=1.602\,2\times10^{-19}$ J(焦[耳]),相当于频率 ν 为 $2.418\,6\times10^{-14}$ Hz(或波长 λ 为 $1.239\,5\times10^{-6}$ m,或波数 σ 为 $8\,067.8\ \text{cm}^{-1}$)的光子所具有的能量。能量和波长换算所涉及的常数及换算关系包括:普朗克常量 $h=6.626\times10^{-34}$ J·s;玻耳兹曼常量 $k=1.381\times10^{-23}$ J·K^{-1};电子的静止质量 $m=9.109\times10^{-28}$ g;电子电荷 $-e=-1.602\times10^{-19}$C(库[仑])。

表2-1 电磁波谱的主要参数

波谱区域	波长范围	波数/cm^{-1}	频率范围/MHz	光子能量/eV	主要跃迁能级类型
γ射线	5~140 pm	2×10^{10}~7×10^{7}	6×10^{14}~2×10^{12}	2.5×10^{6}~8.3×10^{3}	核能级
X射线	10^{-3}~10 nm	10^{10}~10^{6}	3×10^{14}~3×10^{10}	1.2×10^{6}~1.2×10^{2}	内层电子能级
远紫外光	10~200 nm	10^{6}~5×10^{4}	3×10^{10}~1.5×10^{9}	125~6	
近紫外光	200~400 nm	5×10^{4}~2.5×10^{4}	1.5×10^{9}~7.5×10^{8}	6~3.1	原子及分子的价电子或成键电子能级
可见光	400~750 nm	2.5×10^{4}~1.3×10^{4}	7.5×10^{8}~4.0×10^{8}	3.1~1.7	
近红外光	0.75~2.5 μm	1.3×10^{4}~4×10^{3}	4.0×10^{8}~1.2×10^{8}	1.7~0.5	分子振动能级
中红外光	2.5~50 μm	4 000~200	1.2×10^{8}~6.0×10^{6}	0.5~0.02	
远红外光	50~1 000 μm	200~10	6.0×10^{6}~10^{5}	2×10^{-2}~4×10^{-4}	分子转动能级电子自旋
微波	0.1~100 cm	10~0.01	10^{5}~10^{2}	4×10^{-4}~4×10^{-7}	
射频	1~1 000 m	10^{-2}~10^{-5}	10^{2}~0.1	4×10^{-7}~4×10^{-10}	核自旋

2.1.2 电磁辐射的粒子性

电磁辐射还具有粒子性，表现为电磁辐射的能量不是均匀连续分布在它传播的空间，而是集中在辐射产生的微粒上。因此，电磁辐射不仅具有广泛的波长（或频率、能量）分布，而且由于电磁辐射波长和频率的不同而具有不同的能量和动量。通常用 eV 表示电磁辐射的能量，1 eV 为一个电子通过 1 V 电压降时所具有的能量。电磁辐射能量与波长的关系为

$$E=h\nu=\frac{hc}{\lambda} \tag{2-3}$$

电磁辐射的动量与波长的关系为

$$p=\frac{h\nu}{c}=\frac{h}{\lambda} \tag{2-4}$$

光的吸收、发射和光电效应等都是电磁辐射的粒子性的现实表现。不同波长或频率区域的电磁波对应不同的量子跃迁，因而以不同波长或频率区域的电磁波为基础建立起来的各种电磁波谱方法也不尽相同。例如，紫外－可见吸收光谱是由分子价电子在电子能级间的跃迁产生的，分子的振动和转动能级的跃迁产生了红外光谱，而 X 射线衍射是高速运动的电子束轰击原子内层电子的结果。

2.1.3 电磁波谱

电磁辐射具有广泛的波长（或频率、能量）分布，将电磁辐射按其波长（或频率、能量）顺序排列，即为电磁波谱。与不同量子跃迁对应的电磁辐射具有不同的波长（或频率、能量）区域，而且产生的机理也不相同。通常以一种量子跃迁为基础可以建立一种电磁波谱方法，不同的量子跃迁对应不同的波谱方法。由电磁辐射提供能量致使量子从低能级向高能级的跃迁过程，称为吸收；由高能级向低能级跃迁并发射电磁辐射的过程，称为发射；由低能级吸收电磁辐射向高能级跃迁，再由高能级跃迁回低能级并发射相同频率电磁辐射，同时存在弛豫现象的过程，称为共振。

例如，分子外层存在电子能级，而每个电子能级存在不同的振动能级，每个振动能级又存在不同的转动能级，因此，基于低电子能级向高电子能级的跃迁可建立紫外－可见吸收光谱，而基于低振动－转动能级向高振动－转动能级的跃迁可建立红外吸收光谱，前者跃迁所涉及的能量对应于紫外－可见波长区域，后者跃迁所涉及的能量对应于红外波长区域。

2.1.4 电磁辐射与物质的相互作用

电磁辐射与物质的相互作用包括物理作用和光谱作用。物理作用包括散射、折射、反射、干涉和衍射等，据此可建立非光谱分析法；光谱作用包括吸收和发射，据此可建立光谱分析法。本章只讨论光谱作用。

2.1.4.1 吸收

当电磁波作用于固体、液体和气体物质时，若电磁波的能量正好等于物质某两个能级（如第一激发态和基态）之间的能量差时，电磁辐射就可能被物质所吸收，此时电磁辐射能被转移到组成物质的原子或分子上，原子或分子从较低能态吸收电磁辐射而被激发到较高能态或激发态（图2-1）。在室温下，大多数物质都处在基态，所以吸收辐射一般都要涉及从基态向较高能态的跃迁。由于物质的能级组成是量子化的，因此吸收也是量子化的。对吸收频率的研究可提供一种表征物质试样组成的方法，由此可以通过实验得到吸光度对波长或频率的函数图，即吸收光谱图。物质的吸收光谱差异很大，特别是原子吸收光谱和分子吸收光谱。一般来说，它与吸收组分的复杂程度、物理状态及其环境有关。

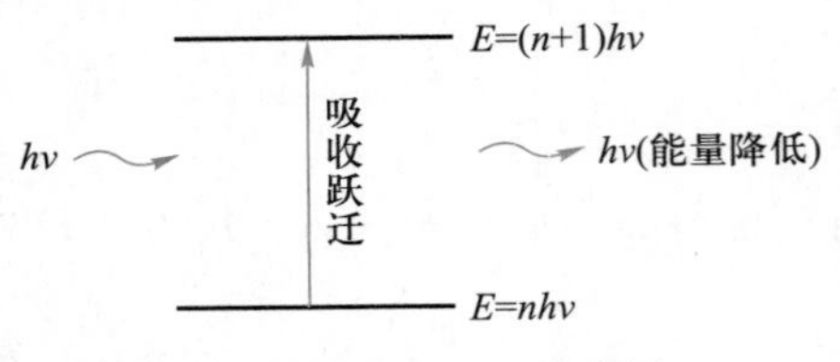

图2-1 吸收跃迁示意图

1. 原子吸收

当电磁辐射作用于气态自由原子时，电磁辐射将被原子所吸收，如图2-2所示。由于原子外层电子的能级，其任意两能级之间的能量差所对应的频率基本上处于紫外或可见光区，因此，气态自由原子主要吸收紫外或可见电磁辐射。同时，由于原子外层的电子能级数有限，因此，产生原子吸收的特征频率也有限，而且由于气态自由原子通常处于基态，致使由基态向更高能级的跃迁具有较高的概率，故而电磁辐射作用于气态自由原子时，在现有的检测技术条件下，通常只有少数几个非常确定的频率被吸收，表现为原子中的基态电子吸收特定频率的电磁辐射后，跃迁到第一激发态、第二激发态或第三激发态等。以气态钠原子为例，它只具有很少几个可能的能态。在通常情况下，钠蒸气中的所有原子基本上都处在基态，即它们的价电子位于3s能级，其3p的两个能级与3s能级的能量差所对应的波长分别为589.30 nm和589.60 nm。如果以含有波长589.30 nm和589.60 nm的可见光作用于钠原子，则许多基态钠原子的外层电子将吸收589.30 nm或589.60 nm的光子并跃迁到3p的两个能级上，并可以观测到基态钠原子对589.30 nm和589.60 nm波长的光的吸收双线。如果电磁辐射的能量更高，还可能观测到3s能级到更高能级如5p能级的吸收，相对应的吸收波长为285 nm左右。实际上，3s能级到5p能级的跃迁概率较小，因此对检测技术的灵敏度要求更高，同时由于 5p 的两个能级能量差极小，要观测到 3s 能级到 5p 两个能级的吸收双线，对检测技术的分辨率同样要求更高，而常规的仪器很难做到这一点。

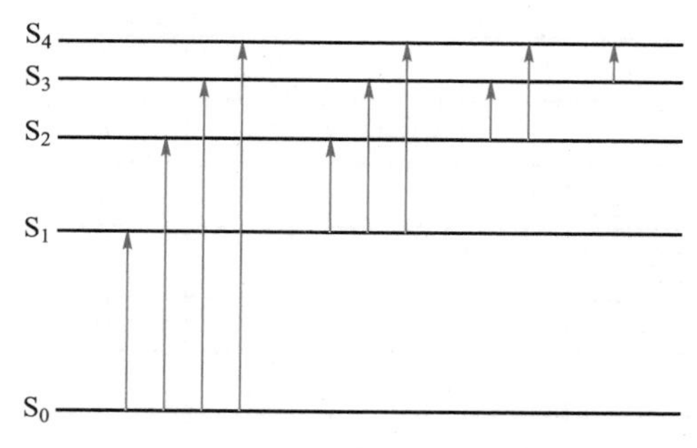

图 2-2 原子吸收跃迁示意图

紫外和可见光区的能量足以引起外层电子或价电子的跃迁，相应的分析方法是原子吸收光谱法。而能量大几个数量级的 X 射线，能与原子的内层电子相互作用，故在 X 射线光谱区能观察到原子最内层电子跃迁产生的吸收峰。

2. 分子吸收

当电磁辐射作用于分子时，电磁辐射也将被分子所吸收。分子除外层电子能级外，每个电子能级还存在振动能级，每个振动能级还存在转动能级，因此分子吸收光谱较原子吸收光谱要复杂得多。分子的任意两能级之间的能量差所对应的频率基本上处于紫外、可见和红外光区，因此，分子主要吸收紫外、可见和红外电磁辐射，表现为紫外-可见吸收光谱和红外吸收光谱。

同时，由于振动能级相同但转动能级不同的两个能级之间的能量差很小，由同一能级跃迁到该振动能级相同但转动能级不同的两个跃迁的能量差也很小，因此对应的吸收频率或波长很接近，通常的检测系统很难分辨出来，而分子能量相近的振动能级又很多，因此，表观上分子吸收的量子特性表现不出来，而表现为对特定波长段的电磁辐射的吸收，光谱上表现为连续光谱。

分子的总能量 $E_{分子}$ 通常包括三个部分，分子的电子能量 $E_{电子}$，分子中各原子振动产生的振动能 $E_{振动}$，以及分子围绕它的重心转动的转动能 $E_{转动}$。通常用下式表示：

$$E_{分子}=E_{电子}+E_{振动}+E_{转动} \tag{2-5}$$

图 2-3 为分子电子能级的吸收跃迁示意图，图示仅仅为两个电子能级之间的跃迁，这种跃迁可以从较低的电子能级跃迁到较高电子能级的不同振动能级和不同转动能级。如果考虑分子外层多个电子能级相互之间的跃迁及所涉及的多个振动能级和转动能级，其跃迁数将大幅增加。该跃迁所对应的波长范围在

紫外-可见光区，根据分子对紫外、可见光的吸收特性，建立了紫外-可见吸收光谱法。

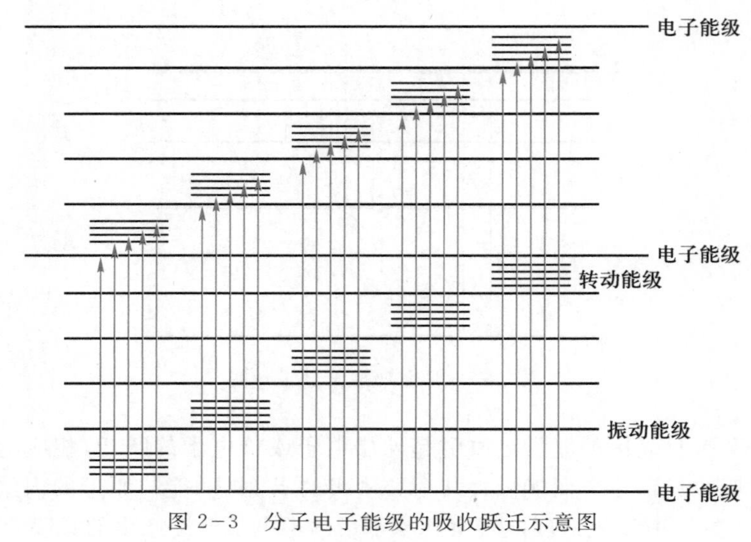

图 2-3 分子电子能级的吸收跃迁示意图

图 2-4 为分子振动能级的吸收跃迁示意图，图示仅仅为一个电子能级上不同振动能级之间的跃迁。同样，这种跃迁可以从较低的振动能级跃迁到较高振动能级的不同的转动能级。如果考虑分子外层多个电子能级上不同的转动和振动能级之间的跃迁，其跃迁数也将大幅增加。该跃迁所对应的波长范围在红外光区，根据分子对红外线的吸收特性，建立了红外吸收光谱法。

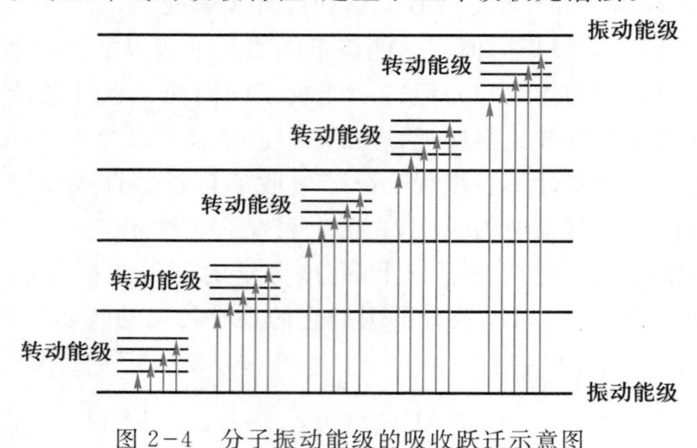

图 2-4 分子振动能级的吸收跃迁示意图

3. 磁场诱导吸收

将某些元素原子放入磁场，其电子和原子核受到强磁场的作用后，它们具有磁性质的简并能级将发生分裂，并产生具有微小能量差的不同量子化的能级(图 2-5)，进而可以吸收低频率的电磁辐射。以自旋量子数为 1/2 的常见原子核^{1}H，^{13}C，^{19}F及^{31}P等为例，自旋量子数为 1/2 的能级实际上是磁量子数分别为 +1/2 和 −1/2 但自旋量子数均为 1/2 的两个能级的简并能级，这两个能级在通常情况下能量相同，只有在外磁场作用下，由于不同磁量子数的能级在磁场中取向不同，因而与磁场的相互作用也不同，最终导致能级的分裂。这种磁场诱导产生的不同能级间的能量差很小，对于原子核来讲，一般吸收 30～500 MHz（λ = 1 000～60 cm）的射频无线电波；而对于电子来讲，则吸收频率为 9 500 MHz（λ = 3 cm）左右的微波，据此分别建立了核磁共振波谱法（NMR）和电子自旋共振波谱法（ESR）。

2.1.4.2 发射

当原子、分子和离子等处于较高能态时，可以以光子形式释放多余的能量而回到较低能态，产生电磁辐射，这一过程叫做发射跃迁，如图 2−6 所示。发射跃迁所发射的电磁辐射的能量等于较高和较低两个能态之间的能量差，因而对特定物质具有特定的频率。通常情况下，发射跃迁以电磁辐射形式所释放出来的能量，其对应的频率或波长处于紫外−可见光区。发射跃迁可以理解为吸收跃迁的相反过程，与吸收跃迁类似，由于原子、分子和离子的基态最稳定，所以发射辐射一般都涉及从较高能态向基态的跃迁，而且由于原子、分子和离子的能级组成是量子化的，因此发射跃迁也是量子化的。通常可以通过实验得到发射强度对波长或频率的函数图，即发射光谱图。物质的发射光谱差异很大，尤其是原子发射光谱和分子发射光谱。特别对于原子发射光谱，由于不同原子的能级分布不同，而且对原子能级来说是有显著特征的，据此可建立一种表征物质试样原子组成的方法。

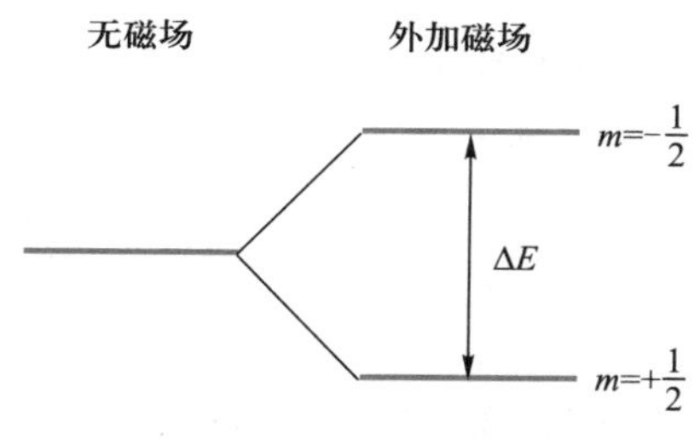

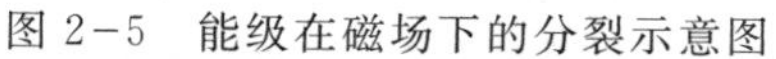
图 2−5 能级在磁场下的分裂示意图

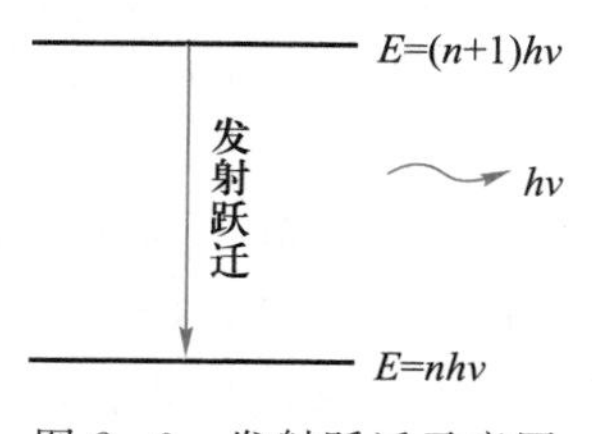

图 2−6 发射跃迁示意图

处于非基态的分子、原子和离子叫做受激粒子。由于通常情况下分子、原子和离子均处于基态，因此要产生发射跃迁必须使分子、原子和离子处于激发态，这一过程叫做激发。激发可以通过提供不同形式的能量来实现，包括提供热能的形式，即将试样置于高压交流火花、电弧、火焰、高温炉体之中，物质以原子、离子形式存在，可获取热能而处于激发态，并产生紫外、可见或红外辐射；提供电磁辐射的形式，即用光辐射作用于分子或原子，使之产生吸收跃迁，并发射分子荧光、分子磷光或原子荧光；提供化学能的形式，即通过放热的化学反应使反应物或产物获取化学能而被激发，并产生化学发光。

1. 原子发射

当气态自由原子处于激发态时，将发射电磁波而回到基态（图 2-7），所发射的电磁波处于紫外或可见光区。通常采用电、热或激光的形式使试样原子化并激发原子，一般将原子激发到以第一激发态为主的有限的几个激发态，致使原子发射有限的特征频率辐射，即特定原子只发射少数几个具有特征频率的电磁波。

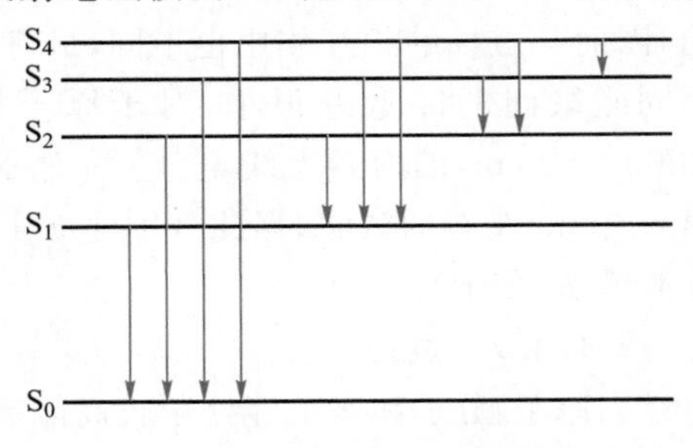

图 2-7 原子发射跃迁示意图

2. 分子发射

分子发射与分子外层的电子能级、振动能级和转动能级相关，因此分子发射光谱较原子发射光谱更复杂。为了保持分子的形态，分子的激发不能采用电热等极端形式，而采用光激发或化学能激发。分子发射的电磁辐射基本上处于紫外、可见和红外光区，因此，分子主要发射紫外、可见电磁辐射，据此建立了荧光光谱法、磷光光谱法和化学发光法。

与分子吸收光谱一样，由于相邻两个转动能级之间的能量差很小，因此，由相邻两个转动能级跃迁回到同一较低能级的两个跃迁的能量差也很小，两个发射过程所发射的两个频率或波长的辐射很接近，通常的检测系统很难分辨出来；而分子能量相近的振动能级又很多，因此，表观上分子发射表现为对特定波长段的电磁辐射的发射，光谱上表现为连续光谱。

图 2-8 为分子发射跃迁示意图，图示仅仅为两个电子能级之间的跃迁，如果考虑分子外层多个电子能级相互之间的跃迁及所涉及的多个振动能级和转动能级，其跃迁数将大幅增加。

通过光激发而处于高能态的原子和分子的寿命很短，它们一般通过不同的弛豫过程返回到基态，这些弛豫过程分为辐射弛豫和非辐射弛豫。辐射弛豫通过分子发射电磁波的形式释放能量，而非辐射弛豫通过其他形式释放能量。

非辐射弛豫通常指以非发光的形式释放能量的过程，此时激发态分子与其他分子发生碰撞而将部分激发能转变成动能，并释放少量的热量。非辐射弛豫包括振动弛豫、内转移、外转移和系间窜越等。振动弛豫指同一电子能级但不同振动能级之间的非辐射跃迁，内转移指不同电子能级但能量相近的振动能级之间的非辐射跃迁，不同电子能级之间的非辐射跃迁则称为外转移，而系间窜越指单重态电子能级向能量相近的三重态电子能级的非辐射跃迁。图 2-9 简示了典型的非辐射弛豫过程。由于非辐射弛豫过程的存在，尤其是外转移过程的存

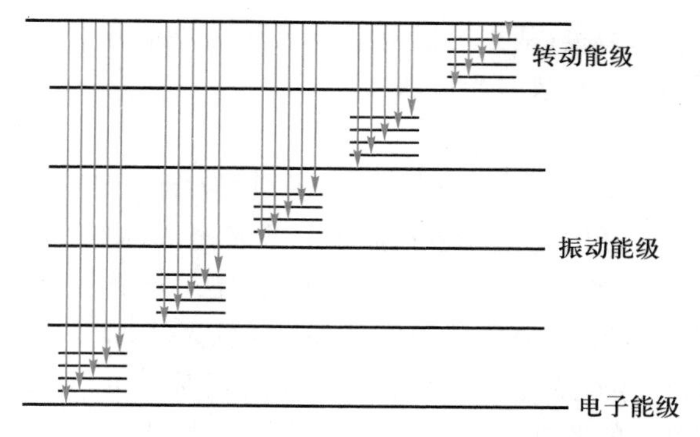

图 2-8 分子发射跃迁示意图

在，受激分子不一定产生分子发射。

辐射弛豫通常指以发光的形式释放能量的过程，此时激发态分子通过振动弛豫、内转移和系间窜越等过程回到第一激发单重态的最低振动能级或第一激发三重态的最低振动能级，然后通过辐射跃迁回到基态，并分别发射荧光和磷光（图 2-9）。

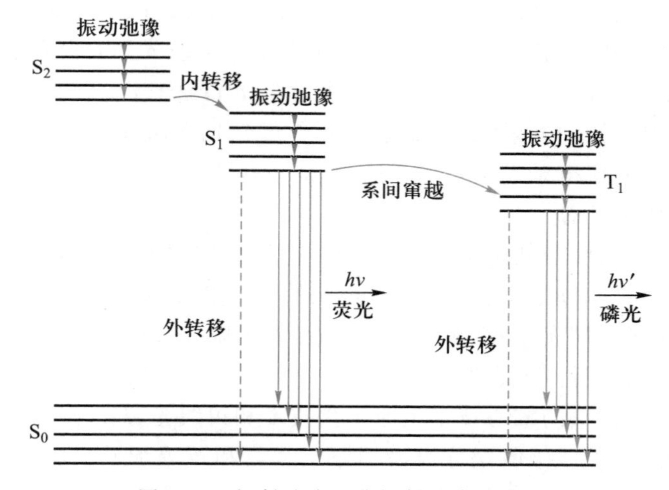

图 2-9 辐射弛豫和非辐射弛豫示意图

S_0，S_1 和 S_2 分别为基态、第一激发态和第二激发态；S 表示单重态，T 表示三重态

2.2 光谱分析法

光谱分析法涉及不同能级之间的跃迁，这种跃迁可以是吸收辐射的跃迁，也可以是发射辐射的跃迁，由此建立了基于外层电子能级跃迁的光谱法、基于转动

及振动能级跃迁的光谱法、基于内层电子能级跃迁的光谱法、基于原子核能级跃迁的光谱法，以及 Raman 散射光谱法。

2.2.1 基于原子、分子外层电子能级跃迁的光谱法

基于电子能级跃迁的光谱法包括原子吸收光谱法、原子发射光谱法、原子荧光光谱法、紫外－可见吸收光谱法、分子荧光光谱法、分子磷光光谱法、化学发光分析法，吸收或发射光谱的波段范围在紫外－可见光区，即 200～800 nm。

对于原子来讲，其外层电子能级和电子跃迁相对简单，只存在不同的电子能级，因此，其外层电子的跃迁仅仅在不同电子能级之间进行，光谱为线光谱。基于原子外层电子的吸收跃迁，建立了原子吸收光谱法；基于原子外层电子的发射跃迁，建立了原子发射光谱法；基于原子外层电子的吸收跃迁、非辐射弛豫和发射跃迁，建立了原子荧光光谱法。

对于分子来讲，其外层电子能级和电子跃迁相对复杂，不仅存在不同的电子能级，而且存在不同的振动和转动能级，因此，分子外层电子在两个电子能级之间的跃迁，包含在这两个能级的不同转动能级和不同振动能级间的跃迁，也就是说，电子从一个电子能级向另一个电子能级的跃迁，可以跃迁到这个电子能级的不同的振动能级和不同的转动能级，宏观上光谱为连续光谱，即带光谱。基于分子外层电子的吸收跃迁，建立了紫外－可见吸收光谱法；基于分子外层电子的吸收跃迁、非辐射弛豫和发射跃迁，建立了分子荧光光谱法和分子磷光光谱法；基于化学能激发、外层电子发生发射跃迁，建立了化学发光分析法。

1. 原子吸收光谱法

原子吸收光谱法是基于基态原子外层电子对其共振发射的吸收的定量分析方法，其定量测定基础是 Lambert-Beer（朗伯－比尔）定律。原子吸收光谱法可以定量测定元素周期表中 60 多种金属元素，检出限在 ng/mL 水平，是应用广泛的低含量元素的定量测定方法。

原子吸收光谱法的核心技术是原子化技术和锐线光源技术等。根据常用原子化技术的不同，原子吸收又分为火焰原子吸收和石墨炉原子吸收。锐线光源技术的核心是要求发射待测原子的共振发射光，也就是要求光源发射与待测原子的吸收跃迁所对应的频率相同的光，通用的方法是利用待测元素所制成的元素灯作为光源，该光源是由元素原子发射的有限的几条发射线所组成的锐线光源，但锐线光源的采用限制了多元素同时测定的可能。

2. 原子发射光谱法

原子发射光谱法是基于受激原子或离子外层电子发射特征光学光谱而回到较低能级的定量和定性分析方法。其定量基础是受激原子或离子所发射的特征光强与原子或离子的量呈正相关；其定性基础是受激原子或离子所发射的特征

光的频率或波长由该原子或离子外层的电子能级所决定，而原子或离子外层的电子能级是具有该原子或离子的特征的，且不同原子或离子其特征显著不同。因此，只要能准确测定原子或离子所发射的特征光谱各条谱线所对应的频率，就可以进行不同元素的识别。原子发射光谱法可以对周期表中约七十种元素进行定性和定量分析，是多元素同时测定的有效方法。

原子发射光谱法的核心技术是原子化及原子激发技术，通常采用激发源来实现原子化和激发。早期的激发源通常采用火焰、交直流电弧、高压火花等，由于这些激发源的不稳定，致使原子发射光的光强不稳定，因此，原子发射光谱除用于定性分析外，只能用于半定量分析。随着电感耦合等离子体光源在 20 世纪 60 年代的出现，原子发射光谱的灵敏度和精密度得到极大提高，这使原子发射光谱技术用于元素的灵敏和精确定量成为可能，其间，检测技术的发展也起到了重要作用。

3. 原子荧光光谱法

气态自由原子吸收特征波长的辐射后，原子外层电子从基态或低能态跃迁到高能态，约经 10^{-8} s，又跃迁至基态或低能态，同时发射出与原激发波长相同或不同的辐射，称为原子荧光。通常认为，原子荧光光谱法是较原子吸收更灵敏的定量分析方法，但其应用对象范围相对原子吸收要窄一些，原因是原子吸收只与光的吸收过程有关，而原子荧光不仅与光的吸收过程有关，还与光的发射过程有关，而由于非辐射弛豫过程的存在，吸光的原子不一定都能发射荧光。

4. 紫外-可见吸收光谱法

紫外-可见吸收光谱法是一种分子吸收光谱法，该方法利用分子吸收紫外-可见光，产生分子外层电子能级跃迁所形成的吸收光谱，可进行分子物质的定量测定，其定量测定基础是 Lambert-Beer 定律。

紫外-可见吸收光谱的波长范围通常为 200～800 nm，因此，从跃迁所涉及的分子外层电子两个不同电子能级之间的能量差考虑，分子需要具有共轭双键结构才具备该能量要求的能级结构，因此，紫外-可见吸收光谱的测定对象通常是具有共轭双键结构的有机化合物，除此之外，一些水合金属离子和阴离子等也满足该能量要求。

紫外-可见吸收光谱的带光谱特性，表现为一般分子的吸收峰通常是对称的宽带峰，且半峰宽在几十纳米左右。因此，在 200～800nm 的波长段，面对成千上万的在此波长段吸光的物质，紫外-可见吸收光谱很难提供准确的定性信息，除非具有特定的前提，尤其是对具有指纹吸收的物质，如多环芳烃，则在一定程度上可以提供有限的结构信息。

5. 分子荧光光谱法和分子磷光光谱法

分子荧光和分子磷光是用于分析上的重要光致发光过程。当分子吸收电磁辐射后激发至激发单重态，并通过内转移和振动弛豫等非辐射弛豫释放部分能量而到达第一激发单重态的最低振动能级，然后通过发光的形式跃迁返回到基态，所发射的光即为荧光。当分子吸收电磁辐射后激发至激发单重态，并通过内转移、振动弛豫和系间窜跃等非辐射弛豫释放部分能量而到达第一激发三重态的最低振动能级，然后通过发光的形式跃迁返回到基态，所发射的光即为磷光。相对于荧光而言，磷光的产生需要一个系间窜跃过程，因此，荧光的寿命通常在 10^{-5} s 数量级，即大约在激发后 10^{-5} s 发射荧光，而磷光的寿命大于 10^{-5} s。一些特殊的物质，在激发的电磁辐射停止照射后，仍能持续数分钟甚至数小时发射磷光。

由于分子荧光和分子磷光的产生过程包含一系列的非辐射弛豫过程，并释放了一部分激发能，因此，荧光和磷光的波长小于所吸收的激发光的波长。但分子荧光光谱存在分子吸收电磁辐射被激发至激发单重态后，马上跃迁返回基态，并发射荧光的情况，该荧光称为共振荧光。由于分子振动激发态的寿命很短，大约为 10^{-15} s，而电子激发态的寿命大约为 10^{-5} s，因此，振动弛豫很快就能发生，并释放部分能量，致使共振荧光发生的概率极小。因此，对分子而言，虽然可同时产生共振荧光和非共振荧光，但因为大量的短寿命振动激发态的存在和振动弛豫的发生，非共振荧光的产生占绝对优势。

分子荧光光谱和分子磷光光谱虽然同时具有激发和发射光谱，但同样是由于分子吸收和发射的带状光谱特性，使分子荧光光谱法和分子磷光光谱法一般不能提供分子的结构信息，除非在液氮或液氦温度下，分子荧光光谱和分子磷光光谱将显著窄化，并提供一些物质的结构信息。分子荧光光谱法和分子磷光光谱法常用于物质的高灵敏定量分析，对吸光度≤0.05 的溶液试样而言，其荧光或磷光发射强度与溶液的浓度成正比。尤其重要的是，该强度与激发光的强度成正比，可引入激光等强光源，并结合其他相关技术，使测定灵敏度得到极大的提高，如激光荧光光谱法，可检测到单分子浓度水平（10^{-23}）的物质，因而具有独特的优势。

与紫外-可见吸收光谱相比，分子荧光光谱和分子磷光光谱的应用对象范围要窄一些，原因是前者只要分子在紫外-可见波段吸光就可以进行测定，而后者不仅需要吸光，而且需要发光。由于非辐射弛豫的存在，尤其是外转移过程的存在，致使吸光的物质不一定发光。而比较分子荧光和分子磷光的发生过程可以知道，由于分子磷光的发生需要分子外层电子发生激发单重态向激发三重态的系间窜越过程，决定了分子磷光光谱的应用范围小于分子荧光的应用对象范围。

6. 化学发光分析法

化学发光分析法也是一种较灵敏的定量分析方法。与荧光和磷光的激发不同，化学发光通过化学反应提供激发能，使该化学反应的一种反应产物的分子被激发，形成激发态分子，激发态分子跃迁回到基态时，通过发光的形式释放能量，其发光强度随时间而变化，并可得到较强的发光。在合适的条件下，化学发光强度随时间变化的峰值与被分析物浓度呈线性关系，可用于定量分析。由于化学发光反应类型不同，其发射光谱波长范围在 400～1 400 nm。

目前看来，由于能产生化学发光的反应体系相对较少，化学发光分析法的应用对象范围较紫外－可见吸收光谱和荧光光谱的应用对象范围都要小。

2.2.2 基于分子转动、振动能级跃迁的光谱法

基于分子转动、振动能级跃迁的光谱法即红外吸收光谱法，红外吸收光谱的波段范围在近红外光区和微波光区之间，即 0.75～1 000 μm，是复杂的带状光谱。

仔细回忆前面介绍的分子外层电子能级间的跃迁可知，虽然也涉及分子的振动、转动能级，但分子的振动和转动对跃迁能量的贡献较小，因此在相应分子光谱中，分子振动和转动的特性不能突显出来。而对于红外吸收光谱，吸收发生时，不存在电子能级之间的跃迁，只存在振动能级和转动能级之间的跃迁，其吸收频率或波长直接反映了分子的振动和转动能级状况，而分子中官能团的各种形式的振动和转动直接反映在分子的振动和转动能级上，分子精细而复杂的振动和转动能级，蕴涵了大量的分子中各种官能团的结构信息。因此，只要能精细地检测不同频率的红外吸收，就能获得分子官能团结构的有效信息。通常情况下，红外吸收光谱是一种有效的结构分析手段。

红外吸收光谱与紫外－可见吸收光谱和原子吸收光谱一样，也遵循 Lambert－Beer 定律，但通常不用作定量分析，原因是振动和转动能级间的跃迁所涉及的能量较小，同时也受到信号检测技术的限制。近年来，红外吸收光谱也用于一些测定灵敏度要求不高、吸收近红外光的物质的定量分析，如试样中水的分析测定等。

2.2.3 基于原子内层电子能级跃迁的光谱法

与原子内层电子能级跃迁相关的光谱法为 X 射线分析法，它是基于高能电子的减速运动或原子内层电子跃迁所产生的短波电磁辐射所建立的分析方法，包括 X 射线荧光法、X 射线吸收法和 X 射线衍射法。

2.2.4 基于原子核能级跃迁的光谱法

基于原子核能级跃迁的光谱法为核磁共振波谱法。在强磁场作用下，核自旋磁矩与外磁场相互作用分裂为能量不同的核磁能级，核磁能级之间的跃迁吸收或发射射频区的电磁波。利用这种吸收光谱可进行有机化合物的结构鉴定，

以及分子的动态效应、氢键的形成、互变异构反应等化学研究。

2.2.5 基于 Raman 散射的光谱法

频率为 ν_0 的单色光照射到透明物质上，物质分子会发生散射现象。如果这种散射是光子与物质分子发生能量交换所产生，则不仅光子的运动方向发生变化，它的能量也发生变化，则称为 Raman 散射，其散射光的频率与入射光的频率不同，产生 Raman 位移。Raman 位移的大小与分子的振动和转动能级有关，利用 Raman 位移研究物质结构的方法称为 Raman 光谱法。

2.2.6 光谱的形状

在光谱分析中，通常将检测信号对相应的波长或频率作图，就得到光谱图。检测信号可以是吸光度，也可以是发光强度等。对原子光谱和分子光谱而言，通常说原子光谱是线光谱，而分子光谱是带光谱。

1. 线光谱

对任何一个跃迁而言，在检测信号和跃迁所对应的能量或频率、波长关系上，都是一一对应关系，并在检测信号和相应的波长或频率的二维关系图即光谱图上，表现为一个点。如存在多个跃迁，则表现为多个点。由于这些跃迁对应的波长或频率不同，以及跃迁的概率不同，这些光谱点在光谱图上位于不同的位置，一般情况下，能量差较小的跃迁，即波长较长、频率较小的跃迁概率较大，如图2-10所示。

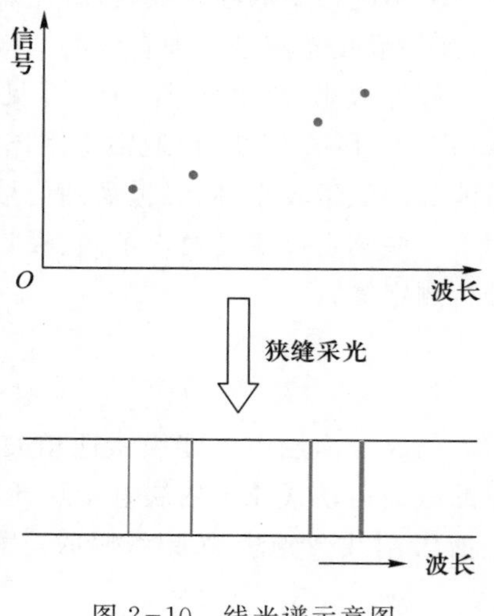

图 2-10 线光谱示意图

对特定的原子而言，由于其外层电子能级数、跃迁选律、跃迁概率及检测器灵敏度等的限制，通常只能检测到少数几个跃迁，在光谱图上表现为特定的几个点。

但是，为什么通常得到的原子光谱又是线状的呢？

这与光谱仪器和实际测定有关。如果原子光谱只是光谱图上的几个特定的点，宏观上不便于观测，同时实际测定时，原子发光或吸光都是无数原子所形成的三维气态原子团在吸光或发光，因此，仪器通过狭缝来采光，然后通过光学系统在检测器上形成线状的狭缝像。如果光学系统的分辨率足够高，则不同波长光通过狭缝所成的像就能分辨出来，从而形成一条条独立的线，即光谱线。每一条线状光谱，实际上是狭缝采集相同波长的光谱点，并在狭缝的维度上顺序排列起来所形成的。当然，这些光谱线的深浅反映了发射或吸收的强弱。

2. 带光谱

与原子外层电子能级不同，分子外层除电子能级外，还存在振动能级和转动能级，因而存在一系列能量非常接近的跃迁，如果检测器的分辨率足够高，则在光谱图上将表现为一系列光谱点，每一个光谱点对应一个跃迁，如图 2-11 所示。但通常情况下，光谱仪的检测器不能分辨相邻两个转动能级甚至相邻两个振动能级之间的能量差，因此，采用波长扫描的方法，相隔一定波长采光并测定，得到一系列光谱点，并将光谱点相连，即得到分子光谱。分子光谱为带光谱，可以理解为是由一系列紧密排列的线光谱点组成的。

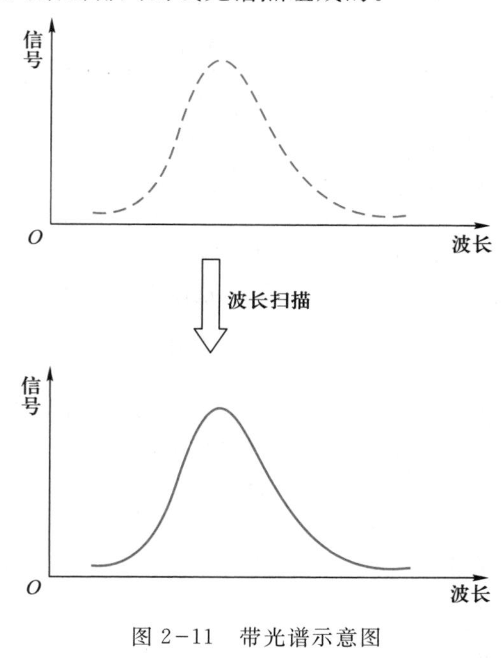

图 2-11 带光谱示意图

3. 连续光谱

线光谱和带光谱都是指单一组分的光谱，在原子光谱法中，还有连续光谱的概念。固体在炽热状况下会产生黑体辐射，黑体辐射是通过热能激发凝聚体中无数原子和分子振荡所产生的辐射，其辐射波长范围随温度的升高向短波方向扩展。由于无数原子和分子振荡所产生辐射跃迁的能量非常接近，因而表现为连续光谱，这种连续光谱实际上是无数谱线紧密排列在一起所形成的。在交流电弧作为激发源的原子发射光谱分析中，由于炽热的碳电极的黑体辐射，可以观测到连续光谱；而在火焰原子吸收分析中，由于火焰中存在的凝聚微粒的黑体辐射，也可以观测到连续的背景辐射。一般来说，在原子光谱分析中，由于黑体辐射所产生的连续光谱，是一种干扰因素，对原子光谱的应用是一种限制。但是，黑体辐射所产生的连续光谱可以用作连续光源，典型的例子是生活中的白炽灯，而在分析化学中，则是红外光谱仪所采用的硅碳棒和紫外-可见光谱仪所采用的碘-钨灯，前者在电热的情况下可以发射连续的红外光，后者可以发射连续的可见光。

2.2.7 光谱法的分类

光谱法还可以按吸收、发射、Raman 散射等作用进行分类，即光谱法可分为三种基本类型：吸收光谱法、发射光谱法和散射光谱法，吸收光谱法和发射光谱法分别分类于表 2-2 和表 2-3 中。

表 2-2 吸收光谱法

方法名称	辐射能	作用物质	检测信号
Mössbauer 谱法	γ 射线	原子核	吸收后的 γ 射线
X 射线吸收光谱法	X 射线 放射性同位素	$Z>10$ 的重元素 原子的内层电子	吸收后的 X 射线
原子吸收光谱法	紫外、可见光	气态原子外层的电子	吸收后的紫外、可见光
紫外-可见吸收光谱法	紫外、可见光	分子外层的电子	吸收后的紫外、可见光
红外吸收光谱法	炽热硅碳棒等 2.5～15 μm 红外光	分子振动	吸收后的红外光
核磁共振波谱法	0.1～800 MHz 射频	原子核磁量子有机化合物分子的质子	吸收
电子自旋共振波谱法	1 000～800 000 MHz 微波	未成对电子	吸收
激光吸收光谱法	激光	分子（溶液）	吸收
激光光声光谱法	激光	气、固、液体分子	声压
激光热透镜光谱法	激光	分子（溶液）	吸收

表 2-3 发射光谱法

方法名称	辐射能（或能源）	作用物质	检测信号
原子发射光谱法	电能、火焰	气态原子外层电子	紫外、可见光
X 射线荧光光谱法	X 射线（0.1～25Å）	原子内层电子的逐出，外层能级电子跃入空位（电子跃迁）	特征 X 射线（荧光）

续表

方法名称	辐射能(或能源)	作用物质	检测信号
原子荧光光谱法	高强度紫外、可见光(λ_i)	气态原子外层电子跃迁	原子荧光
荧光光谱法	紫外、可见光	分子	荧光(紫外、可见光)
磷光光谱法	紫外、可见光	分子	磷光(紫外、可见光)
化学发光法	化学能	分子	可见光

2.3 光谱分析仪器

光谱分析仪器是在物质与光的吸收、发射、散射等相互作用基础上,根据相应的光谱分析原理构建起来的。那么,如何根据光谱分析原理构建光谱分析仪器呢? 现以紫外-可见吸收光谱为例进行阐述。

紫外-可见吸收光谱的原理简述如下:分子外层电子吸收紫外-可见光,并从较低电子能级跃迁到较高电子能级,其对光的吸收遵循 Lambert-Beer 定律,即

$$A = \lg \frac{I_0}{I} = \kappa bc \tag{2-6}$$

式中 A 为吸光度,定义为入射光强度 I_0 与出射光强度 I 的比值的对数;κ 为摩尔吸收系数,由物质本身的吸光特性所决定,是波长的函数;b 为吸收光程;c 为物质的量浓度。由 Lambert-Beer 定律可知,信号值 A 与摩尔吸收系数 κ、吸收光程 b 及物质的量浓度 c 成正比,同时由于 κ 是波长的函数,因此,A 也是波长的函数。由此可以预期,由信号值 A 对波长 λ 作图所得到的紫外-可见吸收光谱是随波长变化的带光谱。因此,构建紫外-可见吸收光谱仪的核心就是要能够检测不同波长的吸光度值 A,而吸光度值 A 不是一个可直接检测的信号,它是入射光强度 I_0 与出射光强度 I 的比值的对数。因此,构建紫外-可见吸收光谱仪的核心转化为要能够检测不同波长的入射光强度 I_0 与出射光强度 I。基于此,可对紫外-可见吸收光谱仪进行如下构建:

(1) 首先,需要一个连续光源,该光源要求在紫外-可见光波段发射连续光谱,提供物质吸收的光。

(2) 其次,需要一个试样引入系统,由于是溶液试样,所以采用透明的光学玻璃或石英玻璃液池。当光作用于空白溶液时,可以得到 I_0 值,当光作用于试样溶液时,可以得到 I 值。

(3) 再次,需要一个可检测紫外-可见光波段不同波长光的检测器。

(4) 以上三部分组成紫外-可见吸收光谱仪的核心组件,但由于紫外-可见

吸收光谱为带光谱，光源为连续光源，因此，还需要一个单色器，其作用是对连续光源采光，所采的光被认为是单色光，即单波长的光，并作用于试样上产生吸收。同时，该单色器还要求具有光谱扫描功能，即在紫外-可见光波段，可以采集任意波长的光，并作用于试样上产生吸收。

（5）由于给出的信号为吸光度 A 的值，而检测的信号为入射光强度 I_0 和出射光强度 I 的值，因此，还需要一个对数转换器，其作用是将特定波长的 I_0 和 I 值转换成相应波长的 A 值，并输出信号。

如此，紫外-可见吸收光谱仪基本的构建如图 2-12 所示。

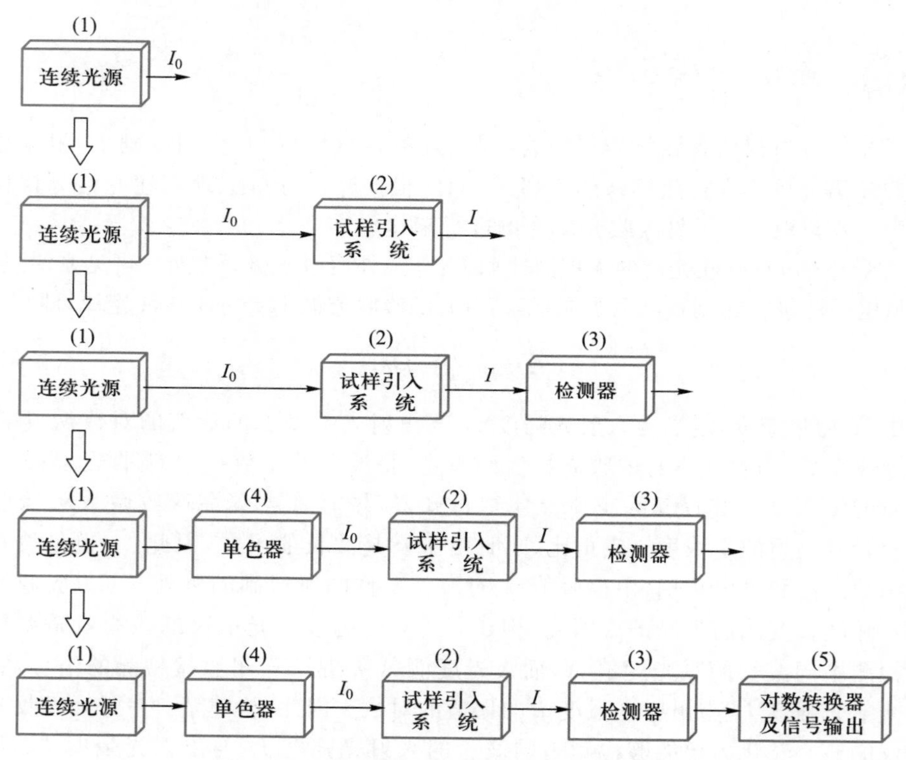

图 2-12　紫外-可见吸收光谱仪的构建示意图

按照以上的思路，可以构建各种各样的光谱分析仪器，且均可以用类似图 2-12所示的方框图来表示。各种光谱分析仪器在组成和结构上略有不同，且分别适用于原子或分子物质的分析，适用的光谱区域也可在紫外-可见光区或红外光区，但每一部分的主要组件的功能却是相同的。

典型的光谱分析仪一般都由五个部分组成，即（1）稳定的光源系统；（2）试样引入系统；（3）波长选择系统，通常是色散元件和狭缝组成的单色器；（4）检测系统，一般是将辐射能转换成电信号；（5）信号处理或读出系统，并在标尺、示波器、数字计、记录纸等显示器上显示转换信号。

根据光谱分析仪器在组成结构上的差异及物质与光的相互作用差异，可以将光谱分析仪分为三大类，即吸收光谱分析仪、吸收/发射和光散射光谱分析仪及发射光谱分析仪。

吸收光谱分析仪包括原子吸收光谱仪、紫外-可见吸收光谱仪和红外吸收光谱仪，仪器结构示意图如图 2-13 所示。由于检测的是光的吸收，即入射光被试样吸收前后的光强，因此，其仪器结构特点是检测系统与光源发出的光即入射光在同一条光轴上。

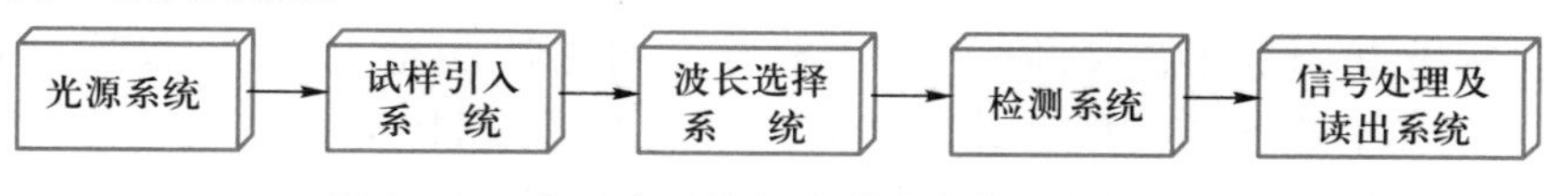

图 2-13 基于光吸收的光谱分析仪结构示意图

吸收光谱分析仪理论上都满足 Lambert-Beer 定律，所不同的是，原子吸收采用光源为线光源，试样引入系统同时具备使试样原子化产生基态原子的功能，通常采用带有进样功能的火焰原子化器和石墨炉原子化器；而分子吸收光谱仪，包括紫外-可见吸收和红外吸收所采用的光源为连续光源，试样为常态下的液体试样或透明固体试样，通常采用透光玻璃液池和透光 KBr 压片引入试样。同时，紫外-可见吸收光谱仪的波长选择系统通常在光源系统和试样引入系统之间，而原子吸收光谱仪和红外光谱仪的波长选择系统通常在试样引入系统和检测系统之间。

吸收/发射光谱分析仪，包括原子荧光光谱仪、分子荧光光谱仪和分子磷光光谱仪；光散射光谱分析仪为 Raman 光谱仪，仪器结构如图 2-14 所示。检测信号是吸光后的发光强度或 Raman 散射光强度，由于入射光的存在，检测系统与入射光不能在同一条光轴上，因此，其仪器结构特点是检测系统通常与光源入射光成 90°。

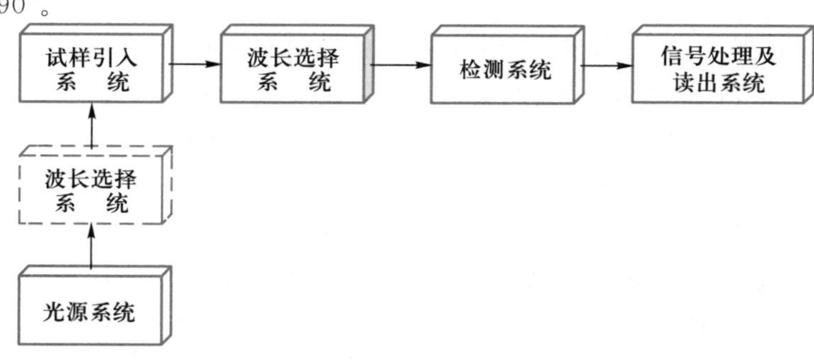

图 2-14 吸收/发射和光散射光谱分析仪结构示意图

原子荧光光谱仪通常采用线光源或激光为光源，其试样引入系统兼具试样原子化、产生基态原子的功能，通常采用带有进样功能的火焰原子化器。分子荧光光谱仪和分子磷光光谱仪采用连续光源，Raman光谱仪采用激光光源，它们均具有液体和固体试样引入系统，液体试样引入系统为透光玻璃液池及池架。分子荧光光谱仪和分子磷光光谱仪由于需要检测激发光谱和发射光谱，因此需要两个波长选择系统，分别位于激发光路和发射光路；而原子荧光光谱仪和Raman光谱仪只需分别检测发射光谱和散射光谱，因而只需要一个位于发射或散射光路的波长选择系统，特殊情况下，原子荧光光谱仪甚至不需要波长选择系统。

发射光谱分析仪包括原子发射光谱仪和化学发光光谱仪，仪器结构如图2-15所示。由于检测信号是试样直接发光的强度，因此没有传统意义上的光源，其仪器结构特点是检测系统与试样发出的光在同一条光轴上。

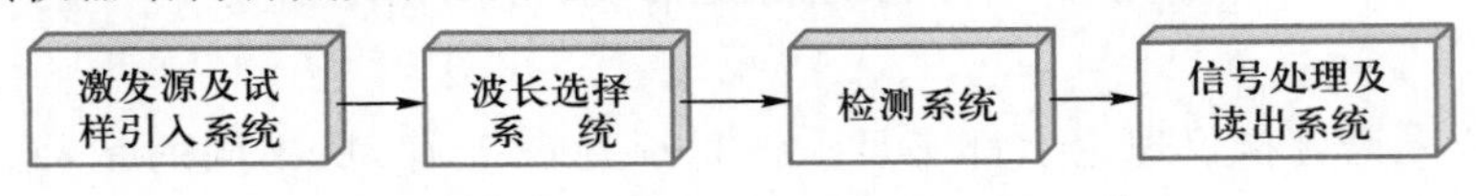

图2-15 发射光谱分析仪结构示意图

原子发射光谱仪的试样引入系统同时具有使试样原子化并激发到高能态的功能，因此通常又称为激发源，常见的有电弧、火花放电、等离子体焰炬等。化学发光光谱仪的试样引入系统同时兼具反应器的功能，并通过化学反应提供能量将待测物激发到高能态并发光，通常为透光容器。

以上各种类型的光谱仪中，除红外光谱仪适用于红外波长段外，其他光谱仪均适用于紫外-可见波长段，因此，其通用的检测系统为光电检测器，通过光电检测器将光信号转化为电信号。光电转换的基础是光敏材料制作的器件，常用的是光电倍增管，光电倍增管还具有信号放大的功能。

2.3.1 光源系统

在光谱仪器中，要求所使用的光源产生的辐射必须有足够的输出功率，以便检测系统能够准确地检测和测定，同时它的输出应该稳定。一般来说，光源的辐射功率随所加电功率呈指数变化，因此，通常需用稳压电源以保证光源输出有足够的稳定性。

常见的光源分为连续光源、线光源和脉冲光源。连续光源在一定波段区间发光，且其辐射强度随波长的变化十分缓慢；线光源发射数目有限的辐射线或辐射带，它所包含的辐射线有限；脉冲光源的发光采用脉冲方式进行，可以是脉冲线光源，也可以是脉冲连续光源。图2-16所示为光谱仪中广泛应用的连续光源和线光源。

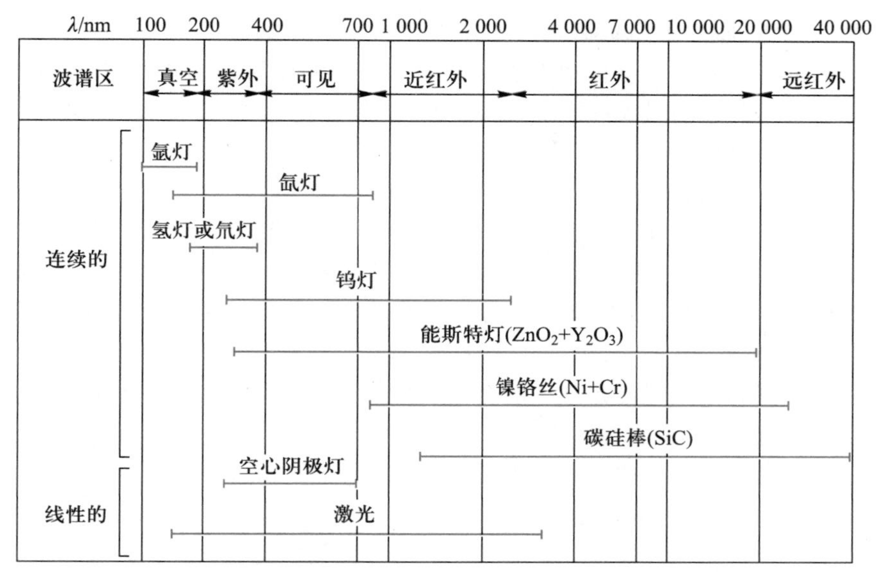

图 2-16 光谱仪中广泛应用的连续光源和线光源

2.3.1.1 连续光源

连续光源广泛应用在紫外-可见吸收光谱、分子荧光光谱、分子磷光光谱和红外吸收光谱中。理想的连续光源应该具备如下条件：(1) 足够的光强度；(2) 在所属波长区域内发射连续光谱；(3) 其发射强度与波长无关，即光源发射的光在所属波长区域强度恒定不变。图 2-17 为理想光源发光能量-波长关系示意图，但符合上述条件的理想光源实际上并不存在。

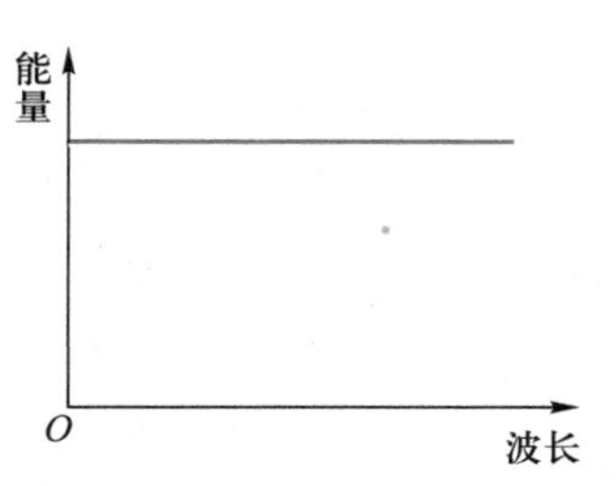

图 2-17 理想光源发光能量-波长关系示意图

实际应用的紫外连续光源为氢灯或氘灯，它们通过低压($\approx 1.3\times 10^{3}$ Pa)下电激发的方式产生紫外连续光谱，光谱范围为 160～375 nm。高压氢灯以 2 000～6 000 V 的高压使两个铝电极之间发生放电并发光；低压氢灯在有氧化物涂层的灯丝和金属电极间形成电弧。氘灯的工作方式与氢灯相同，光谱强度比氢灯大 3～5 倍，寿命也比氢灯长。当需要特别强的光源时，选用高压、充有氩气、氪气或汞蒸气的充气弧灯。

传统的可见光源是钨灯。在大多数仪器中，钨丝的工作温度约为 2 870 K，光谱波长范围为 320～2 500 nm。改进的连续可见光源为碘钨灯。氙灯也可用作紫外-可见光源，当电流通过氙灯时，产生较氢灯和碘钨灯更强辐射，辐射波长范围在 250～700 nm。但氙灯能量随波长变化起伏较大，因此不用于紫外-

可见吸收光谱，而用于荧光和磷光发射光谱。

常用的红外光源是一种用电加热到1 500～2 000 K的惰性固体，如能斯特灯、硅碳棒等，其光强最大的区域在6 000～5 000 cm^{-1}，但在667 cm^{-1}长波侧和10 000 cm^{-1}短波侧其强度已降到峰值的1%左右。

2.3.1.2 线光源

发射几条不连续谱线的线光源广泛应用于原子吸收光谱、原子荧光光谱及Raman光谱中。常见的有金属蒸气灯、空心阴极灯和无极放电灯，其中空心阴极灯和无极放电灯是重要的线光源，它们是原子吸收光谱和原子荧光光谱中最重要的光源。

汞蒸气灯和钠蒸气灯是常见的金属蒸气灯。在透明封套内注入低压气体元素，通过把电压加到固定在封套中的一对电极上，激发出蒸气元素的特征线光谱。汞蒸气灯产生的线光谱的波长范围为254～734 nm，钠蒸气灯产生的主要是589.0 nm和589.6 nm处的一对谱线。

空心阴极灯是一种阴极呈空心圆柱形的气体放电管。其阴极内腔衬上或者熔入了被测元素的金属或化合物，阳极用有吸气性能的其他金属制成，放电管内充有一定压力的惰性气体氖气或氩气。当两电极间施加一定的直流或直流脉冲电压时，空心阴极灯通过阴极溅射过程及惰性气体原子的参与，使阴极元素激发并发射其特征的共振原子光谱线。空心阴极灯通常是单一元素灯，因此也称为元素灯，在原子吸收和原子荧光光谱中应用时，与待测元素一一对应使用。

2.3.1.3 脉冲光源

线光源和连续光源都可以通过脉冲方式发光。在相同的最大发光强度下，采用脉冲方式发光的脉冲光源可以延长光源的寿命，如脉冲氙灯和脉冲空心阴极灯。但脉冲光源的最大应用在于与时间分辨技术的结合，如荧光寿命分析。当脉冲光激发待测物质至高能态后，激发光停止，这时荧光开始衰减，通过时间分辨技术即可检测荧光衰减的动力学过程，并基于不同物质荧光半衰期的不同，进行不同物质的分辨和分别测定，或消除背景干扰等。

激光器是典型的脉冲光源，通过原子或分子受激辐射产生激光。与普通光源相比，激光具有单色性好、强度高、相干性好等优点，因此除用作强光源外，普遍应用于时间分辨光谱分析。

2.3.2 波长选择系统

波长选择系统通常主要由一个色散元件和一个狭缝组成，如图2-18所示。色散元件的功能是使光发生色散，即使光按照波长顺序排列开来，常采用光栅或棱镜；狭缝的功能是采光，即采集按照波长顺序排列的一定波段的光进入检测系统检测。

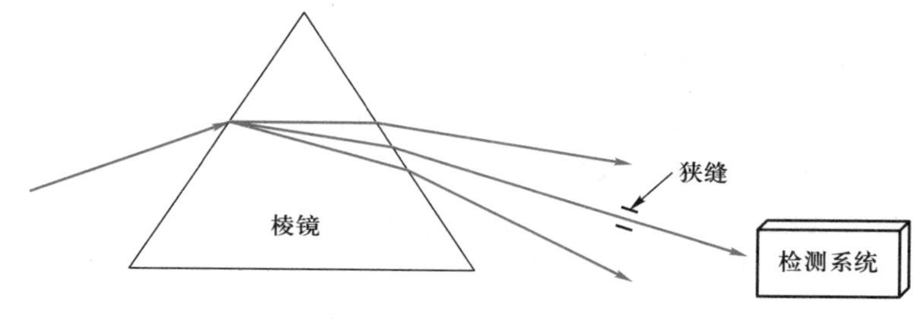

图 2-18 波长选择系统示意图

理论上，光谱分析所检测的信号，不管是吸收信号、发射信号或散射信号，都应该是单一波长光的信号，光谱只是若干个波长的光所产生信号的集成。但实际上单一波长光是相对的一个概念，即从波长选择系统输出的信号不可能是真正意义上的单色光，而是具有极小带宽的连续光。主要原因有两个，其一，光源都是有带宽的，连续光源自不必说，就是基于原子发光的锐线光源所发射的特定波长的光，由于变宽效应的存在，也具有一定的波长宽度。其二，在仪器构建上，检测器所检测到的光信号，通常都通过狭缝采光，由于狭缝具有一定的宽度，因此，到达检测器上的光信号也有一定的带宽。基于这样的事实，在许多光谱分析中，通常将狭缝采集的具有极小带宽的连续光作为单色光处理。狭缝越小，所采集的光越接近单色光，不仅可以增加光谱测定的分辨率，使所得光谱越真实，同时也是利用光谱方法进行定量测定的必要条件。以荧光光谱分析为例，其定量关系式为

$$I_{\mathrm{f}}(\lambda)=2.303I_0(\lambda)\phi(\lambda)\kappa(\lambda)bc \tag{2-7}$$

式中 I_{f} 为荧光强度；I_0 为激发光强度；ϕ 为量子产率；κ 为摩尔吸收系数；b 为吸收光程；c 为物质的量浓度。由于 I_0，ϕ 和 κ 均为波长的函数，因此，定量测定时，必须固定波长，才能保证 I_{f} 与 c 成正比。

那么，狭缝宽度到什么程度，才能将狭缝采集的具有极小带宽的连续光作为单色光处理而不使光谱失真呢？

从光谱分辨率的角度讲，狭缝越小，光谱的分辨率越高，越接近真实光谱，但狭缝太小可能导致通过狭缝的光通量太小，光信号太弱，以至于现有的检测器难以有效地检测到光信号，由此决定了狭缝宽度的下限。从光谱信号检测的角度讲，狭缝越大，通过狭缝的光通量越大，光信号越强，越利于信号检测，但将狭缝所采集的一定带宽的连续光作为单色光处理的前提是，其最长波长光和最短波长光所产生信号的偏差应在仪器方法的误差范围内，由此决定了狭缝宽度的上限。在此上、下限范围内，如果需要得到高分辨的光谱，可以采用较小宽度的狭缝，如果进行定量测定，则可适当采用较大宽度的狭缝。

事实上，如图 2-18 所示，决定狭缝实际宽度的因素，还应该包括色散元件

的色散率和狭缝与色散元件的相对位置。色散元件的色散率越大，或狭缝离色散元件越远，狭缝宽度均可以稍大一些。

实际的光谱仪中，波长选择系统通常有两种方式选择波长，其一为利用滤光片滤光，将不需要的光滤掉，只留下所需要的狭窄波段的光；其二为利用棱镜或光栅对光的几何色散功能对光进行色散，然后用狭缝采集所需要的狭窄波段的光。相比之下，采用色散元件的波长选择系统所采集光的单色性更好，而光栅则优于棱镜，故现代光谱仪多采用光栅作为色散元件。

2.3.2.1 单色器

采用色散元件的波长选择系统通常又称为单色器或单色仪。紫外、可见、红外光区采用的单色器在组成结构上都是类似的，但各部件的材料则因所适用的光谱波段不同而有一定差异。典型的单色器主要由五个部分组成：(1) 入射狭缝；(2) 准直装置，其功能是使光束成平行光线传播，常采用透镜或反射镜；(3) 色散装置，即棱镜或光栅；(4) 聚焦透镜或凹面反射镜，其功能是使单色光束在单色器的出口曲面上成像；(5) 出射狭缝。典型的单色器是棱镜单色器和光栅单色器，图 2-19 所示为这两种单色器的光路示意图。

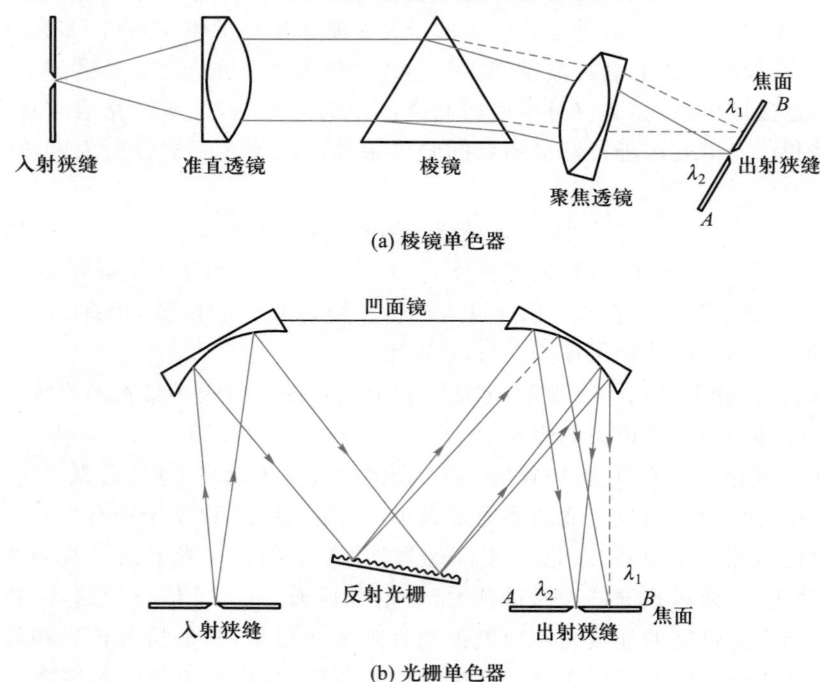

图 2-19 棱镜单色器和光栅单色器光路示意图

单色器是用来产生单色光束的装置，但由于需要测定不同波长单色光的光谱信号，因此要求通过出射狭缝所出射的单色光的波长可以在光谱法适用波长范围内任意改变，即可以进行光谱扫描。光谱扫描通常通过转动单色器的色散元件如棱镜或光栅来实现。

单色器的质量取决于它的色散能力和分辨能力等，色散能力越大，则分辨能力越强，质量越好。

2.3.2.2 狭缝

狭缝由金属构成，且要求两片刀口的边缘正好平行并落在同一平面上，如图2-20所示。由于到达检测器的光强度及波长分布与单色器的分辨能力及出射狭缝宽度有关，因此对狭缝的加工、调节及安装都有严格的要求。

选定单色器入射狭缝宽度时，以W(Å)表示单色器出射光的带宽，S(μm)表示出射狭缝宽度，D(Å/mm)表示单色器的线色散率，则它们相互间具有如下关系：

$$W = DS \times 10^{-3} \qquad (2-8)$$

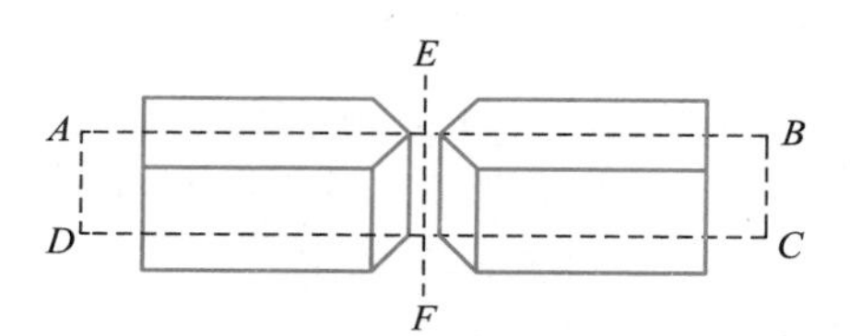

图2-20 狭缝结构示意图

由式(2-8)可知，单色器的线色散率越小，出射狭缝的宽度越小，单色器出射光的带宽就越小，即出射光的单色性越好。实际分析中，出射狭缝宽度增加，出射光带宽增大，进入检测器的光通量增加，有可能增加信噪比。但是，当分析线存在强的背景或邻近非吸收线干扰时，增大出射狭缝宽度，反而会降低信噪比。因此，人们常常通过改变带宽，来调整仪器的信噪比，选择最佳工作条件。

2.3.3 试样引入系统

采用什么样的试样引入系统，主要取决于光谱现象发生时被测物的状态。对原子光谱来讲，由于光谱现象发生时被测物处于原子状态，因此原子光谱的试样引入系统必须具备使试样原子化的功能；对分子光谱来讲，光谱现象发生时被测物处于常态的分子或分子离子状态，因此只需将固体、液体或气体试样引入测定光路即可。

原子光谱试样引入系统的原子化功能通常通过电热、火焰或等离子炬等方式提供高温条件来实现，但原子发射光谱试样的原子化温度比原子吸收光谱和原子荧光光谱试样的原子化温度要高，原因是原子发射光谱中试样原子化后产生的原子必须处于激发态，而原子吸收光谱和原子荧光光谱中试样原子化后产生的原子必须处于基态。

原子发射光谱在通过电弧放电提供原子化条件时，采用固体试样并放置在放电系统的下电极（通常是碳电极）的凹槽内引入；通过高压火花放电原子化时，直接将金属试样制成电极;通过等离子炬原子化时,采用溶液试样并直接喷雾进样。原子吸收光谱通过火焰原子化时,采用溶液试样并直接喷雾进样;通过石墨炉原子化时,采用溶液试样并直接将微量溶液试样加入石墨炉。原子荧光光谱则通常采用火焰原子吸收的喷雾进样系统进行溶液试样进样。

分子光谱的试样是常温常压下的固体、液体或气体试样,因此,只需要一个透光容器和相应的试样架即可,或者制成透光的固体或液体试样形式直接引入光路。

在采用透光容器引入试样时,常采用玻璃容器,但容器的材质不能吸收所在光谱区域的光,因此,普通的光学玻璃因吸收紫外光而不能用于紫外光波段,石英玻璃因不吸收紫外光和可见光而适用于紫外-可见光波段,但两者均不适用于红外光波段。由于难以找到合适材质的容器,红外光谱采用固体压片或液膜的试样形式。另外,分子光谱的试样容器,必须保证入射光和出射光垂直作用于容器表面,以减少光反射所带来的光损失,故通常采用精密制作的正方形容器,且通过试样架来准确固定。

在试样的介质条件上,由于原子光谱的原子化过程和光谱的高分辨特性等,原子光谱对试样的介质条件要求不高,基本上只要能保证有效进样和有效原子化,同时不损害进样和原子化系统即可。但介质条件将直接影响分子的吸收和发射,并且一些介质本身也会吸光或发光。紫外-可见吸收光谱、分子荧光光谱、分子磷光光谱、化学发光光谱均适用于紫外-可见波段,均采用溶液试样,原因是水及一般的溶剂在紫外-可见波段均不吸光,而红外光谱由于水及一般溶剂均有红外活性,因而不能采用溶液试样,通常采用溴化钾固体压片,这也是基于溴化钾在红外波段没有红外活性且其固体压片透光的事实。

2.3.4 检测系统

在光谱分析法中,检测系统的功能是将光辐射信号转换为可量化输出的信号,主要有两类检测器:光电检测器和热检测器。

2.3.4.1 理想的检测器

理想的检测器应该在整个研究波长范围内对光辐射有恒定的响应,同时具有高灵敏度、高信噪比、响应时间快的特点,在没有光辐射时,检测器输出信号应该为零。从分析测定量的角度要求,理想检测器响应光辐射所产生的信号还应该正比于光辐射的强度,即

$$S = kI \tag{2-9}$$

式中 S 是检测器响应的输出信号,k 是检测器的灵敏度,I 为作用于检测器的光辐射强度。

实际上，理想检测器是不存在的，主要是因为实际的检测器不可能在整个研究波长范围内对光辐射有恒定的响应，也就是说当波长不同但强度相同的光辐射作用于实际检测器时，不可能产生恒定的响应，即检测器的灵敏度 k 是波长的函数；另一方面，与实际光源相关的作用于检测器的光辐射强度 I 也是波长的函数。因此，检测器输出信号 S 亦即是波长的函数。同时，实际检测器还存在暗信号输出 S_0，S_0 是在没有光辐射作用于检测器时输出的微弱信号，它通常决定了检测器的检测下限。鉴于上述原因，对实际检测器，式(2-9)应该表示为

$$S(\lambda)=k(\lambda)I(\lambda)+S_0 \tag{2-10}$$

在实际的仪器设计中，一般都采用补偿电路将暗电流尽可能地消除掉，因此式(2-10)可表示为

$$S(\lambda)=k(\lambda)I(\lambda) \tag{2-11}$$

由式(2-11)可知，$k(\lambda)$和 $I(\lambda)$均是波长的函数，在研究波段范围内并非恒定不变，因此，光谱分析所得到的光谱即 $S-\lambda$ 关系曲线并非物质的实际光谱。要得到物质的实际光谱，必须对 $k(\lambda)$和 $I(\lambda)$的影响进行校准，使之在研究波段范围恒定不变。校准的方法是分别对检测器的灵敏度 k 和光源发出的光强度在研究的波段范围内进行归一化处理。另一方面，如果仅仅是定量测定，则只要固定波长即可，这时的信号值直接与被分析物质的量有关。

2.3.4.2 光电检测器

光电检测器是将光信号转换为可量化输出的电信号的检测器。光电检测器有两种类型，一类检测器的信号转换功能主要通过光敏材料来实现，当光作用于光敏材料时，光敏材料释放出电子，由此实现光电转换；另一类检测器的信号转换功能主要通过半导体材料来实现，当光作用于半导体材料时，半导体材料的导电特性将发生改变，并实现光电转换。

由于光敏材料释放出电子及半导体材料导电特性改变均需要一定的能量，而光能量的大小与波长成反比，因此光敏材料和半导体材料只对紫外光、可见光和近红外光敏感，相应的光电检测器只适用于紫外到近红外光区的光谱检测。所对应的光谱法包括原子吸收光谱、原子发射光谱、原子荧光光谱、紫外-可见吸收光谱、分子荧光光谱、分子磷光光谱、化学发光及近红外光谱。而由于红外光的能量较低，不足以使光敏材料释放出电子，或使半导体材料的导电特性发生改变，因此，光电检测器不能用作红外光谱的检测器。

常见的光电检测器包括硒光电池、真空光电管、光导检测器、硅二极管、光电倍增管及硅二极管阵列和电荷转移器件等。其中，硒光电池、真空光电管、光导检测器、硅二极管和光电倍增管为单波长检测器，它们均需要通过狭缝采光，将不同波长的光投射到检测器上分别检测。因而，如果要获得光谱，单色器必须有

波长扫描功能，即借助于单色器的旋转，使不同波长光在不同时间通过固定狭缝到达检测器进行检测，光谱的分辨是靠时间分辨来实现的。而硅二极管阵列和电荷转移器件为多道检测器，它们本质上是多个单波长检测器的集成，可进行多波长同时测定。最早使用的多道检测器是原子发射光谱中使用的照相干板，它将照相干板放置在光谱仪的聚焦平面上曝光，可同时记录光谱中的所有谱线。因此，一个设计合理的多通道检测器，不要求单色器具有波长扫描功能，光谱的分辨依靠分光系统的合理设计（如将检测器设置在光谱仪的焦面上）和阵列微型检测器的空间分布来实现。

典型的光电检测器是光电倍增管和电荷转移器件。

1. 光电倍增管

光电倍增管是一种加上多级倍增电极的光电管，同时具有光电转换和电流放大功能，其外壳由光学玻璃或石英玻璃制成，内部为真空状态。光电倍增管的结构和工作原理如图2-21所示，图中A为阳极，C为阴极。光电倍增管阴极C上涂有能光致发射电子的光敏物质，在阴极C和阳极A之间，设计安装了一系列次级电子发射极，即电子倍增极D_1，D_2，…。光电倍增管工作时，在阴极C和阳极A之间施加约1 000 V的直流电压，每个相邻倍增电极之间，存在50～100 V的电位差。当光照射在阴极C上时，光敏物质发射电子，该光电子在电场中加速，高速撞击第一个倍增极D_1，并撞击出更多的二次电子；该二次电子同样在电场下加速撞向第二个倍增极D_2，撞击出进一步增多的二次电子；依此类推。每次撞击出二次电子的倍增数可以通过改变阴极C和阳极A之间的直流电压来控制。一般情况下，一个光电子经过光电倍增管的倍增极多次倍增后，可以达到10^6～10^{10}个光电子的水平。光电倍增管之所以具有优异的灵敏度（高电流放大和高信噪比），主要得益于多个次级电子发射系统的使用，它可使电子在低噪声条件下得到倍增。

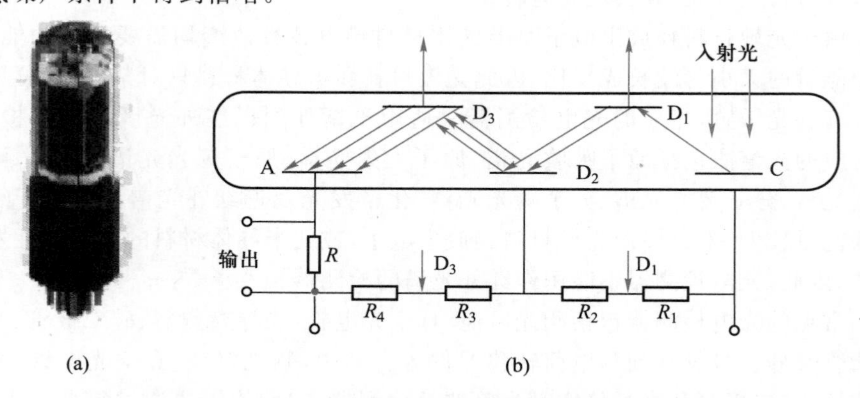

图2-21　光电倍增管结构和工作原理示意图

光电倍增管由阴极 C 吸收入射光子的能量并将其转换为电子，其转换效率（阴极灵敏度）随入射光的波长而变化，这种光阴极灵敏度与入射光波长之间的关系叫做光谱响应特性，图 2-22 给出了双碱阴极光电倍增管（其光阴极材料为 Sb-Rb-Cs 和 Sb-K-Cs）的典型光谱响应曲线。一般情况下，光谱响应特性的长波段取决于光阴极材料，短波段则取决于入射窗材料。光电倍增管的阴极一般都采用具有低电子逸出动能的碱金属材料所形成的光电发射面，而入射窗材料通常由硼硅玻璃、透紫玻璃（UV 玻璃）、合成石英玻璃和氟化镁（或镁氟化物）玻璃制成。硼硅玻璃窗材料可以透过近红外至 300 nm 的入射光，而其他三种玻璃窗材料则可用于紫外光区。

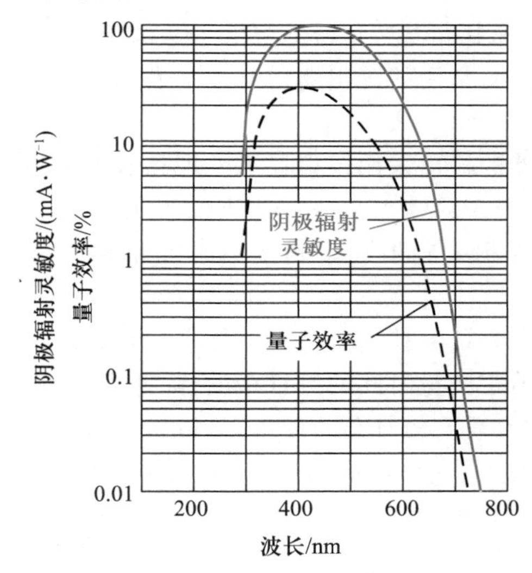

图 2-22 双碱阴极光电倍增管的典型光谱响应曲线

光电倍增管的输出电流随外加电压的增加而增加，原因是每个倍增电极获得的增益取决于加速电压，因此，光电倍增管对外加电压极其敏感，必须严格控制光电倍增管外加电源的电压。光电倍增管在没有光照射阴极时产生的暗电流，限制了光电倍增管的检测下限，光电倍增管的暗电流越小，光电倍增管的质量越好。此外，光电倍增管具有极快的响应时间。

2. 电荷转移器件

电荷转移器件是新型的多道检测器，分为电荷耦合器件（charge-coupled device，CCD）和电荷注入器件（charge-injection device，CID）。电荷转移器件最突出的特点是以电荷作为信号，通过检测一定时间周期内不同像素的累计光生电荷量，并与入射光的波长及强度相关联。其作用十分像感光胶片，即产生的是辐射照射在其上面的累积信号。

电荷转移器件测定光生电荷量的方法有两种，一种是测量当电荷从一个电极移到另一个电极时产生的电压改变；另一种是将电荷引入敏感放大器中测量，前者称为电荷注入器件，后者称为电荷耦合器件。电荷耦合器件在低温工作时，暗电流非常低，因而常用作高灵敏检测。

2.3.5 信号处理和读出系统

信号处理和读出系统主要由信号处理器和读出器件组成。

信号处理器通常是一种电子器件，它可放大检测器的输出信号。此外，它也可以把信号从直流变成交流（或相反），改变信号的相位，滤掉不需要的成分。同时，信号处理器也可用来执行某些信号的数学运算，如微分、积分或转换成对数等。

在现代分析仪器中，常用的读出器件有数字表、记录仪、电位计标尺、阴极射线管等。

通常，光电检测器的输出采用模拟技术处理和显示，即将由检测器出来的平均电流、电位等放大、记录或馈入某一个适当的表头。近年来，利用光电倍增管的输出，将已应用在 X 射线辐射功率测量中的光计数技术，引入了紫外和可见光区的测量。

与模拟技术比较，光计数技术有更多的优点。它包括：改善信噪比和低辐射强度的灵敏度；提高给定测量时间的测量精度；降低光电倍增管电压和温度的敏感性。采用光计数技术需要较复杂的设备，价格昂贵，目前该技术尚不能广泛用于紫外-可见光区的测量。而在那些低强度辐射中，如荧光、化学发光和 Raman 光谱，这已成为首选的方法。

思考、练习题

2-1 光谱仪一般由哪几部分组成？它们的作用分别是什么？

2-2 单色器由几部分组成？它们的作用分别是什么？

2-3 简述光栅和棱镜分光的原理。

2-4 简述光电倍增管的作用原理。

2-5 对下列单位进行换算：

(1) 150 pm X 射线的波数(cm^{-1})；

(2) Li 的 670.7 nm 谱线的频率(Hz)；

(3) 3 300 cm^{-1}波数对应的波长(nm)；

(4) Na 的 588.995 nm 谱线相应的能量(eV)。

2-6 下列各类型跃迁所涉及的能量(eV)和波长(nm)范围各是多少？

(1) 原子内层电子跃迁；

(2) 原子外层电子跃迁；

（3）分子的电子跃迁；

（4）分子振动能级的跃迁；

（5）分子转动能级的跃迁。

2-7 若光栅的宽度为 5.00 mm，每毫米刻线数为 720 条，那么该光栅的第一级光谱的分辨率是多少？对波数为 1 000 cm^{-1}的红外光，该光栅能分辨的最靠近的两条谱线的波长差是多少？

2-8 在 25 mL 容量瓶中，加入 1 mL 标准溶液，定容至刻度，然后进行光谱分析。如果在定容到刻度线时，多加了两滴水，怎么办？为什么？

2-9 根据什么来构建一个分析仪器？

2-10 阐述为什么原子光谱为线光谱，分子光谱为带光谱。如果说原子光谱谱线的强度分布也是峰状的，对吗？为什么？

2-11 紫外-可见分光光度法的定量关系式为 $A=\kappa bc$，如何提高方法的灵敏度？

2-12 不经任何改装的商品荧光光谱仪和紫外-可见吸收光谱仪可以用来做化学发光分析测定吗？为什么？将商品紫外-可见吸收光谱仪的试样引入系统改装为常规的红外光谱仪试样引入系统后，可以用来做红外光谱分析吗？为什么？

2-13 分子荧光光谱仪通常用光电倍增管作为检测器，请问，该检测器可以分别用作紫外-可见吸收光谱仪、原子吸收光谱仪、ICP-原子发射光谱仪、化学发光分析仪、红外光谱仪的检测器吗？为什么？

2-14 紫外-可见吸收光谱和红外吸收光谱均满足 Lambert-Beer 定律 $A=\kappa bc$，通常紫外-可见吸收光谱用作定量测定，红外吸收光谱用作结构分析，为什么紫外-可见吸收光谱通常很少用作结构分析，而红外吸收光谱很少用作定量测定？

参考资料

扫一扫查看

第3章　原子发射光谱法

3.1　概论

原子发射光谱法是依据每种化学元素的原子或离子在热激发或电激发下，发射特征的电磁辐射，进行元素定性、半定量和定量分析的方法。它是光学分析中产生与发展最早的一种分析方法。

1859年，德国学者 Kirchhoff G R 和 Bunsen R W 合作制造了第一台用于光谱分析的分光镜，并获得了某些元素的特征光谱，奠定了光谱定性分析的基础。20世纪20年代，Gerlarch 为了解决光源不稳定性问题，提出了内标法，为光谱定量分析提供了可行性依据。60年代，电感耦合等离子体(ICP)光源的引入，大大推动了发射光谱分析的发展。近年来，随着固态成像检测器件的使用，使多元素同时分析能力大大提高。

原子发射光谱法包括了三个主要的过程，即：由光源提供能量使试样蒸发，形成气态原子，并进一步使气态原子激发而产生光辐射；将光源发出的复合光经单色器分解成按波长顺序排列的谱线，形成光谱；用检测器检测光谱中谱线的波长和强度。

原子发射光谱法的特点：多元素同时检测能力；分析速度快；选择性好；检出限低，一般光源可达 $\mu g \cdot mL^{-1}$(或 $\mu g \cdot g^{-1}$)级，如采用 ICP 作为光源，则可降低至 $10^{-3} \sim 10^{-4}\ \mu g \cdot mL^{-1}$(或 $\mu g \cdot g^{-1}$)；精密度好，一般光源为±10%左右，如采用 ICP 作为光源，精密度可达到±1%以下；线性范围宽，一般光源的线性范围约2个数量级，如采用 ICP 作为光源，线性范围可延长至4～6个数量级，可有效地用于同时测量高、中、低含量的元素；试样消耗少；非金属元素测定困难。

3.2　基本原理

3.2.1　原子发射光谱的产生

原子的外层电子由高能级向低能级跃迁，能量以电磁辐射的形式发射出去，这样就得到发射光谱。原子发射光谱是线状光谱。基态原子通过电、热等激发光源作用获得能量,外层电子从基态跃迁到较高能态变为激发态,激发态不稳定,约经 10^{-8} s,外层电子就从高能级向较低能级或基态跃迁,多余的能量以电磁辐射的形式发射可得到一条特定波长的光谱线。

原子中某一外层电子由基态激发到高能级所需要的能量称为激发能。由激发态向基态跃迁所发射的谱线称为共振线。由第一激发态向基态跃迁发射的谱线称为第一共振线,第一共振线具有最小的激发能,因此最容易被激发,为该元素最强的谱线。

离子也可能被激发,其外层电子跃迁也发射光谱。每一条离子线都有其激发能。这些离子线的激发能大小与电离能高低无关。

在原子谱线表中,用罗马数字Ⅰ表示原子线,Ⅱ表示一次电离离子发射的谱线,Ⅲ表示二次电离离子发射的谱线。例如,MgⅠ 285.21 nm 为原子线,MgⅡ 280.27 nm 为一次电离离子线。

3.2.2 原子能级与能级图

核外电子在原子中存在运动状态,可以用四个量子数 n,l,m,m_s 来规定。

主量子数 n 决定电子的能量和电子离核的远近。

角量子数 l 决定电子角动量的大小及电子轨道的形状,在多电子原子中也影响电子的能量。

磁量子数 m 决定磁场中电子轨道在空间的伸展方向不同时电子运动角动量分量的大小。

自旋量子数 m_s 决定电子自旋的方向。电子自旋在空间的取向只有两个,一个顺着磁场,另一个反着磁场,因此,自旋角动量在磁场方向上有两个分量。

四个量子数的取值:

$n=1,2,3,\cdots,\pm n$;

$l=0,1,2,\cdots,n-1$,相应的符号为 s,p,d,f,…;

$m=0,\pm1,\pm2,\cdots,\pm m$;

$m_s=\pm1/2$。

电子的每一运动状态都与一定的能量相联系。主量子数 n 决定了电子的主要能量,半长轴相同的各种轨道电子具有相同的 n,可以认为是分布在同一壳层上,随着主量子数不同,可分为许多壳层,$n=1$ 的壳层,距原子核最近,称为第一壳层;依次 $n=2,3,4,\cdots$ 的壳层,分别称为第二、三、四壳层……用符号 K,L,M,N,…代表相应的各个壳层。角量子数 l 决定了各椭圆轨道的形状,不同椭圆轨道有不同的能量。因此,又可以将具有同一主量子数 n 的每一壳层按不同的角量子数 l 分为 n 个支壳层,分别用符号 s,p,d,f,g,…来代表。原子中的电子遵循一定的规律填充到各壳层中,首先填充到量子数最小的量子态,当电子逐渐填满同一主量子数的壳层,就完成一个闭合壳层,形成稳定的结构,次一个电子再填充新的壳层。这样便构成了原子的壳层结构。元素周期表中同族元素具有类似的壳层结构。

原子光谱是原子的外层电子(或称价电子)在两个能级之间跃迁而产生。有多个价电子的原子,它的每一个价电子都可能跃迁而产生光谱。这些核外电子之间存在着相互作用,其中包括电子轨道之间的相互作用,电子自旋运动之间的相互作用,以及轨道运动与自旋运动之间的相互作用等。因此,原子的核外电子排布并不能准确地表征原子的能量状态,即能级。原子的能级通常用以下光谱项符号表示:

$$n^{2S+1}L_J$$

n 为主量子数。

L 为总角量子数,其数值为外层价电子角量子数 l 的矢量和,即 $L=\sum l_i$。两个价电子偶合所得的总角量子数 L 与单个价电子的角量子数 l_1,l_2 有如下的关系:

$$L=(l_1+l_2),(l_1+l_2-1),(l_1+l_2-2),\cdots,|l_1-l_2|$$

其值可能为:$L=0,1,2,3,\cdots$,相应的谱项符号为 S,P,D,F,…,若价电子数为3,应先把2个价电子的角量子数的矢量和求出后,再与第三个价电子求出其矢量和,就是3个价电子的总角量子数。

S 为总自旋量子数,自旋与自旋之间的作用也较强,多个价电子总自旋量子数是单个价电子自旋量子数 m_s 的矢量和。$S=\sum m_{s,i}$,其值可取 $0,\pm1/2,\pm1,\pm3/2,\cdots$。

J 为内量子数,是由于轨道运动与自旋运动的相互作用即轨道磁矩与自旋量子数的相互影响而得出的,它是原子中各个价电子组合得到的总角量子数 L 与总自旋量子数 S 的矢量和,$J=L+S$。

J 的求法为 $J=(L+S),(L+S-1),(L+S-2),\cdots,|L-S|$。

光谱项符号左上角的$(2S+1)$称为光谱项的多重性。当用光谱项符号 $3^2S_{1/2}$ 表示钠原子的能级时,表示钠原子的电子处于 $n=3,L=0,S=1/2,J=1/2$的能级状态,这是钠原子的基本光谱项,$3^2P_{3/2}$ 和 $3^2P_{1/2}$ 是钠原子的两个激发态光谱项符号。

由于一条谱线是原子的外层电子在两个能级之间跃迁产生的,故原子的能级可用两个光谱项符号表示。例如,钠原子的双线可表示为

Na 588.996 nm　　$3^2S_{1/2}\rightarrow3^2P_{3/2}$

Na 589.593 nm　　$3^2S_{1/2}\rightarrow3^2P_{1/2}$

图 3-1 为钠原子的能级图。图中的水平线表示实际存在的能级,能级的高低用一系列的水平线表示。图中的纵坐标表示能量标度,左边用电子伏标度,右

边用波数标度。各能级之间的垂直距离表示跃迁时以电磁辐射形式释放的能量的大小。由于相邻两能级的能量差与主量子数 n^2 成反比，随 n 增大，能级排布越来越密。当 $n\to\infty$ 时，原子处于电离状态，这时体系的能量相应于电离能。因为电离的电子可以具有任意的动能，因此，当 $n\to\infty$ 时，能级图中出现了一个连续的区域。每一时刻一个原子只发射一条谱线，因许多原子处于不同的激发态，因此，发射出各种不同的谱线。其中在基态与第一激发态之间跃迁产生谱线强度最大的第一共振线。

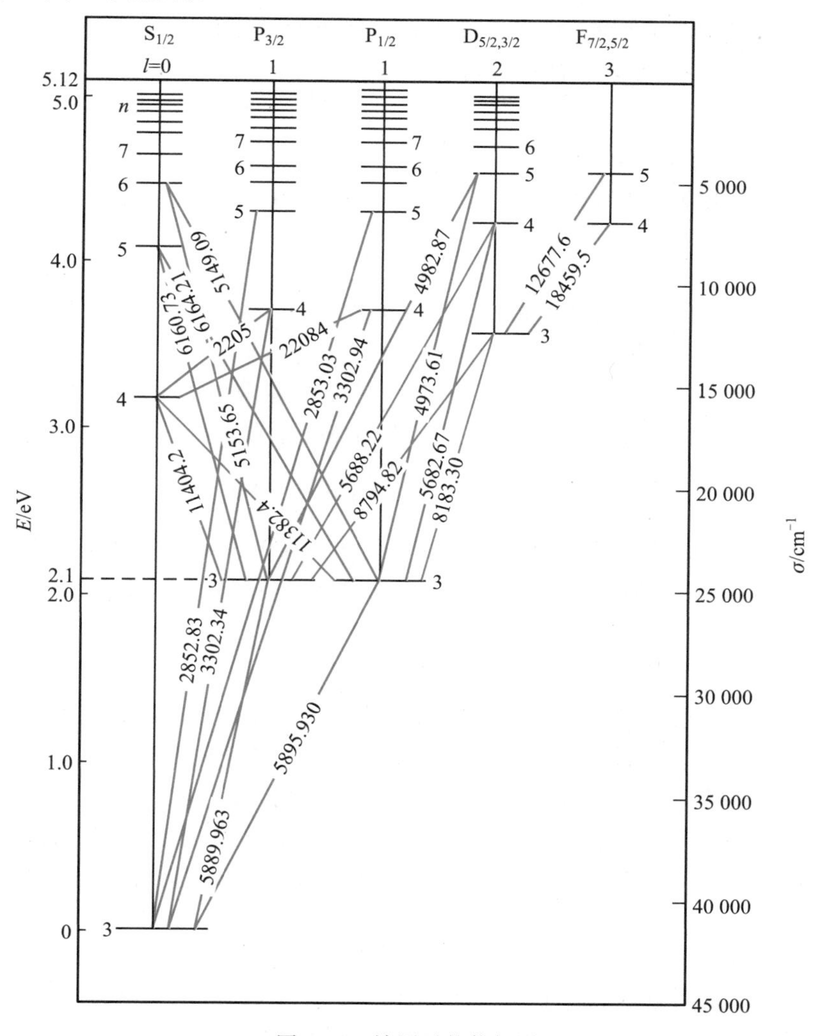

图 3-1 钠原子的能级图

应该指出的是，并不是原子内所有能级之间的跃迁都是可以发生的，实际发

生的跃迁是有限制的。根据量子力学的原理，电子的跃迁不能在任意两个能级之间进行，而必须遵循一定的“选择定则”，这个定则是

(1) $\Delta n=0$ 或任意正整数；

(2) $\Delta L=\pm1$，跃迁只允许在 S 项和 P 项之间，P 项和 S 项或 D 项之间，D 项和 P 项或 F 项之间，等等；

(3) $\Delta S=0$，即单重项只能跃迁到单重项，三重项只能跃迁到三重项；

(4) $\Delta J=0,\pm1$，但当 $J=0$ 时，$J=0$ 的跃迁是禁阻的。

也有个别例外的情况，这种不符合光谱选律的谱线称为禁戒跃迁线。该谱线一般产生的机会很少，谱线的强度也很弱。

3.2.3 谱线强度

设 i，j 两能级之间的跃迁所产生的谱线强度 I_{ij}表示，则

$$I_{ij}=N_iA_{ij}h\nu_{ij} \tag{3-1}$$

式中 N_i 为单位体积内处于高能级 i 的原子数；A_{ij}为 i，j 两能级间的跃迁概率；h 为普朗克常量；ν_{ij}为发射谱线的频率。

若激发是处于热力学平衡的状态下，分配在各激发态和基态的原子数目 N_i，N_0，应遵循统计力学中 Maxwell-Boltzmann 分布定律。

$$N_i=N_0g_i/g_0\mathrm{e}^{-E/kT} \tag{3-2}$$

式中 N_i 为单位体积内处于激发态的原子数；N_0 为单位体积内处于基态的原子数；g_i，g_0 为激发态和基态的统计权重；E_i 为激发能；k 为玻尔兹曼常数；T 为激发温度。

从式(3-2)可以看出，影响谱线强度的因素有

(1) 统计权重　谱线强度与激发态和基态的统计权重之比成正比。

(2) 跃迁概率　谱线强度与跃迁概率成正比。跃迁概率是一个原子在单位时间内两个能级之间跃迁的概率，可通过实验数据计算。

(3) 激发能　谱线强度与激发能成负指数关系。在温度一定时，激发能越高，处于该能量状态的原子数越少，谱线强度越小。激发能最低的共振线通常是强度最大的线。

(4) 激发温度　温度升高，谱线强度增大。但温度升高，电离的原子数目也会增多，而相应的原子数减少，致使原子谱线强度减弱，离子的谱线强度增大。

(5) 基态原子数　谱线强度与基态原子数成正比。在一定的条件下，基态原子数与试样中该元素浓度成正比。因此，在一定的条件下谱线强度与被测元素浓度成正比，这是光谱定量分析的依据。

3.2.4 谱线的自吸与自蚀

在实际工作中，发射光谱是通过物质的蒸发、激发、迁移和射出弧层而得到的，而弧焰具有一定的厚度，如图 3-2 所示，弧焰中心 a 的温度最高，边缘 b 的温度较低。由弧焰中心发射出来的辐射，必须通过整个弧焰才能射出，由于弧层边缘的温度较低，因而这里处于基态的同类原子较多。这些低能态的同类原子能吸收高能态原子发射出来的光而产生吸收光谱。原子在高温时被激发，发射某一波长的谱线，而处于低温状态的同类原子又能吸收这一波长的辐射，这种现象称为自吸现象，如图 3-3 所示。

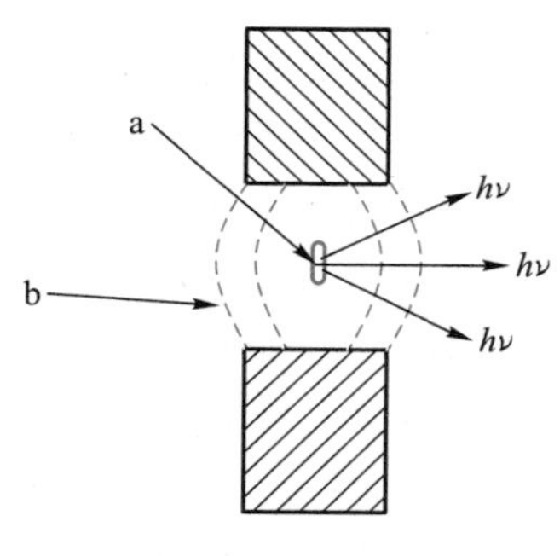

图 3-2 弧焰示意图

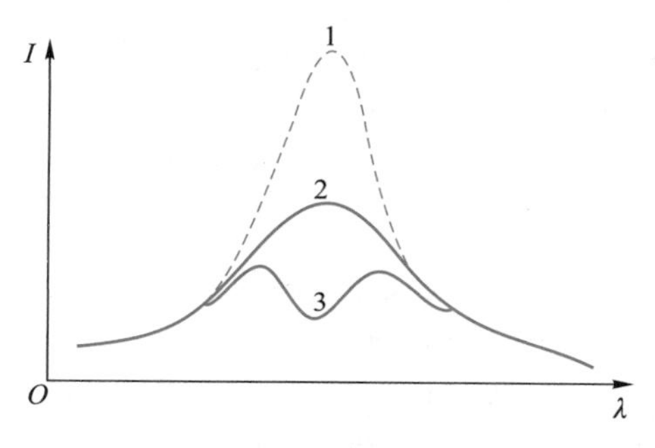

图 3-3 谱线的自吸与自蚀

1—无自吸；2—自吸；3—自蚀

弧层越厚，弧焰中被测元素的原子浓度越大，则自吸现象越严重。

当原子浓度低时，谱线不呈现自吸现象；原子浓度增大，谱线产生自吸现象，使其强度减小，这时谱线强度与原子浓度不再呈线性关系。由于自吸现象严重影响谱线强度，所以在光谱定量分析中是一个必须注意的问题。由于发射谱线的宽度比吸收谱线的宽度大，所以，谱线中心的吸收程度要比边缘部分大，因而使谱线出现“边强中弱”的现象。当自吸现象非常严重时，谱线中心的辐射将完全被吸收，这种现象称为自蚀(图 3-3)。

共振线是原子由激发态跃迁至基态而产生的。由于这种迁移及激发所需要的能量最低，所以基态原子对共振线的吸收也最严重。当元素浓度很大时，共振线呈现自蚀现象。自吸现象严重的谱线，往往具有一定的宽度，这是由于同类原子的互相碰撞而引起的，称为共振变宽。

3.3 原子发射光谱仪器

原子发射光谱仪器分为三部分：光源、分光仪和检测器。对于部分光源而言，为了将溶液试样引入光源，还需要一个试样引入系统。图 3-4 是典型的原子发射光谱仪器示意图。

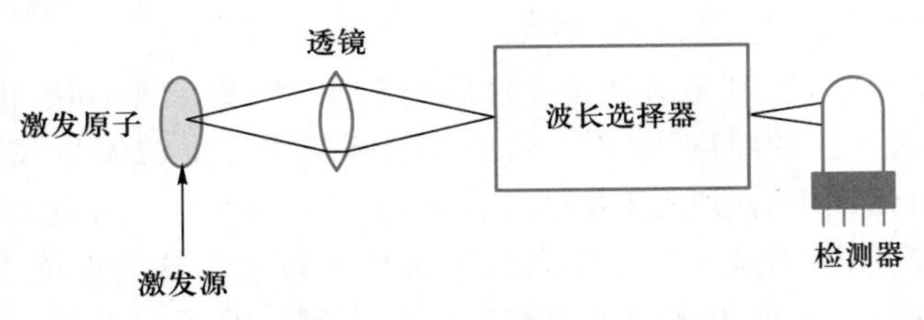

图 3-4 典型的原子发射光谱仪器示意图

3.3.1 光源

在原子发射光谱仪中，光源需要提供较高的温度，使试样蒸发、解离、原子化、激发、跃迁产生光辐射的作用。它对光谱分析的检出限、精密度和准确度都有很大的影响。原子发射光谱仪的光源有直流电弧、交流电弧、电火花及等离子体等。

使电极之间气体电离的方法有：紫外线照射、电子轰击、电子或离子对中性原子碰撞及金属灼热时发射电子等。当气体电离后，还需在电极间加以足够的电压，才能维持放电。通常，当电极间的电压增大，电流也随之增大，当电极间的电压增大到某一定值时，电流突然增大到差不多只受外电路中电阻的限制，即电极间的电阻突然变得很小，这种现象称为击穿。在电极间的气体被击穿后，即使没有外界电离作用，仍然继续保持电离，使放电持续，这种放电称为自持放电。光谱分析用的电光源（电弧和电火花）都属于自持放电类型。

使电极间击穿而发生自持放电的最小电压称为“击穿电压”。要使空气中通过电流，必须要有很高的电压，在 100 kPa 压强下，若使 1 mm 的间隙中发生放电，必须具有 3 300 V 的电压。

如果电极间采用低压（220 V）供电，通常使用一个小功率的高频振荡放电器使气体电离（称为“引燃”），之后为了维持放电所必需的电压，称为“燃烧电压”。燃烧电压总是小于击穿电压，并和放电电流有关。

3.3.1.1 直流电弧

直流电弧的电源一般为可控硅整流器。常用高频电压引燃直流电弧。

直流电弧工作时，阴极释放出来的电子不断轰击阳极，使其表面上出现一个炽热的斑点。这个斑点称为阳极斑。阳极斑的温度较高，有利于试样的蒸发。因此，一般均将试样置于阳极碳棒孔穴中。在直流电弧中，弧焰温度取决于弧隙中气体的电离能，一般为 4 000～7 000 K，尚难以激发电离能高的元素。电极头的温度较弧焰的温度低，且与电流大小有关，一般阳极可达 3 800℃，阴极则在 3 000℃以下。

直流电弧的最大优点是电极头温度高，蒸发能力强，适用于难挥发试样分析。其缺点是放电不稳定，重现性差；且弧焰较厚，自吸现象严重，不适宜用于高含量元素的定量分析；弧焰温度较低，激发能力差，不利于激发电离能高的元素。因此，直流电弧可很好地应用于矿石等的定性、半定量及痕量元素的定量分析。

3.3.1.2 交流电弧

采用高频高压引火装置产生的高频高压电流，不断地“击穿”电极间的气体，造成电离，维持导电。在这种情况下，低频低压交流电就能不断地流过，维持电弧的燃烧。这种高频高压引火、低频低压燃弧的装置就是普通的交流电弧。

交流电弧是介于直流电弧和电火花之间的一种光源，与直流电弧相比，交流电弧的电极头温度稍低一些，不利于难挥发元素的挥发；但是弧焰温度比直流电弧高，有利于元素的激发；且由于有控制放电装置，电弧较稳定。交流电弧的弧层也稍厚，易产生自吸现象。这种电源常用于金属、合金中低含量元素的定量分析。

3.3.1.3 电火花

高压电火花通常使用10 000V以上的高压交流电，通过间隙放电，产生电火花。电源电压经过可调电阻后进入升压变压器的初级线圈，使初级线圈上产生10 000V以上的高电压，并向电容器充电。当电容器两极间的电压升高到分析间隙的击穿电压时，储存在电容器中的电能立即向分析间隙放电，产生电火花。由于高压电火花放电时间极短，故在这一瞬间内通过分析间隙的电流密度很大（高达10 000～50 000 A·cm^{-2}），因此，弧焰瞬间温度很高，可达10 000K以上，故激发能量大，可激发电离能高的元素。

电火花是以间隙方式进行工作的，平均电流密度并不高，因此，电极头温度较低，不利于元素的蒸发；弧焰半径较小，弧层较薄，自吸不严重，适用于高含量元素的分析。这种光源主要用于易熔金属合金试样的分析、高含量元素及难激发元素的定量分析。

3.3.1.4 等离子体光源

等离子体是一种电离度大于0.1%的电离气体，由电子、离子、原子和分子所组成，其中电子数目和离子数目基本相等，整体呈电中性。最常用的等离子体光源包括直流等离子焰（DCP）、电感耦合等离子体（ICP）、电容耦合微波等离子体（CMP）和微波诱导等离子体（MIP）等。

1. 直流等离子焰（DCP）

经惰性气体压缩的大电流直流弧光放电，可获得一股高速喷射的等离子“火焰”。这股等离子“火焰”称为直流等离子焰DCP，如图3-5所示。

一般的直流弧光在电流增加时，弧柱随之增大，电流密度和有效能量几乎没有增加，所以弧温不能提高。DCP形成时，惰性气体由冷却的喷口喷出，使弧柱

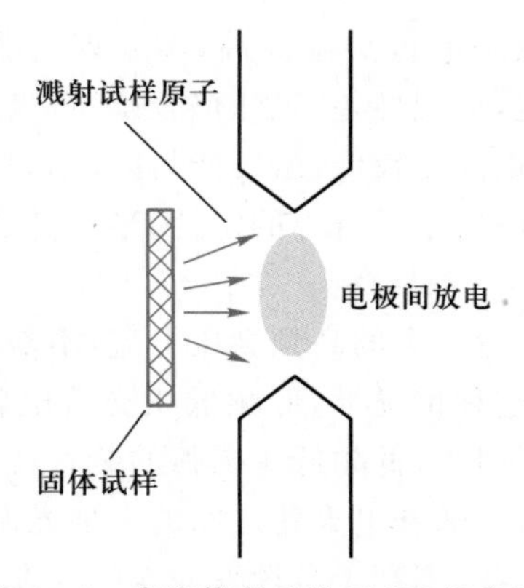

图 3-5 直流等离子焰(DCP)示意图

外围的温度降低,弧柱收缩,电流密度和有效能量增加,所以激发温度有明显的提高。这种低温气流使弧柱收缩的现象,称为热箍缩效应。另外,在 DCP 放电时,带电荷粒子沿着一定的方向运动,产生电流,形成磁场,从而使得弧柱收缩,也能提高等离子焰的温度和能量。这种电磁作用引起的弧柱收缩的现象,称为磁箍缩效应。DCP 的弧焰呈蓝色,温度比直流电弧高(5 000～10 000 K),主要原因是放电时的热箍缩效应和磁箍缩效应使等离子体受到压缩。此外,DCP 的稳定性也比直流电弧高。DCP 不仅可以采用粉末进样,而且可以采用溶液进样。

DCP 对难激发元素具有较好的检出限。等离子焰的温度不仅受工作气体和电流强度的影响,而且与气体流量、喷样速度有关。氩或其他惰性气体喷焰的温度,比氮或空气喷焰的温度高。等离子焰的激发温度随着电流强度的增加而升高,虽可使谱线强度增加,但背景也随之增大,因而不能改善线背比,不利于元素检出限提高。气体流量和喷样速度对谱线强度的影响也很大,而且对原子线和离子线的影响各不相同。

2. 电感耦合等离子体(ICP)

ICP 用电感耦合传递功率,是应用较广的一种等离子光源。ICP 光源由高频发生器、进样系统(包括供气系统)和等离子炬管三部分组成。图 3-6 是 ICP 示意图。

在通入工作气体的石英管外套装一个高频感应线圈,感应线圈与高频发生器连接。当高频电流通过线圈时,在管的内外形成强烈的振荡磁场。管内磁力线沿轴线方向,管外磁力线呈椭圆闭合回路。一旦管内气体开始电离(如用点火器),电子和离子则受到高频磁场所加速,产生碰撞电离,电子和离子急剧增加,此时在气体中感应产生涡流。这个高频感应电流,产生大量的热能,又促进气体电离,维持气体的高温,从而形成等离子体。

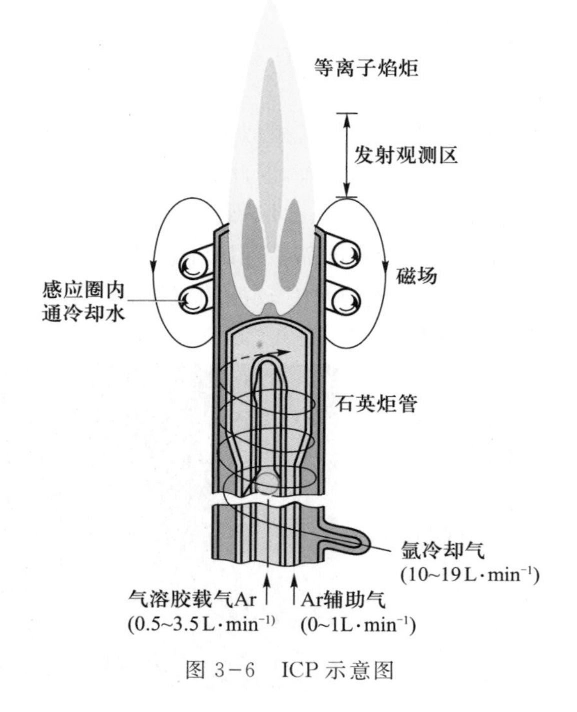

图 3-6 ICP 示意图

为了使所形成的 ICP 稳定，通常采用三层同轴等离子炬管。最外层通氩气(Ar)作为工作气体(也称为冷却气，气流 14～15 L・min^{-1})，沿切线方向引入，并螺旋上升，迫使等离子体收缩，并在其中心形成低气压区。其作用：第一，作为 Ar 源参与放电过程；第二，箍缩等离子体提高中心温度(电流密度增大)，同时将等离子体吹离外层石英管的内壁(离开管壁约 1 mm)，保护石英管不被烧毁；第三，利用离心作用在炬管中心产生低气压中心通道，以利于进样。中层管通入 Ar 作为辅助气体(气流 0.5～1 L・min^{-1})，用于点燃等离子体。内层石英管内径为 1～2 mm，通入 Ar 作为载气(气流 0.8～1.5 L・min^{-1})，把经过雾化器的试样溶液以气溶胶形式通过中心通道引入等离子体中。

用 Ar 作 ICP 气源的优点：Ar 为单原子惰性气体，不与试样组分形成难解离的稳定化合物，也不像分子那样因离解而消耗能量，且电离电位较低，有良好的激发性能，本身光谱背景简单。

不同频率的电流所形成的等离子体具有不同的形状。在低频(约 5 MHz)时形成的等离子体，其形状如水滴，试样微粒只能环绕等离子炬表面通过，不利于试样的蒸发激发。在高频(约 30 MHz)时形成的等离子体，其形状似圆环，试样微粒可以沿着等离子体轴心通过，对试样的蒸发激发极为有利。这种具有中心通道的等离子体，正是 ICP 成为原子发射光谱分析中优良的激发光源的重要原因。

ICP具有许多与常规光源不同的特性,使它成为原子发射光谱分析中具有竞争能力的激发光源。

(1) 环状结构　ICP的外观与火焰相似,但它的结构与火焰截然不同。由于等离子气和辅助气都从切线方向引入,因此高温气体形成旋转的环流。同时,由于高频感应电流的趋肤效应,涡流在圆形回路的外周流动。这样,所形成的等离子体从气体动力学和电学角度而言都呈现出环状结构。这种环状结构造成一个电学屏蔽的中心通道,且这个通道具有较低的气压、较低的温度、较小的阻力,使试样容易进入焰炬,并有利于蒸发、解离、激发、电离以至观测。

图3-7是ICP外观示意图。其环状结构可以分为若干区,各区的温度不同,性状不同,辐射也不同。

图3-7　ICP外观示意图

① 焰心区　感应线圈区域内,白色不透明的焰心,高频电流形成的涡流区,温度最高达10 000 K,电子密度高。它发射很强的连续光谱,光谱分析应避开这个区域。试样气溶胶在此区域被预热、蒸发,又叫预热区。

② 内焰区　在感应圈上10～20 mm处,呈淡蓝色半透明的焰炬,温度为6 000～8 000 K。试样在此原子化、激发,然后发射很强的原子线和离子线。这是光谱分析所利用的区域,称为测光区。测光时在感应线圈上的高度称为观测高度。

③ 尾焰区　在内焰区上方,无色透明,温度低于6 000 K,只能发射激发能较低的谱线。

(2) ICP的分析性能　高频电流具有“趋肤效应”,ICP中高频感应电流绝大部分流经导体外围,越接近导体表面,电流密度就越大。涡流主要集中在等离子体的表面层内,形成环状结构,造成一个环形加热区。环形的中心是一个进样中心通道,气溶胶能顺利进入等离子体内,使得等离子体焰炬有很高的稳定性。

试样气溶胶在高温焰心区经历较长时间加热,在测光区平均停留时间长。这样的高温与长的平均停留时间使试样充分原子化,并有效地消除了化学干扰。周围是加热区,用热传导与辐射方式间接加热,使组分的改变对ICP影响较小,加之溶液进样少,因此,基体效应小。试样不会扩散到ICP焰炬周围而形成自吸的冷蒸气层。因此,ICP具有如下特点:① 检出限低; ② 稳定性好,精密度、准确度高；③ 自吸效应、基体效应小；④ 选择合适的观测高度，光谱背景小。

ICP 局限性在于对非金属元素测定灵敏度低，仪器价格昂贵，维护费用较高。

3.3.2 试样在激发光源中的蒸发与光谱激发

试样在激发光源的作用下，蒸发进入等离子区内，随着试样蒸发的进行，各元素的蒸发速率不断发生变化，以致谱线强度也不断变化。各种元素以谱线强度或黑度对蒸发时间作图，称为蒸发曲线。一般地，易挥发的物质先蒸发出来，难挥发的物质后蒸发出来。试样中不同组分的蒸发有先后次序的现象称为分馏。试样的蒸发速率受许多因素的影响，如试样成分、试样装入量、电极形状、电极温度、试样在电极内产生的化学反应和电极周围的气氛等。在试样中加入一些添加剂等，也影响试样的蒸发速率。

物质蒸发到等离子区，发生原子化和电离。气态的原子或离子在等离子体内与高速运动的粒子碰撞而被激发，发射特征的电磁辐射。与粒子高速运动碰撞而引起的激发为热激发；与电子的碰撞所引起的激发为电激发。

表 3-1 给出了几种光源的比较。

表 3-1　几种光源的比较

光源	蒸发温度	激发温度/K	放电稳定性	应用范围
直流电弧	高	4 000～7 000	较差	定性分析，矿物、纯物质、难挥发元素的定量分析
交流电弧	中	4 000～7 000	较好	试样中低含量组分的定量分析
火花	低	瞬间 10 000	好	金属与合金、难激发元素的定量分析
ICP	很高	6 000～8 000	最好	溶液的定量分析

3.3.3 试样引入激发光源的方法

试样引入激发光源的方法对原子发射光谱分析方法的分析性能影响极大。一般来说，试样引入系统应将具有代表性的试样重现、高效地转入到激发光源中。

3.3.3.1 溶液试样

将溶液试样引入原子化器，一般采用气动雾化、超声雾化和电热蒸发等方式。其中，前两个方式需要事先雾化。雾化是通过压缩气体的气流将试样转变成极细的单个雾状微粒（气溶胶）。然后由流动的气体将雾化好的试样带入原子化器进行原子化。

气动雾化器进样是利用动力学原理将液体试样变成气溶胶并传输到原子化

器的进样方式。当高速气流从雾化器喷口的环形截面喷出时，在喷口毛细管端部形成负压，试液从毛细管中被抽吸出来。运动速率远大于液流的气流强烈冲击液流，使其破碎形成细小雾滴。

气动雾化器的种类很多，大致可以分为三大类，即同心型、直角型和特殊型（如 Babington 型雾化器）。

同心雾化器的应用最广泛，如图 3-8(a)所示，溶液试样被吸入毛细管，在高压气流作用下，在毛细管口以雾滴形式喷出；图 3-8(b)为交叉型雾化器，溶液通常用蠕动泵引入，高压气流在溶液引入的垂直方向喷入；图 3-8(c)为烧结玻璃雾化器(fritted-disk nebulizer)，气流从砂心底部引入，溶液试样用蠕动泵引至砂心表面，与(a)、(b)相比，(c)型雾化器能得到更好的气溶胶；图 3-8(d)为 Babington 型雾化器，下部是一个中空的球体，溶液试样从上部流下来在球体表面形成一层液膜，而高压气流引入后从球体上的一个小孔喷出，将溶液试样变为气溶胶。与前三种雾化器相比，这种雾化器不易堵塞，适用于高盐溶液及有一定固体颗粒含量的悬浮液的分析。

超声雾化器进样是根据超声波振动的空化作用把溶液雾化成气溶胶后，由载气传输到火焰或等离子体的进样方法。与气动雾化器相比，超声雾化器具有雾化效率高、可产生高密度均匀的气溶胶、不易被阻塞等优点。

电热蒸发进样(ETV)是将蒸发器放在一个有惰性气体（氩气）流过的密闭室内。当有少量的液体或固体试样放在碳棒或钽丝制成的蒸发器上，电流迅速上升，导致温度升高，将试样蒸发并被惰性气体携带进入原子化器。与气动雾化和超声雾化不同，电热蒸发进样是不连续进样方式，产生的是不连续的信号。

3.3.3.2 气体试样

气体试样可直接引入激发光源进行分析。有些元素可以转变成其相应的挥发性化合物而采用气体发生进样（如氢化物发生法）。例如，砷、锑、铋、锗、锡、铅、硒和碲等元素可以通过将其转变成挥发性氢化物而进入原子化器，这种进样方法就是氢化物发生法。目前普遍应用的是硼氢化钠（钾）-酸还原体系，典型的反应如下：

$$3BH_4^- + 3H^+ + 4H_3AsO_3 = 3H_3BO_3 + 4AsH_3 \uparrow + 3H_2O$$

氢化物发生法对这些元素的检出限可以降低 10～100 倍。由于这类形成氢化物的元素毒性大，在低浓度时检测它们显得尤其重要。同时也要求操作者使用安全有效的方法清除从原子化器中出来的气体。

3.3.3.3 固体试样

将固体以粉末、金属或微粒形式直接引入原子化器中测定的分析方法，具有省去试样溶解、分离或富集等化学处理，减少污染的来源和试样的损失，以及测

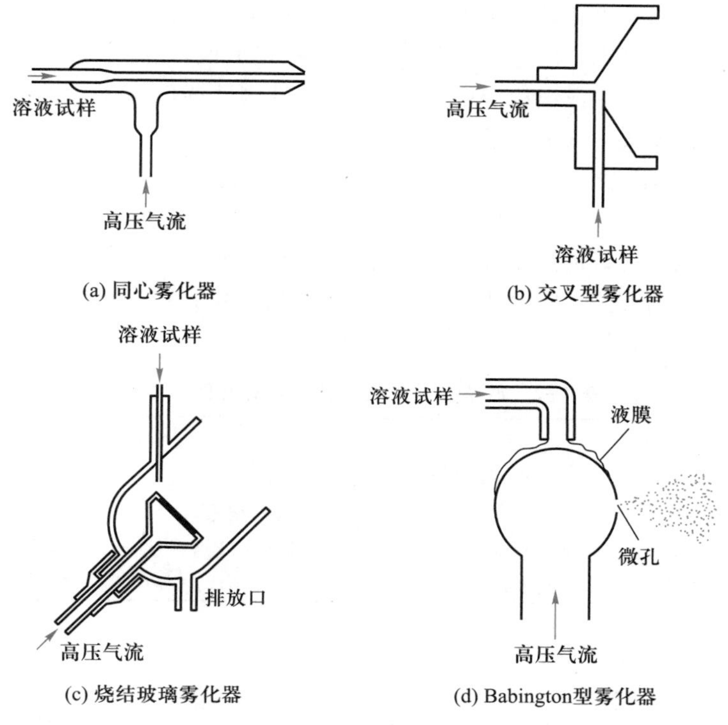

图 3-8 几种典型的雾化器

定灵敏度高等特点。但由于固体进样技术存在取样的均匀性，基体效应严重，以及较难配制均匀、可靠的固体标样等问题，严重地影响了测定的准确度和精密度。因此，它是一种既有应用前景但目前又存在较多问题的进样技术。

表 3-2 总结了原子光谱中试样引入激发光源的方法。其中，将固体直接引入原子化器有电热蒸发、试样直接插入、激光熔融法、电弧和火花熔融法等几种形式。

(1) 试样直接插入进样　该技术是将试样磨成粉体，放在探针上直接插进原子化器。如果采用电弧和火花作为原子化器时，通常用金属试样作为一支或两支电极以形成电弧或火花。

(2) 电弧和火花熔融法　常用各种放电方法将固体试样引入原子化器。通过固体试样的表面放电，产生由微粒和蒸气组成的烟雾，再由惰性气体转入原子化器中。

电弧和火花熔融法通常是在惰性气氛中进行，试样必须导电或者将试样与某种导体混合。

电弧和火花不仅是一种试样的引入技术，同时也常用于原子发射光谱分析中作为激发光源。火花可产生大量的离子,故可通过质谱分析和测定。

(3) 电热蒸发进样 与液体电热蒸发进样相类似,该技术是将固体试样放在用导体加热的石墨或钽棒等中蒸发,再随惰性气体带入原子化器。固体试样以粉末或匀浆形式引入蒸发器中。

(4) 激光熔融法 它是将激光光束聚焦形成足够的能量直接射在固体试样表面,在被激光照射的部分试样转变成蒸气和微粒组成的烟雾,再被带入原子化器。激光熔融法可以应用于导体和非导体、无机和有机试样、粉体和金属材料,是一种通用型的方法。除分析块状试样外,激光聚焦光束还可以对固体表面一个很小的范围进行微区分析或进行表面分析。

表3-2 原子光谱中试样引入激发光源的方法

方法	试样状态	方法	试样状态
气动雾化器	溶液或匀浆	试样直接插入	固体
超声雾化器	溶液	激光熔融法	固体
电热蒸发	固体、液体	电弧和火花熔融法	导电固体
氢化物发生	氢化物形成元素		

3.3.4 分光仪

原子发射光谱的分光仪目前采用棱镜和光栅两种分光系统。请参阅本书第2章。

3.3.5 检测器

原子发射光谱法用的检测方法有:目视法、摄谱法和光电法。

3.3.5.1 目视法

用眼睛来观测谱线强度的方法称为目视法(看谱法)。它仅适用于可见光波段。常用仪器为看谱镜。看谱镜是一种小型的光谱仪,专门用于钢铁及有色金属的半定量分析。

3.3.5.2 摄谱法

摄谱法是用感光板记录光谱。将光谱感光板置于摄谱仪焦面上,接受被分析试样的光谱作用而感光,再经过显影、定影等过程后,制得光谱底片,其上有许多黑度不同的光谱线。然后用影谱仪观察谱线位置及大致强度,进行光谱定性及半定量分析。用测微光度计测量谱线的黑度,进行光谱定量分析。

3.3.5.3 光电法

光电转换器件是光电光谱仪接收系统的核心部分,主要是利用光电效应将不同波长的辐射能转化成光电流的信号。光电转换器件主要有两大类:一类是光电发射器件，如光电管与光电倍增管，当辐射作用于器件中的光敏材料上，使发射的电子进入真空或气体中，并产生电流，这种效应称为光电效应；另一类是半导体光电器件，包括固体成像器件，当辐射能作用于器件中的光敏材料时，所产生的电子通常不脱离光敏材料，而是依靠吸收光子后所产生的电子－空穴对在半导体材料中自由运动的光电导（即吸收光子后半导体的电阻减小，而电导增加）产生电流的，这种效应称为内光电效应。

光电转换元件种类很多，但在光电光谱仪中光电转换元件要求在紫外至可见光谱区域（160～800 nm）很宽的波长范围内有很高的灵敏度和信噪比，很宽的线性响应范围，以及快的响应时间。

目前可应用于光电光谱仪的光电转换元件有以下两类：光电倍增管及固体成像器件。

1. 光电倍增管

外光电效应所释放的电子打在物体上能释放出更多电子的现象称为二次电子倍增。光电倍增管就是根据二次电子倍增现象制造的。它由一个光阴极、多个打拿极和一个阳极所组成，每一个电极保持比前一个电极高得多的电压（如 100 V）。当入射光照射到光阴极而释放出电子时，电子在高真空中被电场加速，打到第一打拿极上。一个入射电子的能量给予打拿极中的多个电子，从而每一个入射电子平均使打拿极表面发射几个电子。二次发射的电子又被加速打到第二打拿极上，电子数目再度被二次发射过程倍增，如此逐级进一步倍增，直到电子聚集到阳极为止。通常光电倍增管约有十二个打拿极，电子放大系数（或称增益）可达 10^8，特别适合于对微弱光强的测量，普遍为光电直读光谱仪所采用。光电倍增管的窗口可分为侧窗式和端窗式两种。

用光电倍增管来接收和记录谱线的方法称为光电直读法。光电倍增管既是光电转换元件，又是电流放大元件。

2. 固态成像器件

固态成像器件是新一代的光电转换检测器，它是一类以半导体硅片为基材的光敏元件制成的多元阵列集成电路式的焦平面检测器。这一类成像器件中，目前较成熟的主要是电荷注入器件（charge-injection detector，CID）和电荷耦合器件（charge-coupled detector，CCD）。Denton 与其同事们是将 CCD 与 CID 用于原子光谱分析的主要推动者。其具体工作过程参见本书第 2 章。

作为一种新型固体多道光学检测器件，CCD 是在大规模硅集成电路工艺基础上研制而成的模拟集成电路芯片，图 3－9 是 CCD 的结构示意图。由于其输入面空域上逐点紧密排布着对光信号敏感的像元，故它对光信号的积分与感光板的情形颇相似。但是，它可以借助必要的光学和电路系统，将光谱信息进行光电转换、储存和传输，在其输出端产生波长－强度二维信号，信号经放大和计算机处理后在末端显示器上同步显示出人眼可见的图谱，无需感光板那样的冲洗和测量黑度的过程。

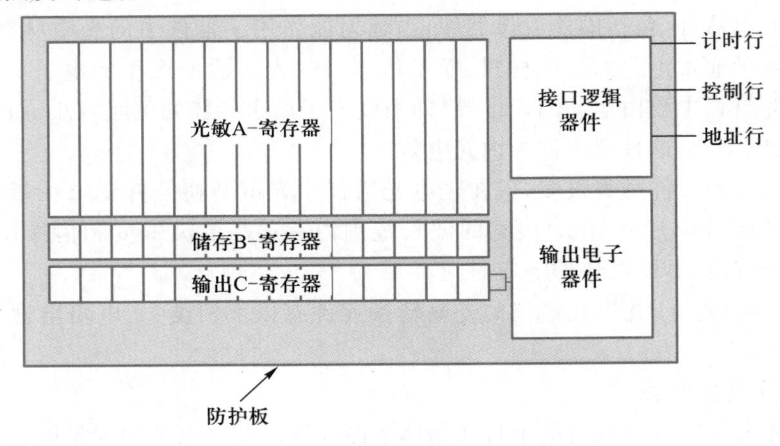

图 3-9 CCD的结构示意图

在原子发射光谱中采用CCD的主要优点是：这类检测器同时多谱线检测的能力和借助计算机系统快速处理光谱信息的能力，它可极大地提高发射光谱分析的速度。例如，采用这一检测器设计的全谱直读等离子体发射光谱仪可在1 min内完成试样中多达70种元素的测定；此外，它的动态响应范围和灵敏度均有可能达到甚至超过光电倍增管，加之其性能稳定、体积小、比光电倍增管更结实耐用，因此在发射光谱中有广泛的应用前景。

CCD器件的整个工作过程是一种电荷耦合过程，当一个或多个检测器的像素被某一强光谱线饱和时，便会产生溢流现象。即光子引发的电荷充满该像素，并流入相邻的像素，损坏该过饱和像素及其相邻像素的分析正确性，并且需要较长时间才能使溢流的电荷消失。为了解决溢流问题，应用于原子光谱分析的CCD器件在设计过程中必须进行改进。例如，进行分段构成分段式电荷耦合器件(SCD)，或在像素上加装溢流门，并结合自动积分技术等。

CID是一种电荷注入器件，其基本结构与CCD相似，也是一种金属氧化物/硅(MOS)结构。如图3-10所示，当栅极上加上电压时，表面形成少数载流子(电子)的势阱，入射光子在势阱邻近被吸收时，产生的电子被收集在势阱里，其积分过程与CCD一样。

CID与CCD的主要区别在于读出过程。在CCD中，信号电荷必须经过转移，才能读出，信号一经读取即刻消失。而在CID中，信号电荷不用转移，是直接注入体内形成电流来读出的。即每当积分结束时，去掉栅极上的电压，储存在势阱中的电荷少数载流子(电子)被注入体内，从而在外电路中引起信号电流，这种读出方式称为非破坏性读取。CID的非破坏性读取特性使它具有优化指定波

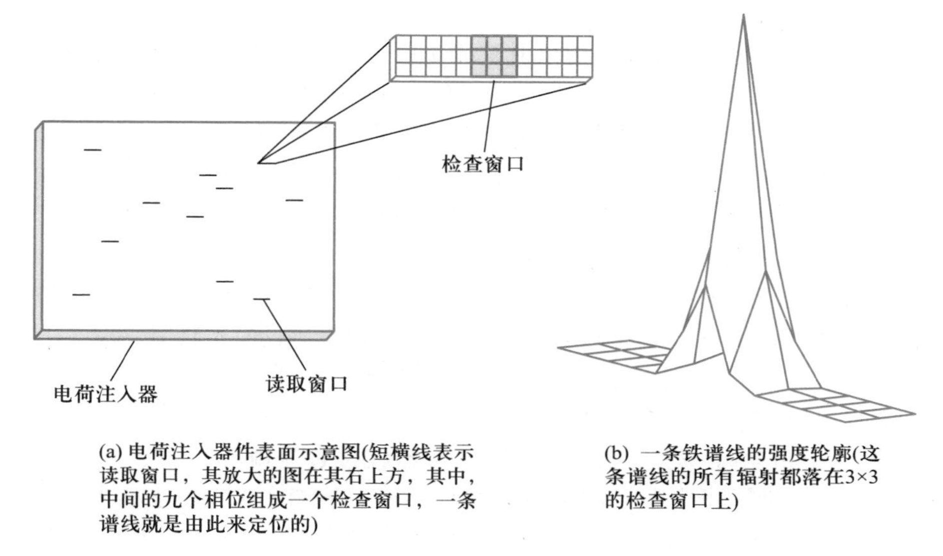

检查窗口
电荷注入器
读取窗口
(a) 电荷注入器件表面示意图(短横线表示读取窗口，其放大的图在其右上方，其中，中间的九个相位组成一个检查窗口，一条谱线就是由此来定位的)
(b) 一条铁谱线的强度轮廓(这条谱线的所有辐射都落在3×3的检查窗口上)

图 3-10 CID 表面示意图

长处的信噪比(S/N)的功能。

同时,CID 可寻址到任意一个或一组像素,因此可获得如“相板”一样的所有元素谱线信息。

3.3.6 光谱仪类型

光谱仪的作用是将光源发射的电磁辐射经色散后,得到按波长顺序排列的光谱,并对不同波长的辐射进行检测与记录。根据组成部件的不同,光谱仪有不同的分类方式。按照使用色散元件的不同,原子发射光谱仪可分为棱镜光谱仪和光栅光谱仪;按照光谱记录与测量方法的不同,又可分为照相式摄谱仪和光电直读光谱仪。

光电直读光谱仪还可细分为顺序扫描式、多通道式及傅里叶变换型。目前,傅里叶变换型应用较少。

顺序扫描式光电直读光谱仪一般用两个接收器来接收光谱辐射,一个接收器是接收内标线的光谱辐射,另一个接收器是采用扫描方式接收分析线的光谱辐射。它属于间歇式测量,其程序是:从一个元素的谱线移到另一个元素的谱线时,中间间歇几秒钟,以获得每一谱线满意的信噪比。大多数顺序扫描式光电直读光谱仪采用全息光栅和光电倍增管分别作单色器和检测器。这一类光谱仪,或者利用数字控制的步进电动机旋转光栅,以使不同波长顺序、准确地调至出射狭缝;或者将光栅固定,沿焦面移动光电倍增管。还有一类光谱仪具有两套狭缝和光电倍增管，一套用作紫外光区扫描，一套用作可见光区扫描。

多通道式光电直读光谱仪的出射狭缝是固定的，一般情况下出射通道不易变动，每一个通道都有一个接收器接收该通道对应的光谱线的辐射强度。也就是说，一个通道可以测定一条谱线，故可能分析的元素也随之而定。多通道式光电直读光谱仪可同时测定 60 条谱线，其接收方式有两种：一种是用一系列的光电倍增管作为检测器，另一种是用二维的 CID 或 CCD 作为检测器。

3.3.6.1 摄谱仪

摄谱仪是用照相法记录光谱的原子发射光谱仪器，通常采用光栅或棱镜作为色散元件。图 3-11 是国产 WSP-1 型平面光栅摄谱仪的光路图。

由光源 B 来的光经三透镜 L 及狭缝 S 投射到反射镜 P_1 上，经反射之后投射到凹面反射镜 M 下方的准光镜 O_1 上，变为平行光，再射至平面光栅 G 上。波长长的光，衍射角大，波长短的光，衍射角小，复合光经过光栅色散之后，便按波长顺序被分开。不同波长的光由凹面反射镜 M 上方的物镜 O_2 聚焦于感光板的乳剂面 F 上，得到按波长顺序展开的光谱。转动光栅台 D，改变光栅角度，可以调节波长范围和改变光谱级次。P_2 是二级衍射反射镜，图 3-11 中虚线表示衍射光路。为了避免一次和二次衍射光相互干扰，在暗箱前设一光阑，将一次衍射光挡掉。不用二次衍射时，转动挡光板将二次衍射反射镜 P_2 挡住。光栅光谱利用的是非零级光谱。

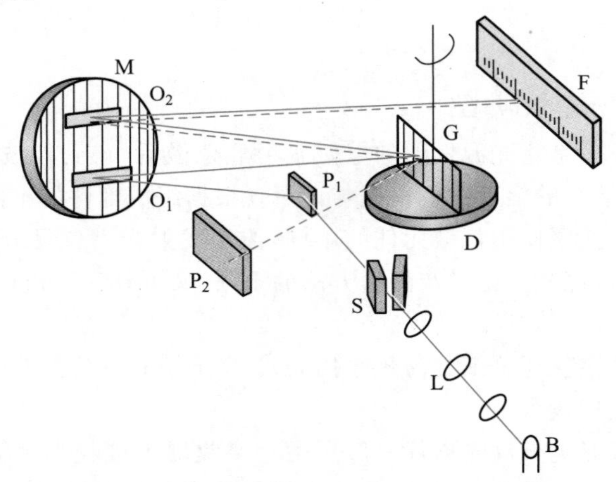

图 3-11 国产 WSP-1 型平面光栅摄谱仪的光路图

利用光栅摄谱仪进行定性分析十分方便，且该类仪器的价格较便宜，测试费用也较低，感光板所记录的光谱可长期保存。

3.3.6.2 单道扫描光谱仪及多道直读光谱仪

图 3-12 为单道扫描光谱仪的简化光路图。从光源发出的光穿过入射狭缝后，反射到一个可以转动的光栅上，该光栅将光色散后，经反射使某一条特定波长的光通过出射狭缝投射到光电倍增管上进行检测。光栅转动至某一固定角度时只允许一条特定波长的光线通过该出射狭缝，随光栅角度的变化，谱线从该狭缝中依次通过并进入检测器检测，完成一次全谱扫描。多道直读光谱仪则采用固定出射狭缝，多个通道对应多个检测器来完成全谱扫描。

和多道直读光谱仪相比，单道扫描光谱仪波长选择更为灵活方便，分析试样的范围更广，适用于较宽的波长范围。但由于完成一次扫描需要一定时间，因此分析速度受到一定限制。多道直读光谱仪适合于固定元素的快速定性、半定量和定量分析。这类仪器目前在钢铁冶炼中常用于炉前快速监控 C,S,P 等元素。

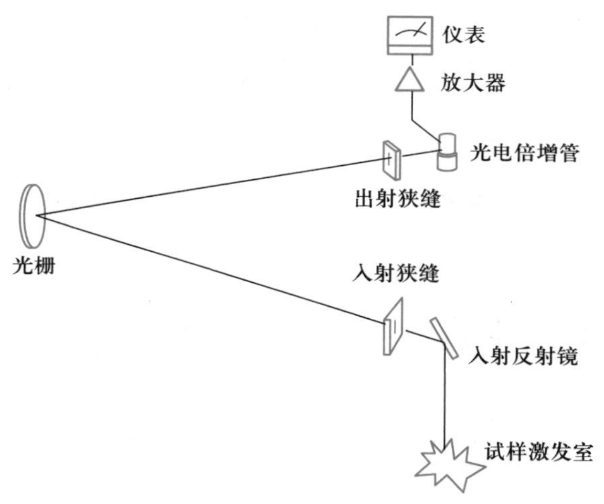

图 3-12 单道扫描光谱仪的简化光路图

3.3.6.3 全谱直读光谱仪

图 3-13 为全谱直读等离子体发射光谱仪的典型光路图。光源发出的光通过两个曲面反光镜聚焦于入射狭缝，入射光经抛物面准直镜反射成平行光，照射到中阶梯光栅上使光在 x 方向上色散，再经另一个光栅（Schmidt 光栅）在 y 方向上进行二次色散，使光谱分析线全部色散在一个平面上，并经反射镜反射进入面阵型 CCD 检测器检测。当使用的 CCD 是一个紫外型检测器时，其对可见区的光谱不敏感，因此，Schmidt 光栅的中央会开一个孔洞使部分光线穿过孔洞后经棱镜进行 y 向二次色散，然后经反射镜反射进入另一个可见光型 CCD 检测器对可见区的光谱（400～780nm）进行检测。这种全谱直读光谱仪不仅克服了多道直读光谱仪谱线少和单道扫描光谱仪速度慢的缺点，而且所有的元件都牢

固地安置在机座上成为一个整体，没有任何活动的光学器件，因此具有较好的波长稳定性。

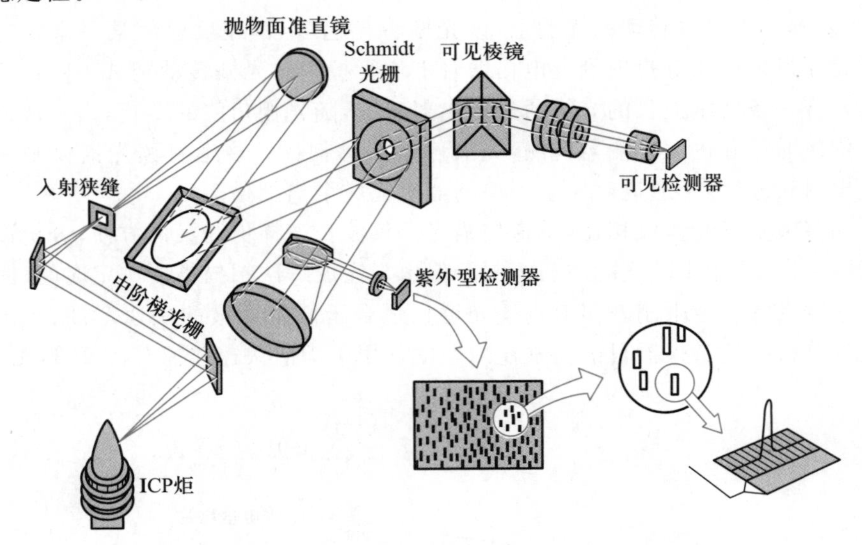

图 3-13 全谱直读等离子体发射光谱仪的典型光路图

3.4 干扰及消除方法

原子发射光谱中的干扰类型可分为光谱干扰和非光谱干扰两大类。

3.4.1 光谱干扰

在原子发射光谱中最严重的光谱干扰是背景干扰。带状光谱、连续光谱及光学系统的杂散光等都会造成光谱的背景。其中光源中未解离的分子所产生的带光谱是传统光源背景的主要来源，光源温度越低，未解离的分子就越多，因而背景就越强。在电弧光源中，最严重的背景干扰是空气中的 N_2 与碳电极挥发出来的 C 原子所产生的稳定化合物 CN 分子的三条带光谱，其波长范围分别是 353～359 nm，377～388 nm 和 405～422 nm，干扰许多元素的灵敏线。此外，仪器光学系统的杂散光到达检测器也产生背景干扰。由于背景干扰的存在使校准曲线发生弯曲或平移，因而影响光谱分析的准确度，故必须进行背景校准。

校准背景的基本原则是，谱线的表观强度 I_{1+b}减去背景强度 I_b。常用的校准背景的方法有校准法和等效浓度法。

背景校准法是在被测谱线附近两侧测量背景强度，取其平均值作为被测谱线的背景强度 I_b。若是均匀背景，以谱线的任一侧的背景强度作为被测谱线的背景强度。对于光电记录光谱法，离峰位置可由置于光路中往复移动的石英折射板来控制。对于照相记录光谱法，离峰位置可通过移动谱板来调节。

等效浓度法是在分析线波长处分别测量含有与不含有被测元素的试样的谱线强度 I_l 和 I_b，若被测元素和干扰元素的浓度分别为 c 与 c_b，则有

$$I_l = Ac \tag{3-3}$$

$$I_b = A_b c_b \tag{3-4}$$

在实验中测得分析线的表观强度为

$$\begin{aligned} I_{l+b} &= I_l + I_b = Ac + A_b c_b \\ &= A\left(c + \frac{A_b c_b}{A}\right) = Ac' \end{aligned} \tag{3-5}$$

式中 c' 是表观浓度；$A_b c_b / A$ 称为背景等效浓度，以 c_{eq} 表示。真实浓度 c 为

$$c = c' - c_{eq} \tag{3-6}$$

式中 c' 与 c_{eq} 可由被测元素与干扰元素在分析波长的校准曲线求得。由式(3-6)便可求得 c。

3.4.2 非光谱干扰

非光谱干扰主要来源于试样组成对谱线强度的影响，这种影响与试样在光源中的蒸发和激发过程有关。这种试样组成对谱线强度的影响亦被称为基体效应。

3.4.2.1 试样激发过程对谱线强度的影响

物质蒸发进入激发光源内并原子化，原子或离子在激发光源的高温下被激发，激发态原子或离子按照光谱选择定则跃迁到较低的能级或基态，伴随着发射一定波长的特征辐射。激发温度与光源中主体元素的电离能有关，当等离子区中含有大量低电离能的成分时，激发温度较低。电离能越高，光源的激发温度就越高。所以，激发温度也受试样基体组成的影响，进而影响谱线的强度。

3.4.2.2 基体效应的抑制

在实际分析过程中，由于实际试样的基质复杂，当标准试样与试样的基体组成差别较大时，就会存在基体效应，使测量结果产生误差。为了避免这一问题，应尽量采用与试样基体一致的标准试样，以减少测定误差。但是，由于实际试样的组成千差万别，要做到这一点并非易事。

在实际工作中，特别是采用电弧光源时，常常向试样和标准试样中加入一些添加剂以减小基体效应，提高分析的准确度。这种添加剂有时也被用来提高分析的灵敏度。添加剂主要有光谱缓冲剂和光谱载体。有关光谱缓冲剂和光谱载

体的作用及实际应用中的选择将在 3.5.3.5 节中讨论。

3.5 光谱分析方法

3.5.1 光谱定性分析

由于各种元素的原子结构不同，在光源的激发作用下，试样中每种元素都发射自己的特征光谱。每种元素发射的特征谱线有多有少(多的可达几千条)，当进行定性分析时，只需检出几条灵敏的特征谱线即可。

进行分析时所使用的谱线称为分析线。判定某元素是否存在的依据是必须检出两条以上不受干扰的最后线或灵敏线。如果只见到某元素的一条谱线，不可断定该元素确实存在于试样中，因为有可能是其他元素谱线的干扰。

灵敏线是元素激发能低、强度较大的谱线，多是共振线。最后线是指当试样中某元素的含量逐渐减少时，最后仍能观察到的几条谱线，它也是该元素的最灵敏线。

3.5.2 光谱半定量分析

光谱半定量分析可以给出试样中某元素的大致含量。若分析任务对准确度要求不高，多采用光谱半定量分析，如钢材与合金的分类、矿产品位的大致估计等。特别是分析大批试样时，采用光谱半定量分析，尤为简单而快速。

在早期普遍使用的摄谱仪中，进行半定量分析常采用比较黑度法，该方法与目视比色法类似。先配制一个基体与试样组成近似的被测元素的标准系列，在相同条件下，在同一块感光板上对标准系列与试样并列摄谱，然后在映谱仪上直接比较试样与标准系列中被测元素分析线的黑度。黑度若相同，则可做出试样中被测元素的含量与标准试样中某一个被测元素含量近似相等的判断。例如，分析矿石中的铅含量，先找出试样中的灵敏线 283.3nm，再以标准系列中铅的 283.3nm 线相比较，如果试样中的铅线的黑度介于 0.01%～0.001%，则可表示其含量为 0.01%～0.001%。

3.5.3 光谱定量分析

3.5.3.1 光谱定量分析的关系式

光谱定量分析主要是根据谱线强度与被测元素浓度的关系来进行的。当温度一定时谱线强度 I 与被测元素浓度 c 成正比，即

$$I = ac \tag{3-7}$$

当考虑到谱线自吸时，有如下关系式：

$$I=ac^b \quad (3-8)$$

式(3-8)为光谱定量分析的基本关系式。式中 b 为自吸系数。b 随浓度 c 增加而减小，当浓度很小无自吸时，$b=1$。因此，在定量分析中，选择合适的分析线是十分重要的。

以电弧、电火花为光源时，由于光源的稳定性有限，a 值受试样组成、形态及放电条件等的影响，在实验中很难保持为常数，通常需要使用内标，即测量分析线与内标线的相对信号，根据此相对信号与浓度之间的关系进行定量分析。以ICP为光源时，检测器主要采用光电倍增管、CCD和CID；定量分析方法主要有三种：标准曲线法、内标法和标准加入法。

3.5.3.2 电弧、电火花光源

1. 内标法

内标法是通过测量谱线相对强度来进行定量分析的方法。采用内标法可以减少前述因素对谱线强度的影响，提高光谱定量分析的准确度。具体做法是

在分析元素的谱线中选一条谱线，称为分析线；再在基体元素（或加入定量的其他元素）的谱线中选一条谱线，作为内标线。这两条线组成分析线对。然后根据分析线对的相对强度与被分析元素含量的关系式进行定量分析。此法可在很大程度上消除光源放电不稳定等因素带来的影响。尽管光源变化对分析线的绝对强度有较大的影响，但对分析线和内标线的影响基本是一致的，所以对其相对影响不大。这就是内标法的优点。

设分析线强度为 I，内标线强度为 I_0，被测元素浓度与内标元素浓度分别为 c 和 c_0，b 和 b_0 分别为分析线和内标线的自吸系数。

$$I=ac^b$$

$$I_0=a_0c_0b_0$$

分析线与内标线强度之比 R 称为相对强度。

$$R=I/I_0=ac^b/a_0c_0b_0 \quad (3-9)$$

式中内标元素 c_0 为常数。实验条件一定时，$A=a/a_0c_0b_0$ 为常数，则

$$R=I/I_0=Ac^b \quad (3-10)$$

取对数，得

$$\lg R=b\lg c+\lg A \quad (3-11)$$

式(3-11)为内标法光谱定量分析的基本关系式。

2. 内标元素与分析线对的选择

金属或合金的光谱分析一般采用基体元素作为内标元素。如钢铁分析中，内标元素是铁。但在矿石光谱分析中，由于组分变化很大，又因基体元素的蒸发行为与待测元素也多不相同，故一般都不用基体元素作内标，而是加入一定量的其他元素作为内标。但加入的内标元素应符合以下几个条件：

（1）内标元素与被测元素在光源作用下应有相近的蒸发性质。

（2）内标元素若是外加的，必须是试样中不含或含量极少可以忽略的。

（3）分析线对选择需匹配。两条都是原子线或离子线。

（4）分析线对两条谱线的激发能相近。若内标元素与被测元素的电离能相近，分析线对激发能也相近，这样的分析线对称为“均匀线对”。

（5）分析线对波长应尽可能接近。分析线对两条谱线应没有自吸或自吸很小，并不受其他谱线的干扰。

（6）内标元素含量要恒定。

3.5.3.3　ICP 光源

目前，商品化 ICP 光谱仪多采用光电检测器将代表谱线强度的光信号转化为电信号。采用 ICP 作为光源时，自吸效应小，$b \approx 1$。因此，ICP 发射光谱中的光谱分析关系式为：$I = ac$。ICP 光源稳定性好，多采用标准曲线法进行定量分析。由于试样基质与标准曲线基质不一致，如试液组成、黏度等差异会引起分析信号在不同介质中的差异、试样提升进入 ICP 光源的速率不同，采用内标法可以避免这些差异对结果准确性的影响。商品化 ICP 光谱仪上带有内标通道，可自动进行内标法测定。另外，当试样基质组成复杂时，还可采用标准加入法进行定量分析。

1. 标准曲线法

标准曲线法是最常用的定量分析方法。配制一系列待测元素不同浓度的标准溶液，分别测定其中待测元素分析线的信号强度，以待测元素浓度为横坐标，信号强度为纵坐标，绘制二者的关系曲线，称为标准曲线。在相同条件下测定待测试样中分析线的信号强度，通过标准曲线可以得到该试样中待测元素的含量信息。标准曲线通常配制在稀酸的介质中，当试样基质很复杂，出现基体效应时，可配制基体匹配的标准曲线，以消除或降低复杂基体效应。

2. 内标法

ICP 作为光源时的内标法与电弧电火花光源相似。选择合适的分析线和内标线；与标准曲线法一样，配制一系列待测元素不同浓度的标准溶液，分别测定其中待测元素分析线（I_1）和内标元素内标线（I_2）的信号强度，以待测元素浓度为横坐标，I_1/I_2为纵坐标，绘制二者的关系曲线。然后在相同条件下测定试样中 I_1和 I_2信号值，通过标准曲线求得试样中待测元素的含量信息。

$$I_1 = a_1 c, \quad I_2 = a_2 c_2$$

$$I_1 / I_2 = a_1 c / a_2 c_2 = ac$$

其中

$$a = a_1 / a_2 c_2$$

在分析过程中，内标元素的浓度（c_2）要保持恒定。内标法可以补偿谱线强度由于光源波动、仪器长时间运行出现的灵敏度下降、基体效应等引起的变化。

3. 标准加入法

找不到合适的基体配制标准曲线，且待测元素浓度较低时，可以采用标准加入法进行定量。假设试样中待测元素含量为 c_x，在相同几份试样中分别加入不同浓度 $0, c_1, c_2, c_3, \cdots$ 的待测元素；在同一实验条件下，测量这一系列试样中待测元素分析线的信号强度。以待测元素浓度（$0, c_1, c_2, c_3, \cdots$）为横坐标，待测元素分析线的信号强度 I 为纵坐标，绘制二者的关系曲线，可得到一条直线。将直线外推，与横坐标相交截距的绝对值即为试样中待测元素含量 c_x。

采用标准加入法时，加入已知含量的标准试样至少三个，且加入的含量必须和试样中待测元素的含量在同一个数量级。采用标准加入法可以消除基体效应。

3.5.3.4 背景的扣除

光谱背景是指在线状光谱上，叠加着由于连续光谱和分子带光谱等所造成的谱线强度（摄谱法为黑度）。

1. 光谱背景来源

（1）分子辐射　在光源作用下，试样与空气作用生成的分子氧化物、氮化物等分子发射的带光谱。例如，CN，SiO，AlO 等分子化合物解离能很高，在电弧高温中发射分子光谱。

（2）连续辐射　在经典光源中炽热的电极头，或蒸发过程中被带到弧焰中的固体质点等炽热的固体发射的连续光谱。

（3）谱线的扩散　分析线附近有其他元素的强扩散性谱线（即谱线宽度较大），如 Zn，Sb，Pb，Bi，Mg 等元素含量较高时，会有很强的扩散线。

（4）电子与离子复合过程也会产生连续背景　轫致辐射是由电子通过荷电粒子（主要是重粒子）库仑场时受到加速或减速引起的连续辐射。这两种连续背景都随电子密度的增大而增大，是造成 ICP 光源连续背景辐射的重要原因，火花光源中这种背景也较强。

（5）光谱仪器中的杂散光也造成不同程度的背景　杂散光是指由于光谱仪光学系统对辐射的散射，使其通过非预定途径，而直接达到检测器的任何所不希望的辐射。

2. 背景的扣除

有关背景扣除的原理和方法在 3.4.1 中已做了介绍，但必须注意：背景的扣除不能用黑度直接相减，必须用谱线强度相减。光电直读光谱仪由于光电直读光谱仪检测器将谱线强度积分的同时也将背景积分，因此需要扣除背景。ICP 光电直读光谱仪中都带有自动校正背景的装置。

3.5.3.5 光谱定量分析工作条件的选择

1. 光源

可根据被测元素的含量、元素的特征及分析要求等选择合适的光源。

2. 狭缝

在定量分析中，为了提高灵敏度，宜使用较宽的狭缝，一般可达 20 mm；在定性分析中，为了提高分辨率，可选择较窄的狭缝。

3. 内标元素和内标线

内标元素和内标线按照 3.5.3.2 节所述的原则进行选择。

4. 光谱缓冲剂

试样组分影响弧焰温度，弧焰温度又直接影响待测元素的谱线强度。这种由于其他元素存在而影响待测元素谱线强度的作用称为第三元素的影响。

为了减少试样成分对弧焰温度的影响，使弧焰温度稳定，试样中加入一种或几种辅助物质，用来抵偿试样组成变化的影响，这种物质称为光谱缓冲剂。光谱缓冲剂是一些具有适当电离能、适当熔点和沸点、谱线简单的物质，如 Ga_2O_3 具有较低的熔点、沸点，且 Ga 元素的电离能较低，可以控制等离子区的电子浓度和蒸发、激发温度的恒定，有利于易挥发、易激发元素的分析。同时可抑制复杂谱线的出现，减小光谱干扰。

常用的缓冲剂有：碱金属盐类用作挥发元素的缓冲剂，碱土金属盐类用作中等挥发元素的缓冲剂，碳粉也是缓冲剂常见的组分。

此外，缓冲剂还可以稀释试样，这样可减少试样与标准试样在组成及性质上的差别。在矿石光谱分析中，缓冲剂的作用是不可忽视的。

ICP 光源的基体效应较小，一般不需要光谱添加剂，但是为了减小可能存在的干扰，使标准溶液与试样溶液保持大致相同的基体组成也是必要的。

5. 光谱载体

进行电弧光谱定量分析时，在试样中加入一些有利于分析的高纯度物质称为光谱载体。它们多为一些化合物、盐类、碳粉等。

载体的作用主要是增加谱线强度，提高分析的灵敏度，并且提高准确度和消除干扰等。例如，AgCl 等则可使难挥发的 Nb，Ta，Ti，Zr，Hf 等转变为易挥发的氯化物，改善了蒸发条件，大大提高了这些元素谱线的强度，从而提高了它们的分析灵敏度。

(1) 控制试样中的蒸发行为。通过化学反应，使试样中被分析元素从难挥发性化合物(主要是氧化物)转化为低沸点、易挥发的化合物，使其提前蒸发，提高分析的灵敏度。

载体量大可控制电极温度，从而控制试样中元素的蒸发行为并可改变基体效应。基体效应是指试样组成和结构对谱线强度的影响，或称元素间的影响。

(2) 稳定与控制电弧温度。电弧温度由电弧中电离电位低的元素控制,可选择适当的载体,以稳定与控制电弧温度,从而得到对被测元素有利的激发条件。

(3) 增加被测元素的停留时间。电弧等离子区中大量载体原子蒸气的存在,阻碍了被测元素在等离子区中自由运动,增加它们在电弧中的停留时间,提高谱线强度。

(4) 稳定电弧,减少直流电弧的漂移,提高分析的准确度。

需要指出的是,光谱缓冲剂和光谱载体二者之间有时没有明显的界线,一种添加剂往往同时起缓冲剂和载体的作用。

3.6 分析性能

原子发射光谱可用于痕量甚至超痕量元素测定,通过适当的稀释,它也可用于主量和微量元素测定。原子发射光谱是一个多元素同时测定方法,而精密度、准确度、线性范围、检出限和基体效应则是原子发射光谱定量分析中最重要的分析性能指标。

精密度与原子发射光谱中的各种噪声有关。瞬间噪声是由随机发射的光子产生,而脉动噪声是仪器的不稳定性及检测器噪声所引起。直接分析固体试样时,精密度还受试样的均匀性影响。高压火花和等离子体光源具有较好的精密度,其相对标准偏差(RSD)在1%左右。但采用电弧光源时,所得的精密度就较差,其RSD一般在5%~10%,这也是电弧光源常用作定性或半定量分析的主要原因。采用内标法可以显著地改善精密度。

当光谱和化学干扰较小时,原子发射光谱定量分析结果的准确度为1%~5%。由于ICP的高温导致产生更多的发射谱线,为了保证ICP发射光谱分析的准确度,必须选择合适的分析谱线,避开干扰线或背景发射。

直流电弧光源是一种自吸性光源,其线性范围1~2个数量级;ICP光源是一种非自吸性光源,其线性范围4~6个数量级。

固体试样分析的检出限以 $mg \cdot g^{-1}$(或 $\mu g \cdot g^{-1}$)表示,而液体试样则用 $ng \cdot mL^{-1}$(或 $\mu g \cdot L^{-1}$)表示。电弧光谱可以测定元素周期表中60~70种元素,其检出限一般在 0.1~1 $\mu g \cdot g^{-1}$,通常比火花光谱(1~10 $\mu g \cdot g^{-1}$)要好。ICP光源具有相当高的温度,基体效应小,常用于溶液试样的直接分析;ICP发射光谱法可以测定元素周期表中大多数元素,其检出限通常在0.1~50 $ng \cdot mL^{-1}$。

3.7 分析应用

以直流电弧为光源、光谱干板为检测器的发射光谱分析在工业上至今仍用于定性分析。

火花源发射光谱分析广泛用于金属和合金的直接分析。由于分析速度和精密度的优点，火花源发射光谱法是钢铁工业中一个相当好的分析技术。火花源发射光谱法最大的不足是由于基体效应需要对组成不同的试样分别建立一套校准曲线。

ICP 发射光谱法是一种目前最常用的痕量元素分析手段，适合于分析任何能制成溶液的试样，其应用领域非常广泛，包括石油化工、冶金、地质、环境、生物和临床医学、农业和食品安全、难熔和高纯材料等。若采用合适的试样引入技术，如试样直接插入、电弧和火花熔融法、电热蒸发、激光熔融法等，ICP 发射光谱法还可用于固体试样直接分析。

另外，发射光谱法不能识别试样中目标元素的原始存在形态，所给出的结果是元素的总量信息。将高效液相色谱、离子色谱等分离手段与 ICP 发射光谱法进行联用，可以实现目标元素的形态分析。

思考、练习题

3-1 为什么用以火焰、电弧和 ICP 作为激发光源的发射光谱法比火焰原子吸收法更适合同时测定多种元素？

3-2 简述三种用于 ICP 炬的试样引入方式。

3-3 比较 ICP 炬和直流电弧的优缺点。

3-4 ICP 的优点有哪些？

3-5 简述 ICP 产生的原理及过程。

3-6 说明缓冲剂和挥发剂在矿石定量分析中的作用。

3-7 采用 404.720 nm 作分析线时，受 Fe 404.582 nm 和弱氰带的干扰，可用何种物质消除此干扰？

3-8 对一个试样量很少的试样，而又必须进行多元素测定时，应选用下列哪种方法：(1) 顺序扫描式光电直读；(2) 原子吸收光谱法；(3) 摄谱法原子发射光谱法；(4) 多道光电直读光谱法。

3-9 简述背景产生的原因及消除的方法。

3-10 什么是内标？为什么要采用内标分析？

参考资料

扫一扫查看

第4章 原子吸收光谱法与原子荧光光谱法

4.1 原子吸收光谱法

原子吸收光谱法(atomic absorption spectrometry,AAS)是基于气态和基态原子核外层电子对共振发射线的吸收进行元素定量的分析方法。虽然早在19世纪初科学家就对太阳所发射光谱中的暗线进行了观测和研究,但直到20世纪60年代原子吸收光谱才成为一种仪器分析方法。1955年,澳大利亚物理学家Walsh A发表了著名的论文“原子吸收光谱在化学分析中的应用”,奠定了原子吸收光谱法的理论与应用基础。

4.1.1 原子吸收谱线的轮廓

1. 谱线的轮廓

原子吸收和发射谱线并非是严格的几何线,其谱线强度随频率(ν)分布急剧变化,通常以吸收系数(K_ν)为纵坐标,频率(ν)为横坐标的$K_\nu-\nu$曲线描述,如图4-1所示。$K_\nu-\nu$曲线图中K_ν的极大值处称为峰值吸收系数(K_0),与其相对应的ν称为中心频率(ν_0)。$K_\nu-\nu$曲线又称为吸收谱线轮廓,吸收谱线轮廓的宽度以半宽度($\Delta\nu$)表示。$K_\nu-\nu$曲线反映出原子核外层电子对不同频率的光辐射具有选择性吸收特性。

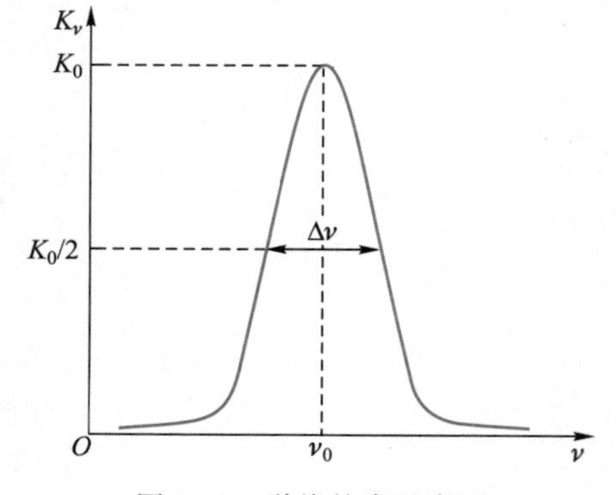

图4-1 谱线轮廓示意图

2. 谱线的变宽因素

原子吸收谱线变宽原因,一方面是由激发态原子核外层电子的性质决定,如自然宽度;另一方面是外界因素影响,如Doppler(多普勒)变宽、碰撞变宽、场致变宽和自吸变宽等。

(1) 自然宽度($\Delta\nu_N$) $\Delta\nu_N$与原子核外层电子激发态的平均寿命有关,平均寿命越长,原子吸收谱线的$\Delta\nu_N$越窄。若原子核外层电子激发态平均寿命为10^{-8} s,对于多数元素的共振吸收线,$\Delta\nu_N$约为10^{-5} nm数量级。

(2) Doppler 变宽($\Delta\nu_D$) Doppler 变宽也叫热变宽,主要是自由原子无规则热运动引起的。$\Delta\nu_D$ 与 $T^{1/2}$ 成正比,与 $A_r^{1/2}$ 成反比,A_r 为元素的相对原子质量。在 1 500~3 000 K 原子化器中,$\Delta\nu_D$ 约为 10^{-3} nm 数量级,比 $\Delta\nu_N$ 大了约 2 个数量级。

(3) 碰撞变宽($\Delta\nu_C$) 碰撞变宽也叫压力变宽,包括 Lorentz(洛伦兹)变宽和 Holtsmark(霍尔兹马克)变宽。

① Lorentz 变宽($\Delta\nu_L$) $\Delta\nu_L$ 来源于待测元素的原子与其他共存元素原子相互碰撞。$\Delta\nu_L$ 随原子化器中原子蒸气压力增大和温度增高而增大。在 101.325 kPa 及 2 000~3 000 K 原子化器中,$\Delta\nu_L$ 约为 10^{-3} nm 数量级,与 $\Delta\nu_D$ 的数量级相同。

② Holtsmark 变宽($\Delta\nu_R$) $\Delta\nu_R$ 是由待测元素原子自身的相互碰撞而引起的。一般在原子化器中,待测元素原子密度很低,$\Delta\nu_R$ 约为 10^{-5} nm 数量级。

(4) 场致变宽 在外界电场或磁场的作用下,引起原子核外层电子能级分裂而使谱线变宽现象称为场致变宽。由于磁场作用引起谱线变宽,称为 Zeeman(塞曼)变宽。

(5) 自吸变宽 光源发射共振谱线,被周围同种原子冷蒸气吸收,使共振谱线在 ν_0 处发射强度减弱,这种现象称为谱线的自吸收,所产生的谱线变宽称为自吸变宽。

综上所述,原子吸收谱线变宽主要原因是受 Doppler 变宽($\Delta\nu_D$)和 Lorentz 变宽($\Delta\nu_L$)的影响,当其他共存元素原子的密度很低时,主要是受到 Doppler 变宽($\Delta\nu_D$)影响。

4.1.2 积分吸收与峰值吸收

1. 积分吸收

对图 4-1 所示的 K_ν-ν 曲线进行积分后得到的总吸收称为面积吸收系数或积分吸收,它表示吸收的全部能量。理论上积分吸收与吸收光辐射的基态原子数(N_0)成正比。

(1) 积分公式 积分吸收数学表达式为

$$\int_0^\infty K_\nu \mathrm{d}\nu = \frac{\pi(-e)^2}{mc} f N_0 \qquad (4-1)$$

式中 $-e$ 为电子电荷;m 为电子质量;c 为光速;f 为振子强度;N_0 为单位体积原子蒸气中基态原子数。

(2) 积分吸收的限制 要对半宽度($\Delta\nu$)约为 10^{-3} nm 的吸收谱线进行积分,需要极高分辨率的光学系统和极高灵敏度的检测器,目前还难以做到。这就是早在19世纪初就发现了原子吸收的现象，却难以用于分析化学的原因。

2. 峰值吸收

Walsh A 提出，在不太高温度的稳定火焰中，K_0 与 N_0 也成正比。若仅考虑气态原子 Doppler 变宽（$\Delta\nu_D$）时，K_ν 与 K_0 数学关系式为

$$K_\nu = K_0 \exp\left\{-\left[\frac{2\sqrt{\ln 2}(\nu-\nu_0)}{\Delta\nu_D}\right]^2\right\} \tag{4-2}$$

将式（4-2）代入式（4-1）积分后，有

$$\int_0^\infty K_\nu \mathrm{d}\nu = \frac{1}{2}\sqrt{\frac{\pi}{\ln 2}}K_0\Delta\nu_D \tag{4-3}$$

合并式（4-1）与式（4-3）后，得到

$$\frac{\pi(-e)^2}{mc}fN_0 = \frac{1}{2}\sqrt{\frac{\pi}{\ln 2}}K_0\Delta\nu_D \tag{4-4}$$

整理后：

$$K_0 = \frac{2}{\Delta\nu_D}\sqrt{\frac{\ln 2}{\pi}}\frac{\pi(-e)^2}{mc}fN_0 \tag{4-5}$$

由式（4-5）可以得出 K_0 与 N_0 也成正比。

根据光吸收定律：

$$A = -\lg T = -\lg(I_t/I_0) = -\lg[\exp(-K_0 l)] \tag{4-6}$$

式中 T 为透射比；I_0 为入射光强度；I_t 为透过光强度；K_0 为峰值吸收系数；l 为原子蒸气吸收光程。

式（4-5）代入式（4-6），经 $e^{-K_0 l}$ 级数展开和忽略级数展开项中高幂次方项后，得到

$$A = 0.43\frac{2}{\Delta\nu_D}\sqrt{\frac{\ln 2}{\pi}}\frac{\pi}{mc}fN_0 l = kN_0 l \tag{4-7}$$

因为 $N_0 \propto c$（c 为试样溶液中待测元素的浓度），所以有

$$A = Kc \tag{4-8}$$

式（4-8）是原子吸收光谱法定量分析的理论依据。在仪器条件、原子化条件和测定元素及其浓度恒定时，K 为常数，就是 $A-c$ 线性方程的斜率。

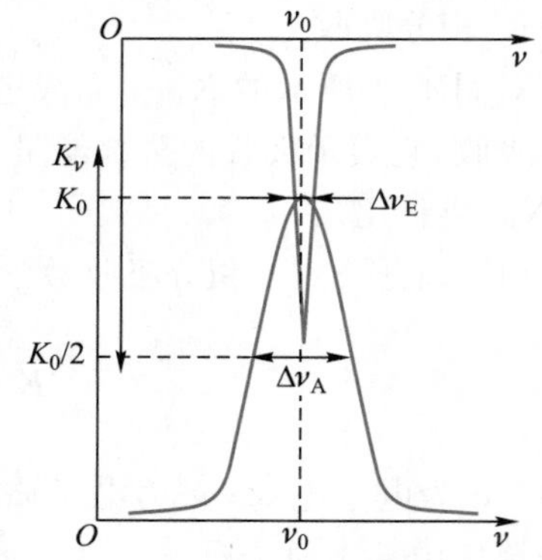

图4-2 锐线光源发射谱线与峰值吸收示意图

3. 锐线光源

Walsh A 峰值吸收理论的提出和锐线光源的实现，对原子吸收光谱法发展起了至关重要作用。所谓锐线光源就是所发射谱线与原子化器中待测元素所吸收谱线中心频率(ν_0)一致，而发射谱线半宽度($\Delta\nu_E$)远小于吸收谱线的半宽度($\Delta\nu_A$)。此时，吸收就是在$K_0(\nu_0)$附近，即相当于峰值吸收，锐线光源发射谱线与峰值吸收示意图如图 4-2 所示。

4.2 原子吸收分光光度计

4.2.1 仪器结构与工作原理

原子吸收分光光度计的结构组成框图如图 4-3 所示，锐线光源发射出待测元素特征谱线被原子化器中待测元素原子核外层电子吸收后，经光学系统中的单色器，将特征谱线与原子化器在原子化过程中产生的复合光谱色散分离后，检测系统将特征谱线强度信号转换成电信号，通过模/数转换器转换成数字信号；计算机光谱工作站对数字信号进行采集、处理与显示，并对分光光度计各系统进行自动控制，单光束火焰原子吸收分光光度计工作原理示意图如图 4-4 所示。

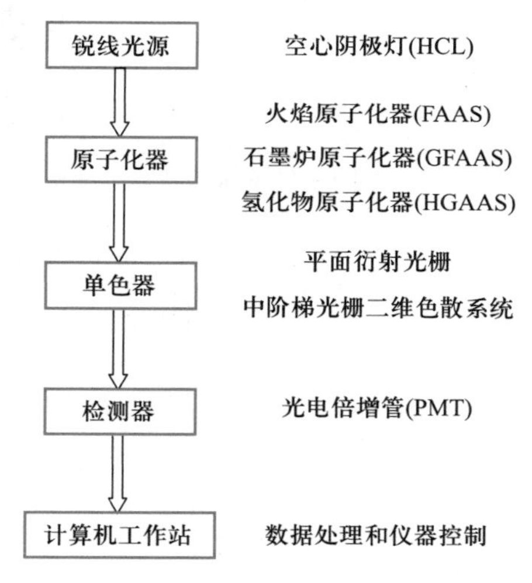

图 4-3 原子吸收分光光度计的结构组成框图

1. 空心阴极灯(hollow cathode lamp，HCL)

HCL 的组成结构示意图如图 4-5所示。HCL 是由空心阴极、阳极和内充气组成，在空心阴极周围设有玻璃保护套，全部都密封在带石英或耐热玻璃(Pyrex)窗的玻璃筒中，通常使用单种元素的 HCL。

空心阴极是由待测元素的金属或合金制成空心阴极圈和钨或其他高熔点金属制成；阳极由金属钨或金属钛制成，金属钛兼有吸收杂质气体吸气剂作用；玻璃筒内抽真空后充入惰性气体(Ar 或 Ne，约为 10^2 Pa)。窗片材料可以采用石英(200 nm$<\lambda<$900 nm)和耐热玻璃(360 nm$<\lambda<$900 nm)。

通过控制 HCL 阴极材料、电压与电流、内充气种类和压力，HCL 基本满足

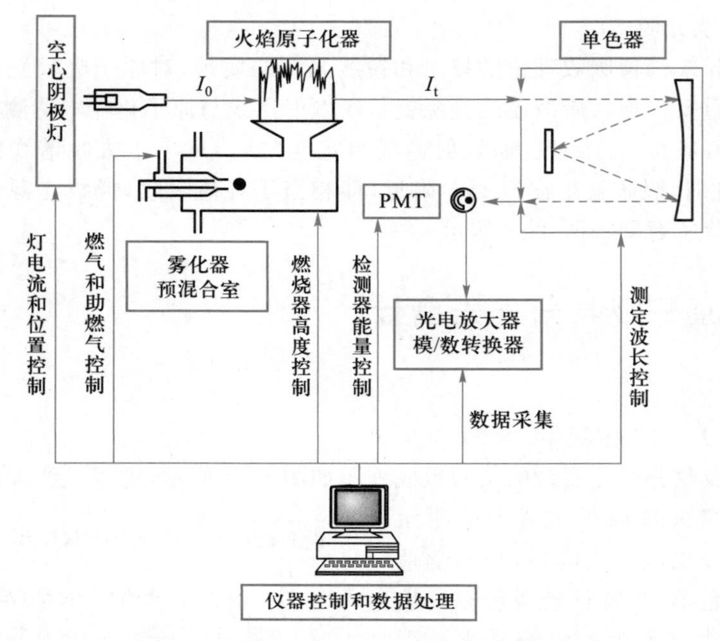

图 4-4 单光束火焰原子吸收分光光度计工作原理示意图

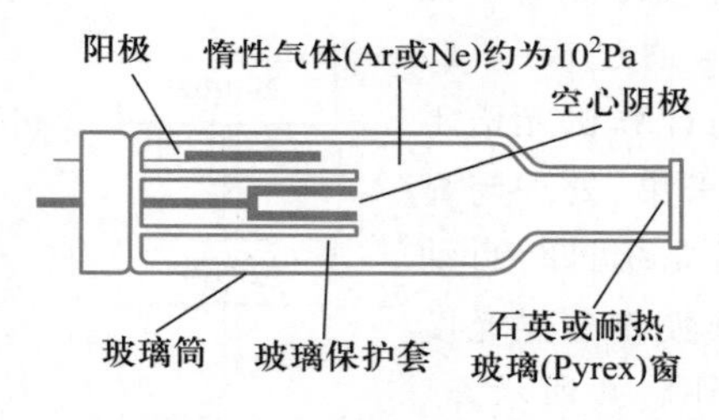

图 4-5 HCL 的组成结构示意图

发射谱线的半宽度窄、谱线强度大且稳定、谱线背景小、操作方便和经久耐用等锐线光源的基本要求。

2. 光学系统

光学系统一般由外光路与单色器组成。外光路可以分为单光束与双光束两种。

(1) 单光束光学系统 如图 4-4 所示，HCL 发射谱线只有单光路通过原子化器，试剂空白原子化时透过原子化器的谱线强度为 I_0，待测元素原子化时透过原子化器的谱线强度为 I_t。单光束光学系统光辐射能量损失较小，分析灵敏度较高，但不能避免由于 HCL 发射谱线过程和光电倍增管检测过程及其电学放大系统工作过程中不稳定因素所引起的基线信号漂移。

(2) 双光束光学系统 如图 4-6 所示，传统双光束光学系统采用电机旋转

“旋转镜”或“斩光器”将 HCL 所发射谱线分为参比光束(I_0)与分析光束(I_t)，两束光分别通过空气和原子化器，经过单色器分别色散后被光电倍增管检测。双光束光学系统减少或避免了单光束光学系统存在的不足，提高了光学系统的稳定性。

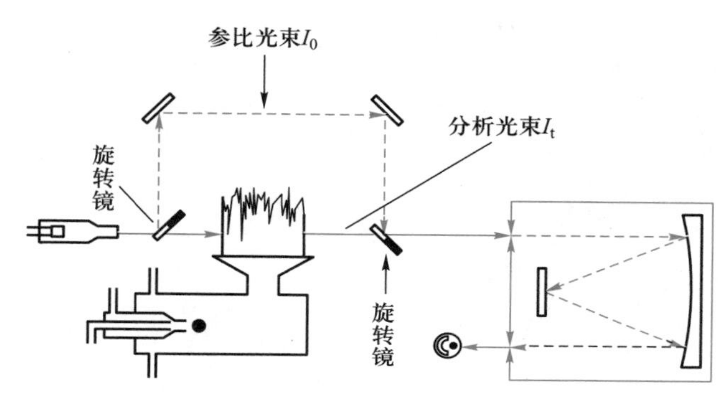

图 4-6 双光束火焰原子吸收分光光度计工作原理示意图

（3）单色器 单色器由入射狭缝、反射镜、准直镜、平面衍射光栅、聚焦镜和出射狭缝组成。平面衍射光栅是主要色散部件，其性能指标为：分辨率、倒线色散率、聚光本领、闪耀特性及杂散光水平等。目前，还有采用中阶梯光栅与石英棱镜组成的二维色散系统，全封闭的外光路与二维色散系统确保了较少杂散光水平和较高分辨率。

3. 检测系统和数据处理与控制系统

（1）检测系统 光电倍增管(PMT)是原子吸收分光光度计的主要检测器，要求在 200～900 nm 波长范围内具有较高灵敏度和较小暗电流。PMT 响应信号经电学放大器放大后，由模/数转换器转换成数字信号被计算机光谱工作站采集。

（2）数据处理与控制系统 计算机光谱工作站对所采集的数字信号进行数据处理与显示，并对原子吸收分光光度计各种仪器参数进行自动控制。计算机光谱工作站还提供原子吸收光谱法的分析数据库。

4.2.2 原子化系统

原子吸收光谱法常用的原子化系统有：火焰原子化系统、石墨炉原子化系统和低温原子化系统三种。不同类型原子化系统直接影响元素分析的灵敏度、检出限、精密度和线性范围。原子吸收分光光度计可以配置：单火焰原子化系统、单石墨炉原子化系统、火焰原子化和石墨炉原子化双系统。低温原子化系统通常为选购附件。

1. 火焰原子化系统

（1）火焰原子化器的结构 火焰原子化器包括雾化器、预混合室、燃烧器及其高度控制、燃气和助燃气气路控制装置,其组成结构示意图如图 4-7 所示。

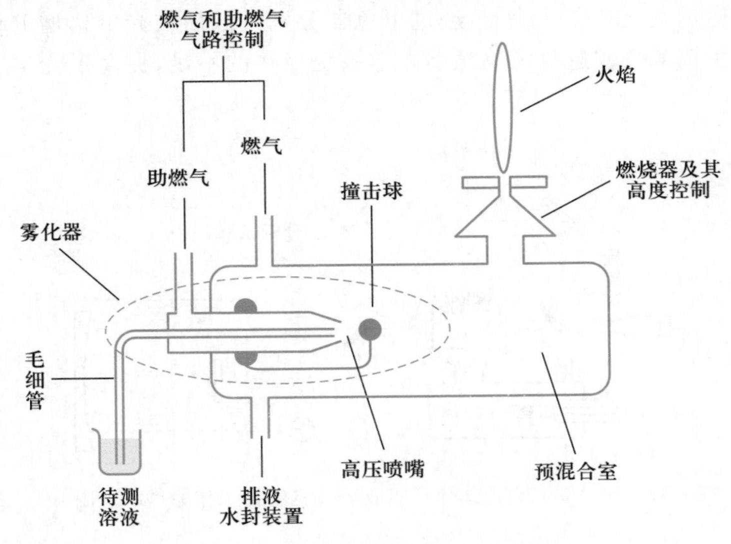

图 4-7 火焰原子化器组成结构示意图

① 雾化器 一般采用同轴气动雾化器,固定压力与流量的助燃气通过高压喷嘴减压时造成负压,负压提升毛细管内的待测溶液,助燃气和提升液流由高压喷嘴喷出,经撞击球撞击后雾化,形成气溶胶(μm 级)进入预混合室。

② 预混合室 采用耐酸碱和氢氟酸的材料制成(如聚四氟乙烯),助燃气、气溶胶和燃气在预混合室均匀混合后进入燃烧器。预混合室设有排液管和水封装置,不仅将凝聚的溶液排出,还要防止燃气泄漏。预混合室还设有防“回火”装置。

③ 燃烧器及其高度控制 燃烧器由不锈钢制成,一般采用单缝燃烧器。对于不同类型火焰,燃烧器的缝长度有所不同,如空气-乙炔火焰的缝长度约为 10 cm,而氧化亚氮-乙炔火焰的缝长度约为 5 cm。在预混合室内均匀混合的助燃气、气溶胶和燃气在燃烧器缝口点燃,进行复杂的火焰反应过程,其中包括了最重要的原子化反应过程。燃烧器都设置有位置(高度和前后)控制装置,手动或自动地调节燃烧器位置,使 HCL 发射的特征谱线通过火焰原子化器中原子蒸气密度最大的区域,以提高元素分析灵敏度。

④ 燃气与助燃气气路控制系统 一般有手动和自动控制两种。气路手动控制系统:点火时先通助燃气,调节合适的助燃气压力和流量后,才能通燃气并立即点火,再调节合适的燃气压力和流量;熄火时先关闭燃气,待火焰熄灭后再关闭助燃气。气路自动控制系统:能自动完成点火、熄火和火焰类型切换等操作;计算机光谱工作站对助燃气、燃气流量实施控制,并配备安全监控装置。

(2) 火焰的类型与特性

① 火焰的类型　火焰原子化法采用的火焰类型有：空气－乙炔（空气－C_2H_2）火焰和氧化亚氮－乙炔（$N_2O-C_2H_2$）火焰两种；还有的使用（空气＋氧气）－乙炔[（空气＋O_2）－C_2H_2]的富氧火焰，根据所掺入的氧气量大小，火焰温度为 2 300～2 950 K。三种类型火焰的最高温度（T）和燃烧速率 v 见表 4－1。

表 4－1　三种类型火焰的最高温度（T）和燃烧速率 v

燃气	助燃气	T/K	v/($cm \cdot s^{-1}$)
乙炔（C_2H_2）	空气	2 300	160
	氧气（O_2）	3 160	1 140
	氧化亚氮（N_2O）	2 950	160

② 火焰的氧化－还原特性　同种类型不同燃气/助燃气流量比（简称燃助比）的火焰，火焰温度和氧化－还原性质也不相同，火焰按照不同的燃助比可以分为三种类型：

$$\frac{燃气}{助燃气}\left\{\begin{matrix} > \\ = \\ < \end{matrix}\right\}化学计量\left\{\begin{matrix} 富燃火焰 \\ 中性火焰 \\ 贫燃火焰 \end{matrix}\right. \qquad \frac{C_2H_2}{空气}\left\{\begin{matrix} >1/4 & 富燃火焰 \\ =1/4 & 中性火焰 \\ <1/4 & 贫燃火焰 \end{matrix}\right.$$

中性火焰：火焰燃烧充分，温度高，干扰小，背景低，适合于大多数元素分析。

贫燃火焰：火焰燃烧充分，温度比中性火焰低，氧化性较强，适用于易电离的碱金属和碱土金属元素分析，分析的重现性较差。

富燃火焰：火焰燃烧不完全，具有强还原性，即火焰中含有大量 CH，C，CO，CN，NH 等组分，干扰较大，背景吸收高，适用于形成氧化物后难以原子化的元素分析。

③ 火焰的透射比　不同类型的火焰，除了燃气和助燃气本身的分子吸收外，在燃烧反应过程中还存在许多分子、离子和自由基等，因此火焰的光吸收特性不同，图 4－8 是三种类型火焰的透射比图。若在 190～200 nm处进行原子吸收光谱法分析，采用空气－H_2 火焰比较适宜。

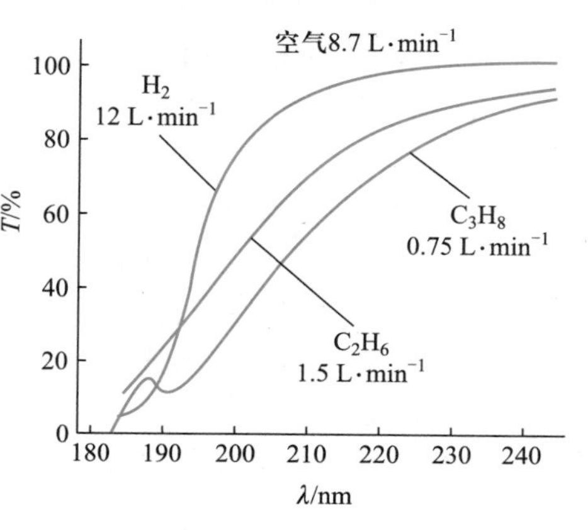

图 4－8　三种类型火焰的透射比

④ 火焰的安全性　$N_2O-C_2H_2$ 火焰发射强紫外线，直接肉眼观察会损害眼睛；$N_2O-C_2H_2$ 火焰容易在燃烧器缝口积炭，若积炭堵塞缝口存在爆炸危险，应立即熄火并去除积炭；在 $N_2O-C_2H_2$ 火焰中使用较高浓度的高氯酸存在爆炸或回火危险。大量的 Ag，Au 和 Cu 等元素存在，会使空气－C_2H_2 火焰不稳定，亦

存在爆炸与回火的危险。大量的有机溶剂在火焰原子化过程中具有潜在危险。预混合室后部所配置的防爆膜若破裂，应及时清洗与更换。

(3) 火焰原子化的过程　由燃气(化学燃料)和助燃气(氧化剂)之间的燃烧反应形成化学火焰，燃烧过程中雾化的气溶胶进行下列物理变化与化学反应过程。

干燥与蒸发：

$$M_mN_n(l) \xrightarrow{\text{干燥}} M_mN_n(s) \xrightarrow{\text{蒸发}} M_mN_n(g)$$

解离与原子化反应：

$$M_mN_n(g) \xrightleftharpoons{\text{解离}} M^{m+} + N^{n-} \xrightleftharpoons{\text{原子化}} M + N$$

原子吸收与发射过程：

$$M + N \xrightarrow{\text{原子吸收}} M^* + N^* \xrightarrow{\text{原子发射}} M + N$$

电离与离子发射过程：

$$M + N \xrightleftharpoons{\text{电离}} M^{m+} + N^{n-} \xrightarrow{\text{激发}} M^{(m+)*} + N^{(n-)*} \xrightarrow{\text{离子发射}} M^{m+} + N^{n-}$$

图 4-9 为火焰原子化过程示意图。对于原子吸收光谱法元素分析，以上各种过程中最重要的是原子化反应和原子吸收过程。

(4) 火焰原子化的特点与局限性　火焰原子化适用范围广，分析操作简单、分析速度快和分析成本低。然而，同轴气动雾化器的雾化效率低(为 5%～10%)、所需试样溶液体积较大(mL 级)、火焰原子化效率低并伴随着复杂的火焰反应、原子蒸气在光程中滞留时间短(10^{-4} s)和燃气与助燃气稀释作用，限制了方法检出限的降低，而且只能分析液体试样。

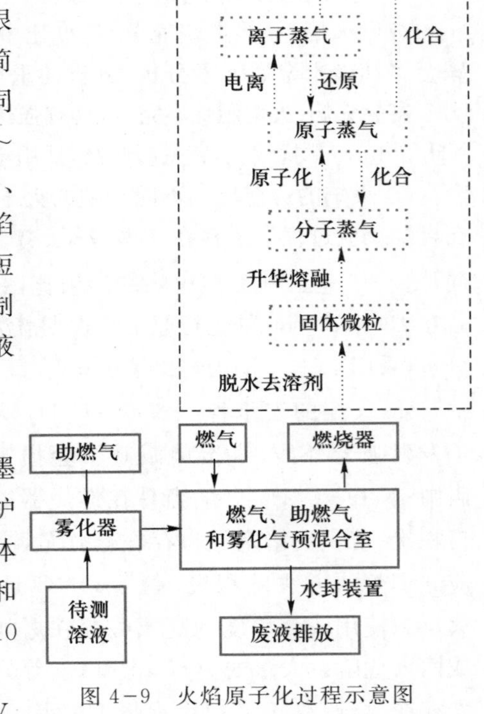

图 4-9　火焰原子化过程示意图

2. 石墨炉原子化法(GFAAS)

(1) 石墨炉原子化器的结构　石墨炉原子化器又称电热原子化器，由石墨炉电源、石墨炉体和石墨管组成。石墨炉体包括石墨电极、内外保护气、冷却系统和石英窗部分，其结构示意图如图 4-10 所示。

① 电源　采用直流电源(12～24 V,

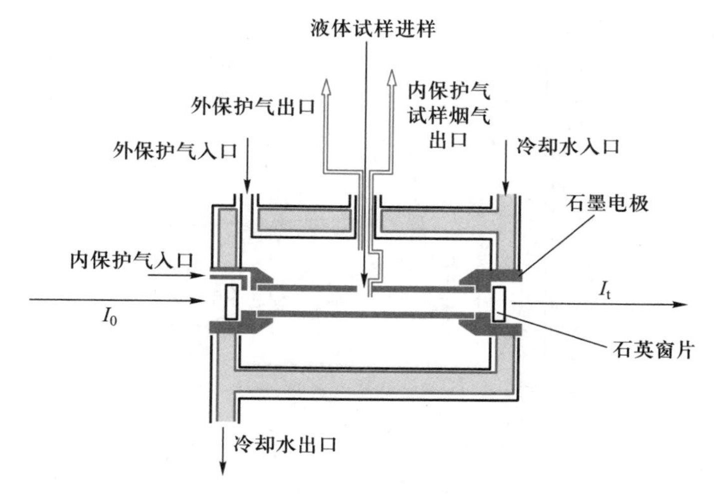

图 4-10 石墨炉原子化器石墨炉体的结构示意图

0～500 A)加热石墨管,使石墨管内腔产生高温,注石墨管内试样溶液在设定的温度与时间程序下进行脱溶剂、热解和原子化等过程。

② 石墨管 石墨管质量将直接影响分析灵敏度、检出限与精密度,它通常是由高纯度、高强度和高密度石墨制成,主要类型有普通石墨管、热解涂层石墨管、平台石墨管和 L′vov 平台石墨管等。

③ 内外保护气 采用氩气作为内、外保护气体,内、外保护气采用分别控制的方式。外保护气在所有升温程序持续通气,以保护石墨管;内保护气在原子化器执行干燥、灰化和除残升温程序时通气,以便带走水蒸气、基体气体和试样的烟气,而在原子化升温程序时停止通气,让原子蒸气保持在石墨管内,以提高元素分析的灵敏度。

④ 冷却系统 采用恒温循环水冷却系统,冷却系统首先是保证原子化器升温程序所产生的高温不对其结构造成损坏;其次是在原子化器升温程序结束后,能迅速降至初始温度,以便连续分析。

⑤ 石英窗 石英窗起密封与透光作用。

(2) 石墨炉原子化法的升温程序 石墨炉原子化法必须选择适宜的干燥、灰化、原子化和除残升温速率,并保持时间程序及内保护气的控制程序。图 4-11是地表水中 Cd 和油漆中 Sn 石墨炉原子化法的升温程序示意图。

① 干燥的升温速率和保持时间 干燥升温程序是低温加热过程,其目的是蒸发石墨管内试样溶液中的溶剂或水分,且要避免试样溶液暴沸与飞溅。一般干燥温度选择稍高于溶剂或水分的沸点。例如,20 μL 的水溶液试样,选择干燥升温速率为 10 ℃・min^{-1},在 100～125 ℃保持 30～40 s。对于黏度大和含盐高

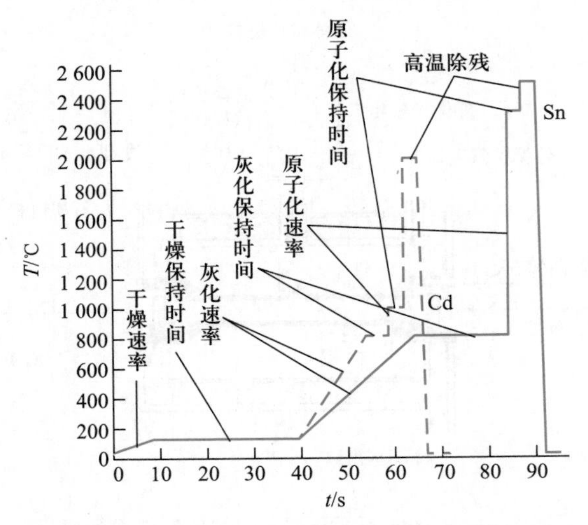

图 4-11 地表水中 Cd 和油漆中 Sn 石墨炉原子化法的升温程序示意图

的试样溶液，可加入适量乙醇或 MIBK 作为稀释剂改善干燥过程。

② 灰化升温速率和保持时间 灰化升温程序主要从两方面考虑：首先是尽可能采用较高灰化温度和较长灰化时间，除去复杂基体干扰组分，降低原子化阶段的背景吸收；其次是尽可能采用较低灰化温度和较短灰化时间，保证待测元素不在灰化阶段损失。不同的元素及含量、不同基体，可通过绘制灰化温度曲线来选择最佳升温程序。

③ 原子化升温速率和保持时间 原子化温度决定于元素种类、含量及其化合物性质。原子化采用较快的升温速率，保持时间通常维持 2～5 s。不同元素和不同基体，可通过绘制原子化温度曲线来选择最佳的原子化升温程序。

④ 除残升温程序 进入石墨管的试样溶液，除了依靠干燥、灰化和原子化的升温程序使溶剂、基体组分和待测元素转变为烟气被内外保护气携带出石墨管外，一些难挥发物质还残留其中，因此，需要提供更高的温度使其挥发，否则会造成石墨管的“记忆效应”。

除了以上主要升温程序外，计算机光谱工作站通常提供多段线性与非线性升温程序的设置空间，有的还具有灰化与原子化升温程序自动优化功能。

(3) 基体改进技术 所谓基体改进技术就是向待测溶液中加入某些化合物，一方面改善复杂基体物理特性，如使基体形成易挥发化合物在待测元素原子化前驱除，降低背景吸收；使基体形成难解离的化合物，避免基体与分析元素形成难解离化合物。另一方面使分析元素形成较易解离、热稳定化合物、热稳定的合金和形成强还原性环境等，改善原子化过程。还有防止分析元素被基体包藏，降低凝聚相干扰和气相干扰等。基体改进剂广泛地应用于石墨炉原子化法分析生物和环境试样中痕量金属和类金属元素及其化学形态。

(4) 石墨炉原子化法的特点　采用直接进样和程序升温方式，原子化温度曲线是一条具有峰值的曲线。主要特点是：可达 3 500 ℃高温，且升温速度快；绝对灵敏度高，一般元素的可达 $10^{-9} \sim 10^{-12}$ g；可分析 70 多种金属和类金属元素；所用试样量少(1～100 μL)。但是石墨炉原子化法的分析速度较慢，分析成本高，背景吸收、光辐射和基体干扰比较大。

4.2.3 原子吸收

1. 灵敏度

灵敏度($S_{1\%}$)定义为产生 1%吸收($T=99\%$，$A=0.004\ 4$)时所对应的元素含量。

(1) 火焰原子化法　火焰原子化法(空气-C_2H_2)的灵敏度：

$$S_{1\%}=\frac{\rho\times 0.004\ 4}{A}(\mathrm{mg\cdot L^{-1}})$$

式中 A 为吸光度；ρ 为质量浓度($\mathrm{mg\cdot L^{-1}}$)。

(2) 石墨炉原子化法　石墨炉原子化法的灵敏度：

$$S_{1\%}=\frac{\rho\times V\times 0.004\ 4}{A}$$

式中 A 为吸光度；ρ 为质量浓度($\mu\mathrm{g\cdot L^{-1}}$)；$V$ 为进样体积(μL)。

2. 检出限

按照 IUPAC1975 年规定，检出限(D. L)的定义为吸收信号相当于 3 倍噪声水平的标准差时所对应的元素含量。

D. L 的计算式为

$$\mathrm{D.\ L}=3s_{\mathrm{bl}}/S$$

式中 s_{bl}为空白溶液多次测量($n>10$)时吸光度的标准差；S 为测定元素的灵敏度(标准曲线的斜率)。

4.3 干扰及其消除

原子吸收光谱法分析中的干扰主要包括物理干扰、化学干扰、电离干扰和光谱干扰。

4.3.1 物理干扰及其消除方法

1. 物理干扰

物理干扰是指试样溶液物理性质变化而引起吸收信号强度变化，物理干扰属非选择性干扰。在火焰原子化法分析中，如试样溶液表面张力或黏度发生变化时，不仅影响到试样溶液的提升量和雾化效率，而且影响脱溶剂效率、蒸发效率和原子化效率，最终影响原子化过程中原子蒸气密度。物理干扰一般都是负干扰。

2. 减少或消除的办法

为减少或消除物理干扰，一般采用以下方法：

(1) 最常用的方法是配制与待测试样溶液基体相一致的标准溶液。

(2) 当配制与待测试样溶液基体相一致的标准溶液有困难时，采用标准加入法。

(3) 被测试样溶液中元素的浓度较高时，采用稀释方法来减少或消除物理干扰。

4.3.2 化学干扰及其消除方法

1. 化学干扰

待测元素在原子化过程中，与基体组分原子或分子之间产生化学作用而引起的干扰，主要影响待测元素或化合物的熔融、蒸发、解离和原子化等过程。化学干扰可以增强原子吸收信号，也可以是降低原子吸收信号。化学干扰是一种选择性干扰，它不仅取决于待测元素与共存元素的性质，还涉及不同的原子化方法与条件等。

2. 减少或消除办法

火焰原子化法主要采用以下几种办法减少或消除化学干扰：

(1) 改变火焰类型　利用高温 $N_2O-C_2H_2$ 火焰，许多在空气-C_2H_2 火焰中出现的干扰，在 $N_2O-C_2H_2$ 火焰中可以减少或完全的消除。

(2) 改变火焰特性　对于形成难熔、难挥发氧化物的元素，如硅、钛、铝、铍等，使用强还原性气氛火焰更有利于这些元素的原子化。

(3) 加入释放剂　待测元素和干扰元素在火焰原子化器中形成稳定化合物所产生的干扰，通过加入一种称为释放剂的物质使之与干扰元素反应生成更容易挥发的化合物，从而使待测元素释放出来。

(4) 加入保护剂　加入一种物质使待测元素不与干扰元素生成难挥发的化合物，可以保护待测元素不受干扰，所加入的物质称为保护剂。例如，EDTA 保护剂可抑制磷酸根离子对钙的干扰，8-羟基喹啉保护剂可抑制铝对镁的干扰。

(5) 加入缓冲剂　在试样溶液和标准溶液中都加入一种过量的物质，使该物质产生的干扰恒定，进而抑制或消除对分析结果的影响，这种物质称为缓冲剂。例如，用 $N_2O-C_2H_2$ 火焰原子化法分析钛时，铝抑制钛的原子化，但是当铝的浓度大于 200 $\mu g \cdot mL^{-1}$时，干扰趋于稳定。

(6) 采用标准加入法　见 4.5.3 节原子荧光光谱定量分析。

4.3.3 电离干扰及其消除方法

1. 电离干扰

电离干扰是由于电离能较低的碱金属和碱土金属元素在原子化过程中产生电离而使基态原子数减少，导致吸光度下降。原子化过程中元素电离度与原子化温度和元素的电离能有密切关系。原子化温度越高，元素电离电位越低，则电离度越大，电离度随元素总浓度的增加而减小。

2. 减少或消除方法

最常用的方法是加入电离能较低的消电离剂；利用强还原性富燃火焰也可抑制电离干扰；标准加入法也可在某些程度上减少或消除电离干扰；提高金属元素总浓度也是减少或消除电离干扰的基本方法。

4.3.4 光谱干扰及其消除方法

1. 光谱干扰

原子吸收光谱法分析应该是在选用的光谱通带内，仅有一条锐线光源所发射的谱线和原子化器中基态原子与之相对应的一条吸收谱线。当光谱通带内存在其他谱线时，都产生光谱干扰；还有分子吸收和光散射也属于光谱干扰。

吸收谱线(吸收线重叠)、原子化器原子化过程中所发射的复合光谱(直流发射)和干扰元素的其他吸收谱线(非吸收线)时，都产生光谱干扰。

2. 减少或消除吸收线重叠干扰方法

(1) 吸收线重叠干扰　当光谱通带内存在两种以上元素的吸收线相重叠，同时或部分吸收锐线光源所发射特征谱线时，产生吸收线重叠干扰，这种干扰使分析结果偏高。

(2) 减少或消除方法　选用较小的光谱通带；选用被测元素的其他分析线；预先分离干扰元素。

3. 减少或消除直流发射光谱干扰方法

(1) 直流发射干扰　原子化器在高温原子化过程也是光辐射源，其中包括了发射待测元素的共振线，这种干扰使结果偏低。但是这种光辐射是直流发射过程。

(2) 减少或消除方法　采用锐线光源的电源调制技术，见 4.2.1 节仪器结构与工作原理中空心阴极灯部分。

4. 减少或消除非吸收线光谱干扰方法

(1) 非吸收线干扰　这些谱线可能是待测元素的其他共振线或非共振线，也可能是锐线光源中电极材料或杂质的发射谱线。

(2) 减少或消除方法　选用较小的光谱通带;选用较小 HCL 灯电流。

4.3.5 背景的吸收与校正

背景吸收也属光谱干扰,包括分子吸收和光散射两个部分。

1. 分子吸收与光散射

分子吸收是指在原子化过程中所产生的无机分子或自由基等对特征谱线吸收,分子吸收光谱是带光谱(带宽为 20～100 nm),而原子吸收光谱是线光谱(带宽为 10^{-3} nm)。分子吸收会在一定波长范围内对原子吸收形成光谱干扰。光散射是指原子化过程中所产生的微小颗粒物对特征谱线的散射,其作用使吸光度增大。分子吸收与光散射的干扰都造成吸光度增大,产生正误差。

2. 背景校正技术

原子吸收分光光度计采用氘灯背景校正、Zeeman(塞曼)效应背景校正、谱线自吸收背景校正等技术和非吸收谱线背景校正技术。以下主要介绍氘灯背景校正技术和 Zeeman 效应背景校正技术。

(1) 氘灯背景校正技术　氘灯背景校正是火焰原子化法、石墨炉原子化法和低温原子化法都可以采用的背景校正技术。

图 4-12 是机械调制式氘灯背景校正技术原理示意图,在垂直于锐线光源和原子化器之间增加了氘灯光源与切光器,氘灯在发射连续带光谱(紫外波段),通过控制切光器的频率,让锐线光源所发射的特征谱线和一定光谱通带氘灯所发射的谱线分时通过原子化器,当特征谱线进入原子化器时,原子化器中的基态原子核外层电子对它进行吸收,同时也产生分子吸收和光散射背景吸收,检测得到原子吸收(A_A)和背景吸收(A_B)的总吸收(A),$A=A_A+A_B$。当氘灯所发射的谱线进入原子化器后,宽带背景吸收要比窄带原子吸收大许多倍,此时原子吸收可忽略不计,检测只获得背景吸收(A_B)。根据光吸收定律加和性,两束谱线吸收结果差减:$A_A=A-A_B$,得到扣除背景吸收以后的原子吸收(A_A)。

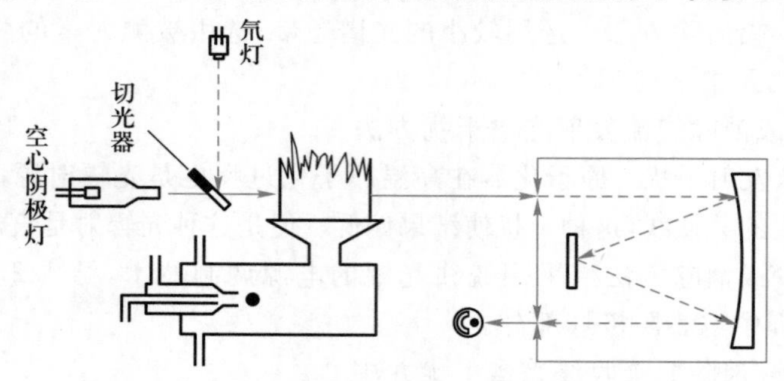

图 4-12　机械调制式氘灯背景校正技术原理示意图

氘灯背景校正的灵敏度高，动态线性范围宽，但仅对紫外光谱区（<350 nm）有效。

（2）Zeeman 效应背景校正技术　石墨炉原子化器中的自由原子浓度较高，滞留时间较长，同时基体组分的浓度也较高，因此，背景吸收干扰比火焰原子化法更严重，Zeeman 效应背景校正是石墨炉原子化法必须采用的背景校正技术之一。

利用原子化器中原子核外层电子能量简并能级在强磁场作用下产生 Zeeman裂分来进行背景校正称为反向 Zeeman 效应背景校正技术，而对锐线光源进行同样调制的背景校正称为正向 Zeeman 效应背景校正技术。反向 Zeeman效应背景校正技术又分为恒定磁场调制方式与交变磁场调制方式两种，图 4－13 是交变磁场调制方式反向 Zeeman 效应背景校正技术原理示意图。

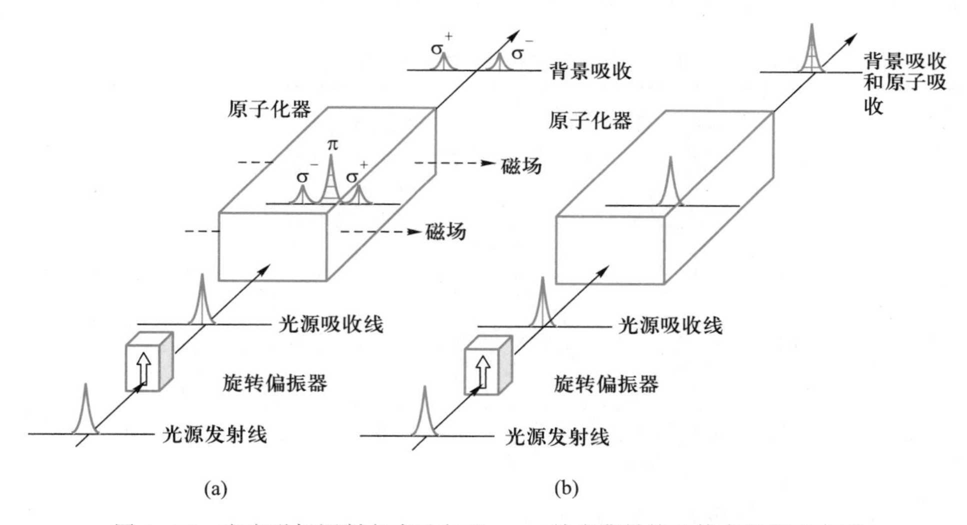

图 4－13　交变磁场调制方式反向 Zeeman 效应背景校正技术原理示意图

交变磁场调制方式锐线光源所发射的特征谱线被偏振器偏振成垂直于磁场的特征偏振谱线。在石墨炉原子化器上施加恒定强度电磁场，采用调制电流使磁场交替地开启和关闭。当磁场开启时，恒定强度磁场使原子化器中待测元素原子核外层电子的吸收谱线裂分为 π 和 σ^+，σ^- 部分，垂直于磁场的 σ^+ 和 σ^- 部分（$\lambda_0 \pm \Delta\lambda$ 处）只对垂直于磁场的特征偏振谱线产生吸收，检测器检测得到背景吸收（A_B），如图 4－13(a)所示。当磁场关闭时，恒定强度磁场消失，原子化器中待测元素原子核外层电子的吸收谱不产生裂分，此时对垂直于磁场的特征偏振谱线产生吸收，检测得到原子吸收（A_A）和背景吸收（A_B）的总吸收（A），如

图 4-13(b)所示。两种吸收结果的差减：$A_A = A - A_B$，就得到扣除背景吸收以后的原子吸收(A_A)。

4.4 原子吸收光谱法分析

4.4.1 仪器操作条件的选择

1. HCL 电流选择

采用较小的 HCL 电流，HCL 所发射谱线半宽度较窄，自吸效应小，分析灵敏度增高；但 HCL 电流若太小，HCL 放电不稳定，影响分析灵敏度和精密度。采用较大的灯电流，HCL 所发射谱线半宽度变宽和谱线强度增高，此时检测器的负高压降低，吸光度读数稳定。4 种元素 HCL 的电流选择见表 4-2。不同品牌与不同占空比的调制电源，所选择的 HCL 电流大小不同。

表 4-2 4 种元素火焰原子化法(空气-C_2H_2)的标准分析条件

元素	波长/nm	光谱通带/nm	灯电流/mA	火焰类型与性质：流量/($L\cdot min^{-1}$) 空气	火焰类型与性质：流量/($L\cdot min^{-1}$) C_2H_2	火焰类型与性质：燃助比	火焰类型与性质：火焰性质	线性范围/($\mu g\cdot mL^{-1}$)	$S_{1\%}$/($\mu g\cdot mL^{-1}$)	其他分析线/nm
Au	242.8	0.4	2	6.5	1.0	0.15	氧化性蓝色焰	5.0	0.075	267.6,312.3,274.8
Cr	357.9	0.4	2	6.5	2.5	0.38	还原性黄色焰	5.0	0.031	359.4,360.5,425.4
Ni	232.0	0.2	2	6.5	1.3	0.20	氧化性蓝色焰	6.0	0.037	231.1,352.5,341.5
Sn	286.3	0.2	2	6.5	1.9	0.29	还原性黄色焰	200	3.3	224.6,235.5,270.6

注：此表"线性范围"指检出限至所示浓度。

2. 吸收谱线选择

首先选择最灵敏的共振吸收线，当共振吸收线存在光谱干扰或分析较高含量的元素时，可选用其他分析线。4 种元素的吸收谱线波长选择见表 4-2，选择不同分析线有不同的检出限、灵敏度和线性范围。

3. 光谱通带的选择

所谓光谱通带(W，nm)的选择，在光学系统中就是狭缝宽度(S，mm)的选择，光谱通带主要取决于单色器的倒线色散率(D，$nm\cdot mm^{-1}$)。光谱通带的计算式为：$W=D\times S$。光谱通带的宽窄直接影响分析的检出限、灵敏度和线性范围。对于碱金属、碱土金属元素，可用较宽的光谱通带，而对于如铁族元素、稀有元素和连续背景较强的情况下，要用较小的光谱通带。4 种元素的光谱通带选择见表 4-2。

4.4.2 火焰原子化法最佳条件选择

1. 火焰的类型与特性选择

火焰原子化法的检出限、灵敏度和线性范围都与火焰的类型和特性有关，4 种元素火焰原子化法（空气$-C_2H_2$）的燃助比、$S_{1\%}$ 和线性范围见表 4-2，4 种元素火焰原子化法（$N_2O-C_2H_2$）的 C_2H_2 流量、火焰性质和灵敏度见表 4-3。

表 4-3 4 种元素火焰原子化法（$N_2O-C_2H_2$）的标准分析条件

元素	C_2H_2 流量 / $L\cdot min^{-1}$	火焰性质	灵敏度[①] / $mg\cdot L^{-1}$
Ba	1～4.4	中性火焰	15
Al	4.1～4.4	中性火焰	30
Se	3.8～4.2	贫燃火焰	40
W	4.3～4.8	富燃火焰	400

注：① 吸光度为 0.4 A 时，待测元素的浓度。

2. 燃烧器高度的选择

自由原子在火焰空间的分布与火焰的类型与特性、元素的性质和浓度、基体的种类和含量相关，图 4-14 是 3 种元素在火焰不同高度的吸收轮廓示意图。图中可以看出，随着火焰高度的增加，Mg 原子的密度增大，到达火焰中部以上时 Mg 原子形成氧化物，原子的密度逐步减少，所以它的最佳吸收高度为火焰的中部。而 Ag 和 Cr 元素在相同火焰中的行为与 Mg 完全不同。对于每种元素的分析，都要选择最佳的燃烧器高度。

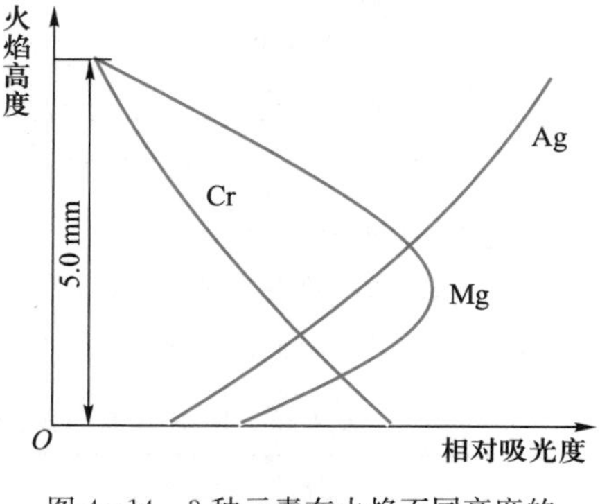

图 4-14 3 种元素在火焰不同高度的吸收轮廓示意图

3. 火焰原子化器的吸喷速率

吸喷速率也称为待测溶液的提升量，提升量不仅与助燃气的压力和流量有关，还与提升溶液的毛细管内径和待测溶液物理性质有关。提升量过大，对火焰产生冷却效应，影响原子化效率；而提升量过小，影响分析方法的灵敏度和检出限。通常控制提升量为 4～9 $mL\cdot min^{-1}$。

4.4.3　石墨炉原子化法最佳条件选择

1. 石墨管类型的选择

(1) 普通石墨管　普通石墨管比较适合于原子化温度低，易形成挥发性氧化物元素的分析，如 Li，Na，K，Rb，Cs，Ag，Au，Be，Mg，Zn，Cd，Hg，Al，Ga，In，Tl，Si，Ge，Sn，Pb，As，Sb，Bi，Se，Te 等元素。

(2) 热解涂层石墨管　这种石墨管对 Cu，Ca，Sr，Ba，Ti，V，Cr，Mo，Mn，Co，Ni，Pt，Rh，Pd，Ir，Pt 等元素的灵敏度较高。

(3) L′vov 平台石墨管　L′vov 平台石墨管是在普通或热解涂层石墨管中衬入一小块热解石墨小平台。小平台可以防止试样溶液在干燥时渗入石墨管管壁，它是靠石墨管的热辐射加热，扩展了原子化等温区，提高分析灵敏度和精密度。

2. 升温程序选择

根据分析元素的种类、进样量的大小和基体效应的影响选择适宜的升温程序，是石墨炉原子化法分析的检出限、灵敏度、精密度和准确度的重要保证，表 4-4是 5 种元素石墨炉原子化法的升温程序及其灵敏度。

表 4-4　5 种元素石墨炉原子化法的升温程序及其灵敏度

元素	干燥温度/℃	灰化温度/℃	原子化温度/℃	灵敏度①/($\mu g \cdot L^{-1}$)
Ag	100～120	450	1 100	1.3
Pb	100～120	800	1 200	2.5
Mn	100～120	900	1 800	0.7
Fe	100～120	1 100	2 100	2.0
Mo	100～120	1 800	2 750	6.0

注：① 吸光度为 0.1 A 时，待测元素的浓度。

3. 基体改进剂选择

加入基体改进剂是消除石墨炉原子化法基体效应影响的重要措施，表 4-5 是 10 种元素石墨炉原子化法常用的基体改进剂。

表 4-5　10 种元素石墨炉原子化法常用的基体改进剂

元素	基体改进剂	元素	基体改进剂
Al	硝酸镁，Triton X-100，氢氧化铁，硫酸铵	Se	硝酸铵，镍，铜，钼，铑，高锰酸钾/重铬酸钾
As	镍，镁，钯	Mn	硝酸铵，EDTA，硫脲
Be	钙，硝酸镁	Ag	镍，铂，钯
Bi	镍，EDTA/O_2，钯，镍	Au	TritonX-100＋Ni，硝酸铵
Ga	抗坏血酸	Tl	钙，镁，硝酸铵，EDTA

4. 进样量的选择

石墨炉原子化法进样量的大小，首先涉及溶剂的干燥升温程序，其次是随试样溶液带进的基体组分的含量不同，进一步涉及灰化、原子化和高温除残程序。一般进样量控制在 5～100 μL。

4.4.4 原子吸收光谱定量分析方法

1. 线性范围

原子吸收光谱法定量分析的理论依据是：$A=Kc$。对于大部分元素，$A-c$ 曲线在一定的浓度范围内呈线性关系，K 为常数，$A-c$ 呈线性关系的限定浓度范围称为标准曲线的线性范围，4 种元素的线性范围见表 4-2。

不同的原子化方法、相同原子化方法的不同原子化条件、不同的分析波长、不同的基体和介质条件等都影响分析元素的线性范围。

2. 标准曲线法

标准曲线法是原子吸收光谱法最常用的定量分析方法。在分析元素的线性范围内，配置系列质量浓度（ρ_{si}）标准溶液，在最佳的分析条件下测量系列质量浓度标准溶液的吸光度（A_{si}），采用最小二乘法回归 $A_{si}-\rho_{si}$ 线性方程或绘制 $A_{si}-\rho_{si}$ 标准曲线图。在相同分析条件下测量试样溶液的吸光度（A_x），求出试样溶液的质量浓度（ρ_x），如图 4-15 所示。标准曲线法适用于基体效应影响较小的试样溶液分析；在满足实验室质量控制的要求时，一条标准曲线可以同时分析多个试样溶液。

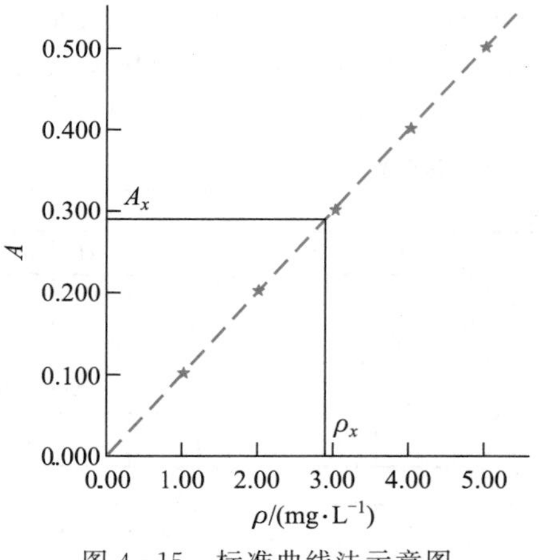

图 4-15 标准曲线法示意图

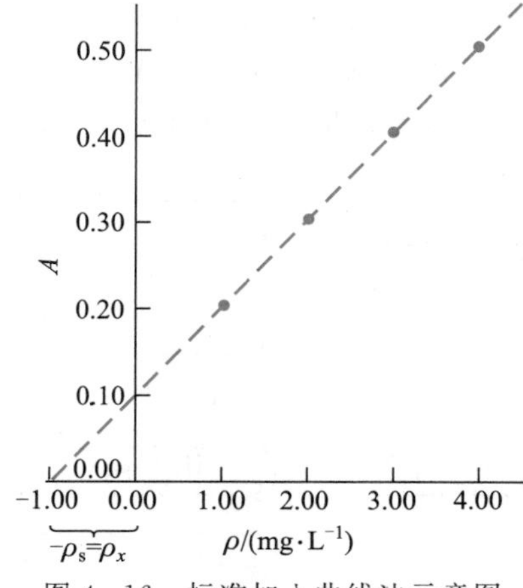

图 4-16 标准加入曲线法示意图

3. 标准加入曲线法

对于基体效应影响较大或无法确证时，可以采用标准加入曲线法。配置含有等量试样溶液的系列质量浓度（ρ_{si}）标准加入溶液，测量系列质量浓度的标准加入溶液吸光度(A_{si})，采用最小二乘法回归 $A_{si}-\rho_{si}$ 线性方程或绘制 $A_{si}-\rho_{si}$ 标准曲线图，并外推到吸光度 A_{si} 为零时与浓度轴的交点，得到 $-\rho_s=\rho_x$，ρ_x 即为试样溶液的质量浓度，如图4-16所示。标准加入曲线法适合基体效应影响较大或无法确证的试样溶液分析，一条标准加入曲线只能分析一个试样溶液。

4.5 原子荧光光谱法

原子荧光光谱法(atomic fluorescence spectrometry，AFS)是基于气态和基态原子的核外层电子吸收共振发射线后，发射出荧光进行元素定量分析，是20世纪60年代初期由Winfordner和Vickers提出原子荧光分析技术后发展起来的一种原子光谱分析方法。经过国内众多分析科学工作者的长期努力，现已形成了具有我国特色的原子荧光光谱法分析理论与仪器。

4.5.1 原子荧光光谱法基本原理

1. 原子荧光光谱的产生

气态和基态原子核外层电子吸收了特征频率的光辐射后被激发至第一激发态或较高的激发态，在瞬间又跃迁回基态或较低的能态。若跃迁过程以光辐射的形式发射出与所吸收的特征频率相同或不同的光辐射，即产生原子荧光。原子荧光为光致发光，当光辐射停止激发时，荧光发射就立即停止。

2. 原子荧光的类型

原子荧光主要分为共振荧光、非共振荧光和敏化荧光三种，图4-17是原子荧光产生机理示意图，图中A为光吸收过程，F为光发射过程，H_1 为热助激发过程，H_2 为无辐射跃迁过程。

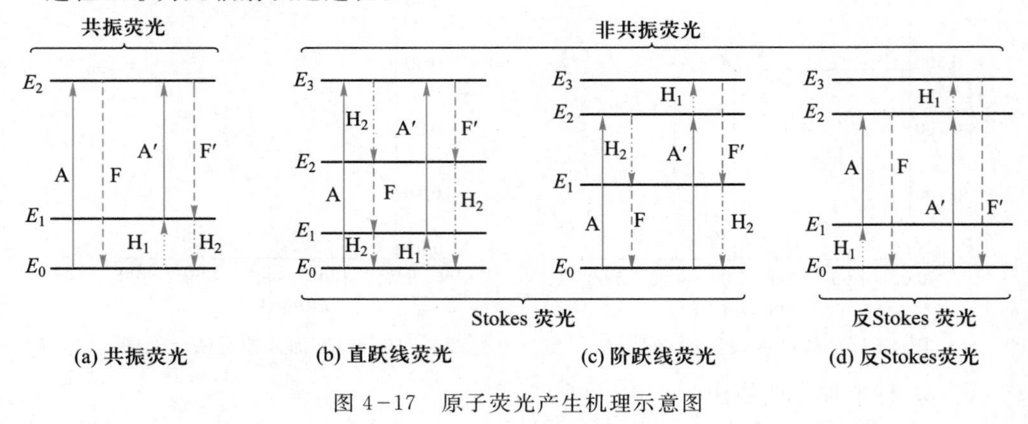

图4-17　原子荧光产生机理示意图

(1) 共振荧光　处于基态原子核外层电子(E_0)吸收了共振频率的光辐射后

被激发，发射与所吸收共振频率相同的光辐射，即为共振原子荧光，见图 4-17(a)中的 A 与 F；若核外层电子先被热助激发(H_1)处于亚稳态(E_1)，吸收光辐射后被激发至激发态(E_2)，然后发射出与吸收频率相同的光辐射，称为热助共振荧光，见图 4-17(a)中的 A′与 F′。共振荧光的跃迁概率最大，荧光强度最强，在原子荧光分析中最为常用。

(2) 非共振荧光 基态原子核外层电子吸收的光辐射与发射的荧光频率不相同时，产生非共振荧光。非共振荧光又分为 Stokes 荧光(包括直跃线荧光、阶跃线荧光)和反 Stokes 荧光。Stokes 荧光所发射光辐射频率比所吸收光辐射的频率低，而反 Stokes 荧光所发射光辐射频率比所吸收光辐射的频率高。

① 直跃线荧光 基态(E_0)或受热助激发(H_1)至亚稳态(E_1)的原子核外层电子被激发至较高的激发态(E_3)，跃迁回较低激发态(E_2)时所发射的荧光称为直跃线荧光，如图 4-17(b)中的 A 与 F，A′与 F′。

② 阶跃线荧光 存在正常阶跃线荧光和热助阶跃线荧光两种。正常阶跃线荧光是基态(E_0)原子核外层电子被激发至较高的激发态(E_2)，以非辐射形式(H_2)跃迁回较低能级(E_1)，以光辐射形式返回基态(E_0)而发射出荧光，如图 4-17(c)中的 A 与 F。热助阶跃线荧光是原子核外层电子被激发至较高的激发态(E_2)后，受热助(H_1)过程进一步被激发至激发态(E_3)，以光辐射形式返回较低激发态(E_1)而发射出的荧光，如图 4-17(c)中的 A′与 F′。

③ 反 Stokes 荧光 有两种发射荧光方式，一种是受热助激发(H_1)至亚稳态(E_1)的原子核外层电子被光辐射激发至激发态(E_2)，由激发态(E_2)跃迁回基态(E_0)时发射出荧光，如图 4-17(d)中的 A 与 F；另一种是基态(E_0)原子核外层电子被光辐射激发至较高的激发态(E_2)，受热助(H_1)过程进一步激发至激发态(E_3)，由激发态(E_3)跃迁回基态(E_0)时发射出荧光，如图 4-17(d)中的 A′与 F′。

(3) 敏化荧光 受光辐射激发的原子与另一个原子碰撞时，把激发能传递给这个原子并使其激发，受碰撞被激发的原子以光辐射形式跃迁回基态或低能态而发射出荧光，即为敏化荧光。火焰原子化法基本观察不到敏化荧光，石墨炉原子化法才能观察到。

3. 荧光强度与浓度的关系

气态和基态原子核外层电子对特定频率(ν_0)光辐射的吸收强度(I_a)、发射出的荧光强度(I_f)和荧光量子效率(ϕ)的关系为

$$I_f = \phi I_a \tag{4-9}$$

依据原子吸收定量关系式(4-7)：

$$A = 0.43\frac{2}{\Delta\nu_D}\sqrt{\frac{\ln 2}{\pi}}\frac{\pi}{mc}fN_0 l = klN_0$$

将式(4-7)代入式(4-9)后得到

$$I_f = \phi I_0 (1 - e^{-klN_0}) \tag{4-10}$$

式(4-9)经 e^{-klN_0} 级数展开和忽略级数展开项中高幂次方项后，得到

$$I_f = \phi I_0 klN_0$$

因为 $N_0 \propto c$（c 为试样溶液中待测元素的浓度），所以有

$$I_f = Kc \tag{4-11}$$

式(4-11)是原子荧光光谱法定量分析依据。

4．荧光猝灭

处于激发态的原子核外层电子除了以光辐射形式释放激发能量外，还可能产生非辐射形式释放激发能量，所发生的非辐射释放能量过程使光辐射的强度减弱或消失，称为荧光猝灭。荧光猝灭主要有以下几种机理：

(1) 与自由原子碰撞　$A^* + X \longrightarrow A + X + \Delta H$，A 和 A^* 分别为基态和激发态原子，X 为其他自由原子，ΔH 为焓变。

(2) 与自由原子碰撞后形成不同的激发态　$A^* + X \longrightarrow A' + X + \Delta H$，$A^*$ 和 A' 为原子不同激发态。

(3) 与分子碰撞　$A^* + HX \longrightarrow A + HX + \Delta H$，HX 为原子化器中的其他分子。HX 可能是原子化过程中的产物，与分子碰撞过程是荧光猝灭的主要原因。

(4) 与分子碰撞后形成不同的激发态　$A^* + HX \longrightarrow A' + HX + \Delta H$。

(5) 与电子碰撞　$A^* + e^- \longrightarrow A + e^{-\prime}$，$e^{-\prime}$ 为高速电子，主要发生在原子化的电离过程。

(6) 化学猝灭反应　$A^* + HX \longrightarrow A + H\cdot + X\cdot$，H· 和 X· 为分子均裂后的自由基。

5．荧光量子效率

荧光猝灭的程度可以采用荧光量子效率(ϕ)表示：

$$\phi = \phi_f / \phi_A \tag{4-12}$$

式中 ϕ_f 为单位时间内发射的荧光光子数；ϕ_A 为单位时间内吸收激发光的光子数。

在原子荧光光谱法分析中力求 ϕ 接近于 1，但是通常情况下 ϕ 小于 1。

4.5.2　原子荧光分光光度计

1．原子荧光分光光度计的组成

原子荧光分光光度计与原子吸收分光光度计的结构相似，为了避免锐线光源所发射的强光辐射对弱原子荧光信号检测的影响，单色器和检测器的位置与激发光源位置成 90°；还有原子荧光分光光度计都配置了氢化物(冷原子)发生器。

原子荧光分光光度计分为色散型和非色散型两类，其结构示意图如图 4-18 所示。激发光源可采用锐线光源(空心阴极灯)或连续光源(氙弧灯)；光学系统

可采用色散型和非色散型两种，色散型光学系统采用平面衍射光栅，非色散型光学系统采用滤光片；氢化物发生器主要采用电加热方式分解氢化物，也可以采用火焰加热方式；检测系统都采用光电倍增管。

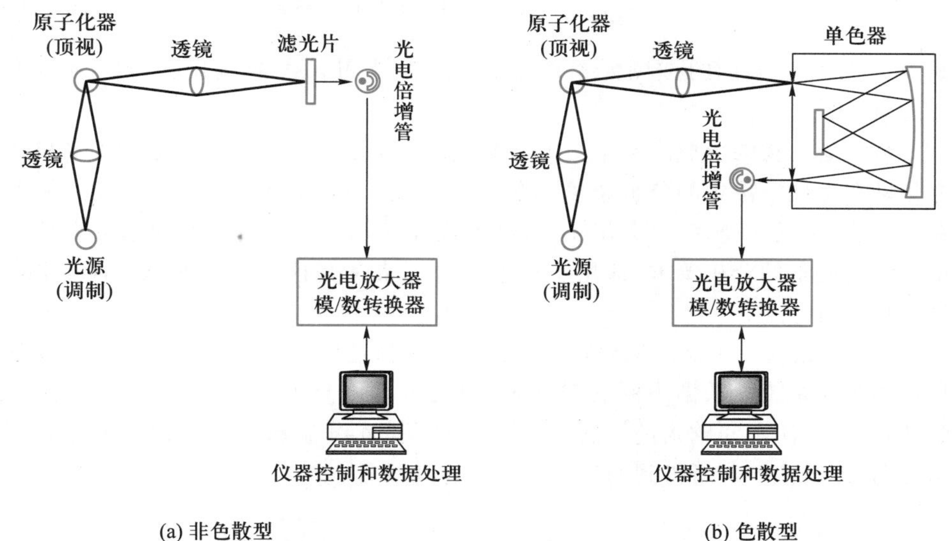

图 4-18 原子荧光分光光度计结构示意图

2. 氢化物发生法

(1) 氢化物的发生 氢化物发生法是依据 8 种元素：As，Bi，Ge，Pb，Sb，Se，Sn 和 Te 的氢化物在常温下为气态，利用某些能产生初生态还原剂(H·)或某些化学反应，与试样中的这些元素形成挥发性共价氢化物，8 种元素氢化物的沸点见表 4-6。

表 4-6 8 种元素氢化物的沸点

氢化物	沸点/K
AsH_3	218
SbH_3	226
BiH_3	251
SeH_2	231
TeH_2	269
GeH_4	184.5
PbH_4	260
SnH_4	221

氢化物发生方法有：硼氢化钠(钾)-酸还原体系、金属-酸还原体系、碱性模式还原体系和电解还原法四种，目前应用最多的是硼氢化钠(钾)-酸还原体系。

硼氢化钠(钾)-酸还原体系氢化物形成原理：

$$NaBH_4+3H_2O+HCl \longrightarrow H_3BO_3+NaCl+8H\cdot$$

$$8H\cdot+E^{m+} \longrightarrow EH_n\uparrow+H_2\uparrow(\text{过剩})$$

式中 E^{m+} 为正 m 价的被测元素离子；EH_n 为被测元素的氢化物；H·为初生态的氢。

金属氢化物的形成决定于两个因素：被测元素与初生态氢的化合速率和硼氢化钠在酸性溶液中的分解速率。硼氢化钠(钾)-酸还原体系氢化物发生体系在还原能力、反应速率、自动化操作、抗干扰程度及分析元素等方面都可满足微量和痕量元素的分析要求，适用于以上 8 种元素和其他 3 种元素(Hg，Cd，Zn)的定量分析。

(2) 氢化物发生器　氢化物发生器一般包括进样系统、混合反应器、气液分离器和载气系统。根据不同的蠕动泵进样法，可以分为连续流动法、流动注射法、断续流动法和间歇泵进样法等。图 4-19 是连续流动式氢化物发生器原理示意图，连续流动式所得到的荧光信号是连续信号。

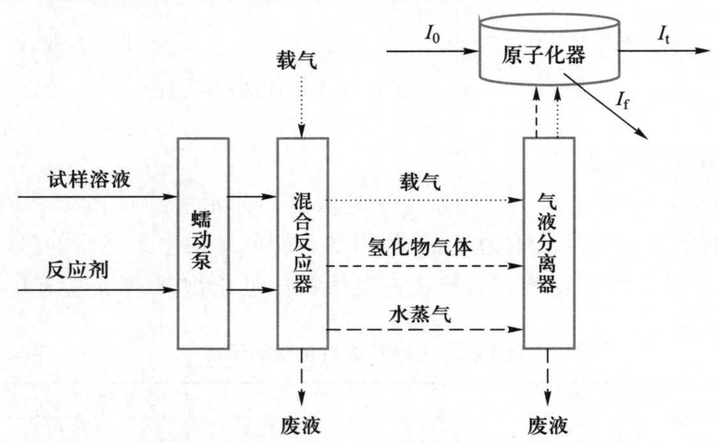

图 4-19　连续流动式氢化物发生器原理示意图

试样溶液和反应剂由蠕动泵携带进入混合反应器进行生成氢化物反应，所产生的氢化物和水蒸气(气溶胶)被载气携带进入气液分离器，分离掉大部分的水蒸气(气溶胶)后氢化物被载气携带进入原子化器，依据氢化物热稳定性差的特点，用电加热或火焰加热方法使氢化物迅速解离成基态原子蒸气，从而吸收特征谱线(I_0)后发射出荧光信号(I_f)。

(3) 氢化物发生法的特点　分析元素在混合反应器中产生氢化物与基体元素分离，消除基体效应所产生的各种干扰；与火焰原子化法的雾化器进样相比，氢化物发生法具有预富集和浓缩的效能，进样效率高；连续流动式氢化物发生器易于实现自动化；不同价态的元素的氢化物发生的条件不同，可以进行该元素的价态分析；但是无法分析不能形成氢化物或挥发性化合物的元素，氢化物发生法存在液相和气相等干扰。

4.5.3 原子荧光光谱定量分析

若采用火焰原子化或石墨炉原子化法分析这些元素，由于这些元素的吸收谱线与发射谱线都位于紫外光谱区，不仅分析的灵敏度低，而且火焰原子化过程产生严重的背景吸收，石墨炉原子化过程的基体干扰和灰化损失比较严重，甚至电感耦合等离子发射光谱法（ICP－AES）对低含量的这些元素和汞元素分析都无法满足要求。

表 4－7 是 11 种元素原子荧光光谱法定量分析方法的指标。可以看出，原子荧光光谱法具有较低的检出限、较高的灵敏度、较少的干扰、吸收谱线与发射谱线比较单一、标准曲线的线性范围宽（3～5 个数量级）等特点；仪器结构简单且价格便宜，由于原子荧光是向空间各个方向发射，比较容易设计多元素同时分析的多通道原子荧光分光光度计。原子荧光光谱法的定量分析主要采用标准曲线法，也可以采用标准加入曲线法，见 4.4.4 节。

表 4－7　11 种元素原子荧光光谱法定量分析方法的指标

方法指标	元素					对象	
	As，Se Sb，Bi Pb，Te	Hg	Ge，Sn	Zn	Cd	气态汞 （空气/天然气/实验室）	水样中汞 （饮用水/矿泉水/海水/地面水）
检出限/ $ng\cdot mL^{-1}$	≤0.06	≤0.005	≤0.5	≤5.0	≤0.008	$<1.0\ ng\cdot m^{-3}$	$<0.4\ ng\cdot mL^{-1}$
精密度（RSD）	1.0%					5.0%	2.0%
线性范围	3 个数量级					2 个数量级	

思考、练习题

4－1　简述原子吸收光谱产生的原理，并比较与原子发射光谱有何不同。

4－2　简述原子吸收光谱法定量分析的依据及其定量分析的特点。

4－3　原子谱线变宽的主要因素有哪些？对原子吸收光谱分析有什么影响？

4－4　画出原子吸收分光光度计的结构框图，并简要叙述原子吸收分光光度计的工作原理。

4-5 简述火焰原子化法和石墨炉原子化法的工作原理、特点及其注意事项。为什么石墨炉原子化法比火焰原子化法具有更高的灵敏度和更低的检出限？

4-6 原子吸收光谱法存在哪些主要的干扰？如何减少或消除这些干扰？

4-7 简要回答以下问题：

(1) 在测定血清中钾时，先用纯水将试样稀释40倍，再加入钠盐至800 $\mu g \cdot mL^{-1}$，试解释这些实验操作的理由，并简述此定量分析的标准曲线法系列标准溶液应如何配制。

(2) 硒的共振吸收线为196.0 nm，若分析头发中硒元素含量，应选用何种火焰类型并说明理由。

(3) 分析矿石中的锆元素含量，应选用何种火焰类型并说明理由。

4-8 火焰原子吸收光谱法分析某试样中微量Cu的含量，称取试样0.500 g，溶解后定容到100 mL容量瓶中作为试样溶液。分析溶液的配制及测量的吸光度如表4-88所示（用0.1 $mol \cdot L^{-1}$ HNO_3 溶液定容），计算试样中Cu的质量分数(%)。

表4-8 分析溶液的配制及测量的吸光度

	1	2	3
移取试样溶液的体积/mL	0.00	5.00	5.00
加入5.00 $mg \cdot L^{-1}$ Cu^{2+} 标准溶液的体积/mL	0.00	0.00	1.00
定容体积/mL	25.00	25.00	25.00
测量的吸光度(A)	0.010	0.150	0.375

4-9 原子吸收光谱法测定水样中Co的含量，分取$V_{水样}$(mL)的水样于6个50.0 mL容量瓶中，加入$V_{标准溶液}$(mL)的60.0 $\mu g \cdot mL^{-1}$ Co的标准溶液，然后稀释至刻度，数据见表4-9，计算水样中Co的质量浓度($\mu g \cdot mL^{-1}$)。

表4-9 原子光谱法测定水样中Co含量数据

	1	2	3	4	5	6
$V_{水样}$/mL	0			10.0		
$V_{标准溶液}$/mL	0	0	1.0	2.0	3.0	4.0
定容体积/mL				50.0		
吸光度(A)	0.042	0.201	0.292	0.378	0.467	0.554

4-10 原子荧光光谱是怎么产生的？有几种类型？

4-11 简述氢化物发生法的工作原理、特点及其注意事项。

参考资料

扫一扫查看

第5章 X射线光谱法

1895年，Rontgen W C发现了X射线，1913年，Moseley H G在英国Manchester大学奠定了X射线光谱分析的基础，并将其初步用于定性及定量分析。目前，X射线光谱法发展成熟，多用于元素的定性、定量及固体表面薄层成分分析等方面。

和其他光谱法一样，X射线光谱法也是基于对电磁辐射的发射、吸收、散射、衍射等的测定所建立起来的一种仪器分析方法。X射线荧光法（X-ray fluorescence analysis，XRF）和X射线吸收法（X-ray absorption analysis，XRA）被广泛用于元素的定性和定量分析。一般来说，它们可以用于测定元素周期表中原子序数大于钠的元素；如果采用特殊的设备，还可以测定原子序数在5～10的元素。定量测定的浓度范围可以为常量、微量或痕量。而X射线衍射法（X-ray diffraction analysis，XRD）则被广泛用于晶体结构测定。

5.1 基本原理

X射线是由于高能电子的减速运动或原子内层轨道电子跃迁所产生的短波电磁辐射。X射线的波长为10^{-6}～10 nm，在X射线光谱法中，常用波长为0.01～2.5 nm。

5.1.1 X射线的发射

产生X射线的途径有四种：(1) 用高能电子束轰击金属靶；(2) 将物质用初级X射线照射以产生二级射线——X射线荧光；(3) 利用放射性同位素源衰变过程产生的X射线发射；(4) 从同步加速器辐射源获得。在分析测试中，常用的光源为前三种，第四种光源质量非常优越，但设备庞大，仪器昂贵，目前国内外仅有少数实验室拥有这种设施。

与紫外-可见光源一样，X射线光源产生连续光谱和线光谱，两者在分析中都有重要作用。连续辐射通常被称为白光或韧致辐射。韧致辐射是指高能带电荷粒子在与原子核相碰撞突然减速时产生的辐射。在自然界中，这种韧致辐射通常是连续的。

5.1.1.1 电子束源产生的连续X射线

在一个X射线管中，固体阴极被加热后产生大量电子，这些电子在高达

100 kV 电压下被加速，向金属阳极（金属靶）轰击；在碰撞过程中，电子束的一部分能量转变为 X 射线。在某些情况下，只会出现如图 5-1 所示的连续 X 射线谱；在其他情况下，线光谱会叠加在连续 X 射线谱上（如图 5-2 所示）。

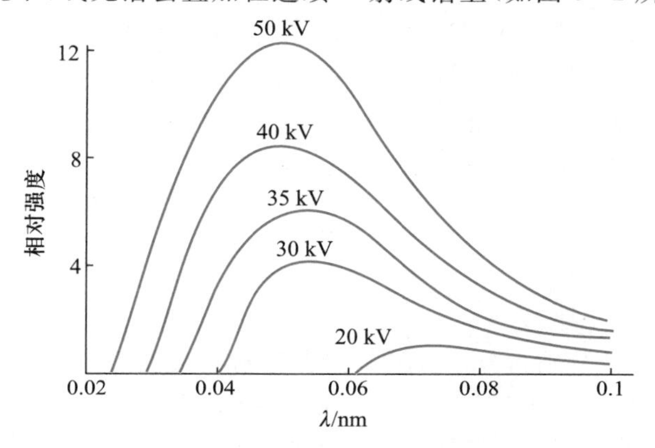

图 5-1 连续 X 射线谱与 X 射线管电压的关系（钨靶）

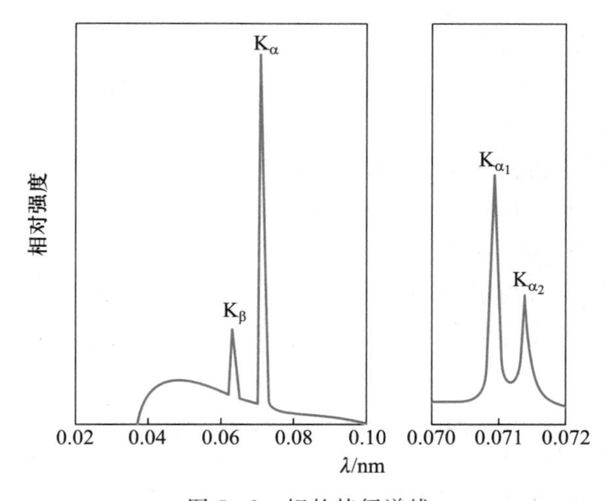

图 5-2 钼的特征谱线

在轰击金属靶的过程中，有的电子在一次碰撞中耗尽其全部能量，有的则在多次碰撞中才丧失全部能量。因为电子数目很大，碰撞是随机的，所以产生了连续的具有不同波长的 X 射线，这一段波长的 X 射线谱即为连续 X 射线谱。

连续 X 射线谱可以用短波限（λ_0）来进行描述。根据量子理论，一次碰撞就丧失其全部动能的电子将辐射出具有最大能量的 X 射线光子，其波长最短，称为短波限。它会随 X 射线管的加速电压发生改变，与金属靶材料没有关系，因此，在图 5-1 与图 5-2 中，虽然选用的靶材不同（钨和钼），但是加速电压为

35 kV 时的短波限是一样的，或者说产生的连续 X 射线谱是一样的。

另外，最低加速电压也用于描述 X 射线谱，它是各元素被激发所需要的最低 X 射线管电压。X 射线管电压低于 20 kV 时，钼(原子序数为 42)不再有特征 X 射线产生；而对钨而言(图 5-1)，即使用 50 kV，在 0.01～0.1 nm 也没有特征 X 射线；但是如果电压升至 70 kV，会有 K 线系出现在 0.018 nm 和 0.021 nm。

一个高速运动电子具有的动能可以写成 eU，U 为 X 射线管电压，则电子的能量按下式转化为 X 射线能：

$$eU = h\nu_{最大} = h\frac{c}{\lambda_0}$$

$$\lambda_0 = \frac{hc}{eU} = \frac{1\ 239.8}{U} \tag{5-1}$$

式中 λ 和 U 的单位分别为 nm 和 V。连续 X 射线谱的短波限仅与 X 光管电压有关，升高管电压，短波限将减小，即 X 射线量子能量增大。连续 X 射线的总强度(I)与 X 光管的电压(U)和靶材的原子序数(Z)有关，其关系式为

$$I = AiZU^2 \tag{5-2}$$

式中 A 为比例常数；i 为 X 射线管电流(A)。不难看出，增加靶材的原子序数，可提高光强度，故常采用钨、钼等重金属作为 X 射线管靶材，可以得到能量较高的连续 X 射线谱。

5.1.1.2 电子束源产生的特征 X 射线

由图 5-2 可以看到，在对钼靶进行轰击后产生了两条强的发射线(0.063 nm 和 0.071 nm)，在 0.04～0.06 nm 还产生了一系列连续谱。在原子序数大于 23 的元素中，钼的发射行为很典型：与紫外发射线相比，钼的 X 射线非常简单，它由两个线系组成，短波称为 K 线系，长波称为 L 线系。表 5-1 列举了部分元素的特征 X 射线。

表 5-1 部分元素的特征 X 射线 单位：nm

元素	原子序数	K 线系		L 线系	
		α_1	β_1	α_1	β_1
Na	11	1.190 9	1.161 7	—	—
K	19	0.374 2	0.345 4	—	—
Cr	24	0.229 0	0.208 5	2.171 4	2.132 3
Rb	37	0.092 6	0.082 9	0.731 8	0.707 5
Cs	55	0.040 1	0.035 5	0.289 2	0.268 3
W	74	0.020 9	0.018 4	0.147 6	0.128 2
U	92	0.012 6	0.011 1	0.091 1	0.072 0

Moseley 发现，元素特征 X 射线的波长 λ 与元素的原子序数 Z 有关，其数学关系如下：

$$\sqrt{\frac{1}{\lambda}}=K(Z-S) \tag{5-3}$$

这就是 Moseley 定律，式中 K 与 S 是与线系有关的常数。因此，只要测出特征 X 射线的波长，就可以知道元素的种类，这就是 X 射线定性分析的基础。此外，特征 X 射线的强度与相应元素的含量有一定的关系，据此，可以进行元素定量分析。

特征 X 射线是基于电子在原子最内层轨道之间的跃迁所产生的。高能光子（X 射线或 γ 射线）或高速带电荷粒子（电子、质子或各种离子）轰击靶材（试样）中的原子时，会将自己的一部分能量传递给原子，激发原子中某些内层能级上的电子，形成空位后立即可由外层较高轨道上的电子来填充（小于 10^{-15} s）；与此同时，多余的能量以 X 射线光子的形式释放出来，其能量等于跃迁电子的能级差，$\Delta E=h\nu$。

特征 X 射线可分成若干线系（K，L，M，N），同一线系中的各条谱线是由各个能级上的电子向同一壳层跃迁而产生的。同一线系中，还可以分为不同的子线系如 L_{I}，L_{II}，L_{III}，同一子线系中的各条谱线是电子从不同的能级向同一能级跃迁所产生的。$\Delta n=1$ 的跃迁产生 α 线系，$\Delta n=2$ 的跃迁产生 β 线系。K_α 表示 $K_{\alpha_1\alpha_2}$ 双线；K_β 表示 $K_{\beta_1\beta_2}$ 双线。

K 层电子被逐出后，其空穴可以被外层中任一电子所填充，从而可产生一系列的谱线，称为 K 系谱线：由 L 层跃迁到 K 层辐射的 X 射线叫 K_α 射线，由 M 层跃迁到 K 层辐射的 X 射线叫 K_β 射线……同样，L 层电子被逐出可以产生 L 系辐射（见图 5-3）。如果入射的 X 射线使某元素的 K 层电子激发成光电子后 L 层电子跃迁到 K 层，此时就有能量 ΔE 释放出来，且 $\Delta E=E_{\mathrm{K}}-E_{\mathrm{L}}$，这个能量是以 X 射线形式释放，产生的就是 K_α 射线，同样还可以产生 K_β 射线、L 系射线等。由于 L 层与 K 层之间的能级差比 L 层与 M 层之间的能级差大，所以 K 线系的波长短一些。另外，还应注意：α_1 和 α_2 之间的能量差异，或者 β_1 和 β_2 之间的能量差异，都非常小，除非使用高分辨的光谱仪，否则只能看到单条谱线。

应当指出，目前在 X 射线光谱分析中，特征线的符号系统比较混乱，尚未达到规范化。通常，在一组线系中，α_1 线最强。除 K_{α_2} 比 K_{β_1} 强以外，其他线系中一般 β_1 为第二条最强线。元素中的各谱线都是用相应的符号来表示的。上述能级图（图 5-3）适用于大部分元素，能级差会随原子序数增大而规律性地增大；而核电荷数的增加也会提高最低加速电压。

不同元素具有不同的特征 X 射线。根据特征谱线的波长和强度，可以进行

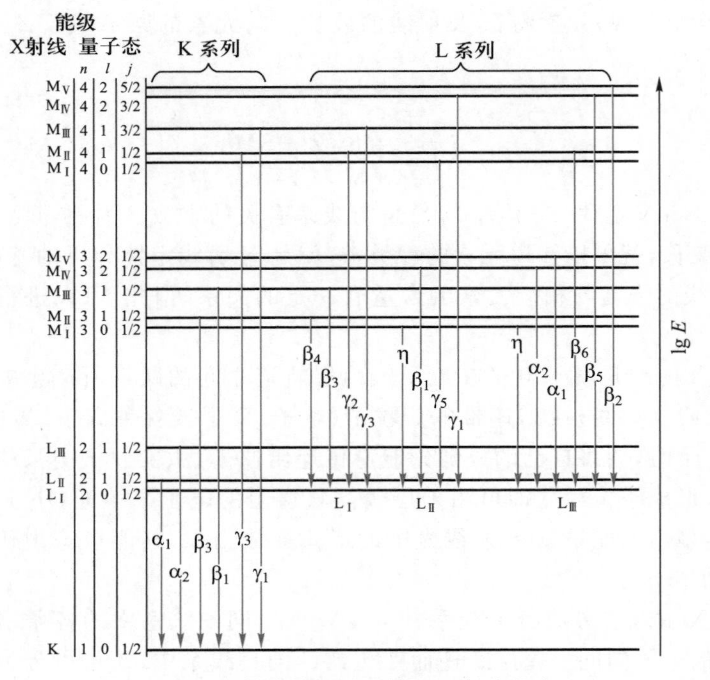

图 5-3 X 射线能级图及特征 X 射线的产生

定性和定量分析。

特征 X 射线的产生，也要符合一定的选择定则。这些定则是

（1）主量子数 $\Delta n \neq 0$；

（2）角量子数 $\Delta L = \pm 1$；

（3）内量子数 $\Delta J = \pm 1$ 或 0，内量子数是角量子数 L 和自旋量子数 S 的矢量和。

磁量子数 m 及单独的自旋量子数在特征 X 射线的产生中无重要意义。不符合上述选律的谱线称为禁阻谱线。

注意：除位于低能级位置的谱线（如轻元素的 K 线系和元素的一些 L，M 线系），元素的特征 X 射线的波长与元素的物理和化学性质无关，因为产生这些特征 X 射线的电子跃迁与其键合形式无关。因此，上述钼的特征 X 射线与靶材是否为纯金属或是其氧化物没有关系。

得到特征 X 射线的另一个便捷手段是用 X 射线管发射连续辐射照射该元素或其化合物。在下面的章节中会进行详细阐述。

5.1.1.3 放射源产生的 X 射线

通常，X 射线是放射性衰变过程的产物。γ 射线是由核内反应产生的 X 射线。许多 α 和 β 射线发射过程使原子核处于激发态，当它回到基态时释放一个或多个 γ 光量子。电子捕获或 K 捕获也能产生 X 射线，在此过程中，一个 K 电子（较少情况下为 L 或 M 电子）被原子核捕获并形成低一个原子序数的元素。K 捕获使电子转移到空轨道，由此产生新生成元素的 X 射线光谱。K 捕获过程的半衰期从几分钟至几千年不等。

人工放射性同位素为某些分析应用提供了非常简便的单能量辐射源。最常用的是 ^{55}Fe，它进行 K 捕获反应的半衰期为 2.6 年：

$$^{55}\mathrm{Fe} \longrightarrow {}^{54}\mathrm{Mn} + h\nu$$

生成的 MnK_α 线位于约 0.21 nm，在荧光和吸收分析方法中是非常有用的光源。其他一些最常见的放射性同位素源有 $^{57}_{27}Co$（6.4 keV），$^{109}_{48}Cd$（22 keV），$^{125}_{51}I$(27,35 keV)等。

5.1.2 X 射线的吸收

当一束 X 射线穿过有一定厚度的物质时，其光强和能量会因吸收和散射而显著减小。除最轻的元素外，散射的影响一般很小，在发生可测吸收的波长区域通常被忽略。从图 5-4 可以看到，和发射线类似，元素的吸收谱也很简单，而且其波长与元素的化学形态无关。

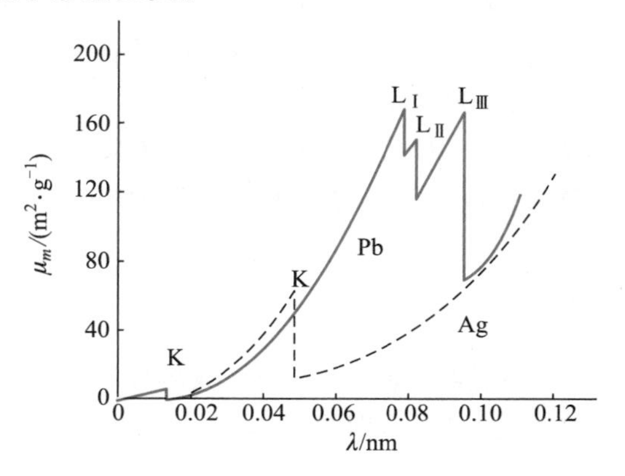

图 5-4 X 射线吸收边示意图

5.1.2.1 基本原理和概念

X 射线照射固体物质时，一部分透过晶体，产生热能；一部分用于产生散射、衍射和次级 X 射线（X 荧光）等；还有一部分将其能量转移给晶体中的电子。因此，用 X 射线照射固体后其强度会发生衰减。衰减率与其穿过的厚度成正比，即也符合光吸收基本定律：

$$\frac{dI}{I}=-\mu dx \tag{5-4}$$

将式(5-4)积分后,得到

$$I=I_0 e^{-\mu x} \tag{5-5}$$

式中 I_0 和 I 是入射和透射的X射线强度;x 是试样厚度;μ 是线衰减系数(cm^{-1})。

在X射线分析法中,对于固体试样,最方便使用的是质量衰减系数μ_m($cm^2 \cdot g^{-1}$),即

$$\mu_m=\frac{\mu}{\rho} \tag{5-6}$$

式中 ρ 为物质密度($g \cdot cm^{-3}$)。对于一般的X射线,可以认为它的衰减主要是由X射线的散射和吸收所引起的,因此,可以将质量衰减系数写成

$$\mu_m=\tau_m+\sigma_m \tag{5-7}$$

式中 τ_m 和 σ_m 分别代表质量吸收系数和质量散射系数(包括相干散射和非相干散射)。在有些书籍中,将X射线的衰减广义地称为吸收,而将真正吸收X射线致使原子内层电子激发的过程称为真吸收。质量衰减系数具有加和性,因此有

$$\mu_m=w_A\mu_A+w_B\mu_B+w_C\mu_C+\cdots \tag{5-8}$$

式中 μ_m 是试样的质量衰减系数;所含元素A,B,C,…的质量分数为 w_A,w_B,w_C,…;而 μ_A,μ_B,μ_C,…分别为各元素的质量衰减系数。元素在不同波长或能量的质量衰减系数表可从许多文献中查到。

质量吸收系数是物质的一种特性,对于不同的波长或能量,物质的质量吸收系数也不相同,质量吸收系数与X射线波长(λ)和物质的原子序数(Z)大致符合下述经验关系:

$$\tau_m=K\lambda^3 Z^4 \tag{5-9}$$

式中 K 为常数。式(5-9)说明,物质的原子序数越大,即元素越重,它对X射线的阻挡能力越大;X射线波长越长,即能量越低,越易被吸收。

5.1.2.2 吸收过程

当吸收过程中伴随内层电子的激发时,情况比较复杂。此时,当波长在某个数值时,质量吸收系数发生突变,如图5-4所示。图中突变时的波长值称为吸收边或吸收跃,它是指一个特征X射线谱系的临界激发波长。当入射X射线的波长达到此临界时,将引起相应的电子激发而电离。否则因入射X射线波长太长,能量过低,不足以引起电子电离为自由电子(X光电子)。

在图5-4中,虚线表示没有特征X射线吸收时的质量吸收系数与波长的关系(假如没有M,N,O,…电子的激发),它符合上述经验式(5-9)所表示的关系。

由图 5-4 可见，当入射 X 射线由长波向短波方向(自右向左)变化时，达到 L_{III} 的吸收边后，由于该层电子吸收相应的 X 射线而得到激发和电离，因而使入射 X 射线的强度大大减小，即质量衰减系数突然增大，引起突变。根据特征 X 射线产生的机理，可知 K 层有 1 个吸收边，L 层有 3 个、M 层有 5 个、N 层有 7 个吸收边等。能级越接近原子核，吸收边的波长越短。

5.1.3 X 射线的散射和衍射

X 射线的散射分为非相干散射和相干散射两种。

非相干散射是指 X 射线与原子中束缚较松的电子做随机的非弹性碰撞，把部分能量给予电子，并改变电子的运动方向。很明显，入射线的能量越大，波长越短，这种非弹性碰撞的程度越大；元素的原子序数越小，它的电子束缚越牢固，这种非弹性碰撞的程度越小。非相干散射造成 X 射线能量降低，波长向长波移动，即所谓“康普顿效应”。这种散射线的相位与入射线无确定关系，不能产生干涉效应，只能成为衍射图像的背景值，对测定不利。

相干散射是指 X 射线与原子中束缚较紧的电子做弹性碰撞。一般说来，这类电子散射的 X 射线只改变方向而无能量损失，波长不变，其相位与原来的相位有确定的关系。在重原子中由于存在大量与原子核结合紧密的电子，尽管有外层电子产生的非相干散射，但相干散射仍是重要部分。

Rayleigh(瑞利)散射属于弹性碰撞引起的散射，不产生波长的变化，在 X 射线分析中不太重要。

相干散射是产生衍射的基础，它在晶体结构研究中得到广泛的应用。当一束 X 射线以某角度 θ 打在晶体表面，一部分被表面上的原子层散射。光束没有被散射的部分穿透至第二原子层后，又有一部分被散射，余下的继续至第三层，如图 5-5 所示。

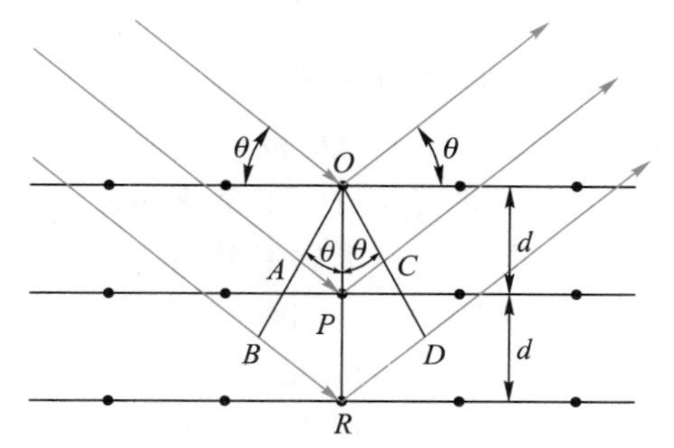

图 5-5 X 射线在晶体上的衍射

从晶体规则间隔中心的这种散射的累积效应就是光束的衍射，非常类似于可见光辐射被反射光栅衍射。X 射线衍射所需条件有两个：(1) 原子层之间间距必须与辐射的波长大致相当；(2) 散射中心的空间分布必须非常规则。如果距离

$$AP+PC=n\lambda \tag{5-10}$$

n 为一整数，散射将在 OCD 相，晶体好像是在反射 X 射线辐射。但是，又有

$$AP = PC = d\sin\theta \tag{5-11}$$

d 为晶体平面间间距。因此，光束在反射方向发生相干干涉的条件为

$$n\lambda = 2d\sin\theta \tag{5-12}$$

此关系式即为 Bragg（布拉格）公式。值得注意的是，X 射线仅在入射角满足下列条件时，才从晶体反射，即

$$\sin\theta = \frac{n\lambda}{2d} \tag{5-13}$$

而其他角度，仅发生非相干干涉。

X 射线衍射法的原理及应用在本章后面进一步讨论。

5.1.4 内层激发电子的弛豫过程

当能量高于原子内层电子结合能的高能 X 射线与原子发生碰撞时，驱逐一个内层电子而出现一个空穴，使整个原子体系处于不稳定的激发态，激发态原子寿命为 $10^{-12} \sim 10^{-14}$ s，然后自发地由能量高的状态跃迁到能量低的状态，这个过程称为弛豫过程。弛豫过程可以是辐射跃迁，如发射 X 射线荧光；也可以是非辐射跃迁，如发射 Auger（俄歇）电子和光电子等。

当较外层的电子跃入内层空穴所释放的能量不在原子内被吸收，而是以辐射形式放出，便产生 X 射线荧光，其能量等于两能级之间的能量差。因此，X 射线荧光的能量或波长是特征性的，与元素有一一对应的关系。

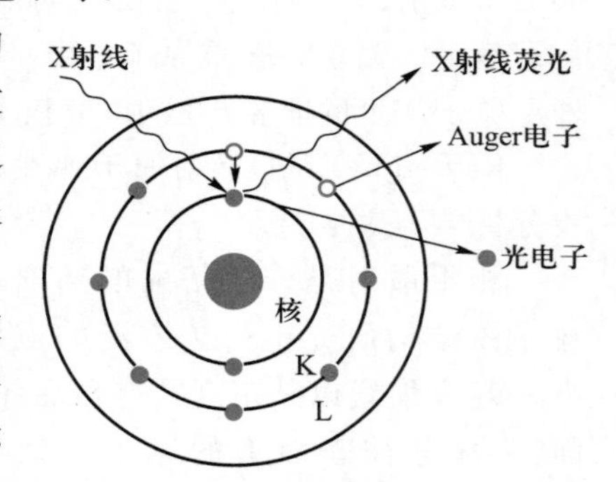

图 5-6 X 射线激发电子弛豫过程示意图

当较外层的电子跃迁到空穴时，所释放的能量随即在原子内部被吸收而逐出较外层的另一个次级光电子，称为 Auger 效应，亦称次级光电效应或无辐射效应，所逐出的次级光电子称为 Auger 电子。它的能量是特征的，与入射辐射的能量无关。图 5-6 给出了 X 射线激发电子弛豫过程示意图。

5.1.4.1 X 射线荧光发射

设入射 X 射线使 K 层电子激发生成光电子后，L 层电子落入 K 层空穴，此时就有能量释放出来，如果这种能量是以辐射形式释放，产生的就是 K_α 射线，即 X 射线荧光。这些荧光的波长一般都比物质吸收的波长略长。例如，银的 K 层吸收边在 0.048 5 nm，而它的 K 层的发射线波长是 0.049 7 nm 和 0.055 9 nm。当经由 X 射线管放射激发荧光时，工作电压必须足够大，这样短波限 λ_0 比元素激发光谱的吸收波长要短。所以，要激发出银的 K 层线，X 射线管的电压必须

满足：$U \geqslant 12\,398\ \mathrm{V}/0.485 = 25\,563\ \mathrm{V}$ 或者 25.6 kV。

X 射线荧光的波长和强度是确定元素存在和测定其含量的依据，是 X 射线荧光分析法的基础。

5.1.4.2　Auger 电子发射

L 层电子向 K 层跃迁时所释放的能量，也可能使另一核外电子激发成自由电子，即 Auger 电子。Auger 电子也具有特征能量。各元素的 Auger 电子的能量都有固定值，Auger 电子能谱法就是建立在此基础上。

5.1.4.3　光电子发射

原子内层一个电子吸收了一个 X 射线光子的全部能量后，克服原子核的库仑作用力，进入空间成为自由电子（光电子）。对于一定能量的 X 射线，在测得光电子的动能后，利用如下近似关系式可以求得光电子的结合能。

$$E_{\mathrm{b}} = h\nu - E_{\mathrm{k}} \tag{5-14}$$

式中的 E_{k} 和 E_{b} 分别表示光电子的动能和结合能。这是 X 射线光电子能谱法分析的原理。

5.2　仪器基本结构

在分析化学中，X 射线的吸收、发射、荧光和衍射都有应用。这些应用中所用仪器都由类似光学光谱测量的五个部分组成，它们包括：光源、入射辐射波长限定装置、试样台、辐射检测器或变换器、信号处理和读取器。

X 射线仪器有 X 射线光度仪和 X 射线分光光谱仪之分，前者采用滤光片对来自光源的辐射进行选择，后者则采用单色仪。X 射线仪器根据解析光谱方法的不同，而分为波长色散型和能量色散型。

5.2.1　X 射线辐射源

5.2.1.1　X 射线管

分析工作最常用的 X 射线光源是各种不同形状和方式的高功率 X 射线管，一般是由一个带铍窗口（能透过 X 射线）的防射线的重金属罩和一个具有绝缘性能的真空玻璃罩组成的套管，如图 5-7 所示。

热阴极灯丝加热到白炽后发出的热电子，经凹面聚焦电极聚焦后，在正高压电场的作用下加速奔向靶面（阳极）。X 射线管的靶是嵌入或镀在空心铜块上的金属圆片或金属镀层，铜块可把焦斑（灯丝电子轰击的地方）上的热量带走。X 射线向各个方向发射，但只能通过铍窗口的射线才能射出。窗口里有一开孔的环形罩，用以遮住来自灯丝聚焦不完全的电子及靶面散射的电子，从而减少钨丝升华和靶

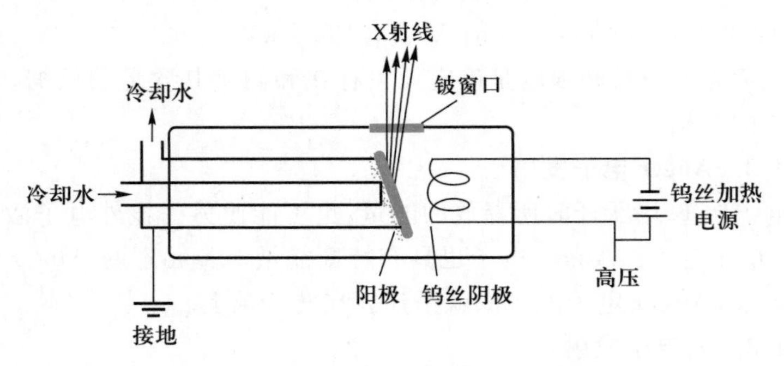

图5-7　X射线管结构示意图

溅射出来的金属元素污染窗口。可选用的靶材包括钨、铬、铜、钼等金属。两套线路分别控制灯丝加热和电子加速，在定量分析时其相对稳定性应优于0.1%。

灯丝和靶极之间的高压（一般为40 kV）使灯丝发射的电子加速撞击在靶极上，产生X射线。X射线管产生的初级X射线，作为激发X射线的辐射源。只有当初级X射线的波长稍短于受激元素的吸收限时，才能有效地激发出X射线荧光。X射线管的靶材和工作电压决定了能有效激发受激元素的那部分初级X射线的强度。管工作电压升高，短波长初级X射线比例增加，故产生的X射线荧光的强度也增强。但并不是说管工作电压越高越好，因为入射X射线的荧光激发效率与其波长有关，越靠近被测元素吸收限波长，激发效率越高。

用电子轰击产生X射线是一个非常低效的过程，仅有低于1%的电能转变为辐射能，其他则转化为热能。因此，老式的X射线管需要采用水冷系统。由于现代X射线检测装置的灵敏度大大提高，X射线管可以以非常低的功率运行，不再需要水冷系统。X射线管的高压电源一般为30～50 kV。

5.2.1.2　放射性同位素

许多放射性物质可以用于X射线荧光和吸收分析。

通常，放射性同位素封装在容器中防止实验室污染，并且套在吸收罩内，吸收罩能够吸收除一定方向外的所有辐射。多数同位素源提供的是线光谱。由于X射线吸收曲线的形状，一个给定的放射性同位素，可以适合一定范围元素的荧光和吸收研究。例如，在0.03～0.047 nm范围产生一条谱线的光源可用于银K吸收边的荧光和吸收研究。当辐射源谱线的波长接近吸收边，灵敏度得到改善。从这点看，有0.046 nm谱线的^{125}I是测定银的理想辐射源。

5.2.1.3　次级X射线

为了减少X射线管初级射线的背景，可采取次级X射线辐射源，利用从X射线管出来的辐射，去激发某些纯材料的二次靶面，然后再利用二次辐射来激发试样。例如，带钨靶的X射线管可以用来激发钼的K_α和K_β谱线，所产生的荧光光谱与图 5-2 中所示吸收谱相似,不同的是其连续光谱几乎可以忽略。此时 X 射线管的高压电源为 50～100 kV。

5.2.2 入射波长限定装置

5.2.2.1 X 射线滤光片

用 X 射线滤光片可以得到相对单色性的光束,如图 5-8 所示。从钼靶发射出来的 K_β 线和多数连续谱被厚度约为0.01 cm 的锆滤光片去掉,得到纯的 K_α 线即可用于分析目的。将几个不同靶-滤光片结合,各材料用于分离某一靶元素强线。这种方法产生的单色化辐射广泛用于 X 射线衍射研究。但由于靶-滤光片的组合不多,用这种手段来选择波长受到一定限制。

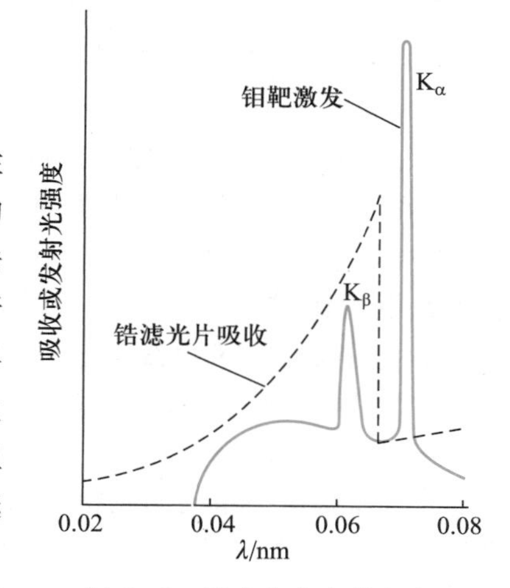

图 5-8 滤光片产生单色光

从 X 射线管出来的连续谱也可以用薄金属片过滤掉,但所希望得到的波长的强度也会明显减弱。

5.2.2.2 X 射线单色器

图 5-9 所示,X 射线单色器由一对光束准直器和色散元件组成,为 X 射线光谱仪的基本部分。色散元件是一块单晶,装在测角计或旋转台上,可以精确测定晶面和准直后入射光束之间的夹角 θ。这种晶体分光器的作用是通过晶体衍射现象把不同波长的 X 射线分开。

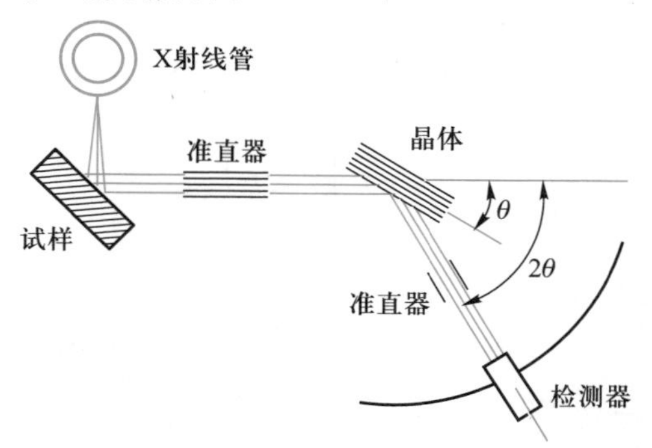

图 5-9 波长色散型 X 射线光谱仪

根据 Bragg 衍射定律 $2d\sin\theta=n\lambda$,当波长为 λ 的 X 射线以 θ 角射到晶体上,如果晶面间距为 d,则在出射角为 θ 的方向,可以观测到波长为 $\lambda=2d\sin\theta$ 的一级衍射及波长为 $\lambda/2,\lambda/3,\cdots$ 的高级衍射。改变 θ 角,可以观测到另外波长的X射线，因而使不同波长的X射线可以分开。分光晶体靠一个晶体旋转机构带动。因为试样位置是固定的，为了检测到波长为λ的X射线荧光，分光晶体转动θ角，检测器必须转动2θ角。也就是说，一定的2θ角对应一定波长的X射线，连续转动分光晶体和检测器，就可以接收到不同波长的X射线荧光。

一种晶体具有一定的晶面间距，因而有一定的应用范围，目前的X射线荧光光谱仪备有不同晶面间距的晶体，用来分析不同波长范围的元素。上述分光系统是依靠分光晶体和检测器的转动，使不同波长的特征X射线按顺序被检测，这种光谱仪称为顺序型光谱仪。另外还有一类光谱仪的分光晶体是固定的，混合X射线经过分光晶体后，在不同方向衍射，如果在这些方向上安装检测器，就可以检测到这些X射线。这种同时检测不同波长X射线的光谱仪称为同时型光谱仪，同时型光谱仪没有转动机构，因而性能稳定，但检测器通道不能太多，适合于固定元素的测定。

准直器是由一系列间隔很小的金属片或金属板制成，它们的作用是将发散的X射线变成平行射线束。增加准直器的长度，缩小片间距离可以提高分辨率，但强度也会降低。

波长大于0.2 nm的X射线辐射会被空气吸收，因此，在此波长范围测定时可以在试样室和单色器通入连续氦气气流或者在这些区域用泵抽真空。

使用平面晶体作为单色器时，由于有99%的辐射被发散并为准直器所吸收，因此，辐射强度的损失很大。采用凹面晶体则可使出射强度提高10倍，如图5-10所示。

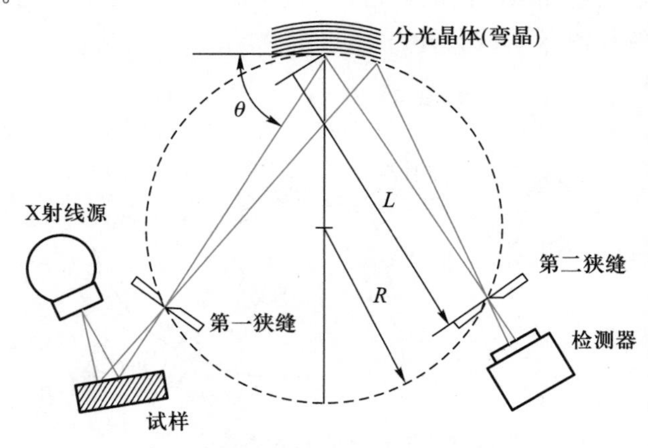

图5-10 凹面晶体X射线荧光仪示意图

当采用凹面晶体时，所用的晶体点阵面被弯曲成曲率半径为$2R$的圆弧形，同时晶体的入射表面研磨成曲率半径为R的圆弧，第一狭缝、第二狭缝和分光晶体放置在半径为R的圆周上，使晶体表面与圆周相切，两狭缝到晶体的距离相等，用几何法可以证明，当X射线从第一狭缝射向弯曲晶体各点时，它们与点阵平面的夹角都相同，且反射光束又重新会聚于第二狭缝处。因为对反射光有会聚作用，故这种分光器称为聚焦法分光器，以 R 为半径的圆称为聚焦圆或罗兰圆。当分光晶体绕聚焦圆圆心转动到不同位置时，得到不同的掠射角 θ，检测器就检测到不同波长的X射线。当然，第二狭缝和检测器也必须做相应转动，而且转动速率是晶体速率的两倍。聚焦法分光的最大优点是X射线荧光损失少，检测灵敏度高。

常用的分析晶体列于表5-2。从表中所列看出，测定0.01～1 nm整个波长范围仅使用一种晶体是不够的，因此，X射线光谱仪一般都配有两个以上可更换的晶体，用于不同的波长范围。

表5-2 常用的分析晶体

名称	$2d$/nm	测定元素
LiF(422)	0.165 2	${}_{87}Fr \sim {}_{29}Cu$
LiF(420)	0.180	${}_{84}Po \sim {}_{28}Ni$
LiF(200)	0.402 7	${}_{58}Ce \sim {}_{19}K$
ADP(112)	0.614	${}_{48}Cd \sim {}_{16}S$
Ge	0.653 2	${}_{46}Pd \sim {}_{15}P$
PET(002)	0.874 2	${}_{40}Zr \sim {}_{13}Al$
EDDT(020)	0.880 8	${}_{41}Nb \sim {}_{13}Al$
LOD	10.04	${}_{12}Mg \sim {}_{5}B$

注：ADP为磷酸二氢氨；PET为异戊二醇；EDDT为(R)-酒石酸乙二胺；LOD为硬脂酸铅。

晶距大的晶体比晶距小的具有大得多的波长范围，但相应的色散率要小许多。这种效应可从下列式子导出：

$$\frac{d\theta}{d\lambda}=\frac{n}{2d\cos\theta} \tag{5-15}$$

式中 $\frac{d\theta}{d\lambda}$ 为色散率，与 d 成反比。

5.2.3 X射线检测器

早期的X射线设备采用照相乳胶板来检测和测量辐射。而现代的仪器一般配置探测器将辐射能转换为电信号，具有方便、快速和精确的特点。常用的检测器有正比计数器、闪烁计数器和半导体检测器三种。

5.2.3.1 正比计数器

正比计数器是一种充气型探测器，图 5-11 所示为其结构示意图。它的外壳为圆柱形金属壁，管内充有工作气体（Ar，Kr 等惰性气体）和抑制气体（甲烷、乙醇等）的混合气体。在一定电压下，进入探测器的入射 X 射线光子与工作气体作用，产生初始离子——电子对。这个过程称为“光电离”。探测器中的高压直流电可使电离产生的离子移向阳极，并受到加速而引起其他离子的电离。如此循环，一个电子可以引发 10^3 到 10^5 个电子。这种现象称为“雪崩”。这种雪崩式的放电，使瞬时电流突然增大，并使高压电突然减小而产生脉冲输出。在一定条件下，脉冲幅度与入射 X 射线光子能量成正比。

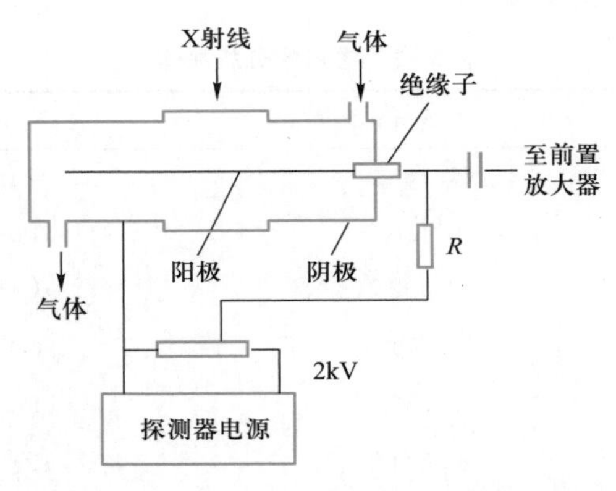

图 5-11 正比计数器结构示意图

自脉冲开始至达到脉冲满幅度的 90% 所需的时间称为脉冲的“上升时间”。两次可探测脉冲的最小时间间隔称为“分辨时间”。分辨时间也可以粗略地称为“死时间”。在“死时间”内进入的 X 射线光子不能被测出。正比计数器的“死时间”约为 0.2 μs。

5.2.3.2 闪烁计数器

闪烁晶体为一种荧光物质，它可将 X 射线光子转换成可见光。通常使用的闪烁晶体为铊激活的碘化钠 NaI(Tl)。由闪烁晶体发出的可见光子以光电倍增管放大，形成闪烁计数器的输出脉冲，脉冲高度与入射 X 射线的能量成正比，“死时间”为 0.25 μs，如图 5-12 所示。一些有机化合物也可以用作闪烁体，如茂、蒽、三联苯等。处于晶体形态时，这些化合物的衰减时间为 0.01～0.1 μs。有机液态闪烁体也可以使用，其优点是对辐射的自吸收较固态要小。

5.2.3.3 半导体检测器

半导体检测器或探测器是最重要的 X 射线检测器。有时，它们被称为锂漂移硅检测器 Si(Li)或锂漂移锗检测器 Ge(Li)。图 5-13 为 Si(Li)检测器结构示

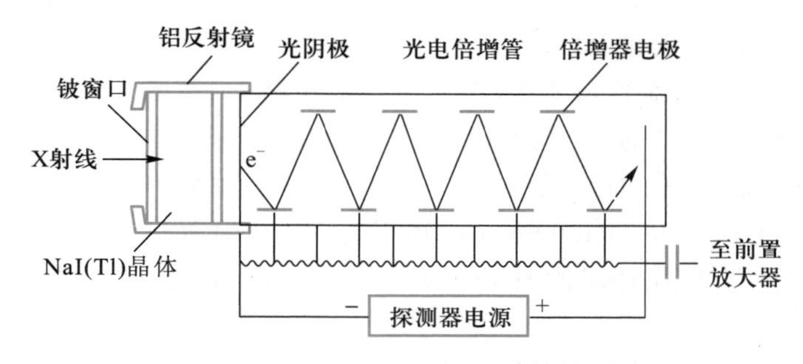

图 5-12 闪烁计数器结构示意图

意图。晶体分三层，朝向 X 射线源的 p 型半导体层、中间的本征区（纯硅晶体层）和 n 型半导体层。p 型半导体层的外表面镀有很薄的金层以增加导电性，同时还有对 X 射线透明的薄的铍窗。信号通过镀在 n 型硅层的铝层传导，送到放大系数约为 10 的前置放大器。前置放大器常常为场效应晶体管，是探测器的一部分。

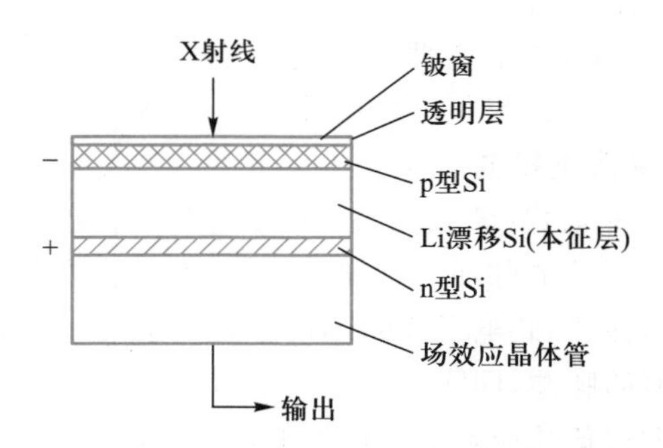

图 5-13 Si(Li)检测器结构示意图

Si(Li)检测器是用气相沉积法将锂沉积 p 掺杂硅晶体表面制备得到的。加热至 400～500 ℃，锂即在晶体中扩散。因为锂很容易失去电子，将 p 型区域转化为 n 型区域。在仍处于高温时，在晶体两端加一个直流电势，从锂层撤除电子，从 p 型层撤除空穴。电流通过 pn 结要求锂离子迁移或漂移至 p 层和形成本征层，在本征层锂离子取代因导通失去的空穴。冷却后，因为锂离子在介质中的移动性小于被取代的空穴，此中间层相对其他层来说电阻要高些。

Si(Li)检测器的本征层在某种形式上类似于正比计数器中的氩气。起初，光子的吸收使高能量光电子形成，其动能因加速硅晶体中几千个电子至导带，明显地使导电性增大。在晶体两端施加电压时，伴随每个光子的吸收产生一个电流脉冲，脉冲幅度的大小直接正比于被吸收光子的能量。但是，相比于正比计数器，不发生脉冲的二级放大。

Si(Li)检测器和前置放大器必须放置在液氮中，使电子噪声降低至可接受水平，因为在室温下锂原子会在硅中扩散，由此影响检测器的性能。新型的Si(Li)检测器仅需在使用时进行冷却。锗可以在锂漂移检测器中替换硅，尤其是用于检测小于0.03 nm短波长辐射时，但必须有冷却保护。由超纯锗制备的锗检测器不需要锂漂移，称为本征锗检测器，仅需要在使用时进行冷却。

5.2.3.4 X射线检测器的脉冲高度分布

在能量色散光谱仪中，检测器对同能量的X射线光子的吸收所得到的电流脉冲的大小不完全相同。光电子的激发和相应导电电子的产生是一个符合概率理论的随机过程。因而，脉冲高度在平均值附近为高斯分布。分布的宽度因检测器的不同而不同，半导体检测器的脉冲宽度明显地要窄，因此，锂漂移检测器在能量色散X射线光谱仪中显得尤为重要。

5.2.4 信号处理器

从X射线光谱仪的前置放大器出来的信号被输送到一个快速响应放大器，增益可以变化10 000倍。结果是电压脉冲高达10 V。

5.2.4.1 脉冲高度选择器

所有现代X射线光谱仪(波长色散及能量色散)都配备脉冲高度选择器，用来除去放大后小于0.5 V的脉冲。这样，检测器和放大器噪声大大降低。许多仪器使用脉冲高度选择器，此电子线路不仅除去低于某一设定值的脉冲，也除去高于某些预设最大值的脉冲，即除掉所有不在脉冲高度窗口或通道范围内的脉冲。色散型仪器常常配备脉冲高度选择器来除去噪声和协助单色器把分析线与同一晶体出来的高级衍射线或能量更高的线分开。

5.2.4.2 脉冲高度分析器

脉冲高度分析器由一个或多个脉冲高度选择器组成，用来提供能量谱图，图5-14为脉冲高度分析器原理图。单道分析器通常有一个电压范围，10 V或更高，窗口为0.1～0.5 V。窗口可手工或自动调节以扫描整个电压范围，为能量色散光谱提供数据。多道分析器通常由几千个分离的通道组成。每一个通道表现为与一个不同电压窗口相对应的独立通道。之后，从各通道出来的信号被收集在分析器中与通道能量对应的存储器地址中，因此能够对整个光谱进行同步计数和记录。X射线检测器的输出有时会很高，要得到合适的计数速率就需要进行换算，将脉冲数降低。

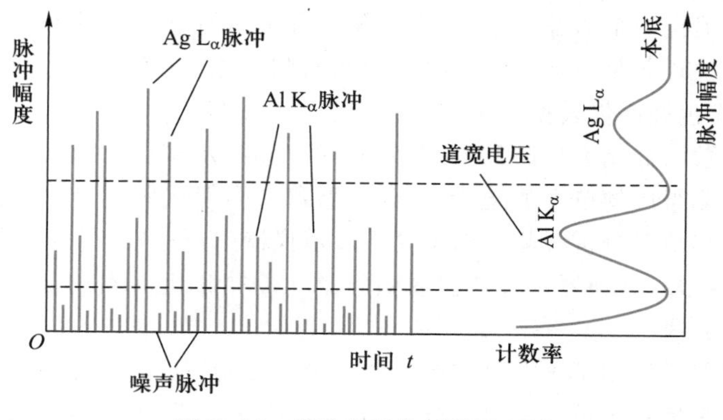

图 5-14 脉冲高度分析器原理图

5.3 X 射线荧光法

将试样置于 X 射线管的靶区能够激发 X 射线发射谱，但此方法在许多试样上难于应用。更普遍地是，采用从 X 射线管或同位素源出来的 X 射线来激发试样。此时，试样中的元素将初级 X 射线束吸收而激发并发射出它们自己的特征 X 射线荧光。这一分析方法称为 X 射线荧光法，可以对原子序数大于氧(8)的所有元素进行定性分析，也可以对元素进行半定量或定量分析，其最独特的一个优点是对试样无损伤。

5.3.1 仪器装置

X 射线荧光光谱仪可以分为波长色散型、能量色散型和非色散型，后两种可以依其使用的光源是 X 射线管或放射性物质源来进一步细分。

5.3.1.1 波长色散型

波长色散型仪器总是使用 X 射线管作为光源，因为当 X 射线束被准直和色散为它的组分波长时会有很大的能量损失。放射源产生的 X 射线光子的速率仅为 X 射线管的 10^{-4}，加上单色器的损耗，形成的光束难于或不可能被检测或精确测定。

波长色散型仪器有两种，单道和多道。图 5-9 和图 5-10 所示的光谱仪可以用于 X 射线荧光分析。单道仪器可以是手动或自动。前者用于仅含几个元素的试样定量分析。在此类应用中，晶体和检测器固定在合适的角度(θ 和 2θ)，持续计数直到收集到精确结果。自动化仪器更适合于需要扫描整个光谱的定性分析。晶体和检测器的驱动必须同步，检测器输出接到数据采集系统。现代单道光谱仪都提供两个X射线源，通常铬靶用于长波而钨靶用于短波。波长大于0.2 nm时，就有必要用泵抽出光源和检测器间的空气或用连续氦气流来取代。同时，应当有色散晶体转换装置。

多道色散仪器庞大且昂贵，可以同时检查和测定多至24种元素。这里，由晶体和检测器组成的单个通道沿X射线源和试样架成圆周排列。晶体或多数通道固定在与给定分析线相应的角度。多道仪器中，各检测器有自己的放大器、脉冲高度选择器、转换器和计数器或积分器。20个以上元素的分析可以在几秒至几分钟内完成。

多道仪器广泛用于工业试样中某些组分的测定，如钢铁、合金、水泥、矿石和石油产品。多道和单道仪器可以分析诸如金属、粉末固体、蒸发镀膜、纯液体或溶液。如有必要，试样可装在有塑料薄膜窗口的试样池内。

5.3.1.2 能量色散型

以上介绍的是利用分光晶体将不同波长的X射线荧光分开并检测，得到X射线荧光光谱。能量色散谱仪是利用X射线荧光具有不同能量的特点，将其分开并检测，不使用分光晶体，而依靠半导体探测器来完成。这种半导体探测器有锂漂移硅探测器、锂漂移锗探测器、高能锗探测器等。X射线光子射到探测器后形成一定数量的电子-空穴对，电子-空穴对在电场作用下形成电脉冲，脉冲幅度与X射线光子的能量成正比。在一段时间内，来自试样的X射线荧光依次被半导体探测器检测，得到一系列幅度与光子能量成正比的脉冲，经放大器放大后送到多道脉冲分析器(通常要1 000道以上)。按脉冲幅度的大小分别统计脉冲数，脉冲幅度可以用X光子的能量标度，从而得到计数率随光子能量变化的分布曲线，即X光能谱图。能谱图经计算机进行校正，然后显示出来，其形状与波谱类似，只是横坐标是光子的能量。

图5-15所示为能量色散型光谱仪方框图，由多色光源(X射线管或放射性物质)、试样架、半导体检测器和不同的用于能量选择的电子器件等组成。能量色散系统的一个显著优点是简便，在光谱仪的激发和检测部分中没有移动的部件；可以同时测定试样中几乎所有的元素，分析速度快；再者，由于没有准直器和晶体衍射器并且检测器靠近试样，使到达检测器的能量增大100倍或更多，因而可以用强度较弱的光源，如放射性物质或低能量X射线管；能量色散型仪器价格仅为波长色散型仪器的四分之一到五分之一，而且对试样的损伤要小很多；能量色散型光谱仪没有波长色散型光谱仪那么复杂的机械机构，因而工作稳定，仪器体积也小。

其缺点在于能量分辨率差，与晶体光谱仪相比，能量色散系统在0.1 nm以上的波长区分辨率较低，但在短波长范围能量色散系统分辨率较高；探测器必须在低温下保存；对轻元素检测困难。

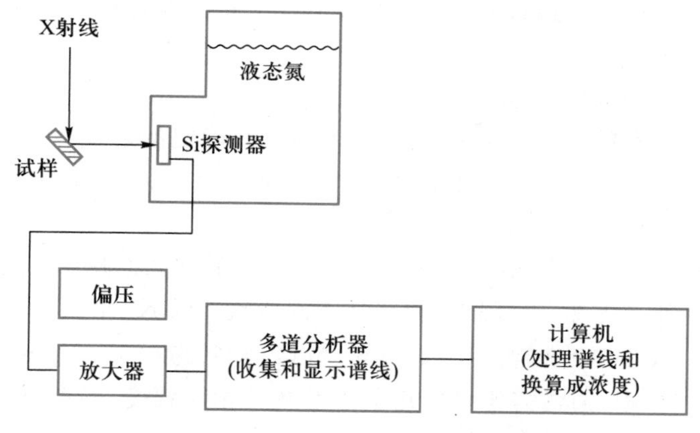

图 5-15 能量色散型光谱仪方框图

5.3.1.3 非色散型

非色散型系统一般用于一些简单试样中少数几个元素的常规分析。采用合适的放射源激发试样，发出的 X 射线荧光经过两个相邻的过滤片进入一对正比计数器。一个过滤片的吸收边界在被测线的短波方向，而另一个的在长波方向，两信号强度之差正比于被测元素含量。这类仪器需要较长的计数时间。分析的相对标准差约为 1%。

5.3.2 X 射线荧光法及其应用

前面已经提到，当用 X 射线照射物质时，除了发生散射现象和吸收现象外，还能产生特征 X 射线荧光（X 荧光），荧光的波长与元素的种类有关，据此可以进行定性分析；荧光的强度与元素的含量有关，据此可以进行定量分析。

5.3.2.1 试样制备

进行 X 射线荧光光谱分析的试样，可以是固态，也可以是水溶液。对于金属试样，要注意成分偏析产生的误差，成分不均匀的金属试样要重熔，快速冷却后车成圆片；对于表面不平的试样，要打磨抛光；对于粉末试样，要研磨至 300～400 目，然后压成圆片，也可以放入试样槽中测定；对于固体试样，如果不能得到均匀平整的表面，则可以把试样用酸溶解，再沉淀成盐类进行测定；对于液态试样，可以将其滴在滤纸上，用红外灯蒸干水分后测定，也可以密封在试样槽中。总之，所测试样不能含有水、油和挥发性成分，更不能含有腐蚀性溶剂。

5.3.2.2 定性分析

X 射线荧光的本质就是特征 X 射线，Moseley 定律就是定性分析的基础。

目前，除轻元素外，绝大多数元素的特征 X 射线均已精确测定，且已汇编成表册（2θ-谱线表），供实际分析时查对。例如，以 LiF(200) 作为分光晶体时，在

2θ 为 44.59°处出现一强峰，从 2θ-谱线表上查出此谱线为 Ir-K_{α}，由此可初步判断试样中有 Ir 存在。

元素的特征 X 射线有如下特点：

(1) 每种元素的特征 X 射线包含一系列波长确定的谱线，且其强度比是确定的。例如，Mo(Z=42)的特征谱线，K 系列就有 α_1，α_2，β_1，β_2，β_3，它们的强度比为 100∶50∶14∶5∶7。

(2) 不同元素的同名谱线，其波长随原子序数的增大而减小。这是由于电子与原子之间的距离缩短，电子结合得更加牢固所致。以 K_{α_1} 谱线为例，Fe(Z=26)为 0.193 6 nm，Cu(Z=29)为 0.154 0 nm，Ag(Z=49)为 0.055 9 nm 等。

在实际工作中，通常需要根据几条谱线及其相对强度，参照谱线表，对有关峰进行鉴别，才能得到可靠的结果。

峰的识别方法是，首先把已知元素的所有峰都挑出来，这些峰包括试样中已知元素的峰，靶线的散射线等。然后，再鉴别剩下的峰，从最强线开始逐个识别。识别时应注意：

(1) 由于仪器的误差，测得的角度与表中所列数据可能相差 0.5°(2θ)。

(2) 判断一个未知元素的存在最好用几条谱线，如果一个峰查得是 Fe K_{α}，则应寻找 Fe K_{β} 峰，以肯定 Fe 的存在。

(3) 应从峰的相对强度来判断谱线的干扰情况，若一个强峰是 Cu K_{α}，则 Cu K_{β} 应为 K_{α} 强度的 1/5。当 Cu K_{β} 很弱不符合上述关系时，则考虑可能有其他谱线重叠在 Cu K_{α} 上。

考虑以上各种因素，慎重判断元素的存在，一般都能得到可靠的定性分析结果。

5.3.2.3　定量和半定量分析

现代 X 射线荧光仪器对复杂试样进行定量分析能够得到等同或超过经典化学分析方法或其他仪器方法的精密度，但要达到这一精密度水平，需要有化学和物理组成接近试样的标样或解决基体效应影响的合适方法。最简单的半定量方法是比较未知试样中待测元素某一谱线的强度(I_s)和纯元素的谱线强度(I_p)。用 w 表示待测元素的质量分数，则

$$w = I_s / I_p \tag{5-16}$$

1. 基体效应

在 X 射线荧光过程中所产生的 X 射线不仅来自试样表面的原子，也来自表面之下的原子。因此，入射的辐射和生成的荧光都在试样中穿透相当一段厚度。这两束射线的衰减取决于介质的质量吸收系数，进而取决于试样中所有元素的吸收系数。故此，在 X 射线荧光测量中，到达检测器的分析线净强度一方面取决于产生此线的元素的浓度，另一方面受到基体元素的浓度和质量吸收系数

的影响。

基体的吸收效应将使由式(5-16)所得的结果偏高或偏低。举例来说，如果基体中的其他某些元素对入射和出射光束的吸收比被测定元素强且含量显著，那么计算得到的 w 将会偏低，因为 I_s 是从吸收较小的标样计算得来的；相反地，如果试样的基体元素比标样中元素吸收低，计算得到的含量则会偏高。

第二种基体效应是增强效应，被测元素若能够被基体中其他元素的X射线荧光激发产生分析线的次级发射，会使得被测元素的结果偏高。

2. 常用定量和半定量方法

X射线荧光分析中常用的定量和半定量方法有标准曲线法、加入法、内标法等。

选择内标元素时应注意：

(1) 试样中不含该内标元素；

(2) 内标元素与分析元素的激发和吸收性质要尽量相似；

(3) 一般要求内标元素的原子序数在分析元素的原子序数附近(相差1～2)；

(4) 两种元素间没有相互作用。

3. 数学方法

在基体效应复杂和基体元素变化范围较大的情况下，为了保证定量分析结果的准确性，发展了一系列数学处理方法，如经验系数法和基本参数法等。随着计算机性能的提高和普及，这些方法已成为X射线荧光分析法的主要方法。

5.3.2.4 应用

X射线荧光法可以同时测定原子序数5以上的所有元素，被广泛用于金属、合金、矿物、环境保护、外空探索等各个领域。

X射线荧光法与原子发射光谱法有很多相似之处，主要具有如下优点：

(1) 特征X射线来自原子内层电子的跃迁，谱线简单，且谱线仅与元素的原子序数有关，与其化合物的状态无关，所以方法的特征性强；

(2) 各种形状和大小的试样均可分析，且不破坏试样；

(3) 分析含量范围广，自微量至常量均可进行分析，精密度和准确度也较高。

目前，高度自动化和程序控制的X射线荧光光谱法是仪器分析中最重要的元素分析方法之一。

X射线荧光法的主要局限性：

(1) 不能分析原子序数小于5的元素；

(2) 灵敏度不够高(除最新发展的全反射X射线荧光法外，但其为破坏性检测)，一般只能分析含量不低于万分之一的元素；

(3) 对标准试样要求很严格。

5.4 X射线吸收法

X射线吸收法的应用远不及X射线荧光法广泛。虽然吸收测量可以在相对无基体效应的情况下进行，但所涉及的技术与X射线荧光法比起来相当麻烦和耗时。因此，多数情况下，X射线吸收法应用于基体效应极小的试样。

因为X射线吸收峰很宽，直接吸收方法一般仅用于由轻元素组成基体的试样中单个高原子序数元素的测定。例如，汽油中Pb的测定和碳氢化合物中卤素元素的测定。

5.5 X射线衍射法

X射线衍射法是目前测定晶体结构的重要手段，应用极其广泛。

晶体是由原子、离子或分子在空间周期性排列而构成的固态物质。自然界中的固态物质，绝大多数是晶体。由于晶体中原子散射的电磁波互相干涉和互相叠加而在某一个方向得到加强或抵消的现象称为衍射，其相应的方向称为衍射方向。一个原子对X射线的散射能力取决于它的电子数。晶体衍射X射线的方向与构成晶体的晶胞大小、形状及入射X射线波长有关。衍射光的强度则与晶体内原子的类型和晶胞内原子的位置有关。所以，从所有衍射光束的方向和强度来看，每种类型晶体物质都有自己的衍射图。衍射图是晶体化合物的“指纹”，可用作定性分析的依据。X射线衍射法可分为多晶粉末法和单晶衍射法两种。

5.5.1 多晶粉末法

多晶粉末法常用来测定立方晶系晶体结构的点阵形式、晶胞参数及简单结构的原子坐标；还可以对固体试样进行物相分析等。

1. 晶体结构分析

Bragg公式是晶体X射线衍射法的基本方程，其表达式为

$$2d\sin\theta=n\lambda \tag{5-17}$$

将晶面间距 d 与晶胞参数 a 的关系式代入式(5-17)，则得到

$$\sin^2\theta = (\lambda/2a)^2(h^2+k^2+l^2) \tag{5-18}$$

由此可见，$\sin^2\theta$ 值与衍射指标平方和($h^2+k^2+l^2$)(h,k,l 为晶面指标)成正比。按粉末线的 θ 值由小到大顺序排列，$\sin^2\theta$ 值的比例有如下规律：对于P(简单立方点阵)有1∶2∶3∶4∶5∶6∶8∶9∶…(缺7,15)；对于I(立方体心点阵)有1∶2∶3∶4∶5∶6∶7∶…(不缺7,15)；对于F(立方面心点阵)有

3∶4∶8∶11∶12∶16∶19∶20∶…(双线、单线交替)。根据试样晶体的衍射线出现情况,即可判断属于哪种结构。

自然界中固态物质多数以多晶形式存在,每一种晶态物质都有其特定的结构。因此,实验上得到的各种晶态物质的粉末衍射图都有不同的特征。由Bragg公式,根据 θ 值可求得 d/n 值。对于每一种晶态物质,可用已知标样根据其衍射图建立一套相应的 $\frac{d}{n}-I$ 数据,编成X射线粉末衍射图谱。将未知晶体物质的衍射图以及计算出来的 d 值同已知数据进行比较,即可得出结果。每种晶态物质建立一张卡片,将最强的三或四条反射线列入卡片中,强度最大的衍射线以100表示,其他线的强度按比例记入。

如果试样是一混合物,则应对每一组分进行鉴定,具体方法是先按 d 值找出可能的组分,再按谱线的强度比确定其中所含的某一组分。然后将这一组分的所有谱线删除,对剩余的谱线重新定标,即以峰强最大的为100,其他谱线按比例重新算出其相对强度,再重复上述方法找出其余组分。粉末衍射法是鉴定物质晶相的有效手段。例如,鉴别同一元素组成的几种氧化物,如 FeO,Fe_2O_3,Fe_3O_4 等,这是一般化学分析方法无法解决的。

2. 粒子大小的测定

固体催化剂、高分子化合物及蛋白质粒子的大小与它们的性能有密切关系。这些物质的晶粒太大(10^{-4}~10^{-6} cm),不能再近似地看成是具有无限多晶面的理想晶体,所得到的衍射线条就不够尖锐而产生一定的宽度。根据谱线宽度,利用有关计算公式,可求得平均晶粒大小。2~50 nm的微晶或非均物质能在很低的角度内产生衍射效应,通过测定在0.2°~2°的低角散射强度,结合有关公式,也可求出粒子的大小。由于此法是基于粒子的外部尺寸而不是内部的有序性,所以对于晶体和无定形物质都适用。

5.5.2 单晶衍射法

以单晶作为研究对象能比多晶更方便、更可靠地获得更多的实验数据。目前,测定单晶晶体结构的主要设备是四圆衍射仪,它与多晶衍射仪的主要区别在于:试样台能在四个圆的运动中使晶体依次转到每一个 hkl 晶面所要求的反射位置上,以便检测器收集到全部反射数据。

单晶衍射法是结构分析中最有效的方法之一。它能给出一个晶体精确的晶胞参数,同时还能给出晶体中成键原子间的键长、键角等重要的结构化学数据。图5-16是 β—间苯二酚(001)晶面衍射图。左侧为等电子密度线图,其最高点就相应于原子的位置。由此还可以求出分子的键长和键角,如图5-17所示。

由此可见,在结构化学、无机化学和有机化学中,单晶衍射法是研究化学成

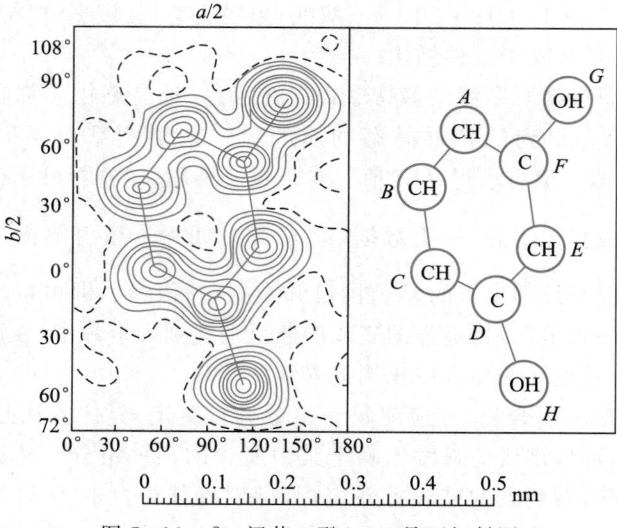

图 5-16 β—间苯二酚(001)晶面衍射图

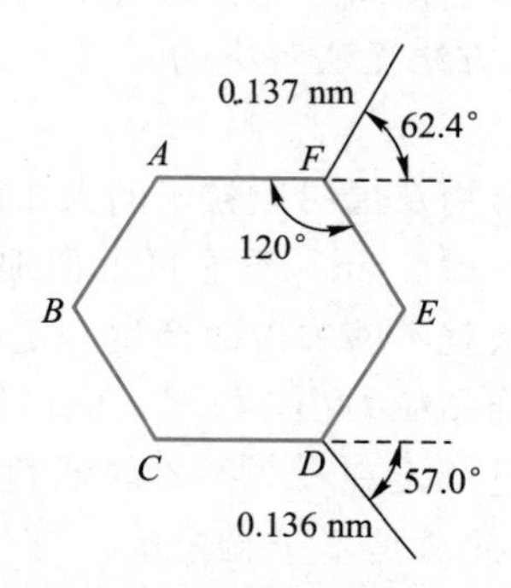

图 5-17 β—间苯二酚的键长与键角

键和结构与性能关系等性质的重要手段；同时它在材料科学、生物化学、地质矿冶等领域中，也能提供很多有用的结构信息。

思考、练习题

5-1 解释并区别下列名词：连续 X 射线与 X 射线荧光；吸收限与短波限；Moseley 定律与 Bragg 方程；K_α 与 K_β 谱线；K 线系与 L 线系。

5-2 欲测定 Si K_α 0.712 6 nm，应选用什么分光晶体？

5-3 试对几种 X 射线检测器的作用原理和应用范围进行比较。

5-4 采用 50 kV 的 X 射线管电源电压时，哪些元素不能被激发？

5-5　试从工作原理、仪器结构和应用三方面对色散型与能量型 X 射线荧光光谱仪进行比较。

5-6　在下列情况时，应选用哪种 X 射线光谱法进行分析？

(1) 区别 FeO，Fe_2O_3 和 Fe_3O_4；

(2) 矿石中各元素的定性分析；

(3) 油画中颜料组分(钛白)的判断；

(4) Ni-Cu 合金中主要成分的定量分析；

(5) 未知有机化合物的结构。

参考资料

扫一扫查看

第6章 原子质谱法

质谱分析法是通过对被测试样离子质荷比的测定进行分析的一种分析方法。被分析的试样首先离子化,然后利用不同离子在电场或磁场中运动行为的不同,把离子按质荷比(m/z)分开而得到质谱,通过试样的质谱和相关信息,可以得到试样的定性定量结果。

从 1913 年 Thomson JJ 制成第一台质谱仪,到现在已过了一个世纪。早期的质谱仪主要用来进行同位素测定和无机元素分析,20 世纪 40 年代以后开始用于有机化合物分析,20 世纪 60 年代出现了气相色谱-质谱联用仪,使质谱仪的应用领域大大扩展,开始成为有机化合物分析的重要仪器。计算机的应用又使质谱分析法发生了飞跃变化,使其技术更加成熟,使用更加方便。20 世纪 80 年代以后又出现了一些新的质谱技术、如快原子轰击离子源、基质辅助激光解吸离子源、电喷雾离子源、大气压化学离子源等离子化技术,以及随之而来的比较成熟的液相色谱-质谱联用仪、电感耦合等离子体质谱仪、傅里叶变换质谱仪等。这些新的离子化技术和新的质谱仪使质谱分析又取得了长足进展。目前质谱分析法已广泛地应用于化学、化工、材料、环境、地质、能源、药物、刑侦、生命科学、运动医学等各个领域。

质谱仪种类非常多,工作原理和应用范围也有很大的不同。从分析对象来看,质谱法可以分为原子质谱法和分子质谱法。原子质谱法和分子质谱法在仪器结构上基本相似,都由离子源、质量分析器和检测器组成。两者所用的质量分析器和检测器相同,只是离子源不同。本章仅讨论原子质谱法,亦称无机质谱法,它是将单质离子按质荷比不同而进行分离和检测的方法,广泛用于各种试样中元素的识别和浓度的测定。几乎所有元素都可以用无机质谱进行测定。

6.1 基本原理

原子质谱分析包括以下几个步骤:(1) 原子化;(2) 将原子化的大部分转化为离子流,一般为单电荷正离子;(3) 离子按质荷比分离;(4) 计算各种离子的数目或测定由试样形成的离子轰击传感器时产生的离子电流。因为在第(2)步中形成的离子多为单电荷,故 m/z 值通常就是该离子的质量数。

同位素(isotope)是指元素拥有两个或两个以上原子序数(质子数)相同,而原子质量不同的原子,它们有不同的中子数。同位素化学性质相近,但物理性质不同。表 6-1 列出几种常见同位素的精确质量及天然丰度。只有一个同位素的元素通常被称为单同位素元素，如表 6-1 中的^{19}F，^{31}P 和^{127}I。

表 6-1 几种常见同位素的精确质量及天然丰度

元素	同位素	精确质量	天然丰度/%	元素	同位素	精确质量	天然丰度/%
H	^{1}H	1.007 825	99.98	P	^{31}P	30.973 763	100.00
	$^{2}H(D)$	2.014 102	0.015	S	^{32}S	31.972 072	95.02
C	^{12}C	12.000 000	98.9		^{33}S	32.971 459	0.85
	^{13}C	13.003 355	1.07		^{34}S	33.967 868	4.21
N	^{14}N	14.003 074	99.63		^{35}S	35.967 079	0.02
	^{15}N	15.000 109	0.37	Cl	^{35}Cl	34.968 853	75.53
O	^{16}O	15.994 915	99.76		^{37}Cl	36.965 903	24.47
	^{17}O	16.999 131	0.03	Br	^{79}Br	78.918 336	50.54
	^{18}O	17.999 159	0.20		^{81}Br	80.916 290	49.96
F	^{19}F	18.998 403	100.00	I	^{127}I	126.904 477	100.00

与其他分析方法不同，质谱法中所关注的常常是某元素特定同位素的实际质量。在质谱法中用高分辨率质谱仪测量质量通常可达到小数点后第三或第四位。自然界中，元素的相对原子质量(A_r)由下式计算：

$$A_r = A_1p_1 + A_2p_2 + \cdots + A_np_n = \sum_{i=1}^{n} A_ip_i \tag{6-1}$$

式中 $A_1, A_2, \cdots, A_n$ 为元素的 n 个同位素以原子质量单位 u 为单位的原子质量；$p_1, p_2, \cdots, p_n$ 为自然界中这些同位素的丰度，即某一同位素在该元素同位素总原子数中的百分含量。

例如，氯在自然界有两种不同丰度的天然同位素^{35}Cl(75.78%)和^{37}Cl(24.22%)。每一种氯原子都有 17 个质子和电子，但含有不同量的中子。一般认为氯原子的相对原子质量是 35.45，这是取了两种同位素的平均相对原子质量(34.97×0.757 8+36.97×0.242 2)得到的。

通常情况下，无机质谱分析中所讨论的离子为一价正离子。质荷比为离子的原子质量 m 与其所带电荷数 z 之比。因此，有

$$^{63}Cu^+ \text{的 } m/z = 62.929\,6/1 = 62.929\,6$$

$$^{65}Cu^+ \text{的 } m/z = 64.927\,8/1 = 64.927\,8$$

6.2 质谱仪

质谱仪能使物质粒子(原子、分子)电离成离子并通过适当的方法实现按质

荷比分离，检测强度后进行物质分析。质谱仪一般由三个大的系统组成：电学系统、真空系统和分析系统，其中分析系统是质谱仪的核心，它包括离子源、质量分析器和质量检测器三个重要部分。另外，为了获得离子的良好分析，必须避免离子损失，因此凡有试样分子及离子存在和通过的地方，必须处于真空状态。图 6-1简单表示了等离子体质谱仪的构造。

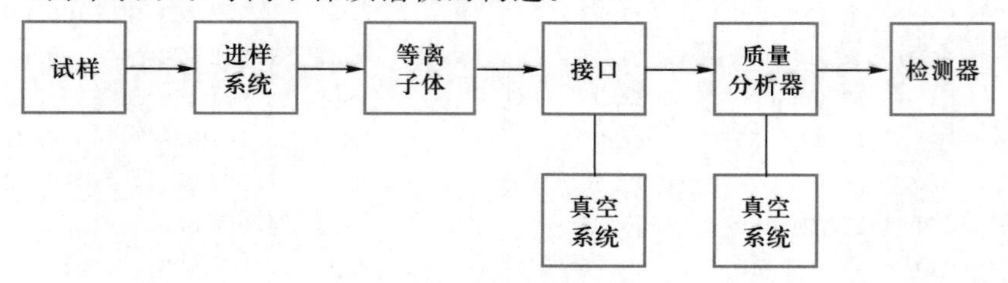

图 6-1 等离子体质谱仪的构造

质谱仪种类很多，按分析系统的工作状态可分为静态和动态两大类。静态质谱仪的质量分析器采用稳定的或变化慢的电、磁场，按照空间位置将不同质荷比的离子分开，如单聚焦和双聚焦质量分析器组成的质谱仪；动态质谱仪的质量分析器采用变化的电、磁场，按时间和空间区分不同质荷比的离子，如飞行时间和四极杆质量分析器组成的质谱仪。

6.2.1 质谱仪的工作原理

质谱仪是利用电磁学原理，使带电荷的试样离子按质荷比进行分离的装置。离子电离后经加速进入磁场中，其动能与加速电压及离子电荷数 z 有关，即

$$zeU=\frac{1}{2}mv^2$$

式中 z 为离子电荷数；e 为元电荷($e=1.60\times10^{-19}$C)；U 为加速电压；m 为离子的质量；v 为离子被加速后的运动速率。具有速率 v 的带电荷粒子进入质量分析器的电磁场中，根据所选择的分离方式，最终实现各种离子按 m/z 进行分离。

6.2.2 质谱仪的主要性能指标

质量测定范围表示质谱仪能够分析试样的相对原子质量(或相对分子质量)范围。

质谱仪的分辨本领是指其分开相邻质量数离子的能力。一般定义为：对两个相等强度的相邻峰，当两峰间的峰谷不大于其峰高 10%时(图 6-2)，则认为两峰已经分开，其分辨率为

$$R=\frac{m_1}{m_2-m_1}=\frac{m_1}{\Delta m} \tag{6-2}$$

式中 m_1, m_2 为质量数，且 $m_1 < m_2$。故在两峰质量数较小时，要求仪器分辨率越大。

而在实际工作中，有时很难找到相邻的且峰高相等的两个峰，同时峰谷又为峰高的 10%。在这种情况下，可任选一单峰，测其峰高 5%处的峰宽 $W_{0.05}$，即可当作式(6-2)中的 Δm，此时分辨率定义为

$$R = m/W_{0.05} \tag{6-3}$$

如果该峰是高斯型对称峰，上述两式计算结果一致。

质谱仪的分辨本领由几个因素决定：(1) 离子通道的半径；(2) 加速器与收集器狭缝宽度；(3) 离子源的性质。

质谱仪的分辨本领几乎决定了仪器的价格。分辨率在 500 左右的质谱仪可以满足一般有机分析的要求，此类仪器的质量分析器一般是四极杆、离子阱等，仪器价格相对较低。若要进行准确的同位素质量及有机分子质量的准确测定，则需要使用分辨率大于 10 000 的高分辨率质谱仪，这类质谱仪一般采用双聚焦磁式质量分析器。目前这种仪器分辨率可达 100 000，当然其价格也将比低分辨率仪器昂贵许多。表 6-2 列出了某些典型质谱仪的近似质量分析范围和近似分辨本领。

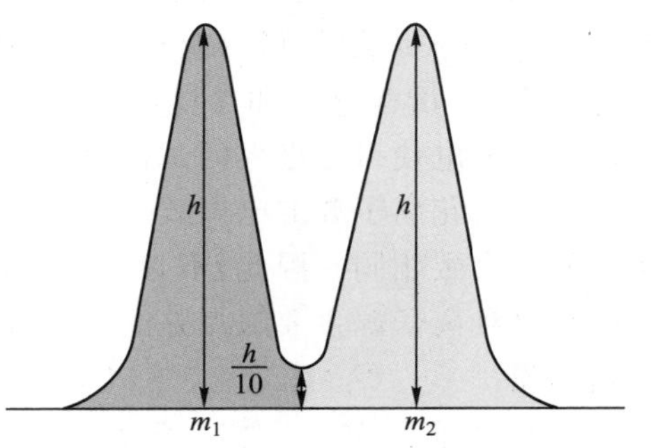

图 6-2　质谱仪 10%峰谷分辨率

表 6-2　典型质谱仪的近似质量分析范围和近似分辨本领

类型	近似质量分析范围	近似分辨本领
双聚焦	2～5 000	13 000～20 000
	1～240	1 000～2 500
单聚焦	1～1 400	2 500
	2～700	500
	2～150	100
飞行时间	1～700	150～250
	0～250	130
四极杆	2～100	100
	2～80	20～50

灵敏度有绝对灵敏度、相对灵敏度和分析灵敏度等几种表示方法。绝对灵敏度是指仪器可检测的最小试样量；相对灵敏度是仪器可以同时检测的大组分与小组分的含量之比；而分析灵敏度则指仪器输出的信号与输入仪器的试样量

之比。

6.2.3 分析系统

6.2.3.1 离子源

离子源(ion source)随分析对象和目的的不同,需要采用不同的离子源,其结构和性能对分析结果有很大影响。下面介绍几种原子质谱分析中常见的离子源。

1. 高频火花离子源

高频火花离子源主要用于无挥发性的无机试样的离子化,如金属、半导体、矿物等。被分析试样直接(或与石墨混压)作为离子源的一个或两个电极。在真空状态下,对试样电极和参比电极间施加约 30 kV 脉冲高频电压,电极之间发生的火花放电使得电极上的试样蒸发并离子化。

高频火花离子源的电离效率高,对不同试样(包括气体、液体和固体),其离子化效率大致相同。因此,不必进行定量校正就能得到定性分析和半定量分析数据。这种离子源主要缺点是能量分散较大,必须采用双聚焦分析器,此种仪器价格昂贵。

2. 电感耦合等离子体离子源

自 20 世纪 80 年代初以来,电感耦合等离子体(ICP)也应用于质谱分析中作为离子源,电感耦合等离子体质谱(ICP-MS)已经成为元素分析中一项最重要的技术。有关 ICP 产生机理在原子发射光谱中已经进行了介绍。在 ICP-MS 中,从 ICP 炬产生的金属正离子通过采样锥和截取锥,以及离子透镜组后导入质量分析器。

与传统的电感耦合等离子体原子发射光谱(ICP-OES)相比,从 ICP-MS 得到的谱图非常简单,仅由各个元素的同位素峰组成,因此背景干扰大大降低。此分析技术对绝大多数元素而言都很灵敏,选择性好,精度和准确度也相当好。所分析的试样一般为溶液。

3. 辉光放电离子源

辉光放电是等离子体的一种形式。最简单的辉光放电装置可以由安放在低压(10～1 000Pa)气氛中的阴、阳极构成。在电极间施加一个电场,使气体击穿,电子和正离子朝着带相反电荷的电极加速,轰击电极上的物质使之电离。待测试样可直接或与石墨粉混合成型后作为阳极。辉光放电离子源中,有三种放电模式:(1) 电容耦合射频放电;(2) 直流放电;(3) 脉冲直流放电。在平均功率相同的情况下,脉冲直流放电可获得较大的离子流,能进行时间分辨的数据采集和质谱甄别,削弱背景离子的贡献。辉光放电离子源的应用日益增多,尤其是对块状金属进行快速可靠分析,可以完成原来用火花源质谱才能进行的元素快速定性普查，具有简单、价廉、精密度较高的特点。

4. 其他离子源

(1) 激光离子源利用简单的光学系统，将能量为焦耳级的激光束聚集在固体表面某一微小区域内(微米级)，就能使该微区的表面温度达到 5 000～10 000K，并产生以下效应：热电子发射、热离子发射、中性原子发射或分子蒸发、光电离等。其中所产生的热离子即可进行质谱分析。

(2) 离子轰击离子源是利用气体放电或其他方法产生具有一定能量的一次离子束，轰击真空中的固体表面时，可以使被轰击区域的温度高达 10 000K，而整个靶体的温度仍保持常温，同时发生一系列物理现象，如散射、中性粒子溅射、正负二次离子溅射、X 射线荧光、二次电子等。依溅射现象可以建立两种质谱分析方法：① 直接引出溅射二次离子进行分析的二次离子质谱法(SIMS)；② 利用辅助电子束碰撞溅射出的中性原子，使之成为离子后进行分析，称为电离中性粒子质谱法(INMS)。以上两种离子源具有微区、微量、表面、深度分析等一系列特点，是最新发展的固体表面和深度分析方法。

6.2.3.2 质量分析器

质量分析器是质谱仪的重要组成部分，它位于离子源和检测器之间，其作用是依据不同方式将试样离子按质荷比(m/z)分开。质量分析器的主要类型有：磁扇形质量分析器、四极杆质量分析器、飞行时间质量分析器、离子阱质量分析器和离子回旋共振分析器等。随着微电子技术的发展，也可以采用这些分析器的变型。

1. 磁扇形质量分析器

带电荷粒子(质量为 m，电荷为 q)以速度 v 进入均匀磁场 H 中时，将受到洛伦兹力 F_L 的作用：

$$F_L = qvH\sin\alpha$$

式中 α 是矢量 v 与 H 的夹角。洛伦兹力的方向垂直于矢量 v 与 H 所决定的平面，在这个力的作用下，离子的轨道弯曲，同时出现离心力 F_c。平衡时，洛伦兹力被离心力抵消。

若 $\alpha=0$，即离子沿磁力线方向运动，$F_L=0$，此时磁场对离子没有作用力，离子做匀速直线运动；当

$$\alpha = \frac{\pi}{2}$$

相当于离子在横磁场中运动，F_L 最大，此时有

$$F_L = qv_yH \tag{6-4}$$

$$F_c = \frac{mv_y^2}{R_m} \tag{6-5}$$

由于洛伦兹力与离心力平衡，所以轨道曲率半径为

$$R_m=\frac{mv_y}{qH}=\frac{mv}{qH} \tag{6-6}$$

对于给定的离子，m，q 和 v 一定；R_m为一常数，即离子在 xy 平面内做半径为 R_m的匀速圆周运动。

如果在离子运动的轨道上加入与磁场方向垂直的适当电场，使离子加速或减速，从而使离子轨道半径增大或减小，可以把离子和接收器的位置或不同离子分开。具有入射边界和出射边界的扇形（包括半圆形）横向磁场能够满足这些要求，它被称为磁扇形质量分析器，或单聚焦性型磁分析器，其主体是处在磁场中的扁形真空腔体，是质谱仪中最常用的质量分析器之一。

离子源生成的离子束经过一个静电场加速获得一定速度后，根据能量守恒原理，得到

$$\frac{mv^2}{2}=qV=neV \tag{6-7}$$

式中 m 为离子质量；v 为加速后的速度；e 为电子电荷量；q 为离子的电荷量；$n=q/e$为离子所带的相当于电子电荷量的电荷数；V 为加速电压。

离子进入磁场后，受到洛伦兹力的作用，飞行轨道发生偏转改做圆周运动（图 6-3）。此时离子受到的洛伦兹力及离心力为

$$F_c=\frac{mv^2}{R_m} \tag{6-8}$$

式中 R_m为离子圆周运动的半径。只有在上述两力平衡时，离子才能飞出弯曲区，即

$$R_m\approx\frac{144}{B}\sqrt{\frac{mV}{n}} \tag{6-9}$$

式中 B 是磁感应强度；V 是加速电压；m 是原子质量。对于单电荷离子，则有

$$R_m\approx\frac{144}{B}\sqrt{mV} \tag{6-10}$$

式(6-10)是磁式质谱仪的基本方程。可以看出，在加速电压和磁场一定时，电荷相同而质量不同的离子将沿着不同的轨道运动，磁场构成了一个质量分析器。通过改变 B 或 V，可以使不同质量 m 的离子投射到同一轨道位置的检测器上。根据 B 和 V 的数值计算离子的质量，由检测到的离子电流的强度计算离子的数量及待测物质的含量，这是磁式质谱仪分析的基本原理。

磁场具有与棱镜色散相类似的性能，可以分离含有不同质量组分的离子束。但是，仅有这一特性的场还不能达到质谱分离分析的目的，因为实际离子束有一定的宽度，不能按一条线来进行处理。因此，理想的场应当既能像棱镜那样使离

子束发生质量色散，又应有透镜的作用，使发散的离子束聚焦。这一要求可以借助于一个理想的磁场来实现。由于磁极加工困难、磁场不均匀和边缘场效应等原因，通常采用理想边界曲线的切线，并以此作直线边界代替曲线边界，得到一级聚焦。扇形磁场由此而生，它具有方向聚焦、质量色散和速度(能量)色散的能力。

在一定的 B，V 条件下，不同 m/z 的离子其运动半径不同，因此，由离子源产生的离子经过质量分析器后可实现质量分离，如果检测器位置不变，连续改变 V 或 B 可以使不同 m/z 的离子顺序进入检测器，实现质量扫描，得到试样的质谱。这种单聚焦分析器可以是 180°的，也可以是 90°或其他角度的，其形状像一把扇子，因此被称为磁扇形质量分析器。设计良好的单聚焦质谱仪分辨率可达 5000。

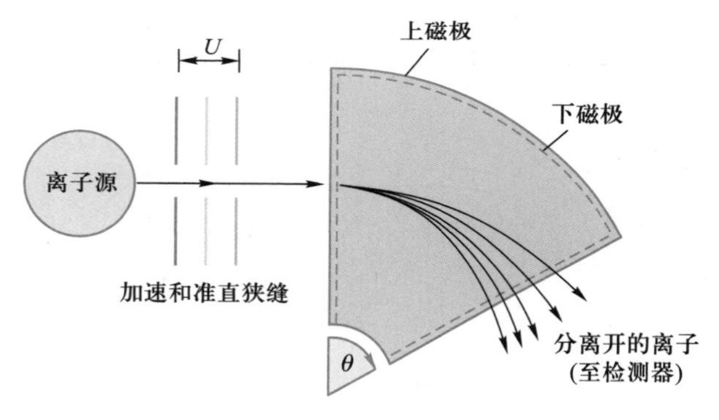

图 6-3　磁扇形质量分析器

单聚焦质谱仪的质量分析器结构简单，操作方便，但其分辨率较低。由于在按质量色散的质谱图上还叠加着速度(能量)色散，对于速度分散的离子束而言，利用单独的扇形磁场仍不能得到清晰的质谱图。

因为各种离子是在电离源中的不同区域形成的，离子束离开电离源时的角分散和动能分散是质谱仪中影响分辨率的两个主要因素。单聚集质谱仪分辨率低的主要原因在于它不能克服离子初始能量分散对分辨率造成的影响；在离子源产生的离子中，质量相同的离子应该聚在一起，但由于离子初始能量不同，经过磁场后其偏转半径也不同，而是以能量大小顺序分开，即磁场也具有能量色散作用。这样就使得相邻两种质量的离子很难分离，从而降低了分辨率。

径向电场具有速度(能量)色散和方向聚焦的特性，将其与扇形磁场相结合，可使它们的速度(能量)色散相互补偿，达到方向聚焦和速度(能量)聚焦的“双聚焦”效果。这里的速度(能量)聚焦，是利用偏转方向相反的电场和磁场，使静电分析器的速度色散与磁分析器的速度色散相抵消，从而使质量相同、速度不同的离子聚焦在一点上。

通常在扇形磁场前加一静电分析器(electrostatic analyzer,ESA),它由两个扇形圆筒组成,向外电极加上正电压,内电极为负压,以消除离子能量分散对分辨率的影响。这个扇形电场是一个能量分析器,不起质量分离作用。只要是质量相同的离子,经过电场和磁场后可以会聚在一起;改变离子加速电压可以实现质量扫描。这种由电场和磁场共同实现质量分离的分析器,同时具有方向聚焦和能量聚焦作用,叫双聚焦质量分析器(如图 6-4 所示)。一般商品化双聚焦质谱仪的分辨率可达 150000,质量测定准确度可达 0.03 $\mu g \cdot g^{-1}$,即对于相对分子质量为 600 的化合物可测至误差 $\pm 0.0002u$。双聚焦质量分析器的优点是分辨率高,缺点是扫描速率慢,操作、调整比较困难,而且仪器造价也比较昂贵。

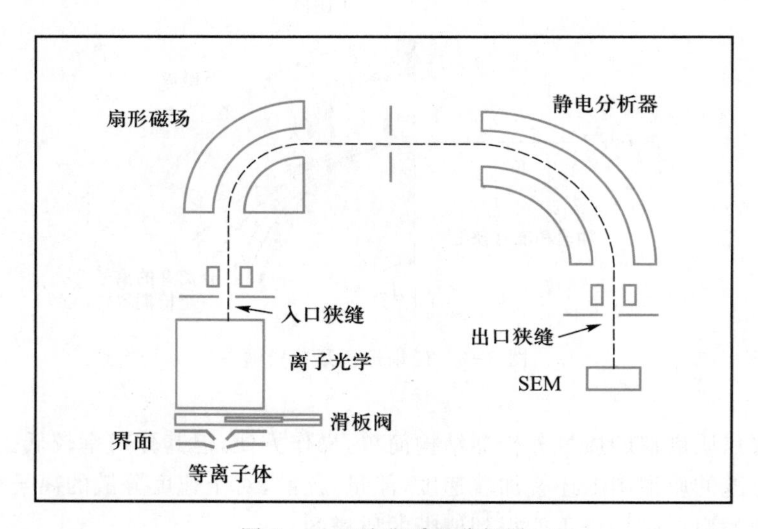

图 6-4 双聚焦质量分析器

2. 四极杆质量分析器

四极杆质量分析器(quadrupole mass analyzer)是原子质谱法中最常用的质量分析器。四极杆质量分析器是一种射频动态质量分析器,与磁扇形质量分析器在原理上有很大不同。如图 6-5 所示,它由四根平行对称放置、具有双曲线截面的圆柱状电极构成,相对电极间的距离为 $2r_0$;电极材料是镀金陶瓷或钼合金。在 x 方向上的电极上加射频电压 $U+V_0\cos\omega t$;在 y 方向上的电极上加射频电压 $-(U+V_0\cos\omega t)$。$\omega=2\pi f$ 是角频率,U 是电压中的直流分量,V_0 是电压射频分量的幅度。离子沿 z 轴从离子源射入,经四极杆质量分析器分离后到达接收器。

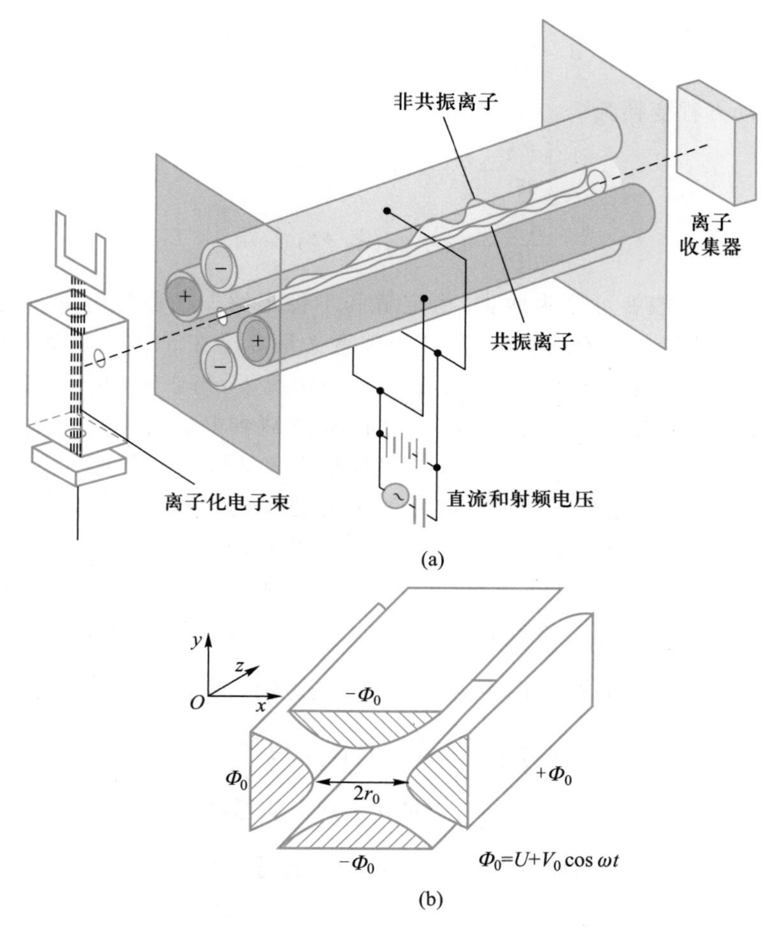

图 6-5 四极杆质量分析器

双曲型电场内任意一点(x, y, z)处的电位为

$$V(x,y,z)=(U+V_0\cos\omega t)\frac{x^2-y^2}{r_0^2}$$

如果质量为M,电荷为e的离子沿z轴射入四极电场中,将受电场力的作用而运动,其运动方程为

$$\begin{cases} M\dfrac{\mathrm{d}^2x}{\mathrm{d}t^2}+\dfrac{2e}{r_0^2}(U+V_0\cos\omega t)x=0 \\ M\dfrac{\mathrm{d}^2y}{\mathrm{d}t^2}+\dfrac{2e}{r_0^2}(U+V_0\cos\omega t)y=0 \\ M\dfrac{\mathrm{d}^2z}{\mathrm{d}t^2}=0 \end{cases}$$

令 $$a=\frac{8eU}{Mr_0^2\omega^2},\ q=\frac{4eV_0}{Mr_0^2\omega^2},\ \xi=\frac{\omega t}{2}$$

则离子运动方程变换为

$$\begin{cases}\dfrac{d^2x}{d\xi^2}+(a+2q\cos 2\xi)x=0\\[2ex]\dfrac{d^2y}{d\xi^2}-(a+2q\cos 2\xi)y=0\end{cases}\tag{6-12}$$

这类方程一般解可分为两类:稳定解和不稳定解。在稳定解的情况下,当$\xi\to 0$时,$x(\xi)$或趋于零或取有限值,其物理意义是离子在x方向做周期性的有界振荡,它们可以通过四极场。在不稳定解的情况下,当$\xi\to\infty$时,$x(\xi)$也无限大,其物理意义是振荡的振幅随时间而增加,最终碰到电极而消失。因为解的特性仅与a和q有关,所以可有以a,q为坐标给出表征解的稳定与不稳定的三角形稳定图(图6-6),它是一个以q轴为底、以接近抛物线和接近于直线的曲线为两腰的三角形,次三角形又叫稳定三角形,三角形顶点A的坐标:$q_0=0.70600$,$a_0=0.23699$。凡是工作点(q,a)范围在稳定区内的离子都有稳定的轨道,此外皆为不稳定轨道的离子。在给定的场参数(r_0, ω, U, V_0)条件下,一切具有相同质量的离子在三角形稳定图中由同一工作点表示。又因$\frac{a}{q}=\frac{2U}{V_0}$,它与质量无关,所以不同质量(质荷比)的离子在稳定性图中均落在一条通过坐标原点的、斜率为$\frac{a}{q}=\frac{2U}{V_0}$的直线上,该直线称为质量扫描线。质量较小$\left(\text{或}\frac{e}{M}\text{较大}\right)$的离子对应的$a,q$值较大,因此离原点较远;反之离原点较近。

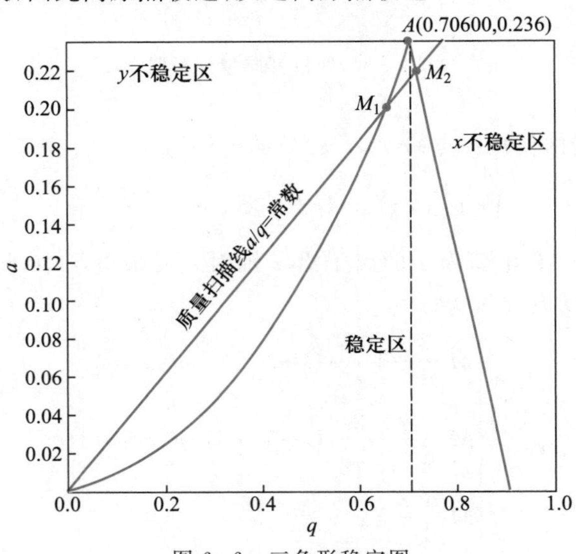

图6-6 三角形稳定图

工作点落在质量扫描线与稳定区边界交点 $M_1(q_1,a_1)$ 和 $M_2(q_2,a_2)$ 之间对应的质量范围($M_1 \sim M_2$)内的离子以有限振幅沿着 z 方向运动，并到达接收器。而对应于交点以外的质量的离子则因振幅增大，碰着 X 或 Y 电极而被“吸收”(过滤)。显然，增大比值可以提高质量扫描线的斜率，致使 $M_1(q_1,a_1)$ 与 $M_2(q_2,a_2)$ 的间隔小到只允许一种质量的离子通过四极杆质量分析器到达接收器，质量扫描线斜率的选择取决于所需要的分辨率。

在 r_0 和 e 一定的情况下，到达接收器的离子质量 M 与 ω,U,V_0 有关。因此，保持 ω 和 U/V_0 不变而改变 V_0(U 将随之而变)，或者保持 U,V_0 不变而改变 ω，都可以使每种质量的离子轮流通过四极场到达接收器，实现质谱扫描。质量小于通过质量的离子，其对应的(q,a)位于稳定三角形的右侧区域，它对 x 向来说是不稳定区(对 y 向而言可能是稳定的)，故离子在 x 向具有不稳定轨道，将碰在 x 电极上或离开四极场。质量大于具有稳定轨道的那些离子，对应(q,a)点位于稳定三角形的左侧区域，它对 y 向来说是不稳定的(对 x 向而言可能是稳定的)，故离子将碰在 y 电极上。正离子是否打到电极杆，取决于离子沿 z 方向的运行速度、质荷比和交流信号的频率和大小。

考虑施加在交流信号上的直流电压的影响，对于相同动能的离子，其动量正比于质量的平方根，因此改变重离子的运行比轻离子要困难些。如果离子的质量大而且交流电压的频率高，离子将不会对交流电有显著的响应，而主要受直流电压的影响。在此情况下，离子将留在电极杆之间的空腔内。而对于质量轻的离子且频率低的情况，离子将打在电极杆上，并在交流电压的负半周期时被清除掉，在 xz 平面上，正电极杆成为高通带滤质器。在没有交流电压的时候，带有负直流电压的一对电极杆将湮没所有被吸引到电极杆上的正离子。不过，对于轻离子，这种运动可以被交流电的振荡抵消，在 yz 平面上，形成低通道滤质器。

由上述讨论可知，四极杆质量分析器的两对电极杆形成高、低通带，只有在一定质荷比范围的离子才能到达检测器。此范围的变化可由交流和直流的电压来调节，进而实现质谱的扫描。

四极杆质量分析器的分辨率及传输率 T 与仪器的电参数有关。在低分辨率的参数下，进入四极场的某一质量的离子能全部到达接收器，即 $T=100\%$，且 T 与分辨率无关，谱峰为平顶梯形。在高分辨的参数下，T 随分辨率的提高而急剧下降，质谱峰为三角形。

由于实际加工的困难，理想的双曲线形截面的电极杆通常用圆柱形电极棒代替，计算表明：当圆棒半径(r)与场半径(r_0)之比为 1.16 时，其实际电位与理想双曲形场的偏差小于 1%。

为了得到质谱图，用 5～10V 的电压加速离子引至电极杆的空隙。同时，加在电极杆的交流和直流电压同步增加，保持它们之比不变。在任一给定时刻，除了那些具有一定质荷比的离子外，所有离子将打到电极杆上，被转化为中性分子。因而，只有那些质荷比在一定范围内的离子能达到检测器。严格说来，四极杆质量分析器应当被称为滤质器，它类似于使用波长滤光片的光度计而不同于使用光栅的分光光度计。四极杆质量分析器通常可轻易地分辨相差一个原子质量单位的离子，适合绝大多数的原子质谱分析要求。四极杆质量分析器的特点是

(1) 在纯电场下工作，无需笨重的磁铁，结构简单，体积小，质量轻，成本低；

(2) 对入射离子的初始能量要求不严，适用于有一定能量分散的离子源；

(3) 仪器的主要指标可用电学方法方便地调节，改变 U/V 即可调节分辨率和灵敏度；

(4) 改变射频电压幅值 V_0 即可扫描质谱，且扫描质量与 V_0 有线性对应关系，谱峰容易识别；

(5) 电场扫描不像磁场那样有磁滞效应，故扫描速率快，可以在少于 300s 的时间得到一张完整的质谱图。

与双聚焦磁扇形质量分析器相比，四极杆质量分析器的缺点是分辨率较低，且灵敏度与质量数有关，存在严重的质量歧视效应，即随质量数（质荷比）的增大，灵敏度降低。

3. 飞行时间质量分析器

飞行时间质量分析器（time of flight mass analyzer）的主要部分是一个离子漂移管。图 6-7 是飞行时间质谱仪示意图。

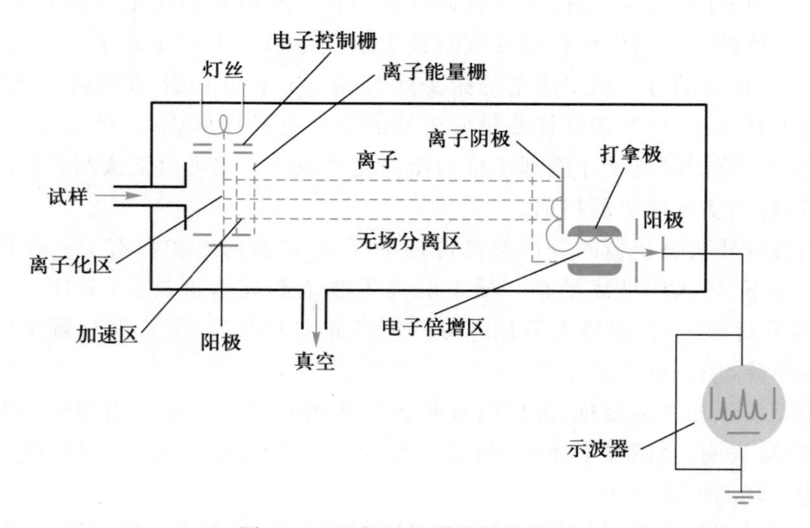

图 6-7 飞行时间质谱仪示意图

离子在加速电压 U 作用下得到动能，则有

$$\frac{mv^2}{2}=eU \quad 或 \quad v=\sqrt{\frac{2eU}{m}} \tag{6-13}$$

式中 m 为离子的质量；e 为离子的电荷量；U 为离子加速电压。

离子以速度 v 进入自由空间（漂移区），假定离子在漂移区飞行的时间为 t，漂移区长度为 L，则

$$t=L\sqrt{\frac{m}{2eU}} \tag{6-14}$$

由式（6-14）可以看出，离子在漂移管中飞行的时间与离子质量的平方根成正比。即对于能量相同的离子，离子的质量越大，达到接收器所用的时间越长，质量越小，所用时间越短，根据这一原理，可以把不同质量的离子分开。适当增加漂移管的长度可以增加分辨率。

飞行时间质量分析器的特点是质量范围宽，扫描速率非常快，既不需电场也不需磁场。从原理可知，飞行时间质量分析器检测离子的质荷比是没有上限的，特别适合于生物大分子的分析。但是，这种质量分析器长时间以来一直存在分辨率低这一缺点，造成分辨率低的主要原因在于离子进入漂移管前的时间分散、空间分散和能量分散。这样，即使是质量相同的离子，由于产生时间的先后、产生空间的前后和初始动能的大小不同，达到检测器的时间就不相同，因而降低了分辨率。它要求目标离子尽可能“同时”开始飞行，适合于与脉冲产生离子的电离过程相结合，适用于脉冲离子化方式（如 MALDI）的相对分子质量较大的多肽、蛋白质的分析。目前，通过采取激光脉冲离子化方式、离子延迟引出技术和离子反射技术，可以在很大程度上克服上述三个原因造成的分辨率下降。现在，飞行时间质谱仪的分辨率可达 20000 以上，最高可检质量超过 300000u，并且具有很高的灵敏度。

飞行时间质量分析器的其他具体信息将在第 23 章分子质谱法中进行介绍。

4. 离子阱质量分析器

离子阱是一种通过电场或磁场将气相离子控制并储存一段时间的装置。目前已有多种形式的离子阱使用，但常见的有两种形式：一种是离子回旋共振技术，另一种是下述的较简单的离子阱。

图 6-8 是离子阱典型构造示意图。离子阱由一环电极再加上端罩电极构成。以端罩电极接地，在环电极上施以变化的射频电压，此时处于阱中具有合适 m/z 的离子将在环中指定的轨道上稳定旋转，若增加该电压，则质量较大离子转至指定稳定轨道，而质量较小的离子将偏出轨道并与环电极发生碰撞。当一组由离子源（化学离子源或电子轰击源）产生的离子由上端小孔进入阱中后，射频电压开始扫描，陷入阱中离子的轨道则会依次发生变化而从底端离开环电极

腔，从而被检测器检测。离子阱质量分析器的特点：

（1）结构简单、成本低且易于操作；

（2）单一的离子阱可实现多级串联质谱分析；

（3）灵敏度高，较四极杆质量分析器高10～1000倍；

（4）适用质量范围大（m/z 200～2000），已有商品化仪器可用于 m/z 6000的分子的分析。

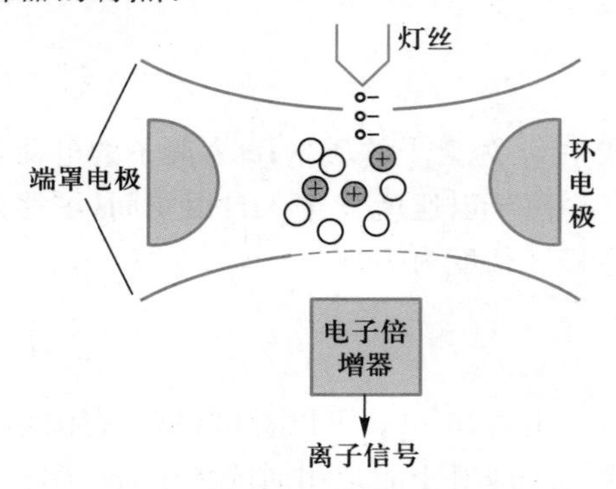

图6-8 离子阱典型构造示意图

5. 离子回旋共振分析器（ion cyclotron resonance，ICR）

当一气相离子进入或产生于一个强磁场中时，离子将沿与磁场垂直的环形路径运动，称为回旋，其频率 ω_c 可用下式表示：

$$\omega_c=\frac{U}{r}=\frac{zeB}{m} \tag{6-15}$$

回旋频率只与 m/z 的倒数有关。增加运动速率时，离子回旋半径亦相应增加。

回旋的离子可以从与其匹配的交变电场中吸收能量（发生共振）。当在回旋器外加上这种电场，离子吸收能量后速率加快，随之回旋半径逐步增大；停止电场后，离子运动半径又变为常数。

图6-9中，当有一组 m/z 相同的离子时，合适的频率将使这些离子一起共振而发生能量变化，其他 m/z 离子则不受影响。

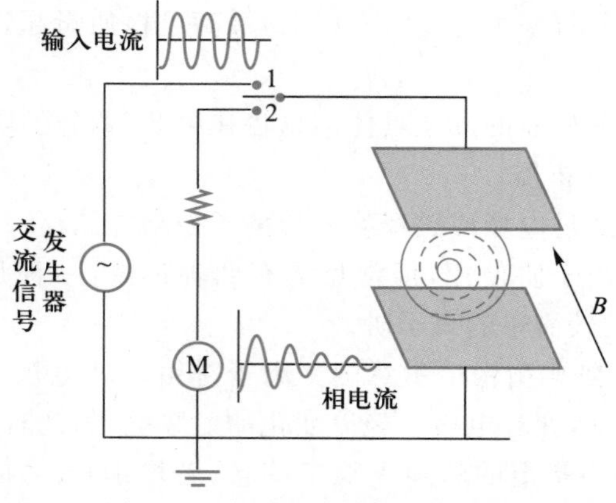

图6-9 离子回旋共振工作原理

由于共振离子的回旋可以产生称之为相电流的信号，相电流可以在停止交变电场后观察到。将图 6-9 开关置于 2 位时，离子回旋在两极之间产生电容电流，电流大小与离子数有关，频率由共振离子的 m/z 决定。在已知磁感应强度 B 存在时，通过不同频率扫描可以获得不同 m/z 的信息。

感应产生的相电流由于共振离子在回旋时不断碰撞而失去能量并归于热平衡状态而逐步消失，相电流的衰减信号与傅里叶变换 NMR 中的自由感应衰减信号(FID signal)类似。

ICR 的其他具体信息将在第 23 章分子质谱法中进行介绍。

6. 不同质量分析器的比较

对质谱仪中常用的质量分析器进行了比较，如表 6-3 所示。

表 6-3 不同质量分析器的性能比较

质量分析器	结构特点	扫描速率	分辨率	灵敏度	适用质量范围
磁扇形	磁场				
双聚焦	磁场＋电场		＋＋		
四极杆	四根金属杆	＋			
飞行时间	漂移管	＋＋	漂移管越长，分辨率越高		宽
离子阱	端罩电极＋环电极	＋	＋	＋＋	宽
离子回旋共振	磁场＋离子回旋	＋＋	＋＋	＋＋	宽

6.2.3.3 检测器

质谱仪常用的检测器有 Faraday(法拉第)杯(Faraday cup)、电子倍增器及闪烁计数器、照相底片等。

Faraday 杯是其中最简单的一种，其结构如图 6-10 所示。Faraday 杯与质谱仪的其他部分保持一定电位差以便捕获离子。当离子经过一个或多个抑制栅极进入杯中时，将产生电流，经转换成电压后进行放大记录。Faraday 杯的优点

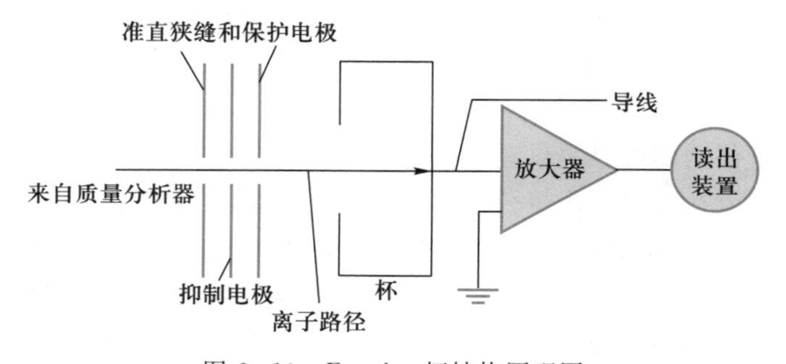

图 6-10 Faraday 杯结构原理图

是简单可靠，配以合适的放大器可以检测约 10^{-15} A 的离子流。但 Faraday 杯只适用于加速电压<1kV 的质谱仪，因为更高的加速电压将产生能量较大的离子流，这样离子流轰击入口狭缝或抑制栅极时会产生大量二次电子甚至二次离子，从而影响信号检测。

图 6-11 是电子倍增器结构示意图。由四极杆质量分析器出来的离子打到高能打拿极产生电子，电子经电子倍增器产生电信号，记录不同离子的信号即得质谱。信号增益与倍增器电压有关，提高倍增器电压可以提高灵敏度，但同时会降低倍增器的寿命。因此，应该在保证仪器灵敏度的情况下采用尽量低的倍增器电压。由倍增器出来的电信号被送入计算机储存，这些信号经计算机处理后可以得到质谱图及其他各种信息。

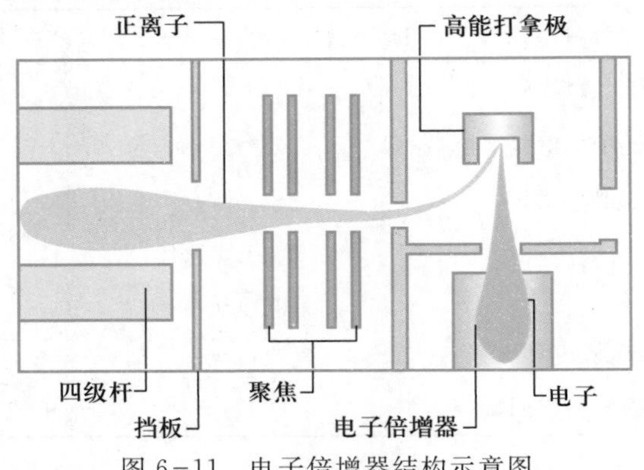

图 6-11 电子倍增器结构示意图

图 6-12(a)是不连续打拿极电子倍增器的示意图。其传感器很像用于紫外-可见光谱仪的光电倍增管传感器。每一个打拿极加有不连续的高压。阳极和一些打拿极有 Cu/Be 表面，这些表面受到能量离子或电子轰击后溅射出电子。有 20 个打拿极的电子倍增器可以得到放大 10^7 倍的电流。

图 6-12(b)是连续打拿极的电子倍增器的示意图，外观呈喇叭形，玻璃材质并涂有一层很厚的铅。传感器上加有 1.8～2kV 的电压。离子在入口附近轰击表面溅射出电子，它们在表面跳跃，使更多的电子溅射出来。这种传感器可得到放大 10^5 倍的电流，在一些应用中甚至可以得到放大 10^8 倍的电流。

通常电子倍增器可以提供高电流增益和十亿分之一秒的响应时间。这种传感器可以直接放在磁扇形质量分析器质谱仪的出射狭缝后面，因为到达传感器的离子具有足够的动能使电子发生溅射；它也可以用于采用低动能离子流的质谱仪（如四极杆），但在这种情况下，从质量分析器出来的离子流要先被加速到几千电子伏，然后才能发生溅射。

分析物质量浓度水平低于 1 ng · mL^{-1}时，进入 ICP-MS 系统质量分析器

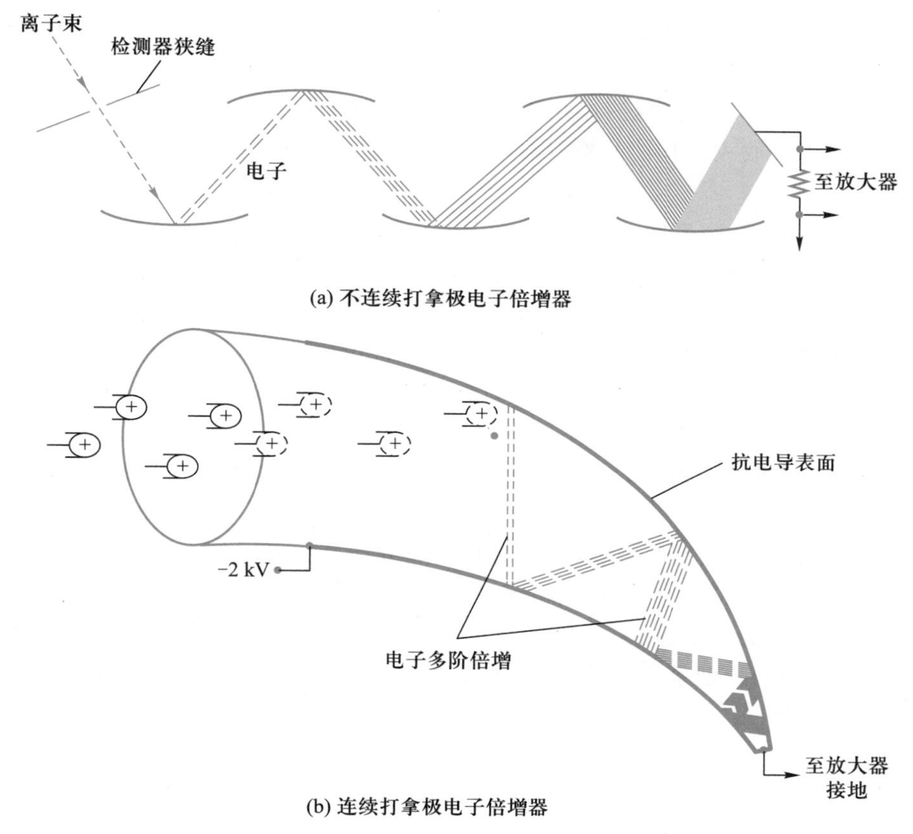

图 6-12 不连续打拿极和连续打拿极电子倍增器示意图

的分析物离子数目是很小的，正常情况下在分析器的末端得到的离子流小于 1×10^{-13} A。但是随机涨落或仪器背景也很小，一般每秒钟几个离子。得益于低背景，电子倍增器可用于读出单个离子，具有灵敏度高的优点。另外，使用电子倍增器可以得到适当的电学增益和快速响应，且能承受高达 10^{-3} Pa 的压力，有较长的寿命。很多的情况下使用连续打拿极的通道式电子倍增器也是很耐用的。这些检测器可记录每秒 10^6 以上的离子脉冲速率并有低于每秒一个计数的离子脉冲速率的天然背景。

遗憾的是，这些倍增器在高计数时会有疲劳现象，也就是随计数的变化有一个可变的死时间，增益滞后。在计数率远远高于 1 MHz 时，由于死时间和疲劳效应的存在，系统在高于某个浓度水平时其响应变得非线性。这一问题可以借助于诸如改变离子透镜的电压等手段来减少系统的计数率灵敏度。例如，采用低增益的平均电流模式，此时这些倍增器对于高离子密度可以在高达 1A 时给出线性响应，直至分析物质量浓度高到使等离子体平衡出现明显的扰动(通常在

10 mg·mL^{-1})。一个脉冲计数检测器可达到的基本线性范围为5～6个数量级,如果在较高浓度下采用平均电流检测模式,线性范围可扩至约8个数量级。使用Faraday杯离子流检测器在高浓度可以得到类似的结果,即使在遇到的最大浓度时仍需放大。其他的检测器诸如不连续的打拿极倍增器在使用上有一定程度的限制。

6.2.3.4 真空系统

为了减少(消除)不必要的离子碰撞、散射效应、复合反应和离子-分子反应等干扰,减小本底与记忆效应,等离子体质谱仪的接口和质量分析器必须处在优于10^{-3}Pa的真空中工作。一般真空系统(vacuum system)由机械真空泵和扩散泵或涡轮分子泵组成。机械真空泵能达到的极限真空度为10^{-1} Pa,不能满足要求,必须依靠高真空泵。扩散泵是常用的高真空泵,其性能稳定可靠,缺点是启动慢,从停机状态到仪器能正常工作所需时间长;涡轮分子泵则相反,仪器启动快,但使用寿命不如扩散泵。由于涡轮分子泵使用方便,没有油的扩散污染问题,因此,近年来生产的质谱仪大多使用涡轮分子泵。涡轮分子泵直接与离子源或分析器相连,抽出的气体再由机械真空泵排到系统之外。

以上是一般质谱仪的主要组成部分。当然,若要仪器能正常工作,还必须有供电系统、数据处理系统等,这里不再叙述。

6.3 电感耦合等离子体质谱法

电感耦合等离子体质谱法(ICP-MS)以ICP焰炬作为原子化器和离子化器,自20世纪80年代问世以来,已经成为元素分析中最重要的技术之一。ICP-MS的主要优点归纳为:试样在常温下引入;气体的温度很高使试样完全蒸发和解离;试样原子离子化分数很高;产生的主要是一价离子;离子能量分散小;外部离子源,即离子并不处在真空中;离子源处于低电位,可配用简单的质量分析器。采用ICP时应当考虑其气体高温(5000K)和高压(10^5 Pa)。

溶液试样经过气动或超声雾化器雾化后可以直接导入ICP焰炬,而固体试样可以采用火花源、激光或辉光放电等方法汽化后导入。对大多数元素,用ICP-MS分析试样能够得到很低的检出限、高选择性及相当好的精密度和准确度。ICP-MS谱图与常规的ICP-OES相比简单许多,仅由元素的同位素峰组成,可用于试样中存在元素的定性和定量分析。定量分析一般采用标准曲线法,也可采用同位素稀释法。

6.3.1 基本装置

图6-13为ICP-MS系统示意图,其关键部分是将ICP焰炬中的离子引出

至质谱仪的引出接口。ICP炬周围为大气压力,而质谱仪要求压力小于 10^{-2} Pa,压力相差几个数量级。典型的离子引出接口如图 6-13 所示,让 ICP 炬的尾焰喷射到称为采样锥的金属镍锥形挡板上,挡板用水冷却,中央有一个采样孔(<0.1 mm),炙热的等离子气体经过此孔进入由机械泵维持压力为 100Pa 的区域。在此区域,气体因快速膨胀而冷却,一小部分的气体通过称为分离锥的金属镍锥形挡板上的微孔进入一个压力与质量分析器相同的空腔。在空腔内,正离子在一负电压的作用下与电子和中性分子分离并被加速,同时被一磁离子透镜聚焦到质谱仪的入口微孔。经过离子透镜系统后产生的粒子束具有圆柱形截面,所含离子的平均能量为 0~30eV,能量分散约为 5eV(半高宽度),很适合于四极杆质谱仪进行质量分析。离开质量分析器出口狭缝的离子,用离子检测器检测。通常采用的是配置电子倍增管的脉冲计数检测器,以得到尽可能高的灵敏度以检测试样中所有存在的元素。

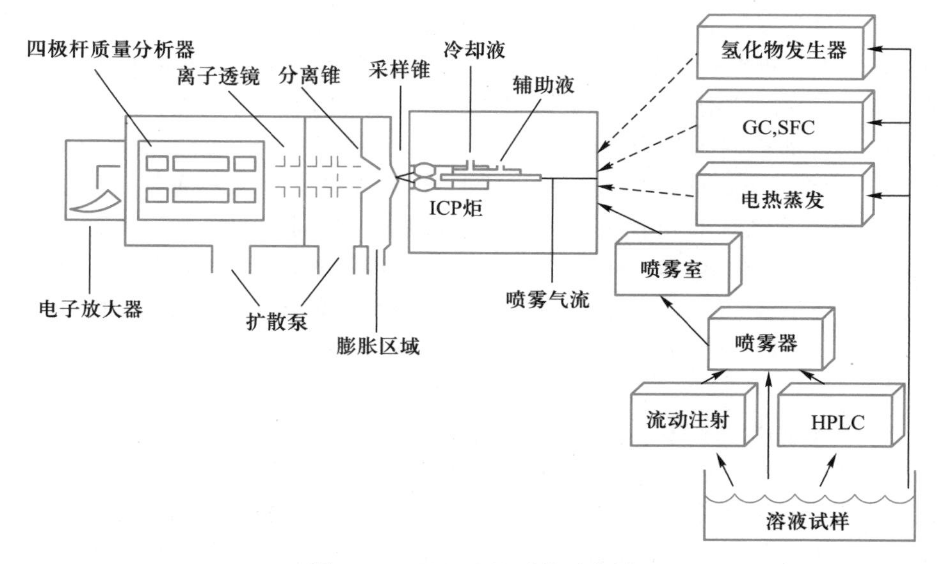

图 6-13 ICP-MS 系统示意图

虚线表示气体试样引入;实线表示液体试样引入

在 ICP-MS 中采用计算机来控制质量分析器,因此除按传统工作方式在选定的质量区间进行扫描外,还可以选用峰开关模式,对于较弱的峰或质量区间给予较长的记录或扫描时间,使所有感兴趣的元素能保持比较一致的记录统计误差。

6.3.2 干扰及消除方法

与 ICP-OES 相比,ICP-MS 中的谱图要简单很多,而且容易识别,特别是对于那些发射谱线非常多的元素，如稀土元素。Ce 的光谱图中含有几十条强度大的谱线和更多弱一点的线，它们叠加在一个复杂的背景上。背景是由空气中的分子带（如 NH，OH，N_2，H_2 等）所造成；而其质谱图明显简单得多，仅由 $^{140}Ce^+$ 和 $^{142}Ce^+$ 两个同位素峰和一个双电离 $^{140}Ce^{2+}$ 位于 m/z 70 的小峰组成，其质谱背景只由几个分子离子峰组成，且都出现在 m/z 等于和小于 80 的位置。

ICP-MS 分析中的干扰类型可分为质谱干扰和非质谱干扰两大类，其中非质谱干扰通常指基体效应。

6.3.2.1 质谱干扰

当等离子体中离子种类与分析物离子具有相同的 m/z，即产生质谱干扰，主要包括同质量类型离子干扰、多原子离子干扰、双电荷离子干扰、氧化物和氢氧化物离子干扰。

1. 同质量类型离子干扰

同质量类型离子干扰是指两种不同元素有几乎相同质量的同位素。对使用四极杆质量分析器的原子质谱仪来说，同质量类型指的是质量相差小于一个原子质量单位的同位素。使用高分辨率仪器时质量差可以更小一些。元素周期表中多数元素都有同质量类型重叠的一个、两个甚至三个同位素。铟有 $^{113}In^+$ 和 $^{115}In^+$ 两个稳定的同位素，前者与 $^{113}Cd^+$ 重叠，后者与 $^{115}Sn^+$ 重叠。更为常见的是，同质量种类干扰出现在最大丰度峰，即最灵敏同位素峰上。例如，$^{40}Ar^+$ 与最大丰度钙同位素 $^{40}Ca^+$（97%）的峰相重叠，因而测定元素 Ca 需要使用次最大丰度钙同位素 $^{44}Ca^+$（2.1%）。因为同质量重叠可以从丰度表上精确预计，此干扰的校正可以用适当的计算机软件进行。现在许多仪器已能自动进行这种校正。

2. 多原子离子干扰

多原子离子（或分子离子）是 ICP-MS 中干扰的主要来源。一般认为，多原子离子并不存在于等离子体本身中，而是在离子的引出过程中，由等离子体中的组分与基体或大气中的组分相互作用而形成。氢和氧占等离子体中原子和离子总数的 30%左右，余下的大部分是由 ICP 炬的氩气产生的。ICP-MS 的背景峰主要是由这些多原子离子给出，它们有两组：以氧为基础质量较轻的一组和以氩为基础质量较重的一组，两组都包含氢的分子离子。较轻的一组中，最强的峰是 $^{16}O^+$，$^{16}O^1H^+$，$^{16}O^1H_2^+$，较弱的是 $^{14}N^+$ 和 $^{16}O^1H_3^+$。较重的一组峰由高度相近的 $^{40}Ar^+$ 和 $^{40}Ar^1H^+$ 两个较强的峰，以及 $^{16}O_2^+$ 和 $^{40}Ar_2^+$ 两个较弱的二聚离子峰组成。此外，还有 $^{40}Ar^{16}O^+$，$^{40}Ar^{14}N^+$，$^{14}N^{16}O^+$，$^{14}N^{16}O^1H^+$ 和 $^{14}N_2^+$ 等多原子离子峰。它们对一些同位素检测形成比较严重的干扰，如 $^{14}N_2^+$ 对 $^{28}Si^+$，$^{14}N^{16}O^1H^+$ 对 $^{31}P^+$，$^{16}O_2^+$ 对 $^{32}S^+$，$^{40}Ar^{16}O^+$ 对 $^{56}Fe^+$，以及 $^{40}Ar_2^+$ 对 $^{80}Se^+$ 等。其中有些干扰可用空白试验进行校正，另一些则必须采用不同的分析同位素。

表 6-4列出了 HCl 和 H_2SO_4 基体可能产生的多原子离子干扰。在 ICP-MS 实际分析中,通常选择 HNO_3 基质,因为其产生的质谱背景比较简单。

表 6-4 HCl 和 H_2SO_4 基体可能产生的多原子离子干扰

分析物	同位素	多原子离子干扰
Ti	47	$^{35}Cl^{12}C$
V	51	$^{35}Cl^{16}O$
Cr	52	$^{35}Cl^{16}O^{1}H$
Cr	53	$^{37}Cl^{16}O$
Mn	55	$^{37}Cl^{18}O$
Fe	57	$^{40}Ar^{16}O^{1}H$
Co	59	$^{23}Na^{35}Cl^{1}H$
Ni	60	$^{23}Na^{37}Cl$
Cu	65	$^{32}S^{32}S^{1}H$
Zn	66	$^{32}S^{34}S$
As	75	$^{40}Ar^{35}Cl$
Se	80	$^{32}S^{16}O_3$

3. 双电荷离子干扰

通常 ICP-MS 分析中测定的是带一个正电荷的目标离子,但是在 ICP 离子源中也可能出现带两个电荷的目标离子,如 Ce 在 ICP 中会出现 $^{140}Ce^{+}$ 和 $^{140}Ce^{2+}$ 等离子,前者是分析测定对象,后者则会对 $^{70}Zn^{+}$ 和 $^{70}Ge^{+}$ 的测定产生干扰。

4. 氧化物和氢氧化物离子干扰

氧化物和氢氧化物是多原子离子干扰的一种,主要由分析物、基体组分、溶剂和等离子气体等形成的氧化物和氢氧化物组成,其中分析物、基体组分和等离子体工作气体的这种干扰更为明显些。它们几乎都会在某种程度上形成 MO^{+} 和 MOH^{+},M 表示分析物、基体组分元素或工作气体(如 Ar),进而产生与某些分析物离子峰相重叠的干扰峰。例如,钛的五种天然同位素的氧化物,质量数分别为 46,47,48,49 和 50,会对分析物 $^{62}Ni^{+}$,$^{63}Cu^{+}$,$^{64}Zn^{+}$,$^{65}Cu^{+}$ 和 $^{66}Zn^{+}$ 产生氧化物干扰。表 6-5 列举了部分元素可能受到的氧化物/氢氧化物干扰。

表 6-5 部分元素可能受到的氧化物/氢氧化物干扰

m/z	元素*	干扰
56	Fe (91.66%)	^{40}ArO, ^{40}CaO

续表

m/z	元素*	干扰
57	Fe (2.19%)	$^{40}ArOH$, $^{40}CaOH$
58	Ni (67.77%), Fe (0.33%)	^{42}CaO
59	Co (100%)	^{43}CaO, $^{42}CaOH$
60	Ni (26.16%)	$^{43}CaOH$, ^{44}CaO
61	Ni (1.25%)	$^{44}CaOH$
62	Ni (3.66%)	^{46}CaO, Na_2O
63	Cu (69.1%)	$^{46}CaOH$
64	Ni (1.16%), Zn (48.89%)	$^{32}SO_2$, ^{48}CaO
65	Cu (30.9%)	$^{33}SO_2$, $^{48}CaOH$

注：* 圆括号里面为元素的自然丰度。

5. 多原子离子干扰的降低或消除

在 ICP－MS 分析中，多原子离子干扰（包括氧化物/氢氧化物离子）最为常见和麻烦，因为它们与所使用的等离子体气体、溶剂（包括水和酸）及试样基体有关。由于通常使用的是 Ar 作为工作气体的等离子体，大量的多原子离子峰明显的存在于 m/z 82 以下，造成相同 m/z 的同位素测定受到干扰，检出限变差或不能进行测定。

多原子离子的形成与许多实验条件有关，如进样流量、射频能量、采样锥－截取锥间距、取样孔大小、等离子气体成分、氧和溶剂的去除效率等，为了降低甚至消除多原子离子干扰，可以采用以下手段：

（1）选择合适的试样引入技术，减少单位时间引入 ICP 的水和其他溶剂；

（2）采用冷等离子体技术，降低射频功率及工作气体（如 Ar）的电离效率；

（3）采用高分辨能力的质量分析器；

（4）离子阱质量分析器结合碰撞诱导解离技术在降低多原子离子干扰的同时，还可以通过增加离子捕获时间提高分析灵敏度；

（5）采用碰撞/反应池技术，前者基于小分子惰性气体对更大体积（与目标离子相比）的多原子离子的碰撞概率更大，达到降低多原子离子干扰的目的；后者基于反应气体与目标离子及多原子离子的反应动力学及热力学性质的差异，消除或降低多原子离子的干扰；

（6）采用合适的试样前处理技术，分离去除复杂基质，也可以在很大程度上降低甚至消除基于基体元素产生的多原子离子干扰。

6.3.2.2 基体效应

基体效应是指与目标分析物共存的所有组分对目标分析物信号产生的影响。它与质谱干扰不同，基体效应通常表现为负效应，即对目标分析物信号产生抑制作用。ICP－MS分析的试样，一般为固体含量质量分数小于1%，或质量浓度约为1000 mg·mL^{-1}的溶液试样。当溶液中共存物质量浓度高于500～1000 mg·mL^{-1}时，ICP－MS分析的基体效应才会显现出来。当共存物中含有低电离能元素如碱金属、碱土金属和镧系元素且超过限度，由于它们提供的等离子体的电子数目很多，进而抑制包括分析物元素在内的其他元素的电离，影响分析结果。试样固体含量高会影响雾化和蒸发溶液及产生和输送等离子体的过程；试样溶液提升量过大或蒸发过快，等离子体炬的温度就会降低，影响分析物的电离，使被分析物的响应下降。另外，在等离子体中产生的大量带正电荷的离子之间存在相互排斥，导致进入采样锥的离子数目减少，也会降低分析物的信号响应。

基体效应的影响可以采用稀释、基体匹配、标准加入法或者同位素稀释法降低至最小。

6.3.3 ICP－MS的应用

ICP－MS可以用于物质试样中一个或多个元素的定性、半定量和定量分析。ICP－MS可以测定的质量范围为3～300u，分辨能力小于1u，能测定元素周期表中90%的元素，大多数检出限在0.1～10 ng·mL^{-1}且有效测量范围达6～8个数量级，相对标准偏差为2%～4%，非常适合多元素的同时测定分析。

6.3.3.1 定性和半定量分析

ICP－MS可以很容易地应用于多元素分析，非常适合于环境、生物试样及不同类型天然/人造材料的半定量分析，其质谱图比ICP－OES的谱图简单、检测限优于ICP－OES。半定量分析混合物中的一个或更多的组分时，可以选一已知某待测元素浓度的溶液，测定其峰离子电流或强度。而后假设离子电流正比于浓度，即可计算出来试样中分析物的浓度。

6.3.3.2 定量分析

ICP－MS中常用的定量方法包括工作曲线法、内标法和标准加入法。如果未知溶液中的溶解固体总含量小于2000 mg·mL^{-1}，使用稀酸配制的工作曲线进行定量即可。当基体元素浓度较高时，可将试样加以稀释、采用稀酸配制的工作曲线进行定量；或采用基体匹配的工作曲线进行定量分析。内标法可用于校正仪器的信号漂移、不稳定性和基体效应。其中，内标的选择至关重要：要求在试样中不存在内标元素且相对原子质量和电离能与目标分析物接近。在痕量稀土元素ICP-MS分析中，通常选用质量在中间范围并很少存在于试样中的In和Rh作为其内标元素。

更为精确的ICP-MS分析可以采用同位素稀释质谱法(isotope dilution mass spectrometry, IDMS)，即所谓的标准加入法。它是往试样中加入已知量的添加同位素(spike isotope，称同位素稀释剂)的标准溶液。添加同位素一般为分析元素所有同位素中天然丰度较低的某种稳定同位素或寿命长的放射性同位素，经富集后加入试样。通过测定此同位素与另一同位素(参比同位素)的信号强度比进行精密的定量分析，参比同位素一般选用分析元素的最高丰度同位素，除非该同位素受到其他元素的同质量类干扰。此方法在很大程度上类似于内标元素方法。由于分析元素的同位素是能够采用的最佳内标，许多由化学和物理性质差异所引起的干扰能得以克服，分析精度在各种定量分析方法中是最高的。但是，IDMS的主要缺点是比较费时，而且使用示踪同位素的花费也比较高。

在ICP-MS常规定量分析中，试样溶液的消耗量在0.1～1 mL，不适合极小体积的试样分析。运用新型的微量进样装置，如微同心雾化器(试样消耗速率为几至几十微升每分钟)、电热蒸发器(试样消耗量在μL/mg级)等，可大大降低试样的消耗。新近出现的液滴微流控芯片-时间分辨ICP-MS高通量分析体系，可实现单个细胞中元素含量的定量分析。

6.3.3.3 同位素比的测量

同位素比的测量在科学和医学领域极其重要。以前，同位素比的测定都是采用热原子化和离子化，在一个或多个电热灯丝上将试样分解、原子化和离子化，而后将生成的离子引入一个双聚焦质谱仪，测定同位素比。测量结果的相对标准偏差可达0.01%级，相当精确但非常费时。而现在采用ICP-MS，分析一个试样只需几分钟，相对标准差在0.1%～1%，满足多数分析的要求，同时还可进行多元素测定，将会大大扩展同位素比测量的应用。

6.3.3.4 痕量元素形态分析

ICP-MS不具备识别不同元素存在形态的能力，只能给出目标元素的总量信息。但是将ICP-MS与高效液相色谱(HPLC)、气相色谱(GC)、毛细管电泳(CE)或一些试样前处理手段相结合，可以实现生物、环境等试样中As，Se，Hg，Sn等元素的形态分析。其中，HPLC与ICP-MS联用的接口简单，流速易匹配，是目前最常见的痕量元素形态分析手段。图6-14为HPLC-ICP-MS分析不同硒形态的色谱图。

6.3.3.5 元素标记ICP-MS分析

除了痕量元素/同位素及形态分析之外，在生物医学领域，ICP-MS目前已被用于生物标志物(如癌胚抗原、循环肿瘤细胞等)的高灵敏检测。基于ICP-

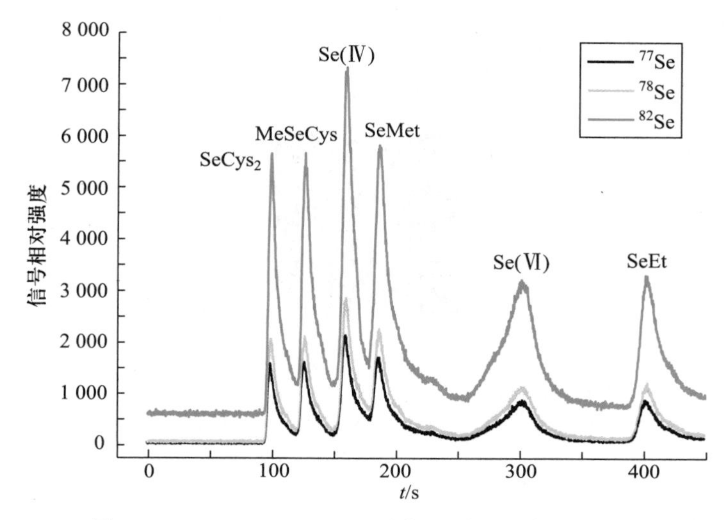

图 6-14　HPLC-ICP-MS 分析不同硒形态的色谱图

MS 的蛋白质定量方法是通过测定目标蛋白质中的杂原子或者外源杂原子标签来间接实现目标蛋白质的定量。该技术大致可分为两类：一类以蛋白质本身所含有的杂原子作为标签，利用在蛋白质中普遍存在的杂原子（如 S）和在某些蛋白质中特定存在的杂原子（如血红蛋白中的 Fe、铜蓝蛋白中的 Cu 等）进行 ICP-MS 的定量；一类则是采用物理/化学手段对蛋白质进行标记（或是对能与蛋白质发生专一性作用的某些物质进行标记，如抗原蛋白对应的抗体、酶对应的酶切多肽等），通过 ICP-MS 测定外源性元素标签对蛋白质进行定量。基于 ICP-MS 检测的元素标记蛋白质定量方法具有很高的灵敏度和优异的多蛋白质检测能力，耐受生物基质能力强，能实现蛋白质的绝对定量。

思考、练习题

6-1　ICPMS 中的 ICP 起什么作用？

6-2　无机质谱仪器由哪些部分组成？为什么必须在超高真空进行测量？

6-3　无机质谱仪器中的质量分析器有哪几种？各有什么特点？

6-4　比较 ICP-OES 和 ICP-MS 的优缺点。

6-5　试描述 ICP-MS 中 ICP 与质量分析器之间的接口。

6-6　在原子质谱分析中常见的干扰有哪些？如何降低和消除这些干扰？

6-7　简述无机质谱分析中的同位素稀释法，为什么说它是元素分析中最精确的方法？

6-8　除了痕量元素的半定量/定量分析，ICP-MS 还有哪些应用潜力？

参考资料

扫一扫查看

第7章　表面分析方法

7.1　概论

在仪器分析中，把物体与真空或气体间的界面称为表面，通常研究的是固体表面；当分析区域的横向线度小于 100 μm 量级时称为微区。表面是固体的终端，表面原子有部分化学键伸向空间，因此表面具有很活跃的化学性质。表面的化学组成、原子排列、电子状态等往往和体相不同，并将决定表面的化学反应活性、耐腐蚀性、黏性、湿润性、摩擦性及分子识别特性等。因而表面包括微区分析，涉及微电子器件、催化、材料及其他高新技术等众多领域。本章介绍表面及微区分析表征的方法和技术。

通常，近似地将表面厚度定义为 5 倍于原子或分子的直径，这意味着，对于原子结构的固体物质，如铁或硅，表面约 1 nm 厚；对于分子结构的固体物质，如聚合物，其表面是指 5 倍单体的厚度，为 5～10 nm，这个厚度下面则显示整体材料的性质。在实际测试过程中，表面有时指一个原子层或几个原子层，有时指厚度达微米级的表面层。

表面分析是指对表面及微区的特性和表面现象进行分析、测量的方法和技术，包括表面组成、结构、电子态和形貌等。表面组成包括表面元素组成、化学价态及其在表层的分布(元素在表面的横向及纵向/深度分布)；表面结构包括表面原(分)子排列等；表面电子态包括表面能级性质、表面态密度分布、表面电荷密度分布及能量分布等；表面形貌指“宏观”几何外形，当分析方法的分辨率达到原子级时，可观察到原子排列，这时表面形貌分析和表面结构分析之间就没有明确的分界了。

表面分析与表征涉及的内容很多，没有一种单独的方法能提供所有信息。表面分析通常是用一束粒子(光子、电子、离子或原子等)为探针来探测试样表面，在探针的作用下，从试样表面发射或散射粒子或波(粒子或波可以是电子、离子、光子、热辐射或声波等)，检测这些粒子或波的特征和强度，就可以得到相关表面的信息。表面分析方法可以按探测“粒子”或发射“粒子”来分类。如探测粒子和发射粒子都是电子，则称电子能谱；如探测粒子和发射粒子都是光子，则称光谱；如探测粒子和发射粒子都是离子，则称离子谱；如探测粒子是光子，发射粒子是电子，则称光电子谱。此外，还有近场显微、扫描隧道显微、原子力显微等。

因此，有人将表面分析按表征技术分为4类。第一类：电子束激发；第二类：光子激发；第三类：离子轰击；第四类：近场显微镜法。表面分析方法还可以按用途划分，即按组分分析、结构分析、原子态分析、电子态分析等划分。由于一种表面分析方法不可能提供不同材料表面所有信息，因而不同表面分析方法应运而生，在本章仅对其中最重要和最常用的几种方法加以讨论。

7.2 光电子能谱法

光电子能谱法是指采用单色光或电子束照射试样，使电子受到激发而发射，通过测量这些电子的(相对)强度与能量分布的关系，从中获得有关信息。用X射线作激发源的称为X射线光电子能谱(X-ray photoelectron spectrometry, XPS)，用紫外光作激发源的称为紫外光电子能谱(ultra－violet photoelectron spectrometry, UPS)，测量俄歇电子能量分布的称为俄歇电子能谱(Auger electron spectrometry, AES)。有的书中将前两者称为光子探针技术，而将AES称为电子探针技术。

7.2.1 光电子能谱法基本原理

物质受光作用释放出电子的现象称为光电效应。光子与物质相互作用时，单个光子把它的全部能量转给原子某壳层上一个受束缚的电子(内层电子容易吸收X射线量子；价电子容易吸收紫外光量子)，其中一部分用于克服结合能，剩余能量则作为它的动能，使分子或原子中的电子脱离而成为自由电子，即光电子。而原子或分子A本身则变成一个激发态离子 A^{+*}，这种现象称为光电离作用，这一过程可表示如下：

$$A + h\nu \longrightarrow A^{+*} + e^-$$

只有当光子能量大于临阈光子能量 $h\nu_0$，即光电离作用发生所需要的最小能量时，光电离作用才能发生。因此，光子的能量可表示为

$$h\nu = E_b + E_k + E_r \tag{7-1}$$

式中 E_b 是原子能级中电子的电离能或结合能；E_k 是出射光电子的动能；E_r 是发射光电子的反冲动能。E_k 的大小与电子被束缚的程度有关，$E_r \approx mh\nu/M$(m 和 M 分别代表光电子和反冲原子的质量)，一般很小，所以有

$$E_b = h\nu - E_k \tag{7-2}$$

因此，测得 E_k 后，就可以求得 E_b。

光电离作用发生时，光电离作用的概率可用“光电离截面”σ 表示，σ 定义为

某能级的电子对入射光子有效能量转移面积，也可以表示为一定能量的光子与原子作用时从某个能级激发出一个电子的概率。σ 越大，激发光电子概率也越大，它与电子壳层平均半径、入射光子能量和受激原子的原子序数等因素有关。对于不同元素，同一壳层的 σ 值随原子序数的增大而增大；而同一原子的 σ 值反比于轨道半径的平方。所以，对于轻原子，1s 比 2s 电子的激发概率要大 20 倍；对于重原子的内层电子，由于随着原子序数增大而轨道收缩，使得半径的影响不太重要；对于同一主量子数 n，σ 值随角量子数 L 的增大而增大。

电子能谱法所能研究的信息深度 d 取决于逸出电子的非弹性碰撞平均自由程 λ。所谓平均自由程（电子逸出深度）是指电子在经受非弹性碰撞前所经历的平均距离。电子平均自由程 λ 与其动能大小和试样性质有关，金属中为 0.5～2 nm，氧化物中为 1.5～4 nm，有机和高分子化合物中为 4～10 nm。一般认为 $d=3\lambda$。因此，电子能谱的取样深度一般很浅，在 30 nm 以内，是一种表面分析技术。

7.2.2 X 射线光电子能谱法

X 射线光电子能谱是瑞典 Uppsala 大学 Siegbahn K M（1981 年诺贝尔物理学奖获得者）及其同事经过近 20 年的潜心研究而建立的一种分析方法。他们发现了内层电子结合能的位移现象，解决了电子能量分析的技术问题，并测定了元素周期表中各元素的轨道结合能。X 射线光电子能谱的理论依据就是 Einstein 的光电子发射公式（光电效应），而在实际的 X 射线光电子能谱分析中，不仅用 XPS 测定轨道电子结合能，还经常用量子化学方法进行计算，并将两者进行比较。由于各种原子、分子的轨道电子结合能是一定的，XPS 可用来测定固体表面的电子结构和表面组分的化学成分，因此，XPS 一般又称为化学分析光电子能谱法（electron spectroscopy for chemical analysis，ESCA）。

7.2.2.1 电子结合能

电子结合能是指一个原子在光电离前后的能量差，即原子终态（2）与始态（1）之间的能量差，可表示为

$$E_b=E_{(2)}-E_{(1)} \tag{7-3}$$

对于气体试样，可以视为自由原子或分子。如果以电子不受原子核吸引的真空能级为参比能级，电子的结合能就是电子能级和真空能级的能量之差。根据式（7-3）就可求得结合能 E_b。

对于固体试样，由于真空能级与表面情况有关，所以选用 Fermi（费米）能级（E_F）作为计算结合能的参考点，即固体试样中某个能级的结合能是指它跃迁到 Fermi 能级所需的能量，而不是跃迁到真空能级所需的能量。所谓 Fermi 能级

是相当于热力学零度时固体能带中充满电子的最高能级。把固体试样中的电子由 Fermi 能级移到真空能级所需的能量称为逸出功，也称功函数。因此，对于固体试样，在计算结合能 E_b 时，还应当考虑电子由 Fermi 能级进入真空成为静止电子所需的能量，即克服功函数 φ_{sa}。即有如下能量关系式：

$$E_b = h\nu - E'_k - \varphi_{sa} \tag{7-4}$$

试样与仪器试样架材料之间存在接触电位差 ΔV，其值等于试样功函数(φ_{sa})与谱仪功函数(φ_{sp})之差。

$$\Delta V = \varphi_{sa} - \varphi_{sp} \tag{7-5}$$

由于接触电位差的存在，此时自由电子的动能从 E'_k（谱仪测量的电子动能）变为 E_k（试样发射电子的动能），如图 7-1 所示，E_r 为反冲能量，E_L 为自由电子能级。因为 $E_k + \varphi_{sp} = E'_k + \varphi_{sa}$，所以，固体试样光电子能量公式可变为

$$E_b = h\nu - E_k - \varphi_{sp} \tag{7-6}$$

固体试样的功函数 φ_{sa} 随试样而改变，而仪器的功函数 φ_{sp} 基本上为一定值（约为 4 eV)，当激发源的能量和仪器的功函数为已知时，准确测出光电子动能 E_k 后，根据式(7-6)即可求出固体试样中该电子的结合能 E_b。由于不同原子的电子结合能是一定的，据此可进行定性分析。

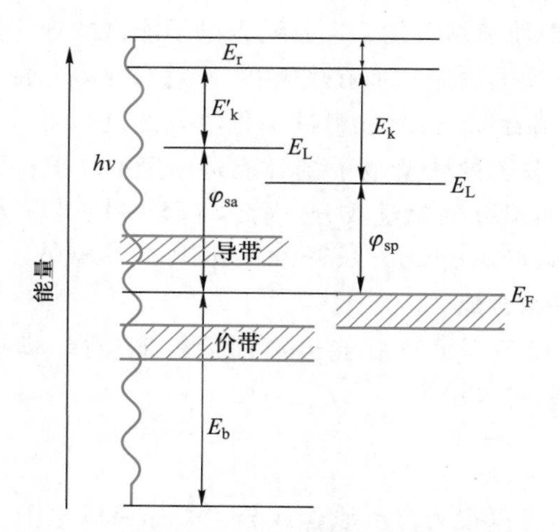

图 7-1 固体试样 X 光电子能谱能量关系示意图

7.2.2.2 X 射线光电子能谱图

X 射线光电子能谱图是以检测器单位时间内接收到的光电子数——光电子强度对电子结合能或光电子动能作图。由于 X 射线能量大，而价电子对 X 射线

的光电效应截面远小于内层电子，所以，XPS 主要是研究原子的内层电子结合能。内层电子不参与化学反应，保留了原子轨道特征，因此其电子结合能具有特征性；不同元素原子产生彼此完全分离的电子谱线，所以相邻元素的识别也不会发生混淆。在实际工作中，一般选用元素的最强特征峰来鉴别元素。图 7-2 所示是以 Mg K_α 为激发源，Ag 的 X 射线光电子能谱，通常采用被激发电子所在能级来标志光电子。例如，由 K 层激发出来的电子称为 1s 电子，由 L 层激发出来的电子分别记作 2s，$2p_{1/2}$，$2p_{2/3}$，依此类推。图 7-2 中，Ag $3d_{3/2}$ 和 Ag $3d_{5/2}$ 是两个最强的特征峰，其中后者更强一些，而 Ag 3p 峰仅为 Ag 3d 峰的 1/6 左右。

元素的特征峰与其量子数有关，由图 7-2 可以看出，主量子数 n 较小，则峰较强；主量子数 n 相同时，角量子数 L 较大者，峰较强；对于两个自旋分裂峰，内量子数 J 较大，则峰较强。由于元素原子在受 X 射线作用时，也伴随着其他一些物理过程的作用，因而在能谱中出现非光电子峰，即伴峰。另外，在进行光电子能谱分析时，试样表面有可能被周围水、CO_2 和尘埃玷污，造成图谱中出现 C，O，Si 等元素的特征峰，即污染峰。因此，实验过程中要保持试样表面高度清洁。

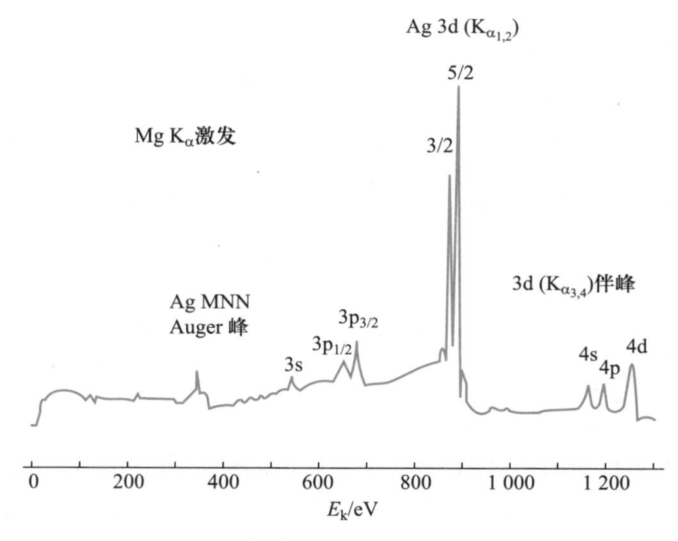

图 7-2 Ag 的 X 射线光电子能谱（Mg K_α 激发）

7.2.2.3 谱峰的物理位移和化学位移

由固体的热效应及表面荷电作用等物理因素引起的谱峰位移称为物理位移。由电子所处的化学环境不同而引起的谱峰位移称为化学位移。化学位移与该元素有效电荷分布密切相关，即与氧化数、电负性等密切相关。由于原子的内层电子同时受到核电荷的库仑引力和核外其他电子的屏蔽作用，当外层电子密度增大时，屏蔽作用增强，内层电子的结合能减少；反之，结合能将增加。图7-3为Be，BeO和BeF_2中Be的1s电子光电子谱线的化学位移。由图可见，当Be被氧化成BeO后，Be的1s电子结合能向高结合能方向移动2.9 eV，BeF_2和BeO中的Be虽然具有相同的氧化数，但由于氟的电负性比氧的电负性高，所以，Be在BeF_2中具有更高的氧化态。XPS结果表明，在BeF_2中由氟引起的结合能变化比BeO中由氧引起的结合能变化大，说明内层电子结合能随元素氧化态增高而增加，化学位移增大。即与电负性大的原子结合时，其电子结合能将向高结合能位移。

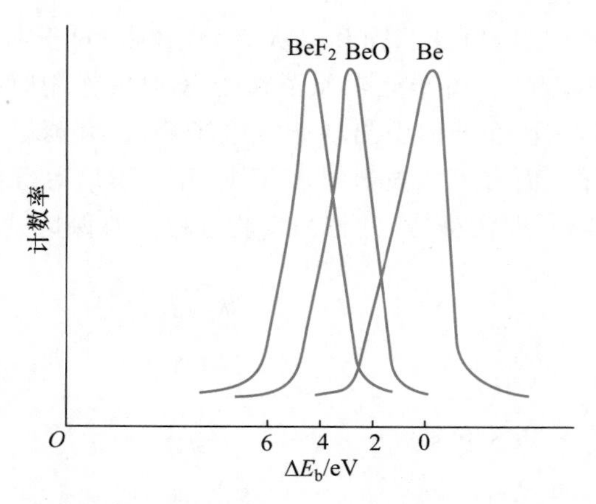

图7-3　Be，BeO和BeF_2中Be的1s电子光电子谱线的化学位移

7.2.3　紫外光电子能谱法

7.2.3.1　电离能

由于紫外光的能量比X射线能量低，只能激发原子或分子的价电子，因此，它所测定的是价电子的结合能，习惯上称为电离能。当气体试样在紫外光作用下激发出一个光电子后，相应地将产生一个激发态离子，这个离子可以处于振动、转动等激发状态，因此，入射紫外光的能量将用于以下几个方面：电子的电离能E_I，光电子的动能E_k，分子的振动能E_v和转动能E_r，即

$$h\nu=E_I+E_k+E_v+E_r \tag{7-7}$$

式中E_v约为0.05～0.5 eV，E_r更小，由于E_v，E_r比E_I小得多，因此，由式(7-7)可得

$$E_k=h\nu-E_I \tag{7-8}$$

E_v 通常可以忽略不计。但是,当采用高分辨率紫外光电子能谱仪时,可以观察到振动的精细结构。由于X射线光电子是由原子内层电子激发出来的,其结合能比离子的振动能和转动能要大得多,而且射线的自然宽度也比紫外光大得多,所以,它不能分辨出振动精细结构。而紫外光能量较低,线宽较窄(通常约0.01 eV),可分辨出分子的振动精细结构。由此可见,紫外光电子能谱是研究振动结构的一种有效方法。

7.2.3.2 紫外光电子能谱图

紫外光电子能谱图的形状取决于入射光子的能量和电离后离子的状态,以及具体的实验条件。图7-4是用高分辨紫外光电子能谱仪观察到的谱图,可分为第一谱带(第一电离能 I_1)和第二谱带(第二电离能 I_2)。它们分别是由分子中与第一电离能和第二电离能相关能级上的电子被逐出而产生的。第一谱带又包括几个峰(绝热电离能 I_n:O←O 跃迁,垂直电离能 I_v),分别对应于振动基态的分子到不同振动能级离子的跃迁。

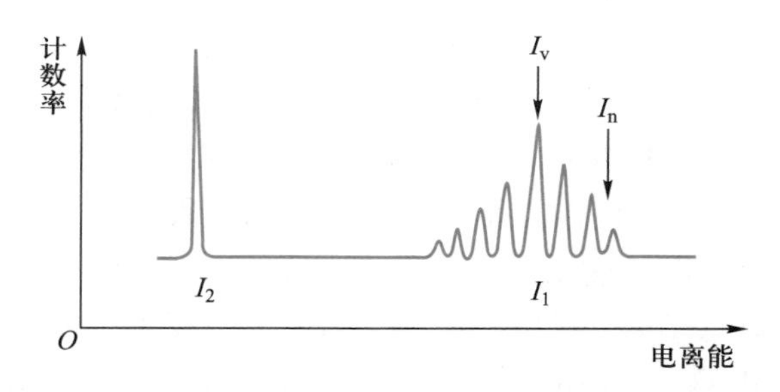

图7-4 高分辨紫外光电子能谱图

在紫外光电子能谱中,由于价电子的谱峰很宽,在实验中测定其化学位移很难。然而一些由非键或弱键轨道中电离出来的电子的谱峰很窄,其化学位移容易测量,同时它们的化学位移又与元素所处的化学环境有关,所以能够提供一些有用的结构信息。但是有关计算非常复杂,因此,对于图谱的解释,通常采用简化的方法,即在大量实验事实的基础上,对某些规律进行概括。

一般来说,根据谱带的形状和位置,可以知道有关分子轨道的一些信息。图7-5是紫外光电子能谱中典型的谱带形状,它们与化学键性质有关(Ⅰ:非键或弱键轨道,尖锐对称峰;Ⅱ,Ⅲ:成键或反键轨道,垂直电离能对应的峰最强,其他峰较弱;Ⅳ:非常强的成键或反键轨道,缺乏精细结构的宽谱带;Ⅴ:振动精细谱叠加在离子的连续谱上;Ⅵ:离子振动类型不止一种,组合谱带)。不同轨道的电离能范围不同,即谱带出现的位置不同,它可以帮助我们估计有关谱峰所对应的轨道性质。此外,诱导效应、中介效应和轨道相互作用对谱峰也有影响。因此，在实际工作中，常采用谱图的“指纹”来进行鉴定，即比较未知化合物和已知化合物图谱，这样就不需要对谱图进行严格的解释了，而且很容易掌握。

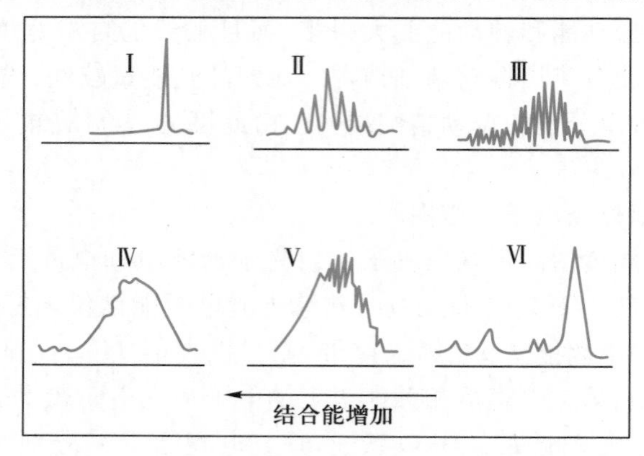

图 7-5 紫外光电子能谱中典型的谱带形状

7.2.4 Auger 电子能谱法

1925 年，法国的物理学家 Auger P(俄歇)在用 X 射线研究光电效应时就已发现 Auger 电子，并对该现象给予了正确的解释。到 20 世纪 60 年代，随着微电子及筒镜能量分析器的引入，提高了分析的灵敏度和速度，使 Auger 电子能谱被广泛应用。Auger 电子能谱法(AES)是用具有一定能量的电子束(或 X 射线)激发试样，以测量二次电子中的那些与入射电子能量无关，而本身具有确定能量的 Auger 电子峰为基础的分析方法。由于采用电子激发得到的 Auger 电子谱强度较大，因而 AES 常用电子作激发源；Auger 电子峰的能量具有元素特征性，故可以用于定性分析；Auger 电流近似地正比于被激发的原子数目，据此可以进行定量分析。AES 是一种快速、灵敏的表面分析方法。

7.2.4.1 Auger 电子能谱的产生

在一定能量的电子束(或 X 射线)轰击下，使原子内壳层电子电离，形成具有初态空位的激发态离子，处于激发态的离子恢复到基态的去激发可以经过两种竞争的过程：(1) 发射 X 射线荧光，即外层电子跃迁到内层轨道，并以 X 射线释放多余的能量；(2) 发射 Auger 电子，即此内层空穴被较外层电子填入，多余的能量以非辐射方式传给另一个电子(Auger 电子)，并使之发射，如图 7-6 所示。即

$$A^{+*} \longrightarrow A^{+} + h\nu \quad (\text{发射 X 射线荧光})$$
$$A^{+*} \longrightarrow A^{2+} + e^{-} \quad (\text{发射 Auger 电子})$$

Auger 电子常用 X 射线能级来表示。例如，$KL_{\mathrm{I}}L_{\mathrm{II}}$ Auger 电子表示最初逐

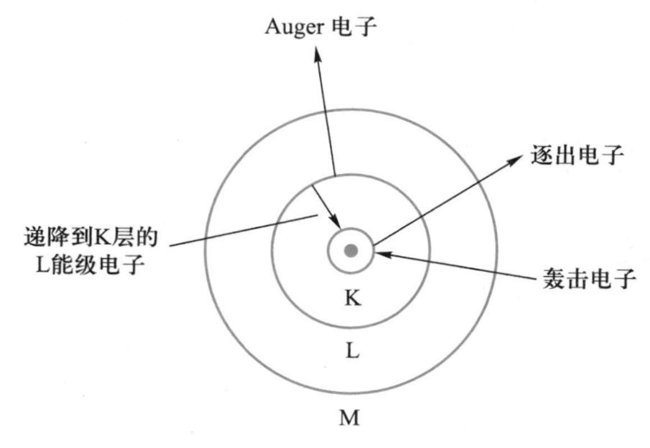

图 7-6 Auger 电子发射过程

出 K 能级电子，然后由 L_{I} 能级上电子填入 K 能级的空穴，多余能量传给 L_{II} 能级上的一个电子并使之发射出来。由于 Auger 跃迁过程至少有两个能级和三个电子参与，所以第一周期的氢原子和氦原子不能产生 Auger 电子。

7.2.4.2 Auger 电子产额

Auger 电子产生与 X 射线荧光发射是两个相互竞争的过程，对于 K 型跃迁，设发射 X 射线荧光的概率为 P_{KX}，发射 K 线系 Auger 电子的概率为 P_{KA}，则 K 层 X 射线荧光的产额 Y_{KX} 为

$$Y_{KX}=P_{KX}/(P_{KX}+P_{KA}) \tag{7-9}$$

K 线系 Auger 电子的产额为 Y_{KA}，则

$$Y_{KA}=1-Y_{KX} \tag{7-10}$$

由于 Y_{KX} 与原子序数有关，所以 X 射线荧光产额和 Auger 电子产额均随原子序数而变化，如图 7-7 所示。由图可见，Auger 电子能谱法更适用于轻元素（$Z<32$）的分析，产额较高，原子序数在 11 以下的轻元素发射 Auger 电子的概率在 90%以上；随着原子序数的增加，X 射线荧光产额增加，而 Auger 电子产额下降。

7.2.4.3 Auger 电子峰的强度

Auger 电子峰的强度 I_{A} 主要由电离截面 Q_{i} 和 Auger 电子发射概率 P_{A} 决定：

$$I_{A}\propto Q_{i}\cdot P_{A}$$

电离截面与被束缚电子 i 的能量（E_{bi}）和入射电子束能量（E_{in}）有关。一般来说，当 $E_{in}\approx 3E_{bi}$ 时，Auger 电流较大。若 $E_{in}<E_{bi}$，入射电子的能量不足以使

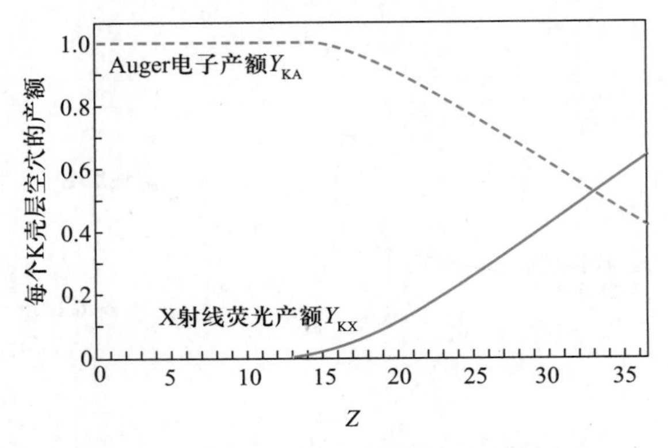

图 7-7 Auger 电子产额与原子序数的关系

i 能级电离，Auger 电子产额等于 0；若 E_{in} 过大，入射电子与原子相互作用时间过短，也不利于产生 Auger 电子。通常采用较小的入射角（10°～30°），可增大检测体积，获得较大的 Auger 电流。

7.2.4.4 Auger 电子的能量

Auger 电子的动能只与电子在物质中所处的能级及仪器的功函数 Φ 有关，与激发源的能量无关。因此，要在 X 射线光电子能谱中识别 Auger 电子峰，可变换 X 射线源的能量，X 射线光电子峰会发生移动，而 Auger 电子峰的位置不变，据此可加以区别。

Auger 电子的动能可以根据 X 射线能级来估算。例如，$KL_{I}L_{II}$ Auger 电子的能量是 $E_K-E_{LI}-E_{LII}$。精确计算时，还应该考虑仪器的功函数及 Auger 跃迁过程中电离态的变化。与单电离原子相比，双重电离原子的 L_{II} 电子的电子结合能还需要考虑电子从 Fermi 能级提升到仪器的试样托架电位所需要做的功。因此，固体物质的 $KL_{I}L_{II}$ Auger 电子的能量应为

$$E_{KL_{I}L_{II}}=E_K(Z)-E_{LI}(Z)-E_{LII}(Z+\Delta)-\Phi \qquad (7-11)$$

式中 Z 为原子序数；Φ 为仪器功函数；Δ 为有效核电荷补偿数，一般在 1/2～1/3 eV。

Auger 电子能量的通式可写成

$$E_{wxy}(Z)=E_w(Z)-E_x(Z)-E_y(Z+\Delta)-\Phi(Z\geqslant 3) \qquad (7-12)$$

式中 $E_w(Z)-E_x(Z)$是 x 轨道电子填充 w 轨道空穴时释放出的能量；$E_y(Z+\Delta)$是 y 轨道电子电离时所需的能量。

由 X 射线和光电子能量表查得 Z 和 $Z+1$ 原子的 y 轨道电子单重电离能，便可估算出 $E_{wxy}(Z)$。测出 Auger 电子能量，对照 Auger 电子能量表，就可确定

试样表面的成分。

7.2.4.5 Auger 电子能谱

1. Auger 电子峰

Auger 电子的能量只与所发生的 Auger 跃迁过程有关，因此，它具有特征性，可据此进行定性分析。对于原子序数为 3～14 的元素，最显著的 Auger 电子峰是由 KLL 跃迁形成的；原子序数 14～40 的元素，则是 LMM 跃迁形成的，依此类推。Auger 电子峰常叠加在二次电子谱和散射电子谱上，当把各种信息的电子按其能量分布绘制成电子能谱图 $N(E)-E$ 时，为了提高谱图的 Auger 信号并同时抑制本底信号，通常将 $dN(E)/dE$ 峰的最大负振幅处作为 Auger 电子峰的能量（但要指出的是，它和真正的 Auger 电子能量有区别），它出现在第二次能量分布曲线 Auger 电子峰高能侧的拐点，而不是该峰的顶点。图 7-8 所示为用 1 keV 的入射电子激发银靶得到的 Auger 电子峰。由图可见，采用微分值后，可得到明显的 Auger 电子峰。

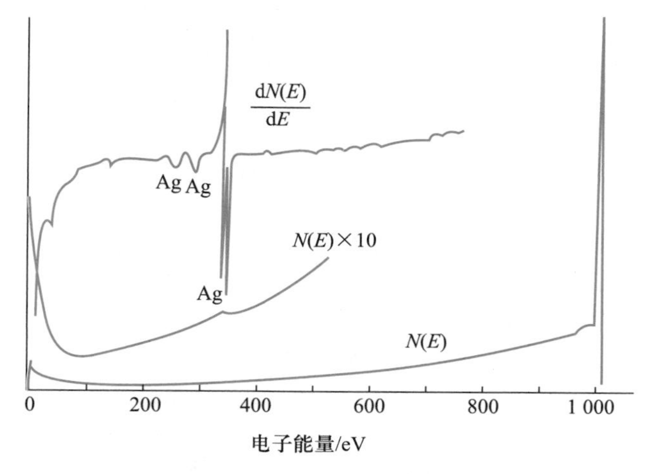

图 7-8 用 1 keV 的入射电子激发银靶得到的 Auger 电子峰

2. 化学环境的影响

Auger 电子能谱除对固体表面的元素种类具有标识外，它还能反映 3 类化学效应——原子化学环境的改变引起 Auger 电子能谱结构的变化。这 3 类化学效应如下：

(1) 电荷转移　原子发生电荷转移（如价态变化）引起内壳层能级移动，使 Auger 电子峰产生化学位移。实验中测得的 Auger 电子峰位移可以从小于 1 eV到大于 20 eV。可以根据化学位移来鉴别不同化学环境的同种原子。

(2) 价电子谱　价电子谱能直接反映价电子的变化，它不仅使 Auger 电子能量发生位移，而且由于新化学键（或带结构）形成时原子外层电子重排，造成谱图形状改变。图 7-9 是不同状态 Mn 的 Auger 电子能谱。由图可见，氧化程度不同，不仅使 Auger 电子峰位移了几个电子伏，而且在40 eV处还发生了峰的分裂（一分为二）。

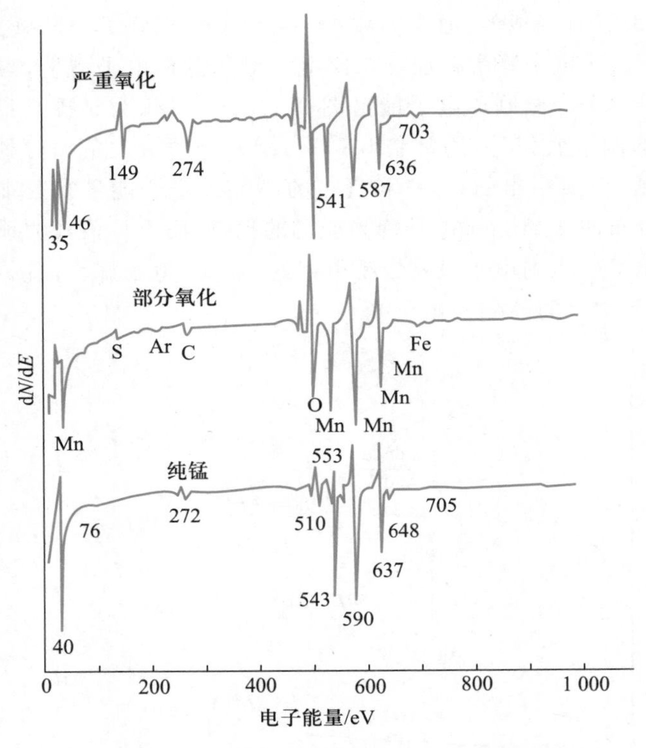

图 7-9 不同状态 Mn 的 Auger 电子能谱

（3）等离子激发 不同的化学环境将造成不同的等离子激发而损失能量，从而造成一群附加等离子伴峰。例如，纯镁的 Auger 电子能谱中低能端出现一群小峰，而氧化镁的谱图就没有这些峰。

Auger 电子能谱作为一种表面分析方法，它的信息深度取决于 Auger 电子的逸出深度，即电子平均自由程。对于能量为 50～2 000 eV 的 Auger 电子，平均自由程是 0.4～2 nm，逸出深度与 Auger 电子能量及试样材料有关。

7.2.5 电子能谱仪

X 射线光电子能谱仪、紫外光电子能谱仪和 Auger 电子能谱仪都是测量低能电子的，均由激发源、试样室系统、电子能量分析器、检测器和放大系统、真空系统及计算机等部分组成。电子能谱仪通常采用的激发源有三种:X射线源、真空紫外灯和电子枪。由于各能谱仪之间除激发源不同外,其他部分基本相同,因此,配备不同激发源,可使一台能谱仪具有多种功能,这是近年来能谱仪制造的发展趋势。图7-10为以XPS为主机的多功能电子能谱仪示意图。

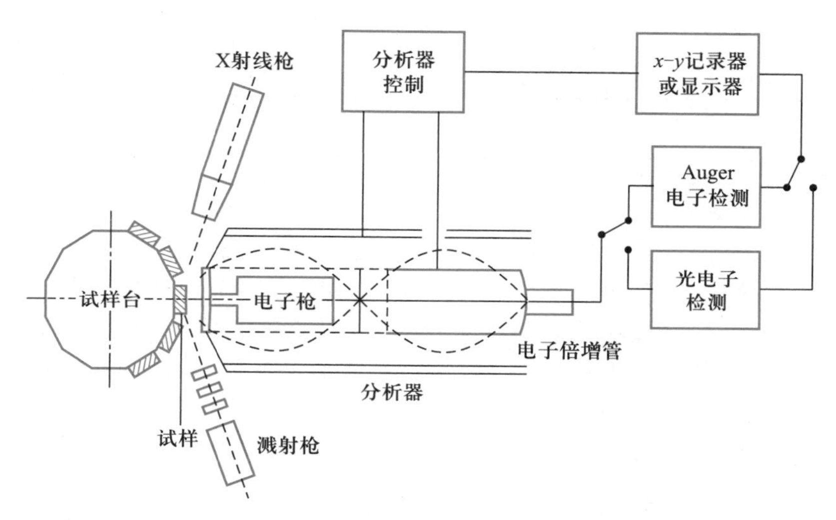

图7-10 以XPS为主机的多功能电子能谱仪示意图

7.2.5.1 激发源

在XPS中,其分辨率主要取决于X射线的宽度,故一般用较轻金属元素作阳极的X射线管作为激发源,表7-1所列为X射线光电子能谱仪常用激发源,使用时采用分光晶体使光源单色化来提高分辨率(能量宽度小于0.3 eV)。在紫外光电子能谱仪中,常采用He和Ne等气体放电产生的共振线为激发源,如表7-2所列。Auger电子能谱仪则常用电子枪作为激发源,以得到强度较大、能量较高(5～10 keV)的电子枪源。

表7-1 X射线光电子能谱仪常用激发源

射线	能量 E/eV	半峰高宽 $W_{1/2}$/eV	射线	能量 E/eV	半峰高宽 $W_{1/2}$/eV
Na K_α	1 041.0	0.4	Ti K_α	4 511	1.4
Mg K_α	1 253.6	0.7	Cr K_α	5 415	2.1
Al K_α	1 486.6	0.8	Cu K_α	8 048	2.5
Si K_α	1 739.4	0.8			

表 7-2 紫外光电子能谱仪常用激发源

真空紫外光源	能量 E/eV	真空紫外光源	能量 E/eV
He(Ⅰ)	21.2	Ar(Ⅰ)	11.62;11.83
He(Ⅱ)	40.8	Xe(Ⅰ)	9.55;8.42
莱曼 a	10.2	Kr(Ⅰ)	10.02;10.63
Ne(Ⅰ)	16.5;16.83		

7.2.5.2 单色器——电子能量分析器

电子能量分析器是电子能谱仪的核心部分，是测量电子能量分布的一种装置，其作用是探测试样发射出来的不同能量电子的相对强度。电子能量分析器的分辨率定义为：$(\Delta E/E_K)\times100\%$，表示分析器能够区分两种相近能量电子的能力。电子能量分析器可分为磁场型和静电型两类。由于静电型电子能量分析器具有体积小，外磁场屏蔽简单，易于安装和调整等优点，因此，现在的商品仪器绝大多数采用静电型电子能量分析器。常用的静电型电子能量分析器有半球形电子能量分析器和筒镜电子能量分析器两种。

1. 半球形电子能量分析器

半球形电子能量分析器由两个同心半球面组成。外球面加负电荷，内球面加正电荷，在同心球面间隙形成一个径向电场，当电子束从两半圆中通过时，不同能量的电子在不同方向偏转而得到分离。如果在球形半圆上加上连续改变的电压（扫描电压），则可以使不同能量的电子在不同的时间依次通过分析器，记录每一种动能的电子数，并与其对应的电子能量作图，就得到电子能谱图。

2. 筒镜电子能量分析器

筒镜电子能量分析器由两个同轴圆筒组成，如图 7-11 所示。试样和检测器放置在两个圆筒的公共轴线上，空心内筒的圆周上开有彼此平行且垂直于圆筒公共轴线的入口和出口狭缝。外筒加上负电压，内筒接地，内外筒之间的电压产生一个筒形轴对称的减速静电场，使具有一定能量的电子聚焦并进入检测器。能够通过筒镜电子能量分析器的电子的能量由下式决定：

$$E_K=-eU/[2\ln(r_2/r_1)] \tag{7-13}$$

式中 E_K 为通过分析器的电子动能；$-e$ 为电子电荷；U 为加在内外筒之间的电压；r_1 为内筒半径；r_2 为外筒半径。

筒镜电子能量分析器的接收角比较大，几乎全部 2π 都能利用，因此灵敏度较高，大多数 Auger 电子能谱仪都采用筒镜电子能量分析器。但为了弥补其分辨率较低的缺陷，现在的商品仪器常采用二级串联筒镜电子能量分析器。

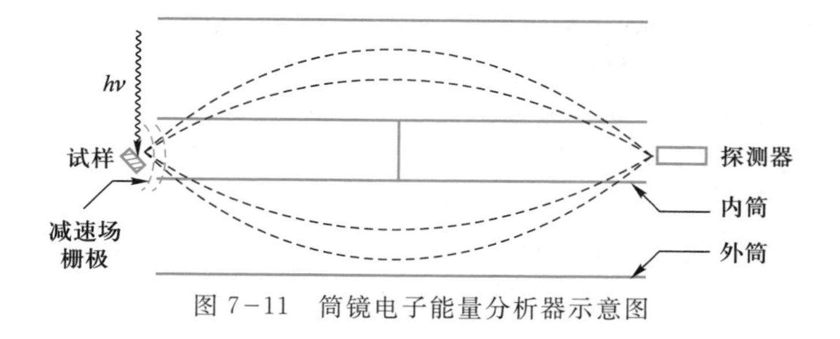

图 7-11 筒镜电子能量分析器示意图

3. 检测器

由于原子和分子的光电子截面都较小，因此，从原子或分子产生并经电子能量分析器出来的光电子流仅为 $10^{-13}\sim10^{-19}$ A，要接收这样弱的信号，必须采用电子倍增器，如单通道电子倍增器或多通道电子倍增器。

4. 试样室系统和真空系统

试样预处理（如氢离子清洗等）、进样系统和试样室三部分构成了试样室系统；真空系统提供高真空环境。真空系统有两个功能，其一是使试样室和分析器保持一定的真空度，以便减少光电子在运动过程中与残留气体分子发生碰撞而损失信号强度；其二是降低活性残余气体的分压，防止杂质峰产生。由于试样室处于超高真空（$<10^{-6}$ Pa），所以，对于气体试样，常采用差分抽气进样方式。对于液体试样，常采用蒸发冷冻或直接冷冻的办法将液体转变为固态后进行测定，或将液体汽化成气体后进行测定。

7.2.6 电子能谱法的应用

7.2.6.1 电子能谱法的特点

（1）可分析除 H 和 He 之外的所有元素。可以直接测定来自试样单个能级光电发射电子的能量分布，且直接得到电子能级结构的信息。

（2）如果把红外光谱提供的信息称为“分子指纹”，那么电子能谱提供的信息可称为“原子指纹”。它能提供有关化学键方面的信息，直接测量价层电子及内层电子轨道能级。而且相邻元素的同种谱线相隔较远，相互干扰少，元素定性标识性强。

（3）是一种无损分析。

（4）是一种高灵敏超微量表面分析技术。分析所需试样约 10^{-8} g 即可，绝对灵敏度达 10^{-18} g，试样分析深度约 2 nm。

7.2.6.2 X 射线光电子能谱法的应用

X 射线光电子能谱法的优点：它是研究表面及界面化学最好的方法之一。可进行多元素同时分析、定性分析、定量分析、化学状态分析、结构鉴定、无损深度剖析、微区分析等；可进行不同形状（如平面、粉末、纤维及纳米结构）材料的分析，包括不同形状的有机材料（对 X 射线敏感材料除外），分辨率为 0.2 eV。随着科学技术的发展，XPS 也在不断地完善。目前，已开发出的小面积 X 射线光电子能谱，大大提高了 XPS 的空间分辨能力。

1. 元素定性分析

元素周期表中每一种元素的原子结构互不相同，原子内层能级上的电子结合能是元素特性的反应，据此可以进行定性分析。可检测元素从 Li 到 U。图 7-12是$(C_3H_7)_4N^+S_2PF_2^-$ 的 X 射线光电子能谱图，可见除氢以外，其他元素都清晰可见。图中氧峰为杂质峰，说明该化合物已部分被氧化。

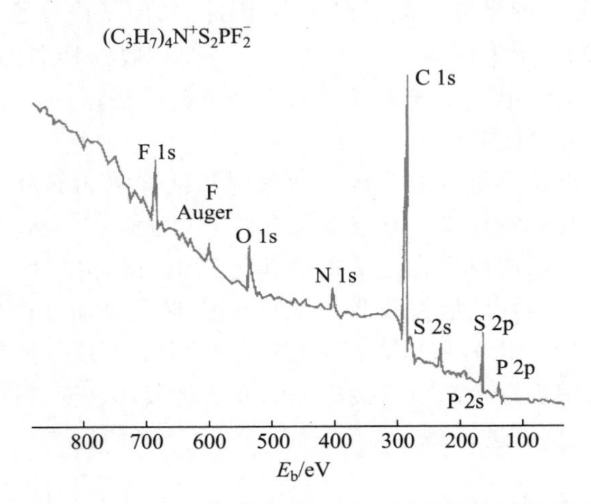

图 7-12 $(C_3H_7)_4N^+S_2PF_2^-$ 的 X 射线光电子能谱图

XPS 除用于元素定性分析外，还可用于稀有气体、不活泼气体和一氧化碳等气体的混合物分析，以及不同价态金属氧化物中金属价态和相对含量的确定。

2. 元素定量分析

XPS 定量分析的依据是光电子谱线的强度（光电子峰的面积或峰高）与元素含量有关，光电子峰的面积（或峰高）的大小主要取决于试样中所测元素的含量（或相对浓度），但在不同试样中，元素含量与光电子峰的强度之间并不存在简单的比例关系。因此，在实际分析中，采用与标准试样比较的方法进行元素的定量分析，相对标准偏差可达 1%～2%；还可采用灵敏度因子法，虽然此法误差较大，但具有简便、快速等优点，对于许多实际问题来说，采用灵敏度因子法所得实验数据，已足以说明问题。

XPS 用于定量分析，具有如下优点：可进行多元素同时测定，能分析有机及高分子材料（元素及分子结构），对试样辐射损伤小，是非破坏性分析技术。

3. 固体表面状态分析

固体表面存在一个与固体内部组成和性质不同的相。X射线光电子能谱作为重要的表面分析方法之一，在表面吸附、催化、氧化和腐蚀等方面都有应用。图7-13是一种钯催化剂在含氮有机化合物体系中失活前后的X射线光电子能谱图。由图可见，催化剂失活前，表面上钯的谱峰明显，氮的谱峰很弱；失活后，钯峰消失，氮峰明显。这一结果充分地说明此催化剂的失活是由于它的表面吸附了含氮有机化合物。

4. 化合物结构鉴定

XPS结构分析的特点是直接捕获到表征化合物的化学键和电荷分布的信息，化学键和电荷分布的信息来源于原子内层电子结合能的化学位移。化学位移是指分子中原子的化学环境的改变影响光电子能量变化，从而导致谱图上出峰位置发生移动。由化合物中各原子的化学位移值，可以得到化合物结构的有关信息。

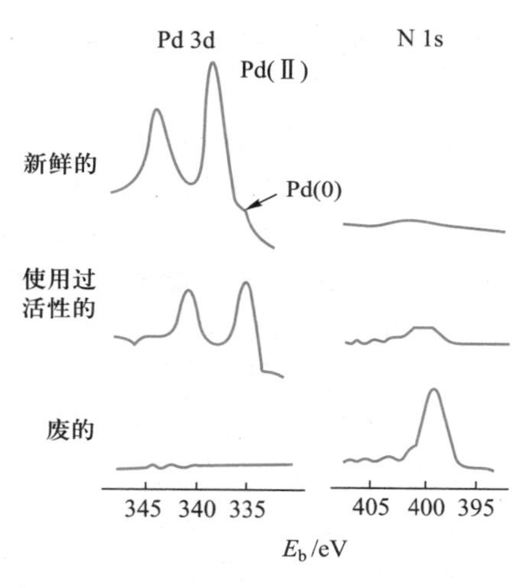

图7-13 一种钯催化剂在含氮有机化合物体系中失活前后的X射线光电子能谱图

5. 生物大分子研究

XPS用于生物大分子研究也有不少例子。例如，维生素B_{12}在C，H，O，N等180个原子中只有一个Co原子，因此，在10 nm厚的维生素B_{12}层中只有非常少的Co原子，但从维生素B_{12}的X射线光电子能谱图中仍能清晰地观察到Co的电子峰。

6. 深度剖析及微区分析

XPS和AES均可用于深度剖析及微区分析，其分析特点如下：采样深度均在1 nm左右；试样本体对表面元素的检测灵敏度影响很小；采样面积通常小于被溅射的面积，减少了边沿效应的影响；但XPS在检测速度、信号/本底比和空间分辨率等方面较AES差。

7.2.6.3 紫外光电子能谱法的应用

紫外光电子能谱的特点是研究原子或分子的价电子，因此，与X射线光电子能谱相比，它将从另一个方面提供有关物质的结构信息，分辨率为2～25 meV。两种方法在应用中可相互补充。

1. 定性分析

紫外光电子能谱能够提供振动-转动能级结构方面的信息，所以，它与红外光谱相似，也具有分子“指纹”性质，可用于鉴定某些同分异构体、确定取代作用和配位作用的程度和性质。但不适合于元素的定性分析。

2. 表面分析

紫外光电子能谱可用于研究固体表面吸附、催化及表面电子结构等。

3. 测量电离能

紫外光电子能谱能精确测量物质的电离能。紫外光电子的能量减去光电子的动能便得到被测物质的电离能。对于气体试样而言，电离能相等于分子轨道的能量。分子轨道能量的大小和顺序，对于解释分子结构、研究化学反应、验证分子轨道理论的计算结果等，提供了有力的依据。

4. 研究化学键

观察紫外光电子能谱不同谱带的形状，可以得到有关分子轨道成键性质的某些信息。例如，出现尖锐的电子峰，可能存在非键电子；带有振动精细结构的比较宽的峰，可能有 π 键存在等。

7.2.6.4 Auger 电子能谱法的应用

Auger 电子能谱原则上适用于任何固体，灵敏度高，可以探测的最小面浓度达 0.1%单原子层。其采样深度为 1～2 nm，比 XPS 还要浅。它的分析速度比 XPS 更快，因此有可能跟踪某些快的变化。它与 XPS 具有许多相同之处，例如，都可以用作除 H，He 以外的元素的定性分析、定量分析及状态分析等，但亦有不同之处。Auger 电子能谱法用于微区分析时，由于电子束束斑非常小，具有很高的空间分辨率，可以进行扫描和微区上元素的选点分析、线扫描分析和面分布分析等。其不足之处在于它采用电子作为激发源，难于分析有机材料表面。

1. 定性分析

由于 Auger 电子的能量仅与原子本身的轨道能级有关，与入射电子的能量无关，因而 Auger 电子的能量是特征性的。主要适用于原子序数 33 以下轻元素的定性分析。将实验测得的 Auger 电子峰的能量与已知元素的各类 Auger 跃迁的能量加以对照，就可以确定元素种类。多数情况下，Auger 电子能谱主要用于监测洁净表面和被污染表面的元素组成或化学组成，多用于薄膜材料的分析。

2. 定量分析

Auger 电流近似地正比于被激发的原子数目，因此，可以利用这一特征进行元素的半定量分析。由于 Auger 电流不仅与原子数有关，还与 Auger 电子的逃逸深度、试样表面的光洁度、元素的化学状态及仪器状态有关，因此，Auger 电子能谱技术一般不能给出所分析元素的绝对含量，常用相对含量来进行定量分析，即把试样的 Auger 电子信号与标准试样的信号在相同条件下进行比较，即半定量分析。

3. 表面元素的化学状态分析

表面元素的化学状态分析是 Auger 电子能谱技术的一种重要功能，Auger 化学位移比 XPS 的化学位移大，且结合深度分析可以研究表面化学状态。此外，Auger 电子能谱还与线形变化有关，因此，Auger 电子能谱的线形分析也是元素化学状态分析的重要方法。

4. 微区分析

微区分析是 Auger 电子能谱分析的一个重要功能，可分为选点分析、线扫描分析和面扫描分析，它是纳米材料研究的主要手段。从理论上讲，Auger 电子能谱选点分析的空间分辨率可以达到束斑面积大小，利用计算机选点，可以同时对多点进行表面定性分析、表面成分分析、化学状态分析和深度分析；可以了解一些元素沿某一方向的分布情况——线扫描分析；可以把某一元素在某一区域的分布以图像的方式表示出来——面扫描分析；结合化学位移分析，还可以获得特定化学价态元素的化学分布像。

7.3 二次离子质谱法

7.3.1 二次离子质谱法原理

当初级离子束（Ar^+，O_2^+，N_2^+，O^-，F^-，N^- 或 Cs^+ 等）轰击固体试样表面时，它可以从表面溅射出各种类型的二次离子（或称次级离子），利用离子在电场、磁场或自由空间中的运动规律，通过质量分析器，可以使不同质荷比（m/z）的离子分开，经分别计数后可得到二次离子强度－质荷比关系曲线，这种分析方法称为二次离子质谱法（secondary ion mass spectrometry，SIMS）。每个入射离子从试样表面溅射出的平均粒子数，称为溅射产额。元素种类或化合物类型不同，溅射产额不同，为 0.1～10 原子/离子。同一化合物的各种不同二次离子的产额存在几个数量级的差别，因此，质谱图中的二次离子流强度通常用对数坐标表示。

二次离子质谱有“静态”和“动态”两种，在静态（static）二次离子质谱（SSIMS）中，入射离子能量低（<5 keV），束电流密度小（$nA \cdot cm^{-2}$ 量级），以尽量降低对表面的损伤，这样接收的信息可以看成是来自未损伤的表面。动态（dynamic）二次离子质谱（DSIMS），入射离子能量较高，束电流密度大（$mA \cdot cm^{-2}$ 量级），表面剥离速度快，分析的深度深，在表面分析过程中，它会使表面造成严重损伤。

7.3.2 二次离子质谱仪

除“探测粒子”源不同外，SIMS 与介绍过的质谱仪及其他表面分析仪器类似，这里只做简要介绍。在 SIMS 中，“探测粒子”源为离子枪系统。一次离子通常是用双等离子枪类型的气体放电源（O_2^+，O^-，N_2^+，Ar^+）、表面电离源（Cs^+，Rb^+）或液态金属场离子发射源（Ga^+，In^+）产生的。离子枪的基本结构由离子源、引出、聚集和偏转装置等组成。图 7-14 为 SIMS 原理示意图。

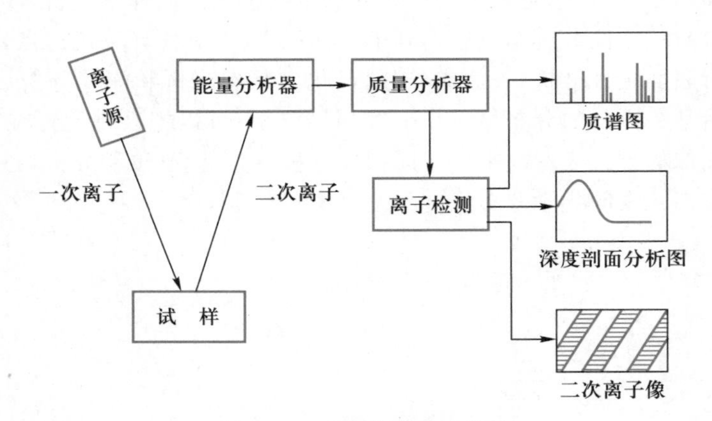

图 7-14 SIMS 原理示意图

7.3.3 二次离子质谱的应用

1. 表面成分分析

SIMS 的检测灵敏度是所有表面分析法中最高的，很适合于痕量杂质分析。例如，对集成电路（IC）上 500 nm 厚的 SiO_2 保护膜进行分析以找出其失效的原因。SiO_2 膜为一种低熔点玻璃态材料，含有 Na，K，Li，B，SiO_2 等。用 Auger 电子能谱仪发现 Si，O，C，SiO_2 峰，无法找出 IC 失效原因所在；而将未失效与失效的 IC 进行 SIMS 分析时，可以看到后者的谱图有 Li^+，B^+，K^+，Na^+，KO^+ 等杂质峰，其中 Na^+ 峰比前者高一个数量级，据此判断 Na^+ 是造成 IC 失效的原因。

2. 深度剖析

其他表面分析方法（如 XPS，AES 等）在进行深度分析时，是采用溅射方式将试样逐级剥离，这些方法对剥离掉的物质不加分析，所分析的是新生成的表面。与此相反，SIMS 则是连续研究所有正被剥离的物质，它的试样利用率高，信息深度大约为一个原子层，可以检测所有元素和同位素且有很高的灵敏度，因此，SIMS 成为深度剖析的主要方法。

3. 二维及三维成分分布分析

利用直接成像或扫描方式可以得到试样各种成分(元素及其同位素)二维分布的真实图像,进而构成各种成分的三维分布图像。随着计算机数字图像技术发展及 SIMS 的空间和质量分辨率的提高,从 SIMS 图像中可以提取丰富的化学成分和结构信息。

此外,利用低密度和低能量的一次离子束为激发源进行静态 SIMS 分析,可以分析一些不挥发、热稳定性差的有机化合物,如用 SIMS 分析在 Ag 表面上沉积的单层维生素 B_{12}。

7.4 扫描隧道显微镜和原子力显微镜

扫描隧道显微术(scanning tunneling microscopy,STM)是 IBM 苏黎世实验室的 Binnig G 博士、Röhrer H 博士及其同事们发明的。1986 年,Binnig 和 Röhrer 与发明电子显微镜的 Ruska E 一道,获得诺贝尔物理学奖。

扫描隧道显微镜的工作原理是基于量子力学的隧道效应。它是将原子尺度尖锐的探针(又称针尖)和被研究物质(即试样,通常为导体或半导体)表面作为两个电极,当这两个电极距离非常接近(<1 nm)时,其间的势垒变得非常薄,以至电子可以穿过势垒从一个电极进入另一个电极,这样两个导体及其间的薄绝缘层便构成了隧道结,此效应即所谓隧道效应。由于隧道电流的大小与电极间的有效间隙成指数关系,因此,由隧道电流的变化能很敏感地检测到距离的变化。

扫描隧道显微镜有两种不同的工作模式:恒电流模式和恒高模式。恒电流模式在针尖扫描过程中,为了维持电流恒定,反馈系统必须随时调整探针高度,记录针尖上下运动的轨迹即可给出表面形貌。恒电流模式是 STM 常用的工作模式,它不要求试样表面呈原子水平平整。恒高模式是指保持针尖高度一定,通过测量电流的变化来反映表面上原子尺度的起伏。恒高模式仅适用于对起伏不大的表面进行成像。当试样表面起伏较大时,由于针尖离表面非常近,采用恒高模式扫描容易造成针尖与试样表面相撞,导致针尖与试样表面被破坏。STM 的曲线和图像除了反映表面形貌和原子空间排列情况外,还可以反映出表面电子分布的变化,从而得到表面原子种类的信息。

由于 STM 是利用隧道电流进行表面形貌及表面电子结构性质研究,所以只能对导体和半导体试样进行研究,不能用来直接观察和研究绝缘体试样和有较厚氧化层的试样。为了弥补 STM 的不足,1986 年 Binnig,Quate 和 Gerber 在斯坦福大学发明了第一台原子力显微镜(atomic force microscope,AFM)。AFM 不但可以测量绝缘体表面形貌,达到原子分辨水平,还可以测量表面原子间力，测量表面的弹性、塑性、硬度、黏着力、摩擦力等性质。

AFM是利用一个对力敏感的探针探测针尖与试样之间的相互作用力来实现表面成像，工作原理如图7-15所示。将一个对微弱力极敏感的弹性微悬臂一端固定，另一端的针尖在试样表面依次扫描，当针尖尖端原子与试样表面间存在极微弱的作用力（10^{-8}～10^{-6} N）时，微悬臂会发生微小的弹性形变，测定微悬臂形变量的大小，就可以获得针尖与试样之间作用力的大小。针尖与试样之间的作用力与距离之间有强烈的依赖关系，所以，在扫描过程中利用反馈回路保持针尖和试样之间的作用力恒定，即保持微悬臂的变形量不变，针尖就会随表面的起伏上下移动，记录针尖上下运动的轨迹即可得到表面形貌的信息。这种检测方式被称为“恒力”模式（constant force mode），是使用最广泛的扫描方式。AFM的图像也可以使用“恒高”模式（constant height mode）来获得，也就是在x，y扫描过程中，不使用反馈回路，保持针尖与试样之间的距离恒定，检测器直接测量微悬臂z方向的形变量来成像。这种方式由于不使用反馈回路，可以采用更高的扫描速率，通常在观察原子、分子的图像时用得比较多，但对于表面起伏较大的试样不适用。

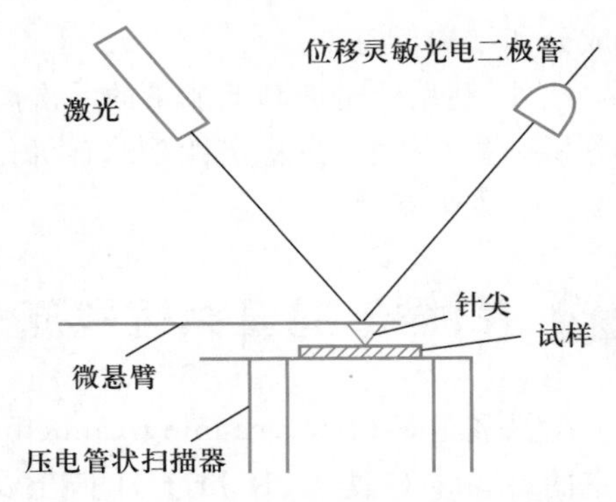

图7-15 光束反射法原子力显微镜原理图

也有人将“恒力”和“恒高”模式分别称为接触和非接触模式，此外还提出了第三种图像模式，即间歇接触——敲击模式。敲击模式更适合于在空气中对软试样进行检测，此时图像分辨率与接触模式相当，而所用在试样上的力较小，对试样和针尖的损伤较小。但敲击模式扫描速率慢，仪器操作更复杂。

7.5 近场光学显微镜与激光共焦扫描显微镜

光学显微镜的放大本领来源于光的波动性，而正是光的波动性阻碍了人们无限地增加放大倍数。这个规律早在1873年就由德国科学家Abbe E根据衍射理论推导出来了，而后由Rayleigh（瑞利）归纳为一个常用公式：

$$\Delta\chi = k\lambda/(n\sin\theta) \tag{7-14}$$

式中$\Delta\chi$为光学显微镜的最小分辨距离；λ为照明光的波长；n为物方折射率；θ为物镜对试样的半张角；k为常数（为0.61时表示不相干光照明；为0.77时表

示相干光照明)；$n\sin\theta$ 称为数值孔径(NA)。由式(7-14)可见，要想提高光学显微镜的分辨本领，就必须减小照明光波长 λ，或增大数值孔径 NA。就增大数值孔径而言，最好的油浸式显微镜的 NA 也不过 1.5 左右，也就是说，假如使用 500 nm 的入射波长，仅可以得到 200 nm 的分辨率。

生命科学的发展迫切希望有一种实验显微方法，它既具有亚微米甚至纳米尺度的光学分辨本领，又可以连续监测生物大分子和细胞器微小结构的演化，且不影响生物体系的生物活性。近场光学显微镜(near-field scanning optical microscopy ,NSOM 或 scanning near-field optical microscopy，SNOM)技术的出现为解决上面的难题带来了希望。与常规光学显微镜的二维同时成像不同，这一新技术采用距试样表面仅几个纳米的探针逐点扫描成像的方法，可以在几十纳米的分辨率下同时得到试样微区的形貌和光学信息。由于背景信号强度与受激发体积中的分子数有关，减小激发和检测体积，是提高信噪比的重要措施之一，因此，采用激光光源和近场方式，可达到减小激发和检测体积的目的。

近场光学显微技术可用于自然或接近自然环境条件下，研究生物物质分子水平的光吸收、发射、散射和偏振等光学信息。它由激光器和光纤探针构成的"局域光源"、带有超微动装置的"试样台"和由显微镜等构成的"光学放大系统"三部分组成。近场光学显微镜的结构在总体上可与传统光学显微镜的结构一一对应，但也有明显差别：照明光源的尺度和照明方法不同；成像方法不同。

生物医学及材料科学的发展对显微技术提出了更高的要求，不仅要有更高的分辨力，而且还要能对试样进行无损层析，进而能观察其三维图像。这是普通显微技术所不可能实现的。而基于共焦原理的激光共焦扫描显微技术却能满足以上要求，从而使传统的显微镜有了新的发展。共焦成像原理是由 Minsky M 等在 20 世纪 50 年代提出的，由于受技术条件限制，直到 20 世纪 80 年代后期，随着激光技术、计算机图像处理技术的迅速发展，才逐渐发展成性能稳定的产品。激光共焦扫描显微镜(laser confocal scanning microscopy，LCSM)是集共焦原理、激光扫描技术和计算机图像处理技术于一体的新型显微镜，是一种典型的高新技术光电仪器。其主要优点如下：(1) 既有高的横向分辨力，又有高的轴向分辨力，同时能有效抑制杂散光，具有高的对比度；(2) 能通过对物体不同深度的逐层扫描，获得物体大量断层图像，既能对物体进行层析，又能构建三维立体图像；(3) 容易实现高倍率。但由于光的衍射现象和"艾里斑"的存在，使光学显微镜的分辨率约为检测光波长的一半，约 300 nm，因而纳米尺度的亚细胞结构无法分辨。德国科学家斯特凡·黑尔提出受激发射损耗的方法(stimulated emission depletion，STED)，即将一束形似于面包圈的激光光斑套在激发荧光的激光光斑外抑制该区域内荧光分子发射，不断缩小面包圈孔径，就可以获得一个小于衍射极限的荧光斑点，通过扫描将光学显微镜分辨率提高了近 10 倍，因而他获得了2014年诺贝尔化学奖。该奖的另一个工作来自于美国科学家埃里克·贝齐格和威廉·莫纳建立的单分子显微技术——基于随机重构原理的超高分辨率光学成像技术(stochastic optical reconstruction microscopy,STORM或photo-activated localization microscopy,PALM),即用光控制每次仅有少量随机离散的单个荧光分子发光,并准确定位单个荧光分子的艾里光斑中心,再把多张图片叠加形成一幅超高分辨率图像,分辨率可提高20倍左右。

思考、练习题

7-1 试述X射线光电子能谱与Auger电子能谱各自的特点。

7-2 比较X射线光电子能谱与紫外光电子能谱,哪个更适合研究振动的精细结构?

7-3 简述光电离截面σ与原子序数的关系;并简述元素电负性是怎样影响结合能的。

7-4 简述Auger电子能谱用于元素定性、定量分析的原理。第一周期的元素为什么不能产生Auger电子能谱?

7-5 什么是二次离子质谱法?从二次离子质谱能够得到哪些主要的分析信息?

7-6 静态和动态二次离子质谱各有什么特点?进行深度剖析时,二次离子质谱与其他表面分析方法有何不同?

7-7 STM常用的工作模式是什么?与恒高模式相比,恒电流模式有何优点?

7-8 AFM常用的工作模式有哪些?各自的特点是什么?

7-9 简述近场光学显微术提高分辨率的原理。采用远场是否可达到同样的效果?

参考资料

扫一扫查看

第8章 分子发光分析法

8.1 分子发光基本原理

分子吸收外来能量时，分子的外层价电子被激发而从较低的电子能级跃迁到较高的电子能级，这时分子处于激发态，称为激发态分子。

分子中同一轨道里的两个电子通常是自旋配对的，即两个电子的自旋方向相反。如果分子中的全部电子均自旋配对，则该分子为单重态分子，其能级状态称为单重态，用S表示。大多数有机化合物分子的基态为单重态，但当单重态分子吸收能量并发生电子跃迁后，如果发生跃迁的电子不发生自旋方向的变化，这时的激发态分子处于激发单重态；如果发生跃迁的电子发生了自旋方向的改变，则分子具有两个自旋不配对的电子，这时的分子为激发三重态分子，其能级状态称为三重态，用T表示。

处于激发态的电子能量高，不稳定，会经由多种衰变途径释放能量而跃迁回到基态，其能量衰变途径包括辐射跃迁过程和非辐射跃迁过程。图8-1所示为激发态分子的能量衰变过程(忽略了转动能级)。图中，S_0，S_1 和 S_2 分别表示分子的基态、第一和第二电子激发单重态；T_1 和 T_2 则分别表示第一和第二电子激发三重态；$\nu=0,1,2,\cdots$分别表示分子的不同振动能级；而ic，isc，VR分别表示内转化、系间窜越和振动弛豫过程；$h\nu$，$h\nu'$为分子发光。

激发态分子的非辐射跃迁过程均为通过将激发能以热能的形式传递给介质而发生衰变的过程，因此，它是一种非光谱过程。非辐射跃迁包括振动弛豫、内转化和系间窜越。振动弛豫指处于激发态的电子通过非辐射跃迁衰变到同一电子能级的最低振动能级的过程(S或T不变)；内转化指处于激发态的电子通过非辐射跃迁衰变到相同多重态的较低电子能级的过程(如 $S_1 \rightarrow S_0$，$T_2 \rightarrow T_1$)；系间窜越则指电子在不同多重态的两个电子能级之间的非辐射跃迁过程(如 $S_1 \rightarrow T_1$，$T_1 \rightarrow S_0$)。

激发态分子的辐射跃迁过程均为通过将激发能以电磁辐射的形式释放而发生衰变的过程。由于实际的衰变过程所涉及的跃迁是相邻两个电子能级之间的跃迁(如 $S_1 \rightarrow S_0$，$T_1 \rightarrow S_0$)，而所发射的由相邻两个电子能级能量差所决定的电磁辐射对应的波长通常在紫外-可见光区，因此，它是一种光谱过程，即分子发光过程。

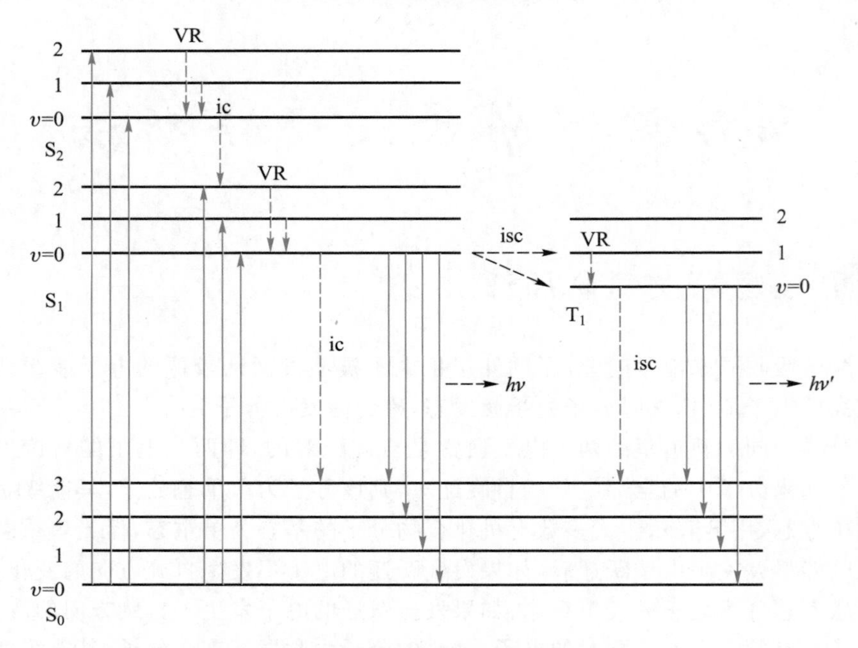

图 8-1 激发态分子的能量衰变过程

当分子外层电子吸收能量后，被激发到 S_2 及以上电子能级的不同振动能级上而处于激发单重态。该激发单重态的寿命很短，为 $10^{-11}\sim10^{-13}$ s，原因是其发生振动弛豫和内转化回到 S_1 态的过程都很快，其速率常数分别为 $10^{12}\sim10^{14}\,s^{-1}$ 和 $10^{11}\sim10^{13}\,s^{-1}$。因此，除了极少数例外，处于激发单重态的电子通常优先发生非辐射的振动弛豫和内转化而衰变回到 S_1 态，而不发生辐射跃迁；然后，经由振动弛豫衰变到 S_1 态的最低振动能级，或者通过系间窜越衰变到 T_1 态，进而经由振动弛豫衰变到 T_1 态的最低振动能级。由于系间窜越是自旋禁阻的，其速率常数相对较小，为 $10^2\sim10^6\,s^{-1}$，因此出现的概率较小。随后，处于 S_1 态或 T_1 态最低振动能级的激发态分子电子既可以通过 $S_1\rightarrow S_0$ 或 $T_1\rightarrow S_0$ 的辐射跃迁过程发射频率为 ν 或 ν' 的光而回到基态，也可以通过 $S_1\rightarrow S_0$ 的内转化或 $T_1\rightarrow S_0$ 的系间窜越释放热能而回到基态。前者对应的分子为发光分子，后者对应的分子为非发光分子。对发光分子来讲，$S_1\rightarrow S_0$ 或 $T_1\rightarrow S_0$ 辐射跃迁过程的速率常数分别为 $10^9\ s^{-1}$ 和 $10^6\ s^{-1}$，而其对应的内转化和系间窜越过程的速率常数相对较小，分别为 $10^6\sim10^{12}\,s^{-1}$ 和 $10^2\sim10^5\,s^{-1}$，这就使 $S_1\rightarrow S_0$ 和 $T_1\rightarrow S_0$ 辐射跃迁发光成为可能。

综上，分子发光过程可以描述为：当分子吸收能量处于高能但不稳定的激发态时，分子外层电子首先通过振动弛豫、内转化和系间窜越等非辐射跃迁过程释放热能，从而跃迁回到第一激发单重态 S_1 的最低振动能级或第一激发三重态

T_1 的最低振动能级，然后通过辐射跃迁过程发光并回到基态 S_0。

特别要指出的是，上述发光过程发生的前提是分子外层电子吸收能量并处于激发态。因此，分子发光的类型，可按分子激发的能量方式和分子发光的能级形态来进行分类。如果分子通过吸光获取能量而被激发，所产生的发光现象称为光致发光，而其激发后的发光过程如为 $S_1 \rightarrow S_0$，则为荧光，如为 $T_1 \rightarrow S_0$，则为磷光；前者速率常数大，激发态寿命短，后者速率常数小，激发态寿命相对较长。如果分子获取化学反应的化学能或经由生物体内的化学反应释放的能量而被激发，所产生的发光现象分别称为化学发光或生物发光。

以分子发光作为检测手段的分析方法称为分子发光分析法，本章所介绍的内容包括荧光分析法、磷光分析法和化学发光分析法。

8.2 分子荧光(磷光)分析法

8.2.1 荧光(磷光)光谱

8.2.1.1 荧光(磷光)光谱的三维特性

荧光和磷光均为光致发光，采用光电检测器，可以检测到发光分子的两个过程，其一为分子的激发过程，其二为分子的发光过程。重要的是，该两个过程均与波长有关。分子的激发过程对应于分子的光吸收过程，由于分子对不同波长光的选择性吸收，不同波长的入射光具有不同的激发效率，即吸光强度与光的波长有关；分子的发光过程为电子从第一电子激发单重态或三重态的最低振动能级跃迁回到基态的过程，而基态具有不同的振动能级和转动能级，因而所发射的光也与波长有关。这种光强与波长的关系可用下式表示：

$$I(\lambda)=E_{ex}(\lambda)\cdot E_{em}(\lambda) \tag{8-1}$$

式中 $I(\lambda)$ 为发光强度函数；$E_{ex}(\lambda)$ 为激发函数；$E_{em}(\lambda)$ 为发光函数；λ 为光波长。由此可见，荧光光谱和磷光光谱均有三维特性。以发光强度 $I(\lambda)$、激发波长λ_{ex}和发射波长λ_{em}为轴作图，可以得到如图 8-2 所示的三维荧光(磷光)光谱图。

8.2.1.2 常规荧光(磷光)光谱

1. 激发光谱和发射光谱

常规的荧光(磷光)光谱为二维光谱，是最常用的光谱表现形式。应用常规荧光(磷光)分光光度计，以连续改变的不同波长光激发发光体，在固定发射波长λ_{em}处记录荧光(磷光)强度，所得到的发光强度 I 对激发波长λ_{ex}的关系曲线即为荧光(磷光)的激发光谱。同样，以固定波长激发光激发发光体，并记录不同发射波长λ_{em}处的荧光(磷光)发射强度，所得到的发光强度 I 对发射波长λ_{em}的关系曲线则为荧光(磷光)的发射光谱。需要强调的是,不管是激发光谱还是发射光谱,所记录的信号均为荧光(磷光)信号,尤其是激发光谱,虽然分子被激发是吸光过程,但它还包含非辐射跃迁及发光辐射跃迁过程,这与紫外-可见吸收光谱过程具有本质区别。

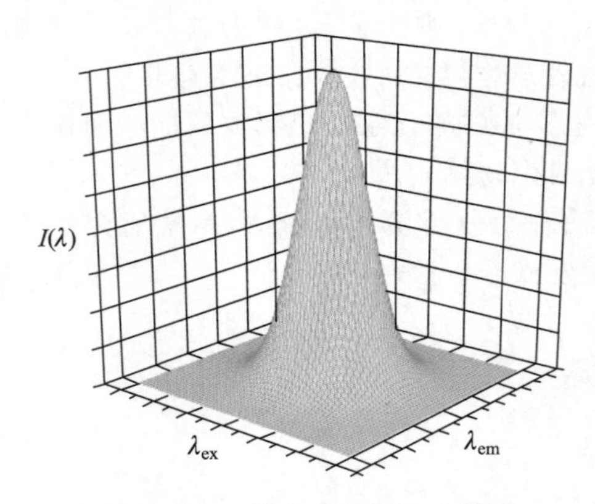

图 8-2 三维荧光(磷光)光谱图

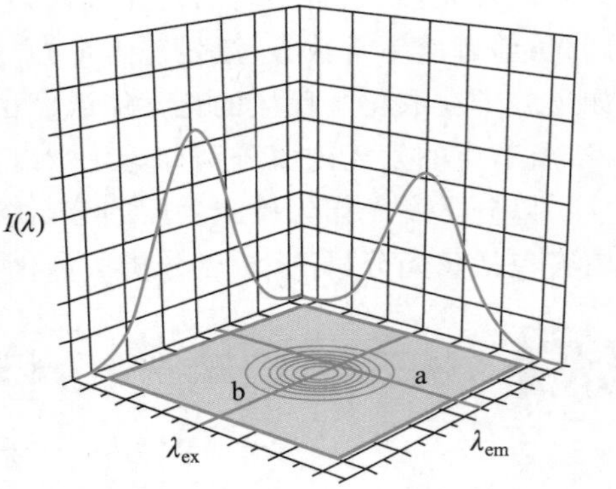

图 8-3 三维荧光(磷光)光谱的等高线图

常规的荧光(磷光)光谱是三维荧光(磷光)光谱的一种简化处理。在图 8-2 所示的峰状三维光谱中,固定不同的发光强度值,水平横切该三维光谱,可以得到数条等发光强度值的环状山峰轮廓,将该环状山峰轮廓投影到$\lambda_{ex}-\lambda_{em}$平面,即获得三维荧光(磷光)光谱的等高线图,如图 8-3 所示。图中,对峰状的三维光谱,路径 a 相当于沿固定发射波长λ_{em}爬山的路径轮廓,将其投影到 $I-\lambda_{ex}$平面即为荧光(磷光)的激发光谱。由此可见,固定发射波长λ_{em}的路径 a 有多种选择,因而有多种不同的路径轮廓,可得到不同的激发光谱,即激发光谱与发射波长的选择有关。同样,图中路径 b 相当于沿固定激发波长λ_{ex}爬山的路径轮廓,将其投影到 $I-\lambda_{em}$平面即为荧光(磷光)的发射光谱,选择不同的路径 b,可以得到不同的发射光谱,即发射光谱与激发波长的选择有关。特殊情况下,如果三维光谱完全对称,则不同路径得到的光谱形状不变,但强度不同。

在记录常规荧光(磷光)的激发光谱和发射光谱时,通常选择峰状三维荧光(磷光)光谱顶峰所对应的波长值为固定的激发或发射波长,因此,不管是激发光谱还是发射光谱,其波长扫描路径均通过三维光谱的峰值点,所得到的激发光谱和发射光谱的荧光(磷光)峰值相同,如图 8-4 所示。

实际应用中,由于不同测量仪器光源的能量分布、单色器的透射率及检测器的敏感度都随波长而改变,因而一般情况下测得的激发光谱和发射光谱均与实际光谱有一定偏差,称为表观光谱。只有对上述仪器特性的波长因素加以校正之后,所获得的校正光谱(或称真实光谱)才可能是彼此一致的,即具有可比性。

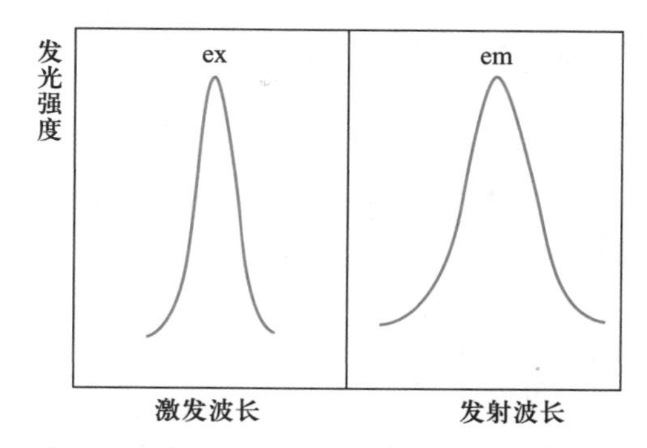

图 8-4 荧光(磷光)的激发光谱和发射光谱

2. 荧光(磷光)光谱的 Stokes 位移

通常情况下,荧光(或磷光)光谱的发射波长总是大于激发波长,这一现象称为 Stokes(斯托克斯)位移。如前所述,激发态分子在发光之前,很快经历了振动弛豫或(和)内转化的过程而损失部分激发能,这是产生 Stokes 位移的主要原因。由于磷光的产生还需经由 S_1 态到 T_1 态的系间窜越,T_1 态的能量低于 S_1 态,因而磷光比荧光具有更大的 Stokes 位移。Stokes 位移大有利于减小发光强度测量时激发光的瑞利散射所引起的干扰。

3. 荧光(磷光)寿命和量子产率

常规荧光(磷光)光谱分析中,入射光持续作用于荧光体(磷光体)分子并致使其持续激发,因而可以产生持续的荧光(磷光)发射。如果入射光作用于荧光体(磷光体)分子致使其激发后立即中断,则发光强度将发生衰减,直至完全衰减。该荧光(磷光)衰减过程用荧光(磷光)寿命来表征。

荧光寿命 τ_f 是荧光分子处于 S_1 激发态的平均寿命,定义为荧光强度衰减为初始强度的 $1/e$ 所经历的时间,可用下式表示:

$$\tau_f = 1/(k_f + \sum K) \tag{8-2}$$

式中 k_f 为荧光发射过程的速率常数;$\sum K$ 为分子各种非辐射衰变过程的速率常数总和。典型荧光体的荧光寿命为 $10^{-8} \sim 10^{-10}$ s。

磷光寿命 τ_p 是磷光分子处于 T_1 激发态的平均寿命,可由类似的公式表示。由于 $T_1 \rightarrow S_0$ 的跃迁属于自旋禁阻跃迁,磷光发射过程的速率常数 k_p 比 k_f 要小得多,因而磷光的寿命比荧光要长得多,通常可达毫秒级。

荧光(磷光)强度的衰变,通常遵从以下方程式:

$$\ln I_0 - \ln I_t = t/\tau \tag{8-3}$$

式中 I_0 与 I_t 分别为 $t=0$ 和 $t=t$ 时的荧光(磷光)强度。据此,可测定不同时间的 I_t 值,并作 $\ln I_t - t$ 关系曲线,则所得直线斜率的倒数即为荧光(磷光)寿命值。

荧光量子产率 φ_f 定义为发射荧光的激发态分子数与吸光后处于各激发态的

分子总数之比。由于激发态分子的衰变过程包含辐射跃迁和非辐射跃迁，故φ_f可表示为

$$\varphi_f=k_f/(k_f+\sum K) \tag{8-4}$$

可见φ_f的大小取决于荧光发射的辐射跃迁过程与非辐射跃迁过程的竞争程度，且$\varphi_f<1$。在$\sum K \ll k_f$的极端情况下，φ_f趋近于1。φ_f的数值越大，化合物的荧光越强。

对磷光光谱过程来讲，增加了$S_1 \rightarrow T_1$的系间窜越过程。定义T_1激发态分子数与S_1激发态分子数之比为系间窜越量子产率φ_{ST}，发射磷光的T_1激发态分子数与T_1激发态分子数之比为磷光发射量子产率φ_p，则φ_p表示为

$$\varphi_p=\varphi_{ST}\frac{k_p}{k_p+\sum K_j} \tag{8-5}$$

式中k_p为磷光发射过程的速率常数；$\sum K_j$为T_1态发生的所有非辐射跃迁过程的速率常数总和。

荧光(磷光)量子产率的大小主要取决于化合物的结构与性质，同时也与化合物所处的环境因素有关。荧光量子产率值φ_f可基于荧光定量关系式通过参比法加以测定，具体为：选择已知荧光量子产率为φ_{fs}的荧光体作为参比物质，在相同的激发波长条件下，测定参比物质和待测荧光体的吸光度A_s和$A(A=\kappa bc)$；同样在相同的激发波长条件下，测定参比物质和待测荧光体的荧光强度I_{fs}和I_f，然后比较两者的定量关系式既得

$$\varphi_f=\varphi_{fs}\cdot\frac{I_f}{I_{fs}}\cdot\frac{A_S}{A} \tag{8-6}$$

式(8-6)中，如果参比物质和待测荧光体的吸光度及荧光强度信号均采用积分信号，则所测得的φ_f值将更加准确。

4. 荧光(磷光)分析法的定量关系式

荧光(磷光)分析法的定量关系式即荧光(磷光)强度与溶液浓度的关系式。

如前所述，分子荧光(磷光)光谱过程为：分子外层电子在吸收光能量处于激发态后，首先通过振动弛豫、内转化和系间窜越等非辐射跃迁过程释放热能，进而跃迁回到第一激发单重态S_1(或第一激发三重态T_1)的最低振动能级，然后通过辐射跃迁过程发射荧光(或磷光)并跃迁回到基态。此时，分子溶液的荧光发射强度I_f与溶液吸收的光强度I_a及荧光量子产率φ_f有如下关系：

$$I_f=\varphi_f I_a \tag{8-7}$$

由于溶液分子吸收的光强度等于入射光强度I_0与透射光强度I_t的差值，因此有

$$I_f=\varphi_f(I_0-I_t)=\varphi_f I_0(1-I_t/I_0) \tag{8-8}$$

由 Lambert-Beer 定律可知，$I_t/I_0=10^{-\kappa bc}$，代入式(8-8)得

$$I_f=\varphi_f I_0(1-10^{-\kappa bc})$$
$$=\varphi_f I_0\{1-[1-2.303\kappa bc+(2.303\kappa bc)^2/2!-(2.303\kappa bc)^3/3!+\cdots]\}$$
$$=\varphi_f I_0\{2.303\kappa bc-(2.303\kappa bc)^2/2!+(2.303\kappa bc)^3/3!-\cdots\} \quad (8-9)$$

在荧光体分子吸光度 $\kappa bc\leqslant 0.05$ 的条件下，式(8-9)括号中第一项后所有加、减项可忽略不计，则

$$I_f=2.303\ I_0\varphi_f\kappa bc \quad (8-10)$$

式(8-10)即为荧光光谱法的定量关系式。荧光法测定时，荧光体在选定波长光激发下其 I_0，φ_f，κ 和 b 均为定值，则荧光强度 I_f 与荧光体浓度 c 成正比。

从上述荧光光谱定量关系式的推导过程中，可以知道其成立的重要前提是荧光体的吸光度≤0.05。只有当荧光体浓度小到其对激发光的吸光度≤0.05时，所测溶液的荧光强度才与该荧光物质的浓度成正比。通常情况下，紫外-可见吸收光谱法对吸光度≤0.05的溶液已经很难准确测定，故而有荧光光谱法分析灵敏度优于紫外-可见吸收光谱法的说法；对具有分析意义的荧光体来说，在常规荧光光谱的光源条件下，$2.303\ I_0\varphi_f$ 约为 10^3，故而还有荧光光谱法分析灵敏度高于紫外-可见吸收光谱法 10^3 倍的说法。另一方面，由于荧光光谱法受限于荧光量子产率，固其应用对象范围大大小于紫外-可见吸收光谱法。

同样在吸光度≤0.05的前提条件下，磷光发射强度 I_p 与磷光体浓度间的定量关系式为

$$I_p=2.303\ I_0\varphi_{ST}\varphi_p\kappa bc \quad (8-11)$$

8.2.2 影响荧光(磷光)光谱的因素

8.2.2.1 分子结构与荧光(磷光)光谱的关系

分子结构是影响荧光(磷光)光谱的内在因素。

荧光(磷光)光谱为电子光谱，光谱波长范围通常位于紫外-可见光区，所涉及的分子结构通常为共轭 π 键体系。图 8-5 为光谱过程中所涉及的共轭 π 键体系电子能级，其激发过程包含 6 种跃迁，即 $\sigma\rightarrow\pi^*$，$\sigma\rightarrow\sigma^*$，$\pi\rightarrow\pi^*$，$\pi\rightarrow\sigma^*$，$n\rightarrow\pi^*$ 和 $n\rightarrow\sigma^*$ 跃迁。由于与 σ^* 能级相关的 $\sigma\rightarrow\sigma^*$，$\pi\rightarrow\sigma^*$ 和 $n\rightarrow\sigma^*$ 跃迁概率均很低，故在荧光(磷光)光谱中不予考虑；而 $\sigma\rightarrow\pi^*$ 跃迁虽然有显著跃迁概率，但由于跃迁所需能量较大，激发波长位于真空紫外光区，故也不予考虑。因此，涉及荧光(磷光)光谱的只有共轭 π 键体系的 $\pi\rightarrow\pi^*$ 和 $n\rightarrow\pi^*$ 两种跃迁。前者跃迁概率(κ 约为 $10^3\sim10^4\ L\cdot mol^{-1}\cdot cm^{-1}$)明显高于后者($\kappa$ 约为 $10^2\ L\cdot mol^{-1}\cdot cm^{-1}$)，而后者的共轭 π 键体系需含有孤对电子。

共轭 π 键体系的 $\pi\rightarrow\pi^*$ 或 $n\rightarrow\pi^*$ 跃迁过程，仅仅是荧光(磷光)光谱的激发过程，是否发射荧光(或发光强弱)，还取决于荧光量子产率；而是否发射磷光，除了取决于磷光量子产率外，还与 $S_1\rightarrow T_1$ 系间窜越量子产率直接相关。

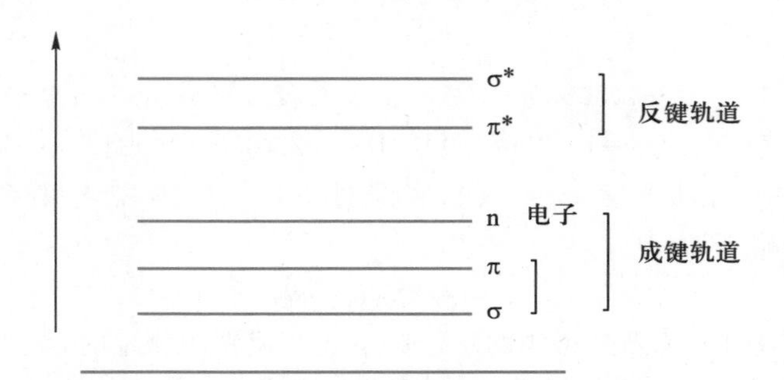

图 8-5 光谱过程中所涉及的共轭 π 键体系电子能级

基于此，荧光(磷光)光谱过程的发生直接由 $\pi\rightarrow\pi^*$ 或 $n\rightarrow\pi^*$ 跃迁及发射过程相关量子产率所决定，而上述因素直接由分子结构所决定，因此，分子结构是影响荧光(磷光)光谱的内在因素。通常的情况是，含有共轭 π 键体系的分子，如果只是具有较强的 $\pi\rightarrow\pi^*$ 或 $n\rightarrow\pi^*$ 跃迁能力，或只是具有较大的量子产率，均不足以产生显著的荧光(磷光)光谱过程，而只有同时具有较强的 $\pi\rightarrow\pi^*$ 或 $n\rightarrow\pi^*$ 跃迁能力和较大的量子产率，才能够产生显著的荧光(磷光)光谱过程，并应用于灵敏测定。

一般来讲，具有强荧光性的物质，其分子结构往往具有以下特征：(1)具有大的共轭双键(π 键)体系；(2)具有刚性的平面构型；(3)共轭体系含有给电子取代基团；(4)其最低的电子激发单重态为(π,π^*)型。

1. 共轭 π 键体系

具有共轭 π 键体系的分子，含有易被激发的非定域的 π 电子；共轭体系越大，非定域的 π 电子越容易被激发，往往具有更强的发光。此外，随着共轭体系的增大，π,π^* 能级差变小，发射峰向长波方向移动。例如，萘、蒽、并四苯等分子要比苯发射更强的荧光，且荧光峰随着苯环数的增多而逐渐向长波方向移动。

2. 刚性平面构型

具有刚性平面构型的分子，其振动和转动的自由度减小，从而增大了发光的效率。例如，具有刚性平面构型的荧光素和曙红会发强荧光，而类似的化合物酚酞，由于非刚性平面构型而不发荧光。同一分子在构型发生变化时，其荧光光谱和荧光强度也将发生变化。

有些有机芳香化合物在与非过渡金属离子形成络合物之后，因增大了分子的刚性而使荧光增强。具有未充满的外层 d 轨道的过渡金属离子，在与有机芳香化合物形成配合物时，往往使荧光猝灭。

3. 取代基的影响

对于给电子取代基，如$-NH_2$，$-NHCH_3$，$-N(CH_3)_2$，$-OH$，$-OCH_3$和

—CN等，往往使荧光增强，如苯胺和苯酚的荧光发射显著强于苯的荧光发射。含这类取代基的芳香性荧光体，其取代基上 n 电子的电子云几乎与芳香环的 π 轨道平行，从而共享了共轭 π 电子结构，扩大了共轭双键体系。

吸电子取代基如醛基、羰基、羧基、硝基等，它们虽然也含有 n 电子，但 n 电子的电子云并不与共轭体系的 π 电子云共平面，其 $n\rightarrow\pi^*$ 跃迁为禁阻跃迁，且 $S_1\rightarrow T_1$ 系间窜越的概率大，故而使荧光减弱。例如，苯发荧光，而硝基苯则不发荧光。

Cl，Br，I 等重原子取代基通常导致荧光减弱和磷光增强，这被认为是因为重原子的取代促进了荧光体中电子自旋－轨道的偶合作用，增大了 $S_1\rightarrow T_1$ 系间窜越的概率。

4. 最低电子激发单重态的性质

比较 $\pi\rightarrow\pi^*$ 和 $n\rightarrow\pi^*$ 两种跃迁，$\pi\rightarrow\pi^*$ 是自旋允许的跃迁，摩尔吸收系数大，为 $10^4\sim10^6$ $L\cdot cm^{-1}\cdot mol^{-1}$，但激发态寿命短，且 $S_1\rightarrow T_1$ 系间窜越概率小；$n\rightarrow\pi^*$ 属于自旋禁阻跃迁，摩尔吸收系数小，约为 10^2 $L\cdot cm^{-1}\cdot mol^{-1}$，且 $S_1\rightarrow T_1$ 系间窜越概率大，激发态寿命较长。因此，$\pi\rightarrow\pi^*$ 跃迁将产生比 $n\rightarrow\pi^*$ 跃迁发射更强的荧光，而 $n\rightarrow\pi^*$ 跃迁相对有利于磷光的产生。

不含 N，O，S 等杂原子的芳香化合物，它们的最低激发单重态 S_1 通常是 (π,π^*) 激发态，而含 N，O，S 等杂原子的芳香化合物，它们的最低激发单重态 S_1 通常是 (n,π^*) 激发态。

8.2.2.2 化学环境与荧光(磷光)光谱的关系

分子所处的化学环境是影响荧光(磷光)光谱的外在因素。

1. 溶剂的影响

以荧光为例考虑溶剂极性的影响。溶液中荧光体的偶极与溶剂分子的偶极之间存在着静电相互作用，溶剂分子围绕在荧光体分子的周围组成了“溶剂笼”。荧光体的基态与激发态具有不同的电子分布，从而具有不同的偶极矩。当荧光体被激发后，偶极矩发生改变，从而微扰周围的溶剂分子，导致溶剂分子的电子重排，以及溶剂分子的偶极围绕激发态荧光体的重新定向，组成新的“溶剂笼”。这个过程称为溶剂弛豫，费时约 10^{-11} s，是造成吸收和发射之间存在能量差的主要原因之一。

许多共轭芳香族化合物，激发时发生了 $\pi\rightarrow\pi^*$ 跃迁，其激发态比基态具有更大的极性，随着溶剂极性的增大，激发态比基态能量下降得更多，发射跃迁的能量变小，结果荧光光谱向长波方向移动。

除了溶剂极性的影响外，如果荧光体与溶剂之间发生了特殊的化学作用，如形成氢键，便会导致荧光光谱发生更大的位移。荧光体与溶剂分子之间发生氢键作用有两种情况，即基态荧光体或(和)激发态荧光体与溶剂分子发生氢键作用。前一种情况下，荧光物质的吸收光谱和荧光光谱都将受到影响；后一种情况下，只有荧光光谱受到影响。

一般来说，由于在 $n\to\pi^*$ 跃迁和某些分子内电荷转移跃迁中涉及非键的孤对电子，故溶剂的氢键形成能力对这一跃迁类型发光的光谱有较大的影响。随着溶剂形成氢键的能力增大，荧光光谱向短波方向移动。

某些芳香族羰基化合物和氮杂环化合物在非极性的、疏质子溶剂中，其最低激发单重态为(n,π^*)态，因而荧光很弱或不发荧光。但在高极性的氢键溶剂中，其最低激发单重态可能变为(π,π^*)态，从而使荧光量子产率迅速增大。例如，异喹啉在环己烷中不发荧光而发强磷光，在水溶液中却能发荧光。

2. 介质酸碱性的影响

如果荧光体是一种有机弱酸或弱碱，它们的分子及其相应的离子，可视为具有不同荧光特性的型体。介质酸碱性的变化将使酸碱平衡移动，致使相互的浓度比例发生变化，从而对荧光光谱的形状和强度产生显著影响。具有酸性基团或碱性基团的芳香族化合物，其酸性基团的解离作用或碱性基团的质子化作用，可能改变与发光过程相竞争的非辐射跃迁过程的性质和速率，从而影响到化合物的发光特性。例如，水杨醛不发荧光而显现强磷光，然而由于在碱性溶液中酚基解离，或在浓的无机酸溶液中羰基质子化，使水杨醛呈现强荧光性而不发磷光。显然，这是由于阳离子或阴离子形态下的最低激发单重态已是(π,π^*)态，而不是分子形态下的(n,π^*)态。

生成配合物荧光测定金属离子时，改变溶液的 pH 将显著影响金属离子与有机配体所生成的发光配合物的稳定性和组成，从而影响它们的发光性质。

3. 介质的温度和黏度的影响

温度对发光体的荧光强度尤其是磷光强度有着显著影响。温度上升，将使激发态分子的振动弛豫和内转化过程加剧，同时增大了发光分子与溶剂分子碰撞失活的概率，因此，随着温度的上升，将导致溶液中发光体的荧光和磷光强度下降。

介质黏度的提高，将减小激发态分子振动和转动的速率，同时分子运动速率的减小降低了与其他溶质分子的碰撞概率，因而有利于提高荧光或磷光的发射强度。

4. 有序介质的影响

表面活性剂或环糊精溶液属于有序介质，对发光分子的发光特性有着显著的影响。

在表面活性剂的胶束溶液中，发光分子被分散进入胶束的内核或栏栅部位，或者被束缚在胶束-水界面，如此，既降低了发光分子活动的自由度，又对发光分子产生屏蔽作用，从而减小了非辐射衰变过程的速率，提高了发光强度。胶束溶液光学上透明、稳定，对发光物质具有增溶、增敏和增稳的作用，是提高发光分析法灵敏度和选择性的有效途径之一。值得注意的是,由于对不同发光体增敏作用的差异,事实上提供了一个选择性因素。如果发光型体是带电荷的,那么具有与发光型体相同电性的表面活性剂,通常对该发光型体不起增敏作用或增敏效果差。

环糊精是一类环状低聚糖化合物,常见的是分别由6、7和8个葡萄糖单元成环的$\alpha-$,$\beta-$和$\gamma-$环糊精,其中,$\beta-$环糊精及其衍生物的应用最为广泛。环糊精类化合物的结构特点是存在亲水外沿和疏水空腔,其疏水空腔能与许多有机化合物形成主客体包络物。一些与环糊精疏水空腔亲和力强的发光体分子,在分子大小合适时,包络物中的发光体分子能够进入环糊精腔体而增大包络物的稳定性,可显著降低发光分子运动自由度,并对发光分子产生屏蔽作用,致使发光强度显著增强。

5. 微环境的影响

荧光(磷光)光谱过程,本质上是发光分子中发光基团(如共轭π键体系)的光谱过程。对大分子来讲,其分子本身的微环境也是重要的影响因素。由于空间因素的原因,大分子不同区域的微环境显著不同,且随大分子构型的变化而变化,而发光基团所处微环境对于发光效率具有显著影响。基于此,可构建多种大分子识别、传感和相互作用的荧光探针。

6. 共存物质的影响

共存物质能够以多种机制影响发光体的发光,是发光测定重点关注的问题之一。通常情况下,共存物质的影响被当作干扰处理,在建立荧光分析方法时必须实验考证。对于一些灵敏的干扰情况,可以据此以发光体为敏感响应物质,建立干扰因子的荧光测定方法(参见8.2.3.4节)。

8.2.2.3 浓度效应与荧光(磷光)光谱的关系

发光体分子的浓度效应对荧光(磷光)光谱的影响是特定情况下的影响因素。

随着溶液浓度增大,将可能出现荧光(磷光)光谱畸变或者发光强度不仅不随溶液浓度线性增大、甚至出现随浓度增大而下降的现象,这种现象称为浓度效应。浓度效应一般包括下述三种情况。

1. 内滤效应

荧光(磷光)内滤效应指当发光体浓度较大或与其他吸光物质共存时,由于发光体或共存吸光物质对于激发光或发射光的吸收而导致荧光(磷光)发射减弱的现象,其成因有两种情况。其一,当溶液浓度过高时,由于发光分子的吸光能力大幅增强,作用于沿入射光轴方向前、后的发光分子的有效激发光强度显著衰减,而仪器在进行发射光检测时,其采光具有一定的空间范围,因而总体上致使所检测的发光强度显著下降;其二,浓度过高时,试样溶液中的共存物质对入射光的吸收作用增大，致使作用于发光分子的有效激发光强度显著降低。

2. 发光分子形成基态或激发态的聚集体

高浓度时，发光分子之间可能发生聚集作用，形成基态分子间的聚合物，或者形成激发态分子与其基态分子的二聚物，或者形成激发态分子与其他溶质分子的复合物，从而使发光主体分子的有效浓度下降，并导致发光强度下降。

3. 发射光的再吸收

如果发光分子的发射光谱与其吸收光谱部分重叠，则在高浓度下部分发射光会被发光分子再吸收，导致发光强度下降和光谱变形。溶液的浓度越大，再吸收现象越严重。

8.2.2.4 荧光(磷光)猝灭

荧光(磷光)猝灭是典型的共存物质干扰现象，如果共存物质的干扰足够灵敏，则可基于该猝灭现象建立共存物质的分析检测方法。

荧光(磷光)猝灭通常是发光分子与溶剂或共存溶质分子之间所发生的导致发光强度下降的物理或化学作用过程。与发光分子相互作用而引起发光强度下降的物质，称为猝灭剂。猝灭过程可能发生于猝灭剂与发光体激发态分子之间的相互作用，也可能发生于猝灭剂与发光体基态分子之间的相互作用。前者称为动态猝灭，后者称为静态猝灭。在动态猝灭过程中，发光体的激发态分子通过与猝灭剂分子的碰撞作用，以能量转移或电荷转移的机制丧失其激发能而返回到基态；而静态猝灭指猝灭剂与发光体的基态分子发生反应导致发光体有效浓度降低且所生成的产物不发光的过程。

双分子的荧光碰撞猝灭过程满足 Sterm－Volmer 方程式：

$$F_0/F=1+k_q\tau_0[Q]=1+K_{SV}[Q] \tag{8-12}$$

式中F_0 为初始荧光强度；F 为猝灭后的荧光强度；k_q为猝灭过程的速率常数；τ_0为无猝灭剂存在下荧光体的荧光寿命；[Q]为碰撞后猝灭剂的平衡浓度；Sterm－Volmer 猝灭常数K_{SV}是猝灭过程速率常数与单分子衰变过程速率常数的比值。

根据有、无猝灭作用时荧光寿命 τ 和τ_0 的不同，Sterm－Volmer 方程式的另一表示形式为

$$\tau_0/\tau=1+K_{SV}[Q] \tag{8-13}$$

依据式(8－12)或式(8－13)，作F_0/F(或τ_0/τ)与[Q]的关系曲线，所得直线斜率即为K_{SV}。如果τ_0 已知，由$k_q\tau_0=K_{SV}$即得双分子猝灭过程的速率常数k_q(单位 $L\cdot mol^{-1}\cdot s^{-1}$)。

对于有效的猝灭作用，$K_{SV}\approx10^2\sim10^3\ L\cdot mol^{-1}$，假如荧光分子的平均寿命$\tau_0\approx10^{-8}s$，则$k_q$约为 $10^{10}\ L\cdot mol^{-1}\cdot s^{-1}$，表明猝灭过程进行的速率很大，则碰撞猝灭前的分子扩散过程为动态猝灭的控制因素。由于磷光寿命显著长于荧光寿命，因而对猝灭剂的影响要敏感得多，少量猝灭剂的存在就可能导致磷光完全猝灭。

荧光的静态猝灭是荧光体 M 与猝灭剂 Q 反应生成非荧光络合物 MQ 的过程，以 1∶1 反应为例，反应为

$$M + Q \longrightarrow MQ$$

该反应的稳定常数 K 可用反应物、猝灭剂和络合产物的平衡浓度[M]，[Q]和[MQ]表示：

$$K=[MQ]/\{[M][Q]\} \tag{8-14}$$

且荧光体初始浓度$[M]_0$与其平衡浓度[M]和产物的平衡浓度[MQ]之间的关系为

$$[M]_0=[M]+[MQ] \tag{8-15}$$

由荧光定量关系式，有

$$(F_0-F)/F=([M]_0-[M])/[M] \tag{8-16}$$

将式(8-14)和式(8-15)带入式(8-16)，得

$$(F_0-F)/F=([M]_0-[M])/[M]=[MQ]/[M]=K[Q]$$

即

$$F_0/F=1+K[Q] \tag{8-17}$$

上述静态猝灭F_0/F与[Q]的关系式与动态猝灭所得的关系式相似，只是在静态猝灭的情况下用反应的稳定常数代替了 Sterm-Volmer 猝灭常数。应当指出的是，只有荧光体与猝灭剂之间形成 1∶1 配合物的静态荧光猝灭过程，式(8-17)才成立，同时，式中的[Q]为猝灭剂的平衡浓度，不能简单地据此测定猝灭剂的初始浓度。

动态猝灭和静态猝灭过程的区分，可以通过考察猝灭现象与荧光寿命、温度和黏度的关系及吸收光谱的变化情况来判断。具体来讲，静态猝灭过程中，猝灭剂作用于基态荧光体，不改变荧光体的荧光寿命，即$\tau_0/\tau=1$；而动态猝灭过程中，猝灭剂作用于激发态荧光体，从而使荧光体的荧光寿命缩短，$\tau_0/\tau=F_0/F$。同样的道理，静态猝灭过程中，荧光体的吸收光谱信号显著降低；而动态猝灭过程中，荧光体的吸收光谱通常不发生变化。动态猝灭由于与碰撞前的扩散过程有关，而温度升高时溶液黏度下降且分子运动加速，导致分子的扩散系数增大，从而增大碰撞猝灭常数，表现为温度升高加剧动态猝灭进程；而对于静态猝灭过程，温度升高一般引起反应产物稳定性下降，稳定常数 K 变小，从而减弱静态猝灭的程度。

特殊情况下，荧光体与猝灭剂会同时发生动态猝灭和静态猝灭现象。

8.2.3 荧光(磷光)分析仪器

8.2.3.1 荧光分光光度计

荧光分光光度计是基于光吸收/发射的光谱仪，一般由光源系统、波长选择

系统、试样引入系统、检测系统和信号处理及读出系统所组成，其仪器结构如图8-6(同图2-14)所示，结构特点是检测器与光源入射光成90°。同时，荧光分光光度计需要记录荧光激发和发射光谱，因此，在激发光路和发射光路各有一个波长选择系统。

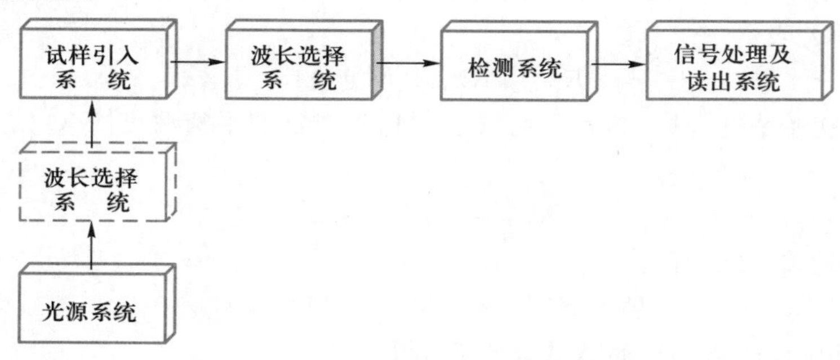

图8-6 荧光分光光度计结构示意图

1. 光源系统

荧光分光光度计光源是提供分子激发所需的激发光，故也称为激发光源，通常要求为在紫外-可见光区发射连续光谱的连续光源，且强度足够强，这与适用波长范围和发光信号强弱有关。早期曾采用过汞灯等线光源，但仅用于定量测定和光谱波长矫正，而不能获得激发光谱。激光光源通常也为线光源，被用作激光荧光光谱仪或荧光寿命分析系统的光源，激光强度大、单色性好的特性使其可极大地提高荧光分子的发光强度。结合超灵敏信号检测等技术，激光荧光光谱法甚至可测定至单分子水平。目前，常规荧光光谱仪最为广泛应用的光源为高压氙灯。

高压氙灯是一种放电灯，外套为石英玻璃，内充氙气，它在紫外-可见波长范围内提供连续的光输出，尤其在400～800 nm发光最强。高压氙灯在450 nm附近和800 nm以上有许多锐线，在波长短于280 nm的光谱区，其输出强度迅速下降。

高压氙灯在室温下其内部压力为0.5MPa，工作时压力为2MPa。这种高压状态下存在着爆裂的危险，安装和操作时应注意防护。工作时，氙灯灯光很强，其射线对眼睛有损害，应避免直视光源。氙灯使用寿命大约为2000 h，目前，长寿命的氙灯使用寿命约为4000 h。氙灯启动时需要20～40kV的高压脉冲，故配有相应的电学系统。

另一种特殊用途的氙灯为脉冲氙灯，其发光的脉冲特性使作用于试样的有效光能量显著降低，特别适用于光不稳定试样的测定。

新出现的小型LED光源也可用作荧光光谱仪的光源。虽然LED光源只能提供一小段光谱区的光输出,但多个小型 LED 光源可以集成为连续光源。发光二极管也有类似情况。

2. 波长选择系统

荧光分光光度计的波长选择系统通常由光栅和狭缝组成,相关内容参见第 2章 2.3.2 节。

荧光分光光度计在入射光路和出射光路各有一个波长选择系统。通过连续选择不同波长的激发光作用于试样上,并记录固定波长的荧光发射,即可得到荧光激发光谱;而通过选择固定波长的激发光作用于试样上,并记录不同波长的荧光发射,即可得到荧光发射光谱。

通常,增大波长选择系统中激发或发射狭缝的宽度,则激发光强度增加或记录系统采光强度增加,荧光信号均增强,但不改变光谱形状。

3. 试样引入系统

因为光路的原因,荧光分光光度计的试样引入系统通常为长、宽各为 1 cm 且四面透光的长方柱形石英液池。当与流动注射分析技术联用时,则配置石英微流通池。采用石英材质是因为要求在紫外、可见波段不吸光。

4. 信号检测系统

(1) 光电倍增管(PMT)　可参考本书第 2 章 2.3.4.2 节。

目前,几乎所有常规的荧光分光光度计都采用 PMT 作为检测器。在一定的条件下,PMT 通过光电转换及放大所产生的电流量与入射光强度成正比。PMT 为单波长检测器,即它不能同时检测两个及两个以上波长的光强度,多波长检测时(如记录光谱时的波长扫描测定),需要利用分光系统的单色器将单一波长的光顺序定位到检测器上分别检测。PMT 工作时,要求其高压电源很稳定,以保证它对入射的光强度有良好的线性响应。

(2) 电荷耦合器件(CCD)　CCD 检测器作为光电元件的特点是暗电流小、灵敏度高,同时具有较高信噪比和很高的量子效率,且接近理想器件的理论极限值。CCD 检测器可以由上万个像素构成线阵式或面阵式的 CCD 元件,是超小型和大规模集成的元件,每个像素相当于一个单一波长检测器,能同时记录成千上万条谱线,可以即时全谱检测,提供二维或三维光谱信息。同时,CCD 检测器的像素越多,分辨率越好。

目前,CCD 检测器主要用于荧光显微成像检测和 ICP－原子发射的多波长同时测定上。

8.2.3.2 磷光分光光度计

从发光原理的角度看,磷光过程与荧光过程的差别在于系间窜跃过程的存在,这使磷光发射在时间上延迟于荧光发射,因此,二者在仪器构成及相应器件上没有本质差别。也就是说,理论上荧光分光光度计可以直接当作磷光分光光度计使用，但事实上，磷光分光光度计通常还需要有以下两种特殊设置。

1. 低温磷光检测装置

由于室温下发生磷光现象的概率和灵敏度较低，而低温下发生磷光现象的概率和灵敏度较高，因此，为拓宽方法的应用对象范围和灵敏度，磷光分析很多时候需要在低温下进行。低温磷光检测一般在液氮温度下进行，必须在试样引入系统附加低温装置，因此试样池和试样室都会有相应的改变。通常采用的方式是将试样装入内径 1～3 mm 的石英细管液池中，然后将该液池插入盛有液氮的杜瓦瓶中。

2. 荧光干扰信号的消除装置

我们知道，分子发光与分子的共轭体系结构直接相关，当分子结构复杂时，可能同时发射荧光和磷光，这时要检测磷光，必须消除荧光信号的干扰。实际上，磷光和荧光发射在发光寿命上的差别已经给出了消除荧光信号干扰的方法，即在荧光分光光度计上装配称作“磷光镜”的装置，将荧光阻隔后，便可进行磷光测定。也可采用先进的脉冲光源结合门控技术进行时间分辨检测。

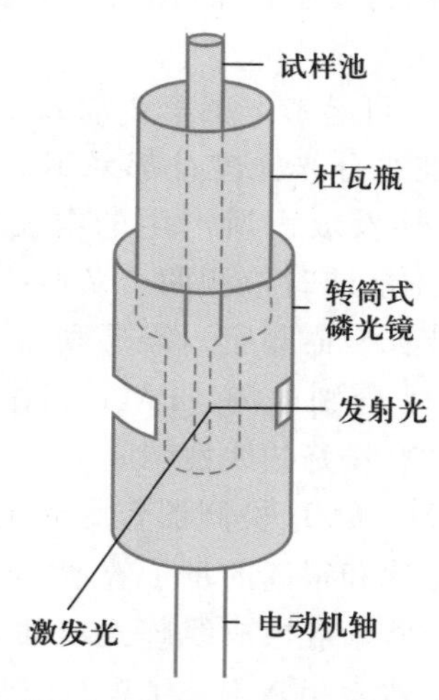

图 8-7　低温磷光分析的液池和转筒式磷光镜构造简图

磷光镜是一种滚筒式的空心圆筒机械装置，它可以周期性地调制来自光源的入射光和来自试样所发射的磷光。实际上，磷光镜与液池和低温系统组合在一起置于试样室中，其结构如图 8-7 所示。在磷光镜滚筒的圆周面上有两个以上的狭缝，当电动机带动圆筒旋转时，只有当入射狭缝进入入射光路时，入射光才能照射到试样池而激发试样；同样，也只有当发射狭缝进入发射光路时，分子所发射的光才能到达检测器被检测。光照激发时间和检测时间由圆筒旋转速率所决定。在圆筒设计上,当入射狭缝进入入射光路时试样被激发而发光,但此时发射狭缝并未进入发射光路,光信号被阻隔,因此检测器检测不到任何光信号;而当入射狭缝离开入射光路后激发过程终止,此时发射的光信号开始衰减。由于荧光寿命极短,很快便完全衰减,而磷光寿命较长,还在缓慢衰减中,此时发射狭缝进入发射光路,检测器便可检测到荧光信号完全衰减后的磷光信号,直至发射狭缝离开发射光路。由于磷光镜高速旋转,上述过程周期出现,宏观上表现为持续的光激发和持续的磷光发射检测。另外,磷光镜在消除荧光信号的同时,还消除了散射光信号。

8.2.4 常规荧光分析方法

8.2.4.1 直接荧光分析法

直接测定荧光分子荧光强度并据此定量的方法即直接荧光分析法。该方法需要标准荧光物质并采用工作曲线法即可进行。由于荧光强度与入射光强度成正比,即直接与仪器条件相关,因此,不同仪器条件下所得到的工作曲线无可比性。实践中,试样测定和工作曲线测定应该在相同的仪器条件下进行,如相同的仪器、相同的时间段、相同的狭缝宽度等。

由于荧光过程包含吸光和发光两个过程,因此,吸光分子并非就是荧光分子。在所有的吸光分子中,大约有5%的分子可以发射显著荧光,并据此构建其直接荧光分析方法。对于非荧光的吸光分子,可以构建其间接荧光分析方法。

8.2.4.2 间接荧光分析法

对于非荧光或弱荧光的分子,同样可以应用荧光分析法进行测定,相应的方法称为间接荧光分析法。间接荧光分析法主要有如下四种。

1. 荧光衍生法

荧光衍生法是通过化学反应将非荧光或弱荧光分子定量转化为强荧光分子,并通过测定所生成的强荧光分子,间接测定非荧光或弱荧光分子的方法。

采用化学反应、电化学反应和光化学反应等,均可以使非荧光或弱荧光分子转化为强荧光分子,并构建相应的分析方法,分别称为化学衍生法、电化学衍生法和光化学衍生法。其中,化学衍生法应用较多。

化学衍生法的应用对象包括无机金属离子和有机化合物,它是应用对象最广的衍生法。对许多无机金属离子而言,可以引入金属配体试剂(也称生荧试剂)与之生成稳定的荧光配合物,通过测定荧光配合物的荧光间接测定相应的金属离子。该方法的独特意义在于可示踪或成像测定活性试样内(如细胞内)的金属离子。对许多有机化合物而言,可以通过降解反应、氧化还原反应、偶联反应、缩合反应、酶催化反应等,使之转化为荧光物质,其意义是极大地拓宽了荧光分析法的应用范围。

2. 荧光猝灭法

有些分子本身是非荧光分子，但却能通过化学反应等方式使某种荧光试剂分子的荧光发生猝灭，且荧光猝灭的程度与非荧光分子的浓度定量相关。据此，通过测定该荧光试剂荧光强度的下降程度，便可间接地测定该非荧光分子。实际应用中，大多数过渡金属离子与具有荧光性芳香族配体配位后，往往使配体的荧光猝灭，从而可间接测定这些金属离子。

在构建荧光猝灭法时，合适的荧光试剂浓度是控制的关键因素之一。通常荧光试剂的浓度不宜太高，降低荧光试剂的浓度往往有利于提高测定的灵敏度，但却会导致测定的线性范围变窄。因而，合适的荧光试剂浓度需要通过实验优化选择。

3. 敏化荧光法

有些非荧光分子具有很强的吸光能力，其吸收光能量被激发后，可以充分有效地将能量转移给其他分子，该过程即为敏化过程。因此，可以通过选择合适的荧光试剂作为能量受体分子并发光，构建相应的敏化荧光法，间接测定该非荧光分子。由于荧光强度正比于荧光分子的吸光能力，因此，具有强吸光能力的非荧光分子和选择高能量转移效率的能量受体荧光分子，是构建该方法需要考虑的两个主要因素。

4. 荧光探针分析法

选用强荧光分子作为探针，选择性地标记到目标分析物上并保持探针特性，通过测定所标记探针的荧光对目标分析物进行传感、识别、示踪等，即为荧光探针分析法。荧光免疫分析、细胞染色成像分析和 DNA 序列分析等均是典型的荧光探针分析法。

8.2.4.3 多组分混合物荧光分析

荧光定量分析时，通常是选用其最大激发波长激发，并记录其在最大发射波长的荧光发射强度信号作为定量数据。因此，激发波长和发射波长是两个选择性参数，只要其荧光激发光谱或发射光谱在所选激发或发射波长处不干扰，就可以进行分别测定。以二组分混合物为例，存在四种情况：(1)二组分混合物的荧光光谱在最大激发波长处和最大发射波长处均不干扰，这时可分别选择在二组分混合物各自的最大激发和发射波长处测定对应的荧光发射。(2)二组分混合物的荧光光谱在最大激发波长处不干扰，但在最大发射波长处存在干扰，这时可分别选择其最大激发波长光激发，并在各自的最大发射波长处测定荧光发射。(3)二组分混合物的荧光光谱在最大激发波长处存在干扰，但在最大发射波长处不干扰，这时可分别选择固定其最大发射波长，并在各自的最大激发波长处测定荧光。(4)二组分混合物的荧光光谱在最大激发波长和最大发射波长处均存在干扰，这时可牺牲部分灵敏度，选择不存在干扰的激发和(或)发射波长，并按

(1)、(2)和(3)中的情况处理。

除常规荧光光谱技术外,现代荧光光谱技术中,同步荧光光谱、导数荧光光谱、时间分辨荧光光谱、相分辨荧光光谱等技术均具有多组分混合物的荧光分析能力。但是,与其他带状光谱一样,荧光光谱的宽带特性,使其基于光谱的选择性分析特性受到了明显的限制。

8.2.5 常规磷光分析方法

常规磷光分析方法与常规荧光分析方法相同,但由于室温下磷光现象比荧光现象更难发生,而低温下磷光现象发生的概率及磷光信号的强度均显著增加,因此,磷光的常规分析方法通常在低温下进行。同时,采取一些特殊的措施也可构建一些体系的室温磷光分析方法。

8.2.5.1 低温磷光分析法

低温磷光分析方法通常在液氮温度下(77 K,−196 ℃)进行。由于室温的溶液状态下三重态寿命较长(10^{-3}~10s),因此,激发态非辐射过程更加显著,通常能够与溶剂分子或氧等发生碰撞而失活。为了保证磷光过程的发生,就必须限制三重态电子的非辐射失活并提高其辐射跃迁概率。液氮温度下,试样溶液黏度增大并形成透明的刚性玻璃体,可显著提高三重态电子的辐射跃迁概率,并据此构建直接和间接低温磷光分析法。此外,荧光法采用的同步扫描技术和导数光谱技术,也可应用于磷光分析法。

8.2.5.2 室温磷光分析法

1. 固体表面室温磷光分析法

固体表面室温磷光分析法是一种为拓宽磷光分析法应用范围而采用的一项技术,用于测量室温下吸附于固体表面的分析物所发射的磷光。其发光机制普遍认为是源于分析物形态的改变,即固态分析物基于物理吸附或某种化学作用力被束缚在基质表面时,相较于溶液状态其刚性显著增大,从而减小了碰撞失活的概率,且在试样严格干燥的情况下,氧的猝灭作用也受到了限制,从而发生显著的室温磷光现象。

该方法最常用的吸附载体是滤纸。将滤纸裁剪成合适的大小并贴附在载玻片上,然后在滤纸中心滴加极小量的含磷光体的试液,烘干后即可测定。也可在滤纸上滴加反应液生成磷光物质,烘干后测定磷光。测定时,将载玻片附有试样的一面与入射光方向成 45°角,并使试样点落在入射光的照射范围内,即可测定。该方法相对于采用溶液试样直接测定的方法而言,数据的精密度要差一些。同时,由于载玻片的引入,试样室也需做相应改变。

实际应用中,不同型号的滤纸的吸附能力和背景发光的程度不同,需通过实验进行选择。同时,为了减小滤纸的背景发光,限制试样制备过程中磷光分析物在滤纸上的浸润扩散及减小氧与湿气的渗透，有时应预先处理滤纸，其处理方法可参考文献报道。

2. 胶束稳定的室温磷光分析法

表面活性剂胶束溶液具有增溶、增敏和增稳的作用。当磷光体进入胶束后，其微环境发生显著变化，从而减小了磷光分子的非辐射失活概率，明显增大三重态的稳定性，使磷光发射强度显著增大。利用胶束的稳定因素，并结合重原子微扰剂的作用，在通氮除氧的条件下，可以构建一些物质的室温磷光分析法。

除胶束有序介质外，一些典型的对氧敏感性差的有序介质，如环糊精、微乳液、微胶囊等，均用于非除氧条件下的室温磷光分析法的构建。

8.2.6 荧光(磷光)分析法的特点

荧光分析法是一种高灵敏或超高灵敏的定量测定技术。分析灵敏度方面，以氙灯为光源、光电倍增管为检测器的常规荧光分析法，通常可达到 10^{-9} mol·L^{-1}的检测灵敏度。同时，由于荧光信号强度正比于激发光强度，因此，采用强光源(如激光光源)并结合超高灵敏检测器，荧光分析法甚至可测定单分子水平的分析物，即达到 10^{-23} mol·L^{-1}的浓度水平。应用对象方面，通过直接或间接荧光分析方法，无机离子、有机化合物和生物活性物质均可进行灵敏的荧光分析测定。

荧光分析法是一种有效的分析表征技术。由于荧光过程对化学环境和微环境敏感，因此，荧光分析法已广泛用作一种表征技术，表征所研究体系的物理、化学性质及其变化情况。典型的荧光表征为结合荧光探针标记的荧光成像技术，它是目前最有效的光学成像技术，通过检测探针的荧光特性和时空变化情况等，表征分析对象的性质、构象、分布等情况，广泛应用于化学、生物学、生物医学、临床监测、基因测定、药物示踪等领域。另一方面，荧光分析法可以高灵敏检测无机离子，相较于原子光谱技术，其在生物活性物质中金属离子无损检测和表征方面，具有不可替代的优点。

磷光分析法同样可以有上述特点，但受限于应用对象相对较少和对低温技术的要求。但是，由于磷光发射具有 Stokes 位移大的优点，其在克服光谱干扰和选择性测定方面稍优于荧光分析法。

8.3 化学发光分析法

8.3.1 基本原理

与荧光(磷光)的光致发光过程不同，化学发光是指分子外层电子吸收化学反应能而处于激发态，并通过辐射跃迁回到基态的发光现象。因此，化学发光现象涉及一个重要的化学反应过程。广义的化学发光也可包括电致化学发光和生物发光。

从发光机制上讲，化学发光过程必须满足以下条件：首先，必须有一个单一反应释放足够的化学能。该反应需为反应速率快的放热反应，其$-\Delta H$为170～300 kJ・mol^{-1}，以保证该能量值对应的波长范围在可见光范围。许多氧化-还原反应所提供的能量与此相当，因此，大多数化学发光反应为氧化还原反应。其次，该反应释放的化学能必须能被一种物质分子所吸收（通常是该反应的产物之一），并致使其外层电子跃迁至激发态，而不是以热的形式释放掉。最后，该激发态物质分子通过辐射跃迁回到基态的概率必须足够大，即可以显著发光，或者能够通过能量转移的方式将激发能有效地转移给另一个发光分子受体并显著发光。通常，化学发光反应一般以下式表示，其中 F＊ 为发光中间体。

$$M + N \longrightarrow F^{*} \longrightarrow F + h\nu$$

8.3.2 化学发光定量关系式

F 在上述化学发光过程中是发光体，可通过测定其化学发光强度直接测定。由于 F 为反应产物，故在分析测定上无实际意义。但是，F 通过反应 $M+N \longrightarrow F$ 与反应物 M 和 N 关联，因此，可以通过测定 F 的化学发光来测定反应物 M 或 N。

设发光体 F 的浓度为c_F，定义发生化学发光的 F 分子数与参与化学发光反应的该分子数的比值为化学发光量子产率φ_{CL}，则对一级及准一级化学发光反应，其化学发光的光强度I_{CL}取决于化学反应的速率$\frac{dc_F}{dt}$和化学发光量子产率φ_{CL}，即

$$I_{CL}(t) \propto \varphi_{CL}\frac{dc_F}{dt} \tag{8-18}$$

如果控制化学反应及发光条件恒定不变，并引入常数 K，则式(8-18)变为

$$I_{CL}(t) = K\varphi_{CL}\frac{dc_F}{dt} \tag{8-19}$$

在反应进行的t_2—t_1 时间段对光强信号进行积分，可以得到该时间段的化学发光总强度 S，即

$$S = \int_{t_1}^{t_2} I_{CL}dt = \int_{t_1}^{t_2} K\varphi_{CL}\frac{dc_F}{dt}dt = K\int_{t_1}^{t_2}\varphi_{CL}dc_F \tag{8-20}$$

对于一定的化学发光体分子，φ_{CL}为定值。设发光过程的终止时间为 t，并对化学发光的全过程积分，则化学发光过程的总发光强度S_t如下式：

$$S_t = \int_0^t I_{CL} dt = K\int_0^t \varphi_{CL} dc_F = K\varphi_{CL} c_F \tag{8-21}$$

由式(8-21)可知，S_t与产物F的浓度成正比。

对于化学发光反应$M+N \longrightarrow F$，假设N为测定对象，控制反应物浓度满足$c_M \gg c_N$，则可以认为反应结束后M的浓度几乎不变，而测定对象N则完全反应，此时有$c_N = c_F$，则

$$S_t = K\varphi_{CL} c_F = K\varphi_{CL} c_N \tag{8-22}$$

据此，可进行反应物N的定量分析。

化学发光反应的持续时间随反应类型的不同而不同，短则小于1 s，长则十几分钟。在实际应用中，对于持续时间短的发光反应，通常其发光总强度在一定浓度范围内与其峰值发光强度成正比，亦即其峰值发光强度与浓度成正比，因此，通常采用其发光峰值信号来进行浓度定量；而对于持续时间长的化学发光过程，则采用式(8-20)的积分信号来进行浓度定量。

由于化学发光过程基于特定的发光反应$M+N \longrightarrow F^* \longrightarrow F+h\nu$，其定量测定只涉及参与反应的M或N，且具有分析检测意义的化学发光反应少之又少，因此，从方法学的角度必须拓展其应用对象范围。理论上，化学发光反应中化学发光强度与化学反应速率相关联，因而一切影响反应速率的因素都可以作为测定方法建立的依据。

目前，化学发光分析法主要有三种类型。第一类为如上所述的参与化学发光反应的反应物的直接测定；第二类为对化学发光反应有灵敏作用的反应催化剂、增敏剂或抑制剂等的间接测定；第三类通过引入偶合反应，可测定偶合反应中的反应物及该偶合反应的催化剂和增敏剂等。上述方法最常见的为第二种，而化学发光进一步的应用是将其作为标记因子引入分析体系，用于分析表征特定的分析对象，如此可进一步扩大化学发光分析的应用范围。

8.3.3　化学发光分析法特点

与荧光(磷光)分析法的光致发光过程不同，化学发光过程不需要激发光源，因此具有如下几点特点。

1. 灵敏度高

由于不需要激发光源，化学发光过程相当于在一个“黑箱”里的发光过程，因此，理论上不存在空白信号，而荧光(磷光)过程必须经由光激发，激发光作用于试样引入系统必然产生空白信号，该类空白信号值是所有分析测定方法中除仪器噪声外的检测下限决定因素。基于此，化学发光分析法具有极低的检测下限。举例来讲，如采用同样的PMT检测器，常规荧光(磷光)分析法检测灵敏度约为10^{-9} mol·L^{-1}，而化学发光分析法检测灵敏度可达10^{-12} mol·L^{-1}，个别体系

如应用荧光素酶催化的荧光素与磷酸三腺苷(ATP)的化学发光体系,可测定低至 2×10^{-17} mol·L^{-1}的 ATP,相当于可检出一个细菌中的 ATP 含量。

2. 仪器设备简单

同样是由于无需激发光源,因此化学发光分析仪器不需要入射单色器。利用积分信号测定时,只需要一个出射单色器;利用峰值信号测定时,甚至连出射单色器都不需要。但是,由于涉及化学反应过程,只有当试样与反应试剂混合后,化学发光过程才开始进行,而且通常由于反应很快,发光信号消失得也很快,必须在反应开始后立即进行测定,由此也表明,试样与试剂混合方式的重复性和测定时间的控制是影响分析结果精密度的主要因素。目前,常用的简单试样及反应引入系统有两种,其一为分立取样式,其二为流动注射式。

分立取样式试样及反应引入系统是一种在静态下测量化学发光信号的装置。操作时用移液管或注射器将试剂与试样注入试样反应器中并混合均匀,然后根据发光峰值信号或积分信号进行定量测定。流动注射式是结合流动注射技术的试样及反应引入方式,其流程如图 8-8 所示。图中,反应液 M 和试样 N 分别由流动泵 P_1 及 P_2 泵入流路中,并在反应管 R 处混合后反应并发光,然后经由 W 排除。显而易见,两种方式中,前者为手动方式,后者为自动方式,后者在操作的重复性及数据的精密度方面优于前者,是普遍采用的试样及反应引入方式。在测定方法的条件优化时,根据不同的发光反应速率,准确选择试样与反应试剂注入反应管的时间,使发光信号与检测器的响应时间相匹配,这是需要控制的主要因素。

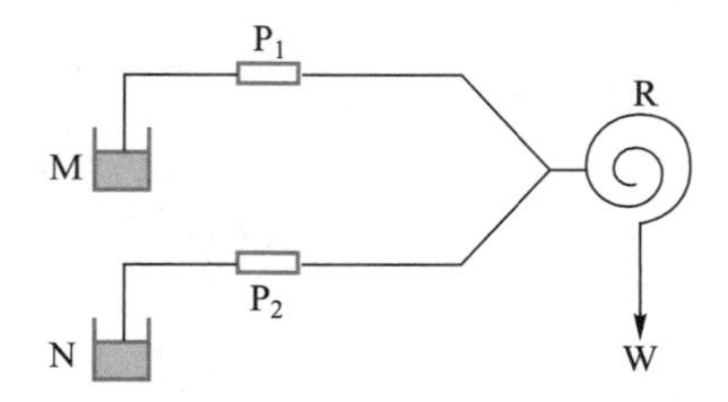

图 8-8 流动注射式试样及反应引入流程图

具体实践中,利用荧光(磷光)分光光度计也可进行化学发光测定。具体方法是:将流动注射试样及反应引入系统取代荧光(磷光)分光光度计的试样池,将图 8-8 中反应池 R 定位于试样池处,同时完全遮挡荧光(磷光)分光光度计的入射光路,即可进行测定。

3. 有效的化学发光体系有待开发

目前,可以利用的化学发光反应较少,迫切需要开发新的化学发光体系。由于极少有不同的化学反应产生同一发光物质,因此,利用化学发光分析直接测定参与化学发光过程的反应物具有较好的选择性。但是,化学发光分析的最大应用在于利用各种发光过程的干扰因素测定与干扰因素相关的化学物质，故其相较于荧光(磷光)分析法并无显著选择性优势。

8.3.4 典型化学发光反应体系

8.3.4.1 鲁米诺－H_2O_2 体系

H_2O_2 能氧化鲁米诺并致使鲁米诺发光，该体系是应用广泛的化学发光体系。Cu^{2+}，Cr^{3+}，Ni^{2+}，Co^{2+} 和 Fe^{2+} 等过渡金属离子及过渡金属离子的不饱和配合物对鲁米诺－H_2O_2 体系有很强的催化作用，据此可以建立金属离子或有机配体的化学发光分析方法，其发光反应机理如图 8－9 所示。例如，基于苯甲酸与 Cu(Ⅱ)形成的不饱和配合物对鲁米诺－H_2O_2 体系的催化作用，可建立苯甲酸的流动注射－化学发光分析测定方法；利用 Co(Ⅱ)－钛铁试剂配合物对鲁米诺－H_2O_2 体系发光的增强作用，可建立 Co(Ⅱ)的化学发光分析新方法；利用有机化合物或稀土离子对鲁米诺－H_2O_2 化学发光反应的猝灭作用，可测定相应有机化合物或稀土离子；将葡萄糖氧化酶氧化葡萄糖生成 H_2O_2 的酶促反应与鲁米诺－KIO_4－H_2O_2 的化学发光反应相偶合，可建立葡萄糖的流动注射－化学发光测定新方法，用于人血清中葡萄糖含量的测定等。

$$M^{n+} + HO_2^- \rightleftharpoons M^{n+}-HO_2^-$$

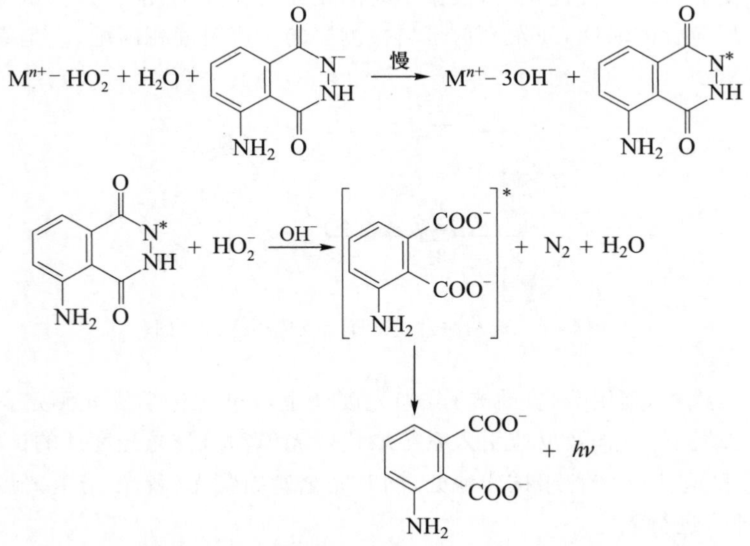

$$M^{n+}-HO_2^- + H_2O + \text{鲁米诺阴离子} \xrightarrow{\text{慢}} M^{n+}-3OH^- + \text{鲁米诺自由基}(N^*)$$

$$\text{鲁米诺自由基}(N^*) + HO_2^- \xrightarrow{OH^-} [\text{3-氨基邻苯二甲酸根}(COO^-)_2]^* + N_2 + H_2O$$

$$[\text{3-氨基邻苯二甲酸根}]^* \longrightarrow \text{3-氨基邻苯二甲酸根}(COO^-)_2 + h\nu$$

图 8－9 金属离子催化鲁米诺－H_2O_2 体系的化学发光反应机理

8.3.4.2 光泽精－H_2O_2 体系

光泽精－H_2O_2 体系也是常见的化学发光体系。反应条件下，H_2O_2 将氧化光泽精经由四元环过氧化物中间体生成吡啶酮而发射蓝绿色光。该发光过程的量子产率较高，一般为 0.01～0.02，其化学发光反应过程如图 8-10 所示。同样，可利用过渡金属离子及过渡金属离子的不饱和配合物对光泽精-H_2O_2 体系的强催化作用，建立金属离子或有机配体的化学发光分析方法。

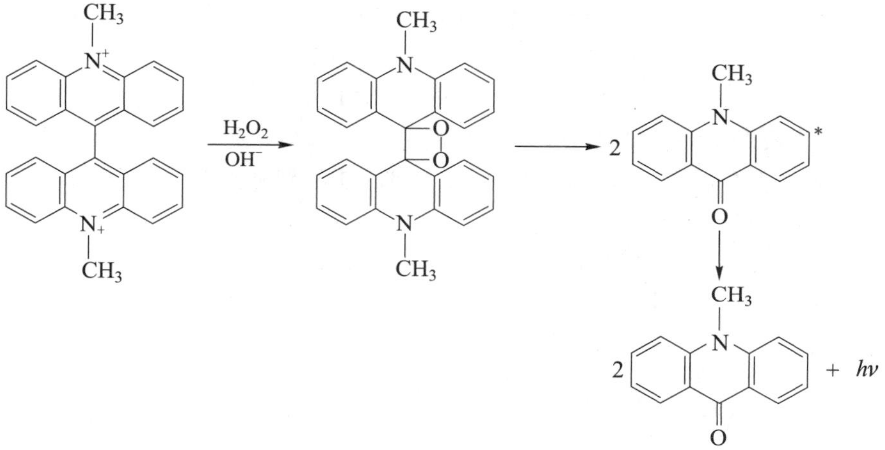

图 8-10 光泽精的化学发光反应

碱性条件下，光泽精还可在 Fe^{2+}、抗坏血酸、胍基化合物等还原性物质作用下产生化学发光，而无需 H_2O_2 的存在。

上述两类体系中，H_2O_2 是作为氧化剂发生作用的，因此，常见的氧化剂，如 $KMnO_4$，$K_3Fe(CN)_6$，I_2，KIO_4 和溶解氧等，均可替代 H_2O_2 的作用构建化学发光分析体系。

8.3.4.3 联吡啶钌(Ⅱ)配合物-Ce(Ⅳ)体系

联吡啶钌(Ⅱ)配合物具有独特的化学稳定性和还原性，在硫酸介质中，它能与 Ce(Ⅳ)等氧化剂发生反应并产生化学发光。当一些有机化合物共存时，可以增强其发光强度，且发光强度与有机化合物浓度呈线性关系。基于此，可以建立这些有机化合物的化学发光测定方法，如硫脲、6-巯基嘌呤、四环素、戊二醛、可待因、肉桂酸、丙酮酸、核酸等均可据此测定。

稳定的联吡啶钌(Ⅱ)配合物还是重要的电致化学发光试剂，在电场作用下其发光强度极大增强，可直接构建分析方法，也可作为敏感试剂构建相应的传感器。

8.3.4.4 气相化学发光体系

特定的化学反应条件下，气态的 O_3，NO 和 S 等会产生化学发光，并用于检测气态的 O_3，NO，NO_2，H_2S，SO_2 和 CO 等。

1. 臭氧的化学发光反应

约有40余种有机化合物可以参与臭氧的化学发光过程，其中以没食子酸-罗丹明B偶合体系最有应用价值，该体系已成功地应用于大气中微量臭氧的测定。相关的化学发光反应过程表示如下：

$$\text{没食子酸} + O_3 \longrightarrow M^* + O_2$$

$$\text{罗丹明 B} + M^* \longrightarrow \text{罗丹明B}^* + M$$

$$\text{罗丹明B}^* \longrightarrow \text{罗丹明 B} + h\nu$$

式中M^*为没食子酸与臭氧反应所产生的受激中间体；M为没食子酸的氧化产物。反应过程中包含有M^*与罗丹明B之间的能量转移过程，罗丹明B为发光体，其最大发光波长为584 nm。

2. 氮氧化合物的化学发光反应

NO与臭氧可发生如下反应：

$$NO + O_3 \longrightarrow NO_2^* + O_2$$

$$NO_2^* \longrightarrow NO_2 + h\nu$$

该反应在大气中天然存在，应用于测定NO的检测限可达1 ng·mL^{-1}，线性范围在10^{-2}～10^4 μg·mL^{-1}。

对NO和NO_2混合物的分别测定，可先行测定NO，再将NO_2定量还原为NO并测得NO的总量后，扣除NO的含量即得试样中NO_2的含量。

3. 氧自由基参与的化学发光反应

在一些鲁米诺、光泽精为发光体的液相化学发光反应过程中，溶解氧参与了发光过程。其作用机制表明，溶解氧以氧自由基的形式参与其中。在气相中，O_3于1 000 ℃的石英管中分解可获得氧自由基，氧自由基能与SO_2，NO，NO_2和CO等产生化学发光反应，促使反应物或产物激发并发光。反应物激发并发光的反应如氧自由基与SO_2的反应：

$$SO_2 + 2O \longrightarrow SO_2^* + O_2$$

$$SO_2^* \longrightarrow SO_2 + h\nu$$

反应物SO_2的最大发射波长为200 nm，测定SO_2的灵敏度约为1 ng·mL^{-1}。氧自由基也可以先行氧化反应物生成产物，并使产物处于激发态，最终由产物发光，如氧自由基与CO的反应：

$$CO + O \longrightarrow CO_2^*$$

$$CO_2^* \longrightarrow CO_2 + h\nu$$

产物CO_2的发射光谱范围为300～500 nm，测定CO的灵敏度约为1 ng·mL^{-1}。

4. 火焰化学发光

火焰化学发光的典型事例为NO和挥发性硫化物在富氢火焰中的发光。

富氢火焰中存在大量氢自由基，NO 与氢自由基作用能够产生很强的火焰化学发光反应，发光体发光波长范围为 660～770 nm，最大发射波长 680 nm。其发光反应机理如下：

$$H+NO \longrightarrow HNO^*$$

$$HNO^* \longrightarrow HNO+h\nu$$

由于 NO_2 能被氢自由基迅速还原为 NO，故此法可用于测定空气中 NO_2 和 NO 的总量。分析实践中，含氮化合物的气相色谱氢火焰检测器就是据此而构建的。

同样在富氢火焰中，SO_2，H_2S，CH_3SH 及 CH_3SCH_3 等挥发性硫化物燃烧时产生很强的蓝色化学发光。以 SO_2 为例，其化学发光反应机理如下：

$$SO_2+2H_2 \longrightarrow S+2H_2O$$

$$S+S \longrightarrow S_2^*$$

$$S_2^* \longrightarrow S_2+h\nu$$

发光体的发射波长范围为 350～460 nm，最大发射波长 384 nm。该发光过程中，SO_2 与发光体 S_2^* 是 2 倍浓度关系，故据此测定 SO_2 时，发光强度与 SO_2 浓度不是简单的线性关系。

思考、练习题

8-1　解释下列名词：

(1) 单重态；　(2) 三重态；　(3) 系间窜越；

(4) 振动弛豫；　(5) 荧光猝灭；　(6) 荧光量子产率。

8-2　说明磷光与荧光在发射特性上的差别及其原因。

8-3　与紫外-可见吸收分析法比较，荧光分析法有哪些优点？原因何在？

8-4　强荧光物质通常具备哪些主要的结构特征？

8-5　说明(n,π^*)和(π,π^*)激发态性质上的主要差别。

8-6　指明下列几组化合物的荧光量子产率顺序，并简要说明其原因。

(1) 苯、萘和蒽；　(2) 苯胺、苯和苯甲酸；

(3) 酚酞、荧光素和四碘荧光素；　(4) 8-羟基喹啉和 5-羟基喹啉。

8-7　荧光猝灭分为动态猝灭和静态猝灭，试列举区分动态猝灭和静态猝灭的方法，哪种方法是确定动态猝灭和静态猝灭属性的决定性方法？

8-8　如果荧光体受光激发后形成电荷分离的荧光发射态，试说明其荧光发射峰的位置与溶剂极性的关系，并与一般的(π,π^*)荧光发射相比较。

8-9　说明荧光、磷光和化学发光的常规检测仪器的主要差别。

8-10　将等物质的量的蒽分别溶解于苯和氯仿中制成相同浓度的溶液，试问在哪一种溶剂中能产生更强的磷光？

8-11 敏化磷光是由哪种类型的能量转移产生的？说明选择能量受体的原则。

参考资料

扫一扫查看

第9章 紫外-可见吸收光谱法

基于物质对200～800 nm光谱区辐射的吸收特性建立起来的分析测定方法称为紫外-可见吸收光谱法或紫外-可见分光光度法。它具有如下特点：

(1) 灵敏度高。可以测定10^{-7}～10^{-4} g·mL^{-1}的微量组分。

(2) 准确度较高。其相对误差一般在1%～5%。

(3) 仪器价格较低，操作简便、快速。

(4) 应用范围广。既能进行定量分析，又可进行定性分析和结构分析；既可用于无机化合物的分析，也可用于有机化合物的分析；还可用于配位化合物组成、酸碱解离常数的测定等。

9.1 紫外-可见吸收光谱

紫外-可见吸收光谱包括紫外吸收光谱(200～400 nm)和可见吸收光谱(400～800 nm)，两者都属电子光谱，其产生过程在《分析化学》(第六版)上册第10章中已有介绍，这里不再赘述。紫外-可见吸收光谱法的定量依据仍然是Lamber-Beer定律。摩尔吸收系数κ的单位为L·mol^{-1}·cm^{-1}。

吸收光谱又称吸收曲线，它是以入射光的波长λ为横坐标，以吸光度A为纵坐标所绘制的A-λ曲线。典型的吸收曲线如图9-1所示。在图9-1中，吸收最大的峰称为最大吸收峰，它所对应的波长称为最大吸收波长(λ_{max})，相应的摩尔吸收系数称为最大摩尔吸光系数，以κ_{max}表示，其单位亦为L·mol^{-1}·cm^{-1}。吸收次

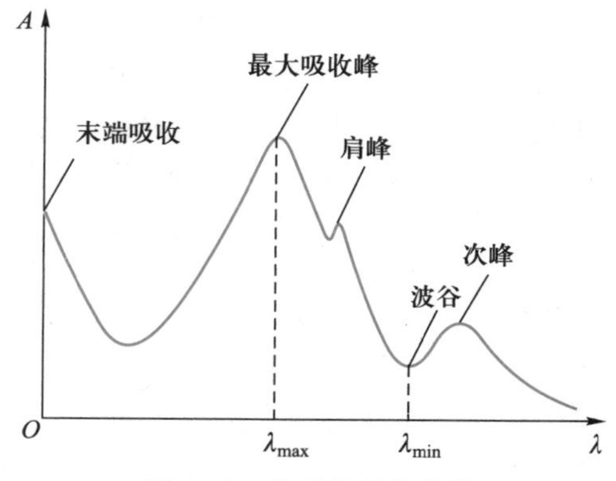

图9-1 典型的吸收曲线

于最大吸收峰的波峰称为次峰或第二峰；在吸收峰的旁边产生的一个曲折称为肩峰；相邻两峰之间的最低点称为波谷，最低波谷所对应的波长称为最小吸收波长（λ_{min}）；在吸收曲线短波端，呈现强吸收趋势但并未形成峰的部分称为末端吸收。

9.1.1 有机化合物的紫外-可见吸收光谱

紫外-可见吸收光谱是分子中价电子的跃迁产生的，因此，有机化合物的紫外-可见吸收光谱取决于分子中价电子的分布和结合情况。有机化合物分子对紫外光或可见光的特征吸收，可以用最大吸收波长 λ_{max} 来表示。λ_{max} 决定于分子的激发态与基态之间的能量差。从化学键的性质来看，与紫外-可见吸收光谱有关的价电子主要有三种：形成单键的 σ 电子、形成不饱和键的 π 电子以及未参与成键的 n 电子（孤对电子）。这三种类型的价电子可以甲醛为例说明如下：

H:C::Ö: (H 上下两个，C 与 O 之间为 •• 和 ××)

其中"•"代表 σ 电子，"×"代表 π 电子，"∘"代表 n 电子。

根据分子轨道理论，分子中这三种电子的能级高低次序是

$$(\sigma)<(\pi)<(n)<(\pi^*)<(\sigma^*)$$

σ，π 表示成键分子轨道；n 表示非键分子轨道；σ^*，π^* 表示反键分子轨道。σ 轨道和 σ^* 轨道是由原来属于原子的 s 电子和 p_x 电子所构成的；π 轨道和 π^* 轨道是由原来属于原子的 p_y 和 p_z 电子所构成的；n 轨道是由原子中未参与成键的 p 电子所构成的。当受到外来辐射的激发时，处在较低能级的电子就跃迁到较高的能级。由于各个分子轨道之间的能量差不同，因此要实现各种不同跃迁所需要吸收的外来辐射的能量也各不相同。三种价电子可能产生 $\sigma\rightarrow\sigma^*$，$\sigma\rightarrow\pi^*$，$\pi\rightarrow\sigma^*$，$\pi\rightarrow\pi^*$，$n\rightarrow\sigma^*$，$n\rightarrow\pi^*$ 等六种形式的电子跃迁（图 9-2）。其中 $\sigma\rightarrow\sigma^*$，$\sigma\rightarrow\pi^*$，$\pi\rightarrow\sigma^*$ 电子跃迁所需的能量较大，与其相对应的吸收光谱都处于 200 nm 以下的远紫外光区。由于空气对远紫外光区的光有吸收，一般的紫外-可见分光光度计还难以在远紫外光区工作，因此，对这三种跃迁的紫外-可见吸收光谱研究得较少。饱和烃具有 σ 电子，这类分子受到光照射时将发生 $\sigma\rightarrow\sigma^*$ 跃迁，如

甲烷 C—H $\sigma\rightarrow\sigma^*$ $\lambda_{max}=125$ nm

乙烷 C—C $\sigma\rightarrow\sigma^*$ $\lambda_{max}=135$ nm

由于它们在 200～800 nm 无吸收带，所以在紫外-可见吸收光谱分析中常用作溶剂（如己烷、环己烷等）。另外，需要说明的是，图 9-2 表示的是生色团（见下文）不发生共轭作用时的情况。

在紫外-可见吸收光谱分析中，有机化合物的吸收光谱主要由 $n\rightarrow\sigma^*$，

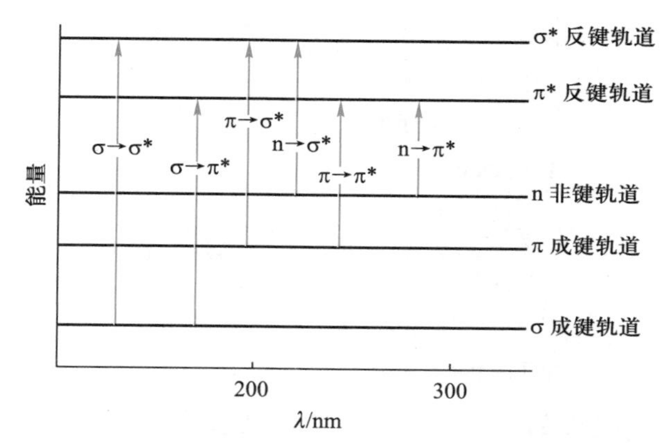

图 9-2 各种电子跃迁相应的吸收峰和能量示意图

$\pi\rightarrow\pi^*$，$n\rightarrow\pi^*$ 及电荷转移跃迁产生。

9.1.1.1 $n\rightarrow\sigma^*$ 跃迁

某些含有氧、氮、硫、卤素等杂原子基团(如 $-NH_2$，$-OH$，$-SH$，$-X$ 等)的有机化合物可产生 $n\rightarrow\sigma^*$ 跃迁。$n\rightarrow\sigma^*$ 跃迁的吸收光谱出现在远紫外光区和近紫外光区，如 CH_3OH 和 CH_3NH_2 的 $n\rightarrow\sigma^*$ 跃迁光谱的 λ_{max} 分别为 183 nm和 213 nm。$n\rightarrow\sigma^*$ 跃迁的摩尔吸收系数较小。

9.1.1.2 $\pi\rightarrow\pi^*$ 跃迁

含有 π 电子的基团，如 >C=C<，—C≡C—，>C=O 等，会发生 $\pi\rightarrow\pi^*$ 跃迁，其吸收峰一般处于近紫外光区，在 200 nm 左右，它的特征是摩尔吸收系数大，一般 $\kappa_{max}\geqslant10^4\ L\cdot mol^{-1}\cdot cm^{-1}$，为强吸收带。

9.1.1.3 $n\rightarrow\pi^*$ 跃迁

含有杂原子的不饱和基团，如 >C=O，>C=S，—N=N—，—N=O 等，会发生 $n\rightarrow\pi^*$ 跃迁。实现这种跃迁所需要吸收的能量最小，因此其吸收峰一般都处在近紫外光区，甚至在可见光区。它的特点是谱带强度弱，摩尔吸收系数小，通常小于 $100\ L\cdot mol^{-1}\cdot cm^{-1}$。

9.1.1.4 电荷转移跃迁

某些分子同时具有电子给予体和电子接受体，它们在外来辐射照射下会强烈吸收紫外光或可见光，使电子从给予体轨道向接受体轨道跃迁，这种跃迁称为电荷转移跃迁，其相应的吸收光谱称为电荷转移吸收光谱。因此，电荷转移跃迁实质上是一个内氧化还原过程。例如，某些取代芳烃可产生这种分子内电荷转移跃迁吸收带：

电子接受体 电子给予体

电子给予体 电子接受体

电荷转移吸收带的特点是谱带较宽、吸收强度大、κ_{max} 可大于 10^4 L·mol^{-1}·cm^{-1}。

9.1.2 无机化合物的紫外-可见吸收光谱

无机化合物的紫外-可见吸收光谱主要由电荷转移跃迁和配位场跃迁产生。

9.1.2.1 电荷转移跃迁

与某些有机化合物相似，许多无机配合物也有电荷转移跃迁产生的电荷转移吸收光谱。

若用M和L分别表示配合物的中心离子和配体，当一个电子由配体的轨道跃迁到与中心离子相关的轨道上时，可用下式表示这一过程：

$$M^{n+}—L^{b-} \xrightarrow{h\nu} M^{(n-1)+}—L^{(b-1)-}$$

上式中，中心离子为电子接受体，配体为电子给予体。一般来说，在配合物的电荷转移跃迁中，金属离子是电子的接受体，配体是电子的给予体。

不少过渡金属离子与含生色团的试剂反应所生成的配合物及许多水合无机离子，均可产生电荷转移跃迁。例如：

$$Cl^-(H_2O)_n \xrightarrow{h\nu} Cl(H_2O)_n^-$$

电子给予体电子接受体

$$[Fe^{3+}SCN^-]^{2+} \xrightarrow{h\nu} [Fe^{2+}SCN]^{2+}$$

电子接受体 电子给予体

$[FeSCN]^{2+}$ 的电荷转移吸收光谱示于图9-3。此外，一些具有 d^{10} 电子结构的过渡元素形成的卤化物及硫化物，如AgBr，PbI_2，HgS等，也是由于这类跃迁而产生颜色。

电荷转移吸收光谱出现的波长位置，取决于电子给予体和电子接受体相应电子轨道的能量差。若中心离子的氧化能力越强，或配体的还原能力越强（相

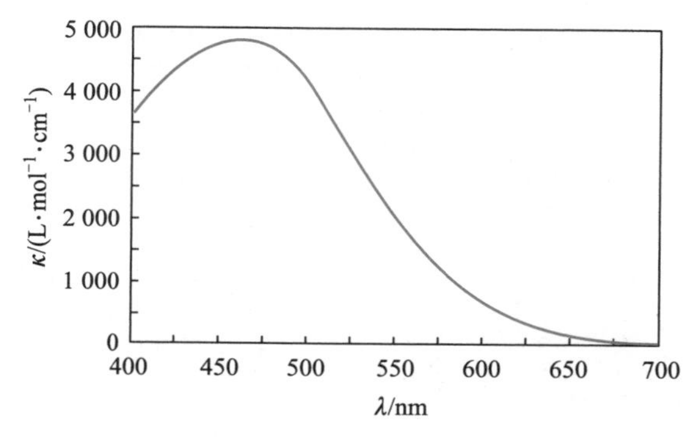

图 9-3 $[FeSCN]^{2+}$ 的电荷转移吸收光谱

反，若中心离子的还原能力越强，或配体的氧化能力越强），则发生电荷转移跃迁时所需能量越小，吸收光谱波长红移。

电荷转移吸收光谱谱带最大的特点是摩尔吸收系数较大，一般 $\kappa_{max} > 10^4\ L\cdot mol^{-1}\cdot cm^{-1}$。因此，应用这类谱带进行定量分析，可以提高检测的灵敏度。

9.1.2.2 配位场跃迁

元素周期表中第 4、第 5 周期的过渡元素分别含有 3d 和 4d 轨道，镧系和锕系元素分别含有 4f 和 5f 轨道。这些轨道的能量通常是相等的（简并的）。但在配合物中，由于配体的影响，过渡元素 5 个能量相等的 d 轨道及镧系和锕系元素 7 个能量相等的 f 轨道分别分裂成几组能量不等的 d 轨道及 f 轨道。如果轨道是未充满的，当它们的离子吸收光能后，低能态的 d 电子或 f 电子可以分别跃迁到高能态的 d 或 f 轨道上去。这两类跃迁分别称为 d-d 跃迁和 f-f 跃迁。由于这两类跃迁必须在配体的配位场作用下才有可能产生，因此又称为配位场跃迁。

与电荷转移跃迁相比，由于选择规则的限制，配位场跃迁吸收谱带的摩尔吸收系数小，一般 $\kappa_{max} < 100\ L\cdot mol^{-1}\cdot cm^{-1}$。这类光谱一般位于可见光区。虽然配位场跃迁并不像电荷转移跃迁在定量分析上那么重要，但它可用于配合物的结构及无机配合物键合理论研究。

9.1.3 常用术语

9.1.3.1 生色团

生色团是指分子中能吸收紫外或可见光的基团，它实际上是一些具有不饱和键和含有孤对电子的基团，如 $>C=C<$，$-C\equiv C-$，$>C=O$，$-N=N-$，$-N=O$ 等。表 9-1 列出了一些常见生色团的吸光特性。

表 9-1 一些常见生色团的吸光特性

生色团	示例	溶剂	λ_{max}/nm	$\frac{\kappa}{L\cdot mol^{-1}\cdot cm^{-1}}$	跃迁类型
烯	$C_9H_{13}CH{=}CH_2$	正庚烷	177	13 000	$\pi\rightarrow\pi^*$
炔	$C_5H_{11}C{\equiv}C{-}CH_3$	正庚烷	178	10 000	$\pi\rightarrow\pi^*$
			199	2 000	—
			225	190	—
羰基	$CH_3C(=O)CH_3$	正己烷	189	1 000	$n\rightarrow\sigma^*$
			280	19	$n\rightarrow\pi^*$
	$CH_3C(=O)H$	正己烷	180	大	$n\rightarrow\sigma^*$
			293	12	$n\rightarrow\pi^*$
羧基	$CH_3C(=O)OH$	乙醇	204	41	$n\rightarrow\pi^*$
酰氨基	$CH_3C(=O)NH_2$	水	214	90	$n\rightarrow\pi^*$
偶氮基	$CH_3N{=}NCH_3$	乙醇	339	5	$n\rightarrow\pi^*$
硝基	CH_3NO_2	异辛烷	280	22	$n\rightarrow\pi^*$
亚硝基	C_4H_9NO	乙醚	300	100	—
			995	20	$n\rightarrow\pi^*$
硝酸酯	$C_2H_5ONO_2$	二氧杂环己烷	270	12	$n\rightarrow\pi^*$

如果一个化合物的分子含有数个生色团，但它们并不发生共轭作用，那么该化合物的吸收光谱将包含有这些个别生色团原有的吸收带，这些吸收带的位置及强度相互影响不大。如果两个生色团彼此相邻形成了共轭体系，那么原来各自生色团的吸收带就会消失，同时会出现新的吸收带。新吸收带的位置一般比原来的吸收带处在较长的波长处，而且吸收强度也显著增加，这一现象称为生色团的共轭效应。

9.1.3.2 助色团

助色团是指本身不产生吸收峰，但与生色团相连时，能使生色团的吸收峰向长波方向移动，并且使其吸收强度增强的基团，如 $-OH$，$-OR$，$-NH_2$，$-SH$，$-Cl$，$-Br$，$-I$ 等。

9.1.3.3 红移和蓝移

在有机化合物中，常因取代基的变更或溶剂的改变，使其吸收带的最大吸收

波长 λ_{max} 发生移动。λ_{max} 向长波方向移动称为红移,向短波方向移动称为蓝移。

9.1.3.4 增色效应和减色效应

最大吸收带的摩尔吸收系数 κ_{max} 增加时称为增色效应;最大吸收带的摩尔吸收系数 κ_{max} 减小时称为减色效应。

9.1.3.5 强带和弱带

最大摩尔吸收系数 $\kappa_{max} \geqslant 10^4\ L\cdot mol^{-1}\cdot cm^{-1}$ 的吸收带称为强带;$\kappa_{max} < 10^3\ L\cdot mol^{-1}\cdot cm^{-1}$ 的吸收带称为弱带。

9.1.3.6 R 带

R 带是由含杂原子的生色团(如 >C=O ,—N=O ,—N=N— 等)的 $n\rightarrow\pi^*$ 跃迁所产生的吸收带。它的特点是强度较弱,一般 $\kappa < 100\ L\cdot mol^{-1}\cdot cm^{-1}$,吸收峰通常位于200~400 nm。

9.1.3.7 K 带

K 带是由共轭体系的 $\pi\rightarrow\pi^*$ 跃迁所产生的吸收带。其特点是吸收强度大,一般 $\kappa > 10^4\ L\cdot mol^{-1}\cdot cm^{-1}$,吸收峰位置一般处于 217~280 nm。K 带的波长及强度与共轭体系的数目、位置、取代基的种类等有关。其波长随共轭体系的加长而向长波方向移动,吸收强度也随之加强,据此可以判断共轭体系的存在情况。K 带是紫外-可见吸收光谱中应用最多的吸收带。

9.1.3.8 B 带

B 带是由芳香族化合物的 $\pi\rightarrow\pi^*$ 跃迁而产生的精细结构吸收带。苯的 B 带的摩尔吸收系数约为 200 $L\cdot mol^{-1}\cdot cm^{-1}$,吸收峰出现在 230~270 nm,中心在 259 nm(图 9-4)。B 带是芳香族化合物的特征吸收,但在极性溶剂中时精细结构消失或变得不明显。

9.1.3.9 E 带

E 带是由芳香族化合物的 $\pi\rightarrow\pi^*$ 跃迁所产生的吸收带,也是芳香族化合物的特征吸收,可分为 E_1 和 E_2 带。例如,苯的 E_1 带出现在 184 nm(κ = 90 000 $L\cdot mol^{-1}\cdot cm^{-1}$),$E_2$ 带出现在 204 nm(κ=8 000 $L\cdot mol^{-1}\cdot cm^{-1}$)(图 9-4)。

9.1.4 影响紫外-可见吸收光谱的因素

紫外-可见吸收光谱主要取决于分子中价电子的能级跃迁,但分子的内部结构和外部环境都会对紫外-可见吸收光谱产生影响。

9.1.4.1 共轭效应

共轭效应使共轭体系形成大 π 键,结果使各能级间的能量差减小,从而跃迁所需能量也就相应减小,因此共轭效应使吸收波长产生红移。共轭不饱和键越多,红移越明显,同时吸收强度也随之加强(图 9-5)。

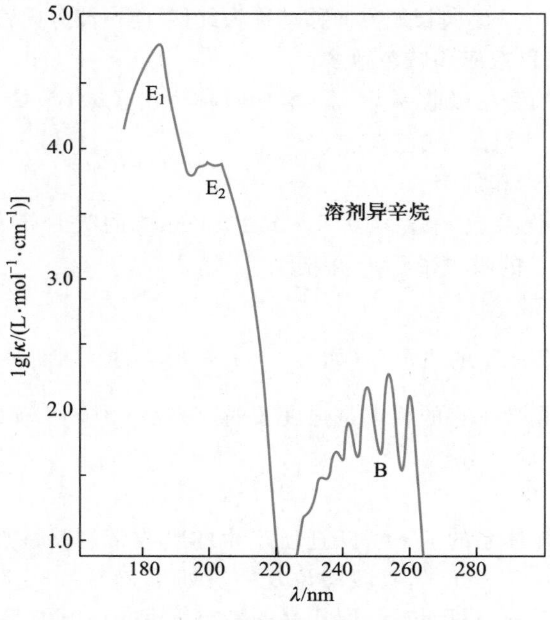

图 9-4 苯的紫外吸收光谱

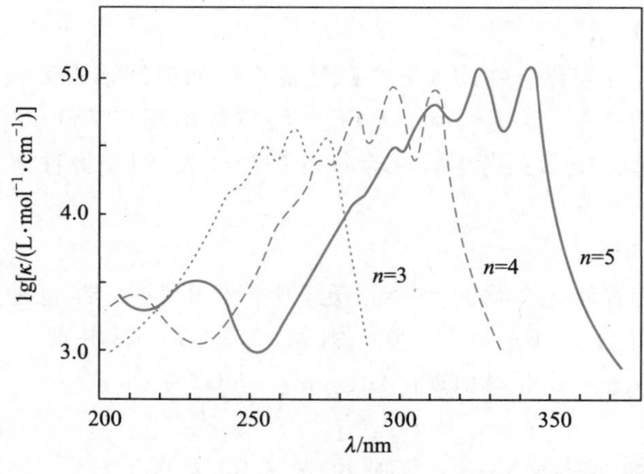

图 9-5 $H—(CH=CH)_n—H$ 的紫外吸收光谱图

9.1.4.2 溶剂效应

溶剂效应是指溶剂极性对紫外-可见吸收光谱的影响。溶剂极性不仅影响吸收带的峰位,也影响吸收强度及精细结构。

1．溶剂极性对光谱精细结构的影响

当物质处于气态时，它的吸收光谱是由孤立的分子所给出的，因而可表现出振动光谱和转动光谱等精细结构。但是当物质溶解于某种溶剂中时，由于溶剂化作用，溶质分子并不是孤立存在着，而是被溶剂分子所包围。溶剂化限制了溶质分子的自由转动，因而使转动光谱表现不出来。此外，如果溶剂的极性越大，溶剂与溶质分子间产生的相互作用就越强，溶质分子的振动也越受到限制，因而由振动而引起的精细结构也损失越多。图 9-6 是对称四嗪在气态、非极性溶剂（环己烷）中及极性溶剂（水）中的吸收光谱图。

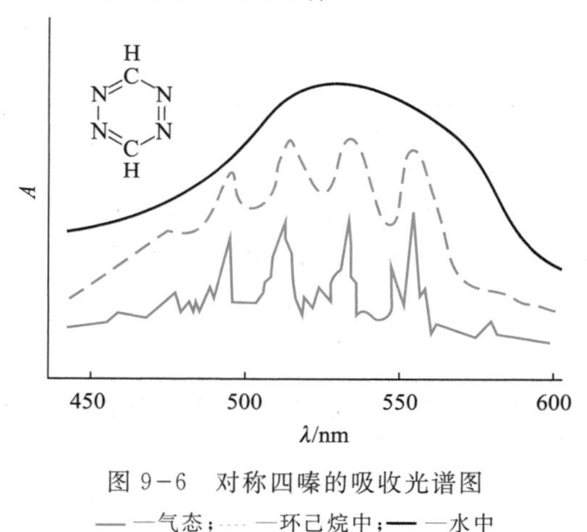

图 9-6 对称四嗪的吸收光谱图

— —气态；…… —环己烷中；— —水中

2．溶剂极性对 $\pi\rightarrow\pi^*$ 跃迁谱带的影响

当溶剂极性增大时，由 $\pi\rightarrow\pi^*$ 跃迁产生的吸收带发生红移。因为发生 $\pi\rightarrow\pi^*$ 跃迁的分子，其激发态的极性总比基态的极性大，因而激发态与极性溶剂之间发生相互作用从而降低能量的程度，比极性较小的基态与极性溶剂作用而降低的能量大。也就是说，在极性溶剂作用下，基态与激发态之间的能量差变小了。所以，由 $\pi\rightarrow\pi^*$ 跃迁所产生的吸收谱带向长波方向移动(图9-7)。

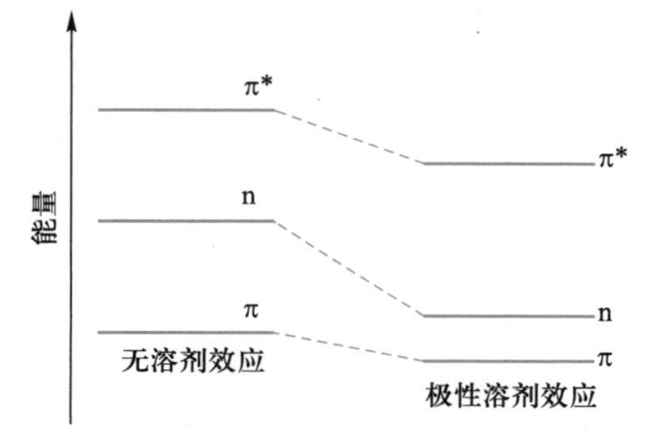

图 9-7 溶剂极性对 $\pi\rightarrow\pi^*$ 与 $n\rightarrow\pi^*$ 跃迁能量的影响

3．溶剂极性对 $n\rightarrow\pi^*$ 跃迁谱带的影响

当溶剂极性增大时，由 $n\rightarrow\pi^*$ 跃迁所产生的吸收谱带发生蓝移。原因如下：发生 $n\rightarrow\pi^*$ 跃迁的分子，都含有非键 n 电子。n 电子与极性溶剂形成

氢键，其能量降低的程度比 π^* 与极性溶剂作用降低得要大。也就是说，在极性溶剂作用下，基态与激发态之间的能量差变大了。因此，由 $n\rightarrow\pi^*$ 跃迁所产生的吸收谱带向短波方向移动(图 9–7)。

表 9–2 列出了溶剂极性对异丙叉丙酮($CH_3—CO—CH═C(CH_3)_2$)的 $\pi\rightarrow\pi^*$ 和 $n\rightarrow\pi^*$ 跃迁谱带的影响。

表 9–2 溶剂极性对异丙叉丙酮的 $\pi\rightarrow\pi^*$ 和 $n\rightarrow\pi^*$ 跃迁谱带的影响

跃迁类型	正己烷	氯仿	甲醇	水
$\pi\rightarrow\pi^*$	230 nm	238 nm	237 nm	243 nm
$n\rightarrow\pi^*$	329 nm	315 nm	309 nm	305 nm

4. 溶剂的选择

在选择测定紫外–可见吸收光谱的溶剂时，应注意以下几点：(1) 尽量选用非极性溶剂或低极性溶剂；(2) 溶剂能很好地溶解被测物，且形成的溶液具有良好的化学和光化学稳定性；(3) 溶剂在试样的吸收光谱区无明显吸收。表 9–3 列出了紫外–可见吸收光谱中常用的溶剂及其最低波长极限，以供选择时参考。

表 9–3 紫外–可见吸收光谱中常用的溶剂及其最低波长极限

溶剂	最低波长极限 λ/nm	溶剂	最低波长极限 λ/nm
	200～250	异丙醇	215
乙腈	210	水	210
正丁醇	210		250～300
氯仿	245	苯	280
环己烷	210	四氯化碳	295
1–氢化萘	200	*N*,*N*–二甲基甲酰胺	270
1,1–二氯乙烷	235	甲酸甲酯	290
二氯甲烷	235	四氯乙烯	290
1,4–二氧六环	225	二甲苯	295
十二烷	200		300～350
乙醇	210	丙酮	330
乙醚	210	苯甲腈	300
庚烷	210	溴仿	335
己烷	210	吡啶	305
甲醇	215		350～400
甲基环己烷	210	硝基甲烷	380
异辛烷	210		

9.1.4.3 pH 的影响

如果化合物在不同的 pH 下存在的型体不同，则其吸收峰的位置会随 pH 的改变而改变。例如，苯胺在酸性介质中形成苯铵盐阳离子，其吸收峰从 230 nm和 280 nm 蓝移到 203 nm 和 254 nm。

$$C_6H_5-NH_2 + H^+ \rightleftharpoons C_6H_5-\overset{+}{N}H_3$$

吸收峰 230 nm 280 nm　　　　吸收峰 203 nm 254 nm

又如，苯酚在碱性介质中能形成苯酚阴离子，其吸收峰从 210.5 nm 和 270 nm红移到 235 nm 和 287 nm。

$$C_6H_5-OH \underset{H^+}{\overset{OH^-}{\rightleftharpoons}} C_6H_5-O^-$$

吸收峰 210.5 nm 270 nm　　　　吸收峰 235 nm 287 nm

9.2 紫外-可见分光光度计

9.2.1 仪器的基本构造

紫外-可见分光光度计都是由光源、单色器、吸收池、检测器和信号指示系统五个部分构成。有关内容请参见本书第 2 章及上册第 10 章。

9.2.2 仪器类型

紫外-可见分光光度计主要有以下几种类型：单光束分光光度计、双光束分光光度计、双波长分光光度计和多通道分光光度计。

9.2.2.1 单光束分光光度计

单光束分光光度计的测量示意图如图 9-8 所示。经单色器分光后的一束平行光，轮流通过参比溶液和试样溶液，以进行吸光度的测定。

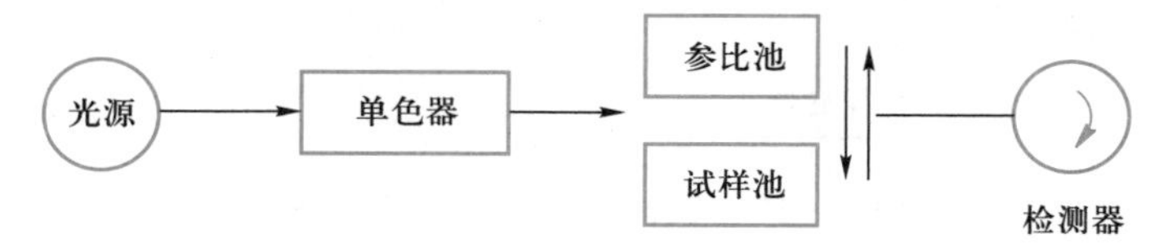

图 9-8 单光束分光光度计的测量示意图

9.2.2.2 双光束分光光度计

双光束分光光度计的光路设计基本上与单光束的相似，不同的是在单色器与吸收池之间加了一个斩光器。斩光器把均匀的单色光变成一定频率、强度相同的交替光，一束通过参比溶液，另一束通过试样溶液，然后由检测系统测量即可得到试样溶液的吸光度值，其测量示意图见图9-9。

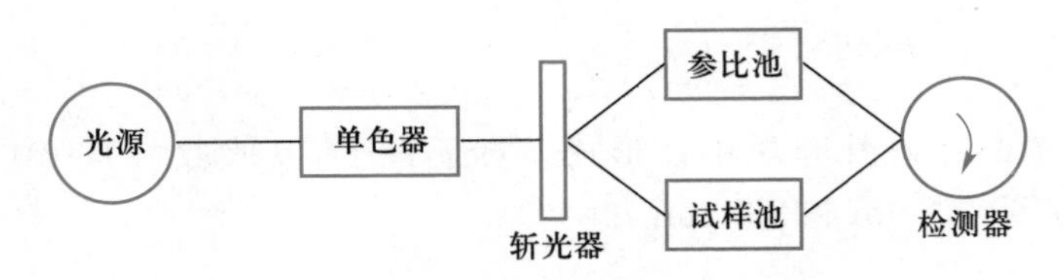

图9-9 双光束分光光度计测量示意图

由于采用双光路方式，两光束同时分别通过参比池和试样池，使操作简单，同时也消除了因光源强度变化所引起的误差。

9.2.2.3 双波长分光光度计

双波长分光光度计示意图如图9-10所示。由同一光源发出的光被分成两束，分别经过两个单色器，得到两束具有不同波长（λ_1 和 λ_2）的单色光，使两束光以一定的时间间隔交替照射装有试样溶液的吸收池（不需使用参比溶液）。经光电倍增管和电子控制系统，最后测得的是试样溶液在两个波长处的吸光度差值 ΔA，$\Delta A = A_{\lambda_1} - A_{\lambda_2}$，只要 λ_1 和 λ_2 选择适当，ΔA 就是扣除了背景吸收的吸光度差值，此时

$$\Delta A = A_{\lambda 1} - A_{\lambda 2} = (\kappa_{\lambda 1} - \kappa_{\lambda 2})bc$$

该式表明，ΔA 与试样中被测组分的浓度 c 成正比，这是双波长法定量测定的依据。

双波长分光光度计不仅可测定高浓度试样、多组分混合试样、混浊试样，而且还可以测得导数光谱。

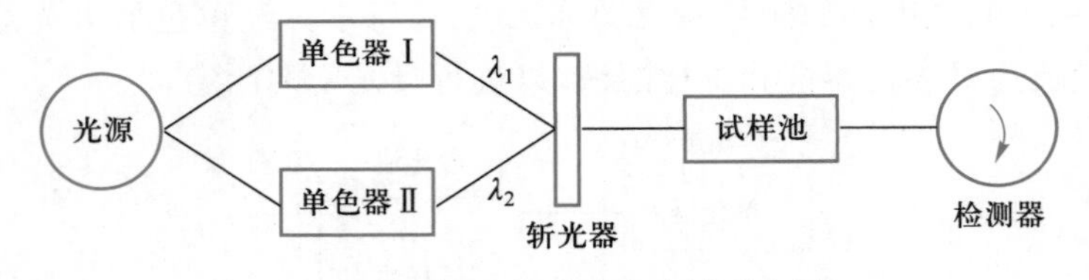

图9-10 双波长分光光度计示意图

9.2.2.4 多通道分光光度计

多通道分光光度计于20世纪80年代初期问世，是一种利用光二极管阵列作检测器、由计算机控制的单光束紫外-可见分光光度计，其光路图如图9-11所示。由光源（钨灯或氘灯）发出的辐射聚焦到试样池上，光通过试样池到达光栅，经分光后照射到光二极管阵列检测器上。该检测器含有一个由几百个光二极管构成的线性阵列，可覆盖190～900 nm波长范围。由于全部波长同时被检测，而且光二极管的响应又很快，因此可在极短的时间内（≤1 s）给出整个光谱的全部信息。这种类型的分光光度计特别适于进行快速反应动力学研究及多组分混合物的分析，在环境及过程分析中也非常重要。近些年来，它被用作高效液相色谱仪和毛细管电泳仪的检测器。

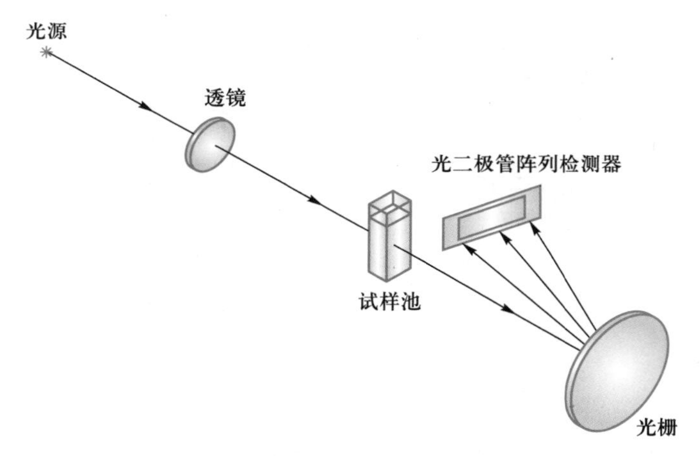

图9-11 多通道分光光度计光路图

9.2.2.5 光导纤维探头式分光光度计

图9-12是光导纤维探头式分光光度计光路图。探头是由两根相互隔离的光导纤维组成。钨灯发射的光由其中一根光纤传导至试样溶液，再经镀铝反射镜反射后，由另一根光纤传导，通过干涉滤光片后，由光敏器件接收转变为电信号。探头在溶液中的有效路径可在0.1～10 cm范围内调节。此类仪器的特点是不需要吸收池，直接将探头插入试样溶液中，在原位进行测定，不受外界光线的影响。这种类型的分光光度计常用于环境和过程监测。

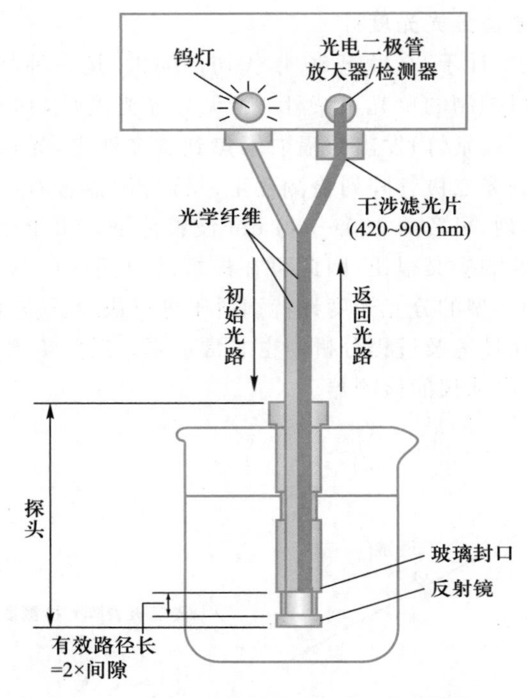

图 9-12 光导纤维探头式分光光度计光路图

9.3 紫外-可见吸收光谱法的应用

紫外-可见吸收光谱法的应用很广,不仅可以用来对物质进行定性分析及结构分析,而且可以进行定量分析及测定某些化合物的物理化学数据等,如相对分子质量、配合物的配位数与稳定常数及酸碱解离常数等。有关配合物的配位数与稳定常数及酸碱解离常数的测定等内容,请参阅本书上册第 10 章,这里不再赘述。

9.3.1 定性分析

紫外-可见吸收光谱法对无机元素的定性分析应用较少,无机元素的定性分析可用原子发射光谱、X 射线荧光光谱、等离子体质谱或经典的化学分析方法。在有机化合物的定性鉴定和结构分析中,由于紫外-可见吸收光谱比较简单,特征性不强,并且大多数简单官能团在近紫外光区只有微弱吸收或者无吸收,因此,该法的应用也有一定的局限性。紫外-可见吸收光谱法主要适用于不饱和有机化合物,尤其是共轭体系的鉴定,以此推断未知物的骨架结构。在配合红外光谱、核磁共振谱、质谱等进行定性鉴定和结构分析中，它无疑是一个十分有用的辅助方法。

9.3.1.1 比较法

吸收光谱曲线的形状、吸收峰的数目及最大吸收波长的位置和相应的摩尔吸收系数，是进行定性鉴定的依据。其中，最大吸收波长 λ_{max} 及相应的 κ_{max} 是定性鉴定的主要参数。所谓比较法，就是在相同的测定条件(仪器、溶剂、pH 等)下，比较未知纯试样与已知标准物的吸收光谱曲线，如果它们的吸收光谱曲线完全等同，则可以认为待测试样与已知化合物有相同的生色团。进行这种对比法时，也可以借助于前人汇编的以实验结果为基础的各种有机化合物的紫外-可见光谱标准谱图，或有关电子光谱数据表。常用的标准图谱及电子光谱数据表有

[1] Sadtler Standard Spectra(Ultraviolet).London:Heyden,1978.

萨特勒标准图谱共收集了 49 000 种化合物的紫外光谱。

[2] Friedel R A M, Orchin M. Ultraviolet Spectra of Aromatic Compounds.NewYork:Wiley,1951.

本书收集了 579 种芳香化合物的紫外光谱。

[3] Kenzo Hirayma. Handbook of Ultraviolet and Visible Absorption Spectra of Organic Compounds.New York:Plenum,1967.

[4] Organic Electronic Spectral Data. New Jersey: John Wiley and Sons,1949—.

这是一套由许多作者共同编写的大型手册性丛书。所搜集的文献资料自 1949 年开始，目前还在继续编写。

9.3.1.2 最大吸收波长计算法

当采用其他物理和化学方法判断某化合物有几种可能结构时，可用经验规则计算最大吸收波长 λ_{max}，并与实测值进行比较，然后确认物质的结构。

1. Woodward-Fieser 经验规则

共轭二烯、三烯和四烯烃及共轭烯酮类化合物 $\pi \rightarrow \pi^*$ 跃迁最大吸收波长 λ_{max}，可用 Woodward-Fieser 经验规则来计算，见表 9-4 和表 9-5。计算时，首先从母体得到一个最大吸收的基数，然后对连接在母体 π 电子体系上的不同取代基及其他结构因素加以修正。需要指出的是，Woodward-Fieser 经验规则不适于交叉共轭体系，如 $=CH_2$ ，也不适用于芳香族体系。

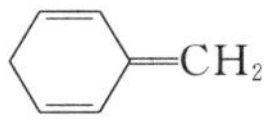

表 9-4 计算共轭二烯、三烯和四烯烃的最大吸收位置(在己烷溶剂中)

化合物	λ/nm
(1) 母体是异环的二烯烃或无环多烯烃类型，如	

续表

化合物		λ/nm
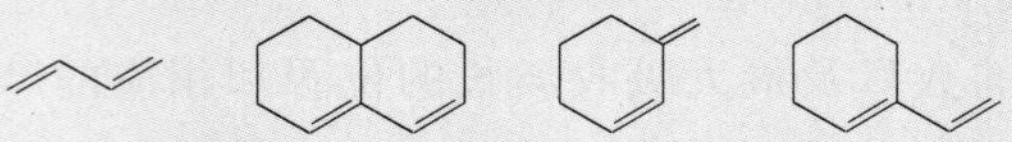 (结构式：链状共轭二烯、双环二烯、环外双键等异环二烯)	基数	214
(2) 母体是同环的二烯烃或这种类型的多烯烃[①]，如		
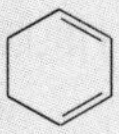 (结构式：1,3-环己二烯)	基数	253
增加一个共轭双键		30
环外双键		5
每个取代烷基或环残基		5
每个极性基		
—$OCOCH_3$		0
—O—R		6
—S—R		30
—Cl ，—Br		5
—NR_2		90
溶剂校正值		0

注：① 当两种情形的二烯烃体系同时存在时，选择波长较长的为其母体系统，即选用基数为 253 nm。

表 9-5 计算不饱和羰基化合物 $\pi\rightarrow\pi^*$ 跃迁最大吸收位置(在乙醇溶剂中)

$-\overset{\delta}{C}=\overset{\gamma}{C}-\overset{\beta}{C}=\overset{\alpha}{C}-\underset{\vert}{C}(X)=O$		λ/nm
α,β-不饱和羰基化合物母体(无环、六元环或较大的环酮)		215
α,β 键在五元环内		−13
醛		−6
当 X 为 OH 或 OR 时		−22
每增加一个共轭双键		30
同环二烯化合物		39
环外双键		5
每个取代烷基或环残基	α	10

续表

$-\overset{\delta}{C}=\overset{\gamma}{C}-\overset{\beta}{C}=\overset{\alpha}{C}-C(X)=O$		λ/nm
每个取代烷基或环残基	β	12
	γ(或更高)	18
每个极性基		
—OH	α	35
	β	30
	γ(或更高)	50
$—OCOCH_3$	$\alpha,\beta,\gamma,\delta$(或更高)	6
—OR	α	35
	β	30
	γ	17
	δ(或更高)	31
—SR	β	85
—Cl	α	15
	β	12
—Br	α	25
	β	30
$—NR_2$	β	95
溶剂校正		
乙醇、甲醇		0
氯仿		1
二氧六环		5
乙醚		7
己烷、环己烷		11
水		−8

例 9.1

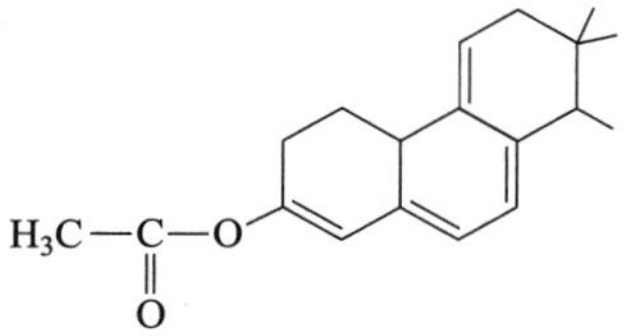

$H_3C-C(=O)-O-$

母体同环二烯		253 nm
增加两个共轭双键	30×2	60 nm
三个环外双键	5×3	15 nm

五个取代烷基	5×5	25 nm
酰氧取代基	0×1	0 nm
计算值(λ_{max})		353 nm
实测值(λ_{max})		355 nm

例 9.2

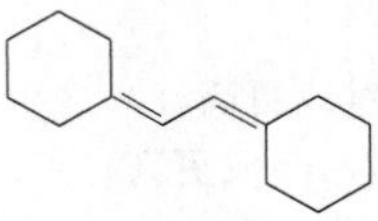

母体二烯		217 nm
四个取代烷基	5×4	20 nm
二个环外双键	5×2	10 nm
计算值(λ_{max})		247 nm
实测值(λ_{max})		247 nm

例 9.3

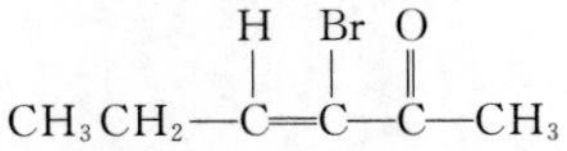

$CH_3CH_2—C(H)=C(Br)—C(=O)—CH_3$

母体		215 nm
α-Br	25×1	25 nm
β-烷基	12×1	12 nm
计算值(λ_{max})		252 nm
实测值(λ_{max})		252 nm

例 9.4

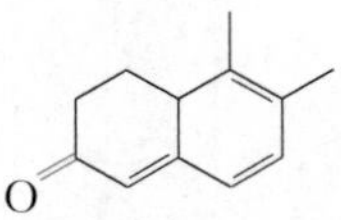

O

母体		215 nm
同环共轭双键	39×1	39 nm

增加两个共轭双键	30×2	60 nm
环外双键	5×1	5 nm
β-烷基	12×1	12 nm
δ 以上烷基	18×3	54 nm
计算值(λ_{max})		385 nm
实测值(λ_{max})		388 nm

2. Fieser-Kuhn 经验规则

如果一个多烯分子中含有四个以上的共轭双键，则其在己烷中的 λ_{max} 和 κ_{max} 值可按 Fieser-Kuhn 经验规则来计算：

$$\lambda_{max}=114+5M+n(48.0-1.7n)-19.5R_{环内}-10R_{环外}$$
$$\kappa_{max}=1.74\times10^{4}\times n\ \text{L}\cdot\text{mol}^{-1}\cdot\text{cm}^{-1}$$

式中 M 为取代烷基数；n 为共轭双键数；$R_{环内}$ 为有环内双键的环数；$R_{环外}$ 为有环外双键的环数。

例 9.5 全反式 β-胡萝卜素：

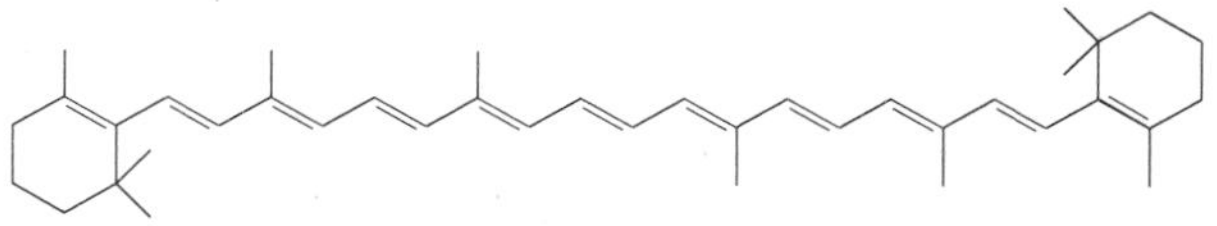

$$\lambda_{max}=(114+5\times10+11\times(48.0-1.7\times11)-19.5\times2-10\times0)\ \text{nm}$$
$$=453.3\ \text{nm}(实测值\ 452\ \text{nm})$$
$$\kappa_{max}=1.74\times10^{4}\times11\ \text{L}\cdot\text{mol}^{-1}\cdot\text{cm}^{-1}$$
$$=1.91\times10^{5}\ \text{L}\cdot\text{mol}^{-1}\cdot\text{cm}^{-1}(实测值\ 1.52\times10^{5}\ \text{L}\cdot\text{mol}^{-1}\cdot\text{cm}^{-1})$$

3. Scott 经验规则

芳香族羰基的衍生物在乙醇中的 λ_{max} 可用 Scott 经验规则来计算，见表 9-6 和表 9-7。

表 9-6 PhCOR 衍生物 E_2 带 λ_{max} 的计算(在乙醇溶剂中)

PhCOR 生色团母体	λ/nm
R=烷基或环残基(R)	249
R=氢(H)	250
R=羟基或烷氧基(OH 或 OR)	230

表 9-7 苯环上邻、间、对位被取代基取代的 λ 增值 单位:nm

取代基	邻位	间位	对位
—R（烷基）	3	3	10
—OH ，—OR	7	7	25
$—O^-$	11	20	78
—Cl	0	0	10
—Br	2	2	15
$—NH_2$	13	13	58
—NHAc	20	20	45
$—NR_2$	20	20	85

例 9.6

$COCH_3$

HO

OH

母体	249 nm
间位 —OH	7 nm
对位 —OH	25 nm
计算值(λ_{max})	278 nm
实测值(λ_{max})	279 nm

例 9.7

Br

O

母体	249 nm
邻位 —R	3 nm
间位 —Br	2 nm
计算值(λ_{max})	251 nm
实测值(λ_{max})	248 nm

9.3.2 结构分析

采用紫外-可见吸收光谱,可以确定一些化合物的构型和构象。

9.3.2.1 顺反异构体的判别

一般来说,顺式异构体的 λ_{max} 比反式异构体的小,因此有可能用紫外-可见吸收光谱法区别顺反异构体。例如,在顺式肉桂酸和反式肉桂酸中,顺式空间位阻大,苯环与侧链双键共平面性差,不易产生共轭;反式空间位阻小,双键与苯环在同一平面上,容易产生共轭。因此,反式的 $\lambda_{max}=295\ nm(\kappa_{max}=27\ 000\ L\cdot mol^{-1}\cdot cm^{-1})$,而顺式的 $\lambda_{max}=280\ nm(\kappa_{max}=13\ 500\ L\cdot mol^{-1}\cdot cm^{-1})$。

H　　COOH
C=C
H

反式肉桂酸

H　　H
C=C
COOH

顺式肉桂酸

9.3.2.2 互变异构体的测定

利用紫外-可见吸收光谱法,可以测定某些化合物的互变异构现象。例如,乙酰乙酸乙酯有酮式和烯醇式间的互变异构:

$$CH_3-\overset{O}{\overset{\|}{C}}-CH_2-\overset{O}{\overset{\|}{C}}-OC_2H_5 \rightleftharpoons CH_3-\overset{OH}{\overset{|}{C}}=CH-\overset{O}{\overset{\|}{C}}-OC_2H_5$$

酮式　　　　烯醇式

在极性溶剂中,最大吸收波长 $\lambda_{max}=272\ nm(\kappa_{max}=16\ L\cdot mol^{-1}\cdot cm^{-1})$,说明该峰由 $n\rightarrow\pi^*$ 跃迁引起,所以在极性溶剂中,该化合物应以酮式存在。相反,在非极性的正己烷中,出现 $\lambda_{max}=243\ nm$ 的强峰,这说明在非极性溶剂中,形成了分子内氢键,所以是以烯醇式为主。形成氢键的情况如下:

$CH_3-C-CH_2-C-OC_2H_5$
O　O
O—H　H—O
H　H

酮式与水形成分子间氢键

$CH_3-C=CH-C-OC_2H_5$
O　O
H

烯醇式形成分子内氢键

9.3.2.3 构象的判别

紫外-可见吸收光谱还可以用来确定构象。例如,α-卤代环己酮有两种构象:C—X 键可为直立键(Ⅰ),也可为平伏键(Ⅱ)。前者 C=O 上的 π 电子与 C—X 键的 σ 电子重叠较后者大,因此前者的 λ_{max} 比后者大。据此可以区别直立键和平伏键,从而确定待测物的构象。

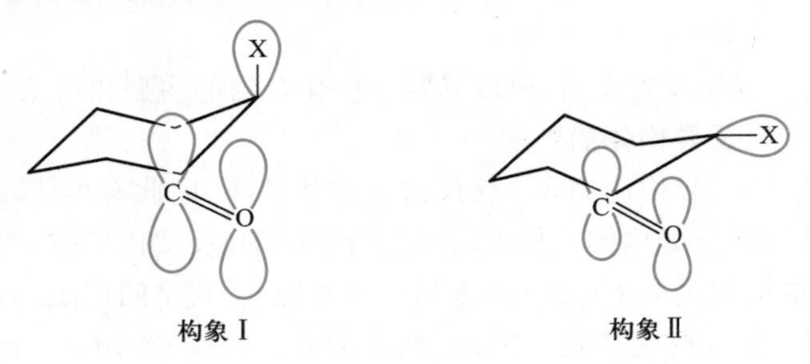

9.3.3 定量分析

紫外-可见吸收光谱法定量分析的依据是 Lambert-Beer 定律,即在一定波长处被测定物质的吸光度与其浓度呈线性关系。因此,通过测定溶液对一定波长入射光的吸光度,就可求出该被测物质在溶液中的浓度。下面介绍几种常用的测定方法(双波长法和示差分光光度法请见本书上册第 10 章)。

9.3.3.1 单组分定量方法

标准曲线法是实际工作中用得最多的一种方法。首先配制一系列不同浓度的标准溶液,以不含被测组分的空白溶液为参比,测定标准溶液的吸光度,在符合 Lambert-Beer 定律的浓度范围内绘制吸光度-浓度曲线,得到标准曲线的线性回归方程。然后在相同条件下测定未知试样的吸光度,通过线性回归方程便可求得未知试样的浓度。

9.3.3.2 多组分定量方法

根据吸光度具有加和性的特点,在同一试样中可以测定两种或两种以上的组分。假设试样中含有 x 和 y 两种吸光组分。而 x 和 y 两组分各自的吸收光谱的重叠情况有三种,如图 9-13 所示。因此,对试样中 x 和 y 两组分的定量测定

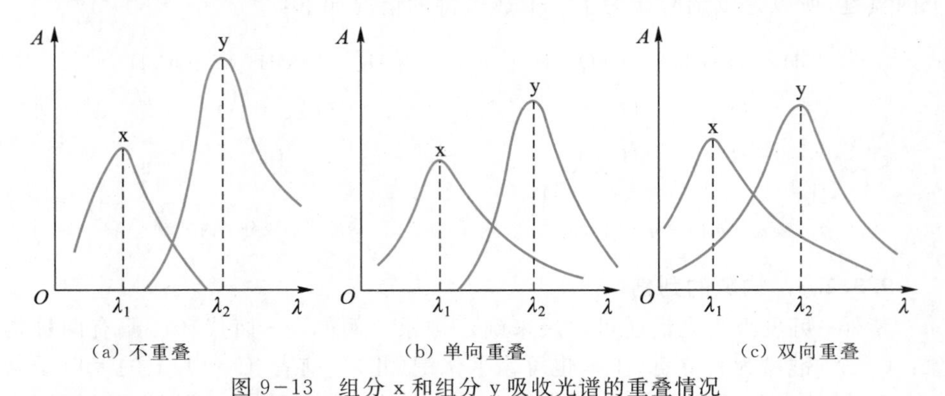

图 9-13 组分 x 和组分 y 吸收光谱的重叠情况

也分三种情况分别讨论如下：

(1) x,y 吸收光谱不重叠。如图 9-13(a)所示，可按单组分的测定方法分别在 λ_1 和 λ_2 处测得组分 x 和 y 的浓度。

(2) x,y 吸收光谱单向重叠。如图 9-13(b)所示，在 λ_1 处测定组分 x，组分 y 没有干扰；在 λ_2 处测定组分 y，组分 x 有干扰。这时可先在 λ_1 处测量溶液的吸光度 A_{λ_1} 并求得 x 组分的浓度。然后再在 λ_2 处测量溶液的吸光度 $A_{\lambda_2}^{x+y}$ 和纯组分 x 及 y 的 $\kappa_{\lambda_2}^{x}$ 和 $\kappa_{\lambda_2}^{y}$，根据吸光度的加和性原则，可列出下式：

$$A_{\lambda_2}^{x+y}=\kappa_{\lambda_2}^{x}bc_x+\kappa_{\lambda_2}^{y}bc_y \tag{9-1}$$

由式(9-1)即可求得组分 y 的浓度 c_y。

(3) x,y 吸收光谱双向重叠。如图 9-13(c)所示，这时首先在 λ_1 处测定混合物吸光度 $A_{\lambda_1}^{x+y}$ 和纯组分 x 及 y 的 $\kappa_{\lambda_1}^{x}$ 和 $\kappa_{\lambda_1}^{y}$。然后在 λ_2 处测定混合物吸光度 $A_{\lambda_2}^{x+y}$ 和纯组分的 $\kappa_{\lambda_2}^{x}$ 和 $\kappa_{\lambda_2}^{y}$。根据吸光度的加和性原则，可列出如下方程组

$$\begin{cases}A_{\lambda_1}^{x+y}=\kappa_{\lambda_1}^{x}bc_x+\kappa_{\lambda_1}^{y}bc_y\\ A_{\lambda_2}^{x+y}=\kappa_{\lambda_2}^{x}bc_x+\kappa_{\lambda_2}^{y}bc_y\end{cases} \tag{9-2}$$

通过解方程组(9-2)，即可求得 c_x 和 c_y。

很明显，如果有 n 个组分相互重叠，就必须在 n 个波长处测定其吸光度的加和值，然后解 n 元一次方程组，才能分别求得各组分浓度。应该指出，随着测量组分的增多，实验结果的误差也将增大。

9.3.3.3 导数分光光度法

根据 Lambert-Beer 定律，吸光度是波长的函数：

$$A=\kappa(\lambda)bc$$

将吸光度对波长进行 n 次求导，得

$$\frac{d^{(n)}A}{d\lambda^n}=\frac{d^{(n)}\kappa(\lambda)}{d\lambda^n}bc \tag{9-3}$$

由式(9-3)可知，吸光度的任一阶导数值都与吸光物质的浓度成正比，所以可用于定量分析，其灵敏度与 $d^{(n)}\kappa/d\lambda^n$ 有关。物质的吸收光谱及其 1～4 阶导数光谱如图 9-14 所示。

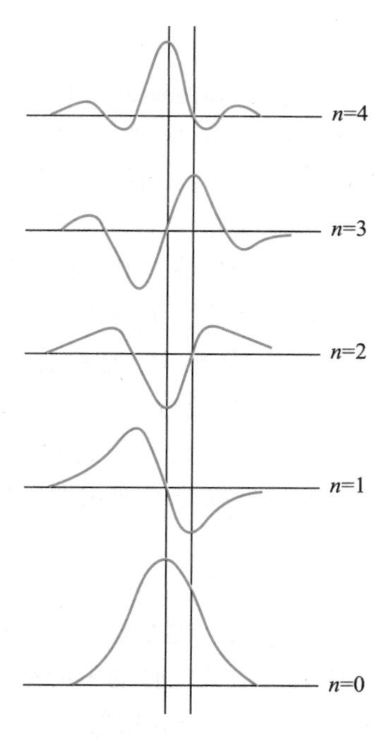

图 9-14 物质的吸收光谱及其 1～4 阶导数光谱

导数光谱能够分辨两个相互重叠的光谱，尤其是对被宽带淹没了的肩峰很敏感。它能

够消除胶体和悬浮物散射影响和背景吸收，提高光谱分辨率。

从导数光谱曲线上测量导数值的方法，常用的有以下三种（如图 9-15 所示）：

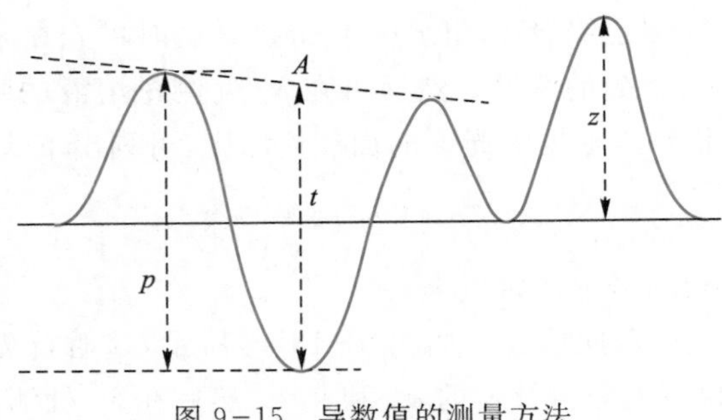

图 9-15 导数值的测量方法

p—峰-谷法；t—基线法；z—峰-零法

1. 峰-谷法

如果基线平坦，可通过测量两个极值之间的距离 p 来进行定量分析。这是较常用的方法。如果峰、谷之间的波长差较小，即使基线稍有倾斜，仍可用此法。

2. 基线法

首先作相邻两峰的公切线，然后从两峰之间的谷画一条平行于纵坐标的直线交公切线于 A 点，然后测量 t 的大小。当用此法测量时，不管基线是否倾斜，只要它是直线，总能测得较准确的数值。

3. 峰-零法

此法是测量峰与基线间的距离，但它只适用于导数光谱是对称时的情况，故一般仅在特殊情况下使用。

在定量分析中，导数分光光度法最大的优点是可提高检测的灵敏度。图 9-16是用导数分光光度法测定乙醇中微量苯的情况。A 与 B 之间的垂直距离正比于苯的浓度。由此可见，利用一般的吸收光谱法，只能检测约 10 $\mu g \cdot mL^{-1}$ 的苯（曲线Ⅲ），而用四阶导数光谱，可检测低于 1 $\mu g \cdot mL^{-1}$ 的苯。

9.3.4 纯度检查

如果一化合物在紫外-可见区没有吸收峰，而其中的杂质有较强的吸收，就可方便地检出该化合物中的痕量杂质。例如，要检定甲醇或乙醇中的杂质苯等，可利用苯在 259 nm 处的 B 吸收带，而甲醇或乙醇在此波长处几乎没有吸收（见图 9-17）。又如，四氯化碳中有无二硫化碳杂质，只要观察在 318 nm 处有无二硫化碳的吸收峰即可。

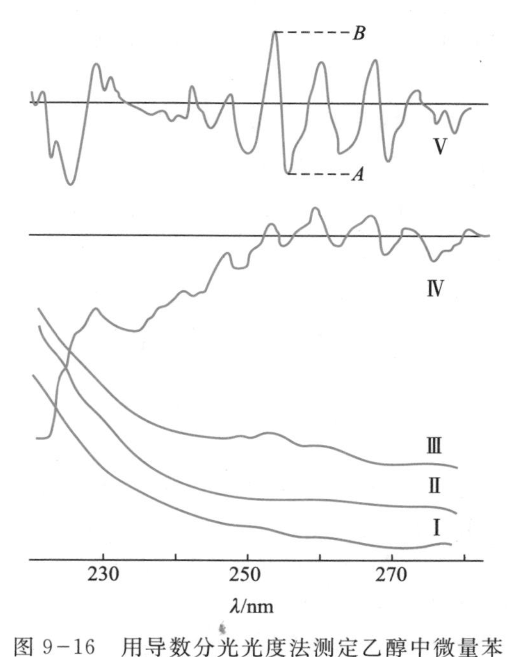

图 9-16 用导数分光光度法测定乙醇中微量苯

Ⅰ—乙醇的吸收光谱；Ⅱ—含 1 $\mu g \cdot mL^{-1}$苯的乙醇吸收光谱；Ⅲ—含 10 $\mu g \cdot mL^{-1}$苯的乙醇吸收光谱；Ⅳ—是Ⅱ的二阶导数光谱；Ⅴ—是Ⅱ的四阶导数光谱

如果一化合物在紫外-可见区有较强的吸收带，有时可用摩尔吸收系数来检查其纯度。例如，菲的氯仿溶液在 299 nm 处有强吸收{$\lg[\kappa/(L \cdot mol^{-1} \cdot cm^{-1})]=4.10$}。用某法精制的菲，熔点 100 ℃，沸点 340 ℃，似乎已很纯，但用紫外吸收光谱检查，测得的 $\lg[\kappa/(L \cdot mol^{-1} \cdot cm^{-1})]$值比标准菲低 10%，实际含量只有 90%，其余很可能是蒽等杂质。

9.3.5 氢键强度的测定

从 9.1.4 节知道，$n \to \pi^*$ 吸收带在极性溶剂中比在非极性溶剂中的波长短一些。在极性溶剂中，分子间形成了氢键，实现 $n \to \pi^*$ 跃迁时，氢键也随之断裂；此时，物质吸收的光能，一部分用以实现 $n \to \pi^*$ 跃迁，另一部分用以破坏氢键（即氢键的键能）。而在非极性溶剂中，不可能形成分子间氢键，吸收的光能仅为了实现 $n \to \pi^*$ 跃迁，故所吸收的光波的能量较低，波长较长。由此可见，

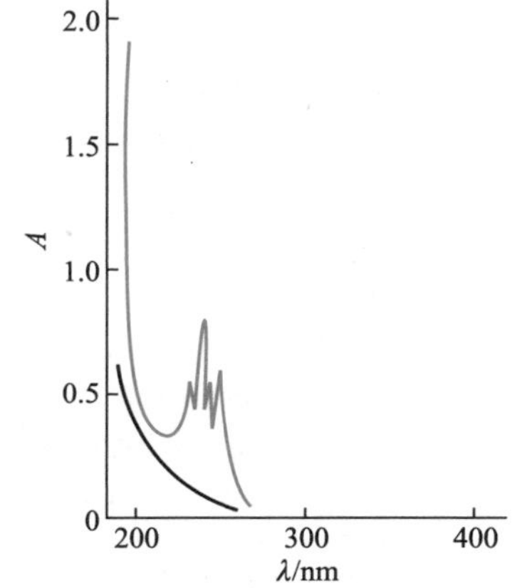

图 9-17 甲醇中杂质苯的检定

— 纯甲醇；— 被苯污染的甲醇

只要测定同一化合物在不同极性溶剂中的 $n \to \pi^*$ 跃迁吸收带，就能计算其在极性溶剂中氢键的强度。

例如，在极性溶剂水中，丙酮的 $n \to \pi^*$ 吸收带为 264.5 nm，其相应能量等于 452.99 $kJ \cdot mol^{-1}$；在非极性溶剂己烷中，该吸收带为 279 nm，其相应能量为 429.40 $kJ \cdot mol^{-1}$。所以丙酮在水中形成的氢键强度为(452.99−429.40) $kJ \cdot mol^{-1}$ = 23.59 $kJ \cdot mol^{-1}$。

思考、练习题

9-1　有机化合物分子的电子跃迁有哪几种类型？哪些类型的跃迁能在紫外-可见吸收光谱中反映出来？

9-2　何谓溶剂效应？为什么溶剂的极性增强时，$\pi \to \pi^*$ 跃迁的吸收峰发生红移，而 $n \to \pi^*$ 跃迁的吸收峰发生蓝移？

9-3　无机化合物分子的电子跃迁有哪几种类型？为什么电荷转移跃迁常用于定量分析而配位场跃迁在定量分析中没有多大用处？

9-4　何谓生色团和助色团？试举例说明。

9-5　采用什么方法，可以区别 $n \to \pi^*$ 和 $\pi \to \pi^*$ 跃迁类型？

9-6　某化合物在己烷中的 λ_{max} = 305 nm，在乙醇中的 λ_{max} = 307 nm。试问，该吸收是由 $n \to \pi^*$ 还是 $\pi \to \pi^*$ 跃迁引起的？

9-7　$(CH_3)_3N$ 能发生 $n \to \sigma^*$ 跃迁，其 λ_{max} 为 227 nm(κ = 900 $L \cdot mol^{-1} \cdot cm^{-1}$)。试问，若在酸中测定时，该峰会怎样变化？为什么？

9-8　在下列化合物中，哪一个的摩尔吸收系数最大？

(1) 乙烯；(2) 1,3,5-己三烯；(3) 1,3-丁二烯

9-9　单光束、双光束、双波长分光光度计在光路设计上有什么不同？这几种类型的仪器分别由哪几大部件组成？

9-10　试估计下列化合物中，何者吸收的光波最长？何者最短？为什么？

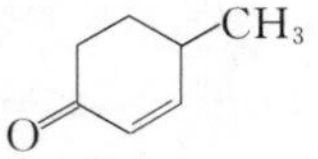

CH_3　　CH_3　　CH_2

O　　O　　O

(A) 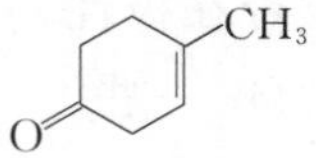　　(B) 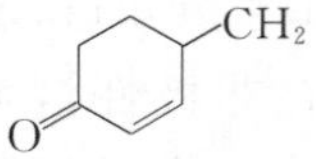　　(C)

9-11　某未知物的分子式为 $C_{10}H_{14}$，在 298 nm 处有一强吸收峰，其可能的结构式有如下四种。请根据上述测定值，推测该未知物的结构式。

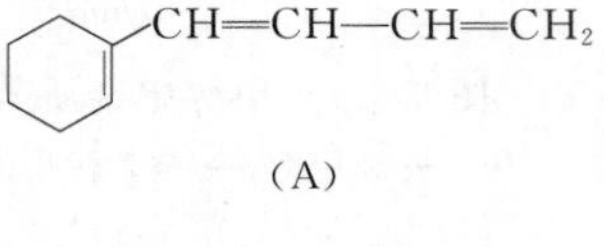

$CH{=}CH{-}CH{=}CH_2$　　$CH{=}CH{-}CH{=}CH_2$

(A) 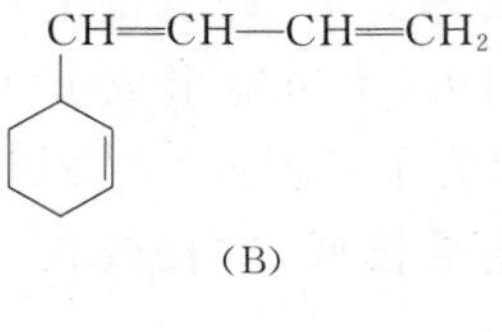　　(B)

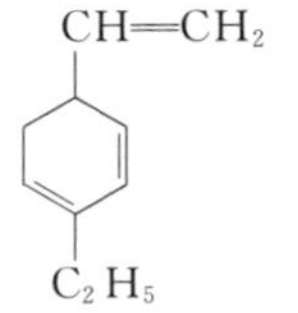

$CH{=}CH_2$ / C_2H_5 (C)　　$CH{=}CH_2$ / C_2H_5 (D)

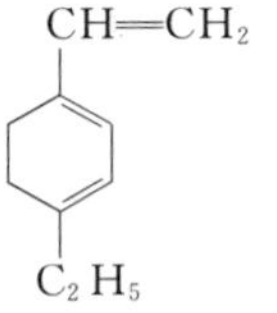

9-12　全反式番茄红素的结构为

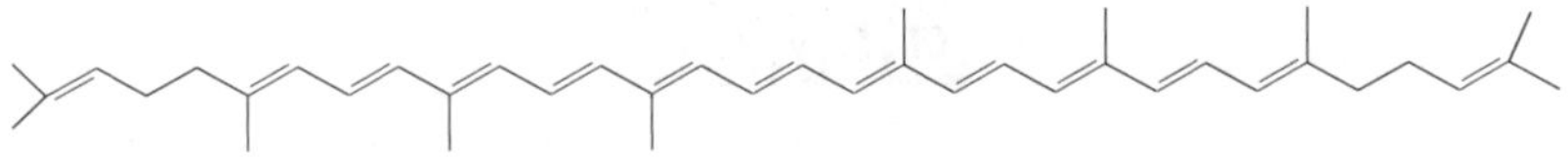

计算其 λ_{max} 和 κ_{max}。

9-13　计算下述化合物的 λ_{max}。

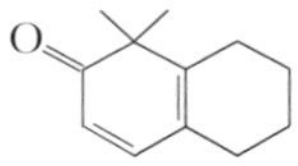

(A) 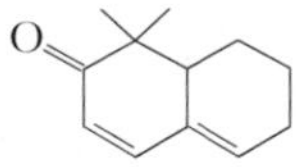　　(B)

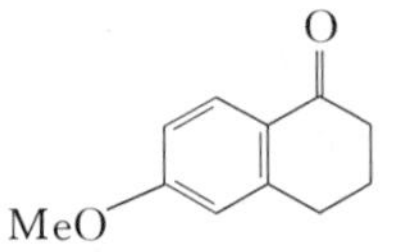

9-14　计算下述化合物的 λ_{max}。

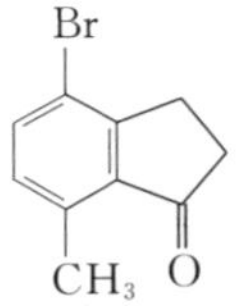

Br　CH_3　O　(A)　　O　MeO　(B)

9-15　$1.0\times10^{-3}\,mol\cdot L^{-1}$ 的 $K_2Cr_2O_7$ 溶液在波长 450 nm 和 530 nm 处的吸光度分别为 0.200 和 0.050。$1.0\times10^{-4}\,mol\cdot L^{-1}$ 的 $KMnO_4$ 溶液在 450 nm 处无吸收，在 530 nm 处的吸光度为 0.420。今测得某 $K_2Cr_2O_7$ 和 $KMnO_4$ 的混合液在 450 nm 和 530 nm 处吸光度分别为 0.380 和 0.710。试计算该混合溶液中 $K_2Cr_2O_7$ 和 $KMnO_4$ 的浓度。假设吸收池长为1 cm。

9-16　已知亚异丙基丙酮 $(CH_3)_2C{=}CHCOCH_3$ 在各种溶剂中实现 $n\rightarrow\pi^*$ 跃迁的紫外光谱特征如下：

溶剂	环己烷	乙醇	甲醇	水
λ_{max}/nm	335	320	312	300
κ_{max}/$(L\cdot mol^{-1}\cdot cm^{-1})$	25	93	93	112

假定这些光谱的移动系全部由与溶剂分子生成氢键所产生，试计算在各种极性溶剂中氢键的强度($kJ\cdot mol^{-1}$)。

参考资料

扫一扫查看

第10章　红外吸收光谱法

10.1　概论

红外吸收光谱法是利用物质分子对红外辐射的特征吸收，来鉴别分子结构或定量的方法。红外吸收光谱属于分子振动光谱，由于分子振动能级跃迁伴随着转动能级跃迁，为带状光谱。

虽然早在1800年Herschel就通过实验发现了红外光的存在，但直到1892年，Julius才用岩盐棱镜及测热辐射计获得了20多种有机化合物的红外吸收光谱。随后几十年间，量子力学和计算机科学等科学技术的发展使红外吸收光谱的理论、技术及仪器全面而迅速地发展。1970年以后，傅里叶变换红外光谱仪出现并普及，计算机用于存储及检索光谱，其他红外测定技术如全反射红外、显微红外、光声光谱及气相色谱-红外、液相色谱-红外联用技术等也不断发展和完善，使红外吸收光谱法得到广泛应用。

红外吸收光谱最重要的应用是中红外区有机化合物的结构鉴定。近年来红外吸收光谱的定量分析应用也有不少报道，尤其是近红外、远红外区的定量分析。例如，色谱-傅里叶变换红外吸收光谱联用；近红外区用于含有与C，N，O等原子相连基团化合物的定量；远红外区用于无机化合物研究等。

10.1.1　红外光区的划分及应用

红外光区位于12 800～10 cm^{-1}波数范围或0.78～1 000 μm波长范围。根据应用和使用仪器不同，红外光区可分为近红外光区、中红外光区和远红外光区，其划分及分析应用列于表10-1。

表10-1　红外光区的划分及分析应用

波段	波长 $\lambda/\mu m$	波数 σ/cm^{-1}	分析光谱	分析类型	分析对象
近红外光区	0.78～2.5	12 800～4 000	漫反射	定量	液体、固体混合物
			吸收	定量	气体、液体混合物
中红外光区	2.5～50	4 000～200	反射	定量	纯液体、固体化合物
常用区域	2.5～25	4 000～400	吸收	定性	纯气体、液体、固体化合物

续表

波段	波长 $\lambda/\mu m$	波数 σ/cm^{-1}	分析光谱	分析类型	分析对象
				定量	气体、液体、固体混合物
			发射	定量	气体混合物
远红外光区	50～1 000	200～10	吸收	定性	纯无机或金属有机形态

10.1.1.1　近红外光区

该光区的吸收主要是由低能电子跃迁、含氢官能团（O—H，N—H，C—H，S—H 等）伸缩振动的倍频和合频吸收产生，谱带宽、重叠较严重，而且吸收信号弱，信息解析复杂，所以虽然该光谱区域发现较早，但分析价值一直未能得到足够重视。近年来，由于超级计算机与化学计量学软件的发展，特别是化学计量学的深入研究和广泛应用，对该光区的研究日益引人注目。近红外光谱分析技术方便快速，无需对试样进行预处理，适于原位、无损、在线分析，因此，在工业、农业、医药、环境、食品、化工、烟草等试样和过程控制中的例行定量分析与监测中发挥的作用越来越大，有些已取代繁琐费时的常规分析方法成为标准方法。分析对象包括水、醇、酚、胺、糖类、蛋白质和油脂等。所用溶剂有乙腈、苯、庚烷、二氯甲烷、四氯化碳、二硫化碳等，只有四氯化碳、二硫化碳在整个光区无吸收。

10.1.1.2　中红外光区

绝大多数有机化合物和无机离子的基频吸收出现在这一光区，由于基频吸收是红外光谱中吸收最强的振动，所以该区最适于进行结构和定性分析，通常人们所说的红外光谱即特指这一区域。中红外光谱技术最为成熟、简单，已积累了大量的数据资料，是红外光谱区应用最广的光谱方法，也是本章的介绍重点。随着该光区仪器和技术的发展，在用于结构和定性分析的同时，已扩展到定量分析、表面显微等。

10.1.1.3　远红外光区

许多小分子的纯转动光谱出现在此区，因而通常将远红外区称为分子转动区。但在考虑分子中键的振动时，如果参与振动的最小原子的相对原子质量大或键的力常数小时，则其振动也出现在远红外区，如无机化合物中重原子之间的振动，所有的金属氧化物、硫化物、氯化物、溴化物、碘化物，特别是金属配合物配位键的伸缩振动和弯曲振动都在远红外区有其特征吸收。该区域特别适合研究无机化合物和小分子气体。由于该光区能量较弱，早期对其研究较少，随着傅里叶变换光谱仪的出现，对远红外光谱的研究已逐渐增多。

10.1.2 红外吸收光谱的特点

红外吸收光谱的研究对象是分子振动时伴随偶极矩变化的有机及无机化合物，而除了单原子分子及同核的双原子分子外，几乎所有的有机化合物都有红外吸收，因此其应用广泛；除光学异构体、相对分子质量相差极小的化合物及某些高分子化合物外，化合物结构不同，其红外吸收光谱不同，具有特征性；红外吸收只有振动－转动跃迁，能量低；不受试样的某些物理性质如相态（气、液、固相）、熔点、沸点及蒸气压的限制；可用于物质的定性、定量分析及化合物键力常数、键长、键角等物理常数的计算。试样用量少且可回收，属非破坏性分析，分析速度快；与其他近代结构分析仪器如质谱、核磁共振波谱等比较，红外光谱仪构造简单，操作方便，价格较低，更易普及。

但色散型红外光谱仪分辨率低、灵敏度不高，不适于弱辐射的研究。一般来说，红外吸收光谱法不太适用于水溶液及含水物质的分析。复杂化合物的红外吸收光谱极其复杂，据此难以做出准确的结构判断，还需结合其他波谱数据加以判定。

下面就红外吸收光谱与已介绍过的紫外－可见吸收光谱做一比较（表 10－2）。

表 10－2　红外吸收光谱与紫外－可见吸收光谱的比较

比较内容	红外吸收光谱	紫外－可见吸收光谱
光谱产生	分子的振动和转动能级的跃迁	价电子和分子轨道上的电子在电子能级间的跃迁
研究对象	在振动中伴随有偶极距变化的化合物	不饱和有机化合物特别是具有共轭体系的有机化合物
分析功能	既可定性又可定量及结构分析，非破坏性分析	既可定性又可定量，有时是试样破坏性的

10.1.3 红外吸收光谱图的表示方法

记录物质红外光的透射比与波数或波长关系的曲线即 $T-\lambda$ 或 $T-\sigma$ 曲线，就是红外吸收光谱（如图 10－1 所示）。图 10－1 中，纵坐标为透射比 T，因此，吸收峰的方向恰与以吸光度为纵坐标的紫外－可见吸收光谱相反，为倒峰。横坐标为波长 λ（μm）或波数 σ（cm^{-1}）。由于中红外区的波数范围是 4 000～400 cm^{-1}，用波数描述吸收谱带的位置较为简单，且便于与 Raman（拉曼）光谱比较。因此，红外吸收光谱图一般采用波数等间隔分度的横坐标（称为线性波数标尺）表示。

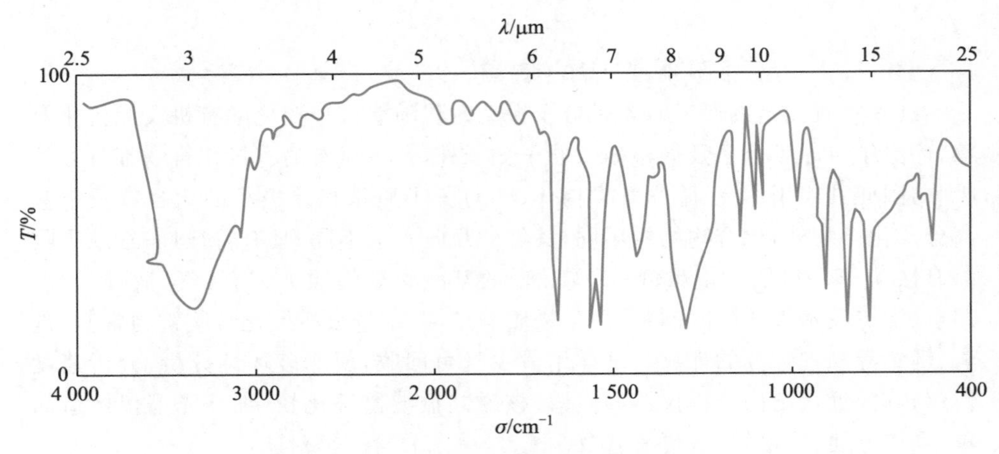

图 10-1 苯酚的红外吸收光谱

与紫外-可见吸收光谱曲线相比，红外吸收光谱曲线具有如下特点：第一，峰出现的频率范围低，横坐标一般用微米或波数（cm^{-1}）表示；第二，峰的方向相反；第三，吸收峰数目多，图形复杂；第四，吸收强度低。

10.2 基本原理

当试样受到频率连续变化的红外光照射时，试样分子选择性地吸收某些波数范围的辐射，引起偶极矩的变化，产生分子振动和转动能级从基态到激发态的跃迁，并使相应的透射光强度减弱。红外吸收光谱中，吸收峰出现的频率位置由振动能级差决定，吸收峰的个数与分子振动自由度的数目有关，而吸收峰的强度则主要取决于振动过程中偶极矩的变化及能级的跃迁概率。下面分别具体说明。

10.2.1 产生红外吸收的条件

与其他光谱一样，红外吸收光谱的产生首先必须使红外辐射光子的能量与分子振动能级跃迁所需能量相等，从而使分子吸收红外辐射能量产生振动能级的跃迁。即满足 $\Delta E_{\upsilon}=E_{\upsilon 2}-E_{\upsilon 1}=h\nu$，式中，$E_{\upsilon 2}$，$E_{\upsilon 1}$ 分别为高振动能级和低振动能级的能量；ΔE_{υ} 为其能量差；ν 为红外辐射的频率；h 为普朗克常量。其次，分子的振动必须能与红外辐射产生偶合作用，即分子振动时必须伴随瞬时偶极矩的变化，这样的分子才具有红外活性。只有分子振动时偶极矩作周期性变化，才能产生交变的偶极场，并与其频率相匹配的红外辐射交变电磁场发生偶合作用，使分子吸收红外辐射的能量，从低的振动能级跃迁至高的振动能级，此时振动频率不变，而振幅变大。因此，具有红外活性的分子才能吸收红外辐射。

10.2.2 双原子分子的振动

由于振动能量变化是量子化的，分子中各基团之间、化学键之间会相互影响，即分子振动的波数与分子结构和所处的化学环境有关。因此，给出波数的精确计算式几乎是不可能的，需要对其进行近似处理。

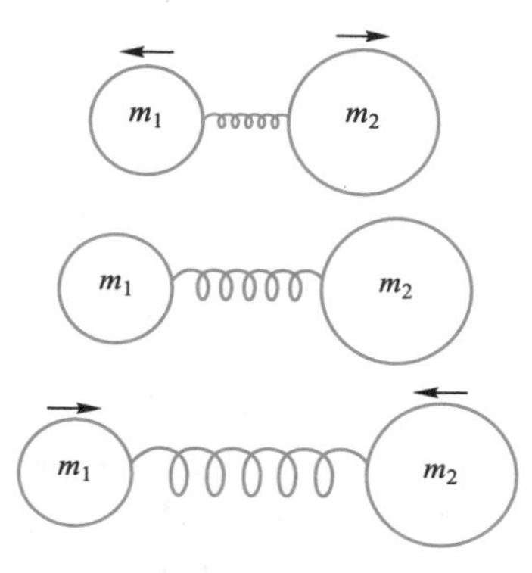

图 10-2 双原子分子的振动

对于双原子分子的伸缩振动而言，可将其视为质量为 m_1 与 m_2 的两个小球，把连接它们的化学键看成质量可以忽略的弹簧，采用经典力学中的谐振子模型来研究（图 10-2）。分子的两个原子以其平衡点为中心，以很小的振幅（与核间距相比）作周期性"简谐"振动。量子力学证明，分子振动的总能量为

$$E_{\upsilon}=(\upsilon+1/2)h\nu \qquad (10-1)$$

式中 $\upsilon=0,1,2,3,\cdots$；ν 是振动频率。根据虎克定律，有

$$\nu=\frac{1}{2\pi}\sqrt{\frac{k}{\mu}} \quad \text{或} \quad \sigma=\frac{1}{2\pi c}\sqrt{\frac{k}{\mu}} \qquad (10-2)$$

$$\mu=\frac{m_1 m_2}{m_1+m_2} \qquad (10-3)$$

式中 k 为化学键力常数（单位为 $\mathrm{N\cdot cm^{-1}}$）；μ 为双原子分子折合质量。

原子质量相近时，力常数 k 大，化学键的振动波数高，如 $\sigma_{C\equiv C}$（2 222 $\mathrm{cm^{-1}}$）$>\sigma_{C=C}$（1 667 $\mathrm{cm^{-1}}$）$>\sigma_{C-C}$（1 429 $\mathrm{cm^{-1}}$）；而若力常数相近，原子质量 m 大，则化学键的振动波数低，如 σ_{C-C}（1 430 $\mathrm{cm^{-1}}$）$>\sigma_{C-N}$（1 330 $\mathrm{cm^{-1}}$）$>\sigma_{C-O}$（1 280 $\mathrm{cm^{-1}}$）。

如果知道了化学键力常数 k，就可以估算做简谐振动的双原子分子的伸缩振动频率。例如，H—Cl 的 k 为 5.1 $\mathrm{N\cdot cm^{-1}}$，根据式（10-2）计算其基频吸收峰频率为 2 993 $\mathrm{cm^{-1}}$，而红外光谱实测值为 2 885.9 $\mathrm{cm^{-1}}$，基本吻合。反之，由振动光谱的振动频率也可求出化学键的力常数 k。一般来说，单键的键力常数的平均值约为 5 $\mathrm{N\cdot cm^{-1}}$，而双键和三键的键力常数分别大约是此值的两倍和三倍。式（10-2）的另一个重要用途是测定同位素质量、鉴定同位素分子的存在及其相对含量。因为振动及转动与分子质量（折合质量）有关，同位素现象也就能够直接反映在其振-转光谱中。分子中的原子被它的同位素取代后，对原子间距离和化学键的力常数几乎没有影响。这样就可以通过两个同位素的振动频率

与分子折合质量的关系，求出同位素的质量。

实际上，由于分子间及分子内各原子间还有相互作用、相邻振动能级差不相等、振动能级跃迁还伴随着转动能级的跃迁等，因此，真实分子的振动是非谐振动。在通常情况下，一般分子吸收红外光主要属于基态($v=0$)到第一激发态($v=1$)之间的跃迁，对应的谱带为基频吸收谱带或基本振动谱带(强峰)。从基态到第二、第三、第四……激发态之间的跃迁，其对应的谱带称为第一、第二、第三……倍频吸收谱带(弱峰)。

10.2.3 多原子分子的振动

对多原子分子来说，由于组成原子数目增多，且排布情况不同，即组成分子的键或基团和空间结构的不同，其振动光谱比双原子分子更为复杂。但可将多原子分子的振动分解为多个简单的基本振动，即简正振动进行研究。

10.2.3.1 简正振动的特点

所谓的简正振动是整个分子质心保持不变，整体不转动，各原子在其平衡位置附近做简谐振动，并且其振动频率和相位都相同，即每个原子都在同一瞬间通过其平衡位置且同时达到其最大位移值。简正振动的运动状态可以用空间自由度(空间三维坐标)来表示，体系中每一质点(原子)都具有三个空间自由度。此时，分子中任何一个复杂振动均可视为这些简正振动的线性组合。

10.2.3.2 简正振动的基本形式

一般将振动形式分成两类：伸缩振动和变形振动。伸缩振动指原子间的距离沿键轴方向的周期性变化，一般出现在高波数区；变形振动指具有一个共有原子的两个化学键键角的变化，或与某一原子团内各原子间的相互运动无关的、原子团整体相对于分子内其他部分的运动。变形振动一般出现在低波数区。下面给予详细说明。

1. 伸缩振动

原子沿键轴方向伸缩、键长发生变化而键角不变的振动称为伸缩振动，用符号 ν 表示。伸缩振动可以分为对称伸缩振动(ν_s)和反对称伸缩振动(ν_{as})。当两个相同原子和一个中心原子相连时(如亚甲基 $>CH_2$)，如果两个相同原子(H)同时沿键轴离开或靠近中心原子(C)，则为对称伸缩振动。如果一个原子移向中心原子，而另一个原子离开中心原子，则为反对称伸缩振动。对于同一基团，反对称伸缩振动的频率要稍高于对称伸缩振动。

2. 变形振动(弯曲振动或变角振动)

基团键角发生周期变化而键长不变的振动称为变形振动，用符号 δ 表示。变形振动可以分为面内变形振动和面外变形振动。面内变形振动又分为剪式

(以 δ_s 表示)振动和平面摇摆(以 ρ 表示)振动。面外变形振动又分为非平面摇摆(以 ω 表示)振动和扭曲(以 τ 表示)振动。仍以亚甲基($>CH_2$)为例,其各种变形振动形式如图 10-3 所示。变形振动对环境结构的变化较为敏感,因此,同一振动可以在较宽的波数范围内出现。另外,由于变形振动的键力常数比伸缩振动小,同一基团的变形振动都出现在其伸缩振动的低频端。

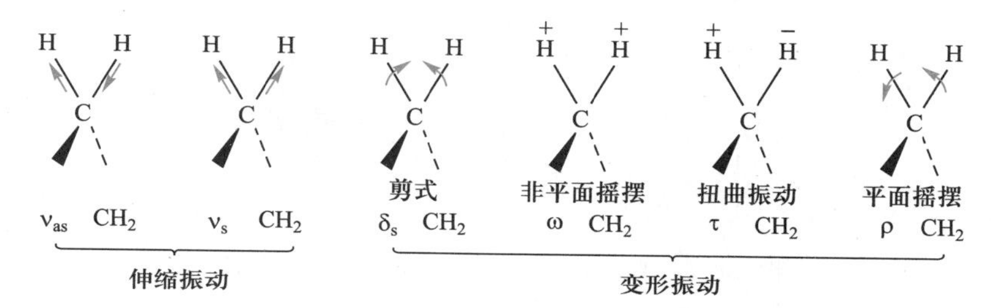

图 10-3 亚甲基的各种变形振动形式

"+"表示运动方向垂直纸面向里;"-"表示运动方向垂直纸面向外

10.2.3.3 简正振动的理论数

简正振动的数目称为振动自由度,每个振动自由度相当于红外光谱图中的一个基频吸收带。一个由 n 个原子组成的分子其运动自由度应该等于各原子运动自由度的和。确定一个原子相对于分子内其他原子的位置需要 x,y,z 三个空间坐标,则 n 个原子的分子需要 $3n$ 个坐标,即 $3n$ 个自由度,分别对应于 $3n$ 种运动状态,包括平动、转动和振动。分子重心的平移运动可沿 x,y,z 轴三个方向进行,故需要 3 个自由度(图 10-4)。转动自由度是由原子围绕着一个通过其重心的轴转动引起的。只有原子在空间的位置发生改变的转动,才能形成一个自由度。不能用平动和转动计算的其他所有的自由度,就是振动自由度。对于非直线形分子,分子绕其重心的转动用去 3 个自由度(图 10-5),因此,剩余的 $3n-6$ 个自由度是分子的基本振动数。而对于直线形分子,沿其键轴方向的转动没有引起原子空间位置的变化,因此,转动只形成 2 个自由度,如图 10-6 所示,其分子基本振动数为 $3n-5$。

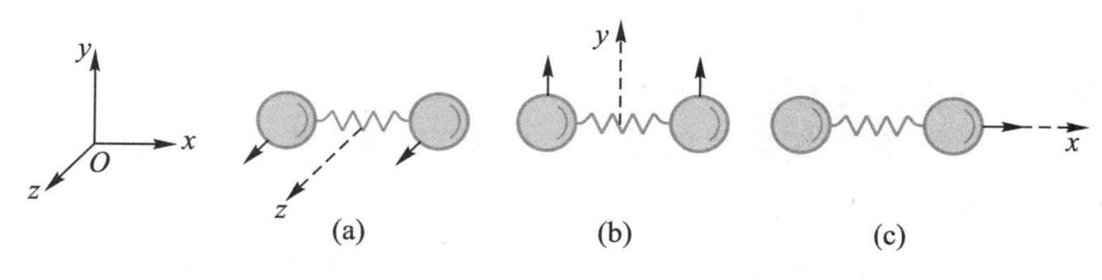

图 10-4 分子平动示意图

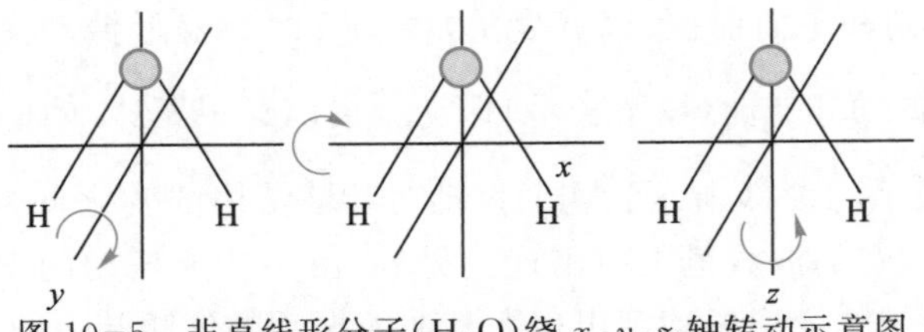

图 10-5 非直线形分子(H_2O)绕 x,y,z 轴转动示意图

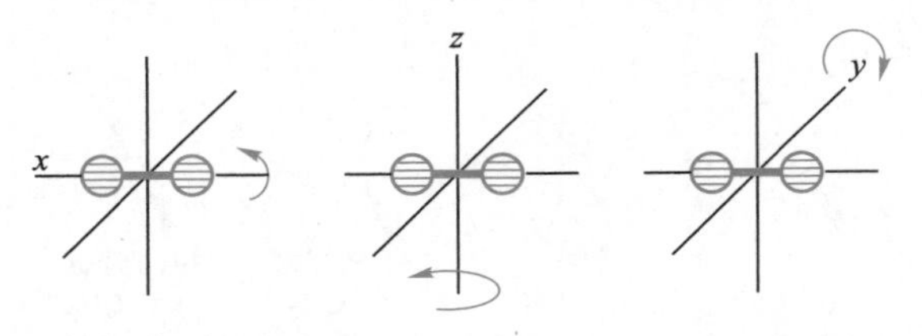

图 10-6 直线形分子绕 x,y,z 轴转动示意图

每种简正振动都有其特定的振动频率,似乎也应有相应的红外吸收带。但实际上,绝大多数化合物在红外光谱图上出现的峰数远小于理论计算的振动数,即一般观察到的振动数要少于简正振动数,其原因是

(1) 偶极矩的变化 $\Delta\mu=0$ 的振动,不产生红外吸收;

(2) 能量相同的振动,其谱线发生简并;

(3) 仪器原因,由于仪器的分辨率、灵敏度或检测波长范围不够,有些谱峰观察不到。

例如,线性分子 CO_2,理论上计算其基本振动数为:$3n-5=4$。其具体振动形式如图 10-7 所示。

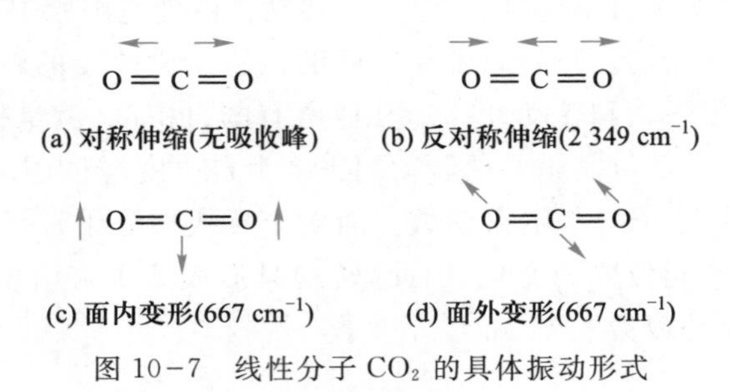

图 10-7 线性分子 CO_2 的具体振动形式

但在红外吸收光谱图上,只出现 667 cm^{-1} 和 2 349 cm^{-1} 两个基频吸收峰。这是因为 CO_2 对称伸缩振动的偶极矩变化为零,不产生吸收;而面内变形和面外变形振动的吸收频率完全一样,发生简并。

另一方面,由于真实的分子振动不是严格的简谐振动,光谱中观察到的情况还要复杂些。红外吸收光谱的吸收峰除基频峰外,还有泛频峰。泛频峰由倍频和合(组)频峰组成。倍频峰是由基态($v=0$)跃迁到 $v=2,3,4,\cdots$ 激发态产生的；合频峰是在两个以上基频峰波数之和或差处出现的吸收峰。尽管倍频峰和合频峰的吸收强度比基频峰弱，但使红外光谱的吸收峰数目增加。

10.2.4 基团频率和特征吸收峰

由于振动频率的数值对键的相互影响比原子间距和偶极矩更为灵敏，如果把分子的每一个振动频率归属于分子中一定的键或基团，就可按光谱实际出现的振动频率决定分子中各种不同的键或基团，从而确定其分子结构。不同键或基团的不同分子，其简正振动的数目和每个简正振动频率（基频）不同。相同的化学键或基团，在不同构型分子中，其振动频率改变不大。因此，物质的红外光谱是其分子结构的反映，谱图中的吸收峰与分子中各基团的振动形式相对应。

多原子分子的红外吸收光谱与其结构的关系，一般是通过比较大量已知化合物的红外吸收光谱，从中总结出各种基团的吸收规律而得到的。研究表明，组成分子的各种基团，如 O—H，N—H，C—H，C═C，C═O和C≡C等，都有自己特定的红外吸收区域，分子的其他部分对其吸收位置影响较小。通常把这种能代表基团存在、并有较高强度的吸收谱带称为基团频率，通常是由基态（$v=0$）跃迁到第一振动激发态产生的，其所在的位置一般又称为特征吸收峰。

红外谱图有两个重要区域，即 4 000～1 300 cm^{-1} 的高波数段官能团区和 1 300 cm^{-1} 以下的低波数段指纹区。

10.2.4.1 官能团区和指纹区

官能团区的峰是由伸缩振动产生的。基团的特征吸收峰一般位于该区域，且分布较稀疏，容易分辨。同时，它们的振动受分子中剩余部分的影响小，是基团鉴定的主要区域。含氢官能团（折合质量小）、含双键或叁键的官能团（键力常数大），如 O—H，N—H 及 C═O 等重要官能团在该区有吸收。如果待测化合物在某些官能团应该出峰的位置无吸收，则说明该化合物不含有这些官能团。

指纹区包含了不含氢的单键伸缩振动、各键的弯曲振动及分子的骨架振动。该区域的吸收特点是振动频率相差不大，振动偶合作用较强，易受邻近基团的影响。因此，分子结构稍有不同，在该区的吸收就有细微的差异。同时，吸收峰数目较多，代表了有机分子的具体特征。大部分吸收峰都不能找到归属。因此，形象地称该区域为指纹区。指纹区的谱图解析不易，但对于区别结构类似的化合物很有帮助，而且可以作为化合物存在某种基团的旁证。

官能团区又可分为以下四个波段。

1. 4 000～2 500 cm^{-1} 区为 X—H 伸缩振动（X 可以是 O，H，C，N 或 S 等原子）

O—H 基的伸缩振动吸收峰出现在 3 650～3 200 cm^{-1}，是判断醇类、酚类和有机酸类是否存在的重要依据。游离 O—H 基的伸缩振动吸收峰出现在 3 650～3 580 cm^{-1} 处，峰形尖锐，无其他峰干扰；形成氢键后键力常数减小，移向低波数，在 3 400～3 200^{-1} cm 处产生宽而强的吸收峰。另外，若试样或用于压片的盐含有微量水分时，在 3 300 cm^{-1}附近会有水分子的吸收峰。

N—H 吸收峰出现在 3 500～3 300 cm^{-1}，为中等强度的尖峰。伯胺基团有两个 N—H 键，具有对称和反对称伸缩振动，所以有两个吸收峰；仲胺基有一个吸收峰；叔胺基无 N—H 吸收。

C—H 吸收峰出现在 3 000 cm^{-1}附近，分为饱和与不饱和两种。

饱和 C—H（三元环除外）吸收峰出现在<3 000 cm^{-1}处，取代基对其影响很小，位置变化在 10 cm^{-1}以内。—CH_3 基的对称与反对称伸缩振动吸收峰分别出现在 2 876 cm^{-1} 和 2 960 cm^{-1} 附近；而—CH_2 基的分别在 2 850 cm^{-1} 和 2 930 cm^{-1}附近；—CH 基的吸收峰出现在 2 890 cm^{-1}附近，强度很弱。

不饱和 C—H 在>3 000 cm^{-1}处出峰，据此可判别化合物中是否含有不饱和的 C—H 键。如双键 ═C—H 的吸收峰出现在 3 040～3 010 cm^{-1}，末端 ═CH_2 的吸收峰出现在 3 085 cm^{-1}附近。叁键 ≡CH 上 C—H 伸缩振动吸收峰出现在更高的区域（3 300 cm^{-1}）。苯环的 C—H 键伸缩振动吸收峰出现在 3 030 cm^{-1}附近，谱带比较尖锐。

2. 2 500～2 000 cm^{-1}区为叁键和累积双键的伸缩振动区

此区域主要包括 —C≡C，—C≡N 等叁键的伸缩振动，以及 —C═C═C，—C═C═O 等累积双键的反对称伸缩振动。对于炔烃类化合物，可以分成 R—C≡CH 和 R′—C≡C—R 两种类型，R—C≡CH 的伸缩振动吸收峰出现在2 140～2 100 cm^{-1}附近，R′—C≡C—R 的出现在 2 260～2 190 cm^{-1}附近。如果是 R—C≡C—R，因为分子对称，则为非红外活性。—C≡N 基的伸缩振动吸收峰在非共轭的情况下出现在 2 260～2 240 cm^{-1}附近。当与不饱和键或芳香核共轭时，该峰位移到 2 230～2 220 cm^{-1}附近。若分子中含有 C，H，N 原子，—C≡N 基吸收峰比较强而尖锐。若分子中含有 O 原子，且 O 原子离 —C≡N 基越近，—C≡N 基的吸收越弱，甚至观察不到。除此之外，CO_2 的吸收峰在2 300 cm^{-1}左右，S—H，Si—H，P—H，B—H 的伸缩振动吸收峰也出现在这个区域。此区间的任何小的吸收峰都反映了分子的结构信息。

3. 2 000～1 500 cm^{-1}区为双键伸缩振动区

C═O 伸缩振动吸收峰出现在 1 820～1 600 cm^{-1}，其波数大小顺序为酰卤>酸酐>酸>酯>酮类、醛>酰胺，是红外吸收光谱中很特征的且往往是最强的吸收，据此很容易判断以上化合物。另外，酸酐的羰基吸收带由于振动偶合而呈现双峰。

C═C，C═N 和 N═O 伸缩振动吸收峰位于 1 680～1 500 cm^{-1}。分子比较对称时，C═C 的伸缩振动吸收很弱。单核芳烃的 C═C 伸缩振动吸收峰位于1 600 cm^{-1}和 1 500 cm^{-1}附近，反映了芳环的骨架结构，用于确认有无芳核的存在。

苯衍生物的 C—H 面外和 C═C 面内变形振动的泛频吸收峰出现在 2 000～1 650 cm^{-1}，强度很弱，但可根据其吸收情况确定苯环的取代类型。

4. 1 500～1 300 cm^{-1}区为 C—H 变形振动区

CH_3 在 1 375 cm^{-1}和 1 450 cm^{-1}附近同时有吸收峰，分别对应于 CH_3 的对称变形振动和反对称变形振动。前者当甲基与其他碳原子相连时吸收峰位置几乎不变，吸收强度大于 1 450 cm^{-1}的反对称变形振动和 CH_2 的剪式变形振动。CH_2 的剪式变形振动出现在 1 465 cm^{-1}，吸收峰位置也几乎不变。CH_3 的反对称变形振动峰一般与 CH_2 的剪式变形振动峰重合。

两个甲基连在同一碳原子上的偕二甲基在 1 375 cm^{-1}附近有特征分叉吸收峰，因为两个甲基同时连在同一碳原子上，会发生同相位和反相位的对称变形振动的相互偶合。例如，异丙基 $(CH_3)_2CH$—在 1 385～1 380 cm^{-1} 和 1 370～1 365 cm^{-1}有两个同样强度的吸收峰（即原 1 375 cm^{-1}的吸收峰分叉）。叔丁基在 1 395～1 385 cm^{-1}和 1 370 cm^{-1}附近均有两个吸收峰。

同样地，指纹区也可细分为以下两个波段。

1. 1 300～900 cm^{-1}区为单键伸缩振动区

C—C，C—O，C—N，C—X，C—P，C—S，P—O，Si—O 等单键的伸缩振动和 C═S，S═O，P═O 等双键的伸缩振动吸收峰出现在该区域。

1 375 cm^{-1}的谱带为甲基的 δ_{C-H}对称变形振动，对识别甲基十分有用。C—O 的伸缩振动吸收峰在 1 300～1 050 cm^{-1}，包括醇、酚、醚、羧酸、酯等，为该区最强吸收峰，较易识别。例如，醇在 1 100～1 050 cm^{-1}处、酚在 1 250～1 100 cm^{-1}处有强吸收；酯有两组吸收峰，分别位于 1 240～1 160 cm^{-1}（反对称）和 1 160～1 050 cm^{-1}（对称）。

2. 900～600 cm^{-1}区

苯环面外变形振动吸收峰出现在此区域。如果在此区间内无强吸收峰，一般表示无芳香族化合物。此区域的吸收峰常常与环的取代位置有关。与其他区间的吸收峰对照，可以确定苯环的取代类型。

该区的某些吸收峰可用来确认化合物的顺反构型。例如，烯烃的 ═C—H 面外变形振动出现的位置，很大程度上取决于双键的取代情况。对于 RCH═CH_2 结构，在 990 cm^{-1}和 910 cm^{-1}出现两个强峰；对 RC═CRH 而言，其顺、反构型分别在 690 cm^{-1}和 970 cm^{-1}出现吸收峰。

10.2.4.2 主要基团的特征吸收峰

理论上，每种红外活性的振动均对应红外吸收光谱中的一个吸收峰，因此，红外吸收光谱的辨别与解析较为复杂。例如，C—OH 基团除在 3 700～3 600 cm^{-1}处有 O—H 的伸缩振动吸收峰外，还应在 1 450～1 300 cm^{-1}和 1 160～1 000 cm^{-1}处分别有 O—H 的面内变形振动吸收峰和 C—O 的伸缩振动吸收峰。后面这两个峰的出现能进一步证明 C—OH 的存在。因此,用红外吸收光谱来确定化合物是否存在某种官能团时,首先应该注意在官能团区它的特征峰是否存在,同时也应找到它们的相关峰作为旁证。表 10-3 给出了主要基团的红外特征吸收峰。

10.2.5 吸收谱带的强度

振动能级的跃迁概率和振动过程中偶极矩的变化是影响红外吸收峰强度的两个主要因素,基频吸收带一般较强,而倍频吸收带较弱。

基频振动过程中偶极矩的变化越大,其对应的峰强度也越大;振动的对称性越高(即化学键两端连接的原子的电负性相差越小),振动中分子偶极矩变化越小,谱带强度也就越弱。因而,一般来说,极性较强的基团(如 C═O,C—X 等),振动吸收强度较大;极性较弱的基团(如 C═C,C—C,N═N 等),振动吸收强度较小。

另外,反对称伸缩振动的强度大于对称伸缩振动的强度,伸缩振动的强度大于变形振动的强度。在红外吸收光谱中,吸收峰的强度与紫外-可见吸收光谱类似,有以下四种表示方式:透射比($T=I/I_0\cdot 100\%$);吸收率($100\%-T$);吸光度(A);摩尔吸收系数(κ)。

由于红外光能量较弱及试样制备技术难以标准化,因此,在红外光谱中只有少数吸收较强的官能团才能用表观摩尔吸收系数值来表示峰的强弱,而大多数峰的吸收强度一般定性地用很强(vs,$\kappa>100\ \mathrm{L\cdot mol^{-1}\cdot cm^{-1}}$)、强(s,$20\ \mathrm{L\cdot mol^{-1}\cdot cm^{-1}}<\kappa<100\ \mathrm{L\cdot mol^{-1}\cdot cm^{-1}}$)、中(m,$10\ \mathrm{L\cdot mol^{-1}\cdot cm^{-1}}<\kappa<20\ \mathrm{L\cdot mol^{-1}\cdot cm^{-1}}$)、弱(w,$1\ \mathrm{L\cdot mol^{-1}\cdot cm^{-1}}<\kappa<10\ \mathrm{L\cdot mol^{-1}\cdot cm^{-1}}$)和很弱(vw)等表示。

10.2.6 影响基团频率的因素

如前所述,基团频率主要由基团中原子的质量和原子间的键力常数决定。但分子内部结构和外部环境对它也有影响,同样的基团在不同的分子和不同的外界环境中,基团频率可能会出现在一个较大的范围。因此,了解影响基团频率的因素,对解析红外光谱和推断分子结构是非常有用的。

10.2.6.1 分子内部结构因素

1. 电子效应

电子效应包括诱导效应、共轭效应和中介效应。

(1) 诱导效应　由于取代基具有不同的电负性,通过静电诱导作用,引起分子中电子分布的变化,从而改变了键力常数,使基团的特征频率发生位移(表 10-4)。元素的电负性越强,诱导效应越强,吸收峰越向高波数方向移动。以羰基为例,若有一电负性大的基团(或原子)和羰基的碳原子相连,诱导效应将使电子云由氧原子转向双键的中间,增加了 C═O 的键力常数,使 C═O 的振

表 10-3 主要基团的红外特征吸收峰

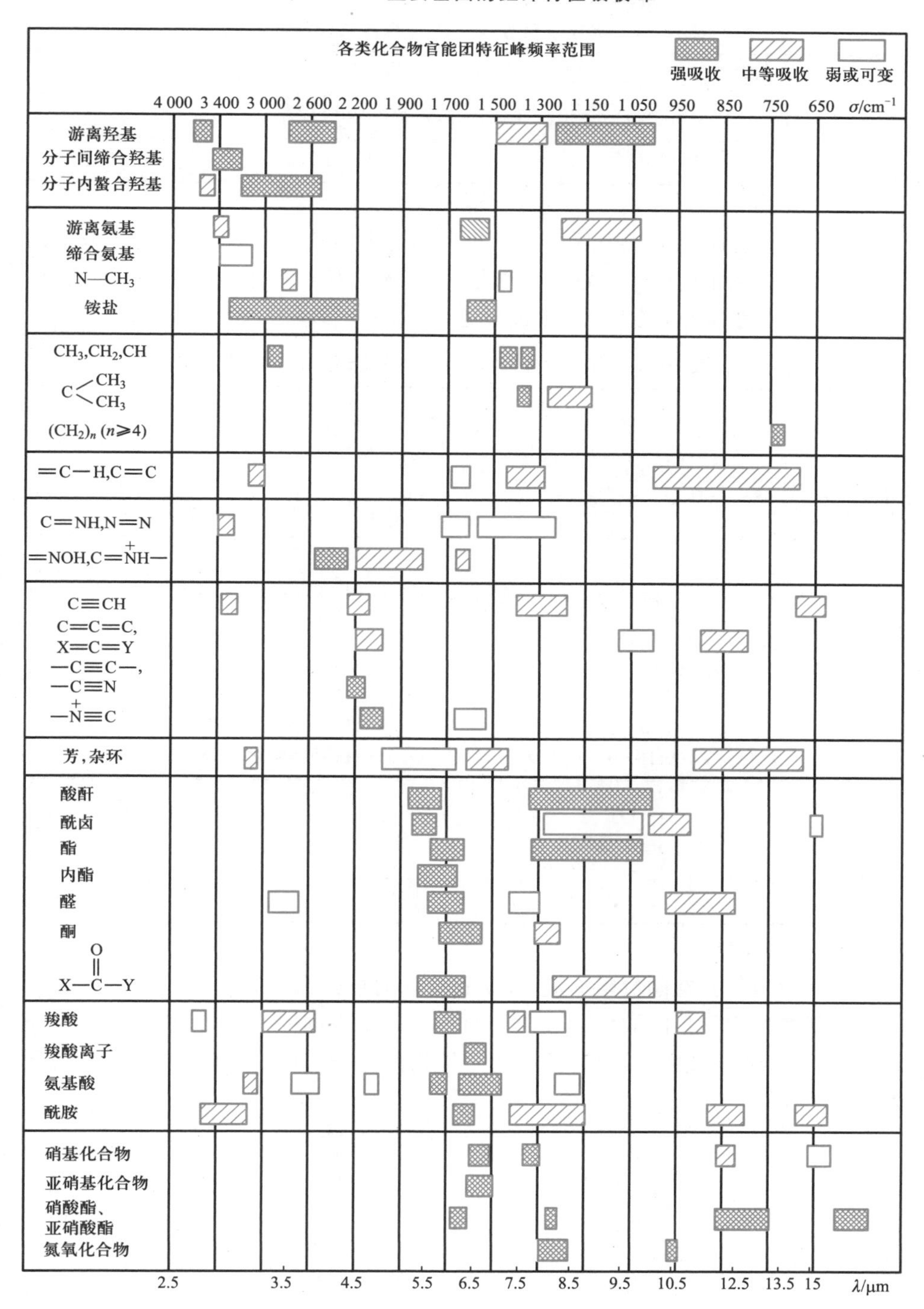

动频率升高，吸收峰向高波数移动。

表 10-4 诱导效应对 C═O 伸缩振动频率的影响

化合物	CF_3—C(═O)—OCH_3	CCl_3—C(═O)—OCH_3	$CHCl_2$—C(═O)—OCH_3	CH_2Br—C(═O)—OCH_3
$\sigma_{C=O}$ /cm^{-1}	1 780	1 768	1 755	1 740

(2) 共轭效应　分子中形成大 π 键所引起的效应叫共轭效应，共轭效应的结果使共轭体系中的电子云密度平均化，使原来的双键略有伸长（即电子云密度降低），键力常数减小，吸收峰向低波数移动（表 10-5）。

表 10-5 共轭效应对 C═O 伸缩振动频率的影响

化合物	R—C(═O)—R	C_6H_5—C(═O)—R	C_6H_5—C(═O)—C_6H_5
$\sigma_{C=O}$ /cm^{-1}	1 710～1 725	1 695～1 680	1 667～1 661

(3) 中介效应　孤对电子与多重键相连产生的 p-π 共轭，结果类似于共轭效应。

当诱导与共轭两种效应同时存在时，振动频率的位移和程度取决于它们的净效应（表 10-6）。

表 10-6 中介效应对 C═O 伸缩振动频率的影响

化合物	R—C(═O)—$\ddot{O}$R	R—C(═O)—R	R—C(═O)—$\ddot{S}$R
$\sigma_{C=O}$ /cm^{-1}	1 735	1 715	1 690

2. 空间效应

空间效应包括空间位阻效应、环状化合物的环张力效应等。

取代基的空间位阻效应使分子平面与双键不在同一平面，此时共轭效应下降，红外峰移向高波数。例如，下面两个结构的分子，其波数就反映了空间位阻效应的影响。

C_6H_5—C(═O)—CH_3　　$\sigma_{C=O}$ = 1 663 cm^{-1}

o-$CH_3C_6H_4$—C(═O)—CH_3　　$\sigma_{C=O}$ = 1 686 cm^{-1}

对于环状化合物，环内双键随环张力的增加而削弱，其伸缩振动频率降低，而 C—H 伸缩振动峰却向高波数方向移动；相反，环外双键随环张力的增加而增强，其波数也相应增加，峰强度随之增加。

3. 氢键

氢键的形成使电子云密度平均化（缔合态），使体系能量下降，X—H 伸缩振动频率降低，吸收谱带强度增大、变宽；变形振动频率移向较高波数处，但其变化没有伸缩振动显著。形成分子内氢键时，X—H 伸缩振动谱带的位置、强度和形状的改变均较分子间氢键小。同时，分子内氢键的影响不随浓度变化而改变，分子间氢键的影响则随浓度变化而变化。

4. 互变异构

分子有互变异构现象存在时，各异构体的吸收均能从其红外吸收光谱中反映出来。

5. 振动偶合

当两个振动频率相同或相近的基团相邻并具有一公共原子时，两个键的振动将通过公共原子发生相互作用，产生“微扰”。其结果是使振动频率发生变化，一个向高频移动，另一个向低频移动。振动偶合常出现在一些二羰基化合物中，如羧酸酐分裂为 σ_{as}1 820 和 σ_{s}1 760 cm^{-1}。

6. Fermi 共振

当弱的泛频峰与强的基频峰位置接近时，其吸收峰强度增加或发生谱峰分裂，这种泛频与基频之间的振动偶合现象称为 Fermi 共振。例如：

C_6H_5—COCl

发生 Fermi 共振，$\sigma_{C=O(as)}$ (1 774 cm^{-1})的峰裂分为 1 773 cm^{-1} 和 1 736 cm^{-1}。

10.2.6.2 外界环境因素

1. 试样状态

试样状态不同，其吸收谱带的频率、强度和形状也不同。分子在气态时，分子间的作用力极小，可以观察到伴随振动光谱的转动精细结构且峰形较窄。液态时峰形变宽，如果液态分子间出现缔合或氢键时，其吸收峰的频率、数目和强度都可能发生较大变化。丙酮在气态时吸收峰在 1 742 cm^{-1}，而在液态时移至 1 728～1 718 cm^{-1} 处。固态红外吸收光谱的吸收峰比液态的尖且多，用于定性是最可靠的。但化合物的晶形对其红外吸收光谱也有影响。对于结晶形固态物质，由于分子取向是一定的，限制了分子的转动，会使一些谱带从光谱中消失，而在另外一些情况下，则可能出现新谱带。例如，长直链脂肪酸的结晶体光谱中出现一群主要由次甲基的全反式排列所产生的谱带，可用以确定直链的长度或不饱和脂肪酸的双键位置。

因此，在谱图上应对试样的状态加以说明。

2. 溶剂效应

在极性溶剂中，溶质分子中的极性基团（如 N—H，O—H，C═O，—N═O 等）的伸缩振动频率通常随溶剂的极性增加而降低，强度亦增大，而变形振动频率将向高波数移动。如果溶剂能引起溶质的互变异构，并伴随有氢键形成时，则吸收谱带的频率和强度有较大的变化。另外，溶质浓度也可引起光谱变化。因此，在测定溶液的红外吸收光谱时，应尽可能在非极性稀溶液中测定。

10.3 傅里叶变换红外光谱仪

红外光谱仪的发展历经了三个阶段。1947 年，世界上第一台双光束自动记录红外分光光度计在美国投入使用，这是第一代红外光谱的商品化仪器，使用的是棱镜分光；20 世纪 60 年代，采用光栅作单色器，比起棱镜单色器有了很大的提高，但它仍是色散型的仪器，分辨率、灵敏度还不够高，扫描速率慢。这是第二代仪器；20 世纪 70 年代开始，不需单色器的干涉型傅里叶变换红外光谱仪逐渐取代了色散型仪器，使仪器性能得到极大的提高，成为第三代也是目前的通用仪器。

相较于传统的色散型仪器，傅里叶变换红外光谱仪（Fourier transform infrared spectrometer，FT－IR）具有以下优点：

灵敏度高。FT－IR 所用的光学元件少，无狭缝和单色器，加之反射镜面大，故减少了能量损失，使到达检测器的辐射强度增大，信噪比提高。

扫描速率快。FT－IR 可在 1 s 左右同时测定所有频率的信息。而色散型仪器在任一瞬间只能观测一个很窄的频率范围，一次完整的扫描需数分钟。

分辨率高。通常 FT－IR 分辨率可达 0.1～0.005 cm^{-1}，而一般棱镜型仪器的分辨率在 1 000 cm^{-1}处有 3 cm^{-1}，光栅型红外光谱仪也只有 0.2 cm^{-1}。

测量光谱范围宽（1 000～10 cm^{-1}），精度高（±0.01 cm^{-1}），重现性好（0.1％）。

除此之外，还有杂散光干扰小、试样不受因红外聚焦而产生的热效应的影响等优点。

傅里叶变换红外光谱仪由红外光源、干涉仪（Michelson 干涉仪）、试样插入装置、检测器、电子计算机和记录仪等部分构成，如图 10－8 所示。

10.3.1 光源

红外光源是能够发射高强度连续红外辐射的物体，常用的有 Nernst（能斯

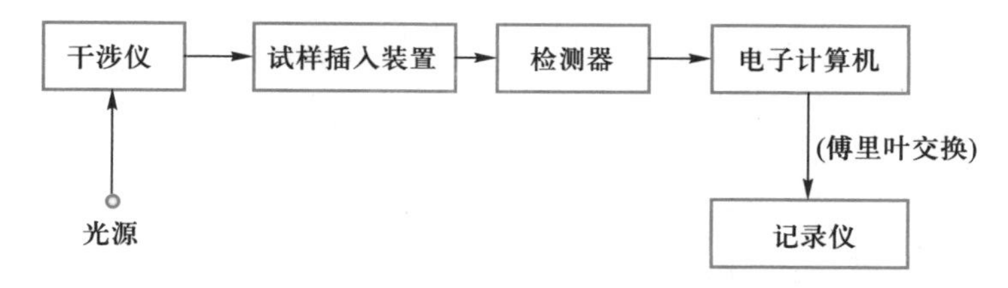

图 10-8 傅里叶变换红外光谱仪示意图

特)灯、硅碳棒、高压汞灯等。

10.3.1.1 Nernst 灯

Nernst 灯是用氧化锆、氧化钇和氧化钍烧结而成的中空棒或实心棒。工作温度为 1 200～2 200 K,在此高温下导电并发射红外线。由于在室温下是非导体,需预热。使用范围为 400～5 000 cm^{-1}。它的特点是在高波数区有更强的发射,稳定性好,使用寿命长,机械强度差,价格较贵。

10.3.1.2 硅碳棒

硅碳棒是由碳化硅烧结而成,一般为两端粗中间细的实心棒。工作温度在 1 300～1 500 K,适用波数范围为 400～5 000 cm^{-1}。与 Nernst 灯相比,其辐射能量接近,但在低波数区光强较大,发光面积大,坚固耐用,操作方便。

10.3.2 干涉仪

干涉型与色散型分光光度计的主要区别在于用 Michelson 干涉仪取代了单色器,获得光源的干涉图,再对干涉图进行快速傅里叶变换,从而得到以波长或波数为函数的光谱图。

Michelson 干涉仪工作原理示意图见图 10-9,主要由相互垂直的固定反射镜 FM 和动镜 MM′及与两反射镜成 45°角的分束器 BS 组成。Michelson 干涉仪将光源发出的光分为两束后,以不同的光程差重新组合,发生干涉现象。Michelson 干涉仪按其动镜移动速率不同,可分为快扫描型和慢扫描型。慢扫描型 Michelson 干涉仪主要用于高分辨光谱的测定,一般的傅里叶红外光谱仪均采用快扫描型 Michelson 干涉仪。

10.3.3 吸收池

由于玻璃和石英对中红外光有强烈吸收,红外吸收池须使用可透过红外光的 NaCl,KBr,CsI,KRS-5(TlI 58%,TlBr42%)等材料制成窗片。在实际操作中,须保持恒湿,且试样干燥,以免盐窗吸潮模糊。

试样状态(固、液、气态)不同,试样池也不同。固体试样常与晶体盐混合压片后直接测定。常见盐片的红外透明范围及注意事项如表 10-7 所示。

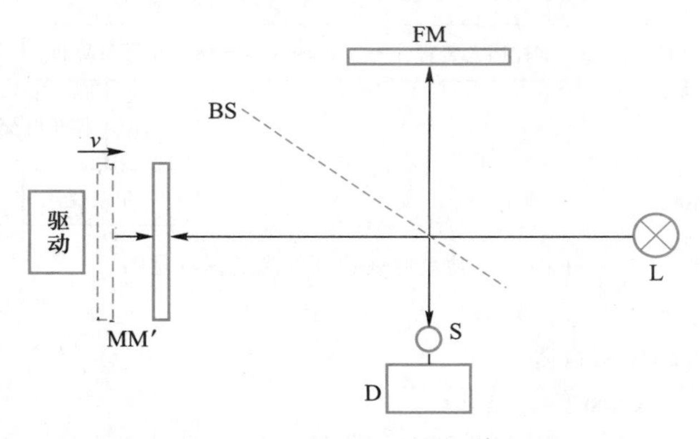

图 10-9 Michelson 干涉仪工作原理示意图

表 10-7 常见盐片的红外透明范围及注意事项

材料	透光范围/μm	注意事项
NaCl	0.2～25	易潮解，相对湿度低于 40%
KBr	0.25～40	易潮解，相对湿度低于 35%
CaF_2	0.13～12	不溶于水，用于水溶液
CsBr	0.2～55	易潮解
TlBr(58%)+TlI(42%)	0.55～40	微溶于水，有毒

10.3.4 检测器

10.3.4.1 真空热电偶

将两片金属铋熔融到另一不同金属（如锑）的两端，就有了两个连接点。两接触点的电位随温度变化而变。检测端接点做成黑色置于真空舱内，有一个窗口对红外光透明。参比端接点在同一舱内并不受辐射照射，则两接点间产生温差。热电偶可检测 10^{-6} K 的温度变化。

10.3.4.2 热释电检测器

热释电检测器利用硫酸三苷肽（TGS）的单晶片作为检测元件。硫酸三苷肽是热电材料，在一定温度下，能发生极化，其极化强度与温度有关。温度升高，极化强度降低。将 TGS 薄片正面真空镀铬（半透明）背面镀金，形成两电极。当红外光照射到薄片上时，引起温度升高，TGS 极化度改变，表面电荷减少，相当于“释放”了部分电荷，经放大，转变成电压或电流方式进行测量。

10.3.4.3 碲镉汞检测器（MCT 检测器）

由宽频带的半导体碲化镉和半金属化合物碲化汞混合形成薄膜，其组成为

$Hg_{1-x}Cd_xTe$，$x\approx0.2$，改变 x 值，可获得测量波段不同、灵敏度各异的多种MCT检测器。将其置于不导电的玻璃表面密闭于真空舱内，吸收辐射后非导电性的价电子跃迁至高能量的导电带，从而降低半导体的电阻，产生信号。

表10－8中简要列出了各红外检测器的原理、构成与特点。

表10－8　各红外检测器的原理、构成与特点

红外检测器	原理	构成	特点
真空热电偶	温差热电效应	涂黑金箔（接受面）连接金属（热接点）与导线（冷接端）形成温差	光谱响应宽且一致性好、灵敏度高、受热噪声影响大
热释电检测器	半导体热电效应	硫酸三甘肽单晶片受热，温度上升，表面电荷减少，即TGS释放了部分电荷，该电荷经放大并记录	响应极快，可进行高速扫描，中红外区只需1 s
碲镉汞检测器	光电导和光伏效应	混合物 $Hg_{1-x}Cd_xTe$ 对光的响应	灵敏度高、响应快、可进行高速扫描

10.4　红外吸收光谱法中的试样制备

红外吸收光谱分析中试样的制备比较麻烦，红外吸收与试样的状态密切相关，是影响分析结果的重要环节。

10.4.1　对试样的要求

红外吸收光谱分析的试样可以是液体、固体或气体，一般要求：

（1）试样应是纯度＞98％的“纯物质”，以便与纯物质的标准光谱进行对照。多组分试样应在测定前进行提纯，否则各组分光谱相互重叠，难于判断。对于GC－FTIR和HPLC－FTIR则无此要求。

（2）试样中不应含有水。因为水本身有红外吸收，并会侵蚀吸收池的盐窗。

（3）试样的浓度和测试厚度应适当，以使光谱图中大多数吸收峰的透射比在10％～80％。

10.4.2　制样的方法

10.4.2.1　固体试样

1. 压片法

固体试样常用压片法，它也是固体试样红外测定的标准方法。将1～2 mg

试样与200 mg纯KBr经干燥处理后研细，使粒度均匀并小于2 μm，在压片机上压成均匀透明的薄片，即可直接测定。

2. 调糊法

将干燥处理后的试样研细，与液体石蜡或全氟代烃混合，调成糊状，夹在盐片中测定。石蜡为高碳数饱和烷烃，因此该法不适于研究饱和烷烃。

3. 薄膜法

此法主要用于高分子化合物的测定。可将它们直接加热熔融后涂制或压制成膜。也可将试样溶解在低沸点、易挥发溶剂中，涂渍于盐片，待溶剂挥发后成膜测定。

10.4.2.2 液体和溶液试样

1. 液膜法

该法适用于沸点较高（>80℃）的液体或黏稠溶液。将1～2滴试样直接滴在两片KBr或NaCl盐片之间，形成液膜。用螺丝固定后放入试样室测量。若测定碳氢类吸收较低的化合物时，可在中间放入夹片（0.05～0.1 mm厚）以增加膜厚。对于一些吸收很强的液体，当用调整厚度的方法仍然得不到满意的谱图时，可用适当的溶剂配成稀溶液进行测定。一些固体也可以溶液的形式进行测定。

2. 液体池法

此法适用于挥发性、低沸点液体试样的测定。将试样溶于CS_2，CCl_4，$CHCl_3$等溶剂中配成10%（w/w）左右的溶液，用注射器注入固定液池中（液层厚度一般为0.01～1 mm）进行测定。

常用的红外吸收光谱溶剂应易于溶解试样，在所测光谱区内没有强烈吸收或不与试样吸收重合，不侵蚀盐窗，对试样没有强烈的溶剂化效应等。

10.4.2.3 气体试样

气态试样可在玻璃气槽内（图10－10）进行测定，它的两端黏有红外透光的NaCl或KBr窗片，窗板间隔为2.5～10 cm。先将气槽抽真空，再将试样注入。气体池还可用于挥发性很强的液体样品的测定。

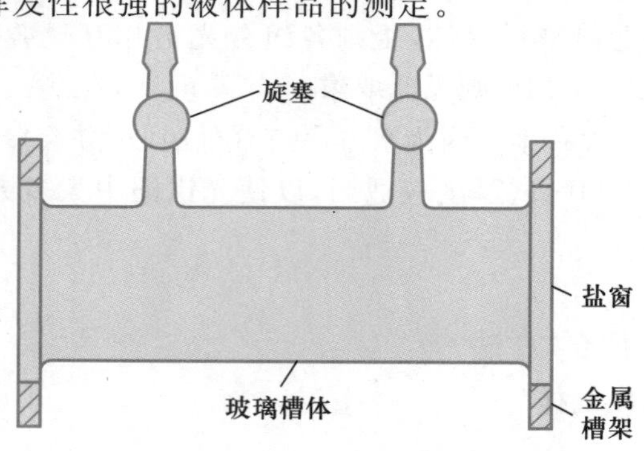

图10－10 红外玻璃气槽

当试样量特别少或试样面积特别小时，可采用光束聚光器并配微量池，结合全反射系统或用带有卤化碱透镜的反射系统进行测量。

10.5　红外吸收光谱法的应用

10.5.1　定性分析

10.5.1.1　已知物的鉴定

将试样的红外谱图与标准谱图或者文献上的谱图进行对照。考察比较试样与标样的吸收峰位置、形状和峰的相对强度。如果三者相同，即可判定试样即为该种标样。如果两张谱图不一样或峰位不一致，则说明两者不为同一化合物或试样有杂质。如用计算机谱图检索，则采用相似度来判别。

使用文献上的谱图，应当注意试样的物态、结晶状态、溶剂、测定条件及所用仪器类型均应与标准谱图相同。

10.5.1.2　未知物结构的测定

测定未知物结构是红外光谱法定性分析的一个重要用途，它涉及光谱解析。如果未知物不是新化合物，可以通过两种方式利用标准谱图进行查对：

(1) 查阅标准谱图的谱带索引，与寻找试样光谱吸收带相同的标准谱图；

(2) 进行光谱解析，判断试样的可能结构，然后再由化学分类索引查找标准谱图对照核实。具体步骤如下：

① 尽可能收集试样的相关资料和数据，了解试样的来源，推测可能的化合物类别；测定试样的物理常数，如熔点、沸点、溶解度、折射率、旋光率等，作为定性分析的旁证；根据元素分析及相对摩尔质量的测定求出化学式并计算化合物的不饱和度(Ω)：

$$\Omega=1+n_4+(n_3-n_1)/2 \tag{10-4}$$

式中 n_4，n_3，n_1 分别为分子中所含的四价、三价和一价元素原子的数目。

$\Omega=0$，表示分子是饱和的，应为链状烃或不含双键的衍生物；

$\Omega=1$，表示分子中可能有一个双键或一个脂环；

$\Omega=2$，表示分子中可能有一个叁键或两个双键或两个脂环；

$\Omega=4$，表示分子中可能有一个苯环。

需要指出的是，二价原子如氧、硫等不参加计算。

② 做图谱解析。图谱解析一般先从基团频率区的最强谱带开始，推测未知物可能含有的基团，判断不可能含有的基团。再从指纹区的谱带进一步验证，找出可能含有基团的相关峰，用一组相关峰确认一个基团的存在；如果是芳香族化合物，应定出苯环取代位置。根据官能团及化学合理性，拼凑可能的结构，然后

查对标准谱图核实。

在解析红外吸收光谱时，要同时注意吸收峰的位置、强度和峰形。以羰基为例。羰基的吸收一般为最强峰或次强峰。如果在 1 780～1 680 cm^{-1}有吸收峰，但其强度低，这表明该化合物并不存在羰基，而是该试样中存在少量的羰基化合物，它以杂质形式存在。吸收峰的形状也决定于官能团的种类，从峰形可以辅助判断官能团。以缔合羟基、缔合伯胺基及炔氢为例，它们的吸收峰位只略有差别，但主要差别在于峰形：缔合羟基峰宽、圆滑而钝；缔合伯胺基吸收峰有一个小小的分叉；炔氢则显示尖锐的峰形。

同一基团的几种振动相关峰应同时存在。任一官能团由于存在伸缩振动（某些官能团同时存在对称和反对称伸缩振动）和多种弯曲振动，因此，会在红外谱图的不同区域显示出几个相关吸收峰。所以，只有当几处应该出现吸收峰的地方都显示吸收峰时，方能得出该官能团存在的结论。以甲基为例，在 2 960 cm^{-1}，2 870 cm^{-1}，1 460 cm^{-1}，1 380 cm^{-1}处都应有 C—H 的吸收峰出现。以长链 CH_2 为例，2 920 cm^{-1}，2 850 cm^{-1}，1 470 cm^{-1}，720 cm^{-1}处都应出现吸收峰。

值得说明的是，完全依靠红外吸收光谱来进行化合物的最后确认相当困难，往往需要结合其他谱图信息，如核磁共振、质谱、紫外吸收光谱等加以确定。

下面举例简要说明解析图谱的一般方法。

例 10.1 某化合物分子式为 C_8H_{14}，常温下为液体，测得其红外吸收光谱如图 10-11 所示，试推测其结构。

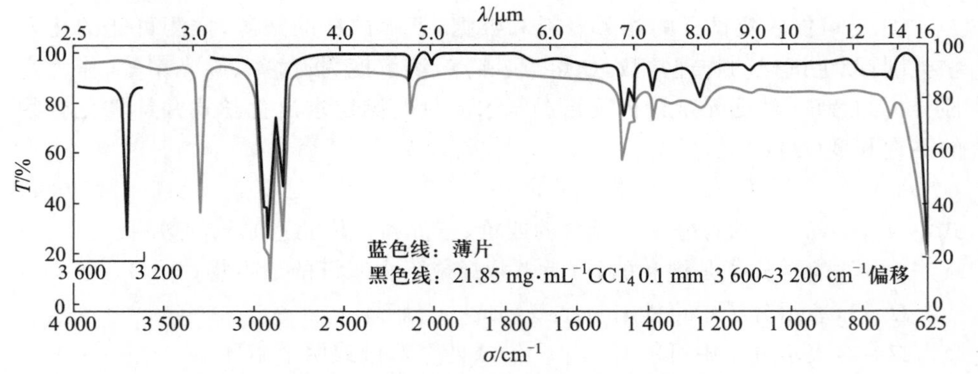

图 10-11 分子式为 C_8H_{14} 化合物的红外吸收光谱

解：(1) 计算不饱和度：

$$\Omega=1+8+\frac{0-14}{2}=2 \qquad \text{不饱和度为 2}$$

(2) 图谱解析：

首先，该化合物分子式为 C_8H_{14}，不含氮和氧，因此，在 3 300 cm^{-1}处的强吸收不是 O—

H或N—H基引起的,应为C—H伸缩振动。而C—H伸缩振动吸收大于3 000 cm^{-1},表明分子中有不饱和碳原子存在。其次,由于1 650 cm^{-1}处没有强而清晰的吸收带,排除了双键存在的可能。基于以上分析,可初步推测有满足不饱和度为2的 C≡C 键存在,且 C≡C 为端基,即存在 —C≡C—H 基。而2 100 cm^{-1}和625 cm^{-1}的吸收带是由 C≡C 的伸缩振动和 C≡C—H 的面外变形振动吸收引起的,进一步确证了 C≡C—H 的存在。

由于3 000 cm^{-1}附近,还有小于3 000 cm^{-1}的C—H伸缩振动吸收存在,表明分子中有饱和C—H存在。1 370 cm^{-1}的吸收峰是—CH_3引起的,且该峰未发生分裂,说明无异丙基或叔丁基存在。1 470 cm^{-1}的吸收带是亚甲基的特征峰,结合720 cm^{-1}处的吸收,表明有多个亚甲基存在,且至少有4个亚甲基相连。

综上所述,该化合物可能是1-辛炔。

10.5.1.3 几种标准谱图

(1) Sadtler(萨特勒)标准红外光谱图

(2) Aldrich 红外谱图库

(3) Sigma Fourier 红外光谱图库

10.5.2 定量分析

由于红外吸收光谱的谱带较多,选择余地大,所以能方便地对单一组分或多组分进行定量分析。此外,该法不受试样状态的限制,能定量测定气体、液体和固体试样。但红外吸收光谱法的灵敏度较低,尚不适于微量组分测定。

红外吸收光谱法定量分析的依据与紫外-可见吸收光谱法一样,也是基于Lambert-Beer定律,通过对特征吸收谱带强度的测量来求出组分含量。但与紫外-可见吸收光谱法相比,红外吸收光谱法在定量方面较弱。这是因为:红外谱图复杂,相邻峰重叠多,难以找到合适的检测峰;红外谱图峰形窄,光源强度低,检测器灵敏度低,测定时必须使用较宽的狭缝,从而导致对Lambert-Beer定律的偏离;红外测定时吸收池厚度不易确定,利用参比难以消除吸收池、溶剂的影响。

下面介绍利用红外吸收光谱进行定量的方法。

10.5.2.1 吸收带的选择

由于红外吸收光谱的谱带较多,谱图复杂,且相邻峰重叠多,因此,用于定量的吸收带选择十分重要,在一定程度上决定了方法的灵敏度与选择性。具体要求如下:

(1) 必须是被测物质的特征吸收带。例如,分析酸、酯、醛、酮时,必须选择 >C=O 基团的振动有关的特征吸收带。

(2) 所选择的吸收带的吸收强度应与被测物质的浓度有线性关系。

(3) 所选择的吸收带应有较大的吸收系数且周围尽可能没有其他吸收带存

在，以免干扰。

10.5.2.2 吸光度的测定

1. 基线法

如图 10-12 所示，通过谱带两边透射比最大点作光谱吸收的切线，作为该谱线的基线，分析波数处的垂线与基线的交点与最高吸收峰顶点的距离为峰高，该值即为透射比，再由公式 $A=\lg(1/T)$ 计算吸光度，而 A 与吸收谱带强度的关系为 $A=\lg(I_0/I)$。

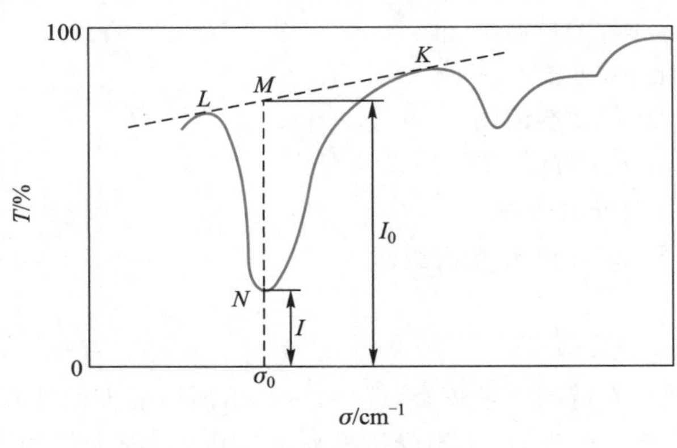

图 10-12 基线法示意图

2. 一点法

该法不考虑背景吸收，直接从谱图中分析波数处读取谱图纵坐标的透射比，再由公式 $A=\lg(1/T)$ 计算吸光度。实际上这种背景可以忽略的情况较少，因此多用基线法。

10.5.2.3 用标准曲线法、求解联立方程法等方法进行定量分析

1. 吸收强度比法

组分 1 $A_1=a_1b_1c_1$

组分 2 $A_2=a_2b_2c_2$

由于吸光度 A_1 和 A_2 由同一薄膜或压片测得，所以虽然不知其实际厚度，但是 $b_1=b_2$。若令 $R=A_1/A_2$，则

$$R=A_1/A_2=a_1/a_2\cdot c_1/c_2=K\cdot c_1/c_2$$

式中 $K=a_1/a_2$，是两组分在各自特征吸收峰处的吸收系数之比。

由于在二元组分中，$c_1+c_2=1$，所以可用下式分别求组分 1 和 2 的质量分数或摩尔分数：

$$c_1=R/(K+R)$$

$$c_2=K/(K+R)$$

同理，可定量测定三元或三元以上组分的混合物，但组分越多，计算越麻烦，

实际意义不大。

2. 补偿法(差示法)

补偿法是在双光束分光光度计的参比光路中,加入混合物中的某些组分,以抵消混合物中这些组分的吸收。

思考、练习题

10-1 试说明影响红外吸收峰强度的主要因素。

10-2 HF 中键的力常数约为 9 $N \cdot cm^{-1}$,试计算:

(1) HF 的振动吸收峰频率;

(2) DF 的振动吸收峰频率。

10-3 分别在 950 $g \cdot L^{-1}$乙醇和正己烷中测定 2-戊酮的红外吸收光谱,试预计 $\sigma_{C=O}$ 吸收带在哪一溶剂中出现的频率较高?为什么?

10-4 分子在振动过程中,有偶极矩的改变才有红外吸收。有红外吸收的称为红外活性;相反,称为非红外活性。指出下列振动是否有红外活性。

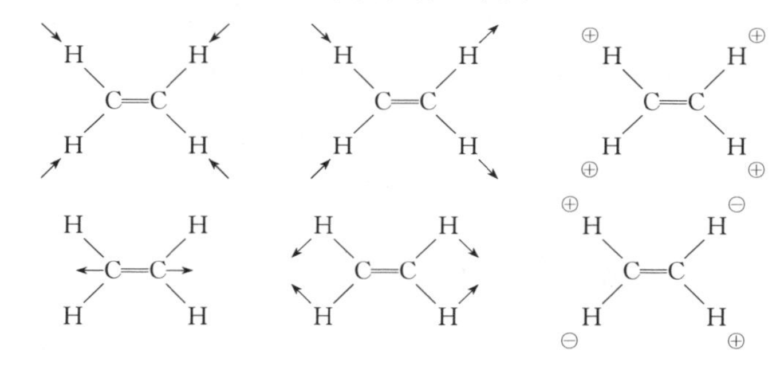

10-5 CS_2 是线性分子,试画出它的基本振动类型,并指出哪些振动是红外活性的?

10-6 某化合物分子式为 C_5H_8O,有下面的红外吸收带:3 020 cm^{-1},2 900 cm^{-1},1 690 cm^{-1}和 1 620 cm^{-1};在紫外区,它的吸收在 227 nm($\kappa = 10^{-4}$ $L \cdot mol^{-1} \cdot cm^{-1}$),试提出一结构,并且说明它是否是唯一可能的结构。

10-7 什么是基频、倍频、合频、泛频峰?

10-8 不考虑其他因素条件影响,在酸、醛、酯、酰卤和酰胺类化合物中,出现 C═O 伸缩振动频率的大小顺序应是怎样?

10-9 色散型红外分光光度计的参比和试样室总放在单色器的后面,为什么?

10-10 试从原理、仪器构造和应用方面比较红外吸收光谱法和紫外-可见吸收光谱法的异同。

10-11 有一种晶体物质,据信不是羟乙基代氨腈(A)就是亚胺噁唑烷(B):

A:N≡C—NH—CH_2—CH_2OH

$$\text{B: HN}{=}\text{CH}{-}\text{NH}{-}\overset{\overset{\text{O}}{\|}}{\text{C}}{-}\text{CH}_2{-}$$

在 3 330 cm^{-1}(3.0 μm)和 1 600 cm^{-1}(6.25 μm)处有锐陡带，但在2 300 cm^{-1}(4.35 μm)或 3 600 cm^{-1}(2.78 μm)处没有吸收带。问上列两种结构中哪一种和此红外数据吻合？

10-12 从以下红外数据鉴定特定的二甲苯：

化合物 A：吸收带在 767 cm^{-1} 和 629 cm^{-1} 处；

化合物 B：吸收带在 792 cm^{-1} 处；

化合物 C：吸收带在 724 cm^{-1} 处。

10-13 一种溴甲苯 C_7H_7Br 在 801 cm^{-1} 处有一个单吸收带，它的正确结构是什么？

10-14 一种氯苯在 900 cm^{-1} 和 690 cm^{-1} 间无吸收带，它的可能结构是什么？

10-15 下面两个化合物的红外吸收光谱有何不同？

(A) $C_6H_5—CH_2—NH_2$ ； (B) $H_3C—C(=O)—N(CH_3)_2$

10-16 下列基团的 σ_{C-H} 出现在什么位置？

(A) $—CH_3$ ； (B) $—CH═CH_2$ ； (C) $—C≡CH$ ； (D) $—C(=O)—H$

10-17 下面两个化合物中，哪一个化合物 $\sigma_{C=O}$ 吸收带出现在较高频率？为什么？

(A) $C_6H_5—C(=O)—H$ ； (B) $(H_3C)_2N—C_6H_4—C(=O)—H$

10-18 顺式-1,2-环戊二醇的 CCl_4 稀溶液在 3 620 cm^{-1} 及 3 455 cm^{-1} 处出现两个吸收峰，为什么？

参考资料

扫一扫查看

第11章　激光Raman光谱法

11.1　概论

Raman光谱(Raman spectrum)是建立在Raman散射效应基础上的光谱分析方法。Raman散射现象由印度的物理学家Raman C V于1928年首先发现并提出其光谱分析方法,因此,他获得了1930年的诺贝尔物理学奖。

当光通过透明溶液时,有一部分光被散射,其频率与入射光不同,并且与发生散射的分子结构有关,这种散射即为Raman散射。Raman光谱与红外吸收光谱一样,源于分子的振动和转动能级跃迁,属分子振动-转动光谱,可以获得分子结构的直接信息。但相比红外吸收光谱法,Raman光谱法的发展一直较为缓慢。直到1960年以来,Raman光谱法才有了较大的发展,这归功于激光光源的采用与激光Raman光谱法(Laser Raman spectrometry, LRS)的提出及近红外激光光源的使用。前者使Raman光谱的获得变得很容易,而后者在很大程度上克服了试样或杂质的荧光干扰。目前,Raman光谱技术逐渐在生物学、材料、地质、考古、医药、食品、珠宝和化学化工等领域得到了越来越重要的应用。

Raman光谱法分辨率高,重现性好,简单快速;试样可直接通过光纤探头或通过玻璃、石英、蓝宝石窗和光纤进行测量;可以进行无损、原位测定及时间分辨测定。同时,Raman光谱法还有以下特点:

(1) 由于水的Raman散射极弱,Raman光谱法适合水体系的研究,尤其对生物试样和无机化合物的研究远较红外吸收光谱方便。

(2) Raman光谱测定一次可同时覆盖50～4 000 cm^{-1}波数的区间,若用红外吸收光谱法则必须改变光栅、光束分离器、滤波器和检测器分别测定。

(3) Raman光谱谱峰清晰尖锐,更适合定量研究。尤其是共振Raman光谱,灵敏度高,检出限可到10^{-6}～10^{-8} $mol \cdot L^{-1}$。

(4) Raman光谱所需试样量少,μg级即可。

(5) 由于共振Raman光谱中谱线的增强是选择性的,故可用于研究发色基团的局部结构特征。

11.2 基本原理

11.2.1 Raman 散射与 Raman 位移

当频率为 ν_0 的位于可见光区或近红外光区的强激光照射试样时,有 0.1% 的入射光子与试样分子发生弹性碰撞(即不发生能量交换的碰撞方式),此时,光子以相同的频率向四面八方散射。这种散射光频率与入射光频率相同,而方向发生改变的散射称为 Rayleigh(瑞利)散射。

与此同时,入射光与试样分子之间还存在着概率更小的非弹性碰撞(仅为总碰撞数的十万分之一),光子与分子间发生能量交换,使光子的方向和频率均有变化。这种散射光频率与入射光频率不同,且方向改变的散射为 Raman 散射,对应的谱线为 Raman 散射线(Raman 线)。

图 11-1 粗略描述了 Rayleigh 散射和 Raman 散射的产生过程。

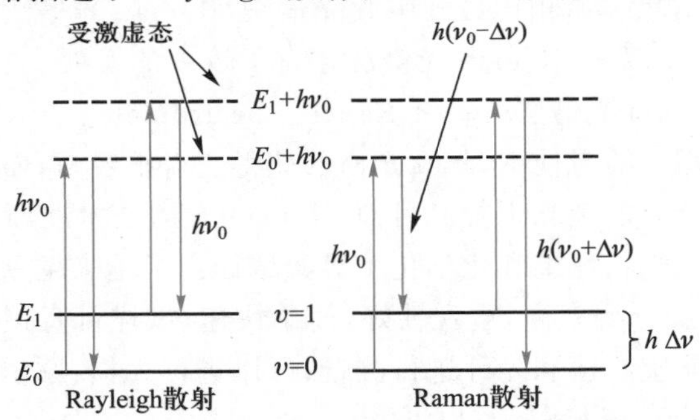

图 11-1 Rayleigh 散射和 Raman 散射的产生过程

处于基态电子能级某一振动能级(如 $\upsilon=0$ 或 1)的分子,接受入射光子的能量 $h\nu_0$ 后,跃迁到不稳定的受激虚态①,再由受激虚态迅速(10^{-8} s)返回原来所在的振动能级,并以光子的形式释放出吸收的能量 $h\nu_0$,产生 Rayleigh 散射。

如果受激分子不返回原来所在的振动能级,而是返回其他振动能级,如从基态电子能级的基态振动能级($\upsilon=0$)跃迁到激发虚态的分子不返回基态,而返回至电子基态的第一振动激发态能级($\upsilon=1$),此时散射光子的能量为 $h\nu_0-h\Delta\nu$,由此产生的 Raman 线为 Stokes 线,其频率低于入射光频率。若处于基态电子

① 受激虚态即指光子对分子电子构型微扰或变形而产生的一种新的能态,介于基态电子能级与第一激发电子能级之间。

能级第一振动激发态的分子跃迁到激发虚态后，再返回到基态振动能级，此时散射光子的能量为 $h\nu_0+h\,\Delta\nu$，所产生的 Raman 线称为反 Stokes 线，其频率高于入射光频率。由 Boltzmann 分布可知，常温下处于基态的分子占绝大多数，因此，Stokes 线远强于反 Stokes 线。另外，随着温度的升高，Stokes 线的强度将降低，而反 Stokes 线的强度将升高。

Stokes 线或反 Stokes 线与入射光的频率差 $\Delta\nu$ 为 Raman 位移，即 $\Delta\nu=\nu_R-\nu_0$，ν_R 为 Raman 线频率。Raman 位移与入射光频率即激发波长无关，只与分子振动能级跃迁有关。不同物质的分子具有不同的振动能级，因此，Raman 位移具有特征性，是研究分子结构的重要依据。

11.2.2 Raman 光谱图与 Raman 光强度

图 11-2 为四氯化碳的 Raman 光谱。Raman 光谱图通常以 Raman 位移（以波数为单位）为横坐标，Raman 线强度为纵坐标。由于 Stokes 线远强于反 Stokes 线，因此，Raman 光谱仪记录的通常为前者。若将入射光的波数视为零（$\Delta\sigma=0$），定位在横坐标右端，忽略反 Stokes 线，即可得到物质的 Raman 光谱图。

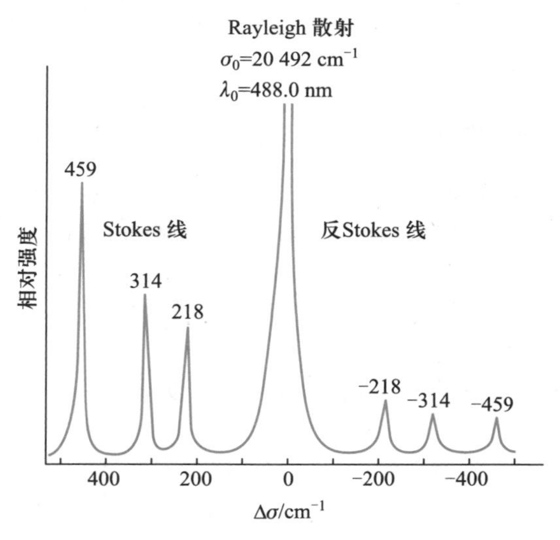

图 11-2 四氯化碳的 Raman 光谱

如前所述，对同一物质使用波长不同的激光光源，所得各 Raman 线的中心频率不同，但其形状及各 Raman 线之间的相对位置即 Raman 位移不变。

Raman 散射光强度取决于分子的极化率、光源的强度、活性基团的浓度等多种因素。极化率越高，分子中电子云相对于骨架的移动越大，Raman 散射越强。在不考虑吸收的情况下,其强度与入射光频率的4次方呈正比。

由于 Raman 散射光强度与活性成分的浓度成比例,因此,Raman 光谱与荧光光谱更相似,而不同于吸收光谱,在吸收光谱中强度与浓度呈对数关系。据此,可利用 Raman 光谱进行定量分析。

11.2.3 退偏比

在 Raman 光谱中,除 Raman 位移与强度外,还有一个反映分子对称性的参数,即退偏比 ρ_P。

Raman 光谱的光源为激光光源,激光属于偏振光。当入射激光沿 x 轴方向与物质分子 O 作用时,可散射出不同方向的偏振光,如图 11-3 所示。若在 y 轴方向上放置一个偏振器 P,当偏振器平行于激光方向时,则 zy 面上的散射光可以通过。当偏振器垂直于激光方向时,则 xy 面上的散射光可以通过。

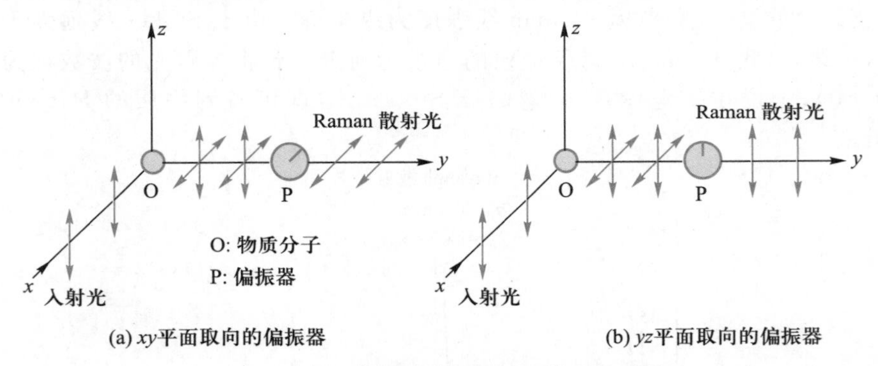

图 11-3 入射光为偏振光时退偏比的测量

若偏振器平行、垂直于激光方向时,散射光的强度分别为 $I_{\parallel}$,$I_{\perp}$,则两者之比称为退偏比,即 $\rho_P=I_{\perp}/I_{\parallel}$。

退偏比与分子的极化率有关,若令 $\overline{\alpha}$ 为分子极化率中各向同性部分,$\overline{\beta}$ 为各向异性部分,则

$$\rho_P=\frac{3(\overline{\beta})_{\perp}^2}{45(\overline{\alpha})^2+4(\overline{\beta})^2}$$

11.2.4 Raman 光谱与红外吸收光谱的比较

通常 Raman 光谱与红外吸收光谱被比作姐妹光谱,这形象地反映了它们之间的相似与互补关系,具体可参见 1,3,5-三甲基苯和茚的 Raman 光谱和红外吸收光谱(图 11-4)。对同一物质,有些峰的红外吸收与 Raman 散射完

全对应，但也有部分峰有 Raman 散射却无红外吸收，或有红外吸收却无 Raman 散射。

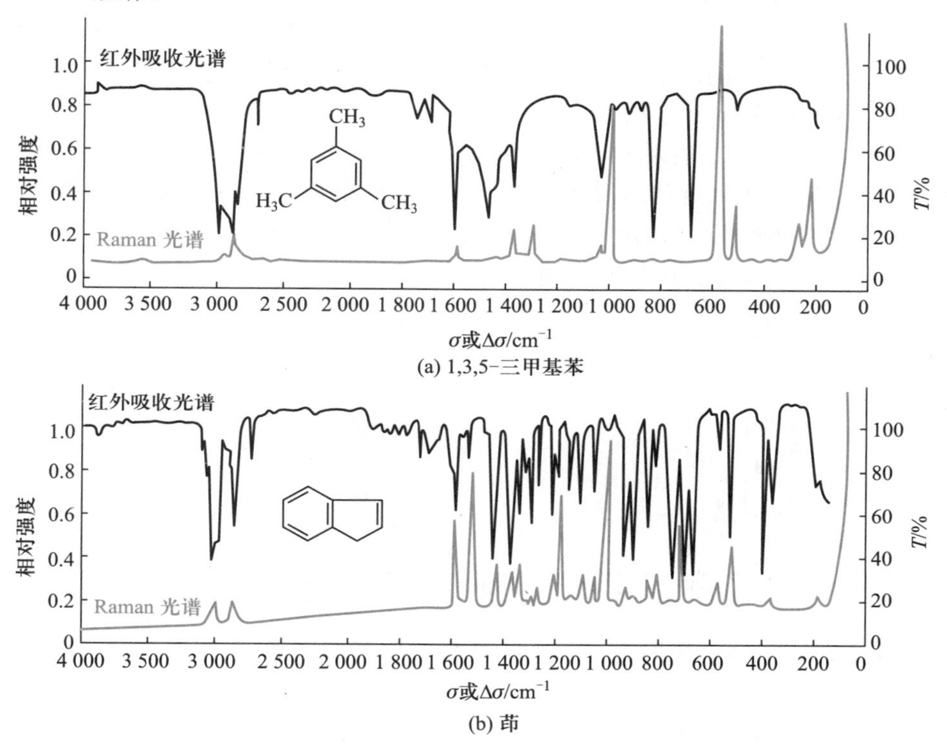

图 11-4　1,3,5-三甲基苯和茚的 Raman 光谱和红外吸收光谱

Raman 光谱与红外吸收光谱产生的机理虽有本质差别，如 Raman 光谱是由分子对入射光的散射引起的，而红外吸收光谱则是分子对红外光的吸收而产生的；红外吸收光谱的入射光及检测光均位于红外光区，而 Raman 光谱的入射光大多为可见光，相应的散射光也为可见光等。但对于一个给定的化学键，其红外吸收频率与 Raman 位移相等，均对应于第一振动能级与基态之间的跃迁。因此，对某一给定的化合物，某些峰的红外吸收波数与 Raman 位移完全相同，均在红外光区，并反映出分子的结构信息。

另一方面，红外吸收光谱法研究的是会引起偶极矩变化的极性基团和非对称性振动，而 Raman 光谱法则以会引起分子极化率变化的非极性基团和对称性振动为研究对象。因此，红外吸收光谱适于研究不同原子构成的极性键振动，如 —OH，—C═O，—C—X 等的振动。而 Raman 光谱适于研究由相同原子构成的非极性键如 C—C，N—N，S—S 等的振动，或对称分子如 CO_2，CS_2 的骨架振动。

CS_2分子的对称伸缩振动显然属于非红外活性，但是电子云形状在振动平衡位置前后有较大变化，即极化率改变很多，因此，对称伸缩振动为 Raman 活性。而 CS_2分子的不对称伸缩振动和弯曲振动，虽然都引起了偶极矩变化，为红外活性，但它们的电子云分布在振动平衡位置前后的形状完全相同，极化率不变，所以不显示 Raman 活性。

同样，从 1,4-二氧杂环己烷的 Raman 光谱和红外吸收光谱（图 11-5）可以发现，C—O—C 的对称伸缩振动使 1 220 cm^{-1}处出现一较强的 Raman 散射信号，但没有红外吸收信号；而 C—O—C 的不对称伸缩振动在 620 cm^{-1}处产生的只有红外吸收峰，却没有 Raman 峰。

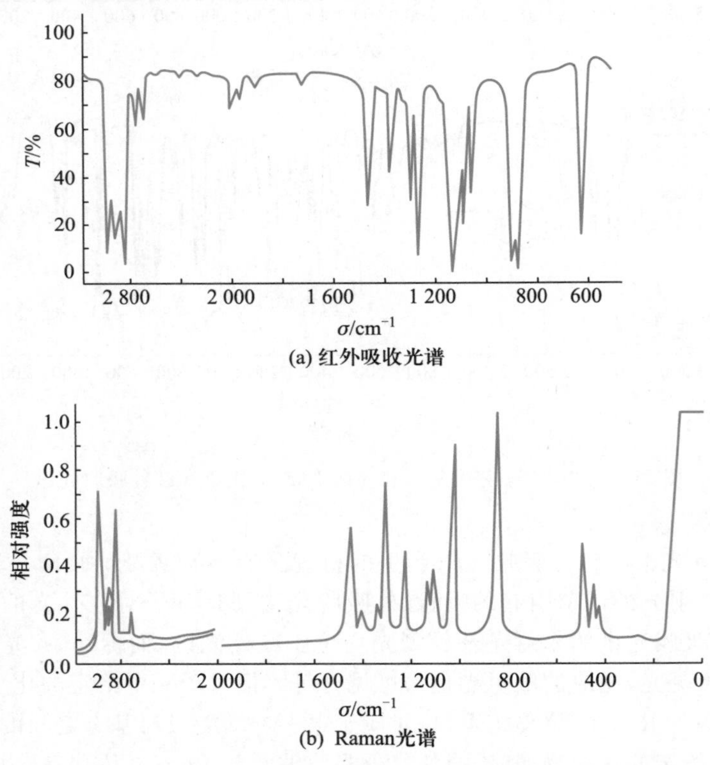

(a) 红外吸收光谱

(b) Raman光谱

图 11-5 1,4-二氧杂环己烷的 Raman 光谱和红外吸收光谱

通常，部分红外吸收光谱和 Raman 光谱是互补的，在一个分子中与不同的振动方式相对应。有些振动方式既有红外活性又有 Raman 活性。例如，SO_2分子的所有振动方式同时具有红外活性与 Raman 活性，并相应产生红外和 Raman 峰，体现了其相似性。

11.3 激光 Raman 光谱仪

11.3.1 色散型 Raman 光谱仪

Raman 光谱仪主要由光源、试样池、单色器及检测器组成，如图 11-6 所示。

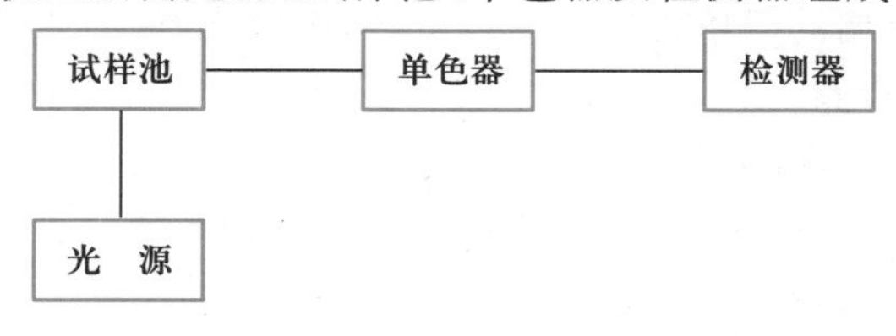

图 11-6 Raman 光谱仪示意图

11.3.1.1 光源

由于 Raman 散射很弱，现代 Raman 光谱仪的光源多采用高强度的激光光源。

激光光源包括连续波激光器和脉冲激光器。常用激光器按波长大小顺序有 Ar^+ 激光器(488.0 和 514.5 nm)、Kr^+ 激光器(568.2 nm)、He-Ne 激光器(632.8 nm)、红宝石激光器(694.0 nm)、二极管激光器(782 和 830 nm)和 Nd/YAG激光器(1 064 nm)。前两种激光器功率大，能提高 Raman 线的强度。后几种属于近红外辐射，其优点在于辐射能量低，不易使试样分解，同时不足以激发试样分子外层电子的跃迁而产生较大的荧光干扰。

由于高强度激光光源易使试样分解，尤其是对生物大分子、高分子化合物等，因此，一般采用旋转技术加以克服。

11.3.1.2 试样池

由于 Raman 光谱法用玻璃作窗口，而不是红外吸收光谱中的卤化物晶体，试样的制备方法较红外吸收光谱简单，可直接用单晶和固体粉末测试，也可配制成溶液，尤其是水溶液测试；不稳定的、贵重的试样可在原封装的安瓿瓶内直接测试；还可进行高温和低温试样的测定，有色试样和整体试样的测试。

从前面的讲述中可知，Raman 散射的强度较弱。在放置试样时应根据试样的状态与多少选择不同的方式。

气体试样通常放在多重反射气槽或激光器的共振腔内。

液体试样采用常规试样池，若为微量，则用毛细管试样池。对于易挥发试样，应封盖。

透明的棒状、块状和片状固体试样可置于特制的试样架上直接进行测定。

粉末试样可放入玻璃试样管或压片测定。

试样池或试样架置于在三维空间可调的试样平台上。

11.3.1.3 单色器

由于 Raman 位移较小，杂散光较强，为了提高分辨率，对 Raman 光谱仪的单色性要求较高。

为此，色散型 Raman 光谱仪采用多单色器系统，如双单色器、三单色器。最好的是带有全息光栅的双单色器，能有效消除杂散光，使与激光波长非常接近的弱 Raman 线得到检测。

在傅里叶变换 Raman 光谱仪中，以 Michelson 干涉仪代替色散元件，光源利用率高，可采用红外激光光源，以避免分析物或杂质的荧光干扰。

11.3.1.4 检测器

Raman 光谱仪的检测器一般采用光电倍增管，最常用的为 Ga-As 光阴极光电倍增管，其优点是光谱响应范围宽，量子效率高，在可见光区内的响应稳定。为了减少荧光的干扰，在色散型仪器中可用电荷耦合阵列(CCD)检测器。傅里叶变换型仪器多选用液氮冷却锗光电阻作为检测器。

11.3.2 傅里叶变换 Raman 光谱仪

11.3.2.1 仪器结构

傅里叶变换 Raman 光谱仪的光路设计与傅里叶变换红外光谱仪非常相似，只是干涉仪与试样池排列次序不同。图 11-7 是傅里叶变换 Raman 光谱仪的光路示意图。它由激光光源、试样池、干涉仪、滤光片组、检测器及控制的计算机等组成。

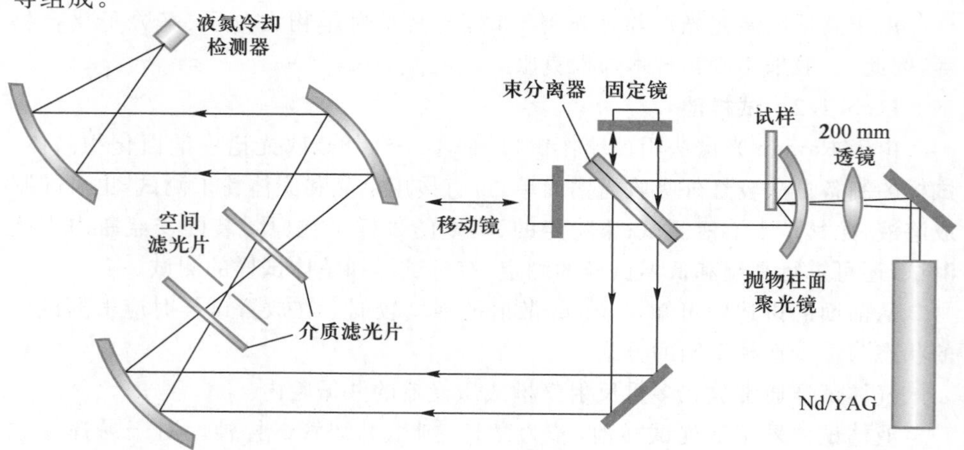

图 11-7 傅里叶变换 Raman 光谱仪的光路示意图

激光光源为 Nd/YAG 激光器，属近红外激光光源，其发射波长为 1.064μm。由于其能量较低，可避免大部分荧光对 Raman 光谱的干扰。从激光器发出的光被试样散射后，经过干涉仪，得到散射光的干涉图；再通过计算机的快速傅里叶变换，得到正常的 Raman 线强度随 Raman 位移而变化的光谱图。

仪器还采用一组由几个介电干涉滤光片构成的特殊滤光片组，滤去比 Raman 散射光强 10^4 倍以上的 Rayleigh 散射光。

检测器一般为置于液氮冷却下的 GeSi 检测器或 InGaAs 检测器。

11.3.2.2 特点

傅里叶变换 Raman 光谱仪光源发射波长位于近红外区，能量较低，既可消除荧光干扰，还可避免某些试样受激光照射而分解，非常有利于有机化合物、高分子及生物大分子等的研究。但对一般分子的研究，其 Raman 散射信号比常规激光 Raman 散射信号要弱。

同时，该仪器与傅里叶变换红外光谱仪一样，还具有扫描速度快、分辨率高、波数精度及重现性好等特点。

11.4 激光 Raman 光谱法的应用

11.4.1 定性分析

Raman 位移 $\Delta\sigma$ 表征了分子中不同基团振动的特性，因此，可通过测定 $\Delta\sigma$ 对分子进行定性和结构分析。另外，还可通过退偏比 ρ_p 的测定确定分子的对称性。

目前，激光 Raman 光谱已应用于无机化合物、有机化合物及高分子化合物的定性分析；生物大分子的构象变化及相互作用研究；各种材料（包括纳米材料、生物材料、金刚石）和膜（包括半导体薄膜、生物膜）的 Raman 分析；矿物组成分析；宝石、文物、公安试样的无损鉴定等方面。

11.4.1.1 有机化合物结构分析

由于化学环境不同，不同分子的相同官能团，其 Raman 位移有一定差异，$\Delta\sigma$ 会在某一范围内变动。

对于有机化合物的结构研究，虽然 Raman 光谱的应用远不如红外吸收光谱广泛，但 Raman 光谱适合于测定有机分子的骨架，并能方便地区分各种异构体，如位置异构、几何异构、顺反异构等。另外，—C═C—，—C≡C—，—S—S—，—C═S—，—S—H，—C—N—，—S═N—，—N═N—等基团，Raman 散射信号强，特征明显，也适合 Raman 光谱测定。

11.4.1.2 高分子化合物的研究

激光 Raman 光谱特别适合于高分子化合物的几何构型、碳链骨架或环结构、结晶度等的测定。对于含有无机化合物填料的高分子化合物,可以不经分离而直接测定。

11.4.1.3 生物大分子的研究

激光Raman光谱是研究生物大分子的有效手段,现已用于测定蛋白质、氨基酸、糖类、生物酶、激素等生化物质的结构。同时,激光Raman光谱可在接近自然状态的极稀浓度下研究生物分子的组成、构象和分子间的相互作用。另外,对于眼球晶体、皮肤及癌组织等生物组织切片,可不经处理而直接进行测定。因此,Raman光谱法在生物学和医学研究中得到较广泛的应用。

11.4.2 定量分析

由于Raman信号弱,仪器价格较贵,激光Raman光谱法在定量分析中不占太大优势,直到共振Raman光谱法和表面增强Raman光谱法出现。

与荧光光谱类似,Raman散射光强度与活性成分的浓度成正比。据此,可利用Raman光谱进行定量分析。

11.4.3 其他Raman光谱法

11.4.3.1 共振Raman光谱法

由于Raman散射产生的概率极低,因此Raman信号也很弱,其光强一般仅为入射光强的$10^{-7}\sim10^{-8}$。1953年,Shorygin发现当入射激光波长与待测分子的某个电子吸收峰接近或重合时,Raman跃迁的概率大幅增加,使分子的某个或几个特征Raman谱带强度达到正常谱带的$10^{4}\sim10^{6}$倍,这种现象称为共振Raman(resonance Raman)效应。基于共振Raman效应建立的Raman光谱法为共振Raman光谱法。其特点如下:共振Raman光谱基频的强度可以达到Rayleigh线的强度;泛频和合频的强度有时大于或等于基频的强度;由于共振Raman光谱中谱线的增强具有选择性,既可用于研究发色基团的局部结构特征,也可选择性测定试样中的某一种物质;和普通Raman光谱相比,其散射时间短,一般为$10^{-12}\sim10^{-5}$ s。由此可见,共振Raman光谱法有利于低浓度和微量试样的检测,最低检出浓度范围为$10^{-6}\sim10^{-8}$ mol·L^{-1}。

11.4.3.2 表面增强Raman光谱法

将试样吸附在金、银、铜等金属的粗糙表面或胶粒上可极大增强其Raman光谱信号,基于这种具有表面选择性的增强效应而建立的方法为表面增强Raman光谱法。该法可使某些Raman线的增强因子达$10^{4}\sim10^{8}$,其定量分析检出限可达纳克或亚纳克级。由于表面增强Raman光谱法灵敏度高,它已成为表面科学、催化、电化学等领域的重要研究手段。若它与电化学方法联用,可以研究许多生物物质,如氧合血红蛋白、肌红蛋白、腺苷、多肽、核酸等。

同时将表面增强 Raman 光谱和共振 Raman 光谱技术联用，方法检出限可达 10^{-9}～10^{-12} mol·L^{-1}。

思考、练习题

11-1 解释下列名词：

(1) Raman 效应； (2) Raman 位移； (3) 受激虚态； (4) Stokes 线

11-2 试比较 Raman 光谱法与红外吸收光谱法的异同。

11-3 为什么反 Stokes 线的比例随试样温度的升高而增加？

11-4 指出以下分子的振动方式哪些具有红外活性，哪些具有 Raman 活性，或两者均是？

(1) O_2 的对称伸缩振动； (2) CO_2 的不对称伸缩振动；

(3) H_2O 的弯曲振动； (4) C_2H_4 的弯曲振动

11-5 在什么条件下 He-Ne 激光器比 Ar^+ 激光器更适合作 Raman 光源？

11-6 当偏振器平行和垂直于光源时，测量 $CHCl_3$ 的 Raman 数据如下：

序列	相对强度		
	σ/cm^{-1}	$I_{\parallel}$	$I_{\perp}$
a	720	0.60	0.46
b	660	8.4	0.1
c	357	7.9	0.6
d	258	4.2	3.2

试计算它们退偏比，并指出哪些 Raman 峰是被极化的？

11-7 指出紫外-可见吸收光谱法、红外吸收光谱法和激光 Raman 光谱法分别适合下列哪些试样的分析？

(1) 气体； (2) 纯液体； (3) 水溶液； (4) 粉末； (5) 表面组成

11-8 针对下列试样，试分析用哪种 Raman 光谱法分析比较合适？

(1) 高分子试样； (2) 无机物； (3) 催化剂； (4) 荧光染料； (5) 生物试样

参考资料

扫一扫查看

第12章 核磁共振波谱法

核磁共振(nuclear magnetic resonance,NMR)是在强磁场下电磁波与原子核自旋相互作用的一种基本物理现象。NMR 波谱学的研究是以原子核自旋为探针,详尽反映原子核周围化学环境的变化。自 NMR 现象发现至今,该领域的重要贡献者已五次获得诺贝尔奖。NMR 波谱学不仅可用来对各种有机和无机化合物的结构、成分进行定性分析,而且还可用于定量研究。与紫外一可见吸收光谱法和红外吸收光谱法类似,NMR 波谱也属于吸收光谱。与其他谱学分析方法,如质谱、红外吸收光谱等相比,NMR 波谱灵敏度相对较低,但它提供原子水平上的结构信息量是其他方法所无法比拟的。在已发现的利用共振现象的谱学中,NMR 波谱学具有最高的频率分辨率。目前,NMR 波谱技术已成为化学、物理学、生物学、医药等领域中最重要的仪器分析手段之一。

12.1 核磁共振基本原理

12.1.1 原子核的自旋和磁矩

原子核的自旋是 NMR 理论中一个最基本的概念。它同质量和电荷一样,是原子核的自然属性,由自旋量子数 I 表征。根据量子力学原理,不同原子核的 I 值只能取整数或半整数,具有自旋的原子核会产生自旋角动量。若用 $\boldsymbol{P}$ 来表示原子核的自旋角动量,其绝对值可表示为

$$|\boldsymbol{P}|=\frac{h}{2\pi}\sqrt{I(I+1)}=\hbar\sqrt{I(I+1)} \qquad (12-1)$$

式中 h 是普朗克(Planck)常量;$\hbar=h/2\pi$ 为约化普朗克常量。

原子核由中子和质子所组成,有相应的质量数和电荷数。带电荷的原子核绕一定的转轴转动[图 12-1(a)],其效果与通电螺线管的环路电流相似[图 12-1(b)]。因此,可将这类原子核看成如图 12-1(c)所示的小磁体。

核自旋量子数 I 不为零的原子核具有磁矩。通常用 $\boldsymbol{\mu}$ 表示核磁矩,它与核自旋角动量 $\boldsymbol{P}$ 有如下的关系:

$$\boldsymbol{\mu}=\gamma\boldsymbol{P} \qquad (12-2)$$

式中 γ 称为核的磁旋比。不同的原子核具有不同的磁旋比,因而 γ 是原子核的

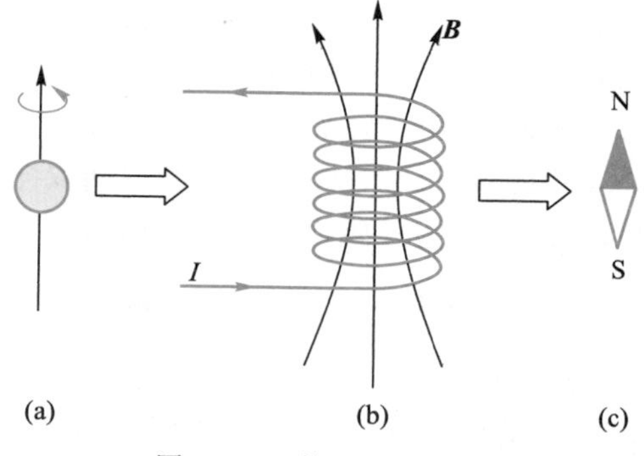

图 12-1 核磁矩的形成

特征常数。

把一个可自由转动的核磁矩放在外磁场 $\boldsymbol{B}_0$ 中，如果 $\boldsymbol{\mu}$ 的方向与磁场的方向不平行，磁矩将受到一个力矩 $\boldsymbol{L}$ 的作用，$\boldsymbol{L}$ 大小为：$L=\mu B_0\sin\theta$，θ 是 $\boldsymbol{\mu}$ 和 $\boldsymbol{B}_0$ 的夹角，用矢量式表示可写成：$\boldsymbol{L}=\boldsymbol{\mu}\times\boldsymbol{B}_0$。磁场的力矩导致核磁矩绕磁场方向转动，形成如图 12-2 所示的进动轨道。

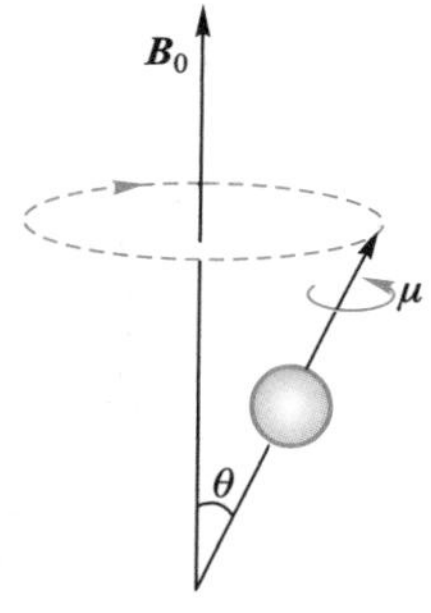

图 12-2 核磁矩绕磁场的进动轨道

核磁矩在外场作用下以一定的角速度产生进动，进动角速度一般用 ω_0 表示：

$$\omega_0=\gamma B_0=2\pi\nu_0 \qquad (12-3)$$

式中 ν_0 为原子核的进动频率，单位为 Hz。原子核的磁矩与自旋量子数 I 密切相关，I 的取值是由原子核的质子数和中子数决定的，具体可分以下三种情况：

(1) 质子数和中子数都为偶数的原子核，其自旋量子数为零，如 ^{12}C，^{16}O，^{32}S 等。这类核不能利用 NMR 进行研究。

(2) 质子数与中子数一个为奇数，一个为偶数，其自旋量子数为半整数，即 $I=1/2,3/2,5/2,\cdots$。如 ^{1}H，^{13}C，^{19}F，^{31}P 等核的 $I=1/2$；^{11}B，^{33}S，^{35}Cl 等核的 $I=3/2$；^{17}O 核的 $I=5/2$。利用 NMR 可对这类核进行研究。

(3) 质子数和中子数都是奇数，其自旋量子数为正整数，如 ^{2}H 和 ^{14}N 等核的 $I=1$。利用 NMR 也可对这类核进行研究。

由上可见，并不是所有的原子核都有磁矩。具有磁矩的原子核称为磁性核，只有磁性核才是 NMR 的研究对象。

12.1.2 核磁矩的空间量子化

根据量子力学原理，核磁矩在外磁场的空间取向是量子化的，只能取一些特定的方向。若外磁场沿 z 方向,自旋量子数为 I 的核磁矩在 z 轴上的投影为:$\mu_z=\gamma m\hbar$,其中 m 称为磁量子数,其可能的取值为 $-I,-I+1,\cdots,I-1,I$,对应于 $2I+1$ 个空间取向。例如,对于自旋 $I=1$ 的核,可有 $m=1,0,-1$ 三个取向;对于自旋 $I=1/2$ 的核,只有 $m=1/2$ 和 $-1/2$ 两种空间取向。

从能量的角度来看,磁矩 $\boldsymbol{\mu}$ 与外磁场 $\boldsymbol{B}_0$ 的相互作用能为

$$E=-\boldsymbol{\mu}\cdot\boldsymbol{B}_0=-\mu_z B_0=-\gamma m\hbar B_0 \tag{12-4}$$

该能量也称为核自旋的 Zeeman 相互作用能。量子力学的选择定则只允许 $\Delta m=\pm1$ 的跃迁,这样相邻能级之间发生跃迁所对应的能量差为

$$\Delta E=\hbar\gamma B_0 \tag{12-5}$$

图 12-3 为 $I=3/2$ 原子核的磁矩在外磁场作用下的空间取向及其相互作用能级图。

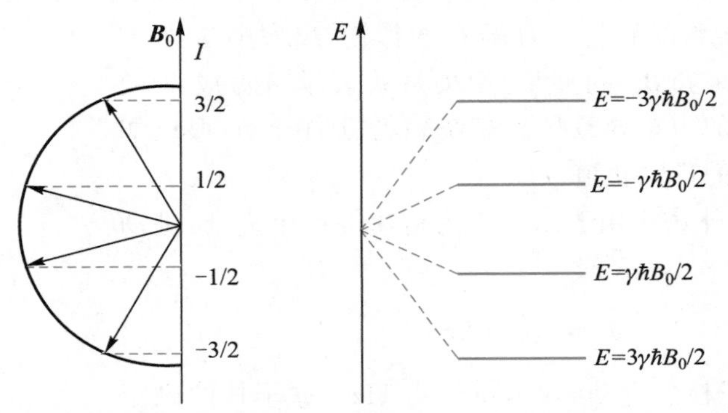

图 12-3 $I=3/2$ 原子核的磁矩在外磁场作用下的空间取向及相互作用能级图

12.1.3 核磁共振的条件

在外磁场 $\boldsymbol{B}_0$ 中,磁性核相邻两能级的能量差为:$\Delta E=\gamma\hbar B_0$。当用频率等于核自旋进动频率 ν_0 的射频场照射试样时,处于低能态的核自旋便吸收射频能量,从低能态跃迁到高能态,这就是 NMR 吸收。强弱不同的吸收信号与频率的关系即为 NMR 谱。

假设射频的频率为 ν,则其能量为

$$E_\nu=h\nu=\hbar\omega \tag{12-6}$$

发生共振时,射频场的能量等于核能级跃迁的能量差,即 $E_\nu=\Delta E$。因此,$\omega=\gamma B_0=2\pi\nu$,此即 NMR 的基本方程。结合式(12-5),得到产生 NMR 的基本条件为:$\omega=\omega_0=\gamma B_0$。

核磁共振定义就是:处于静磁场中的核自旋不为零的体系,受到一个频率等

于核自旋进动频率的射频场激励，所发生的吸收射频场能量的现象。核自旋体系、静磁场与射频场是产生核磁共振不可缺少的三个要素。

12.2 化学位移

12.2.1 屏蔽常数

1. 屏蔽的成因

假设一孤立原子，核外电子云分布是球形对称的。当它处于外磁场 $\boldsymbol{B}_0$ 中时，由于电子云被极化，核外电子在磁场方向上绕核运动，相当于一个环形电流，如图 12-4 所示。根据楞次定律，电子环流产生一个方向与 $\boldsymbol{B}_0$ 相反、大小正比于 $\boldsymbol{B}_0$ 的感应磁场或称次级磁场 $\boldsymbol{B}'$。这个磁场 $\boldsymbol{B}'=-\sigma\boldsymbol{B}_0$，使原子核实际感受到的磁场变成 $\boldsymbol{B}=(1-\sigma)\boldsymbol{B}_0$，这里 σ 称为屏蔽常数。σ 与外加磁场无关，只与原子核所处的化学环境有关。实际的物质由许多原子构成，这些原子的核外电子运动都会产生类似的屏蔽效应。

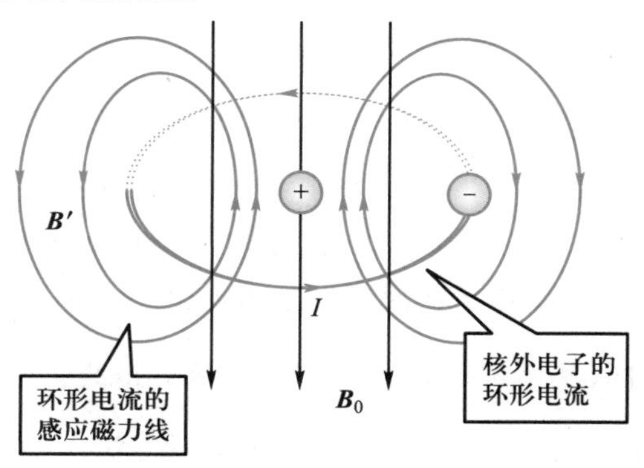

图 12-4 核外电子的运动产生环形电流

2. 影响屏蔽常数的因素

屏蔽常数主要由原子屏蔽 σ_A、分子内屏蔽 σ_M 和分子间屏蔽 σ' 三部分构成，即 $\sigma=\sigma_A+\sigma_M+\sigma'$。

（1）原子屏蔽 σ_A　原子屏蔽可指孤立原子的屏蔽，也可指分子中原子的电子壳层的局部屏蔽，称为近程屏蔽效应。分子中原子的屏蔽包括两项：

$$\sigma_A=\sigma_A^D+\sigma_A^P \tag{12-7}$$

式中 σ_A^D 为抗磁项，起增强屏蔽作用；σ_A^P 为与温度无关的顺磁项，起减弱屏蔽作用。不同轨道的电子对这两项的贡献不同。s 轨道的电子主要是对 σ_A^D 贡献，这是由于其电子云分布大体上是球形对称的，其感应磁场总是与外磁场方向相反，因此表现出抗磁性。p轨道的电子主要是对顺磁项 σ_A^P 贡献，这是由于p电子具有方向性，在外磁场的作用下，电子只能绕其对称轴旋转，因而自身有了磁矩而产生进动，经过一定时间后磁矩与外磁场的取向趋于一致，因此表现出一定的顺磁性。原子序数 Z 越大，σ_A 越大，其关系可近似表达为 $\sigma_A=3.12\times10^{-5}Z^{4/3}$。

(2) 分子内屏蔽 σ_M 分子内屏蔽是指分子中其他原子或原子团对所要研究原子核的磁屏蔽作用。若所要研究的原子核附近有一个或几个吸电子的基团存在，则它周围的电子云密度降低，屏蔽效应减弱，去屏蔽作用增强。若所要研究的原子核附近有一个或几个给电子的基团存在，则它周围的电子云密度增加，屏蔽效应增强。影响分子内屏蔽的主要因素有诱导效应、共轭效应和磁各向异性效应等。

(3) 分子间屏蔽 σ' 分子间屏蔽指试样中其他分子对所要研究的分子中核的屏蔽作用。影响这一部分的主要因素有溶剂效应、介质磁化率效应、氢键效应等。

12.2.2 化学位移的定义

根据NMR条件 $\nu=\dfrac{\gamma B_0}{2\pi}$，在同一外磁场 $\boldsymbol{B}_0$ 中，核的共振频率只取决于核的磁旋比 γ。虽然同种核的 γ 相同，但当其所处的化学环境不同时，尽管在相同外磁场中，由于磁屏蔽效应，核实际感受到的磁场并不相同，因而共振频率也不尽相同。假定核实际感受到的磁场是 $\boldsymbol{B}=(1-\sigma)\boldsymbol{B}_0$，则其共振频率为 $\nu=\dfrac{\gamma B_0}{2\pi}(1-\sigma)$。$\sigma$ 值不同，共振频率 ν 也不相同，这样其谱线将出现在谱图的不同位置，这种现象称为化学位移。化学位移有两种表示方法。

1. 用共振频率差表示

共振频率差($\Delta\nu$)由下式表示，其单位为Hz。

$$\Delta\nu=\nu_{试样}-\nu_{标准}=\frac{\gamma B_0}{2\pi}(\sigma_{标准}-\sigma_{试样}) \tag{12-8}$$

由于 σ 是个常数，因此，共振频率差 $\Delta\nu$ 与外磁场的磁感应强度 B_0 成正比。这样同一磁性核，用不同磁感应强度的仪器测得的共振频率差是不同的。为此，用这种方法表示化学位移时，须注明外磁场的磁感应强度 B_0。

2. 用相对值 δ 表示

在连续波(CW)NMR中有两种实现NMR的方法，即扫频法(固定外磁场 $\boldsymbol{B}_0$，改变频率)和扫场法(固定发射机的射频频率 ν_0，改变磁场强度)。若用 $\Delta\nu$ 表示化学位移，在扫场法中化学位移的表示就会出现困难。此外，由于不同磁感应强度的仪器测得的共振频率差，故需要一种更合适的表述方法。

对于扫频法，外磁场是固定的，这样试样 S 和参比物 R 的共振频率分别为

$$\nu_S=\frac{\gamma B_0}{2\pi}(1-\sigma_S),\nu_R=\frac{\gamma B_0}{2\pi}(1-\sigma_R) \tag{12-9}$$

由于屏蔽常数 σ 值很小，对于氢核约为 10^{-5}，其他核一般小于 10^{-3}，故考虑以相对数值表示，且乘 10^6 以方便使用。化学位移 δ 定义为

$$\delta=\frac{\nu_S-\nu_R}{\nu_R}\times10^6=\frac{\sigma_R-\sigma_S}{1-\sigma_R}\times10^6 \tag{12-10}$$

该表达式也适用于脉冲 NMR 法。

对于扫场法，固定的是发射机的射频频率 ν_0，这样试样 S 和参考物 R 的共振频率满足：

$$\nu_0=\frac{\gamma B_S}{2\pi}(1-\sigma_S),\nu_0=\frac{\gamma B_R}{2\pi}(1-\sigma_R) \tag{12-11}$$

此时定义化学位移 δ 为

$$\delta=\frac{B_R-B_S}{B_R}\times10^6=\frac{\sigma_R-\sigma_S}{1-\sigma_S}\times10^6 \tag{12-12}$$

式(12-10)和式(12-12)均可以表示为

$$\delta\approx(\sigma_R-\sigma_S)\times10^6 \tag{12-13}$$

此时化学位移值与测量仪器的磁感应强度值和测量方法无关。从上述定义可知：如果 $\sigma_R>\sigma_S$，则化学位移 $\delta>0$。为了尽量使多数的 δ 为正值，通常选择屏蔽常数大的化合物作为参考物，对于试样 S 来说，δ 越大就越往低场（或高频）偏移。

这两种化学位移表示方法可通过图 12-5 进一步了解。高频对应于低场，即图的左边；低频对应于高场，即图的右边。

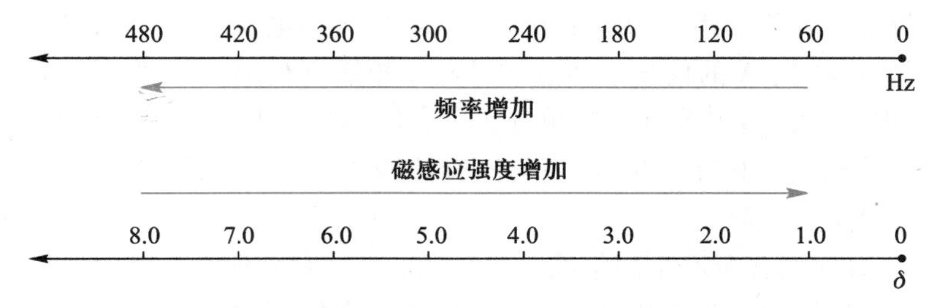

图 12-5 60 MHz 核磁共振谱仪的两种 NMR 化学位移表示方法

12.3 自旋-自旋偶合

12.3.1 自旋-自旋偶合和偶合常数 J

1. 自旋-自旋偶合及产生机制

NMR谱中常常看到一些多重峰，产生这些多重峰的原因是核自旋之间的偶合。核自旋之间的偶合有两种形式：一种为直接偶合，它是核A的核磁矩和核B的核磁矩产生直接的偶极相互作用，称为空间偶合。另一种为间接偶合，它是通过化学键中的成键电子传递的间接相互作用，称为自旋-自旋偶合，也叫标量偶合或J偶合。例如，在—CH_2CH_3中，有两类不同的氢原子。在低分辨NMR谱中只在两个不同的位置出现吸收峰，如图12-6(a)所示。在高分辨NMR谱中，CH_2和CH_3的质子峰产生分裂，前者呈四重峰，后者呈三重峰，如图12-6(b)所示，这种分裂就是自旋-自旋偶合的结果。

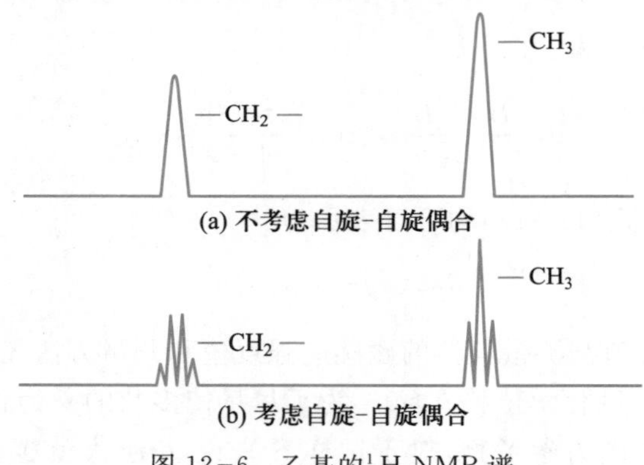

图12-6 乙基的^{1}H NMR谱

下面以图12-7所示的A,B两原子通过一化学键相连组成的分子为例，简要说明自旋-自旋偶合机理。假设核A自旋向上，由于磁矩的排列趋向于反平行，则其价电子自旋向下。根据泡利原理，核B成键电子自旋应该向上，即核B自旋向下。这样核A的信息便通过成键电子传递到核B。同理，核B的信息也能通过成键电子传递到核A。简单地说，自旋-自旋偶合就是由于核的自旋取向不同，相邻核之间相互干扰，从而使原有的谱线发生分裂的现象。

2. 自旋偶合常数

自旋-自旋偶合所产生的谱线分裂称为自旋-自旋偶合分裂，如图12-8所示。处于ν_0位置的峰分裂成ν_1和ν_2位置的两个峰，分裂后峰高减半。其中J

表示裂距，称为自旋偶合常数，单位为 Hz。偶合常数一般用 $^nJ_{A-B}$ 表示，A 和 B 为相互偶合的核，n 为 A 与 B 之间相隔化学键的数目。例如，$^2J_{H-H}$ 表示相隔两个化学键的两个质子之间的偶合常数。在 ^{1}H NMR 中，隔三个以内化学键的 J 偶合一般较强，超过三个化学键的 J 偶合一般较弱。偶合常数有正有负，一般来说，相隔偶数键的 $^2J_{H-H}$，$^4J_{H-H}$，…为负，相隔奇数键的 $^3J_{H-H}$，$^5J_{H-H}$，…为正。通常在高级图谱解析时，才考虑 J 值的正负，平常只要看 J 的绝对值即可。

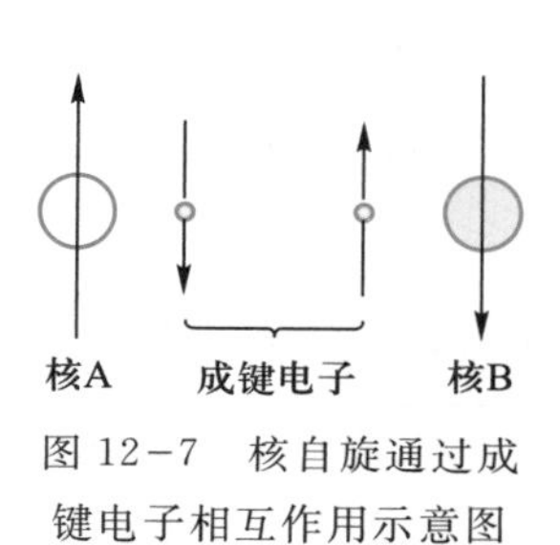

图 12-7 核自旋通过成键电子相互作用示意图

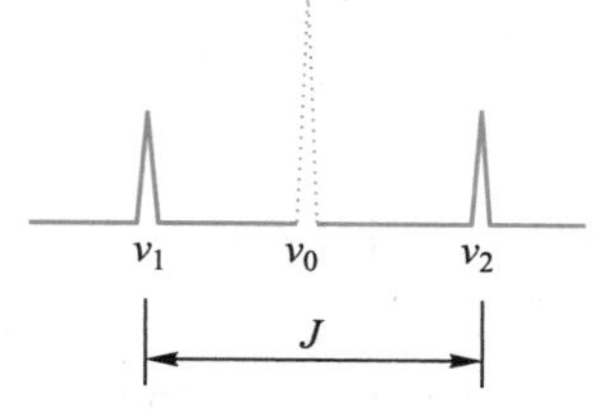

图 12-8 自旋-自旋偶合裂分

12.3.2 自旋-自旋偶合分裂的规律

由于邻近核的偶合作用，NMR 谱线发生分裂。在一级近似下，谱线分裂的数目 N 与邻近核的自旋量子数 I 和核的数目 n 有如下关系：

$$N = 2nI + 1 \tag{12-14}$$

当 $I=1/2$ 时，$N=n+1$，这称为"$n+1$ 规律"。谱线强度之比遵循二项式 $(a+b)^n$ 展开式的系数比，n 为引起偶合分裂的核数。下面以"$—CH_2CH_3$"基团的 ^{1}H NMR 谱线分裂情况为例进行说明。

先看 $—CH_3$ 基团，其邻近的 $>CH_2$ 基团有两个 ^{1}H（即 $n=2$），由于 ^{1}H 的核自旋 $I=1/2$，每个 ^{1}H 核自旋在磁场中有两种可能的取向。当自旋取向与外磁场 $\boldsymbol{B}_0$ 一致时，$m=1/2$，用 α 态表示；当自旋取向与外磁场 B_0 相反时，$m=-1/2$，用 β 态表示。这两种自旋取向有三种不同的排列组合方式，如表 12-1 所列。

表 12-1 二核体系核自旋取向的排列组合方式

组合方式	$\sum m$	概率比值	$—CH_3$ 感受到的磁场变化
αα	+1	1	增强
αβ βα	0	2	不变
ββ	−1	1	减弱

从表 12-1 中可以看出，$>CH_2$ 基团核自旋取向的三种组合方式相应于

$\sum m=+1,0,-1$，每种方式出现的概率比值为1∶2∶1。第一种方式，两个^{1}H核自旋取向与$\boldsymbol{B}_0$相同，因而在—CH_3处产生的局部磁场与$\boldsymbol{B}_0$方向相同，—CH_3感受到略有增强的磁场，从而使—CH_3的共振峰向低场方向移动；第二种方式，两个^{1}H核自旋取向相反，在—CH_3处产生的局部磁场为零，—CH_3共振峰位置不变；第三种方式的情形与第一种方式相反，—CH_3共振峰向高场方向移动。这样一来，—CH_3谱线不再是一条，而是分裂为三条，每条谱线的相对强度与每种方式出现的概率成正比，即1∶2∶1。

下面讨论 >CH_2 谱线的分裂情况。其邻近的—CH_3基团($n=3$)三个^{1}H核自旋取向的排列组合方式列于表12-2。

表12-2 三核体系核自旋取向的排列组合方式

组合方式	$\sum m$	概率比值	—CH_3处磁场变化
ααα	+3/2	1	增强多
ααβ αβα βαα	+1/2	3	增强少
αββ βαβ ββα	−1/2	3	减弱少
βββ	−3/2	1	减弱多

12.3.3 自旋偶合常数与分子结构的关系

自旋偶合常数的大小主要由原子核的磁性和分子结构决定。由偶合的产生机制可知，自旋偶合常数与原子核磁性有关，磁性越大，自旋偶合常数也越大。分子结构对自旋偶合常数的影响可概括为两个基本因素：电子结构和几何构型。电子结构包括核周围电子密度和化学键的电子云分布两个因素，这两个因素又与原子或基团的电负性、成键电子的离域性等因素有关。几何构型包括键长和键角两个因素。

1. 电子结构对自旋偶合常数的影响

电子结构包括核周围电子密度与化学键的电子云分布。

(1) 核周围电子密度对自旋偶合常数的影响　一般地，随着核周围电子密度的增加，传递偶合的能力增强，自旋偶合常数增大。原子序数增加，核周围电子密度也增加，因此自旋偶合常数也增大。

(2) 化学键对自旋偶合常数的影响　主要影响有

① 随着相隔化学键数目的增加，核间距相应增大，彼此偶合的核在对方核处或核周围产生的局部场逐渐减弱，因此，相隔化学键数目越多，原子核之间的偶合越弱，自旋偶合常数越小。

② 多重键传递偶合的能力比单键强，因而自旋偶合常数值也较大。例如，C ═C双键比 C—C 单键偶合能力强得多，因而其自旋偶合常数也较大。但当C ═C双键被 C—C 单键隔开后，其传递偶合的能力迅速减弱，自旋偶合常数也较小，如烯烃的 J 为 0.6～1.8 Hz。当两个 C ═C 双键相连时，传递偶合的能力特别强，比单个C ═C双键还强，因而自旋偶合常数变得很大，如丙二烯 H_2C ═C ═CH_2 的 J 高达7 Hz。

③ 相隔超过三个化学键的远程偶合一般较小，可以忽略不计。

2. 几何结构对自旋偶合常数的影响

几何结构包括键长和键角。一般地，键长越长，偶合越弱，而键角对自旋偶合常数的影响可用下式表示：

$$^{n}J = K(1.30|\cos\theta| + 0.13) \tag{12-15}$$

式中^{n}J 表示通过 n 个化学键相连的两个核之间的自旋偶合常数；K 值取决于相互偶合核的种类和偶合途径中化学键的长度和性质，当这些因素固定时，K 为常数。对于烃类分子，θ 为两个 C—H 键的夹角。由式(12-15)可见，$^{n}J_{\text{H-H}}$只与两个 C—H 键的相对取向有关，与碳链的取向及弯曲情况无关。

对刚性的饱和分子如乙烷，Karplus 曾提出一个关系式来描述的$^{3}J_{\text{H-H}}$与键角的关系：

$$^{3}J_{\text{H-H}} = A + B\cos\phi + C\cos 2\phi \tag{12-16}$$

这就是著名的 Karplus 关系式。式中 ϕ 为两个 C—C—H 平面的夹角即二面角；A，B，C 为与分子结构有关的常数。当 C—C 键长等于 0.154 nm 时，$A=4.12$，$B = -0.5$，$C = 4.5$ Hz。此时若 $\phi = 180°$，$^{3}J_{\text{H-H}}$ 值最大；若 $\phi = 90°$，$^{3}J_{\text{H-H}}$值最小。图 12-9 给出了$^{3}J_{\text{H-H}}$与夹角 ϕ 的关系曲线图。

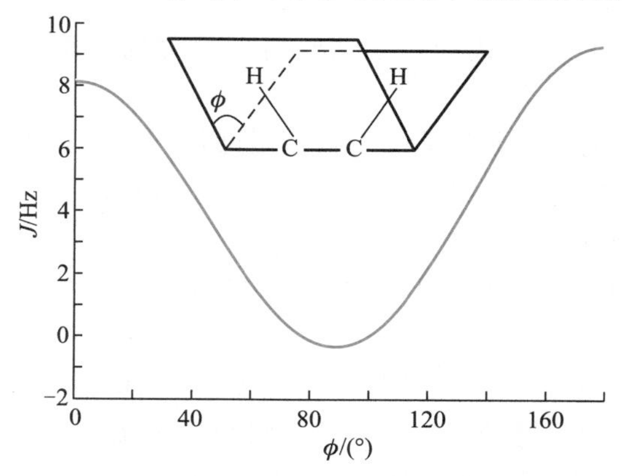

图 12-9 $^{3}J_{\text{H-H}}$与夹角 ϕ 的关系曲线图

12.4 核磁共振谱仪

12.4.1 谱仪的基本组件

根据NMR谱仪设计和功能不同可分为不同类型，如按磁体性质可分为永磁、电磁、超导磁体谱仪；按激发和接收方式分为连续、分时、脉冲谱仪；按功能分为高分辨液体、高分辨固体、固体宽谱、微成像谱仪等。随着NMR实验技术及电子、超导、计算机技术发展，NMR谱仪已大多采用超导高磁场，且集多核、多功能于一体。现在，一般按照NMR实验中射频场的施加方式，将其分为两大类：一类是连续波NMR谱仪，它把射频场连续不断地加到试样上，得到频率谱（波谱）；另一类是脉冲NMR谱仪，它把射频场以窄脉冲的方式加到试样上，得到自由感应衰减（FID）信号，再经计算机进行傅里叶变换，得到可观察的频率谱。由于脉冲傅里叶变换波谱仪具有灵敏度高、快速、实时等优点，并可采用各种脉冲序列实现不同目的，且容易用数学方法完成滤波过程，因而得到了广泛的应用，成为当代主要的NMR谱仪。

NMR谱仪的基本组件有

（1）磁体　磁体产生强的静磁场，该磁场使置于其中的核自旋体系的能级发生分裂，以满足产生NMR的要求。

（2）射频源　射频源用来激发核自旋能级之间的跃迁。

（3）探头　探头位于磁体中心的圆柱形探头作为NMR信号检测器，是NMR谱仪的核心部件。试样管放置于探头内的检测线圈中。

（4）接收机　接收机用于接收微弱的NMR信号，并放大变成直流的电信号。

（5）匀场线圈　匀场线圈用来调整所加静磁场的均匀性，提高谱仪的分辨率。

（6）计算机系统　计算机系统用来控制谱仪，并进行数据显示和处理。最近推出的NMR谱仪探头还常常配有产生梯度脉冲的装置，其可用于抑制溶剂峰和梯度场自动匀场。

下面介绍脉冲NMR谱仪的工作原理及结构。

12.4.2 脉冲傅里叶变换NMR谱仪

在连续波谱仪上加脉冲发生器和计算机数据采集处理系统，就构成了脉冲傅里叶变换（PFT）NMR谱仪。PFT NMR谱仪结构的基本框架如图12-10所示。PFT NMR谱仪的工作原理如下：射频激发单元产生一定频率的射频脉冲，再经过射频放大器放大，变成强而短的射频脉冲加到探头中的发射线圈上。当发生共振时，接收线圈中感应出一个被 FID 信号所调制的射频振荡信号。信号经射频放大后加到相敏检波器上进行检波，去掉射频就得到随时间变化的 FID 信号，再经 FT 便可得到所需要的频率谱。

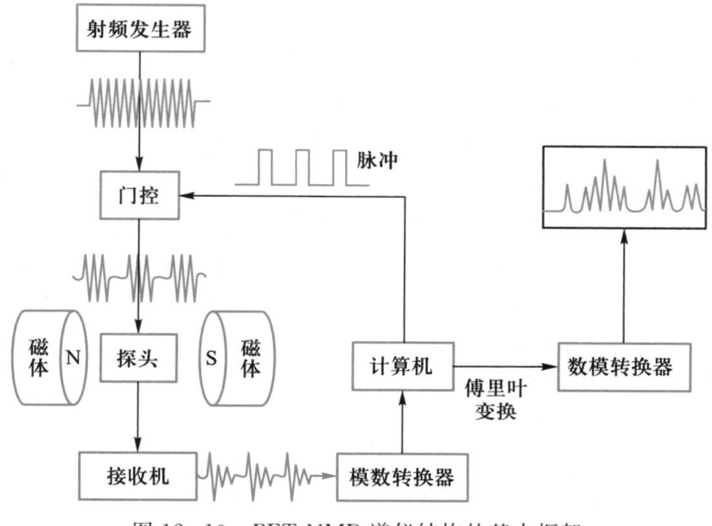

图 12-10 PFT NMR 谱仪结构的基本框架

PFT NMR 谱仪包含以下三大部分：

(1) NMR 信号观测系统 NMR 信号观测系统包括脉冲发生器、射频系统、探头、接收系统、计算机控制和数据处理系统。

脉冲发生器能稳定地给出实验所需宽度的射频脉冲及各种时间间隔的脉冲序列，用这些脉冲来控制发射门、接收门及计算机的工作。这类“软件”型发生器有很大的灵活性，被普遍应用于高分辨 PFT 波谱仪上。射频系统包括射频振荡器、发射门和脉冲功率放大器，它能够产生强而短的射频脉冲。探头是一个射频发射和接收系统。通过探头的发射线圈把射频功率有效地加到试样上。当射频脉冲结束后，接收电路迅速接收自由感应衰减信号。接收系统包括接收门、射频放大器、射频相敏检波器、音频放大器和滤波器。计算机控制和数据处理系统用来控制 NMR 谱仪，完成数据采样、累加、傅立叶变换和数据处理等功能。新的 NMR 谱仪的操作系统可选用 UNIX 或 WINDOWS 系统。

(2) 稳定磁场系统 稳定磁场系统包括电源、稳场系统等，用来提高磁场强度的稳定性，从而提高谱线的重复性。

(3) 磁场均匀化系统 磁场均匀化系统包括匀场系统、试样旋转系统等，主要用来提高仪器的分辨率。匀场系统包括匀场电源、匀场调节器和多组匀场线圈,用来提高静磁场的均匀性。试样旋转系统包括一个气泵和探头中的一个转子,压缩空气吹动转子带动样品旋转,以平均磁场分布的不均匀性。

12.4.3 NMR 谱仪的三大技术指标

(1) 分辨率 分辨率分为相对分辨率和绝对分辨率,表征波谱仪辨别两个相邻共振信号的能力,即能够观察到两个相邻信号 ν_1 和 ν_2 各自独立谱峰的能力,以最小频率间隔 $|\nu_1-\nu_2|$ 表示。

(2) 稳定性 稳定性包括频率稳定性和分辨率稳定性。频率稳定性与谱图重复性有关,衡量办法是连续记录相隔一定时间的两次扫描,测量其偏差。频率稳定性主要取决于磁场稳定方法,大多数波谱仪带有场频稳定装置,稳定性约为每小时 0.1 Hz。分辨率稳定性是通过观察峰宽随时间变化的速率来测量的,其间保持波谱仪的所有条件不变,一般可达 0.5 Hz/24 h。提高稳定性的方法有:提高磁场本身空间分布的均匀性,控制匀场线圈的电流来补偿静磁场分布的不均匀性,用旋转试样方法平均磁场分布的不均匀性。

(3) 灵敏度 灵敏度分为相对灵敏度和绝对灵敏度。在外磁场相同、核数目相同及其他条件一样时,以某核灵敏度为参比,其他核的灵敏度与之相比称为相对灵敏度。相对灵敏度与核自然丰度的乘积即为绝对灵敏度。灵敏度表征了波谱仪检测弱信号的能力,它取决于电路中随机噪声的涨落,一般定义为信号对噪声之比,即信噪比(S/N)。波谱仪越灵敏,其信噪比越高。提高磁感应强度、应用双共振技术、信号累加等都可以提高灵敏度。关于灵敏度有时还有更严格的定义。

12.5 一维核磁共振氢谱

12.5.1 核磁共振氢谱的特点

核磁共振氢谱(^{1}H NMR)是发展最早、研究最多、应用最广泛的 NMR 谱。在较长一段时间内 NMR 氢谱几乎是 NMR 谱的代名词,究其原因,一是质子的磁旋比 γ 较大,天然丰度为 99.98%,其 NMR 信号的绝对灵敏度是所有磁性核中最大的;二是质子是有机化合物中最常见的原子核,^{1}H NMR 谱在有机化合物结构解析中最常用。^{1}H NMR 谱图中,化学位移 δ 数值反映质子的化学环境,是 NMR 谱提供的一个重要信息。谱峰强度的精确测量依据谱线的积分面积。在^{1}H NMR 谱中,谱峰面积与其代表的质子数目成正比,这是^{1}H NMR 谱提供的另一个重要信息。谱图中有些谱峰还会呈现出多重峰形,这是自旋-自旋偶合引起的谱峰分裂,是^{1}H NMR 谱提供的第三个重要信息。化学位移、偶合常数和积分面积这三个重要信息是化合物定性和定量分析的主要依据。

以丙二酸二乙酯为例，其化学式为 $CH_2(COOCH_2CH_3)_2$，其[1]H NMR 谱图如图 12-11 所示。从低场到高场共有三组峰：δ4.2 的四重峰是亚甲基的共振信号，δ3.3 的单峰是与羰基相连的碳原子上氢的共振信号，δ1.2 的三重峰则是甲基的共振信号。它们之间峰面积之比（即积分曲线高度之比）为 2∶1∶3，等于相应三个基团的质子数之比。

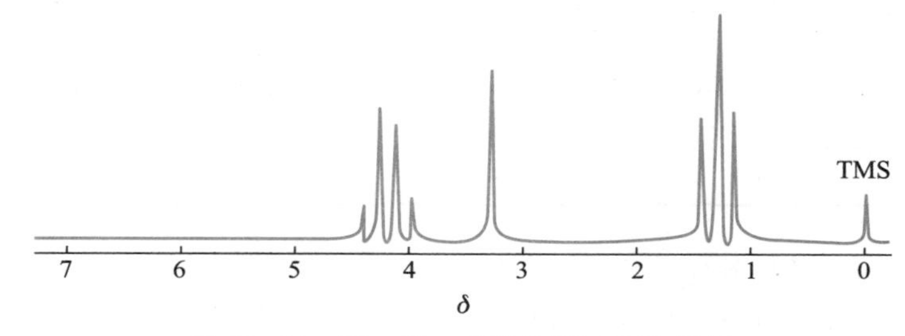

图 12-11　丙二酸二乙酯的[1]H NMR 谱图

12.5.2　氢谱中影响化学位移的主要因素

化合物中，质子不是孤立存在，其周围还连接着其他的原子或基团，它们彼此之间的相互作用影响质子周围的电子云密度，从而使吸收峰向低场或高场移动。影响质子化学位移的因素主要有：诱导效应、共轭效应、磁各向异性效应、范德华效应、溶剂效应和氢键效应等。其中诱导效应、共轭效应、磁各向异性效应和范德华效应为分子内作用，溶剂效应为分子间作用，氢键效应则在分子内和分子间都会产生。下面分别对这些影响进行简单介绍。

1. 诱导效应与共轭效应

由于屏蔽常数主要由分子中电子云密度分布决定，故化学位移明显地受取代基的影响。取代基通过诱导效应和共轭效应具体地影响电子云的分布。如果被研究的[1]H 核受一个或几个电负性较强原子或基团的吸电子作用，则此[1]H 核周围的电子云密度降低，屏蔽效应降低，化学位移值增大，吸收峰左移。相反，若[1]H 核与一个或几个给电子基团连接，则其周围的电子云密度增加，屏蔽效应增加，化学位移值减小，吸收峰右移。

以甲烷取代衍生物为例（表 12-3），随着取代基 X 的电负性增大，质子的化学位移移向低场，化学位移值增大。

表 12-3　CH_3X 中[1]H 的化学位移值 δ

X	Li	$Si(CH_3)_3$	H	CH_3	CH_3CH_2	SCH_3	NH_2	Cl	OH	F
δ	−1.94	0.00	0.23	0.86	0.91	2.09	2.47	3.06	3.39	4.27

此外，诱导效应还与取代基的数目及取代基与观测核的距离大小有关。例如，由表 12-4 可以看到，由于氢的电负性比碳小，CH_4 上^{1}H 的化学位移值随取代烷基数目的增大而增大，而—CH_3 的^{1}H 化学位移值则随着与氯间隔距离的增大而减小。

表 12-4　CH_4 上^{1}H 在不同取代基下的化学位移值 δ

	CH_4	CH_3CH_3	$(CH_3)_2CH_2$	$(CH_3)_3CH$
δ	0.23	0.86	1.33	1.68
	CH_3Cl	CH_3CH_2Cl	$CH_3CH_2CH_2Cl$	$CH_3CH_2CH_2CH_2Cl$
δ	3.06	1.42	1.04	0.96

共轭效应与诱导效应一样，也会改变磁性核周围的电子云密度，使其化学位移发生变化。如果有电负性较强的原子存在并以单键形式连接到双键上，由于发生 p-π 共轭，电子云自电负性原子向 π 键方向移动，使 π 键上相连的^{1}H 电子云密度增加，因此 δ 降低，共振吸收移向高场。如果有电负性较强的原子以不饱和键的形式连接，且产生 π-π 共轭，则电子云将移向电负性原子，使 π 键上连接的^{1}H 电子云密度降低，因此 δ 变大，共振吸收移向低场。这可以解释为什么乙烯醚的 β-H的 δ 比乙烯的小，而乙烯酮的 β-H 的 δ 比乙烯的大，如图 12-12 所示。

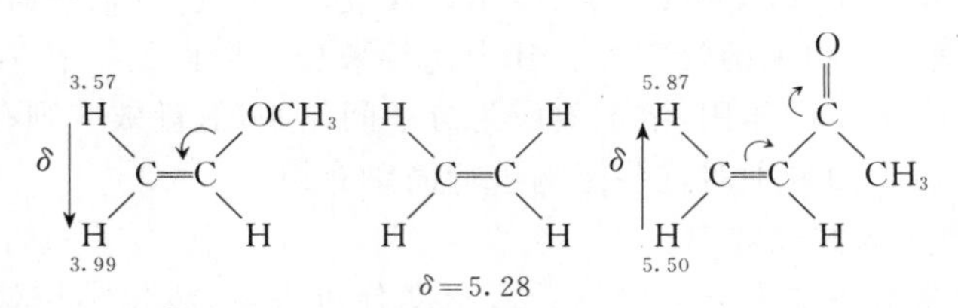

图 12-12　几种化合物的化学位移比较

2. 磁各向异性效应

如果分子具有多重键或共轭多重键，在外磁场作用下，π 电子会沿着分子的某一方向流动，它对邻近的质子附加一个各向异性的磁场，使某些位置的质子处于该基团的屏蔽区，δ 值移向高场，而另一些位置的质子处于该基团的去屏蔽区，δ 值移向低场，这种现象称为磁各向异性效应。诱导效应通过化学键传递，而磁各向异性效应则通过空间相互作用。例如，当被观测的核邻近有磁化的各向异性基团如羰基、双键、叁键或芳环时磁各向异性效应突出。对于一些单键，当其不能自由旋转时，也表现出磁各向异性效应。

3. 范德华效应

当两个原子相互靠近时，由于受到范德华力作用，电子云相互排斥，导致原子核周围电子云密度降低，屏蔽减小，谱线向低场移动，这种效应称为范德华效应。这种效应与相互影响的两个原子之间的距离密切相关，当两个原子相隔 0.17 nm（即两个原子范德华半径之和）时，该作用对化学位移的影响约为 $\delta=0.5$，距离 0.20 nm 时影响约为 $\delta=0.2$，距离大于 0.25 nm 时范德华效应可以不予考虑。

4. 氢键

氢的化学位移对氢键很敏感。当分子形成氢键后，静电场的作用使氢外围电子云密度降低而去屏蔽，δ 值增加，也就是说，无论是分子内还是分子间氢键的形成都使氢受到去屏蔽作用。分子间氢键形成的程度与试样浓度、温度及溶剂的类型有关。例如，OH，SH 和 NH 基团中质子的共振信号没有确切的范围，它们的共振频率随着测定条件的改变在很大范围内变化。由于 OH 质子的共振比 SH 和 NH 对外界影响更敏感，因此，OH 的信号可出现在谱图的任何位置，而 SH 和 NH 的共振信号通常出现在较窄的范围之内。氢键形成对质子化学位移的影响规律大致如下：

(1) 氢键缔合是一个放热过程，温度升高不利于氢键形成。因此，在较高的温度下测定会使这一类质子峰向高场移动，化学位移值变小。

(2) 在非极性溶剂中，浓度越稀，越不利于氢键的形成。因此，随着浓度逐渐减小，能形成氢键的质子共振向高场移动，但分子内氢键的生成与浓度无关。

5. 溶剂效应

同一化合物在不同溶剂中的化学位移会有所差别，这种由于溶质分子受到不同溶剂影响而引起的化学位移变化称为溶剂效应。溶剂效应主要是因溶剂的各向异性效应或溶剂与溶质之间形成氢键而产生的。

由于存在溶剂效应，在查阅或报道化合物的 NMR 数据时应表明测试所使用的溶剂。如果使用的是混合溶剂，还应说明两种溶剂的比例。

12.5.3 氢谱中偶合常数的特点

关于偶合常数的定义和基本知识前面已经介绍过，这里不再赘述。偶合常数和化学位移一样，也是测定和鉴定有机化合物分子结构的一个重要数据。偶合常数由于起源于自旋核之间的相互干扰，其大小与外加磁场无关。由于自旋核之间的 J 偶合是通过成键电子传递的，因此，偶合常数的大小主要与它们之间相隔键的数目有关。此外，分子结构也起着重要作用。由于偶合常数的大小受到与偶合有关的原子轨道杂化作用、键长、键角、扭转角和取代基效应等因素影响，因此，确定偶合常数的大小有助于判断化合物的分子结构。下面具体讨论分子结构如何影响偶合常数的大小。

1. 同碳偶合常数

连接在同一碳原子上的两个磁不等价质子之间的偶合常数称为同碳偶合常

数。通常用^2J或$^2J_{H-H}$($J_{同}$)来表示,^2J一般为负值,变化范围较大。sp^3杂化体系中,由于单键能自由旋转,同碳原子上的质子磁等价,一般观测不到^2J。$>CH_2$基团在两个质子磁不等价的情况下,如$>CH_2$基团形成局部的刚性分子或两个质子非对映异构,则可观测到同碳偶合。在sp^2杂化体系中,双键不能自由旋转,同碳质子偶合也是常见的。

影响^2J的因素主要有

(1) 取代基效应,即取代基的电负性使^2J的绝对值减小,向正的方向变化。例如,CH_4的$^2J=-12.4$ Hz,CH_3OH的$^2J=-10.8$ Hz,CH_2Cl_2的$^2J=-7.5$ Hz。邻位π键使^2J的绝对值增加,即向负的方向变化。又如,CH_3COCH_3的$^2J=-4.3$ Hz,CH_3CN的$^2J=-14.9$ Hz,$CH_2(CN)_2$的$^2J=-20.4$ Hz。

(2) 对于脂环化合物,环上同碳质子的^2J值随键角的增加而减少,即向负的方向变化。例如,环己烷的$^2J=-12.6$ Hz,环丙烷的$^2J=-4.3$ Hz。

(3) 烯类化合物末端双键质子的^2J一般在$-3\sim+3$ Hz,邻位电负性取代基使^2J向负的方向变化。例如,$CH_2=CH_2$的$^2J=+2.3$ Hz,$CH_2=CHCl$的$^2J=-1.4$ Hz,$CH_2=CHNO_2$的$^2J=-2.0$ Hz,$CH_2=CHF$的$^2J=-3.2$ Hz。

2. 邻碳偶合常数

邻碳偶合是相邻碳原子上质子通过3个化学键的偶合,其偶合常数用^3J或$J_{邻}$表示。^3J一般为正值,大小通常在0～16 Hz。邻碳偶合常数比同碳偶合常数更重要,下面按照化合物结构进行讨论。

(1) 饱和型邻碳偶合常数　在饱和化合物中,通过3个单键(H—C—C—H)的偶合叫饱和型邻碳偶合。开链化合物^3J值约为7 Hz(由于σ键自由旋转的平均化),如乙醇中甲基与亚甲基之间的偶合常数为7.9 Hz。^3J的大小与两个C—H平面的夹角(简称二面角)、取代基电负性等因素有关。在刚性的饱和分子如乙烷中,^3J与二面角θ的关系可用Karplus公式表示:

$$^3J=A+B\cos\theta+C\cos2\theta$$

式中A,B,C为与分子结构有关的常数。

(2) 烯型邻碳偶合常数　烯氢的邻碳偶合是通过2个单键和1个双键(H—C=C—H)发生作用的。由于双键的存在,反式结构的二面角为180°,顺式结构的二面夹角为0°,因此,$J_{反}$大于$J_{顺}$。例如,苯乙烯的$J_{反}=17.6$ Hz,$J_{顺}=10.9$ Hz。原则上测量邻碳偶合常数是推断双键构型的简便、快速和明确的方法,但如果两个偶合的质子是等价的,那么这种方法就不能用。

3. 芳环及芳环上氢原子的偶合

苯及苯的衍生物中邻、间、对位氢原子的偶合常数是不同的。邻位偶合常数比较大，一般为 6～10 Hz(3 键)，间位为 1～3 Hz (4 键)，对位偶合常数很小，在 0～1 Hz(5 键)。若苯环氢原子被取代，特别是强吸电子或给电子基团的取代，则苯环电子云分布发生变化，其中邻位质子受取代基的影响最大，对位次之，间位最小。因此，从 $J_{邻}>J_{间}>J_{对}$ 的关系，结合其他特性，可以推断取代模式，解析谱图。

4. 远程偶合

经由 3 个以上化学键的核间偶合称为远程偶合。一般情况下，饱和化合物中远程偶合常数很小(<1 Hz)，可以忽略。然而，特殊情况下能呈现明显的偶合。

经由 4 个化学键的偶合在烯烃、炔烃和芳香烃等不饱和化合物中比较普遍。由于π电子的流动性大，因此其偶合作用可以传递到较远的质子。下面介绍几种常见的远程偶合。

(1) 芳环和杂芳环上质子的偶合　苯环上邻位质子的偶合是 3 键偶合，间位和对位质子的偶合是跨越 4 键和 5 键的远程偶合。如前所述，它们的偶合常数按邻、间、对位的顺序减小。

(2) 折线型偶合　在共轭体系中，当 5 个键构成一个延伸的“折线”时，往往有一定的远程偶合，偶合常数为 0.4～2 Hz。

5. 质子和其他核的偶合

质子和其他磁性核如^{13}C，^{19}F，^{31}P 的偶合常会遇到。

(1) ^{13}C 对^{1}H 的偶合　由于^{13}C 的天然丰度低(1.1%)，对^{1}H 的偶合一般观察不到，可以不予考虑。但是在使用非氘代溶剂时，常会在溶剂峰的两旁看到^{13}C—^{1}H 偶合产生的对称的^{13}C 卫星峰。

(2) ^{19}F 对^{1}H 的偶合　^{19}F 与^{1}H 之间相隔 2 ～ 5 个键的偶合都能被观测到，偶合常数随相隔化学键数目的增加而减小。取代基的类型及 H 与 F 的相对位置也会影响偶合常数的大小。^{19}F 的自旋量子数为 1/2，它与^{1}H 的偶合峰符合 $n+1$ 规律。

(3) ^{31}P 对^{1}H 的偶合　总体来说，^{31}P 比^{19}F 对^{1}H 的偶合弱，相隔同样数目化学键时^{31}P—^{1}H 的偶合常数较小。^{31}P 的自旋量子数为 1/2，它与^{1}H 的偶合峰也符合 $n+1$ 规律。

12.5.4 氢谱的解析

^{1}H NMR 谱图提供了化学位移、偶合裂分、偶合常数和积分面积等信息，解析图谱就是合理地分析这些信息，正确地推导出与图谱相关的化合物的结构。

1. 氢谱解析的一般程序

简单的^{1}H NMR 谱也称一级 NMR 谱，其相互偶合的两组(或 n 组)质子的

化学位移之差 $\Delta\delta$ 相对于其偶合常数 J 较大(至少大于3)。相同 δ 值的几个核对任一另外的核有相同的偶合常数。一级 ^1H NMR 谱具有以下特征信息:

(1) 吸收峰的组数代表分子中处于不同化学环境的质子种类。

(2) 从谱图中可直接得到 J 和 δ 值。各组峰中心为该组质子的化学位移 δ,其数值说明分子中基团的情况;各峰之间的裂距(相等)为偶合常数 J,其数值与化学结构密切相关。

(3) 各组峰的分裂符合 $n+1$ 规律,分裂数目说明各基团的连接关系,分裂后各组峰强度比符合 $(a+b)^n$ 展开式系数比。

(4) 吸收峰的面积与产生该吸收峰的质子数成正比。

综上所述分析氢谱的一般程序为

(1) 检查谱图是否符合规则:TMS的信号应在零点,基线平直,峰形尖锐对称(有些基团峰形较宽),积分曲线在没有信号的地方应平直。

(2) 标识杂质峰、溶剂峰、旋转边带等非待测试样的信号。杂质含量较低,其峰面积较试样峰小得多,试样和杂质峰面积之间一般无简单的整数比关系。据此可将杂质峰区别出来。在使用氘代溶剂时,常会有未完全氘代的残余氢信号。确认旋转边带,可以通过改变试样管旋转速度的方法,使旋转边带的位置改变。

(3) 计算不饱和度。不饱和度即环加双键数。当不饱和度大于等于4时,应考虑该化合物可能存在一个苯环(或吡啶环)。

(4) 从积分曲线算出各组信号的相对面积简单整数比,再参考分子式中氢原子的数目,确定各组峰代表的质子数。也可用可靠的甲基信号或孤立的次甲基信号为标准计算各组峰代表的质子数。

(5) 从各组峰的化学位移、偶合常数及峰形判断它们与化学结构的关系,推出可能的结构单元。可以先解析一些特征的强峰、单峰,再考虑其他偶合峰,推导出基团的相互关系。

(6) 识别谱中的一级裂分谱,读出 J 值,验证 J 值是否合理。

(7) 解析高级谱,必要时可用位移试剂、双共振等使谱图简化。

(8) 结合其他分析方法和化学分析的数据推导化合物的结构。

(9) 仔细核对各组信号的化学位移和偶合常数与推导的结构是否相符,每个官能团均应在谱图上找到相应的峰组,峰组的 δ 值及偶合裂分(峰形和 J 值大小)都应和结构式相符。必要时找出类似化合物的共振谱进行比较,进而确定化合物的结构式。

2. 氢谱解析实例

例 12.1 分子式为 $C_{10}H_{12}O_2$ 某化合物,其 ^1H NMR 谱如图 12-13 所示,试推测其结构式。

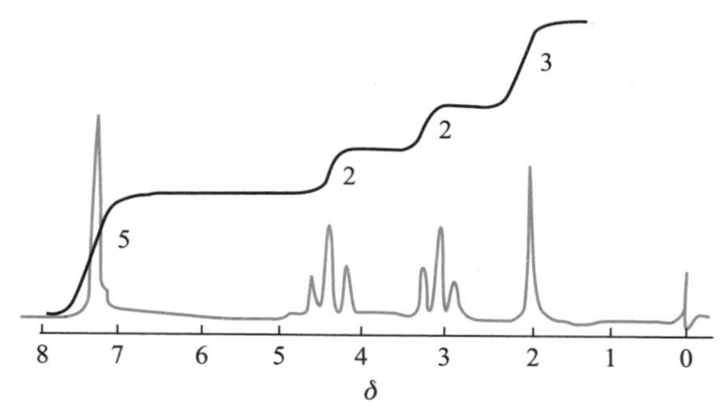

图 12-13 未知化合物 $C_{10}H_{12}O_2$ 的^{1}H NMR 谱

解：不饱和度 $\Omega=1+10+0.5\times(-12)=5$，说明可能含有苯环。

δ3.0 和 δ4.30 都是三重峰，说明分子结构中含有 O—CH_2CH_2—结构，而出现相互偶合峰。

δ2.1 单峰三个氢，可推测来自于—CH_3，结构中有氧原子，可能具有 —C(=O)—CH_3 结构。

δ7.3 芳环上氢，单峰烷基单取代。

因此，正确结构为

C_6H_5—$\overset{a}{CH_2}\overset{b}{CH_2}$—O—C(=O)—$\overset{c}{CH_3}$

12.6 一维核磁共振碳谱

碳是有机化学和生物化学中的主要元素，大多数有机化合物分子骨架由碳原子组成，因此，利用^{13}C NMR 研究有机化合物分子的结构信息是十分重要的。而且^{13}C NMR 化学位移的范围在 δ200 左右，在这样宽范围内不同化学环境中碳原子的化学位移各不相同，且谱线清晰，为谱图解析提供了更加丰富的信息。然而，从 1957 年观测到^{13}C NMR 信号后直到 20 世纪 70 年代，^{13}C NMR 谱才得以开始直接应用于研究有机化合物，其原因在于^{13}C 同位素的天然丰度太低，只有 1.07%，而且其旋磁比 γ 仅是^{1}H 的 1/4，相对灵敏度也比^{1}H 低。因此，用简单的连续波法难以观察到^{13}C NMR 信号，必须发展新的更灵敏的^{13}C NMR 检测方法。

自从 20 世纪 60 年代后期将宽带去偶和脉冲傅里叶变换技术引入核磁共振谱仪后，^{13}C NMR 的检测灵敏度得到显著提高，这使^{13}C NMR 的检测变得简单易行。目前，碳谱在实际应用中与氢谱相辅相成，成为有机化合物结构分析的常规方法，广泛应用于有机化学的各个领域。在结构测定、构象分析、动态过程、活性中间体及反应机制研究、高分子化合物立体规整性和序列分布的定量分析等方面都显示出巨大的威力，成为化学、生物、医药等领域不可缺少的测试方法。

本节先简要介绍碳谱的特点及影响其化学位移的因素，再进一步讨论碳谱的偶合现象及去偶方法，最后列举一些碳谱的分析实例。

12.6.1　^{13}C NMR 的特点

1. 化学位移范围

^{1}H NMR 常见的化学位移范围为 δ 0 ～ 10；^{13}C NMR 常见的化学位移范围为 δ 0～220（碳正离子可达 δ330），约是 ^{1}H NMR 的 20 倍。这极大地消除了不同化学环境的碳原子的谱线重叠，使 ^{13}C NMR 谱的分辨能力远高于 ^{1}H NMR 谱。一般情况下，在结构不对称的化合物中，每种化学环境不同的碳原子都可以给出特征谱线。

2. 可检测不与氢原子相连的碳原子的共振吸收峰

CR_4，RC＝CR，R_2C＝O，RC≡CR，RC≡N 等基团中的碳原子不与氢原子直接相连，在 ^{1}H NMR 谱中没有相关信号，只能靠分子式及其对相邻基团 ^{1}H 化学位移的影响来判断；而在 ^{13}C NMR 谱中，它们均能给出各自的特征吸收峰。

3. 灵敏度低，偶合复杂

由于 NMR 的灵敏度与 γ^3 成正比，故在相同的磁场条件下，^{13}C NMR 的灵敏度仅相当于 ^{1}H NMR 灵敏度的 1/5800。由于 ^{13}C 与 ^{1}H 之间存在着偶合（$^{1}J - ^{4}J$），使得 ^{13}C NMR 谱峰的裂峰相互重叠，难分难解，并且信号强度大大减弱，有时谱峰淹没于噪声之中，给谱图解析带来了许多困难。

4. ^{13}C 核的自旋－晶格弛豫时间 T_1 较长

^{13}C 核的 T_1 明显大于质子的 T_1。通常质子的 T_1 在 0.1～1 s，而 ^{13}C 核的 T_1 常在 0.1～100 s，且与 ^{13}C 核所处的化学环境密切相关。因此，通过对 ^{13}C 核的 T_1 进行测定分析，可得到其在分子内的结构环境信息。

5. 谱峰强度不与碳原子数成正比

体系只有处在平衡状态，即符合玻尔兹曼分布时，NMR 峰的强度才与产生该峰的共振核数目成正比。由于 ^{13}C 核的弛豫时间 T_1 较长，共振峰通常都是在非平衡条件下观测得到，加上不同基团上的碳原子弛豫时间不同，因此，^{13}C NMR 的谱峰强度常常不与产生该峰的碳原子数成正比。

12.6.2　碳谱中影响化学位移的主要因素

^{13}C NMR 的化学位移 δ_C 是一个重要参数，它能充分反映有机化合物结构的特征。碳核周围电子分布及其对碳核磁屏蔽的影响可由 ^{13}C NMR 的化学位

移直接反映，其中包括有关分子构型和构象等多方面的信息。这些信息一方面可用于分析鉴定或测定分子结构，另一方面与某些化学反应过程密切相关，可为了解这些过程提供有益的线索或判据。因此，准确测定^{13}C NMR 的化学位移对研究和应用^{13}C NMR 具有重要意义。

为了准确测定^{13}C NMR 的化学位移，需选定参考标准，目前常用 TMS 作标准，此时，$\delta_C=0$。也有用某些溶剂作标准的，它们的 δ_C 值见表 12-5。

表 12-5 一些常用核磁溶剂的 δ_C

溶剂	δ_C	
	质子化合物	氘代化合物
CH_3CN	1.7(CH_3)	1.3(CD_3)
C_6H_{12}	27.5	26.1
CH_3COCH_3	30.4(CH_3)	29.2(CD_3)
CH_3SOCH_3	40.5	39.6
CH_3OH	49.9	49.0
CH_2Cl_2	54.0	53.6
$C_4H_8O_2$	67.6	66.5
$CHCl_3$	77.2	76.9
CCl_4	96.0	
C_6H_6	128.5	128.0
	124.5(C_4)	123.5(C_4)
C_5H_5N	136.5(C_3)	135.5(C_3)
	150.6(C_2)	149.9(C_2)
CH_3COOH	178.3(COOH)	

^{13}C NMR 的化学位移受各种因素的影响，会发生一些改变。下面我们对^{13}C NMR 化学位移的主要影响因素进行具体的讨论，重点讨论分子内屏蔽效应，外界因素只作简单说明。

1. 碳原子的轨道杂化

杂化是影响化学位移的重要因素，碳原子的轨道杂化(sp^3，sp^2，sp)在很大程度上决定着^{13}C NMR 化学位移的范围。杂化不同，σ_N^{para} 也不同。δ_C 值受碳原子杂化的影响，其次序与 δ_H 平行，一般情况下，屏蔽常数 $\sigma(sp^3)>\sigma(sp)>\sigma(sp^2)$。以 TMS 为基准物，$sp^3$ 杂化碳原子的化学位移范围在 δ0～60，sp^2 杂化碳原子的化学位移范围在 δ100～200，炔碳原子为 sp 杂化，由于其多重键的贡献为 0，顺磁屏蔽降低，比 sp^2 杂化碳原子处于较高场，化学位移范围在 δ60～90。

2. 诱导效应

所谓诱导效应是指一些与碳原子连接的电负性取代基、杂原子及烷基，能使^{13}C NMR信号向低场位移，且随着电负性的增加位移程度随之增加的效应。随着取代基电负性增加，从碳原子轨道上拉电子的能力增强，去屏蔽能力增加，所以取代基电负性越大，δ值向低场的位移越大，如表12-6所示。

表12-6 CH_4在各种取代基下的δ_C

化合物	CH_3I	CH_4	CH_3Br	CH_3Cl	CH_3F
δ_C	−20.7	−2.6	20.0	24.9	80
化合物	CH_4	CH_3Cl	CH_2Cl_2	$CHCl_3$	CCl_4
δ_C	−2.6	24.9	52	77	96

CH_3I的δ较CH_4位于更高场，这是由于I原子核外有丰富的电子，I原子的引入对与其相连的碳核产生磁屏蔽作用，又称重原子效应。同一碳原子上，I原子取代数目增多，屏蔽作用增强，如CI_4的δ为−292.5。

诱导效应是通过成键电子沿键轴方向传递的，随着与取代基距离的增大，该效应迅速减弱。诱导效应对α碳原子影响较大，β和γ碳原子的诱导位移随电负性取代基的变化不明显。

3. 空间效应

^{13}C NMR化学位移对分子的几何形状非常敏感，分子的空间构型对其影响很大。相隔几个键的碳原子，如果它们的空间距离非常近，将互相发生强烈的影响。这种短程的非成键的相互作用称为空间效应。由于空间上互相靠近的原子之间存在着范德华引力作用，使得^{13}C NMR化学位移向高场移动。例如，C—H键受到立体作用后，氢核“裸露”，成键电子偏向碳核一边，δ向高场位移。另外，空间上互相靠近的原子之间也存在着排斥力，它引起电子分布和分子几何形状的变化，从而也影响了屏蔽常数。

4. 共轭效应

在芳香系统和其他不饱和系统中，^{13}C NMR化学位移的变化可以用共振结构的贡献（即共轭效应）来解释。当苯环氢原子被给电子基团—NH_2取代后，—NH_2上的孤对电子将离域到苯环π电子系统，从而增加邻位和对位碳原子的电荷密度，屏蔽增加。当苯环氢原子被吸电子基团CN取代后，苯环上的π电子将离域到CN上，从而邻位和对位碳原子的电荷密度减少，屏蔽减小。

128.5

NH_2
147.7
116.1
129.8
119.0

CN
112.5
132.0
129.2
132.8

5. 电场效应

电场效应是带电基团引起的屏蔽作用,如解离后的羧基 COO^-、质子化的氨基 NH_3^+ 等。它是短距离和中距离非键相互作用而产生的屏蔽效应。一般来说,基团质子化后,其 α 和 β 碳原子向高场位移 δ0.15～4,而 γ 和 δ 碳原子的位移小于 δ1。例如,在—C_γ—C_β—C_α—COOH + H_2O $\longleftrightarrow$ —C_γ—C_β—C_α—COO^- + H_3O^+ 反应中,随着质子的解离,在解离基上负电荷密度增加。根据负电荷密度的计算或者考虑到诱导效应,质子的解离应当引起 ^{13}C 核按照 $C_\alpha > C_\beta > C_\gamma > \cdots$ 的顺序屏蔽增加。但是事实正好相反,其原因是电场效应在起作用。在氨基酸中,氨基质子化后,所有碳原子的信号向高场位移,其中 C_β 受到的影响最大,C_α 受到的影响反而最小,这主要是由于电场效应是“通过空间”而不是“通过键”在起作用。

6. 重原子效应

电负性取代基对被取代的脂肪碳原子的屏蔽影响主要为诱导效应。但是,在重原子碘、溴取代烷中,随着碘或溴取代的增加,碳原子的化学位移向高场移动,称为重原子效应。这是由于碘等重原子的核外电子较多,原子半径较大,从而使它们的供电子效应比诱导效应更强所致。

7. 同位素效应

分子中的质子被其重同位素氘(^2H)取代后,由于平均电子激发能的增加,导致相连碳原子的化学位移减小,称为同位素效应。同位素效应有时可用来帮助进行结构解析。

8. 分子内氢键

在邻羟基苯甲醛和邻羟基苯乙酮中,由于分子内氢键使得羰基碳原子产生较强的正碳化,产生去屏蔽作用。

9. 介质效应

溶剂、浓度、pH 的变化对 ^{13}C NMR 化学位移的影响比较明显,特别是含极性基团的化合物受影响更大,主要分为稀释位移、溶剂位移和 pH 位移等。

12.6.3 碳谱中的偶合现象

在 ^{13}C NMR 的研究过程中不可避免地要遇到 ^{13}C 和 ^1H 之间的相互偶合作用。由于 ^{13}C 的天然丰度仅为 1.07%,在观察 ^1H 谱时,^{13}C 对 ^1H 信号的偶合卫星峰强度只有 0.555%,不会造成干扰,可以忽略不计。反之,观察 ^{13}C NMR 谱,结果完全不同,因为所有 ^{13}C 信号都受到 ^1H 偶合的干扰。

^1H 对 ^{13}C 的偶合使 ^{13}C 的 NMR 峰产生分裂。与 ^1H NMR 谱类似,^{13}C NMR 谱线分裂的数目也取决于邻近磁性核的数目和自旋量子数,即

$$N=2nI+1$$

式中 N 是谱线分裂的数目；n 是邻近磁性核的数目；I 是邻近磁性核的自旋量子数。当 $I=1/2$ 时的“$n+1$”规律同样适用于 ^{13}C 核。

一方面，^{13}C 核本身灵敏度很低；另一方面，$^{13}C-^{1}H$ 之间的偶合作用又使 ^{13}C NMR 谱线分裂为多重峰。这不仅降低了谱线的强度，而且多重分裂的结果使谱线彼此交叉重叠，给谱图解析带来不少困难。因此，在测 ^{13}C NMR 谱时需要消除偶合。消除偶合的过程称为去偶，这是进行 ^{13}C NMR 实验的基本要求。

12.6.4 碳谱的解析

1. 碳谱解析的一般程序

（1）由分子式计算出不饱和度。

（2）分析 ^{13}C NMR 的质子宽带去偶谱，识别杂质峰，排除其干扰。

（3）由各峰的 δ 值分析 sp^3，sp^2，sp 杂化的碳原子各有几种，此判断应与不饱和度相符。若苯环碳原子或烯碳原子低场位移较大，说明该碳原子与电负性大的氧原子或氮原子相连。由 C═O 的 δ 值判断为醛、酮类羰基还是酸、酯、酰类羰基。

（4）由偏共振谱分析与每种化学环境不同的碳原子直接相连的氢原子的数目，识别伯、仲、叔、季碳原子，结合 δ 值，推导出可能的基团及与其相连的可能基团。若与碳原子直接相连的氢原子数目之和与分子中氢原子数目相吻合，则化合物不含—OH，—COOH，$—NH_2$，—NH 等，因这些基团的氢是不与碳原子直接相连的活泼氢原子。若推断的氢原子数目之和小于分子中的氢原子数目，则可能有上述基团存在。在 sp^2 杂化碳原子的共振吸收峰区，由苯环碳原子吸收峰的数目和季碳原子数目，判断苯环的取代情况。

（5）综合以上分析，推导出可能的结构，进行必要的经验计算以进一步验证结构。如有必要，进行偏共振谱的偶合分析及含氟、磷化合物宽带去偶谱的偶合分析。

（6）化合物结构复杂时，需其他谱（MS，^{1}H NMR，IR，UV）配合解析，或合成模拟物进行分析，或采用 ^{13}C NMR 的某些特殊实验方法。

（7）化合物不含氟或磷，而谱峰的数目又大于分子式中碳原子的数目，可能有以下情况存在：

① 异构体　异构体的存在，会使谱峰数目增加。

② 溶剂峰　在进行试样提纯等处理过程中用到的溶剂，如果没有消除干净，那么在 ^{13}C NMR 中会产生干扰峰。

③ 杂质峰　试样纯度不够，有其他杂质干扰。

2. 碳谱解析实例

例 12.2 分子式为 $C_8H_8O_2$ 的某化合物,其质子宽带去偶的 ^{13}C NMR 谱如图 12-14 所示,试推测其结构式。

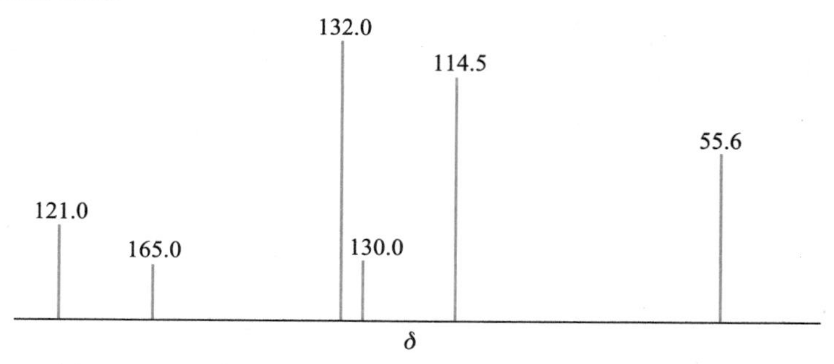

图 12-14 未知化合物 $C_8H_8O_2$ 的质子宽带去偶 ^{13}C NMR 谱

解:不饱和度 $\Omega=1/2\times(2\times8+2-8)=5$,说明可能含有苯环。

谱中共有 6 个峰,而分子式中有 8 个碳原子,说明分子结构中可能含有两对对称碳原子。

δ110～165 间有四条峰,由峰的强度可以推测这些峰是对称二取代苯环的碳共振峰。

δ55.6 的共振峰,根据化学位移和谱峰强度可知是—OCH_3。

δ121 相对较弱的峰来自—CHO。

由此可得两种可能的分子结构:

H_3CO—(苯环,C-4)—(C-1)—CHO (A)

H_3CO—(C-2)苯环(C-1)—OHC (B)

对这两种苯环碳的化学位移进行理论计算,得到下面结果:

	C_1	C_2	C_3	C_4	C_5	C_6
结构(A):δ_C:	128.9	130.7	114.6	165.7	114.6	130.7
结构(B):δ_C:	112.3	161.1	114.6	135.3	121.2	130.7

比较可知结构(A)符合谱图,因此,该化合物的分子结构为 H_3CO—⟨苯环⟩—CHO 。

思考、练习题

12-1 下列原子核的自旋量子数分别为多少?哪些核不是磁性核?

^{1}H, ^{2}H, ^{6}Li, ^{7}Li, ^{9}Be, ^{11}B, ^{12}C, ^{13}C, ^{14}N, ^{15}N, ^{16}O, ^{17}O, ^{32}S, ^{33}S

12-2 自旋量子数为 3/2 的核有几种空间取向?指出每种取向的塞曼能级。

12-3 什么是核磁共振?核磁共振定性和定量分析的依据是什么?

12-4 什么是化学位移？

12-5 ^{13}C NMR的化学位移和^{1}H NMR有何差别？在解析谱图时有什么优越性？

12-6 H_2O在100 MHz核磁共振谱仪上^{1}H NMR化学位移δ为4.80，请问用500 MHz仪器时化学位移是多少？

12-7 某化合物的分子式为$C_4H_8Br_2$，其^{1}H NMR谱图如图12-15所示，试推断其结构。

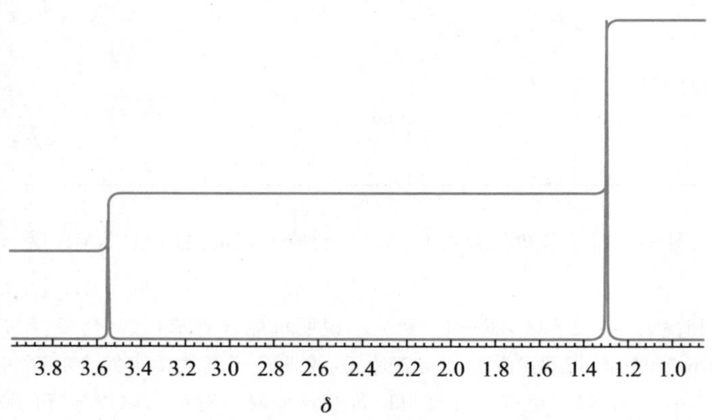

图12-15 未知化合物$C_4H_8Br_2$的^{1}H NMR谱

12-8 指出下列化合物中各质子峰的裂分数。

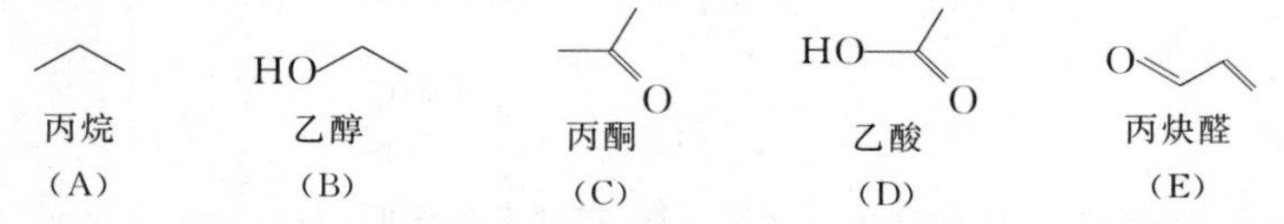

12-9 某化合物的分子式为$C_8H_{12}O_4$，其^{1}H NMR谱图如图12-16所示，试推断其结构。

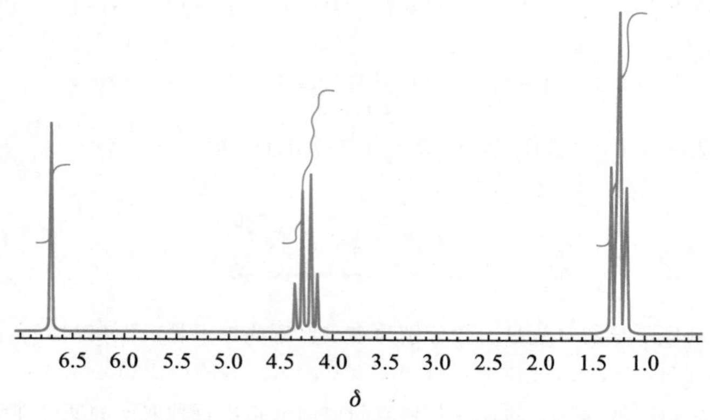

图12-16 未知化合物$C_8H_{12}O_4$的^{1}H NMR谱

参考资料

扫一扫查看

第13章 电分析化学导论

电分析化学(electroanalytical chemistry)是仪器分析的一个重要组成部分。它是基于物质在电化学池中的电化学性质及其变化规律进行分析的一种方法,通常以电位、电流、电荷量和电导等电学参数与被测物质的量之间的关系作为计量基础。本章将介绍电分析化学中的一些常用术语和基本概念,并简单介绍电分析化学新方法。所涉及的方法原理、测试技术及分析应用等将在以后几章中进行讨论。

13.1 电化学池

电化学池(electrochemical cells)通常简称为电池,它是指两个电极被至少一个电解质相所隔开的体系。考察单个界面上发生的电化学现象在实验上是困难的,实际上,必须研究电化学池的多个界面集合体的性质。就电化学体系而言,电极上的电荷转移是通过电子(或空穴)运动实现的,在电解液相中电荷迁移是通过离子运动进行的,这就涉及一些基本概念。

13.1.1 电化学池的类型

有 Faraday(法拉第)电流流过的电化学池通常分为原电池(或自发电池,galvanic cell)和电解池(electrolytic cell)。它们是属于两种相反的能量转换装置,原电池中电极上的反应是自发进行的,利用电池反应产生的化学能转变为电能,如常见的一次电池(不可充电的电池,如 $Zn-MnO_2$ 电池)、二次电池(可充电的电池,如 $Pb-PbO_2$ 蓄电极)和燃料电池(H_2-O_2 电池)。电解池是由外加电源强制发生电池反应,以外部供给的电能转变为电池反应产物的化学能,如电镀、电解和 $Pb-PbO_2$ 蓄电极等。

图 13-1(a)和(b)所示的铜锌电池是典型的自发电池。将锌片与铜片浸入 $CuSO_4$ 和 $ZnSO_4$ 的混合溶液中,构成一种无液体接界的自发电池[图 13-1(a)];而将锌片与铜片分别浸入 $ZnSO_4$ 溶液与 $CuSO_4$ 溶液中,两溶液用盐桥(氯化钾-琼脂凝胶)连接,便构成了有液体接界的自发电池[图 13-1(b)]。两电极之间用金属导线连通,在电流计上就有电流通过。电流是由于自发电池中的化学反应而产生的,两电极上的化学反应如下:

$$Zn \longequal Zn^{2+} + 2e^-$$

$$Cu^{2+} + 2e^- \longequal Cu$$

电池的总反应为

$$Zn + Cu^{2+} \longequal Zn^{2+} + Cu$$

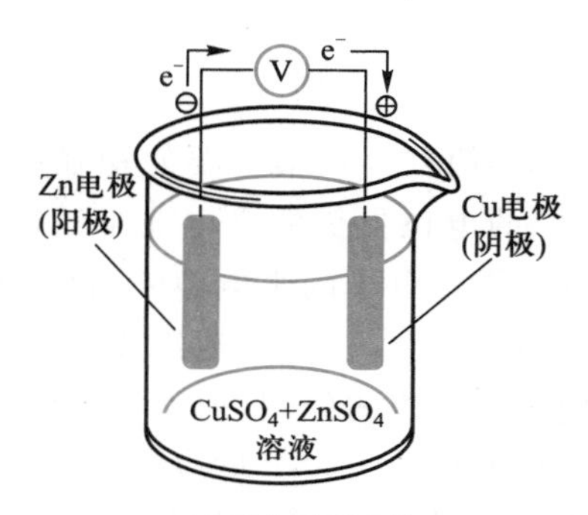

(a) 无盐桥原电池

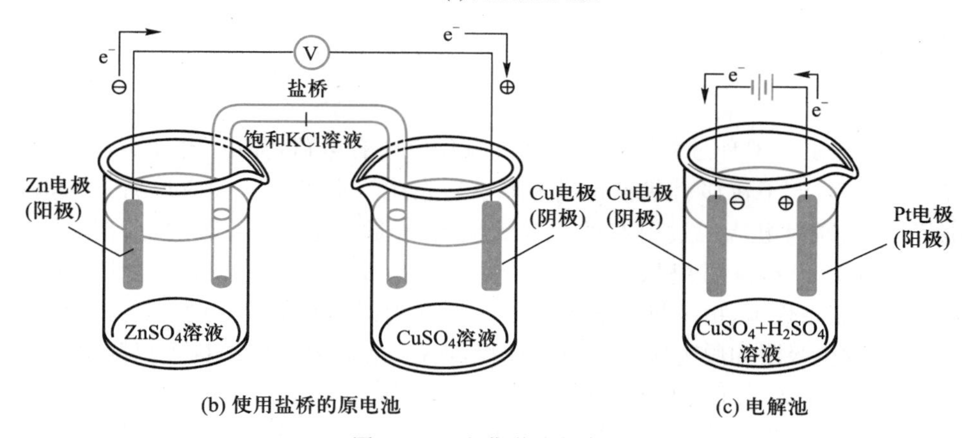

(b) 使用盐桥的原电池　　(c) 电解池

图 13-1　电化学池的类型

可见,自发电池是利用氧化还原反应来产生电流的装置。它由两个电极组成,在一个电极上发生氧化反应,称作阳极;另一个电极上发生还原反应,称作阴极。电子是从阳极通过外电路流向阴极,所以阳极作为负极,阴极作为正极。习惯上又人为地规定电流的方向与电子流动的方向相反,即电流是从正极通过外电路流向负极。

若电池与一外加电源相连,当外加电源的电动势大于电池的电动势,电池接受电能而充电,电池就成为电解池,如图 13-1(c)所示。这时阳极作为正极,阴极作为负极。

任何自发电池都有一定值的电动势。电池电动势的产生是由于两个不同的相界处具有电位差。两个电极各与其溶液界面之间存在的电位差,称为电极电位。而溶液与溶液界面之间存在的电位差则称为液体接界电位。液体接界电位的数值很小,使用盐桥可以消除液接电位。

从图13-1可以发现,在原电池和电解池的阴极上都存在一个共同的电极反应:

$$Cu^{2+} + 2e^- \longrightarrow Cu$$

上述反应称为半电池反应,简称半反应。要使铜在电极表面沉积,对原电池来说,需要一个比 Cu/Cu^{2+} 的电位更负的半电池来组成电池。而对电解池来说,需要一个能为上述半反应提供电子的半电池来组成电池。虽然,原电池和电解池都可以用于同一半反应的研究,但在电池组成上却大相径庭。为了研究半反应的性质及其在整个电池反应中的作用,通常将电池反应分成单个过程加以考虑,即先研究一个半反应,而让另一个半反应尽可能地不引起干扰。为此,一般需要将两个半反应隔离开,即用盐桥将两个半反应连接起来以构成电流回路,如图13-1(b)所示。

13.1.2 Faraday 过程与非 Faraday 过程

在电极上有两种过程发生。一种是在反应中有电荷(如电子)在金属/溶液界面上转移,电子转移引起氧化或还原反应发生。由于这些反应遵循 Faraday 电解定律(即因电流通过引起的化学反应的物质的量与所通过的电荷量成正比),故称为 Faraday 过程(Faradaic processes),其电流称 Faraday 电流。另一种是在一定条件下,由于热力学或动力学方面的原因,可能没有电荷转移反应发生,而仅发生吸附和脱附这样一类的过程,电极/溶液界面的结构可以随电位或溶液组成的变化而改变,这类过程称为非 Faraday 过程(nonfaradaic processes)。虽然电荷并不通过界面,但电位、电极表面积和溶液组成改变时,外部电流也可以通过(至少瞬间地)。电极反应发生时,Faraday 过程和非 Faraday 过程通常都会发生。虽然在研究某个电极反应时,一般考虑的是 Faraday 过程,但有时也需考虑非 Faraday 过程的影响。

13.2 电极/溶液界面双电层

将电极插入电解质溶液,在电极和溶液之间会有一个界面。无论是原电池还是电解池,各种电化学反应都是发生在这一极薄的界面层内。因此,要研究这些反应,首先要了解电极和溶液间的界面层的结构和性质。

13.2.1 双电层的结构及性质

对于电极和溶液界面，若金属电极带正电荷，这些正电荷都会排布在金属相的表面上。在界面另一侧（与金属电极相邻的电解质溶液层），受静电力的作用，液相中带负电荷的离子会趋于紧靠电极表面，而带正电荷的离子受排斥而远离电极表面。这样，在电极和溶液界面，各自带上数量相等、符号相反的过剩电荷，形成了类似于电容器的所谓双电层结构，如图 13-2 所示。双电层中两荷电层之间的距离非常小，所涉及的电位差在 0.1～1 V，因而产生的电场强度非常大。对于一个电极反应来说，它涉及电荷在相间的转移，在大的电场强度作用下，其电极反应的速率必将受到很大的影响。基于此，实验中通过控制电极电位可以有效地改变电极反应的速率和方向。不难理解，通过改变电极材料的物理性质和化学组成，也会改变双电层的结构和性质，从而影响电极反应。

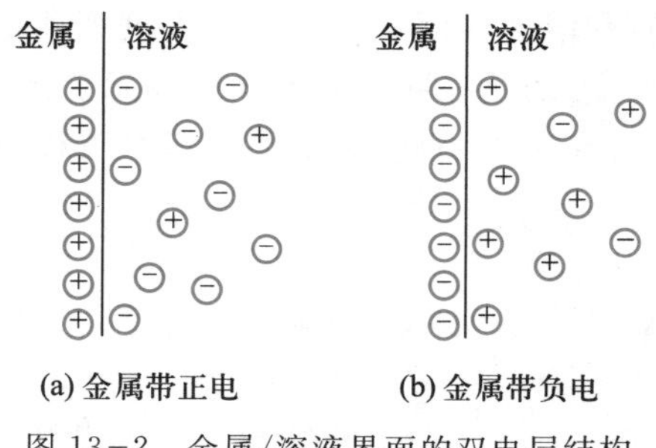

图 13-2 金属/溶液界面的双电层结构

13.2.2 充电电流

要想考察电化学体系的一些现象，或者要想获得某些物质氧化还原的信息，通常的办法是向体系施加电扰动（即改变电极的电位），并观测由此引起的体系特性的变化。这种电扰动方法包括电位阶跃、线性电位扫描及脉冲技术等，参见第 16 章。

前面已提及，电极表面双电层类似一个电容器，当向体系施加电扰动的时候，双电层所负载的电荷会发生相应改变，从而导致电流的产生，这一部分电流称为充电电流。如果溶液中存在可氧化还原的物质，而且这种电扰动又足够引起其氧化还原反应，显然，这时流经电路回路中的电流包括两种成分，即 Faraday 电流与充电电流，后者属于非 Faraday 电流。可见，外电路中的电子在到达电极表面后，可以参加氧化还原反应形成 Faraday 电流，同时也因界面双电层充电而形成非 Faraday 电流。有关内容在第 16 章中还会讨论，这里仅就充电电流做一般描述。

电化学测定体系犹如一个 RC 电路，假设线路电阻和电解池电阻的总和为 R，电极/溶液界面双电层电容为 C，向体系施加的电位阶跃的值为 E，根据电子学知识，这时所引起的充电电流 i_c 为

$$i_c=\frac{E}{R}e^{-t/RC} \tag{13-1}$$

由式(13-1)可见，施加一个电位阶跃，充电电流随时间成指数衰减，其时间常数为 RC。若体系中电阻 $R=1\ \Omega$，电容 $C=20\ \mu F$，在 $t=20\ \mu s$ 时，电流将衰减至初始值的 37%；而在 $t=60\ \mu s$ 时，电流衰减至初始值的 5%。正是基于充电电流随时间迅速衰减的特征，脉冲技术才得以发展(将在第 16 章讨论)。

13.3 电极过程的基本历程

电极过程是指电极和溶液界面上发生的一系列变化的总和。因此，电极过程并不是简单的化学反应，而是一些性质不同的单元步骤串联组成的复杂过程。对于电极反应 $O+ne^- \rightleftharpoons R$，其电极过程的基本历程可由图 13-3 表示，它包括：

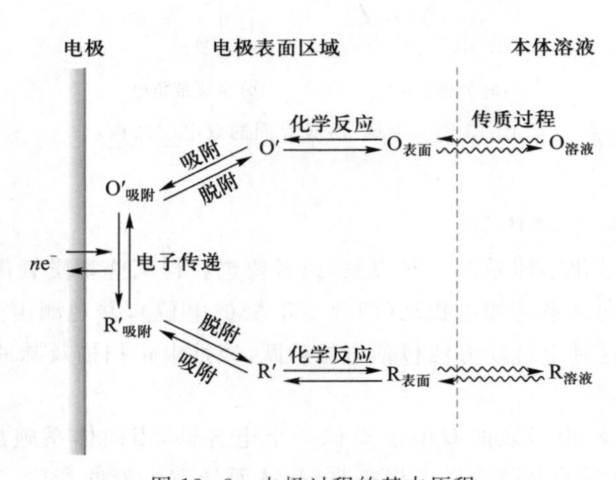

图 13-3 电极过程的基本历程

(1) 反应物通过扩散、对流和电迁移等液相传质方式向电极表面传递。这一步骤称为物质的液相传递步骤。

(2) 反应物在电极表面层中进行某些转化，如吸附或其他化学变化。这类过程通常没有电子参与反应。这一步骤称为前置的表面转化步骤。

(3) 反应物在电极和溶液界面进行电子交换，生成反应产物。这一步骤称

为电子传递步骤。

(4) 反应产物在电极表面层中进行某些转化,如脱附、反应产物的复合和分解等化学变化。这一步骤称为随后的表面转化步骤。

(5) 反应产物生成新相,如结晶、生成气体等。或者,反应产物是可溶性的,产物粒子从电极表面向溶液中或液态电极内部传递。这一过程也称为物质的液相传递步骤。

任何一个电极过程都包括上述(1)、(3)、(5)三个步骤。而许多实际电极过程除上述五个步骤外,还可能更复杂,除了串联进行的单元步骤外,有可能包含平行进行的单元步骤。很明显,其中速率最慢的一步控制着整个电极过程的速率,这就形成了所谓的物质传递控制或电子传递控制的电极过程。

13.4 电化学池的图解表达式

13.4.1 电位符号

IUPAC 推荐电极的电位符号的表示方法如下:

(1) 反应写成还原过程:

$$\mathrm{O} + n\mathrm{e}^- \rightleftharpoons \mathrm{R}$$

(2) 规定电极的电极电位符号相当于该电极与标准氢电极组成的电池时,该电极所带的静电荷的符号。例如,Cu 与 Cu^{2+} 组成电极并和标准氢电极组成电池时,金属 Cu 带正电荷,则其电极电位为正值;Zn 与 Zn^{2+} 组成电极并和标准氢电极组成电池时,金属 Zn 带负电荷,则其电极电位为负值。

13.4.2 电池的图解表达式

上述铜锌电池的图解表达式为

$$\mathrm{Zn}\,|\,\mathrm{ZnSO_4}(0.1\ \mathrm{mol\cdot L^{-1}})\ \vdots\vdots\ \mathrm{CuSO_4}(0.1\ \mathrm{mol\cdot L^{-1}})\,|\,\mathrm{Cu}$$

电池图解表达式的规定如下:

(1) 规定左边的电极上进行氧化反应,右边的电极上进行还原反应。

(2) 电极的两相界面和不混溶的两种溶液之间的界面,都用“|”表示。当两种溶液通过盐桥连接已消除液接电位时,则用双虚线“ ⁞⁞ ”表示。当同一溶液中同时存在多种组分时,用逗号“,”隔开。

(3) 电解质位于两电极之间。

(4) 气体或均相的电极反应,反应物质本身不能直接用作电极,要用惰性材料（如铂、金或碳等）作电极，以传导电流。

（5）电池中的溶液应标明浓（活）度。如有气体，则应标明压力、温度。如不注明，系指 25 ℃及 100 kPa（标准状态）。例如：

$$Zn|Zn^{2+}(0.1\ mol\cdot L^{-1}) \parallel H^{+}(0.1\ mol\cdot L^{-1})|H_2(100\ kPa),Pt$$

根据电极反应的性质来区分阳极和阴极，凡是起氧化反应的电极为阳极，起还原反应的电极为阴极。另外，根据电极电位的正负程度来区分正极和负极，即比较两个电极的实际电位，凡是电位较正的电极为正极，电位较负的电极为负极。

电池电动势的符号取决于电流的流向。如上述铜锌电池短路时，在电池内部的电流流向是从左向右（即电流从右边阴极流向左边阳极），电池反应为

$$Zn+Cu^{2+} \rightleftharpoons Zn^{2+}+Cu$$

反应能自发进行，这是原电池，电动势为正值。

反之，如果电池改写为

$$Cu|Cu^{2+}(0.1\ mol\cdot L^{-1}) \parallel Zn^{2+}(0.1\ mol\cdot L^{-1})|Zn$$

电池反应则为

$$Zn^{2+}+Cu \rightleftharpoons Zn+Cu^{2+}$$

该电极不能自发进行，必须外加能量，这是电解池，电动势为负值。

电池电动势规定为右边电极的电位减去左边电极的电位，即

$$E_{电池}=E_{右}-E_{左}$$

13.5 电极电位

13.5.1 电极电位的测定

电池都是由至少两个电极组成的，根据它们的电极电位，可以计算出电池的电动势。但是目前还无法测量单个电极的电位绝对值，而只能使另一个电极标准化，通过测量电池的电动势来获得其相对值。例如，下列饱和甘汞电极

$$Hg|Hg_2Cl_2|KCl(饱和水溶液)$$

的电位值就是这样测得的。国际上承认并推荐的是以标准氢电极（standard hydrogen electrode，SHE）作为标准，即人为地规定下列电极的电位为零：

$$\mathrm{Pt}|\mathrm{H_2}(p=100\ \mathrm{kPa})|\mathrm{H^+}(a=1)$$

将它与饱和甘汞电极组成电池，所测得的电池电动势即为饱和甘汞电极的电极电位。可见，目前通用的标准电极电位值都是相对值，并非绝对值。

应该注意的是，当测量的电流较大或溶液电阻较高时，一般测量值中常包含有溶液的电阻所引起的电压降 iR，所以应当加以校正。

各种电极的标准电极电位都可以用上述方法测定。但还有许多电极的标准电极电位不便用此法测定，此时可以根据化学热力学的原理，从有关反应自由能的变化中进行计算求得。

13.5.2 标准电极电位与条件电位

对于可逆电极反应 $\mathrm{O}+n\mathrm{e}^- \rightleftharpoons \mathrm{R}$，用 Nernst（能斯特）公式表示电极电位与反应物活度之间的关系为

$$E=E^{\ominus}+\frac{RT}{nF}\ln\frac{a_{\mathrm{O}}}{a_{\mathrm{R}}} \tag{13-2}$$

若氧化态活度和还原态活度均等于 1，此时的电极电位即为标准电极电位（$E^{\ominus}$）。25 ℃时，式(13-2)可写成

$$E=E^{\ominus}+\frac{59.2}{n}\lg\frac{a_{\mathrm{O}}}{a_{\mathrm{R}}}\ (\mathrm{mV}) \tag{13-3}$$

活度是活度系数与浓度的乘积，则式(13-3)变为

$$E=E^{\ominus}+\frac{RT}{nF}\ln\frac{\gamma_{\mathrm{O}}}{\gamma_{\mathrm{R}}}+\frac{RT}{nF}\ln\frac{[\mathrm{O}]}{[\mathrm{R}]} \tag{13-4}$$

前两项以 $E^{\ominus\prime}$表示，即

$$E^{\ominus\prime}=E^{\ominus}+\frac{RT}{nF}\ln\frac{\gamma_{\mathrm{O}}}{\gamma_{\mathrm{R}}} \tag{13-5}$$

故

$$E=E^{\ominus\prime}+\frac{RT}{nF}\ln\frac{[\mathrm{O}]}{[\mathrm{R}]} \tag{13-6}$$

$E^{\ominus\prime}$是氧化态与还原态的浓度均等于 1 时的电极电位，称为条件电位。

显然，条件电位随反应物质的活度系数不同而不同，它受离子强度、络合效应、水解效应和 pH 等条件的影响。所以，条件电位是与溶液中各电解质成分有关的、以浓度表示的实际电位值。在分析化学中，溶液中除了待测离子以外，一般尚有其他物质存在，它们虽不直接参加电极反应，但常常显著地影响电极电

位，因此，使用条件电位比标准电极电位更具实际应用价值。

13.5.3 电极电位与电极反应的关系

对于一个已知的电化学反应，在某些电位区间没有电流，而在另一些电位区间产生不同程度的电流。可见，电化学反应的一个显著特点是反应能否进行与电极电位有关，因此，通过改变电极电位就能影响或改变电极反应。

改变电极电位是如何影响电极反应的呢？假如在惰性金属电极上发生如下电极反应：

$$\mathrm{O}+n\mathrm{e}^- \rightleftharpoons \mathrm{R}$$

它与电极电位有关。若 O/R 电对相对应的能量为 $E_{O/R}$，当改变电极电位时，相当于改变金属电极内电子的能量，即影响电极上最高的电子占有能级，这个能级可用费米能级(E_F)表示，电子总是从这一能级移出或转入，图 13-4 表示了电极电位变化与电极/溶液界面电子传递的关系。体系中氧化还原反应的能级 $E_{O/R}$ 是固定的，改变电极电位将使电极上的 E_F 发生改变，也就改变了电子的能量。当电极电位向更负方向移动，即 E_F 向上移动，电子的能量升高，高至一定程度时(高于 $E_{O/R}$)，就使得电极为氧化态 O 提供电子，发生还原反应，如图 13-4(a)所示。同理，当电极电位向正方向移动，即 E_F 向下移动，电子的能量降低，低至一定程度时(低于 $E_{O/R}$)，电解液相溶质的电子将处于比电极上更高的能极，就使得电极从还原态 R 得到电子，发生氧化反应，如图 13-4(b)所示。由此可见，电极电位的变化会改变电极反应的方向。值得指出的是，电极电位也将影响电极反应的速率或速率常数，这里暂不做讨论。

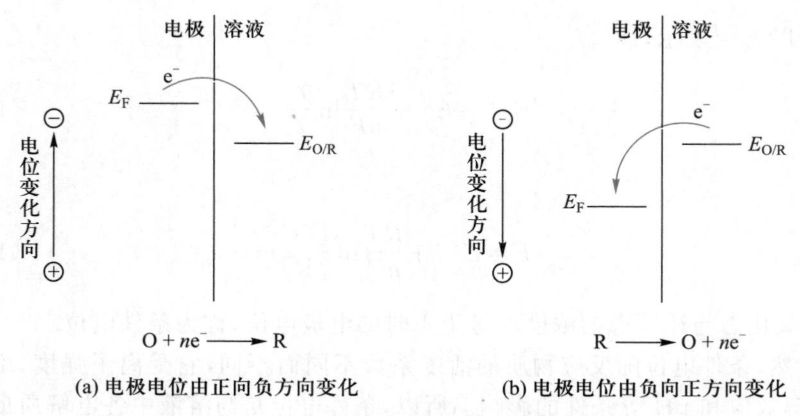

(a) 电极电位由正向负方向变化　(b) 电极电位由负向正方向变化

图 13-4　电极电位变化与电极/溶液界面电子传递的关系

13.6 电极的极化

处在热力学平衡状态的电极体系，氧化与还原方向的反应速率相等，总的反应速率等于零，相应的平衡电位可用 Nernst 公式计算。当有电流通过电极时，总的反应速率不等于零，即原有的热力学平衡被破坏，致使电极电位偏离平衡电位，这种现象叫做极化现象。一般来说，极化现象有两类，即电化学极化和浓差极化。所谓电化学极化是电子交换欲以一定速率进行，反应物必须获得相应量的活化能，电极电位需做相应的改变以提供这个活化能。浓差极化是电流通过时，由于电子交换反应，电极表面附近溶液层的反应物浓度低于无电流通过时的浓度（本体溶液浓度），按照 Nernst 方程，这时的电极电位会偏离平衡电位。

电流通过时，电极电位偏离平衡电位越大，极化程度就越大。如果一个电极通过无限小的电流，便引起电极电位发生很大的变化，这样的电极称为理想极化电极。若某物质（如 Pb^{2+}）能在电极上发生氧化或还原反应，使电极电位维持在其平衡电位值附近，这样的物质称为去极剂。而通过电流时电极电位不随电流的变化而变化的电极称为理想的不极化电极或去极化电极。例如，具有大面积汞层的饱和甘汞电极，在通过电流较小时，就是一种理想的去极化电极。

通常，用超电位（η）表示极化程度，即某一电流密度下电极电位（E）偏离平衡电位（E_{eq}）的大小：

$$\eta = E - E_{eq} \tag{13-7}$$

对于阴极反应，称为阴极超电位；对于阳极反应，称为阳极超电位。

13.7 电化学电池中的电极系统

所谓电化学电池中的电极系统，是指电分析化学实验中通常用到的二电极或三电极的测试体系，这里有必要先了解各种电极的名称及其用途。

13.7.1 工作电极、指示电极、参比电极、辅助电极与对电极

1. 工作电极（working electrode）[又称指示电极（indicator electrode）]

这类电极是实验中要研究或考察的电极，它在电化学池中能发生所期待的电化学反应，或者对激励信号能做出响应。在电分析中，电极上所出现的电学量（如电流、电位）的改变能反映待测物浓度（或活度）。一般来说，将用于平衡体系或在测量过程中本体浓度不发生可觉察变化体系的电极称为指示电极，如离子选择电极（将在第 14 章中讨论）。如果有较大的电流通过电池，本体浓度发生显

著改变，则相应的研究电极称为工作电极。不过，通常不做严格区分。

2. 参比电极(reference electrode)

这类电极是指在测量过程中其电极电位几乎不发生变化的电极。为了方便地研究工作电极，就要使电池的另一半标准化，通常是使用由一个组分恒定的相构成参比电极，这样，测量时电池电动势的变化就直接反映出工作电极或指示电极的电极电位的变化。

3. 辅助电极(auxiliary electrode)[又称对电极(counter electrode)]

辅助电极是提供电子传导的场所，与工作电极、参比电极组成三电极系统的电池，并与工作电极形成电流通路。但电极上进行的电化学反应并非人们所需研究的。

13.7.2 二电极与三电极系统

二电极和三电极系统的电路如图 13-5 所示。当通过电池的电流很小时，一般直接由工作电极和参比电极组成电池(即二电极系统)，如直流极谱(见第 12 章)。但是，当通过的电流较大时，参比电极将不能负荷，其电极电位不再稳定，或体系(如电解质溶液)的 iR 降变得很大，难以克服。此时除工作电极、参比电极外，另用一个辅助电极来构成所谓的三电极系统。辅助电极一般为铂丝电极。电流通过工作电极和辅助电极组成的回路。而由工作电极与参比电极组成另一个电位监测回路，此回路中的阻抗甚高，所以实际上没有明显的电流通过。这样，就可以实时地显示电解过程中工作电极的电位。同时，监测回路还可以通过反馈给外加电路的信息来调整外加电压，使工作电极的电位按一定方式变化，如随时间线性地变化等，使测量或控制工作电极的电位易于实现。

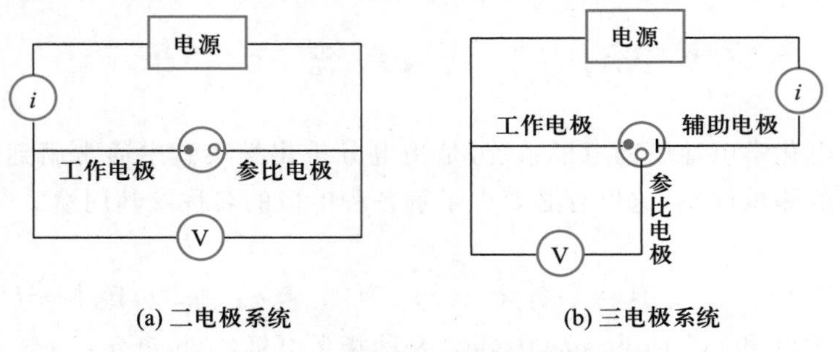

图 13-5 二电极和三电极系统的电路

13.8 电流的性质和符号

IUPAC 将阳极电流和阴极电流分别定义为在工作电极上起纯氧化和纯还

原反应所产生的电流。规定阳极电流为正值,阴极电流为负值,这与传统的习惯相反,过去前者定义为负值,后者为正值。但是,国内外相关文献均未接受这一推荐,因此本书仍按过去习惯,即阴极电流为正值,阳极电流为负值。

13.9 电分析化学方法概述

电分析化学近年发展非常迅速,各类新的电分析化学方法与技术不断出现,为此,新近的教科书将电分析化学方法分为表面电分析化学技术与极谱法两大类,表面电分析化学技术主要包括稳态和暂态方法,其主要测试方法见图 13-6。而传统上,人们习惯根据测定电化学变量的不同而对电分析化学方法分类。在这里将分别进行讨论。

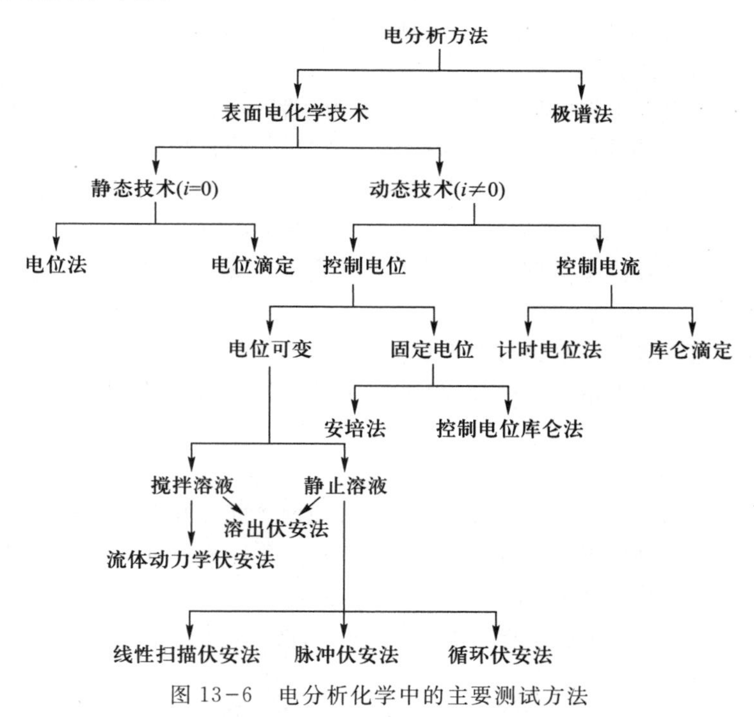

图 13-6 电分析化学中的主要测试方法

13.9.1 稳态和暂态测试方法

由图 13-6 可以看出,稳态和暂态法是电分析化学中最重要的两种测试方法。

(1) 稳态法又称静态法,即平衡态或非极化条件下的测量方法。在电分析化学测量过程中,体系没有电流通过,如电位法和电位滴定法。或者即使有电流通过，但电流很小，电极表面能快速地建立起扩散平衡，如微电极体系等。

(2) 暂态法又称动态法，即动态或极化条件下的测量方法，是当电流刚开始通过，体系的变量(如浓度分布、电流和电极电位等)均在不断变化时所实现的测量方法。在现代电分析化学中，为了实现快速分析，暂态测量方法得到了广泛的应用，如伏安法。

13.9.2 电分析化学方法的分类

前面已提及，电分析化学是以电位、电流、电荷量和电导等电化学变量与被测物质之间的关系作为计量的基础。根据实验中所测量的电化学变量的不同，传统上将电分析化学方法分为以下几类。

1. 伏安法(voltammetry)和极谱法(polarography)

所谓伏安法，是指用电极电解被测物质溶液，根据所得到的电流－电压曲线来进行分析的方法。

这类方法根据工作电极的不同可以分为两种：一种是用滴汞电极作为工作电极，其表面做周期性的更新，称为极谱法，它是最早的电分析化学方法。另一类是用表面积固定或者用固态电极作为工作电极，如悬汞滴电极、玻璃碳电极、铂电极等，称为伏安法。可以认为极谱法是一种特殊的伏安法。

极谱分析已经历了长期发展，逐渐出现了方波极谱、脉冲极谱等电分析化学方法。

电流滴定法也是从极谱分析发展起来的，它是在固定外加电压情况下，使滴定剂或被滴定物质电解产生电流，根据滴定过程中电流变化的转折点来确定滴定终点。

2. 电位分析法

将一个指示电极和一个参比电极，或采用两个指示电极，与试液组成电池，然后根据电池电动势或指示电极电位的变化来进行分析的方法称为电位分析法。电位分析法分为两种，即电位法和电位滴定法。

(1) 电位法　直接根据指示电极的电位与被测定物质浓度关系来进行分析的方法称为电位法。

(2) 电位滴定法　电位滴定法也是一种滴定分析方法。它根据滴定过程中指示电极电位的变化来确定终点。滴定时，在化学计量点附近，由于被测物质的浓度产生突变，使指示电极电位发生突跃，从而确定滴定终点。

3. 电解和库仑分析法

使用外加电源电解试液，电解完成后直接称量电极上析出的被测物质的质量来进行分析的方法称为电重量法。如果将电解的方法用于物质的分离，则称为电解分离法。如果是根据电解过程中所消耗的电量来进行分析，则称为库仑分析法。库仑分析法分为两种:控制电流库仑分析法和控制电位库仑分析法。

库仑分析的基础是法拉第电解定律,要求以100%的电流效率电解试液,产生某一试剂与被测物质进行定量的化学反应,或直接电解被测物质。库仑滴定时的化学计量点可借助于指示剂或电分析化学方法来确定,这样根据化学计量点时电解过程所消耗的电荷量,可求得被测物质的含量。如果电解过程中保持电流恒定,则称为库仑滴定法;若控制工作电极的电位恒定,则称为恒电位库仑分析法。

4. 电导分析法

根据溶液的电导性质来进行分析的方法称为电导分析法。电导分析法包括电导法和电导滴定法。

(1) 电导法　直接根据溶液的电导(或电阻)与被测离子浓度的关系进行分析的方法称为电导法。电导(G)是电阻的倒数,其单位是S(西[门子])。摩尔电导率(Λ_{m})是含有1 mol电解质的溶液在距离为1 m的两电极间所具有的电导,单位为$\mathrm{S \cdot m^2 \cdot mol^{-1}}$。

$$\Lambda_{\mathrm{m}}=\kappa V_{\mathrm{m}}=\frac{\kappa}{c} \tag{13-8}$$

式中κ为电导率($\mathrm{S \cdot m^{-1}}$)。如在一对截面积为A($\mathrm{m^2}$),相距l(m)的电极上进行测定($\theta=l/\mathrm{A}$,称为电导池常数),则电导为

$$G=\frac{A}{l}\kappa=\frac{\Lambda_{\mathrm{m}}c}{\theta} \tag{13-9}$$

当溶液无限稀释时,摩尔电导率达到一极限值$\Lambda_{\mathrm{m}}^{\infty}$,$\Lambda_{\mathrm{m}}^{\infty}$称为无限稀释摩尔电导率或极限摩尔电导率。$\Lambda_{\mathrm{m}}^{\infty}$在一定温度及一定溶剂中是一个定值,与溶液中共存的其他离子无关。故

$$\Lambda_{\mathrm{m}}^{\infty}=\sum\Lambda_{\mathrm{m}_i}^{\infty} \tag{13-10}$$

$$G=\frac{1}{\theta}\sum c_i\Lambda_{\mathrm{m}_i} \tag{13-11}$$

式中c_i为离子i的物质的量浓度;Λ_{m_i}为其摩尔电导率。

电导法主要应用于水质纯度的鉴定及生产中某些中间流程的控制及自动分析。例如,进行水质纯度的鉴定时,由于纯水中的主要杂质是一些可溶性的无机盐类,所以电导率常作为水质纯度的指标。普通蒸馏水的电导率约为$2\times10^{-4}\ \mathrm{S \cdot m^{-1}}$(电阻率约为5 kΩ·m),离子交换水的电导率小于$5\times10^{-5}\ \mathrm{S \cdot m^{-1}}$(电阻率大于20 kΩ·m)。

(2) 电导滴定法　电导滴定法是一种滴定分析方法。它根据溶液电导的变

化确定滴定终点。滴定时，滴定剂与溶液中被测离子生成水、沉淀或其他难解离的化合物，从而使溶液的电导发生变化，利用化学计量点时出现的转折来指示滴定终点。

13.9.3 电分析化学方法的特点

电分析化学是分析化学领域中发展迅速、应用日益广泛的学科分支。与其他的分析方法相比，电分析化学法具有许多显著的特点，主要有

(1) 分析速率快，如伏安或极谱分析法可以一次同时测定多种被分析物。

(2) 灵敏度高，可用于痕量甚至超痕量组分的分析，如脉冲极谱、溶出伏安等方法都具有非常高的灵敏度，可测定浓度低至 10^{-11} mol·L^{-1}、含量为 10^{-9} 量级的组分。

(3) 所需试样的量较少，试样的预处理手续一般也比较简单。所使用的仪器简单、经济，且易于实现自动控制。

(4) 由于电分析化学法测量所得到的值是物质的活度而非浓度，从而在生理、医学上有较为广泛的应用。电分析化学法适用于进行微量操作，如微型电极，可直接刺入生物体内，测定细胞内原生质的组成，从而进行活体分析和监测。

(5) 电分析化学法适用于各种化学平衡常数的测定及化学反应机理的研究。

13.9.4 电化学联用技术

随着电分析化学发展，除了上述电分析化学实验所涉及的电位、电流、电荷量和电导等电化学变量以外，人们对其他有关的变量亦表现出极大的兴趣。因此，将电化学方法与其他分析方法如流动注射、光谱、毛细管电泳、色谱及石英晶体微天平等相结合就建立了各类电化学联用技术。

1. 光谱电化学

它是一类应用最广泛的电化学联用技术，具有同时表征电化学和谱学的特点，可以研究某些电化学反应的机理及其中间产物，测定电极反应的速率常数和电子转移数等，同时，光谱又能从微观视角考察电极/溶液界面物质的结构和键合性质。常用的光谱电化学技术包括：(1)紫外、可见光谱电化学。它根据溶液或电极表面物质吸光度的变化，可以判断电极反应的分子信息，或者通过波长扫描来提供电极表面生成物的光谱。(2)红外光谱电化学(infrared spectroelectrochemistry，IR-SEC)。IR-SEC 已应用于研究电极表面反应物，产物或中间产物的吸附，用于考察电解池溶液中物质的变化，还可探索电极/溶液界面双电层的结构。对于具有强红外吸收系数的物质(如 CO，CN^-)，通常能获得有关吸附分子的吸附及其取向与电极电位相互关系的信息。

2. 电化学石英晶体微天平(EQCM)

EQCM是在压电石英晶体微天平基础上发展起来的高灵敏电化学质量传感器。我们知道,电化学反应常常会引起电极表面物质的沉积或流失,也就是说会伴随着物质质量的变化。因此,电化学石英晶体微天平可检测电极表面电活性物质的质量、电流和电量随电位的变化情况,将其与Faraday定律相结合可以定量计算每一反应电荷量所引起的电极表面物质的质量变化,为判断电极反应机理提供了重要信息。

3. 毛细管电泳-电化学(CE-EC)

CE-EC检测法具有灵敏度高、选择性好、检测下限低、线性范围宽及装置简单等优点。电化学反应直接在电极表面发生,其电流借用微电流放大,检测下限不受毛细管电泳微小体积的限制,可用于微芯片、单细胞的CE-EC检测。

4. 高效液相色谱-电化学(HPLC-EC)

这类联用技术将HPLC的高效分离和EC的高灵敏度检测结合到一起,是一种痕量、超痕量的分析方法。所具有的优点包括:灵敏度高,比其他检测器高1～2个数量级;选择性好,只针对具有电活性的物质及在一定电位窗有效;死体积小,可作pL(皮升)级检测池,是微柱(<1mm)HPLC的良好检测器。同时具有响应速率快、线性范围宽、可连续检测等特点。

思考、练习题

13-1 为什么不能测定电极的绝对电位?通常使用的电极电位是如何得到的?

13-2 能否通过测定电池电动势求得弱酸或弱碱的解离常数、水的离子积、溶度积和配合物的稳定常数?试举例说明。

13-3 电化学中的氧化还原反应与非电化学的氧化还原反应有何区别?

13-4 充电电流是如何形成的?它与时间的关系有何特征?能否利用这一特征发展灵敏的电分析方法?

13-5 写出下列电池的半电池反应及电池反应,计算其电动势,并标明电极的正负。

(1) $Zn \mid ZnSO_4(0.130\ mol\cdot L^{-1}) \parallel AgNO_3(0.013\ mol\cdot L^{-1}) \mid Ag$

$E^{\ominus}_{Zn^{2+}/Zn}=-0.762\ V$, $E^{\ominus}_{Ag^{+}/Ag}=+0.80\ V$

(2) $Pt \left| \begin{matrix} VO_2^{+}(0.001\ mol\cdot L^{-1}) \\ VO^{2+}(0.010\ mol\cdot L^{-1}) \end{matrix} \right.$, $HClO_4$ ($0.010\ mol\cdot L^{-1}$) $\parallel$ $HClO_4$ ($0.100\ mol\cdot L^{-1}$), $\begin{matrix} Fe^{3+}(0.020\ mol\cdot L^{-1}) \\ Fe^{2+}(0.002\ mol\cdot L^{-1}) \end{matrix} \mid Pt$

$E^{\ominus}_{VO_2^{+}/VO^{2+}}=+1.00\ V$, $E^{\ominus}_{Fe^{3+}/Fe^{2+}}=+0.77\ V$

(3) $Pt, H_2(20265Pa) \mid HCl\ (0.100\ mol\cdot L^{-1}) \parallel HCl\ (0.100\ mol\cdot L^{-1}) \mid Cl_2(50663Pa), Pt$

$E^{\ominus}_{H^{+}/H_2}=0\ V$, $E^{\ominus}_{Cl^{-}/Cl_2}=+1.359\ V$

(4) $Pb \mid PbSO_4(s), K_2SO_4(0.200\ mol\cdot L^{-1}) \parallel Pb(NO_3)_2(0.130\ mol\cdot L^{-1}) \mid Pb$

$E^{\ominus}_{Pb^{2+}/Pb}=-0.126\ V, K_{sp}(PbSO_4)=2.0\times10^{-8}$

(5) $Zn \mid ZnO_2^{2-}(0.010\ mol\cdot L^{-1}), NaOH\ (0.500\ mol\cdot L^{-1}) \mid HgO(s) \mid Hg$

$E^{\ominus}_{ZnO_2^{2-}/Zn}=-1.216\ V, E^{\ominus}_{HgO/Hg}=+0.0984\ V$

13-6　已知下列半电池反应及其标准电极电位为

$IO_3^-+6H^++5e^-═══1/2\ I_2+3H_2O \quad E^{\ominus}=+1.195\ V$

$ICl_2^-+e^-═══1/2\ I_2+2Cl^- \quad E^{\ominus}=+1.06\ V$

计算半电池反应：

$$IO_3^-+6H^++2Cl^-+4e^-═══ICl_2^-+3H_2O$$

的 $E^{\ominus}$ 值。

13-7　已知下列半电池反应及其标准电极电位为

$Sb+3H^++3e^-═══SbH_3 \quad E^{\ominus}=-0.15\ V$

计算半电池反应：

$$Sb+3H_2O+3e^-═══SbH_3+3OH^-$$

在25℃时的 $E^{\ominus}$ 值。

13-8　$Hg \mid Hg_2Cl_2, Cl^-$（饱和）$\parallel M^{n+} \mid M$

上述电池为一自发电池，在25℃时其电动势为0.100 V；当 M^{n+} 的浓度稀释至原来的1/50时，电池电动势为0.050 V。试求右边半电池的 n 值。

13-9　试通过计算说明下列半电池的标准电极电位是相同的。

$H^++e^-═══1/2\ H_2$

$2H^++2e^-═══H_2$

13-10　已知下列半反应及其标准电极电位为

$Cu^{2+}+I^-+e^-═══CuI \quad E^{\ominus}=+0.86\ V$

$Cu^{2+}+e═══Cu^+ \quad E^{\ominus}=+0.159\ V$

试计算CuI的溶度积常数。

13-11　已知25℃时饱和甘汞电极的电位 $E_{SCE}=+0.2444\ V$，银/氯化银的电极电位 $E_{AgCl/Ag}=+0.2223\ V\ ([Cl^-]=1.0\ mol\cdot L^{-1})$，当用100 Ω的纯电阻联接下列电池时，记录到 2.0×13^{-4} A的起始电流，则此电池的内阻，即溶液的电阻是多少？

$Ag \mid AgCl \mid Cl^-(1.0\ mol\cdot L^{-1}) \parallel SCE$

13-12　已知下列半电池反应及其标准电极电位为

$Sn^{2+}+2e^-═══Sn \quad E^{\ominus}=-0.136\ V$

$SnCl_4^{2-}+2e^-═══Sn+4Cl^- \quad E^{\ominus}=-0.19\ V$

计算配合物平衡反应：

$$SnCl_4^{2-}═══Sn^{2+}+4Cl^-$$

的不稳定常数(25 ℃)。

13-13　已知下列半电池反应及其标准电极电位为

$HgY^{2-}+2e^-═══Hg^+\ Y^{4-} \quad E^{\ominus}=+0.21\ V$

$Hg^{2+}+2e^-═══Hg \quad E^{\ominus}=+0.845\ V$

计算配合物生成反应：

$$Hg^{2+} + Y^{4-} \xlongequal{} HgY^{2-}$$

的稳定常数的 lg K 值(25 ℃)。

13-14　已知下列电池中溶液的电阻为 2.24 Ω,如不计极化,试计算要得到 0.030 A 的电流时所需施加的外加电源的起始电压是多少?

Pt $|$ $V(OH)_4^+$ (1.04×10^{-4} mol·L^{-1}), VO^{2+} (7.15×10^{-3} mol·L^{-1}), H^+ (2.75×10^{-3} mol·L^{-1}) ¦¦ Cu^{2+} (5.00×10^{-2} mol·L^{-1}) $|$ Cu

$E^{\ominus}_{VO_2^+/VO^{2+}} = +1.00$ V, $E^{\ominus}_{Cu^{2+}/Cu} = +0.337$ V

13-15　已知电池

Pt $|$ $Fe(CN)_6^{4-}$ (3.60×10^{-2} mol·L^{-1}), $Fe(CN)_6^{3-}$ (2.70×10^{-3} mol·L^{-1}) ¦¦ Ag^+ (1.65×10^{-2} mol·L^{-1}) $|$ Ag

内阻为 4.13 Ω,计算 0.0136 A 电流流过时所联接的外接电源的起始电压是多少?

$E^{\ominus}_{Fe(CN)_6^{3-}/Fe(CN)_6^{4-}} = +0.36$ V, $E^{\ominus}_{Ag^+/Ag} = +0.80$ V

13-16　已知 Hg_2Cl_2 的溶度积为 2.0×10^{-18},KCl 的溶解度为 330 g·L^{-1},$E^{\ominus}_{Hg_2^{2+}/Hg} = +0.8$ V,试计算饱和甘汞电极的电极电位。

13-17　电导池内有两个面积为 1.25 cm^2 的平行电极,它们之间的距离为 1.50 cm,在贮满某电解质溶液后,测得电阻为 1.09 Ω,计算该溶液的电导率。

13-18　在 25 ℃时,用面积为 1.11 cm^2,相距 1.00 cm 的两个平行的铂黑电极来测定纯水的电阻,其理论值为多少欧姆?已知 $\Lambda_m^\infty(OH^-) = 1.976\times10^{-2}$ S·m^2·mol^{-1},$\Lambda_m^\infty(H^+) = 3.4982\times10^{-2}$ S·m^2·mol^{-1}。

参考资料

扫一扫查看

第14章　电位分析法

14.1　概论

电位分析法(potentiometric analysis)，按IUPAC建议是通过化学电池的电流为零的一类方法。电位分析法又分为两种，即电位法(potentiometry)和电位滴定法(potentiometric titration)。

电位法一般使用专用的指示电极，如离子选择电极，把被测离子的活(浓)度通过毫伏电位计显示为电位(或电动势)读数，由Nernst方程求算其活(浓)度。也可以把电位计设计为有专用的控制挡，能直接显示出活度相关值，如pH。而电位滴定法相似于化学滴定分析法，仅是利用电极电位在化学计量点附近的突变来代替指示剂的颜色变化确定滴定终点。被测物质含量的求得方法与化学滴定法完全相同。

无论是电位法，还是电位滴定法，测量体系都需要有两个电极与测量溶液直接接触，其相连导线又与电位计连接构成一个化学电池通路。电位分析法测量装置中，其中一支电极称为指示电极，响应被测物质活度，其结果能在毫伏电位计上读得。另一支电极称为参比电极，其电极电位值恒定，不随被测溶液中物质活度变化而变化。

理想的指示电极能够快速、稳定、有选择性地响应被测离子，并且有好的重现性和长的寿命。电位分析法指示电极种类繁多，但可大致分为两大类，即在电极上能发生电子交换的和不发生电子交换的。前者一般系指金属基指示电极(metallic indicator electrode)，后者为离子选择电极(ion-selective electrode, ISE)。

14.2　电位分析法指示电极的分类

电位分析法通常使用的指示电极可以划分为如下几种类型。

14.2.1　第一类电极

第一类电极指金属电极与其金属离子溶液组成的体系，其电极电位取决于该金属离子的活度。

$$M^{n+}+ne^- \rightleftharpoons M$$

$$E=E^{\ominus}_{M^{n+}/M}+\frac{0.059\ 2}{n}\lg a_{M^{n+}} \tag{14-1}$$

这类金属电极主要有 Ag,Cu,Zn,Cd,Pb,Hg 等。对这类电极的要求是在溶液里不能被介质氧化放出氢气。一般来说,条件电位大于零者,都可作电极使用。

14.2.2 第二类电极

第二类电极指金属及其难溶盐(或配离子)所组成的电极体系。它能间接反映与该金属离子生成难溶盐(或配离子)的阴离子的活度。例如,银-氯化银电极可指示氯离子的活度。

$$AgCl+e^- \rightleftharpoons Ag+Cl^-$$

$$E=E^{\ominus}_{AgCl/Ag}-\frac{RT}{F}\ln a_{Cl^-} \tag{14-2}$$

氰离子能与银离子生成二氰合银配离子,因此,银电极可指示氰离子的活度。

$$Ag(CN)_2^- +e^- \rightleftharpoons Ag+2CN^-$$

$$E=E^{\ominus}_{Ag(CN)_2^-/Ag}+\frac{RT}{F}\ln\frac{a_{Ag(CN)_2^-}}{a^2_{CN^-}} \tag{14-3}$$

如果银离子浓度一定较氰离子浓度小,则可视二氰合银配离子的活度为常数,于是有

$$E=常数-\frac{2RT}{F}\ln a_{CN^-} \tag{14-4}$$

这类电极,像银-氯化银电极和甘汞(Hg_2Cl_2/Hg)电极,通常制作成参比电极。因为其制作简单,使用方便,符合参比电极的性能要求,已代替了标准氢电极广泛使用。

14.2.3 第三类电极

第三类电极是指金属与两种具有共同阴离子的难溶盐或难解离的配离子组成的电极体系,典型例子是草酸根离子与银离子和钙离子生成难溶盐,如果两种盐的溶液是过饱和的,游离的钙离子可用银电极测定。电极图解式为

$$Ag\mid Ag_2C_2O_4,CaC_2O_4,Ca^{2+}$$

由难溶盐的溶度积，可推得

$$a_{Ag^+}=\left[\frac{K_{sp(1)}}{a_{C_2O_4^{2-}}}\right]^{\frac{1}{2}}$$

$$a_{C_2O_4^{2-}}=\frac{K_{sp(2)}}{a_{Ca^{2+}}}$$

$$a_{Ag^+}=\left[\frac{K_{sp(1)}}{K_{sp(2)}}a_{Ca^{2+}}\right]^{\frac{1}{2}}$$

代入银电极的 Nernst 方程，$E=E^{\ominus}_{Ag^+/Ag}+0.059\ 2\ \lg a_{Ag^+}$，可得

$$E=E^{\ominus}_{Ag^+/Ag}+\frac{0.059\ 2}{2}\lg\frac{K_{sp(1)}}{K_{sp(2)}}+\frac{0.059\ 2}{2}\lg a_{Ca^{2+}}$$

$$E=常数-\frac{RT}{2F}\ln a_{Ca^{2+}} \tag{14-5}$$

在电位滴定中，金属离子与 EDTA 滴定反应，常用 Hg/Hg－EDTA 电极(pM)来作指示电极。电极反应可表示为

$Hg\mid HgY^{2-},MY^{2-},M^{n+}$

$$E=E^{\ominus}_{Hg^{2+}/Hg}+\frac{0.059\ 2}{n}\lg\frac{K_M}{K_{Hg}}+\frac{0.059\ 2}{n}\lg\frac{a_{HgY}}{a_{MY}}+\frac{0.059\ 2}{n}\lg a_{M^{n+}}$$

在滴定终点附近，[HgY]/[MY]维持不变，所以有

$$E=常数+\frac{0.059\ 2}{n}\lg a_{M^{n+}} \tag{14-6}$$

14.2.4 零类电极

零类电极指惰性金属电极，Pt，Au，C 等。它能指示同时存在于溶液中的氧化－还原态活度的比值，也可用于有气体参与的电极反应。这类电极本身不参与电极反应，仅作为氧化－还原电对在其上交换电子的媒介，又同时起传导电流的作用。

例如：

$Pt\mid Fe^{3+},Fe^{2+}$

$$E=E^{\ominus}_{Fe^{3+}/Fe^{2+}}+\frac{RT}{F}\ln\frac{a_{Fe^{3+}}}{a_{Fe^{2+}}} \tag{14-7}$$

14.2.5 膜电极

这一类电极主要指的是离子选择电极。由于品种比较多，在电极膜/液界上

所产生的电位差机理比较复杂，无简单统一理论解释。其统一的性质是组成电极的响应膜/液界上不发生电子交换反应，其膜电位方程可表示为

$$E = \text{常数} \pm \frac{RT}{nF} \ln a_{\text{离子}} \tag{14-8}$$

式中"+"对正离子，"−"对负离子；n 在这里为离子的电荷数。

14.3 参比电极与盐桥

14.3.1 参比电极

对于参比电极的要求要有三个基本性质，即(1) 可逆性：有电流流过(微安量级)时，反转变号时，电位基本上保持不变。(2) 重现性：溶液的浓度和温度改变时，按 Nernst 方程响应，无滞后现象。(3) 稳定性：测量中电位保持恒定，并具有长的使用寿命。主要有以下几种参比电极供通常使用。

14.3.1.1 标准氢电极

标准氢电极(standard hydrogen electrode, SHE)是确定电极电位的基准(一级标准)电极，即所谓的理想参比电极。

规定在任何温度下，其电极电位值为零。电极反应可表示为

$$H^+(aq, a=1.0\ mol \cdot L^{-1}) + e^- \rightleftharpoons \frac{1}{2}H_2(100\ kPa)$$

氢电极的电极图解式和电位方程分别为

$$Pt, H_2(p) \mid H^+(aq, a=1.0\ mol \cdot L^{-1})$$

$$E_{H^+/H} = E^{\ominus}_{H^+/H} + \frac{RT}{F} \ln \frac{a_{H^+}}{\sqrt{p}} \tag{14-9}$$

在通常工作中，一般不使用氢标准电极作参比电极，原因是操作手续繁琐，且花费又贵。

14.3.1.2 甘汞电极和银－氯化银电极

甘汞电极和银－氯化银电极是应用最广的两种参比电极，都属于二级标准。甘汞电极和银－氯化银电极的结构如图 14－1 所示。在玻璃管中将铂丝浸入汞与氯化亚汞的糊状物中，并以氯化亚汞的氯化钾溶液作内充液即成甘汞电极，如图 14－1(a)所示；而将银丝镀上一层氯化银沉淀，浸在用氯化银饱和的一定浓度的氯化钾溶液中即构成了银－氯化银电极，如图 14－1(b)。甘汞电极的半电池图解式为

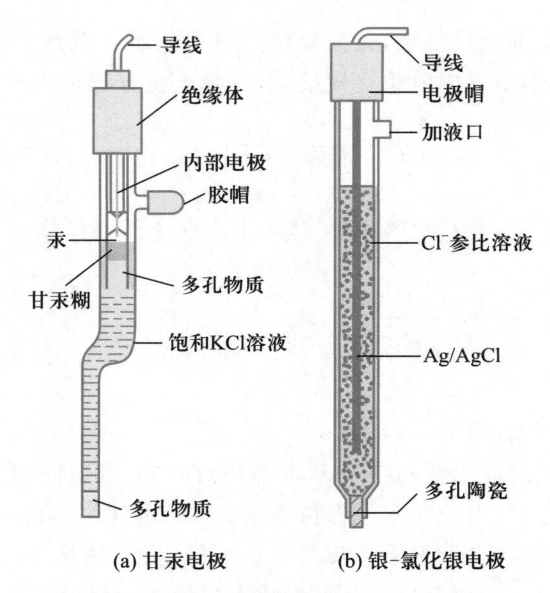

图 14-1 甘汞电极和银-氯化银电极的结构

$$Hg(l), Hg_2Cl_2(s) \mid KCl(x\ mol \cdot L^{-1})$$

电极反应是

$$Hg_2Cl_2(s) + 2e^- \rightleftharpoons 2Hg(l) + 2Cl^-$$

因为 $Hg_2Cl_2(s)$和 $Hg(l)$的活度都等于1，则电极电位 25 ℃时，有

$$E_{Hg_2Cl_2/Hg} = E^{\ominus}_{Hg_2Cl_2/Hg} - 0.059\ 2 \lg a_{Cl^-} \tag{14-10}$$

而银-氯化银电极的电极电位同样可推得

$$E_{AgCl/Ag} = E^{\ominus}_{AgCl/Ag} - 0.059\ 2 \lg a_{Cl^-} \tag{14-11}$$

常温 25 ℃时，甘汞电极和银-氯化银电极的电极电位见表 14-1。

表 14-1 甘汞电极和银-氯化银电极的电极电位(25 ℃)

电极	KCl 浓度	电极电位(vs. SHE)/V
0.1 $mol \cdot L^{-1}$甘汞电极	0.1 $mol \cdot L^{-1}$	+0.336 5
标准甘汞电极(NCE)	1.0 $mol \cdot L^{-1}$	+0.282 8
饱和甘汞电极(SCE)	饱和 KCl 溶液	+0.243 8
0.1 $mol \cdot L^{-1}$ Ag/AgCl 电极	0.1 $mol \cdot L^{-1}$	+0.288 0
标准 Ag/AgCl 电极	1.0 $mol \cdot L^{-1}$	+0.222 3
饱和 Ag/AgCl 电极	饱和 KCl 溶液	+0.200 0

14.3.2 盐桥

盐桥是“连接”和“隔离”不同电解质的重要装置。通常与参比电极组合在一起。甘汞电极和银－氯化银电极的盐桥是 KCl 溶液。

（1）作用：接通电路，消除或减小液接电位。

（2）使用条件：① 盐桥中电解质不含有被测离子；② 电解质的正、负离子的迁移率应该基本相等；③ 要保持盐桥内离子浓度尽可能大，以保证减小液接电位。常用作盐桥的电解质有 KCl，NH_4Cl，KNO_3 等。

14.4 离子选择电极

离子选择电极被 IUPAC 定义为一类电化学传感器。1929 年，Mcinnes D A 等制成了有使用价值的玻璃膜氢离子选择电极。1966 年，Frant M S 和 Ross J W 做成了 LaF_3 单晶氟离子选择电极。现已有 30 多种商品化离子选择电极广泛地应用于各个领域。

14.4.1 膜电位及其产生

离子选择电极膜电位是膜内扩散电位和膜与电解质溶液形成的内外界面的界面电位的代数和。

14.4.1.1 扩散电位

在两种不同离子或离子相同而活度不同的液－液界面或固体内部，由于离子扩散速率的不同造成的电位差，称为扩散电位。其中，液－液界面上的也称为液接电位。这类扩散是自由扩散，正、负离子可自由通过界面，没有强制性和选择性。在离子选择电极中，扩散电位是膜电位的组成部分，它存在于膜相内部。扩散电位可表示为

$$E_{\mathrm{d}}=\frac{RT}{F}\int_{1}^{2}\sum\frac{t_{\mathrm{i}}}{n_{\mathrm{i}}}\ln a_{\mathrm{i}} \tag{14-12}$$

式中 n_i，t_i 分别为离子的电荷数和迁移数。在最简单情况下，$n_+=n_-=1$，$a_+=a_-=a$ 时，方程可简化为

$$E_{\mathrm{d}}=\frac{RT}{F}(t_+-t_-)\ln\frac{a_{\mathrm{i}(2)}}{a_{\mathrm{i}(1)}} \tag{14-13}$$

可见，当正、负离子的迁移数相等时，扩散电位等于 0。这就是在盐桥中选用正、负离子的迁移数相等，消除液接电位的根据。

14.4.1.2 界面电位

离子选择性电极发展至今已有多种类型，被测离子在电极界面上的响应机理并不能用一个简单统一的理论模型来解释。尽管如此，对被测正、负离子从溶液到电极界面所造成的两相界面电位差，仍可表示为

$$E_{\mathrm{D}}=k\pm\frac{RT}{nF}\ln\frac{a_{\text{相1}}}{a_{\text{相2}}} \tag{14-14}$$

通常所使用的离子选择电极都有两个相界面，所以应包含有两相界面电位差，如图14-2所示。

14.4.1.3 膜电位

膜电位的方程可表示为

$$E_{\text{膜}}=E_{\mathrm{D}}^{\text{外}}+E_{\mathrm{d}}+E_{\mathrm{D}}^{\text{内}} \tag{14-15}$$

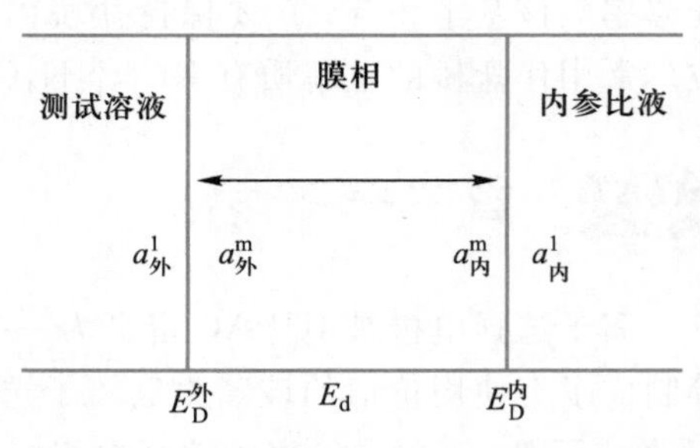

图14-2 离子选择电极的膜电位示意图

图14-2给出离子选择电极的膜电位示意图。因为可认为在一个电极膜中，$a^{\mathrm{m}}_{\text{外}}$，$a^{\mathrm{m}}_{\text{内}}$，$E_{\mathrm{d}}$ 保持恒定不变，所以，膜电位方程可表示为

$$E_{\text{膜}}=k'\pm\frac{RT}{nF}\ln\frac{a^{1}_{\text{外}}}{a^{1}_{\text{内}}} \tag{14-16}$$

式中 $a^{1}_{\text{内}}$ 也已被固定，所以式(14-16)即可重排改变成式(14-8)的形式。

14.4.2 离子选择电极电位及其电池电动势的测量

离子选择电极电位为内参比电极电位与膜电位之和，即

$$E_{\mathrm{ISE}}=E_{\text{内参比}}+E_{\text{膜}} \tag{14-17}$$

$E_{\text{内参比}}$ 通常为一常数，所以，选择电极电位表示为

$$E_{\mathrm{ISE}}=\text{常数}'\pm\frac{RT}{nF}\ln a^{1}_{\text{外}} \tag{14-18}$$

测量电池的图解式可表示为

ISE(离子选择电极) | 试液(x mol·L^{-1}) ⁞⁞ SCE(饱和甘汞电极)

电池电动势是

$$E_{\text{电池}}=E_{\mathrm{SCE}}-E_{\mathrm{ISE}} \tag{14-19}$$

E_{SCE} 是常数，将式(14-18)代入式(14-19)，则有

$$E_{电池}=E_{SCE}-常数'\mp\frac{RT}{nF}\ln a_{外}^{1}$$
$$=K\mp\frac{RT}{nF}\ln a_{外}^{1} \qquad (14-20)$$

式中“－”对正离子，“＋”对负离子。例如，氟离子选择电极测定 F^- 时，随 F^- 的浓度增大，电位计上读数向正变大，就符合式(14－20)的关系。

14.4.3 离子选择电极的类型及其响应机理

14.4.3.1 玻璃电极

玻璃电极除了对 H^+ 响应的 pH 玻璃电极之外，尚有对 Li^+，K^+，Na^+，Ag^+ 响应的玻璃电极。这些玻璃电极的结构同样由电极腔体（玻璃管）、内参比溶液、内参比电极及敏感玻璃膜组成，而关键部分为敏感玻璃膜。玻璃电极的结构如图 14－3 所示。玻璃电极分为单玻璃电极[图 14－3(a)]和复合电极[图 14－3(b)]两种，后者集指示电极和外参比电极于一体，使用起来甚为方便和牢靠。

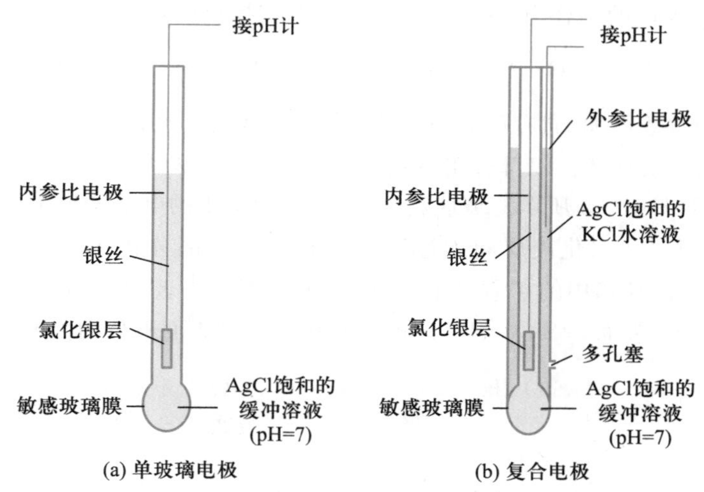

图 14－3 玻璃电极的结构

玻璃电极依据玻璃球膜材料的特定配方不同，可以做成对不同离子响应的电极。例如，常用的以考宁 015 玻璃做成的 pH 玻璃电极，其配方为：Na_2O 21.4%，CaO 6.4%，SiO_2 72.2%（摩尔分数），其 pH 测量范围为 pH1～10，若加入一定比例的 Li_2O，可以扩大测量范围。改变玻璃的某些成分，如加入一定量的 Al_2O_3，可以做成某些阳离子电极。

硅酸盐玻璃中有金属离子、氧、硅三种元素，Si—O 键在空间中构成固定的带负电荷的三维网络骨架，金属离子与氧原子以离子键的形式结合，存在并活动于网络之中承担着电荷的传导，这主要是由一价的阳离子完成。其结构如图 14-4所示。

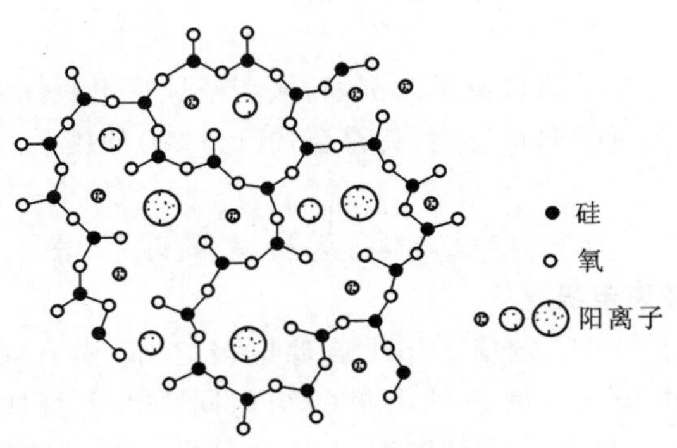

图 14-4 玻璃膜的结构

当玻璃(glass，Gl)膜浸泡在纯水或稀酸溶液中时，由于 Si—O 与 H^+ 的结合力远大于与 Na^+ 的结合力，因而发生了如下的交换反应：

$$Gl^- Na^+ + H^+ \rightleftharpoons Gl^- H^+ + Na^+$$

反应的平衡常数很大，向右反应的趋势大，玻璃膜表面形成了水化胶层。因此，水中浸泡后的玻璃膜由三部分组成：膜内、外两表面的两个水化胶层及膜中间的干玻璃层，如图 14-5 所示。玻璃膜中，在干玻璃层中的电荷传导主要由 Na^+ 承担；在干玻璃层和水化胶层间为过渡层，$Gl^- Na^+$ 只部分转化为 $Gl^- H^+$，由于 H^+ 在未水化的玻璃中的扩散系数小，故其电阻率比干玻璃层高 1 000 倍左右；在水化胶层中，表面 $\equiv SiO^- H^+$ 的解离平衡是决定界面电位的主要因素。

$$\underset{\text{表面}}{\equiv SiO^- H^+} + \underset{\text{溶液}}{H_2O} \rightleftharpoons \underset{\text{表面}}{\equiv SiO^-} + \underset{\text{溶液}}{H_3O^+}$$

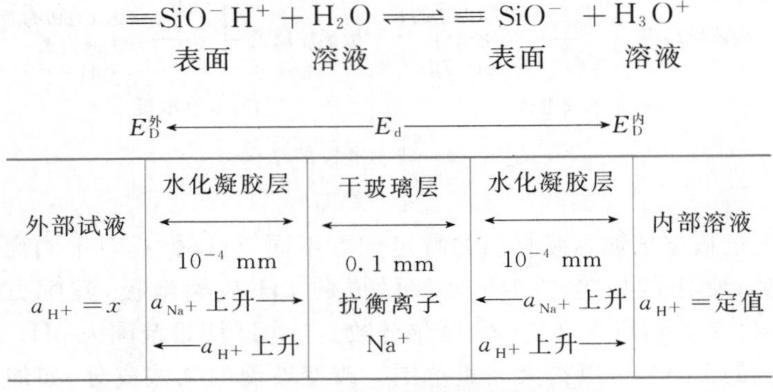

图 14-5 水化敏感玻璃膜的组成

H_3O^+ 在溶液与水化胶层表面界面上进行扩散，从而在内、外两相界面上形成双电层结构，产生两个相间电位差。在内、外两水化胶层与干玻璃之间形成两个扩散电位，若玻璃膜两侧的水化胶层性质完全相同，则其内部形成的两个扩散电位大小相等，但符号相反，结果相互抵消。如果不相等，就称为不对称电位，其大小与玻璃膜的工艺质量有关。因此，玻璃膜的膜电位取决于内、外两个水化胶层与溶液界面上的相间电位和不对称电位。膜电位与溶液中氢离子活度的关系为

$$E_M = 常数 + \frac{RT}{nF}\ln a_{H^+_外} \tag{14-21}$$

在 25 ℃时，pH 玻璃电极电位与 pH 的关系是

$$E_H = 常数' - 0.0592\ \mathrm{pH} \tag{14-22}$$

式中常数项中包括内参比电极电位及不对称电位等。

14.4.3.2 晶体膜电极

晶体膜电极分为均相、非均相晶膜电极。均相晶膜由一种化合物的单晶或几种化合物混合均匀的多晶压片而成。非均相模由多晶中掺惰性物质经热压制成。

1. 氟离子单晶膜电极

氟电极的敏感膜为 LaF_3 的单晶薄片。为了提高膜的电导率，尚在其中掺杂了 Eu^{2+} 和 Ca^{2+}。二价离子的引入，导致氟化镧晶格缺陷增多，增强了膜的导电性，所以这种敏感膜的电阻一般小于 2 MΩ。氟离子选择电极结构如图14-6 所示。

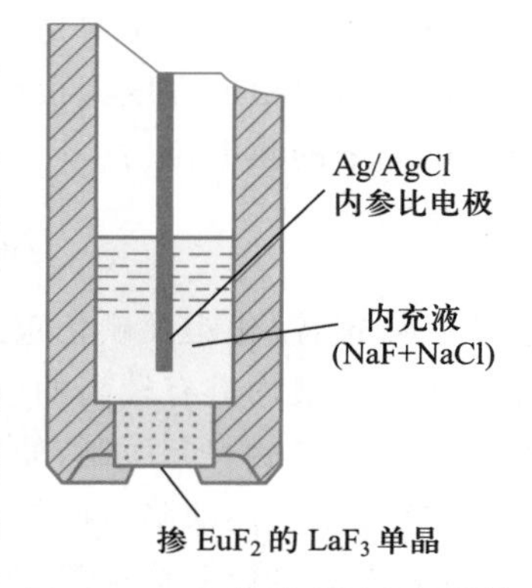

图 14-6 氟离子选择电极结构

由于溶液中的 F^- 能扩散进入膜相的缺陷空穴，而膜相中的 F^- 也能进入溶液中，因而在两相界面上建立双电层结构而产生膜电位。又因为缺陷空穴的大小、形状和电荷分布，只能容纳特定的可移动的晶格离子，其他离子不能进入空穴，因此敏感膜具有选择性。当氟电极插入测量溶液与甘汞电极组成电池，其电池图解式为

$$\mathrm{Ag, AgCl} \left| \begin{pmatrix} 10^{-3}\,\mathrm{mol\cdot L^{-1}\,NaF} \\ 10^{-1}\,\mathrm{mol\cdot L^{-1}\,NaCl} \end{pmatrix} \right| \mathrm{LaF_3} \mid 含\ F^-\ 试液 \parallel \mathrm{KCl(饱和), Hg_2Cl_2} \mid \mathrm{Hg}$$

电池电动势为

$$E_{电池} = E_{SCE} - E_{ISE_{F^-}} \tag{14-23}$$

根据式(14-18)、式(14-20)可推得

$$E_{电池}=E_{SCE}-常数'+\frac{RT}{F}\ln a_{F^-} \qquad (14-24)$$

25 ℃时,电动势可表示为

$$E_{电池}=K+0.0592\ \lg a_{F^-} \qquad (14-25)$$

氟电极对 F^- 的线性响应范围为 $5\times10^{-7}\sim1\times10^{-1}\ mol\cdot L^{-1}$,电极的选择性很高,唯一的干扰是 OH^-,这是由于在晶体膜表面存在下列化学反应:

$$LaF_3(固)+3OH^- \rightleftharpoons La(OH)_3(固)+3F^-$$

所释放出来的 F^- 将增高试液 F^- 的含量,对测量产生影响。

通常,测定 F^- 的最适宜 pH 范围为 5~6,如果 pH 过低,则会形成 HF 或 HF_2^-,而使游离 F^- 浓度降低;pH 过高,则会产生 OH^- 的干扰。在实际工作中,通常采用柠檬酸盐缓冲溶液来控制溶液的酸度。柠檬酸盐不但能与铁、铝等离子形成配合物,借此消除它们因与 F^- 发生配合反应而产生的干扰,而且同时可控制溶液的离子强度。

2. 硫、卤素离子电极

硫离子敏感膜是用硫化银粉末在 10^8 Pa 以上的高压下压制而成。它同时也能测定银离子。硫化银是低电阻的离子导体,其中可移动的导电离子是银离子。由于硫化银的溶度积很小,所以电极具有很好的选择性和灵敏度。该电极响应硫离子的膜电位为

$$E_{M_{S^{2-}}}=常数'-\frac{RT}{2F}\ln a_{S^{2-}} \qquad (14-26)$$

氯化银、溴化银及碘化银能分别作为氯电极、溴电极及碘电极的敏感膜。氯化银和溴化银均具有较高的电阻,并有较强的光敏性。把氯化银或溴化银晶体和硫化银研匀后一起压制,使氯化银或溴化银分散在硫化银的骨架中,制成的敏感膜,能克服上述缺陷。同样,铜、铅或镉等重金属离子的硫化物与硫化银混匀压片,制得的电极对这些二价阳离子有敏感响应。响应过程受溶度积平衡关系控制,膜内导电同样由银离子来承担。

由于晶体表面不存在类似于玻璃电极的离子交换平衡,所以电极在使用前不需要浸泡活化。对晶体膜电极的干扰,主要不是由于共存离子进入膜相参与响应,而是来自晶体表面的化学反应,即共存离子与晶格离子形成难溶盐或络合物,从而改变了膜表面的性质。所以,电极的选择性与构成膜的物质的溶度积及共存离子和晶格离子形成难溶物的溶度积的相对大小等因素有关,电极的检出限取决于膜物质的溶解度。

14.4.3.3 流动载体电极

流动载体电极亦称为液膜电极,与玻璃电极不同,其中可以与被测离子发生

作用的活性物质即载体可在膜相中流动。若载体带有电荷,称为带电荷的流动载体电极;若载体不带电荷,则称为中性载体电极。

这类电极用浸有载体(一般溶在有机溶剂中,常用的有机溶剂有二羧酸的二元酯、磷酸酯、硝基芳香族化合物等)的惰性微孔支持体作为敏感膜。膜经疏水处理,电极的部件构造如图 14-7 所示。惰性微孔膜用垂熔玻璃、素烧陶瓷或高分子材料(聚四氟乙烯、聚偏氟乙烯)制成,膜上分布直径小于 1 μm 的微孔,孔与孔之间彼此连通。为了克服液膜稳定性差等缺点,常用 PVC 膜取代有机溶剂。

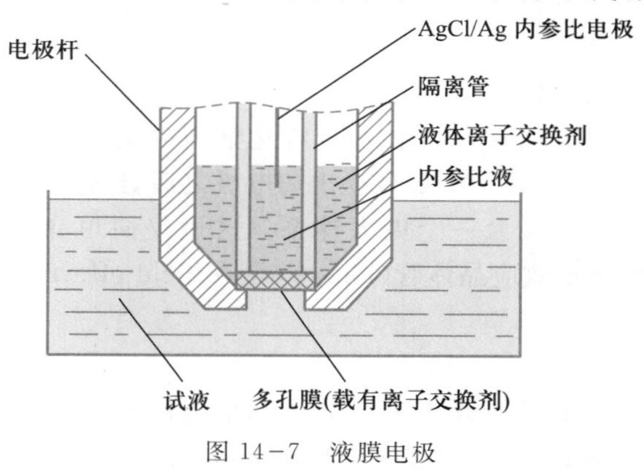

图 14-7 液膜电极

常用的钙离子电极就是一种带负电荷的流动载体电极。它用二癸基磷酸根 $(RO)_2PO_2^-$ 作为载体。此试剂与钙离子作用生成二癸基磷酸钙 $[(RO)_2POO]_2Ca$。当其溶于癸醇或苯基膦酸二辛酯等有机溶剂中,即得离子缔合型的液态活性物质,以此可制得对钙离子有响应的液态敏感膜。液膜电极的响应符合 Nernst 方程,对钙离子电极膜方程可表示为

$$E_{Ca^{2+}} = 常数' + \frac{RT}{2F}\ln a_{Ca^{2+}} \qquad (14-27)$$

对带电荷的流动载体电极来说,载体与响应离子生成的缔合物越稳定,响应离子在有机溶剂中的淌度越大,选择性就越好。至于电极的灵敏度,则取决于活性物质在有机相和水相中的分配系数,分配系数越大,灵敏度越高。

中性载体是一种电中性的、具有空腔结构的大分子化合物。只对具有适当电荷和原子半径(大小与空腔适合)的离子进行配合,络合物能溶于有机相形成液膜,使之成为待测离子能够相迁移的通道。只要选择的载体合适,制作工艺精湛,可使电极具有很高的选择性。如颉氨霉素可作为钾离子的中性载体,能在 1 万倍 Na^+ 存在下测定 K^+。抗生素、杯芳烃衍生物、冠醚等都可以作为中性载体。其共同特征是具有稳定构型,有吸引阳离子的极性键位(空腔),并被亲脂性

的外壳环绕。可将离子载体掺入 PVC 制成电极膜。一个典型的例子是二甲基二苯并 30－冠醚－10 与 K^+ 的络合物中性载体钾电极，其络合物化学结构式如图 14－8 所示。

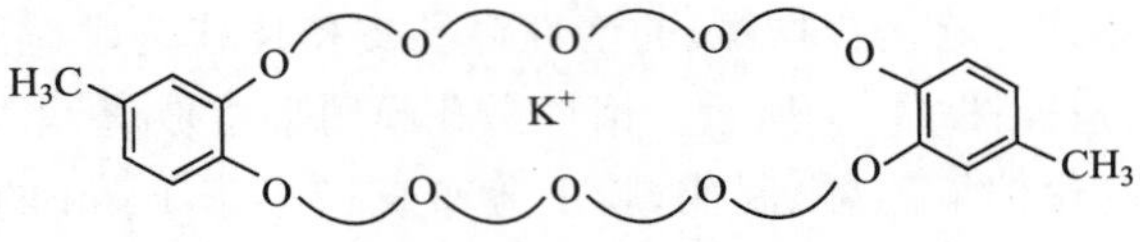

图 14－8 二甲基二苯并 30－冠醚－10－K^+

14.4.3.4 生物电极

生物电极(bioelectrode)是一种将生物化学与电化学分析原理结合而制作成的电极。自从 1962 年，Clark L C 提出酶电极之后，经过 40 多年的不断发展，电极类型大大增多，已成为一个庞大体系。这里仅简单介绍酶电极(enzyme electrode)、离子敏感场效应晶体管(ion selective field-effect transistor，ISFET)电极和组织电极。

1. 酶电极

将生物酶涂布在电极的敏感膜上，通过酶催化作用，使待测物质产生能在该电极上响应的离子或其他物质，来间接测定该物质的方法称为酶电极法。

例如，葡萄糖氧化酶能催化葡萄糖的氧化反应：

$$C_6H_{12}O_6 + O_2 + H_2O \xrightarrow{\text{GOD}} C_6H_{12}O_7 + 2H_2O_2$$

采用氧电极检测试液中氧含量的变化，间接测定葡萄糖的含量。也可以将反应产物 H_2O_2 与定量的 I^- 在 Mo(Ⅵ)的催化下反应：

$$H_2O_2 + 2I^- + 2H^+ \xrightarrow{\text{Mo(VI)}} I_2 + 2H_2O$$

用碘离子电极监测碘离子的变化量，推算出葡萄糖的含量。

由于酶的作用具有很高的选择性，所以酶电极的选择性是相当高的。例如，一些酶电极能分别对葡萄糖、脲、胆固醇、L－谷氨酸以及 L－赖氨酸等生物分子进行检测。

2. 离子敏感场效应晶体管

场效应晶体管电极是一种微电子敏感元件及制造技术与离子选择电极制作及测量方法相结合的高技术电分析方法。它既具有离子选择电极对敏感离子响应的特性，又保留场效应晶体管的性能，是一种具有发展潜力的电极方法。金属－氧化物－半导体场效应晶体管(metal-oxide semiconductor field-effect transistor，MOSFET)的剖示结构见图 14－9(a)，用其制作的 ISFET 装置示意图见图 14－9(b)。

在半导体硅上有一层 SiO_2 栅绝缘层，绝缘层上则为金属栅极，构成金属－

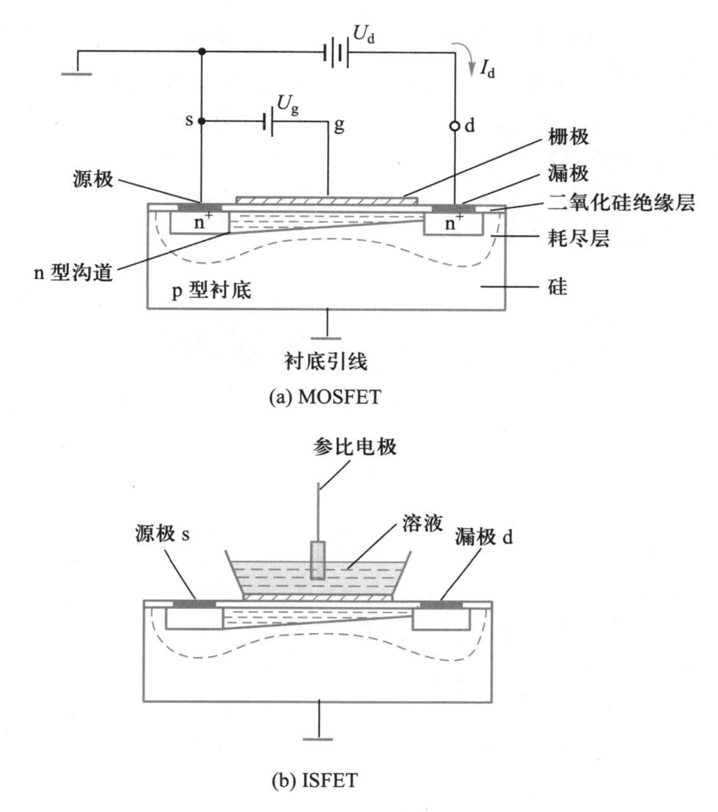

图 14-9 MOSFET 的剖示结构与 ISFET 装置示意图

氧化物-半导体(MOS)组合层。它具有高阻抗转换的特性。如在源极和漏极之间施加电压,电子便从源极流向漏极,即有电流通过沟道。此电流称为漏电流(I_d)。I_d 的大小受栅极与源极间电压(U_g)控制,并为栅压和源极与漏洞电压(U_d)的函数。

如将 MOSFET 的金属栅极去掉而代之以离子选择电极的敏感膜,即成为对离子响应的 ISFET。当它与试液接触并与参比电极组成测量体系时,由于膜与溶液的界面产生膜电位,叠加在栅压上,将引起 MOSFET 漏电流的变化。I_d 与响应离子活度之间具有相似于 Nernst 公式关系,这就是 ISFET 定量分析的基础。

使用时,可以采用保持 U_g,U_d 恒定的方法,测量 I_d 与离子活度的关系,此方法较为简单。也可采用保持 I_d,U_d 恒定的方法,观察 U_g 随离子活度的变化情况,它们之间同样具有 Nernst 公式的关系,此法结果较为精确。

许多用于离子选择电极的敏感膜材料,如各种晶体膜、PVC 膜和酶膜等,都可以作为制作 ISFET 膜的借鉴。固定化在栅极上制成各种离子的响应器件。

ISFET 是全固态器件，体积小，易于微型化和多功能化。它本身具有高阻抗转换和放大功能，集敏感器件与电子元件于一体，因而简化了测试仪表的电路。但其制作工艺比较复杂。应该指出，整个器件除敏感层外，必须绝缘密封，以防止漏电。这类敏感器件响应较快，适用于自勘测和流程分析等体系。

ISFET 已有 pH 电极商品化，称为非玻璃膜 pH 电极，如图 14-10。这种全集成型，只需少量试液滴在敏感膜部分覆盖即可测定。

图 14-10　pH-ISFET 电极

3. 组织电极

以动、植物组织薄片材料作为敏感膜固定化在电极上的器件称为组织电极。此系酶电极的衍生型电极。利用了动植物组织中的天然酶作反应的催化剂，与酶电极比较，组织电极具有如下优点：(1) 酶活性较离析酶高；(2) 酶的稳定性增大；(3) 材料易于获得。

14.5　离子选择电极的性能参数

14.5.1　Nernst 响应斜率、线性范围与检出限

以离子选择电极的电位或电池的电动势对响应离子活度的对数作图，如图 14-11所示，所得曲线称为校准曲线。若这种响应变化服从于 Nernst 方程，则称其为 Nernst 响应。此校准曲线的直线部分所对应的离子活度范围称为离子选择电极响应的线性范围（C—D）。该直线的斜率为电极的实际响应斜率 S，理论斜率为 $59.2/n$(mV)，S 也称级差。当活度很低时，曲线就逐渐弯曲，图中 CD 和 FG 延长线的交点 A 向横坐标轴引垂线相交值为活度 a_i，即为检出限。

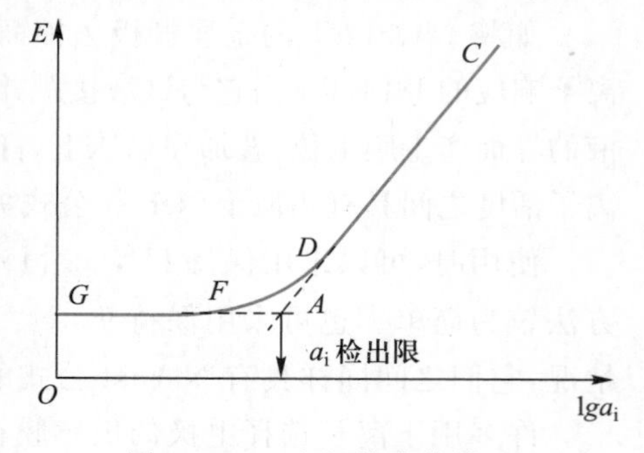

图 14-11　电极校准曲线

14.5.2 电位选择性系数

在同一敏感膜上，可以有多种离子同时进行不同程度的响应，因此，膜电极的响应并没有绝对的专一性，而只有相对的选择性。电极对各种离子的选择性可用电位选择性系数来表示。

当有共存离子时，膜电位与响应离子 A^{z+} 及共存离子 B^{z+} 的活度之间的关系，由 Nicolsky(尼柯尔斯)方程表示：

$$E_M = 常数 + \frac{RT}{nF}\ln(a_A + K_{A,B}^{pot} a_B^{z_A/z_B}) \tag{14-28}$$

式中 $K_{A,B}^{pot}$ 即为电位选择性系数，它表征了共存离子对响应离子的干扰程度。当有多种干扰离子 B^{z+}，C^{z+}，…存在时，式(14-28)可写为

$$E_M = 常数 + \frac{RT}{nF}\ln(a_A + K_{A,B}^{pot} a_B^{z_A/z_B} + K_{A,C}^{pot} a_C^{z_A/z_C} + \cdots) \tag{14-29}$$

从式(14-29)可以看出，电位选择性系数越小，则电极对 A^{z+} 的选择性越高。如果 $K_{A,B}^{pot}$ 为 10^{-2}，表示电极对 A^{z+} 的敏感性为 B^{z+} 的 100 倍。由干扰引起的误差计算公式为

$$误差 = K_{A,B}^{pot} a_B^{z_A/z_B} / a_A \times 100\% \tag{14-30}$$

必须指出，电位选择性系数仅表示某一离子选择电极对各种不同离子的响应能力，它随被测离子活度及溶液条件的不同而异，并不是一个热力学常数，其数值可从手册里查到，也可用 IUPAC 建议的试验方法测定。

混合溶液法测定离子选择性系数是 IUPAC 建议的方法，是在对被测离子与干扰离子共存时，求出选择性系数。它包括固定干扰法和固定主响应离子法。

如采用固定干扰法，先配制一系列含固定活度的干扰离子 B^{z+} 和不同活度的主响应离子 A^{z+} 的标准混合溶液，再分别测定其电位值，然后将电位值对 pa_A 作图。从图 14-12 可见，在校正曲线的直线部分($a_A > a_B$，不考虑 B 离子的干扰)的响应方程为 $E_1 = k^A + S\lg a_A$；在水平线部分，即 $a_A < a_B$，电位值完全由干扰离子决定，则 $E_2 = k^B + S'\lg K_{A,B}^{pot} a_B$，假定 $k^A = k^B$；$S = S'$ 在两直线交点的 M 处，$E_1 = E_2$，假定 A^{z+}，B^{z+} 都为一价离子，由上两式则得

$$K_{A,B}^{pot} = \frac{a_A}{a_B} \tag{14-31}$$

式中 a_A 为交点 M 处对应的活度。对不同价态的离子，$K_{A,B}^{pot}$ 的通式为

$$K_{A,B}^{pot} = \frac{a_A}{a^{z_A/z_B}} \tag{14-32}$$

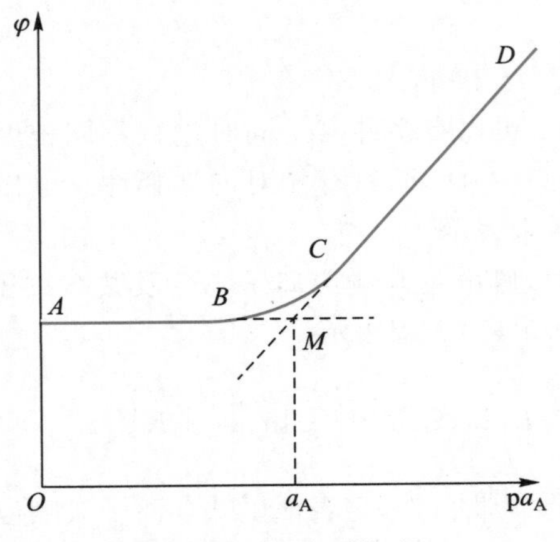

图 14-12 固定干扰法

如采用固定主响应离子法，先配制一系列含固定活度的主响应离子 A^{z+} 和不同活度的干扰离子 B^{z+} 的标准混合溶液，再分别测定电位值。然后将电位值 E 对 $\lg a_B$ 作图，从图中求得 a_B，同样可算出 $K_{A,B}^{pot}$。这种方法可确定离子选择电极适合的 pH 范围。

14.5.3 响应时间

膜电位的产生是由于响应离子在敏感膜表面扩散及建立双电层的结果。电极达到这一平衡的速率，可用响应时间来表示，它取决于敏感膜的结构性质。一般说来，晶体膜的响应时间短，而流动载体膜的响应则涉及表面的化学反应过程而达到平衡慢。此外，响应时间尚与响应离子的扩散速率、浓度、共存离子的种类、溶液温度等因素有关。很明显，扩散速率快，则响应时间短；响应离子浓度低，达到平衡就慢；溶液温度高，响应速率也就加快。响应时间快者以毫秒为单位，慢者甚至需数十分钟。在实际工作中，通常采用搅拌试液的方法来加快扩散速率，缩短响应时间。

IUPAC 将响应时间定义为静态响应时间：从离子选择电极与参比电极一起与试液接触时算起，直至电池电动势达到稳定值（变化在 1 mV 以内）时为止，在此期间所经过的时间，称为实际响应时间。

14.6 定量分析方法

14.6.1 pH 的实用定义及其测量

14.6.1.1 pH 的实用定义

当使用玻璃 pH 电极测量 pH 时，与饱和甘汞电极（参比电极）组成电池。

电池图解式为

$$\underset{\varepsilon_6}{Ag,AgCl} \mid \underset{\varepsilon_5}{\text{内参比液}} \mid \underset{\varepsilon_4}{\text{玻璃膜}} \mid \underset{\varepsilon_3}{\text{试液}} \,\vdots\vdots\, \underset{\varepsilon_2}{KCl(\text{饱和})} \mid \underset{\varepsilon_1}{Hg_2Cl_2,Hg}$$

电动势 $E_{电}$ 由六项 5 个电位差组成的代数和。

在测量时，E_{SCE}，$E_{AgCl/Ag}$，$E_{液接}$，$E_{内}$都为常数，这时有

$$E_{电池}=K-\frac{RT}{F}\ln a_{H} \tag{14-33}$$

室温(25 ℃)下，则有

$$E_{电池}=K+0.0592\ pH \tag{14-34}$$

式中常数项 K 内包括内参比电极电位、膜内相间电位和不对称电位，测量时还包括外参比电极电位与液接电位。这些物理量中有些无法准确测量，并经常发生变化。此外，溶液中存在的所有电解质都会影响被测离子的活度。因此，通常不能由测量到的电动势直接计算溶液的 pH，而必须与标准溶液同时进行测量相比较才能得到结果。

当用该电池测量 pH 标准溶液和未知溶液时，将两电动势方程相减，则有

$$pH_{x}=pH_{s}+\frac{(E_{x}-E_{s})F}{RT\ln 10} \tag{14-35}$$

式中 x 表示未知溶液；s 表示标准溶液。式(14－35)称为 pH 的实用定义。

1. pH 标准溶液的制定

式(14-35)中的 pH_s 是已知的，那它又是怎样确定的呢？IUPAC1988 年建议用一标准法。即采用 BSI(英国)标准，规定 0.05 $mol\cdot kg^{-1}$ 邻苯二甲酸氢钾水溶液在 15 ℃时的 pH=4.000。而在不同温度(t)时的 pH，按下式计算：

$$pH_{s}=4.000+\frac{1}{2}\left(\frac{t-15}{100}\right)^{2} \quad (0<t<55\ ℃) \tag{14-36}$$

$$pH_{s}=4.000+\frac{1}{2}\left(\frac{t-15}{100}\right)^{2}-\frac{t-55}{100} \quad (55<t<95\ ℃) \tag{14-37}$$

此标准一些国家接受使用，另一些国家仍然使用多标准法。

制定 pH 标准溶液的方法严谨，又需大的工作量。可按下述步骤进行：

(1) 建立无液接电池测量有关数据　无液接电池如下：

$Pt \mid H_2(g)$，pH 标准缓冲溶液($mol\cdot kg^{-1}$)，Cl^- ($mol\cdot kg^{-1}$) $\mid AgCl,Ag$

电池电动势为

$$E_{电}=\left(E^{\ominus}_{AgCl/Ag}-\frac{2.303RT}{F}\lg a_{Cl}\right)-\left[E^{\ominus}_{H^+/H_2}-\frac{2.303RT}{F}\lg\frac{(p_{H_2})^{1/2}}{a_{H^+}}\right]$$

$$=E^{\ominus}_{AgCl/Ag}-E^{\ominus}_{H^+/H_2}-\frac{2.303RT}{F}\lg\frac{a_{H^+}a_{Cl^-}}{(p_{H_2})^{1/2}} \quad (14-38)$$

电池反应为

$$AgCl+\frac{1}{2}H_2 \rightleftharpoons Ag+Cl^-+H^+$$

$p_{H_2}=1$ Pa 时，有

$$E_{电}=E^{\ominus}_{AgCl/Ag}-\frac{2.303RT}{F}\lg a_{H^+}a_{Cl^-} \quad (14-39)$$

重排方程：

$$-\lg(a_{H^+}\gamma_{Cl^-})=\frac{(E_{电}-E^{\ominus}_{AgCl/Ag})F}{2.303RT}+\lg b_{Cl^-} \quad (14-40)$$

式中 γ_{Cl^-}，b_{Cl^-} 分别为氯离子活度系数和质量摩尔浓度。配制一系列溶液，测定 b_{Cl^-}，可得一系列相对应的 $-\lg(a_{H^+}\gamma_{Cl^-})$。

(2) 最小二乘法外推计算　用最小二乘法处理上述试验得到的数据，外推在 $b_{Cl^-}=0$ 时的 $-\lg(a_{H^+}\gamma_{Cl^-})^0$，则有

$$pH_s=-\lg a_{H^+}=-\lg(a_{H^+}\gamma_{Cl^-})^0+\lg\gamma^0_{Cl^-} \quad (14-41)$$

式中 $\gamma^0_{Cl^-}$ 无法用试验测定，只有用德拜-休克尔公式计算该活度系数。

(3) 理论公式计算 $\gamma^0_{Cl^-}$　德拜-休克尔公式为：$\lg\gamma=-\frac{A\sqrt{I}}{1+Ba\sqrt{I}}$，因为 A，B，a 都是常数，$\gamma^0_{Cl^-}$ 与此时溶液的离子强度有关，可计算得到。将计算结果代入式(14-41)，可求出 pH_s。

2. Nernst 响应斜率

从表观上看，Nernst 响应斜率仅是温度的函数，温度恒定即为常数。问题是实际工作中，电极的实际响应斜率与理论 Nernst 响应斜率无固定对应关系，上述 pH 实用定义式(14-35)并未考虑这一问题。仪器的响应斜率是按理论值设计的，如果电极的实际响应斜率与测量仪器的有差别，测量的 pH 就会产生误差。例如，仪器设计斜率 60 mV，电极斜率 55 mV，用 $pH_s=3$ 标准溶液定位，测量 pH=5 的溶液，测得 pH=4.83，误差是 0.17 pH 单位。解决这一问题要用双 pH_s 标准校准仪器斜率与电极的相同，即可克服由此引起的误差。

3. 常数 K 的问题

推导实用定义式(14-35)时，设 K 为常数而将其消除，不出现在公式中。实际上，K 中包括的液接电位 $E_{液接}$ 随测量条件变化，不易控制。K 仅是相对的常数。通常液接电位 $E_{液接}$ 引起的误差在 0.01～0.02 个 pH 单位。碱性的试液可达 0.05 个 pH 单位。

14.6.1.2 钠差和酸差

1. 钠差

当测量 pH 较高，尤其 Na^+ 浓度较大的溶液时，测得的 pH 偏低，称为钠差或碱差。每一支 pH 玻璃电极都有一个测定 pH 高限，超出此高限时，钠差就显现了。其原因是：在被测溶液中氢离子活度很低时，电极膜水化层的质子与膜外液层里 Na^+ 交换，Na^+ 可进入膜内，这时的膜电位部分依赖于 Na^+(外液)/Na^+(水化层)的比，响应像个钠电极。当然，质子活度越低，影响就越显著。相对其他离子，钠离子影响最大，同一离子，浓度越高，影响越大。

2. 酸差

当测量 pH 小于 1 的强酸或浓度大的无机盐水溶液，测得的 pH 偏高，称为酸差。引起酸差的原因是：当测定酸度大的溶液时，水的活度变得小于 1，不是常数了。如果是高盐溶液或加少量非水溶剂(如乙醇)，将造成一样的结果。

14.6.1.3 血液的 pH 的测定

美国 NBS 制定了两个测定血液 pH 的标准溶液，分别为一级标准和二级标准。一级标准是 0.008 695 $mol\cdot kg^{-1}$ KH_2PO_4 + 0.030 43 $mol\cdot kg^{-1}$ Na_2HPO_4 的缓冲溶液，其 pH 可在标准 pH 表中查到。进行实际测量时注意以下几点：(1) 保持测量条件与生物体温一致。例如，人体的温度 37 ℃，此时的电极响应理论斜率是 61.5 mV/pH。室温下饱和甘汞电极的盐桥溶液已不再饱和。要弄清测量体系与通常情况下的区别，以便校正。(2) 防止测量时血液吸入或逸出 CO_2，要在隔离空气下进行。(3) 血液容易玷污电极，需用专门的清洗方法。

14.6.2 分析方法

电位法的分析方法包括：直接比较法、校准曲线法、标准加入法等。

14.6.2.1 直接比较法

直接比较法主要用于以活度的负对数 pA 来表示结果的测定，像 pH 的测定。对试液组分稳定，不复杂的试样，使用此法比较适合。如电厂水汽中钠离子浓度的检测。测量仪器通常以 pA 作为标度而直接读出。测量时，先用一、两个标准溶液校正仪器，然后测量试液，即可直接读取试液的 pA 值。

14.6.2.2 校准曲线法

校准曲线法适用于成批量试样的分析。测量时需要在标准系列溶液和试液中加入总离子强度调节缓冲液(TISAB)或离子强度调节液(ISA)。它们有三个方面的作用:首先,保持试液与标准溶液有相同的总离子强度及活度系数;其次,缓冲液可以控制溶液的pH;最后,含有配合剂,可以掩蔽干扰离子。测量时,先配制一系列含被测组分的标准溶液,分别测出电位值,绘制出与被测组分对数浓度的关系曲线,再测出未知试样的电位值,从曲线上查出对数浓度,算得浓度。

14.6.2.3 标准加入法

标准加入法又称为添加法或增量法,由于加入前后试液的性质(组成、活度系数、pH、干扰离子、温度……)基本不变,所以准确度较高。标准加入法比较适合用于组成较复杂及非成批试样的分析。

1. 一次标准加入法

所谓的一次标准加入法是指向被测溶液中只加一次标准溶液。采用此法时,先测定体积为 V_x,浓度为 c_x 的试样溶液的电位值 E_x;然后再向此已测过的试样溶液中加入体积为 V_s,浓度为 c_s 的被测离子的标准溶液,测得电位值 E_1。对一价阳离子,若离子强度一定,按响应方程关系,E_1 与 E_x 的差可表示为

$$E_x = K + S\lg c_x \tag{14-42}$$

$$E_1 = K + S\lg \frac{c_s V_s + c_x V_x}{V_s + V_x} \tag{14-43}$$

$$\Delta E = E_1 - E_x = S\lg \frac{V_x c_x + V_s c_s}{c_x (V_x + V_s)} \tag{14-44}$$

取反对数,有

$$10^{\Delta E/S} = \frac{V_x c_x + V_s c_s}{c_x (V_x + V_s)} \tag{14-45}$$

重排,则

$$c_x = \frac{V_s c_s}{(V_x + V_s) 10^{\Delta E/S} - V_x}$$

若 $V_x \gg V_s$,则有

$$c_x = \frac{V_s c_s}{V_x (10^{\Delta E/S} - 1)} = \Delta c (10^{\Delta E/S} - 1)^{-1} \tag{14-46}$$

式中 $\Delta c = \frac{V_s c_s}{V_x}$。式(14-46)为一次加入标准法公式。

如果采用试样加入法,即向一定体积已知浓度的标准溶液中加入一次一定体积的试样溶液,同样可推得公式如下:

$$c_x = c_s \frac{V_s + V_x}{V_x}\left(10^{\Delta E/S} - \frac{V_s}{V_x + V_s}\right) \tag{14-47}$$

上述式(14－42)、式(14－44)中,S 为电极的实际响应斜率,可从标准曲线的斜率求出,也可使用最小二乘法算出。再是做这样一个试验,即用空白溶液稀释已测得 E_x 的试样溶液恰好一倍,然后测出 $E_{稀}$,按 Nernst 方程可算得:$S = \frac{|E_{稀} - E_x|}{\lg 2} = \frac{|\Delta E|}{0.30}$,如果 S 在 55～60,ΔE 应在 16.5～18。

例 14.1　用钙离子电极测定血清中的 Ca^{2+},测得试样的 $E_x = -217.6$ mV,在此 2.00 mL试样中,加入浓度为 2 000 μg·mL^{-1} 的钙离子标准溶液 100 μL,测得 $E_1 = -226.8$ mV。设电极的实际响应斜率 $S = 59.2/2$,计算试样中 Ca^{2+} 的含量。

解:对钙离子电极:　$E_{Ca^{2+}} = K + 29.6\lg[Ca^{2+}]$

试样加入标准后,有　$\Delta c = 2\,000\ \mu g \cdot mL^{-1} \times 0.100\ mL/2.1\ mL = 95.2\ \mu g \cdot mL^{-1}$

试样测定 E_x:　$-217.6\ mV = K - 29.6\lg c_x$

加标后测定 E_1:　$-226.8\ mV = K - 29.6\lg(c_x + 95.2)$

$E_1 - E_x$:　$-9.2\ mV = -29.6\lg(c_x + 95.2) + 29.6\lg c_x$

重排计算,有

$$\lg[c_x/(c_x + 95.2)] = -9.2/29.6 = -0.31$$

则有

$$\frac{c_x}{c_x + 95.2} = 10^{-0.31} = 0.489\,8$$

$$c_x = (0.489\,8 \times 95.2/0.510)\ \mu g \cdot mL^{-1} = 91.4\ \mu g \cdot mL^{-1}$$

如果用一次加入标准公式,则

$$c_x = 95.2 \times (10^{9.2/29.6} - 1)^{-1}\ \mu g \cdot mL^{-1}$$
$$= 95.2 \times (2.05 - 1)^{-1}\ \mu g \cdot mL^{-1} = 90.7\ \mu g \cdot mL^{-1}$$

二者产生的相对误差是

$$相对误差 = -0.7/90.7 \times 100\% = -0.77\%$$

2. 连续标准加入法

在测量过程中连续多次向一杯测量溶液中加入标准溶液,根据一系列的 E 值对相应的 V_s 值作图来求得结果的方法。该法的准确度较一次标准加入法高。

基本原理:将式(14－43)重排,得到

$$(V_x + V_s)10^{E/S} = (c_s V_s + c_x V_x)10^{K/S} \tag{14-48}$$

以 E 对 V_s 作图得一直线,如图 14－12 所示,直线与横坐标相交时,即有$(V_x + V_s)10^{E/S} = 0$,方程的另一边是:$c_s V_s + c_x V_x = 0$,则试样中的被测物含量为

$$c_x = -\frac{c_s V_s}{V_x} \tag{14-49}$$

式中 c_s 可从图 14-13 中直线与横坐标交点处得到，是一个负值。依据这一原理在计算机上用 Excel 等工具软件可方便制图和计算。

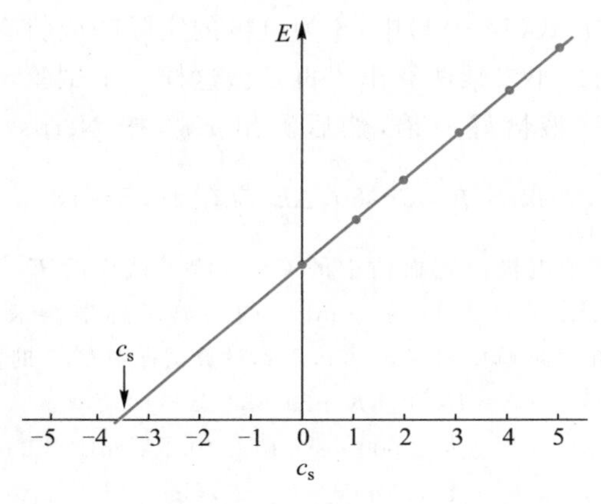

图 14-13 连续标准加入法

14.6.3 电位法的方法误差

在电位法中，由电池电动势的测量引起的误差，可计算如下：

$$E_{电池}=K+\frac{RT}{zF}\ln a=K'+\frac{RT}{zF}\ln c \tag{14-50}$$

微分式(14-50)得

$$\mathrm{d}E_{电池}=\frac{RT}{nF}\frac{\mathrm{d}c}{c}$$

也可表示为

$$\Delta E=\frac{RT}{nF}\Delta c/c$$

25 ℃时，有

$$\frac{\Delta c}{c}=\frac{nF}{RT}\Delta E\approx 3\ 900n\Delta E\%$$

由此可知，仪器的电位误差与电极电位测量的误差和离子价数有关，与测定体积和被测离子浓度无关。对于一价离子，$\Delta E=\pm 1$ mV，则浓度相对误差可达 ±4%，对于二价离子，则误差高达 ±8%。如果 $\Delta E=\pm 0.1$ mV，对于一价离子，误差为 ±0.4%；对于二价离子，误差为 ±0.8%。也就是说，仪器的电位读数精度越高、稳定性越好，才能保证有好的测量结果。

14.7 电位滴定法

电位滴定法与电位法一样，以指示电极、参比电极及试液组成测量电池。所不同的是电位滴定法要加滴定剂于测量电池溶液里。电位法依赖于 Nernst 方程来确定被测定物质的量，而电位滴定法不依赖。而与普通滴定分析却相同，依赖于物质相互反应量的关系。

电位滴定法的电位变化代替了经典滴定法指示剂的颜色变化确定终点。这使其测量的准确度和精度都有了相当的改善，大大拓宽了应用范围。如有色和混浊溶液的分析，指示剂法就比较困难，电位滴定法不受限制。电位滴定法化学计量点和终点选在重合位置，不存在终点误差。

14.7.1 滴定终点的确定

滴定反应发生时，在化学计量点附近，由于被滴定物质的浓度发生突变，指示电极的电位随之产生突跃。由此即可确定滴定终点。测得的电池电动势 $E_{电池}$（或指示电极的电位 E）对滴定剂体积 V 作图，即得图 14－14(a)的滴定曲线。一般来说，曲线突跃范围的中点，即为化学计量点。如果突跃范围太小，变化不明显，可作一级微分滴定。图 14－14(b)即 $\Delta E/\Delta V$ 对 V 的曲线，其上的极大值对应滴定终点。也可作二级微分，即绘 $\Delta^2 E/\Delta V^2$ 对 V 的曲线图，如图14－14(c)所示。图中 $\Delta^2 E/\Delta V^2$ 等于零的点即滴定终点。

自动电位滴定法的滴定终点是根据预设的终点电动势值来确定终点。依据是事先滴定标准溶液，从其滴定曲线的化学计量点电动势值设定被测未知试样终点电动势值。

一台现代自动电位滴定仪至少可做：(1) 自动控制滴定终点，当到达终点时，即自动关闭滴定装置，显示滴定剂用量，给出测定结果；(2) 能自动记录滴定曲线，经自动运算后显示终点滴定剂的体积及结果，并能存储滴定曲线数据供调用；(3) 记录的数据有通用性，容易传递到普通计算机用软件工具处理。

14.7.2 滴定反应类型及指示电极的选择

电位滴定的反应类型与普通滴定分析完全相同。滴定时，应根据不同的反应选择合适的指示电极。原则是电极指示的变化物质必须是直接参加或间接参加滴定反应的物质。

(1) 酸碱反应可用 pH 玻璃电极作指示电极。

(2) 氧化还原反应在滴定过程中，溶液中氧化态和还原态的浓度比值发生变化，可采用零类电极作指示电极，一般都用铂电极。

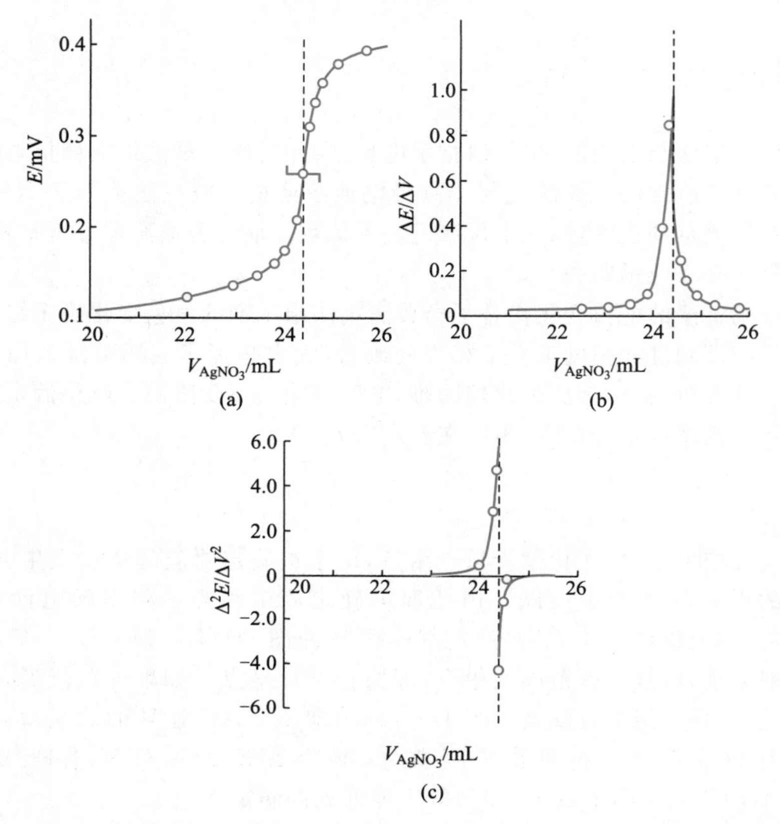

图 14-14 用 0.100 0 $mol \cdot L^{-1}$ $AgNO_3$ 溶液滴定 2.433 $mmol \cdot L^{-1}$ Cl^- 溶液的电位滴定曲线

(3) 沉淀反应滴定可根据不同的沉淀反应,选用不同的指示电极。例如,用硝酸银溶液滴定卤素离子,在滴定过程中,卤素离子浓度发生变化,可用银电极来指示。目前更多采用相应的卤素离子选择电极作指示电极。以碘离子选择电极作指示电极,可用硝酸银溶液连续滴定氯、溴和碘离子。

(4) 配位反应用 EDTA 进行电位滴定时,可以采用两种类型的指示电极。一种是应用于个别反应的指示电极,如用 EDTA 滴定铁离子时,可用铂电极(体系中加入亚铁离子)为指示电极。又如,滴定钙离子时,则可用钙离子选择电极作指示电极。另一种能够指示多种金属离子的电极,称为 pM 电极,这是在试液中加入 Hg-EDTA 配合物,然后用汞电极作指示电极。当用 EDTA 滴定某金属离子时,溶液中游离汞离子浓度受游离 EDTA 浓度的制约,而游离 EDTA 的浓度又受该被滴定离子的浓度约束,所以汞电极的电位可以指示溶液中游离 EDTA的浓度,间接反应被测金属离子浓度的变化。

14.8 电位分析仪器

14.8.1 电位计(酸度计)的类型

由于现代电子数字技术的飞速发展，各种各样的电位计琳琅满目。主要有三种类型：笔式、袖珍式和台式，如图 14−14 所示。图中袖珍式连接的 pH 电极是敏感场效应晶体管。只要少量试样滴在敏感膜上覆盖就可测定。

14.8.2 电位计的读数精度和输入阻抗

图 14−15 所示的三种电位计(酸度计)使用的场地不同，达到的读数精度也不一样。图中笔式、袖珍式精度为 0.01 pH 单位，台式为 0.001 pH 单位。对 mV 档的精度，一般仪器为 0.1 mV，精密的为 0.01 mV。

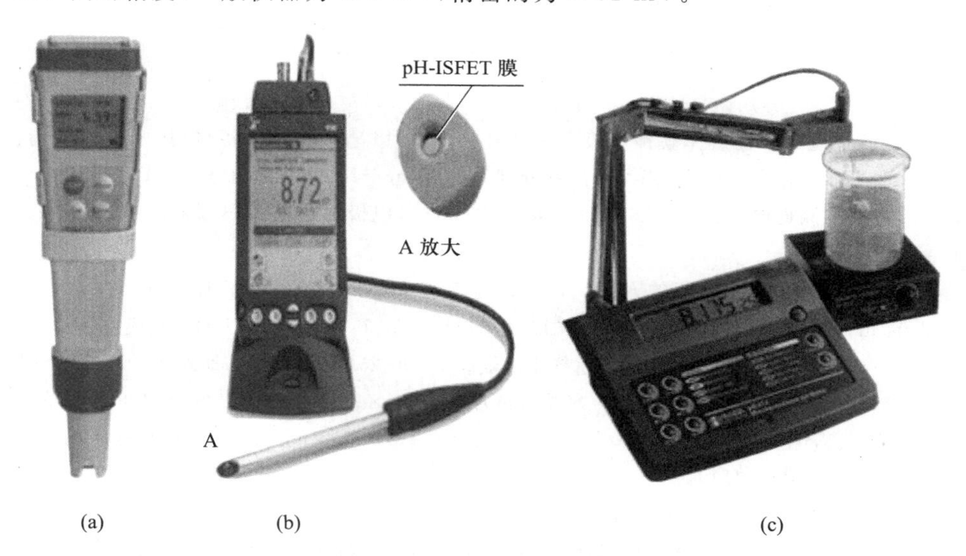

图 14−15 笔式、袖珍式和台式电位计(酸度计)

输入阻抗是电位计(酸度计)最重要的参数，要求应不小于 10^{12} Ω。因为高输入阻抗的仪器才能与高电阻的电极相匹配。玻璃膜的电阻高达 10^8 Ω，如果要测量误差小于 1‰，仪器输入阻抗要大于 10^{11} Ω。测量误差可按下式估算：

$$测量误差=\frac{R_{电极}}{R_{电极}+R_{输入}}\times 100\% \qquad (14-51)$$

如果 $R_{电极}=10^8$ Ω，要得到误差≤1‰，可算得 $R_{输入}\geqslant 10^{11}$ Ω。假如有一台精密电

位计，输入阻抗为 10^{12} Ω，当测量电压为 1.000 0 V 时，流过电池回路的电流小至 1 pA。也就是说，输入阻抗越高，流过测量电池回路的电流就越小。趋于等于零，就达到了测量零电流的原则。

思考、练习题

14-1 电位分析法可以分成哪两种类型？依据的定量原理是否一样？它们各有何特点？

14-2 画出氟离子选择电极的基本结构图，并指出各部分的名称。

14-3 为什么说 ISFET 电极具有大的发展潜力？

14-4 何谓 pH 玻璃电极的实用定义？如何精确测量 pH？

14-5 何谓 ISE 的电位选择系数？写出有干扰离子存在下的 Nernst 方程表达式。

14-6 电位滴定的终点确定有哪几种方法？

14-7 计算下列电池的电动势，并标明电极的正负：

$$\mathrm{Ag, AgCl}\left|\begin{matrix}0.100\ \mathrm{mol\cdot L^{-1}\ NaCl}\\1.00\times10^{-3}\ \mathrm{mol\cdot L^{-1}\ NaF}\end{matrix}\right|\mathrm{LaF_3}\ \text{单晶膜}|0.100\ \mathrm{mol\cdot L^{-1}KF}\ \vdots\vdots\ \mathrm{SCE}$$

已知：$E^{\ominus}_{\mathrm{AgCl/Ag}}=0.222$ V，$E_{\mathrm{SCE}}=0.244$ V。

14-8 冠醚中性载体膜钾电极和饱和甘汞电极（以醋酸锂为盐桥）组成测量电池为：K^+-ISE | 测量溶液 | SCE。当测量溶液分别为 0.01 mol·L^{-1} KCl 溶液和 0.010 0 mol·L^{-1} NaCl 溶液时，测得电动势为 −88.8 mV 和 58.2 mV，若电极的响应斜率为 58.0 mV/pK 时，计算 $K^{\mathrm{pot}}_{K^+,Na^+}$。

14-9 氯离子选择电极的 $K^{\mathrm{pot}}_{Cl^-,CrO_4^{2-}}=2.0\times10^{-3}$ mol·L^{-1}，当它用于测定 pH 为 6.0 且含有 0.01 mol·L^{-1} K_2CrO_4 溶液中的 5.0×10^{-4} mol·L^{-1} 的 Cl^- 时，估计方法的相对误差有多大？

14-10 用氟离子选择电极测定水样中的氟离子。取 25.00 mL 水样，加入 25.00 mLTISAB 溶液，测得电位值为 −0.137 2 V(vs.SCE)；再加入 1.00×10^{-3} mol·L^{-1} 的氟离子标准溶液 1.00 mL，测得电位值为 −0.117 0 V，电位的响应斜率为 58.0 mV/pF。计算水样中的氟离子浓度（需考虑稀释效应）。

14-11 某 pH 计的标度每改变一个 pH 单位，相当于电位的改变为60 mV。今欲用响应斜率为 50 mV/pH 的玻璃电极来测定 pH 为 5.00 的溶液，采用 pH 为 2.00 的标准溶液来标定，测定结果的绝对误差为多大？

14-12 设某 pH 玻璃电极的内阻为 100 MΩ，响应斜率为 59 mV/pH，测量时通过电池回路的电流为 10^{-11} A，试计算因压降所产生的测量误差相当于多少 pH 单位？

14-13 为了测定 Cu(Ⅱ)-EDTA(CuY^{2-})配合物的稳定常数 $K_{稳}$，组装了下列电池：Cu | CuY^{2-} (1.00×10^{-4} mol·L^{-1})，Y^{4-} (1.00×10^{-2} mol·L^{-1}) ⋮⋮ SCE。测得该电池的电动势为 0.277 V，请计算配合物的 $K_{稳}$。

14-14 今有 4.00 g 牙膏试样，用 50 mL 柠檬酸缓冲溶液（同时还含有 NaCl）煮沸以得到游离态的氟离子，冷却后稀释至 100 mL。取 25 mL，用氟离子选择电极测得电极电位为 −0.182 3 V，加入 1.07×10^{-3} mg·L^{-1} 的氟离子标准溶液 5.0 mL 后电位值为 −0.244 6 V，请问牙膏试样中氟离子的质量分数是多少？

14－15　将一钠离子选择电极和一饱和甘汞电极组成电池，测量活度为 0.100 $mol \cdot L^{-1}$ 的 NaCl 溶液时，得到电动势 67.0 mV；当测量相同活度的 KCl 溶液时，得到电动势为113.0 mV。

（1）试求选择性系数；

（2）若将电极浸在含 NaCl($a=1.00\times10^{-3}$ $mol \cdot L^{-1}$)和 KCl($a=1.00\times10^{-2}$ $mol \cdot L^{-1}$)的混合溶液中，测得的电动势将为何值？

14－16　在下列组成的电池形式中：I^- 选择电极｜测量电极 ¦¦ SCE，用0.1 $mol \cdot L^{-1}$ 的 $AgNO_3$ 溶液滴定 5.00×10^{-3} $mol \cdot L^{-1}$ 的 KI 溶液。已知，碘电极的响应斜率为 60.0 mV/pI。请计算滴定开始和终点时的电动势。

14－17　用 pH 玻璃电极作指示电极，以 0.2 $mol \cdot L^{-1}$ 氢氧化钠溶液电位滴定 0.02 $mol \cdot L^{-1}$ 苯甲酸溶液。从滴定曲线上求得终点时溶液的 pH 为 8.22。二分之一终点时溶液的 pH 为 4.18，试计算苯甲酸的解离常数。

14－18　用 0.1 $mol \cdot L^{-1}$ 硝酸银溶液电位滴定 0.005 $mol \cdot L^{-1}$ 碘化钾溶液，以全固态晶体膜碘电极为指示电极，饱和甘汞电极为参比电极。如果碘电极的响应斜率为 60.0 mV，计算滴定开始时和计量点时的电池电动势。并指出碘电极的正负。

14－19　采用下列反应进行电位滴定时，应选用什么指示电极？并写出滴定方程式。

（1）$Ag^+ + S^{2-} \rightleftharpoons$　　（2）$Ag^+ + CN^- \rightleftharpoons$

（3）$NaOH + H_2C_2O_4 \rightleftharpoons$　　（4）$Fe(CN)_6^{3-} + Co(NH_3)_6^{2+} \rightleftharpoons$

（5）$Al^{3+} + F^- \rightleftharpoons$　　（6）$H^+ +$ 吡啶(N) $\rightleftharpoons$

（7）$K_4Fe(CN)_6 + Zn^{2+} \rightleftharpoons$　　（8）$H_2Y^{2-} + Co^{2+} \rightleftharpoons$

参考资料

扫一扫查看

第15章　电解和库仑法

15.1　概论

电解分析(electrolytic analysis)包括两种方法：一是利用外电源将被测溶液进行电解，使欲测物质能在电极上析出，然后称量析出物的质量，计算出该物质在试样中的含量，这种方法称为电重量分析法(electrogavimetry)；二是使电解的物质由此得以分离，而称为电分离分析法(electrolytic separation)。

库仑分析法(coulometry)是在电解分析法的基础上发展起来的一种分析方法。它不是通过称量电解析出物的质量，而是通过测量被测物质在100%电流效率下电解所消耗的电荷量来进行定量分析的方法，定量依据是Faraday定律。

电重量分析法比较适合高含量物质测定，而库仑分析法即使用于痕量物质的分析，仍然具有很高的准确度。库仑分析法，与大多数其他仪器分析方法不同，在定量分析时不需要基准物质和标准溶液，是电荷量对化学量的绝对分析方法。

15.2　电解分析的基本原理

15.2.1　电解

在一杯酸性的$CuSO_4$溶液中，插入两支铂片电极，再将一可调压直流电源的正、负极分别与两铂电极连接，调节可变电阻，使溶液中有电流通过(图15-1)。可以观察到，在正极上有气泡逸出，负极慢慢变色。这实质是在电极上发生了化学反应。这一过程称为电解，而电解的装置叫电解池。对于$CuSO_4$溶液，发生在正铂电极的反应是氧化反应，即

$$2H_2O \longrightarrow 4H^+ + O_2\uparrow + 4e^-$$

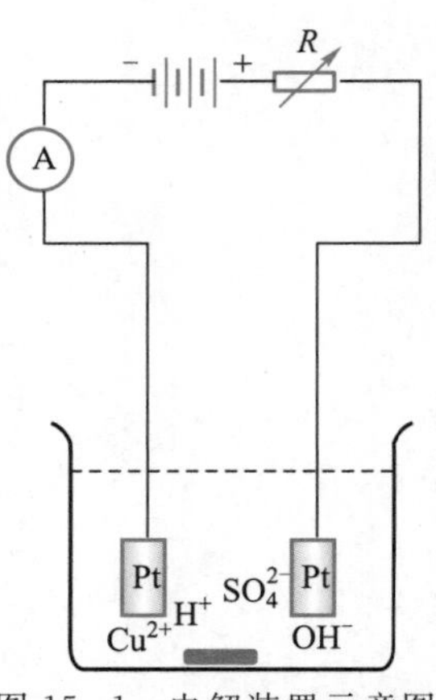

图15-1　电解装置示意图

发生在负铂电极的反应是还原反应，即

$$Cu^{2+} + 2e^- \longrightarrow Cu$$

IUPAC 定义，发生氧化反应的电极为阳极，而发生还原反应的电极为阴极。也就是说，电解池的正极为阳极，它与外电源的正极相连，电解时阳极上发生氧化反应；电解池的负极为阴极，它与外电源的负极相连，电解时阴极上发生还原反应。

15.2.2 分解电压和析出电位

当一直流电通过电解溶液时，水溶液中除了电解质的离子外，还有由水解离出来的氢离子和氢氧根离子。换句话说，水溶液中存在着两种或两种以上的阳离子和阴离子。究竟哪一种离子先发生电极反应，不仅与其在电动序中的相对位置有关，也与其在溶液中的浓度有关，在某些情况下还与构成电极的材料有关。

在铂电极上电解硫酸铜溶液，当外加电压较小时，不能引起电极反应，几乎没有电流或只有很小电流通过电解池。如继续增大外加电压，电流略微增加，直到外加电压增加至某一数值后，通过电解池的电流明显变大。这时电极上发生明显的电解现象。如果以外加电压 $U_{外}$ 为横坐标，通过电解池的电流 i 为纵坐标作图，可得如图 15－2 所示的 $i-U_{外}$ 曲线。图中 1 线对应的电压为引起电解质电解的最低外加电压，称为该电解质的“分解电压”。分解电压是对电解池而言，如果只考虑单个电极，就是“析出电位”。分解电压（$U_{分}$）与析出电位（$E_{析}$）的关系是

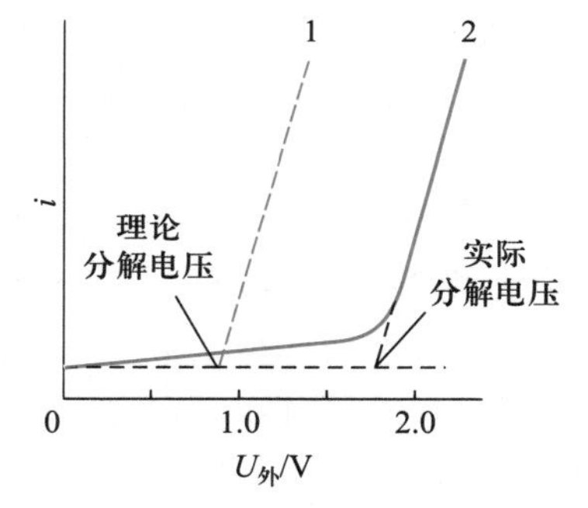

图 15－2 电解 Cu^{2+} 的 $i-U_{外}$ 曲线

1—理论曲线；2—实测曲线

$$U_{分} = E_{阳析} - E_{阴析} \tag{15-1}$$

很明显，要使某一物质在阴极上析出，产生迅速的、连续不断的电极反应，阴极电位必须比析出电位更负（即使是很微小的数值）。同样，如在阳极上氧化析出，则阳极电位必须比析出电位更正。在阴极上，析出电位越正者，越易还原；在阳极上，析出电位越负者，越易氧化。通常，在电解分析中只需考虑某一工作电极的情况，因此析出电位比分解电压更具有实用意义。

如果将正在电解的电解池的电源切断，这时外加电压虽已经除去，但电压表上的指针并不回到零，而向相反的方向偏转，这表示在两电极间仍保持一定的电位差。这是由于在电解作用发生时，阴极上镀上了金属铜，另一电极则逸出氧。金属铜和溶液中的 Cu^{2+} 组成一电对，另一电极则成了 O_2 电极。当把这两电极

连接时，形成一个原电池，此原电池的反应方向是由两电极上反应物质的电极电位大小决定的。该电池上发生的反应是

负极：　　$Cu-2e^- \longrightarrow Cu^{2+}$

正极：　　$O_2+4H^++4e^- \longrightarrow 2H_2O$

反应方向刚好与电解反应的相反。可见，电解时产生了一个极性与电解池相反的原电池，其电动势称为“反电动势”($E_反$)。因此，要使电解顺利进行，首先要克服这个反电动势。至少要使

$$U_分=E_反 \tag{15-2}$$

才能使电解发生。而

$$E_反=E_{阳平}-E_{阴平} \tag{15-3}$$

可见，分解电压等于电解池的反电动势，而反电动势则等于阳极平衡电位与阴极平衡电位之差。所以对可逆电极过程来说，分解电压与电池的电动势对应，析出电位与电极的平衡电位对应，它们可以根据 Nernst 公式进行计算。

15.2.3 过电压和过电位

对于电解 1.0 mol·L^{-1} $CuSO_4$ 溶液，其 $U_分$ 不是 0.89 V，而是 1.49 V。这个 1.49 V 是实际分解电压 $U'_分$(见图 15-2 中 2 线切线交点处)。这个 $U'_分$ 比 $U_分$ 大，有两个原因，一是由于电解质溶液有一定的电阻，欲使电流通过，必须用一部分电压克服 iR(i 为电解电流，R 为电解回路总电阻)降，一般这是很小的；二是主要用于克服电极极化产生的阳极反应和阴极反应的过电位($\eta_阳$ 和 $\eta_阴$)。可见，$U'_分$ 为

$$U'_分=U_分+\eta_阳-\eta_阴+iR \tag{15-4}$$

如果忽略 iR 降，代入平衡电位，式(15-4)即可表示为

$$\begin{aligned} U'_分&=(E_{阳平}+\eta_阳)-(E_{阴平}+\eta_阴) \\ &=(E_{阳平}-E_{阴平})+(\eta_阳-\eta_阴) \end{aligned} \tag{15-5}$$

此方程式称为电解方程。

因此，电解 1 mol·L^{-1} $CuSO_4$ 溶液时，需要外加电压 $U_分=1.49$ V，而不是 $U_分=0.89$ V，多加的 0.60 V，就是用于克服 iR 电位降和由于极化产生的阳极反应和阴极反应的过电位。

过电位可分为浓差过电位和电化学过电位两类，前者是由浓差极化产生的，后者是由电化学极化产生的。电化学极化是由电化学反应本身的迟缓性所引起

的。一个电化学过程实际上由许多分步过程所组成，其中最慢一步对整个电极过程的速率起决定性的作用。在许多情况下，电极反应这一步的速率很慢，需要较大的活化能。因此，电解时为使反应能顺利进行，对阴极反应而言，必须使阴极电位比其平衡电位更负一些；对阳极反应而言，则必须使阳极电位比其平衡电位更正一些。这种由于电极反应引起的电极电位偏离平衡电位的现象，称为电化学极化。电化学极化伴随产生过电位。

过电位的大小与许多因素有关，但主要有以下几方面：

(1) 电极材料和电极表面状态；(2) 析出物质的形态；(3) 电流密度；(4) 温度，通常过电位随温度升高而降低，例如，温度每升高 10 ℃，氢的过电位降低20～30 mV。

15.2.4 电解析出离子的次序及完全程度

用电解法分离某些物质时，必须首先考虑的是各种物质析出电位的差别。如果两种离子的析出电位差越大，被分离的可能性就越大。在不考虑过电位的情况下，往往先用它们的标准电位值作为判别的依据。例如，电解 Ag^+ 和 Cu^{2+} 的混合溶液，它们的标准电位分别是 $E^{\ominus}_{Ag^+/Ag}=0.799\ V$ 和 $E^{\ominus}_{Cu^{2+}/Cu}=0.337\ V$，差别比较大，故可认为能将它们分离。而对于铅和锡，$E^{\ominus}_{Pb^{2+}/Pb}=-0.126\ V$ 和 $E^{\ominus}_{Sn^{2+}/Sn}=-0.136\ V$，则不易分离。

例 15.1 今有含 2.0 $mol\cdot L^{-1}\ Cu^{2+}$ 和 0.01 $mol\cdot L^{-1}\ Ag^+$ 的混合溶液，若采用铂电极进行电解，在阴极上哪个离子先析出？这两种离子是否可以完全分离？

解：铜初始析出电位是

$$\begin{aligned}E_{Cu^{2+}/Cu}&=E^{\ominus}_{Cu^{2+}/Cu}+\frac{0.059\,2}{2}\lg 2\\&=(0.337+0.008\,9)\,V=0.346\ V\end{aligned}$$

银初始析出电位是

$$\begin{aligned}E_{Ag^+/Ag}&=E^{\ominus}_{Ag^+/Ag}+\frac{0.059\,2}{1}\lg 0.01\\&=(0.799-0.118)\,V=0.681\ V\end{aligned}$$

因为银的析出电位较铜的为正，故银先在阴极上还原析出。

随着电解的进行，Ag^+ 浓度逐渐降低，阴极电位亦将随之变化，改变的数值可计算如下。假如 Ag^+ 的浓度降至原浓度的 0.01%时，可认为 Ag^+ 已析出完全，此时的电极电位为

$$\begin{aligned}E_{Ag^+/Ag}&=E^{\ominus}_{Ag^+/Ag}+\frac{0.059\,2}{1}\lg 10^{-6}\\&=(0.799-0.355)\ V=0.444\ V\end{aligned}$$

可见，此时 Ag^+ 的电极电位仍较 Cu^{2+} 的电极电位要正，即 Ag^+ 电解阴极析出完全时，Cu^{2+} 尚未电解析出。故可认为 Ag^+，Cu^{2+} 能完全分离。

通常，对于分离两种共存的一价离子，它们的析出电位相差在0.30 V以上时，可认为能完全分离；两种共存的二价离子，它们的析出电位相差在0.15 V以上时，即可达到分离的目的。这只是相对的，如果要求高，析出电位差就要加大。

在电解分析中，有时利用所谓"电位缓冲"的方法来分离各种金属离子。这种方法就是在溶液中加入各种去极化剂。由于他们的存在，限制阴极（或阳极）的电位变化，使电极电位稳定于某值不变。这种去极化剂在电极上的氧化或还原反应并不影响沉积物的性质，但可以防止电极上发生其他的反应。

例如，在铜电解时，阴极若有氢气析出，会使铜的淀积不好。但是若有 NO_3^- 存在，就可以防止 H^+ 的还原。由于阴极电位变负时，NO_3^- 比 H^+ 先在电极上还原产生 NH_4^+，而 NH_4^+ 因不会在阴极上淀积，也不会影响铜镀层的性质。因此，铜的电解应在硝酸介质中进行。另外，若溶液中还存在有 Ni^{2+} 及 Cd^{2+}，它们亦不会在阴极上还原析出，因为大量的 NO_3^- 存在，使得在一定的时间内，电极电位稳定于 NO_3^- 的还原反应的电位。NO_3^- 在阴极上的还原反应为

$$NO_3^- + 10H^+ + 8e^- \longrightarrow NH_4^+ + 3H_2O$$

这个 NO_3^- 就是所谓的电位缓冲剂。

15.3 电解分析方法及其应用

15.3.1 控制电流电解法

控制电流电解法一般是指恒电流电解法，它是在恒定的电流条件下进行电解，然后直接称量电极上析出物质的质量来进行分析。这种方法也可用于分离。

控制电流电解法是用直流电源作为电解电源。加于电解池的电压，可用可变电阻器加以调节，并由电压表指示电压值。通过电解池的电流则可从电流表读出。电解池中，一般用铂网作阴极，螺旋形铂丝作阳极并兼作搅拌之用。

电解时，通过电解池的电流是恒定的。一般说来，电流越小，析出的镀层越均匀，但所需时间就越长。在实际工作中，一般控制电流为0.5～2 A。恒电流电解法仪器装置简单，准确度高，方法的相对误差小于0.1%，但选择性不高。本法可以分离电动序中氢以上与氢以下的金属离子。电解时，氢以下的金属先在阴极上析出，继续电解，就析出氢气。所以，在酸性溶液中，氢以上的金属就不能析出，而应在碱性溶液中进行。

恒电流电重量法可以测定的金属元素有：锌、铜、镍、锡、铅、铜、铋、锑、汞及银等，其中有的元素须在碱性介质中或配位剂存在的条件下进行电解。目前该方法主要用于精铜产品的鉴定和仲裁分析。

15.3.2 控制电位电解法

控制电位电解法是在控制阴极或阳极电位为一恒定值的条件下进行电解的方法。如果溶液中有A,B两种金属离子存在,它们电解时的电流与阴极电位的关系曲线如图15-3所示。图中a,b两点分别代表A,B离子的阴极析出电位。若控制阴极电位电解时,使其负于a而正于b,如图中d点的电位,则A离子能在阴极上还原析出而B离子则不能,从而达到分离B离子的目的。

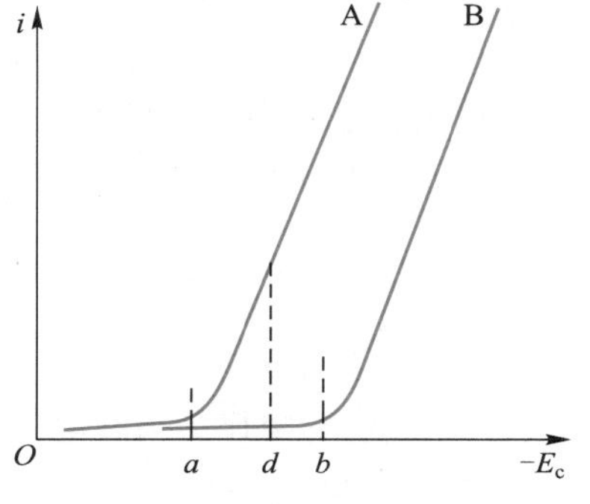

图15-3 控制电位与析出电位的关系

在控制电位电解过程中,被电解的只有一种物质。由于电解开始时该物质的浓度较高,所以电解电流较大,电解速率较快。随着电解的进行,该物质的浓度越来越小,因此,电解电流也越来越小。当该物质被全部电解析出后,电流就趋近于零,说明电解完成。电流与时间的关系如图15-4所示。

电解时,如果仅有一种物质在电极上析出,且电流效率100%,则

$$i_t = nAFD\frac{c_t}{\delta} \tag{15-6}$$

$$dQ_t = nFV dc_t \tag{15-7}$$

又因为$i_t = dQ_t/dt$,所以有

$$i_t = i_0 10^{-kt} \tag{15-8}$$

$$k = 26.1\frac{DA}{V\delta} \tag{15-9}$$

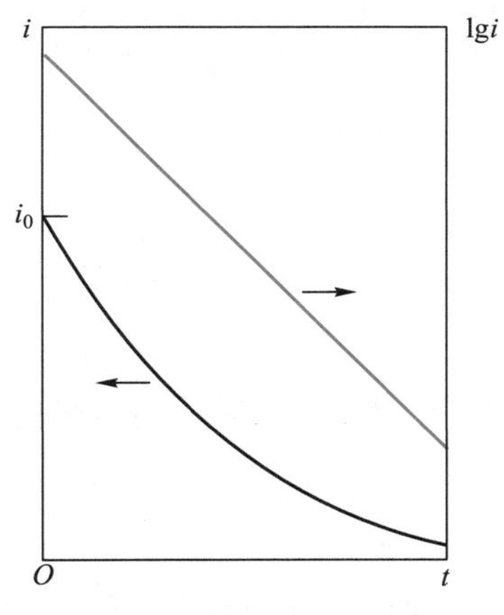

图15-4 电流与时间的关系

黑色线—$i-t$;蓝色线—lg$i-t$

式中i_0为开始电解时的电流;i_t为时间t时的电流;k为常数,与电极和溶液性质等因素有关;D为扩散系数($cm^2 \cdot s^{-1}$);A为电极表面积(cm^2);V为溶液体积(cm^3);δ为扩散层的厚度(cm);常数26.1中已包括将D单位转换为$cm^2 \cdot min^{-1}$的换算因子60在内。式(15-8)中的t则以min为单位。D和δ的数值一般分别为$10^{-5}\, cm^2 \cdot s^{-1}$和$2\times10^{-3}$ cm。由式(15-8)和式(15-9)可知,若要缩短电解时间,则应增大k值,这就要求电极表面积要大,溶液的体积要小,升高溶液的温度及有效的搅拌可以提高扩散系数和降低扩散层厚度。

控制电位电解法的主要特点是选择性高，可用于分离并测定银（与铜分离）、铜（与铋、铅、银、镍等分离）、铋（与铅、锡、锑等分离）、镉（与锌分离）等。

15.4 库仑分析法

根据电解过程中所消耗的电荷量来求得被测物质含量的方法，称为库仑分析法。库仑分析法也可以分为控制电位库仑分析法与控制电流库仑分析法两种。

15.4.1 Faraday 电解定律

Faraday 电解定律是指在电解过程中电极上所析出的物质的量与通过电解池的电荷量的关系，可用数学式表示如下：

$$m=\frac{M}{nF}Q \tag{15-10}$$

式中 m 为物质在电极上析出的质量(g)；M 为物质的摩尔质量；n 为电极反应的电子转移数；F 为 Faraday 常数(9.64853×10^4 C•mol^{-1})；Q 为电荷量(1 C=1 A•s)。如通过电解池的电流是恒定的，则

$$Q=it \tag{15-11}$$

代入式(15-10)，得

$$m=\frac{M}{nF}it \tag{15-12}$$

如电流不恒定，而随时向不断变化，则

$$Q=\int_0^{\infty} i\,\mathrm{d}t \tag{15-13}$$

Faraday 定律是自然科学中最严格的定律之一，它的正确性已被许多实验证明。它不仅可应用于溶液和熔融电解质，也可应用于固体电解质导体。

Faraday 定律的误差主要来源于其他物质也参加了初级反应或发生了次级反应。这两种情况均消耗了电荷量。例如，在电解含硫酸的硫酸锌溶液时，消耗1F 电荷量，在阴极上析出锌的量往往比理论计算量少。这是因为在锌离子还原的同时，氢离子也在阴极上发生还原反应，结果电解产物中除了锌外，还有氢气。又如，电解碱金属氯化物时，在阳极上产生的氯气往往比按 Faraday 定律计算出来的少，这是由于在电解过程中有一部分氯溶解于溶液中，并发生了次级反应。

根据 Faraday 定律，可用重量法、气体体积法或其他方法测得电极上析出的

物质的量，再求算出通过电解池的电荷量；相反，如测得通过电解的电荷量，则可求算出电极上析出的物质的量。前者是测量电荷量的依据；后者是库仑分析的基础。

15.4.2 电流效率

在一定的外加电压条件下，通过电解池的总电流 i_T，实际上是所有在电极上进行反应的电流的总和。它包括：(1) 被测物质电极反应所产生的电解电流 i_e；(2) 溶剂及其离子电解所产生的电流 i_s；(3) 溶液中参加电极反应的杂质所产生的电流 i_{imp}。电流效率 η_e 为

$$\eta_e = i_e/(i_e + i_s + i_{imp}) \times 100\% = i_e/i_T \times 100\% \qquad (15-14)$$

从式(15-14)可见，要提高电流效率，则 i_e 应尽可能大，i_s 和 i_{imp} 应尽可能小。电重量分析法不要求电流效率 100%，但要求副反应产物不沉积在电极上，影响沉积物的纯度。库仑分析法则要求电流效率 100%，即电极反应按化学计量进行，无副反应，然而实际上很难达到。在常规分析中，电流效率不低于 99.9% 是允许的。

15.4.3 控制电位库仑分析法

控制电位库仑分析法装置与控制电位电重量分析法基本相似。所不同的是在电解电路中串入一个能精确测量电荷量的库仑计。电解时，用恒电位装置控制阴极电位，以 100% 的电流效率进行电解，当电流趋于零时，电解即完成。由库仑计测得电荷量，根据 Faraday 定律求出被测物质的含量。

这种方法除具有控制电位电重量分析法的优点外，由于其基于测量电解过程中所消耗的电荷量，而不是析出物的质量，因此，可不受称量产物状态的限制，既可用于物理性质很差的沉积体系，也可用于不形成固体产物的反应。

库仑计是控制电位库仑分析装置中的一个重要组成部分。库仑计有多种，如氢氧库仑计就是一种最经典的库仑计，串联在电解电路中，以得到的氢气、氧气的体积多少换算成被测物质的电解电荷量，这种库仑计现在几乎已不再使用。现代库仑计都是数字式的装置，Q 值自动记录，直接读取。按照 Faraday 原理[式(15-13)]计算：

$$Q = \frac{i_0}{2.303k}(1 - 10^{-kt}) \qquad (15-15)$$

当 $kt \to \infty$ 时，有

$$Q = \frac{i_0}{2.303k} \qquad (15-16)$$

用作图法求 i_0 与 k 的关系，即

$$\lg i_t=\lg i_0+(-kt) \quad (15-17)$$

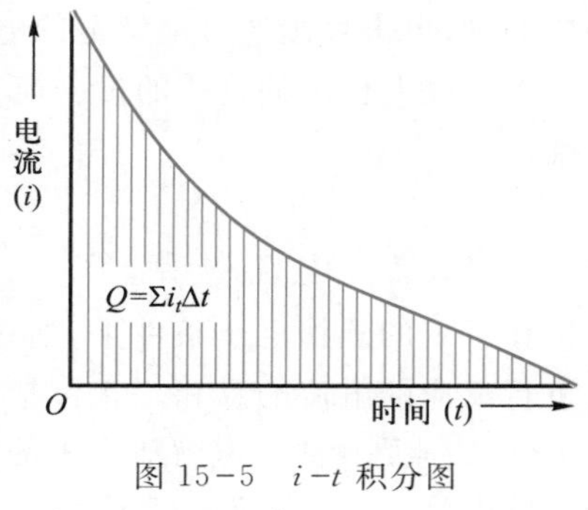

图 15-5 $i-t$ 积分图

求出 i_0 和 k，代入 $Q=\dfrac{i_0}{2.303k}$ 即可算出 Q。这一过程通常是采用人工计算方法。若采用计算机软计算法，可将式(15-13)表示为 $Q=\sum i_t\Delta t$，然后将测量采集到的电流与时间相关的一系列数据输入计算机计算，只要 Δt 选得足够小，Q 就足够准确。Q 值可用作图法示意，图 15-5 中 $i-t$ 曲线下的面积即为 Q 值。

15.4.4 控制电流库仑分析法

15.4.4.1 原理

此法由恒电流发生器产生的恒电流通过电解池，用计时器记录电解时间。被测物质直接在电极上反应或在电极附近由于电极反应产生一种能与被测物质起作用的试剂，当被测物质作用完毕后，由指示终点的仪器发出信号，立即关掉计时器。由电解进行的时间 t(s)和电流 i(A)，可按式：$m=\dfrac{M}{nF}it$ 求算出被测物质的质量 m(g)。此法又称为控制电流库仑滴定法，简称为库仑滴定法。这种方法并不测量体积而测量电荷量。它与普通滴定分析法不同点在于滴定剂不是由滴定管向被测溶液中滴加，而是通过恒电流电解在溶液内部产生，电生滴定剂的量又与电解所消耗的电荷量成正比。因此，可以说库仑滴定是一种以电子作滴定剂的容量分析。

15.4.4.2 滴定终点的确定方法

库仑滴定法的终点确定方法有多种：指示剂法、光度法、电流法、电位法等。这里介绍几个常用方法。

1. 化学指示剂法

这是指示终点的最简单的方法。此法可省去库仑滴定装置中的指示系统，比较简单。最常用的是以淀粉作指示剂，用恒电流电解 KI 溶液产生的滴定剂碘来测定 As(Ⅲ)时，淀粉是很好化学指示剂。指示剂方法，灵敏度较低，对于常量的库仑滴定能得到满意的测定结果。选择指示剂应注意：(1) 所选的指示剂不能在电极上同时发生反应；(2) 指示剂与电生滴定剂的反应，必须在被测物质与电生滴定剂的反应之后，即前者反应速率要比后者慢。

2. 电流法

这种方法的基本原理为被测物质或滴定剂在指示电极上进行反应所产生的电流与电活性物质的浓度成比例,终点可从指示电流的变化来确定。电流法可分为单指示电极电流法和双指示电极电流法。前者常称为极谱滴定法,后者又称为永停终点法。

(1) 单指示电极电流法　此法外加电压的选择取决于被测物质和滴定剂的电流-电位曲线。

(2) 双指示电极电流法　通常采用两个相同的电极,并加一个很小的外加电压(0～200 mV),从指示电流的变化率大小来确定终点。现以库仑滴定法测定 As(Ⅲ)为例,说明双指示电极电流法确定终点的原理。

指示电极为两个相同的铂片,加于其上的电压约为 200 mV。在偏碱性的碳酸氢钠介质中,以 0.35 mol·L^{-1} KI 发生电解质,电生的 I_2 测定 As(Ⅲ)。在滴定过程中,工作阳极上的反应为

$$2I^- \longrightarrow I_2 + 2e^-$$

电生 I_2 立刻与溶液中的 As(Ⅲ)进行反应,这时溶液中的 I_2(或说 I_3^-)浓度非常小,无法与 I^- 构成可逆电对,在指示电极反应产生电流。所以,在计量点之前,指示系统基本上没有电流通过。如要使指示系统有电流通过,则两个指示电极必须发生如下反应:

阴极　　$I_2 + 2e^- \longrightarrow 2I^-$

阳极　　$2I^- \longrightarrow I_2 + 2e^-$

但当溶液中没有足够 I_2 的情况下,而要使上述反应发生,指示电极系统的外加电压需远大于 200 mV。实际上所加的外加电压不大于 200 mV,因此,不会发生上述反应,也不会有电流通过指示电极系统。当 As(Ⅲ)被反应完时、过量的 I_2 与同时存在的 I^- 组成可逆电对,两个指示电极上发生上述反应,指示电极上的电流迅速增加,表示终点已到达。仪器正是判断到这个大的 Δi,强制滴定停止。

如果滴定剂和被测物质都是可逆电对,能同时在指示电极上发生反应,得到的滴定曲线如图 15-6(图中 a 滴定分数)所示。现以 Ce^{4+} 滴定 Fe^{2+} 为例说明滴定过程。滴定开始后,滴入的 Ce^{4+} 与 Fe^{2+} 反应,生成了 Fe^{3+},Fe^{3+} 与 Fe^{2+} 组成可逆电对在指示电极上反应,随着 Fe^{3+} 浓度的增大,电流上升,直到与 Fe^{2+} 浓度相等,电流达到最大。随着滴定剂的加入,Fe^{2+} 越来越少,指示电极上的电流也越来越小,

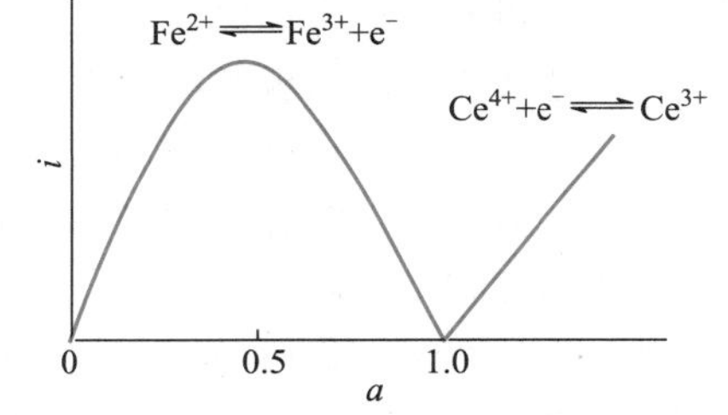

图 15-6　双指示电极库仑滴定曲线
Ce^{4+} 滴定 Fe^{2+} 的反应过程

到化学计量点时，电流最小。终点之后，加入的 Ce^{4+} 过量，与滴定反应生成的 Ce^{3+} 组成可逆电对开始在指示电极上反应产生电流，使电流上升。加入的 Ce^{4+} 越多，电流就越大。

这些指示终点的方法，常用于氧化还原反应滴定体系，也用于沉淀反应滴定中。此法装置简单、快速、灵敏，准确度又较高，应用范围较广。

(3) 电位法　用电位法指示终点的原理与普通电位滴定法相似。在库仑滴定过程中，每隔一定时间停止通电，记下电位读数和电生滴定剂的时间，作其关系图，从图上找出化学计量点。也用平衡电位法指示终点，即将电位计的电位固定在化学计量点上。滴定开始后，通过检流计的指示电流不断下降。当指示电流降至零时，表示终点已到达。这种方法简便、快速，灵敏度和准确度也比较高。

此外，也有用分光光度法、电导法等方法指示滴定终点。

15.4.4.3　库仑滴定的特点及应用

(1) 由于库仑滴定法所用的滴定剂是由电解产生的，边产生边滴定，所以可以使用不稳定的滴定剂，如 Cl_2，Br_2，Cu 等。这就扩大了适用范围。

(2) 能用于常量组分及微量组分的分析，方法的相对误差约为 0.5%。如采用精密库仑滴定法，由计算机程序确定滴定终点，准确度可达 0.01%以下，能用作标准方法。

(3) 控制电位的方法也能用于库仑滴定，以提高选择性，扩大适用范围。

(4) 库仑滴定法可以采用酸碱中和、氧化-还原、沉淀及络合等各类反应进行滴定。

15.4.5　微库仑分析法

微库仑(microcoulometry)分析法与库仑滴定法相似，也是由电生的滴定剂来滴定被测物质的浓度，不同之处在于输入电流的大小是随被测物质含量的大小而变化的，所以又称为动态库仑滴定。它是在预先含有滴定剂的滴定池中加入一定量的被滴定物质后，由仪器自动完成从开始滴定到滴定完毕的整个过程。其工作原理如图 15-7 所示。在滴定池有两对电极，一对工作电极(发生电极和辅助电极)和另一对指示电极(指示电极和参比电极)。为了减小体积和防止干扰，参比电极和辅助电极被隔离放置在较远处。

在滴定开始之前，指示电极和参比电极所组成的监测系统的输出电压 $U_{指}$ 为平衡值，调节 $U_{偏}$ 使 $\Delta U_{平}$ 为零，经过放大器放大后的输出电压 $\Delta U_{工}$ 也为零，所以发生电极上无滴定剂生成。当有能与滴定剂发生反应的被滴定物质进入滴定池后，由于被滴定物质与滴定剂发生反应浓度变化而使指示电极的电位将产生偏离，这时的 $\Delta U_{平} \neq 0$，经放大后的 $\Delta U_{工}$ 也不为零，则 $\Delta U_{工}$ 驱使发生电极上开始进行电解，生成滴定剂。随着电解的进行，滴定渐趋完成，滴定剂的浓度又

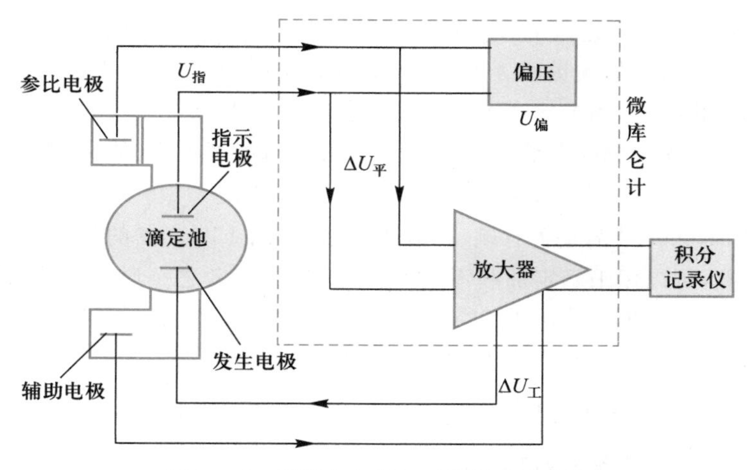

图 15-7 微库仑分析法工作原理示意图

逐渐回到滴定开始前的浓度值，使得 $\Delta U_{平}$ 也渐渐回到零；同时，$\Delta U_{工}$ 也越来越小，产生滴定剂的电解速率也越来越慢。当达到滴定终点时，体系又回复到滴定开始前的状态，$\Delta U_{平}=0$，$\Delta U_{工}$ 也为零，滴定即告完成。其滴定曲线如图 15-8 所示。在滴定过程中，采用积分仪直接记录滴定所需电荷量，据此可计算出进入滴定池中的物质的浓度来。

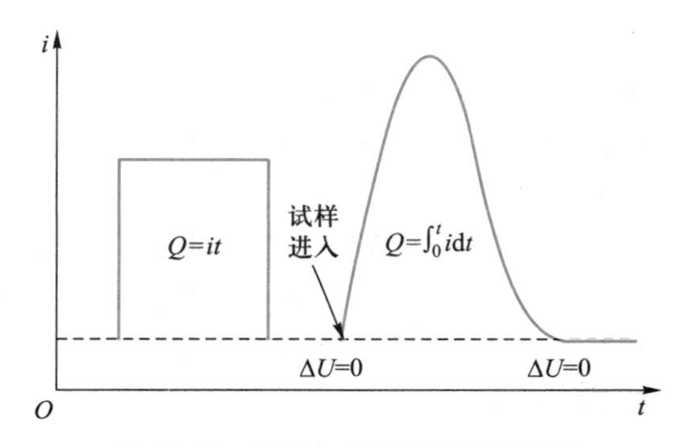

图 15-8 微库仑分析法的滴定曲线

在微库仑滴定中，靠近滴定终点时，$\Delta U_{工}$ 变得越来越小，则电解产生滴定剂的速率也变得越来越慢，直到终点。所以该法确定终点较为容易，准确度较高，应用较为广泛。

15.4.6 其他库仑分析方法

15.4.6.1 Karl Fischer 滴定法

Karl Fischer(卡尔·费歇尔)首先提出测定水分含量的特效滴定分析法，称为 Karl Fischer 法。它以 Karl Fischer 试剂作为滴定剂来滴定试样中的水分，相当于滴定分析中的碘量法。后来，Meyer 和 Bogd 等将 Karl Fischer 滴定法与库仑分析法相结合，用电解产生 I_2 代替了滴定加入 I_2，而建立了 Karl Fischer 测定水分含量的库仑分析方法。该法不仅能用于测定液体、气体和固体试样中的微量水分，而且操作简单，易于自动化。

Karl Fischer 试剂是含有碘、二氧化硫、吡啶以 1∶3∶10 的物质的量比配成的甲醇溶液，可以用来滴定那些不与 SO_2 和 I_2 或二者之一反应的溶液中的水。因为醛和酮能与 SO_2 反应，所以不能滴定那些含有醛和酮的溶液中的水。

在水存在下，SO_2 和 I_2 反应平衡关系如下：

$$SO_2 + I_2 + 2H_2O \rightleftharpoons SO_4^{2-} + 2I^- + 4H^+$$

由于吡啶的存在，平衡向右移动：

$$C_5H_5N{\cdot}I_2 + C_5H_5N{\cdot}SO_2 + C_5H_5N + H_2O \longrightarrow 2\,C_5H_5N^+SO_3^- + C_5H_5NH^+I^-$$

$$C_5H_5N^+SO_3^- + CH_3OH \longrightarrow C_5H_5NH^+\,CH_3OSO_3^-$$

在含碱（吡啶）的缓冲溶液中，SO_2 与甲醇反应产生烷基磺酸盐，其最佳 pH 为 5～8。pH<3 时，反应缓慢。pH>8 时，副反应发生。当 H_2O 存在时，若加入 I_2，则发生氧化还原反应。

由于吡啶、甲醇有毒，可改用无毒无味 Karl Fischer 试剂。我国生产的无吡啶试剂能用于各种油类、食品、化工等试样中微量 H_2O 的测定，其性能可与国外同类产品相媲美，而且价格比较便宜。

Karl Fischer 库仑滴定仪是测定微量水的专用仪器，如图 15－9 所示。这是瑞士 Metrohm 公司生产的 831 Karl Fischer 库仑法水分滴定仪，有两个 RS 232C 接口，可连接电脑、打印机，功能多样，使用方便。

15.4.6.2 库仑阵列电极

库仑电极（coulometric electrode）是一种用于高效液相色谱分析（HPLC）的电化学分析检测器的专用电极，它采用穿透式多孔石墨碳电极。定量依据是 Faraday 定律，所以称为库仑电极。这种电极对化学结构的细微变化有很高的灵敏度，能依据被测物质的氧化还原性质差异进行检测。它可使被测物质在电极上实现 100％的氧化或还原效率，没有信号丢失。库仑池装有保护电极和双工作电极，在保护电极上施加适当的电压可以使流动相中的杂质先行反应，以降低背景电流，使基线平稳。双工作电极同时施加不同大小的分析电压，以使响应峰值不再彼此覆盖，从而为检测提供可信的分析结果。图15－10是库仑电极系统示意图。它像一个反应过滤器，通过它的 A 物质 100％变成了 B 物质，达到 100％效率。

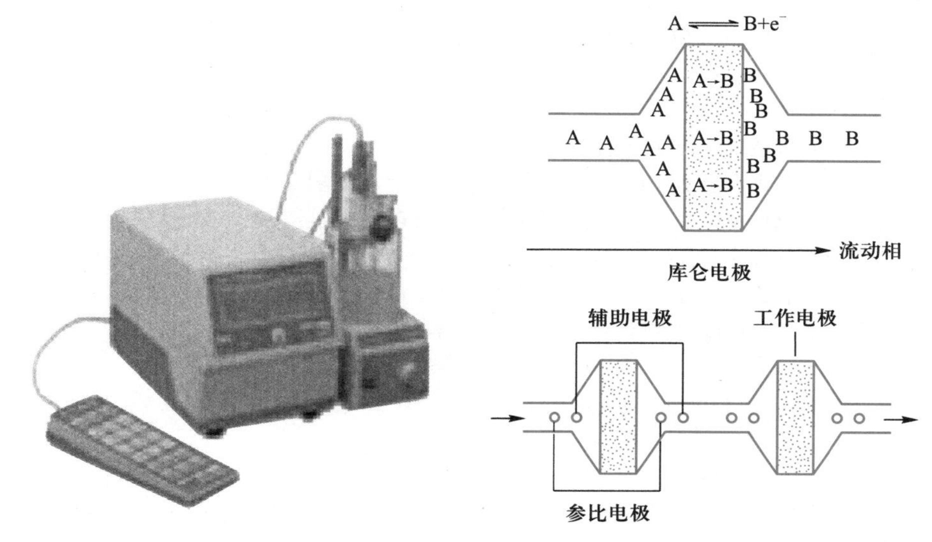

图 15-9 库仑法水分滴定仪

图 15-10 库仑电极系统示意图

如果用多个电极相串联使用，就组成了所谓的库仑阵列电极（CoulArray）。当与高效液相色谱联用时，可得到时间、电流和电位的三维图谱（图15-11）。这种新型电极具有广泛的应用前景，如在生命科学领域中的诊断学、临床药理学、中药现代化研究、抗衰老研究、天然产物及食品科学、化妆品分析等方面有潜力成为强有力的测试工具。

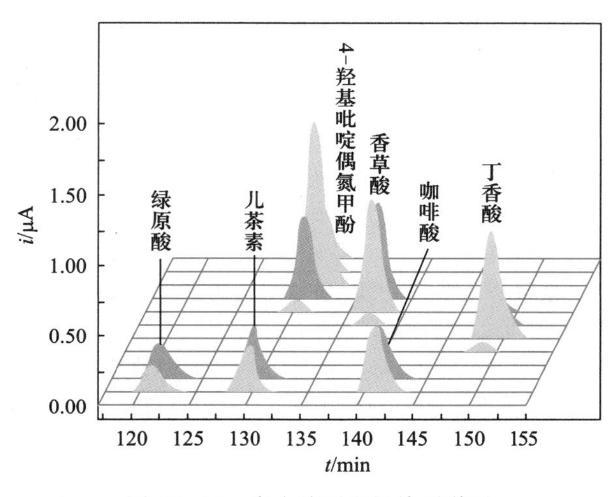

图 15-11 库仑阵列电极检测谱图

思考、练习题

15-1　比较电解分析方法与库仑分析方法的异同点。

15-2　如何理解理论分解电压(析出电位)与实际分解电压(析出电位)的关系?

15-3　控制电位库仑分析法和库仑滴定法在原理上有何不同?

15-4　为什么库仑分析中要求电流效率在100%下进行电解?

15-5　为什么恒电流库仑分析法又称为库仑滴定法?

15-6　比较化学滴定、电位滴定、库仑滴定的异同。

15-7　在0.100 $mol\cdot L^{-1}$ $CuSO_4$ 溶液中,H_2SO_4 浓度为1.00 $mol\cdot L^{-1}$,在一对Pt电极上电解,O_2 在Cu及Pt电极上析出的过电位分别为0.85 V及0.40 V,H_2 在Cu上析出的过电位为0.60 V,试问:

(1) 外加电压达到何值时,铜才开始在阴极上析出?

(2) 若外加电压刚好等于氢析出的分解电压,则电解完毕后留在溶液中未析出的铜的浓度是多少?

15-8　在1.0 $mol\cdot L^{-1}$ 硝酸介质中,电解0.1 $mol\cdot L^{-1}$ Pb^{2+} 以 PbO_2 析出时,如以电解至尚留下0.01%视为已电解完全,此时工作电极电位的变化值为多大?

15-9　用汞阴极恒电流电解pH为1的 Zn^{2+} 溶液,在汞电极上 $\eta_{H_2}=-1.0$ V,试计算在氢析出前,试液中残留的 Zn^{2+} 浓度。

15-10　在1.0 $mol\cdot L^{-1}$ 硫酸介质中,电解1.0 $mol\cdot L^{-1}$ 硫酸锌与1 $mol\cdot L^{-1}$ 硫酸镉混合溶液。试问:

(1) 电解时,锌与镉何者先析出?

(2) 能不能用电解法完全分离锌与镉?电解时,应采用什么电极?

已知:η_{H_2}(铂电极上)$=-0.2$ V,η_{H_2}(汞电板上)$=-1.0$ V,$\eta_{Cd}\approx0$,$\eta_{Zn}\approx0$。

15-11　用控制电位电解法电解0.10 $mol\cdot L^{-1}$ 硫酸铜溶液,如控制电解时的阴极电位为-0.10 V(vs. SCE),使电解完成。试计算铜离子的析出的分数。

15-12　在100 mL试液中,使用表面积为10 cm^2 的电极进行控制电位电解。被测物质的扩散系数为 5×10^{-5} $cm^2\cdot s^{-1}$,扩散层厚度为 2×10^{-3} cm,如以电流降至起始值的0.1%时视作电解完全,需要多长时间?

15-13　用控制电位法电解某物质,初始电流为2.20 A,电解8 min后,电流降至0.29 A,估计该物质析出99.9%时,所需的时间为多少?

15-14　用控制电位库仑法测定 Br^-。在100.0 mL酸性试液中进行电解,Br^- 在铂阳极上氧化为 Br_2,当电解电流降至接近于零时,测得所消耗的电荷量为105.5 C。试计算试液中 Br^- 的浓度。

15-15　某含砷试样5.000 g,经处理溶解后,将试液中的砷用肼还原为三价砷,除去过量还原剂,加碳酸氢钠缓冲液,置电解池中,在120 mA的恒定电流下,用电解产生的 I_2 来进行库仑滴定 $HAsO_3^{2-}$,经9 min 20s到达滴定终点。试计算试样中 As_2O_3 的质量分数。

15-16　取20.00 mL 2.5×10^{-3} $mol\cdot L^{-1}$ Pb^{2+} 的标准溶液在极谱仪上测量。假设电解

过程中扩散电流(i_d)的大小不变。已知滴汞电极毛细管常数 $K=1.10$ mg·s,溶液 Pb^{2+} 的扩散系数 $D=1.60\times10^{-5}\ cm^2\cdot s^{-1}$。若电解 1 h 后,试计算被测离子 Pb^{2+} 浓度变化的分数。从计算结果来说明极谱分析法特点,并与库仑分析法相比较。

参考资料

扫一扫查看

第16章 伏安法与极谱法

伏安法(voltammertry)与极谱法(polarography)是一种特殊形式的电解方法。它以小面积的工作电极与参比电极组成电解池,电解被分析物质的稀溶液,根据所得到的电流-电位曲线来进行分析。它们的差别主要是工作电极的不同,传统上将滴汞电极作为工作电极的方法称为极谱法,而使用固态、表面静止或固定电极作为工作电极的方法称为伏安法。近年来,由于各类固态电极不断发展,传统的滴汞电极不仅受到了很大限制,而且在技术上,滴汞电极表面积也已变得可控或固定化(如静汞滴电极)。因此,伏安法已成为最主要的分析方法。但值得指出的是,伏安法的发展与经典极谱法的基本理论密切相关。

伏安分析法不同于近乎零电流下的电位分析法,也不同于溶液组成发生很大改变的电解分析法,由于其工作电极表面积小,虽有电流通过,但电流很小,因此溶液的组成基本不变。它的实际应用相当广泛,凡能在电极上发生还原或氧化反应的无机、有机物质或生物分子,一般都可用伏安法测定。在基础理论研究方面,伏安法常用来研究电化学反应动力学及其机理,测定配位化合物的组成及化学平衡常数,描述某些生物化学反应及其过程等。

16.1 液相传质过程

16.1.1 液相传质方式

溶液中的物质传递通常称为液相传质。在电极-溶液界面,液相传质是通过扩散、电迁移和对流来完成的。

1. 对流

对流是指溶液中的粒子随着液体的流动而一起运动。它有自然对流和强制对流之分。液体各部分之间因浓度差或温度差而形成的对流称自然对流,这是自然发生的。强制对流则是因外力搅拌溶液而引起的对流。无论哪种对流形式,都可引起电极表面附近溶液的浓度发生变化。

2. 电迁移

电迁移是带电粒子在电场力作用下所发生的移动。在电极表面附近,电活性物质通常由扩散和电迁移两种方式来传递。为了简化电化学体系的数学处理,往往仅考虑扩散一种传递形式,这时需要通过加入大量电解质(称为支持电解质)来消除电迁移。

3. 扩散

扩散是指溶液中粒子在浓度梯度作用下，自高浓度向低浓度方向所发生的移动。即使溶液在静止状态,也会发生这种传递现象。

应当指出,三种传质方式中往往只有一、二种起主导作用。在电极表面附近,电活性物质通常由扩散和迁移两种方式来传递,对流速率很小。因此,在电极表面区域,扩散和迁移的流量控制着电极反应的速率及由此引起的外电路流过的 Faraday 电流。显然,所获得的电流包括扩散电流($i_{扩}$)和迁移电流($i_{迁}$),即

$$i = i_{扩} + i_{迁} \tag{16-1}$$

$i_{扩}$ 和 $i_{迁}$的方向可能相同也可能相反,它取决于电场的方向以及电活性物质所带的电荷。对于带正电荷、带负电荷和不带电荷三种不同反应物在带负电荷电极上的还原,由图 16-1 可见,其电流大小是不同的。当反应物带正电荷,其电流包含扩散电流和迁移电流;当反应物带负电荷,电流大小是扩散电流和迁移电流之差;只有反应物不带电荷时,其电流大小即为扩散电流值。

由上述分析可见,在极谱分析中迁移电流是一种干扰电流,这将在 16.3.4 节进一步讨论。通常在溶液中加入大量的支持电解质如 KCl,借助其降低被分析物的迁移份额,以消除迁移电流。在许多仅考虑扩散的体系中,通常采取这种方法。

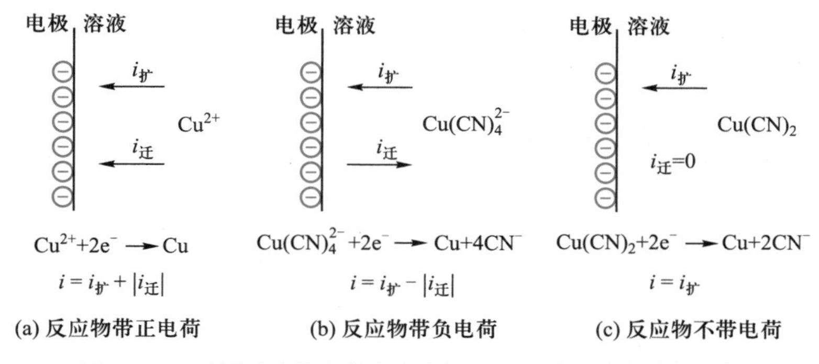

图 16-1 不同反应物在荷负电电极上还原时迁移电流的贡献

16.1.2 线性扩散传质

对于一个电化学反应,随着反应的进行,反应粒子会不断地消耗,反应产物则不断地生成。这样,在电极表面附近的液层中会形成浓度梯度,导致粒子的扩散。这种扩散对电化学反应产生非常重要的影响,常常决定电化学反应的速率

和电流的大小。

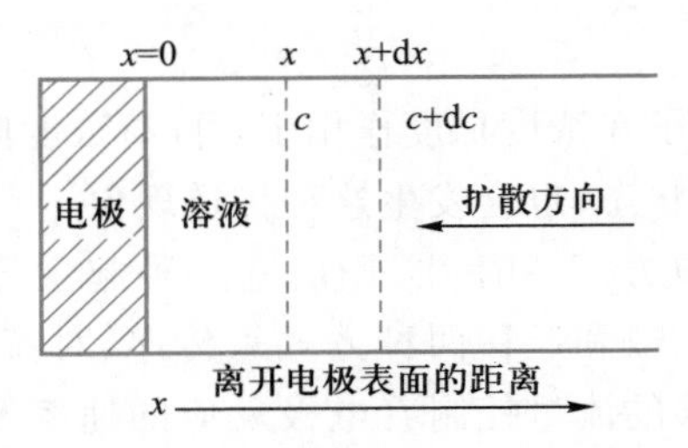

图 16-2 平面电极上的一维扩散示意图

如果只考虑平面电极上 x 方向的一维（线性）扩散传质，如图 16-2 所示。反应物在 x 方向的扩散流量由 Fick（菲克）第一定律给出：

$$J_{x,t}=-D\frac{\mathrm{d}c}{\mathrm{d}x} \tag{16-2}$$

式中$\dfrac{\mathrm{d}c}{\mathrm{d}x}$为溶液中反应物的浓度随电极表面距离的变化率，称为浓度梯度；D 为反应物的扩散系数（$\mathrm{cm^2 \cdot s^{-1}}$），即单位浓度梯度作用下反应物的扩散传质速率；负号表示扩散传质方向与浓度增大的方向是相反的。

当进一步考虑反应物在 x 处和 $x+\mathrm{d}x$ 处的扩散流量，从图 16-2 可以看出，在无限短时间 $\mathrm{d}t$ 内，其浓度的变化等于其流量的改变与 $\mathrm{d}x$ 之比，即

$$\frac{\partial c(x,t)}{\partial t}=-\frac{J_{x+\mathrm{d}x,t}-J_{x,t}}{\mathrm{d}x} \tag{16-3}$$

在 $x+\mathrm{d}x$ 处的流量可以按 x 处的流量公式表示为

$$J_{x+\mathrm{d}x,t}=J_{x,t}+\frac{\partial J_{x,t}}{\partial x}\mathrm{d}x \tag{16-4}$$

式（16-4）整理为

$$\frac{J_{x+\mathrm{d}x,t}-J_{x,t}}{\mathrm{d}x}=\frac{\partial J_{x,t}}{\partial x} \tag{16-5}$$

结合式（16-5）、式（16-3）和式（16-2），得到

$$\frac{\partial J_{x,t}}{\partial x}=D\frac{\partial^2 c(x,t)}{\partial x^2}$$

$$\frac{\partial c(x,t)}{\partial t}=\frac{\partial J_{x,t}}{\partial x}=D\frac{\partial^2 c(x,t)}{\partial x^2} \tag{16-6}$$

式（16-6）称为 Fick 第二定律，也称为线性扩散方程。该方程是获得极限扩散电

流的基本关系式，下节将讨论到。

16.2 扩散电流理论

16.2.1 电位阶跃法

电位阶跃法是伏安法中最基本的电化学测试技术。它是将电极电位强制性地施加在工作电极上，测量电流随时间或电位的变化规律。这类技术通常适用于电活性物质的传递方式仅为扩散传递过程，而且假定在电化学反应中，电活性物质的浓度基本不变。

电位阶跃实验装置主要由三电极系统和一个控制电位阶跃的恒电位器组成。电位阶跃的选择通常是从电化学反应发生前的某一电位改变到电化学反应发生后的另一电位，观察由此引起的电流随时间变化的规律。由于该方法获得的是 $i-t$ 关系曲线，因此通常称为计时电流法或计时安培法。

设电极表面发生下列电化学反应

$$\mathrm{O}+n\mathrm{e}^- = \mathrm{R} \tag{16-7}$$

对于上式所表示的电活性物质的还原反应，当施加在工作电极上的电位从不发生电极反应的 E_1，向更负的方向阶跃达到极限扩散电流的电位 E_2，其单电位阶跃波形如图 16-3(a)所示。这样，使得还原反应的速率足够快，以至于电极表面上的反应物 O 立即转化为 R，即电极表面 O 的浓度 c_O^s 趋近于零。显然，这种电位阶跃会引起电极表面上浓度分布与电流发生变化。

在电位 E_1 时，由于没有电极反应发生，反应物 O 在溶液中和在电极表面的浓度是相同的。当电位从 E_1 阶跃到 E_2，反应物 O 迅速还原，并造成了电极表面和溶液间的浓度梯度。反应物 O 因此不断地向电极表面扩散，扩散到电极表面的反应物又立即被还原。前面已叙及，扩散电流正比于电极表面的浓度梯度。随着电极反应的进行，反应物不断地向电极表面扩散，使得电极表面和溶液间的浓度梯度会向本体溶液方向发展，其浓度分布随时间的变化曲线如图 16-3(b)所示。随着时间的延长，电流会衰减，呈现出如图 16-3(c)所示的变化曲线。

16.2.2 伏安曲线

上述仅是阶跃到较负电位的单电位阶跃，因而电极表面的反应物浓差很快就衰减到一个接近于零的值。如果将上述单电位阶跃分为多次阶跃来完成，即在电化学反应的不同阶段进行一系列的电位阶跃，如图 16-4(a)所示，这时的情况如何呢？

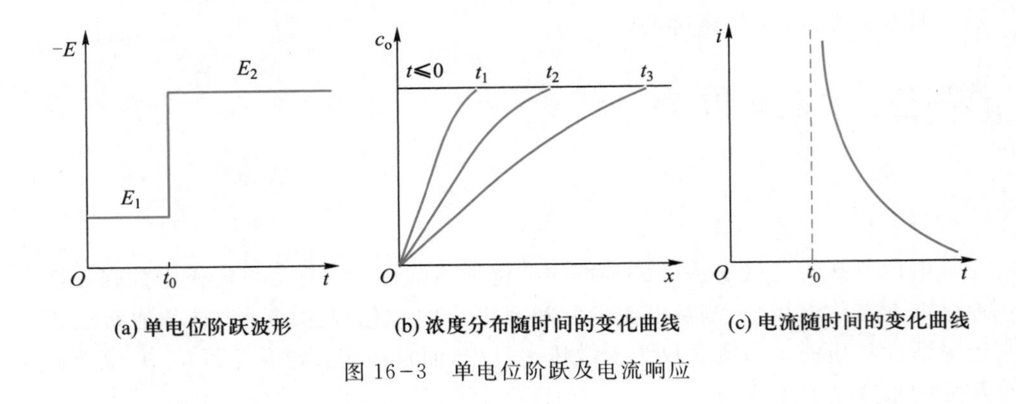

(a) 单电位阶跃波形　(b) 浓度分布随时间的变化曲线　(c) 电流随时间的变化曲线

图 16-3　单电位阶跃及电流响应

在每个单电位阶跃实验之间，都保持相同的初始条件。E_1 是阶跃前的初始电位，选定在无还原反应发生的区域；E_2 是阶跃到反应物刚开始还原的电位；E_3 和 E_4 是阶跃到已还原但不足以使电极表面反应物浓度为零的电位；E_5 和 E_6 是阶跃到反应物传递控制区域内的电位。不难得到，在 E_2 有极少 Faraday 电流，而在 E_5 和 E_6 电位处的电流行为与上述单电位阶跃情形相同，反应物表面浓度 c_O^s 降到了零，即达到了完全浓差极化，这时本体溶液中的反应物将尽可能快地向电极表面扩散，电流的大小完全受此扩散速率所控制。在这种极限扩散条件下，电位再增加也不会影响电流的大小，即扩散电流达到了一个极限值，称为极限扩散电流。电位 E_3 和 E_4 则处在还原不够充分的区域，电极表面反应物的浓度还不为零，与 E_5 和 E_6 电位处物质传递极限情况相比，浓差较小，相应的反应电流也较小。

假若在每次阶跃后的某一相同时刻 τ 记录电流，如图 16-4(b)所示。将这些电流与对应的阶跃电位作图，得到如图 16-4(c)所示的电流-电位关系曲线，称为伏安曲线。

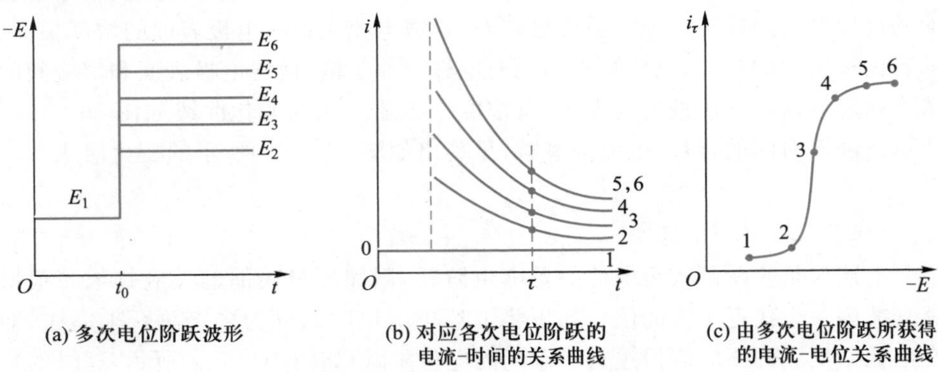

(a) 多次电位阶跃波形　(b) 对应各次电位阶跃的电流-时间的关系曲线　(c) 由多次电位阶跃所获得的电流-电位关系曲线

图 16-4　连续电位阶跃与伏安曲线

16.2.3 极限扩散电流

前面借助电位阶跃技术定性地讨论了反应物 O 还原的电流-时间曲线及其特征。本节将对平面电极上的扩散控制电流进行定量分析。

对于式(16-7)描述的一般电化学反应，要获得其极限扩散电流，需要对线性扩散方程式(16-6)：

$$\frac{\partial c(x,t)}{\partial t}=D\frac{\partial^2 c(x,t)}{\partial x^2}$$

求解，这时必须确定初始条件和边界条件。

初始条件：在电位阶跃前，反应物的浓度是已知的，且处处相同，即

$$t=0, c_{\mathrm{o}}=c_{\mathrm{o}}^{\mathrm{b}}$$

$c_{\mathrm{o}}^{\mathrm{b}}$ 为反应物的本体浓度，作为初始浓度。

边界条件：电位阶跃后，电极反应快速进行，反应物一到达电极表面($x=0$)立刻被消耗，即电极表面反应物 O 的浓度 $c_{\mathrm{o}}^{\mathrm{s}}$ 为零；同时假设，距电极表面远处($x=\infty$)，反应物 O 的浓度在电极反应过程中不发生变化，即

$$t>0, x=0, c_{\mathrm{o}}^{\mathrm{s}}=0$$

$$t\geqslant 0, x=\infty, c_{\mathrm{o}}=c_{\mathrm{o}}^{\mathrm{b}}$$

在给定的初始和边界条件下，解式(16-6)偏微分方程，得到电极表面浓度梯度的表达式：

$$\left(\frac{\partial c_{\mathrm{o}}}{\partial x}\right)_{x=0}=\frac{c_{\mathrm{o}}^{\mathrm{b}}-c_{\mathrm{o}}^{\mathrm{s}}}{\sqrt{\pi D_{\mathrm{o}}t}} \tag{16-8}$$

根据 Faraday 电解定律，电解电流可表示为

$$i=nFA\frac{\mathrm{d}N_{\mathrm{o}}}{\mathrm{d}t} \tag{16-9}$$

式中 n 为电极反应电子数；F 为法拉第常数；A 为电极表面积。由于单位时间扩散到电极表面反应物的物质的量$\left(\frac{\mathrm{d}N_{\mathrm{o}}}{\mathrm{d}t}\right)$与电极表面的浓度梯度即浓差$\left(\frac{\partial c_{\mathrm{o}}}{\partial x}\right)$成正比：

$$\frac{\mathrm{d}N_{\mathrm{o}}}{\mathrm{d}t}=D_{\mathrm{o}}\left(\frac{\partial c_{\mathrm{o}}}{\partial x}\right)_{x=0} \tag{16-10}$$

以式(16-10)代入式(16-9)，得到

$$i=nFAD_{\mathrm{O}}\left(\frac{\partial c_{\mathrm{O}}}{\partial x}\right)_{x=0} \tag{16-11}$$

将式(16-8)代入式(16-11),得到任一时刻 t 的扩散电流为

$$i=nFAD_{\mathrm{O}}\frac{c_{\mathrm{O}}^{\mathrm{b}}-c_{\mathrm{O}}^{\mathrm{s}}}{\sqrt{\pi D_{\mathrm{O}}t}} \tag{16-12}$$

若电极表面反应物O的浓度 $c_{\mathrm{O}}^{\mathrm{s}}$ 趋近于零,即完全浓差极化,扩散电流将趋近于最大值,此时得到极限扩散电流(i_{d}),于是式(16-12)变为

$$i_{\mathrm{d}}=nFAD_{\mathrm{O}}^{1/2}\frac{c_{\mathrm{O}}^{\mathrm{b}}}{\sqrt{\pi t}} \tag{16-13}$$

式(16-13)称为Cottrell(柯泰尔)方程。可见极限扩散电流与本体溶液中反应物的浓度成正比,且随时间的增加而衰减。

16.2.4 扩散层厚度

从上述讨论可以看出,在一定的实验条件下,扩散电流的大小由 $\sqrt{\pi D_{\mathrm{O}}t}$ 控制。这里有必要弄清 $\sqrt{\pi D_{\mathrm{O}}t}$ 的意义。根据式(16-8),电极表面扩散层中反应物浓度的分布可用图16-5表示,图中切线的斜率为

$$\left(\frac{\partial c_{\mathrm{O}}}{\partial x}\right)_{x=0}=\frac{c_{\mathrm{O}}^{\mathrm{b}}-c_{\mathrm{O}}^{\mathrm{s}}}{\delta} \tag{16-14}$$

式中 δ 称为扩散层厚度,其对应的电极表面附近溶液层称为扩散层。比较式(16-8)和式(16-14),可得到线性扩散的扩散层厚度为

$$\delta=\sqrt{\pi D_{\mathrm{O}}t} \tag{16-15}$$

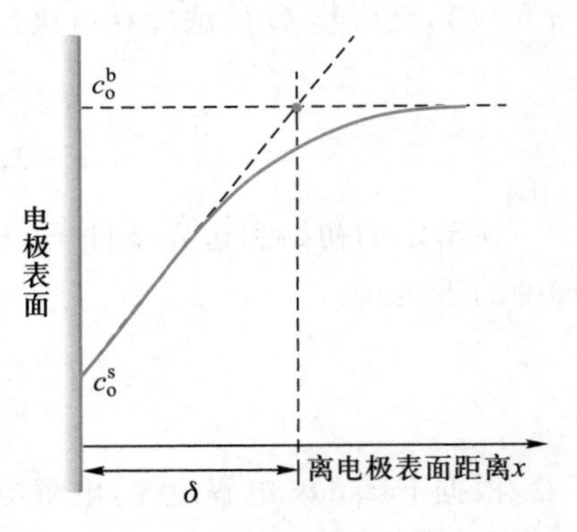

图16-5 电极表面扩散层中反应物浓度的分布

由式(16-15)和式(16-13)可知,扩散层厚度 δ 随 $t^{1/2}$ 的增加而增大,扩散电流随 $t^{1/2}$ 的增加而减小。如果已知反应物的扩散系数,由式(16-15)可计算出平面电极上扩散层厚度随时间的变化曲线,如图16-6所示。然而,在扩散层 δ 之外的本体溶液中,若有对流传质,则会阻碍扩散层变厚,保持扩散层稳定,维持电流不变。后面讨论的旋转圆盘电极正是利用了这一特性。

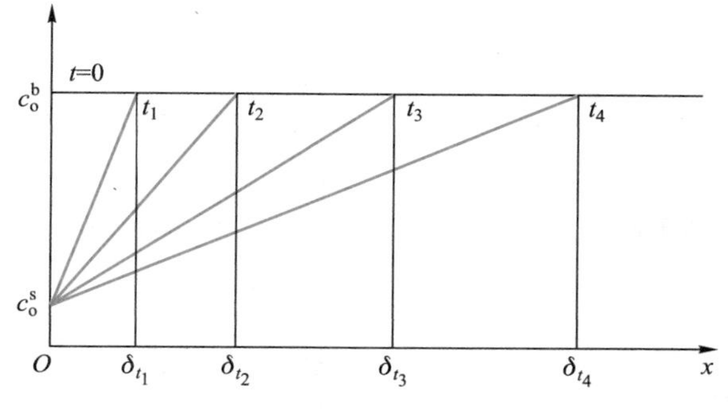

图 16-6　扩散层厚度随时间的变化曲线

16.3　直流极谱法

极谱法通常是各类极谱分析方法的总称，它包括早期的极谱法和以后发展起来的方波极谱和脉冲极谱法等。早期的极谱法称为直流极谱（direct polarography）或经典极谱法，由 Heyrovsky（海洛夫斯基）最早创立，其基本理论经历了较长时期的发展，是现代伏安分析法的基础。由于 Heyrovsky 的杰出贡献，他于 1959 年获得了诺贝尔化学奖。

16.3.1　直流极谱的装置

直流极谱采用两电极系统，即以滴汞电极为工作电极，甘汞电极为参比电极组成电解池。滴汞电极的结构很独特，如图 16-7 所示。电极的上部为储汞瓶，下端为一毛细管（毛细管内径约 0.05 mm），中间用一硅橡胶管连接。汞自储汞瓶经毛细管流出，并做周期性地滴落。控制汞柱的高度，使滴下时间为 3～5 s。实验中记录的电流－电位曲线称为极谱图（polarogram）或伏安图（voltammogram）。在极谱分析中，滴汞电极称为极化电极，参比电极为去极化电极。极谱波的产生是由于在极化电极即滴汞电极上出现浓差极化而引起的。

直流极谱的基本装置如图 16-8 所示，它主要由电子线路组成的极谱仪和电解池两部分组成。通过极谱仪的控制，在电解池的滴汞电极和参比电极上施加一个连续变化的电压，用串联在电路中的检流计 G 来测量电流，用伏特表 V 来检测外加电压，最后记录滴汞电极上电流随电位变化的曲线。极谱分析就是根据电解中得到的这种电流－电位曲线，即极谱图进行分析的。

在极谱分析中，外加电压 $U_{外}$ 与两个电极的电位 $E_{工作}$ 和 $E_{参比}$ 有如下关系：

$$U_{外}=E_{工作}-E_{参比}+iR \tag{16-16}$$

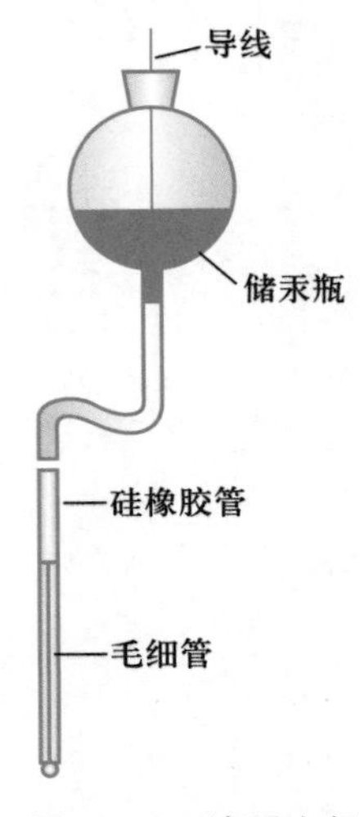

图 16-7　滴汞电极

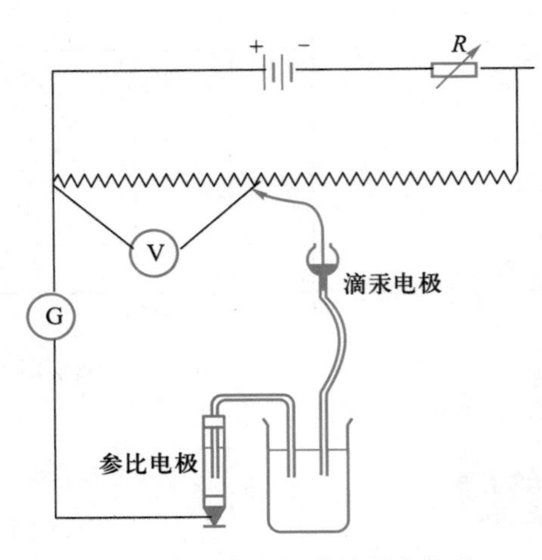

图 16-8　直流极谱的基本装置

式中 R 为回路中的电阻；i 为回路中的电流。由于极谱分析中的电流很小，所以 iR 项可以忽略，得到

$$U_{外}=E_{工作}-E_{参比}$$

由于参比电极的电位稳定不变，故滴汞电极电位在数值上与外加电压一致，这样应用起来就方便多了。

16.3.2　极谱波的形成

极谱图记录滴汞电极上电流大小随电极电位的变化曲线。直流极谱分析中，工作电极上的电位以缓慢的线性扫描速率（150 $mV\cdot min^{-1}$ 左右）变化，这样，在相对短的滴汞周期内，电位基本不变，故称为“直流”。如果在连续电位扫描过程中记录电流信号，电流随着汞滴的生长和滴落会出现振荡式的变化，如图 16-9(a)所示。经整流后的极谱图如图 16-9(b)所示，可见极谱波呈阶梯形伏。

图 16-9(b)表明，极谱波明显地由 ab，bcd 和 de 三部分线段组成。ab 段，其对应的电流为 i_r，称为残余电流。这时，外加电压还没有达到被测物的还原电位，理论上无电流通过电解池，但这时仍可观察到极微小的电流，故为残余电流。de 段对应的电流为 i_l，称为极限电流。bcd 段，其对应的扩散电流在不断上升阶段，这时，反应物不断地扩散，使滴汞电极表面扩散层的浓度梯度逐步加大，从前面的讨论可知，扩散电流正比于电极表面的浓度梯度，故扩散电流不断增大。极限电流减去残余电流，$i_d=i_l-i_r$，称为极限扩散电流，它与物质的浓度成正比，这是极谱定量分析的基础。c 点所对应的电位是处在扩散电流为极限扩散电

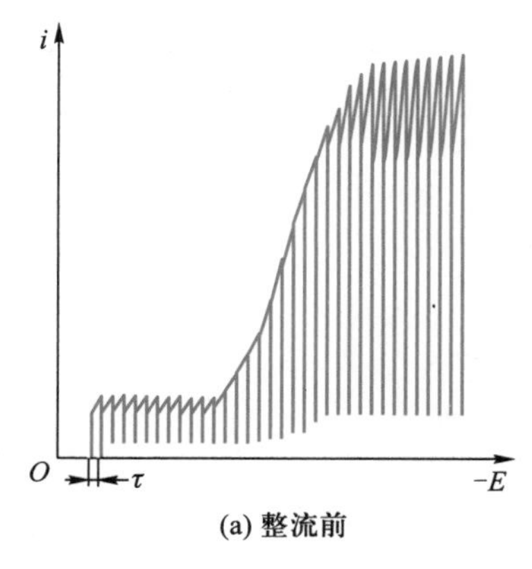

(a) 整流前

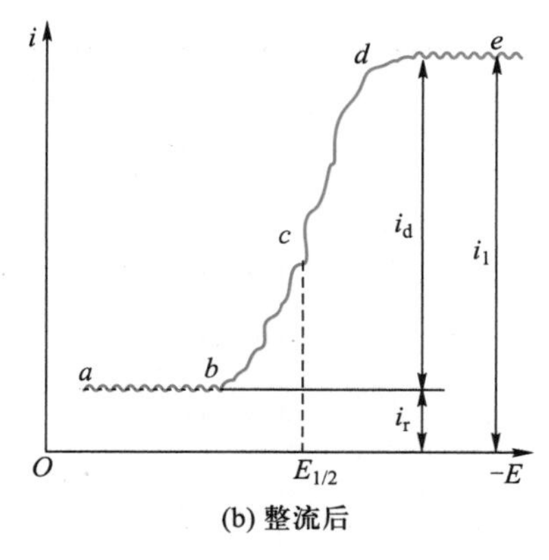

(b) 整流后

图 16−9 极谱波

流一半时的电极电位，称为半波电位，用 $E_{1/2}$表示。当溶液的组分和温度一定时，每一种电活性物质的半波电位是一定的，不随其浓度的变化而改变，是极谱定性分析的依据。表 16−1 中列出了 25 ℃时常见无机离子的极谱半波电位（vs.SCE）。

滴汞电极作为工作电极具有以下特点：

（1）由于滴汞的表面在不断更新，故分析结果的重现性很高；

（2）汞能与许多金属生成汞齐，从而降低了它们的析出电位，使得氧化还原电位很负的金属离子也能用极谱分析；

（3）氢在汞电极上的过电位很高，在中性介质中滴汞电极电位正于−1.5 V（vs.SCE）不会产生氢离子还原的干扰；

（4）当用滴汞作为阳极时，电位一般不能正于+0.4 V（vs.SCE），否则滴汞电极自身会被氧化。

表 16−1 25 ℃时常见无机离子的极谱半波电位（vs.SCE）

物质	底液条件	价态变化	$E_{1/2}$/V
Al^{3+}	0.2 mol·L^{-1} $LiSO_4$，5×10^{-3} mol·L^{-1} H_2SO_4	3→0	−1.64
As(Ⅲ)	1 mol·L^{-1} HCl	3→0 0→(−3)	−0.43 −0.60
Bi(Ⅲ)	1 mol·L^{-1}酒石酸钠，0.8 mol·L^{-1} NaOH 1 mol·L^{-1} HCl 0.1 mol·L^{-1} NaOH	3→5 3→0 3→0	−0.31 −0.09 −1.00
Ba^{2+}	四乙基碘化铵	2→0	−1.94
$[CdCl_x]^{(2-x)}$	3 mol·L^{-1} HCl	2→0	−0.70

续表

物质	底液条件	价态变化	$E_{1/2}$/V
$[Co(NH_3)_6]^{3+}$	2.5 $mol\cdot L^{-1}$ NH_3，0.1 $mol\cdot L^{-1}$ NH_4Cl	3→2	−0.53
$[Co(NH_3)_5H_2O]^{2+}$	1 $mol\cdot L^{-1}$ NH_3，1 $mol\cdot L^{-1}$ NH_4Cl	2→0	−1.32
Co^{2+}	1 $mol\cdot L^{-1}$ KCl	2→0	−1.30
Cr^{3+}	1 $mol\cdot L^{-1}$ K_2SO_4	3→2	−1.03
$[Cr(NH_3)_x]^{3+}$	1 $mol\cdot L^{-1}$ NH_3，1 $mol\cdot L^{-1}$ NH_4Cl	3→2 2→0	−1.42 −1.70
$[Cu(NH_3)_2]^{+}$	1 $mol\cdot L^{-1}$ NH_3，1 $mol\cdot L^{-1}$ NH_4Cl	1→2 1→0	−0.25 −0.54
Cu^{2+}	0.5 $mol\cdot L^{-1}$ H_2SO_4	2→0	0.00
Fe^{3+}	1 $mol\cdot L^{-1}$ $(NH_4)_2CO_3$	3→2 2→0	−0.44 −1.52
Fe^{2+}	1 $mol\cdot L^{-1}$ KCl	2→0	−1.30
H^+	0.1 $mol\cdot L^{-1}$ KCl	1→0	−1.58
Hg_2Cl_2	0.1 $mol\cdot L^{-1}$ Na_2SO_4，5×10^{-3} $mol\cdot L^{-1}$ H_2SO_4，1×10^{-3} $mol\cdot L^{-1}$ Cl^-	1→0 0→1	+0.25 +0.27
$[InCl_x]^{(3-x)}$	1 $mol\cdot L^{-1}$ HCl	3→0	−0.60
K^+	0.1 $mol\cdot L^{-1}$ 四甲基氯化铵	1→0	−2.13
Mg^{2+}	0.1 $mol\cdot L^{-1}$ 四甲基氯化铵	2→0	−2.20
Mn^{2+}	0.1 $mol\cdot L^{-1}$ KCl	2→0	−1.50
Mo(Ⅵ)	0.5 $mol\cdot L^{-1}$ H_2SO_4	6→5 5→3	−0.29 −0.84
Na^+	0.1 $mol\cdot L^{-1}$ 四甲基氯化铵	1→0	−2.10
Ni^{2+}	0.1 $mol\cdot L^{-1}$ KCNS	2→0	−0.69
$[Ni(NH_3)_6]^{2+}$	1 $mol\cdot L^{-1}$ NH_3，0.2 $mol\cdot L^{-1}$ NH_4Cl	2→0	−1.06
$[Ni(吡啶)_6]^{2+}$	1 $mol\cdot L^{-1}$ KCl，0.5 $mol\cdot L^{-1}$ 吡啶	2→0	−0.78
O_2	pH 1～10 缓冲溶液	0→−1 −1→−2	−0.05 −0.94
$[PbCl_x]^{(2-x)}$	1 $mol\cdot L^{-1}$ HCl	2→0	−0.44
Pb−柠檬酸	1 $mol\cdot L^{-1}$ 柠檬酸钠，0.1 $mol\cdot L^{-1}$ NaOH	2→0	−0.78
S^{2-}	0.1 $mol\cdot L^{-1}$ KOH	→HgS	−0.76
Sb(Ⅲ)	1 $mol\cdot L^{-1}$ HCl	3→0	−0.15

续表

物质	底液条件	价态变化	$E_{1/2}$/V
Sn^{4+}	1 mol·L^{-1} HCl,4 mol·L^{-1} NH_4Cl	4→0 2→0	−0.25 −0.52
Ti^{4+}	0.2 mol·L^{-1} 酒石酸	4→3	−0.38
Tl^{+}	0.02 mol·L^{-1} KCl	1→0	−0.45
UO_2^{2+}	0.1 mol·L^{-1} HCl	6→5 5→3	−0.18 −0.94
Zn^{2+}	1 mol·L^{-1} KCl 1 mol·L^{-1} NH_3,1 mol·L^{-1} NH_4Cl	2→0 2→0	−1.02 −1.35

16.3.3 扩散电流方程

16.2 节讨论了平面电极上的线性扩散电流。本节将介绍滴汞电极上的扩散电流。与平面电极相比,滴汞电极上的表面积随时间而变化。汞滴向溶液方向生长运动,会使扩散层厚度变薄,它大约是线性扩散层厚度的 $\sqrt{\frac{3}{7}}$。这样,根据式(16−13)可得到某一时刻的极限扩散电流:

$$i_d = nFAD^{1/2}\frac{c^b}{\sqrt{\frac{3}{7}\pi t}} \qquad (16-17)$$

式中 A 为汞滴的表面积。假设汞滴为圆球形,则可求得某一时刻汞滴的表面积为

$$A = 8.49\times10^{-3} m^{\frac{2}{3}} t^{\frac{2}{3}}\ (cm^2)$$

式中 m 为滴汞流量(mg·s^{-1});t 为时间(s)。将上述 A 值代入式(16−17),得某一时刻的扩散电流:

$$i_d = 708nD^{\frac{1}{2}} m^{\frac{2}{3}} t^{\frac{1}{6}} c \qquad (16-18)$$

式(16−18)为瞬时扩散电流公式。式中 D 为被测组分的扩散系数($cm^2\cdot s^{-1}$);c 为被测物质的浓度(mmol·L^{-1})。可见,扩散电流与时间有关,当时间 t 达到最大 τ 时(即汞滴从开始生长到滴下所需时间,称为滴下时间或汞滴生长周期),i_d 达最大值:

$$i_\tau = 708nD^{\frac{1}{2}} m^{\frac{2}{3}} \tau^{\frac{1}{6}} c \qquad (16-19)$$

由于极谱分析记录汞滴生长过程的平均电流,因此,平均极限扩散电流为

$$i_d = \frac{1}{\tau}\int_0^\tau i_t\,dt \qquad (16-20)$$

于是得到

$$i_{\mathrm{d}}=607nD^{\frac{1}{2}}m^{\frac{2}{3}}\tau^{\frac{1}{6}}c \tag{16-21}$$

式(16-21)为扩散电流方程,即 Ilkovič(伊尔科维奇)方程式。关于扩散电流方程式的适用性,只要电流受扩散控制,无论是水溶液、非水溶液还是熔盐介质,也无论是温度低至-30 ℃还是高至 200 ℃的体系,扩散电流方程都适用。

扩散电流方程中,$607nD^{\frac{1}{2}}$称为扩散电流常数,与毛细管特征值无关,它是电活性物质和介质的常数。而 m 与 τ 均为毛细管的特性,所以 $m^{2/3}\tau^{1/6}$ 被称为毛细管常数,它们与汞柱高度有关。所以,在极谱分析中不仅要用同一支毛细管,而且要保证汞柱高度不变。方程式中其他项如扩散系数 D 常受温度和溶液组分的影响,故实验中要求标准溶液的温度和组分与试样溶液保持一致。

16.3.4 极谱定量分析

16.3.4.1 定量分析方法

极谱图上的波高代表扩散电流,正确地测量波高可以减少分析误差。波高测量一般采用三切线法,如图 16-10 所示。在伏安图上作出 AB,CD 及 EF 三条切线,相交于 O 和 P 点,通过 O 与 P 作平行于横轴的平行线,此两平行线间的垂直距离即为波高。

常用的定量分析方法有校准曲线法和标准加入法。

(1) 校准曲线法　当分析同一类的批量试样时,常用此方法。其方法是配制一系列标准溶液,在相同实验条件下分别测量其波高,绘制波高-浓度关系曲线,该曲线通常是一通过原点的直线。同样条件下测量被测物溶液的波高,从曲线上获得其相应的浓度。

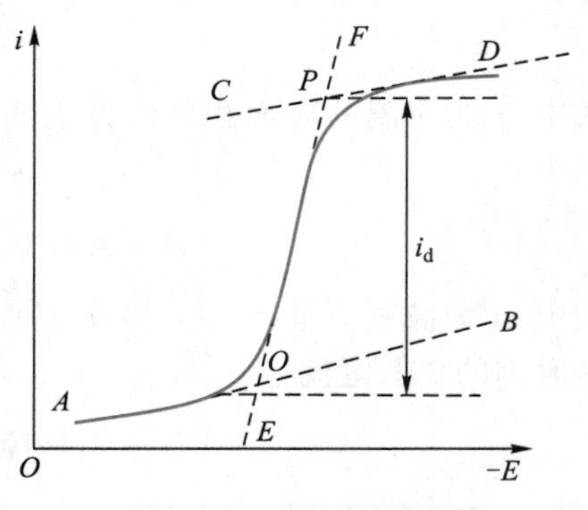

图 16-10　三切线法测量波高

(2) 标准加入法　标准加入法通过分别测量加入标准溶液前后的波高(i_{d}),即可求得被测物的浓度。例如,加标准溶液前测得波高为 h,加标准溶液后测得波高为 H,那么有

$$h=kc_{\mathrm{x}}$$

$$H=k\left(\frac{V_{\mathrm{x}}c_{\mathrm{x}}+V_{\mathrm{s}}c_{\mathrm{s}}}{V_{\mathrm{x}}+V_{\mathrm{s}}}\right)$$

求得被测物的浓度为

$$c_x=\frac{c_s V_s h}{H(V_x+V_s)-hV_x} \tag{16-22}$$

如试液的体积为 10 mL,加入标准溶液的量以 0.5～1.0 mL 为宜,并使加入后的波高增加 0.5～1 倍。由于加入标准溶液前后试液的组成基本保持一致,通常可消除由底液不同所引起的误差。标准加入法一般适用于单个试样的分析。

16.3.4.2 干扰电流及其消除方法

所谓的干扰电流,是指与被测物质浓度之间无定量关系的电流。它通常影响极谱定量分析,因此必须设法消除。常见的干扰电流有如下几种。

1. 残余电流

在没有达到被测电活性物质的氧化还原电位时,电极上仍会产生微小的电流,此为残余电流。它包括微量杂质(溶液中的重金属离子或有机化合物等)的氧化还原所产生的电流,以及电极-溶液界面双层充电电流 i_c,在滴汞电极上,i_c 约为 10^{-7} A,对测定微量物质($<10^{-5}\ \mathrm{mol \cdot L^{-1}}$)会产生干扰。直流极谱无法有效地克服充电电流,一般依靠作图法加以扣除(见图 16-10)。在这方面,新的极谱分析技术如脉冲极谱应运而生。

2. 迁移电流

由 16.1.1 节的讨论可知,加入大量支持电解质可以消除迁移电流。支持电解质是一些能导电但在该条件下不发生电极反应的所谓惰性电解质,如氯化钾、盐酸、硫酸等。一般支持电解质的浓度要比被测物质浓度大 50～100 倍。

3. 极谱极大

在电流-电位曲线上出现的比扩散电流要大得多的突发的电流峰,称为极谱极大。其原因是汞滴在生长过程中产生了对流效应,使汞滴表面各部分(如上部和下部)的电流密度分布不均匀,引起表面张力不同。极谱极大通常采用加入表面活性剂来抑制,由于表面活性剂在汞滴表面的吸附,使汞滴表面各部分的表面张力均匀,从而消除极谱极大。常用的表面活性剂有明胶、聚乙烯醇、曲拉通 X-100 及某些有机染料等。

4. 氧电流

空气饱和的溶液中,氧的浓度约为 $0.25\ \mathrm{mmol \cdot L^{-1}}$。当进行电解时,氧在电极上被还原,产生两个极谱波:

第一个波:　$O_2+2H^++2e^- \longrightarrow H_2O_2$　(酸性溶液)

$O_2+2H_2O+2e^- \longrightarrow H_2O_2+2OH^-$　(中性或碱性溶液)

第二个波:　$H_2O_2+2H^++2e^- \longrightarrow 2H_2O$　(酸性溶液)

$H_2O_2+2e^- \longrightarrow 2OH^-$　(中性或碱性溶液)

其 $E_{1/2}$ 分别为 -0.2 V 和 -0.8 V 左右,通常与被测物质的极谱波重叠,产生干扰。一般采用通入惰性气体,或在中性或碱性溶液中加入 Na_2SO_3,强酸中加入 Na_2CO_3 或 Fe 粉,从而消除氧的电流干扰。

除了上述的四种主要干扰电流外,还有一些其他干扰电流,如叠波、前波和氢离子还原波等。

16.4 极谱波的类型与极谱波方程

通过上述讨论,我们对极谱波有了一定的了解。实际上,极谱波只是一个总称,根据形成极谱波的体系不同,通常有不同的类型。不同类型的极谱波,又有着各自特征的电流-电位曲线,通常将这类曲线称为极化曲线,而将它们之间的关系称为极谱波方程。

16.4.1 极谱波的类型

16.4.1.1 可逆波与不可逆波

可逆波与不可逆波是按电极反应的可逆性来划分的。其根本区别在于电极反应是否存在明显的过电位,即是否表现出电化学极化。由图 16-11 可见,曲线 1 是可逆波;曲线 2 相对于曲线 1 来说表现出明显的过电位,是不可逆波。可逆与不可逆极谱波的半波电位之差,表示不可逆电极过程所需的过电位(η)。

对于可逆极谱波,极谱波上任何一点的电流都是受扩散速度所控制。对于不可逆极谱波,当电位不够负时(图 16-11极谱波的底部 AB 段),电极反应的速率很慢,没有明显的电流通过。电位逐渐向更负的方向增加时,过电位逐渐被克服,电极反应的速率增加,电流亦随之增加,如波的 BC 段。电极电位足够负时,过电位完全被克服,电极反应的速率变得很快,形成完全的浓差极化,到达极限电流(波的 CD 段)。一般的情况在波的底部,电流完全受电极反应的速率所控制,波的中部,电流既受电极反应速率所控制也受扩散速率所控制;达到极限电流时,完全受扩散速率所控制。

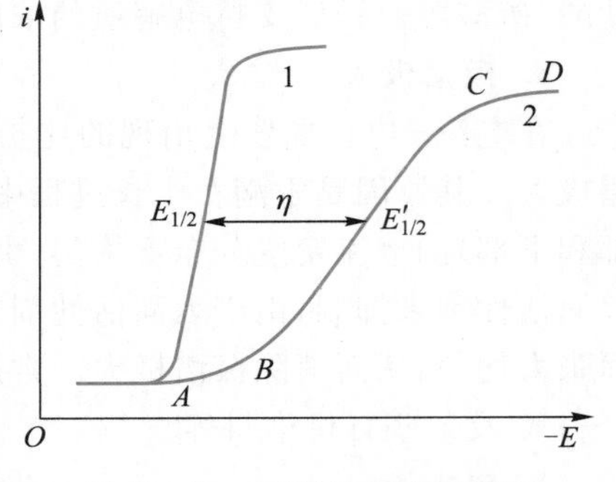

图 16-11 可逆波与不可逆波

电极过程可逆性的区分并不是绝对的。一般认为,电极反应速率常数 k_s 大于 2×10^{-2} cm · s^{-1}为可逆,小于 3×10^{-5} cm · s^{-1}为不可逆,而介于两者之间为准可逆或部分可逆。

16.4.1.2 还原波(阴极波)和氧化波(阳极波)

按电极反应的氧化或还原过程分为还原波(阴极波)和氧化波(阳极波)。还原波即溶液中的氧化态物质在电极上还原时所得到的极谱波,如图16-12中曲线1所示。氧化波即溶液中的还原态物质在电极上氧化时所得到的极谱波,如图16-12中曲线2所示。当同时存在氧化态物质在电极上还原和还原态物质的氧化时,得到如图16-12中曲线3所示的极谱波,称为综合波或阴-阳极连波。

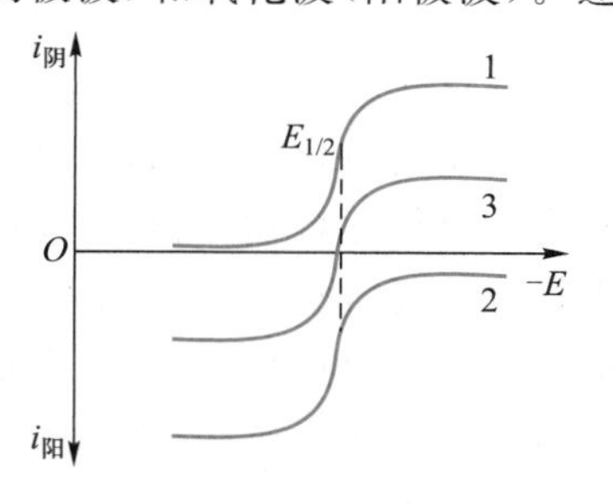

图16-12 阴极波、阳极波与阴-阳极连波

对可逆波来讲,同一物质在相同的底液条件下,其还原波与氧化波的半波电位相同(见图16-12中曲线1和2)。但对不可逆波来讲,由于还原过程的过电位为负值,氧化过程的过电位为正值,其还原波与氧化波的半波电位就不同。例如,电极反应 $Ti^{4+} + e^- = Ti^{3+}$,在饱和酒石酸介质中是可逆波,其还原与氧化波半波电位都是−0.42V;而在盐酸介质中是不可逆波,其还原与氧化波半波电位分别是−0.81 V和−0.14 V。

16.4.1.3 简单离子极谱波、配合物极谱波和有机化合物极谱波

按进行电极反应的物质划分,通常有简单金属离子极谱波、配合物极谱波和有机化合物极谱波。

1. 简单金属离子的极谱波

简单金属离子(即水合离子)的还原波,通常有三种形式:

(1) 在滴汞电极上生成汞齐:

$$M^{n+} + ne^- + Hg = M(Hg)$$

如 $$Pb^{2+} + 2e^- + Hg = Pb(Hg)$$

(2) 以金属状态沉积在滴汞电极上:

$$M^{n+} + ne^- = M$$

如 $$Ni^{2+} + 2e^- = Ni$$

(3) 均相氧化-还原反应:

$$M^{n+} + \alpha e^- = M^{(n-\alpha)+}$$

如 $$Fe^{3+} + e^- = Fe^{2+}$$

2. 配合物的极谱波

当金属离子形成较稳定的配离子时,其配合物的电极反应可表示为

$$MX_p^{(n-pb)+} + ne^- + Hg \longrightarrow M(Hg) + pX^{b-}$$

如 $$HPbO_2^{2-} + e^- + H_2O + Hg \longrightarrow Pb(Hg) + 3OH^-$$

3. 有机化合物的极谱波

许多有机化合物都具有电活性，如卤代化合物、羰基化合物、有机酸及含氮和含氧有机化合物等，它们在滴汞电极上氧化还原产生极谱波。有机化合物的电极反应通常都有氢离子参与。极谱波的特点是大多数为不可逆波。值得一提的是，许多有机化合物不溶于水，要在有机溶剂（或与水的混合液）中进行测定，这时需要加入无机盐类（如锂盐、季铵盐等）作为支持电解质来传导电流。有机化合物的电极反应可表示为

$$R + nH^+ + ne^- \longrightarrow RH_n$$

如 $$C_6H_5N{=}NC_6H_5 + 2H^+ + 2e^- \longrightarrow C_6H_5NH{-}NHC_6H_5$$

16.4.2 极谱波方程

极谱波是电流与电位的关系曲线，而它们之间的关系式称为极谱波方程。不同反应类型的极谱波具有不同的极谱波方程。

16.4.2.1 简单金属离子的极谱波方程

金属水合离子发生下列可逆的电极反应

$$M^{n+} + ne^- + Hg \longrightarrow M(Hg) \tag{16-23}$$

其可逆极谱波方程为

$$E_{de} = E^{\ominus} - \frac{RT}{nF}\ln\frac{D_s^{1/2}}{D_h^{1/2}} - \frac{RT}{nF}\ln\frac{i}{i_d - i} \tag{16-24}$$

式中 D_s 为金属离子在溶液中的扩散系数；D_h 为金属在汞齐中的扩散系数。以滴汞电极电位 E_{de} 对 $\ln\frac{i}{i_d - i}$ 作图，根据所得直线的斜率，可求得电极反应的电子转移数，并可用来判断极谱波的可逆性。

16.4.2.2 配合物的极谱波方程

对于配合物在滴汞电极上的还原：

$$MX_p^{(n-pb)+} + ne^- + Hg \longrightarrow M(Hg) + pX^{b-} \tag{16-25}$$

其极谱波方程为

$$E_{de} = E^{\ominus} + \frac{RT}{nF}\ln K_c - \frac{RT}{nF}\ln\frac{D_{MX_p}^{1/2}}{D_h^{1/2}} - p\frac{RT}{nF}\ln c_x - \frac{RT}{nF}\ln\frac{i}{i_d - i} \tag{16-26}$$

式中 $E^{\ominus}$ 为式(16-23)的标准电极电位；K_c 为配合物的不稳定常数；D_{MX_p} 为配离子在溶液中的扩散系数；c_x 为配体的浓度(其浓度远大于 M^{n+} 的浓度，可视为一恒定值)；p 是配位数。

当 $i=i_d/2$ 时，配合物还原的极谱波半波电位为

$$(E_{1/2})_c=E^{\ominus}+\frac{RT}{nF}\ln K_c-\frac{RT}{nF}\ln\frac{D_{MX_p}^{1/2}}{D_h^{1/2}}-p\frac{RT}{nF}\ln c_x \qquad (16-27)$$

则

$$E_{de}=(E_{1/2})_c-\frac{RT}{nF}\ln\frac{i}{i_d-i} \qquad (16-28)$$

在一定的实验条件下，从上述配合物极谱波方程可求得 p，n 或 K_c。

从式(16-27)可以看出，配离子的半波电位比简单金属离子的要负；配离子越稳定(K_c 越小)，或配合物浓度越大，则半波电位越负。所以，在极谱分析中，常用配位的方法来使半波电位发生移动，以消除干扰。

16.4.3 偶联化学反应的极谱波

偶联化学反应的极谱波是指在电极反应过程中伴随有化学反应发生，其电流大小不是由扩散控制，而是由电极表面液层中化学反应的速率所控制。习惯上称这类极谱波为动力波。根据化学反应的偶联特征，可以将其分为三种类型：

(1) 化学反应先行于电极反应：

$$A \xrightarrow{k} B \qquad C(\text{化学反应})$$

$$B+ne^- \longrightarrow C \qquad E(\text{电极反应})$$

(2) 化学反应后行于电极反应：

$$A+ne^- \longrightarrow B \qquad E(\text{电极反应})$$

$$B \xrightarrow{k} C \qquad C(\text{化学反应})$$

(3) 化学反应平行于电极反应：

$$A+ne^- \longrightarrow B \qquad E(\text{电极反应})$$

$$B+C \xrightarrow{k} A \qquad C(\text{化学反应})$$

上述三类反应又分别称为 CE 过程、EC 过程和 EC′过程。后一种类型所产生的极谱波通常称为催化波或平行催化波，它在电化学分析中有着广泛的应用。

对于这类催化波，可以认为物质A（称为催化剂）在电极上的浓度没有发生变化，消耗的是物质C。物质C是这样一种物质，它能在电极上还原，但具有很高的过电位，在物质A还原时，它不能在电极上被还原。同时，它具有相当强的氧化性，能迅速地氧化物质B而再生出物质A，从而形成循环。常用的物质C有过氧化氢、硝酸盐、亚硝酸盐、高氯酸及其盐、氯酸盐和羟胺等。

正是这种EC′的循环过程，使得电极上消耗的A及时得到补充，极谱波的极限电流增大，故称“催化”波。其灵敏度一般达 $10^{-6}\sim10^{-8}$ mol·L^{-1}，有时可达 10^{-10} mol·L^{-1}。催化电流的公式为

$$i_{ca}=0.51nFD^{1/2}m^{2/3}t^{2/3}k^{1/2}c_C^{1/2}c_A \tag{16-29}$$

式中 c_A 及 c_C 分别为被测物A及氧化剂C在溶液中的浓度；k 为化学反应速率常数。由式(16-29)可见，催化电流由偶联的化学反应速率常数所控制。而且，当C的浓度一定时，催化电流大小与被测物A的浓度成正比，这是物质定量的依据。

CE过程和EC过程常用于电化学反应机理研究，一般专著中会有详细的讨论。

16.5 脉冲极谱

在16.3.4.2节已述及，充电电流是一种干扰电流，直流极谱无法从技术上克服这类电流的干扰，为此，提出了脉冲极谱法。这里主要讨论方波极谱法、常规脉冲极谱和示差脉冲极谱。

16.5.1 方波极谱法

方波极谱（square wave polarography，SWP）是将一个电压振幅小于30 mV、频率225 Hz的方波，叠加在线性变化的电位上，如图16-13(a)所示。由于方波电压加于滴汞电极上，电极-溶液界面双电层立即充电，并产生充电电流。当方波脉冲变化至另一半周时，双电层会立即放电，产生反向的放电电流，如图16-13(b)所示。但它们都会随时间迅速衰减。

当溶液中有可还原的金属离子存在时，因方波的加入，除了充电电流，同时会产生金属离子还原的Faraday电流。随着时间的变化，电极表面附近的金属离子越来越少，而溶液中的金属离子又来不及补充至电极表面，Faraday电流会随之按 $i_f\propto t^{-1/2}$ 的规律衰减，如图16-13(c)所示。但衰减的速率要比充电电流慢得多，这可从 $i_c\propto e^{-t}$［式(13-1)］的比较中看出。事实上，在方波半周后期的充电电流已非常小，这时进行电流采样，则主要为Faraday电流，如图16-13(d)

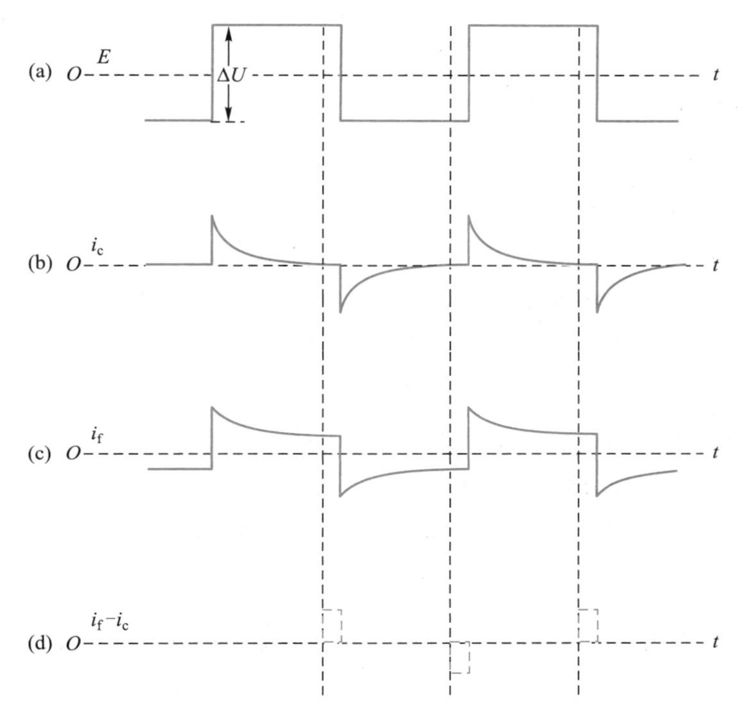

图 16-13　方波极谱中电压、充电电流、Faraday 电流与检测电流随时间的变化曲线

所示。所得到的电流-电位曲线呈峰形。对于可逆的电极反应，其峰电流为

$$i_p = k\frac{n^2F^2}{RT}\Delta UAD^{1/2}c \tag{16-30}$$

式中 k 是与方波频率及采样时间有关的常数；ΔU 为方波电压的振幅。

16.5.2　常规脉冲极谱法

从上节的讨论可知，方波极谱有效地改善了极谱法的灵敏度和分辨率。但是，由于方波脉冲的频率很高，在脉冲电压半周的短时间内充电电流不能充分衰减，这限制了灵敏度的进一步提高。为此，又发展起了常规脉冲和示差脉冲极谱法。

常规脉冲极谱法（normal pulse polarography，NPP）是在汞滴生长后期施加一个矩形的脉冲，脉冲持续 40～60 ms 后再跃回到起始电位 E_i 处，脉冲跃回与汞滴击落保持同步，其电位与时间的关系如图 16-14(a)所示。在脉冲结束前某一固定时刻，用电子积分电路采集电流，随之汞被强制敲落。下一滴汞产生，另

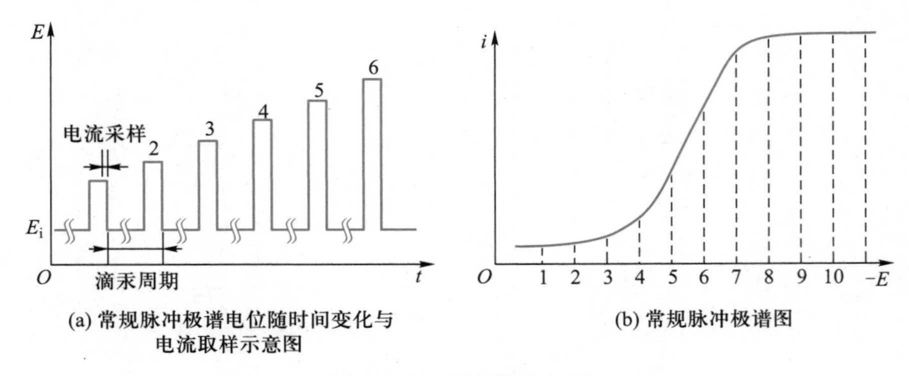

图 16-14 常规脉冲极谱

一个振幅稍高的脉冲被加入，再采集电流。这样周而复始地循环采样，就得到了如图 16-14(b)所示的常规脉冲极谱图。

对于可逆极谱波，常规脉冲极谱的极限电流方程为

$$i_l = nFAD^{1/2}(\pi t_m)^{-1/2}c \qquad (16-31)$$

式中 t_m 为每个周期内从开始施加脉冲到进行电流采样所经历的时间；其他各项意义同前。

16.5.3 示差脉冲极谱法

示差脉冲极谱(differential pulse polarography)也称微分脉冲极谱，它与常规脉冲极谱有某些类似，但示差脉冲极谱施加的脉冲和电流取样的方式不同。示差脉冲极谱法是在一个线性变化电位上，叠加等振幅的脉冲(阶梯脉冲电压)，脉冲高度保持恒定(10～100 mV)，它是在每滴汞的生长周期内对电流采样两次，即脉冲加入前 20 ms 和脉冲消失(或汞滴击落)前 20 ms，如图 16-15(a)所示。以每滴汞上两次采样电流之差 Δi 对电位作图即得到示差脉冲极谱图，如图 16-15(b)所示。由图可见，示差脉冲极谱图不同于常规脉冲极谱图，它在极谱波 $E_{1/2}$ 处电流最大，呈现对称的峰状。对于可逆极谱波，示差脉冲极谱峰电流可表示为

$$\Delta i_p = \frac{n^2F^2}{4RT}A\Delta UD^{1/2}(\pi t_m)^{-1/2}c \qquad (16-32)$$

式中 ΔU 为脉冲振幅；其他各项意义同前。其峰电位与直流极谱的半波电位的关系为

$$E_p = E_{1/2} \pm \Delta U/2 \qquad (16-33)$$

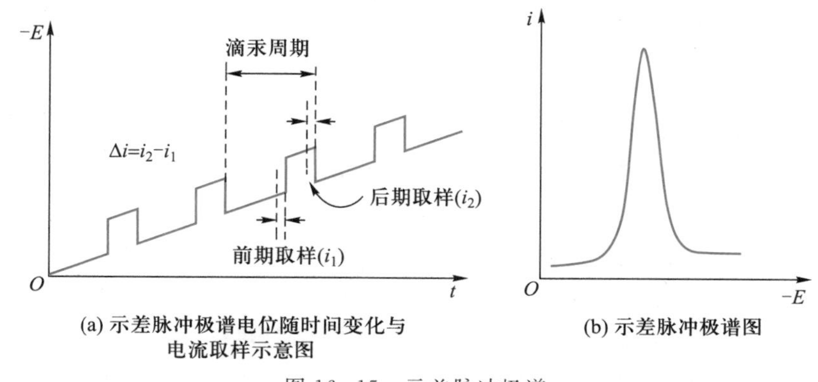

(a) 示差脉冲极谱电位随时间变化与电流取样示意图　(b) 示差脉冲极谱图

图 16−15　示差脉冲极谱

式(16−33)中,还原过程 ΔU 取负值,氧化过程 ΔU 取正值。

16.5.4　脉冲极谱法的特点

作为电化学分析方法,脉冲极谱法与直流极谱法相比有了极大的改善,其主要特点为

(1) 灵敏度高。对可逆的物质测定,灵敏度可达 10^{-8} mol·L^{-1},结合溶出伏安技术,灵敏度可达 10^{-10}～10^{-11} mol·L^{-1};

(2) 分辨率强。两种物质的峰电位相差 25 mV 即可分辨。例如,在滴汞电极上,药物 Chlordiazepoxide(利眠宁)在酸性介质中产生三个还原波,其示差脉冲极谱与直流极谱图如图 16−16 所示。从图中不难发现,无论是灵敏度还是分辨率,脉冲极谱法明显优于直流极谱法。

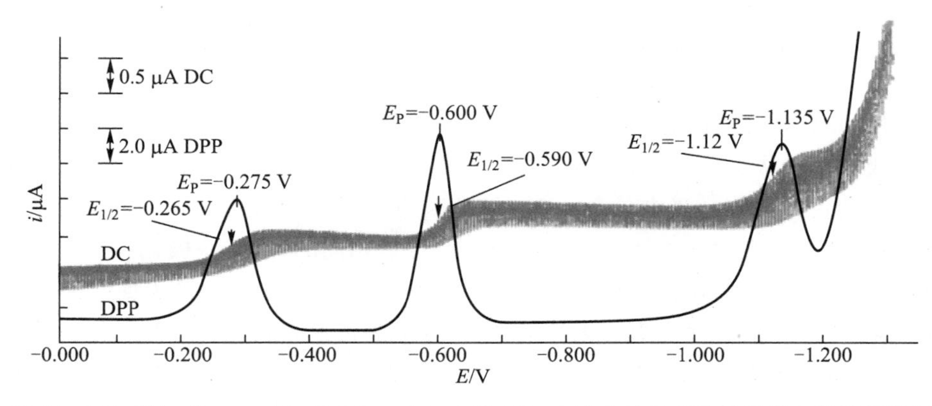

图 16−16　Chlordiazepoxide 在 0.5 mol·L^{-1} H_2SO_4 介质中的示差脉冲极谱与直流极谱图

16.6 伏安法

前已叙及，伏安法是一种根据电流－电位曲线来进行分析的方法。其类型比较多，下面就几种常用的伏安方法做一些讨论。

16.6.1 线性扫描伏安法

线性扫描伏安法(linear sweep voltammetry，LSV)也称线性电位扫描计时电流法。其工作电极上的电位随扫描速率线性增加(见图16－17)，测量不同电位时相应的极化电流，根据记录的电流－电位曲线来进行分析。直流极谱施加的也是线性扫描电位，但速率很慢，线性扫描伏安法电位变化速率很快，而且使用的是固体电极或表面积不变的悬汞滴电极。电极电位与扫描速率和时间的关系表示为

$$E = E_{\mathrm{i}} - vt \tag{16-34}$$

式中 v 为电位扫描速率($\mathrm{V \cdot s^{-1}}$)；E_{i} 为起始扫描的电位(V)；t 为扫描时间(s)。

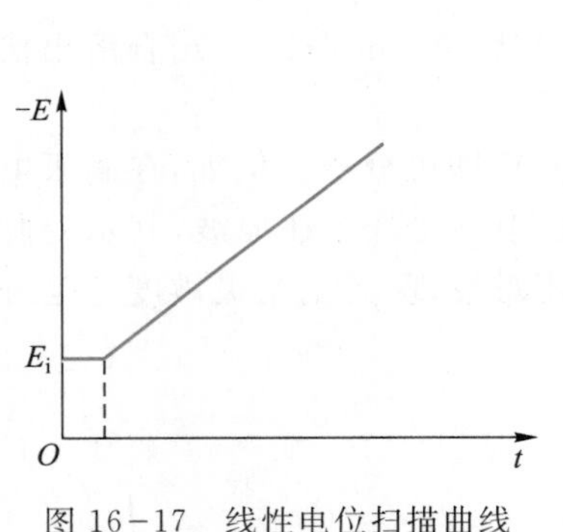

图16－17 线性电位扫描曲线

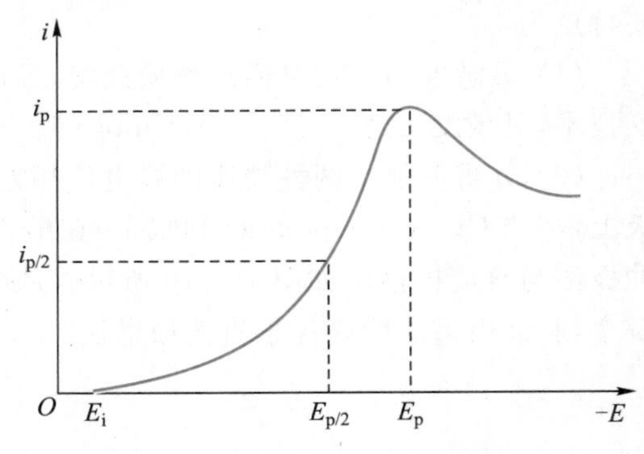

图16－18 线性扫描伏安图

16.6.1.1 线性扫描伏安图的基本特征

线性扫描伏安图是一种峰状的曲线，如图16－18所示。伏安图的形成可从16.2节的讨论得知。当电位较正时，不足以使被测物质在电极上还原，电流没有变化，即电极表面和本体溶液中物质的浓度是相同的，无浓差极化。当电位变负，达到被测物质的还原电位时，物质在电极上很快地还原，电极表面物质的浓度迅速下降，电流急速上升。若电位变负的速率很快，可还原物质会急剧地还原，其在电极表面附近的浓度迅速地降低并趋近于零，此时电流达最大值。电位继续变负，溶液中的可还原物质要从更远处向电极表面扩散，扩散层因此变厚，电流随时间的变化按式(16－13)的规律缓慢衰减，于是形成了一种峰状的电流－

电位曲线。

描述线性扫描伏安图的主要参数有 i_p（峰电流）、E_p（峰电位）和 $E_{p/2}$（半峰电位，即电流为 $i_{p/2}$ 处的电位），见图 16－18。对于可逆极谱波，电流的定量表达式为

$$i_p = 2.69\times10^5 n^{3/2} D^{1/2} v^{1/2} Ac \tag{16-35}$$

式中 i_p 为峰电流（A）；n 为电子转移数；D 为扩散系数（$cm^2\cdot s^{-1}$）；v 为电位扫描速率（$V\cdot s^{-1}$）；A 为电极表面积（cm^2）；c 为被测物质的浓度（$mol\cdot L^{-1}$）。式（16－35）又称为 Randles-Sevcik（兰德莱斯—塞夫契克）方程。可见，峰电流与被测物质的浓度呈正比且与扫描速率等因素有关。

由 Nernst 方程可以导出 E_p 和 $E_{p/2}$ 与直流极谱的半波电位 $E_{1/2}$ 的关系：

$$E_p - E_{1/2} = E_{1/2} - E_{p/2} = -1.109\,\frac{RT}{nF} \tag{16-36}$$

在 25 ℃时，峰电位 E_p 与半波电位 $E_{1/2}$ 相差约 28.5 mV/n。

对于受扩散控制的可逆极谱波，其线性扫描伏安图一般具有下列特征：i_p 与 $v^{1/2}$ 呈正比；E_p 与 v 无关；由 $E_p-E_{1/2}$ 的实验值可求得 n 值。如果在 25 ℃时 $E_p-E_{p/2}$ 大于 57 mV/n，则可能是准可逆或不可逆波电极反应。

16.6.1.2 单扫描极谱法

单扫描极谱法（single sweep polarography）也称示波极谱法，可以认为它是线性扫描伏安法的一种特殊类型，其特点为

（1）在汞滴的生长后期施加线性扫描电压；

（2）用阴极射线示波器记录电流－电位曲线；

（3）在一滴汞生长周期内完成一个极谱波的测定。

图 16－19 是单扫描极谱法原理图，图中（a）和（b）分别表示汞滴表面积和电极电位随时间变化的曲线。由图可见，滴汞生长周期与电极电位的变化是同步控制的，即汞滴生长周期为 7 s，前 5 s 为休止期，到后 2 s 才加上一个变化速率极快（250 $mV\cdot s^{-1}$）的线性扫描电位，这时汞滴表面积改变很慢，而扫描速率又是如此之快，因此，可以认为极化过程中汞滴表面积是不变的。图中（c）记录的是电流－电位曲线，即单扫描极谱图。

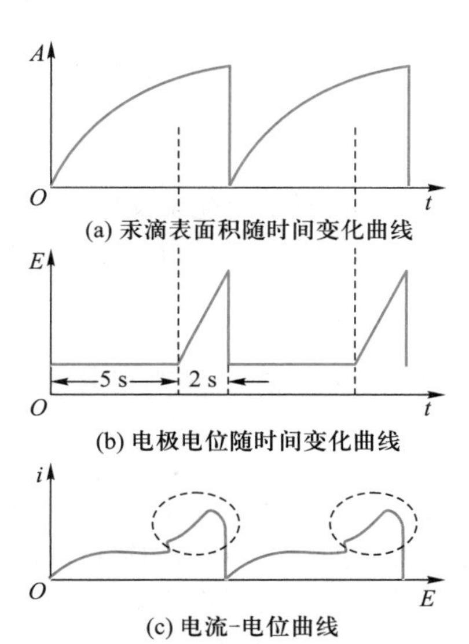

图 16－19 单扫描极谱法原理图

与线性扫描伏安图一样，单扫描极谱图

也是一种峰状的电流-电位曲线。线性扫描伏安法的峰电流方程式(16-35),以及峰电位与直流极谱半波电位的关系式(16-36)都适用于单扫描极谱法。

单扫描极谱法是应用非常广泛的一类电分析方法,这不仅是因为仪器简单,而且它具有许多自身优点,如分析速率快、灵敏率高、分辨率好等。但是,单扫描极谱法的这种极快电位扫描速率,很难适用于电极反应完全不可逆的物质的测定,如溶液中氧的还原,从这点上来说,氧的干扰可忽略。

16.6.2 循环伏安法

循环伏安法(cyclic voltammetry)的电位扫描曲线是从起始电位 E_i 开始,线性扫描到终止电位 E_τ 后,再回过头来扫描到起始电位,是一个连续的循环扫描过程。其电位-时间曲线如同一个三角形,故又称三角波电位扫描曲线,如图 16-20 所示。

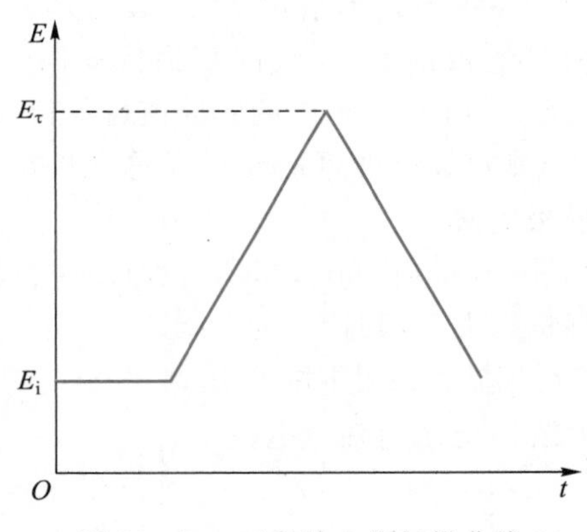

图 16-20 三角波电位扫描曲线

对于可逆的电化学反应,当电位从正向负方向线性扫描时,溶液中的氧化态物质 O 在电极上还原生成还原态物质 R:

$$O+ne^- \longrightarrow R$$

当电位逆向扫描时,R 则在电极上氧化为 O:

$$R \longrightarrow O+ne^-$$

其电流-电位曲线如图 16-21 所示。图中曲线呈现出一个还原氧化全过程,是一个循环曲线,故称为循环伏安图。图的上半部是还原波,称为阴极支,其电流和电位分别称为阴极峰电流($i_{p,c}$)和阴极峰电位($E_{p,c}$);下半部为氧化波,称为阳极支,其电流和电位分别称为阳极峰电流($i_{p,a}$)和阳极峰电位($E_{p,a}$)。

循环伏安法是最基本的电化学研究方法,在研究电化学反应的性质、机理和

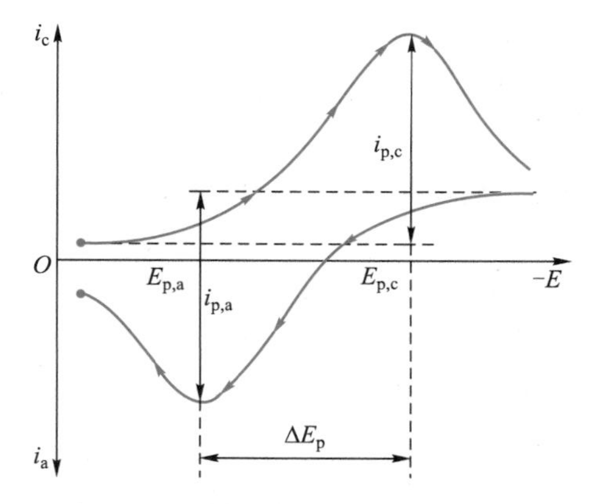

图 16-21　循环伏安法电流-电位曲线

电极过程动力参数等方面有着广泛的应用，下面从两方面进行讨论。

1. 电极过程可逆性判断

在循环伏安图中，出现峰电流的原因和上述的线性扫描伏安法一样。对于电极反应速率很快，符合 Nernst 方程的反应，即通常所说的可逆过程，其循环伏安图的峰电流和峰电位值具有如下特征：

$$i_{p,a}/i_{p,c}\approx 1 \tag{16-37}$$

$$\begin{aligned}\Delta E_p &= E_{p,a}-E_{p,c}\\ &=2.2\frac{RT}{nF}=56.5\ \text{mV}/n\end{aligned} \tag{16-38}$$

可见，可逆过程的循环伏安图是上下较对称的曲线，如图 16-22 中黑色实线曲线所示。但在实验中，ΔE_p 值与环扫的换向电位 E_τ 有关，当换向电位较 $E_{p,c}$ 负 100 mV/n 以上时，ΔE_p 为 59 mV/n。一般来说，其数值在 55 mV/n 至 65 mV/n 之间。对于电极反应速率很慢，不符合 Nernst 方程的反应，即不可逆过程，其情形就大不一样，反扫时不出现阳极峰，且电位扫描速率增加时，$E_{p,c}$ 明显变负，如图 16-22 中蓝色虚线曲线所示。图 16-22 中蓝色实线曲线为准可逆过程，其极化曲线形状与可逆程度有关。一般来说，峰电位随电位扫描速率的增加

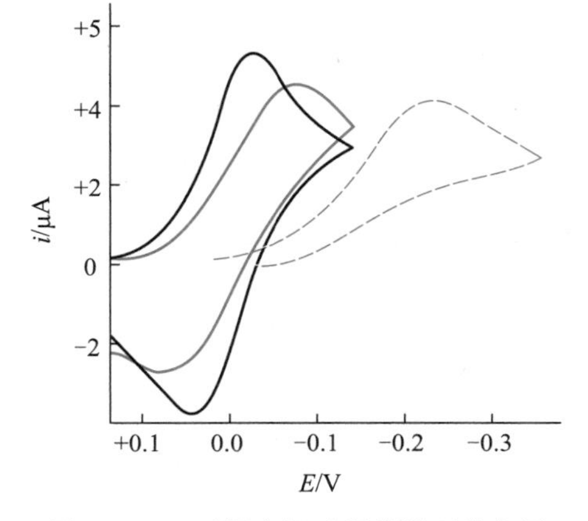

图 16-22　不同电极过程的循环伏安图

黑色实线—可逆过程；蓝色实线—准可逆过程；蓝色虚线—不可逆过程

而变化，阴极峰电位变负，阳极峰电位变正，ΔE_{p} 增大（$>59\ \mathrm{mV}/n$）；此外，$i_{\mathrm{p,a}}/i_{\mathrm{p,c}}$ 可大于、等于或小于 1，但均与 $v^{1/2}$ 成正比，因为峰电流仍是由扩散速率所控制。

2. 电极反应机理判断

以 16.4.3 节所描述的偶联化学反应的极谱波为例，用循环伏安法对其机理做一些讨论。

图 16－23 为对氨基苯酚的循环伏安图。扫描先从图上的 S 点电位出发，电位向正方向进行扫描，得到阳极峰 1；然后再做反向（负电位方向）扫描，得到两个阴极峰 2 和 3。紧接着再一次阳极化扫描时，先后得到两个阳极峰 4 和 5（图中的虚线），且峰 5 与峰 1 的峰电位相同。

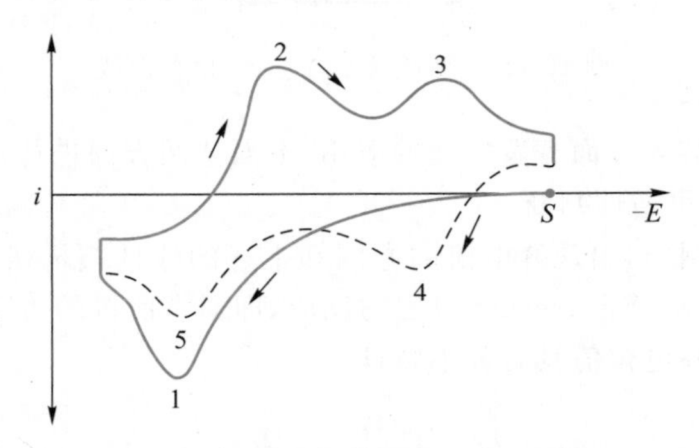

图 16－23　对氨基苯酚的循环伏安图

根据对氨基苯酚的循环伏安图，可以得到下列信息。在第一次阳极化扫描时，峰 1 是对氨基苯酚的氧化峰。电极反应为

$$\mathrm{HO{-}C_6H_4{-}NH_2} \rightleftharpoons \mathrm{O{=}C_6H_4{=}NH} + 2\mathrm{H}^+ + 2\mathrm{e}^- \qquad (16-39)$$

所得到的电极反应产物对亚氨基苯醌在电极表面会发生如下的化学反应：

$$\mathrm{O{=}C_6H_4{=}NH} + \mathrm{H_3O^+} \xrightleftharpoons{k} \mathrm{O{=}C_6H_4{=}O} + \mathrm{NH_4^+} \qquad (16-40)$$

部分对亚氨基苯醌转化为苯醌，而对亚氨基苯醌和苯醌均可在电极上还原。因此，在进行阴极化扫描时，对亚氨基苯醌被还原为对氨基苯酚，形成还原峰 2；而苯醌则在较负的电位被还原为对苯二酚，产生还原峰 3，其电极反应为

$$\text{(苯醌)} + 2H^{+} + 2e^{-} \rightleftharpoons \text{(对苯二酚)} \quad (16-41)$$

当再一次阳极扫描时，对苯二酚又氧化为苯醌，形成峰4。峰5与峰1相同，仍为对氨基苯酚的氧化峰，但由于反应(16－39)和(16－40)的进行，对氨基苯酚的浓度逐渐减小，故峰5低于峰1。由此可以得出，峰1,5,2对应电极反应(16－39)，而峰3,4对应电极反应(16－41)。

可见，利用循环伏安法可以获得电极表面物质及电极反应的有关信息，可以对有机化合物、金属化合物及生物物质等的氧化还原机理做出准确的判断。

16.6.3 溶出伏安法

溶出伏安法(stripping voltammetry)是先将被测物质以某种方式富集在电极表面，富集时通常搅拌溶液以加快传质，而后借助线性电位扫描或脉冲技术将电极表面富集物质溶出(解脱)，根据溶出过程得到的电流－电位曲线来进行分析的方法。富集过程往往通过电解来实现，电解富集时工作电极作为阴极，溶出时作为阳极，称为阳极溶出伏安法(athodic stripping voltammetry)；反之，工作电极作为阳极来电解富集，而作为阴极进行溶出，则称为阴极溶出伏安法(cathodic stripping voltammetry)。如果富集过程不是通过电解来实现，而是通过被测物质的某种表面吸附作用完成的，即富集过程并不涉及被测物质的电化学反应，则称为吸附溶出伏安法(adsorptive stripping voltammetry)。

16.6.3.1 阳极溶出伏安法

阳极溶出伏安法的电流－电位曲线包括电解富集和溶出两个过程(图16－24)。富集时工作电极的电位选择在被测物质的极限电流区域(图16－24虚线处)，金属离子在汞电极表面还原形成金属汞齐，因电极表面积很小，经较长时间富集后电极表面汞齐中金属的浓度相当大(浓缩作用)。溶出时，是以快速的阳极化电位扫描方式，汞齐中的金属迅速地被氧化，从而产生尖峰状的溶出电流曲线。

例如，在1.5 mol·L^{-1}盐酸介质中在悬汞电极上测定痕量铜、铅、镉，先将悬汞电极电位控制在－0.8 V。电解一段时间后，溶液中的一部分Cu^{2+}，Pb^{2+}和Cd^{2+}在电极上被还原，生成金属汞齐。电解完毕后，将悬汞电极的电位线性地由负向正方向快速变化，这时先后得到镉、铅和铜的氧化溶出峰电流，如图16－25所示。

对于线性扫描溶出过程，溶出峰电流与被测物质浓度的关系可简单地表

示为

$$i_p = -Kc_0 \tag{16-42}$$

这就是溶出伏安法的定量分析基础。

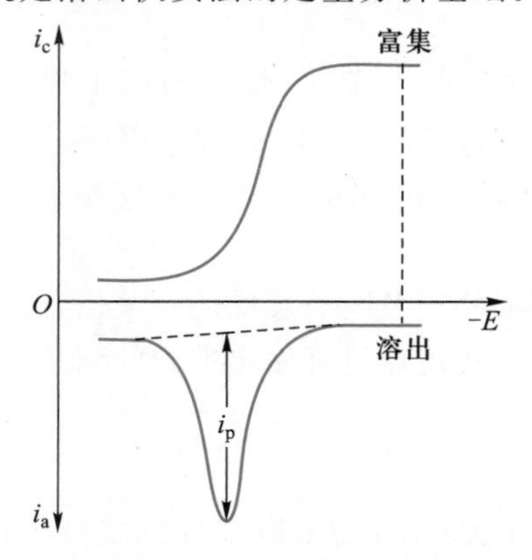

图 16-24 阳极溶出伏安法的富集和溶出过程

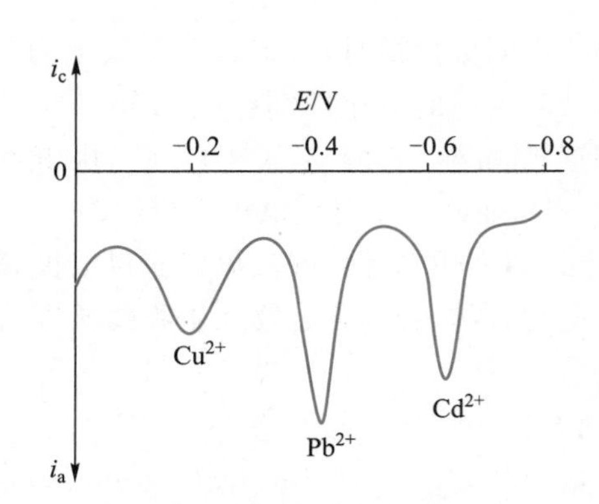

图 16-25 盐酸介质中的铜、铅、镉离子的溶出伏安图

16.6.3.2 阴极溶出伏安法

溶出伏安法除用于测定金属离子以外，还可以测定一些阴离子如氯、溴、碘、硫等，这称为阴极溶出伏安法。阴极溶出伏安法虽然也包含电解富集和溶出两个过程，但在原理上恰恰相反，即富集过程是被测物质的氧化沉积，溶出过程是沉积物的还原。阴极溶出伏安法的富集过程通常有两种情况。

一是被测阴离子与阳离子（电极材料被氧化的产物）生成难溶化合物而富集。例如，阴离子（X^-）在汞或银电极上的阴极溶出伏安法：

富集：
$$Hg \longrightarrow Hg^{2+} + 2e^-$$
$$Hg^{2+} + 2X^- \longrightarrow HgX_2 \downarrow$$

溶出：
$$HgX_2 \downarrow + 2e^- \longrightarrow Hg + 2X^-$$

二是被测离子在电极上氧化后与溶液中某种试剂在电极表面生成难溶化合物而富集。例如，Tl^+ 在 pH8.5 的介质中和石墨碳电极上的阴极溶出伏安法：

富集：
$$Tl^+ \longrightarrow Tl^{3+} + 2e^-$$
$$Tl^{3+} + 3OH^- \longrightarrow Tl(OH)_3 \downarrow$$

溶出：
$$Tl(OH)_3 \downarrow + 2e^- \longrightarrow Tl^+ + 3OH^-$$

许多生物物质或药物，如嘧啶类衍生物等，能够与 Hg^{2+} 生成难溶化合物，因此能用阴极溶出伏安法测定，而且具有很高的灵敏度。

16.6.3.3 吸附溶出伏安法

吸附溶出伏安法类似于上述阳极或阴极溶出伏安法，所不同的是其富集过程是通过非电解过程即吸附来完成的，而且，被测物质可以是开路富集，也可以是控制工作电极电位来富集，被测物质的价态不发生变化。但溶出过程与上述溶出伏安方法一样，即借助电位扫描使电极表面富集的物质氧化或还原溶出，根据其溶出峰电流－电位曲线进行定量分析。某些生物分子、药物分子或有机化合物如血红素、多巴胺、尿酸和柯卡因等，在汞电极上具有强烈的吸附性，他们从溶液相向电极表面吸附传递并不断地富集在电极上。因电极面积很小，这样，电极表面被测物质浓度远远大于本体溶液中的浓度。在溶出过程，使用快速的电位扫描速率(通常大于 100 $mV \cdot s^{-1}$)，富集的物质会迅速地氧化或还原溶出，故能获得大的溶出电流而提高灵敏度。

对于析出电位很正或很负的一些金属离子，如镁、钙、铝和稀土离子等，伏安法一般难以直接测定，但是它们能跟某些配体形成吸附性很强的配合物而在汞电极上吸附富集。在溶出过程中，通过配体的还原而间接地测定这些离子。例如，以铬黑 T 为配体，可用于镁、钙离子的吸附溶出伏安法测定。这类方法灵敏度很高，可达 $10^{-7} \sim 10^{-9} mol \cdot L^{-1}$。

值得指出的是，在非电解富集过程可以通过吸附，也可借助其他方法来完成。常见的是利用被测物质与电极表面之间的各种反应(如共价、离子交换等)来进行富集。不过，常规电极(汞、金、碳电极等)受到限制，这时需要使用一些新技术，如化学修饰电极(见 16.6.5 节)，使具有配位、离子交换性质的化合物连接到常规电极表面。例如，将 EDTA 掺入到石墨粉中制备的所谓化学修饰碳糊电极，就是利用了电极表面的 EDTA 与 Ag^{+} 的反应来进行富集，可测定低至 $10^{-11} mol \cdot L^{-1}$的银离子。

溶出伏安法具有很高的灵敏度，对某些金属离子及有机化合物的测定，甚至达 $10^{-12} \sim 10^{-15} mol \cdot L^{-1}$，是当前应用最为广泛的一种电化学分析方法。

16.6.4 伏安法常用的工作电极

伏安法常用的工作电极主要包括汞电极、碳电极、金属和金属氧化物电极，以及近些年发展起来的化学修饰电极。这里仅介绍常用工作电极，有关化学修饰电极和微电极将在以下各节做专门讨论。

1. 汞电极

汞电极有悬汞电极和汞膜电极两种。悬汞电极是让一滴汞悬挂在电极的表面，测定过程中表面积基本恒定。传统上，使用的是机械挤压式悬汞电极，或者是用铂丝沾汞滴的办法。现在的悬汞电极完全废弃了传统的或手工制备的电极，代替的是一类自动控制汞滴大小的汞电极系统，如美国 Perkimer 公司的 M303 静汞电极装置。而汞膜电极是以玻璃状碳电极作为基质，在其表面镀上一层汞。由于汞膜很薄，被富集生成汞齐的金属原子不会向内部扩散，因此能经较长时间的电解富集而不会影响结果。

2. 碳电极

碳电极分为石墨电极、糊状碳电极、玻璃状碳电极(简称玻碳电极)、碳纤维等。碳电极具有电位窗口宽、耐腐蚀、使用方便等特定。

玻碳电极是使用最广泛的电极。它具有导电性高、稳定性好、氢过电位和溶解氧的还原过电位小、可反复更新和使用等特点。

石墨电极可以分为两类,一是多孔性石墨电极,另一种是用热分解的致密性石墨电极。多孔性石墨电极使用时会因浸入电解液或杂质而影响测定,应进行浸石蜡预处理后方可使用。这种石墨电极有较大的残余电流但却有相当宽的使用电位窗口。热分解石墨电极使用的是高温减压(使碳水化合物热分解)形成的结晶石墨材料,结构致密,液体和气体难以进入,残余电流较小。

碳糊电极是在石墨粉中掺入石蜡油调成糊状压制的电极。它具有制作简单、使用方便、阳极极化的残余电流小等优点。与铂电极比较,其在阳极区具有较宽的电位窗口。此外,由于材料本身较软,所以容易更换新的电极表面。但是,在非水溶液中,有的载体会溶解。

另外一种是碳纤维,它是制作微电极的首选材料。近年来,掺杂金刚石和碳纳米管材料已用于新型电极的制备,有着良好的应用前景。

3. 金属及金属氧化物电极

金和铂是经常使用的电极材料。金电极在pH为4~10的范围内氢过电位为0.4~0.5V。也就是说,在阴极区域电位窗口比较宽是其特征之一。而铂电极具有化学性质稳定、氢过电位小,容易进行加工等特点。

Pd,Os,Ir等贵金属也可作电极材料,特别是Pd的氢过电位和Pt一样小,且具有多孔性。此外,Ag,Ni,Fe,Pb,Zn,Cu,Ge等也可作为电极材料。

金属氧化物电极主要包括SnO_2,TiO_2,RuO_2,PbO_2电极等。

4. 常用电极的电位窗口

汞、铂和碳电极在碱性、酸性和中性介质中的电位窗口见图16-26。

16.6.5 化学修饰电极

在电化学分析中,常规工作电极应用上有很大的局限性。对于电化学反应的研究,常常要考虑反应分子从溶液到电极表面的传质过程,如果将反应分子一开始就连接到电极表面上,这样就能控制电极表面的分子结构并设计需要的电化学反应,因此提出了化学修饰电极。化学修饰电极是现代化学与生物传感器的基础,是电分析化学的一种新方法。所谓化学修饰电极是借助某种技术将化学修饰剂(单分子、多分子、离子或聚合物等)固定在电极表面,通过界面电子传递反应而使其呈现出某些电化学性质的一类电极。

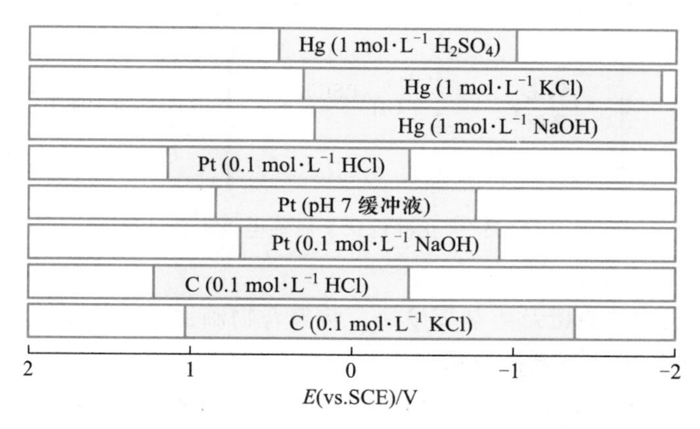

图 16－26 汞、铂和碳电极在碱性、酸性和中性介质中的电位窗口

16.6.5.1 化学修饰电极的类型

按照修饰技术或方法的不同，化学修饰电极可以分为吸附、共价键合、聚合物和复合型等几种主要类型。

1. 吸附型

用吸附方法制备单分子层或多分子层化学修饰电极，其主要的途径有

（1）静电吸附，即带电荷的离子型修饰剂在电极表面发生静电吸引而集聚，形成多分子层。这类吸附在热力学上是不可逆的。

（2）基于修饰剂分子上的 π 电子与电极表面发生交叠、共享吸附。例如，含苯环的分子在电极上的强烈吸附；醇类、胺类、酮类及羧酸类化合物的疏水吸附等。

（3）分子自组装，即分子通过化学键相互作用在电极表面自然地形成高度有序的单分子层薄膜。

2. 共价键合型

电极预处理（如研磨、氧化还原等）后其表面具有许多可供键合的基团（如羟基、羧基等含氧基团，氨基，卤基等），利用这些基团与化学修饰剂之间的共价键合反应，在电极表面修饰上一层化合物，这样获得的电极称为共价键合型修饰电极。例如，卤化硅烷化学修饰电极的制备，首先将铂或金电极经氧化还原处理，使其表面产生羟基，然后加入卤化硅烷试剂，使电极表面的羟基与卤化硅烷发生反应，分子上的 R 通过硅氧键接到电极表面，如图 16－27 所示。

3. 聚合物型

利用聚合物或聚合反应在电极表面形成修饰膜的电极称为聚合物型修饰电极。制备的方法主要有

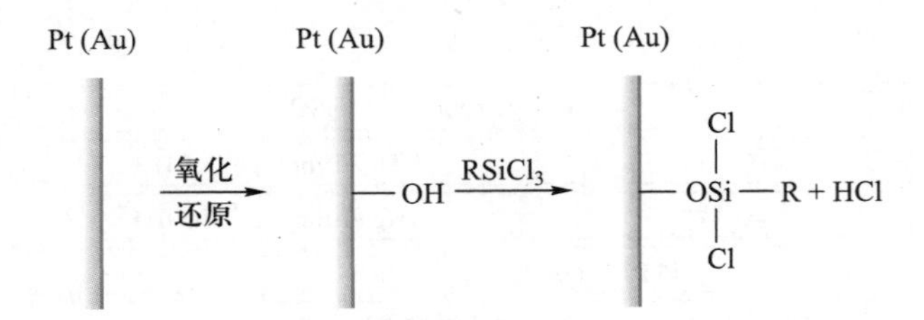

图 16-27 卤化硅烷化学修饰电极制备过程

(1) 滴涂、旋转涂覆及溶剂挥发法 将聚合物滴加在基体电极表面,在自然或电极旋转过程中让溶剂挥发后而制得的聚合物膜。

(2) 电化学沉积或氧化还原沉积法 因为聚合物的溶解度取决于其氧化或离子化的状态,当聚合物被氧化或还原到其难溶状态时,则沉积为膜。例如,在 Pt 电极上,聚乙烯二茂铁被氧化成难溶的正离子状态而被沉积成膜。

(3) 电化学聚合 单体被氧化或还原为一种活性状态(正、负离子自由基),然后再聚合成膜。常用的单体有含羟基、氨基和乙烯基的芳香化合物,杂环、稠环化合物及冠醚等。该法还可制备导电聚合物薄膜电极,如聚吡咯、聚苯胺、聚噻吩修饰电极等。

4. 复合型

所谓复合型化学修饰电极是将两种或两种以上的材料(如粉末状电极基体材料与修饰剂)按一定比例混合后压制成的电极。常用的是将碳粉、石蜡油和化学修饰剂调和制备的化学修饰碳糊电极。修饰剂有多种选择,通常有黏土、离子交换剂、配位剂等。

16.6.5.2 化学修饰电极的功能

为什么要对电极表面进行修饰?电极经过修饰以后,其表面具有了某些新的功能,它对于提高检测灵敏度和选择性、改善电极的稳定性和重现性及开展表面电化学研究都是有利的。归结起来,化学修饰电极的主要功能有

1. 富集作用

在合适的修饰电极上,稀溶液中的待测物能富集在电极表面。这种富集作用不仅可用来改善可检测性,提高分析灵敏度,而且利用电极表面修饰剂与待测物的选择性富集,可作为一种分离步骤,从而改善分析的选择性。化学修饰电极上的富集是一个化学过程,它伴随着共价键和非共价键的形成。

2. 化学转化

化学修饰电极的一个重要功能是通过化学转化扩大分析对象。化学修饰电极表面涂覆的试剂可以与非电活性的待测物发生反应,生成一种期待的电活性产物而被测定。例如,伯胺在聚乙烯吡啶-芳香醛化学修饰电极上的测定,它是

利用伯胺与修饰层中芳香醛的反应，其反应产物亚胺在化学修饰电极上被氧化，据此间接测定伯胺。除此，通过电极表面的化学转化(如金属离子形成表面配合物)，可提高某些待测物在化学修饰电极上的检测灵敏度，也可改善选择性。

3. 电催化

这类电催化通常是修饰电极和溶液中底物之间的电子转移反应。它通过修饰的电荷介体或催化剂的作用促进和加速待测物的异相电子传递。由图 16-28 可见，修饰剂的还原态与溶液中待测物的氧化态反应后再生出修饰剂的氧化态，即修饰剂催化了溶液中物质的氧化还原。例如，二茂铁化合物是一种常用的电荷介体和修饰剂，它对许多待测物质都呈现出电催化活性。在电分析化学中，一般认为化学修饰电极上的电催化是用来放大检测信号，其催化电流往往与被测物浓度呈正比。

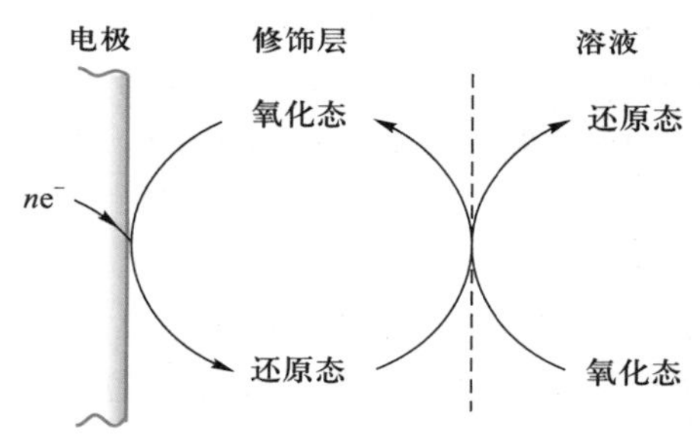

图 16-28 化学修饰电极上的电催化示意图

4. 渗透性

化学修饰电极的渗透性是指修饰层对待测物和干扰物通过该层膜到达电极表面的控制能力。其传输机理主要是基于被分析物和干扰物质的性质差别，如电荷、尺寸、形状、极性或手性等。例如，电极表面修饰的阳离子交换聚合物膜(如全氟磺酸交换树脂 Nafion)，它阻碍溶液中的阴离子到达电极表面，而让阳离子自由地穿透。像这类涂覆在电极表面的渗透性膜，它使被分析物进出膜层，而排斥或阻碍干扰物质到达电极表面，因此显著地改善了电极的选择性。

16.6.5.3 化学修饰电极表面的传质与电子传递过程

图 16-29 是化学修饰电极表面传质与电子传递过程的一般模型。在这个模型中，具有电对 A/B 的媒介体(修饰剂)被均匀地固定在电极表面上厚度为 L 的薄层中。一方面，介体与溶液中的底物 Y 反应，其产物为 Z。化学修饰电极外层的反应可表示为

$$B + Y \longrightarrow A + Z$$

另一方面，介体在电极表面被氧化(或还原)生成能与溶液中另一底物分子

反应的物质B。从这个模型中，还将看到许多的动力学过程，正是这些动力学过程的特征速率常数决定了化学修饰电极的电化学行为。

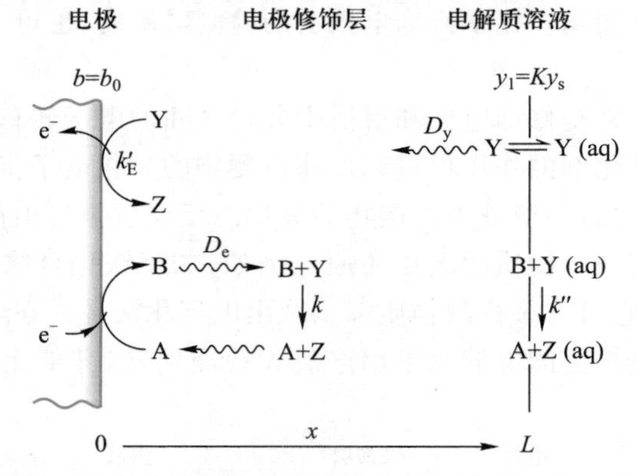

图 16−29 化学修饰电极表面传质与电子传递过程的一般模型

此模型描述了四种过程：电极表面反应(k'_E)；底物从溶液向修饰层内的渗透(K)；修饰层内的媒介反应(k)；修饰层表面媒介反应(k'')

图16−29还给出了化学修饰电极整个电化学过程中的每一速率过程。假如在氧化还原中心之间产生电子跳跃，那么，电子通过修饰层的扩散可以用一个扩散系数 D_e 来描述。对于发生在修饰层内的反应，底物必须渗透到修饰层内并在其中发生扩散。底物在修饰层中的行为可用分配系数 K 和扩散系数 D_y 来描述。利用这些参数，就区分了底物的三种可能反应，并用它们的反应速率常数表征这类反应。第一种情况是介体在修饰层外侧发生反应，其反应速率常数为 k''；第二种情况是介体在修饰层内部发生反应，其反应速率常数为 k；第三种情况是底物直接在电极表面发生反应，其反应速率常数为 k'_E。其中，前两种情况之间存在的差别是因为在修饰层的表面和内部，媒介体和底物的溶剂化环境不同。在这一模型中，一般假设介体A/B与电极之间的电子转移速率很快，因此，介体形态B的表面浓度(b_0)在一定的电极电位下是保持不变的。

在修饰层中还存在两种截然不同的传递过程，即电子传递和底物传质过程。来源于电极(图16−29左侧)并使介体形态A转变为B的电子是通过跳跃的形式穿越修饰层的，而底物Y则是从溶液中渗透到修饰层内(图16−29右侧)，并通过扩散方式穿越修饰层的。当从修饰层两边传递过来的电子和底物在修饰层中相遇时，就发生了介体导致的底物向产物的转变，这个区域称为反应区。该反应区的位置和它的厚度由两种形态在修饰层相对传递速率及介体反应速率来决定。因此，当修饰层中电子的传递速率远快于底物的扩散速率时，修饰层中反应将会在靠近修饰层−溶液的界面位置发生；而当修饰层中底物的扩散速率远快于电子的传递速率时,修饰层中反应将会在靠近电极−修饰层的界面位置发生。

16.6.5.4 化学修饰生物传感器

化学修饰生物传感器是一种将生物化学反应能转换为电信号的装置。通常将生物成分(如酶、抗原/抗体、植物或动物组织等)固定到电极表面,起到生物分子识别或生物化学受体的作用。这类生物电化学传感器种类很多,如酶传感器、免疫传感器、微生物传感器和动植物组织传感器等,这里仅讨论应用最为广泛的酶传感器。

根据检测信号的不同,酶传感器有电位型与电流型之分,前者是以 Nernst 方程作为定量的基础,后者则是基于伏安或电流检测技术,目前电流型酶传感器是发展的主流。考虑到第 14 章已介绍过电位型酶传感器,这里仅讨论电流型酶传感器。

1. 以氧作为电子受体的酶传感器

这类酶传感器是由一种称为 Clark(克拉克)型氧电极(将在 16.8 节中讨论)制备的,用透气膜将酶包裹固定在氧电极表面。葡萄糖传感器通常使用葡萄糖氧化酶(glucose oxidase,GOD),该传感器对葡萄糖具有选择性响应,其检测原理如下:

当含有氧饱和的葡萄糖待测溶液与酶电极接触时,将发生以下酶反应:

$$\text{葡萄糖} + O_2 + H_2O \xrightarrow{GOD} \text{葡萄糖酸} + H_2O_2$$

氧被催化还原为过氧化氢,葡萄糖被转化为葡萄糖酸。

由于酶附近的氧被消耗,到达氧电极上的氧的量减少了,最后导致氧还原电流降低。氧还原电流降低的值与待测溶液中的葡萄糖的浓度成正比。

与以上的检测方式类似,也可以通过测定酶反应所生成的 H_2O_2 来对葡萄糖定量分析。这种酶传感器是在铂电极表面固定 GOD 膜制成的,测定时,溶液中的葡萄糖在含有酶的膜表面被氧化,生成的 H_2O_2 往膜内渗透扩散,到达 Pt 阳极上发生电化学氧化反应:

$$H_2O_2 = 2H^+ + O_2 + 2e^-$$

其氧化电流与溶液中葡萄糖浓度成正比。值得指出的是,这种检测原理适用于制备各种以氧为辅助底物的酶传感器。例如,使用上述 Clark 氧传感器可以制备 CO_2 传感器,它是在传感器表面固定有 autotrophic bacteria(自营细菌)膜,当接触试样时它会将扩散进入膜内的 CO_2 转化为 O_2,从而增加了 O_2 在氧传感器上还原的浓度,实现了 CO_2 的间接测定。

2. 介体型酶传感器

上述酶传感器是通过氧的消耗或者 H_2O_2 的生成来检测底物,这在分析上存在一些问题,如溶液中氧的浓度波动会引起分析误差,而且在溶液缺氧的环境下响应电流会显著下降,并因此影响检出限。为此,引用一种介体来取代 O_2/

H_2O_2 反应电对。所谓介体是一种具有良好电化学活性的相对分子质量小的化合物，它担负从酶的氧化还原中心到电极表面传递电子的作用。在催化还原过程中，介体首先与还原性的酶反应，然后扩散到电极表面并进行快速的电子交换。以葡萄糖氧化酶为例，酶首先与底物进行氧化还原反应，然后被介体重新氧化，即

$$\text{葡萄糖} + GOD/FAD + H_2O \longrightarrow \text{葡萄糖酸} + GOD/FADH_2$$

$$GOD/FADH_2 + 2M_{OX} \longrightarrow GOD/FAD + 2M_{Red} + 2H^+$$

最后，介体在电极上被氧化：

$$2M_{Red} \longrightarrow 2M_{OX} + 2e^-$$

上述反应中，FAD 和 $FADH_2$ 分别是黄素腺嘌呤二核苷酸（代表葡萄糖氧化酶分子上的黄素氧化还原中心）的氧化型和还原型。M_{OX}/M_{Red} 表示伴随电子转移的介体的氧化还原电对。图 16-30 是介体型酶传感器电流检测示意图。

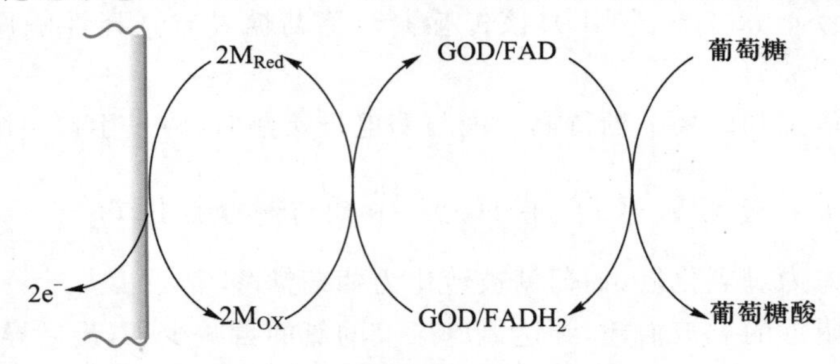

图 16-30 介体型酶传感器电流检测示意图

在介体型酶传感器中，介体的选择非常重要，它需满足几个条件：

(1) 能够快速地与还原性的酶反应；

(2) 具有可逆的异相反应动力学行为；

(3) 生成氧化型介体的过电位低而且与 pH 无关；

(4) 它的氧化或还原形态都是稳定的；

(5) 还原型介体不与氧发生反应；

(6) 在应用中无毒化作用。

常用介体有氧化还原染料、铁氰化物、二茂铁及其衍生物、导电有机盐类、醌及其衍生物等。

3. 直接电子传递型酶传感器

无论是以氧为电子受体或是介体型酶传感器，都是一种间接测定方法。人们感兴趣的仍然是酶的直接电化学方法，即酶/电极之间直接电子传递型酶传感器。例如，对于下述生物催化反应：

$$\text{葡萄糖} + GOD/FAD + H_2O \longrightarrow \text{葡萄糖酸} + GOD/FADH_2$$

产物$GOD/FADH_2$直接在电极上氧化：

$$GOD/FADH_2 \longrightarrow GOD/FAD + 2H^+ + 2e^-$$

实现酶的直接电子传递，理论上说是比较困难的，因为与一般的氧化还原物质相比，酶的相对分子质量大，它所具有的复杂结构往往将酶的氧化还原中心紧紧地包裹起来，使其很难与电极表面相接触，因此，酶与电极之间的电子传递变得困难。现在还没有获得制备这类传感器的普遍方法，但是这类酶传感器在不断地被研究发现。例如，以锇-联吡啶络合物为电子中继体(electron relay)，将酶固定在锇氧化还原聚合物膜中(图 16-31)，酶氧化还原中心可以通过电子中继体与电极表面进行电子交换，即酶被电化学激活，从而实现酶的直接电子传递。

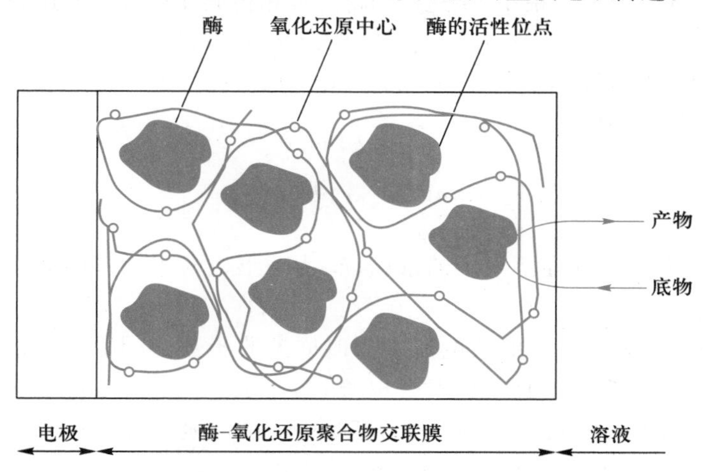

图 16-31 以锇氧化还原中心为电子中继体的酶电极表面结构示意图

目前已获得酶的直接电子传递的方法主要有以下 3 种。

(1) 使用电子转移催进剂，如某些带正电荷的多胺和氨基苷类化合物；

(2) 使用电子中继体的酶电活化技术；

(3) 酶的吸附或在表面活性剂膜中的直接电子传递。

16.6.6 微电极

微电极是应用广泛的一门电分析化学技术。微电极也称超微电极，通常是指其一维尺寸小于 100 μm，或者小于扩散层厚度的电极。实验表明，当电极的尺寸从毫米级降至微米或纳米级时，它呈现出许多不同于常规电极的电化学性质，如：

(1) 电极表面的液相传质速率加快，以致建立稳态所需时间大为缩短，提高了测量响应速率；

(2) 微电极上通过的电流很小，为纳安(nA)或皮安(pA)级，体系的 iR 降很小，在高阻抗体系(包括低支持电解质浓度甚至无支持电解质溶液)的伏安测量中，可以不考虑欧姆电位降的补偿；

(3) 由于微电极上的稳态电流密度与电极尺寸成反比，而充电电流密度与其无关，这有助于降低充电电流的干扰，提高测定灵敏度；

(4) 微电极几乎是无损伤测试，可以应用于生物活体及单细胞分析。

16.6.6.1 微电极的基本性质

微电极的基本性质归纳起来有以下几个主要方面。

1. 容易达到稳态电流

微电极的几何尺寸很小，能达到的稳态液相传质速率可与转速为30万转的旋转圆盘电极(将在下一节讨论)相近。理论上，扩散过程与球形电极非常相似，可近似地用球形电极模型来处理。对于反应 $O+ne^- \longrightarrow R$，球形电极表面上非稳态扩散过程的电流为

$$i = 4\pi nFDc_{\circ}\left[r_{\circ}+\frac{r_{\circ}^{2}}{(\pi Dt)^{1/2}}\right] \tag{16-43}$$

式中 $c_{\circ}$ 为氧化态物质在溶液中的浓度；$r_{\circ}$ 为球形电极半径；$D=D_{O}=D_{R}$ 为扩散系数。

从式(16－43)可见，扩散电流 i 为时间 t 的函数。i 随 t 的增加而减小，当 $t\to\infty$ 时才达到稳态值。对于微电极，由于其尺寸($r_{\circ}$)很小，很容易满足 $(\pi Dt)^{1/2}\gg r_{\circ}^{2}$ 这一关系式，式(16－43)括号中的第二项可忽略不计，则得到

$$i=4\pi nFDc_{\circ}r_{\circ} \tag{16-44}$$

这时电流与时间 t 无关，表明易于达到稳态电流。

2. 微电极的时间常数很小。

因为电容 $C\infty r_{\circ}^{2}$，而溶液阻抗 $R\propto 1/r_{\circ}$，所以时间常数 $RC\propto r_{\circ}$。可用于快速的暂态研究，能检测出一般电化学方法难以检测的一些半衰期短的中间产物或自由基。

3. 适用高阻抗溶液体系

微电极的表面积很小，电极的有关参数的绝对值也很小，因此，电解池的 iR 降常小至可以忽略不计。这样，就可以将其应用于高电阻的溶液，如某些有机溶剂和不加支持电解质的纯水溶液等。这时可用简单的二电极替代三电极体系。

16.6.6.2 化学修饰电极的应用

1. 微电极的应用

微电极的一维尺寸很小，所以电极的形状各异，不仅有盘、柱、针形，还有带形、交指状、阵列微电极(芯片)及粉末微电极等。制作微电极的材料常有碳纤

维、铂丝、石墨粉、金、铜、银等。经化学或生物成分修饰的微电极,既可作化学传感器,又可作生物传感器。图 16-32 是用于活体 NO 检测的针形 NO 化学修饰微电极结构图。该微电极由圆柱绝缘外层、基底电极和涂覆在圆锥体上的修饰层(Nafion/邻苯二胺)所组成。

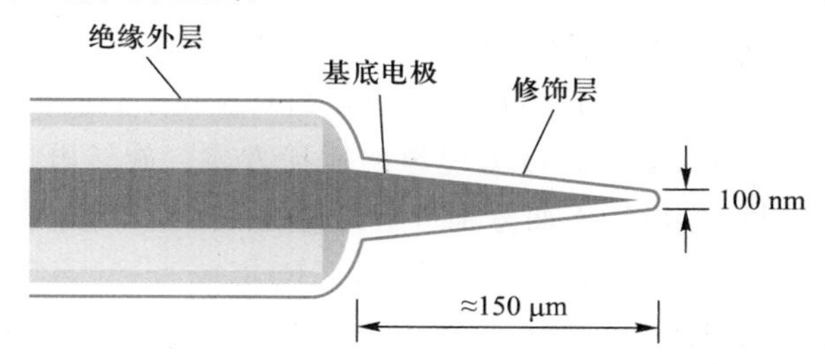

图 16-32 用于活体 NO 检测的针形 NO 化学修饰微电极结构图

微电极已用于动物活体分析,通过注射药物或刺激鼠的神经通道,研究和分析脑脊髓中神经递质多巴胺代谢产物的动态变化。近些年又将微电极用于细胞的电化学分析,如将牛肾上腺细胞暴露于尼古丁介质中,细胞中的囊泡与细胞壁会发生融合并将囊泡中的儿茶酚胺挤压出细胞外,此时用微电极即可检测到细胞所分泌的儿茶酚胺。

2. 酶电极的应用

化学修饰电极在生物分析中的另一方面应用是作为酶电极,至今它已构建大量的各类酶电极。以葡萄糖传感器为例,自从 1962 年出现第一支酶电极以来,化学修饰微电极在葡萄糖传感器中的应用日益完善。同时,传感器的灵敏度、选择性及实用性得到了很大提高,图 16-33 是化学修饰葡萄糖氧化酶电极对血液中葡萄糖的循环伏安图。

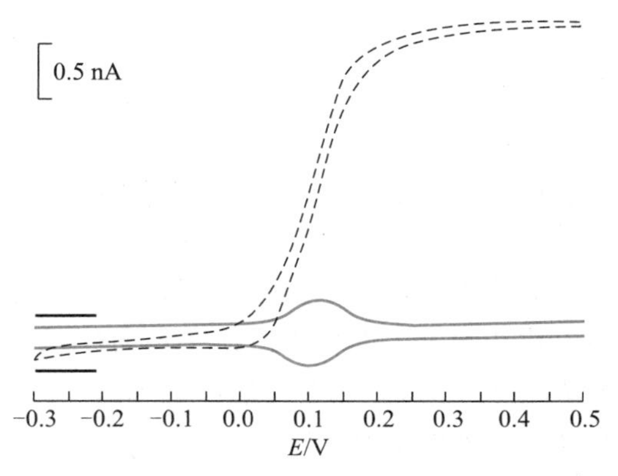

图 16-33 化学修饰葡萄糖氧化酶电极对血液中葡萄糖的循环伏安图

蓝色线—生理盐水中的响应;黑色线—血液中的葡萄糖检测

16.7 强制对流技术

电化学理论和实践证实,常规工作电极上的电流分布是不均匀的,这会引起电极表面反应产物的不均匀分布。同时水溶液中的传质速率比较小,又会影响电解的速率。因此,在伏安分析中往往采用强制对流技术,搅拌溶液是常见的一种方式,而使用旋转电极是一种极为理想的搅拌方式。旋转电极可分为旋转圆盘电极和旋转环-圆盘电极,下面分别进行讨论。

1. 旋转圆盘电极(rotating disc electrode,RDE)

对于常用的圆盘电极,如果用一个电动机带动其旋转,就得到了旋转圆盘电极,如图16-34所示。实际使用的电极面积是电极中间部分的圆盘,其周围是绝缘体,电极是围绕垂直于盘面的轴转动。因为电极是在强制对流下工作的,所以传质的速率更快,得到的扩散电流也就更大,从而提高了测量的灵敏度。由于定量理论推导所涉及的数学和流体动力学概念超出了本书的范畴,这里仅做一些简单的介绍。

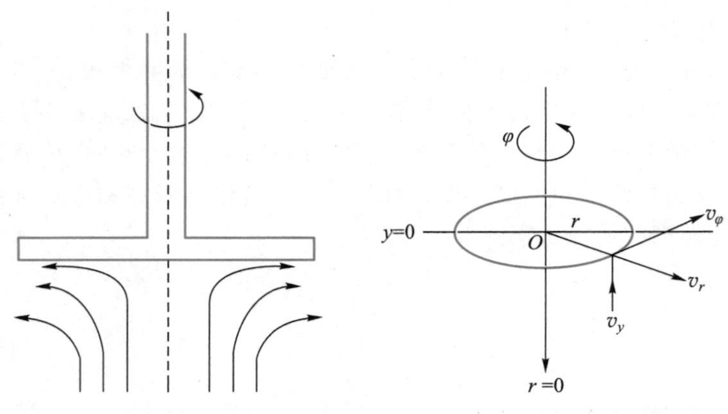

图16-34　旋转圆盘电极　　图16-35　旋转圆盘电极圆柱坐标系统

当电极旋转时,会强制电极附近的溶液产生流动,液体流动可分解为三个方向,如图16-35所示。由于离心力的作用液体在径向(r方向)以一定流速向外流动;电极带动液体以切向(φ方向)流速甩向圆盘边缘;因圆盘电极中心区的液体压力降低,离电极远处的液体在轴向(y方向)以一定流速向中心区流动。若以ω表示电极旋转的角速率,它由上述三个方向的流速来决定。

假若旋转圆盘电极上发生电极反应 $O+ne^- \longrightarrow R$,当ω一定时,电位阶跃至极限电流区域,这时得到完全浓差极化时的极限扩散电流为

$$i = 0.62nFAD_{o}^{2/3}\omega^{1/2}\nu^{-1/6}c_{o} \quad (16-45)$$

式中 ν 为动力黏度；其他符号的意义与以前讨论的相同。无论电极反应的可逆性如何，对简单的电极过程式(16－45)都适用。

2. 旋转环－圆盘电极(rotating ring－disc electrode，RRDE)

旋转环－圆盘电极的构造如图 16－36 所示，即在圆盘电极的外围还有一个同心的环电极，两电极之间用绝缘材料隔开，构成了环－圆盘电极。

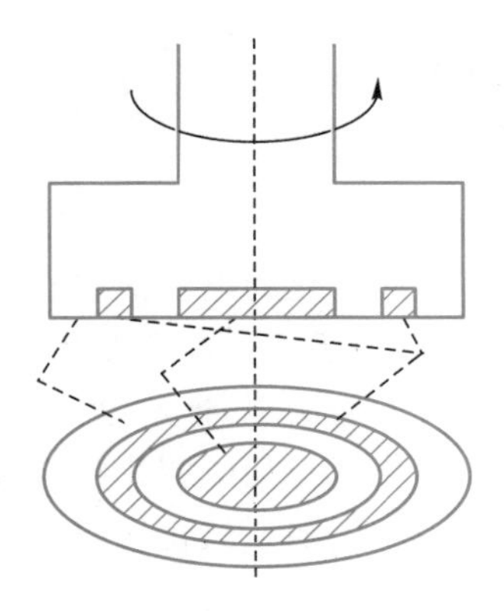

图 16－36 旋转环－圆盘电极的构造

旋转环－圆盘电极常用来研究某些电化学反应的机理。氧的电化学还原是比较复杂的，它可以经历不同的反应途径，为此人们通常用旋转环－圆盘电极来进行研究。氧在旋转环－圆盘电极上的电流－电位曲线如图 16－37 所示。实验时，在盘电极加上能使 O_2 还原的电位，同时在环电极上施加某一恒定的正电位使 H_2O_2 氧化为 O_2。若在 O_2 还原的过程中生成了 H_2O_2(蓝色曲线 ab 段)，则电极旋转时盘电极上的中间产物 H_2O_2 被带到环电极上并氧化为 O_2(黑色曲线 cd 段)。当盘电极上中间产物 H_2O_2 被全部还原后(蓝色曲线 ef 段)，再无 H_2O_2 在环电极上反应，此时环电流便下降至零。由此可见，根据环电极和盘电极上的电流关系，不仅可检测中间产物过氧化氢是否存在，还可以了解其电化学反应机理，测定相应的动力学参数。

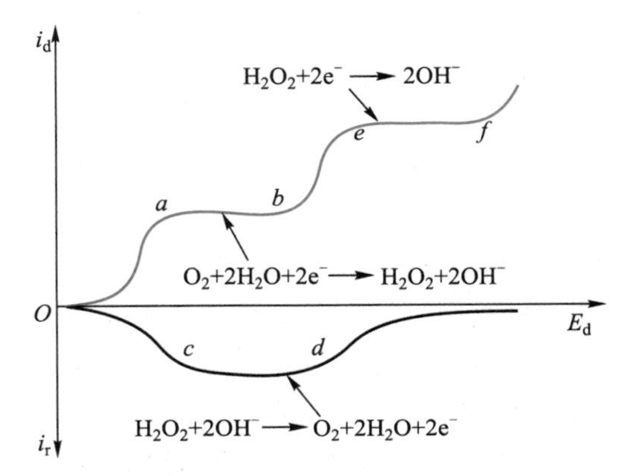

图 16－37 氧在旋转环－圆盘电极上的电流－电位曲线

蓝色线—盘电极上的电流－电位曲线；黑色线—环电极上的电流对盘电极电位曲线

16.8 安培法及其应用

安培法属于电位阶跃技术。它是将一个恒定的电位施加在工作电极上，测量随时间变化的电流值，记录 $i-t$ 曲线，如图16−38所示。与上述的各类伏安法不同，由于电位没有变化，安培法不会产生通常的伏安图。

在安培法中，恒定电位的选择通常是被测物质发生氧化或还原反应的电位。以一氧化氮在烟酰胺化学修饰碳电极上的安培检测为例，其在pH 7.4的磷酸盐溶液中发生如下氧化反应：

$$NO \longrightarrow NO^+ + e^-$$

当工作电极电位恒定在0.65V(对AgCl/Ag)时，向电解池连续注入A,B,C三种不同浓度的NO各2次，其安培响应的 $i-t$ 曲线如图16−38所示。由图可见，NO能迅速地产生氧化电流，并形成一个电流平台。为什么会形成电流平台？16.2.1节已做过类似的分析，这是由于电极表面反应物的浓差很快衰减到接近于零的缘故。安培法的定量分析依然遵循16.2.3节讨论的Cottrell方程。

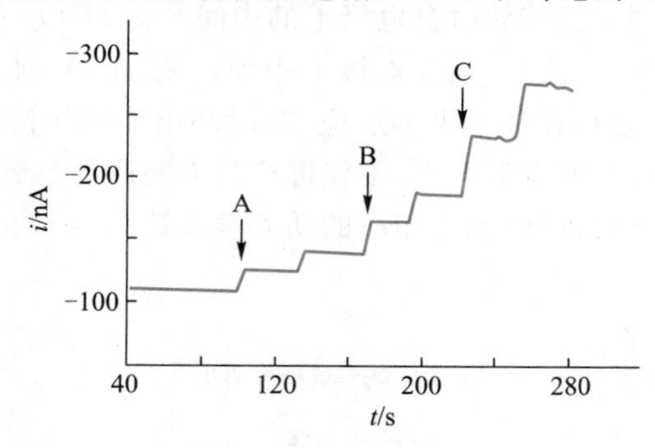

图16−38 NO在化学修饰电极上的安培响应图

安培法的一个重要应用是作为化学传感器。1956年，Clark制备出第一支安培传感器，建立了测定血液中氧浓度的电化学分析方法。图16−39是Clark氧传感器的结构图，与电位型膜电极有某些相似。在传感器的底部固定一层气体能够扩散通过的薄膜，在薄膜和电极之间注有薄层KCl溶液。工作电极是铂盘电极，作阴极；对电极是银环电极，作阳极。当传感器测量时，待测溶液中某些气体如氧、氮和二氧化碳能够扩散通过膜，但只有氧能在工作电极上还原：

$$O_2 + 4H_3O^+ + 4e^- \rightleftharpoons 6H_2O$$

随着氧在电极表面的浓度快速地趋于零，而扩散进入膜内层表面氧的浓度保持不变，形成了一个扩散平台（类似于前述的阶跃图），因此，所产生的稳态电流正比于氧的浓度。

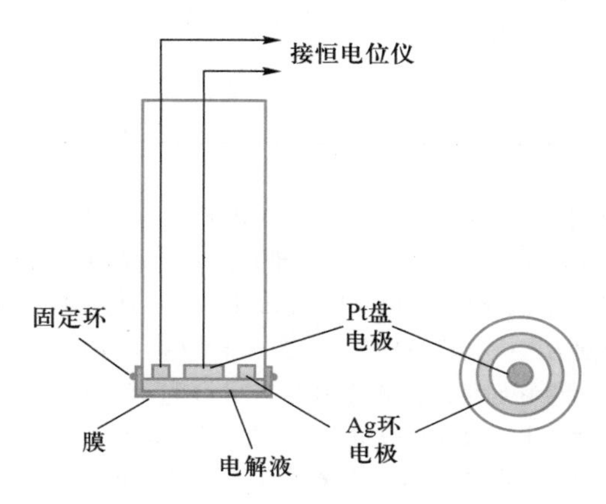

图 16-39　Clark 氧传感器的结构

安培法还广泛地应用于各类酶传感器。这类传感器的制备技术及其响应机理与前叙的葡萄糖传感器类似，这里不做讨论。

安培法的另一个重要应用是作为毛细管电泳和高效液相色谱的电化学检测器。在流动体系中，安培检测工作电极是置于某一恒定的外加电压下，电极表面电活性物质能迅速地产生氧化或还原电流，背景电流小，提高了低浓度被测物质电流信号的可检测性，改善了检测灵敏度。

思考、练习题

16-1　在直流极谱中，当达到极限扩散电流区域后，继续增加外加电压，是否还引起滴汞电极电流的改变及参加电解反应的物质在电极表面浓度的变化？在线性扫描伏安法中，当电流达到峰电流后，继续增加外加电压，是否还引起电极电流的改变及参加电极反应物质在电极表面浓度的变化？

16-2　对于可逆极谱波，极谱波上每一点都受扩散速率所控制，而对于不可逆极谱波呢？

16-3　根据 Cottrell 方程式来测量扩散系数 D。如果在极谱中测得 2×10^{-4} $mol\cdot L^{-1}$ 的某物质的极限扩散电流为 0.520 μA，汞滴的生长周期为 2 s，汞滴落下时的体积为 0.5 mm^3，电子转移数为 2，试计算该物质的扩散系数。

16-4　某两价阳离子在滴汞电极上还原为金属并生成汞齐，产生可逆极谱波。滴汞流速为 1.54 $mg\cdot s^{-1}$，滴下时间为 3.87 s，该离子的扩散系数为 8×10^{-6} $cm^2\cdot s^{-1}$，其浓度为 4×10^{-3} $mol\cdot L^{-1}$，试计算极限扩散电流及扩散电流常数。

16-5 在同一试液中，从三个不同的滴汞电极得到下列数据：

	A	B	C
滴汞流速 $q_m/(mg\cdot s^{-1})$	0.982	3.92	6.96
滴下时间 t/s	6.53	2.36	1.37
i_d/c		4.86	

试估算电极 A 和 C 的 i_d/c 值。

16-6 在酸性介质中，Cu^{2+} 的半波电位约为 0 V，Pb^{2+} 的半波电位约为 -0.4 V，Al^{3+} 的半波电位在氢波之后。试问：用极谱法测定铜中微量的铅和铝中微量的铅时，何者较易？为什么？

16-7 在 3 $mol\cdot L^{-1}$ 盐酸介质中，Pb(Ⅱ)和 In(Ⅲ)还原为金属产生极谱波。它们的扩散系数相同，半波电位分别为 -0.46 V 和 -0.66 V。当 1.00×10^{-3} $mol\cdot L^{-1}$ 的 Pb(Ⅱ)与未知浓度的 In(Ⅲ)共存时，测得它们极谱波高分别为 30 mm 和 45 mm。试计算 In(Ⅲ)的浓度。

16-8 Pb(Ⅱ)在 3 $mol\cdot L^{-1}$ 盐酸介质中还原时，所产生的极谱波的半波电位为 -0.46 V。今在滴汞电极电位为 -0.70 V 时(已经完全浓差极化)，测得下列各溶液的电流值为

溶液	电流 $i/\mu A$
(1) 6 $mol\cdot L^{-1}$ HCl 溶液 25mL，稀释至 50 mL	0.15
(2) 6 $mol\cdot L^{-1}$ HCl 溶液 25 mL，加试样溶液 10.00 mL，稀释至 50 mL	1.23
(3) 6 $mol\cdot L^{-1}$ HCl 溶液 25 mL，加 1×10^{-3} $mol\cdot L^{-1}$ Pb^{2+} 标准溶液 5.00 mL，稀释至 50 mL	0.94

(1) 计算试样溶液中的铅的质量浓度(以 $mg\cdot mL^{-1}$ 计)；

(2) 在本实验中，除采用通惰性气体除氧外，尚可用什么方法除氧？

16-9 采用加入标准溶液法测定某试样中的微量镉。取试样 1.000 g 溶解后，加入 NH_3-NH_4Cl 底液，稀释至 50 mL。取试液 10.00 mL，测得极谱波高为 10 格。加入标准溶液(含镉 1 $mg\cdot mL^{-1}$)0.50 mL 后，波高则为 20 格。计算试样中镉的质量分数。

16-10 用极谱法测定某溶液中的微量铅。取试液 5 mL，加 1 $g\cdot L^{-1}$ 明胶 5 mL，用水稀释至 50 mL。倒出部分溶液于电解杯中，通氮气 10 min，然后在 $-0.2\sim-0.6$ V 记录极谱图，得波高 50 格。另取 5 mL 试液，加标准铅溶液(0.50 $mg\cdot mL^{-1}$)1.00 mL，然后照上述分析步骤同样处理，得波高 80 格。

(1) 解释操作规程中各步骤的作用；

(2) 计算试样中 Pb^{2+} 的含量(以 $g\cdot L^{-1}$ 计)；

(3) 能不能用加铁粉、亚硫酸钠或通二氧化碳的方法除氧？

16-11 在 0.1 $mol\cdot L^{-1}$ KCl 溶液中，$Co(NH_3)_6^{3+}$ 在滴汞电极上进行下列的电极反应而产生极谱波。

$$Co(NH_3)_6^{3+} + e^- \rightleftharpoons Co(NH_3)_6^{2+} \qquad E_{1/2} = -0.25\ V$$

$$Co(NH_3)_6^{3+} + 2e^- \rightleftharpoons Co^+ + 6NH_3 \qquad E_{1/2} = -1.20\ V$$

(1) 绘出它们的极谱曲线；

(2) 两个波中哪个波较高？为什么？

16－12　在强酸性溶液中，锑（Ⅲ）在滴汞电极上进行下列电极反应而产生极谱波。

$$Sb^{3+} + 3e^- + Hg \longrightarrow Sb(Hg) \qquad E_{1/2} = -0.30\ V$$

在强碱性溶液中，锑（Ⅲ）在滴汞电极上进行下列电极反应而出现极谱波。

$$Sb(OH)_4^- + 2OH^- \longrightarrow Sb(OH)_6^- + 2e^- \qquad E_{1/2} = 0.40\ V$$

（1）分别绘出它们的极谱图；

（2）滴汞电极在这里是正极还是负极？是阳极还是阴极？

（3）极化池在这里是自发电池还是电解电池？

（4）酸度变化时，极谱波的半波电位有没有发生变化？如有变化，则指明变化方向。

16－13　$Fe(CN)_6^{3-}$ 在 0.1 mol·L^{-1}硫酸介质中，在滴汞电极上进行下列电极反应而出现极谱波。

$$Fe(CN)_6^{3-} + e^- \longrightarrow Fe(CN)_6^{4-} \qquad E_{1/2} = 0.24\ V$$

氯化物在 0.1 mol·L^{-1}的硫酸介质中，在滴汞电极上进行下列电极反应而出现极谱波：

$$2Hg + 2Cl^- \longrightarrow Hg_2Cl_2 + 2e^- \qquad E_{1/2} = 0.25\ V$$

（1）分别绘出它们的极谱图；

（2）滴汞电极在这里是正极还是负极？是阳极还是阴极？

（3）极化池在这里是自发电池还是电解电池？

16－14　在 25 ℃时，测得某可逆还原波在不同电位时的扩散电流值如下：

E(vs.SCE)/V	−0.338	−0.372	−0.382	−0.400	−0.410	−0.435
i/μA	0.37	0.95	1.71	3.48	4.20	4.97

极限扩散电流为 5.15 μA。试计算电极反应中的电子转移数及半波电位。

16－15　推导苯醌在滴汞电极上还原为对苯二酚的可逆极谱波方程式，其电极反应如下：

$$C_6H_4O_2\ (\text{苯醌}) + 2H^+ + 2e^- \longrightarrow C_6H_4(OH)_2\ (\text{对苯二酚}) \qquad E^\ominus = +0.699\ V(vs.SCE)$$

若假定苯醌及对苯二酚的扩散电流比例常数及活度系数均相等，则半波电位 $E_{1/2}$ 与 $E^\ominus$ 及 pH 有何关系？并计算 pH＝7.0 时极谱波的半波电位（vs.SCE）。

16－16　在 1 mol·L^{-1}硝酸钾溶液中，铅离子还原为铅汞齐的半波电位为－0.405 V。1 mol·L^{-1}硝酸介质中，当 1×10^{-4} mol·L^{-1} Pb^{2+} 与 1×10^{-2} mol·L^{-1} EDTA 发生配位反应时，其配合物还原波的半波电位为多少？PbY^{2-} 的 $K_{稳} = 1.1\times10^{18}$。

16－17　In^{3+} 在 0.1 mol·L^{-1}高氯酸钠溶液中还原为 In(Hg) 的可逆波半波电位为－0.55 V。当有 0.1 mol·L^{-1}乙二胺（en）同时存在时，形成的配离子 $In(en)_3^{3+}$ 的半波电位向负方向位移 0.52 V。计算此配合物的稳定常数。

16-18 在0.1 $mol\cdot L^{-1}$硝酸介质中，1×10^{-4} $mol\cdot L^{-1}$ Cd^{2+}与不同浓度的X^-所形成的可逆极谱波的半波电位值如下：

X^-浓度/($mol\cdot L^{-1}$)	0.00	1.00×10^{-3}	3.00×10^{-3}	1.00×10^{-2}	3.00×10^{-2}
$E_{1/2}$(vs.SCE)/V	−0.586	−0.719	−0.743	−0.778	−0.805

电极反应系二价镉还原为镉汞齐，试求该配合物的化学式及稳定常数。

16-19 在pH=5的醋酸-醋酸盐缓冲溶液中，IO_3^-还原为I^-的极谱波的半波电位为−0.50 V(vs.SCE)，试根据Nernst公式判断极谱波的可逆性。

16-20 在0.1 $mol\cdot L^{-1}$氢氧化钠介质中，用阴极溶出伏安法测定S^{2-}。以悬汞电极为工作电极，在−0.40 V时电解富集，然后溶出。

(1) 写出富集和溶出时的电极反应式；

(2) 画出它的溶出伏安示意图。

16-21 阳极溶出伏安法测定海水中的铜离子浓度。分析50.0 mL试样测得峰电流为0.886 μA。加入10.0 $mg\cdot L^{-1}$的铜离子标准溶液5.00 μL后，峰电流增加到2.52 μA。计算海水试样中铜离子的浓度。

16-22 化学修饰电极可以用于NO的测定，通常是使用双层膜修饰，即在玻碳电极表面先修饰一层镍、铁或钴卟啉化合物，再在其外层修饰一层Nafion(一种阳离子交换剂)，以排除干扰。试解释Nafion能排除哪些物质的干扰？其原理是什么？

16-23 多巴胺带正电荷，抗坏血酸带负电荷，它们在玻碳电极上的氧化电位相近，通常相互干扰。对于含多巴胺和抗坏血酸的混合试样，使用何类化学修饰电极有可能选择性地测定抗坏血酸，而多巴胺不产生干扰？

16-24 用葡萄糖氧化酶制作的葡萄糖传感器，一般通过氧的检测来间接测定葡萄糖。能否通过其他物质的检测来间接测定葡萄糖？试说明其检测原理。

16-25 对于微电极，可以使用工作电极和参比电极的二电极体系取代传统的三电极体系，试解释其理由。这样的二电极体系在应用上有哪些优点？

参考资料

扫一扫查看

第17章 色谱法导论

17.1 概论

17.1.1 色谱法创建、发展

化学的重要基础是各种分离过程。色谱法是继萃取、精馏、结晶、吸附等分离技术之后创建的一种广泛应用的物理化学分离方法，亦称为层析法，它能分离性质相近多组分的复杂混合物。

1903—1906年，俄国植物学家 Tswett(Цвет M C，茨维特)利用吸附原理分离植物色素而发明色谱法(chromatography)，这是分离科学技术发展中的重要里程碑。他把菊根粉或碳酸钙等吸附剂填充在玻璃管，将植物叶子的石油醚提取液倒入管中，然后加入石油醚自上而下淋洗。随着连续淋洗，试样中各种色素在吸附剂上吸附力大小不同，向下移动速率不同，逐渐形成一圈圈的连续色带，它们分别是胡萝卜素、叶黄素、叶绿素A、叶绿素B等。这种连续色带称为色层或色谱，色谱法由此而得名。色谱分离过程中所使用的玻璃管被称为色谱柱(chromatographic column)，管内的碳酸钙等填充材料称为固定相(stationary phase)，石油醚淋洗液称为流动相(mobile phase)或淋洗剂(eluent)。色谱法不断发展，广泛用于分离无色化合物，并不显示有色谱带，但色谱法的名称一直沿用下来。Tswett 发明的经典液相柱色谱法，由于分离速率慢，分离效率低，长时间内未引起人们重视。1925年，瑞典生物化学家 Tiselius A W K 从事蛋白质电泳分离，自制超速离心机并研究蛋白质分子大小和形状，1940年成功地采用电泳分离血清中的白蛋白及 α，β 和 γ 球蛋白。1931—1933年，德国化学家 Kuhn R 采用柱层析，将100多年来公认为单一成分的胡萝卜素分离出 α，β 异构体，并发现多种类胡萝卜素。20世纪40年代，出现了以滤纸为固定相的纸色谱(paper chromatography，PC)；20世纪50年代，出现了简便的薄层色谱(thin layer chromatography，TLC)。20世纪50年代前后，Sanger F 经长期研究，采用色谱、电泳分离，2，4-二硝基氟苯显色测定氨基酸，测出胰岛素中全部氨基酸序列。其后，Sanger 将类似分离技术用于DNA一级结构研究。在色谱技术发展过程中，最重要的贡献是，1941年，Martin A J P 和 Synge R L M 发明液-液分配柱色谱，提出色谱塔板理论并预见采用气体流动相的优点，为此获得1952

年诺贝尔奖化学奖。1952年，Martin和James A T采用气体流动相，发明气相色谱(gas chromatography，GC)，并迅速成为石油化工、环境检测的主要分离分析方法，使色谱法发展成为分析化学的重要分支学科。20世纪70年代研制出高压、高效液相色谱仪，发展起来的高效液相色谱法(high-performance liquid chromatography，HPLC)成为生物医学、药学、食品等领域的重要分离分析技术。20世纪80年代，Jorgenson J W等的研究工作推动高效毛细管电泳(high-performance capillary electrophoresis，HPCE)高速发展。近100年来，石油化工、生物化学、分子生物学、环境科学的产生及发展与色谱、电泳、超速离心、膜分离等的产生及发展密切相关。各种分离技术相互渗透，形成多种新的分离方法，如电色谱、生物膜色谱、分子蒸馏等，并迅速从实验室向工业生产发展，使以精馏为代表的传统分离技术发生巨大变化，形成了以色谱分析为代表的各种现代分离分析方法。

早期的经典柱色谱主要作为一种分离技术，现代高效色谱柱技术和高灵敏度色谱检测技术发展，分离与检测相结合，色谱已成为高效、高灵敏、应用最广的分离分析方法。分离是色谱分析的主体或核心，检测技术是色谱分析不可分割的组成部分。气相色谱(GC)、高效液相色谱(HPLC)、高效毛细管电泳(HPCE)是现代色谱分析或分离分析的典型代表。色谱分析所需试样量少，试样量通常为mg，μg级乃至更少；可测定混合物中含量极低的痕量成分。分离分析常在极微小体系内完成，如毛细管、芯片式的微通道。分离分析的微型化，即微分离(microseparation)技术是当前的发展趋势之一。色谱分析亦可测定组分的某些物理化学常数，还可获得分离过程中分子间相互作用、二级平衡、分子迁移动态过程等信息，成为研究物理化学、有机化学、环境化学、生物医药学、分离机理，发展分离理论、分离方法、优化分离操作条件等的重要手段。工业生产中在线色谱等分离分析亦是生产自动化控制技术。

色谱亦是高效制备分离技术。与分析分离相比，制备分离处理的试样或物料量要大得多，其目的也不尽相同。按分离目的和处理物料量可分为小规模实验室制备分离和大规模工业制备分离。为进行化合物的化学、物理性质或结构、生物活性测定，欲分离纯化混合物中某一成分，一般采用实验室制备分离，处理试样量大多在mg到g级范围。经典柱色谱、实验室制备色谱及萃取、精馏、结晶、一般用于这类分离。工业生产中大规模制备分离，即分离工程，是燃料、石油化工、药物、食品、环境、资源利用、冶金、生物技术等生产过程的重要组成部分。分离工程是混合物分离、提纯的工程学科，是化学、生物学与工程学的交叉学科。精馏、萃取、吸附、吸收、膜分离等是分离工程的典型代表，分离物料量以吨计。色谱分离大型化、工业化，属发展中的高效工业分离单元操作，其理论、设备、技术、成本是开发研究中的分离工程课题。

17.1.2 色谱法分类

色谱法包括多种分离和仪器类型、分离机理、理论处理方法、检测和操作技术等，色谱基于不同因素有多种分类方法。因而有时一种色谱方法可能有几种不同名称。

17.1.2.1 按固定相的形态分类

固定相装在色谱柱内称为柱色谱。根据柱管的大小、结构和制备方法不同，又分为填充柱、整体柱、毛细管或开管柱。气相色谱、高效液相色谱均为柱色谱。

固定相呈平面状称为平面色谱，它包括固定相以均匀薄层涂敷在玻璃或塑料板上的薄层色谱和以滤纸作固定相或固定相载体的纸色谱。

17.1.2.2 按色谱动力学过程分类

1. 淋洗色谱法

淋洗色谱法又称为洗提法，以与固定相作用力比分离组分弱的流体为流动相，各组分按与固定相作用力、吸附力或溶解力等，从弱到强先后洗出，形成连续、区域宽度逐步展宽的 Gaussian 曲线色谱峰。淋洗色谱是使用最广泛的色谱分析方法，本章主要介绍这种色谱模式。

2. 置换色谱法

置换色谱法也称为排代法、顶替法，用含与固定相作用力较被分离组分强的物质流体为流动相，依次将组分从固定相上置换出来，与固定相作用力弱的组分先被置换洗出。

3. 迎头色谱法

迎头色谱法也称为前沿法，以试样混合物为流动相，与固定相作用力弱的组分最先以纯物质状态流出，其后，吸附或溶解力较强的第二个组分与第一个组分的混合物流出色谱柱，余类推。此方法只适用于少数几个组分混合物的分离、纯化。化学类实验室或工业上采用活性炭等吸附剂对试样或物料脱色一般属这种色谱类型。

三种色谱分离过程的相应流出曲线如图 17－1 所示。

17.1.2.3 按两相的物理形态、分离机理等分类

色谱最基本的分类方法是基于两相的物理形态、固定相性质和结构、分离组分或溶质在色谱体系迁移中两相间的平衡类型或作用机理。一般按流动相为液态、气态、超临界流体分为液相色谱、气相色谱、超临界流体色谱。进一步根据固定相性质可分为各种色谱方法。表 17－1 给出柱色谱法的基本类型。

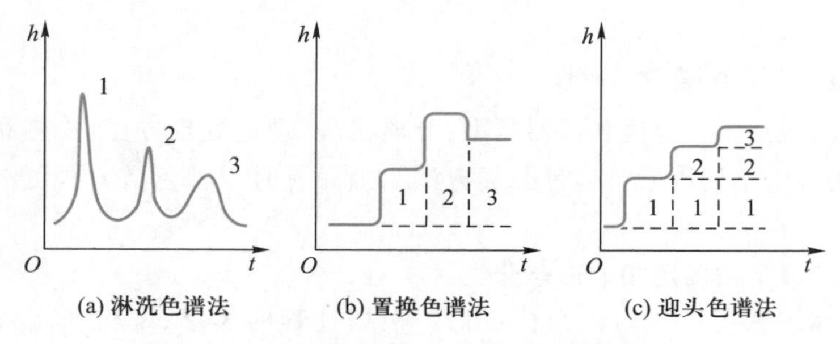

图 17-1　三种色谱动力学过程洗出的色谱曲线

表 17-1　柱色谱法分类

一般分类	固定相	色谱方法	平衡类型
液相色谱法(LC)	涂渍在固体上的液体	液-液分配色谱	分配
(流动相:液态)	固体表面键合有机物	键合(液)相色谱	分配(疏水)
	固体	液-固吸附色谱	吸附
	离子交换剂	离子交换色谱	离子交换
	多孔固体凝胶	体积排阻色谱	分配(筛分)
气相色谱(GC)	涂渍在固体上的液体	气-液色谱	分配
(流动相:气态)	固体表面键合有机物	键合(气)相色谱	分配
	固体	气-固吸附色谱	吸附
超临界流体色谱(SFC)	固体表面键合有机物		分配
(流动相:超临界流体)			

各种气相、液相柱色谱是典型和应用最广泛的色谱方法。本章关于色谱基本概念、理论讨论,以这两类色谱为代表。在此基础上,参阅有关专业书籍、文献,自学掌握其他色谱方法不会困难。

17.1.3　色谱法与其他分离、分析方法比较

17.1.3.1　与精馏、萃取分离比较

(1) 色谱、精馏与萃取同属平衡分离方法,精馏、萃取存在真正气-液、液-液分布平衡,而色谱法只存在趋向平衡过程。

(2) 色谱法与精馏、萃取分离比较具有速率快、效率和选择性高的特点。精馏、萃取是色谱法未出现前广泛应用的分离方法,分离速率慢、效率低。石油化学家采用精馏法鉴别出原油中 200 多种组分,为此花费了 20 多年时间,而采用毛细管气相色谱-质谱联用方法只需几小时便可完成。

(3) 精馏不能分离沸点相同的组分,萃取不能分离在溶剂中溶解度相同的组分;色谱法可分离沸点、溶解度相同的组分,可分离物理、化学性质相近,其他分离方法不能或难以分离的组分。

(4) 精馏、萃取可分离物理化学性质差别较大的组分，如低分子与高分子化合物、无机化合物与有机化合物等，一般用于实际试样的初步分离，适用于色谱法试样的前处理，具有每次试样处理量大的优点；仪器分析色谱法每次处理试样量小。作为分析分离所需试样量小是其优点，但作为制备分离处理试样量小是其弱点。

(5) 精馏过程和单次萃取不存在被分离组分被稀释；多级萃取和色谱法相似，分离过程中分离组分被稀释。

17.1.3.2 与光谱、质谱分析方法比较

(1) 光谱、质谱主要是物质定性鉴定分析方法，它提供物质的各种结构信息，包括所含官能团、相对分子质量，乃至某个化合物，既可鉴定已知物，也可鉴定未知的新化合物；而色谱法本质上不具备定性分析功能，必须用已知物对照才能根据保留值定性，这是色谱法最大的弱点。

(2) 色谱法最主要的特点是适用于多组分复杂混合物分离分析；这是光谱、质谱法分子分析所不及的。通过解联立方程，光谱法也只能分析二元、三元等简单混合物，而分析方法就比较复杂。采用数学方法和计算机技术，光谱、质谱法的发展有可能实现多组分混合物分析，但困难在于未知组分的干扰，如果有大量未知组分存在，光谱、质谱对多组分分析难以实现。

(3) 色谱仪器的价格相对比分子光谱、质谱仪器低得多，适用范围和领域更广。

(4) 一般来说，色谱检测器比分子光谱法灵敏度更高，比质谱灵敏度低。色谱高分离能力与光谱、质谱的结构、定性鉴定相结合，色谱作为光谱、质谱进样系统，或光谱、质谱作为色谱检测器，即色谱与光谱、质谱联用是当今仪器分析广泛的应用技术和最重要发展方向之一。

17.2 色谱法基础知识、基本概念和术语

17.2.1 色谱分离和相应基础理论范畴

所有色谱分离体系都由两相组成，即固定不动的固定相和在外力作用下带着试样通过固定相的流动相。色谱分离是基于混合物各组分在两相中分布系数的差异。淋洗色谱过程流动相以一定速率连续流经色谱柱，被分离试样注入色谱柱柱头，试样各组分在流动相和固定相之间进行连续多次分配，由于组分与固定相和流动相作用力的差别，在两相中分布常数不同。在固定相上溶解、吸着或吸附力大，即分布常数大的组分迁移速率慢，保留时间长；在固定相上溶解、吸着或吸附力小，即分布常数小的组分迁移速率快。结果是试样各组分同时进入色

谱柱，而以不同速率在色谱柱内迁移，导致各组分在不同时间从色谱柱洗出，实现组分分离。图17-2是混合物两组分色谱分离示意图。

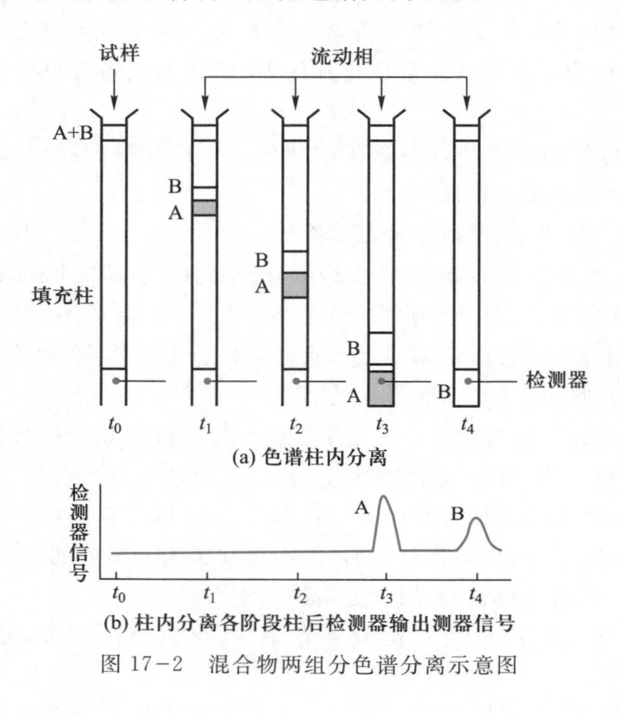

图17-2 混合物两组分色谱分离示意图

图17-2说明，试样组分在色谱体系或柱内运行有两个基本特点：一是混合物中不同组分的迁移速率不同，即差速迁移；二是同种组分分子在迁移过程中分布空间扩展，即分子分布离散。色谱基础理论是从微观分子运动和宏观分布平衡探讨最大限度提高分离迁移和降低离散迁移的科学原理，包括色谱热力学、色谱动力学和色谱分离理论。

不同组分的差速迁移或保留值的大小不同主要取决于组分或溶质（在色谱学中溶质一般均指被分离物质）与固定相作用力差异，与组分在两相中分布常数有关。分布常数大小源于组分或溶质、固定相、流动相分子结构及作用力的差别。研究分子结构与色谱保留值的关系及溶质在各种色谱条件下保留值的变化规律是色谱热力学研究的主要课题；它是发展高选择性色谱体系，特别是研发色谱固定相，探讨色谱分离机理、评价色谱固定相、流动相，建立色谱定性方法的理论基础。分子间作用类型和作用力大小与各种聚集态的微观分子状态密切相关，因此，各种色谱类型，其色谱热力学的理论，如保留值方程等差别较大，一般将结合具体色谱方法讨论。

色谱过程的分子离散是同一化合物分子沿色谱柱迁移过程发生分子分布区

域扩展，同种分子迁移速率差异来源于分子运动的速率差异，即在连续多次分配过程中流体分子扩散、传质等导致分布区带展宽。色谱过程流体分子运动规律是色谱动力学研究的课题，它是发展高效色谱柱材料、柱技术和色谱方法的理论基础。

色谱分离既要求组分保留值差别大，也要求色谱区带窄；改变色谱操作条件，两者均可发生变化。解决多组分混合物分离，不仅要求组分分离，还要求分离速率快、分离的组分多。这是一个与色谱热力学、色谱动力学有关的分离理论研究课题。它是研究、设计高效、高速、高选择性、高峰容量色谱分离材料或介质，色谱体系选择和色谱操作条件优化的理论基础；也是色谱方法选择、操作条件优化、色谱数据处理计算机程序设计的理论基础。

各种色谱方法具有基本相同的动力学理论，也有相似的分离理论规律，下两节将分别介绍这方面内容。

17.2.2 分布平衡

色谱过程涉及溶质在两相中的分布平衡(distribution equilibrium)，平衡常数 K 称为分布系数或分配系数，定义为

$$K=\frac{c_s}{c_m} \tag{17-1}$$

式中 c_s 是溶质在固定相的浓度；c_m 是溶质在流动相的浓度；K 是溶质在两相中分布平衡性质的度量，反映溶质与固定相、流动相作用力差别，决定溶质与固定相、流动相的分子结构。对于淋洗色谱，主要决定溶质与固定相的分子结构。

热力学是描述平衡的最普遍方法，由此可导出平衡常数 K 与热力学参数之间的关系。溶质在两相间分布达到平衡，自由能不再变化：

$$(\Delta G)_{T,p}=0 \tag{17-2}$$

即溶质在两相中的化学势相等。溶质在固定相的化学势 μ_s 和在流动相中的化学势 μ_m 分别为

$$\mu_s=\mu_s^{\ominus}+RT\ln a_s \tag{17-3}$$

$$\mu_m=\mu_m^{\ominus}+RT\ln a_m \tag{17-4}$$

式中 a 是溶质活度；$\mu^{\ominus}$ 是溶质标准化学势；脚标 s，m 分别表示流动相和固定相。$a=1$ 时，$\mu=\mu^{\ominus}$。平衡状态下：

$$\mu_s^{\ominus}+RT\ln a_s=\mu_m^{\ominus}+RT\ln a_m \tag{17-5}$$

由于化学势和自由能的绝对值无法测定，活度也不总是已知。色谱体系中溶质

量很小，可作稀溶液处理，活度 a 可用浓度 c 代替：

$$RT\ln\left(\frac{c_s}{c_m}\right)=-(\mu_s^{\ominus}-\mu_m^{\ominus}) \tag{17-6}$$

可导出平衡常数：

$$K=\frac{c_s}{c_m}=\exp\left(\frac{\Delta\mu^{\ominus}}{RT}\right) \tag{17-7}$$

式(17-7)表述分布平衡常数与有关状态函数之间关系，与其他平衡分离过程的分配系数的物理化学含义是一致的。在温度恒定时，$\Delta\mu^{\ominus}$ 是常数，K 亦为常数。

17.2.3 色谱流动相流速

气相色谱的流动相为气体，常称为载气。液相色谱流动相常称为淋洗液或洗脱液。稳定的流动相流速是色谱系统正常运行的基本条件。流动相流速影响色谱柱效、分离度、分离速率和溶质保留体积等，是色谱分离优化的重要操作条件，也是计算保留体积等的基本参数。流动相的流速通常有两种度量方式。

1. 体积流量

以 F_c 表示体积流量，为单位时间流过色谱柱的平均体积表示，单位一般为 $mL\cdot min^{-1}$。液相色谱流动相的 F_c 采用校正过的容器收集柱后一定时间内流出流动相的体积测定。液体的压缩性很小，体积和密度随柱前压力或反压变化可以忽略，因而柱内平均体积流量与柱后测定流速基本一致。气体可压缩，其体积随压力、温度变化。气相色谱柱内各段压力呈梯度下降，柱温一般与室温不同，沿色谱柱的载气密度、体积流速亦不相同。欲测定平均体积流量，需测定柱内平均压力。一般用皂膜流速计测定气相色谱柱后大气压和室温下的体积流量，根据色谱柱前压和柱后压力比求出气体压缩性系数，经气体压缩性和柱温校正，可求出柱内室温、大气压下平均体积流速。

2. 线速度

以 u 表示，定义为单位时间内流动相流经色谱柱的长度，也可称为速率，单位是 $cm\cdot min^{-1}$，$mm\cdot min^{-1}$或 $mm\cdot s^{-1}$。实际应用中，一般根据柱长(L)和死时间(t_M)求出。

$$u=\frac{L}{t_M} \tag{17-8}$$

17.2.4 色谱图

色谱柱内分离的试样各组分依次进入柱后检测器产生检测信号，其响应信号大小对时间或流动相流出体积的关系曲线称为色谱图。它显示分离组分从色谱柱洗出浓度随时间的变化，反映组分在柱出口流动相中分布情况，与组分在柱内迁移和两相中分布密切相关。色谱图的横坐标是时间或(流动相)体积；纵坐标是组分在流动相中浓度或检测器响应信号大小，以检测器响应单位或电压、电流等单位表示。

色谱图是色谱分析的主要技术资料，色谱仪器的数据采集系统，包括平板记录仪、积分仪、色谱工作站或色谱计算机系统等可显示、记录色谱图及所包含的各种色谱信息，主要有：① 说明试样是否是单一纯化合物。在正常色谱条件下，若色谱图有一个以上色谱峰，表明试样中有一个以上组分，色谱图能提供试样中的最低组分数。② 说明色谱柱效和分离情况，可定量计算出表征色谱柱效的理论塔板数、评价相邻物质对分离优劣的分离度等。③ 提供各组分保留时间等色谱定性资料和数据。④ 给出各组分色谱峰高、峰面积等定量依据或按不同定量方法计算出的定量数据。

图 17-3 是两组分混合物的典型色谱图。其中一个组分是不与固定相作用，在柱内无保留的溶质。现根据该图说明有关术语。

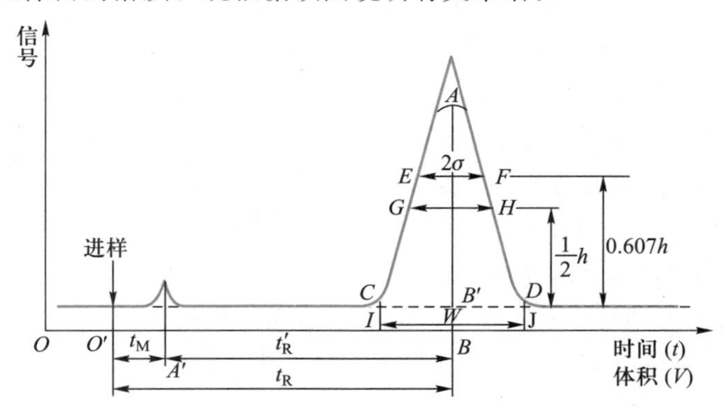

图 17-3　两组分混合物的典型色谱图

(1) 基线　当色谱体系只有流动相通过，没有试样组分随流动相进入检测器，检测器输出恒定不变响应信号，稳定的基线是平行于横坐标的水平直线，图 17-3 中无色谱峰的水平直线。

(2) 色谱峰高　组分洗出最大浓度时检测器输出的响应值，图中从色谱峰顶至基线垂直距离 AB'，以 h 表示。

(3) 色谱峰区域宽度　色谱峰的区域宽度是色谱流出曲线的一个重要参数，通常有三种表示方式：

标准差 σ：色谱峰是对称的 Gaussian 曲线，在数理统计中用 σ 度量曲线区域宽度，是峰高 0.607 处峰宽度的一半，即图中 EF 的一半。

半峰高宽度：是峰高一半处的宽度，图中 GH，其单位分别为记录纸上宽度，可由色谱流出曲线方程导出，以 $2\Delta X_{1/2}$(mm 或 cm)、时间 $2\Delta t_{1/2}$(min 或 s)或流动相体积($2\Delta V_{1/2}$，mL)表示。

$$2\Delta X_{1/2}=2.354\sigma \tag{17-9}$$

色谱文献上亦用 $W_{1/2}$ 表示半峰高宽度，简便，但科学性欠佳。峰高一半处的宽度并非色谱峰底宽一半。

色谱峰底宽：由色谱峰两边的拐点作切线，与基线交点间的距离，图中 IJ，以 W 表示。

$$W=4\sigma \tag{17-10}$$

(4) 色谱峰面积　色谱曲线与基线间包围的面积，即图中 ACD 内的面积。

17.2.5 保留值

保留值(retention)是试样各组分，即溶质在色谱柱或色谱体系中保留行为的度量，反映溶质与色谱固定相作用力类型和大小，与两者分子结构有关，是重要的色谱热力学参数和色谱定性依据。

17.2.5.1 比移值

比移值定义为溶质通过色谱柱的平均线速度 u 与流动相平均线速度 u_x 之比，以 R_f 表示。色谱过程中，流动相不与固定相作用或作用力最小，以比溶质快的线速度 u 通过色谱体系。溶质与固定相作用，会在固定相上停留，溶质迁移速度 u_x 是流动相迁移速度 u 的一个分量。溶质分子不是在流动相就在固定相，溶质只有在流动相才发生迁移。从统计角度分析，溶质分子在流动相中平均消耗的时间分数应等于溶质分子在流动相中分布的分子分数，可得下式：

$$R_f=\frac{u_x}{u}=\frac{n_m}{n_m+n_s} \tag{17-11}$$

式中 n_m，n_s 分别为溶质在流动相和固定相的分子数或物质的量；R_f 是平面色谱常使用的保留值参数。溶质在流动相中消耗时间越多，u_x 越大，R_f 也越大。若溶质在流动相中消耗时间分数为1，即溶质一直在流动相与流动相相同线速度迁移，未在固定相停留，则 $u_x=u$，$R_f=1$。若溶质一直停留在固定相，谱带不随流动相迁移，则 $u_x=0$，$R_f=0$。因此，$0<R_f<1$。除凝胶色谱外，溶质不可能比流动相或溶剂迁移速度更快。

17.2.5.2 保留时间

1. 死时间

流动相流经色谱柱的平均时间定义为死时间，以 t_M 表示，如图17-3所示。

$$t_M = L/u \tag{17-12}$$

式中 L 为柱长(cm,mm);u 为流动相平均线速度($cm \cdot s^{-1}$,$mm \cdot s^{-1}$)。

实际应用中,一般采用与流动相性质相近、不与固定相发生作用的物质检测响应测定,气相色谱一般为空气;液相色谱为流动相性质相近的溶剂,如正相色谱用烷烃;反相色谱用甲醇、乙醇、硝酸盐水溶液等。

2. 保留时间

保留时间定义为溶质通过色谱柱的时间,即从进样到柱后洗出最大浓度的时间,以 t_R 表示。

$$t_R = L/u_x \tag{17-13}$$

式中 u_x 为溶质通过色谱柱的平均线速度。

3. 调整保留时间

调整保留时间为溶质在固定相上滞留的时间,即保留时间减去死时间,以 t'_R表示。

$$t'_R = t_R - t_M \tag{17-14}$$

17.2.5.3 保留体积

死时间内流经色谱柱的流动相的体积称为死体积 V_M,即等于色谱柱内流动相体积。

$$V_M = t_M F_c \tag{17-15}$$

保留时间内流经色谱柱的流动相体积称为保留体积,以 V_R 表示。此外,调整保留时间内流经色谱柱的流动相体积称为调整保留体积 V'_R。

$$V_R = t_R F_c \tag{17-16}$$

$$V'_R = t'_R F_c = (t_R - t_M) F_c = V_R - V_M \tag{17-17}$$

式中 F_c 为流动相平均体积流量。

17.2.5.4 保留因子

保留因子(retention factor)定义为溶质分布在固定相和流动相的分子数或物质的量之比,以 k(或 k')表示(量纲为 1),旧文献一般称为容量因子或分配比。

$$k = \frac{n_s}{n_m} = \frac{c_S V_S}{c_M V_M} = K \frac{V_S}{V_M} \tag{17-18}$$

式中 n_m,n_s 含义同式(17-11);V_S,V_M 分别为色谱柱或色谱系统固定相、流动相体积,两者比值(V_S/V_M)称为相比,以 β 表示。

根据式(17-12),式(17-13)可导出 $t_R=t_M(u/u_x)=t_M(1+k)$,得

$$k=\frac{t_R}{t_M}-1=\frac{t_R-t_M}{t_M}=\frac{t'_R}{t_M} \tag{17-19}$$

它反映色谱保留值与物理化学常数 K 的关系,是连接溶质色谱保留行为与物理化学性质的桥梁,结合式(17-7),成为利用各种物理化学性质、参数研究色谱过程分子间作用或保留机理和色谱法研究各种物理化学性质的理论基础。k 是使用最广泛的保留值参数,可从色谱图直接求出。由式(17-12)、式(17-13)可导出上述几种保留值与 k 的关系。

$$R_f=\frac{1}{1+k} \tag{17-20}$$

$$t_R=\frac{ut_M}{u_x}=t_M(1+k)=t_M\left(1+K\ \frac{V_S}{V_M}\right) \tag{17-21}$$

$$V_R=V_M(1+k)=V_M+KV_S=V_M+V'_R \tag{17-22}$$

17.2.5.5 相对保留值

上述几种保留值都是表征一个组分保留行为。定义相对保留值 α 以表述两组分或组分间保留差异,亦称为选择性因子(selectivity factor),它反映不同溶质与固定相作用力的差异。任何两组分 1,2 的 α 为两者 K,k 或 t'之比:

$$\alpha=\frac{K_2}{K_1}=\frac{k_2}{k_1}=\frac{t'_2}{t'_1} \tag{17-23}$$

式中脚标代表组分 1,2。组分 2 的保留值或 K 一般大于组分 1,α 总是大于 1,亦可直接从色谱图求出。α 可作为固定相或色谱柱对组分分离选择性指标,亦可用作组分的色谱定性依据。

17.2.5.6 保留指数

用作色谱定性数据,相对保留值随标准物不同而变化,其应用受到限制。基于色谱保留值与分子结构关系,Kovats E 提出以正构烷烃系列 $H(CH_2)_nH$ 作为测定相对保留值的统一标准,并定义正构烷烃的保留指数为 $100n$,如正辛烷保留指数为 800,则欲测定某化合物(X)的保留指数以适当碳原子数正构烷烃的保留值表示。根据同系物保留值对数与碳原子数呈线性关系,选择两个正构烷烃$H(CH_2)_{n+1}H$和 $H(CH_2)_nH$,其保留值分别大于和小于 X 的调整保留时间,即 $t'_{R(n+1)}>t'_{R(X)}>t'_{R(n)}$,则有 $\lg t'_{R(n+1)}=a(n+1)+b$,$\lg t'_{R(X)}=aX+b$,$\lg t'_{R(n)}=an+b$,式中 a,b 为常数;$n+1$,n 为正构烷烃碳原子数。消去 a,b 得到:

$$X=n+\frac{\lg t'_{R(X)}-\lg t'_{R(n)}}{\lg t'_{R(n+1)}-\lg t'_{R(n)}} \tag{17-24}$$

式中 X 是被测化合物具有相同调整保留时间假想的正构烷烃碳原子数，$n+1>X>n$，X 为小数，为了方便，定义 $100X$ 为该物质保留指数，以 I_R 表示：

$$I_R=100X=100\left[n+\frac{\lg t'_{R(X)}-\lg t'_{R(n)}}{\lg t'_{R(n+1)}-\lg'_{R(n)}}\right]=100\left[n+\frac{\lg\alpha_{(X,n)}}{\lg\alpha_{(n+1,n)}}\right] \quad (17-25)$$

式中 $\alpha_{(X,n)}$ 为碳原子数为 X 与 n 的正构烷烃相对保留值；$\alpha_{(n+1,n)}$ 为碳原子数为 $n+1$ 与 n 的正构烷烃相对保留值。I_R 也可按 V'_R，k 等保留值求出，标准物亦可选用相差 n 个碳的两正构烷烃或两正构烷烃衍生物 $C(CH_2)_nZ$，Z 为羟基、羧基、芳烃等。

I_R 在气相色谱领域亦称为 Kovats 指数，在石油化工等领域应用较多，并已推广到高效液相色谱，这时采用正构烷基苯为标准物。保留指数实质上是以正构烷烃系列或相应衍生物作为度量各种溶质相对保留值的标尺，对研究分子结构与保留行为关系、色谱分离作用力类型或保留机理具有理论和应用价值。

17.3 溶质分布谱带展宽——色谱动力学基础理论

色谱动力学理论是根据流体分子运动规律研究色谱过程分子迁移，严格的数学处理其方程求解相当复杂，只得采用较为简化的假设和适当的近似处理。

17.3.1 色谱过程的理论处理类型

色谱过程的理论处理方法可根据分布等温线呈线性或非线性、色谱过程是理想或非理想状态而分为不同类型。所谓理想色谱过程指溶质在两相间物质交换在热力学上可逆，传质速率很高，平衡瞬间实现，分子扩散可以忽略；对于非理想色谱，这些假设都不成立。这样，色谱过程或类型及相应的理论处理方法或模型可分为 4 种。

1. 线性理想色谱

溶质在两相中呈线性分布，溶质在色谱柱内迁移为理想状态，各谱带溶质浓度分布可用简单理论模型和数学方法求出。这种色谱理论模型与各种实际色谱过程有一定差距，然而，其对色谱过程溶质迁移理论分析和色谱理论发展具有重要价值。

2. 线性非理想色谱

溶质在两相中呈线性分布，且存在传质阻力、分子扩散，溶质通过色谱柱谱带对称展宽，呈 Gaussian 曲线。在低进样量条件下，可很好说明大部分分配色谱，如气-液、液-液等分配色谱过程溶质迁移、分布。

3. 非线性理想色谱

溶质在两相中呈非线性分布，而分子扩散可以忽略，谱带不对称，通常呈高浓度前沿和后部拖尾，液-固吸附色谱近似于这种类型。

4. 非线性非理想色谱

气-固吸附色谱接近这种色谱类型。

17.3.2 塔板理论

17.3.2.1 基本假设

色谱与精馏分离有共同的物理化学基础，即被分离组分在两相中分布常数的差别。塔板理论将色谱柱内混合物分离过程与精馏塔的精馏分离类比，基本假设是

(1) 色谱柱由柱内径一致、填充均匀，由称为塔板的若干小段组成，其高度均相等，以 H 表示，称为塔板高。

(2) 溶质在每个塔板上的分布常数或分配系数不变，在两相间瞬间达成分布或分配平衡，纵向分子扩散可以忽略，即属于线性理想色谱。

(3) 流动相流经色谱柱不是连续的，而是脉冲式的间歇过程，每次进入和从上一个塔板向下一个塔板转移的流动相体积相等，为一个塔板的流动相体积 ΔV_m。

17.3.2.2 溶质在色谱柱内分布平衡和迁移过程

现选择一个最简单的例子，考察单一溶质在色谱柱内迁移并通过分配平衡的分布情况。假设色谱柱的流动相和固定相体积相等，溶质的分布系数、保留因子 $K=k=1$。设向色谱柱头零号塔板上引入溶质为 100 个单位量(质量或物质的量等)，并按 $k=1$ 在两相分配，流动相和固定相中分布各 50 份溶质。当第一个 ΔV_m 流动相进入零号塔板，则将零号塔板上的流动相及其中 50 份溶质推向一号塔板，然后留在零号塔板固定相的 50 份溶质又按 $k=1$ 在两相分配，各为 25 份；进入一号塔板流动相中 50 份溶质亦按 $k=1$ 在两相分配，各为 25 份。随后，第二个 ΔV_m 流动相进入零号塔板，推动一号塔板 ΔV_m 流动相进入第二塔板，各板上溶质又进行分布平衡。这一平衡—流动相前移—平衡过程重复进行，直至将溶质洗出色谱柱。表 17-2 列出单一溶质($k=1$)(100 个单位量)随流动相体积在柱内各板($N=5$)上的分布。

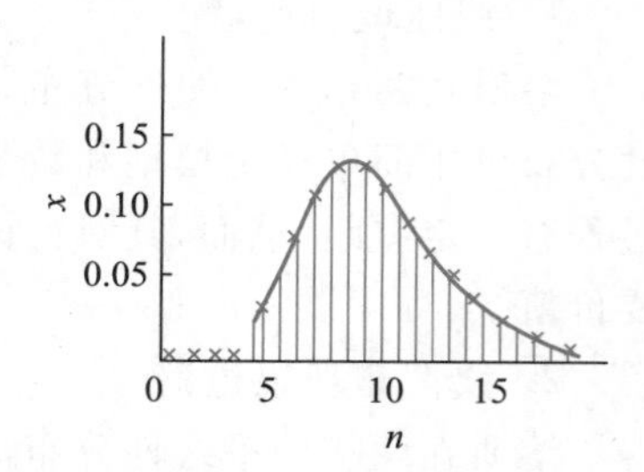

图 17-4 柱后洗出溶质量随流动相体积变化曲线

表 17-2 说明当有 5 个板体积流动相进入色谱柱时，溶质从具有 5 块塔板的柱内随流动相开始洗出，最大浓度在流动相体积 n 为 8 和 9 时

出现。图 17-4 是柱后洗出溶质量随流动相体积变化曲线。溶质趋向正态分布,但不对称,这是由于柱塔板数很低,因而分配平衡次数太少。

表 17-2 单一溶质($k=1$)(100 个单位量)随流动相体积在柱内各板($N=5$)上的分布

流动相体积	塔板号数					
($n\Delta V_m$ 数)	0	1	2	3	4	柱出口
0	100(50)					
1	50	50(25)				
2	25	50	25(12.5)			
3	12.5	37.5	37.5	12.5(6.3)		
4	6.3	25	37.5	25	6.3(3.2)	
5	3.2	18.7	31.3	31.3	18.7(7.9)	3.2
6	1.6	9.5	23.5	31.3	23.5(11.8)	7.9
7	0.8	5.6	16.4	27.5	27.5(13.8)	11.8
8	0.4	2.3	9.8	21.9	27.5(13.8)	13.8
9	0.2	1.8	6.5	18.3	24.2(12.1)	13.8
10	0.1	1.0	4.1	10.9	19.8(9.9)	12.1
11		0.5	2.5	7.5	18.4(7.7)	9.9
12		0.3	1.6	4.6	10.5(5.3)	7.7
13		0.2	0.8	3.3	7.7(3.8)	5.3
18		0.1	0.4	1.7	5.3(2.6)	3.8
18			0.2	0.8	3.6(1.8)	2.6

注:(1) 溶质量为任一单位;(2) 表左边第一行为以 ΔV_m 为单位计的流动相体积;(3) 括号中的数值为流动相中分布的溶质量。

17.3.2.3 色谱流出曲线方程

实际色谱柱 N 值很大,为 $10^3 \sim 10^6$,因而洗出曲线一般趋近正态分布,可近似地用正态分布函数描述溶质分布,除以流动相体积,即可导出浓度变化方程:

$$c=\left(\frac{N}{2\pi}\right)^{\frac{1}{2}} e^{-\frac{N}{2}\left(\frac{V_R-V}{V_R}\right)^2} \frac{M}{V_R} \tag{17-26}$$

式(17-26)是色谱柱洗出溶质浓度 c 与流动相体积 V 关系的方程,称为流出曲线方程或塔板理论方程。式中 N 为色谱柱塔板数;$V=n\Delta V_m$ 为任意流动相体积;M 为进样量。当 $V=V_R=n_{max}\Delta V_m$,洗出色谱峰,此时溶质最大浓度 c_{max},其流动相体积为 V_R,即为溶质保留体积,可得

$$c_{max}=\left(\frac{N}{2\pi}\right)^{\frac{1}{2}} \frac{M}{V_R} \tag{17-27}$$

$$c=c_{max} e^{-\frac{N}{2}\left(\frac{V_R-V}{V_R}\right)^2} \tag{17-28}$$

若将 c 与流动相体积 V 的关系改为与洗出时间 t 关系，则

$$c = c_{\max} e^{-\frac{N}{2}\left(\frac{t_R - t}{t_R}\right)^2} \tag{17-29}$$

式中 t_R 是溶质的保留时间。

式(17-27)说明，$c_{\max}$ 与进样量和理论塔板数的平方根成正比，与溶质的保留值成反比。实际色谱洗出曲线与此描述一致，理论塔板数越高的色谱柱洗出色谱峰窄而高；保留值越大的色谱峰扁平，最大浓度低；色谱峰的区域宽度与保留时间存在近似的线性关系。

17.3.2.4 理论塔板的计算公式

令 $V_R - V = \Delta V$，当洗出溶质浓度 c 为最大浓度 $c_{\max}$ 一半，即 $c_{\max}/c = 2$ 时，ΔV 用 $\Delta V_{1/2}$ 表示，如图 17-5 所示。代入式(17-29)，得

$$\frac{c_{\max}}{c} = 2 = e^{\frac{N}{2}\left(\frac{\Delta V_{1/2}}{V_R}\right)^2} \tag{17-30}$$

$$N = 8\ln 2\left(\frac{V_R}{2\Delta V_{1/2}}\right)^2 = 5.54\left(\frac{V_R}{2\Delta V_{1/2}}\right)^2 = 5.54\left(\frac{t_R}{2\Delta t_{1/2}}\right)^2 \tag{17-31}$$

式中 N 为理论塔板数；$2\Delta V_{1/2}$，$2\Delta t_{1/2}$ 分别以体积、时间为单位的色谱峰半高宽度。基于色谱峰底宽与半高宽度关系，亦可导出以色谱峰底宽计算理论塔板数的另一种计算式：

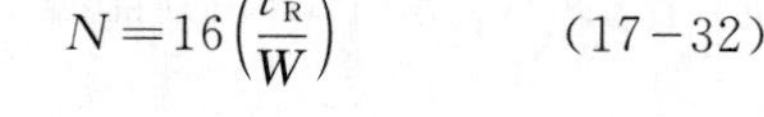

$$N = 16\left(\frac{t_R}{W}\right)^2 \tag{17-32}$$

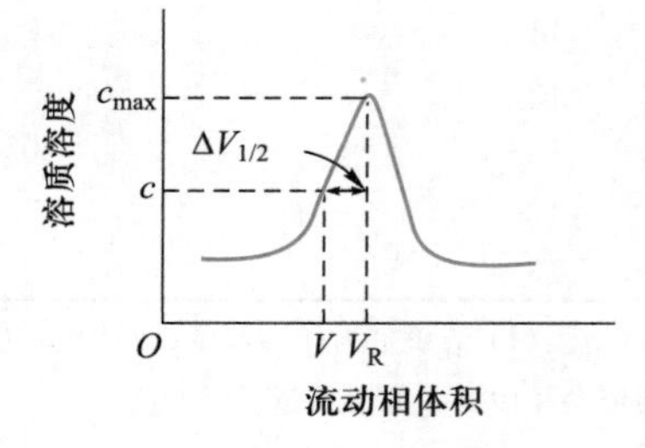

图 17-5 $\Delta V_{1/2}$ 示意图

色谱柱长为 L，求出理论塔板高度 H（cm 或 mm）为

$$H = \frac{L}{N} \tag{17-33}$$

式(17-33)说明，色谱峰区域宽度越小，理论塔板数高，理论塔板高度小，色谱柱效越高。单位柱长(m)的理论塔板数 N 或板高 H 常用作色谱柱效的指标。通常填充气相色谱柱 N 为 3×10^3/m 以上，H 为 0.3 mm 左右；一般高效液相色谱柱 N 在$(2\sim8)\times10^4$/m，H 约为 0.02 mm 或更小。但有时 N 或 H 不能很好反映实际柱效，这是由于上述计算采用 t_R，它包括不参与溶质与固定相作用的死时间，为了扣除死时间的影响，引入以调整保留时间 t'_R 计算的有效理论塔板数 N_{eff} 和有效理论塔板高 H_{eff} 作为柱效指标。

$$N_{\text{eff}} = 5.54\left(\frac{t_R - t_M}{2\Delta t_{1/2}}\right)^2 = 5.54\left(\frac{t'_R}{2\Delta t_{1/2}}\right)^2 = 16\left(\frac{t'_R}{W}\right)^2 \tag{17-34}$$

$$H_{eff}=\frac{L}{N_{eff}} \tag{17-35}$$

根据式(17－31)，式(17－33)可导出：

$$N=\left(\frac{1+k}{k}\right)^2 N_{eff} \tag{17-36}$$

$$H=\left(\frac{k}{1+k}\right)^2 H_{eff} \tag{17-37}$$

当 k 很小时，N 与 N_{eff}，H 与 H_{eff} 差别很大；当 k 很大时，N 与 N_{eff}，H 与 H_{eff} 趋于一致。当用 N 或 H 度量、比较柱效时，应说明选用溶质的 k 值。

17.3.2.5　塔板理论的成就和局限

塔板理论导出的流出曲线方程、影响溶质洗出最大浓度的因素和理论塔板数计算公式等，部分反映了色谱过程分子迁移规律，是计算理论塔板数和计算机模拟色谱流出曲线的理论基础。其理论塔板数反映色谱过程中溶质趋于分布平衡的次数和分离迁移与离散迁移的比值；板高是实现一次分布平衡的最小柱长，两者在评价色谱柱效中具有重要实用价值。然而，色谱是一个动态过程，区别于萃取、精馏等分级过程，不可能实现溶质在两相间真正分布平衡；忽略扩散、传质、瞬间实现平衡的假设也不符合色谱过程分子运动规律。因此，塔板理论不能说明为何理论塔板数随流动相流速变化；色谱过程中溶质分子分布离散的原因；也未能深入探讨色谱柱结构、操作条件等对理论塔板数或塔板高度的影响，因而对色谱柱制备、操作条件优化等色谱实践的指导作用有限，而这正是色谱理论进一步发展的内在推动力。

17.3.3　速率理论

17.3.3.1　塔板高度的统计意义

近 50 多年来，无数的理论研究和实验探索致力于建立色谱过程中溶质分子分布离散、理论塔板高度与各种色谱参数，如流动相流速、分子扩散系数、色谱柱填料形状和粒径等的定量关系式。Martin 指出，色谱过程溶质分子扩散是引起色谱区带扩张的重要因素。荷兰化学工程师 van Deemter 研究扩散、传质等与色谱过程物料或质量平衡的关系，考察溶质通过色谱体系总的浓度分布变化。Giddings J C 等认为色谱过程分子迁移是无规则随机运动过程，导致分子呈 Gaussian 分布。以标准差 σ^2 作为分子在色谱柱内离散的度量，总的分子离散度应为单位柱长离散度之和，且与柱长成正比，即 $\sigma^2=HL$。比例因子 $H=\sigma^2/L$，等于各独立分子离散因素之和：

$$H=\frac{\sigma_1^2}{L}+\frac{\sigma_2^2}{L}+\frac{\sigma_3^2}{L}+\cdots+\frac{\sigma_i^2}{L}=H_1+H_2+H_3+\cdots+H_i=\sum_{i=1}^{n}H_i \tag{17-38}$$

17.3.3.2 速率理论方程

1956 年，van Deemter 概括分子离散，即色谱峰扩张的各种基本因素，导出速率理论方程或板高方程，亦称为 van Deemter 方程。该方程包括引起色谱峰扩张、板高增大的三项基本因素：涡流扩散、纵向分子扩散、传质项，包括流动相和固定相传质。速率理论方程的数学表达式如下：

$$H=A+B/u+Cu=A+B/u+(C_s+C_m)u \tag{17-39}$$

式中 u 为流动相平均线速度或速率；A 为涡流扩散因素；B/u 为分子扩散因素；Cu 为传质因素，C_s，C_m 分别为流动相和固定相传质项系数。H 亦称为塔板高，其含义区别于塔板理论，是单位柱长统计意义的分子离散度。它是阐明多种色谱区带或色谱峰扩张因素的综合参数，亦作为色谱柱效指标。H 越小，柱效越高。

17.3.3.3 气相色谱速率理论方程

van Deemter 等人首先研究了决定方程各项系数的色谱参数，导出气相色谱速率理论方程。

1. 涡流扩散项(A)

涡流扩散项亦称多径项。色谱区带扩张来源于溶质分子通过填充柱内长短不同的多种迁移路径。由于柱填料粒径大小不同及填充不均匀，形成宽窄、弯曲度不同的路径，如图 17-6 所示。流动相携带溶质分子沿柱内各路径形成紊乱的涡流运动，有些分子沿较窄而直的路径以较快的速率通过色谱柱，发生分子运动超前；而另一些分子沿较宽或弯曲的路径以较慢的速率通过色谱柱，发生分子运动滞后，导致色谱区带展宽，可以下式表示：

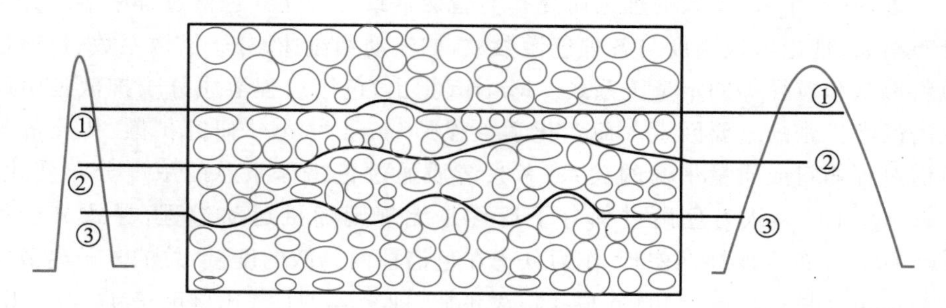

图 17-6 多径项示意图

$$A=2\lambda d_{p} \tag{17-40}$$

式中 λ 称为柱填充不均匀性因子，λ 小表明填充均匀，一般大粒径填料比小粒径易获得均匀填充柱床；d_p 为填料粒径(cm)，小的 d_p 有利于降低 A。开管柱无多径项，即 $A=0$。

2. 纵向扩散项(B/u)

纵向扩散项亦称为分子扩散。浓差扩散是分子自发运动过程。色谱柱内溶质在流动相和固定相都存在分子扩散。然而，固定相静止不动，且扩散系数一般小于气体流动相，因此，固定相中纵向扩散可以忽略。流动相中溶质从浓度中心向流动相流动方向相同和相反的区域扩散，形成溶质分子超前和滞后，导致色谱区带展宽，塔板高度增加的分量为

$$B/u=2\gamma D_{m}/u \tag{17-41}$$

纵向扩散正比于扩散系数 D_m($cm^2\cdot s^{-1}$)和阻碍因子 γ。γ 反映溶质在柱内运动路径弯曲阻碍分子扩散。对于填充柱，γ 一般在 0.5～0.7；开管柱不存在路径弯曲，$\gamma=1$。纵向扩散反比于流动相流速，这是由于扩散正比于溶质停留时间。

3. 传质项(Cu)

色谱分离过程溶质在流动相和固定相之间进行质量传递。色谱过程处于连续流动状态，由于溶质分子与固定相、流动相分子间存在相互作用，有限传质速率导致溶质分子不可能在两相中瞬间建立吸附(或吸着)-解吸分布平衡，而总是处于非平衡状态。有些溶质分子未能进入固定相就随流动相前进，发生分子超前；而有些溶质分子在固定相未能分布平衡并解吸进入流动相，发生分子滞后。图17-7描述有限传质速率导致非平衡过程引起色谱峰的扩张。纵向扩散的分子离散和传质分子离散两者均决定于分子扩散速率，但区带离散、展宽方向不同。前者与流动相流动方向平行，后者与之垂直。流动相流速越快，提供给平衡的时间越少，不平衡和离散越严重。因而传质对板高影响与流动相流速成正比。

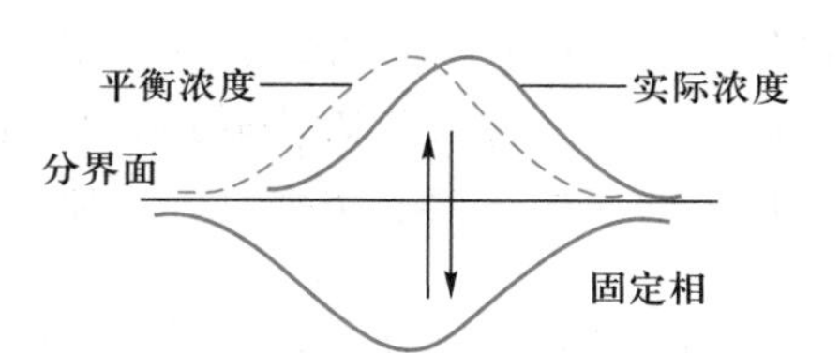

图 17-7　有限传质速率导致非平衡过程引起色谱峰的扩张

固定相传质项系数 C_s 是保留因子 k 的一个复杂函数 $f_s(k)$，与载体上的固定液膜厚度 d_f 平方成正比，与溶质在固定相内的扩散系数 D_s 成反比。

$$C_{s}=\frac{f_{s}(k')d_{f}^{2}}{D_{s}}=q\frac{k}{(1+k)^{2}}\cdot\frac{d_{f}^{2}}{D_{s}} \tag{17-42}$$

固定相膜越厚，分子到达相界面距离越远；扩散系数越小，分子运行实现分布平衡越慢，两者均导致传质速率降低，板高增加。式中参数 q 是由固定相颗粒形状和孔结构决定的结构因子，若固定相填料为球形，q 为 $8/\pi^2$；若为不规则无定形，则 q 为 2/3。

气体流动相的传质项系数 C_m 亦是保留因子 k 的一个复杂函数 $f_m(k)$，正比于柱填料粒径 d_p 的平方，反比于溶质在气体流动相内的扩散系数 D_m。

$$C_m=\frac{f_m(k)d_p^2}{D_m}=0.01\frac{k^2}{(1+k)^2}\cdot\frac{d_p^2}{D_m} \tag{17-43}$$

将式(17−40)、式(17−41)、式(17−42)和式(17−43)代入式(17−39)得球形填料气相色谱 van Deemter 方程：

$$H=2\lambda d_p+\frac{2\gamma D_m}{u}+0.01\frac{k^2}{(1+k)^2}\cdot\frac{d_p^2}{D_m}u+\frac{8}{\pi^2}\cdot\frac{k}{(1+k)^2}\cdot\frac{d_f^2}{D_s}u \tag{17-44}$$

17.3.3.4 液相色谱速率理论方程

高效液相色谱与气相色谱速率理论方程的主要区别要归因于液体与气体性质差异。溶质在液体中的扩散系数比在气体中小 10^5 倍左右；液体黏度比气体大 10^2 倍；液体表面张力比气体约大 10^4 倍；液体密度比气体约大 10^3 倍；气体可压缩，具有高压缩性系数，液体压缩性可以忽略。这些差异对液体中扩散和传质影响很大。液相色谱传质过程对板高影响尤为显著。由 Giddings，Snyde 等人提出的液相色谱速率理论方程如下：

$$\begin{aligned}H&=H_e+H_d+H_m+H_s+H_{sm}=A+\frac{B}{u}+C_m u+C_s u+C_{sm}u\\&=2\lambda d_p+\frac{2\gamma D_m}{u}+\omega\frac{d_p^2}{D_m}\cdot u+q\frac{k}{(1+k)^2}\cdot\frac{d_f^2}{D_s}\cdot u+\frac{(1-\varepsilon_i+k)^2}{30(1-\varepsilon_i)(1+k)^2}\cdot\frac{d_p^2}{\gamma D_m}\cdot u\end{aligned} \tag{17-45}$$

此方程与气相色谱速率理论方程不同的有：除了气相色谱类似的流动相、固定相传质项外，增加了固定相孔结构内滞留流动相的传质项 H_{sm}，即方程中最后一项，式中 ε_i 是固定相的孔隙度，其他字符含义与气相色谱速率理论方程相同。此外，流动相传质项系数 $\omega d_p^2/D_m$ 与 k 无关，ω 与柱内径、形状、填料性质有关的量纲为 1 的常数。图 17−8 描述液相色谱的三种传质过程。

17.3.3.5 影响柱效的变量

根据速率理论方程可进一步探讨影响柱效，即色谱峰区带扩张的各种因素或变量。

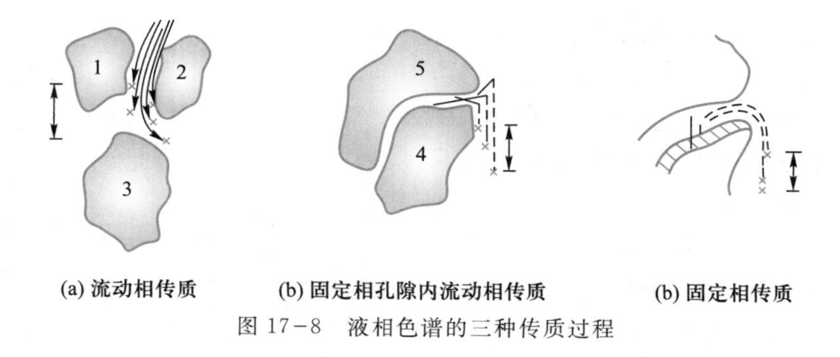

图 17-8 液相色谱的三种传质过程

1. 流动相流速(u)

图 17-9 给出了气相色谱 van Deemter 方程 H 随 u 变化曲线,即 $H-u$ 关系曲线。A 与流动相流速无关,对 H 影响不随流速变化。曲线有一最低点,此时纵向扩散和传质对色谱峰区带扩展柱影响最小,柱效最高,H 最小,以 H_{min} 表示。对应的流动相流速称最佳流速,以 u_{opt} 表示。对式(17-39)求导数:$dH/du=-B/u^2+(C_m+C_s)=0$,得

$$u_{opt}=\sqrt{B/(C_m+C_s)} \tag{17-46}$$

$$H_{min}=A+2\sqrt{B(C_m+C_s)} \tag{17-47}$$

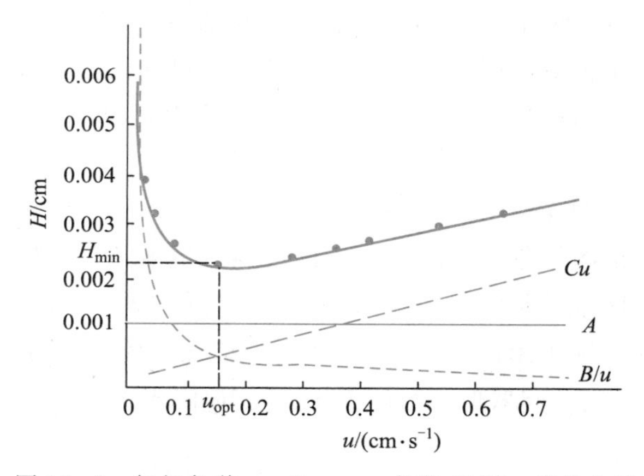

图 17-9 气相色谱 van Deemter 方程 H 随 u 变化曲线

当 $u<u_{opt}$ 时,分子扩散是色谱峰扩张主要因素,传质可以忽略,$H=A+B/u$,气相色谱可观察到这种情况。当 $u>u_{opt}$,传质是引起色谱峰扩张主要因素,分子扩散可以忽略,$H=A+(C_m+C_s)u$,由于气体扩散系数大,传质速率高,H 随 u 升高速率较慢,曲线上升斜率较小。

图 17-10 是典型的高效液相色谱 $H-u$ 曲线图。与图 17-9 比较,液相色谱

由于溶质在液体中扩散系数很小，B/u实际上趋近于零或可忽略，$H=A+(C_m+C_s)u$；u_{opt}趋近于零，一般难以观察到最低板高对应的最佳流速，流速降低，H总是降低。当$u>u_{opt}$，传质引起色谱峰扩张比气相色谱显著，与气相色谱比较，H随u升高速率较快，曲线上升斜率较大。对于液相色谱，采用低黏度溶剂为流动相，提高扩散系数改善传质以提高柱效。

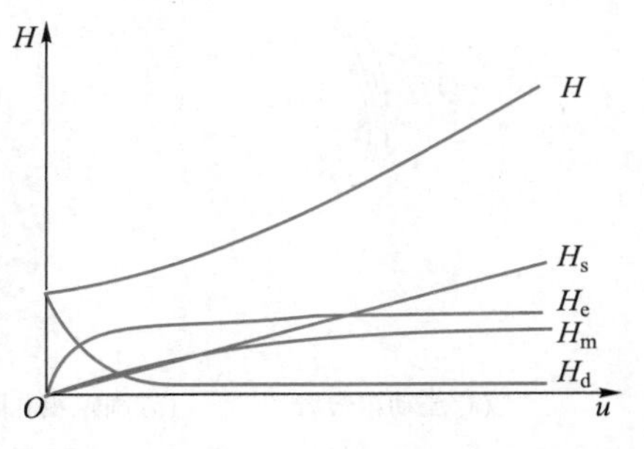

图 17-10 高效液相色谱 $H-u$ 曲线

2. 填料粒径(d_p)

涡流扩散A随d_p线性下降。流动相传质与d_p^2成正比。一般来说，填料粒度降低，柱效提高，高效液相色谱广泛采用3～10 μm填料。但d_p越小，填充均匀的技术越难，柱的渗透性亦下降，分离速率下降。因此，采用小颗粒填料要兼顾分析速率，改进柱填充技术。

3. 色谱柱温

温度影响扩散系数D_s和D_m，从而影响分子扩散和传质速率。柱温升高，D_m，D_s升高，分子扩散导致柱效降低；而改善传质导致柱效升高。因此，温度变化对色谱过程分子扩散和传质的影响是矛盾的。根据色谱系统性质，判断引起色谱峰扩张的主要因素是分子扩散或传质，以选择合适温度。

17.3.4 柱外谱带展宽效应

上述几节讨论的是色谱柱内溶质迁移过程谱带展宽，色谱仪器系统还存在各种柱外的色谱区带扩张因素，均可以标准偏差或方差σ^2表示。这主要包括：进样操作和进样系统死体积σ_{in}^2、进样系统与色谱柱及色谱柱与检测器之间连接管σ_{tu}^2、色谱柱头σ_{cf}^2、检测器形状与体积σ_{de}^2及其他因素σ_{or}^2等引起谱带展宽，即柱外谱带展宽σ_{EX}^2为

$$\sigma_{EX}^2=\sigma_{in}^2+\sigma_{tu}^2+\sigma_{cf}^2+\sigma_{de}^2+\sigma_{or}^2 \tag{17-48}$$

现代色谱仪器设计、制造工艺日臻完善，进样器、检测器等死体积很小，引起的谱带展宽有限。进样速率应尽可能快，色谱柱头连接紧密及筛板与填充柱床间不得有空隙等，均可降低柱外效应。连接管有时是柱外效应重要因素，理论计算可预测其连接管谱带展宽，尽可能采用内径细而短的连接管以降低连接管内谱带展宽。

17.4 组分分离——基本分离方程

17.4.1 分离度

上一节讨论的是单个组分迁移过程的分子离散，而色谱分离与两个组分的迁移和分子离散相关。分离度（resolution）定义为相邻两组分色谱峰保留值 t_{R_2}，t_{R_1} 之差与两峰底 W_2，W_1 平均宽度之比，以 R 表示，如图 17-11 所示。

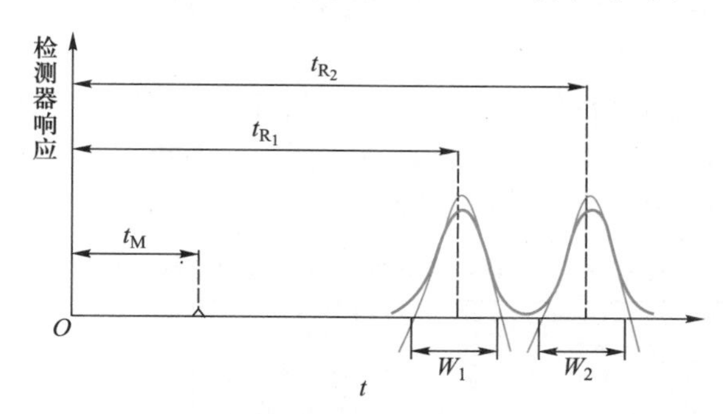

图 17-11 色谱分离度（R）定义

$$R=\frac{t_{R_2}-t_{R_1}}{1/2(W_2+W_1)}=\frac{2(t_{R_2}-t_{R_1})}{(W_2+W_1)} \tag{17-49}$$

当 $R=1$，两色谱峰交叠约 4%，可称为基本分离。当 $R=1.5$，两色谱峰交叠约 0.3%，可视为完全分离。

17.4.2 分离方程

对分离度的要求由定量分析误差、相邻两组分，亦称为“物质对”的峰高比等因素确定。

当相邻峰保留值相近时，近似地 $W_1=W_2=W$，并按 $W=\frac{4\sqrt{N}}{t_R}$，可得

$$R=\frac{t_{R_2}-t_{R_1}}{W}=\frac{\sqrt{N}}{4}\cdot\frac{t_{R_2}-t_{R_1}}{t_{R_2}}=\frac{\sqrt{N}}{4}\cdot\frac{k_2-k_1}{1+k_2} \tag{17-50}$$

根据式（17-23）消去保留因子 k_1，引进选择性因子 α，可导出决定分离度各种因素的分离度方程或分离方程。

$$R=\frac{\sqrt{N}}{4}\cdot\frac{\alpha-1}{\alpha}\cdot\frac{k_2}{1+k_2} \tag{17-51}$$

式(17−51)表明，影响分离度的因素包括三部分，第一项与区带扩张的色谱动力学因素 N 或 H 有关。第二项和第三项与分离选择因子、保留因子等色谱热力学因素有关。

分离度与理论塔板数 N 的平方根成正比。由式(17−49)可导出分离某“物质对”达到一定分离度需要的理论塔板数和柱长。

$$N=16R^2\left(\frac{\alpha}{\alpha-1}\right)^2\left(\frac{k_2+1}{k_2}\right)^2 \tag{17-52}$$

若要求获得基本分离：$R=1$，或完全分离：$R=1.5$，则上述方程的 $16R^2$ 系数分别为16和36。

表17−3列出达到给定分离度所需理论塔板数。α 相同，保留因子 k_2 越小，欲达到一定的分离度所需理论塔板数 N 越多；保留因子 k_2 相同，α 的微小增加，将导致所需理论塔板数 N 的显著减少。

表17−3 达到给定分离度所需理论塔板数(N)

保留因子 k_2	$R=1.5$		$R=1.0$	
	$\alpha=1.05$	$\alpha=1.10$	$\alpha=1.05$	$\alpha=1.10$
0.1	1 921 000	527 080	853 780	234 260
0.2	571 840	186 820	254 020	69 700
0.5	182 890	39 200	63 500	17 420
1.0	63 500	17 420	28 220	7 740
1.5	44 100	12 100	19 600	5 380
2.0	35 720	9 800	18 880	4 360
5.0	22 860	6 273	10 160	2 790
10.0	19 210	5 270	8 540	2 340
20.0	17 500	4 800	7 780	2 130
∞	18 880	4 360	7 060	1 940

17.4.3 分离速度及影响因素

在考虑组分分离时，另一个密切相关的因素是实现分离所需时间，既分离速度。完成分离所需时间决定于迁移速率较慢的组分，即组分2的迁移线速度 u_2。根据保留因子推导中 $t_R=t_M(u/u_x)=t_M(1+k)$，得 $u_2=u/1+k_2=L/t_{R_2}=NH/t_{R_2}$，$t_{R_2}=NH(1+k_2)/u$，将式(17−52)代入，可获得分离时间，即分离速度方程。

$$t_{R_2}=16R^2\left(\frac{\alpha}{\alpha-1}\right)^2\frac{(k_2+1)^3}{k_2^2}\frac{H}{u} \tag{17-53}$$

式中 t_{R_2} 是保留值较高的组分 2 的洗出时间，代表完成分离所需时间；u 是流动相线速度。

式(17－53)表明，分离时间是要达到分离度、相邻组分选择性因子、最后洗出组分的保留因子、柱效和流动相流速的函数。在其他变量保持恒定时，分离度增加一倍，分离时间增加四倍。此方程亦表明，流动相流速增加一倍或板高 H 减小一倍，分离时间减少将近一倍。

17.4.4 色谱柱峰容量

峰容量定义为一定色谱操作条件下，色谱柱在一定时间能容纳达到一定分离度($R \geqslant 1$)色谱峰的数量。峰容量与试样容量有一定差别，后者指正常色谱条件下溶质在两相间有效分配洗出对称色谱峰容许的最大试样量，即 K 处在线性范围，超过此进样量将导致柱超负荷，溶质不能在两相间有效分配平衡而出现色谱峰严重拖尾等畸变。色谱柱的峰容量越大，分离能力越强。

色谱文献中常出现“分离效能”一词，这是一个含义不太准确的术语。多数人大致表述或理解为：对一个试样，在相似分离速度、分离度、相同进样量条件下，色谱分离系统或色谱柱洗出色谱峰越多，其分离效能越高。因此，它是与柱效等多个因素相关、比较分离优劣的一个粗略用语。

17.5 色谱方法选择和分离操作条件优化

根据上两节色谱基础理论和影响分离的各种色谱参数讨论，按分离度和分离时间或速度两个主要指标将进一步简要说明分离操作条件优化的基本技术措施。方程(17－51)和方程(17－53)表明影响分离度和分离时间的各种色谱参数，包括以 N 或 H 为指标，导致色谱峰扩张的各种动力学因素；与组分保留值有关的热力学因素 k 和 α，其相对大小与固定相、流动相性质及其体积比，溶质性质及在两相的分布常数等有关。方程的重要性在于可指导多组分混合物的分离操作条件优化。人们总是企图在最短时间内获得尽可能多组分间的高分离度，即分离出尽可能多的组分。但两者在同一条件下很难同时实现，只能兼顾分离度和分析速度。

对多组分混合物的分离，通常以最难分离物质对的分离度或洗出组分数的多少及分离时间作为分离优劣的指标。分离时间决定于最后洗出组分的保留因子。但随色谱条件变化，组分洗出顺序可能变化，最难分离物质对和最后洗出组分也可能改变。通过色谱分离方程分析、初步实验数据估算，从易至难，采取各种技术手段，实现色谱分离操作条件优化。

需要指出的是，现代色谱仪器大多配置具有处理色谱数据、控制色谱仪功能、分离操作条件优化的计算机及相应软件，即色谱工作站或计算机系统。基于色谱理论、色谱分离模式、色谱参数相互关系，在大量实验数据分析基础上研发的各种色谱智能化软件可指导操作条件优化，减少实验工作量。

17.5.1 色谱方法选择

根据试样物理、化学性质和分析要求选择色谱方法。各种气体、沸点500 ℃以下挥发性、热稳定的试样，一般采用气相色谱分析。非挥发性试样，包括有机化合物、无机化合物、高分子化合物、可解离化合物等均可采用高效液相色谱分析。薄层色谱通常为非仪器分析方法，操作简便，可作为高效液相色谱流动相、固定相选择的辅助手段。非挥发性试样通过衍生成为挥发性试样，亦可采用气相色谱分析。既可用气相色谱，亦可采用高效液相色谱分析的试样，通常首选气相色谱法，因为前者分析成本相对低些。总体来看，高效液相色谱比气相色谱适用的试样类型、范围或应用领域要广得多。

17.5.2 分离操作条件优化

17.5.2.1 提高理论塔板数

1. 适当增加柱长

根据式(17-52)，如果板高 H 已知，可求出获得一定分离度所需柱长。

$$L=16HR^2\left(\frac{\alpha}{\alpha-1}\right)^2\left(\frac{k_2+1}{k_2}\right)^2 \tag{17-54}$$

增加柱长是提高理论塔板数最直接的方法。实际色谱分离条件优化过程中，一般根据试分离条件下的 R_1，N_1 或 L_1，按 $R_1/R_2=N_1^{1/2}/N_2^{1/2}$，在板高一定时，可估算达到更高或所需分离度 R_2 要求的理论塔板数 N_2 或柱长 L_2。

$$N_2=(R_2/R_1)^2N_1 \tag{17-55}$$

$$L_2=(R_2/R_1)^2L_1 \tag{17-56}$$

采用增加柱长提高理论塔板数，其操作较为简单。但分离时间随柱长增加而增加；柱系统渗透性随柱长增加而下降，特别是填充柱。欲保持一定流动相流速，需提高柱前压，对色谱仪器耐压性能提出更高要求。因而增加柱长主要对气相色谱具有实用价值。一般填充柱柱长变化范围有限，高渗透性开管柱长具有较宽可变范围，增加柱长更具实用价值。如开管柱气相色谱柱长可在10～300 m范围变化。

2. 提高柱效

柱效通常指单位柱长的理论塔板数 N。据根板高方程，H 随流动相流速 u

变化。对于高效液相色谱，在分离速度允许下，尽可能降低流动相流速，以改善传质，提高柱效。对于气相色谱，为兼顾分离速度，总是选择流动相流速大于最佳流速 u_{opt}。

降低固定相填料粒径 d_p、固定相液膜或键合层厚度 d_f；采用低相对分子质量、低黏度流动相及适当提高柱温以改善传质等均有利于提高柱效。

17.5.2.2 提高选择性因子

根据方程(17-51)，R 正比于$(\alpha-1)/\alpha$。若 $\alpha=1$，$R=0$，两组分不可能分离；α 略大于 1，两组分才可能分离；$\alpha>2\sim5$，分离比较容易实现。α 从 1.01 增大到 5，$(\alpha-1)/\alpha$ 增加近 100 倍。相比之下，k 从 1 增大到 50，$k/(1+k)$从 0.5 变化至接近于 1，只增大一倍。显然，α 是影响 R 最敏感的因素。方程(17-53)说明，分离时间与$[\alpha/(\alpha-1)]^2$ 成正比。α 对 t_R 的影响非常显著，例如，α 从 1.05 增加到 1.10，分离时间缩短至四分之一。此外，以提高 k 增加分离度，需以分析时间增长为代价；而提高 α 增加分离度，可缩短分析时间。因此，提高选择性因子是提高分离度和分离速度最有效的手段。

保持 k 在 1～10 的范围内，欲提高 α 值可依次采取下述技术措施。

1. 改变流动相组成

改变二元或多流动相组成，导致各组分间相对保留值变化。如果被分离组分包含有可解离的酸或碱亦可改变流动相 pH，以提高分离度和分离速度。各种流动相添加剂，如离子对试剂可提高离子性溶质分离选择性。这些主要适用于以高效液相色谱为代表的各种液相色谱方法。

2. 改变柱温

方程(17-51)和方程(17-53)中没有温度参数，然而柱温既影响色谱动力学因素，亦影响热力学因素，是优化分离的重要操作条件，特别是对气相色谱。绝大多数选择性因子 α 与柱温成反比，柱温降低，α 升高。适当降低柱温，有利于提高分离度。

3. 改变固定相

这是提高选择性因子的有效方法，特别是气-液色谱，尽管操作较费时一些。多数实验室一般都保存几种不同固定相的色谱柱供交换使用。某些试样只有选用适当固定相才可能分离。例如，对映体类试样主要采用各种手性色谱固定相分离。

17.6 色谱定性分析

色谱定性是鉴定试样中各组分，即每个色谱峰是何种化合物。基于色谱分离的主要定性依据是保留值，包括保留时间、保留体积、相对保留值，即选择性因子和保留指数等。亦可基于检测器给出选择性响应信号及与其他结构分析仪器联用定性。

17.6.1 保留值定性

17.6.1.1 与已知物对照定性

色谱保留值与分子结构有关，但缺乏典型的分子结构特征，因而只能鉴定已知物，而不可能鉴定未知的新化合物。根据保留时间等保留值定性需用已知化合物为标样，且要严格控制色谱条件。在同样色谱条件下，用已知化合物与试样中色谱峰对照定性；或将已知化合物加入试样中导致某色谱峰增高定性，这是色谱基本定性方法。

17.6.1.2 其他定性方法

其他方法主要有按保留值经验规律定性。例如，同系物或结构相似化合物保留值的对数与分子中碳原子数成正比的碳数（n）规律，根据同系物两个或两个以上组分的保留值可作出 $\lg k-n$ 关系图，从而获得各同系物保留值作为定性依据。亦可参考文献保留数据定性。文献报道各种化合物在一定色谱条件下的保留值数据，部分已汇集成色谱数据手册可供利用。

17.6.2 选择性检测响应定性

色谱仪器一般配置通用型和选择性检测器，前者对所有化合物均有响应，后者只对某些类型化合物有响应。例如，气相色谱仪的热导检测器（TCD）属通用型检测器；氢火焰离子化检测器（FID）只对有机化合物有响应。高效液相色谱仪的示差折光检测器（RI）属通用型检测器；紫外检测器（UV）只对含芳环、共轭结构的化合物有响应。根据 FID 和 TCD 有无响应，可鉴别试样中有机化合物和无机化合物。根据 UV 和 RI 有无响应，可鉴别试样中芳香族和脂肪族化合物。一般检测器响应差异可作为色谱定性的辅助手段。

17.6.3 色谱－结构分析仪器联用

结构分析仪器提供分子结构信息，可对化合物直接定性。色谱－结构分析仪器联用，将结构分析仪器作为色谱检测器，色谱的高分离能力与结构分析仪器的成分鉴定能力相结合，使各种色谱联用技术成为当今最有效的复杂混合物成分分离、鉴定技术。不仅可对混合物成分定性，也可定量测定。其中发展最早、应用最广泛的是色谱－质谱（MS）联用仪器。GC－MS、HPLC－MS 已成为有关化学、生物医药学等实验室常规分析仪器设备。此外，色谱－傅里叶变换红外光谱（FTIR）、色谱－核磁共振波谱（NMR）、色谱－发射光谱（EM）联用仪等均已商品化。

17.7 色谱定量分析

17.7.1 定量依据

色谱定量分析是根据检测响应信号大小，测定试样中各组分的相对含量。定量分析的依据是每个组分的量（质量或体积）与色谱检测器的响应值成正比，一般与峰高或峰面积响应成正比。每个色谱峰高（h）可从色谱图直接测定。色谱峰面积（A）以峰高与半峰高宽（$2\Delta X_{1/2}$）相乘求出。

$$A = h \times 2\Delta X_{1/2} \tag{17-57}$$

在试样和标样平行分析时，必须严格控制柱温、流动相流速、进样速度等色谱操作条件以不改变峰宽，才能获得准确的峰高测定结果。操作条件对峰面积的影响比峰高小。一般保留值小、峰宽窄且难以准确测量的组分，可按峰高定量。多数情况下按峰面积定量为宜。

色谱仪器配置的数字积分仪或色谱工作站可直接提供色谱峰高、峰面积等定量数字化信息并可按下述不同定量方法给出各组分定量数据，其准确度一般高于手工测量。

17.7.2 定量方法

17.7.2.1 标准校正法或外标法

最直接的定量方法是配制一系列组成与试样相近的标准溶液。按标准溶液色谱图，可求出每个组分浓度或量与相应峰面积或峰高校准曲线。按相同色谱条件下试样色谱图相应组分峰面积或峰高，根据校准曲线可求出其浓度或量，这是应用最广、易于操作、计算简单的定量方法。

这是一个绝对定量校正法，标样与测定组分为同一化合物，分离、检测条件的稳定性对定量结果影响很大。为获得高定量准确性，定量校准曲线经常重复校正是必需的。在实际分析中，可采用单点校正。只需配制一个与测定组分浓度相近的标样，根据物质含量与峰面积呈线性关系，当测定试样与标样体积相等时：

$$m_i = \frac{m_s}{A_s} A_i = f_i A_i \tag{17-58}$$

式中 m_i，m_s 为试样和标样中测定化合物的质量；A_i，A_s 为相应峰面积。单位峰面积相应化合物量的比例系数 f_i 称为组分 i 的定量校正因子。单点校正操作上要求定量进样或已知进样体积；标样和测定试样在同一色谱分离、检测条件下分析；测定成分与试样中其他组分分离且有检测响应，对于不要求定量测定的组分可不做此要求。

17.7.2.2 内标法

选择一个一般不存在试样中的合适内标化合物。要求内标物是高纯化合物；与试样中各组分很好分离，且不与组分发生化学反应；分子结构、保留值与检测响应最好与待测组分相近。

内标法是一个相对定量校正法，分离、检测条件对定量结果影响不如外标法敏感。首先，需测定待测组分、内标物对某一标准物的相对定量校正因子。组分 i 的相对定量校正因子 f'_i 定义为组分定量校正因子与标准物定量校正因子之比，即

$$f'_i=\frac{m_i/A_i}{m_s/A_s} \tag{17-59}$$

式中 m_i，m_s 为组分 i 和标准物 s 的质量；A_i，A_s 为相应峰面积。类似地，内标物的相对定量校正因子 f'_{is} 为

$$f'_{is}=\frac{m_{is}/A_{is}}{m_s/A_s} \tag{17-60}$$

式中 m_{is}，A_{is} 为内标物质量和峰面积。

合并式(17-58)、式(17-59)得

$$m_i=\frac{A_i f'_i}{A_{is} f'_{is}}m_{is} \tag{17-61}$$

当称取试样质量为 m，加入内标物质量为 m_{is}，测定组分的含量 w_i 为

$$w_i=\frac{m_i}{m}\times 100\%=\frac{A_i f'_i}{A_{is} f'_{is}}\times\frac{m_{is}}{m}\times 100\% \tag{17-62}$$

若测定相对定量校正因子的标准物与内标物为同一化合物，则 $f'_{is}=1$，得

$$w_i=\frac{m_i}{m}\times 100\%=\frac{A_i f'_i}{A_{is}}\times\frac{m_{is}}{m}\times 100\% \tag{17-63}$$

内标法可获得高定量准确度，因为不需定量进样，可避免定量进样带来的某些不确定因素。特别适用于测定含量差别很大的各组分，及除待测组分外有些组分未能洗出或有些组分在检测器上没有响应的试样。

17.7.2.3 峰面积归一化法

试样中所有组分全部洗出，在检测器上产生相应的色谱峰响应，同时已知其

相对定量校正因子，可用归一化法测定各组分含量。

$$w_i=\frac{m_i}{m_1+m_2+\cdots+m_i+\cdots+m_n}=\frac{A_i f'_i}{\sum A_i f_i}\times 100\% \qquad (17-64)$$

归一化法不必称样和定量进样，可避免由此引起的不确定因素。分离条件在一定范围内对定量准确度影响较小，适用于多组分同时定量测定。但在合理时间内全部组分洗出，并已知定量校正因子，其实际应用受一定限制。若组分相对定量因子相近，如气相色谱氢火焰离子化检测器测定烃类化合物；高效液相色谱紫外检测器测定苯的单取代衍生物或摩尔吸收系数和相对分子质量相近的化合物，未校正的峰面积归一化法测定各组分的相对近似含量，亦有一定实用价值。

思考、练习题

17-1　试说明分离的含义及热力学限制、分析分离与制备分离的区别与联系。

17-2　什么是色谱分离？色谱过程中试样各组分的差速迁移和同组分分子离散分别取决于何种因素？

17-3　色谱热力学、色谱动力学研究的对象是什么？它们有什么区别与联系？在色谱条件选择上有何实用价值？

17-4　假如一个溶质的保留因子为 0.1，在色谱柱的流相中的分数是多少？

17-5　在某色谱条件下，组分 A 的保留时间为 18.0 min，组分 B 保留时间为 25.0 min，其死时间为 2 min，试计算：

(1) 组分 B 对 A 的相对保留值。

(2) 组分 A，B 的保留因子。

(3) 组分 B 通过色谱柱在流动相、固定相停留的时间是多少？各占保留时间分数为多少？

17-6　试说明塔板理论基本原理，它在色谱实践中有哪些应用？

17-7　在长为 2 m 的气相色谱柱上，死时间为 1 min，某组分的保留时间 18 min，色谱峰半高宽度为 0.5 min，试计算：

(1) 此色谱柱的理论塔板数 N，有效理论塔板数 N_{eff}。

(2) 每米柱长的理论塔板数。

(3) 色谱柱的理论塔板高 H，有效理论塔板高 H_{eff}。

17-8　什么是速率理论？它与塔板理论有何区别与联系？对色谱条件优化有何实际应用？

17-9　试列出影响色谱峰区域扩张的各种因素。

17-10　设气相色谱柱的柱温为 180 ℃时，求得 van Deemter 方程中的 $A=0.08$ cm，$B=0.18$ $\text{cm}^2\cdot\text{s}^{-1}$，$C=0.03$ s，试计算该色谱柱的最佳流速 u_{opt} ($\text{cm}\cdot\text{s}^{-1}$) 和对应的最小板高

H_{min}(cm)。

17-11 在200 cm长的气相色谱填充柱上以氮为载气，改变流动相流速，用甲烷测定死时间 t_M 为100 s，50 s，25 s，以苯为溶质测定柱效分别为1 098，591，306，试计算：

(1) van Deemter方程中的 A(cm)，B($cm^2 \cdot s^{-1}$)，C(s)。

(2) 最佳流速 u_{opt}(cm/s)和最小板高 H_{min}(cm)。

(3) 欲保持柱效为最小板高时的70%～90%，载气流速应控制在多少范围？

17-12 在气相色谱分析中，使用同一色谱柱，分别采用相对分子质量和扩散系数不同的 N_2 和 H_2 作载气，比较两者 $H-u$ 曲线图(图17-12)，试说明：

(1) 为什么用 N_2 作载气比用 H_2 作载气最佳 u_{opt} 流速较小？(P 比 P' 更靠近零点。)

(2) 为什么用 N_2 作载气比用 H_2 作载气最小板高 H_{min} 较低？(P 对应的 H_{min} 较小。)

(3) 当载气流速大于 u_{opt} 时，为什么 N_2 作载气比用 H_2 作载气板高上升较快，且板高较高？

(4) 当载气流速小于 u_{opt} 时，为什么 N_2 作载气比用 H_2 作载气板高上升较慢，且板高较低？

(5) 根据上述现象，哪种载气较适用于快速分析？

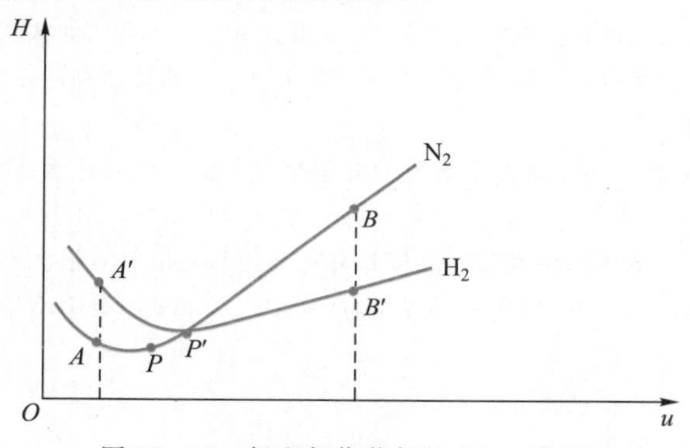

图17-12 氮和氢作载气的 $H-u$ 曲线

17-13 在其他相同色谱条件下，若色谱柱的理论塔板数增加一倍，对两相邻色谱的分离度将增加多少倍？

17-14 在柱长为18 cm的高效液相色谱柱上分离组分A和B，其保留时间分别为16.40 min和17.63 min；色谱峰底宽分别为1.11 min和1.21 min，死时间为1.30 min。试计算：

(1) 色谱柱的平均理论塔板数 N。

(2) 平均理论塔板高 H。

(3) 两组分的分离度 R 和分离所需时间。

(4) 欲实现完全分离，即分离度 $R=1.5$，需柱长和分离时间各多少？

17-15 采用100 cm长的色谱柱分离某多组分混合物，流动相流速为90 $cm \cdot min^{-1}$，色谱柱的理论塔板数为1 600，混合物最后洗出组分的 $k'=5$，最难分离物质对的 $\alpha=1.10$，试估算：

(1) 若要求最难分离物质对的分离度 $R=1$ 和 1.5，其分离时间各为多少？

(2) 优化色谱条件，最难分离物质对的 α 上升为 1.25，实现上述分离度的分离时间为多少？

(3) 其他条件不变，降低流动相流速至 60 $cm\cdot min^{-1}$，其柱效增加到 3 000 理论塔板，实现上述分离度的分离时间为多少？

17-16 从分布平衡研究中，测定溶质 M 和 N 在水和正己烷之间的分布平衡常数($K=[M]_{H_2O}/[N]_{hex}$)分别为 6.01 和 6.20。采用吸附水的硅胶填充柱，以正己烷为流动相分离两组分，已知填充柱的 V_S/V_M 为 0.442，试计算：

(1) 各组分保留因子。

(2) 两组分间的选择因子。

(3) 实现两组分间分离度为 1.5 需多少理论塔板数？

(4) 若填充柱的板高 H 为 2.2×10^{-3} cm，需多长色谱柱？

(5) 如流动相流速为 7.10 $cm\cdot min^{-1}$，洗出两组分需多少时间？

17-17 设 $K_M=5.81$，$K_N=6.20$，重复计算 17-16 中各问题。

17-18 根据色谱保留值为什么难以对未知结构的新化合物进行定性鉴定？

17-19 色谱定量分析为什么要用引入定量校正因子或已知标样校正？常用定量校正因子有哪几种表示方式？如何测定？

17-20 用归一化法测定石油 C_8 芳烃馏分中各组分含量。进样分析洗出各组分色谱峰面积和已测定的定量校正因子如下，试计算各组分含量。

组分	乙苯	对二甲苯	间二甲苯	邻二甲苯
峰面积/mm^2	180	92	170	110
f'	0.97	1.00	0.96	0.98

17-21 已知某试样共含有四个组分，洗出峰面积积分值、已知其定量校正因子如下，计算各组分含量。

组分	1	2	3	4
峰面积(积分值)	17 312	35 731	28 453	11 174
f'	1.731	4.188	2.418	1.186

17-22 采用内标法测定天然产物中某两成分 A、B 的含量，选用化合物 S 为内标和测定相对定量校正因子标准物。

(1) 称取 S 和纯 A，B 各 180.4 mg，188.6 mg，234.8 mg，用溶剂在 25 mL 容量瓶中配制三元标样混合物，进样 20 μL，洗出 S，A，B 相应色谱峰面积积分值为 48 964，40 784，42 784，计算 A，B 对 S 的相对定量校正因子 f'。

(2) 称取测定试样 622.6 mg，内标物(S)34.00 mg，与(1)相同溶剂、容量瓶、进样量，洗出 S，A，B 峰面积为 32 246，46 196，65 300，计算组分 A，B 的含量。

参考资料

扫一扫查看

第18章　气相色谱法

18.1　概论

气相色谱法(gas chromatography,GC)是英国生物学家 Martin 和 James 在研究色谱理论基础上创建以气体为流动相的色谱分离技术。用气体作流动相(亦称为载气)的主要优点是:由于气体的黏度小,因而在色谱柱内流动的阻力小;同时,气体的扩散系数大,组分在两相间的传质速率快,有利于高效快速分离。

气相色谱分离中气体流动相所起作用较小,主要基于溶质与固定相作用。根据所用固定相状态不同,气相色谱可分为两类:一类为气-固吸附色谱,固定相为多孔性固体吸附剂,其分离主要基于溶质与固体吸附能力等差异;另一类为气-液分配色谱,用高沸点的有机化合物固定在惰性载体上形成的液膜作为固定相,其分离基于溶质在固定相的溶解能力等不同导致分配系数差异。

目前,由于高选择性的色谱柱的研制、高灵敏度检测器及微处理机的广泛应用,气相色谱具有分离选择性好、柱效高、速度快、检测灵敏度高、试样用量少、应用范围广等许多特点,成为当代最有力的多组分混合物分离分析方法之一,已广泛应用于石油化工、环境科学、医学、农业、生物化学、食品科学、生物工程等领域。

气相色谱也有一定的局限:在没有纯标样条件下,对试样中未知物的定性和定量较为困难,往往需要与红外光谱、质谱等结构分析仪器联用;沸点高、热稳定性差、腐蚀性和反应活性较强的物质,气相色谱分析比较困难。

18.2　气相色谱仪

气相色谱分离分析在气相中进行,其仪器设备是气相色谱仪。由于仪器结构、功能或用途不同,气相色谱仪有多种类型,其设计基本原理相同,结构大同小异。现代气相色谱仪结构主要包括气路系统、进样系统、色谱柱系统、检测器、温控系统及数据处理和计算机控制系统。商品化的气相色谱仪有填充柱、毛细管柱和制备气相色谱仪等三种。需要说明的是,先进的气相色谱仪往往兼具填充柱、毛细管柱,以及分析、制备等多种功能。

18.2.1 填充柱气相色谱仪

1. 气路系统

气相色谱仪的气路是一个载气连续运行管路高气密性系统，气路流程主要有单柱单气路（图 18-1）和双柱双气路两种形式。单柱单气路适用于恒温分离分析；双柱双气路由于能补偿升温过程中固定液的流失，使基线稳定，所以适用于程序升温分离分析。

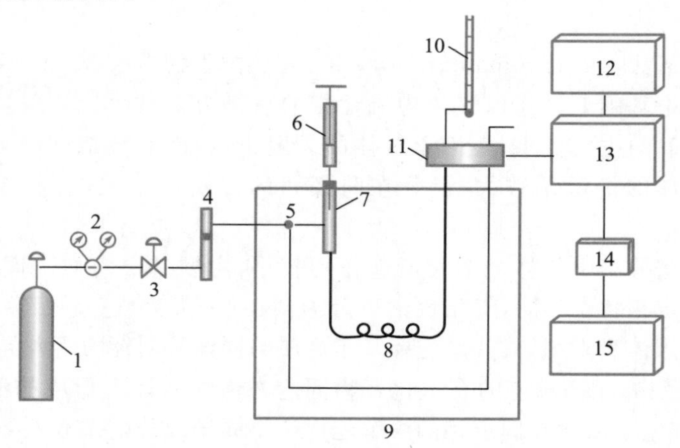

图 18-1 热导检测器气相色谱仪流程图

1—载气瓶；2—减压阀；3—稳流阀；4—流量计；5—分流阀；6—注射器；7—进样器；8—色谱柱；9—色谱炉（箱）；10—皂膜流量计；11—检测器；12—记录仪；13—静电计或电桥；14—模数转换器；15—数据系统

气相色谱中常用的载气有高纯氢气、氮气、氦气和氩气。这些气体一般由高压钢瓶供给，氢气、氮气也可由气体发生器供给。载气通常都要经过净化装置除去载气中的水分、氧及烃类杂质。载气的纯度、流速和稳定性影响色谱柱效、检测器灵敏度及仪器整机稳定性，是获得可靠色谱定性、定量分析结果的重要条件。一般采用稳压阀、稳流阀串联组合实现载气流速的调节和稳定。现代气相色谱仪常采用电子压力控制器或电子流量控制器，提高仪器稳定性及定性、定量结果的准确性。

2. 进样系统

进样系统将气体、液体或固体溶液试样引入色谱柱前瞬间汽化、快速定量转入色谱柱的装置。它包括进样器和汽化室两部分。常用的进样器有微量注射器和六通阀。旋转式六通阀进样结构如图 18-2 所示，其中图 18-2(a)为取样位置，图 18-2(b)为进样装置。为了使试样能瞬间汽化而不分解，要求汽化室热容量大，无催化效应；为了降低进样柱外效应，气化室死体积应尽可能小。

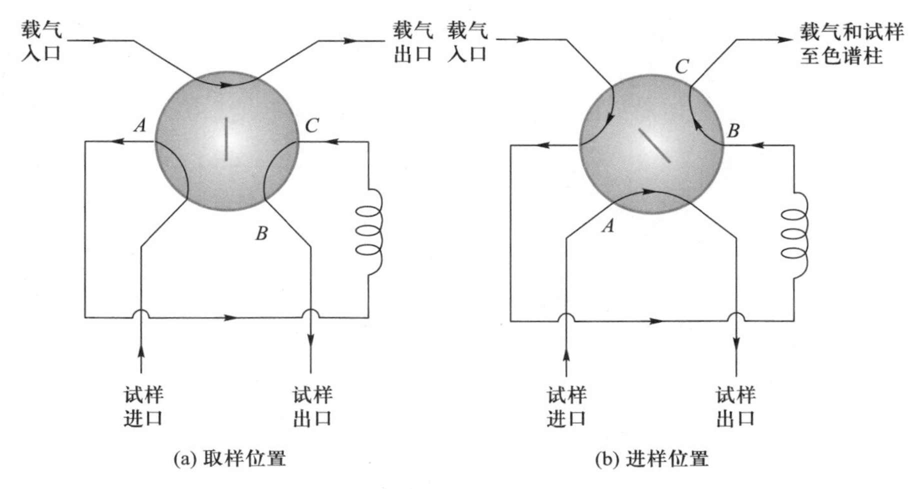

图 18-2 旋转式六通阀进样结构

3. 分离系统

分离系统或色谱柱是气相色谱仪的心脏，安装在控温的柱箱或室内，填充柱由不锈钢或玻璃材料制成，内装填固定相，一般内径为 2～4 mm，长 1～3 m，有 U 形和螺旋形两种。

4. 温控系统

温度是气相色谱分析的重要操作参数，它直接影响色谱柱的选择性、柱效、检测器的灵敏度和稳定性。温控系统由热敏元件、温度控制器和指示器等组成，用于控制和指示汽化室、色谱柱、检测器的温度。根据试样沸程范围，色谱柱的温度控制方式有恒温和程序升温两种。所谓程序升温，是指在一分析周期内，柱温呈线性或非线性增加，一些宽沸程的混合物，其低沸点组分，由于柱温太高而使色谱峰变窄、互相重叠；而其高沸点组分又因柱温太低、洗出峰很慢、峰形宽且平。采用程序升温分离分析，它使混合物中沸点不相同的组分能在最佳的温度下洗出色谱柱，以改善分离效果，缩短分析时间。

所有的检测器都对温度的变化敏感，因此，检测器的温度必须精密控制，一般要求控制在±0.1 ℃以内。

5. 数据处理及计算机系统

色谱数据系统可采集数据、显示色谱图，直至给出定性定量结果，包括记录仪、数字积分仪、色谱工作站等。现代色谱工作站是色谱仪专用计算机系统，还具有色谱操作条件选择、控制、优化乃至智能化等多种功能。

18.2.2 毛细管气相色谱仪

毛细管柱内径大多为 0.32～0.25 cm，柱容量小，因此，毛细管气相色谱仪

(图18-3)与填充柱气相色谱仪相比,其主要差别在于前者的柱前装置一个分流/不分流进样器;柱后装有尾吹气路,增加辅助尾吹气,使试样通过检测器加速,减少峰的扩宽;并使局部浓度增大,以提高检测的灵敏度。

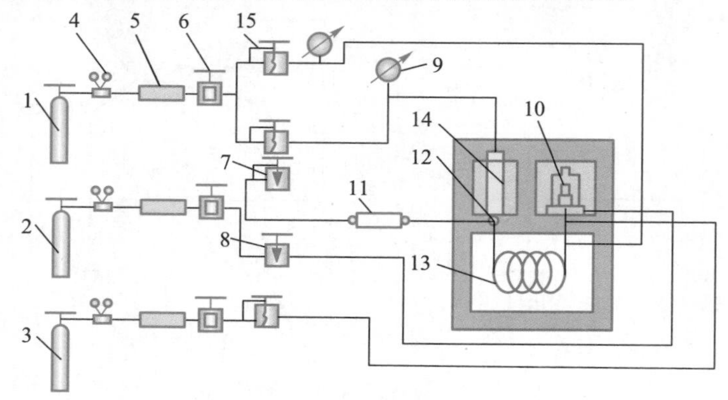

图18-3 氢火焰离子化检测器毛细管气相色谱仪

1—载气瓶;2—空气瓶;3—氢气瓶;4—减压阀;5—净化管;6—稳压阀;7—负压稳压阀;8—针形阀;9—压力表;10—FID;11—干燥管;12—分流器;13—毛细管柱;14—净化室;15—稳流阀

毛细管柱进样谱带展宽的柱外效应对柱效和定量的精确性影响很大。试样引入色谱柱过程的组分组成失真导致定量误差。因此,进样系统是毛细管色谱仪的关键部件之一。已研发出多种进样器,并不断改进进样技术。目前,毛细管色谱仪常见的进样方式如图18-4所示。

(1) 分流进样(split injection) 如图18-4(a)所示,试样在汽化室内汽化后,蒸气大部分经分流管道放空,极小一部分被载气带入色谱柱。这两部分的气流比称为分流比。分流是为适应微量进样,避免试样量过大导致毛细管柱超负荷。

(2) 不分流进样(splitless injection) 如图18-4(b)所示,进样时试样没有分流,当大部分试样进入柱子后,打开分流阀对进样进行吹扫,让几乎所有的试样都进入柱子。这种方式特别适用于痕量分析。

(3) 直接进样 如图18-4(c)所示,直接进样与无分流进样相似,没有分流系统。这种方式适用于大口径(≥0.53 mm)毛细管柱。

(4) 冷柱头进样 如图18-4(d)所示,直接把液体试样冷注射到毛细管柱头上,在柱内汽化。这种方式适用于沸程宽和热不稳定的化合物。

(5) 程序升温气化进样(programmed temperature vaporizer,PTV) PTV使用密封隔膜和普通注射器进行"冷"进样,以弹道式程序升温方式使试样汽化。PTV进样综合了分流与不分流及冷柱头进样的优点,是目前最理想的一种进样

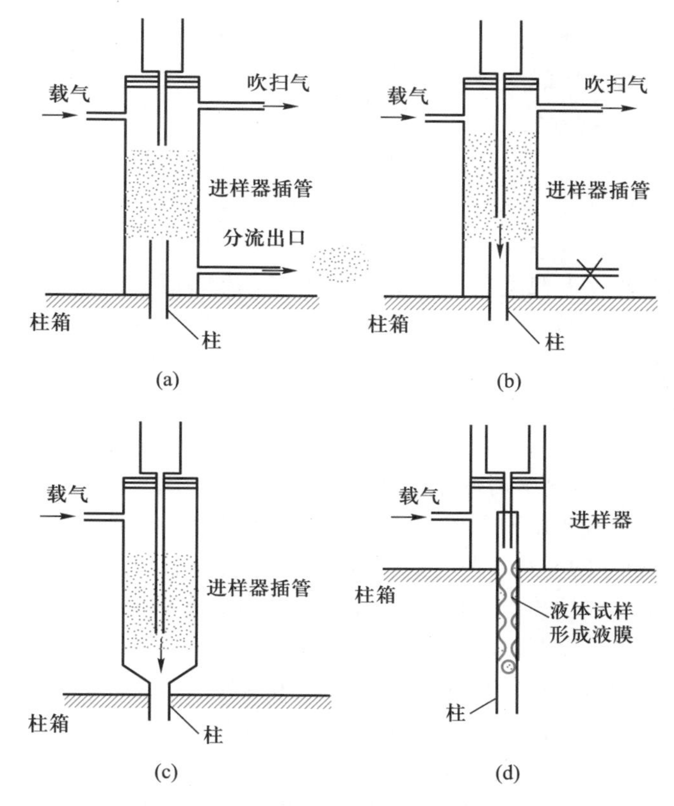

图 18-4 毛细管色谱仪常见的进样方式

技术。

18.2.3 制备型气相色谱仪

制备纯组分的填充柱气相色谱仪适用于较大试样量制备分离纯组分。需要进样量大，进样装置中装有载气预热管与单向止逆阀。色谱柱内径和长度一般大于填充型分离分析柱，内径≥10 mm，柱长为 3～10 m。色谱柱后装有分流阀，除少量分离组分进入检测器外，绝大部分组分进入收集系统冷冻收集。

18.3 气相色谱检测器

检测器是气相色谱仪的重要部件，其作用是将色谱柱分离后各组分在载气中浓度或量的变化转换成易于测量的电信号，然后记录并显示出来。其信号及大小为被测组分定性定量的依据。

18.3.1 检测器的分类

1. 按流出曲线类型分类

根据输出信号记录方式不同,即色谱流出曲线的不同,检测器有积分型和微分型两类。积分型检测器给出的信号是色谱柱分离后各组分浓度叠加的总和,色谱流出曲线为台阶形,曲线的每一台阶的高度正比于该组分的含量。但因不能显示保留时间,不方便定性。微分型检测器给出的信号是分离后各组分浓度随时间的变化,洗出 Gaussian 形色谱峰。目前,气相色谱使用的检测器主要是后一类型。

2. 按检测特性分类

根据检测机理不同,检测器可分为浓度型和质量型两类。浓度型检测器测量的是载气中溶质浓度随时间的变化,检测器的响应值与进入检测器的溶质浓度成正比,如热导检测器和电子捕获检测器。质量型检测器测量的是载气中溶质进入检测器速率的变化,即检测器的响应信号与单位时间内进入检测器的溶质量成正比,如氢火焰离子化检测器、氮磷检测器和火焰光度检测器等。

3. 按选择性分类

根据检测器对各类物质响应的差别,检测器分为通用型和选择型两类。通用型检测器对所有的物质均有响应,如热导检测器。而选择型检测器只对某些物质有响应,如电子捕获检测器、火焰光度检测器及氮磷检测器。

此外,还可根据组分在检测时是否被破坏而分为破坏型与非破坏型检测器。氢火焰离子化检测器、氮磷检测器、火焰光度检测器属于前者,而热导检测器与电子捕获检测器则属于后者。

18.3.2 检测器的主要性能指标

对气相色谱检测器的性能要求为:灵敏度高、检出限低、响应线性范围宽、稳定性好、响应速率快、通用性强,一般用以下几个参数进行评价。

1. 灵敏度

气相色谱检测器灵敏度(S)定义为:响应信号变化(ΔR)与通过检测器物质量变化(ΔQ)之比,如图 18-5 所示。

$$S=\frac{\Delta R}{\Delta Q} \qquad (18-1)$$

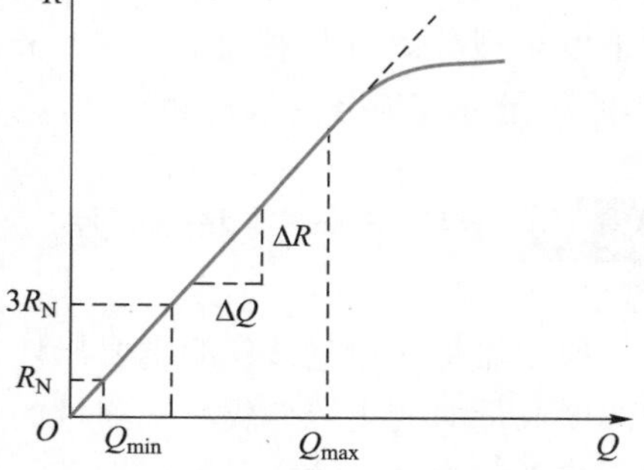

图 18-5 检测器响应曲线

式中 ΔR 为响应信号变化率;ΔQ 为通

过检测器物质量（浓度或质量）变化率。灵敏度的单位随检测器类型不同而变化。

浓度型检测器的灵敏度（S_c）定义为：每毫升载气中单位量（mL 或 mg）组分所产生的信号（mV），计算式为

$$S_c=\frac{AC_1F_0}{C_2m} \tag{18-2}$$

式中 C_1 为记录仪的灵敏度（$mV\cdot cm^{-1}$）；C_2 为记录仪纸速（$cm\cdot min^{-1}$）；A 为峰面积（cm^2）；F_0 为色谱柱出口处载气的流速（$mL\cdot min^{-1}$）；m 为进样量（mg 或 mL）；S_c 为灵敏度（对液体、固体试样单位为 $mV\cdot mL\cdot mg^{-1}$，对气体试样单位为 $mV\cdot mL\cdot mL^{-1}$）。

质量型检测器灵敏度定义为：每秒有 1 g 物质通过检测器时所产生的信号（mV），计算式为

$$S_m=\frac{60C_1A}{C_2m} \tag{18-3}$$

式中灵敏度 S_m（$mV\cdot s\cdot g^{-1}$）与载气流速无关。

2. 检出限

检出限又称敏感度。其定义为：检测器产生能检定的信号时，即检测信号为检测器噪声 3 倍时，单位体积载气中所含物质量（浓度型）或单位时间内进入检测器的物质量（质量型）。

$$D=\frac{3R_N}{S} \tag{18-4}$$

式中 D 为检出限；R_N 为噪声信号（mV）；S 为灵敏度。

由式（18−4）可见，检出限与灵敏度成反比，与噪声信号成正比。检出限越低说明检测器性能越好，有利于痕量组分的分析。

3. 最小检测量和最小检测浓度

最小检测量为产生 3 倍噪声信号时进入检测器的物质量或浓度。对于浓度型检测器，最小检测量为

$$m_{min}=\frac{1.065}{C_2}F_0\times D\times 2\Delta X_{1/2} \tag{18-5}$$

式中 m_{min} 为最小检测量；$2\Delta X_{1/2}$ 为长度单位半峰高宽度；其他符号同上。

质量型检测器的最小检测量为

$$m_{min}=\frac{60\times 1.065\times 2\Delta X_{1/2}}{C_2}D=1.065\times 2\Delta t_{1/2}\times D \tag{18-6}$$

式中 $2\Delta t_{1/2}$ 为时间为单位半峰高宽度(s)。

从最小检测量可以求出在进样量一定时组分能被检测出的最低浓度，即最小检测浓度：

$$c_{\min}=\frac{m_{\min}}{V} \tag{18-7}$$

式中 V 为进样体积。

可以看出，最小检测量与检出限是两个不同的概念，检出限用来衡量检测器的性能，与检测器的灵敏度和噪声有关，而最小检测量不仅与检测器性能有关，还与色谱柱效及操作条件有关。

4. 线性范围

不同检测器的线性范围有很大的差别。例如，热导检测器的线性范围为 1.0×10^5，而氢火焰离子化检测器的线性范围为 1.0×10^7。对于同一个检测器，不同的组分也有不同的线性范围。气相色谱常用的五种检测器的性能指标见表 18-1。

表 18-1 气相色谱常用的五种检测器的性能指标

检测器	类型	检出限	线性范围	响应时间/s	最小检测量/g	适用范围
TCD	通用型	4×10^{-10} g·mL^{-1}(丙烷)	$>10^5$	<1	1×10^{-4}～1×10^{-6}	有机化合物和无机化合物
FID	选择性	2×10^{-12} g·s^{-1}	$>10^7$	<0.1	$<5\times10^{-13}$	含碳有机化合物
NPD	选择性	N：$\leqslant1\times10^{-13}$ g·s^{-1} P：$\leqslant5\times10^{-14}$ g·s^{-1}	10^5	<1	$<1\times10^{-13}$	含氮、磷的化合物，农药残留物
ECD	选择性	最低可达 5×10^{-15} g	10^4	<1	$<1\times10^{-14}$	卤素及亲电子物质，农药残留物
FPD	选择性	S：$<1\times10^{-11}$ g·s^{-1} P：$<1\times10^{-12}$ g·s^{-1}	S：10^3 P：10^4	<0.1	$<1\times10^{-10}$	含硫、磷化合物，农药残留物

目前最常见的气相色谱检测器有以下几种。

18.3.3 热导检测器

热导检测器(thermal conductivity detector，TCD)的设计是依据每种物质都具有导热能力，组分不同则导热能力不同及金属热丝(热敏电阻)具有电阻温度系数这两个物理原理。由于它结构简单，性能稳定，对无机和有机化合物都有响应，通用性好，而且线性范围宽，因此热导检测器是应用最广的气相色谱检测器之一。

1. 热导池的结构和工作原理

热导池由池体和热敏元件组成(如图18-6所示),有双臂和四臂两种,常用的是四臂。热导池池体由不锈钢制成,有四个大小相同、形状完全对称的孔道,内装长度、直径及电阻完全相同的铂丝或钨丝合金,称为热敏元件,且与池体绝缘。

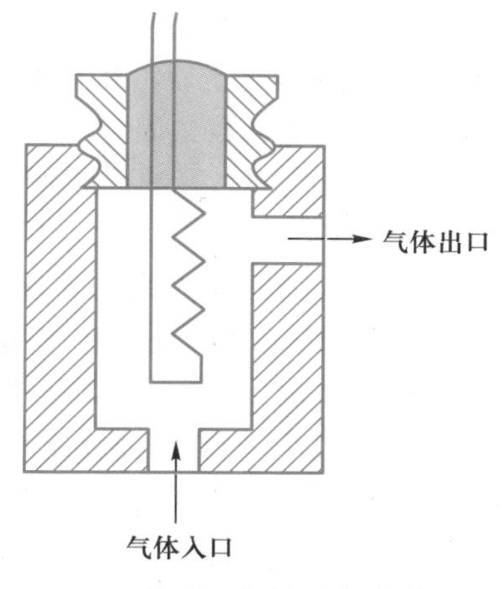

图 18-6 热导池结构图

四个热敏元件组成了惠斯顿电桥的四臂,其测量线路如图18-7所示。其中两臂为试样测量臂(R_1,R_4),另两臂为参考臂(R_2,R_3)。其工作原理为:在没有试样的情况下,只有载气通过,池内产生的热量与被载气带走的热量之间建立起热动态平衡,使测量臂和参比臂热丝温度相同,电阻值相同。根据电桥原理:$R_1 \times R_4 = R_2 \times R_3$,电桥处于平衡状态,无信号输出,记录仪显示的是一条平滑的直线。进样后,载气和试样组分混合气体进入测量臂,参比臂(池)仍通入载气。由于试样和载气组成的二元混合气体的热导系数与载气的热导系数不同,测量臂的温度发生变化,热丝的电阻值也随之变化,此时参比臂和测量臂的电阻值不再相等,$R_1 \times R_4 \neq R_2 \times R_3$,电桥平衡被破坏,产生输出信号,记录仪上出现了色谱峰。混合气体与纯载气的热导系数相差越大,输出信号也就越大。

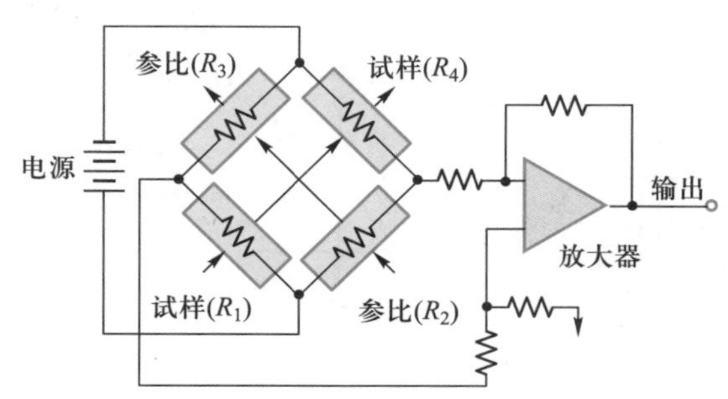

图 18-7 惠斯顿电桥测量线路

2. 影响热导检测器灵敏度的因素

根据理论推导,热导检测器的输出信号与以下因素有关:

$$S = \frac{K \times (\lambda_g - \lambda_i) \times I^3 \times R^2 \times \alpha}{M_i \times \lambda_g^2 \times 8G(1+n)} \tag{18-8}$$

式中 S 为响应值;K 为常数;λ_g,λ_i 分别是载气和组分的热导系数;M_i 是被测物

i的相对分子质量；R 为热丝电阻；I 是桥电流；α 为热丝电阻系数；n 为固定电阻与热敏丝电阻的比例；G 为池体结构的几何因子。在结构固定的热导检测器中，G，R，n，α 等参数是固定的。

式(18-8)表明，影响热导检测器灵敏度主要是桥电流、池体温度、载气的种类等因素。热导检测器 S 值与桥电流 I 的3次方成正比，电流增加，检测器灵敏度迅速增加。但电流太大会使噪声加大，基线不稳。氮气作载气时，桥电流为100～150 mA；氢气作载气时，桥电流为150～200 mA 比较合适。

降低池体温度，可使池体与热丝温差加大，有利于提高灵敏度。池体温度的稳定性要求较高，通常需要稳定在0.1～0.05 ℃。采用热导系数高的载气，载气的热导系数(λ_g)与被测组分的热导系数(λ_i)差别越大，检测灵敏度就越高。氢气、氦气热导系数较高，氮气热导系数较低。因此，氢气、氦气作载气具有较高的灵敏度。

18.3.4 氢火焰离子化检测器

氢火焰离子化检测器(hydrogen flame ionization detector，FID)是以氢气和空气燃烧的火焰作为能源，含碳有机化合物在火焰中燃烧产生离子，在外加的电场作用下，离子定向运动形成离子流，微弱的离子流经过高电阻，放大转换为电压信号被计算机数据处理系统记录下来，得到色谱峰。其结构如图18-8所示。

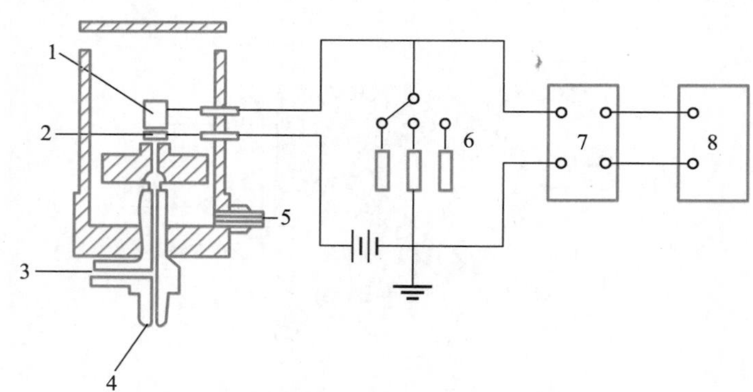

图18-8 氢火焰离子化检测器结构示意图

1—收集极；2—极化极；3—氢气；4—接柱出口；5—空气；6—高电阻；7—放大器；8—数据处理系统

氢火焰离子化检测器是典型的质量型、破坏型检测器，它对含碳的有机化合物具有很高的灵敏度，一般来说，要比TCD灵敏度高几个数量级。FID属选择性检测器，对含碳有机化合物有较大的响应，对永久性气体、水、CO、CO_2、氮氧化合物、H_2S 等无机化合物没有响应。

1. 氢火焰离子化检测器的结构及检测机理

FID主体是离子室，由石英喷嘴、极化极、收集极、气体通道及金属外罩等部件组成。载气携带试样流出色谱柱后，与氢气混合进入喷嘴，空气从喷嘴四周导入点燃后形成火焰，在极化极和收集极之间加直流电压，形成电场，试样随载气进入火焰发生离子化反应，形成离子流。

火焰离子化机理至今还不十分清楚，普遍认为是一个化学电离过程。以有机烃类化合物为例，其离子化反应过程如下：

$$C_nH_m \longrightarrow CH\cdot \tag{18-9}$$

$$CH\cdot + O_2^* \longrightarrow CHO^+ + e^- \tag{18-10}$$

$$CHO^+ + H_2O \longrightarrow H_3O^+ + CO \tag{18-11}$$

有机化合物首先在高温下（2 000～2 200 ℃）形成自由基 $CH\cdot$，与激发态氧作用生成 CHO^+，燃烧后生成的大量水蒸气进而与 CHO^+ 反应形成较稳定的 H_3O^+，被电极接收。

2. 影响氢火焰离子化检测器灵敏度的因素

离子室的结构，如喷嘴的孔径大小与材料、极化极与喷嘴的相对位置等对FID灵敏度有直接影响。孔径较大时，线性范围宽，而灵敏度较低；孔径较小时，离子化效率高。喷嘴孔径一般在0.2～0.6 mm。喷嘴采用绝缘和惰性较好的石英、不锈钢、白金、陶瓷等材料，有机化合物不易在表面沉积。极化极必须处在喷嘴出口的平面中心，极化极如低于喷嘴则噪声增大，高于喷嘴则灵敏度大大下降。

FID操作条件，如放大器输入高阻的大小，载气、氢气、空气的流量比等影响灵敏度。输入高阻大，灵敏度高，但噪声会增大。空气量加大有利于提高离子化效率与提高灵敏度。一般的流量比为1∶1∶10。

18.3.5 电子捕获检测器

电子捕获检测器（electron capture detector，ECD）是一种用 ^{63}Ni 或 ^{3}H 做放射源的离子化检测器，主要用于检测较高电负性的化合物，如含卤素、硫、磷、氰基等，它是一种高选择性、高灵敏度、对痕量电负性有机物最有效的检测器，已广泛应用于农药残留分析。缺点是线性范围窄，其测定结果重现性受操作条件和放射性污染的影响较大。

电子捕获检测器的工作原理：在放射源的作用下，使通过检测器的载气（N_2，Ar）发生电离，产生的正离子和自由电子，在电场的作用下，电子向正极移动，形成 10^{-8}～10^{-9} A的基流 I_b，当载气带有电负性组分（AB）进入检测器时，捕获这些自由电子，从而使基流下降，产生检测信号，由于测定的是基流的降低值,得到的是倒峰。生成的负离子又与载气正离子复合成中性化合物。被测组分的电负性越强,捕获电子的能力越大,使基流下降越快,倒峰也就越大;被测组分浓度越大,捕获电子概率越大,倒峰越大。检测器基流大小直接影响它的灵敏度,引起基流下降有三个原因:放射源的流失;电极表面或放射源污染;.载气中的杂质,特别是氧和电负性物质的存在。克服办法有:采用高纯氮气作载气,含量为 99.99%;为防止放射源污染,检测器的温度要高于柱温,固定液的使用温度要远低于其最高使用温度;使用高纯度、不含电负性杂质的试样溶剂;如检测器已污染,可通 N_2 长时间烘烤或用溶剂清洗。

18.3.6 火焰光度检测器

火焰光度检测器(flame photometric detector,FPD),又称硫、磷检测器,它实际上是一个简单的发射光谱仪,用一个温度 2000～3000K 的富氢火焰作发射源。当有机磷、硫化合物进入富氢火焰中(H_2 : O_2 > 3 : 1)燃烧时,产生 HPO 或 S_2^* 碎片,分别发出 480～600nm 和 350～430nm 特征波长的光,以适当的滤光片分光,磷用 526nm、硫用 394nm 滤光片,然后经光电倍增管把光强度转变成电信号进行测量,经放大后送入计算机的数据处理系统。它是一种对含磷、硫有机化合物具有高选择性和高灵敏度的质量型检测器,这种检测器可用于大气中痕量硫化物及农副产品、水中有机磷和有机硫农药残留量的测定。

18.3.7 氮磷检测器

氮磷检测器(nitrogen phosphorus detector, NPD)又称热离子检测器(thermionic detector,TID),是一种质量检测器,适用于分析氮、磷化合物的高灵敏度、高选择性检测器。它具有与 FID 相似的结构,只是将一种涂有碱金属盐如 Na_2SiO_3,Rb_2SiO_3 类化合物的陶瓷珠放置在燃烧的氢火焰和收集极之间,当试样蒸气和氢气流通过碱金属盐表面时,含氮、磷的化合物便会从被还原的碱金属蒸气上获得电子,失去电子的碱金属形成盐再沉积到陶瓷珠的表面上。

氮磷检测器的使用寿命长、灵敏度极高,可以检测到 5×10^{-13} g·s^{-1} 偶氮苯类含氮化合物,2.5×10^{-13} g·s^{-1} 的含磷化合物,如马拉松农药。它对氮、磷化合物有较高的响应,而对其他化合物的响应值低 10^4～10^5 倍。因此,它已广泛应用于农药、石油、食品、药物、香料及临床医学等多个领域。

18.3.8 气相色谱-质谱联用

在气相色谱-质谱联用分析技术中,质谱仪相当于气相色谱仪的一个检测器,可提供被分离各组分相对分子质量和有关结构信息,可确定未知物的化学组成及结构,进行定性定量分析。参见第 22 章。

18.4 气相色谱固定相

18.4.1 固体固定相

固体固定相包括固体吸附剂、高分子多孔微球、化学键合相固定相等。固体固定相一般用于分离分析永久性气体(H_2,O_2,CO,CH_4等)、无机气体和低沸点碳氢化合物、几何异构体或强极性物质。

1. 固体吸附剂

常用的固体吸附剂有硅胶、活性炭、氧化铝、分子筛等,见表18-2。固体吸附剂为多孔性固体材料,具有很大的比表面积和较密集的吸附活性点,其色谱性能常受预处理、操作和环境条件影响,重复性较差;吸附等温线一般是非线性的,易形成不对称拖尾峰,保留值随进样量变化,所以要求进样量很小;在高温下有催化活性等。

表 18-2 常用的固体吸附剂

吸附剂	主要化学成分	最高使用温度/℃	性质	活化方法	分离特征	备注
活性炭	C	<300	非极性	粉碎过筛,用苯浸泡几次,以除去其中的硫黄、焦油等杂质,然后在350 ℃下通入水蒸气,吹至乳白色物质消失为止,最后在180 ℃烘干备用	分离永久气体及低沸点烃类,不适于分离极性化合物	商品色谱用活性炭,可不用水蒸气处理
石墨化炭黑	C	>500	非极性	同上	分离气体及烃类,对高沸点有机化合物也能获得较对称峰形	
硅胶	$SiO_2 \cdot xH_2O$	<400	氢键型	粉碎过筛后,用6 mol·L^{-1} HCl溶液浸泡1~2 h,然后用蒸馏水洗到没有氯离子为止,在180 ℃烘箱中烘6~8 h,装柱后于使用前在200 ℃下同载气活化2 h	分离永久气体极低级烃	商品色谱用硅胶,只需要200 ℃下活化处理
氧化铝	Al_2O_3	<400	弱极性	200~1 000 ℃下烘烤活化	分离烃类及有机异构物,在低温下可分离氢的同位素	
分子筛	$x(MO) \cdot y(Al_2O_3) \cdot z(SiO_2) \cdot nH_2O$	<400	极性	粉碎过筛后,使用前在350~550 ℃下活化3~4 h,或在350 ℃真空下活化2 h	特别适用于永久性气体和惰性气体的分离	

为了克服上述的不足，可对吸附剂进行一定的处理。最方便的方法是涂“去尾剂”，用去尾剂覆盖吸附剂表面的某些活性中心，使吸附剂表面能趋于均匀，以解决峰不对称的问题。常用的去尾剂如鲨鱼烷、液体石蜡、硅油等高沸点有机化合物。其用量为吸附剂质量的1%～3%。有时也采用无机化合物如KOH，NaOH，$AgNO_3$，$CuCl_2$ 等作去尾剂。

2. 高分子多孔微球

高分子多孔微球聚合物是气-固色谱中用途最广的一类固定相，如国外的Chromosorb系列、Porapok系列、Haysep系列，国内的GDX系列及400系列有机载体等。这种固定相主要以苯乙烯和二乙烯基苯交联共聚制备，亦或引入极性不同的基团，可获得具有一定极性的聚合物。

此类固定相具有适用性广，既适用作气固色谱固定相，又可作气-液色谱载体；选择性高，分离效果好，具有疏水性能，对水的保留能力比绝大多数有机化合物小，特别适合有机化合物中微量水的测定，也可用于多元醇、脂肪酸、腈类、胺类等分析；热稳定性好，可在250 ℃以上温度长期使用；粒度均匀，机械强度高，不易破碎；耐腐蚀，可用于氨、氯气、氯化氢等分析。

3. 化学键合固定相

这种固定相一般采用硅胶为基质，利用硅胶表面的硅羟基与有机试剂经化学键合而成。其特点是：使用温度范围宽；抗溶剂冲洗；无固定相流失；寿命长；传质速率快。在很高的载气线速下使用时，柱效下降很小。这类固定相，不仅用于气相色谱中，而且更广泛地用作高效液相色谱固定相。

18.4.2 载体

气相色谱载体又称担体，为多孔性颗粒材料。其作用是提供一个大的惰性表面，使固定液能在表面上形成一层薄而均匀的液膜。对载体的要求是：具有足够大的比表面积和良好的热稳定性，化学惰性，即不与试样组分发生化学反应，而且无吸附性、无催化性，颗粒接近球形，粒度均匀，具有一定的机械强度。

1. 载体类型

按化学成分大致可分为硅藻土型和非硅藻土型载体两大类。

硅藻土型载体由天然硅藻土煅烧而成。其中天然硅藻土与黏合剂在900 ℃煅烧后，得到的是红色硅藻土载体。红色是由于氧化铁所致。其结构紧密，机械强度较好；表面孔穴密集，孔径较小，表面积大，能负荷较多的固定液，但表面存在活性吸附中心。

天然硅藻土与少量的碳酸钠助熔剂在1 100 ℃左右混合煅烧，就可得到白色硅藻土载体。由于其中氧化铁与碳酸钠在高温下生成无色的硅酸钠铁盐，故载体呈白色。此种载体结构疏松，强度较差，载体孔径大，表面积小，能负荷的固定液少。其优点是：表面吸附性和催化性弱，分析极性组分时，可得到对称色谱峰。

非硅藻土载体主要包括聚四氟乙烯、聚三氟乙烯及玻璃微球。这类载体仅在一些特殊对象（强极性腐蚀性化合物）中应用。

2. 硅藻土载体的预处理

硅藻土载体的表面具有硅醇基（Si—OH），并有少量金属氧化物，故载体表面具有活性中心。当分析极性组分时，易形成色谱峰拖尾，这样，在涂渍固定液之前常常需要进行预处理，使其表面钝化，以降低其吸附性从而减少拖尾现象发生，提高柱效。

常用的预处理方法采用酸洗或碱洗，分别除去载体表面上的铁、铝等金属氧化物或氧化铝等酸性杂质，减少吸附性能。亦可采用硅烷化消除载体表面上的 Si—OH 基团，减弱生成氢键作用力，使表面钝化。常用的方法是：先用盐酸浸泡载体，打开载体表面的硅氧桥键，使之生成硅醇键，然后用硅烷化试剂（10%二甲基二氯硅烷的甲苯溶液或5%～8%六甲基二硅胺的甲苯溶液）与之反应生成硅烷键。硅烷化载体适用于分析水、醇、胺类等易形成氢键而产生拖尾的物质。偶有采用硼砂（2%）水溶液中浸泡，870～980 ℃加热、灼烧釉化，堵塞载体表面的微孔和改变表面的性质。釉化载体吸附性能低，机械强度有所增加，适于分析醇、酸类极性较强的物质。

18.4.3 液体固定相

液体固定相亦称为固定液，其应用远比固体固定相广泛。采用固定液有如下优点：溶质在气液两相间的分布等温线呈线性，可获得较对称的色谱峰，保留值重现性好；有众多的固定液可供选择，适用范围广；可通过改变固定液的用量调节固定液膜的厚度，控制 k 值，改善传质，获得高柱效。

18.4.3.1 固定液的基本要求

固定液是一类高沸点有机化合物，涂在载体表面，操作温度下呈液态。它应具备：

（1）对组分有良好的分离选择性，即组分与固定液之间具有一定的作用力，使被分离组分间分配系数显示出足够的差别，同时，固定液对试样的各组分还要有适当的溶解能力。

（2）热稳定性和化学稳定性好，在使用条件下不会发生热分解、氧化及与分离组分不会发生不可逆的化学反应。

（3）在操作温度下，有较低的蒸气压，保证固定液的最高使用温度高，防止固定液流失。

（4）润湿性好，固定液能均匀地涂渍在载体表面或毛细管柱内壁。

18.4.3.2 固定液与试样分子间的相互作用

在气-液色谱分离中，试样组分溶解在固定液中，构成以固定液为溶剂，以试样组分为溶质的稀溶液。可根据溶液理论来考察组分在气相中的行为、组分与固定液形成溶液的性质及溶质和溶剂的相互作用。

根据 Raoult 定律，在一密闭容器内，理想溶液中任意组分的蒸气分压 p 等于它在液相中的摩尔分数 x 与它在纯态时的蒸气压 p^* 的乘积：

$$p=xp^* \tag{18-12}$$

由于溶液中分子间存在一定的作用力，两种液体很难形成理想溶液，这时需要用 Henry 定律描述溶液中溶质的性质：

$$p=\gamma xp^* \tag{18-13}$$

式中修正系数 γ 称为活度系数。对于理想溶液，$\gamma=1$；对于非理想溶液，γ 是一个常数，在气-液色谱中，则是组分和固定液分子间作用力的度量。

气-液色谱分离采用永久性气体作流动相，组分在气相中溶解度很低，相互之间的作用力可以忽略，故气相接近于理想气体。根据理想气体分压定律，溶质在气相中分压 p，等于气相中总气压 p_g 与气相中溶质的摩尔分数 y 的乘积：

$$p=yp_g \tag{18-14}$$

则

$$yp_g=\gamma xp^* \tag{18-15}$$

得

$$x/y=p_g/\gamma xp^* \tag{18-16}$$

溶质在气相和液相中的摩尔分数之比与分配系数有关：

$$K=\frac{\text{组分在固定液中浓度}}{\text{组分在气相中浓度}}=\frac{c_g}{c_m}=\frac{x}{y}\times\frac{n_s}{n_m} \tag{18-17}$$

式中 n_m，n_s 分别为单位体积内气体与固定液的物质的量。将式(18-16)代入式(18-17)，得

$$K=\frac{x}{y}\times\frac{n_s}{n_m}=\frac{p_g}{\gamma p^*}\times\frac{n_s}{n_m} \tag{18-18}$$

根据气体定律：

$$p_gV=n_mRT \tag{18-19}$$

n_m 是单位体积内气体的物质的量，即 $V=1$，将式(18-19)代入式(18-18)，得

$$K=\frac{n_sRT}{\gamma p^*} \tag{18-20}$$

式(18-20)说明气-液色谱过程中，组分分配系数决定于组分与固定液的相

互作用力(γ)、组分的蒸气压(p^*)及固定液的量(n_s),K 亦与温度有关。

欲分离分配系数为 K_1 和 K_2 的两组分,则它们的相对保留值等于两组分的分配系数之比:

$$\alpha=\frac{K_2}{K_1}=\frac{\gamma_1 p_1^*}{\gamma_2 p_2^*} \tag{18-21}$$

式(18-21)说明混合物各组分分离决定于组分的蒸气压和它在固定液相中的活度系数 γ。γ 反映了溶质与溶剂分子间的作用力,因而组分与固定液之间的作用力对分离起很大作用,这与蒸馏分离有本质上的区别。当 $p_1^*=p_2^*$,即两组分沸点相等,只要选择合适固定液也可将两组分分开。这时

$$\alpha=\frac{\gamma_1}{\gamma_2} \tag{18-22}$$

色谱分离选择性主要决定于组分与固定液的分子结构及相互作用力的差异。

分子间的作用力是分子间一种较弱的吸引力,它是决定物质的沸点、熔点、溶解度、汽化热、表面张力和黏度等物理化学性质的主要因素,分子间的作用力主要包括色散力、诱导力、定向力(静电力)、氢键作用力及其他特殊作用力。

18.4.3.3 固定液的分类

固定液品种繁多,曾有数百种的物质被用作气-液色谱固定液。它们具有不同的组成、性质和用途。为了研究固定液的色谱特性,便于按试样的性质选择相应的固定液,不少专家、学者通过对固定液的分子结构、极性、特征常数等研究,提出多种评价和分类方法。

1. 按固定液相对极性分类

最早根据固定液的相对极性分类的是 Rohrschneider(1959 年)。他规定非极性固定液角鲨烷的相对极性为 0,β,β-氧二丙腈固定液的相对极性为 100,选择苯-环己烷或正丁烷-丁二烯作为测定的“物质对”,分别测得它们在上述两种固定液及欲测固定液上的相对保留值。被测固定液的相对极性 p_x 由下式求出:

$$p_x=100-\frac{100(q_1-q_x)}{q_1-q_2} \tag{18-23}$$

式中 p_x 为固定液的相对极性;q_1 为苯-环己烷在 β,β-氧二丙腈柱上的相对保留值对数,即

$$q_1=\lg\frac{t'_{R苯}}{t'_{R环己烷}} \tag{18-24}$$

q_2 为苯-环己烷在角鲨烷柱上的相对保留值对数；q_x 为苯-环己烷在待测固定液柱上的相对保留值对数。

测定的结果表示：各种固定液的相对极性 p_x 均在 0～100。以每 20 个相对极性单位为一级，用“＋”表示，共分为五级。相对极性在 0～＋1 的叫非极性固定液，＋1～＋2 为弱极性固定液，＋3 为中等极性固定液，＋4～＋5 为强极性固定液。常用固定液的相对极性见表 18-3。

表 18-3 常用固定液的相对极性

固定液	相对极性	级别	固定液	相对极性	级别
角鲨烷	0	0	XE-60	52	＋3
阿皮松	7～8	＋1	新戊二醇丁二酸聚酯	58	＋3
SE-30，OV-1	13	＋1	PEG-20M	68	＋3
DC-550	20	＋2	PEG-600	74	＋4
己二酸二辛酯	21	＋2	己二酸聚乙二醇酯	72	＋4
邻苯二甲酸二壬酯	25	＋2	己二酸二乙二醇酯	80	＋4
邻苯二甲酸二辛酯	28	＋2	双甘油	89	＋5
聚苯醚 OS-124	45	＋3	TCEP	98	＋5
磷酸二甲酚酯	46	＋3	β,β-氧二丙腈	100	＋5

这种按相对极性分类的方法，由于苯-环己烷或丁烷-丁二烯“物质对”，主要反映的是分子间的色散力和诱导力，未能反映出固定液与组分分子间的全部作用力，在表达固定液性质上还不够完善。

2. 固定液的选择性常数

大量实验事实表明，固定液极性的大小不仅仅决定于固定液本身，同时也取决于所测定组分的性质。1966 年，Rohrschneider 对相对极性分类体系做了两方面的改进：

(1) 选用五种不同性质的化合物作为评价、表征固定液选择性的标准物质：苯(电子给予体)，代表易极化物质；乙醇(质子给予体)，代表氢键型化合物；甲乙酮(质子接收体)，代表接收氢键能力强的化合物；硝基甲烷(质子接收体)，代表特殊氢键化合物；吡啶(质子接收体)，代表氮杂环上可形成大 π 键的物质，也是易极化物质。

(2) 用保留指数差值 ΔI 表示相对极性的大小，即在柱温 100 ℃下检测以上五种标准物质，在被测固定液保留指数(I_p)与参比固定液角鲨烷上保留指数(I_s)的差值。其表示通式为：$\Delta I = I_p - I_s$，如苯就是：$\Delta I_1 = I_p - I_s = aX$，其他四种物质同样可写出四个类似方程。于是，乙醇：$\Delta I_2 = bY$；甲乙酮：$\Delta I_3 = cZ$；硝基甲烷：$\Delta I_4 = dU$；吡啶：$\Delta I_5 = eS$。式中 a,b,c,d,e 为组分的作用常数(通常为 100);X,Y,Z,U,S 则是固定液各种作用力的极性因子,被称为固定液选择性常数,也被称作 Rohrschneider 常数。

由于分子间的作用力具有相加性,因此,任一固定液的总极性就可用分子间各种作用力的总和来表示:

$$\Delta I = aX + bY + cZ + dU + eS \tag{18-25}$$

固定液的总极性越大,表示该固定液的极性越强。为了提高保留指数的准确性,McReynolds 于 1970 年提出以丁醇、2-戊酮、硝基丙烷代替乙醇、甲乙酮、硝基甲烷,保留苯和吡啶,在柱温为 120 ℃下测定了 200 多种固定液的常数,分别用 X', Y', Z', U', S' 表示相应的 McReynolds 固定液常数,并将数值分别乘以 100:$X' = \Delta I$(苯),$Y' = \Delta I$(丁醇),$Z' = \Delta I$(2-戊酮),$U' = \Delta I$(硝基丙烷),$S' = \Delta I$(吡啶)。此后,McReynolds 固定液常数便被广泛用于固定液的性质比较以及固定液的选择。表 18-4 为常见的固定液 McReynolds 常数。

表 18-4 常见的固定液 McReynolds 常数

固定液	型号	苯 X'	丁醇 Y'	2-戊酮 Z'	硝基丙烷 U'	吡啶 S'	总极性	最高使用温度/℃
角鲨烷	SQ	0	0	0	0	0	0	100
甲基硅橡胶	SE-30	15	53	44	64	41	217	300
	OV-1	19	55	44	65	42	222	300
苯基(10%)甲基聚硅氧烷	OV-3	44	86	81	124	88	423	350
苯基(20%)甲基聚硅氧烷	OV-7	69	113	111	171	128	592	350
苯基(50%)甲基聚硅氧烷	DC-710	107	149	153	228	190	827	225
苯基(60%)甲基聚硅氧烷	OV-22	190	188	191	283	253	1 075	350
三氟丙基(50%)甲基聚硅氧烷	OF-1	144	233	355	463	305	1 500	250
氰乙基(25%)甲基硅橡胶	XE-60	204	381	340	493	367	1 785	250
聚乙二醇-20 000	PEG-20M	322	536	368	572	510	2 308	225
己二酸二乙二醇聚酯	DEGA	378	603	460	665	658	2 764	200
丁二酸二乙二醇聚酯	DEGS	492	733	581	833	791	3 504	200
三(2-氰乙氧基)丙烷	TCEP	593	857	752	1 028	915	4 145	175

常数表可用于按组分和固定液之间的作用来选择合适的固定液;亦可发现固定液性能相似性,如 SE-30 和 OV-1 的常数基本一致,说明其色谱性能相同,可以互相代用;还可用于测定新合成的固定液的性能与适用范围。根据固定液测定的 Rohrschneider 常数和 McReynolds 常数,可预测其分离选择性。

3. 按固定液的化学结构分类

这种分类方法是按固定液官能团的类型分类。便于按分离试样和固定液的化学结构，按“相似相溶”的原则选择固定液。

(1) 烃类 烃类包括烷烃、芳烃及其聚合物，都属于非极性和弱极性固定液，典型代表为角鲨烷，它是极性最小的固定液。

(2) 醇和聚醇 它们是能形成氢键的强极性固定液，其中广泛应用的是聚乙二醇及其衍生物。它们是分离各种极性化合物的重要固定液，其中尤以相对分子质量为 2 000 左右，商品名为 PEG-20M 或 Carbowax20M 用得最广泛。具有弱酸性的 FFAP 固定液，就是在 PEG-20M 的末端羟基以邻硝基对苯二甲酸衍生化的酯，热稳定性可提高到 250 ℃以上，而且适合分离中性和偏酸性化合物。

(3) 酯和聚酯 聚酯由多元酸和多元醇反应而成。对醚、酯、酮、硫醇、硫醚等有较强的保留能力。例如，酯类、邻苯二甲酸二壬酯(DNP)、聚二乙二醇丁二醇聚酯(DEGS)等。

(4) 聚硅氧烷类 聚二甲基硅氧烷是在气相色谱中应用最广的一类固定液。它具有很高的热稳定性和很宽的液态温度范围，在 −60～350 ℃下均为稳定的液体状态，相当多的化合物均可在该类固定液上得到很好的分离。硅氧烷的烷基可被各种基团，如苯基和氰基取代，形成具有不同极性和选择性的固定液系列，并有良好的热稳定性。例如，将硅硼烷引入或共聚则可形成高温固定液，柱温可高达 450 ℃。

(5) 特殊选择性固定液 有机皂土：它由二甲基双十八烷基氯化铵与皂土进行离子交换制备，商品名为 Bentone34，对芳香族化合物异构体具有特殊的分离选择性。液晶：这是一种按分子形状分离组分的固定液，分子形状不同的位置异构体尤其是空间异构体能够得到良好的分离。手性固定液：目前在气相色谱中使用的手性固定液可分为三类。第一类，基于氢键作用的手性固定液，主要包括氨基酸衍生物、二肽及多肽、碳酰双氨基酸酯、二酰胺和单酰胺等。其中分离氨基酸衍生物对映体的典型代表为以 L-缬氨酸为手性基团的聚硅氧烷固定液，即 Chirasil-Val。第二类，基于配位作用的手性固定液，即手性金属络合物固定相、手性选择体是由过渡金属离子和有机配体构成的金属络合物。第三类，基于包结络合作用的手性固定液，主要指 α-，β-和 γ-环糊精的烷基化或酰基化衍生物，这是目前发展最快、选择性最高、应用面最广的一类手性固定液。

18.5 毛细管气相色谱

18.5.1 毛细管柱的特点和类型

由于填充柱内填充的填料颗粒不均匀、多路径使涡流扩散严重、渗透性差、柱效低。1957 年,美国工程师 Golay M J E 基于色谱动力学理论,在细而长的毛细管柱内壁涂上固定液(图 18-9)用于色谱分离。这种柱子被称为开管柱(open tubular column),习惯上称为毛细管柱(capillary column)。毛细管色谱的出现是气相色谱发展的一个重要里程碑。

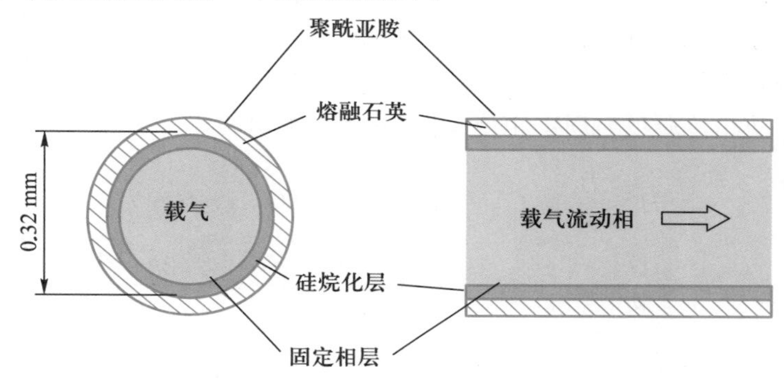

图 18-9 毛细管柱涂层剖面图

18.5.1.1 毛细管柱的特点

(1) 柱的渗透性好,毛细管柱的比渗透率比填充柱大近 2 个数量级,可采用高线速载气实现快速分析。

(2) 柱效高,可采用长色谱柱,其总理论塔板数可达 10^6,特别适合分离性质极其相似($\alpha=1.05$ 的物质对)、组分复杂(100 多个)的混合物。

(3) 相比高、传质加快、柱容量小。毛细管柱的相比在 50～150,填充柱的相比一般在 6～35,前者比后者高得多,是两种柱重要区别之一。因而其分配容量(k)小,使进样量受到限制。

18.5.1.2 毛细管柱的类型

毛细管的内径 0.1～0.5 mm,柱长 10～100 m。根据固定液在毛细管内涂渍方式或柱结构不同,可分为以下类型:

(1) 涂壁开管柱(wall coated open tubular,WCOT) 固定液直接涂渍在毛细管柱内壁。

(2) 壁处理开管柱(wall treated open tubular column,WTOT) 为改善柱内涂敷性,减少表面活性,对柱内壁进行物理化学处理后再涂固定液。

(3) 多孔层开管柱(porous layer open tubular column,PLOT) 在管壁上涂一层多孔性物质,如分子筛、氧化铝、石墨化炭黑、高分子微球等,在毛细管柱的内壁形成多孔层。

(4) 载体涂层开管柱(support coated open tubular column,SCOT) 为提高试样容量,将载体黏敷在毛细管柱的管壁内,再涂固定液称为载体涂层开管柱。

(5) 填充毛细管柱(packed capillary column) 将涂有固定液的载体填充

到毛细管内称为填充毛细管柱，它介于填充柱与毛细管柱之间，兼有二者的优点。

18.5.2 毛细管柱的速率理论方程

毛细管柱色谱理论与填充柱的理论基本相同，由于其柱结构差异，因而二者有一些差别。1958年，Golay提出，影响毛细管柱峰扩张的主要因素是纵向分子扩散项、流动相传质项与固定相传质项，并导出类似的速率方程：

$$H=\frac{B}{u}+(C_m+C_s)u \qquad \text{(Golay 方程)} \tag{18-26}$$

$$H=\frac{2D_m}{u}+\left[\frac{r^2}{D_s}\times\frac{1+6k+11k^2}{24(1+k)^2}+\frac{d_f^2}{D_s}\times\frac{2k}{3(1+k)^2}\right]u \tag{18-27}$$

与填充柱速率理论方程相比，其差别为：只有一个气路路径，无多径项，$A=0$；柱中没有填充物，弯曲因子 $\gamma=1$；C_m 项中，以半径 γ_0 代替粒体粒度 d_p，系数有些不一样。

18.5.3 毛细管柱的评价

评价毛细管柱主要参数为

(1) 理论塔板数　以理论塔板数 N 代表的柱效。

(2) 涂渍效率(CE)　在最佳条件下，理论板高与实测板高之比：

$$\text{CE}=\frac{H_{理论}}{H_{实测}}\times 100\% \tag{18-28}$$

$$H_{理论}=r_0\left[\frac{1+6k+11k^2}{3(1+k)^2}\right]^{1/2}u \tag{18-29}$$

式中 r_0 为柱半径。

(3) 表面惰性　以拖尾因子和酸碱性等作为度量指标。拖尾因子是反映色谱柱内的残余吸附活性，选用极性组分，如辛醇，测定其峰高1/10处的前后峰的宽度比为指标。

$$\text{TE}=\frac{q}{b}\times 100\% \tag{18-30}$$

酸碱比测定常选择一组酸性和碱性化合物，如2,6-二甲苯酚(P)和2,6-二甲苯胺(A)，按1∶1称量配成溶液，进行色谱测定各自的峰面积，P/A即为酸碱比，P/A>1即为酸性，P/A<1为碱性，P/A=1为中性。

18.6 气相色谱分离条件的选择

气相色谱分离条件的选择是为了提高组分间的分离选择性，提高柱效，使分离峰的个数尽量多，分析时间尽可能短，从而充分满足分离要求。

18.6.1 固定液及其含量的选择

1. 固定液选择的一般规律

一般可按“相似相溶”的原则来选择固定液。下列选择固定液的一般规律，具有参考价值。分离非极性化合物，一般选用非极性固定液，此时非极性固定液与试样间的作用力为色散力，被分离组分按沸点从低到高顺序流出；中等极性化合物，一般选用中等极性固定液，此时，固定液与试样间的作用力主要为诱导力和色散力，在这种情况下，组分基本按沸点从低到高先后流出，若沸点相近的极性和非极性化合物，一般非极性组分就先流出；强极性化合物，一般选用强极性固定液，固定液与组分之间主要是静电力（定向力）作用力，一般按极性从小到大的顺序流出；能形成氢键的化合物，一般选用极性或氢键型固定液，按试样组分与固定液分子形成氢键的能力从小到大地先后流出，不能形成氢键的组分最先流出；具有酸性或碱性的极性物质，可选用强极性固定液并加酸性或碱性添加剂；分离复杂的组分，可采用两种或两种以上的混合固定液。

2. 根据固定液选择性常数选择固定液

固定液选择性常数（Rohrschneider 常数或 McReynolds 常数）能较好地反映固定液对不同类型化合物的分离选择性。Rohrschneider 常数表征的分离选择性见表 18-5。

表 18-5 Rohrschneider 常数表征的分离选择性

常数	化合物结构特征	代表性化合物
X	易极化，电子给予体化合物	芳烃、烯烃
Y	含羟基、质子给予体，形成氢键化合物	醇、腈、酸、氯化物、氟化物
Z	含碳基，定向偶极矩，接受氢键化合物	酮、醚、醛、酯、环氧化合物
U	含强极性基团的电子给予体化合物	硝基化合物、腈类衍生物
S	质子接受体化合物	含喹啉、吡啶、氧、氮杂环化合物

固定液选择性常数表可用于指导按组分和固定液之间的作用力来选择合适的固定液。如果在常数表中，选择性类似的固定液有几种，就应选择其中热稳定性好的固定液。

表 18-6 给出了气相色谱常用固定液及其性能。

表 18−6 气相色谱常用固定液及其性能

名称	交联键合相	化学组成	使用温度 ℃	McReynolds 常数 X′ Y′ Z′ U′ S′	平均极性	McReynolds 常数相近的固定液	应用范围
OV−1	DB−1	100%甲基硅橡胶	100~350	19 55 44 65 42	44	BP−1,SBP−1	酚类、胺、硫化物、农药
SE−30	CP^{tm}sil5CB	100%甲基硅橡胶	50~300	15 53 44 64 41	43	GB−1,RSL−150	烃类、PCBc
OV−101		100%甲基硅油	0~350	17 57 45 67 43	34	SP−2100,HP−101	氨基酸衍生物、香精油
SE−33		1%乙烯基聚甲基硅氧烷	50~300	17 54 45 67 42	45		同 OV−1,SE−30
SE−52	CP^{tm}sil8CB	5%苯基甲基硅油	20~300	32 72 65 98 67	67 67	HP−5,Ultra2,RSL−200,OV−73	脂肪酸甲酯、药物
SE−54	DB−5	5%苯基 1%乙烯基甲基硅橡胶	20~300	33 72 66 99 67		GC−5,BP−5,SPB−5	多卤化合物、生物碱
OV−1701	DB−1701	7%苯基 7%氰丙基甲基硅橡胶	40~300	67 170 153 228 171	158		天然产物、酒类、酚类
OV−17	DB−17 CP^{tm}sil19CB	50%苯基 50%甲基聚硅氧烷	0~375	119 158 192 243 202	177	HP−17,007−17,GC−17 SP−2250,RSL−5	药物、甾体、农药、二元醇
OV−210	DB−210	三氟丙基甲基聚硅氧烷	0~275	146 238 358 468 310	304		甾族、农药
OV−225	DB−225 CP^{tm}sil43CB^{3}	25%氰丙基 25%苯基甲基聚硅氧烷	0~275	228 369 338 492 386	363	BP−15,SP−2300,GB−60 XE−60,RSL−500,HP−225	脂肪酸甲酯、醛醇乙酸酯
Garbo−wax20M	CP^{tm}wax57CB	聚乙二醇	60~220	322 536 368 572 510	462	HP−20M	游离脂肪酸酯、香精油
Superox−4		聚乙二醇胶	50~300	322 536 369 572 510	462		二元醇、溶剂
FFAP		聚乙二醇 20 $mol \cdot L^{-1}$ 与 α−硝基对苯二甲酸反应物	50~250	340 580 397 602 627	509	HP−FFAP,OV−351 SP−100	酸、醇、醛、酮、腈、丙烯酸酯
DEGS		聚二乙二醇丁二酸酯	20~200	496 746 590 837 835	700		分离饱和与单不饱和脂肪酸酯

3. 固定液含量

以固定液与载体的质量比表示固定液的含量，它决定固定液的液膜厚度 d_f，影响传质速率。同时固定液含量的选择与分离组分的极性、沸点及固定液的性质有关。低沸点试样多采用高液载比（或液担比）的柱子，一般为20%～30%；高沸点试样则多采用低液载比柱，一般为1%～10%。

18.6.2 载体及其粒度的选择

若试样相对分子质量大、沸点高、极性大、使用的固定液量少，大都选用白色载体；试样的相对分子质量小、沸点低、非极性、固定液的用量多，则应选用红色载体；对于那些具有强极性、热和化学不稳定的化合物，可用玻璃载体。一般载体的粒度以柱径1/20～1/25为宜。对于柱内径为3～4 mm的填充柱，可选用60～80目或80～100目载体。

18.6.3 柱长和内径的选择

填充柱的柱长一般为1～5 m，毛细管柱的柱长一般为20～50 m。

柱内径增大可增加柱容量、有效分离的试样量增加。但径向扩散路径也会随之增加，导致柱效下降。内径小有利于提高柱效，但渗透性会随之下降，影响分析速率。对于一般的分析分离来说，填充柱内径为3～6 mm，毛细管柱内径为0.2～0.5 mm。

18.6.4 气相色谱操作条件选择

根据色谱速率理论，对色谱操作条件优化是进行各种分析的重要步骤。

1. 载气及载气线速的选择

气相色谱常用氢气、氮气、氦气、氩气等作载气。载气的选择首先要适应所用的检测器的特点。例如，使用热导检测器时，为了提高检测器的灵敏度，选用热导系数大的氢气或氦气作载气，电子捕获检测器常用99.99%的高纯氮气或氩气作载气。氢火焰离子化检测器用相对分子质量大的氮气作载气，稳定性高，线性范围广。其次，要考虑载气对柱效和分析速度的影响，载气的扩散系数 D_m 与其相对分子质量的平方根成反比。用低相对分子质量的 H_2 和 He 作载气有较大的扩散系数，它的黏度小，也有利于提高载气线速，加快分析速度。然而，不同种类的流动相的 $H-u$ 曲线具有不同程度的差异，用 H_2 和 He 作载气时最佳线速、最小板高都比用相对分子质量大的 N_2 时为大，如图18-10所示。

载气线速也是气相色谱操作的一个重要影响因素，见17.3.3.5讨论。当载气线速低时，一般应选用扩散系数小即相对分子质量大的氮气、氩气作载气，降低组分在载气中的扩散。载气线速较高时，选用扩散系数大、相对分子质量较小

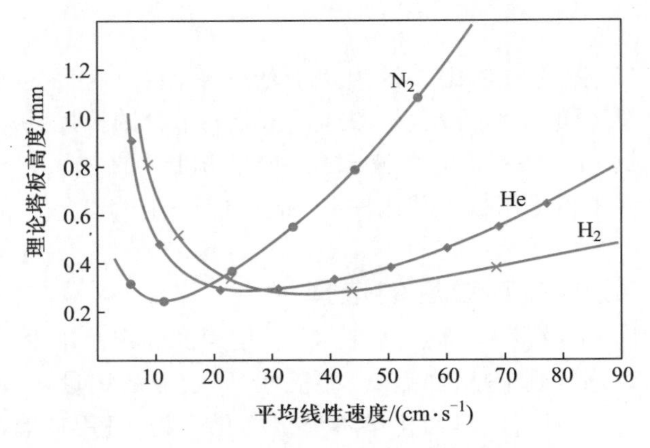

图 18-10 不同流动相的 van Deemter 曲线

的氢气、氦气作载气，可提高气相传质速率。实际上，为加快分析速率很少选用最佳线速，而是采用稍高于最佳线速的载气线速。

2. 温度的选择

气相色谱中温度的选择包括三个部分：汽化室温度、检测器温度与柱温。三者中的柱温是影响色谱分离效能和分析时间的一个最重要操作参数。柱温提高、扩散系数 D_m 和 D_s 增大，有利于改善传质，提高柱效。但是，增加柱温会使纵向扩散加剧，导致柱效下降。同时，提高柱温，一般相对保留值降低，分离选择性下降。因此，柱温的选择要兼顾热力学和动力学因素对分离度的影响；兼顾分离和分析速率等多方面的因素。根据实际情况选定柱温。一般情况下的柱温选择，首先需要考虑的是固定液的最高使用温度。为了避免固定液的流失，采用的柱温需要低于固定液的最高使用温度（低 30～50 ℃）。使用毛细管柱上限温度应比填充柱低，最好比其固定液的最高使用温度低 50～70 ℃。某些固定液有最低操作温度即凝固点温度，一般操作温度就应选择在凝固点温度以上。

对于宽沸程的试样，可采用程序升温，即在一个分析周期内，以一定的升温速率使柱温由低到高随时间呈线性和非线性增加，使混合物中各组分能在最佳温度下洗出色谱柱如图 18-11(c)所示，达到用最短时间获得最佳的分离效果。

汽化室的温度选择取决于试样的沸点范围、化学稳定性及进样量等因素。汽化室温度一般选择在试样的沸点或高于柱温 50～100 ℃，用以保证试样快速而且完全汽化。

检测器的温度一般均应高于柱温，以防止污染或出现异常响应。

3. 进样量

进样量的大小对柱效、色谱峰高、峰面积均有一定影响。进样量过大会引起色谱柱超负荷、柱效下降、峰形扩张、保留时间改变。另外，由于检测器超负荷会

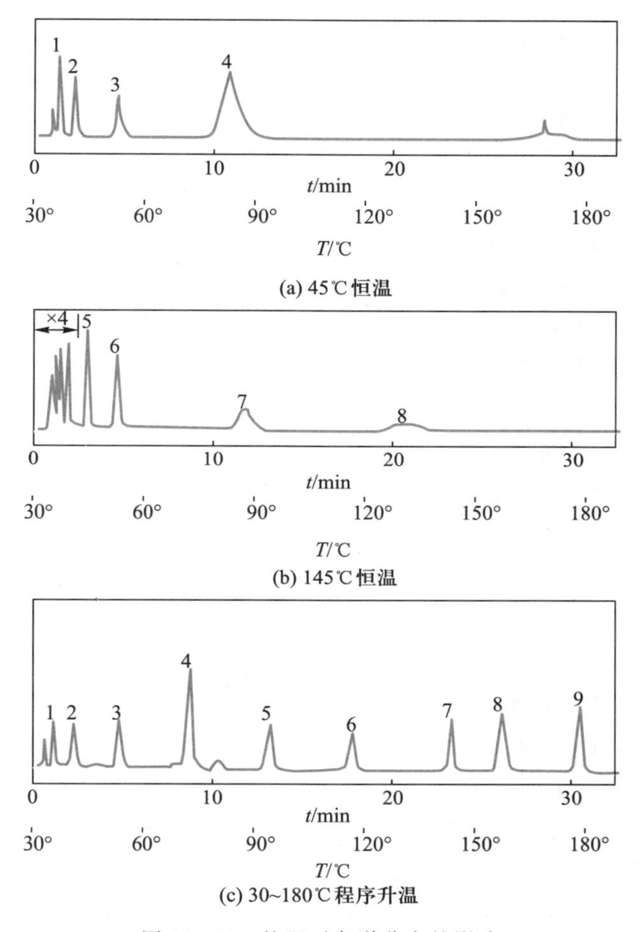

图 18-11 柱温对色谱分离的影响

出现畸形峰。一般,对于填充柱,液体试样的进样量 0.1～10 μL,气体试样进样量控制在 0.1～10 mL。

18.7 气相色谱分析的应用

18.7.1 环境中有机污染物的分析

环境中有机污染物种类繁多而且分布面广,它几乎存在于人类生存环境的每一个领域:大气、水体、土壤、食品等,其特点是组成复杂、含量低、不稳定且难以分析。气相色谱法是分离分析这类有机污染物的强有力的手段。

例如,已知多氯联苯(PCB)这类持久性污染物有 10 种同系物,209 种异构体，成分非常复杂，采用气相色谱毛细管柱就能对它很好地分离分析。又如，来源于石油化工、炼焦及造纸工业的酚类化合物，具有很强的极性，采用极性固定液可得到很好的分离。

18.7.2 食品

气相色谱法用于食品分析所涉及的范围很广，从牛奶、奶酪、肉、鱼、蛋、鸡，到蔬菜水果中的各种风味组分、添加剂、防腐剂及食品中的农药残留量。例如，葡萄酒中的醇、脂肪酸和酯类风味物质就可以采用顶空-固相微萃取-气相色谱(HS-SPME-GC)方法检测分析。

18.7.3 生物、医学

气相色谱法在生物、医学中的应用非常广泛，不仅可以分离和测定生物体中高含量的氨基酸 、维生素、糖类，还可以分离分析血浆、尿液、唾液及组织中微量的药物、毒物。胆汁酸是多官能团、极性甾族化合物，在尿液、血清中胆汁酸含量的变化和肝胆疾病有密切的关系，在临床上，通过尿液、血清中胆汁酸的分析，对疾病的诊断有一定的意义。又如，手性醇在昆虫外激素中常见，也广泛存在于水果中，它一般以特定对映体比例存在，当对映体比例变化以后，信息激素可能会失效，水果香味有可能改变，因此，手性醇及其衍生物对映体的研究是很有意义的。图 18-12 是一些手性醇的GC分离图。

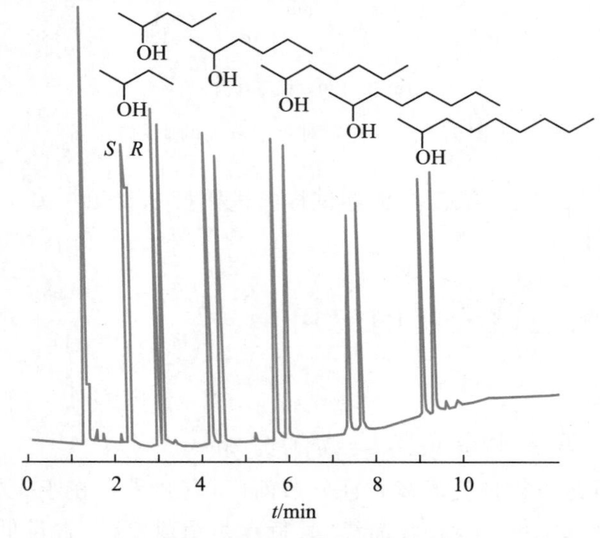

图 18-12 手性醇的分离图

色谱柱：Chiragil-Nickel(Ⅱ)，25 m×0.25 mm

载气：He

18.7.4 石油化工

石油工业是应用气相色谱最早、最广泛的领域。从气体、馏分油到原油，从单体烃到族组成，从烃类到非烃类等组分的分析，采用气相色谱均能得到很好的分离结果。图 18-13 为无铅汽油的分离图谱。

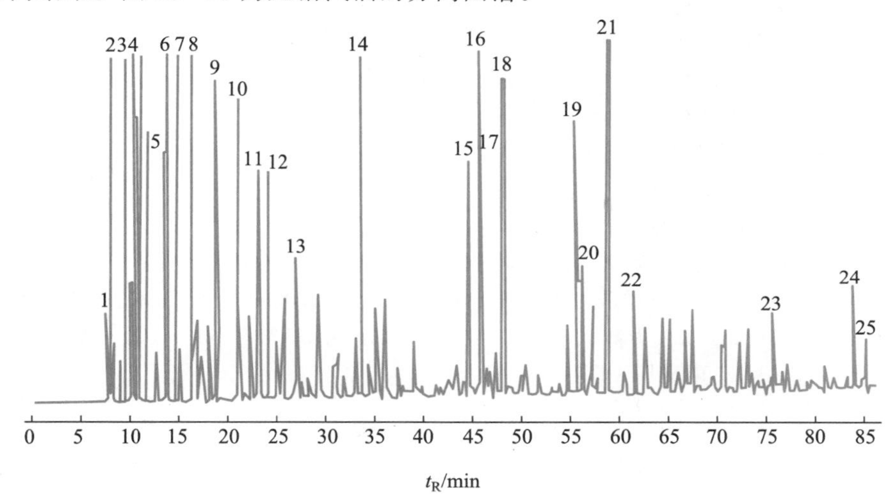

图 18-13 无铅汽油分析

色谱峰：1—异丁烷；2—正丁烷；3—异戊烷；4—正戊烷；5—2,3-二甲基丁烷；6—2-甲基戊烷；7—3-甲基戊烷；8—正己烷；9—2,4-二甲基戊烷；10—苯；11—2-甲基己烷；12—3-甲基苯；13—正庚烷；14—甲苯；15—乙基苯；16—间二甲苯；17—对二甲苯；18—邻二甲苯；19—1-甲基-3-乙基苯；20—1,3,5-三甲基苯；21—1,2,4-三甲基苯；22—1,2,3-三甲基苯；23—萘；24—2-甲基萘；25—3-甲基萘

色谱柱：AT-Petro，100 m×0.25 mm

柱温：35 ℃→200 ℃，2 ℃·min^{-1}

载气：He

思考、练习题

18-1　填充柱气相色谱仪与毛细管气相色谱仪流程有何差异？

18-2　简述 TCD,FID,ECD,FPD,NPD 检测器的基本原理及各自的特点。

18-3　检测器的性能指标灵敏度与检测限有何区别？

18-4　引起电子捕获检测器基流下降的原因是什么？如何避免？

18-5　固定液的分类体系中，按固定液相对极性分类法有何缺点？

18-6　McReynolds 常数表有什么用途？

18-7　硅藻土载体在使用前为什么需要经过化学处理？常有哪些处理方法？简述这些处理方法的作用。

18-8 在气相色谱中，色谱柱的使用上限温度取决于什么？

18-9 根据范氏方程解释柱温和载气流速对柱效的影响，若要实现快速分析，如何选择色谱操作条件？

18-10 在气相色谱操作中，为什么要采用程序升温？

18-11 与玻璃、金属柱相比较，石英毛细管柱的优势在哪？

18-12 以下开管柱的区别是什么？

(1) PLOT 柱；(2) WCOT 柱；(3) SCOT 柱。

18-13 试设计下列试样测定的气相色谱分析操作条件：

(1) 乙醇中微量水的测定；

(2) 超纯氮中微量氧的测定；

(3) 蔬菜中有机磷农药的测定；

(4) 微量苯、甲苯、二甲苯异构体的测定。

18-14 用气相色谱法氢火焰检测器检测某焦化厂用生化处理废水中酚的浓度，已知苯酚标准浓度 1 $mg \cdot mL^{-1}$，进样量 3 μL，测得苯酚峰高 115 mm，峰半高宽 4 mm，3 倍噪声信号为 0.05 mV，记录仪灵敏度为 0.2 $mV \cdot cm^{-1}$，记录仪纸速为 10 $mm \cdot min^{-1}$。试计算苯酚的灵敏度(S)、检出限(D)和最小检测量(m_{min})。

参考资料

扫一扫查看

第19章　高效液相色谱法

19.1　概论

高效液相色谱(high－performance liquid chromatography，HPLC)产生于20世纪60年代，是在早期液相色谱的基础上发展而来的。早期液相色谱(经典柱色谱)大多采用内径1～5 cm、长50～100 cm的玻璃柱，粒径150～200 μm的固定相填料，运行时流动相流速低、分离速率慢，难以满足现代分离需求。随着气相色谱理论的完善及仪器加工技术的进步，1967年出现了以高压、高速为特征的现代高效液相色谱仪，直接推动了高效液相色谱法的快速发展。

与其他色谱方法相比，HPLC具有显著优点：

(1) 柱效高　根据速率方程，流动相传质系数C_M与固定相粒径平方(dp^2)成正比，高效液相色谱柱填料粒径为3～10 μm，比经典柱液相色谱(≥100 μm)小得多，柱效可提升2～3个数量级；与气相色谱相比，液体黏度比气体黏度约高100倍，而扩散系数比之低10^5倍，理论分析表明液相色谱柱效可比气相色谱高10^3倍。

(2) 可分析对象相当广泛　除常规试样外，还适用于高沸点、热不稳定、生物活性物质、高分子化合物、离子化合物等，这一点与气相色谱适用的分析对象(仅限于气体和沸点较低的化合物)形成了鲜明对照。

(3) 应用范围广　HPLC可通过柱内径的扩展，如微径柱、制备柱等，用于痕量试样的高灵敏分析或者产品的规模化分离，满足从实验室检测到工业制备的各种需求，具有广阔的应用价值。

目前，HPLC不足之处在于缺少高灵敏度的通用型检测器、使用有机溶剂为流动相易造成环境污染、梯度洗脱操作相对复杂等。

19.2　高效液相色谱仪

现代高效液相色谱使用3～10 μm柱填料，为达到合适的流动相流速，高压泵需提供数十兆帕或数百大气压力的柱前压。因而，HPLC仪器比其他类型的色谱仪要复杂和昂贵。图19-1是典型高效液相色谱仪的主要组成部件。

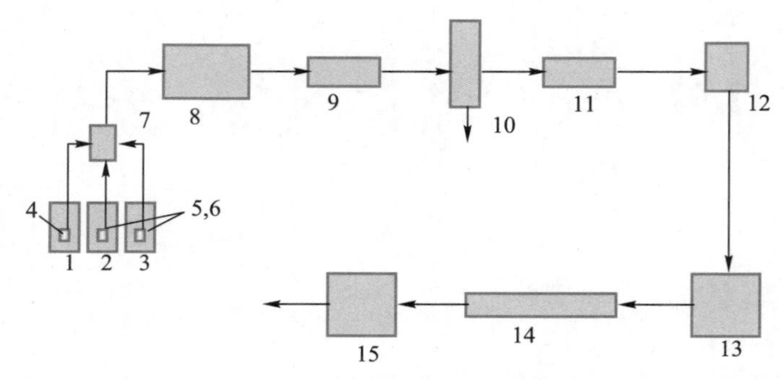

图 19-1 典型高效液相色谱仪的主要组成部件

1,2,3—流动相溶剂储器;4,5,6—过滤器;7—溶剂比例调节阀和混合室;8—输液泵;9—脉动阻尼器;10—放空阀;11—过滤器;12—反压控制器;13—进样阀;14—色谱柱;15—检测器

19.2.1 流动相储器和溶剂处理系统

现代高效液相色谱仪配备一或多个流动相储器,一般为玻璃瓶,亦可为耐腐蚀的不锈钢、氟塑料或聚醚醚酮(PEEK)制成的容器,储器内溶剂导管入口处装有过滤器,以除去溶剂中可能存在的灰尘或微粒残渣,防止损坏泵、进样阀或色谱柱。储器通常置于泵体之上,形成静压差,避免停泵时管路中产生气泡。先进的仪器系统中,储器后常配套气体脱除装置,以减少溶剂中溶解的氧、氮等气体(这些溶解气可能形成气泡引起谱带展宽,并干扰检测器正常工作)。溶剂脱气主要有两种方法,一种是搅拌下真空或超声波脱气;另一种是向溶剂里通入氦或氮等惰性气体带出溶解在其中的空气。

19.2.2 高压输液系统

输液系统的基本要求是:可提供$(50\sim500)\times10^5$ Pa 的柱前压;输出液流恒定无脉动;流速范围 0.1～10 mL·min^{-1};流速控制精度 0.5%或更高;系统组件密封性良好、耐腐蚀。目前常使用的输液泵有三种类型,包括往复柱塞泵、气动放大泵和螺旋注射泵。

1. 往复柱塞泵

目前绝大部分 HPLC 仪均采用往复柱塞泵,其泵体由小的溶剂室、宝石活塞杆、双单向阀(分别用于吸液和排液)组成,如图 19-2 所示。其工作原理是由步进电机带动凸轮或偏心轮转动,驱动活塞杆往复运动,改变活塞冲程或往复频率,即可实现泵流量的调节。当采用单柱塞泵时,因吸、排液间隔导致输出液脉动,因此,在实际应用中常采用双柱塞、三柱塞并联或串联泵,并附加阻尼器以提高输出液流量稳定性。往复柱塞泵具有泵内体积小(一般是 0.05～1 mL)、流速恒定、输出液压高(>700×10^5 Pa)、易于更换溶剂和清洗等优点。

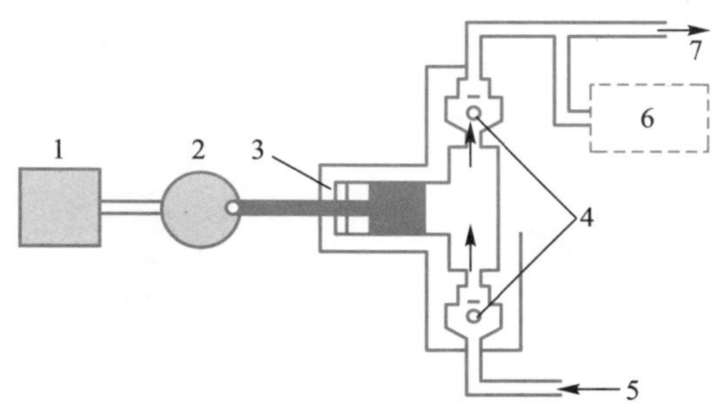

图 19-2 高效液相色谱仪往复柱塞泵结构示意图

1—电机;2—往复凸轮;3—密封柱塞;4—吸排液单向阀;5—溶剂入口;6—脉动阻尼器;7—接色谱柱

2. 气动放大泵

其工作原理与水压机相似,以低压气体作用在大面积气缸活塞上,压力传递到小面积液缸活塞,利用压力放大获得高压,气缸活塞与液缸活塞面积之比为压力放大倍数。这种泵结构简单、成本低、输出液压恒定,当系统阻力不变时可保持流速恒定;其缺点是液缸体积大、更换溶剂操作不方便。

3. 螺旋注射泵

螺旋注射泵又称为排代泵,其结构类似于医用注射器,由一个大体积液体室和柱塞组成,步进电机通过螺旋杆传动机构推动柱塞输出高压液体,液缸容积常为 200~500 mL,输出液体压力达$(500\sim1500)\times10^5$ Pa。步进电机由电子器件调节转速以控制输出稳定流量,与系统反压和溶剂黏度无关。此外,输出流量无脉动。其缺点是体积容量大、改换溶剂非常不便。

作为输液系统的组成部分,除泵本身外,还包括调控多元流动相流量的比例调节阀与混合器、稳定流速的脉动阻尼器、泵启动时快速排除系统空气的放空阀、流动相过滤器、压力传感器等。目前,HPLC 仪泵系统参数的设定通常在计算机软件上完成,以实现泵压力、流速、程序梯度等控制。

19.2.3 进样系统

目前 HPLC 广泛采用的进样系统有两种:高压六通阀进样和自动进样。高效液相色谱仪高压六通阀结构如图 19-3 所示,其原理与气相色谱六通阀相似,可在 500×10^5 Pa 高压下进样,进样量可由试样管体积决定,进样精度可达 0.1%。自动进样由程序控制的自动进样器实现,带定量管的试样阀取样、进样、复位、试样管路清洗和试样盘转动,全部按预定程序自动进行,一次可连续进行几十至上百个试样分析，适用于大量试样自动化分析操作。

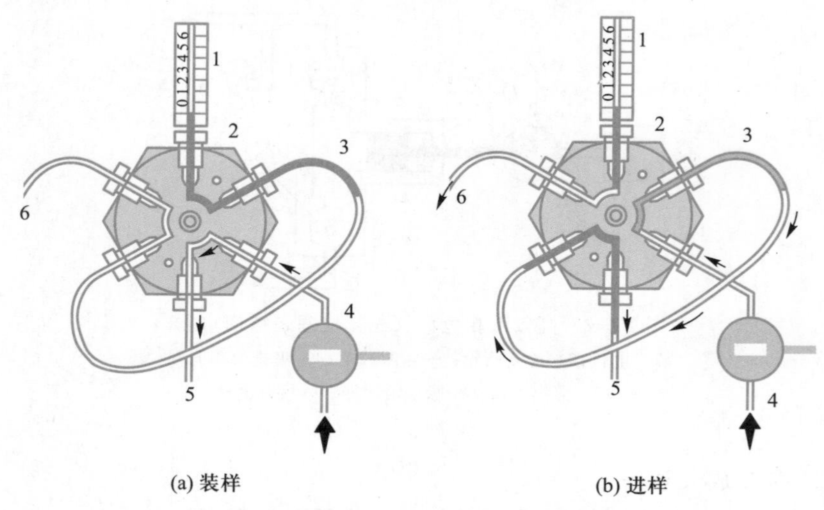

图 19-3 高效液相色谱仪高压六通阀结构

1—取样注射器；2—阀体；3—定量管；4—高压泵；5—接色谱柱；6—放空

19.2.4 高效液相色谱柱

色谱柱是色谱分离的核心，是色谱仪最重要的组件之一。色谱柱管一般为内壁抛光的不锈钢管，柱头装有不锈钢烧结材料的微孔过滤片，阻挡流动相中微粒杂质以保护色谱柱，柱出、入口一般用细内径（0.13 mm）、厚壁（1.5～2 mm）不锈钢管或 PEEK 管连接，以降低柱外死体积。

1. 色谱柱类型

现代高效液相色谱柱按内径大小可大致分为常规分析柱、制备或半制备柱、小内径或微径柱、毛细管柱四种类型。分析柱内径常为 2～6 mm，填料粒径 3 μm、5 μm 或 10 μm。现在应用最多的分析柱是 25 cm 长，内径 4.6 mm，填料粒径 5 μm，其柱效为 40000～60000 塔板/m。

2. 保护柱

一般在分析柱前装上较短的保护柱，不仅可除去溶剂中的颗粒杂质和污染物，而且可除去试样中含有与固定相不可逆结合的组分，以保护较昂贵的分析柱，延长使用寿命。此外，在液-液分配色谱中，保护柱可作为流动相对固定液的饱和器，以降低分析柱上固定液的流失。

3. 柱恒温器

在色谱分离时，因日间与日内环境温度差异，给分离重现性造成一定困扰。采用柱恒温器可实现对色谱柱乃至流动相的严格温度控制，从而极大提高分离的重现性，满足高精度的色谱应用需求。

4. 柱填充技术

装填高效液相色谱柱需专门设备，装柱技术难度较大，根据填料粒径大小采用干法或湿法装柱。粒径大于 20 μm，采用类似气相色谱的干法装柱，对于 10 μm 以下填料，常采用等密度匀浆湿法装柱。匀浆装柱机由匀浆槽和高压泵组成，如图 19-4 所示。根据填料类型常采用密度、黏度较大的溶剂作匀浆、润湿剂，如二氧六环、环己烷、四氯化碳、四氯乙烯、四溴乙烷等。根据填料性质，采用不同类型、配比匀浆剂，在超声浴中制备半透明匀浆液，转入匀浆槽；然后选择合适的加压介质或顶替液，如己烷、甲醇、丙酮或水；开启高压泵进行色谱柱的填充。良好的装柱技术、高质量填料、小的死体积柱头结构等是获得高效柱的基本要素。

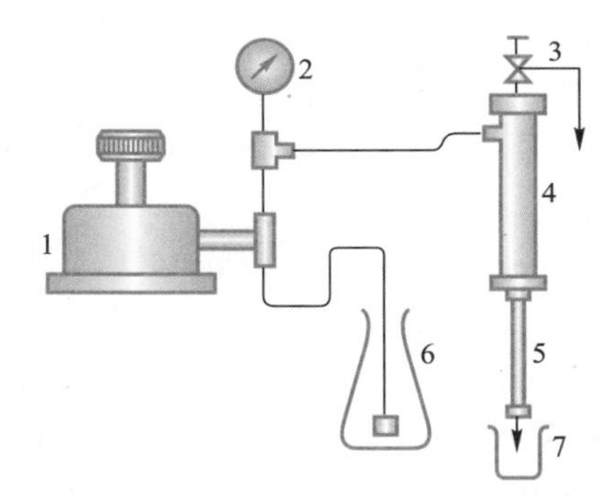

图 19-4 装柱设备流程图

1—高压泵；2—压力表；3—排空气阀；4—匀浆罐；
5—色谱柱；6—加压介质瓶；7—废液杯

19.2.5 液相色谱检测器

理想的液相色谱检测器应具有灵敏度高、死体积小、线性范围宽、重现性好、响应快、能用于梯度洗脱、对温度和流速波动不敏感、对试样无破坏性、能提供组分定性信息等。现有检测器可分为两种基本类型：一类为溶质性质检测器，即只对被分离组分的物理或化学特性有响应，如紫外、荧光、电化学检测器等；另一类为总体检测器，即对试样和流动相总的物理或化学性质有响应，如示差折光检测器、电导检测器等。

19.2.5.1 光吸收检测器

1. 紫外吸收(UV) 检测器

紫外吸收(UV) 检测器是目前液相色谱中使用最普遍的检测器，其检测原理和基本结构与一般光分析仪器相似，主要由光源、单色器、流通池或吸收池、接收和电测器件组成。与一般光分析仪器最大区别是流通池，典型的UV检测器采用Z形流通池(图19-5)，为降低死体积，池体积尽可能小，一般限制在1～10 μL；为提高灵敏度流通池应具有较长的光程，一般为2～10 mm。根据检测器光路设计不同，可分为单光路和双光路两种类型。根据光源和单色器不同，有单波长、多波长、紫外/可见分光等多种类型。单波长检测器常采用发射254 nm的低压汞灯为光源，无滤光片或单色器，结构简单，灵敏度较高。多波长检测器以中压汞灯、氘灯或氢灯为光源，发射200～400 nm范围连续光谱，通过滤光片选择所需工作波长，其灵敏度略低于单波长检测器。紫外/可见光吸收检测器采用反光镜切换氘灯或钨灯为光源，波长范围190～700 nm；通过光栅选择某固定波长或根据组分性质选择最佳波长；亦可连续或停留扫描获得组分光谱图。透过光的接收元件一般是光敏电阻或光电管，光电变换信号由微电流放大器放大，由记录系统或计算机接收、储存、显示。UV检测器一般选用无紫外吸收的溶剂为流动相，用于测定具有紫外吸收的组分。根据测定组分的摩尔吸收系数不同，最低检出量为10^{-8}～10^{-12} g。它对流动相流速波动不敏感，适用于梯度淋洗。采用紫外吸收试剂对无紫外吸收试样衍生化或间接光度技术可扩大紫外检测器应用范围。

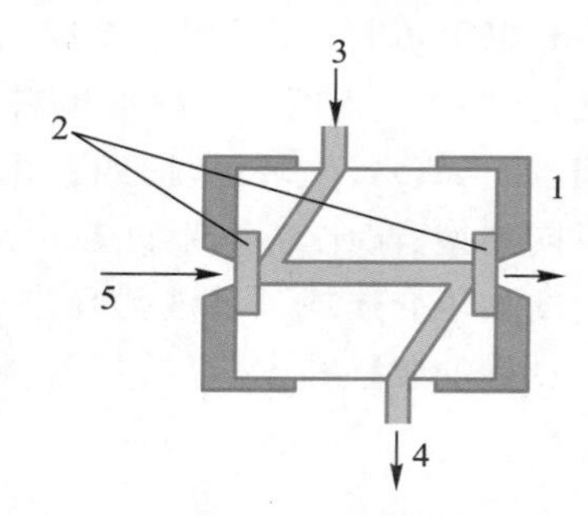

图19-5 紫外吸收检测器流通池

1—池体；2—石英窗；3—色谱柱洗出液入口；4—洗出液出口；5—紫外光束

2. 光二极管阵列检测器(photo-diode-array-detector, PDAD)

PDAD是20世纪80年代发展起来的新型UV检测器，与一般UV检测器的区别在于它可以同时获得190～700nm波长范围内的色谱检测信号，可提供组分的光谱定性信息。光源发出的复合光经聚焦后照射到流通池上，透过光经全息凹面衍射光栅色散，投射到200～1000多个二极管组成的二极管阵列而被检测。图19-6为光二极管阵列检测器光路图。它可绘制随时间(t)变化进入检测池溶液吸光度(A)随波长(λ)变化的光谱吸收曲线，从而获得吸光度(A)、波长(λ)、时间(t)的三维色谱图，如图19-7所示。

3. 红外吸收检测器

与一般光吸收检测器光路设计相似，其吸收池窗口采用氯化钠、氟化钙等红外透明材料，透过吸收池的红外光一般以热电敏感元件接收。这种检测器可提供分子结构信息，但由于大多数液相色谱流动相溶剂都有红外吸收及窗口材料限制，故其应用有限。

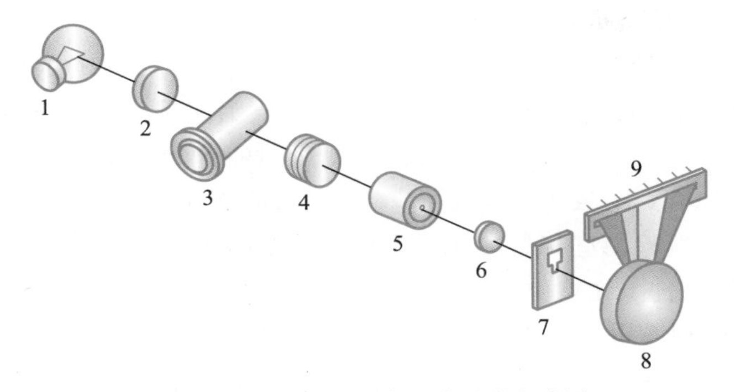

图 19-6 光二极管阵列检测器光路图

1—钨灯；2—光闸；3—氘灯；4，6—透镜；5—检测池；7—狭缝；
8—全息光栅；9—二极管阵列

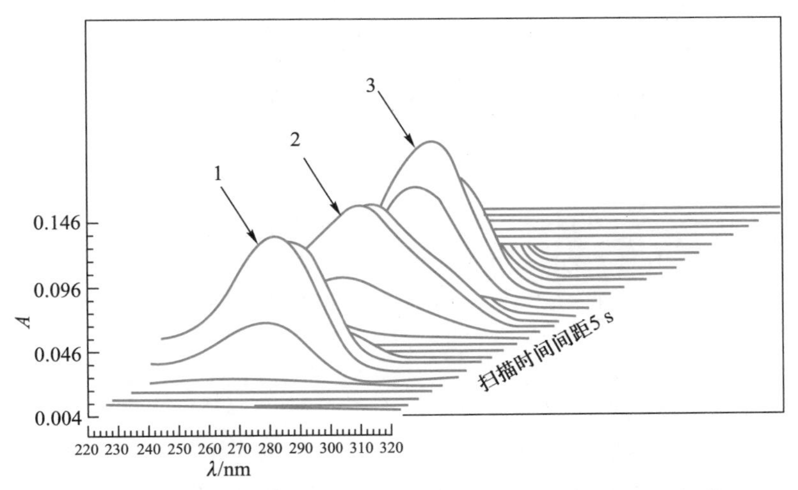

图 19-7 甾体混合物色谱分离连续扫描 A，λ，t 三维光谱－色谱图

1—可的松；2—地塞米松；3—皮质酮

19.2.5.2 荧光检测器

荧光检测器(fluorescence detector，FD)利用化合物具有光致发光性质，受紫外光激发，能发射比激发波长较长的荧光对组分进行检测。对不产生荧光的物质可通过与荧光试剂反应，生成可产生荧光的衍生物进行检测。为避免干扰，在检测器光路设计上，激发光光路与荧光发射光路互相垂直。可发射 250～600 nm连续波长的氙灯常用作检测器光源，经透镜、激发单色器聚焦到流通池。与激发光呈 90°的荧光经透镜、发射单色器聚焦到光电倍增管上转变成电信号。FD 灵敏度比 UV 检测器高 2～3 数量级，特别适用痕量组分测定，其线性范围较窄，可用于梯度淋洗。

19.2.5.3 示差折光检测器

示差折光检测器(differential refrative index detector, RI)的检测原理是基于流动相与含溶质流动相折射率的差异,其差值大小反映流动相中溶质浓度。检测器光路设计上有偏转式和反射式两种。图19-8是偏转式示差折光检测器光路图,流通池有一个参比室和检测室,二者用玻璃片呈对角线分开,经过流通池的光发生折射,检测室和参比室液体折射率相同或不同时,光偏转角度不同,到达光电转换元件上光点位置发生变化,产生大小不同的光电流,然后被放大和记录。RI是一种通用型检测器,对所有物质均有响应,灵敏度一般低于UV检测器,最低检出限为$10^{-6}\sim10^{-7}$ g。折射率对温度和流速敏感,检测器需要恒温,不适用于梯度淋洗。

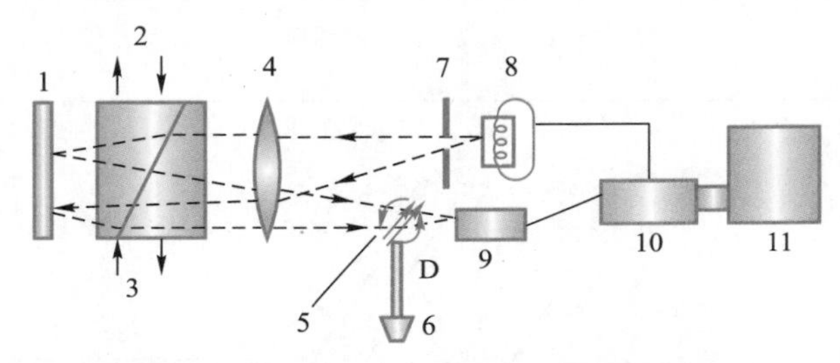

图19-8 偏转式示差折光检测器光路图

1—反光镜;2—试样池;3—参比池;4—透镜;5—光学零点;6—零点调节;7—光栏;8—光源;9—检定器;10—放大器和电源;11—记录仪

19.2.5.4 蒸发光散射检测器

蒸发光散射检测器(evaporation light scattering detector, ELSD)是一种通用型检测器,对所有物质均有响应,其基本结构如图19-9所示。色谱柱洗出液进入雾化器,在氮或空气流作用下转化成烟雾,然后通过控温的漂移管,溶剂被蒸发,待分析溶质形成细小尘粒通过激光束,发生光散射,在与气流呈90°的方向安置光二极管检测散射光,产生光电流被放大、储存、显示。蒸发光散射检测器适用于梯度淋洗,其灵敏度高于示差折光检测器。

19.2.5.5 电化学检测器

电化学检测器是基于物质的电化学性质(如电化学氧化还原、电导)进行检测的仪器,主要包括安培检测器、电导检测器、极谱仪等几种类型,广泛应用于生物、医药学及环境试样中酚类(如儿茶酚胺)、胺类(如多巴胺)、维生素、各种药物及代谢产物。该类型检测器具有结构简单、死体积小、灵敏度高(最低检出限达10^{-9} g)等优点,然而其对流动相有一定的要求,流动相必须具有电导性,一般只能用极性溶剂或水溶液作流动相。

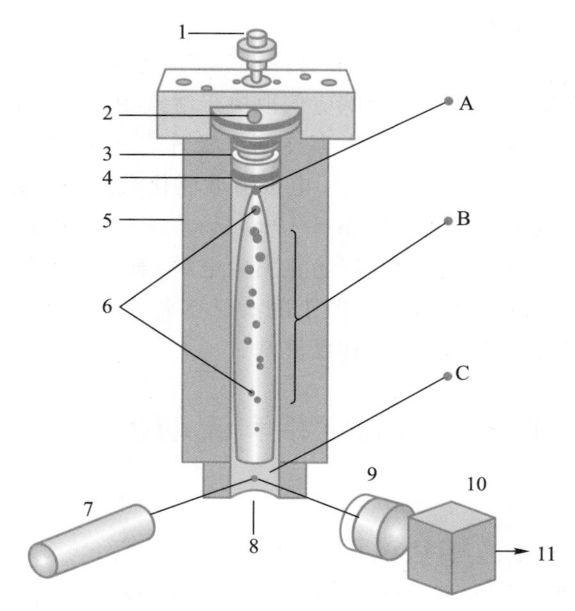

图 19-9 蒸发光散射检测器结构图

1—色谱柱出口；2—液压释放口；3—氮气入口；4—雾化器；5—加热漂移管；
6—试样液滴；7—激光光源；8—排气口；9—光电检测器；10—放大器；11—连接记录系统
A—色谱柱洗出液雾化区；B—溶剂蒸发区；C—试样粒子光散射区

安培检测器(amperometric detector)是使用较多的电化学检测器。图 19-10 展示了一种具有简单薄层型流通池安培检测器的结构图，池体由两块氟塑料及相应垫片构成，玻璃化炭黑或石墨工作电极嵌在池壁，参比电极及辅助电极置于流

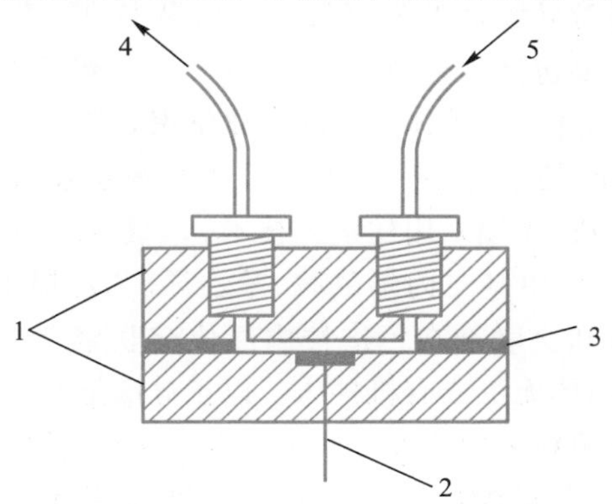

图 19-10 安培检测器结构图

1—氟塑料池体；2—工作电极；3—氟塑料或聚酯垫片；
4—接参比电极(至废液)；5—接色谱柱

通池下游，池体积通常较小(1～5μL)。

电导检测器在离子色谱中应用非常广泛，它通过连续监测色谱柱洗出液的电导，实现目标物质的检测。电导响应值取决于溶液中离子的数量、电荷及迁移率等。电导检测器结构简单，通常以夹在两电极片之间聚四氟乙烯膜上的长条形孔道为流通池，池体积仅 1～3 μL。电极由玻璃化炭黑、铂、金、不锈钢等惰性电极材料制成，一般在电极上施加 50～1000 Hz、5～10 V 的交流电压。电压越大，电导值越大，但电压不可太高，以防止发生电解、氧化和还原等反应。池上装有热敏电阻以实现温度自动补偿。鉴于溶液电导率对温度相当敏感，因此，电导检测器要求恒温操作，亦不适用于梯度淋洗。

19.3 高效液相色谱固定相和流动相

19.3.1 高效液相色谱固定相

色谱固定相是色谱分离的核心，它主要由机械强度高、化学稳定好、耐溶剂性能优的多孔材料构成。根据材料的化学组成可分为无机材料、有机材料、有机/无机杂化材料；按材料的物理结构和形状可分为颗粒填料和整体柱，前者又可分为全多孔微粒、核壳材料等。

目前，以溶胶-凝胶法或堆砌法制备的微粒硅胶是应用最广泛的无机填料，此外，氧化锆、氧化钛、氧化铝及各种复合氧化物亦有一定应用。无机微粒填料本身是液-固吸附色谱的固定相，亦可作为基质材料通过物理或化学吸附、涂渍、键合、包覆等方法在表面上引入薄层有机化合物，形成有机/无机微粒填料，其中化学键合改性微粒硅胶是当今 HPLC 应用最多的一类固定相。

有机微粒填料主要包括葡聚糖、琼脂糖等天然多糖经物理、化学加工得到的凝胶和以苯乙烯、二乙烯苯等单体和交联剂化学聚合制备的交联高聚物微球。

整体柱(monolith)是 20 世纪 80 年代后期发展起来的一种新型分离介质，它在色谱柱内原位合成，无须采用柱填充技术。一般采用正硅酸酯类、烷基硅酸酯、丙烯酰胺、N,N-亚甲基二丙烯酰胺、苯乙烯、二乙烯苯、丙烯酸酯、二甲基丙烯酸乙二酯等单体和交联剂在色谱柱内原位交联聚合，形成具有微孔(或中孔)和连续穿透孔的整体无机或有机柱床。以正硅酸酯制备的硅胶无机整体柱，可采用类似无机微粒填料表面改性方法引进有机化合物形成有机/无机整体柱；也可采用正硅酸酯、烃基硅酸酯共缩聚制备有机/无机整体柱。整体柱渗透性好、可在较低柱前压操作、适用于快速分离。

19.3.2 高效液相色谱流动相

液相色谱流动相在分离中起着至关重要的作用。流动相种类较多，从非极性、极性有机溶剂到水溶液，可使用单一纯溶剂，也可用二元或多元混合溶剂。流动相溶剂类型和组成选择常是分离条件优化的首要操作。对于液相色谱流动相的基本要求是：(1) 化学惰性，不与固定相和被分离组分发生化学反应，保证柱的稳定性和分离的重现性；(2) 适宜的物理性质，包括沸点较低以便于分离组分和溶剂回收、黏度低以利于提高传质速率和分离速率并降低柱前压；(3) 无紫外吸收或弱吸收，以降低 UV 检测器本低响应，提高检测灵敏度；(4) 对试样具有适当溶解能力；(5) 溶剂清洗和更换方便，毒性小、安全性高、纯度高、价廉等。

表征流动相溶剂的特征参数有沸点、相对分子质量、相对密度、黏度、介电常数、偶极矩、水溶性、折射率、紫外吸收截止波长等，后两者与检测器选用有关。对色谱分离来说，更重要的是与分离过程密切相关的溶剂洗脱能力或溶剂强度参数。表 19-1 给出了液相色谱流动相代表性溶剂主要特性参数。

1. 溶剂强度参数 ε^0

ε^0 为溶剂分子在单位吸附剂表面积上的吸附自由能，表征溶剂分子对吸附剂亲和力大小，ε^0 值越大，对吸附剂的亲和力越大，对溶质洗脱能力越强。表 19-1 中 ε^0 是相对 Al_2O_3 吸附剂而言，相对硅胶的 ε^0 约为氧化铝的 0.8 倍。

表 19-1 液相色谱流动相代表性溶剂主要特性参数

溶剂	bp	η	RI	UV	δ	ε^0	P'
正戊烷	36	0.22	1.355	195	7.1	0	0
正己烷	69	0.30	1.372	190	7.3	0.01	0.1
乙醚	35	0.24	1.350	218	7.4	0.38	2.8
环己烷	81	0.90	1.423	200	8.2	0.04	−0.2
四氯化碳	77	0.90	1.475	265	8.6	0.18	1.6
二氯甲烷	40	0.41	1.421	233	9.6	0.42	3.1
正丙醇	97	1.90	1.385	205	10.2	0.82	4.0
正丁醇	118	2.60	1.397	210		0.7	3.9
四氢呋喃	66	0.46	1.405	212	9.1	0.57	4.0
氯仿	61	0.53	1.443	245	9.1	0.40	4.1
二氧六环	101	1.20	1.420	215	9.8	0.56	4.8
吡啶	115	0.88	1.507	305	10.4	0.71	5.3

续表

溶剂	bp	η	RI	UV	δ	ε^0	P'
丙酮	56	0.30	1.356	330	9.4	0.50	5.1
乙醇	78	1.08	1.359	210		0.88	4.3
乙腈	82	0.34	1.341	190	11.8	0.65	5.8
甲醇	65	0.54	1.326	205	12.9	0.95	5.1
水	100	0.89	1.333		21.0		10.2

注：bp为沸点，℃；η为黏度，mPa·s，25 ℃；RI为折射率，25 ℃；UV为紫外透过波长下限；δ为溶解度参数；ε^0为氧化铝吸附剂上溶剂强度参数；P'为溶剂极性参数（ε^0从吸附色谱中测定；δ，P'从分配色谱中求出）。

2. 溶解度参数 δ

δ是溶剂与溶质分子间各种作用力的总和，包括色散力、偶极作用力、接受质子能力、给予质子能力等。在正相色谱中，溶剂δ值越大，洗脱强度越大，溶质在固定相上的保留越弱；而在反相色谱中，溶剂δ值越大，洗脱能力越小，溶质在固定相上的保留越强。

3. 极性参数 P'

P'是溶剂与乙醇、二氧六环和硝基甲烷三种极性物质相互作用力的度量，反映溶剂接受质子、给出质子和偶极相互作用能力及选择性差异，亦作为表征溶剂洗脱强度的指标。正相色谱中，溶剂P'值越大，洗脱强度越大，溶质在固定相上的保留值越低；反相色谱中，溶剂P'值越大，洗脱能力越小，溶质在固定相上保留能力越强。

改变流动相溶剂类型和组成是优化试样保留值k和分离选择性α的重要方法，对不同结构的溶质，当流动相组成改变时，其保留值k可能升高亦可能降低，分离选择性α亦随之变化。当需要对流动相组成进行优化时，可采用溶剂组成与溶剂强度参数关系进行估算。二元混合溶剂的极性参数P'与其体积组成呈线性关系，可按算数平均值求出。例如，溶剂A和B混合液的极性参数P'_{AB}可按下式求出：

$$P'_{AB}=\phi_A P'_A+\phi_B P'_B \tag{19-1}$$

式中P'_A和P'_B是两溶剂极性参数；ϕ_A和ϕ_B是各溶剂的体积分数。P'_{AB}的调节可通过改变两溶剂混合物的组成来实现。

对于极性吸附和正相色谱，P'与k的关系可大致用下式表示：

$$k_2/k_1=10^{(P'_1-P'_2)/2} \tag{19-2}$$

P'_1和k_1是最初溶剂强度和某溶质的k值，P'_2和k_2是组成改变后溶剂强度和同

一溶质的 k 值。若 $P'_1>P'_2$，则 $k_1<k_2$。粗略估算，P'改变两个单位，能导致 k 的 10 倍变化。

对于反相色谱：

$$k_2/k_1=10^{(P'_2-P'_1)/2} \quad (19-3)$$

此时若 $P'_1>P'_2$，则 $k_1>k_2$。如以甲醇代替水为流动相，k 将降低 10^3。

假设混合一个非极性溶剂（$P'\approx0$）A 和一个极性溶剂 B，得 B/A 混合溶剂，其溶剂强度为 P'，对某特定分离可获得合适 k 值（一般为 2～5）。然而，因选择性欠佳而分离度不高，则可选用另一个极性溶剂 C 代替 B，调节 C/A 组成，保持与 B/A 组成下的溶剂强度，基本保持 k 不变而提高 α，以达到所需分离度。因为 $P'_A\approx0$，由式（19-1）可得

$$\phi_C=\phi_B(P'_B/P'_C) \quad (19-4)$$

亦可采用 ε^0 值来选择混合溶剂，ε^0 值增加 0.05 单位，硅胶吸附和正相色谱所有溶质 k 可大致降低 3～4 倍。然而，ε^0 随溶剂体积比呈非线性变化，不像 P' 呈线性变化，混合溶剂 ε^0 值理论计算较为麻烦。

19.4 高效液相色谱常见类型

高效液相色谱的分类方法多种多样，根据溶质与固定相的作用，可分为分配色谱、吸附色谱、离子交换色谱等；根据流动相与固定相之间相对极性强弱，又可分为正相色谱与反相色谱；而根据待分析的对象，可分为手性色谱、亲和色谱等。这些分类方法彼此重叠，难以严格区分。本节就常见的色谱类型进行简要介绍。

19.4.1 分配色谱

分配色谱（partition chromatography）是研究最多、应用最广的高效液相色谱类型。分配色谱可分为液-液分配色谱和化学键合相色谱。前者以物理吸附涂渍固定液在多孔载体表面上为固定相；后者以键合相为固定相，即将固定相化学键合至载体或基质表面。在液-液分配色谱中，由于固定相易被流动相溶解而流失，其应用和发展受到较大限制，目前化学键合相色谱已成分配色谱的主流。在键合相色谱过程中，较普遍的观点认为溶质与固定相是发生在相内部的“吸收作用”（吸着、吸留）（absorption）分配过程，区别于吸附色谱发生在相表面的“吸附作用”（adsorption）分配过程。

19.4.1.1 液-液分配色谱

液-液分配色谱固定相是将固定液涂渍在全多孔或薄壳型硅胶等载体表

面，要求载体表面惰性，比表面积不宜太高（50～250 $m^2 \cdot g^{-1}$），以降低残余吸附效应。使用的固定液有极性和非极性两种，前者如β,β'-氧二丙腈、乙二醇、聚乙二醇、甘油、乙二胺等；后者如聚甲基硅氧烷、聚烯烃、正庚烷等。使用极性固定液时，应采用烷烃类为主的非极性流动相，加入适量卤代烃、醇等弱或极性溶剂来调节流动相洗脱强度，构成液-液正相色谱体系，溶质 k 值随流动相改性剂加入而降低，表明流动相洗脱强度增强。若使用非极性固定相，应采用水为流动相主体，加入二甲亚砜、醇、乙腈等极性有机溶剂调节流动相洗脱强度，构成反相色谱体系，溶质 k 值随流动相中有机改性剂加入而降低。

固定液涂渍在载体上有两种方法：一是静态法，以固定液溶液浸渍载体，然后缓慢蒸发除去溶剂；以静态法涂渍固定液，应选用对固定液溶解度小的溶剂为流动相，并预先使固定液在流动相中饱和，防止固定液被流动相溶解而流失。另一种是在位动态涂渍法，将载体填充在色谱柱中，然在将一定固定液浓度的流动相连续流经色谱柱，至固定液在载体和流动相中达到分布平衡，形成稳定色谱体系。固定液涂渍量为每克载体 0.1～1 g。

液-液分配色谱具有柱容量高、适用试样类型广等特点，包括水溶性和脂溶性试样、极性和非极性、离子性和非离子性化合物等。理论上液-液分配色谱可形成种类繁多的色谱体系，但由于固定液易被流动相溶解的限制，具广泛实用价值的液-液分配色谱体系相当有限。

19.4.1.2 键合相色谱

1. 键合相色谱固定相

键合相色谱固定相根据功能团与基质的结合方法可分为化学键合相色谱固定相与化学吸附改性色谱固定相两种。

（1）化学键合相色谱固定相　键合相色谱中常采用的基质是粒径为 3 μm、5 μm 或 10 μm 的多孔硅胶微粒，硅胶使用前需用 0.1 $mol \cdot L^{-1}$ HCl 溶液加热处理 1～2 d，使表面完全水解生成可供键合反应的硅羟基（经处理后硅羟基浓度一般为 8.0 ±1.0 $\mu mol \cdot m^{-2}$）。键合固定相最常见的方法是硅胶表面硅羟基与有机硅烷进行硅烷化反应，形成稳定的—Si—O—Si—C—结构，典型反应如下：

$$\begin{array}{c} \diagup \\ \text{—Si—OH} \\ \diagdown \end{array} + \text{X—}\begin{array}{c} CH_3 \\ | \\ \text{Si} \\ | \\ CH_3 \end{array}\text{—R} \longrightarrow \begin{array}{c} \diagup \\ \text{—Si—O—} \\ \diagdown \end{array}\begin{array}{c} CH_3 \\ | \\ \text{Si} \\ | \\ CH_3 \end{array}\text{—R} \qquad (19-5)$$

式中 X 为氯或甲氧基、乙氧基；R 为烷基、取代烷基或芳基、取代芳基。由于空间位阻效应，硅烷化反应的表面键合量一般在 4 $\mu mol \cdot m^{-2}$ 或更低。未反应的残留硅羟基可能引起色谱峰拖尾，对于碱性溶质尤为明显。为消除此影响，可利用分子体积小的三甲基氯硅烷与残留硅羟基进一步反应。

根据 R 的结构不同，可分为非极性键合相和极性键合相。非极性键合相的 R 常为烷基或芳基，如 C_1，C_4，C_6，C_8，C_{18}，C_{22} 等不同链长烃基和苯基键合相；极性键合相 R 中引入氰基、羟基、胺基、卤素等，如 $—C_2H_4CN$，$—C_3H_6OCH_2CHOCH_2OH$，$—C_3H_6NH_2$，$—C_3H_6NHC_2H_4NH_2$，$—C_3H_6Cl$ 等。这些键合相均已商品化，其中十八烷基键合硅胶(octadecylsilica，ODS 或 C_{18})应用最广。

键合固定相的性能指标包括：(1) 键合量，可用键合硅胶含碳量和表面覆盖率表示，通常其含碳范围为 5%～40%，表面覆盖率为 1～4 $\mu mol \cdot m^{-2}$；(2) 指定溶质的理论塔板数；(3) 色谱柱渗透性；(4) 两种不同溶质的分离选择性 α；(5) 溶质保留值 k 的重现性；(6) 色谱峰的对称性；(7) 稳定性，即耐溶剂和 pH 范围。

(2) 化学吸附改性色谱固定相　其典型代表是以微粒氧化锆、氧化锆/氧化镁等为基质，通过 Lewis 酸碱化学吸附作用，制备长链烷基膦酸(C_8～C_{18})及含极性基团衍生物的非极性和极性色谱固定相。它们具有耐溶剂、耐酸碱(pH1～12)、化学稳定和适用范围广的特点，其色谱性能与键合硅胶固定相基本类似，适用碱性化合物、蛋白质等生物试样分离，是一类具有发展潜力的 HPLC 固定相。

2. 重要的键合相色谱——正相色谱与反相色谱

根据色谱体系固定相与流动相相对极性，液相色谱可分为正相色谱和反相色谱。极性键合相和正己烷、二氯甲烷等非极性、弱极性溶剂构成正相色谱体系；非极性或烃基键合相和水、乙腈、甲醇等极性溶剂为流动相构成反相色谱体系。反相色谱是当今最重要、应用最广泛的色谱方法，几乎涵盖了高效液相色谱常规分析工作 70%以上。

为获得良好的分离效果，液相色谱在应用中需对众多影响因素进行优化，如固定相与流动相的选择、溶质衍生化技术等。以反相色谱为例，具体阐述如下。

(1) 反相色谱固定相的选择　改变非极性键合相烃基链长和键合量可改变试样保留值 k 和分离选择性 α，链长增加导致溶质保留值 k 升高，但不同长链之间 k 和 α 差别较小；键合量增加，k 上升；相同表面覆盖率 C_{18} 柱保留略大于 C_8 柱；当表面覆盖率 $< 3\ \mu mol \cdot m^{-2}$，$\lg k$ 与覆盖率呈线性关系。

取代烃基键合相疏水性一般比烃基键合相弱，苯乙烯/二乙烯苯交联共聚物微球等非极性有机固定相疏水性比键合相更高。非极性、非离子性化合物的反相色谱保留值一般随固定相遵循以下顺序：未改性硅胶(弱)≪胺基＜氰基＜羟基＜醚基＜C_1＜C_3＜C_4＜苯基＜C_8≈C_{18}＜聚合物(强)。

一般而言，改变色谱固定相或色谱柱通常不如改变流动相溶剂类型和组成有效，只有当改变流动相难以实现期望的分离效果时，才尝试改变色谱柱类型。

(2) 反相色谱流动相的选择　改变流动相溶剂种类和组成是调节试样保留值 k 和选择性 α 最简便、有效的方法。反相色谱均采用水和水溶性极性溶剂为流动相，改变流动中有机溶剂(B)与水(A)体积配比获得需要的溶剂强度，可调节 k 和 α 值；改变有机溶剂类型亦可改变 k 和 α 值。流动相中有机溶剂(B)增加，k 下降，B增加10%，k 降低2～3倍，$\lg k$ 与B的体积分数基本呈线性关系，这是色谱固定相反相色谱性能的重要特征。

反相色谱使用的溶剂相对强度(S)顺序为：水(0，最弱)<甲醇(3.0)<乙腈(3.1)<丙酮(3.4)<二氧六环(3.5)<乙醇(3.6)<异丙醇(4.2)<四氢呋喃(4.4)<丙醇(4.5)<二氯甲烷(最强)。在分离时，欲保持溶剂强度基本不变，以溶剂C置换溶剂B来改变分离选择性，其含量按下式计算：

$$\varphi_C = \varphi_B \frac{S_B}{S_C} \tag{19-6}$$

式中 S_B，S_C 为溶剂B，C的反相溶剂相对强度数据。

优化流动相类型和组成时，通常首先尝试高含量有机溶剂(≥80%)，或纯有机溶剂，以确保试样中所有组分在较短时间被洗出，便于对 k 值进行评估；然后逐步增加水含量或改换有机溶剂类型，调节 k 值和提高 α 值。值得注意的是，当流动相中有机溶剂种类不同时，组分保留和洗出顺序可能完全逆转，如图19-11、图19-12所示。

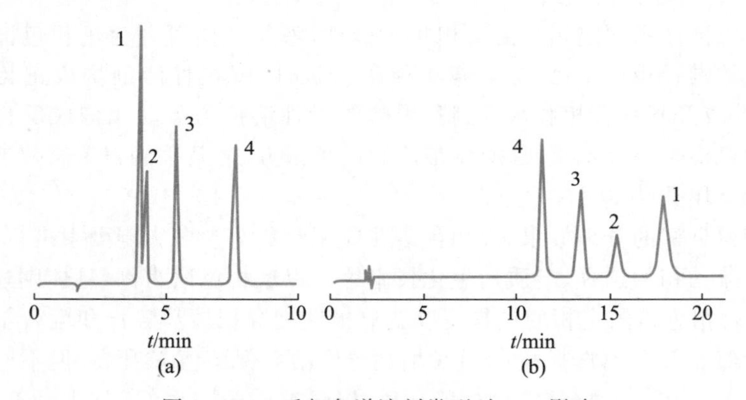

图19-11 反相色谱溶剂类型对 k，α 影响

流动相：(a) 50%甲醇/50%水；(b) 25%THF/75%水

色谱峰：1—对硝基苯酚；2—对二硝基苯；3—硝基苯；4—苯甲酸甲酯

流动相缓冲溶液pH对离子性溶质的保留有显著影响，它可改变解离溶质的解离程度。分子态溶质具较高疏水性，k 值较高；解离成离子态，疏水性降低导致 k 值下降；解离基团越多，疏水性越弱，k 值越小。图19-13描述反相色谱流动相pH对不同类型溶质保留的影响：当pH升高，酸失去质子解离，k 值减小；当pH降低时，碱获得质子解离，k 值减小；当pH变化时，中性溶质因不存在可解离基团，其 k 值基本不变。研究表明，几乎所有与pH相关有机酸碱性溶质

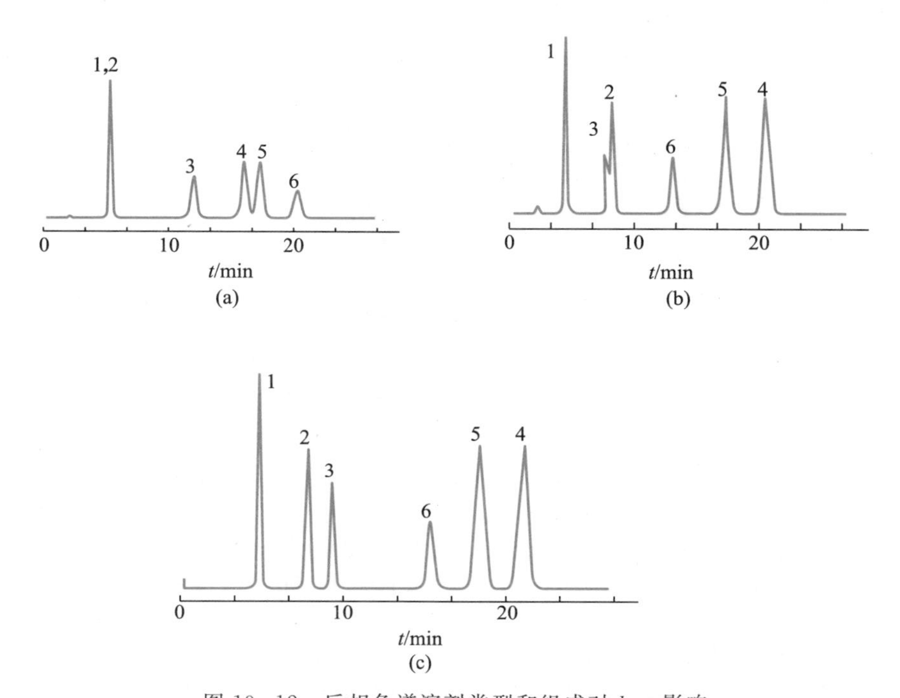

图 19-12 反相色谱溶剂类型和组成对 k、α 影响

流动相：(a) 50%甲醇/50%水；(b) 32%THF/68%水；
(c) 10%甲醇/25%THF/65%水

色谱峰：1—苯乙醇；2—苯酚；3—苯丙醇；4—2,4-二硝基苯酚；
5—苯；6—邻苯二甲酸二乙酯

保留变化均发生在 $pK_a \pm 1.5$ 单位的 pH 范围内。当分离酸或碱性化合物，加入缓冲剂控制流动相 pH，抑制溶质解离，以获得较高 k 和 α。

(3) 溶质衍生化技术 与气相色谱类似，HPLC 也常采用衍生化技术以解决分离中面临的问题，主要包括柱前衍生和柱后衍生。柱前衍生化可达到两个目的：一是降低溶质极性，提高疏水性，更有利于条件温和、重现性好的反相色谱分离，而不必采用吸附色谱或离子交换色谱分离；二是向溶质中引进检测响应，主要是紫外吸收、荧光激发基团，以提高检测灵敏度或高选择性检测响应。柱后衍生则通常只解决检测灵敏度的问题。

3. 键合相色谱保留机理

反相色谱溶质保留类似于从水中萃取有机化合物至有机溶剂（如辛醇），非极性疏水化合物更易于萃取至非极性固定相中，非极性化合物保留较强，亲水性极性化合物保离较弱。疏水效应是当今较为公认阐明反相色谱保留机理的理论依据。以色散为主的非极性分子间作用力很弱，烃类键合相具有长链非极性配

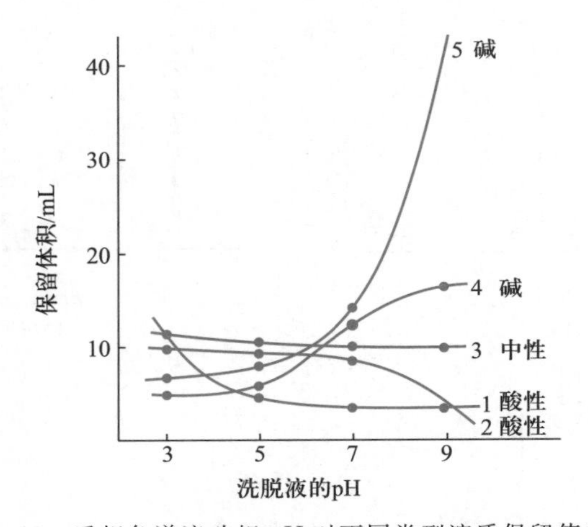

图 19-13 反相色谱流动相 pH 对不同类型溶质保留值的影响

色谱柱：300 mm×4 mm ODS

流动相：40%甲醇/0.025 $mol \cdot L^{-1}$磷酸盐缓冲液

溶质：1—水杨酸；2—苯巴比妥；3—非那西丁；4—尼古丁；5—甲基苯丙胺

体，在固定相基质表面表形成一层"分子刷"，在高表面张力水溶性极性溶剂环境中，当非极性溶质或其分子中非极性部分与非极性配体接触时，周围溶剂膜会产生排斥力促进两者缔合，如图 19-14 所示。这种作用称为"憎水"、"疏水"、"疏水效应"或"疏溶剂效应"。溶质保留并不主要由溶质与固定相之间非极性相互作用，而是由于溶质受极性溶剂的排斥力，促使溶质(S)与键合非极性烃基配体(L)发生疏溶剂化缔合，形成缔合物(SL)，导致溶质保留。这种缔合是可逆的：

$$S+L \rightleftharpoons SL \tag{19-7}$$

缔合作用强度和溶质保留决定于三个因素：溶质分子中非极性部分的总面积、键合相上烃基的总面积、影响表面张力等性质的极性流动相性质和组成。

疏溶剂理论能很好解释在高含水量流动相条件下反相色谱溶质的保留行为，但当流动相含水量不高时，基质表面残余硅羟基对极性溶质保留亦有影响，因此，溶质保留除疏水作用外还存在残余硅羟基作用，即双保留机理。随着键合相制备技术的完善和反相色谱技术发展，通过提高键合相的均匀性或改进流动相，残余硅羟基作用已大大降低至可忽略的水平。

极性键合相的正相色谱保留主要基于固定相与溶质间的氢键、偶极等分子间极性作用，如胺基键合相兼有质子受体和给予体双重功能，对可形成氢键的溶质具有极强分子间作用，导致保留值 k 升高和较好的分离选择性。极性键合相反相色谱体系，由于固定相的弱疏水性和极性作用而显示双保留机理，何者占优势则取决于流动相水-有机溶剂类型和组成及溶质结构。

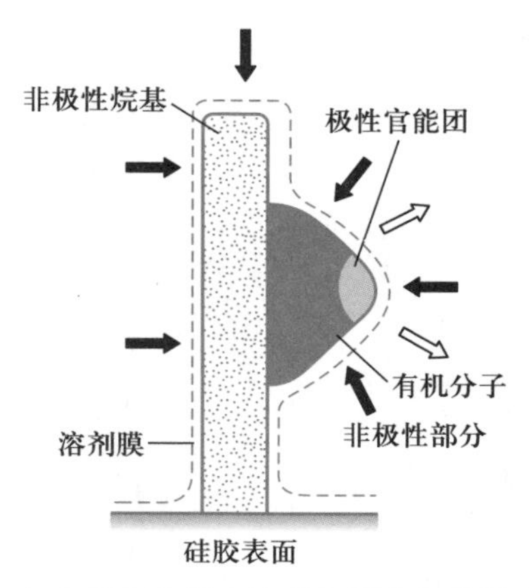

图 19-14 反相色谱中溶质与固定相作用示意图

4. 键合相色谱应用实例

相对分子质量<10000 的脂溶性试样一般采用反相色谱分离。图 19-15 为邻苯二甲醛柱前衍生化氨基酸的反相色谱分离图，当不采用柱前衍生则只能靠离子交换分离、柱后与茚三酮反应和光度法检测，操作相对复杂。图 19-16 为极性氨基柱在反相色谱条件下分离水溶性、强极性糖类化合物色谱图，这是氨基柱的典型应用实例。

19.4.1.3 离子对色谱

离子对色谱(ion-pair chromatography)是一种分离离子型溶质的色谱方法，在色谱体系中引入一种与试样溶质离子电荷相反的试剂，通常称为对离子或反离子(counterion)，它与溶质离子形成离子对，从而改变溶质在两相中的分配，使离子型溶质的保留行为和分离选择性发生显著变化。常用的离子对试剂包括阴离子(烷基磺酸盐、烷基硫酸盐、羧酸盐、萘磺酸盐、高氯酸盐等)和阳离子(四丁基铵盐、十六烷基三甲基铵盐烃基胺等)。

离子对试剂通常添加在流动相中，和待分析溶质形成离子对。例如，将离子对试剂添加进缓冲溶液与甲醇(或乙腈等)中，构成极性流动相，再与反相固定相组建反相离子对色谱，用于离子型物质的分离。与传统的离子交换色谱固定相相比，反相离子对色谱具有传质速率快、柱效高等优点，已广泛应用于羧酸、磺酸、胺、季铵盐、氨基酸、多肽，核苷酸及衍生物等有机酸、碱和两性化合物的分离(图 19-17 是反相离子对色谱分离水溶性维生素色谱图)。尤其是针对相对分子质量大的有机离子分离，反相离子对色谱是更佳选择。

基于反相离子对色谱溶质保留行为及影响因素，已提出形成离子对、动态离子交换和离子相互作用等多种保留机理。其中形成离子对是较为典型的观点，

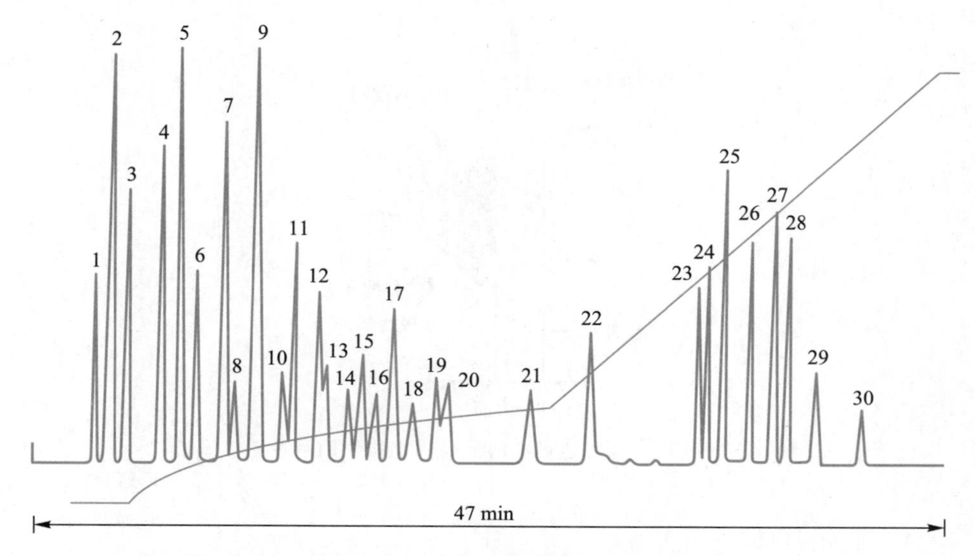

图 19-15 邻苯二甲醛柱前衍生化氨基酸的反相色谱分离图

色谱柱：300 mm×4.5 mm，5 μm ODS

流动相：0.05 mol·L^{-1}磷酸缓冲液至 2%THF/2%水/甲醇梯度淋洗

色谱峰：1—磷酸丝氨酸；2—天冬氨酸；3—谷氨酸；4—α-氨基己二酸；5—天冬酰胺；6—丝氨酸；7—谷氨酰胺(Glu.)；8—组氨酸；9—甘氨酸；10—苏氨酸；11—瓜氨酸；12—1-甲基组氨酸；13—3-甲基组氨酸；14—精氨酸；15—β-氨基丙酸；16—氨基丙酸；17—牛磺酸；18—鹅肌肽；19—β-氨基丁酸；20—β-氨基异丁酸；21—酪氨酸；22—氨基丁酸；23—蛋氨酸；24—缬氨酸；25—色氨酸；26—苯丙氨酸；27—异亮氨酸；28—亮氨酸；29—δ-羟赖氨酸；30—赖氨酸

主要原理是在水溶液流动相中溶质离子 X^+ 和相反电荷对离子 Y^-（若 X 带负电荷，则 Y 带正电荷）形成离子对$[X^+Y^-]$，整体作为中性的缔合物或络合物因疏水效应而转移至非极性有机键合相：

$$[X^+]_m + [Y^-]_m \rightleftharpoons [X^+Y^-]_s \tag{19-8}$$

反应平衡常数 K_{XY} 也称为萃取常数(下标 m，s 指流动相和固定相)。

$$K_{XY} = \frac{[X^+Y^-]_s}{[X^+]_m[Y^-]_m} \tag{19-9}$$

X 在两相中的分配系数 K 为两相中浓度比：

$$K = \frac{[X^+Y^-]_s}{[X^+]_m} = K_{XY}[Y^-]_m \tag{19-10}$$

色谱过程中溶质的保留值 k 为

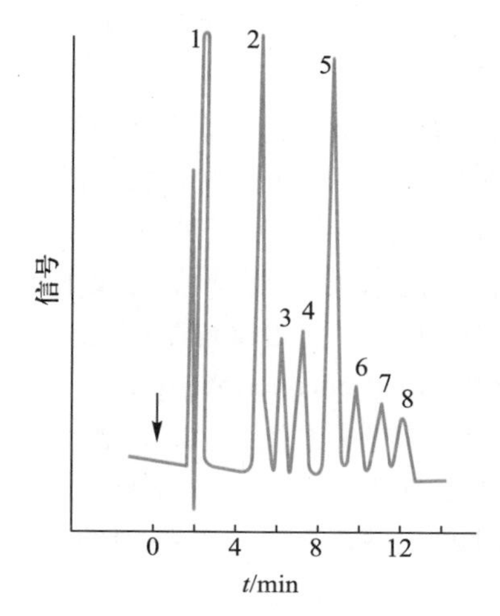

图 19-16 极性氨基柱在反相色谱条件下分离水溶性、强极性糖类化合物色谱图

色谱柱：5 μm 键合胺丙基硅胶柱，250 mm×4.6 mm

流动相：75%乙腈/水

色谱峰：1—溶剂；2—鼠李糖；3—木糖；4—阿拉伯糖；5—果糖；6—甘露糖；7—葡萄糖；8—半乳糖

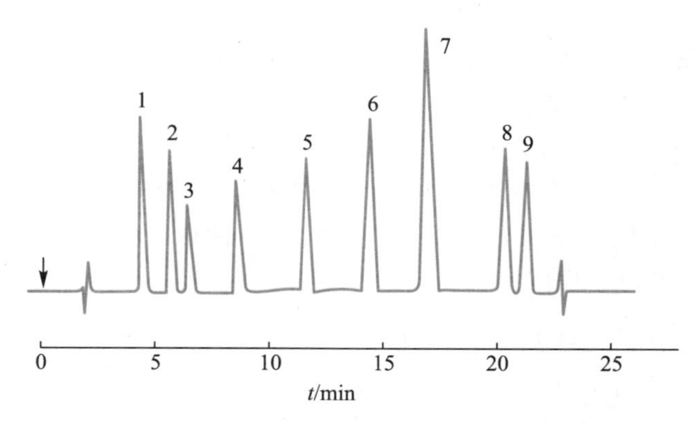

图 19-17 反相离子对色谱分离水溶性维生素色谱图

色谱柱：5 μm ODS 250 mm×4.6 mm

流动相：1%乙酸+0.5%三乙胺+50%甲醇/水

色谱峰：1—维生素 C；2—维生素 B_1；3—维生素 B_6；4—烟酸；5—维生素 K_3；6—烟酰胺；7—对羟基苯甲酸；8—维生素 B_{12}；9—维生素 B_2

$$k=K\frac{V_s}{V_m}=K_{XY}[Y^-]_m\frac{V_s}{V_m} \tag{19-11}$$

式(19-11)说明，溶质的 k 与 K_{XY} 和流动相离子对试剂浓度$[Y^-]$成正比，

K_{XY}与溶质解离度、对离子的类型及结构、性质有关，因此，影响溶质保留和分离选择性的因素，除一般反相色谱条件外，主要还包括：流动相缓冲液的 pH 应高于溶质的 pK，以确保溶质解离呈离子态；离子对试剂具有适当烷基链、疏水性，在水溶性流动相有较好溶解度，且可调节一定浓度范围。改变离子对试剂的结构和浓度可以控制 k 值和提高 α 值；采用具紫外吸收的离子对试剂可测定非紫外吸收试样。反相离子对色谱的主要缺点是反相键合填料适应 pH 范围(pH2～8)较窄，若采用有机聚合物反相填料能扩大离子对色谱应用 pH 范围。

19.4.1.4 手性色谱(chiral chromatohgaphy)

色谱法分离手性化合物具有速率快、效果好、操作简便、适用范围广等优点。手性高效液相色谱可分为手性固定相(chiral stationary phase，CSP)/非手性流动相和非手性固定相/手性流动相(含手性选择剂的流动相)两种。具实用价值的手性流动相添加剂品种较少，本节主要介绍前者。

CSP 通常是将手性物质化学键合或涂渍在载体表面制成。化学键合 CSP 是通过含活性基团(如烃胺基)的有机硅偶联剂与手性物质发生反应，将之键合到硅胶等基质表面。试样对映体分子与基质表面的手性分子通过氢键、π－π、偶极、疏水、静电、包络和立体镶嵌等相互作用，形成瞬间非对映异构体络合或复合物的结合能力差异，实现对映体拆分。采用 CSP 的高效液相色谱体系的流动相与一般分配色谱相似，根据 CSP 与流动相相对极性不同可构成正相或反相色谱，其中采用极性水溶性流动相的反相手性色谱应用较多。下面介绍常用的 CSP 类型及相应色谱体系。

1. 给体－受体手性固定相

这是 Pirkle 研究组最先开发的一类 CSP，由含末端羧基或异氰酸酯芳香烃手性配体与氨基键合硅胶缩合，分别形成具手性取代芳香酰胺或脲型结构 CSP，亦称为 Pirkle 手性固定相。

$$R^*—COOH+H_2N(CH_2)_n—SiO_2 \longrightarrow R^*—CONH(CH_2)_n—SiO_2 \quad (19-12)$$

$$R^*—NCO+H_2N(CH_2)_n—SiO_2 \longrightarrow R^*—NHCONH(CH_2)_n—SiO_2 \quad (19-13)$$

它们具有确定的化学结构，其共同结构特征是在手性中心附近含有取代芳基的 π 电子给体或 π 电子受体基团、能形成氢键和偶极作用的极性基团、具有立体位阻的大体积非极性基团，这是三点作用手性识别模式的结构基础。例如，广泛使用的 3，5－二硝基苯甲酰苯基丙氨酸键合 CSP 为 π 电子受体，芳香化合物是良好 π 电子给体，因此能有效分离芳香对映体。图 19－18 是 Pirkle CSP 手性识别作用点示意图。Pirkle CSP 手性分子具有独立手性识别能力，大多可用三点作用规律解释，固定相分子设计、溶质对映体洗脱顺序可以预测，并可提供溶质绝对构型的有关信息。它是目前使用量较大、适用面广、柱容量高的 CSP，一般用于正相色谱体系，不仅可用于对映体微量分析，亦可用于制备分离。其主要缺点是待分离溶质大部分需经过衍生引入芳基等手性识别所需基团，同时，采用的非极性溶剂流动相可能限制某些溶质分离。

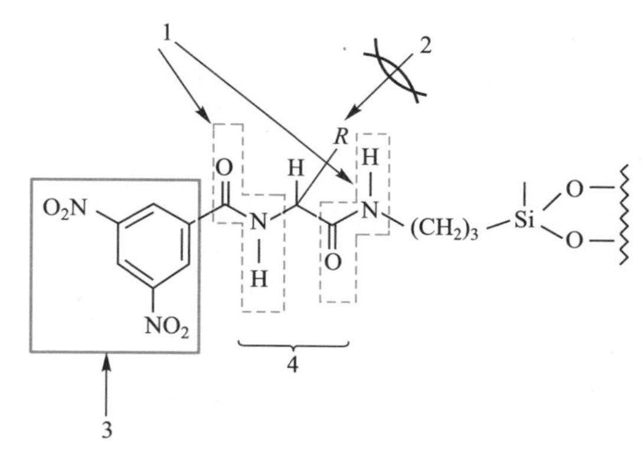

图 19-18 Pirkle CSP 手性识别作用点示意图

1—偶极-偶极作用；2—立体位阻；3—π-π 作用；4—氢键作用

2. 多糖类手性固定相

多糖类手性固定相主要是纤维素及其衍生物 CSP，以含有芳环的取代苯甲酸酯衍生化纤维素居多，如纤维素三(3,5-二甲苯基氨基甲酸酯)、纤维素三(4-甲基苯甲酸酯)、纤维素三乙酸酯等。通常这些衍生物经涂渍分布在微粒硅胶表面，亦有通过羟基和有机硅偶联剂缩合化学键合至硅胶表面。纤维素类 CSP 手性识别机理复杂，至今仍未完全阐明，较普遍的观点认为聚合物螺旋型空穴"立体配合"(steric fit)包结作用起主要影响，氢键、偶极作用及 CSP 超分子结构对立体识别亦有一定贡献。纤维素 CSP 用水溶性或非水溶剂流动相，分别构成反相和正相色谱。流动相影响对映体的分离选择性，正己烷等非极性溶剂通常要比甲醇/水混合液显示较高分离选择性。这类 CSP 具有应用范围广、试样容量高、价格低等优点；缺点是柱效低，有些溶质呈不可逆吸收，涂渍柱易流失，所用溶剂有一定限制。

3. 环糊精手性键合固定相

环糊精手性键合固定相亦称为空穴型固定相。环糊精简称 CD，具手性空穴结构，有 α,β,γ 等类型，分别由 6(α),7(β),8(γ)个葡萄糖苷形成环状空穴结构，其空穴直径依次增加。空穴开口处由极性羟基包围，而空穴本身呈疏水性，可与各种有机分子形成包结络合作用，分子整体上具有光学活性和立体识别能力。分子中的羟基为其衍生化、改性、键合提供了结构基础。通过氨或酰胺键可将 CD 键合到硅胶表面，亦可将 CD 与含环氧基、卤代烃或乙烯基键合硅胶反应，生成水解稳定性更高的 CSP。

CD－CSP可用于正相和反相两种色谱体系。天然CD键合相用于正相色谱体系时，未能观察到对对映体选择性，因此，该键合相主要用于反相色谱体系。CD经衍生化后可提高其手性识别能力，如β－CD氨基甲酸萘乙酯CSP是具有包容络合、π－π、氢键作用和大体积空间障碍基团的多模式手性固定相，可同时适用于正相和反相色谱体系。目前，CD－CSP除用于分离手性芳香族有机酸、醇、酯、氨基酸、糖类及衍生物外，还广泛应用于各种手性药物对映体的分离。

4．蛋白质手性固定相

该类固定相所采用的蛋白质主要有牛血清蛋白（BSA）、人血清蛋白（HBA）、α－酸性糖蛋白（AGP）、蛋白酶[如α－胰凝乳蛋白酶（ACHT）]等。一般通过含氨基、二醇基等键合硅胶中间体将蛋白质固载至硅胶上。这类CSP只能用于反相色谱体系。蛋白质CSP的手性选择机理十分复杂，已观察到疏水效应、氢键形成、电荷性质、立体效应等。由于这类CSP的超分子构型相当复杂，不同的键合技术可能形成蛋白质络合点不同的微环境、蛋白质CSP次级结构立体活性点对流动相组成相当敏感，因而分离条件优化一般相当困难，其手性选择性也难以预测。另外，这类普遍存在的缺点如价格昂贵，柱效一般、使用寿命欠佳等也在一定程度上限制其应用。

尽管蛋白质手性固定相存在许多不足，但按CSP的通用性来讲，大致顺序为：蛋白质＞多糖类＞环糊精＞Perkle型，该顺序将随CSP制备技术的发展而变化。蛋白质CSP的特殊对映体选择性显示出广阔的适用性，多种外消旋体包括许多药物至今只能在蛋白质CSP上分离，图19－19是在酸性糖蛋白AGP CSP上直接分离未衍生化萘普生手性药物对映体色谱图。

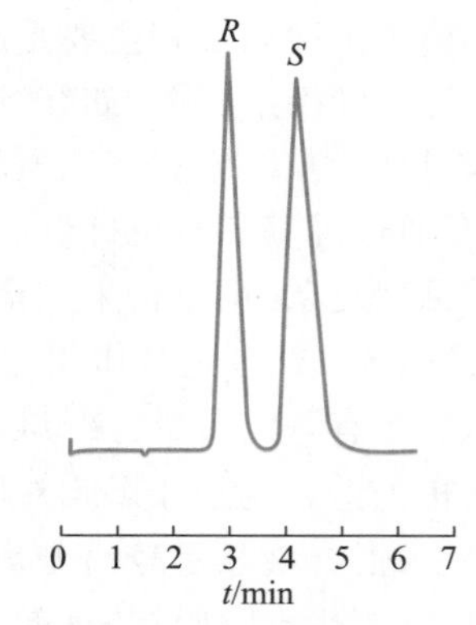

图19－19 在酸性糖蛋白AGP CSP上直接分离未衍生化萘普生手性药物对映体色谱图

流动相：4 mmol·L^{-1}磷酸缓冲液（pH7.0）－异丙醇（99.5∶0.5）

19.4.1.5 亲和色谱

亲和色谱（affinity chromatography）是以表面键合有生物活性配体（如酶、抗体、激素等）的多孔微粒为固定相、以不同pH的缓冲溶液为流动相，依据生物分子（氨基酸、肽、蛋白质、核酸等）与固定相配体间的特异、可逆的相互亲和作用力差异，实现生物活性分子分离和纯化。这种亲和作用涉及分子间疏水、范德华力、静电力、络合作用及空间位阻效应等多种因素。亲和色谱过程中，生物活性分子与配体作用被吸留（吸收、吸着）是基于生物活性，而不是物理化学性质，被吸留的活性分子只有改变流动相组成时才被洗脱。当色谱体系中固定相上配体的起始浓度远大于生物活性分子浓度和复合物浓度时，溶质保留 k 正比于配体的起始浓度，反比于复合物的解离常数。特别适用于低浓度生物大分子如蛋白质的分离纯化，可稳定蛋白质的结构和活性，且收率高。

亲和色谱固定相由基质、间隔臂和配体三部分组成。基质材料有天然和合成聚合物等有机基质（如葡聚糖、聚丙烯酰胺、交联聚苯乙烯等）和无机基质（如硅胶、氧化锆、氧化钛等）。基质均需通过功能化反应在表面引入活性基团，如羟基、胺基、环氧基等。间隔臂通常为不同链长的双功能基化合物，如二醇、二胺、二酸、氨基酸等。亲和色谱固定相配体，其结构类型多种多样，主要是 (1) 染料；(2) 具包结络合作用的大环化合物如环糊精、杯芳烃等；(3) 生物特效配体如氨基酸、多肽、蛋白质、抗体、抗原、核苷、核苷酸、辅酶、核糖核酸、脱氧核糖核酸及微生物等生物小分子或大分子；(4) 与生物活性分子发生作用的药物如阿普洛尔、四氢大麻酚等。其中生物特效配体是亲和色谱最重要固定相功能基，固定相配体浓度越高，溶质保留值越高，试样容量越大。

胞嘧啶核苷酸(CMP)配体通过丁二酸间隔臂键合到氨丙基活化的硅胶亲和色谱固定相结构见图 19-20。这种固定相已用于细胞色素 C、核糖核酸酶、溶菌酶、纤维素酶、牛血清蛋白等纯度分析。亲和色谱固定相粒径从 3 μm 到数百微米，10 μm 以下常用于分析分离；大粒径填料用于半制备或工业规模纯化分离。

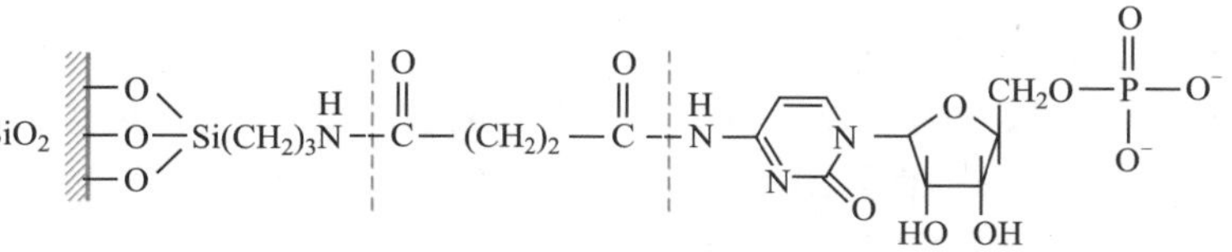

图 19-20 胞嘧啶核苷酸(CMP)亲和色谱固定相结构

亲和色谱分离、纯化对象皆为上述作为生物特效配体及寡糖、多糖等生物分子，多为具生物活性的极性化合物，要求洗脱条件温和以保持生物活性，其流动相通常为接近中性的稀缓冲液，如磷酸盐、硼酸盐、乙酸盐、柠檬酸盐、三羟甲基甲烷(Tris)与盐酸、顺丁烯二酸等构成的具不同 pH 缓冲液体系。当生物分子与固定相配体存在强亲和作用时，需在流动相中加入一种游离配位基，以取代固定相上配体并与被分离生物分子结合，将其从固定相上洗脱出来。改变流动相类型、pH、离子强度或改性剂可调节溶质保留值和提高分离选择性。

胸腺嘧啶脱氧核苷酸十八聚体$(dT)_{18}$键合在硅胶基质上形成亲和色谱固定相，经 3 h 程序升温 8 ℃ 至 44 ℃，实现寡聚腺苷酸十二(A_{12})至十八(A_{18})聚体七个组分的分离(图 19-21)。

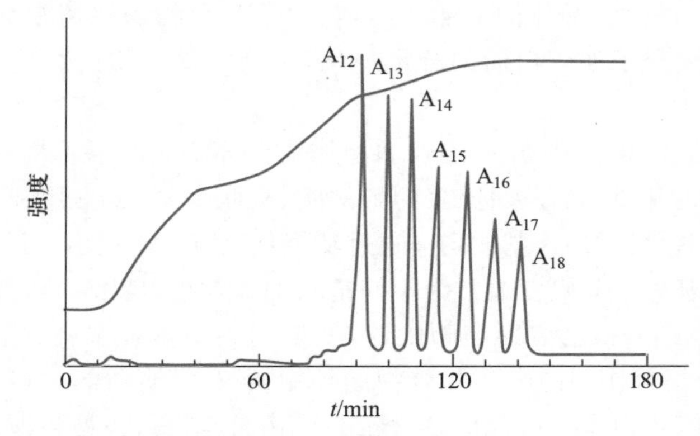

图 19-21 亲和色谱分离寡聚腺苷酸十二(A_{12})至十八(A_{18})聚体

固定相：$(dT)_{18}$键合硅胶色谱柱，300×4.6 mm

流动相：0.49 $mol·L^{-1}$ NaCl 溶液＋0.01 $mol·L^{-1}$ Na_3PO_4溶液，

pH＝6.5，程序升温 8 ℃ 至 44 ℃(图中程序升温线所示)

19.4.2 吸附色谱

吸附色谱(adsorption chromatography)是 Tswett 发明色谱法时首先采用的色谱方法，其基本原理是流动相(m)在固体吸附剂表面(s)形成饱和单分子层吸附，当溶质随流动相进入色谱柱，溶质分子(X)与流动相分子(M)间在吸附剂表面吸附点上发生竞争吸附，溶质分子结构，特别是所含官能团的极性、数目与空间排布，决定其吸附力和保留值 k。当被吸附分子能与吸附剂表面呈平行排列，能提高吸附强度；当官能团相邻有庞大体积取代基会降低保留；顺式异构体比反式异构体有更高保留值；当目标分析物存在分子内作用时可能降低其保留，如邻硝基苯酚存在分子内氢键，其保留值比对硝基苯酚小得多。

吸附色谱常用固定相可分为极性和非极性，前者以多孔硅胶($mSiO_2·nH_2O$)微球为代表，还包括氧化铝、氧化锆、氧化钛、氧化镁、复合氧化物及分子筛等；后者有活性炭或石墨化炭黑、高交联度苯乙烯－二乙烯苯聚合物多孔微球等。

在吸附色谱中，当使用硅胶等极性固定相时，流动相应采用正己烷等非极性溶剂为主，加入适量卤代烃、醇等弱或极性溶剂为改性剂来调节流动相洗脱强度。若使用有机高聚物微球等非极性固定相，应采用水、醇、乙腈等极性溶剂为流动相。

固定相含水量是控制吸附剂活性、影响溶质保留的重要因素。在硅胶或流动相中加入一定量的水，利用物理吸附水可降低吸附剂活性，这样可抑制色谱峰拖尾，提高柱效。但流动相中水的饱和度应小于25%，若含水量太高，大量水吸附在硅胶上会使液-固色谱转变成液-液色谱过程，影响分离效果。

19.4.3 离子交换色谱

离子交换色谱(ion-exchange chromatography，IEC)主要用于分离离子型化合物，它通过固定相表面带电荷的基团与试样离子和流动相淋洗离子进行可逆交换、离子-偶极作用或吸附实现溶质分离。

离子交换分离过程是基于溶液中试样离子(X)和流动相相同电荷离子(Y)与不溶固定相表面带相反电荷基团(R)间交换平衡。对于单价离子交换平衡可用下式表示，式中脚标m，s代表流动相和固定相。

阳离子交换 $$X_m^+ + Y^+R_s^- \rightleftharpoons Y_m^+ + X^+R_s^- \qquad (19-14)$$

阴离子交换 $$X_m^- + Y^-R_s^+ \rightleftharpoons Y_m^- + X^-R_s^+ \qquad (19-15)$$

交换平衡常数 $$K_{EX} = \frac{[XR]_s[Y]_m}{[YR]_s[X]_m} \qquad (19-16)$$

式中$[XR]_s$，$[YR]_s$和$[X]_m$，$[Y]_m$分别代表X，Y在固定相上和流动相中浓度。

上述方程为化学吸附反应，当X进入色谱柱从固定相R上置换Y，平衡向右移动；若X比Y更加牢固吸附在固定相上，在未被淋洗液中离子置换时，X将一直保留在固定相上。若采用含Y淋洗离子的流动相连续通过色谱柱，则间隙进样被吸附的X离子被洗脱，平衡向左移动。随着淋洗进行，将不断产生吸附、解吸交换平衡，按不同溶质与固定相离子作用力差异实现分离。离子交换平衡是IEC典型的分离机理，但实际IEC分离过程要复杂得多，可能包含二级平衡，如通过络合物形成改变溶质离子形态，还包括存在库仑排斥、吸附、疏水、分子体积排阻等作用。

平衡常数K_{EX}反映溶质离子X与固定相离子间亲和力大小。K_{EX}越大，表示X与固定相亲和力越强，溶质k越高；K_{EX}越小，溶质k越小。为了比较给定离子交换剂对各种离子亲和力差异，选择H^+作为比较的共同参比离子。实验表明，多电荷离子比单电荷离子有较高保留值。对交换剂上给定电荷基团，与离子间亲和力差异同溶质水合离子体积及其他性质有关。

目前，广泛应用的离子交换固定相主要有三种类型：(1) 苯乙烯和二乙烯苯交联聚合物离子交换树脂，主要用于水的软化、去离子和溶液纯化。阳离子交换树脂最普通的活性点是强酸型磺酸基—$SO_3^-H^+$，弱酸型羧酸基—COO^-H^+。阴离子交换树脂含季铵基—$N(CH_3)_3^+OH^-$或伯胺基—$NH_3^+OH^-$。按树脂物理结构不同，有微孔和大孔之分，前者交联度高，骨架紧密，孔穴小，适用于分离小的无机离子；后者交联度低，除微孔外，还有刚性大孔结构。聚合物离子交换固定相有 pH 范围广（0～14）的优点，然而聚合物基质易被溶胀、压缩，同时聚合物内部的微孔结构导致传质速率慢，柱效较低。（2）表面薄壳型无机－有机复合型交换剂，该类固定相具有较大粒径（10～40 μm），在无孔玻璃珠或聚合物内核表面涂覆薄层聚合物离子交换树脂或微粒硅胶。（3）硅胶化学键合离子交换剂，粒径 5～10 μm，通过键合、化学反应引入离子交换基团，具有机械强度高、柱效高的优点，但适用 pH 范围窄（pH 2～8）。

离子交换色谱流动相是含离子水溶液，常是缓冲剂溶液。溶剂强度和选择性决定于加入流动相成分类型和浓度。一般流动相的离子与溶质离子在离子交换填料上的活性点发生竞争吸着和交换。流动相缓冲液的类型、离子强度、pH 及添加有机溶剂类型、浓度等是实现分离条件优化的主要因素。

19.4.4 体积排阻色谱

19.4.4.1 分离原理

体积排阻色谱（size－exclusion chromatography，SEC）是分析高分子化合物的色谱技术。SEC 填料常为均匀网状多孔凝胶微粒，在 SEC 分离中，比填料平均孔径大的分子被排阻在孔外而无保留，被最先洗出；分子体积比孔径小的分子完全渗透进入孔穴，最后洗出；处于这两者之间具中等大小体积分子渗透进入孔穴，由于渗透能力差异而显示保留不同，产生分子分级，这取决于分子体积，在一定程度上亦与分子形状有关。因此，SEC 分离是基于溶质分子体积差异在凝胶固定相孔穴内的排阻和渗透性大小。

多孔凝胶填料填充柱总体积 V_t 包括凝胶基质骨架体积 V_g，孔穴中溶剂体积 V_s，凝胶颗粒间体积 V_o 等几部分：

$$V_t = V_g + V_s + V_o \tag{19-17}$$

式中 V_s 称为固定相体积；V_o 称为柱内流动相体积。

假设不存在组分再混合与扩散，V_o 代表洗出被凝胶排阻的大体积溶质所需流动相溶剂体积。然而，事实上一定的混合和扩散可能发生，结果是无保留溶质显示一个最大浓度在洗出流动相体积为 V_o 的 Gaussian 谱带。小体积溶质可自由地渗透进入凝胶孔穴，洗出谱带最大浓度相应体积为（$V_s + V_o$）。一般 V_s，V_o 和 V_g 在同一数量级，则中等大小体积分子洗出体积介于（$V_s + V_o$）和 V_o 之间的 V_e 值：

$$V_e = V_o + KV_s \tag{19-18}$$

对体积太大以致不能进入凝胶孔穴的分子，$K = 0$ 和 $V_e = V_o$；对无阻碍地进入孔穴的小分子，$K=1$ 和 $V_e=V_s+V_o$。

对 SEC 填料适用的分子量范围可方便地从图 19－22 所示的校准曲线来说明。这里，直接与溶质分子体积有关的相对分子质量对保留时间与流动相体积流速乘积的保留体积 V_R 作图。图中存在一个排阻极限点 A，凡比此点相对分子质量大的溶质均被排阻，以保留体积为 V_o 的单一色谱峰 a 洗出。此外，还存在一个渗透极限点 B，所有相对分子质量低于此点的溶质分子完全渗透，以单一色谱峰 d 洗出。从 A 点随相对分子质量降低，溶质分子在凝胶孔穴中逐渐渗透，慢慢迁移。这是选择性渗透区，发生溶质按相对分子质量分级分离，形成系列色谱峰，如图中 b，c 等。

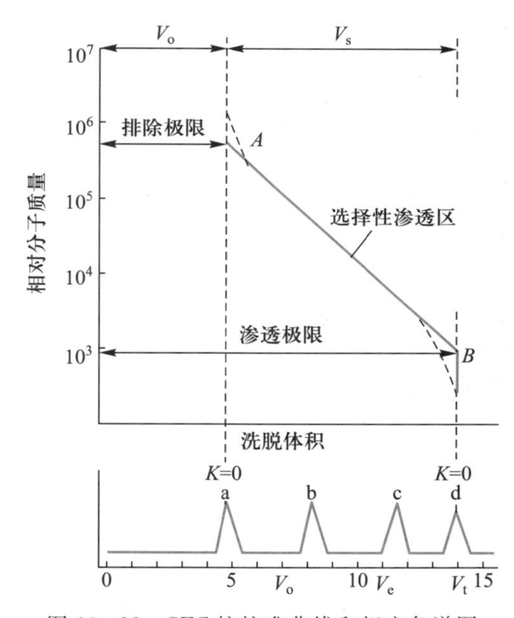

图 19－22 SEC 柱校准曲线和相应色谱图

19.4.4.2 体积排阻色谱柱填料和流动相

SEC 经常使用的固定相有两种，即交联聚合物和无机材料。有机聚合物凝胶常用的是苯乙烯和二乙烯苯交联共聚物，由交联度控制孔径范围。最初聚合物是疏水的，只适用非水流动相，对水溶性高分子化合物，如糖类等应用受到限制。现在通过聚苯乙烯磺酸化或制备聚丙酰胺可获得亲水性聚合物凝胶。无机材料常见的是多孔玻璃、多孔硅胶等(孔径范围 4～250 nm)。它具有机械强度和稳定性高、易填充、耐高压和高温、更换溶剂平衡速率快、适用溶剂范围广等优点。其缺点是残余吸附导致溶质非排阻保留及催化作用引起溶质降解。为减少吸附，常采用硅烷化对表面改性，引进羟基等亲水性基团。

SEC可分为凝胶过滤和凝胶渗透色谱。前者使用亲水性填料和水溶性溶剂流动相，如不同pH的各种缓冲溶液；后者采用疏水性填料和非极性有机溶剂，最常用的是四氢呋喃，其次是二甲基甲酰胺、卤代烃等流动相。SEC不采用改变流动相组成来改善分离度，溶剂选择主要考虑对试样溶解能力及与固定相、检测器的匹配。

思考、练习题

19-1 试与气相色谱、经典液相柱色谱比较说明高效液相色谱有哪些基本特点，其色谱性能和应用范围有何异同？

19-2 高效液相色谱仪有哪几个主要组成部分？它与气相色谱仪有何异同之处？

19-3 试说明高效液相色谱常用检测器类型、基本原理，比较其检测灵敏度和适用范围。

19-4 何谓正相色谱和反相色谱？色谱固定相、流动相极性变化对不同极性溶质保留行为有何影响？

19-5 试预测下面两组溶质在正相和反相色谱的洗出顺序：(1) 正己烷、正己醇、苯；(2) 乙酸乙酯、乙醚、硝基丁烷。

19-6 用作液相色谱流动相的溶剂有哪些基本要求？评价常用溶剂色谱性能有哪些主要特性参数？

19-7 在某正相色谱体系中，当流动相为50%氯仿和50%正己烷（体积分数）时溶质保留时间为29.1 min，死时间为1.05 min，试计算：

(1) 溶质k值；

(2) 欲调节k为10左右，应如何改变溶剂组成？

19-8 在某反相色谱体系中，初始流动相含30%甲醇和70%水（体积分数），最后溶质峰保留时间t_R为31.3 min，其死时间t_M为0.48 min，试计算初始条件下溶质k和欲获得溶质k为5左右，应如何改变溶剂组成？

{求出初始条件下k为64[(31.3－0.48)/0.48]；根据表19-1中甲醇、水的极性指数，按式(19-1)求出初始二元混合溶剂$P'=8.7(0.3\times5.1+0.7\times10.2)$；代入式(19-3)$[5/64=10^{(P'_2-8.7)/2}]$，得$P'_2=6.5$；设新混合溶剂甲醇体积分数为$x$，按式(19-1)得$x=0.73$或73%$[6.5=x\times5.1+(1-x)\times10.2]$，因而73%甲醇/27%水混合溶剂将把溶质$k$调节到5。}

19-9 液固色谱有哪些主要色谱柱填料？试说明其保留机理和影响分离选择性和保留的因素。

19-10 正相分配色谱与吸附色谱有哪些方面相似？

19-11 在硅胶色谱中，以甲苯为流动相，某化合物保留时间为28 min，选用四氯化碳或氯仿中哪种溶剂能更有效缩短保留时间？为什么？

19-12 化学键合固定相有哪些结构类型？可用于哪些色谱方法？并说明主要制备方法和性能指标。

19-13 试说明非极性键合相RP-HPLC按溶质极性强弱的保留值变化、色谱保留机理、影响溶质保留的因素、适用分离试样类型和色谱分离条件优化的基本步骤。

19-14　何谓离子对色谱？说明影响该色谱方法中溶质保留因素，适用分离哪些类型化合物？

19-15　试说明影响离子交换色谱溶剂保留和分离选择性的主要因素。

19-16　什么是离子色谱抑制柱？为什么要使用抑制柱？

19-17　试定义下列几个术语：

(1) 等度淋洗；(2) 梯度淋洗；(3) 停留进样；(4) 柱外效应；(5) 正相填料；(6) 反相填料；(7) 手性填料；(8) 排阻极限

19-18　提出适合分离下列混合物的色谱方法：

(1) 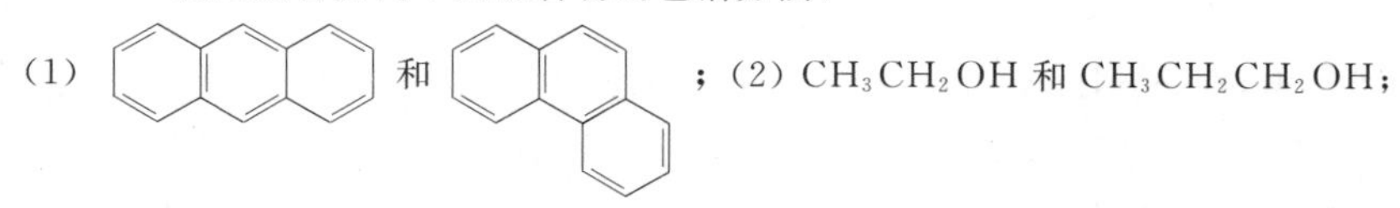 ；(2) CH_3CH_2OH 和 $CH_3CH_2CH_2OH$；

(3) Ba^{2+} 和 Sr^{2+}；(4) C_4H_9COOH 和 $C_5H_{11}COOH$；(5) 高相对分子质量糖苷

扫一扫查看

第20章　毛细管电泳法

20.1　概论

毛细管电泳(capillary electrophoresis, CE)是一类以高压直流电场为驱动力,以毛细管为分离通道,依据试样中各组分之间淌度和分配行为的差异而实现分离分析的新型液相分离分析技术。它是经典电泳和现代微柱分离技术相结合的产物。传统电泳最大的局限性是难以克服电场高电压所引起的电介质离子流的自热,即焦耳热。在毛细管电泳中,电泳是在内径很小的毛细管中进行,由于毛细管具有很高的表面积/体积比,能使产生的焦耳热有效地扩散,因此,分离过程能在高电压下进行,极大地提高了分离速率。

毛细管电泳是分析科学中继高效液相色谱之后的又一重大进展,它使分析科学从微升水平得以进入纳升水平,并使单细胞分析成为可能。与高效液相色谱法相比,毛细管电泳具有操作简单、试样量少、分析速率快、柱效高、成本低等优点。但毛细管电泳在迁移时间的重现性、进样的准确性和检测灵敏度方面比高效液相色谱法稍逊。毛细管电泳在分离核酸、蛋白质等生物大分子方面具有得天独厚的优势,特别有代表性的实例是人类基因组测序,高通量阵列毛细管电泳促使原本计划 15 年完成的人类基因组计划的完成时间大大提前。除此之外,CE 在药物分析、环境分析、医学诊断、手性分离等方面也得到广泛应用。

20.1.1　毛细管电泳的发展

1981 年,Jorgenson 和 Lukacs 使用 75 μm 内径的玻璃毛细管在 30 kV 电压下分离了一系列荧光衍生的氨基酸、多肽和胺类物质,得到了高达 40 万理论塔板数的柱效,标志着毛细管电泳技术的诞生,这就是目前最广泛使用的毛细管区带电泳(capillary zone electrophoresis, CZE)。随后的十年是毛细管电泳研究的快速升温期,多种不同的毛细管电泳模式被开发出来。1983 年,Hjerten 采用丙烯酰胺作为毛细管电泳的分离介质,发明了毛细管凝胶电泳(capillary gel electrophoresis, CGE),实现了 DNA 与蛋白质等生物大分子的高效快速分离。1984 年,Terabe 提出了毛细管胶束电动色谱(micellar electrokinetic capillary chromatography,MECC),使用表面活性剂胶束作为 CE 分离中的“伪固定相”,使 CE 分离的对象由带电荷物质扩展到了中性物质。1985 年,仍然是 Hjerten

发展了毛细管等电聚焦(capillary isoeletric focusing, CIEF)分离模式,为蛋白质与肽等两性化合物提供了高效的微分离手段。1988年,开始出现商品毛细管电泳仪,促使CE研究在全世界范围内蓬勃开展起来。1989年,通过添加手性拆分试剂,使毛细管电泳技术拓展到手性分离分析。毛细管电色谱(capillary electrochromatography, CEC)是毛细管电泳与液相色谱的完美结合,溶质基于在流动相和固定相间分配系数的不同及自身电泳淌度的差异得以分离。它克服了毛细管电泳对电中性物质难分离的缺点,并且结合了液相色谱固定相和流动相选择性多的优点,开辟了高效微分离分析技术的新途径,成为分离分析领域一个重要的发展方向。目前,毛细管电泳继续向高通量、微型化、集成自动化的方向发展,衍生出一系列如阵列毛细管电泳、芯片电泳、多维毛细管电泳、毛细管电泳-质谱联用、毛细管电泳-核磁共振联用等先进技术,这把毛细管电泳的发展又推向一个新的高峰。

20.1.2 毛细管电泳的特点

毛细管电泳是以毛细管为分离通道,以高压电场为驱动力的一种新型液相分离技术,它的分离过程具有以下特点:

(1) 分离通道体积小,如一根50 cm×75 μm的石英毛细管的容积仅约为2.2 μL。

(2) 毛细管的侧面/截面积比大,因此散热快,可以使用高电场。

(3) 使用平头塞状电渗流为分离推动力,不需要外加压力。

毛细管电泳与液相色谱同是液相分离技术,很大程度上毛细管电泳与液相色谱互为补充,但无论从效率、速度、用量和成本来说,毛细管电泳都显示了它的优势,具备以下优点:

(1) 分离效率高　毛细管散热性好,通过提高分离电压可实现高分离效率,如毛细管区带电泳的分离效率可以达到10^6理论塔板数,而毛细管凝胶电泳的分离效率甚至可以达到10^7理论塔板数以上。

(2) 分离模式多　毛细管电泳已发展多种分离模式,包括毛细管区带电泳、胶束电动毛细管色谱、毛细管凝胶电泳、毛细管等速电泳、毛细管等点聚焦、毛细管电色谱等,选择多样化。

(3) 分析对象广泛　多种分离模式使CE可以适用于非常广泛的分析物,包括有机、无机小分子,多肽和蛋白质等大分子,带电荷离子和中性分子。

(4) 试样消耗量小　每次进样分析仅消耗纳升级的试样体积。

(5) 分析成本低　毛细管相对色谱柱成本较低,且仅消耗微量体积的溶剂和试剂。

(6) 环境友好　一般使用水溶液进行分析,比其他色谱分离方法更加绿色环保。

但是,毛细管电泳也存在以下问题,给应用推广带来了一些困难。

(1) 因为使用了小管径的毛细管,光程短,对检测器的灵敏度要求很高。

(2) 毛细管电泳为微分离分析技术,不适合制备。

(3) 电渗流、定量精确进样控制相对困难,进而会影响到分析的重现性。

(4) 大的侧面/截面积比会加剧蛋白质等大分子在毛细管壁的吸附。

20.2 毛细管电泳的基本理论

20.2.1 偶电层和 Zeta 电势

偶电层是浸没在液体中两相界面都具备的一种特性,通常是指两相之间的分离表面由相对固定和游离的两部分离子组成的与表面电荷异号的离子层。毛细管电泳通常采用的是石英毛细管柱,其表面等电点 pI≈3,当溶液 pH 大于 3 时,石英内表面相当数量硅羟基解离而以 SiO^- 的形式存在,使内表面带负电荷。当它和溶液接触时,由于静电作用吸附溶液中带相反电荷的离子,从而形成偶电层。其中的第一部分又称为 Stern(斯特恩)层或紧密层(compact layer),第二层为扩散层(diffuse layer),其电荷密度随着和表面距离的增大而急剧减小,如图 20-1 所示。

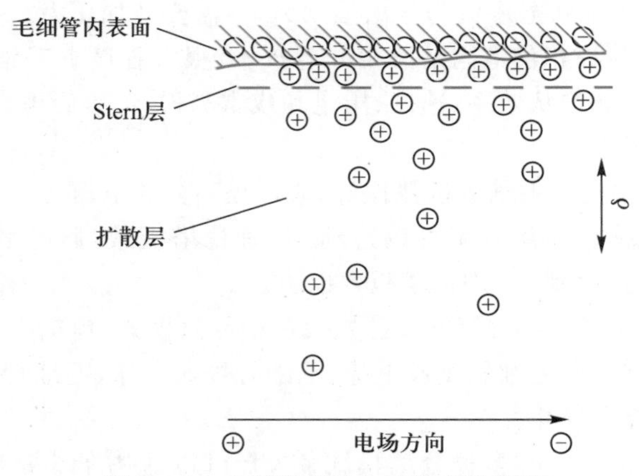

图 20-1 毛细管壁偶电层形成示意图

紧密层和扩散层的交点的边界电势称为管壁的 Zeta 电势(ζ),在扩散层内 Zeta 电势随表面距离增大按指数衰减,衰减一个指数单位所需的距离称为双电层的厚度,记为 δ。

毛细管壁上 Zeta 电势是毛细管电泳的一个重要参数,对控制电渗流、优化 CE 分离条件有实际指导意义。与固-液界面相似,带电粒子表面也形成类似的双电层结构,即在带电粒子有效半径所构成的界面存在 Zeta 电势。为了区分管壁和带电粒子的 Zeta 电势,用 ζ_w 表示管壁 Zeta 电势,用 ζ_e 表示带电粒子 Zeta 电势。

20.2.2 电泳和电泳淌度

在电解质溶液中,带电粒子在电场作用下,以不同的速度向其所带电荷相反电场方向迁移的现象叫做电泳。阴离子向正极方向迁移,阳离子向负极方向迁移,中性化合物不带电荷,不发生电泳运动。

在充满自由溶液开口管中球形粒子的电泳速度公式为

$$u_{ep}=\frac{\varepsilon\zeta_e}{6\pi\eta}E \tag{20-1}$$

式中 ε 为介电常数;η 为介质黏度;E 为电场强度;ζ_e 为带电粒子的 Zeta 电势。由上述公式可见,带电粒子在电场中的迁移速度,除了与电场强度和介质特性有关外,还与粒子的 Zeta 电势有关。对于非胶体粒子,Zeta 电势近似地正比于 $z/M_r^{2/3}$,其中 M_r 是相对分子质量,z 是净电荷。因此,粒子的质荷比越大,迁移速度越快。不同粒子按照带电种类和表面电荷密度的差别以不同的速度在电介质中迁移,实现粒子分离。

在毛细管电泳中,常用淌度(mobility,μ)来描述带电粒子的电泳行为与特性。电泳淌度(μ_{ep})定义为单位场强下离子的平均电泳速度,即

$$\mu_{ep}=\frac{u_{ep}}{E} \tag{20-2}$$

20.2.3 电渗流和电渗流淌度

在毛细管中还存在另一种电动现象,即电渗。电渗是毛细管中整体溶剂或介质在轴向直流电场作用下发生的定向迁移或流动。电渗的产生和偶电层有关,当在毛细管两端施加高压电场时,偶电层中溶剂化的阳离子向阴极运动,通过碰撞作用带动溶剂分子一起向阴极移动,形成电渗流(electroosmotic flow, EOF)。相当于 HPLC 的压力泵加压驱动流动相流动。度量电渗流大小是单位电场下的电渗流速度即电渗淌度(μ_{eo})或电渗速度(u_{eo}),可用 Smoluchowski 方程表示:

$$\mu_{eo}=\frac{\varepsilon_0\varepsilon\zeta_w}{\eta} \tag{20-3}$$

$$u_{eo}=\mu_{eo}\cdot E=\frac{\varepsilon_0\varepsilon\zeta_w E}{\eta} \tag{20-4}$$

式中 ε_0 为真空介电常数；ζ_w 为毛细管壁 Zeta 电势。实际应用中，u_{eo}和 μ_{eo}用下式计算：

$$u_{eo}=\frac{L_d}{t_0} \tag{20-5}$$

$$\mu_{eo}=\frac{u_{eo}}{E}=\frac{L_d}{t_0}\cdot\frac{1}{E}=\frac{L_d}{t_0}\cdot\frac{L_t}{U} \tag{20-6}$$

式中 L_t 是毛细管的总长；L_d 是进样端到检测器的柱长；U 是毛细管柱两端所加电压；t_0 是电渗标记物在 L_d 段的停留时间。u_{eo}单位为 $cm\cdot s^{-1}$或 $m\cdot s^{-1}$；μ_{eo}单位为 $cm^2\cdot V^{-1}\cdot s^{-1}$或 $m^2\cdot V^{-1}\cdot s^{-1}$。通常，采用中性粒子作为标记物，可以直接从实验中测得电渗流大小。

以电场力驱动产生的电渗流，与高效液相色谱中由高压泵产生的液体流型不同，如图 20－2 所示，电渗流的流型为扁平流型（flat flow），或称“塞流”。HPLC 的流型则是抛物线状的层流（laminar flow），它在壁上的速率为零，中心速率为平均速率的 2 倍。扁平流型不会引起试样区带的展宽，这是毛细管电泳获得高柱效的重要原因之一。

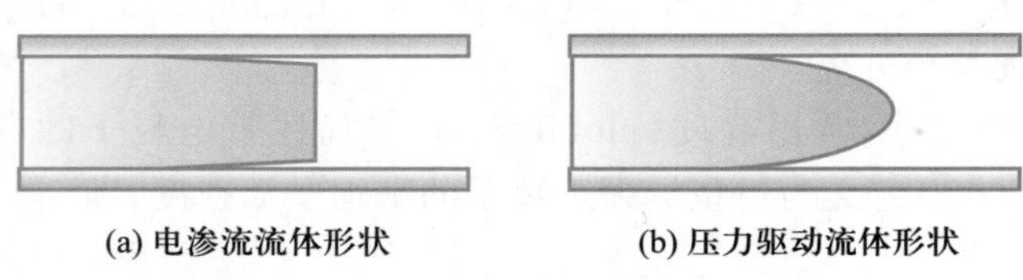

(a) 电渗流流体形状
(b) 压力驱动流体形状

图 20－2　电场力驱动的电渗流与高压泵驱动的压力流流型比较

电渗是毛细管电泳的基本现象之一，它可以控制组分的迁移速率和方向，进而影响毛细管电泳的分离效率和重现性，所以电渗流控制是毛细管电泳中的关键问题之一。

影响电渗流的因素很多，直接影响因素有：电场强度、黏度、介电常数和 Zeta 电势等；间接影响因素有：温度、缓冲液的组成和 pH、管壁的性质等。

（1）电场强度　毛细管长度固定时，EOF 与电场强度成正比。但是，当外加电压太高时，EOF 与电场强度的关系偏离线性，这是由于电场强度增加，产生焦耳热，导致温度升高，介质黏度变小，扩散层厚度增大。

（2）温度　增加温度会使缓冲液黏度下降，管壁硅羟基的解离能力增强，进而提高电渗流速率。

(3) pH　缓冲液 pH 影响管壁基团的解离度。不同的 pH 对应于不同的 Zeta 电势，因此对电渗流产生很大影响。对于石英毛细管，在 pH 小于 2.5 时，硅羟基基本不解离，电渗流接近于零；当 pH 大于 10 时，硅羟基解离基本完全，电渗流变化很小；在 pH3～10，硅羟基的解离度随 pH 上升而迅速增加，电渗流亦迅速增强。pH 同样影响试样的解离能力，不同的试样需要不同的 pH 分离条件。

(4) 缓冲液溶剂　毛细管电泳一般使用水溶液，有时可添加少量有机溶剂以改变电渗。不同溶剂的黏度和介电常数不同，对应的电渗也不一样。在缓冲液中添加甲醇等有机溶剂可引起电渗的大幅度减小。

(5) 离子强度　缓冲液离子强度增加，偶电层厚度减小，电渗流下降。但使用过高的离子强度，将产生大量的焦耳热，对分离不利。

(6) 添加剂　添加剂的种类很多，性质各异，通过在管壁上的可逆和不可逆吸附，可影响毛细管内壁电荷的数量及其分布。如在缓冲液中添加一定浓度(小于临界胶束浓度)的阴离子表面活性剂将使 EOF 增加，而阳离子表面活性剂则可使 EOF 降低甚至反向。

(7) 管壁涂层　管壁涂层技术是通过物理涂覆或化学键合技术将毛细管壁改性，对 EOF 进行控制。这是目前调控电渗流的一种有效方法，但需要一定的制管技术。

20.2.4 分离原理

由于电泳和电渗流并存，那么，在不考虑相互作用的前提下，粒子在毛细管内电介质中的迁移速度是两种速度的矢量和，即

$$u=u_{\mathrm{ep}}+u_{\mathrm{eo}}=(\mu_{\mathrm{ep}}+\mu_{\mathrm{eo}})E \tag{20-7}$$

通常，令 $\mu_{\mathrm{app}}=\mu_{\mathrm{ep}}+\mu_{\mathrm{eo}}$，称之为表观淌度，即从毛细管电泳测量中得到的淌度为粒子自身的电泳淌度和由电渗引起的淌度之和，并有

$$\mu_{\mathrm{app}}=\mu_{\mathrm{ep}}+\mu_{\mathrm{eo}}=\frac{u}{E}=\frac{L_{\mathrm{d}}L_{\mathrm{t}}}{t_{\mathrm{r}}U} \tag{20-8}$$

式中 L_{d} 是毛细管从进样口到检测器的距离；t_{r} 是粒子通过这段距离所用的时间；L_{t} 是柱的全长；U 是电压。因此，μ_{app} 可直接从毛细管电泳的测量结果求得。

在典型的毛细管电泳分离中，溶质的分离基于溶质间电泳速度的差异。电渗流的速度绝对值一般大于粒子的电泳速度，并有效地成为毛细管电泳的驱动力。当溶质从毛细管的正极端进样，它们在电渗流的驱动下依次向毛细管的负极端移动。带正电荷的粒子电泳流方向和电渗流方向一致，因此最先流出，质荷比越大的正电荷粒子流出越快。中性粒子的电泳速度为零，其迁移速度相当于电渗流速度。带负电荷的粒子电泳流方向和电渗流方向相反，故它将在中性粒

子之后流出。溶质依次通过检测器，得到与色谱图极为相似的电泳图谱。

20.2.5 柱效和分离度

与色谱相同，毛细管电泳的柱效一般也用塔板数 N 或塔板高度 H 来表示。实际应用中，可根据以下公式计算：

$$N=5.54(t_R/W_{1/2})^2 \tag{20-9}$$

式中 t_R 为流出曲线最高点对应的时间；$W_{1/2}$ 为半峰宽。而单位塔板的高度 H 为

$$H=L_d/N \tag{20-10}$$

从理论上分析，毛细管电泳分离的柱效可表示为

$$N=L_d/H=(\mu_{ep}+\mu_{eo})UL_d/(2DL_t) \tag{20-11}$$

式中 D 为扩散系数。试样相对分子质量越大，扩散系数越小，柱效越高，所以毛细管电泳比色谱更适合于生物大分子分离分析，毛细管电泳之所以能在20世纪80年代后期迅速发展起来，与此有很大的关系。

作为一种重要的分离分析手段，毛细管电泳仍沿用分离度 R 作为衡量分离程度的指标，并定义如下：

$$R=\frac{2(t_{R_2}-t_{R_1})}{W_2+W_1} \tag{20-12}$$

式中下标1和2分别代表相邻两个溶质；t_R 为迁移时间；W 为以时间表示的色谱峰底宽度。因此，式(20-12)中分子代表两种物质迁移时间之差，分母则表示这一时间间隔组分展宽对分离的影响。

20.3 仪器装置

20.3.1 毛细管电泳仪的基本结构

毛细管电泳的仪器与色谱的仪器相似，都具有进样部分、分离部分和检测部分，图20-3为毛细管电泳仪器装置图，主要组成部分包括高压电源、进样系统、毛细管柱和检测器，在毛细管柱中充入缓冲液，柱的两端置于两个缓冲液池中，每个缓冲液池分别接有铂电极，与高压电源相连。试样从毛细管柱一端进入，迁移到另一端的检测器位置接受检测。

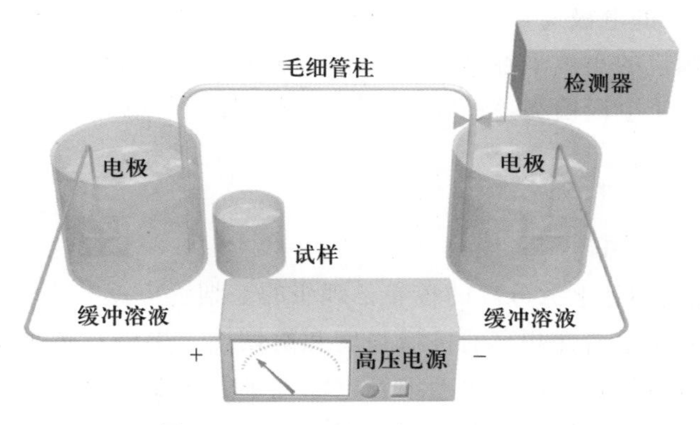

图 20-3 毛细管电泳仪器装置图

20.3.2 进样系统

毛细分离通道十分细小，整个柱体积一般只有 4～5 μL，所需的试样区带只有几纳升。常规色谱进样方法由于存在较大的死体积，会使毛细管电泳分离效率严重下降，因此不适用于毛细管电泳。毛细管电泳的进样方式一般是将毛细管的一端从缓冲液移出，放入试样瓶中，使毛细管直接与试样接触，然后由重力、电场力或其他动力来驱动试样流入管中。进样量可以通过控制驱动力的大小或时间长短来控制。

目前有三种方法可以让试样直接进入毛细管，即电动法、压力法和浓差扩散法。电动法进样的原理为：当把毛细管的进样端插入试样溶液并加上电场时，组分就会因电迁移和电渗作用进入管内。电动进样对毛细管内填充介质没有特别限制，可实现自动化操作，是常用的进样方法。但电动进样对组分存在进样歧视现象，即对淌度大的组分进样量要大些。压力进样也称流动进样，它要求毛细管中的填充介质具有流动性，如溶液等。当将毛细管的两端置于不同的压力环境中时，管中溶液即能流动，将进样带入。压力的产生有三种方法，即正压、负压和重力虹吸作用。压力进样没有进样歧视问题，但选择性差，试样及其背景都同时被引进管中，对后续分离性能产生影响。利用浓度差扩散原理同样可将试样分子引入毛细管。当将毛细管插入试样溶液时，试样分子因管口界面存在浓差而向管内扩散。

20.3.3 电源及其回路

电流回路系统包括高压电源、电极、电极槽、导线和电解质缓冲溶液等。毛细管电泳一般采用 0～±30 kV 连续可调的直流高压电源，电压输出精度应高于 1%。

毛细管电泳的电极通常由直径 0.5～1 mm 的铂丝制成。电极槽，即缓冲液瓶，通常是带螺口的小玻璃瓶或塑料瓶（1～5 mL 不等），要便于密封。缓冲液内含电解质，充于电极槽和毛细管中，通过电极、导线与电源连通，一同构成整个电流回路。

20.3.4 毛细管柱

毛细管是毛细管电泳分离的核心。理想的毛细管应该电绝缘、透紫外光、良好的热传导性、化学惰性和高的机械强度和柔韧性。熔融石英毛细管在毛细管电泳中应用最广泛，目前商品化毛细管电泳毛细管主要是这种类型。熔融石英拉制得到的毛细管很脆，易折断，一般在外表面涂有聚酰亚胺保护层，使之变得富有弹性，不易折断。当进行柱上检测时，毛细管外表面的聚酰亚胺涂层不透明，所以检测窗口部位的外涂层必须剥离除去。PEEK 毛细管由于其良好的化学惰性和生物相容性在毛细管电泳中也有应用。

毛细管电泳是在高电场下进行分离，实现高电场的关键是使用内径较小的毛细管，内径越小，表面积/体积比越大，散热效果越好。但是，内径小，试样负载小，增加检测困难，也增加进样、清洗等操作上的困难。一般使用的毛细管柱内径在 25～100 μm，目前最常用的是 50 μm 和 75 μm 两种，在实际应用中常采用的长度为 30～50 cm。

20.3.5 检测系统

高灵敏度和多模式检测器的研制是促进毛细管电泳发展的重要因素，目前所用的检测器有紫外、荧光、化学发光、电化学和质谱检测器等，表 20-1 列出了它们各自的检测限范围。

表 20-1 毛细管电泳中常用检测器及其检测限

检测方法	检测限/mol	优、缺点	是否柱上检测
紫外	10^{-13}～10^{-16}	适合于有紫外吸收化合物	是
荧光	10^{-15}～10^{-17}	灵敏度高，通常需衍生化	是
激光诱导荧光	10^{-18}～10^{-20}	灵敏度非常高，通常需衍生化	是
质谱	10^{-16}～10^{-17}	通用性好，能提供结构信息	否
安培	10^{-18}～10^{-19}	灵敏度高，只适合于电活性物质	否
电导	10^{-15}～10^{-16}	通用性好	否

紫外检测器应用最为广泛，是大多数商品仪器的主要检测手段。一般采用

柱上检测方式，其结构简单，操作方便，仅需在毛细管的出口端适当位置上除去不透明的弹性保护涂层、让透明部位对准光路即可。由于毛细管直径极小，光程短，HPLC 用紫外检测器的灵敏度往往不够，可以在入射光方向加一优质石英聚光球，从而将灵敏度提高一个数量级以上。将毛细管检测部分制成“Z”字形、加热吹成泡状、采用扁形毛细管或通过拼接换成大管等方法也是提高检测灵敏度的技术措施。

荧光检测器是毛细管电泳所用的另一类已商品化的检测器，和紫外检测器相比，荧光检测器的检测限可降低 3～4 个数量级，是一类高灵敏度和高选择性的检测器，适合于痕量分析。普通荧光检测器采用氘灯（低波长紫外光区）、氙弧灯（紫外光到可见光区）和钨灯（可见光区）作为激发光源。激光诱导荧光检测器（laser-induced fluorescence detector，LIF）采用激光作为激发光源，激光的单色性和相干性好、光强高，能有效地提高信噪比，从而大幅度地提高检测灵敏度。目前常用的 LIF 多采用氩离子激光器作为激发光（488 nm），一般有很好的荧光量子化效率。荧光检测法对于痕量生化和药物分析是一种有力的工具，但缺乏荧光特性的试样需要衍生化，因此荧光检测是一种非普适性方法。

电化学检测器是根据电化学原理和物质的电化学性质进行检测。与光学检测方法相比，电化学检测器质量检测限低、线性范围宽、选择性好，而且响应不依赖于光路的长度，可用于极细的毛细管，为微体积环境（如单细胞）的研究提供了高灵敏度的检测方法。目前，电化学检测中应用的方法有电位法、电导法和安培法等。其中，安培法是最普遍应用的一种方法。

质谱检测器（mass spectral detector，MS）能提供丰富的结构、质量信息，它与气相色谱、高效液相色谱的联用已成为测定复杂混合物中化合物的相对分子质量和结构信息的一个极其有用的工具。毛细管电泳由于体积流速小，因此比 HPLC 更容易和质谱联用，目前已有商品化仪器。质谱作为毛细管电泳检测手段均采用柱后检测方式，在毛细管柱出口处外部涂导电层，然后装入电喷雾接口，解决了毛细管电流回路与连入问题。受质谱技术限制，毛细管电泳流出物不得含有高盐和表面活性剂成分，最好是易挥发性缓冲液。CE/MS 在肽链序列及蛋白结构，相对分子质量测定等方面有卓越的表现，许多方面的研究正在开展，可以预见，这是很有发展前途的技术之一。

20.4 毛细管电泳分离模式及应用

毛细管电泳法可分析的成分小至无机离子，大至生物大分子，如蛋白质、核酸等。通过对毛细管、缓冲液及其填充物进行修饰或改进，可以创造出各种不同的分离模式，主要分离模式见表 20-2。

表 20-2 毛细管电泳的主要分离模式

类型	名称	缩写	说明
电泳型	毛细管区带电泳 (capillary zone electrophoresis)	CZE	管内填充 pH 缓冲溶液
	毛细管凝胶电泳 (capillary gel electrophoresis)	CGE	管内填充聚丙烯酰胺等凝胶
	毛细管等电聚焦 (capillary isoelectric focusing)	CIEF	管内填充 pH 梯度介质
	毛细管等速电泳 (capillary isoelectrophoresis)	CITP	采用不连续(自由溶液)电泳介质
色谱型	填充毛细管电色谱 (packed capillary electrochromatography)	PCEC	管内填充各种色谱填料
	开管毛细管电色谱 (open tubular capillary electrochromatography)	OTCEC	毛细管内壁涂有色谱固定相
	胶束电动毛细管色谱 (micellar electrokinetic chromatography)	MEKC	在缓冲液中加入表面活性剂
	微乳液电动毛细管色谱 (micro emulsion electrokinetic capillary electrochromatography)	MEEKC	使用水包油缓冲体系

20.4.1 毛细管区带电泳

毛细管区带电泳(capillary zone electrophoresis, CZE)也称为毛细管自由溶液区带电泳,是毛细管电泳中最基本也是应用最广的一种操作模式。其分离原理是基于样品组分质荷比的差异。带正电的粒子电泳流方向和电渗流方向一致,因此最先流出。中性粒子的电泳速度为零,其迁移速度相当于电渗流速度。带负电的粒子电泳流方向和电渗流方向相反,故最后流出。因此溶质流出顺序依次为正电粒子、中性粒子和负电粒子,质荷比越大的正电粒子流出越快。

在 CZE 中,需要控制的操作变量主要是电压、缓冲液浓度和 pH 及添加剂等。

(1) 电压 一般地讲,在柱长确定时,随着操作电压的增加,电渗流和电泳流速度的绝对值都增加,由于电渗流速度一般远大于电泳流速度,因此表现为粒子的总迁移速度加快。在升高电压的同时,将使柱内的焦耳热增加,缓冲液的黏度减小,而黏度和温度的关系是指数型的,因此使操作电压和迁移时间的关系不呈线性,表现为电压高时速度增加更快一些。柱效在一定范围内随操作电压升高而增加，当焦耳热的影响较大时，柱效随电压升高反而下降。

(2) 缓冲液　缓冲溶液类型、浓度(离子强度)和 pH 不仅影响电渗流，也影响试样溶质的电泳行为，决定着 CZE 柱效、选择性和分离度的好坏及分析时间的长短，在 CZE 分离条件优化中具有重要意义。硼酸盐、三羟甲基氨基甲烷(Tris)等缓冲液体系由于离子较大，能够在较高浓度下使用也不会产生大电流，同时缓冲能力较强，因而在毛细管电泳中经常被采用。

缓冲液 pH 决定弱电解质试样的有效淌度，同时还控制着电渗流的大小和方向，一般通过实验优化来选择最佳 pH。随着缓冲液浓度的增加，缓冲容量增加，但电渗流降低，溶质在毛细管内的迁移速度下降，因此迁移时间延长。

(3) 添加剂　在 CZE 分离中，除了背景电解质外，常常还在缓冲溶液中加入某些添加剂。通过它与管壁或与试样溶质之间的相互作用，改变管壁或溶液物理化学特性，进一步优化分离条件，提高分离选择性和分离度。添加剂的种类主要有以下几类：

一是中性盐。缓冲溶液中加入高浓度的中性盐后，大量的阳离子将参与争夺毛细管壁的负电荷位置，从而降低管壁对蛋白质的吸附。阳离子越大，覆盖毛细管壁越有效。

二是表面活性剂，如十二烷基硫酸钠、十二烷基季铵盐等。表面活性剂具有吸附、增溶、形成胶束等功能。低浓度的阳离子表面活性剂能在石英毛细管表面形成单层或双层吸附层，改变 EOF 大小，甚至使 EOF 反向。例如，在缓冲溶液中加入溴化十六烷基三甲铵(CTAB)，CTAB 分子首先通过静电作用吸附到毛细管内壁形成第一层，然后又通过疏水相互作用吸附第二层 CTAB 分子，从而使毛细管内壁所带电荷由原来的负电荷变为正电荷，使 EOF 方向发生反转。必须说明的是，加入缓冲液的表面活性剂浓度必须低于其临界胶束浓度(CMC 浓度)，否则会形成胶束，使毛细管的分离机理发生变化，即从 CZE 分离模式变为胶束电动毛细管色谱(MEKC)分离模式。

三是手性添加剂，如手性冠醚、环糊精。一般的 CZE 并不具备手性选择性，难以实现手性拆分的目的，因此，往往需要在运行缓冲液中加入手性添加剂来实现对光学异构体的手性拆分。

四是非电解质高分子添加剂，如纤维素、聚乙烯醇、多糖等。高分子类添加剂可以形成分子团或特殊的局部结构，从而影响试样的迁移过程，改善分离。高分子化合物也可以强烈吸附在毛细管壁上，影响电渗及分离过程。

毛细管电泳缓冲液一般用水配制，对于许多水难溶的试样由于溶解度的原因分离效果不好。如果在缓冲液中加入少量的有机溶剂，常常能有效改善分离度。常用的有机溶剂主要有醇类、乙腈、丙酮、四氢呋喃、二甲亚砜，其中最常用的是甲醇、乙腈。在极端情况下，可完全使用有机溶剂，或以有机溶剂为主体，这就是非水毛细管电泳技术。

毛细管区带电泳特别适合分离带电荷化合物，包括无机阴离子、无机阳离子、有机酸、胺类化合物、氨基酸、蛋白质等，不能分离中性化合物。毛细管电泳出现之前，分析小的阴离子常用离子交换色谱法，分析阳离子采用原子光谱法。毛细管电泳由于试样用量少、成本低、速率快、分离效果好，成为分析离子性化合物的新方法。图 20-4 为毛细管区带电脉分离 30 种阴离子的电泳图。

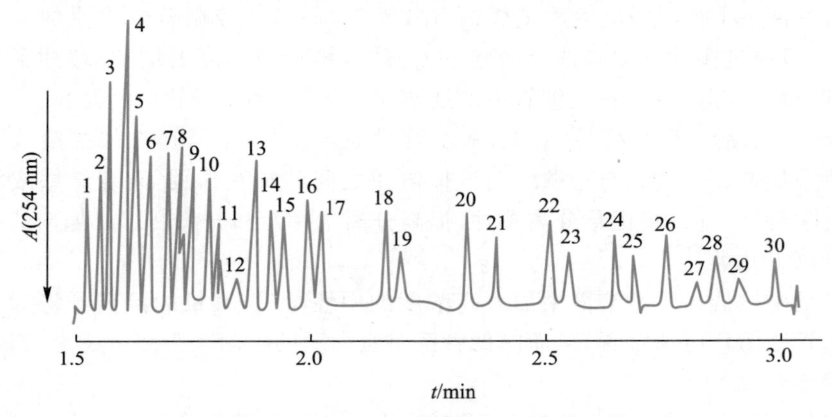

图 20-4 毛细管区带电泳分离 30 种阴离子的电泳图

毛细管内径：50 μm

检测器：间接光度法，254 nm

峰号：1—硫代硫酸盐（4 μg·mL^{-1}）；2—溴化物（4 μg·mL^{-1}）；3—氯化物（2 μg·mL^{-1}）；4—硫酸盐（4 μg·mL^{-1}）；5—亚硝酸盐（4 μg·mL^{-1}）；6—硝酸盐（4 μg·mL^{-1}）；7—钼酸盐（10 μg·mL^{-1}）；8. 叠氮化合物（4 μg·mL^{-1}）；9—钨酸盐（10 μg·mL^{-1}）；10—氟基磷酸盐（4 μg·mL^{-1}）；11—氯酸盐（4 μg·mL^{-1}）；12—柠檬酸盐（2 μg·mL^{-1}）；13—氟化物（1 μg·mL^{-1}）；14—甲酸盐（2 μg·mL^{-1}）；15—磷酸盐（4 μg·mL^{-1}）；16—亚磷酸盐（4 μg·mL^{-1}）；17—亚氯酸盐（4 μg·mL^{-1}）；18—半乳糖二酸盐（5 μg·mL^{-1}）；19—碳酸盐（4 μg·mL^{-1}）；20—乙酸盐（4 μg·mL^{-1}）；21—乙基磺酸盐（4 μg·mL^{-1}）；22—丙酸盐（5 μg·mL^{-1}）；23—丙基磺酸盐（4 μg·mL^{-1}）；24—丁酸盐（5 μg·mL^{-1}）；25—丁基磺酸盐（4 μg·mL^{-1}）；26—戊酸盐（5 μg·mL^{-1}）；27—苯甲酸盐（4 μg·mL^{-1}）；28—谷氨酸盐（5 μg·mL^{-1}）；29—戊基磺酸盐（4 μg·mL^{-1}）；30—α-葡萄糖酸盐（5 μg·mL^{-1}）

20.4.2 胶束电动毛细管色谱

胶束电动毛细管色谱（micellar electrokinetic chromatography，MEKC）是以胶束为准固定相的一种电动色谱，是电泳技术和色谱技术的巧妙结合。MEKC 是在电泳缓冲溶液中加入表面活性剂，当溶液中表面活性剂浓度超过临界胶束浓度时，表面活性剂分子之间的疏水基团聚集在一起形成胶束，成为分离体系的准固定相，溶质基于在水相和胶束相之间的分配系数不同而得到分离。

与毛细管区带电泳相比，MEKC 的突出优点是除能分离离子化合物外，还能分离不带电荷的中性化合物。

在 MEKC 系统中，实际上存在着类似于色谱的两相，一是流动的水溶液相，二是起到固定相作用的胶束相，溶质在这两相之间分配，由于溶质在胶束中不同的保留能力而产生不同的保留值。与毛细管区带电泳一样，由于管壁带负电荷，水溶液相因电渗流作用向阴极移动。胶束相按照其所带电荷极性不同，具有与周围介质不同的电泳淌度。对于常用的十二烷基硫酸钠(SDS)胶束来说，由于其外壳带负电荷，本应以较大的淌度朝阳极迁移，但在一般情况下，电渗流的速度大于胶束的迁移速度，这就迫使胶束最终以较低的速度向阴极移动。由此可见，胶束电动色谱有别于普通色谱的一个重要特性是它的“固定相”是移动的，这种移动的“固定相”又被称为“准固定相”。典型的准固定相为阴离子或阳离子表面活性剂，也可以用带电荷的有包容作用的络合物，如环糊精类物质。对于中性粒子，溶质的迁移速度决定于它在两相间的分配系数。具有不同疏水性的粒子与胶束相互作用不同，疏水性强的作用力大，其留在胶束相中的时间就长。因胶束相的绝对速度很小，故组分的保留时间就长，反之组分较多地停留在缓冲液中按电渗的速度移动，因此，保留时间较短。图 20－5 是 MEKC 的分离原理示意图。

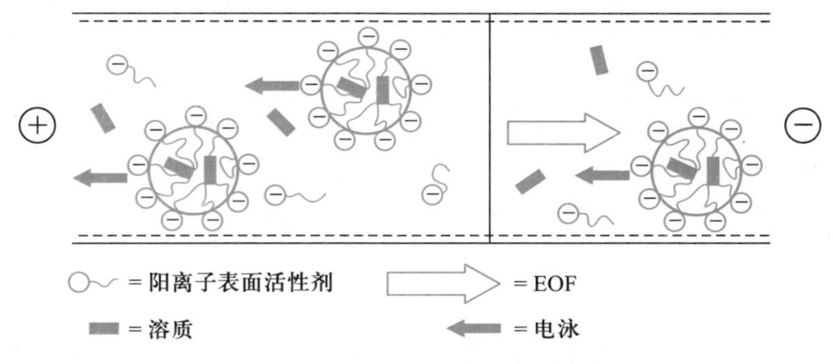

图 20－5　MEKC 分离原理示意图

20.4.3　毛细管凝胶电泳

毛细管凝胶电泳(capillary gel electrophoresis，CGE)是在毛细管中充填多孔凝胶作为支持介质进行电泳。凝胶在结构上类似于分子筛，当被分离分子的大小与凝胶孔径相当时，其淌度与尺寸大小有关，小分子受到的阻碍较小，从毛细管中流出较快，大分子受到的阻碍较大，从毛细管中流出较慢，因此，分离主要是基于组分分子的尺寸，即筛分机理，其分离原理类似于体积排阻色谱。CGE 常用于蛋白质、寡聚核苷酸、RNA 及 DNA 片段的分离和测定。以 DNA 为例，其质荷比往往与分子大小无关，因为DNA链每增加一个核苷酸，就增加一个相同的质量和电荷单位，对它在自由溶液的淌度没有影响，因此，用CZE方法不可能实现分离，而用CGE方法则可根据DNA分子的大小进行有效的分离。由于采用了芯片阵列技术，CGA为完成人类DNA基因测序做出了极大的贡献，使原本计划15年完成的人类基因组计划的完成时间大大缩短。

常用的凝胶有聚丙烯酰胺和琼脂糖，应用最多的是前者。聚丙烯酰胺是由丙烯酰胺和 N,N'-甲撑双丙烯酰胺聚合而成。交联的聚丙烯酰胺凝胶具有三维网状多孔结构，透明而不溶于水，化学性质稳定。因为没有带电荷基团，凝胶呈电中性，无吸附作用。可以通过控制凝胶浓度和交联度，改变凝胶孔径大小，对被分离组分起到分子筛的作用。增加交联度或降低丙烯酰胺的量都能加大孔径，大孔径适于DNA序列反应产物的测定。反之，减少交联剂的量(即降低交联度)或增加丙烯酰胺的量均能使孔径变小，以适于蛋白质和寡核苷酸的分离。琼脂糖凝胶是D-半乳糖和3,6-脱水-L-半乳糖相间结合的链状多糖。琼脂糖是一种天然的线状高分子化合物，这类载体能使被筛分物质保持活性，能迅速活化并接上各功能基因，结构疏松，孔径大，透光性好，常用来分离病毒、DNA和大分子蛋白质。琼脂糖容易成胶，相对而言，琼脂糖凝胶毛细管比较容易制备。它的渗透极限很高，但是较易堵塞。

还可采用无胶筛分技术，即采用低黏度的线性聚合物溶液代替高黏度交联的聚丙烯酰胺，这种线性聚合物溶液仍有按分子大小分离组分的分子筛作用。这种柱子具有寿命长、制备容易、能方便地注入毛细管中重复使用等优点，其功能可以通过改变线性聚合物的种类、浓度等予以调节。但它的分离能力较凝胶柱略差。常用的无胶筛分剂包括未交联的聚丙烯酰胺、甲基纤维素及其衍生物、聚乙二醇和葡聚糖等，前两种通常用于核酸及其片段的分离，后两种更多地用于蛋白质。

20.4.4 毛细管等电聚焦

在电场作用下带电粒子将在电介质中做定向迁移，这种迁移和粒子的荷电状况有关。蛋白质是典型的两性电解质，所带电荷与溶液pH有关，其表观电荷数为零时溶液的pH称为蛋白质的等电点(pI)。不同的蛋白质等电点不同，溶液pH小于等电点时，蛋白质带正电荷，在电场作用下向负极迁移；溶液pH大于等电点时，蛋白质带负电荷，在电场作用下向正极迁移；当迁移至pH和等电点一致的溶液中而溶液自身又不受电渗的推动，则迁移就停止进行。如果溶液存在一个pH的位置梯度，那么有可能使有不同等电点的分子分别聚集在不同的位置上，不做迁移而彼此分离，这就是所谓的等电聚焦过程。毛细管等电聚焦(capillary isoelectric focusing electrophoresis ,CIEF)过程是在毛细管内实现的，毛细管等电聚焦结合了常规凝胶等电聚焦的高分离能力和现代毛细管电泳的特点。由于可以施加高电场，使分离时间缩短，而小内径可较平板凝胶更为有效地散热，同时能够进行实时检测，具有极高的分辨率，可以分离等电点差异小于 0.01 pH 的两种蛋白质。

毛细管等电聚焦有三个基本步骤，即进样、聚焦和迁移。首先用压力将试样和两性电介质的混合物压入毛细管。由于试样和两性介质一起引入毛细管柱，因此等电聚焦的进样量可以远远大于毛细管电泳的其他操作模式。然后采用 500～700 $V\cdot cm^{-1}$的电场强度施加高压 3～5 min，直到电流降到很低的值。在这一过程中，在毛细管的整个长度范围内两性电介质建立了一个 pH 梯度，然后蛋白质在毛细管中向各自的等电点聚焦，并形成一个非常明显的带。因此，等电聚焦实际上是一个试样的浓缩过程，这一过程可以用于浓缩试样组分。毛细管等电聚焦的检测器通常位于毛细管的一端，因此，最后必须使已聚焦的区带移动，像队列一样依次通过检测器接受检测。

血红蛋白变体的分析是毛细管等电聚焦应用最多的一个方面，这在临床上具有重要意义，如筛选与贫血有关的异常血红蛋白。除此之外，毛细管等电聚焦还可用于单克隆抗体分析、酶突变型的鉴定、重组蛋白的纯度分析、人血浆蛋白分析等。

20.4.5 毛细管等速电泳

毛细管等速电泳（capillary isotachophoresis, CITP）是一种不连续介质电泳技术，它采用两种不同的缓冲液系统。一种是前导电介质，充满整个毛细管柱，另一种称尾随电介质，置于一端的电泳槽中，前者的淌度高于任何试样组分，后者则低于任何试样组分，被分离的组分按其淌度不同夹在中间，以同一个速度移动，实现分离。如分离阴离子，试样离子 A^-，B^- 和 C^- 迁移率顺序为 $A^- > B^- > C^-$，施加电场后，由于各种离子迁移率不同，向正极迁移的速度不同，使电解质溶液形成由负极到正极增加的离子浓度，而电位梯度与电导率成反比，离子浓度越大，电导率越大，因此，电位梯度由负极到正极减小。由于离子的迁移速度与电场强度成正比，迁移速率大的离子 A^- 在较小电场强度的作用下迁移速度逐渐减慢，C^- 则逐渐加快。随着电泳的进行，A^-，B^-，C^- 三种离子必将以和前导电介质相同的速度向前移动。此时若有任何两个区带脱节，其间阻抗趋于无穷大，在恒流源的作用下电场强度迅速增加，迫使后一区带迅速赶上，保持恒定。

所有谱带以同一速度移动是等速电泳的最大特点。除此之外，等速电泳还有两个特点。一是区带锐化，在平衡状态下，如果有离子扩散进入相邻区带，由于它的速度和这一区带上主体组分离子的速度不同，迫使它立刻返回自己的区带，形成界面清晰的谱带。二是区带浓缩，即组分区带的浓度由前导电介质决定，一旦前导电介质浓度确定，各区带内离子的浓度即为定值。因此对于浓度较小的组分有浓缩效应，这种浓缩效应已被用于其他毛细管电泳操作模式的预浓缩手段。

20.4.6 毛细管电色谱

毛细管电色谱(capillary electrochromatography, CEC)是采用内壁涂覆或管内填充色谱固定相的毛细管为分离柱，将毛细管电泳的高柱效和 HPLC 的高选择性有机地结合在一起，兼具毛细管电泳及高效液相色谱的双重分离机理，开辟了高效的微分离技术新途径。毛细管电色谱由于引入了色谱机制，其保留机理包括两个方面：其一，如同 HPLC，基于溶质在固定相和流动间分配过程；其二，如同毛细管电泳，基于溶质电迁移过程。CEC 容量因子可用下式表示：

$$k=k'+k'(\mu_{ep}/\mu_{eo})+\mu_{ep}/\mu_{eo} \tag{20-13}$$

式中 k 是 CEC 的容量因子；k'是 CEC 中由分配作用对色谱保留的贡献；μ_{ep}为溶质的电泳淌度；μ_{eo}为电渗淌度。

从式(20-13)可以看出，CEC 的容量因子并非毛细管电泳的选择性因子和 HPLC 的容量因子的简单加和，而是两者之间相互影响。对于中性化合物，μ_{ep}为零，k 等于 k'，反映纯粹的色谱过程；对于无分配或色谱保留的带电荷化合物，k'为零，反映纯粹的电泳过程；对于有分配保留的带电荷化合物，色谱和电泳机理同时起作用。因此，CEC 既能分离电中性溶质，又能分离带电溶质，对复杂的混合试样显示出强大的分离潜力。

类似于 HPLC，CEC 的柱效可用 van Deemter 方程表征：

$$H=A+Bu+Cu \tag{20-14}$$

式中 A 为涡流扩散迁移项，代表由于填充床中流速的不同而引起的谱带展宽，在 CEC 中，只要双电层不重叠(填料粒径$\geqslant 0.5\mu m$)，电渗流速度就与填料大小无关。流速在管中呈塞子流型，在毛细管中几乎没有流速梯度，所以谱带展宽效应十分小。因此，在 CEC 中，A 项可忽略。在一般操作条件下，传质阻力 C 项也可忽略。因此，在 CEC 中，决定板高的只有 B 项，即纵向扩散项。所以在柱效上，CEC 远优于 HPLC。

尽管毛细管电色谱技术的发展历史不长，但作为一种新的分离分析方法，它兼具 HPLC 和毛细管电泳的优点。与 HPLC 类似，根据固定相不同性质，CEC 可以在反相、离子交换、亲和、手性等不同色谱模式下分离不同类型化合物，但 CEC 具有比 HPLC 更高的柱效，因此，在分离复杂混合物时更具优势。目前，

CEC在环境、生物医学、食品、石油化工产品的分析中都有应用实例。

图20-6是反相CEC分离14种火药及其降解成分的色谱图，7 min内14种化合物得到了基线分离。由于CEC高柱效的特点，单氨基二硝基甲苯异构体分离效果很好，而这些异构体在常规反相液相色谱中则很难实现基线分离。

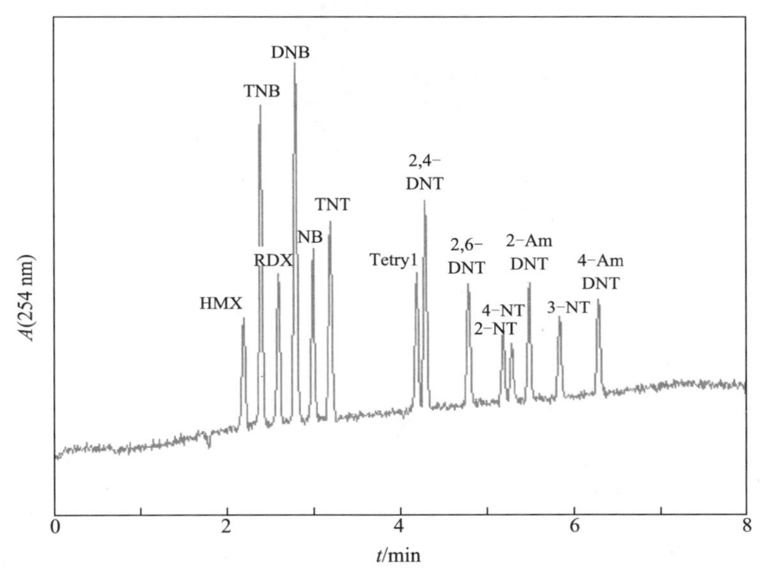

图20-6 反相CEC分离14种火药及其降解成分的色谱图

CEC柱：34 cm×75 mm i. d.，填充1.5 μm无孔ODSⅡ硅胶，填充长度21 cm

流动相：甲醇/10 mmol·L^{-1}磷酸盐溶液和5 mmol·L^{-1}SDS缓冲液(20/80，体积比)

电压：12 kV；进样：2 kV×2 s，电动进样；试样浓度：12.5 mg·L^{-1}；检测波长：254 nm

思考、练习题

20-1 什么是电渗流？它是怎样产生的？

20-2 毛细管的总长为25 cm，进样端到检测器的柱长为18 cm，分离电压为20 kV，采用硫脲作为标记物，其出峰时间为1.5 min，请计算电渗流的大小。

20-3 在毛细管区带电泳中，指出下列物质的出峰顺序。

溴离子，硫脲，铜离子，钠离子，硫酸根离子

20-4 为什么pH会影响毛细管电泳分离氨基酸？

20-5 毛细管电泳的检测方法有哪些？它们分别有何优缺点？

20-6 指出下列毛细管电泳分离模式中各自最适宜分离的物质。

(1) 毛细管区带电泳；(2) 胶束电动毛细管色谱；(3) 毛细管凝胶电泳。

20-7 毛细管电色谱与毛细管电泳相比有何优点？

参考资料

扫一扫查看

第21章　分子质谱法

21.1　概论

21.1.1　分子质谱范畴

质谱学(mass spectrometry)是建立在原子、分子电离技术和离子光学理论基础上、应用性很强的技术学科。分子质谱(molecular mass spectrometry)是当代质谱学的主要组成部分,可获得无机、有机和生物分子的相对分子质量和分子结构,对复杂混合物各组分进行定性和定量测定。大多数无机分子结构较为简单,无机气体、低分子无机化合物常采用无机质谱法分析,分子质谱主要研究对象是有机分子。而随着质谱法离子化技术的进步、联用技术的发展,质谱研究和应用拓展到了蛋白质、多肽等,研究生物分子,特别是研究生物大分子的相对分子质量、各级结构、生物活性物质的生物质谱(biological mass spectrometry)正在迅速发展,是当代分子质谱学的前沿研究领域。

值得注意的是,同位素质谱曾是原子质谱或无机质谱的主要组成部分,随着有机质谱、生物质谱等分子质谱的发展,同位素质谱逐步渗透到分子质谱,已成为分子质谱不可缺少的技术手段。同位素离子、稳定同位素标记技术等是研究分子结构、分子裂解机理、有机及生化反应机理和质谱定量的重要方法,而与早期同位素原子质谱技术不同。

21.1.2　分子质谱与原子质谱比较

因研究对象不同,分子质谱和原子质谱在仪器构造、技术与应用有较大差别。

1. 获得的信息量大

原子质谱一般提供元素及其同位素原子质量,其谱图简单,信息量较少;分子质谱可给出分子离子、碎片离子、亚稳离子等多种离子,谱图一般较为复杂,可说明分子裂解机理,提供分子相对质量、官能团、元素组成及分子结构等多种信息。

2. 进样方式多样化

原子质谱中被分析试样可直接作为离子源的一个或两个电极,常无独立进样器。分子质谱涉及试样种类繁多，存在形态有气体、液体、固体；相对分子质量范围宽；热稳定性差；多以混合物形式存在，这些均不同于无机元素。因此，分子质谱有多种进样系统和方式，技术比较复杂。

3. 多种离子化技术

原子质谱一般采用高温热电离、火花电离等比较激烈且较成熟、适用的离子化技术；而有机分子一般不耐高温，采用能量相对较低的粒子流电离，为了获得分子离子及其他各种碎片离子等，发展出多种适应不同结构分子的离子源和离子化技术，包括电子轰击电离、化学电离、大气压电离、基质辅助激光解吸电离等等。离子化技术是促进分子质谱发展的重要推动力。

4. 相对质量范围不同

原子质谱测定质量范围在元素周期表各元素的同位素原子相对质量范围内，最大也只有几百；而分子质谱研究相对质量范围一般为 $10^1 \sim 10^3$，可高达数万至数十万，即比原子质谱相对质量范围高 2～3 个数量级。相对质量范围不同导致仪器设计参数、结构和分析技术存在较大差异。

21.1.3 分子质谱表示法

质谱检测器获得按质荷比(m/z)从小到大排列的质谱(mass spectrum)信号后，给出的质谱数据一般有两种形式：一是棒状图即质谱图，另一个为表格即质谱表。质谱图是以质荷比(m/z)为横坐标，相对强度为纵坐标构成的。一般将原始质谱图上最强的离子峰作为基峰，并定其相对强度为 100%，其他离子峰强度以对基峰强度的相对分数表示。质谱表是用表格形式表示的质谱数据。质谱表中有两项即质荷比和相对强度。表 21-1 和图 21-1 分别为蟾毒色胺质谱数据表和质谱图，其基峰为 m/z 58。

表 21-1 蟾毒色胺质谱数据表

m/z	41	42	43	56	57	58	59	60	63	64	65	66	76
相对强度	5	30	10	5	12	100	40	1	7	1	10	2	3
m/z	77	78	88	89	90	91	92	101	102	103	104	105	115
相对强度	12	4	1	9	5	15	2	2	4	6	3	5	2
m/z	116	117	118	119	128	129	130	131	132	133	144	145	146
相对强度	4	9	5	2	5	1	12	5	3	2	2	5	37
m/z	147	148	157	158	159	160	161	201	202	203	204	205	
相对强度	6	1	1	5	13	13	3	2	3	2	44	7	

从质谱图上可以直观地观察整个分子的质谱全貌，而质谱表则可以准确地

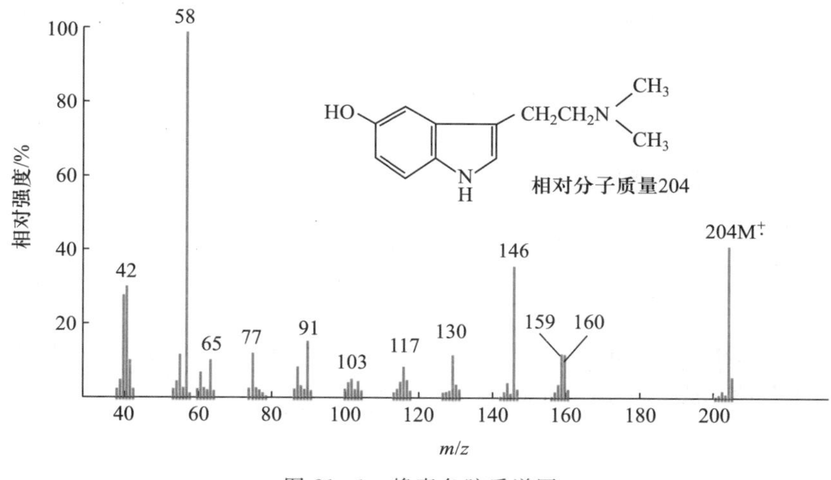

图 21-1 蟾毒色胺质谱图

给出精确的 m/z 值及相对强度值，有助于进一步分析。

21.2 质谱法的基本原理和方程

分子质谱是试样分子在高能粒子束（电子、离子、分子等）作用下电离生成各种类型带电粒子或离子，采用电场、磁场将离子按质荷比大小分离、依次排列成图谱，称为质谱。质谱不是光谱，是物质的质量谱。

分子电离后形成的离子经电场加速从离子源引出，加速电场中获得的电离势能 zeU 转化成动能 $\frac{1}{2}mv^2$，两者相等，即

$$zeU=\frac{1}{2}mv^2 \tag{21-1}$$

式中 m 为离子的质量；v 为离子被加速后的运动速率；z 为电荷数（多数为 1，亦可 $\geqslant 2$ 至数十）；e 为元电荷（亦称基本电荷，为最小电荷量的单位 $e=1.60\times10^{-19}$ C）；U 为加速电压。在离子源中离子获得的动能与它的质量无关，只跟它带的电荷和加速电压有关（zeU）。而从离子源引出离子运动速率平方与其质量成反比，质量越大，其速率越小。

具有速率 v 的带电粒子进入质谱分析器的电磁场中，就存在沿着原来射出方向直线运动的离心力（mv^2/R）和磁场偏转的向心力（$Bzev$）作用，两合力使离子呈弧形运动，二者达到平衡：

$$mv^2/R=Bzev \tag{21-2}$$

式中 e,m,v 与前式相同;B 为磁感应强度;R 为离子磁场偏转圆周运动半径。整理得

$$v=\frac{BzeR}{m} \tag{21-3}$$

代入式(21-1)中,可得

$$m/z=B^2R^2e/(2U) \tag{21-4}$$

此式为基本公式,化为实用公式则为

$$RB=144\sqrt{mU} \tag{21-5}$$

式中单位:R 为厘米(cm);B 为特斯拉(T);U 为伏特(V);m 为原子质量单位。

离子在磁场作用下运动轨道半径为

$$R=\frac{144}{B}\sqrt{\frac{m}{z}U} \tag{21-6}$$

此式可用来设计或核算一台质谱仪器的质量范围。当 R 一定时式(21-4)可简化为

$$m/z=K\frac{B^2}{U} \tag{21-7}$$

式中 K 为常数。从此方程说明:磁质谱仪器中,离子的 m/z 与磁感应强度平方成正比,与离子加速电压成反比;可以保持 B 恒定而变化 U(电扫描),或保持 U 恒定变化 B(磁扫描)实现离子分离,后者是常用的工作方式。

21.3 质谱仪器

21.3.1 分子质谱仪器基本结构

分子质谱仪器由进样系统、离子源系统、质量分析器、检测器、真空系统及电子、计算机控制和数据处理系统等组成(图 21-2)。与原子质谱仪器差别较大的是进样系统和离子源。

分子质谱仪器按分辨率可分为高分辨率仪器($R>50\ 000$)、中分辨率仪器($R=10\ 000\sim50\ 000$)和低分辨率仪器($R<10\ 000$)。双聚焦质谱仪器分辨率可由 10 000 到 100 000,傅里叶变换回旋共振质谱仪分辨率可达 1 000 000。而四极质谱仪、飞行时间质谱仪均属低分辨质谱仪器。

21.3.2 进样系统

进样系统的目的是在不破坏真空环境、具有可靠重复性的条件下,将试样引入离子源。现代质谱仪器有多种类型的进样系统,以满足不同试样进样的需求。

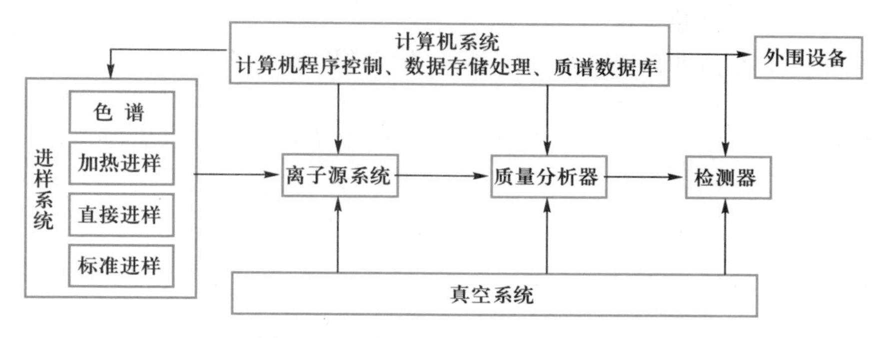

图 21-2 分子质谱仪器结构方框图

典型的进样系统包括加热进样、直接进样、色谱进样、标准进样等。

21.3.2.1 加热进样

加热进样是最经典也是最简单的进样方式。试样首先被汽化,然后进入高真空的离子源。图 21-3 为加热进样系统的示意图。它适用于气体、沸点低且易挥发的液体(沸点低于 500 ℃)、中等蒸气压固体等试样进样。对气体试样而言,很少量的气体被收集在两个阀之间的测量区域,然后进入储样器。液体试样则通过微升级的进样针注入储样器。无论是液体或气体进样都要确保真空度达到 $10^{-1}\sim10^{-2}$ Pa。对于沸点高于 150 ℃的试样,储样器及连接管必须用电热丝或加热箱加热,对沸点低于 500 ℃的液体试样,加热箱的最高加热温度为 350 ℃,以免试样汽化过快。试样经过汽化后,从储样器以恒定的流速通过含有一个或多个针孔(分子漏缝)的金属或玻璃的隔膜,进入到离子化区域。为防止极性化合物由于吸附而引起损失,进样系统一般由玻璃制成。

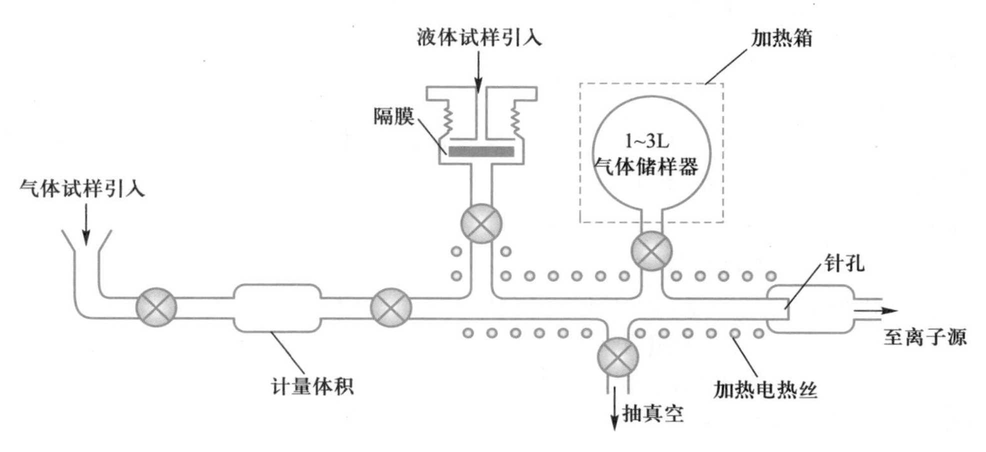

图 21-3 加热进样系统

21.3.2.2 直接进样

直接进样是通过切换阀建立一个临时真空进样通道，进样杆将试样引入离子源，通常适合于高沸点的液体及固体进样。进样杆通过一根硬质玻璃毛细管(通常规格为 25 cm×6 cm i.d.)将试样置于进样杆顶端石英管或坩埚内，其结构如图 21-4所示。

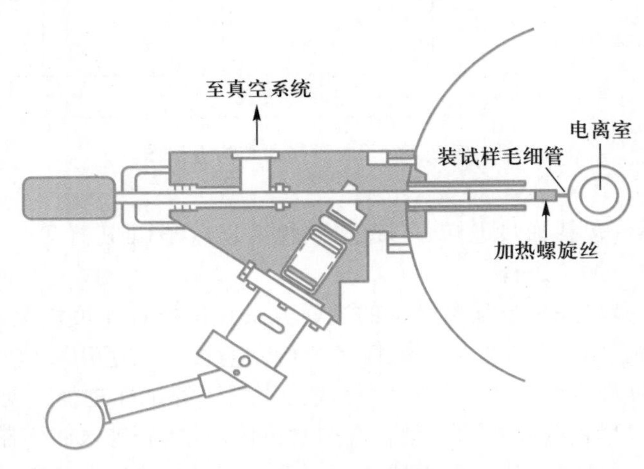

图 21-4 直接进样器切换阀

将进样杆伸入距离子源几毫米的距离，即可将试样直接送入离子源。特制的真空闭锁系统可以保障进样杆将试样送入离子源时不破坏离子源真空状态。进样杆顶端装有试样电热线圈，通过调节加热线圈电流，可按预定升温程序升温，使试样在电离源附近高真空下加热汽化，确保大部分试样蒸气能进入离子源，很快被电离，有效防止试样热分解，因此，可以获得热不稳定化合物的质谱图。

21.3.2.3 色谱进样

质谱仪通常会与气相色谱、液相色谱等仪器联用，用于分离和检测复杂化合物的各种组分。将色谱分离后的流出组分通过适当接口引入质谱系统，称为色谱进样。相关内容将在色谱-质谱联用技术中介绍。

21.3.2.4 标准进样

有机质谱一般以全氟煤油(perfluorokerosene，PFK)为仪器质量标准试样。PFK 从 69 至 1200 分子相对质量以上，几乎每隔 12 个质量有一个特征峰，主要特征峰的精确质量均已测定。由于 PFK 的记忆效应较强，如用加热进样或直接进样系统进样，容易造成污染。因此，不少仪器装有专用 PFK 标准样进样系统。

21.3.3 离子源

按照试样的离子化过程，离子源(ion sources)主要可分为气相离子源和解析离子源。气相离子源：试样先蒸发成气态，然后受激离子化。气相离子源的使用限于沸点低于 500 ℃的热稳定化合物，通常情况下这类化合物的相对分子质量低于 10^3。此类离子源主要包括电子轰击源、化学电离源、场电离源等。解析离子源：固态或液态试样不经过挥发过程而直接被电离，适用于相对分子质量高达 10^5 的非挥发性或热不稳定性试样的离子化，包括场解吸源、快原子轰击源、激光解吸源、电喷雾电离源和大气压化学电离源等。按照离子源能量的强弱，离子源可分为硬离子源和软离子源。硬离子源：离子化能量高，可以传递足够的能量给分析物分子，使它们处于高能量激发态，弛豫过程包括键的断裂，从而产生质荷比小于分子离子的碎片，因此得到分子官能团等结构信息。软离子源：离子化能量低，试样分子被电离后，主要以分子离子形式存在，几乎不会产生碎片，质谱谱图简单，通常仅包含分子离子峰或准分子离子峰和少量的小峰。

分子质谱仪器的离子源种类繁多，现将主要的离子源介绍如下(电喷雾电离源和大气压化学电离源见后续联用技术)。

21.3.3.1 电子轰击源

电子轰击源(electron-impact soures，EI)应用最为广泛，主要用于挥发性试样的电离。图 21−5 是电子轰击电离源的原理图，试样首先在高温下形成分子蒸气，以气态形式进入离子源，灯丝(钨丝或者铼丝)经加热后发射出电子，在电离盒和灯丝之间加一定的电压，称为电离电压，使电子加速形成高能电子。电子流在磁场作用下呈螺旋运动，并聚焦成束，以提高电离效率。高能电子和试样分子的运动路径成直角，交叉点位于离子源的中心，在这里产生碰撞和解离。当高能电子离分子足够近的时候，静电排斥力使分子失去电子，形成的主要产物是带一个正电荷的离子。通过适当的推斥电压导引，让正离子穿过加速狭缝，并最终进入质量分析器。

一般有机化合物电离电位约为 10 eV，在电子轰击下，试样分子可能有多种不同途径形成离子，如试样分子被打掉一个电子形成分子离子；进一步发生化学键断裂、重排形成碎片离子、重排离子等。试样究竟形成何种离子，与轰击电子的能量有关。

电子轰击源电离效率高，能量分散小，结构简单，操作方便，工作稳定可靠，产生高的离子流，因此灵敏度高，可作质量校准。大量的碎片离子峰，提供了丰富的结构信息，使化合物具有特征的指纹谱，同时有标准质谱图可以检索。目前，所有的标准质谱图大多是在 EI 源 70 eV 下获得的，但它也具有一些缺陷。

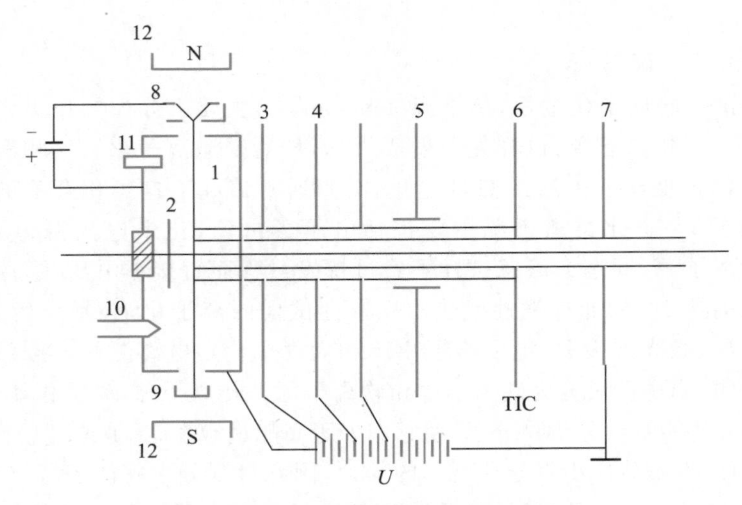

图 21-5 电子轰击电离源的原理图

1—电离盒；2—推斥极；3—引出极；4—聚焦极；5—z 向偏转极；6—总离子检测极；7—加速狭缝；8—灯丝；9—电子收集极(阳极)；10—加热丝；11—热敏电阻；12—永久磁铁

使用电子轰击离子源很多情况下得不到分子离子峰，因一般化学键的能量为 200～600 $kJ\cdot mol^{-1}$，70 eV 已大大超过化学键裂解所需能量，导致对相对分子质量的测定困难。另一个局限性是要求试样先汽化，因此，有的分析物还来不及离子化就已经被热裂解。电子轰击离子源只适用于分析分子相对分子质量小于 10^3 的物质，主要适用于易挥发有机试样的电离，GC-MS 联用仪中普遍使用此离子源。

21.3.3.2 化学电离源

化学电离源(chemical ionization sources，CI)和电子轰击电离源在结构上没有多大差别，其主体部件是通用的。主要差别在于 CI 源工作过程中要引进一种反应气体，可以是甲烷、丙烷、异丁烷、氨气等。反应气的量比试样气要大得多。灯丝发出的电子首先将反应气电离，然后反应气离子与试样分子进行离子-分子反应，实现试样电离。现以甲烷作为反应气，说明化学电离的过程。在电子轰击下，甲烷首先被电离：

$$CH_4 + e^- \longrightarrow CH_4^+ + CH_3^+ + CH_2^+ + CH^+ + C^+ + H^+$$

甲烷电离后生成的 CH_4^+，CH_3^+ 等离子占 90%以上。这些离子再迅速与剩余的甲烷分子进行反应，生成加合离子：

$$CH_4^+ + CH_4 \longrightarrow CH_5^+ + CH_3$$
$$CH_3^+ + CH_4 \longrightarrow C_2H_5^+ + H_2$$

加合离子与试样分子 M 反应,实现了质子和氢化物的转移:

$$CH_5^+ + M \longrightarrow [M+H]^+ + CH_4 \quad 质子转移$$
$$C_2H_5^+ + M \longrightarrow [M+H]^+ + C_2H_4 \quad 质子转移$$
$$C_2H_5^+ + M \longrightarrow [M-H]^+ + C_2H_6 \quad 氢化物转移$$

质子转移反应产生质子化的准分子离子分子$(M+1)^+$,而氢化物转移反应消去氢负离子,产生离子 m/z 比试样相对分子质量少 1 的准分子离子$(M-1)^+$。事实上,以甲烷作为反应气,除$(M+1)^+$之外,还可能出现$(M+17)^+$,$(M+29)^+$等准分子离子及碎片离子。

相对于电子轰击电离,化学电离是一种软电离方式,电离能小,质谱峰数少,图谱简单;准分子离子$(M+1)^+$峰大,可提供相对分子质量这一重要信息。有些用 EI 方式得不到分子离子的试样,改用 CI 后可以得到准分子离子。在 EI 源中,一般负离子只有正离子的 10^{-3},负离子质谱灵敏度极低;而 CI 源一般都有正 CI 和负 CI,其灵敏度相当,可以根据试样情况进行选择,对于含有很强的吸电子基团的化合物,检测负离子的灵敏度远高于正离子的灵敏度。由于 CI 得到的质谱不是标准质谱,难以进行谱库检索。

21.3.3.3 场电离源

场电离源(field ionization sources,FI)是应用强电场诱导试样电离的一种离子化方式。如图 21-6 所示,间距极小的电极(间距 0.5～2 mm)间具有很强的电场(电压梯度 $10^7 \sim 10^8$ V · cm^{-1}),引入的气体分子在阳极微针高场区域分散,蒸气分子在高静电场作用下,由于量子隧道效应(quantum mechanical tunneling),价电子以一定的概率穿越位垒而逸出,生成分子离子,而带正电荷试样分子离子被排斥,并加速进入质量分析系统。在此过程中,分子本身很少发生振动或转动,裂解很少,碎片离子峰很弱。

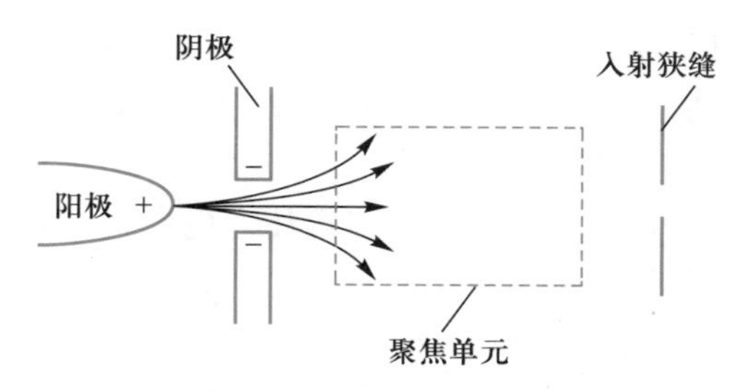

图 21-6 场电离源示意图

场电离源由于要获得强的电场,对电极要求较高。单靠提高电压和减少发射丝直径来获得高场强比较困难。如果让金属丝活化,在其上生长微针(其尖端直径小于 1 μm),把微针作为场发射体则可大大提高场强。将直径约为10 μm

的钨丝焊在发射体架上，放入活化装置中，活化室抽真空后，通入苯甲腈蒸气，在发射丝施加 10～20 V 的高压，这样钨丝上生成出很多碳微针，构成多尖陈列电极从而提高电离效率。

场电离源的优点在于电离温和，产生的碎片较少，主要产生分子离子 M^+ 和 $(M+1)^+$ 峰，所获得的质谱图简单，分子离子峰易于识别。场电离源适用于相对分子质量的测定和有机混合物的直接定量分析。场电离源的缺点是它的灵敏度低，相对于电子轰击源，至少要低一个数量级，它的最大电流在 10^{-11} A 的水平上。

21.3.3.4 场解吸电离源

场电离源分子需汽化后电离，不适用于难挥发、热不稳定的有机化合物。因而发展出场解吸电离源(field desorption ionization sources，FD)，它使用了和场电离源相似的多针尖发射场。类似于场电离源，它也有一个表面长满"胡须"(长 0.01 mm)的阳极发射器(emitter)，阳极发射器被固定在一根可以在试样腔中来回移动的探针上，将试样溶液涂于发射器表面并蒸发除溶剂，当探针再次插入试样腔时，电极上的高电压使试样发生离子化，形成分子离子向阴极移动，并最终引入质量分析器。

采用解吸源时，试样无须汽化再电离，特别适于非挥发性、热不稳定的生物试样或相对分子质量高达 100 000 的高分子物质。当施加不同形式的能量在固相或液体试样上，可使之直接形成气体离子。因此，试样的电离行为较为简单，所获得的质谱信号也大大简化，常常只看到分子离子峰或是质子化的准分子离子峰。图 21-7 为极性化合物谷氨酸的 EI，FI 和 FD 的质谱图，比较说明，EI 碎片峰很多，但未显示分子离子峰；FI 给出较弱的准分子离子峰；FD 以准分子离子 $(M+1)^+$ 为基峰，而无碎片离子峰。

21.3.3.5 快原子轰击源

快原子轰击源(fast atomic bombardment sources，FAB)是另一种常用的离子源，它主要用于极性强、高相对分子质量的试样分析。其工作原理如图 21-8 所示。

通过高速电子轰击惰性气体如氩或氙等使之电离，经电场加速后，高速氩或氙离子奔向充有氩或氙原子的电荷交换室(压力为 1.33×10^{-3} Pa)，原子发生共振电子转移反应，Ar^+ 经电荷交换后保持着原来的能量，形成 2～8 keV 高能量的中性氩或氙原子束，轰击涂覆在不锈钢或铜金属片(靶)表面的甘油或硫甘油基质的试样浓缩液上，将能量转移给试样分子，使之在常温下飞溅(sputtering)电离后进入真空，并在电场作用下进入分析器。

快原子轰击使用甘油或硫甘油作溶剂或分散剂，由于试样的流动性，试样分散表面层不断更新，提高试样离子化效率，而在电离过程中不必加热汽化，适合

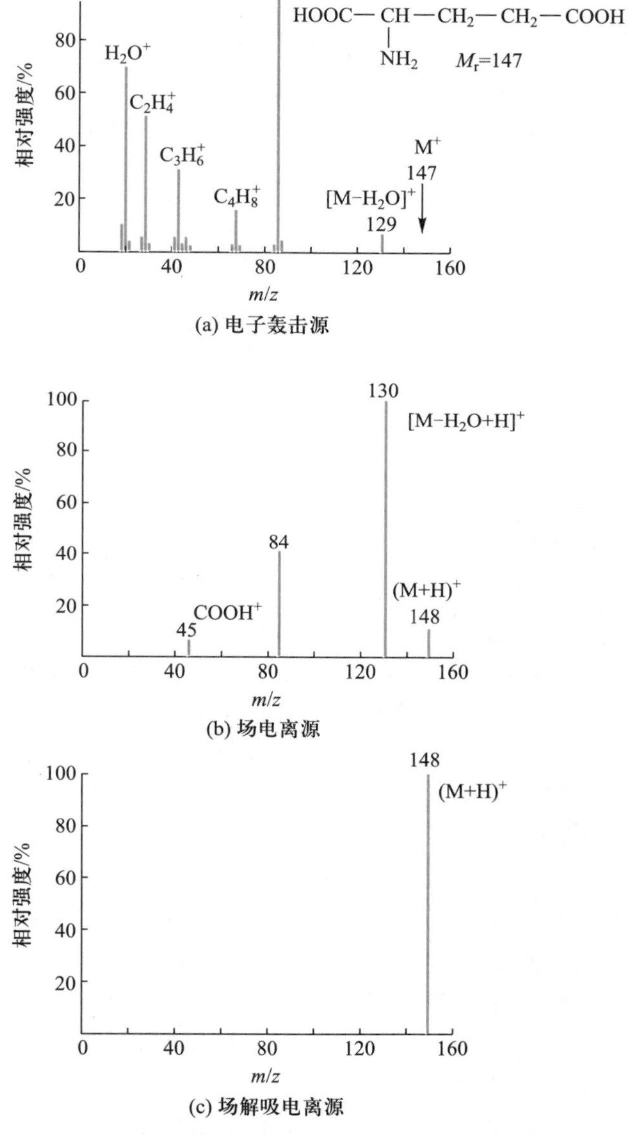

图 21-7 极性化合物谷氨酸的 EI,FI 和 FD 质谱图比较

于分析大相对分子质量、难汽化、热稳定性差的试样,如肽类、低聚糖、天然抗生素、有机金属络合物等。快原子轰击会产生较强的分子离子、准分子离子$[M\pm1]^+$或以其为基峰,复合离子$[\mathrm{M+R}]^+$,$[2\mathrm{M}]^+$,$[2M+1]^+$以及其他碎片离子,提供较丰富的结构信息。FAB 负离子质谱与正离子质谱有时非常一致,

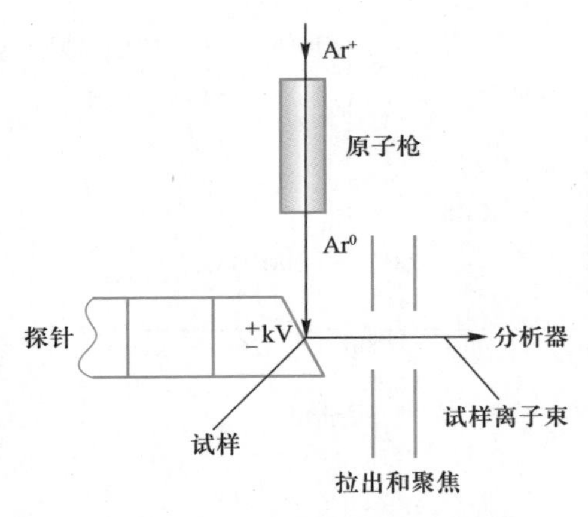

图 21-8 快原子轰击源工作原理示意图

均生成得失质子的[$M \pm n$]离子簇，分别以[$M+1$]$^+$和[$M-1$]$^-$为基峰。

21.3.3.6 激光解吸电离源

激光解吸电离源(laser desorption ionization sources，LD)是一种结构简单、灵敏度高的新电离源。它利用一定波长的脉冲式激光照射试样使试样电离，被分析的试样置于涂有基质的试样靶上，脉冲激光束经平面镜和透镜系统后照射到试样靶上，基质和试样分子吸收激光能量而汽化，激光先将基质分子电离，然后在气相中基质将质子转移到试样分子上使试样分子电离。激光电离源需要有合适的基质才能得到较好的离子产率。因此，这种电离源通常称为基质辅助激光解吸电离(matrix-assisted laser desorption ionization，MALDI)。基质必须满足下列要求：能强烈地吸收激光的辐照，能较好地溶解试样并形成溶液。对生物聚合物而言，只有很少数的物质能被用作基质。MALDI 常用的基质有2,5-二羟基苯甲酸、芥子酸、烟酸、α-氰基-4-羟基肉桂酸等。由于激光与试样分子作用时间短、区域小、温度低，采用基质辅助电离技术，避免试样共振吸收激光辐射裂解，得到的质谱主要是分子离子、准分子离子、少量碎片离子和多电荷离子。

MALDI 特别适合于飞行时间质量分析器(TOF)，二者结合构成 MALDI-TOF 质谱仪。MALDI 属于软电离技术，它比较适用于分析生物大分子，如肽、蛋白质、核酸等，对一些相对分子质量处于几千到几十万之间的极性生物聚合物，可以得到精确的相对分子质量信息。

21.3.4 质量分析器

质量分析器(mass analyzer)的作用是将离子源产生的离子按质荷比(m/z)顺序分离。分子质谱仪的质量分析器有飞行时间分析器、离子阱分析器、回旋共振分析器、磁分析器、四极杆分析器等。

21.3.4.1 飞行时间质量分析器

飞行时间质量分析器(time of flight mass analyzer,TOF)的主要部件是一个长 1m 左右的无场离子漂移管。图 21-9 显示了这种分析器的结构示意图。

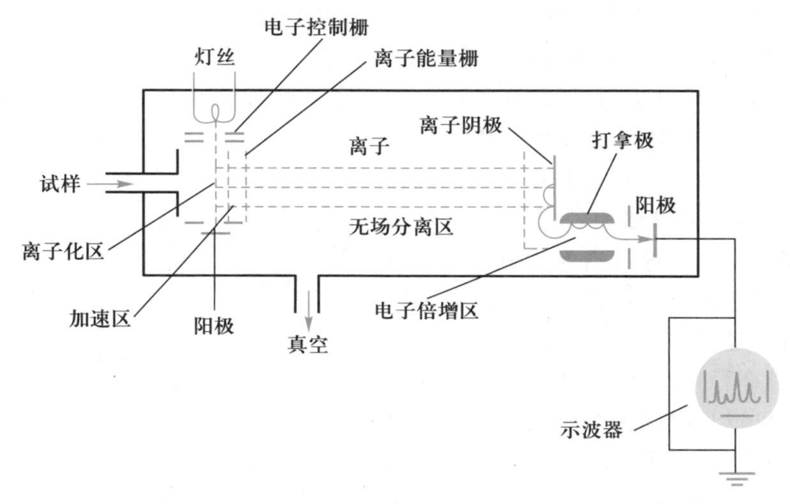

图 21-9 飞行时间质量分析器的结构示意图

与式(21-1)相同,离子在加速电压 U 作用下得到动能,则有

$$1/2mv^2 = zeU \quad 或 \quad v = (2zeU/m)^{1/2}$$

离子以速度 v 进入自由空间(漂移管),假定离子在漂移管飞行的时间为 t,漂移管长度为 L,则

$$t = L\left(\frac{m/z}{2U}\right)^{1/2} \tag{21-8}$$

由式(21-8)可见,离子在漂移管中的飞行时间与离子质量的平方根成正比。即对于能量相同的离子,离子的质量越大,达到接收器所用的时间越长,质量越小,所用时间越短。根据这一原理,可以按时间把不同质量的离子分开。从理论上分析,漂移管的长度没有限制,适当增加长度可以增加分辨率。TOF 分离离子的相对分子质量没有上限,可分离高质量的离子。

飞行时间质量分析器的特点是扫描质量范围宽、扫描速率快、仪器结构简单,既不需磁场也不需电场,可以在 $10^{-5} \sim 10^{-6}$ s 时间内观察、记录整段质谱,测定轻元素至大分子。但由于试样离子进入漂移管前存在空间、能量、时间上的分散,相同质量的离子到达检测器的时间并不一致,导致该类质谱仪器分辨率较低。目前,采取激光脉冲电离方式,离子延迟引出技术和离子反射技术,可以在很大程度上克服上述三个原因造成的分辨率下降。现在,飞行时间质谱仪器的分辨率可达 20 000 以上。最高可检测相对分子质量范围超过 300 000,并且具有很高的灵敏度。现在,这种分析器已广泛应用于气相色谱-质谱联用仪、液相色谱-质谱联用仪和基质辅助激光解吸飞行时间质谱仪器中。

21.3.4.2　离子阱质量分析器

离子阱质量分析器(ion trap analyzer)是一种通过电场或磁场将气相离子控制并储存一段时间的装置。离子阱的结构如图 21-10 所示,它是由一个双曲面的圆环电极和两端带有小孔的盖电极组成,以端罩电极接地。当射频电压施加在圆环电极时,离子阱内部空腔形成射频电场,具有合适的 m/z 的离子在电场内以一定的频率稳定地旋转;轨道振幅保持一定大小,可以长时间留在阱内。若增加该电压,则较重离子转至指定稳定轨道,而轻些的离子将偏出轨道并与环电极发生碰撞。当一组由离子源(化学离子源或电子轰击源)产生的离子由上端小孔进入阱中后,射频电压开始扫描,陷入阱中离子的轨道则会依次发生变化而从底端离开环电极腔,进入检测器被检测。离子阱质量分析器的工作原理与四极杆质量分析器相类似。

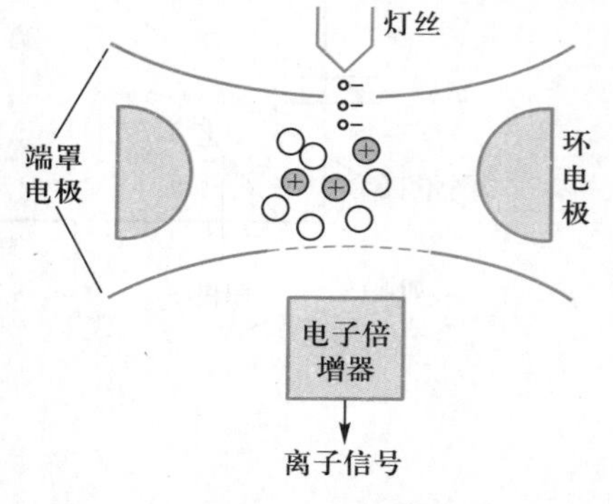

图 21-10　离子阱的结构示意图

离子阱质量分析器的特点是结构小巧,质量轻,灵敏度高,同时易于实现多级质谱功能。

21.3.5　检测器、放大器和记录仪

分子质谱仪器采用的检测器等与原子质谱类似,早期质谱离子直接打在插入磁场的感光板上,称为质谱仪(mass spectrograph);后来接收离子进行电学放大,主要包括 Faraday 杯、电子倍增器,光电倍增管等,用笔记录器记录,称为质谱计(mass spectrometer)。现代质谱仪器均采用紫外线示波感光记录器记录质谱峰,计算机采集、处理质谱数据给出归一化谱图和表。参见第 6 章原子质谱法。

21.3.6　真空系统

参见第 6 章原子质谱法。

21.4 分子质谱离子类型

分子质谱分析过程中在离子源或无场区等发生下列 4 类离子化及其反应：(1) 分子离子化反应；(2) 裂解反应；(3) 重排、裂解反应；(4) 离子－分子反应。形成各种类型的离子，主要是分子离子、同位素离子、碎片离子、重排离子、亚稳离子、多电荷离子、负离子、准分子离子、加合离子等。

(1) $ABCD + e^- \longrightarrow ABCD^{\cdot +} + 2e^-$

(2) $ABCD^{\cdot +} \longrightarrow A^+ + BCD^{\cdot}$

$\longrightarrow A^{\cdot} + BCD^+ \longrightarrow BC^+ + D$

$\longrightarrow CD^{\cdot} + AB^+$ ─ $\longrightarrow B + A^+$；$\longrightarrow A + B^+$

$\longrightarrow AB^{\cdot} + CD^+$ ─ $\longrightarrow D + C^+$；$\longrightarrow C + D^+$

(3) $ABCD^{\cdot +} \longrightarrow ADBC^{\cdot +}$ ─ $\longrightarrow BC^{\cdot} + AD^+$；$\longrightarrow AD^{\cdot} + BC^+$

(4) $ABCD^{\cdot +} + ABCD \longrightarrow (ABCD)^{\cdot 2+} \longrightarrow BCD^{\cdot} + ABCDA^+$

21.4.1 分子离子

试样分子失去 1～2 个电子（多数为 1 个电子）而得到的离子称为分子离子（molecular ion），如下式所示：

$$M + e^- \longrightarrow M^+ + 2e^- \tag{21-9}$$

式中 M^+ 是分子离子，m/z 即为分子的相对分子质量。由于分子离子是化合物失去一个电子形成的，因此，分子离子是自由基离子。通常把带有未成对电子的离子称为奇电子离子（OE），并标以“$^{\cdot +}$”；把外层电子完全成对的离子称为偶电子离子（EE），并标以“$^+$”。分子离子一定是奇电子离子。分子离子中失去电子的位置（或所带电荷的位置）与分子的结构有关，一般有下列几种情况：如果分子中含有杂原子如 S，O，P，N 等，则分子易失去杂原子的未成键电子，电荷位置可表示在杂原子上，如 $CH_3CH_2O^+H$；如果分子中无杂原子而有双键，则双键电子较易失去，则正电荷位于双键的一个碳原子上；如果分子中既无杂原子又无双键，其正电荷位置一般在分支碳原子上；如果电荷位置不确定，或不需要确定电荷的位置，可在分子式的右上角标：“$^{\urcorner +}$”，例如 $CH_3COOC_2H_5{}^{\urcorner +}$。

21.4.2 同位素离子

许多元素都是由具有一定自然丰度的一个或多个同位素组成，这些元素形成化合物后，其同位素就以一定的丰度出现在化合物中。因此，当化合物被电离时，由于同位素质量不同，在质谱图中离子峰会成组出现，每组峰会显示出一个强的主峰；亦发现有一些峰的 m/z 大于试样的相对分子质量。这些峰是因为化合物中含有化学组成相同但相对原子质量不同的同位素元素。通常把由重同位素形成的离子峰叫同位素峰，这些离子峰的相对强度与同位素的丰度及原子个数有关。同位素离子(isotopic ion)的强度之比，可以用二项式展开式各项之比来表示：$(a+b)^n$，式中 a 为某元素轻同位素的丰度；b 为某元素重同位素的丰度；n 为同位素个数。

例如，在天然碳中有两种同位素，^{12}C 和^{13}C。二者丰度之比为 100∶1.1，如果由^{12}C 组成的化合物相对分子质量为 M，那么由^{13}C 组成的同一化合物的相对分子质量则为$M+1$。同样一个化合物生成的分子离子会有相对分子质量为 M 和 $M+1$ 的两种离子。当化合物中含有一个碳原子，则 $M+1$ 离子的强度为 M 离子强度的 1.1%；如果含有两个碳原子，则 $M+1$ 离子强度为 M 离子强度的 2.2%。这样，根据 M 与 $M+1$ 离子强度之比，可以估计出碳原子的个数。

再如，氯有两个同位素^{35}Cl 和^{37}Cl，两者丰度比为 100∶32.5，或近似为 3∶1。当化合物分子中含有一个氯原子时，如果由^{35}Cl 形成的相对分子质量为 M，那么，由^{37}Cl 形成的相对分子质量为 $M+2$。生成离子后，离子相对分子质量分别为 M 和 $M+2$，离子强度之比近似为 3∶1。如果分子中有两个氯原子，其组成方式可以有 R^{35}Cl^{35}Cl，R^{35}Cl^{37}Cl，R^{37}Cl^{37}Cl，分子离子的相对分子质量有 M，$M+2$，$M+4$，离子强度之比为 9∶6∶1。

21.4.3 碎片离子

分子离子产生后可能具有较高的能量，将会通过进一步裂解或重排而释放能量，裂解后产生的离子称为碎片离子(fragment ion)。

有机化合物受高能作用时产生各种形式的裂解，一般强度最大的质谱峰对应于最稳定的碎片离子。由于碎片离子是由化学键断裂而来，因此，通过研究碎片离子，有可能获得整个分子结构的信息。碎片离子的生成与分子的结构、化学键的性质有关。在分析碎片离子时，由于分子离子(M^+)可能进一步断裂或重排，因此，要准确地进行定性分析最好与标准谱图进行比较。

21.4.4 重排离子

在两个或两个以上键的断裂过程中，某些原子或基团从一个位置转移到另一个位置所生成的离子，称为重排离子(rearrangement ion)。例如，当化合物分子中含有 C═X(X 为 O，N，S，C)基团，而且与这个基团相连的链上有 γ 氢原子，这种化合物的分子离子裂解时，此 γ 氢原子可以转移到 X 原子上去，同时 β 键断裂，下面是这种重排实例：

$$H\!-\!C(=\overset{+\cdot}{O})\!-\!CH_2\!-\!CH_2\!-\!CH_2\!-\!H \longrightarrow H\!-\!C(\overset{\cdot+}{O}H)\!=\!CH_2 + CH_2\!=\!CH_2$$

这种断裂方式是 Mclafferty 在 1956 年首先发现的，因此称为 Mclafferty 重排，简称麦氏重排。

对于含有像羰基这样的不饱和官能团的化合物，γ 氢是通过六元环过渡态转移的。凡是具有 γ 氢原子的醛、酮、酯、酸及烷基苯、长链烯等，都可以发生麦氏重排。例如：

$$H_3C\!-\!C(=\overset{+\cdot}{O})\!-\!O\!-\!CH_2\!-\!CH_2\!-\!H \longrightarrow H_3C\!-\!C(\overset{\cdot+}{O}H)\!=\!O + CH_2\!=\!CH_2$$

麦氏重排的特点如下：同时有两个以上的键断裂并丢失一个中性小分子，生成的重排离子的质量数为偶数。除麦氏重排外，重排的种类还很多，经过四元环，五元环都可以发生重排。重排既可以是自由基引发的，也可以是电荷引发的。

自由基引发的重排：

$$H\!-\!CH_2\!-\!CH_2\!-\!\overset{+\cdot}{N}H\!-\!C_2H_5 \xrightarrow{i} \overset{+\cdot}{N}H_2\!-\!C_2H_5 + C_2H_4$$

电荷引发的重排：

$$CH_3\!-\!CH_2\!-\!\overset{\cdot+}{O}\!-\!CH_2\!-\!CH_3 \xrightarrow[-\cdot CH_3]{\alpha} CH_2\!=\!\overset{+}{O}\!-\!CH_2\!-\!CH_2\!-\!H \longrightarrow CH_2\!=\!\overset{+}{O} + C_2H_4$$

21.4.5　亚稳离子

若质量为 m_1 的离子在离开离子源受电场加速后，在进入质量分析器之前，由于碰撞等原因很容易进一步分裂失去中性碎片而形成质量为 m_2 的离子，即

$$m_1 \longrightarrow m_2 + \Delta m \tag{21-10}$$

由于一部分能量被中性碎片带走，此时的 m_2 离子比在离子源中形成的 m_2 离子能量小，故将在磁场中产生更大的偏转，观察到的 m/z 较小。这种峰称为亚稳离子(metastable ion)峰，用 m^* 表示。它的表观质量 m^* 与 m_1，m_2 的关系是

$$m^* = m_2^2/m_1 \tag{21-11}$$

式中 m_1 为母离子的质量；m_2 为子离子的质量。

亚稳离子峰由于其具有离子峰宽大(2～5个质量单位)、相对强度低、m/z 不为整数等特点，很容易从质谱图中观察到。通过亚稳离子峰可以获得有关裂解机理的信息，通过对 m^* 峰观察和测量，可找到相关母离子的质量与子离子的质量 m_2，从而确定裂解途径。

21.5 分子质谱法的应用

分子质谱法可根据质谱图的质谱峰或 m/z 数据及相对强度对化合物进行定性、定量和结构测定。

21.5.1 化合物的定性分析

质谱定性分析主要指对已知化合物的定性鉴定。

21.5.1.1 标准谱图检索定性

将在一定质谱分析条件下获得的质谱图与相同条件下标准谱图对照是对已知纯化合物最简便定性方法。应用最多的是EI电离(70 eV)图谱。

1. 标准谱图汇编

常用的有如下2种。

(1) 由John Wiley出版的Registry of Mass Spectral Data。

(2) 由Mass Spectrometry Data Center出版的Eight Peak Index of Mass Spectra。

这些谱图集均比较老，但可靠性较好。

2. 质谱数据库检索

现代质谱仪器均配有质谱数据库可供计算机检索定性分析，检索结果可以给出几个可能的化合物。并以匹配度大小顺序排列出这些化合物的名称、分子式、相对分子质量和结构式等。使用者可根据检索结果和其他的信息，对未知物进行定性分析。现应用最为广泛的有NIST库和Willey库，前者现有标准化合物谱图130 000张，后者有近300 000张。此外还有毒品库、农药库、药物库等专用谱库。

3. 互联网上检索最新质谱数据和谱图

通过互联网利用其他实验室、仪器制造公司提供或文献报道的谱图数据亦可用作定性依据之一。

21.5.1.2 相对分子质量测定

分子离子峰的 m/z 可提供准确相对分子质量，是分子鉴定的重要依据。获得分子离子、准确地确认分子离子峰是质谱定性分析的主要方法之一。

获得分子离子峰 M^+ 或离子-离子、离子-分子相互作用生成准分子离子峰，如质子化分子离子 $[M+1]^+$、去质子化分子离子 $[M-1]^+$、缔合分子离子 $[M+R]^+$ 等，可采用各种技术措施，主要有

(1) 对强极性、难挥发、热稳定性差的试样，制备成易挥发、热稳定的衍生物，如有机酸、氨基酸、醇可衍生化成酯、甲醚，易得到相应衍生物分子离子。

(2) 不用加热进样，而采用直接进样，分子离子峰会增强。

(3) 如采用 EI 源，可降低轰击电子的能量至 7～12 eV，裂解成碎片离子可能性降低，分子离子峰强度增加，这也是获得和确认分子离子的方法之一。

(4) 降低加热进样或直接进样汽化温度，均有利获得分子离子峰。

(5) 采用 CI，FI，FAB 等软电离源离子化技术，一般可产生分子离子或准分子离子。

分子离子的形成和相对强度或稳定性，不仅与电离方法及条件有关，还决定于分子结构。分子链长增加、存在分子支链，含羟基、氨基等极性基团等一般导致分子离子稳定性下降；具有共轭双键系统及芳香化合物、环状化合物分子离子一般较强。有机化合物分子离子稳定性有如下顺序：芳香环＞共轭烯烃＞烯烃＞脂环＞酮＞直链烃＞醚＞酯＞胺＞酸＞醇＞支链烃。在同系物中，相对分子质量越大则分子离子相对强度越小。

在质谱图中，可根据如下特点确认分子离子峰：

(1) 原则上除同位素峰外，分子离子或准分子离子是谱图中最高质量峰，两者均可推导出相对分子质量。

(2) 它要符合氮律。由 C，H，O 元素组成的化合物，分子离子峰的质量数一定是偶数。由 C，H，O，N 组成的化合物，分子中含奇数个氮原子，分子离子峰的质量数一定是奇数；如果分子中含偶数个氮原子，分子离子峰的质量数一定是偶数。这是因为组成有机化合物的主要元素 C，H，O，N，S 和卤素中，只有氮的化学价是奇数(一般为 3)而质量数是偶数，因而出现氮律。

(3) 判断最高质量峰与失去中性碎片形成碎片离子峰是否合理。分子电离可能失去 H，CH_3，H_2O，C_2H_4 等碎片，出现相应的 $M-1$，$M-15$，$M-18$，$M-28$ 等碎片离子峰，而不可能出现 $M-3$ 至 $M-14$，$M-21$ 至 $M-24$ 等碎片离子峰，若出现这些峰，则最高质量峰不是分子离子。

(4) 当化合物含有氯和溴元素，有时可帮助识别分子离子峰。氯和溴含有丰度较高的重同位素，Cl 中含^{35}Cl为 75.77%，^{37}Cl为 24.23%，Br 中含^{79}Br为 50.54%，而^{81}Br为 49.46%。因此，若分子中含有一个氯原子，则 M 和 $M+2$ 峰强度比为 3∶1；若分子中含有一个溴，则 M 与 $M+2$ 之比为 1∶1。

21.5.2 新化合物的结构鉴定

对于新化合物，即人们未研究或尚无文献报道的合成或天然产物中获得的新化合物定性，则需测定其分子结构。首先按上述求出相对分子质量，然后确定分子式，进而根据化合物的质谱裂解规律推导分子结构。

21.5.2.1 分子式确定

利用质谱决定分子式有两种方法。

1. 由同位素相对丰度法推导分子式

有机化合物一般由 C，H，O，N，S，Cl，Br 等组成，这些元素都有同位素，因此，在质谱上会出现一个或多个含这些同位素的分子离子峰 M，$M+1$，$M+2$ 等，并可估算其相对强度。在自然界各元素同位素的比例是恒定的，一般用百分比来表示同位素的丰度比。表 21-2 列出部分常见元素的高质量数同位素与丰度比最高的低质量数同位素的百分比。例如，^{13}C下面的 1.08%表示($^{13}C/^{12}C$)×100。所谓丰度比最高的低质量同位素是^{12}C，^{1}H，^{14}N，^{32}S，^{35}Cl和^{79}Br。

表 21-2 部分常见元素的高质量数同位素与丰度比最高的低质量数同位素的百分比

同位素	^{13}C	^{2}H	^{17}O	^{18}O	^{15}N	^{33}S	^{34}S	^{37}Cl	^{81}Br
丰度/(%)	1.08	0.016	0.04	0.20	0.37	0.78	4.40	32.50	98.0

用 I 表示质谱峰相对强度，同位素离子峰相对强度与其元素天然丰度及存在原子个数成正比。对于由 C，H，O，N 组成的分子 $C_wH_xN_yO_z$，同位素离子峰 $[M+1]^+$，$[M+2]^+$ 与 M^+ 的强度比值可由下式近似计算：

$$\frac{I_{M+1}}{I_M}=(1.08w+0.02x+0.37y+0.04z)\% \tag{21-12}$$

$$\frac{I_{M+2}}{I_M}=\left[\frac{(1.08w+0.02x)^2}{200}+0.2z\right]\% \tag{21-13}$$

Beynon 等人根据上两式计算出含 C，H，O，N 组成的不同相对分子质量各种组合的质量和同位素丰度$[M+1]^+$，$[M+2]^+$ 与 M^+ 的强度比值，并编制成表，称为 Beynon 表。相对分子质量 500 以下的各种组合均可查到。一般有机质谱专著均附有该表或该表一部分。由表 21-2 的数据可知，可由不同元素组成相同相对分子质量而分子式不同的各种化合物，I_{M+1}/I_M，I_{M+2}/I_M 的百分比都不一样。只要质谱图上得到的分子离子峰足够强，其高度和 $M+1$，$M+2$ 同位素峰高度都能准确测定，根据式(21－12)、式(21－13)计算数据，结合氮律、碎片离子峰或其他波谱信息，即可从 Beynon 表确定分子式。

对于含有 S，Cl，Br 等同位素天然丰度比较高的元素的化合物，其同位素离子峰相对强度一般相当大，其强度比值可由 $(a+b)^n$ 展开式计算，若有多种元素存在，则以 $(a+b)^n \times (a'+b')^{n'} \times \cdots$ 计算。

下面介绍两个例子来说明分子式的确定。

例 21.1 某化合物质谱图确认分子离子峰 M^+ (m/z) 为 150，同位素峰 $M+1$，$M+2$ 为 151，152，三者强度依次为 100%，9.9%，0.9%，试求分子式。

解：由 $I_{M+2}/I_M=0.9\%$，说明分子中不含 S，Cl，Br 等元素；在 Beynon 表中相对分子质量为 150 的可能分子式共 29 个，其中 I_{M+1}/I_M 的百分比在 9%～11%的分子有如下 7 个：

分子式	$M+1$ 峰强度	$M+2$ 峰强度
$C_7H_{10}N_4$	9.25	0.38
$C_8H_8NO_2$	9.23	0.78
$C_8H_{10}N_2O$	9.61	0.61
$C_8H_{12}N_3$	9.98	0.45
$C_9H_{10}O_2$	9.96	0.84
$C_9H_{12}NO$	10.34	0.68
$C_9H_{14}N_2$	10.71	0.52

其中 $C_8H_8NO_2$，$C_8H_{12}N_3$，$C_9H_{12}NO$ 含有奇数个 N 原子，因此，相对分子质量应为奇数。这个化合物相对分子质量是偶数，这 3 个分子式可予排除。其余 4 个式子中，$M+1$ 与 9.9% 最接近的是 $C_9H_{10}O_2$。这个分子的 $M+2$ 与 0.9%最接近。因此，该分子式应为 $C_9H_{10}O_2$。

例 21.2 某化合物质谱图确认分子离子峰、同位素峰及强度依次为 M^+ (m/z) 为 104，100%，$M+1$ 为 105，6.45%，$M+2$ 为 106，4.77%，试求分子式。

解：由 $I_{M+2}/I_M=4.77\%$，百分比超过 4.40(见表 21－2)，说明分子中含 1 个 S 原子。从 104 扣除硫的质量数 32，剩下 72。另从 $M+1$ 和 $M+2$ 峰强度的百分数中减去 ^{33}S 和 ^{34}S 的百分比，即：$M+1$ 为 $6.45-0.78=5.67$，$M+2$ 为 $4.77-4.40=0.37$。然后查 Beynon 表中相对分子质量为 72 的分子式共 11 个，其中 I_{M+1}/I_M 的百分比为 5.67%的分子式有如下 3 个：

分子式	$M+1$ 峰强度	$M+2$ 峰强度
C_5H_{12}	5.60	0.13
$C_4H_{10}N$	4.86	0.09
C_4H_8O	4.49	0.28

其中 $C_4H_{10}N$ 含有一个氮原子，质量不可能为偶数，应于排除。其他两个中 C_5H_{12} 的 $M+1$ 峰强度为 5.60，比较接近 5.67，因此该分子式应为 $C_5H_{12}S$。

例 21.2 计算说明，利用 Beynon 表确定分子式时，表中未列入的元素应从相对分子质量数中扣除这些元素所具有的质量数，并从同位素峰中扣除它们对同位素峰的贡献，从 Beynon 表中找到相应含 C，H，O，N 组成的分子式，然后加上扣除的元素，即为所求分子式。

2. 用高分辨质谱仪器确定分子式

高分辨质谱仪器测定分子离子或碎片离子质荷比的误差可小于 10^{-5}，可求出分子离子峰的精密质量数。Beynon 等人列出由不同数目 C，H，O，N 元素组成的各种分子式的精密相对分子质量表，测定误差达±0.006。因此，用高分辨质谱仪器测定精确相对分子质量与 Beynon 表的数据对照，配合其他信息即可确定合理的分子式。

例 21.3 用高分辨质谱仪器测定某新化合物分子离子 M^{+} 的相对分子质量为 150.104 5，该化合物在红外光谱有明显羰基吸收，试确定分子式。

解：如果测定误差为±0.006，小数部分应当是 0.098 5～0.110 5。从 Beynon 表质量数 150 的分子式中，在上述小数点质量范围的分子式共 4 个：

$C_3H_{12}N_5O_2$	150.099 093
$C_5H_{14}N_2O_3$	150.100 435
$C_8H_{12}N_3$	150.103 117
$C_{10}H_{14}O$	150.104 459

其中 $C_3H_{12}N_5O_2$，$C_8H_{12}N_3$ 都含有奇数个氮原子，相对分子质量应为奇数，可予排除。$C_5H_{14}N_2O_3$ 为饱和化合物[按第 10 章计算化合物的不饱和度 Ω 的式(10-4)]，与含羰基矛盾，也应排除。因此，分子式为 $C_{10}H_{14}O$。

21.5.2.2 化合物的结构鉴定

相对分子质量和分子式的确定是分子结构鉴定的前提。进一步鉴定分子结构大致采取如下一些方法。

(1) 根据各类化合物分子裂解规律研究碎片离子与分子离子、各种碎片离子之间关系，推导分子中所含官能团、分子骨架。

(2) 注意谱图中的一些重要特征离子、奇电子数的离子，并与各类化合物特征离子比较，以推导分子类型和可能存在的消去、重排反应。例如，饱和烷烃形成间隔 14 个质量单位 CH_2 的系列质谱峰；醇类生成稳定的 m/z 为 31 的 $H_2C{=}\overset{+}{O}H$离子(oxenium ion)；羧酸通过麦氏重排生成 m/z 为 60 的 $H_2C{=}(OH)_2$ 的高强度或基峰离子。

(3) 若有亚稳离子，根据裂解过程推导结构。

(4) 结合 UV，IR，NMR 等结构分析方法所提供的信息，确定可能的结构。

需要说明的是：(1) 对新化合物结构鉴定通常需各种仪器、化学方法结合，技术上从易到难，仪器设备从简单到复杂，而分子质谱提供化合物质量信息是必不可少的手段。(2) 新化合物质谱图的解释要以质谱文献资料为依据，已有各种质谱手册、专著和文献报道可供使用，否则需采用同位素示踪等特殊实验方法验证。(3) 质谱解释和在分子结构分析中应用，是质谱学、有机结构分析的重要组成部分，已超越仪器分析基本范围，这里仅提供这方面的入门思路。

21.5.3 分子质谱定量分析

分子质谱已经广泛地应用于具有一种或多种成分的复杂有机混合物(有时也有无机化合物)的定量分析。例如,它已应用于石油化工、医药及环境检测等领域。

21.5.3.1 质谱直接定量分析

质谱直接定量分析有几个基本假设或条件:

(1) 试样中任何一个组分的特征离子峰和相对灵敏度,与该纯化合物获得的特征谱和灵敏度相同,即组分特征峰及强度不受试样中其他组分或本底干扰。

(2) 试样中任何组分的离子流强度与其在进样装置中的分压成正比。

(3) 试样中存在具有相同特征谱峰的组分,发生质谱峰叠加时,叠加峰的强度是各被叠加峰强度的线性累加。

1. 单一组分定量

操作比较简单,可在质谱上确定合适的 m/z 值,其峰高与组分浓度成正比,这个技术称为选择离子检测。采用外标法或校准曲线定量测定,可以从质谱峰的峰高直接得到组分的浓度或含量。

2. 混合的试样多组分定量

当各组分特征峰无叠加现象,可以找到代表各个组分具有特定 m/z 值的质谱特征峰强度作为定量依据,绘制各峰高对浓度的校准曲线就可以测定试样相应各组分的浓度。若组分特征峰发生叠加,则需通过叠加特征峰强度的线性累加方程计算各组分含量。这与紫外-可见吸收光谱多组分定量方法相似,是比较经典的计算方法。

例如,一个混合物由 3 个组分组成,选择谱图中显示的 4 个较强特征峰,经与 3 个组分的纯化合物谱图比较说明,混合物谱图中峰 1(H_1)由 3 个组分 1,2,3 的特征峰高(h_{11},h_{12},h_{13})叠加而成;峰 2(H_2)由组分 1,3 两组分特征峰(h_{21},h_{23})叠加;峰 3(H_3)由组分 1,2 两组分特征峰(h_{31},h_{32})叠加;峰 4(H_4)由三个组分特征峰(h_{41},h_{42},h_{43})叠加。设混合物谱图中三个组分的相对灵敏度、分压或相对含量分别为 S_1,S_2,S_3 和 p_1,p_2,p_3,根据线性叠加可列出下面方程:

$$H_1=h_1S_1p_1+h_2S_2p_2+h_3S_3p_3+h_4S_4p_4 \tag{21-14}$$

$$H_2=h_{21}S_1p_1+h_{23}S_3p_3 \tag{21-15}$$

$$H_3=h_{31}S_1p_1+h_{32}S_2p_2 \tag{21-16}$$

$$H_4=h_{41}S_1p_1+h_{42}S_2p_2+h_{43}S_3p_3 \tag{21-17}$$

一般特征峰的数目总是大于组分数,且相对灵敏度常为已知,因而方程数目对于求解是充分的。只要选择系数少，离子强度适当，即可求解各组分相对含量。

无论单一组分或多组分定量均可采用内标法，选择待测物与内标物特征或碎片离子作为定量依据，待测物相对内标的峰信号强度之比是被分析物浓度的函数。加入内标是为了减少试样制备和引入过程中的误差。一种方便的内标就是用同位素标记被分析物的相似物。通常，标记要求制备被分析试样，包含一个或多个下列原子：^{13}C，^{15}N，$^{2}H(D)$等。假设在分析过程中，被标记和未标记的物质一切行为完全相同，质谱就可以很容易区分它们。例如，欲测定氘代苯 C_6D_6 的纯度，通常可通过 $C_6D_6^+$ 与 $C_6D_5H^+$，$C_6D_4H_2^+$ 等分子离子的相对强度来确定。

另一种内标是分析物的同系物，它可以得到和被分析物碎片相似碎片峰，并且具有相当的强度，可以被检测到。

按照上述方法利用质谱进行定量测量，相对精确度为 2%～5%。分析精确度会依据所分析的混合物的复杂程度及其成分的性质而发生较大的变化。对于含有 5～10 种成分的气态糖类的混合物来说，绝对误差通常为 0.2～0.8 摩尔分数。

21.5.3.2 复杂混合物定量

对于含 10 个以上，数十乃至数百个组分的复杂混合物，求解联立方程过于复杂，难以质谱直接定量，通常采用色谱-质谱联用分析，让试样先通过各种色谱柱分离，再将流出物引入质谱检测。如果在质谱上设定合适的 m/z 值，那么记录下的离子流就是时间的函数。在这个检测过程中，质谱只是一个具有选择性的检测器，采用总离子流色谱图、单离子或多离子检测对多组分进行定性和定量测定，定量测定与色谱法相同。

21.5.4 分子质谱分析的应用

分子质谱是化学、化工、生物、医药、天然产物、环境、食品、法庭科学等领域定性、定量和新化合物分子结构鉴定的重要方法之一，应用相当广泛。例如，有机合成中，通过一系列反应欲制备预期目标产物，从原料、各中间产物到最终化合物及副产物检测的最好方法是有机质谱。石油化工中无须进行试样加热就可以分析各种混合物，包括天然气、C_3～C_5 的糖类，C_6～C_8 的饱和糖类、C_1～C_4 的卤化物、碳氟化合物、噻吩、气体污染物、废气等。在适当温度条件下还可对 C_{16}～C_{27} 的醇类、芳香族酸和酯、类固醇、氟化聚苯、脂肪胺、芳香族卤化物和芳香族腈化物等进行分析。生命科学中生物大分子的结构鉴定，FAB-MS 可测定数千相对分子质量的试样；基质辅助激光解吸质谱法（MALDI-MS）、电喷雾电离四极质谱（ESI-MS）基于多电荷离子检测能测定相对分子质量几十万的生物大分子，速率快（几分钟一个试样）、精确度（±0.1%）、灵敏度高（10^{-15} mol）。电喷雾电离可产生数十至上百个电荷的多电荷离子，测定质量范围 2000 左右的四极质谱仪可扩大到数十万。近 10 年来发表的大量关于蛋白质相对分子质量、天然和重组蛋白质纯度的质谱研究报告主要采用 ESI 和 MALDI 方法。图 21-11 是单克隆抗体 MALDI 质谱图，基质为烟酸，相对分子质量近 150000。图 21-12 是人血清蛋白 MALDI-MS 质谱图。

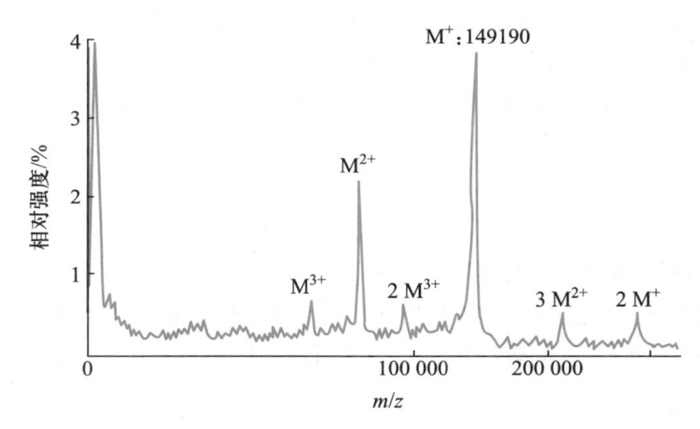

图 21-11 单克隆抗体 MALDI 质谱图

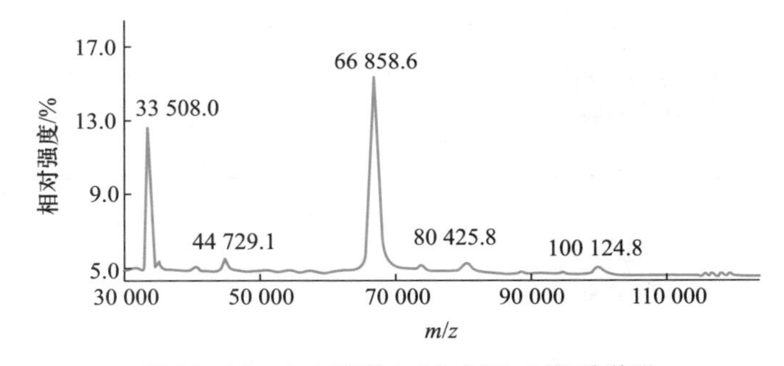

图 21-12 人血清蛋白 MALDI-MS 质谱图

质谱也用于高相对分子质量聚合物材料的分析和表征。在此过程中首先要对试样进行热解，将得挥发性产物导入质谱仪进行检测。当然，加热过程也可在直接入口系统的探测器上进行。一些聚合物主要得到单一的碎片，例如，天然橡胶得到异戊二烯，聚苯乙烯得到苯乙烯，Kel-F 得到 $CF_2=CFCl$。其他的聚合物得到两种或多种产物，产物的量和种类取决于热解的温度。对温度效应的研究可以提供诸如不同种类化学键的稳定性和近似相对分子质量分布等信息。

质谱直接分析试样要求试样纯度较高或相对简单，各组分应具有基本互不干扰的特征质谱峰。对于成分复杂混合物，由于杂质峰、碎片峰等重叠、干扰，谱图过于复杂，难以进行多组分的分析、鉴定。

色谱是目前分离复杂混合物最有效的方法，但色谱自身不具备定性能力或定性可靠性欠佳。将色谱分离能力与质谱定性、结构鉴定能力结合起来，可实现复杂混合物的分析。

目前，质谱与其他技术的联用已经非常广泛，如气相色谱－质谱联用（GC－MS）、液相色谱－质谱联用（LC－MS）、质谱－质谱联用（又称串联质谱，MS－MS）等。本章下面几节将主要介绍最常见也是应用最普遍的三种联用技术，即GC－MS，LC－MS和MS－MS，其他联用技术可参考相关专著。

21.6 气相色谱－质谱联用

1957年，Holmes J C和Morrell F A首次实现了气相色谱和质谱联用，随后这一技术得到了快速发展，应用非常广泛。目前，市售的有机质谱仪器几乎都能和气相色谱匹配。一个典型的GC－MS仪器由图21－13所示各部分组成。

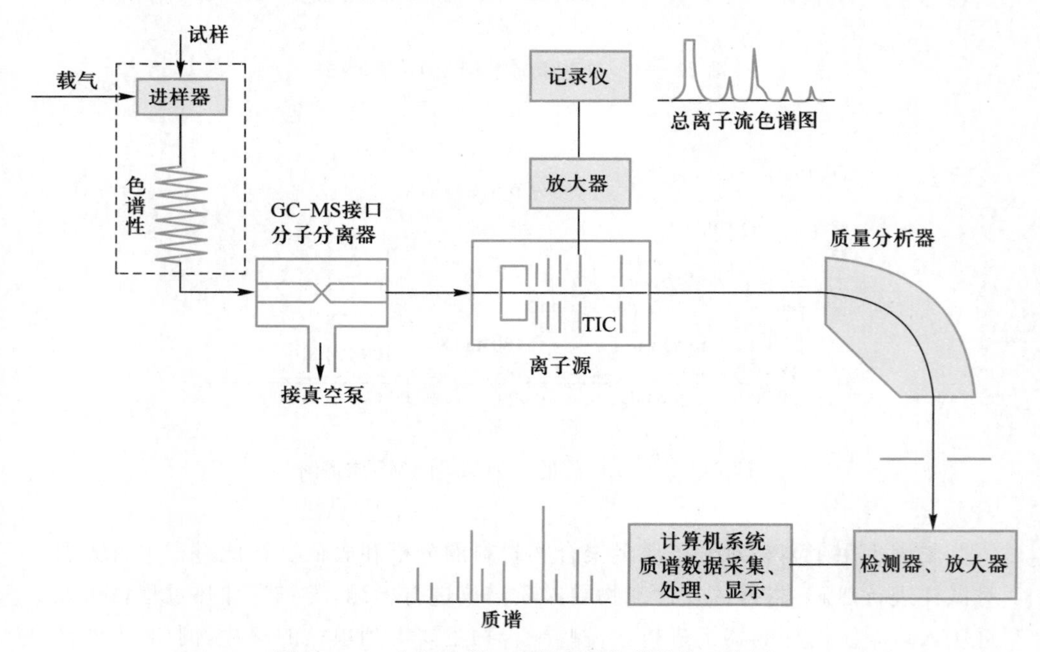

图21－13 气相色谱－质谱联用仪器结构示意图

气相色谱仪器将复杂混合物试样各组分分离后，依次流入气相色谱仪与质谱仪器之间的接口装置，并顺序进入质谱系统，经质谱分析检测后，按时序将测试数据传递给计算机系统并存储。联用仪各部件功能如下：气相色谱实现对复杂试样的分离，接口充当适配器，让气相色谱仪器的大气压操作环境与质谱的真空操作体系相匹配，质谱仪器实现对各组分的检测分析，计算机控制系统交互控制着气相色谱仪器、接口、质谱仪器及数据采集、处理等，这是仪器的核心控制单元。

21.6.1 GC-MS联用中的技术问题

通常气相色谱柱出口端压力为一个大气压，然而质谱仪器中试样是在10^{-3}～10^{-5} Pa真空条件的离子源或电离室实现离子化，接口的目的在于实现从大气压到真空之间的转换，将色谱柱流出物中的载气尽可能除去，保留和浓缩待测物。理想的接口应当能够除去全部载气，并尽量保留待测试样组分。目前，常用的接口主要可以分为以下三种。

1. 直接导入型接口

直接导入型接口是指色谱柱的流出物包括载气、试样等全部导入质谱的离子源。最简单的是将毛细管气相色谱柱的末端直接插入质谱仪器的离子源内，色谱的流出物直接进入离子源，如图21-14所示。由于气相色谱的载气通常是惰性气体，难以发生电离，而待测试样易于形成带电粒子，带电粒子在电场作用下加速进入质量分析器，载气直接被真空泵抽走。此时接口的功能实际在于保持毛细管插入端位置的固定及维持适当温度避免色谱流出物冷凝。

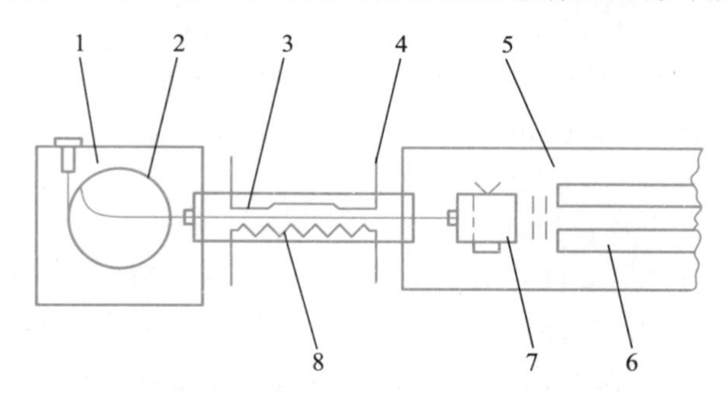

图21-14 毛细管柱气相色谱柱直接导入质谱仪器离子源

1—气相色谱仪；2—毛细管色谱柱；3—直接导入接口；
4—温度传感器；5—质谱仪；6—四极滤质器；
7—离子源；8—加热器

这种接口的优点是结构简单、收率高(100%)，缺点是无浓缩作用，对色谱部分的要求较高，通常仅适用于毛细管柱气相色谱，载气的使用仅限于氦气或氢气，流量应控制在0.7～1.0 mL·min^{-1}，过大流量会引起质谱仪器检测灵敏度的下降。

2. 开口分流型接口

与直接导入型接口不同，在开口分流型接口(open-split coupling)中，仅有部分色谱流出物被送入质谱仪器，其余部分直接排空或引入其他检测器。

图 21-15 是开口分流型接口的结构示意图。如图所示，气相色谱柱的一端插入接口，其出口端正对质谱仪器限流毛细管入口，限流毛细管能承受 0.1 Mpa 的压力降，与质谱仪真空泵的工作流量相匹配。色谱柱和限流毛细管外有一根充满氦气的外套管，当色谱仪器流量大于质谱仪器工作流量时，由于内部压力较大，氦气口被撑开，过多的色谱流出物随氦气流出接口；当色谱仪器流量小于质谱仪器工作流量时，内压力低，氦气提供气流补充。

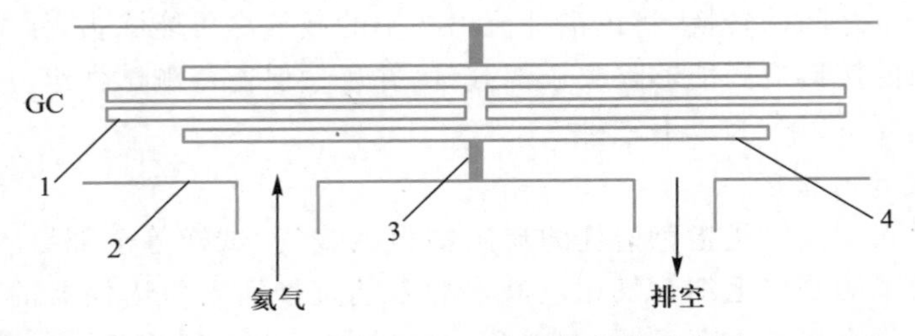

图 21-15 开口分流型接口的结构示意图

1—限流毛细管；2—外套管；3—中隔板；4—内套管

这种接口的优点在于结构简单、操作方便，色谱柱出口压力恒定，联用时不需对仪器进行任何改造，且不影响色谱的分离性能；更重要的是，由于氦气补充气的存在，可实现即时色谱柱的更换而避免质谱仪器的开关。这种接口的缺点在于，当色谱流出量较大时，由于分流过多，待测试样离子化效率低，给检测、定量等带来困难，不适合于填充柱气相色谱。

3. 喷射式分子分离器接口

喷射式分子分离器接口的工作原理是根据气体在喷射过程中，相同速度的分子，由于质量不同所具有的动量不同，动量大的分子易于保持喷射方向的直线运动，而动量小的分子易于偏离喷射方向。因此，将色谱流出物接入喷射式分子分离器接口后，相对分子质量小的载气在喷射过程中偏离喷射方向，被真空泵抽走，相对分子质量大的试样沿喷射方向进入质谱离子源系统，最终经离子化后检测。由于试样分子与载气分离，喷射式接口有利于浓缩试样，因此又被称为浓缩型接口。

图 21-16 是单级喷射式分子分离器的结构示意图。气相色谱的流出物在氦气补充气(流量 15～20 mL·min^{-1})作用下，通过接口毛细管，喷射进入分子分离器，分离器 A 处出口狭缝略大于 B 处的入口狭缝，至少 95%的氦气被真空抽走，而大于 50%的待测物通过狭缝 B 进入质谱仪器，试样被大大浓缩。通过

控制分离器中A和B的相对位置及狭缝宽度,可以获得试样的最佳浓缩效率。这种接口实际上是一种单级分子分离器。为了获得更高的分子分离效率,也有采用多级喷射分离器。

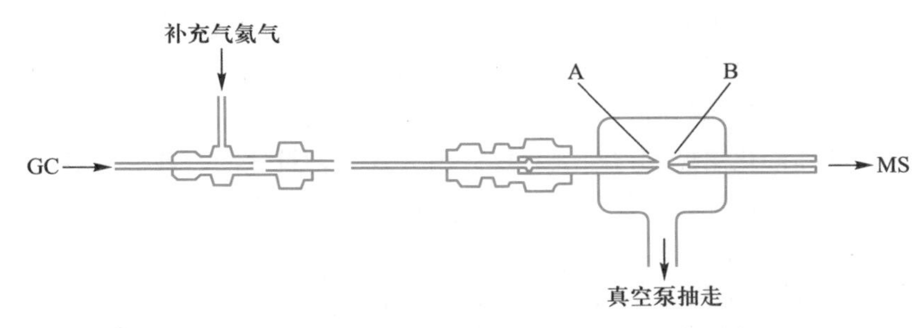

图 21-16 单级喷射式分子分离器的结构示意图

喷射式分子分离器的浓缩系数与待测试样相对分子质量成正比;收率与氦气流量相关,当氦气流量在某一范围时可以获得最佳收率,通常可通过参数优化获得;一般而言,工作温度较高时收率较高。

喷射式分子分离器接口适合于各种流量的气相色谱柱,从填充柱到毛细管柱,均可很方便地使用此种类型的接口。该接口的主要缺点是对于易挥发的试样传输效率较低,效果不甚理想。

21.6.2 对GC的要求

首先是色谱分离柱的选择,对色谱柱稳定性要求较高,必须采用充分老化或限制使用温度的方法,尽量避免色谱柱的固定液流失以降低质谱仪器检测噪声。另外,必须根据接口部件特点选择不同类型的色谱柱,如直接导入型接口只可选择细内径的毛细管柱,而开口分流型或喷射式分子分离型接口则可综合柱容量、分离效率等选择合适结构的填充柱或毛细管柱。除色谱柱的选择外,对载气亦有一定的要求,载气必须纯度高、化学稳定性好、易于和待测组分分离、易于被真空泵排出。通常在GC-MS中选用的载气为氦气,纯度在99.995%以上。

21.6.3 对MS的要求

由于色谱流出物中大量载气的存在,会极大干扰待测试样分子的解离,质谱仪器的真空系统必须具备很高的效率、大的排空容量,以利于将载气最大限度的抽出质谱仪器,避免载气对待测试样的电离、分析等干扰。另外,质谱仪器必须具备高的扫描频率:气相色谱分离高效、快速,色谱峰都非常窄,有的仅几秒钟时间。一个完整的色谱峰通常需要6个以上的数据采集点,因此,质谱仪器必须具备较高的扫描速率，才可能在很短的时间内完成多次全质量范围的扫描。

21.6.4 GC－MS 分析方法

在 GC－MS 联用分析中，色谱的分离和质谱数据的采集是同时进行的。为了使每个组分都实现良好的分离与鉴定，必须设定合适的色谱和质谱分析条件。

色谱条件包括色谱柱的类型（填充柱或毛细管柱）、固定液种类、载气种类、载气流量、试样汽化温度、分流比、程序升温方式等。设置的一般原则是：优先选用毛细管气相柱，极性试样使用极性柱，非极性试样采用非极性柱，未知试样可先尝试中等极性的色谱柱，之后根据实际情况做适当调整。

质谱工作条件包括电离电压、扫描速率、扫描质量范围、扫描模式等，这些均要根据实际试样情况、实际测试需求进行设定。

21.6.5 GC－MS 数据的采集

GC－MS 数据的采集与质谱仪器对数据的采集相同，如分离分析含 50 个组分的试样，则每个试样需采集 10^5 以上质谱数据，采集和处理数据量比一般分析单一成分纯试样大得多。

1. 总离子流色谱图

混合物试样由色谱柱分离的各组分连续地流入离子源。如果没有组分进入离子源，计算机采集到的质谱各离子强度均为 0。当有试样经过离子源时，计算机就采集到具有一定离子强度的质谱信号。并且计算机可以自动将单位时间内所获得质谱的离子强度相加，给出总离子流强度随时间变化的总离子流色谱图（TIC）。典型的总离子流色谱图如图 21－17 所示。

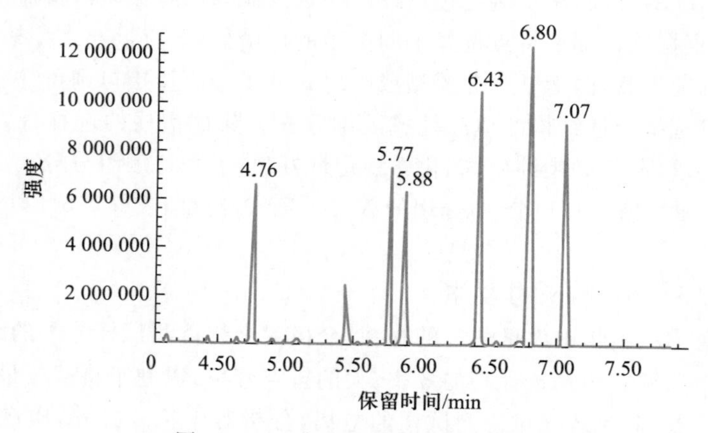

图 21－17 典型的总离子流色谱图

由 GC-MS 得到的总离子流色谱图的形状和采用一般色谱仪获得色谱图是一致的，可用于化合物的色谱鉴别定性；峰面积和该组分含量成正比，可用于 GC-MS 定量。只要所用色谱柱相同，试样出峰顺序就相同。其差别在于，总离子色谱图所用的检测器是质谱仪器，而一般色谱图所用的检测器是氢火焰、热导池等，两种色谱图中各成分的校正因子不同。

2. 质谱图

由总离子流色谱图可以得到任何一组分的质谱图，离子流进入质量分析器，只要设定好分析器扫描的质量范围和扫描时间，计算机就可以采集到每个组分洗出过程中连续的质谱信号。如果色谱分离良好，根据扫描速率，每个色谱峰可采集到多组分全扫描质谱图，且同一组分不同色谱峰位置的质谱图应基本一致，但强度不同。一般情况下，为了提高信噪比，通常由色谱峰峰顶处得到相应质谱图最佳。若色谱分离欠佳，同一色谱峰中存在两个或两个以上组分，此时色谱不同位置扫描的质谱图将不一致，应尽量选择不发生干扰的位置得到质谱，或通过扣本底消除其他组分的影响。

3. 质量色谱图

总离子流色谱图是将单位时间内所有离子加合而得，也可以通过选择不同质量的离子作质量色谱图（MC），使色谱不能分开的两个峰实现分离，以便进行定性、定量分析。图 21-18 说明利用 MC 分离总离子流分离图中不能分离的两组分。进行定量分析时也要使用同一离子得到的质量色谱图测定校准因子。

4. 库检索

得到质谱图后可以通过计算机检索对已知化合物进行定性。

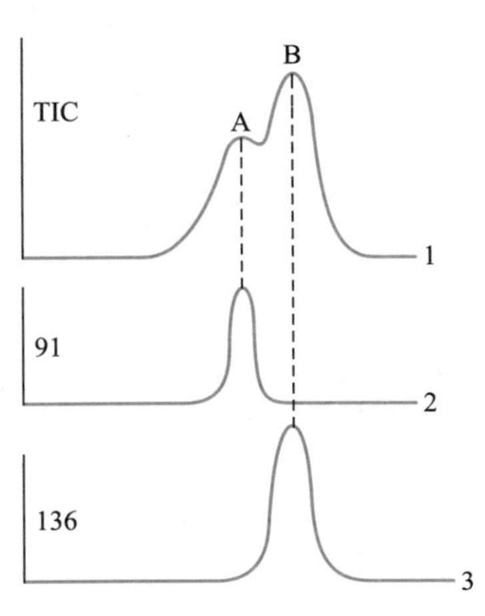

图 21-18 利用质量色谱图分离重叠峰

1—总离子流色谱图；
2—以 m/z 91 所作质量色谱图；
3—以 m/z 136 所作质量色谱图

21.6.6 GC-MS 灵敏度

GC-MS 灵敏度是指在一定的试样、一定的分辨率下，产生特定信噪比的分子离子峰所需的试样量。例如，通过 GC 进标准测试试样八氟萘 1pg，用八氟萘的分子离子 m/z 272 做质量色谱图并测定 m/z 272 离子的信噪比，如果信噪比为 20，则该仪器的灵敏度可表示为 1pg 八氟萘（信噪比 20∶1）。有的仪器选用硬脂酸甲酯、六氯苯、十氟苯酚等作测试试样。

21.6.7 GC-MS 的应用

GC-MS 联用已成为有机化合物常规检测

必备工具。下面简介一例初步了解 GC–MS 的应用。

GC–MS 检测唾液中的四氢大麻酚：大麻是国际体育竞技中禁用的兴奋剂。根据国际奥委会医学委员会的规定，体育运动中的兴奋剂检测唯一能用作确认的仪器是 GC–MS。唾液比尿液收集方便，对人的侵犯小，且唾液的阳性结果对于解释对象在短期内，特别是 24 h 内使用过药物更具说服力。图 21–19 为四氢大麻酚的质谱图，图 21–20 为唾液试样经固相萃取后得到的 GC–MS 选择离子质量色谱图（m/z 299，271，231，243）。

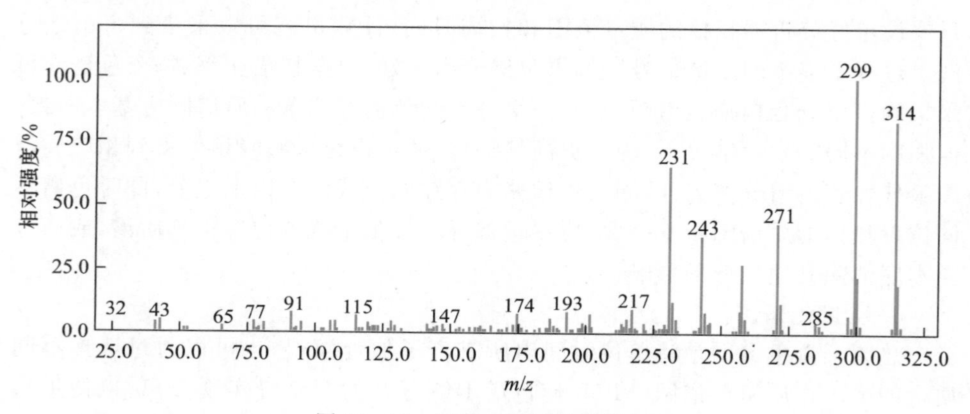

图 21–19 四氢大麻酚的质谱图

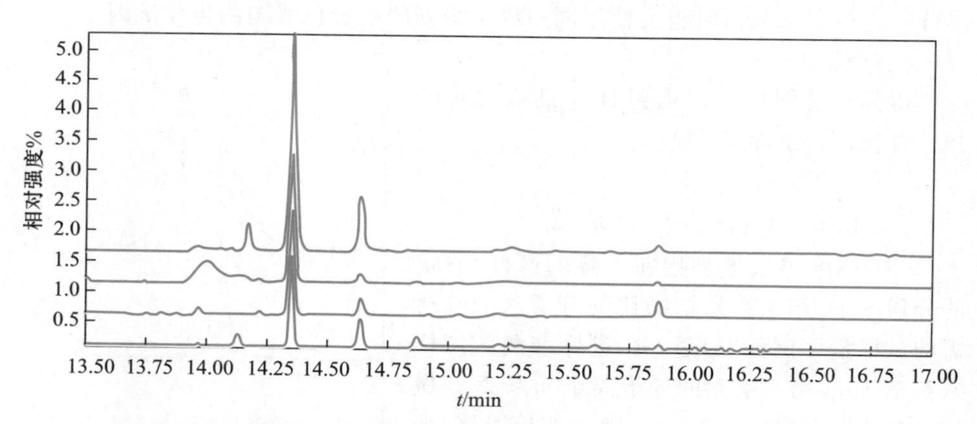

图 21–20 唾液试样经固相萃取后得到的 GC–MS 选择离子色谱图（m/z 299，271，231，243）

21.7 高效液相色谱–质谱联用

液相色谱–质谱（LC–MS）联用技术的研究始于 20 世纪 70 年代，然而由于技术难度大，其发展一直非常缓慢。直到 20 世纪 80 年代中期才出现被广泛接受的 LC-MS 联用商品仪。与 GC-MS 相比,LC-MS 连接更为复杂,对接口的要求更为苛刻。除此之外,由于 LC 分析的化合物大多是极性强、挥发性差、易分解或不稳定的化合物,对质谱的离子源系统有很高的要求。经典的电子轰击法(EI)和化学电离法(CI)并不适用于这些化合物。因此,LC-MS 的发展除受接口技术的制约外,与质谱仪离子化系统的发展亦息息相关。LC-MS 是在研究出热喷雾电离(TSI)、大气压化学电离(APCI)后才获得迅速的发展。当前在 LC-MS 中,许多接口技术已基本融入质谱的离子源系统中。图 21-21 是传统的 LC-MS 的仪器结构示意图。与 GC-MS 类似,仪器由 LC、接口、MS 和计算机控制系统等部分组成。

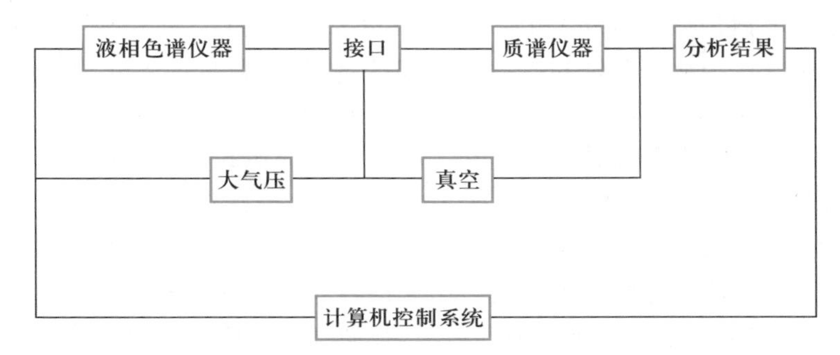

图 21-21 传统的 LC-MS 的仪器结构示意图

21.7.1 LC-MS 联用中的技术问题

21.7.1.1 接口的要求和发展

接口装置是 LC-MS 联用的技术关键之一,其主要作用是去除溶剂并使试样离子化。早期曾经使用过的接口装置有传送带接口、热喷雾接口、粒子束接口等十余种,这些接口装置都存在一定的缺点,因而没有得到推广。20 世纪 80 年代,大气压电离源用作 LC 和 MS 联用的接口和电离装置之后,使得 LC-MS 联用技术提高了一大步。目前,几乎所有的 LC-MS 联用仪都使用大气压电离源作为接口装置和离子源。

21.7.1.2 大气压电离接口

在传统的质谱电离技术中,如 EI,CI,FAB,场电离源等,待测试样的电离均是在质谱的高真空条件下实现。因此,在联接 LC 和 MS 时,为避免大量溶剂进入高真空的离子源系统,必须预先脱溶剂,这是 LC-MS 联用研究早期的主导思想。溶剂和待测试样的分离主要靠两者间挥发度的不同或动量的不同或同时利用两种差异。然而由于溶剂的量远远超过待测试样的量,仅仅依靠这种差异,难于获得溶剂和待测试样的良好分离。同时,在 LC 分离分析时,色谱流动相条件千变万化，使得接口设计很难具有普适性。

大气压电离(atmospheric pressure ionization, API)接口的设计跳出传统思维：利用待测试样与溶剂电离能力的不同，将分析物首先在大气压或略低于大气压条件下电离，之后利用电场导引，将带电荷试样“萃取”进入质谱高真空系统，与传统的方法相比，大气压电离接口模式利用待测试样和溶剂间带电荷能力的差异，更利于将二者分开。同时，大气压电离接口更容易和 LC 相匹配。目前，常用的大气压电离接口有电喷雾电离源和大气压化学电离源，前者应用更为广泛。

1. 电喷雾电离源

电喷雾电离源(electron spray ionization, ESI)是近年来出现的一种新的电离方式。它既作为液相色谱和质谱仪之间的接口装置，同时又是电离装置。如图 21-22 所示，它的主要部件是一个多层套管组成的电喷雾喷咀。试样溶液从中心 0.1 mm 内径的不锈钢毛细管中以 0.5～5 $\mu L \cdot min^{-1}$ 的速率喷出。针尖加有 3～8 kV 电压，形成电场强度高达 $10^6 V \cdot m^{-1}$，毛细针尖周围可形成圆柱形的电极。外层是喷射气，喷射气常采用大流量的氮气，其作用是使喷出的液体容易分散成雾状微滴。雾状液滴在喷射出来时由于针尖电极的作用而带上电荷。另外，喷嘴的斜前方还有一个补助气喷咀，补助气的作用是使微滴的溶剂快速蒸发。液滴不断挥发而缩小，导致表面电荷密度不断增大。当电荷之间的排斥力足以克服液滴的表面张力时，液滴发生裂分。溶剂的挥发和液滴的裂分如此反复进行，最后得到单电荷或多电荷的离子。离子产生后，借助于喷咀与锥孔之间的电压，穿过取样孔进入质量分析器。

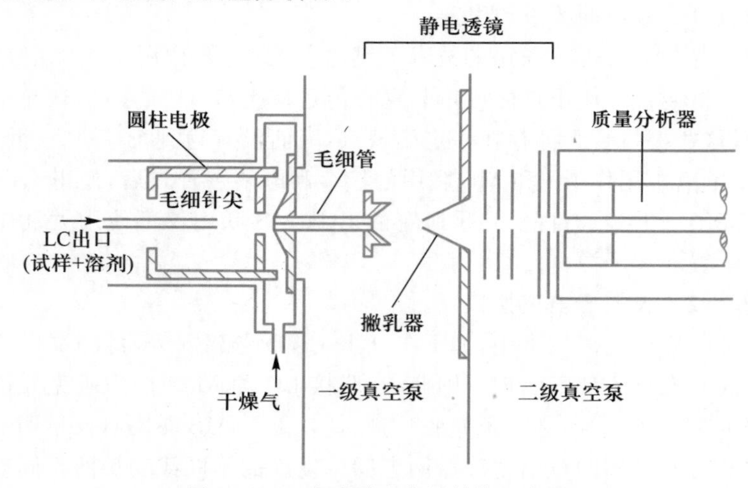

图 21-22 电喷雾电离源结构示意图

不同型号仪器 ESI 设计结构大同小异，但电喷雾电离均包括三个基本过程，即电喷雾、离子的形成、离子的输送。加到喷嘴不锈钢毛细管上的电压可以为正，也可以为负。通过调节电压极性，可以控制试样的电离行为，获得正或负离子。

电喷雾电离源是一种软电离方式，即便是相对分子质量大、稳定性差的化合物，也不会在电离过程中发生分解，适合于分析极性强的大分子化合物，如蛋白质、肽、糖类等。另外，电喷雾电离源的最大特点是容易形成多电荷离子，有利于对高相对分子质量试样进行测定。例如，一个相对分子质量为10 000的分子若带有 10 个电荷，则其质荷比只有1 000，进入了一般质谱仪可以分析的质量范围之内。电喷雾电离源的另一个显著优点在于很容易实现与高效液相色谱、毛细管电泳等分离技术联用，拓展其应用范围。

2. 大气压化学电离源

如图 21-23 所示，大气压化学电离源（atmospheric pressure chemical ionization，APCI)的结构与电喷雾电离源大致相同，不同之处在于大气压化学电离源中喷咀下方放置了一个针状放电电极，通过放电电极的高压放电，使空气中的中性分子电离，产生 H_3O^+，N_2^+，O_2^+ 和 O^+ 等离子，同时溶剂分子也会被电离，这些离子与试样分子发生离子-分子反应，使试样分子离子化，这些反应过程包括由质子转移和电荷交换产生正离子、质子脱离和电子捕获产生负离子等。

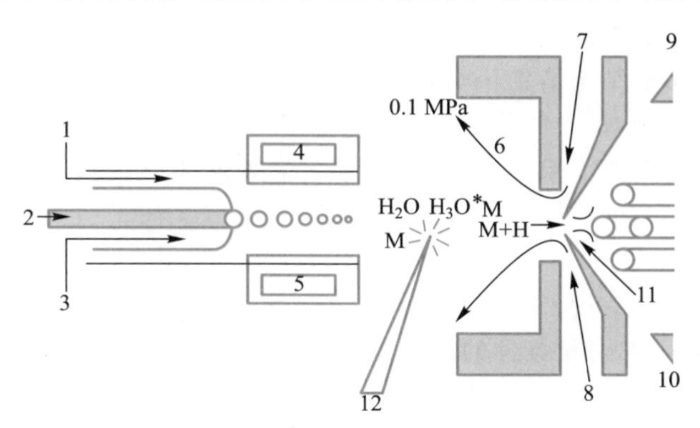

图 21-23 大气压化学电离源示意图

1—辅助气；2—试样入口；3—喷雾气；4，5—加热器；
6，7，8—气帘；9，10—低温外壳；11—锐孔；12—针状放电电极

大气压化学电离源主要用来分析中等极性或非极性的化合物。有些试样由于结构和极性方面的原因，用电喷雾电离方式无法产生足够强的离子信号时，可以采用 APCI 方式增加离子产率。APCI 主要产生的是单电荷离子，所以分析的化合物相对分子质量一般小于1 000。用这种电离源得到的质谱很少有碎片离

子，主要是准分子离子。

APCI 源也可用于液相色谱－质谱联用仪、毛细管电泳－质谱联用等。

21.7.2 对 LC 的要求

在 LC－MS 的联用中，LC 必须与 MS 相匹配，首先就是色谱流动相液流的匹配，包括液流的流速、稳定性等。由于质谱是在真空条件下工作，色谱流动相需经过蒸发汽化的过程，为减轻质谱真空系统的负荷，同时避免溶剂对质谱仪器的损坏及对待测试样的干扰，流动相的流速应控制在较低的范围，通常不能超过 $1\ mL\cdot min^{-1}$，依接口的不同而略有差异。另外，LC 必须提供高精度的输液泵，以保证在低流速下输液的稳定性。对于分析柱，则最好选用细内径的分离柱，与低流量 LC 相匹配，从根本上减轻 LC－MS 接口去除溶剂的负担。

21.7.3 对 MS 的要求

在 LC－MS 联用中，质谱仪器的真空系统必须具备很高的效率、大的排空容量，以利于将溶剂气最大限度的抽出质谱仪，避免引入质量分析系统，对待测试样的分析造成干扰。由于 LC－MS 采用软电离技术，所获试样离子信息多为分子离子峰，对试样的定性造成一定困难，因此，好的质谱仪器可能提供多级 MS 串联使用，有利于获得丰富的结构信息。当然，为简化仪器结构、降低成本，质谱仪器最好能提供源内碰撞诱导离解功能（collision induced dissociation，CID），以期获得试样更多的结构信息。质谱仪器应当具有较宽的质量测定范围，利于大分子、蛋白质等生物试样的分析。质谱仪器应当匹配多种接口，利于互换以适应不同的待测试样分析需求，如现在的质谱仪器普遍能够实现 ESI 接口和 APCI 接口的更换。

21.7.4 LC－MS 分析方法

21.7.4.1 LC 分析条件的选择

LC 分析条件的选择要考虑两个因素：试样分离与离子化，当二者难以一致时需折中考虑。LC 可调节的参数主要有流动相的组成和流速。在 LC－MS 联用的情况下，由于要考虑喷雾雾化和离子化，常规的 LC 体系并不一定适合，如正相体系和离子色谱体系难以用于 LC－MS 联用，前者由于流动相极性太小，试样难以电离，同时流动相和待测试样间的分离困难；后者由于广泛采用离子对试剂，容易堵塞毛细管喷口，因此也应用较少。对于传统的反相色谱体系，大多可很好地同 MS 联用，但应尽量避免色谱体系中无机酸、难挥发性盐（如磷酸盐）和表面活性剂等的使用。无机酸和难挥发性盐在喷雾过程中会因为溶剂快速蒸发而在喷雾口或离子源内析出结晶，造成仪器损坏或污染，表面活性剂会降低体系的表面张力或与待测试样复合而影响其离子化。在较成熟也较可靠的 LC-MS 分析中,常用流动相体系由水、乙腈、甲醇、甲酸、乙酸、氢氧化铵和乙酸铵等组成。

21.7.4.2 质谱条件的选择

质谱条件的选择主要是为了改善雾化和电离状况,提高检测灵敏度。调节雾化气流量和干燥气流量可以达到最佳雾化条件,改变喷嘴电离电压和聚焦透镜电压等可以得到最佳灵敏度。对于多级质谱仪器,还要调节碰撞气流量和碰撞电压及多级质谱的扫描条件。

对于不同试样应当根据其荷电能力不同、荷电性质差异,选择不同的质谱电离方式和工作模式。如极性试样,多电荷大分子试样蛋白质、氨基酸等,倾向于采用 ESI 电离模式;中等极性或非极性试样适合采用 APCI 电离模式。碱性试样或容易带正电荷的试样宜选用正离子模式(通常为 ESI+,APCI+)检测,并可通过调节流动相体系的 pH 让试样尽可能带正电荷;酸性试样或容易荷负电荷的试样适合采用负离子模式(ESI-,APCI-)检测。对于无法判断试样可能的荷电模式时,则应当在正、负离子模式下均对试样进行测试,然后再根据其他信息来判断。

21.7.4.3 LC-MS 定性、定量分析

LC-MS 分析得到的质谱过于简单,结构信息少,进行定性分析比较困难,主要依靠标准试样定性,对于多数试样,保留时间相同,子离子谱也相同,即可定性。当缺乏标准试样时,为了对了试样定性或获得其结构信息,必须使用串联质谱检测器,将准分子离子通过碰撞活化得到其子离子谱,然后解释子离子谱来推断结构。如果只有单级质谱仪,也可以通过源内 CID 得到一些简单的结构信息。

用 LC-MS 进行定量分析,其基本方法与普通液相色谱法相同。即通过色谱峰面积和校正因子(或标样)进行定量。但由于色谱分离方面的问题,一个色谱峰可能包含几种不同的组分,给定量分析造成误差。因此,对于 LC-MS 定量分析,不采用总离子色谱图,而是采用与待测组分相对应的特征离子得到的质量色谱图或多离子监测色谱图,此时,不相关的组分将不出峰,这样可以减少组分间的互相干扰。LC-MS 所分析的经常是体系十分复杂的试样,如血液、尿样等,试样中有大量的保留时间相同、相对分子质量也相同的干扰组分存在。为了消除其干扰,LC-MS 定量的最好办法是采用串联质谱的多反应监测(multiple reaction monitoring,MRM)技术,即对质量为 m_1 的待测组分作子离子谱,从子离子谱中选择一个特征离子 m_2。正式分析试样时,第一级质谱选定 m_1,经碰撞活化后,第二级质谱选定 m_2。只有同时具有 m_1 和 m_2 特征质量的离子才被记录。这样得到的色谱图就进行了三次选择:LC 选择了组分的保留时间,第一级 MS 选择了 m_1,第二级 MS 选择了 m_2,这样得到的色谱峰可以消除其他组分干扰。然后,根据色谱峰面积,采用外标法或内标法进行定量分析。此方法适用于待测组分含量低，体系组分复杂且干扰严重的试样分析。例如，人体药物代谢研究，血样、尿样中违禁药品检测等。

图 21-24 是采用 MRM 技术分析的例子，图(a)为试样的总离子色谱图，图(b)和(c)为选定特征离子 m/z 309 和 m/z 241 后，利用 MRM 得到的质量色谱图。

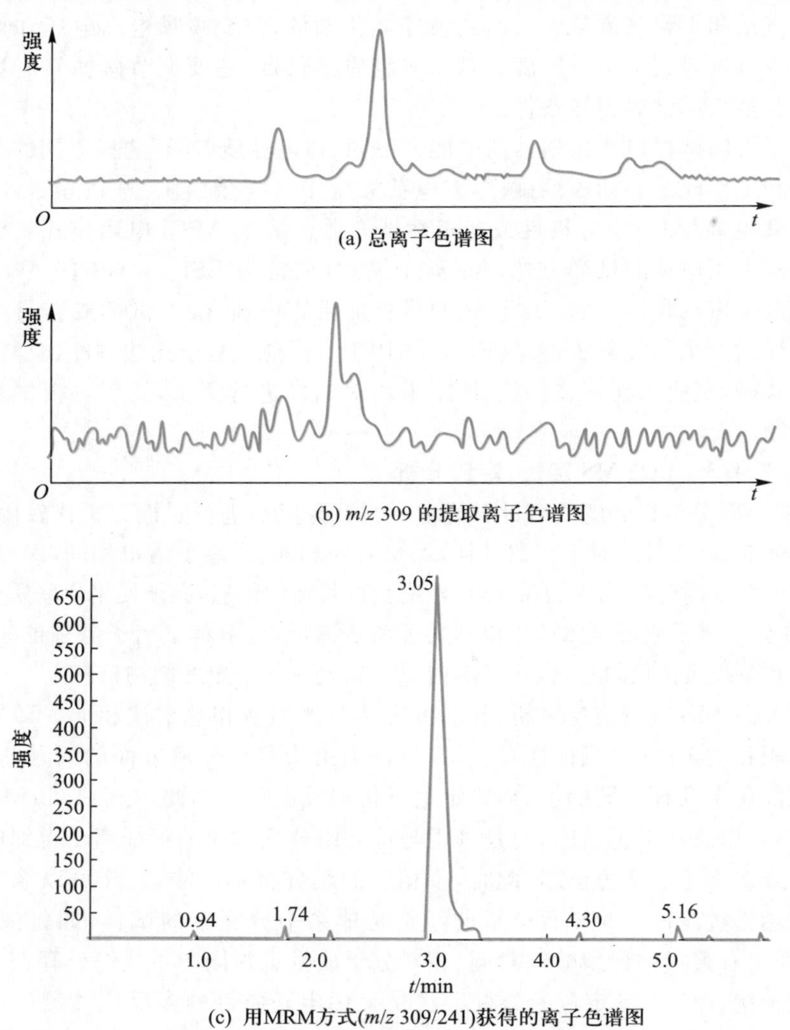

图 21-24 多反应监测(MRM)技术用于定量测定

21.7.5 LC-MS 的灵敏度

与 GC-MS 相同，LC-MS 的灵敏度是指在一定试样、一定分辨率下，产生特定信噪比的分子离子峰所需试样量。LC-MS 常采用利血平作为标准试样来测定其灵敏度。例如，配置一定浓度的利血平(如 10 pg·μL^{-1})，通过 LC 进适当量试样，以水和甲醇各 50%为流动相(加入 1%乙酸)，做质量范围全扫描，提取利血平分子离子峰 m/z 609 的质量色谱图，计算其信噪比，最终仪器的灵敏度用进样量和信噪比标定。

21.7.6 LC-MS 的应用

以 ESI 和 APCI 接口为代表的 LC-MS 技术已经在药物、化工、环保、临床医学、分子生物学等许多领域中获得了广泛应用。

图 21-25 是采用 LC-MS 联用(Waters ZQ)测定蜂蜜、鸡蛋、牛奶等食品中

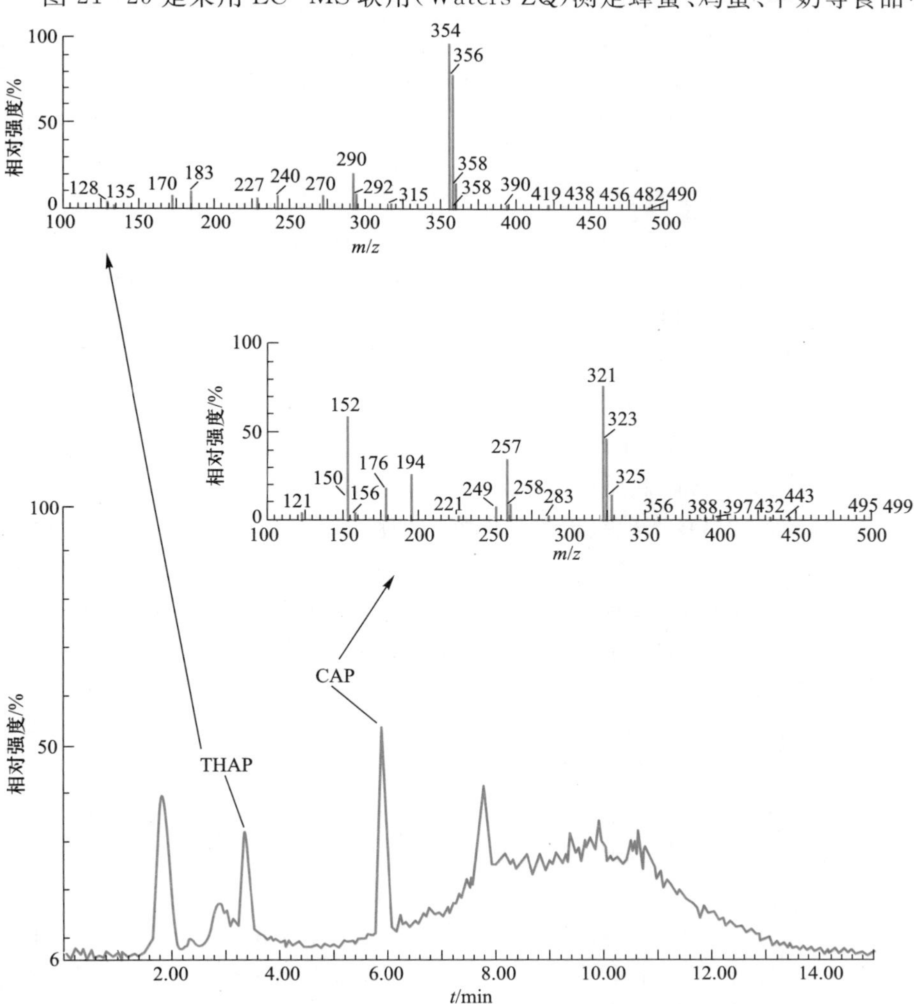

图 21-25 LC-MS 联用(Waters ZQ)测定食品中的氯霉素、甲砜霉素残留

氯霉素(Chloramphenicol,CAP)、甲砜霉素(Thiamphenicol,THAP)残留总离子流色谱图和CAP,THAP质谱图。LC采用流动相梯度洗脱,梯度程序如下:0 min:30%甲醇/70%水,5 min:70%甲醇/30%水,8 min:70%甲醇/30%水,15 min:30%甲醇/70%水。质谱条件选用电喷雾负离子模式、选择离子扫描,锥孔电压:对 m/z 321,323为25 eV;m/z 354为30 eV;m/z 152为45 eV。氯霉素的最低检测限可达到0.2 $ng \cdot g^{-1}$。

21.8 多级质谱

多级质谱(MS-MS)是在20世纪70年代后期迅速发展起来的一种新型质谱技术,通常被称为质谱-质谱法(mass spectrometry-mass spectrometry)或串联质谱法(tandem mass spectrometry)。

21.8.1 联用原理

多级质谱将多个质谱串联,最简单的就是将两个质谱顺序连接获得的二级串联质谱,其中第一级质谱(MS1)对离子进行预分离,将感兴趣的离子作为下一级质谱的试样源,经过适当方式获得碎片离子等送入第二级质谱,由第二级质谱(MS2)进一步分离分析。

21.8.2 多级质谱仪器结构

一个典型的二级串联质谱由三大部分构成,即一级质谱、碰撞室、二级质谱。如前所述,一级质谱用于感兴趣离子的捕获,称为母离子(parent ion)。将母离子送入碰撞室,与惰性气体分子相撞而裂解,即碰撞诱导解离过程(CID)或碰撞活化解离(collisionally activated dissociation, CAD),产生碎片离子,即子离子(daughter ion),而后,子离子进入二级质谱分离、检测并记录,得到与母离子相关的结构信息。

最经典的串联质谱为三级四极杆串联质谱。第一级和第三级四极杆分析器分别为MS1和MS2,第二级四极杆分析器起碰撞解离室作用是将从MS1得到的各个峰进行轰击,实现母离子碎裂后进入MS2再行分析。三级四极杆串联质谱共有四种工作模式,代表着串联质谱的多种不同的用途,如图21-26所示。

图21-26(a)为子离子扫描方式。这种工作方式由MS1选定质量,CAD碎裂之后,由MS2扫描得子离子谱。图21-26(b)为母离子扫描方式。在这种工作方式中,由MS2选定一个子离子,MS1扫描,检测器得到的是能产生选定子离子的那些离子,即母离子谱。图21-26(c)是中性碎片丢失扫描方式。这种工

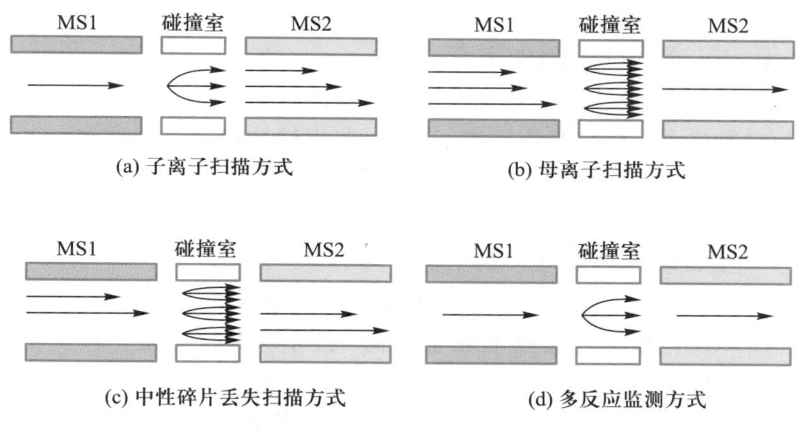

图 21-26 三级四极杆串联质谱仪四种 MS-MS 工作方式

作方式是 MS1 和 MS2 同时扫描，只是二者始终保持固定的质量差(即中性丢失质量)，只有满足相差固定质量的离子才得到检测。图 21-26(d)是多离子反应监测方式。由 MS1 选择一个或几个特定离子(图中只选一个)，经碰撞碎裂之后，由其子离子中选出特定离子，只有同时满足 MS1 和 MS2 选定的一对离子时，才有信号产生。用这种扫描方式的好处是增加了选择性，即便是两个质量相同的离子同时通过了 MS1，但仍可以依靠其子离子的不同将其分开。这种方式非常适合于从很多复杂的体系中选择某特定质量，经常用于微量成分的定量分析。

随着科技的发展，接口技术的进步，基于不同原理的质量分析器也已经很好地实现了串联，如四极杆和磁质谱混合式(hybride)串联质谱、四极杆-飞行时间串联质谱(Q-TOF)和飞行时间-飞行时间(TOF-TOF)串联质谱等。

除空间串联型质谱联用仪器外，人们还利用离子阱技术、傅里叶变换质量分析技术开发出时间串联型多级质谱仪。例如，通过调节离子阱环形电极上的射频电压，可让感兴趣的母离子稳定在离子阱内，然后利用加在端电极上的辅助射频电压激发母离子，使其与池底的本底气体碰撞，再通过基频电压扫描，抛射并接收所有 CID 过程中形成的子离子信号。这种时间串联型质谱在不增加仪器主要构件的情况下，能方便地实现多级质谱的功能，尤其有利于构造更多级数联用的质谱仪器，代表着串联质谱的一个发展方向。

21.8.3 多级质谱的特点

与单级质谱相比，多级质谱有以下突出的优点：

(1) 多级质谱有利于对物质进行定性，获得结构信息。在许多LC－MS联用的离子化技术中，一般都是软电离技术，它们的质谱主要显示分子离子峰，缺少分子断裂产生的碎片信息。如果采用串联质谱技术，通过分子离子与反应气体的碰撞产生裂解，能提供更多的结构信息。

(2) 多级质谱适合于复杂混合物的分析。在质谱与气相色谱或液相色谱联用时，即使色谱未能将物质完全分离，也可以进行鉴定。MS－MS可从试样中选择母离子进行分析，而不受其他物质干扰。例如，在药物代谢动力学研究中，对生物复杂基质中低浓度试样进行定量分析，可用多反应监测模式(MRM)，利用母离子和子离子的良好对应关系，对二者同时检测，排除杂质干扰。

(3) 多级质谱可使试样的预处理大大简化，尤其那些难以进行处理或是在离子化过程中引入的杂质。例如，在采用解吸离子化技术使试样电离时，一般要使用底物，底物往往会造成的强的化学噪声，多级质谱可以消除此类干扰，从而提高检测灵敏度。

(4) 多级质谱可以说明在多级质谱中母离子与子离子间的联系，根据各级质谱的扫描方式，如子离子扫描、母离子扫描和中性碎片丢失扫描方式，可以查明不同质量数离子间的关系。

(5) 多级质谱可以同时定量分析多个化合物。采用中性碎片丢失扫描方式能找到所有丢失同种功能团的离子，如羧酸容易丢失中性碎片二氧化碳，对二氧化碳碎片扫描可获得到所有母离子羧酸的信息，从而实现羧酸类的定量测定。

21.8.4 多级质谱的应用

多级质谱的抗干扰、抗污染、检测灵敏度高等优势使其在环境监测、未知物分析、新药开发、农药残留等方面显示出广泛的应用前景。下面是一个简单的应用实例。

图21－27是微萃取－液相－串联质谱联用(SPME－LC－MS－MS)测定猪肉中两种β－兴奋剂残留的质量色谱图和质谱图。

液相条件为：色谱柱，2.1 mm×150 mm填充3.5 μm XTerra® MSC_{18}；柱温：40 ℃；二元梯度：流动相A——0.1%甲酸水溶液；流动相B——乙腈和水的混合溶液(80∶20，体积分数，含0.1%甲酸)，梯度为：0 min，B＝22.5%；6 min，B＝22.5%；6.01 min，B＝100%；15 min，B＝100%；15.01 min，B＝22.5%；流

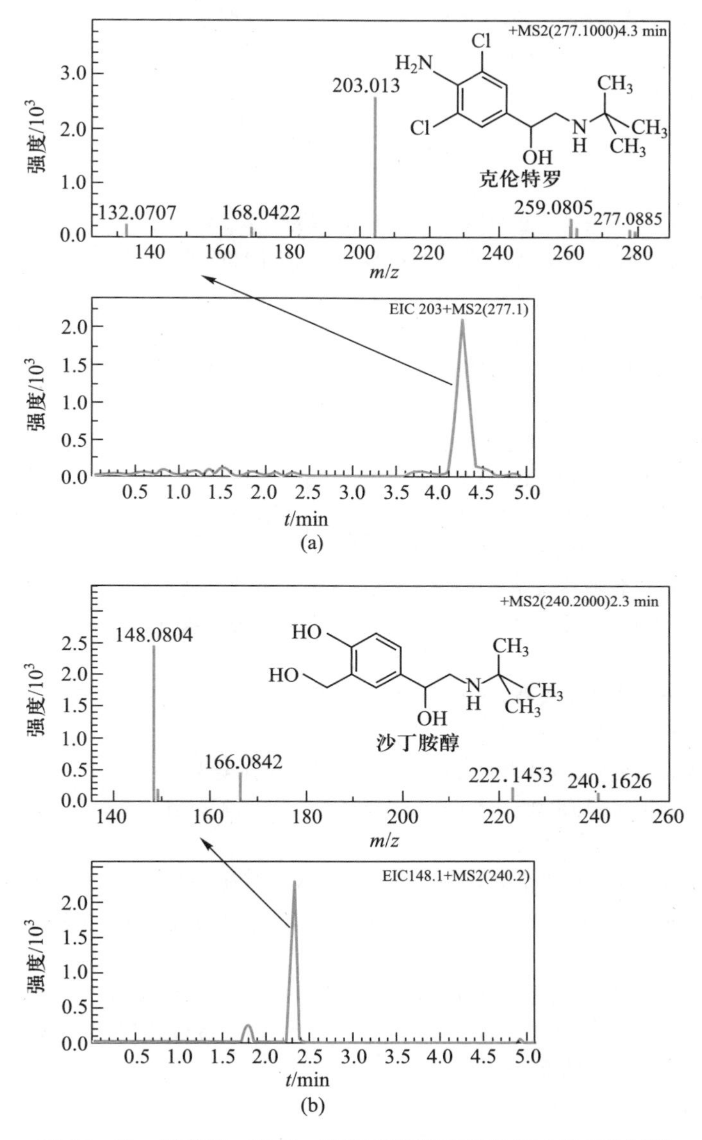

图 21-27 微萃取-液相-串联质谱联用(SPME-LC-MS-MS)测定猪肉中两种 β-兴奋剂残留的质量色谱图和质谱图

动相流速:0.2 mL·min^{-1}。质谱条件为:电喷雾离子源(正离子模式),毛细管电压 4.0 kV;喷雾气 0.14 MPa;干燥气 8.0 L·min^{-1};干燥温度 200 ℃;碰撞气,氩气;碰撞能量 7 eV/z,前体离子的选择(四极杆质谱):沙丁胺醇,$[M+H]^+$ 离子,m/z 240.2;克伦特罗,$[M+H]^+$ 离子,m/z 277.1;对选择的离子进行全扫描(时间飞行质谱)：m/z 50～300，分别获得兴奋剂试样脱除特丁基和水(—t-Bu-2H_2O)的强质谱信号 203，148。

思考、练习题

21-1 何谓分子质谱？它与原子质谱有何异同？

21-2 试说明分子质谱仪器主要组成部分和各自的功能，它们与原子质谱仪器有何不同？

21-3 试计算和说明：

(1) 在电子轰击源中，单电荷离子($z=1$)通过 10^3 V 电场加速以后，试计算它获得的动能(KE)。

(2) 离子的动能跟它的质量有关么？

(3) 离子的速度跟它的质量有关么？

21-4 试计算采用 70 V 电离电压加速电子的能量($J\cdot mol^{-1}$)，并与一般化学键能比较其大小。(阿伏加德罗常数为 6.02×10^{23} mol^{-1}。)

21-5 一束有各种不同 m/z 的离子，在一个具有固定狭缝位置和恒定电位 U 的质谱仪中产生，磁感应强度 B 慢慢地增加，首先通过狭缝的是最低还是最高 m/z 值的离子？为什么？

21-6 一台中分辨率仪器，其加速电压 U 选定为 4 000 V，磁场半径 $R=15$ cm 最高质量数定为 800，试计算最高磁感应强度。

21-7 现有一台质谱仪，它的质量分析器的磁感应强度为 1.405 3 T，离子运动的环形轨道的半径为 12.7 cm。如果要让分子离子为 $512/z$($z=1$)顺利通过出口狭缝，则需要给予多少的加速电压？

21-8 试计算可分辨质量数为 500 和 500.01 仪器分辨率为多少？其分辨质量精度为多少原子质量单位？在同样分辨率下，分别分离 200 及 1 000 附近两对峰，其分辨精确度分别为多少原子质量单位？

21-9 三癸基苯、苯基十一基酮、1,2-二甲基-4-苯甲酰萘和 2,2-萘基苯并噻吩的相对分子质量分别为 260.250 4，260.214 0，260.120 1 和 260.092 2，若基于分子离子峰对它们作定量分析，需要多大的分辨率？

21-10 试计算 $M=168$，分子式为 $C_6H_4N_2O_4$(A)和 $C_{12}H_{24}$(B)两个化合物的 I_{M+1}/I_M 值？

21-11 写出 m/z 142 的烃的分子式，I_M 和 I_{M+1} 应有怎样的大概比例？

21-12 在一张谱图中，$I_M:I_{M+1}$ 为 100∶24，该化合物有多少个碳原子存在？

21-13 在 $C_{100}H_{202}$ 中 M+1 对 M 的相对强度怎样？

21-14 在 CH_3SH 中，硫同位素做出怎样的贡献？由硫同位素所做贡献的相对强度怎样？

21-15 计算下列物质$[M+2]^+$峰相对于 M^+ 的丰度。

(1) $C_{10}H_6Br_2$；(2) C_3H_7ClBr；(3) $C_6H_4Cl_2$

21－16　何谓分子离子？并说明如何获得、确定分子离子及在质谱定性定量分析中应用。

21－17　分别以电子轰击、场电离和化学电离作为电离源，得到的谱图有什么区别？

21－18　为什么双聚焦的质谱仪会得到更窄的峰和更高的分辨率？

21－19　试说明商品质谱仪器应用中，影响分辨率和灵敏度的操作条件。

21－20　试述质谱法对新化合物结构鉴定的基本步骤和方法。

21－21　试说明质谱、色谱－质谱联用定量分析基本方法，与一般色谱定量分析比较基本原理和技术有何异同之处。

21－22　硝基酚化合物氯化得到的同位素峰比例如下：$I_M : I_{M+2} : I_{M+4} = 9 : 6 : 1$。试问该化合物中有多少个氯原子？

21－23　请解释总离子流色谱图、质量色谱图、质量碎片图的含义，以及在质谱或质谱联用定性、定量分析的应用。

21－24　何谓同位素离子？它在质谱定性、定量分析中有哪些应用？

21－25　试说明 GC－MS 联用接口的作用及评价色谱技术的主要性能指标。

21－26　试说明电喷雾电离源电离机理与特点，与传统 EI，CI 源比较有何异同之处？

21－27　请从近期文献中查找 1～2 个 GC－MS，LC－MS 在环境、食品、天然产物或生物医药学的应用实例，并分析其应用的特点。

21－28　试与单级质谱比较，多级串联质谱有哪些不同的特点？

参考资料

扫一扫查看

第22章 热 分 析

22.1 概论

热分析法的历史相当悠久，最早可追溯到1887年Chatelier L利用升温速率曲线对黏土的测定和研究。迄今，热分析法已成为一类多学科的通用仪器分析技术。它所能应用的材料包括金属材料、无机非金属材料和有机高分子材料。它所涉及的领域包括化学、化工、石化、塑料、橡胶、轻纺、食品、医药、土壤、地质、海洋、冶金、电子、炸药、能源、建筑、生物及空间技术等。

热分析(thermal analysis)是在程序控温下，测量物质的物理性质与温度关系的一类技术。所谓“程序控温”一般指线性升温或线性降温，也包括恒温或非线性升、降温。“物质”指试样本身和(或)试样的反应产物。“物理性质”包括质量、热焓变化、尺寸等，常为简单的物理量，而红外光谱、核磁共振谱等技术虽然也能在不同温度下记录谱图，但不列入热分析范围，因为它们测定的不是简单的物理量随温度的连续变化。

国际热分析联合会(ICTA)建议，根据所测的物理性质(质量、温度、热焓、尺寸、力学量、声学量、光学量、电学量、磁学量)的不同，热分析方法可分为9类，进一步细分为17种，如TG(热重法)、EGD(逸出气检测法)、DTA(差热分析)、DSC(差示扫描量热法)、DIL(热膨胀法)、TMA(热机械分析)和DMA(动态热机械分析)等。虽然热分析方法繁多，但应用最广的是DTA，DSC和TG等少数几种，也正是本书将重点介绍的。

22.2 差热分析和差示扫描量热法

22.2.1 基本原理

传统的DTA(differential thermal analysis)和两类不同的DSC(differential scanning calorimetry)的基本原理示意于图22-1。

经典的DTA的基本原理是，将试样和参比物(一种热惰性物质，如$\alpha-Al_2O_3$)置于以一定速率加热或冷却的相同温度状态的环境中，记录下试样和参比物之间的温差ΔT与时间或温度的关系。如图22-1(a)所示，DTA的两根热

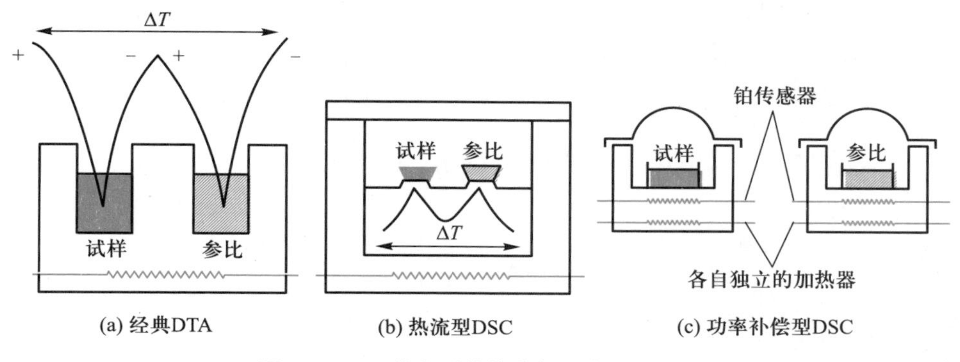

图 22-1 三种主要的热分析系统的示意图

电偶反向串联，热电偶的两个输出端所测的热电动势对应于 ΔT。传统的 DTA 的热电偶直接插到试样或参比物内，热电偶与试样均会被污染。现代的 DTA 一般热电偶与试样及参比物不接触，试样装在特殊的坩埚内，热电偶隔着坩埚壁测量。DTA 由一个较大炉子加热试样与参比物周围气氛，因而容易得到较线性的仪器基线，但稳定仪器需时较长。总之 DTA 的优点是能用于高温测定（最高温度可达 1 500 ℃，有的仪器甚至达 2 400 ℃），但测量灵敏度较差，适合于矿物、金属等无机材料的分析，一般用作定性分析，定量准确性较差。

DSC 仪器则分为两种，一种是热流型，另一种是功率补偿型。前者的原理与 DTA 类似，定量也是通过 ΔT 换算，只是热电偶紧贴在试样或参比物支持器的底部[图 22-1(b)]，有的仪器试样和参比物分设独立的加热器。由于这种设计减少了试样本身所引起的热阻变化的影响，加上计算机技术的应用，其定量准确性较传统的 DTA 好，所以又被称为定量 DTA。而功率补偿型 DSC 的原理特别[图 22-1(c)]。在程序控温的过程中，始终保持试样与参比物的温度相同，为此试样和参比物各用一个独立的加热器和温度检测器。当试样发生吸热效应时，由补偿加热器增加热量，使试样和参比物之间保持相同温度；反之亦然。然后将此补偿的功率直接记录下来，它精确地等于吸热和放热的热量。在仪器上使用周波信号源，正半周控制线性升（降）温，负半周控制试样和参比物的温差为零，从而巧妙地使两个不同的控温回路几乎同时运转。

DSC 的分辨率、重复性和准确性均较好，更适合于有机和高分子化合物的分析，测定温度范围为 −170～700 ℃（有的仪器也可达高温）。DSC 不仅可用于定性分析，还能用于定量分析。

典型的 DTA 和 DSC 曲线分别示于图 22-2 和图 22-3，两种曲线所测的转变和热效应是相似的。由于各仪器所设定的吸热/放热方向不同，所以曲线上必须注明吸热（endo）和/或放热（exo）的方向。转变温度取值有时以峰最大值为准;但有时以峰起始温度(onset)为准,即取基线与峰前沿的切线的交点,如图 22-4所示。而热焓对应于曲线与基线包围的面积,如图 22-3 的阴影部分。玻璃化转变温度(T_g)一般取起始温度或中点(midpoint),如图 22-5 所示。

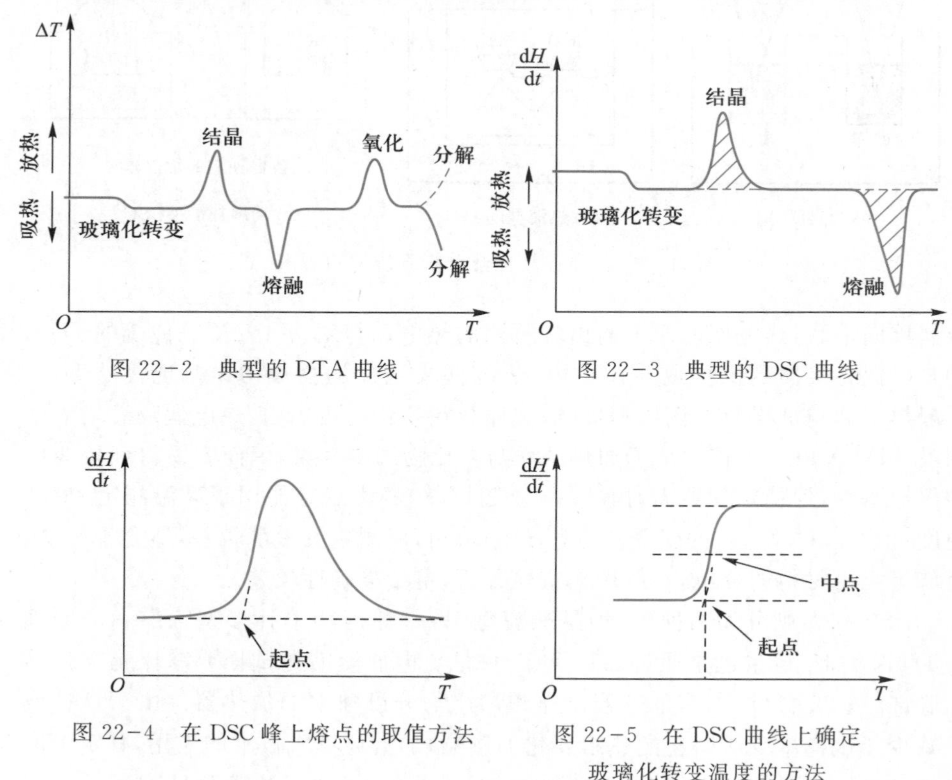

图 22-2 典型的 DTA 曲线

图 22-3 典型的 DSC 曲线

图 22-4 在 DSC 峰上熔点的取值方法

图 22-5 在 DSC 曲线上确定玻璃化转变温度的方法

需要说明的是,DSC 记录的是热流速率($\mathrm{d}H/\mathrm{d}t$ 或 $\mathrm{d}Q/\mathrm{d}t$)对温度的关系曲线,热流速率的单位可以是 W(即 $\mathrm{J \cdot s^{-1}}$)或 $\mathrm{W \cdot g^{-1}}$,后者与试样量无关,又称为热流量。横座标有时采用时间代替温度,特别是做动力学研究或恒温测定时。

DTA 或 DSC 提供的主要信息如下:

(1) 热事件开始、峰值和结束的温度(由曲线的横坐标提供)。

(2) 热效应的大小和符号(分别由峰的面积和方向提供)。

(3) 参与热事件的物质的种类和量(分别由转变温度值和峰面积提供)。

由于峰面积 A 与热效应 ΔH 成正比,即

$$\Delta H = k\,\frac{A}{m} \tag{22-1}$$

式中 m 为试样质量;k 为仪器常数。用已知质量的高纯铟(99.999%)的熔化峰

面积和熔化热($28.59\ J \cdot g^{-1}$)求出 k 值,然后再利用该 k 值计算未知物的热效应。高纯铟(熔点 156.634 ℃)还用于仪器的温度校正。反过来,已知 ΔH 便可以求得参与热事件的物质的质量 m。

此外,DSC 的纵坐标热流速率 $\mathrm{d}H/\mathrm{d}t$(简写为 Y)与试样的瞬间比定压热容 C_p 成正比,即

$$\frac{\mathrm{d}H}{\mathrm{d}t}=mC_p\frac{\mathrm{d}T}{\mathrm{d}t} \tag{22-2}$$

式中 m 为试样质量;$\mathrm{d}T/\mathrm{d}t$ 为升温速率。因而 DSC 可用于测定试样的比定压热容。在相同条件下测定试样和标准物(通常用合成蓝宝石,即高纯 $\alpha-Al_2O_3$)的 DSC 曲线,在某一温度下,求得 DSC 曲线纵坐标的变化率 $Y_{样}$ 和 $Y_{标}$(与空白基线相比),按下式求得未知试样的比定压热容:

$$\frac{Y_{样}}{Y_{标}}=\frac{m_{样}\ C_{p样}}{m_{标}\ C_{p标}} \tag{22-3}$$

玻璃化转变时比热容有突变,曲线上表现为基线偏移而出现的一个台阶,从而可用于测定玻璃化转变温度,如图 22-2 和图 22-3 所示。

从式(22-2)还可以看出,纵坐标与试样质量或升温速率均成正比。于是控制适当的试样质量和升温速率是很重要的。一般试样量以 5～10 mg 为宜,标准升温速率为 $10\ ℃\cdot min^{-1}$。试样较多时灵敏度较高,但分辨率下降,前者影响较大。升温速率较慢时分辨率较高,但灵敏度下降,两者影响都大。因而,一般选择较慢的升温速率以保持好的分辨率,而以适当增加试样量来提高灵敏度。

22.2.2 应用

总体来说,DTA/DSC 的应用可分物理转变和化学反应两大类。物理转变包括结晶/熔融、固-固转变(如多晶形转变)、液-液转变、液晶相转变、升华、汽化、吸附、脱附、玻璃化转变等,化学反应包括氧化/还原、异构化、解离、脱水、聚合、交联、分解等。因而 DTA/DSC 可测定各转变的温度和转变焓、反应热、比热容与玻璃化转变温度、结晶度、结晶动力学、反应动力学、纯度、相图、热稳定性等。

熔融、汽化、升华、析出、脱水、脱附、还原等为吸热过程,而结晶、吸附、氧化、化学吸附、聚合、交联等为放热过程。分解或其他化学反应有的吸热,有的放热。晶形转变或液晶相转变取决于有序程度的变化方向,从有序程度较高向较低的转变为吸热过程,反之亦然。

以下分别举无机化合物、有机化合物和聚合物的实例予以说明。

1. 硫黄的各种相变

图 22-6 是硫黄各种相变的 DTA 曲线。温度 113 ℃出现的吸热峰是由于

正交晶形转变成单斜晶形引起的；温度 124 ℃的吸热峰是熔化峰；温度 179 ℃的峰则归属于液体硫的进一步转变(即液－液转变)；最后汽化峰的温度为 446 ℃。

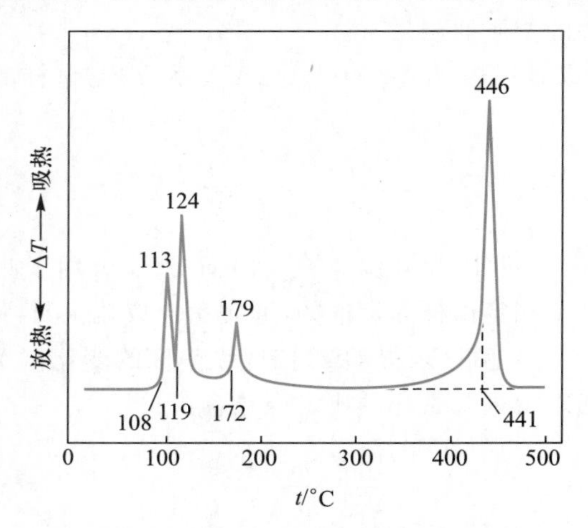

图 22－6 硫黄各种相变的 DTA 曲线

2．石英的晶形转变

石英的 $\alpha \to \beta'$，$\beta' \to \beta$ 晶形转变，升温时是吸热峰，降温时是放热峰(图22－7)。冷却时峰的位置出现在较低温处，这种现象称为过冷。过冷现象经常出现在结晶/熔融转变中，降温时的结晶峰比升温时的熔化峰温度要低得多，过冷度达 20～30 ℃以上。但对于玻璃化转变，只要升、降温速率一致，转变温度能重现。

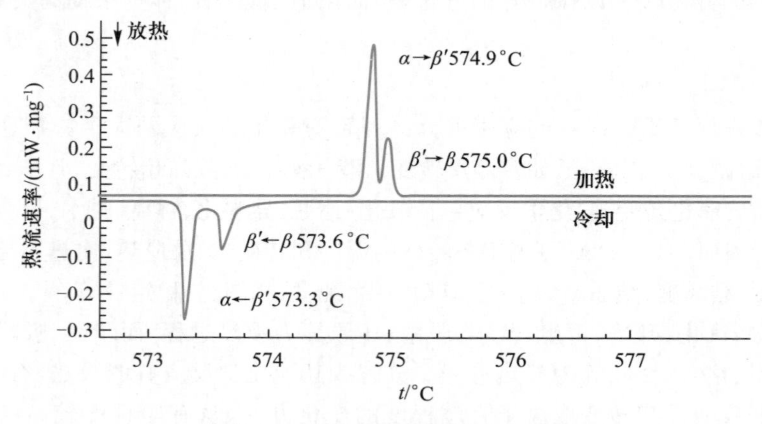

图 22－7 石英晶形转变的 DSC 曲线

3．巧克力的品质鉴别

图 22－8 为两种巧克力的 DSC 曲线。正品巧克力主要含可可脂Ⅴ型结晶，

在 29.5 ℃呈现单一的熔融吸热峰，口感较好。次品巧克力在 28.3 ℃和 32.9 ℃存在两个吸热峰，分属可可脂Ⅴ型和Ⅵ型晶体的熔融吸热峰，口感较差。

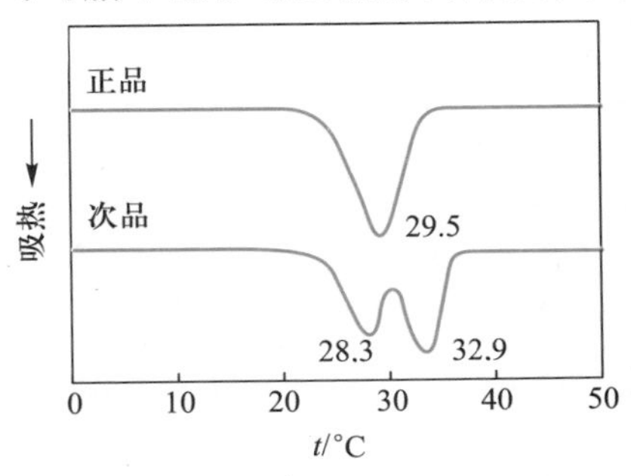

图 22-8 两种巧克力的 DSC 曲线

4. 常见结晶聚合物的定性鉴别

聚合物大多能结晶，而每一种聚合物晶体的熔点各不相同，因此，根据 DSC 测得的熔点可以定性鉴别未知聚合物的品种。例如，将图 22-9 中的 7 种常见结晶聚合物试样各取少许于同一个坩埚中，结果在 DSC 图上出现了 7 个吸热峰，每个峰对应一种聚合物的熔融，峰的位置互不干扰（图 22-9）。

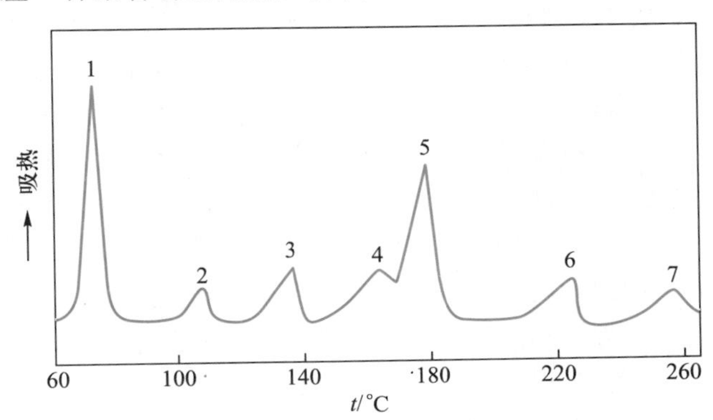

图 22-9 7 种常见结晶聚合物试样的 DSC 曲线

1—聚乙二醇；2—低密度聚乙烯；3—高密度聚乙烯；4—聚丙烯；
5—聚甲醛；6—尼龙 6；7—聚对苯二甲酸乙二醇酯

5. 环氧树脂的固化

市售 AB 胶是环氧树脂与固化剂的二组分黏合剂。图 22-10 是环氧树脂固化前后的 DSC 曲线，第一次加热时观察到玻璃化转变温度为 64 ℃（叠加有应力松弛吸热峰），固化放热峰出现在很宽的温度范围内，峰值约为 150 ℃。再次加热时没有观察到固化峰，而玻璃化转变温度向高温移动至 100 ℃（交联使玻璃化转变温度提高），说明经第一次升温固化已趋于完成。

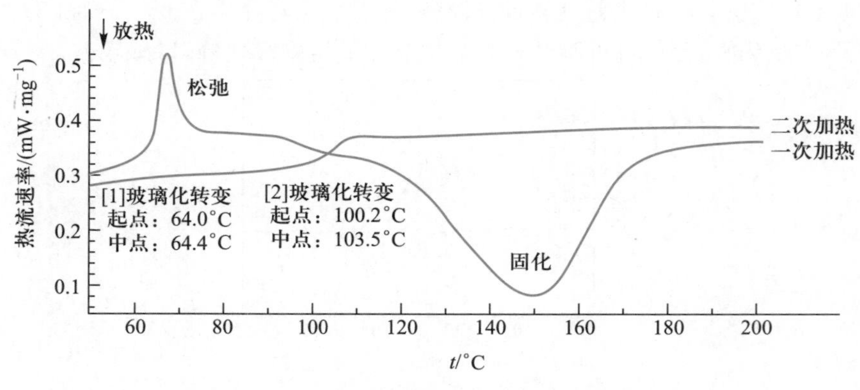

图 22-10 环氧树脂固化前后的 DSC 曲线

22.3 热重法

22.3.1 基本原理

热重法(thermogravimetry,TG)是在程序控温下,测量物质的质量变化与温度关系的一种技术,其基本原理就是热天平。热天平分为变位法和零位法两种。所谓变位法,就是根据天平梁的倾斜度与质量变化成比例的关系,用差动变压器等检知倾斜度,并自动记录。所谓零位法,是采用差动变压器法、光学法或电触点法测定天平梁的倾斜度,并用螺线管线圈对安装在天平系统中的永久磁铁施加力,使天平梁的倾斜复原。由于对永久磁铁所施加的力与质量变化成比例,这个力又与流过螺线管的电流成比例,因此,只要测量并记录电流,便可得到质量变化的曲线。图 22-11 是零位法热天平的原理图。

热重曲线(TG 曲线)记录的是质量保留分数(w)与温度的关系,如果记录质量变化速率($\mathrm{d}m/\mathrm{d}t$)与温度的关系,就需要将质量对温度求导,称为微商热重法(DTG)。典型的 TG 和 DTG 曲线示于图 22-12。DTG 的主要优点是与 DTA 或 DSC 曲线有直接可比性。其峰值对应于质量变化速率最大处,可直接成为物质的热稳定性指标。峰面积则与失重量成正比,可用于计算失重量。

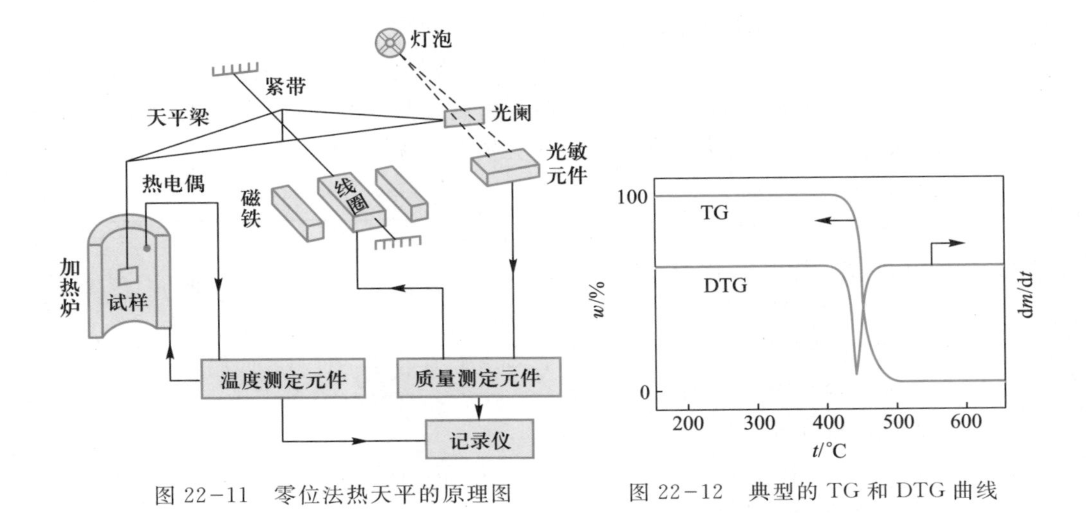

图 22-11 零位法热天平的原理图　　图 22-12 典型的 TG 和 DTG 曲线

22.3.2 应用

原则上，只要物质受热时有质量的变化，就可以用热重法来研究。而没有质量变化的转变，如结晶的熔融是不能用热重法来研究的，因而主要的应用是热分解反应（分解温度）、蒸发（沸点）、升华、脱水、腐蚀/氧化、还原、热稳定性、组成、固相反应、反应动力学和纯度等的测定。

1. 草酸钙的热分解反应

$CaC_2O_4 \cdot H_2O$ 在升温时发生了典型的三步失重过程。从图 22-13 清楚地看到失水、失 CO 和失 CO_2 的三步热解反应，理论上计算的每步失去的质量（见习题 22-8）与实验值相符。反过来，根据失重情况可以研究热分解反应机理。

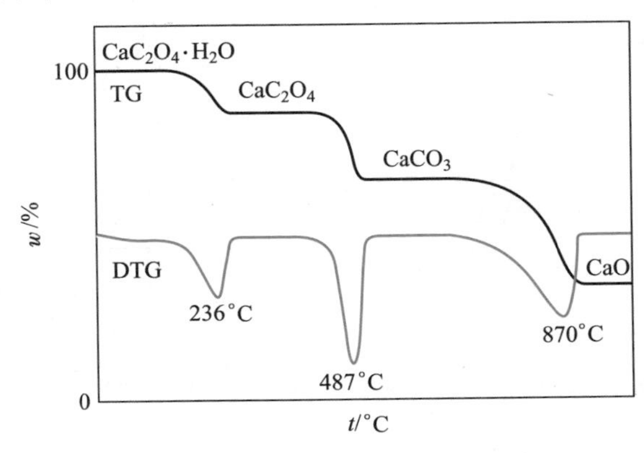

图 22-13 $CaC_2O_4 \cdot H_2O$ 的 TG 曲线（黑色线）和 DTG 曲线（蓝色线）

2. 聚合物热稳定性的评价

目前,解释物质热稳定性的临界温度(常称为热分解温度)的标准并不统一。除了前述的最大失重速率温度(即TG曲线拐点或DTG曲线峰最大值)外,还有用起始失重温度、终止失重温度或预定的失重分数温度(常预定1%,5%,10%,20%和50%等)。

图22-14为五种聚合物的TG曲线。由图可知,聚甲基丙烯酸甲酯(PMMA)、聚乙烯(PE)和聚四氟乙烯(PTFE)可以完全分解,但稳定性依次增加。聚氯乙烯(PVC)稳定性较差,它的分解分两步进行。第一个失重阶段是脱HCl,发生在200～300 ℃,由于脱HCl后分子内会形成共轭双键,热稳定性增加,直至较高温度下大分子链才裂解,形成第二个失重阶段。而且由于伴随打开双键发生分子间的交联反应,因而在较高温度下也难以完全失重。聚酰亚胺(PI)则直至850 ℃才分解了40%左右,热稳定性较强。

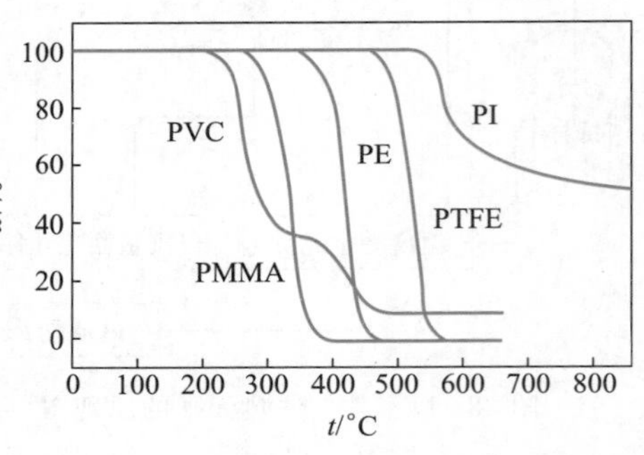

图22-14 五种聚合物的TG曲线

3. 橡胶混合物的组成分析

TG是定量分析各类混合物组成或添加剂与杂质含量的快速方法。图22-15是橡胶混合物的TG曲线。从DTG的峰值鉴别出橡胶化合物的各主要成分,然后从失重分数直接得到组成分数。要注意炭黑在N_2气氛下不会失重,若在600 ℃时切换成空气,炭黑会被氧化而完全失重。剩下的3.6%是其他添加剂。

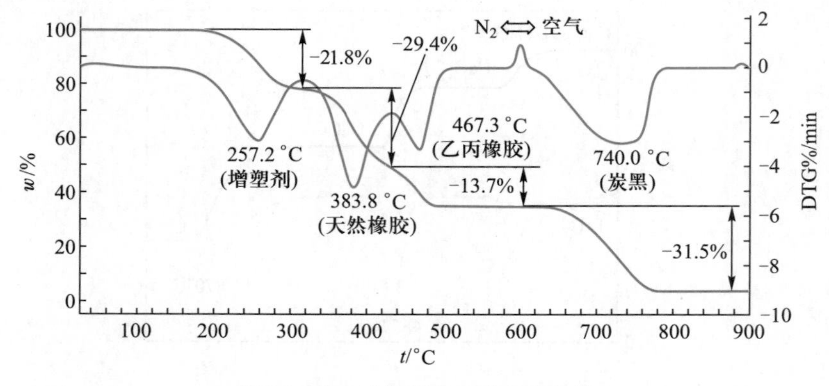

图22-15 橡胶混合物的TG曲线

22.4 同步热分析

同步热分析仪(simultaneous thermal analysis,STA)同时测定 TG 与 DTA(或 DSC),可以解决单 TG 或单 DTA/DSC 无法解决的问题。显示了以下主要优点:

(1) 只需一次实验即可得到 TG 和 DTA/DSC 两种信息,节省了时间。

(2) 更全面地反映材料的物理转变或化学变化。DTA/DSC 只能反映焓变或比热容变化,而不能反映质量变化,TG 则正好相反。因此,这两种方法互相补充、互相印证,这对于一些复杂变化过程的研究尤为重要。

(3) 如果单用 TG 仪和 DTA/DSC 仪分别对同一试样进行两个实验,再把其 TG 曲线和 DTA/DSC 曲线画在一张图上,也不可能达到同步热分析的效果。因为试样的不均匀性,以及两台仪器间加热条件和气氛等的差别和其他人为操作因素的影响,使两种实验结果的可对照性较差。而在同一仪器上进行的同步热分析完全消除了这些影响。

(4) DSC 利用标准物质校准温度,精度达 0.1 ℃。而 TG 的温度校准一般采用居里点法或吊丝熔断失重法,其误差约 2 ℃,不但精度低,而且操作复杂。同步热分析可以采用与 DSC 相同的方法校准温度,达类似的精度。

图 22-16 是陶瓷坯体的 STA 曲线,由 TG 曲线与 DSC 曲线组成。相应于 TG 曲线上的三步失重,DSC 曲线上均有吸热或放热效应与之对应。相反并非 DSC 曲线上的热效应都有对应的失重,998.4 ℃对应的是固态转变就没有失重。这样,经

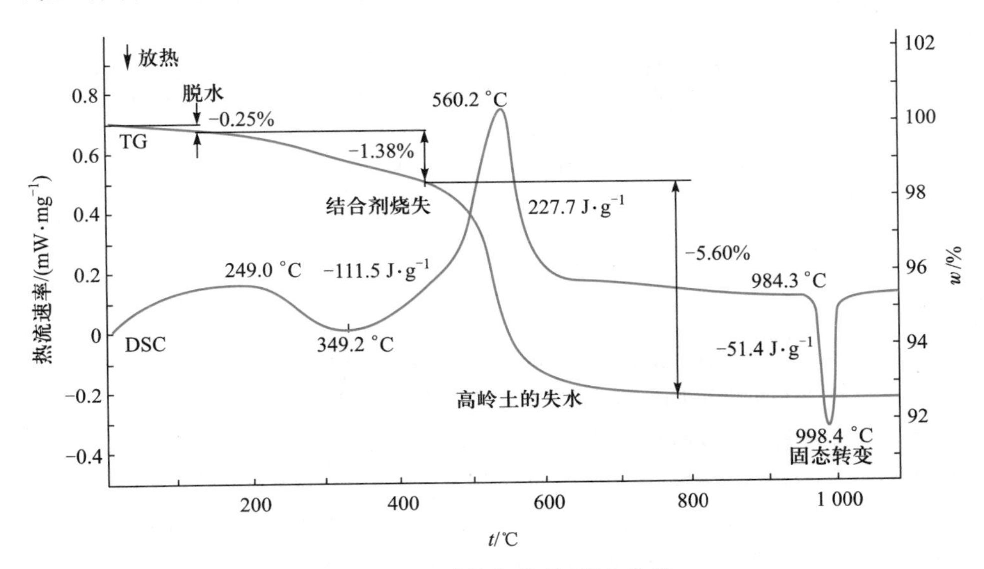

图 22-16 陶瓷坯体的 STA 曲线

过同步热分析，对加热过程中的各种转变或反应都可以进行更加直观的辨析。

22.5 联用技术

热分析仪器可与其他一些分析仪器联用，以便同时测得几种信息。TG/GC/MS法和TG-DTA/FTIR法是常见的热分析联用技术，又被称为逸出气分析。TG和DTA主要用来测定气体的量和推测试样化学结构的变化，而GC，MS和FTIR主要用来鉴别试样产生的气体的种类和结构。

以$Nd_2(SO_4)_3 \cdot 5\,H_2O$的TG /MS在线联用为例，图22-17是测得的曲线（在氮气流下升温速率为10℃ · min^{-1}，试样量为29.53 mg）。其中单一离子流（SIC）曲线（曲线上标的数字是质荷比）清楚地显示水分、氧气和二氧化硫的挥发，同TG失重台阶很好地对应。

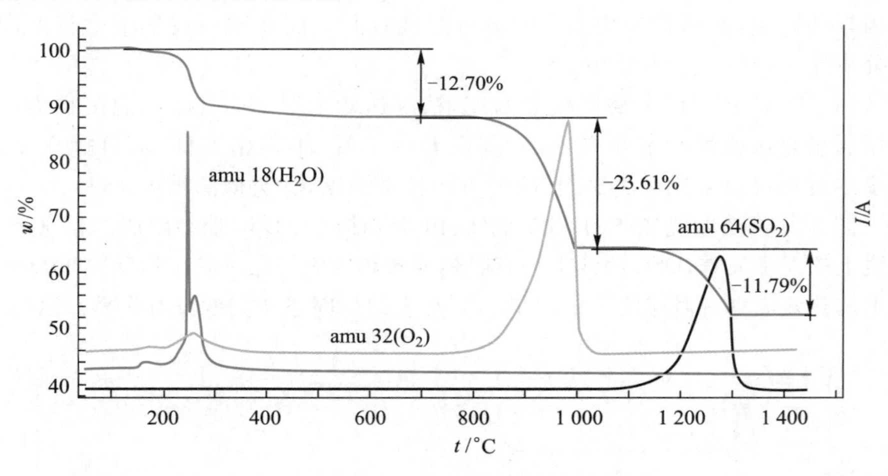

图22-17 $Nd_2(SO_4)_3 \cdot 5\,H_2O$的TG /MS曲线

思考、练习题

22-1 从DSC曲线中，如何求熔点、玻璃化转变温度和熔化热？

22-2 怎样利用热分析技术，区分玻璃化转变、结晶和熔融三种不同的热事件。

22-3 高密度聚乙烯是线形结构的聚合物，结晶度较高；而低密度聚乙烯是有少量支化结构的聚合物，结晶度相对较低。用DSC的ΔH值如何鉴别这两种聚乙烯？已知完全结晶的聚乙烯的熔融热为290 J · g^{-1}，某聚乙烯试样的ΔH值为180 J · g^{-1}，问结晶度（质量分数）是多少？（提示：聚合物的结晶度可由聚合物结晶部分熔融所需的热量与100%结晶的同类试样的熔融热之比求得。）

22-4 为了确定聚酯的加工条件，对聚酯原料进行 DSC 测定，结果如图 22-3 所示。试从该曲线分别确定聚酯的熔融纺丝、牵伸以及热定型的温度范围。（提示：纺丝温度应高于熔点，牵伸温度在玻璃化转变温度与结晶温度之间，热定型温度在结晶温度和熔点之间。）

22-5 对上题的聚酯原料在紧接着第一次升温（10 ℃ · min^{-1}）的 DSC 测定（见图 22-3）之后，以 10 ℃ · min^{-1} 降温，然后再以同样速率第二次升温。请画出冷却曲线和第二次升温曲线的示意图。（提示：注意过冷现象。）

22-6 不同品种的尼龙用红外光谱很难鉴别，但根据其熔点的不同用 DSC 却很容易区别。已知尼龙 66，尼龙 6 和尼龙 12 的熔点（起点温度）分别为 240℃，220℃ 和 180℃，在同一个示意图上分别画出这三种尼龙的三条 DSC 曲线。

22-7 有一种常见聚合物的 DSC 谱图上出现 327℃ 的吸热峰，判断可能是什么聚合物？

22-8 根据相同测试条件下镍合金、捷泰尔 61（一种尼龙材料）和金的 DSC 曲线及蓝宝石参比物（在 360 K 比定压热容为 0.887 J · g^{-1} · K^{-1}）的 DSC 曲线（图 22-18），计算上述三种物质的比定压热容。

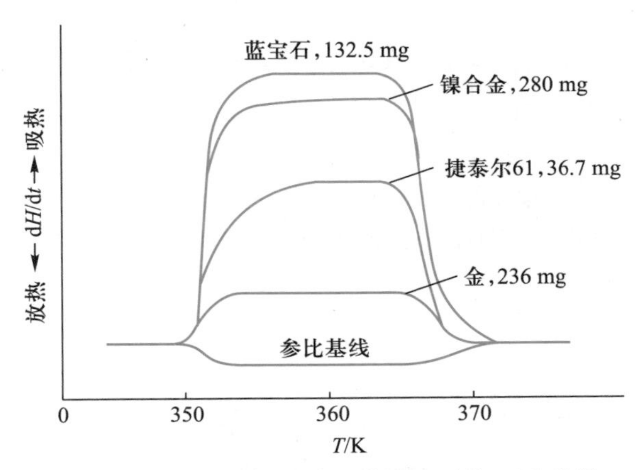

图 22-18 三种物质和参比物蓝宝石的 DSC 曲线

22-9 写出 $CaC_2O_4 \cdot H_2O$ 在 TG 测定时三步失重的反应式，并根据反应式计算理论上每步的失重量和总失重量。

22-10 $Al(OH)_3$ 是常用的塑料阻燃剂，它通过失水撤热而起阻燃作用。TG 曲线上观察到它分两步失重，210～370℃ 失重 28.85%，455～590 ℃ 失重 5.77%。用反应方程式表示其失水机理。

22-11 取 100 mg $FeC_2O_4 \cdot 2H_2O$ 试样进行热失重试验。在空气中测得 220 ℃ 失重 20.02 mg，250 ℃ 进一步失重 40.03 mg，275 ℃ 时增重 4.45 mg，产物有磁性。同时进行的 DTA 测定观察到 220 ℃ 是吸热峰，250 ℃ 和 275 ℃ 是放热峰。写出各步反应方程式。产物的理论收率是多少？

22-12 按图 22-19 所示的 TG 实验数据求聚丙烯/$CaCO_3$ 混合物中填料 $CaCO_3$ 的质量分数。

22-13 从乙烯-乙酸乙烯酯共聚物（简称 EVA）的 TG 曲线得到第一失重阶段的失重

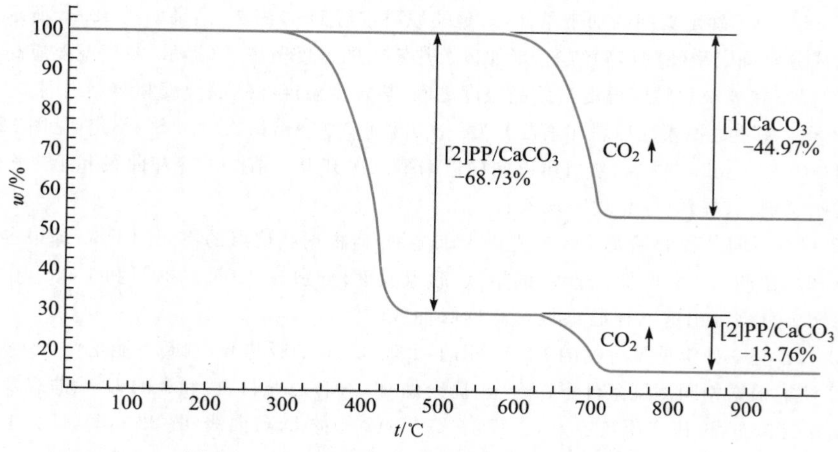

图 22-19 聚丙烯/$CaCO_3$ 混合物的 TG 曲线

分数为 23%，其成分为乙酸。下面反应方程式示意了高分子链中某一段的热分解情况。

$$\sim\sim CH_2—CH_2—CH_2—\underset{\displaystyle |\atop \displaystyle OCOCH_3}{CH}\sim\sim \xrightarrow{390\ ℃} \sim\sim CH_2—CH_2—CH{=}CH\sim\sim + CH_3COOH$$

假设这一步的热分解完全，试利用以上数据，计算原共聚物中两种单体的组成比例。

22-14 用 TG 与 DTA(或 DSC)的同步热分析仪可进行哪些方面的研究？查阅文献，举一个本书尚未提到的实例。

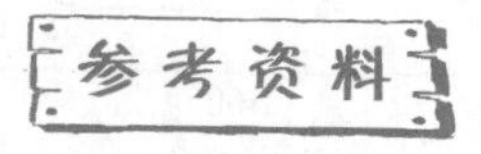

扫一扫查看

第23章 流动注射分析和微流控分析

23.1 概论

将试样处理成溶液后再进行化学分析的方法统称为溶液化学分析法(或湿法分析法)。该法大约已有二百多年的历史,目前依然是分析化学中应用最为普遍的方法。其分析过程包含以下(或其中部分)单元操作步骤:固体试样制备、试样量度、试样的溶解或提取、预分离富集、测量和分析。上述单元步骤多在容器中以手工操作一步一步完成,故被称为间歇式(batch-wise 或 discrete)操作。手工间歇式操作不但费时、费力、试样试剂消耗量大、废弃物多、对环境不友好,而且分析结果比较容易受到操作者主观因素的影响。

从 20 世纪初开始,人们一直致力于研发溶液化学分析的自动化技术,大致经历了 20 世纪初的间歇式自动分析、20 世纪 50 年代的连续流动分析、20 世纪 70 年代的流动注射分析,以及从 20 世纪 90 年代开始到目前仍在蓬勃发展的微流控分析等。

1. 间歇式自动分析

它是模拟间歇式手工操作步骤,通过机械传送带将一系列的容器依次经过加样器、加试剂器、搅拌器、检测器等装置,自动完成取样、加试剂、搅拌混合、反应、测量等步骤。间歇式自动分析方法在一定程度上实现了分析过程的自动化,减少了人员的介入。但是它没有从根本上摆脱间歇式的操作方式,即在一个容器中完成试剂与待测组分的混合和反应,达到平衡后再测定分析信号。因此,单个试样的分析速率改善有限,而且仪器往往按特定的分析任务设计制造,结构复杂,通用性差,易磨损,大范围的推广应用受到一定的限制。

2. 连续流动分析

连续流动分析(continuous flow analysis)是将化学分析所使用的试样和试剂溶液按一定顺序和比例连续不断地输送到管式反应器中进行混合和反应,在流动过程中使反应达到平衡,然后再将混合物输送到流通式检测器中,以检测反应产物的信号。与间歇式操作不同,在连续流动分析中,试样和试剂不再是在一个容器中通过搅拌混合并进行反应,而是在流动的过程中混合反应,实现了管道化的自动连续分析。但是连续流动分析的管道较细、流速较慢,流体处于层流状态，试样和试剂的充分混合和反应需要经历较长的路径和时间。为解决这一问题，1956年，Skeggs提出了气泡间隔的连续流动分析法，即试样溶液在与试剂溶液汇流前，通过另一条管路将空气流与试样流汇合，形成由空气泡间隔的"试样－气泡－试样－气泡"片段流，随后再将试剂溶液汇入到空气泡间隔的试样流。由于气泡间隔的短液流片段在管道中流动时会产生涡流，使试样和试剂混合物得到较为充分的混合和反应，从而明显提高分析速率。另外，气泡的引入还能防止前后两个试样之间的交叉污染。因此，气泡间隔的连续流动自动比色分析仪在20世纪50～60年代得到了发展和推广应用。但是，气泡的引入也给连续流动分析带来一些麻烦，最主要的问题是，气泡的可压缩性导致液流稳定性变差，从而影响分析测定的精密度。

3. 流动注射分析

1974年，丹麦科学家Ruzika J和Hansen E H在一次以连续流动分析法测定铵离子的实验中发现，若将一定体积的铵离子溶液注入试剂流（NaOH溶液）中，在管路下游的流通式电位检测器上就能很快地检测到重现性很好的信号峰。由此，两位科学家提出了动注射分析（flow injection analysis, FIA）的概念：将试样溶液以"试样塞"的形式注入到试剂载流中，试样塞随载流向下游流动的过程中，扩散成试样带，并与载流发生混合和反应，当含有产物的试样带流经检测池时产生分析信号。由于FIA不再使用气泡间隔试样，液流的稳定性得到保障，加上进样体积高度重现，使得信号的测量可以在化学反应的初始阶段（非平衡态）高度重现地进行，由此大大提高了分析速率，且精密度也得到改善。因此，流动注射分析在20世纪70～90年代得到了迅速的发展。我国已故科学家方肇伦院士在流动注射与原子吸收法联用、流动注射在线预分离富集方面做出了杰出的贡献。

4. 微流控分析

微流控分析（microfluidic analysis）是20世纪90年代诞生的一种新型流动分析技术，创始代表人物是英国科学家Manz A。分析化学家们沿用微电子工业中加工集成电路的思路，采用微细加工技术，在方寸大小的玻璃、高聚物等材料薄片上，加工出微细通道网络（包括微阀、微泵、微反应器等）及其他相关分析器件（如微电极和微透镜等），形成集成化的微流控芯片（microfluidic chip）。将芯片与所需的操控和检测系统组合在一起，构成了具有特定功能的微流控分析系统，通过控制试样溶液和试剂溶液在芯片通道网络中的有序流动，完成取样、反应、分离、检测等化学分析的基本操作。芯片通道的宽度和深度一般为几微米至数百微米，长度一般在厘米范围，所以微流控分析不仅试样和试剂的用量极少（纳升到微升范围），而且分析速率极快，可在数十秒至数分钟时间内完成分离、测定或其他更复杂的操作。微流控分析系统的微型化和集成化程度高，这为分析仪器的微型化、便携化、像移动电话那样的“个人化”使用创造了条件。目前，微流控分析已经在化学和生化分析中得到应用，而且还在蓬勃发展之中。

本章重点介绍流动注射分析法和微流控分析技术。

23.2 流动注射分析

23.2.1 流动注射分析的基本过程

最简单的流动注射分析系统的流路见图 23-1(a)，其中所标注的参数是针对流动注射分光光度法测定亚硝酸根离子 NO_2^- 的。现以该方法为例，介绍流动注射分析的一般过程。

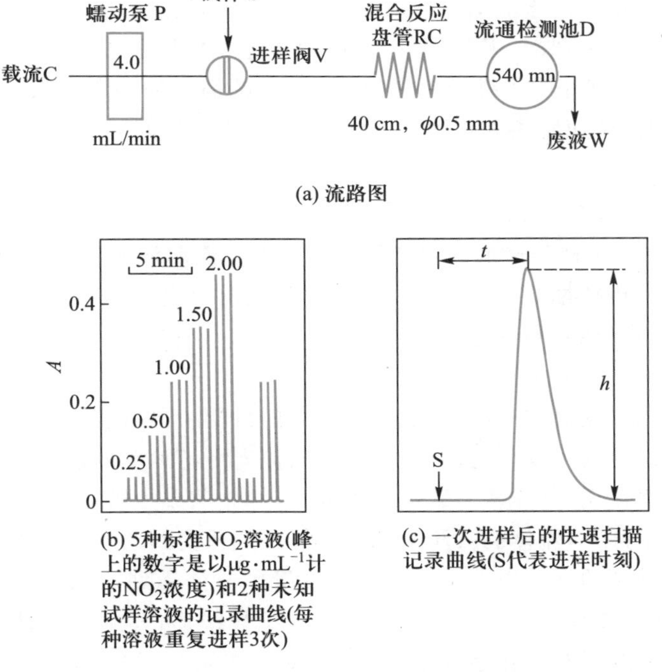

图 23-1 最简单的流动注射分析系统及其记录曲线

通过进样阀将 30 μL 含 NO_2^- 的试样溶液以“塞子”状注入试剂载流中，当试样塞被载流携带流经反应盘管(由内径 0.5 mm，长 40 cm 的聚四氟乙烯管绕成)时，由于对流和扩散的作用，试样塞与载流发生混合并被分散成具有一定浓度梯度的试样带。期间，试样带中的 NO_2^- 与载流中的显色剂对氨基苯磺酰胺和

N-(1-萘)乙二胺发生重氮化和偶联反应，生成红色的偶氮化合物，该偶氮化合物随载流经过流通检测池时，吸收由分光光度计射来的 540 nm 单色光，产生吸光度随时间变化的峰形信号，被记录仪或电脑记录下来。图 23-1(b)为连续注入含有 5 种不同浓度 NO_2^- 标准溶液和 2 个含有未知浓度 NO_2^- 的试样溶液所记录的信号，其中每个溶液重复进样测定 3 次，共耗时约 12 min。可以看到，信号的峰高与试样中的 NO_2^- 浓度成正比，以峰高对浓度作工作曲线，就可以对未知溶液中的 NO_2^- 的浓度进行定量。

流动注射分析所记录的峰形信号曲线上，峰高 h[见图 23-1(c)]是定量分析用的最重要参数。除了峰高以外，信号曲线上的其余各点也对应着试样带在轴向某一位置上的待测物浓度信息，在有关分散过程和化学反应动力学的研究中，有重要的意义。另外，从注入试样到峰高出现的时间 t 称为留存时间，表示试样注入载流后，在反应器、流通池等器件中滞留的时间，是试样和试剂混合和反应的时间量度。由于流动注射体系中反应器和流通池等的死体积是固定的，载流的流速又是重现的，因此，留存时间 t 也是高度重现的。

在 FIA 中，载流除了携带运送试样、提供试剂与待测组分发生反应等作用外，还能起到清洗应管道和检测器的作用，以防止试样间的交叉污染。

23.2.2 流动注射分析的基本原理

在 FIA 中，试样与试剂的混合和反应是决定流动注射分析灵敏度、精密度、分析速率等分析特性的关键。以下分别讨论这两个过程。

23.2.2.1 混合和分散

1. 混合和分散过程

在试样注入载流的一瞬间，试样塞各处的待测组分浓度是相同的，等于原试样溶液中该组分的浓度。之后，试样塞随载流向下游运动的过程中，通过流体对流和分子扩散作用，试样塞与载流发生混合，并分散成为抛物线形的试样带。

在层流条件下，流体的对流来源于流体各处所受到的摩擦力不一样：处于管壁处的流体受到的摩擦力大，流速最慢，处于中心处受到的到摩擦力小，流速最高，由此造成流体轴向流速沿管径的分布呈抛物线形，其后果是试样带的增长、试样带与载流的混合。在运动的流体中，对流扩散还可能起源于湍流的作用。但由于 FIA 是较细的管路中以较低的流速进行，几乎不可能形成湍流。因此，对流扩散完全可以简化为层流条件下的轴向对流扩散。

如果试样塞在载流携带下向前移动的过程中，只发生轴向的对流扩散，那么当试样带到达流通检测池时，会被分散得很厉害(拉得很长)，以至于产生一个严重拖尾的信号峰。这样的高度分散还会引起前后两个试样间的交叉污染。实际上，这种情况并不会发生。这是由于在发生对流扩散的同时，还存在另一种扩散过程——分子扩散。分子扩散来源于分子的布朗运动。在作层流运动的流体中，与流动方向垂直的截面上，如果存在着组分的浓度梯度，那么组分分子会通过分子扩散作用从浓度高的地方移至浓度低的地方。于是，一方面试样和载流借助这种径向的分子扩散作用进行有效混合，另一方面又限制了试样带的轴向对流扩散，减小前后试样间可能引起的交叉污染。当然，分子扩散也会沿轴向发生，但是相比于对流扩散，这部分贡献可以忽略不计。图 23-2(a)描述了试样塞进入载流以后，在对流扩散和分子扩散的共同作用下，逐步分散成类似子弹头那样的试样带的过程。在分散后的试样带中，组分的浓度不再处处相等，而是有一定的浓度梯度：沿着管道轴向，组分浓度在试样带中心处最高，沿着试样带的前沿和尾部逐步降低，如图 23-2(b)所示。

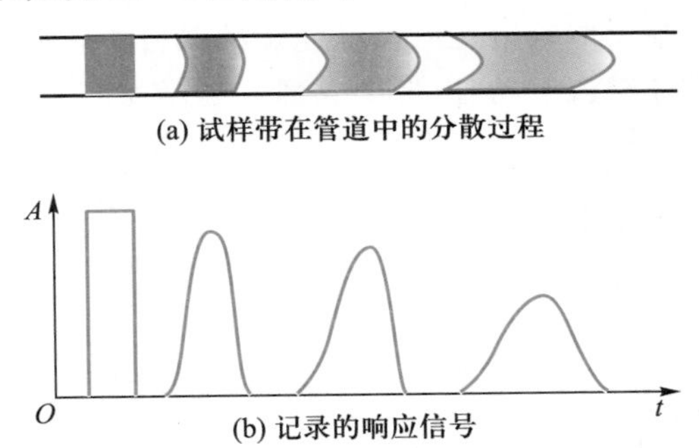

图 23-2 试样带在管道中的分散过程和记录的响应信号

2. 分散系数

在 FIA 中，试样的分散程度是一个十分重要的参数，它决定了试样被载流混合和稀释的程度，对于系统的灵敏度、分析速率等分析性能具有决定性的作用。因此，在 FIA 理论中，人们引入了分散系数 D(dispersion coefficient)的概念。所谓分散系数，是指产生分析信号的组分在分散前和分散后的浓度比值，即

$$D_i = c_0 / c_i \tag{23-1}$$

式中 c_0 为组分的原始浓度；c_i 为试样带分散后在试样带中某个确定位置处的组分浓度。D_i 描述的是记录曲线上任意一点处组分的分散程度。在 FIA 中，通常用峰高定量，因此，在多数情况下只关心峰高处(也就是试样带中浓度最高的中心处)组分的分散程度。将峰高处对应的组分浓度标注为 c_p，将它代入式(23-1)，得到峰高处的试样的分散系数 D：

$$D = c_0 / c_p \tag{23-2}$$

式(23-2)描述了在试样带的中心，组分被稀释的程度。可见，分散系数 D 越大，峰高处对应的组分浓度 c_p 越小，表明试样被稀释的程度越大。例如，$D=2$ 时，$c_p = 1/2\ c_0$，表明组分被载流稀释到原始浓度的 1/2。在文献中，分散系数也

常被称为分散度。

分散系数是 FIA 中一个重要的参数。不同检测方法要求采用不同分散系数的 FIA 系统。通常按 D 值大小将 FIA 系统粗略分为低分散（$1<D<3$）、中分散（$3<D<10$）和高分散（$D>10$）。

3. 影响分散系数的因素

在 FIA 中，分散系数主要受进样体积、反应管长度及其内径等因素的影响。

（1）进样体积（V_s）　以水为载流、染料为试样，考察进样体积 V_s 对分散度的影响，可以得到图 23-3(a)。可见，在反应管几何尺度等实验参数一定的条件下，随着 V_s 的增加，测得的峰高增加，分散系数下降，直至峰高达到稳定态，分散系数趋于 1。与此同时，峰宽逐步增大，达到峰值的时间（试样带的留存时间 t）也增长。不难理解，在反应管道几何尺度固定的条件下，进样体积越大，试样塞的长度越大，试样带随载流运动时，带中央部分越不易与载流发生混合，稀释程度就越小。理论上，进样体积与分散系数的关系可以用下式来表达：

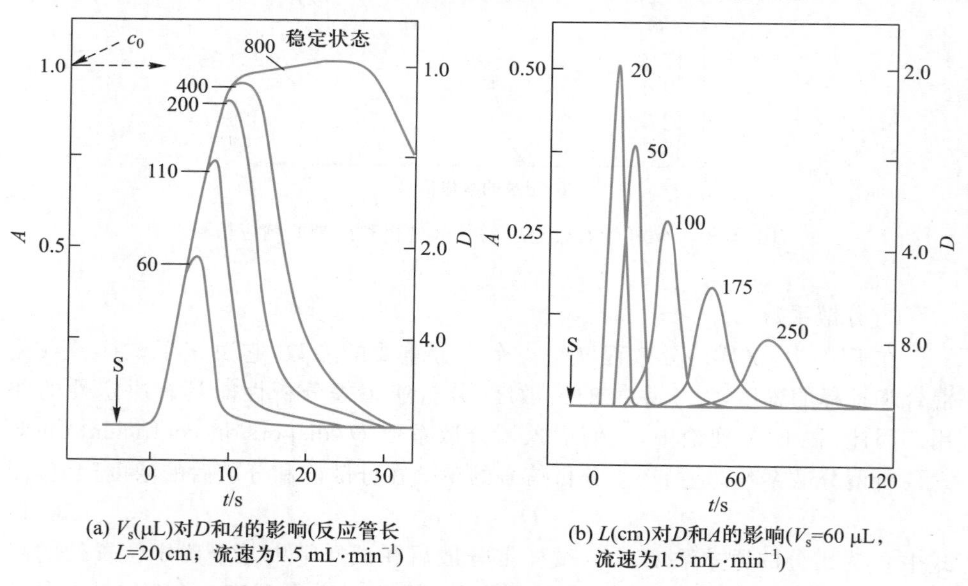

图 23-3　染料试样的进样体积 V_s 及反应管长 L 对分散系数 D 和吸光度 A 的影响

$$D=c_0/c_p=(1-e^{-KV_s})^{-1} \tag{23-3}$$

即

$$c_p=c_0(1-e^{-KV_s}) \tag{23-4}$$

式中 K 为与流路等实验条件有关的常数。如果把 $c_p=1/2\ c_0$ 时（即峰高信号为稳态信号的 50 %，$D=2$）的进样体积记作 $V_{1/2}$，那么，当进样体积小于 $V_{1/2}$ 时，进样体积与对应的峰高基本上成正比。在这一范围内，增加进样体积可使灵敏度线性增高。例如，当进样体积从 1/4 $V_{1/2}$ 增大到 1/2 $V_{1/2}$ 时，D 从 6.29 减少到 3.42，灵敏度提高近一倍。然而，当进样体积超过 2 $V_{1/2}$ 后，继续增大进样体积对于减小分散、提高灵敏度的作用就不那么明显了。例如，进样体积从 3 $V_{1/2}$ 增加到 6 $V_{1/2}$ 时，D 从 1.14 减小到 1.07，灵敏度提高不到 7%，而峰宽却增加了一倍，留存时间也明显增长，这使得进样的频率成倍降低，明显是得不偿失的。

(2) 反应管长及内径　以水为载流，固定染料试样的进样体积，反应管长 L 与分散系数的关系如图 23-3(b)所示。可以看出，随着管长的增加，试样带的留存时间 t 增加，它在管道中经历的分散混合时间增加，导致分散系数增加，表现为峰高降低、峰宽增加，使灵敏度和进样频率的都下降。

进样体积相同时，随着反应管道内径 r 的减小，试样塞所占的长度增大，通过对流和扩散与载流混合的效率就越差，分散系数变小。因此，减小反应管内径可以有效地降低分散，提高灵敏度。此外，使用细管道也可节省试剂的用量。但是，反应管太细会对流体产生较高的阻力，而且管径过细，容易造成堵塞。在流动注射分析中，所用的管道的内径一般在 0.3～1.0 mm。

(3) 载流流速　当反应管的几何尺度一定时，载流的流速 Q(mL·min^{-1})的变化，一方面会影响流体的流速分布，另一方面会影响试样带在反应管中的留存时间，这两种因素交织在一起，对于分散系数的影响较为复杂。例如，本章后所列的参考文献[1]认为试样带的分散系数随着载流流速的减小而减小，而文献[2]经过大量的实验考察后指出：对于确定的 FIA 系统，载流流速对于试样带的分散系数基本上没有影响。这表明，载流流速可能会通过多种不同的途径影响试样带的分散，故在不同的实验条件下会得到不同的结论。因此，我们在阅读文献和实验研究时，要特别注意具体的实验条件。

以上介绍了影响分散系数的几个主要因素，了解它们的影响规律，对设计和优化 FIA 系统具有指导意义。然而，FIA 系统中还有一些其他因素，如反应管的形状(直线还是缠绕)、试样注入方式、管道联结方式、流通池的几何构型等，也会影响试样带分散系数。相关的内容，读者可参阅本章后面所列的专著。

23.2.2.2 化学反应

在上述有关试样带分散的讨论中，并未涉及任何化学反应过程。假设 FIA 系统中，试样中待测物 A 与试剂 R 在管道中经混合后将发生如下化学反应：

$$A + R \rightleftharpoons P \tag{23-5}$$

而对组分 A 的测定是通过检测产物 P 来实现的，那么，分散混合过程中的化学反应对于测定来说则是另一个十分重要的因素。图 23-4 描述了 FIA 中试样带的分散、组分与试剂的化学反应及两者对测定的综合效果。随着反应管道的增长，试样带的分散系数增大(图中的曲线 1)；与此同时，待测组分 A 与试剂 R 的反应逐步趋于完全，使产物 P 的产率增大(图中曲线 2)。由于试样带的分散不仅使待测物浓度下降,也使生成的产物浓度下降,其结果是"稀释"了产率增大的效果。分散和反应的综合作用反映到响应信号 Re 上的效果见曲线 3,在响应信号 Re 对管长 L 的曲线上出现一个极大值 Re_{max}。在其左侧,曲线 3 呈上升趋势,表明产物的生成速率大于分散速率,试样带中产物的浓度随反应管的长度增加而增加;该点右边的情况则刚好相反;在 Re_{max} 处,产物的生成速率等于产物的分散速率。所以,在建立 FIA 方法的过程中,为了获得最佳灵敏度,要通过对管长、流速等实验条件的优化,使系统处于曲线 3 的最佳点 Re_{max} 处或附近。

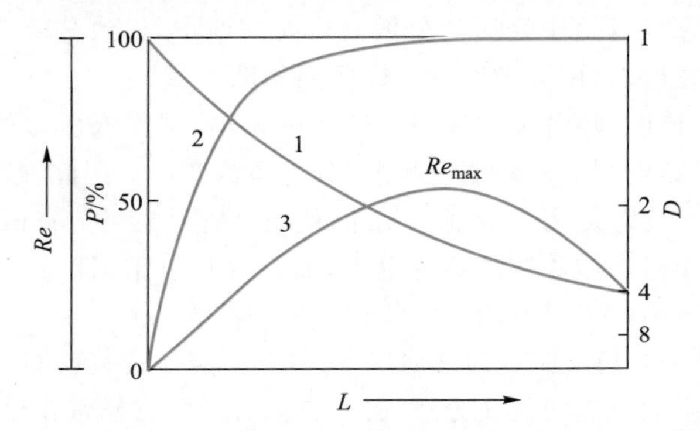

图 23-4 FIA 中试样带的分散系数 D(曲线 1)、反应产物的产率 P(曲线 2)及响应信号 Re(曲线 3)随反应管长度的变化

从以上讨论可以知道,如果仅仅通过增长反应管的长度来增加留存时间,以此提高产物的产率和测定的灵敏度,当超过 Re_{max} 点后就得不偿失了。所以,当 FIA 应用于反应速率不太快的体系时,要增加产物浓度而又不使分散系数变得过大,一个有效的途径是降低载流流速,甚至进样后使载流停止流动而让试样带停止在反应管或检测器流通池中(停流技术,参见 23.2.3.2 节)。这样一方面可以通过增加反应时间使化学反应趋于完全,而另一方面因停流条件下对流扩散不再存在,试样带的分散也就不再显著增加,以此达到提高灵敏度的目的。但这样做的代价是牺牲了采样频率。

23.2.2.3 流动注射分析的特点

在 FIA 中,注入载流的试样体积是高度重现的,在载流流速和反应管几何尺寸固定的条件下,试样带的留存时间也是高度重现的,这就使得试样的分散与混合、待测组分与试剂的化学反应都在严格受控、高度重现的条件下进行。于是,人们无须等到物理混合达到均匀、化学反应达到平衡后再进行测定,而是在混合和反应的初始阶段就可以对产物进行测定,也就是说,流动注射完全可以在混合与反应的非平衡态条件下进行精确的测定。

FIA 具有以下特点：

(1) 重现性好　FIA 相对标准偏差(RSD)一般可以达到 1%左右，复杂的 FIA 系统也可以控制在 2%～3%。

(2) 分析速率快　一般的 FIA 系统每小时可进样 100～300 次，包含复杂在线试样预处理过程的系统也可以达到每小时进样 40～60 次。

(3) 试剂和试样消耗量小　一般进行一次测定仅需要试样 25～100 μL、试剂 100～300 μL，大约为传统手工操作所需量的 1/10～1/50，对环境友好。

(4) 仪器简单、应用范围广　FIA 所需设备简单，可与许多种分析仪器[如分光光度计、分子荧光和化学发光仪、原子吸收计、原子荧光、等离子发射光(质)谱、电化学分析仪等]联用，组成自动或半自动的分析系统，完成各种分析任务。

23.2.3 流动注射分析的仪器装置

23.2.3.1 流动注射分析系统的组成

一个完整的 FIA 系统主要由流体驱动泵、进样阀、混合反应器、检测和记录系统所组成。以下分别介绍上述部件。

1. 流体驱动泵

FIA 系统中，驱动流体所需的压力不高，重力泵(高位槽)、蠕动泵、注射泵、气压泵等都可以用来驱动试样和试剂流。由于一台蠕动泵具有可同时驱动几种不同流体的优势，目前在常规的 FIA 系统中，几乎都使用它作为流体动力源。

蠕动泵的结构和工作原理如图 23-5 所示。蠕动泵主要由泵头 P、压盖 B、泵管 T 组成。泵头 P 的圆周上均匀分布着 8～10 个辊杠 R。弹性泵管置于压盖 B 中的泵管槽中，两头通过定位卡 C 固定并绷紧，将压盖 B 盖在泵头 P 上，泵管就被压在压盖 B 和泵头 P 上的辊杠 R 之间，调节弹簧销 A 的松紧度，使两个相邻辊杠之间的一小段泵管形成一个密闭的空间。泵头转动时，辊杠向前滚动挤压这段泵管，使其中的空气(或溶液)向前排出；辊杠继续向前滚动，原先受挤压的那段泵管舒张产生负压，将泵管入口的溶液吸提上来。这样的过程随着泵头的旋转而不断重复，源源不断地驱动溶液向前运动。蠕动泵的流速可通过改变泵头的转速或弹性泵管的内径来调节。

蠕动泵的最大优点是，将几条泵管平行压在泵头上(图 23-5 中，垂直于纸面方向)，即可同时驱动几种不同的流体[①]；另外它设备简单，流速调节较为方便。它的主要缺点是，泵管易磨损，影响流量的长期稳定性；另外被驱动的流体

① 在采用整体式压盖的蠕动泵上，为保持同一块压盖能均匀压迫几条泵管，平行泵管应具有相同或接近的外径。而在具有层状压片的蠕动泵上，每块压片只挤压一根泵管，其压紧程度可单独调节，泵管的选择自由度大。

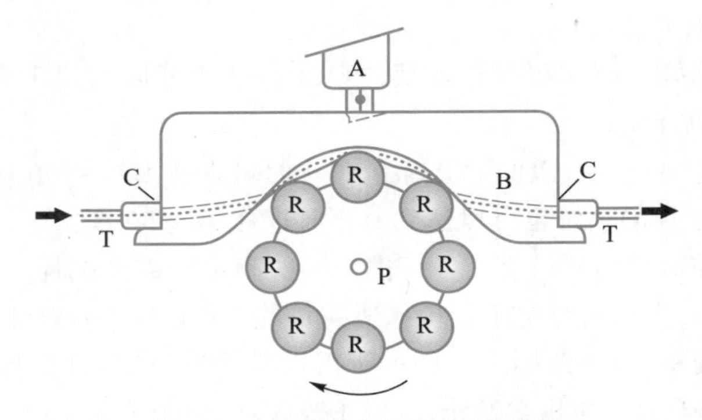

图 23-5 蠕动泵的结构和工作原理

A—顶住压盖的弹簧销；B—压盖；C—泵管的定位卡口；P—泵头；R—辊杠；T—弹性泵管

有较明显的脉动。需要指出的是，应根据驱动对象不同而采用材质不同的泵管：对非强酸强碱性水溶液，可使用聚氯乙烯(PVC)泵管；对于有机溶剂，则须根据溶剂的性质，选用特殊的泵管。

2. 进样阀

FIA对进样的基本要求是：进样体积高度重现；试样要以“塞子”的形式快速注入载流，以保证进样过程不产生额外的分散；进样对整个流动系统不产生干扰。在早期的FIA实验中，有采用注射器进样的，但是它难以完全达到上述要求。目前，FIA中多采用进样阀进样。常用的一种进样阀是六通阀，它的结构和工作原理与HPLC进样阀相似(参见图19-3)。与HPLC六通阀不同的是，除了采样环容积较大外，FIA中用的六通阀无须承受高压，所以它对材料和制造工艺的要求低。

3. 混合反应器

混合反应器是使试样带与载流(或其他试剂流)发生分散与混合，并使待测组分与试剂发生化学反应生成可检测物质的场所。FIA中的反应器种类很多，大致可分为开管式反应器(又称管式反应器)和填充式反应器两大类。其中又以开管式反应器更为常用。

(1) 开管式混合反应器　这类混合反应器多由0.5～1.0 mm内径的塑料细管所制成，根据几何形态的不同可以区分为以下几种。

① 直管反应器　这种反应器由一段一定长度和内径的细管所组成。直管反应器主要依靠管内的层流在轴向流速上的差异及分子扩散实现分散混合，混合能力较差。

② 盘管反应器　这种反应器又被称为反应盘管，是目前FIA中使用较为普遍的一类反应器。它是将一定长度和内径的管道饶在一个圆柱形的支持体上制成。在FIA中，一般希望试样和试剂能充分混合，但不希望试样带拉得太长

以保持较高的进样频率，这就要求尽量减小试样带的轴向扩散。由于盘管反应器的管道盘绕在半径较小（1～3 cm）的圆柱形支持物上，管内的液体沿盘管流动时，除了由于轴向流速不一而引起的轴向对流扩散以外，还会因流体在盘管中作圆周运动所产生的离心作用，而在径向形成所谓的“次生流”。这种次生流不但能增进径向扩散、促进混合，同时还能减小轴向扩散，降低试样带的分散程度，从而在提高灵敏度的同时，保持较高的进样频率。

③ 编结反应器　这种反应器又称三维转向反应器（简称 3－D 反应器）。这类反应器是用细塑料管通过密集的打结制成（见图 23－6）。编结反应器中的管路转弯半径更小，能十分有效地减小轴向分散的同时增强径向扩散。

图 23－6　编结反应器示意图

（2）填充式混合反应器　这种反应器是将惰性球状微粒（如玻璃珠）填充到具有一定长度和内径的管子中所形成的混合反应器。由于在填充混合反应器中，微粒的存在使得液流的流线不断改变方向，这一方面可减小试样带的轴向分散，而且有助于试样试剂的混合和化学反应的进行。但是，反应器中填入微粒后，会使流体受到的阻力增大，有时甚至需采用高压泵来驱动流体。

此外，填充式反应器还可通过填充离子交换树脂、C_{18}改性硅胶、固定化酶等具有某种“活性”的微粒，达到对待测组分的离子交换或吸附、液－固催化反应等目的。

4. 检测和记录系统

FIA 检测和记录系统的功能是：当试样带经过流通检测池时，其中的待测物或其衍生物的某种理化性质被检测器转换为随时间变化的电信号并加以记录。该系统主要由检测器、流通检测池和记录仪所组成。对检测器的一般要求是灵敏度高、噪音低、响应速率快。分析实验室常用的仪器如分光光度计、荧光光度计、化学发光检测仪、原子吸收分光光度计、原子荧光仪、等离子体发射光（质）谱仪、电化学检测器等均可用作 FIA 的检测器，其中以可见光分光光度计应用最为广泛。

FIA 是在溶液流动的条件下测定的，因此，检测器中要配备专用的流通式检测池(简称流通池,flow-through cell)。FIA 使用的流通池与 HPLC 仪的流通池没有实质上的区别,只是 FIA 并不以多组分的分离为目标,所以 FIA 所用流通池的死体积会大一些,以便提高测定的灵敏度。图 23-7 是与常规分光光度计配套的流通池示意图。对于原子光(质)谱检测器来说,它们的原子化器(电热石墨炉原子化器除外)本身就是流通式的,因此,可以将原子化器直接连接到 FIA 系统。FIA 的信号是随时间变化的动态信号,故需要用一定的记录装置(计算机或记录仪)将信号记录下来。

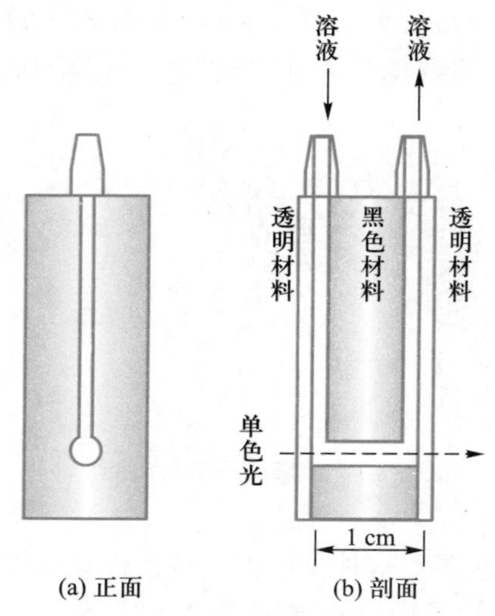

图 23-7 与常规分光光度计配套的流通池示意图

黑色柱形材料加工一 U 形通道,两面各黏上一片透明的玻璃(或石英),将通道封闭

23.2.3.2 流动注射分析仪

商品流动注射分析仪可分为两类,第一类是通用型的流动注射分析处理器,它主要由若干蠕动泵和进样阀等主要部件(不含检测器)组成,加上内置的电脑控制系统。分析工作者可以按照分析任务的需求,自行设计搭建合适的流路后,与一定的检测仪器联用。这类流动注射分析仪通用性强、可与各种分析仪器联用、价格便宜,适合于开展科研工作和分析任务多变的实验室。另一类则是为了特定的分析任务而专门设计制造的流动注射分析仪,这类仪器包含 23.2.3.1 节中介绍的所有部件和电脑控制系统,且流路都已经设计、安装和调试好。这类仪器设备专用性强、自动化程度高、操作方便,但是通用性较差、价格高。例如,专门用于测定水中硫化物、氨氮、氰化物等有毒有害物质含量的流动注射水质分析仪,就是以分光光度作为检测器自动分析仪。

23.2.4 流动注射分析技术和应用

进行 FIA 实践，首先要按分析任务的要求和实验室条件选择合适的检测方法；然后根据试样的性质，设计合理的流路，并按此流路将 FIA 各部件组建为一个完整的 FIA 系统；最后运行系统、优化实验参数后，完成被测组分的测定。本节根据流动注射的技术模式，介绍流 FIA 中最常见的一些操作模式、流路及相关应用。

23.2.4.1 基本操作模式

基本操作模式指的是采用比较简单的流路，以完成试样带的运送、混合和反应，并检测分析信号的常规 FIA 操作模式。

1. 单通道系统

图 23-1 所示的是 FIA 基本操作模式中最为简单的一种——单通道系统。该系统的特点是只有一条通道，流路十分简单，甚至可以用高位试剂槽来驱动液流。当单通道系统用于含化学反应的分析体系(如显色反应后的分光光度测定)时，往往要求试样带达到中等的分散系数，才能使载流中的试剂较多地扩散渗透到试样带中央，与处于试样带中心的组分充分反应，这样进样体积就不能太大，检测灵敏度受到了的限制。因此，单通道系统一般用于把流动注射作为试样引入手段的原子吸收、离子选择性电极分析等测定组分自身性质的分析方法。

2. 双通道和多通道系统

图 23-8 所示的双通道系统是基本操作模式中较为常用的一种。采用该流路，载流仅仅起运载试样带的作用，载流所携带的试样带在三通处与试剂流汇合后，再在反应器中发生混合和反应，试样带在载流中的分散不再是试剂与试样混合程度的决定因素。于是，这样的双通道系统可设计成低分散系统，注入载流的试样体积可以比单流路系统大许多，以获得较高的灵敏度。例如，采用图 23-1 所示的单通道系统测定 NO_2^- 时，进样体积为 30 μL，检测限为 0.25 $\mu g \cdot mL^{-1}$。当换成图23-8所示的双通道系统时，进样体积增大到 160 μL，灵敏度得以显著提高，检测限可达 0.002 $\mu g \cdot mL^{-1}$(详见本章参考文献[1]，139-141 页)。

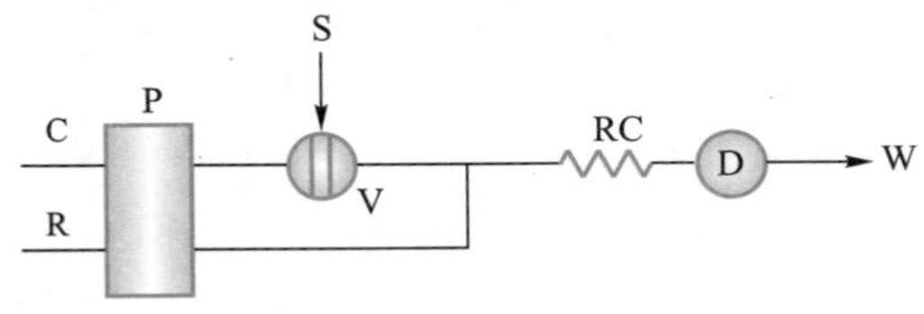

图 23-8 双通道系统的流路图

C—载流；D—流通检测器；P—蠕动泵；R—试剂流；RC—混合反应盘管；S—试样；V—进样阀；W—废液

有的分析方法中需要用到两种或两种以上试剂，而这些试剂因某种原因不能事先混合在一起。在这样的情况下，就可以设计三通道或以上的流路，使不同的试剂在不同的通道驱动和运输，并按一定的顺序与载流所运载的试样带汇合并发生反应。例如，在水质分析中，需要测定水中以NH_3形成存在的氮元素含量(常称为氨氮)，可利用碱性和加热条件下氨与水杨酸盐和次氯酸盐反应生成翡翠绿色的化合物，在660 nm用分光光度法测定。借助该显色反应体系，商品流动注射水质分析仪采用了图23-9所示的多通道流路，用于水样中氨氮的自动分析测定。采用相似的流路，这类仪器还能自动分析水中的硫化物、氰化物、氯离子等重要的水质指标。

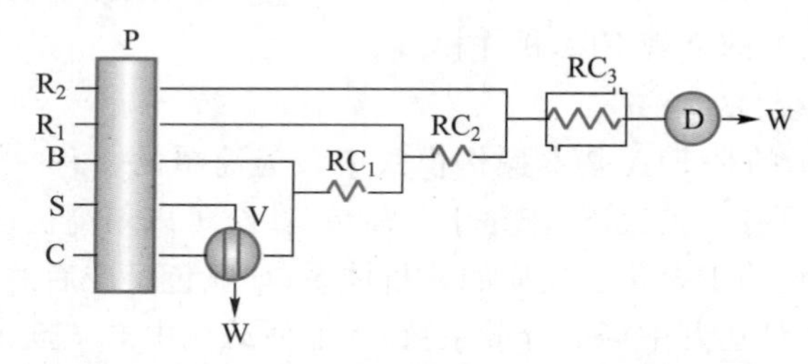

图23-9 流动注射分光光度法测定水中氨氮浓度的流路

B—碱性磷酸盐缓冲液(内含掩蔽剂EDTA-Na)；C—载流(H_2O)；D—光度测定的流通检测池(测定波长660 nm)；P—蠕动泵；R_1—水杨酸钠-亚硝基铁氰化钠混合显色剂溶液；R_2—次氯酸钠溶液；RC_1和RC_2—混合反应盘管；RC_3—加热混合反应盘管(60℃)；S—试样溶液；V—六通进样阀；W—废液

23.2.4.2 特殊操作模式

为了适应某些分析任务的特殊需要，往往需要在上述基本流路中引入某些特殊操作单元，这就形成了特殊操作模式。特殊操作模式多种多样，本节仅介绍几种最具代表性的特殊模式。

1. 合并带技术

采用上述基本的单通道或双通道系统，在分析过程中试剂流始终在流动，这对于某些使用贵重试剂的分析体系来说，操作成本会很高。合并带技术就是为了节省试剂而设计的一种特殊流动注射分析技术。采用合并带技术，一定体积(μL级)的试样和试剂分别通过联动的采样阀V_1和V_2采样后再分别注入载流C_1和载流C_2中(图23-10)，调节载流C_2和C_1流速和相应连接管道长度，使试样带和试剂带同时到达汇合点M，合并为一个混合区带后进入反应器RC中混合、反应。采用合并带技术可以在不降低灵敏度和分析速率的前提下，使试剂消耗减少70%～90%，这对于贵重试剂的使用具有实际意义。例如，火焰原子吸收测定土壤或水中Ca，Mg等碱土金属元素时，为了消除磷酸根的化学干扰，往往需要在试样中加入贵重的稀土试剂 $La(NO_3)_3$ 作为释放剂。采用合并带技术，$La(NO_3)_3$ 试剂的消耗量可大大减少。

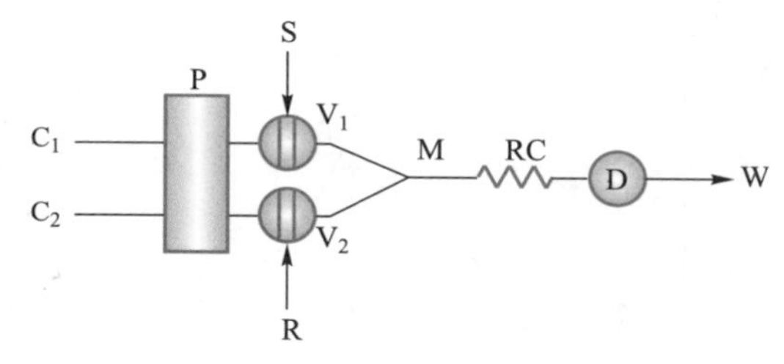

图 23-10 合并带技术的流路图

C_1,C_2—载流;D—检测器;M—汇合点;P—蠕动泵;R—试剂;RC—混合反应盘管;V_1,V_2—联动采样阀;S—试样;W—废液

2. 停流技术

对于一些反应速率不是很快的体系，往往希望延长反应时间来提高产率，以提高分析的灵敏度。在 FIA 系统，延长反应时间可以通过增加反应管长度或降低流速来实现。从 23.2.2 节的介绍可知，前者在延长反应时间的同时会导致分散系数增大，对于提高灵敏度很可能会得不偿失。相比之下，后者能延长反应时间却不会引起分散系数的显著增大。作为降低流速的极端，停流技术就是当试样带流经混合反应器或已经进入检测器的某个时刻停泵，使溶液停止流动一段时间。在这段时间内，试样带中的化学反应依然进行，但分散不再显著发展。图 23-11示意在试样带进入检测器时(图中的 A 时刻)停流，让其静止于流通池内所记录得到的分析信号。A 时刻以后，信号继续增高，表明化学反应在继续进行，产物的浓度在不断提高。当信号达到一定高度时(C 时刻)，重新启动泵以恢复液流，将该试样带从流通池中排出，在记录曲线上形成峰 1。图中峰 0 及之后的下降实线(AB 时间段所对应的)和虚线连在一起的轮廓线表示，如果不实施停流措施所得到的正常 FIA 相应信号曲线，其(峰 0)峰高较峰 1 低得多。实践表明，只要实验条件(流速、进样体积、停流时间等)严格保持一致，停流信号曲线上的峰高可以作为定量的依据。图中的峰 2 是改变停留起始和终止时刻所得到的另一条信号曲线的峰。由此可见，选择不同的停留时间可得到一系列不同的记录曲线，它们峰高不同、斜率不同、线性范围也不同。需要指出的是，采用停留技术以提高慢反应体系的 FIA 灵敏度，是以牺牲分析速率为代价的。

目前，基于停留技术的流动注射分析已用于葡萄糖、尿素、乙醇及一些活性酶的测定。除定量分析以外，基于停留技术的流动注射分析还可用于反应机理、反应速率等的研究。

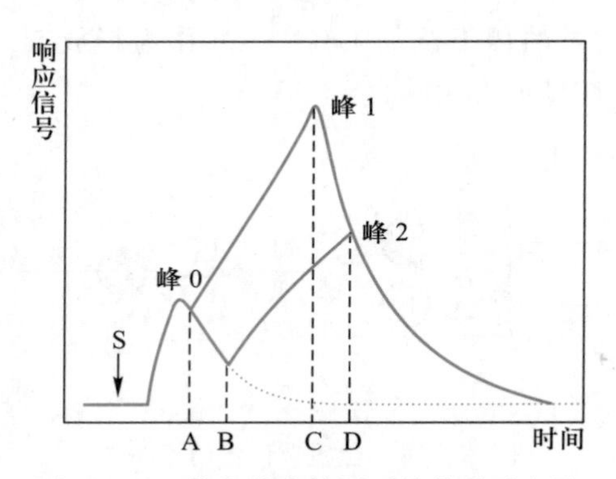

图 23-11 停留技术检测到的信号示意图

3. 在线分离富集技术

将实际试样制成可供分析仪器测定的试液，则往往需要经过溶解（或提取）、净化、分离、富集等试样预处理步骤。溶剂萃取、固相萃取、沉淀和共沉淀、超滤和渗析、汽化是试样预分离富集中常用的技术。但是这些方法大都操作繁琐冗长，消耗大量的试剂和试样，是整个分析过程的瓶颈。目前，这些试样预处理技术均已实现了流动注射在线自动或半自动化操作。限于篇幅，本节仅介绍基于液-液萃取的流动注射在线试样预处理技术。

流动注射在线萃取技术的典型流路见图 23-12。一定体积的试样水溶液注入水相载流 A 中，试样带被载流带到相分割器 G 处，被有机溶剂“分割”成水相和有机相相互间隔的小片段后，再进入萃取盘管 E。水相被有机相分割成小片段后，增大了两相的接触面积，片段流在萃取盘管运动时，在每个小片段中会有涡流形成，这两个因素均有利于两相间的传质。于是，在萃取盘管中，试样溶液中的疏水性化合物快速越过相界面进入有机相。当水相和有机相的间隔片段流经过相分离器 F 时，有机相和水相得以分离，富含待测组分的有机相被引入检测器进行测定，而水相则排入废液。例如，流动注射萃取分离分光光度法测定药

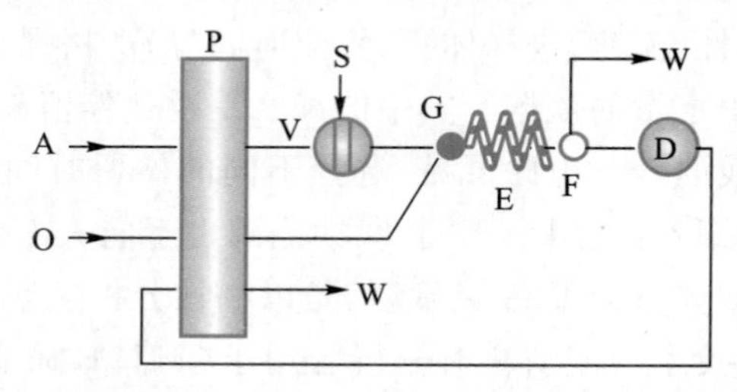

图 23-12 流动注射在线萃取技术的典型流路图

A—水相；D—流通检测器；E—萃取管；F—相分离器；G—相分割器；
P—泵；O—有机相；S—试样；V—进样阀；W—废液

物中咖啡因时，采用 NaOH 溶液作载流，含有微量咖啡因和乙酰水杨酸的试样注入载流后，酸性组分乙酰水杨酸与扩散到试样带中的 NaOH 反应，解离成带负电荷的离子，而碱性的咖啡因保持中性分子状态。在试样带被 $CHCl_3$ 有机相分隔进入萃取盘管后，中性疏水的咖啡因转移到 $CHCl_3$ 中，相分离后被导入流通检测池，在 275 nm 波长处测定吸光度，而乙酰水杨酸阴离子依旧留在水相中，相分离后则随水相排出，不再对紫外光度测定咖啡因产生干扰。

采用流动注射溶剂萃取技术，可使传统的溶剂萃取过程实现自动化或半自动化，在大大提高分析速率和精度的同时，减少了有毒、有害、易燃溶剂的用量，降低了对操作人员的危害和对环境的污染。上述优点，也同样体现在以流动注射为基础的在线固相萃取、在线沉淀与共沉淀、在线气体扩散等流动注射在线预分离富集系统中。有兴趣进一步了解的读者可参阅本章后所列的参考资料。

23.3 微流控分析

微流控分析系统的目标是：最大限度地把分析实验室的功能转移到以微流控芯片为核心的分析仪器中，实现分析仪器的微型化、自动化、智能化，从而使化学和生化分析从实验室中解放出来，进入办公室、病房、事发现场，甚至千家万户。经过近 20 年的发展，有不少这样的商品化分析仪器已经问世，图 23-13 所示的就是一台市售的手持式血液生化分析仪及配套的 3 种不同用途的微流控芯片卡。用微量注射器将全血试样注入芯片后，将芯片插入仪器下方的卡口，2 min 中即可在显示屏上显示出被测试样中的某些(由所使用的芯片卡类型所决定)血液生化参数。

图 23-13 手持式血液生化分析仪及配套的一次性使用微流控芯片卡

23.3.1 微流控芯片的制备

常见的微流控分析芯片是用玻璃、石英、高聚物等材料制作的。微流控分析芯片的制作一般包括通道的制备、集成化器件的加工、芯片的封合、芯片的后处理等若干步骤。

玻璃芯片上微通道的加工采用微电子加工技术中的光刻和湿法腐蚀工艺(见图23-14中a～f),其实质与用氢氟酸在玻璃上刻字相似,所不同的是微通道网络结构复杂、精度要求高,因此,需要通过光刻技术将通道的图形转移到玻璃基片上去。光刻之前,先要在玻璃片表面沉积一层金属薄膜牺牲,牺牲层一般是厚度为几十纳米的一层金属铬膜。在铬膜表面均匀地涂覆一层功能与照相纸感光乳剂相似的光胶,将具有通道图形的光刻掩膜(相当于照相底片)置于光胶之上,经曝光后,通道的图形即转移到光胶层上,此过程称为光刻(photolithography)。经过显影、除胶、去牺牲层(溶解通道图案区的那部分铬膜)等步骤,玻璃基片上需要刻制通道的部位便暴露出来,而其余部分仍旧为铬层所覆盖。然后用氢氟酸腐蚀暴露的玻璃,玻璃基片的表面便刻蚀出具有一定图案的微通道结构。

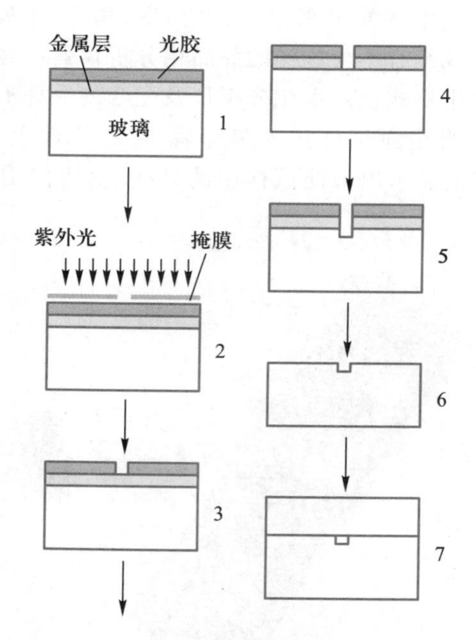

图23-14 玻璃芯片的制备过程

1—带有金属牺牲层和光胶的玻璃基片;2—曝光;3—除去曝光部分光胶;4—刻蚀金属牺牲层;5—刻蚀玻璃;6—除剩余的光胶和牺牲层;7—封合

高聚物芯片上的通道可以根据所用高聚物材料的理化性质，采用不同的加工方法。对于热塑型高聚物，如聚甲基丙烯酸甲酯（PMMA，俗称有机玻璃）、聚碳酸酯（PC）和环烯烃共聚物（COC），最常用的方法是热模压法（hot embossing）。热模压法需要将一个相当于印章的阳模置于高聚物基片上，加热至该高聚物的软化温度附近，加压使阳膜上的凸起结构嵌入聚合物基片，待阳模和高聚物基片冷却后脱模，即在高聚物基片上形成与阳模凹凸互补的微细通道。高聚物芯片的通道结构还可以用模塑法加工。但与热模压法不同的是，模塑法是将混合了引发剂的、尚未完全聚合固化的高聚物前聚体，浇铸在阳模之上，待前聚体聚合固化以后，再将高聚物片从阳模上小心剥离后就得到具有微通道的片基。实验室中常用的聚二甲基硅氧烷（PDMS）芯片通道结构就是采用模塑法制备的。

无论采用何种通道加工的方法，所得到的只是具有开放凹槽的一块基片，还需要用适当的封接方法，将另一片相同或不同的材料平板盖片与带有通道凹槽的基片封合成密闭的通道结构。最常用的封接方法是热封接。以玻璃芯片为例，将刻有通道的玻璃基片和同种材料的、大小一致的玻璃盖片充分洗净、吹干，在无尘的环境中合拢后，放入高温炉，加热至玻璃的软化温度（550 ℃左右）保温一段时间，冷却后即可实现永久性封合（图 23-14 中 7）。

不过，也有一些无需封合、具有开放通道的微流控芯片。例如，最近发展起来的微流控纸质芯片[①]，就是通过蜡印等技术，在滤纸上形成被疏水围堰所间隔的开放式亲水通道，通过亲水通道中纤维素缝隙的毛细管作用，溶液可在开口通道里有序流动，完成特定的分析任务。

有关芯片制备过程中钻孔、接管、制备微电极等器件的方法，可以参考本章参考资料中的专著及相关文献。

23.3.2 液流驱动和控制

微流控分析系统是通过试样和试剂溶液在通道网络中的有序流动来完成化学或生化分析的各个步骤，而溶液在芯片中的有序流动依赖于对流体的驱动和控制，常用的驱动和控制方法有压力、电渗、毛细管作用等。

压力驱动是微流控分析系统常用的驱动方式，按产生压力方式的不同，有气压（正压或负压）驱动、微注射泵驱动等。压力驱动流量稳定，但在复杂的芯片通道网络中，往往需要借助于芯片上的集成化微阀来控制液流的流向。图 23-15 是一种集成在芯片上的气动微阀结构示意图。它由三层所组成，上层基片上有一条气体微通道 G 的槽，下层基片有一条与 G 垂直的液体微通道槽 L，在上层

① 蒋艳，马翠翠，胡贤巧，等.微流控纸芯片的加工技术及其应用. 化学进展，2014，26(1)：167-177.

基片和下层基片间，夹一层弹性 PDMS 薄膜 M，三层结构封合后，就形成了相互垂直的气体通道 G 和液体通道 L。当 G 通道内未加气压时[图 23-15(a)]，PDMS 薄膜处于绷紧状态，液体通道 L 保持畅通；当压缩气体导入 G 通道时，压迫 PDMS 薄膜下陷[图 23-15(b)]，最终紧贴液流通道的底部和两侧并将其堵死(图中未画出)，液流被切断。这样的微阀体积很小，在芯片上可以集成许多个，以控制复杂的液流操作。

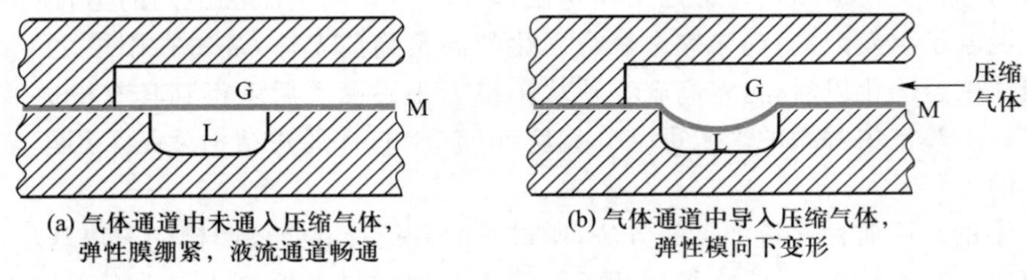

图 23-15 集成在芯片上的气动微阀结构示意(剖面)图

G—气体通道(平行于纸面)；L—液流通道(垂直于纸面)；M(粗蓝线)—弹性硅橡胶膜

电渗驱动是基于通道表面与电解质溶液相接触的界面存在表面双电层，在电场作用下产生电渗流现象而实施流体的驱动与控制。通过调节外加电场的方向和大小，以及控制通道内溶液的 pH 和离子浓度等化学条件，可以控制电渗流的大小与方向。电渗驱动和控制装置比较简单，但是稳定性和重现性欠佳。

当流体通道的尺度小到微米量级时，毛细管力的作用就显著地增大。因此，毛细管力也常被用作微流控芯片上的流体驱动力。通过通道表面改性，控制通道局部区域的亲疏水性，可以控制溶液在通道网络中的流向和流速。

23.3.3 微流控分析系统的检测器

微流控分析的特殊性对检测器提出了一些特殊要求，如体积小易于集成化、高灵敏度、响应速率快等，因此，许多检测器并不能一成不变地直接用于微流控分析。目前，在微流控分析中应用得较多的是激光诱导荧光检测器和电化学检测器。激光诱导荧光检测器灵敏度极高，但是可测的组分少，大多待测物要经荧光试剂衍生后才能测定，而且检测器体积较大，不易微型化和集成化。电化学检测器因易于微型化和集成化，灵敏度较高，在微流控分析中有一定优势，但是也有测定对象欠广泛的局限性。光度检测可检测的对象多，且可以采用半导体发光二极管做光源、光电二极管(或光电二极管阵列)做检测器而实现微型化。但是由于微通道的深度一般在微米量级，其光程很短，导致检测器灵敏度低，不适合微量成分的检测，在实际应用受到较大限制。目前，采用荧光显微镜直接收集检测通道的图像，也成为微流控分析中的一种较为普遍的观察和检测手段。

23.3.4 微流控分析系统的应用选例

微流控分析在过去的近 20 年中，得到了突飞猛进的发展，应用领域非常广泛。下面介绍几个最具代表性的应用例子。

1. 芯片毛细管电泳分离分析

芯片毛细管电泳是微流控分析研究的起源之地，也是最早得到商业开发的一种较为成熟的微流控分析技术。图 23-16 所示的十字通道毛细管电泳芯片是最简单的芯片毛细管电泳分析系统，短通道 1—2 为试样通道，长通道 3—4 为分离通道；1，2，3，4 四个储液池中分别储有试样溶液（1）和分离缓冲溶液（2，3，4）。开始进样和分离之前，试样通道和分离通道中都充有分离缓冲溶液，然后先在试样通道施电压（如 1 为＋ 500 V，2 为 0 V），在电渗流的作用下，试样从储液池 1 经十字交叉口流向 2［见图 23-16(b)中的十字交叉口放大图］；然后将电压切换到分离通道（如 3 为 1500 V，4 为 0 V），储存在十字交叉口处的一段试样溶

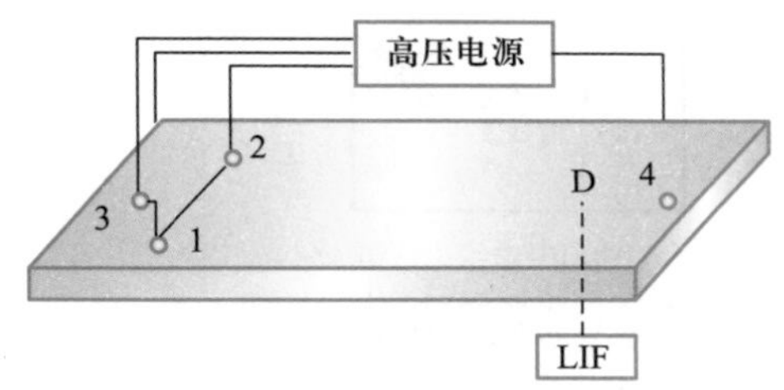

(a) 分析系统(D为分离通道上的检测点，LIF为激光诱导荧光检测器)

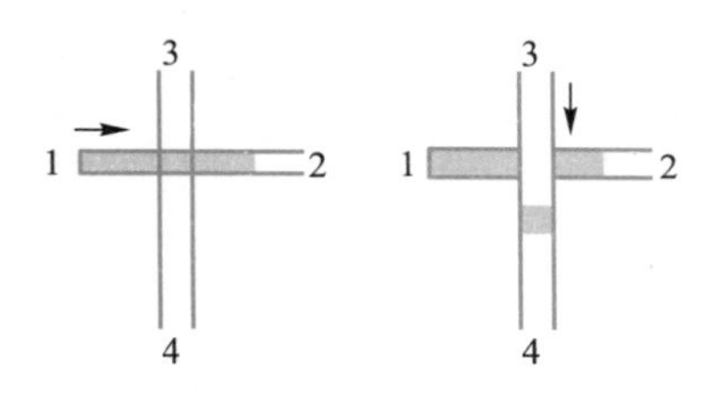

(b) 进样和分离操作

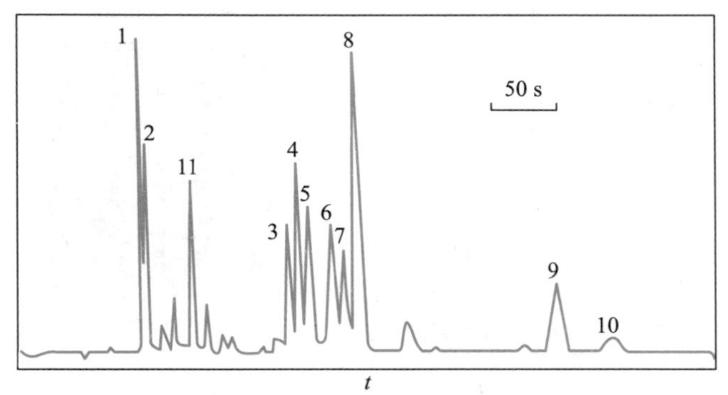

(c) 分离经荧光标记氨基酸混合物得到的电泳图谱

1—精氨酸；2—赖氨酸；3—亮氨酸；4—苯丙氨酸；5—天冬酰胺；6—丙氨酸；7—缬氨酸；8—甘氨酸；9—谷氨酸；10—天冬氨酸；11—荧光屏标记试剂 FITC

图 23-16 十字通道毛细管电泳芯片分析系统及其进样和分离操作示意图

液在电渗流的推动下进入分离通道，并且在该分离电压的作用下，在分离通道内得到分离，组分顺序流经检测点 D 时，检测到的电泳分离谱图。分离检测十几个荧光标记的氨基酸只需几分钟，见图 23-16(c)。

除氨基酸以外，芯片毛细管电泳还常应用于 DNA、肽、蛋白质等生化物质的分离分析。图 23-17 是一片高度集成化的 DNA 快速分析芯片，它具有试样提取和纯化（浅灰色部分）、聚合酶联扩增反应（深灰色）、标准试样注入（浅蓝色）、毛细管电泳分离（深蓝色）4 个操作单元，通过 5 个气动微阀，将它们联成一个协同的全分析系统，应用于体液中目标 DNA 的检测，采样数百微升，数十分钟即可报出分析结果。

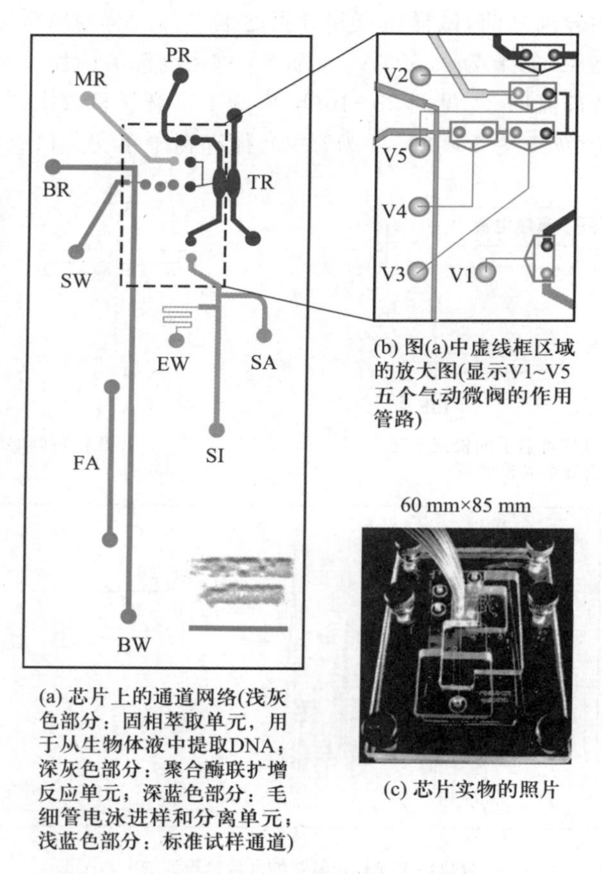

(a) 芯片上的通道网络(浅灰色部分：固相萃取单元，用于从生物体液中提取DNA；深灰色部分：聚合酶联扩增反应单元；深蓝色部分：毛细管电泳进样和分离单元；浅蓝色部分：标准试样通道)

(b) 图(a)中虚线框区域的放大图(显示V1~V5五个气动微阀的作用管路)

(c) 芯片实物的照片

图 23-17 高度集成化的 DNA 快速分析芯片

2. 微流控生化分析

目前，临床检验多集中在医院的中心实验室进行，从取样到分离分析再到报出结果，一般需要几小时甚至几天，不便于医生和病人及时获得信息、对症下药。如果可以在诊室、病房，甚至家里，让非检验专业的人员（如医生、护士、病人）使用简易的微型分析仪器，取微量的生物标本样进行简易有效的分析检验，则可快速获得分析结果，以便迅速就地采取医疗措施或开展远程诊疗，这就是被人们称为“在病人接受诊疗的现场进行诊断检验”（point of care tests，POCT，也通俗地称为“床边化验诊断”）的新概念。微流控芯片及相关分析仪的微型化、集成化、自动化、智能化特征，恰恰符合 POCD 的要求，因此，微流控芯片受到了研究者和开发商的重视，相关的新产品不断涌现（图 23－13）。

图 23－18 所示的是一种与图 23－13 所示的微型快速免疫分析仪器配套的一次性使用微流控芯片。该芯片由环烯烃共聚物塑料以热压方式加工而成，其

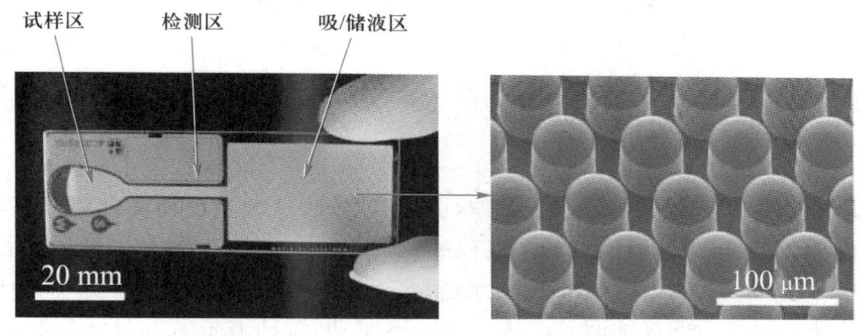

(a) 毛细管力驱动的微流控免疫分析芯片实物照片

(b) 放大后的吸/储液区局部(凸起的微柱阵列把通道槽分隔成毛细管群，表面亲水化处理后具有强抽吸水能力)

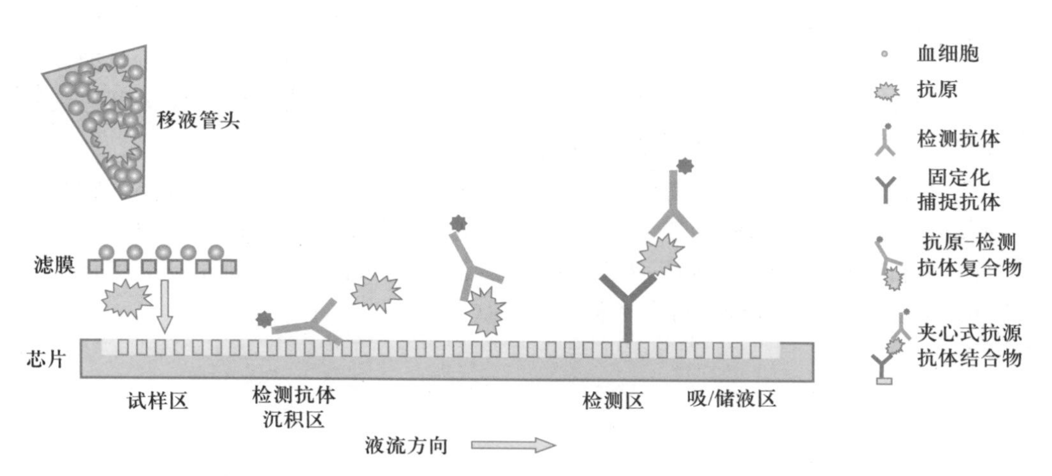

(c) 微流控免疫分析芯片的工作原理示意图(通道槽内竖立的一排矩形示意微柱阵列)

图 23－18 微流控免疫分析芯片的实物照片和分析原理示意图

上有一条开放式的通道槽，槽内规则排列着凸起的微柱阵列，将通道槽分隔成密集而有规则的毛细管。整个通道槽表面经亲水化处理后，溶液即能依靠毛细管作用从通道槽的试样端流到槽尾部的吸/储液池内。带有荧光标记物的检测抗体在制备芯片时沉积在试样池下游的狭小区域，而捕捉抗原的捕捉抗体则通过化学键合的方式固定在检测区。加样口下方有一层滤膜，可以将全血试样中的血细胞滤除而仅让血浆进入通道槽。血浆流经检测抗体沉积区时，将检测抗体溶解，检测抗体再与血浆中的目标抗原生成复合物。当目标抗原-检测抗体复合物流到捕捉/检测区时，再与固定化捕捉抗体结合，在通道槽表面生成夹心式的“检测抗体-目标抗原-捕捉抗体”抗原抗体结合物。待过量的检测抗体被试样废液带入吸/储液池后，微型免疫分析仪测到的荧光信号强度与血样中目标抗原的浓度成正比。采用这套微型设备，操作者只要将一滴指血滴入试样卡的加样口，10 min 后就能读出分析结果。该微型设备已经用于心血管疾病的重要标志物 NT-ProBNP 的检验。

3. 微流控细胞分选和分析

微流控芯片的通道宽度和深度一般在 μm 量级，与细胞的尺度接近，很适用于以细胞为分析对象的分析。例如，图 23-19 所示的是一种由微流控芯片、高压电源、荧光显微镜所组成的微流控荧光激发细胞分选装置，其中微流控芯片由一个 T 形通道网络和三个液池所组成。将混合细胞悬浮液置于试样池中，并在废液池和试样池间施加驱动电压。受电渗驱动，缓冲液带着非目标细胞从试样池流向废液池[图 23-19(c)]。而当被荧光探针所特异性标记的目标细胞经过检测窗口时，荧光检测器检测到异常的荧光信号，该信号经放大后输入计算机，指令高压电源将电压切换到收集池，即可使电渗流带着目标细胞流向收集池[图 23-19(d)]。用上述装置分选细胞浓度比为 100∶1 的野生大肠杆菌中少量的以绿色荧光蛋白表达的大肠杆菌，经一次分选后，收集池中两者的浓度比可达到 70∶30，即目标细胞的浓度提高了 30 倍。

在微流控芯片上可以集成细胞的培养、运输、分离或分隔、标记、化学或物理刺激、破膜、分选或检测等若干操作单元，组成一个具有特定功能的微型细胞分选和分析系统，应用于细胞生物学或临床医学研究。目前，这方面的研究工作正方兴未艾，有兴趣的读者可参考相关的文献。

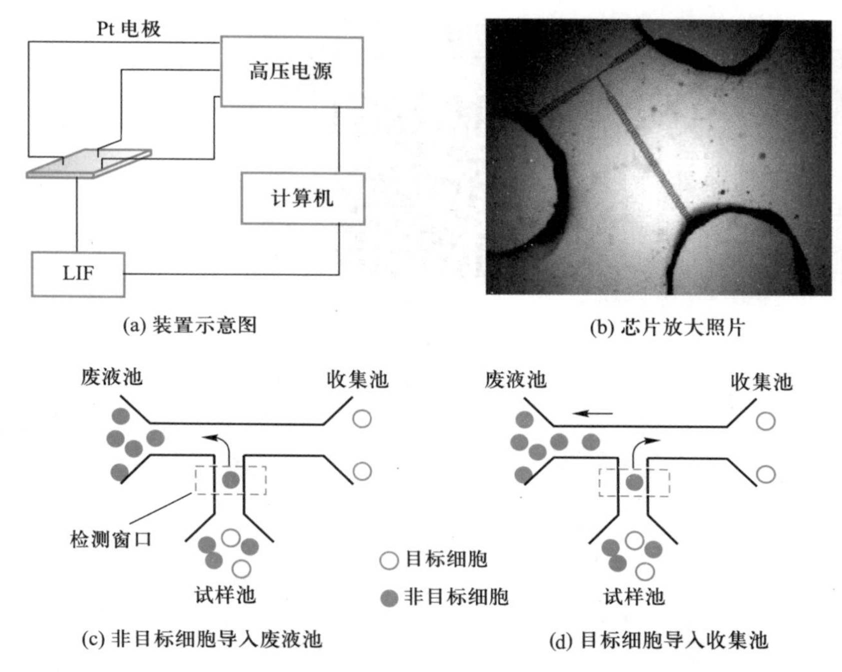

(a) 装置示意图　(b) 芯片放大照片

(c) 非目标细胞导入废液池　(d) 目标细胞导入收集池

图 23-19　微流控荧光激发细胞分选装置

思考、练习题

23-1　试述流动注射分析的基本原理。它与传统间歇式溶液分析在操作模式有什么区别？为什么流动注射分析可以在混合和反应尚未达到平衡的状态下进行测量？

23-2　试述分散系数的意义。影响分散度的主要因素有哪些？

23-3　流动注射仪器通常主要由哪几部分构成？它们分别起什么作用？

23-4　试从分析原理和功能、仪器装置等方面比较流动注射分析和高效液相色谱的异同。

23-5　流动注射分析与微流控分析都属于流动分析范畴，与前者相比较，后者发生了什么根本性的变化？由此带来了哪些好处？

23-6　为什么紫外-可见光度检测在微流控分析芯片中的应用遇到了较大困难？

23-7　根据相关文献，列举 1～2 个流动注射分析或微流控分析的实际应用例子，说明其分析过程。

参考资料

扫一扫查看

索　引

A

B

C

D

E

F

G

H

I

J

K

L

M

N

O

P

Q

R

S

X

Y

Z